D1718918

Mikrocontroller

Dieter Schossig

Mikrocontroller

Aufbau, Anwendung und Programmierung

te-wi Verlag

Die Deutsche Bibliothek – CIP-Einheitsaufnahme

Schossig, Dieter:
Mikrocontroller : Aufbau, Anwendung und Programmierung /
Dieter Schossig. –
München : te-wi-Verl., 1993
    ISBN 3-89362-258-6

Der Verlag macht darauf aufmerksam, daß die genannten
Firmen- und Markennamen sowie Produktbezeichnungen
in der Regel marken-, patent- oder warenzeichenrechtlichem
Schutz unterliegen.

Die Herausgeber übernehmen keine Gewähr für die
Funktionsfähigkeit beschriebener Verfahren, Programme oder
Schaltungen.

**Dieses Buch wurde aus umweltfreundlichen Materialien, wie
chlorfreiem Papier und biologisch abbaubarer Polyethylenfolie
ohne Verwendung umweltschädlicher Zusätze hergestellt.**

1. Auflage 1993

© 1993 by te-wi, Unternehmensbereich Buch der Ziff Verlag GmbH,
Riesstraße 25/Haus D, 80992 München
62258A/7932.0

Umschlaggestaltung/Konzeption: tm technik marketing GmbH, München
Herstellung: Barbara Arlt
Satz: S&W Satz- und Werbeservice Schwabing GmbH, München
Druck: Wiener Verlag, Himberg
Printed in Austria

ISBN 3-89362-258-6

Inhaltsverzeichnis

Vorwort

Es gibt wohl kaum ein komplexes elektronisches Bauelement, das eine solche Verbreitung in so kurzer Zeit erfahren hat wie der Mikroprozessor!

Im Jahr 1971 brachte die Firma Texas Instruments ihren ersten Mikrocontroller TMS 1000 auf den Markt. Er besaß eine 4-Bit-Verarbeitungsbreite und war auf dem Gebiet der Elektronik die Neuerung seiner Zeit überhaupt. Wenig später boten auch andere Hersteller derartige Bauelemente an. So besaß Intels 8048 (1985) schon eine Breite von 8 Bit, und aus dem gleichen Haus kam auch der erste 16-Bit-Controller.

In der Zwischenzeit ist die Entwicklung weitergegangen, die Bauelemente sind leistungsfähiger geworden, und ihr Preis macht sie attraktiv für Applikationen, in denen ein Mikrocomputer noch vor einiger Zeit undenkbar gewesen wäre. Ihre großen Vorteile gegenüber herkömmlichen diskreten elektronischen Schaltungen führten zu einer enormen Verbreitung. Die Industrie tat alles, um den Wünschen der Anwender gerecht zu werden, und so kann man schon nach wenigen Jahren aus dem unüberschaubaren Angebot einer großen Zahl von Herstellern wählen.

In meiner langjährigen Arbeit in der Mikroprozessor-/Mikrocontrollerentwicklung und später auf dem Gebiet der Applikation ist mir immer wieder aufgefallen, daß die Kenntnisse über diese modernen Bauelemente bei den eigentlichen Anwendern häufig sehr eingeschränkt sind. Dabei bieten gerade die Controller für nahezu jeden Anwendungsfall eine optimale Lösung. Zum Teil sind es unbegründete Schwellenängste vor einer völligen Auslieferung an ein Bauelement, das die auf jahrelangen Erfahrungen beruhenden Kentnisse in der diskreten Schaltungstechnik in sich vereinen soll. Zum anderen ist es aber auch die Vielzahl der mittlerweile auf dem Mark angebotenen Controllerfamilien, die es tatsächlich schwer macht, den Einstieg in diese Technik zu bekommen. Obwohl die meisten Hersteller alles unternehmen und ihre Produkte mit den nötigen Hilfsmitteln anbieten, die den Einsatz erleichtern sollen, ist schon die erste Hürde bei der Wahl der Bauelementefamilie zu nehmen. Leider versagt an dieser Stelle alle Hilfe. Für Anwender, die »ihre Schaltkreisfamilie« gefunden haben, ergibt sich dieses Problem weniger, obwohl auch da der ständige Blick in die Entwicklungsbüros anderer Hersteller ihren Produkten möglicherweise völlig neue Eigenschaften verleihen können (und wenn es auch nur der Preis ist!). Schwerer haben es all die anderen, die noch nach einer Lösung für ihr Problem suchen und zum Teil nicht einmal genau wissen, welche Möglichkeiten sich mit dem Einsatz eines Mikrocontrollers bieten.

An dieser Stelle setzt das Buch an. Es soll einen Überblick über den gegenwärtigen Entwicklungsstand auf dem Gebiet der 8-Bit-Controller verschaffen. Damit kann es für alle Interessenten, die sich in ihrer Arbeit oder privat mit dem Thema »Mikrocontroller« beschäftigen oder erst vertraut machen möchten, ein hilfreiches Handbuch sein.

Den Anfang bildet eine Vorstellung der Grundbestandteile moderner Mikrocontroller. Die modulare Struktur und die verschiedensten Varianten der Hardware und der Software bilden die Themen von Kapitel 1. Dazu kommen noch Informationen zu Bauelementen rund um die Controller, zu typischen Schaltungen und, ganz wichtig, zu Entwicklungswerkzeugen, ohne die keine sinnvolle Entwicklung von Hard- und Software möglich ist.

Ganz im Zeichen eines speziellen Bauelements steht das 2. Kapitel. Hier geht es um den Mikrocontroller MC68HC11 der Firma Motorola. An seinem Aufbau, seinen Bestandteilen und seinem Programmiermodell lassen sich die im Kapitel 1 beschriebenen Merkmale an einem konkreten Beispiel wiederfinden.

Zu einer derart großen Vielfalt an unterschiedlichen Architekturen, Modulen und Strukturen bei Mikrocontrollern gehört natürlich auch ein Blick auf Bauelemente anderer Hersteller. Anhand einiger bekannter und auch weniger bekannter Mikrocontrollerfamilien soll im Kapitel 3 gezeigt werden, wie verschieden der Name »Mikrocontroller« interpretiert wird und wie groß das Spektrum bei diesen Bauelementen ist.

Den Abschluß bildet die Darstellung von Registerstrukturen und Befehlssätzen der in diesem Buch besprochenen Mikrocontroller sowie ein Überblick über typische Entwicklungswerkzeuge und ihre Anbieter.

An dieser Stelle möchte ich besonders meiner Frau Silke Schossig danken, die alle Grafiken und das Layout dieses Buches angefertigt hat.

Weiterhin gilt mein Dank den Herstellern und Distributoren der aufgeführten elektronischen Bauelemente für die Unterstützung mit technischen Dokumentationen, und nicht zuletzt danke ich den Mitarbeitern des tewi-Verlages, da besonders meinem Lektor, Herrn Mondel.

Dieter Schossig

1 Mikrocontroller

Wenn auch in diesem Buch der aktuelle Entwicklungsstand bei Mikrocontrollern im Mittelpunkt steht, so möchte ich es dennoch nicht versäumen, Ihnen die Entwicklung dieser Bauelemente kurz vorzustellen. Der Grund, diesen Rückblick allen anderen Themen voranzusetzen, ist in der Philosophie der Controller begründet. Mikrocontroller sind vom Anfang ihrer Entwicklung an immer eng mit den konkreten Anwenderforderungen gewachsen. Der Begriff »Kundenwunschbauelement« ist bei ihnen trotz Standardisierung ein strenges Grundprinzip geblieben.

Angefangen hat die Entwicklung mit größer werdenden Problemen im Gerätebau und in der Automatisierungstechnik. Dort waren die bisher eingesetzten elektronischen Schaltungen den gestiegenen Anforderungen in vieler Hinsicht nicht mehr gewachsen. Ihr Aufbau bestand aus festverdrahteten Analog- und Logikschaltungen, die zunächst ein großer Fortschritt gegenüber herkömmlichen mechanischen oder hydraulisch-pneumatischen Steuerungen und Regelungen waren. Doch mit der Zeit hat die Automatisierung immer weitere Bereiche erfaßt, und so sind die Prozesse umfangreicher und komplizierter geworden. Die neuen Einsatzgebiete verlangten schnellere und präzisere Reaktionen, forderten mehr Flexibilität im Betrieb und waren häufig durch den Menschen oder die bestehende Technik nicht mehr zu beherrschen. Was sollte geschehen? Sollte man mit der herkömmlichen Technik weitermachen?

Die zuerst genannten Ansprüche ließen sich vielleicht noch in gewohnter Weise mit einem größeren Einsatz an analogen und digitalen Schaltungen erfüllen. Wie sich jeder jedoch leicht vorstellen kann, waren damit bald die Grenzen des Sinnvollen erreicht, und für die Zukunft konnte es mit einer derartigen Expansion trotz Miniaturisierung auch nicht weitergehen. Auch wenn es gelang, immer mehr Funktionen auf engstem Raum unterzubringen, so stiegen doch die Kosten unproportional zur erreichten Funktionsverbesserung.

Schwerer jedoch waren die Forderungen nach Flexibilität zu erfüllen. Jede Steuerung oder Regelung, egal ob in einer großen Anlage in der Industrie oder in der heimischen Waschmaschine, läßt sich durch ein Prozeßmodell beschreiben. Solch ein Modell stellt die vielfältigen Zusammenhänge von Prozeßeingangsinformationen zu den gewünschten Reaktionen und damit zu den Ausgangsinformationen dar. Je komplizierter so ein Prozeß ist, um so mehr Antworten gibt es auf Eingangssignale und um so stärker ist ihre gegenseitige Beeinflussung und Verknüpfung. Bleiben wir bei der Waschmaschine. Kaum jemand macht sich heute noch Gedanken darüber, wie komplex die Beziehungen sind, die einen Waschprozeß beschreiben. Dabei handelt es sich nicht nur um reine Steuerungsaufgaben, wie das zeitgesteuerte Ein- und Ausschalten der Heizung und des Motors. Und auch die primitiven Regler für die Temperatur oder den Füllstand des Wassers sind damit nicht gemeint. Diese Aufgaben erfüllten früher schon mechanische Steuerwerke und einfachste Regler. Aber auch schon bei diesen wenigen Funktionen ist der Aufwand an herkömmlicher Technik groß im Vergleich zu modernen Schaltungen mit einem einzigen Bauelement. Werden jedoch höhere Forderungen an eine Waschmaschine gestellt, wie etwa individuelle Programme, Energieeinsparung oder eine möglichst geringe Belastung der Umwelt, so ist mit dieser Technik keine sinnvolle Realisierung mehr möglich. Das Prozeßmodell ist zu kompliziert geworden!

Der Nachteil der herkömmlichen Technik war ihr starrer Aufbau, der eindeutig durch die Schaltung bestimmt war. Wie sollte eine derartige Schaltung auf Veränderungen während des Betriebes richtig reagieren? Eine starre Elektronik ist dazu nicht in der Lage. Das kann sie auch nicht, ist doch ihre Funktion eindeutig durch den Aufbau fixiert. Ein »intelligentes« Verhalten setzt immer das Vorhandensein von vielen Möglichkeiten voraus, auf die gegebenenfalls zurückgegriffen werden kann. Bei einer elektronischen Baugruppe im herkömmlichen Sinn ist das einfach unvorstellbar. Was gebraucht wurde, war eine »lernfähige« Schaltung. Das führte schließlich zur Entwicklung von programmierbaren Logikkomplexen, weg von einmal entworfenen und von da an festen Strukturen. Keine quantitative Erweiterung mehr, sondern ein qualitativer Sprung, nicht Evolution sondern Revolution. Die ersten Varianten waren noch recht starr, aber sie hatten den Grundgedanken und den prinzipiellen Aufbau moderner Mikrorechner schon in sich.

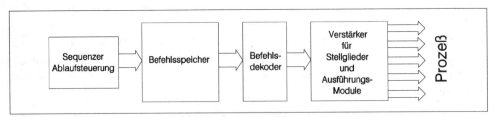

Abbildung 1.1: Programmierbare Ablaufsteuerung

Kern der Schaltung war ein Befehlsspeicher. In ihm waren alle Aufträge, die die Schaltung ausführen soll, gespeichert. Eine Ablaufsteuerung sorgte dafür, daß die einzelnen Befehle nacheinander abgearbeitet wurden. Damit war das Grundprinzip einer programmierbaren Steuerung verwirklicht. Ihre Besonderheit war die Programmierbarkeit. Das war die neue Idee, die Innovation, die eine völlig veränderte Denkweise in der Elektronik auslöste. Eine Anwendung wird in einen festen Teil, die Hardware, und in einen variablen Teil, die Software, zerlegt. Frühere Geräte, die aus reiner »Hardware« bestanden, hatten starre Funktionen. Wenn überhaupt, so ließen sich Veränderungen nur mit größerem Aufwand vornehmen. Sie ähnelten damit eher mechanischen Konstruktionen. Aber mit der Trennung in Hardware und Software war das vorbei. Jetzt konnte man alles, was mit der Aufgabe und der Funktion des Gerätes zusammenhing, in einem Programm fixieren. Im Gegensatz zur Hardware ist das Programm eine immer wieder veränderbare Sache, egal ob es sich in einem Festwertspeicher, auf einem magnetischen Datenträger oder irgend einem anderen Speichermedium befindet. Es enthält die Anweisungen, wie sich die Hardware zu verhalten hat, und ist damit die Idee, die Methode und das Verfahren der Anwendung. Das war die Geburtsstunde der Mikrorechner!

Das Prinzip der Trennung einer Anwendung in die Teile Hardware und Software führte zu einer noch heute gültigen Grundstruktur von Mikrorechnern. Sie leitet sich aus den Aufgaben eines solchen Systems ab. Um das zu erläutern, soll der Mikrorechner in einem Prozeß eingebunden betrachtet werden, mit dem er Informationen austauscht. Dieser Prozeß kann eine komplexe Großanlage in der Industrie sein, aber auch ein einfacher Alltagsartikel wie z. B. das Radio im Auto oder die oben genannte Waschmaschine. Aus dem Prozeß müssen Informationen, Daten empfangen und aufgenommen werden. Entsprechend dem Programm erfolgt nun eine Verarbeitung dieser Daten und anschließend die Ausgabe und damit Rückgabe an den Prozeß und möglicherweise dessen Beeinflussung. Die Verarbeitung kann dabei die Kombination verschiedener Informationen, die Speicherung zur späteren Weiterverarbeitung oder die bloße gezielte Veränderung beinhalten.

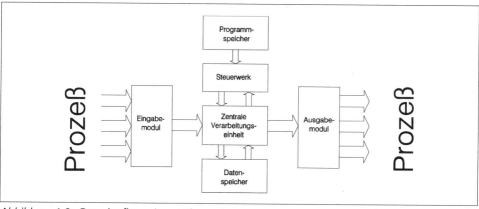

Abbildung 1.2: Grundaufbau eines Mikrorechners

Über das Eingabemodul nimmt der Mikrorechner die Informationen aus dem Prozeß auf. Je nach Einsatz können hierbei die verschiedensten physikalischen Darstellungsformen der Information auftreten. Zum Teil übernimmt das Modul dabei selbst die Umwandlung in die intern verarbeitbare Form, in das Datenformat. Dem Eingangsmodul schließt sich im Sinne der Informationsflußrichtung die Zentrale Verarbeitungseinheit an. Hier erfolgt die Umwandlung, die Beeinflussung und Kombination, also die Verarbeitung der Informationen. Fallen dabei Daten an, die später noch gebraucht werden, so werden diese in einen Datenspeicher übertragen. Hier sind sie bis zur Weiterverarbeitung aufgehoben. Informationen, die in den Prozeß zurückfließen sollen, wandelt ein Ausgabemodul in die von dem Prozeß benötigte Form und gibt sie aus.

Alle Abläufe in diesem System werden von dem Programm (Software) gesteuert, das in einem Programmspeicher in geeigneter Form abgelegt ist. Das Programm stellt eine Aneinanderreihung von Anweisungen an die verschiedenen Komponenten des Mikrorechners dar. Ein Steuerwerk holt jeweils eine Anweisung oder einen Befehl aus dem Speicher, analysiert diese und steuert dementsprechend die Arbeit der Komponenten. Ist ein Befehl abgearbeitet, wird der nächste aus dem Speicher geholt, und so geht es immer weiter. Das System arbeitet nach den Vorgaben des Programms, und das ist von den Ingenieuren und Technikern entsprechend den Aufgaben des Gerätes oder der Anlage entwickelt worden. Bei den ersten Mikrorechnern, die noch aus vielen einfachen Einzelschaltkreisen aufgebaut waren, ließ sich die eben dargestellte Struktur noch sehr genau wiederfinden. Doch im Laufe der Entwicklung wurden dann die Funktionen Zentrale Verarbeitungseinheit und Steuerwerk in einem Bauelement zusammengefaßt, der Mikroprozessor war entstanden. Er war klein, und es bedurfte nur noch weniger Bauelemente, um daraus eine Steuerung für eine Maschine oder ein beliebiges anderes Gerät zu machen. Damit brach ein neues Zeitalter in der Industrie an.

Völlig neue Möglichkeiten der Geräteentwicklung taten sich auf. Wo früher aufwendige Elektronik viel Platz und Strom verbrauchte und damit der Größe und der Verwendung eindeutige Grenzen setzte, arbeitet nun ein kleiner Mikrorechner. Mechanische Baugruppen, die bislang in aufwendiger und damit teurer Fertigung produziert wurden, sind durch die neuen Bauelemente ersetzt worden. In vielen anderen Bereichen war an jegliche Automatisierung mit herkömmlichen Mitteln überhaupt nicht zu denken. Hier haben Mikrorechner vieles erst möglich gemacht und anderswo neue Maßstäbe gesetzt. Sie brachten den Geräten mehr Funktionalität, eine höhere Zuverlässigkeit und bessere Gebrauchswerteigenschaften. Gleichzeitig wurde durch sie der Platzbedarf und die Stromaufnahme in elektronischen Schaltungen drastisch gesenkt. Eine entsprechende Konstruktion der Hardware und Programmierung erlaubte es, die Sicherheit eines Systems durch so interessante Methoden wie die Selbstüberwachung oder einen redundanten Aufbau zu steigern.

Und noch einen weiteren gewaltigen Vorteil brachten die Mikrorechner dem Hersteller und dem Anwender. Ein Gerät, bei dem Hard- und Software zwei getrennte Dinge sind, läßt sich sehr leicht an veränderte Einsatzbedingungen anpassen. Die Schaltung, einmal entworfen, kann unverändert übernommen werden, nur das Programm ändert sich. Das Ergebnis einer solchen Manipulation ist ein Gerät mit neuen Eigenschaften und Leistungsmerkmalen. Der Aufwand dazu ist meistens geringer, verglichen mit einer Neuentwicklung bei einer reinen Hardwarelösung. Kürzere Entwicklungszeiten und damit eine schnellere Reaktion auf den Verbrauchermarkt sind die positive Folge. Das führt zu geringeren Kosten und einem niedrigeren Preis. Die Bedeutung dessen spürt spätestens der Kunde des Gerätes.

1.1 Zwei Wege – Mikroprozessor – Mikrocontroller

Von Beginn dieses Kapitels an wurde immer nur von Mikrorechnern und Mikroprozessoren gesprochen, obwohl das Buch den Namen »Mikrocontroller« trägt. Ist bei der Namensgebung des Buches vielleicht ein Fehler unterlaufen? Ich kann sie beruhigen, es ist alles in Ordnung. Ich habe aber bewußt diesen Namen nicht miterwähnt, um bei der Vorstellung der »intelligenten Bausteine«, ihrer großen Bedeutung und breiten Anwendung nicht durch zwei Begriffe Verwirrung zu stiften. Diese Verallgemeinerung ist auch durchaus legitim, denn es handelt sich sowohl bei Mikroprozessoren als auch bei Mikrocontrollern um elektronische Bauelemente, die von der Wurzel her den gleichen Ursprung haben und deren Arbeitsweise und prinzipieller Aufbau auch gleich sind. Beide sind die materielle Plattform, die technische Hardware für eine in ein Programm verwandelte Idee oder Methode zur Bearbeitung eines Problems. Wenn das aber so ist, wo liegen dann die Unterschiede? Oder sind beide etwa nur verschiedene Begriffe für die selbe Sache?

Der Begriff Mikroprozessor ist ein mittlerweile allseits bekannter Name geworden. Hört man ihn, so denkt man an Computer, PCs, Steuerungen von Maschinen und Anlagen ..., in jedem Fall aber immer an Geräte, die etwas mit Datenverarbeitung und Steuerung umfangreicher Prozesse zu tun haben. Der Name Mikrocontroller wird, wenn überhaupt bekannt, im allgemeinen in den gleichen Topf geworfen. Mikrocontroller ist nur ein anderer Name für Mikroprozessor! Das aber ist falsch!

Als der Mikroprozessor auf den Markt kam, geschah das sehr effektvoll und unübersehbar. Eingebaut in Computern war er in kurzer Zeit nahezu überall zu finden und leitete ein neues Zeitalter im Alltag von Büros, Laboratorien und überhaupt in allen Bereichen des Lebens ein. Wohin man auch schaut, überall stehen Computer, in jedem Kaufhaus an der Kasse, in Ämtern und Behörden, in Arztpraxen, ja selbst zu Hause haben viele einen Computer, und wenn es nur der Spielcomputer der Kinder ist. Das ist aber noch nicht lange so, denn vor reichlich 10 Jahren waren Computer auf mehrere schrankgroße Anlagen in vollklimatisierten Räumen aufgeteilt. Aber dank der ungestümen Entwicklung auf dem Gebiet der Mikroelektronik sind derartige Geräte so klein geworden, daß sie leicht in einer Aktentasche zu transportieren sind. Mit all diesen Dingen ist der Name Mikroprozessor untrennbar verbunden und somit bekannt.

Ganz anders verlief dagegen der Auftritt des Mikrocontrollers. Völlig unbemerkt zog er in den Alltag ein. Die meisten Dinge, in denen heute ein Controller arbeitet, waren auch vorher schon da. Der Unterschied ist, sie sind etwas »intelligenter« geworden, leichter zu bedienen und zu handhaben und zum Teil mit mehr Funktionen versehen, aber sie waren schon da. Die Verbesserungen wurden der allgemeinen Weiterentwicklung zugeschrieben, nicht aber einem einzelnen neuen Bauelement. Daß der Mikrocontroller aber gerade hier einen gewaltigen Sprung in der Geräteentwicklung aller Bereiche ausgelöst hatte, wurde wohl kaum jemandem bewußt.

Dabei gibt es wohl keinen Haushalt mehr, in dem nicht mehrere Mikrocontroller ihre stille Arbeit verrichten. Ob das nun der Fernseher oder die HiFi-Anlage, der Videorecorder oder die Waschmaschine, der Anrufbeantworter, das Telefon oder das Auto ist, überall sind heute Controller eingesetzt und steuern die Funktion bzw. vereinfachen den Dialog mit dem Menschen. Daß es gerade beim Dialog mit dem Menschen aber auch negative Beispiele gibt, liegt nicht an dem Bauelement Mikrocontroller. Hier wird immer wieder ein großer Fehler gemacht, indem die Struktur der Dialogsoftware von den Geräteentwicklern selber verfaßt wird und nicht, wie es sinnvoller wäre, in Zusammenarbeit mit einer Gruppe späterer »durchschnittlicher« Anwender. Das gleiche trifft übrigens auch auf die Beschreibungen und Handbücher zu!

Wo liegt nun aber der Unterschied zwischen einem Mikroprozessor und einem Mikrocontroller? Sehen wir dazu noch einmal den prinzipiellen Aufbau eines Mikrorechners genauer an.

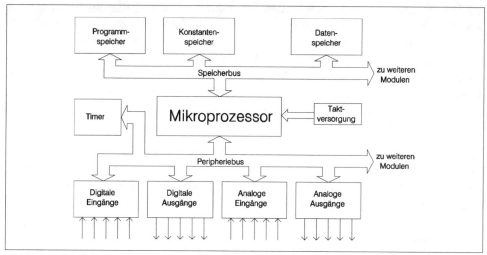

Abbildung 1.3: Mikrorechner

Wie schon in der ersten Abbildung des Grundaufbaus eines Mikrorechners sind auch hier wieder die Hauptkomponenten eines solchen Systems zu sehen. Jetzt werden wir uns diese erneut ansehen, aber nun unter dem Gesichtspunkt Mikroprozessor – Mikrocontroller. Dabei können auch gleich einige Begriffe kurz geklärt werden.

Das Herzstück bildet der Mikroprozessor. Er ist die Zentrale, in der die Daten »im Auftrag« des Programms verarbeitet werden. Über einen Bus sind alle Peripherie-module an dem Prozessor angeschlossen. Ein Bus ist eine Gruppe von elektrischen Leitungen, die mehrere Funktionseinheiten gleichberechtigt in einem Mikrorechner miteinander verbinden. Im Fall des Peripheriebusses handelt es sich also um die Verbindungsleitungen der Peripheriemodule mit dem Mikroprozessor. Busse kommen sowohl außerhalb, also zwischen den einzelnen Bauelementen, als auch inner-halb eines Bauelements vor. Innerhalb verbinden sie Schaltungskomplexe untereinander.

Als Peripherie werden alle Bestandteile eines Mikrorechners bezeichnet, die der Aufnahme und Abgabe von Daten an die Umwelt dienen. Häufig übernehmen sie auch deren Wandlung in eine andere physikalische Größe oder in ein anderes Format. Im einfachsten Fall handelt es sich dabei nur um binäre oder digitale Ein- und Ausgänge. In diesem Fall liegen die Signale zumindest von der Form her in einem Format, wie es der Mikrorechner verarbeiten kann. Anders sieht es bei analogen Eingangssignalen aus. Diese müssen erst in digitale Werte umgewandelt werden. Das gleiche gilt für analoge Ausgangssignale. Hier wandelt ein spezielles Modul die digitalen Werte aus dem Verarbeitungsprozeß in analoge Signale um. Damit sind eigentlich schon alle vorkommenden Signalarten genannt, die ein Mikrorechner verarbeiten kann. Ein wenig dürftig auf den ersten Blick, digitale und analoge elektrische Signale, mehr nicht. Was geschieht mit all den möglichen physikalischen Größen im speziellen Einsatzfall des Mikrorechners, wie sieht es mit der Informationsaufnahme und Ausgabe aus? Nun, die Antwort ist einfach und lautet Umwandlung. Jede beliebige physikalische Größe läßt sich auf irgendeine Art und Weise in ein elektrisches Signal überführen. Das gleiche gilt auch für die Umkehrung, doch das sind alles Themen eines späteren Kapitels.

In der Abbildung sind digitale und analoge Ein- und Ausgabemodule sowie ein Timermodul dargestellt. Auch Timer gehören zur Peripherie, denn auch wenn sie nicht direkt über Ein- und Ausgänge mit der Umwelt kommunizieren, so stellen sie doch die Verbindung zur physikalischen Größe »Zeit« her. Damit könnte der dargestellte Mikrorechner in einem Prozeß digitale und analoge Signale aufnehmen und abgeben und Zähl- und Zeitfunktionen ausführen.

Über einen weiteren Bus sind die Speicher mit dem Prozessor verbunden, ein Programmspeicher, ein Festwertspeicher für Konstanten und ein Schreib-/Lesespeicher für Prozeß- und »Hilfs«-Daten. Als Prozeßdaten sollen immer alle Daten bezeichnet werden, die unmittelbar mit dem Prozeß zu tun haben. Im Gegensatz dazu sind Hilfsdaten Zwischenergebnisse und Hilfswerte bei der Verarbeitung, Daten, die der Prozessor für seine Arbeit braucht und die nicht unmittelbar mit dem Prozeß verbunden sind. Später werden wir noch sehen, was damit gemeint ist und wie groß der Anteil dieser Hilfsdaten sein kann.

Ganz grob betrachtet besteht ein Mikrorechner also aus den drei Komponenten Mikroprozessor, Speicher und Peripherie. Diese Architektur ist in allen Fällen gleich, unabhängig vom Einsatzgebiet. Sie ergibt sich zwangsläufig aus dem Arbeitsprinzip. Ein Blick auf die Abbildung des Mikrorechners drängt den Eindruck auf, daß zu seiner Realisierung immer mehrere Einzelbauelemente notwendig sind. Doch das ist nur bedingt richtig und trifft heutzutage weniger zu als zu Beginn der Entwicklung der Mikrorechner. An deren Anfängen waren die Funktionen der Einzelbauelemente noch recht einfach. Die Integrationsdichte auf den Chips war niedrig, so daß mit den relativ wenigen Transistoren pro Schaltkreis nur eine begrenzte Anzahl an Funktionen realisierbar war. Um dennoch einen leistungsfähigen Mikrorechner aufzubauen, mußten die Ingenieure und Techniker viele Bauelemente auf zum Teil mehreren Leiterplatten einsetzen. Die Mikrorechner waren damit keineswegs »Mikro«, jedoch im Vergleich zu ihren unmittelbaren Vorfahren, den schrankgroßen Rechnern, schon deutlich schlanker.

Von ihren großen Vorfahren haben sich auf die neuen Rechner auch die Aufgaben und Einsatzgebiete übertragen. Diese lassen sich generell in zwei Bereiche trennen.

Der eine Bereich beschäftigt sich mit der Datenverarbeitung, deren Aufgabe in der Verwaltung und Verarbeitung von zum Teil großen Datenmengen besteht. Der Hauptschwerpunkt liegt eindeutig auf den Bereichen Speicherung und Verarbeitung. Die Zeit für diese Arbeiten spielt eine untergeordnete Rolle. Häufig ist der Mensch unmittelbarer Kommunikationspartner eines solchen Mikrorechners und bestimmt damit schon zum Teil durch seine bedingt »langsame Dialogführung« die Gesamtgeschwindigkeit. Ein typisches Beispiel dafür kennt jeder, es ist der Personalcomputer. Egal ob Sie auf ihm mittels einer Textverarbeitung ein Schriftdokument erstellen oder bearbeiten oder in einer Datenbank nach Einträgen suchen, die Zeit spielt nicht die entscheidende Rolle. Nun werden sie sicher protestieren, denn die Zeit, die sich der PC für die Ausführung dieser Arbeiten nimmt, ist schon entscheidend und kann bei einem langsamen Computer leicht unerträglich werden. Verglichen mit den Anforderungen beim zweiten Einsatzgebiet der Mikrorechner stimmt die Aussage schon.

Das zweite Gebiet, in dem Mikrorechner eingesetzt werden, kann grob mit den Begriffen »Steuerungen und Regelungen« umrissen werden. Hierbei geht es nicht um die Verwaltung und Verarbeitung großer Datenmengen, sondern eher um Daten kleineren bis mittleren Umfangs, die aber unter Echtzeit verarbeitet werden müssen. Jetzt taucht zum ersten Mal der Name »Echtzeitverarbeitung« auf. Er wird uns in dem Buch noch öfters begegnen, denn er ist untrennbar mit dem Begriff »Mikrocontroller« verbunden. Gemeint ist damit die schnelle und sofortige programmgemäße Reaktion des Rechners auf Informationen aus einem Prozeß.

Typisch für Echtzeitprozesse sind Regelungen. Ein dabei eingesetzter Mikrorechner hat die zu regelnde Größe zu überwachen und bei Abweichungen sofort zu reagieren, um den Sollwert wieder herzustellen. Dieser Vorgang muß je nach Zeitanforderung entsprechend schnell geschehen. Eine Temperaturregelung in einem Gewächshaus unterliegt sicher weniger strengen Zeitanforderungen als ein Regelgerät in der elektronischen Motorregelung eines Kraftfahrzeuges. Das bedeutet aber gleichzeitig auch, daß im einfachsten Fall, selbst bei nur einer geregelten Größe, die Menge der Daten in der Zeiteinheit gleichfalls sehr groß sein kann. Damit ist die Aussage, daß in diesem Einsatzgebiet hauptsächlich nur kleine bis mittlere Datenmengen vorkommen, nur bedingt richtig. Wichtiger ist vielmehr das Merkmal der Echtzeitverarbeitung. Damit wird klar, daß die Trennung in die beiden Bereiche nicht allzu streng anzusehen ist. Mit steigender Leistung der Mikrorechner haben sich auch die Einsatzgebiete mehr und mehr gemischt, so daß in modernen Steuerungen durchaus riesige Datenmengen vorkommen und diese unter Echtzeit verarbeitet und verwaltet werden.

Der Blick auf die beiden Haupteinsatzbereiche macht deutlich, daß beim Einsatz der Mikrorechner ein weiterer Aspekt ins Spiel kommt. Es sind die geometrischen Abmessungen des Rechners. Während im ersten Anwendungsgebiet die Größe eine untergeordnete Bedeutung hat, so kann im zweiten Fall der Einsatz davon abhängen. Ein Steuergerät für ein Auto, um wieder bei obigem Beispiel zu bleiben, das die Größe eines PC hat, ist einfach undenkbar. Hier sorgte im Laufe der Entwicklung die Halbleiterindustrie für die entscheidende Veränderung. Durch ständig kleiner werdende Strukturen auf den Chips ließen sich immer mehr Funktionen auf einem einzelnen Schaltkreis vereinen. Die Speicher wurden kleiner, obwohl ihre Speicherkapazität enorm angestiegen ist. Bei den Peripheriemodulen sind immer komplexere Bauelemente entstanden, die ganze Funktionen nur durch Hardware realisieren. Und auch die Mikroprozessoren wurden bei gleicher Chipfläche immer leistungsfähiger. Damit ließen sich nun Mikrorechner bauen, die klein genug waren, um sie in den verschiedensten Anwendungen einzusetzen.

Bisher sind wir aber immer davon ausgegangen, daß der Mikrorechner aus mehreren Einzelbauelementen aufgebaut ist, egal wie komplex diese Elemente auch sind. Betrachtet man solch einen Rechner aber aus dem Blickwinkel eines Geräteentwicklers, der damit zum Beispiel die Funktion und den Bedienungskomfort eines Telefonapparates verbessern möchte, so muß er nicht nur aus Platzgründen, sondern auch wegen niedriger Fertigungskosten an jedem Einzelteil sparen. Für ihn wäre daher ein Bauelement optimal, das alle wichtigen Komponenten eines Rechners enthält und darüber hinaus vielleicht auch noch einige Details seiner Schaltung. Diese Wünsche der Anwender blieben bei der Halbleiterindustrie nicht ungehört. So wurden schließlich Mikroprozessoren entwickelt, die, angefangen bei einzelnen zusätzlichen Komponenten bis hin zu kompletten Strukturen, alles enthielten, was zu einem Mikrorechner gehört. Diese Bauelemente, die auf ihrem Chip außer einem Mikroprozessor auch noch andere Komponenten wie Speicher, Peripheriemodule und zusätzliche Logik besaßen, wurden Mikrocontroller genannt. Unter diesem Namen entstand eine neue Generation von Bauelementen, und hier trennte sich der Weg der Mikrorechnerentwicklung in die beiden Richtungen Mikroprozessoren und Mikrocontroller. Um die Unterschiede beider Wege besser zu erkennen, wollen wir uns beide zunächst getrennt voneinander ansehen. Ich möchte jedoch von vornherein darauf hinweisen, daß es bei dieser Darstellung mehr um prinzipielle Merkmale geht. Zwischen beiden Bauelementegruppen kommt es mehr und mehr zu Überschneidungen, doch dazu später mehr.

1.1.1   Der Mikroprozessor

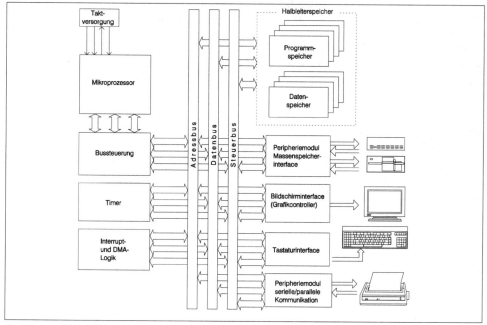

Abbildung 1.4: Mikroprozessor in einem typischen Mikrorechner

Zu Beginn der Entwicklung in der Mikrorechnertechnik war der Mikroprozessor durchaus noch das Allzweckbauelement, das mit Speicher-ICs komplementiert, aber vor allem mit vielen Peripheriebausteinen in Steuerungen und Anlagen eingesetzt wurde. Für die Anwender in der mittleren Datentechnik löste er die aus vielen Einzel-ICs aufgebauten Rechnerkerne ab und führte zu einer drastischen Verkleinerung von Computern. Gemeinsam mit den gleichermaßen geschrumpften Größen der Arbeits- und Massenspeicher entstanden so zum Beispiel die uns allen bekannten Personalcomputer, die vor der Entwicklung des Mikroprozessors einfach undenkbar gewesen wären. Durch die Ausbildung einer zweiten Entwicklungslinie, die Linie der Mikrocontroller, wurden die Mikroprozessoren jedoch mehr und mehr aus dem Bereich kleiner und mittlerer Steuerungsaufgaben herausgedrängt. Für einen großen Teil der Anwender, gerade aus dem Bereich der Automatisierung, war er mit seiner Unvollkommenheit bezüglich Speicher und Peripherie unakzeptabel. Hier bot von vornherein der Mikrocontroller die optimalere Lösung. Einzig und allein in sehr komplexen Steuerungen findet der Mikroprozessor noch einen sinnvollen Einsatz, anderswo dominieren größtenteils die Controller.

Das Haupteinsatzgebiet des Mikroprozessors sind damit Geräte der traditionellen Datenverarbeitung wie zum Beispiel Personalcomputer, Workstations, Mini- und Mainframes usw., aber eben auch komplexe Steueranlagen in der Prozeßtechnik. Die Abbildung zeigt so einen Fall am Beispiel einer einfachen PC-Struktur.

Mikroprozessoren bilden in solchen Systemen die zentrale Verarbeitungszentrale. Sie werden von entsprechend leistungsstarken Komponenten wie schnellen Arbeitsspeichern, Massenspeichern und intelligenten Peripheriemodulen umgeben. Häufig findet man sie auch eingebunden in Multiprozessorsystemen bei Hochleistungscomputern. Durch diese Funktionsteilung läßt sich ihre Architektur auf maximale Verarbeitungsgeschwindigkeit, maximale Rechenleistung (300 MIPS sind bei modernen Prozessoren schon theoretisch erreichbare Werte) und leistungsstarke Speicherverwaltung optimieren. Der Grundaufbau aller Mikroprozessoren ist gleich und ergibt sich aus dem Arbeitsprinzip. Ganz grob kann man ihn in die beiden Komplexe Ausführungs- oder Verarbeitungseinheit und Speicherverwaltung/Ablaufsteuerung unterteilen. Sehen wir uns den Aufbau in einer Abbildung an:

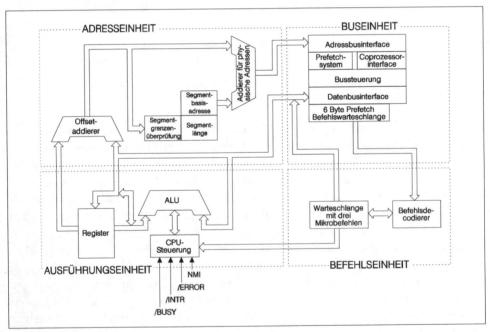

Abbildung 1.5: Mikroprozessor

Die Abbildung zeigt jedoch die Unterteilung in vier Komplexe, obwohl eben von zwei die Rede war. Der Grund ist, daß man zur besseren Parallelarbeit einen Komplex noch einmal in drei Teilbereiche teilt. Alle vier Bereiche arbeiten nahezu völlig unabhängig voneinander und tauschen nur die wichtigen Informationen miteinander aus:

Ausführungs- oder Verarbeitungseinheit

Wie der Name schon sagt, erfolgt hier die komplette Verarbeitung der Daten entsprechend den Anweisungen der Befehle. Im einfachsten Fall besteht so eine Einheit nur aus einem Rechenwerk für Addition und Subtraktion, doch üblich sind schon bei kleinen Mikroprozessoren Strukturen zur hardwaremäßigen Multiplikation und Division. Ebenso gehören Schieberegister dazu, die es gestatten, Daten in wenigen Arbeitstakten zu schieben oder zu rotieren. Für temporäre Daten während des Verarbeitungsprozesses und für Daten allgemein sind unterschiedlich umfangreiche Registersätze vorhanden. Heutige Mikroprozessoren enthalten integrierte Fließpunktarithmetikkomplexe, die aufwendige Software für schnelle Berechnungen überflüssig machen. Sollte das aber alles noch nicht reichen und wird noch mehr Rechenleistung benötigt, so werden zum Teil ganze Arithmetik-Co-Prozessoren mitintegriert. Als externe Rechenhilfen bekannt, sind ihre Leistungen im Inneren eines Prozessors bedeutend höher, da sich die Datentransporte vereinfachen und sich die Befehle für ihre Arbeit in den Befehlssatz und die Adressierungsarten des Prozessors besser einbinden lassen.

Speicherverwaltung und Ablaufsteuerung

Die Aufgaben dieses Komplexes sind sehr vielfältig, dementsprechend teilt man ihn noch einmal in die drei Unterbereiche:

◆ Adreßeinheit

◆ Befehlseinheit und

◆ Buseinheit

In der Adreßeinheit werden die physischen Adressen gebildet, mit denen der Prozessor auf den Speicher- und E/A-Raum zugreift. In Abhängigkeit von der Leistung des Mikroprozessors und nach dem Umfang seiner Adressierungsarten kann das ein recht komplizierter Prozeß sein. Berechnungen bilden dazu zum Teil aus verschiedenen Anteilen wie Segmentadressen, Befehlszählerständen und Offsetwerten die eigentliche Speicheradresse. Aus diesem Grund befinden sich auch alle dazu notwendigen Register wie Befehlszähler, Segmentregister usw. in dieser Einheit. So verschieden die Prozessoren sind, so unterschiedlich sind auch die Strukturen dieses Komplexes und die Verfahren, den Speicher zu adressieren. Hier zwei Beispiele: Einige Prozessoren verwenden für den Programm- und Datenspeicher einen einheitlichen Adreßraum, andere unterscheiden zwischen diesen beiden Bereichen. Wieder andere Typen unterteilen den Speicher in noch mehr Bereiche und schaffen so getrennte Räume für den Programmcode, für Daten und den Stack und einen speziellen Verwaltungsspeicher des Prozessors.

Um größtmögliche Sicherheit bei der Abarbeitung der Befehle zu erreichen, werden ausgeklügelte Methoden benutzt, um dem Programm verschiedene Zugriffsrechte zur Hardware zu genehmigen. Es lassen sich damit einige Befehle sperren, wenn sie aus bestimmten Adreßbereichen stammen. Auf diese Weise können Dienst- und Anwenderprogramme sicher voneinander getrennt werden.

Dieser Vorgang ist allerdings von Prozessor zu Prozessor unterschiedlich. Je nach Befehl und abhängig von Ergebnissen bei der Verarbeitung von Daten führt die Adreßeinheit die notwendigen Berechnungen durch. Damit werden Quell- oder Zieloperanden adressiert oder bei Programmverzweigungen und Unterprogrammaufrufen die Adresse der Programmfortsetzung ermittelt.

Je komplizierter der Berechnungsvorgang ist, desto mehr wird auch zur Überwachung und Einhaltung von Grenzen unternommen. Speziell bei segmentierenden Verfahren kann das sehr wichtig sein. Im späteren Kapitel über Speicherstrukturen und deren Verwaltung werden die verschiedenen Methoden noch genauer vorgestellt.

Die Befehlseinheit übernimmt jeweils einen eingelesenen Befehl aus der Buseinheit und analysiert diesen in einem Befehlsdekoder. Bei Befehlen, die sich aus mehreren Bytes zusammensetzen, erzeugt die Ablaufsteuerung weitere Speicherzugriffe. So können weitere Teile des Operationscodes oder auch, und das ist die Mehrheit, Operanden eingelesen werden. Opcodes wertet der Befehlsdekoder aus, Operanden übernimmt die Verarbeitungseinheit. Aber hier sind die Unterschiede recht groß. Bei Hochleistungsprozessoren sorgt schon die Buseinheit für das vollständige Einlesen aller Informationen zu einem Befehl, indem sie durch ihre unabhängige Arbeitsweise selbständig bereits die nächsten Adressen liest und in einem internen Befehlsspeicher ablegt. Die Befehlseinheit greift in solchen Fällen nur noch auf diesen internen Speicher, der auch Cache genannt wird, zu. So ein Cache bringt aber noch einen anderen Vorteil. Mit fortschreitender Entwicklung in der Halbleitertechnik steigen die Taktfrequenzen der Prozessoren. Waren es vor Jahren noch Werte um 1 MHz, so arbeiten heutige Bauelemente mit 50 MHz und mehr. Die damit erreichten Verarbeitungsgeschwindigkeiten nützen leider aber nichts, wenn die angeschlossenen Speicher mit dieser Geschwindigkeit nicht Schritt halten können. Ihre Zugriffszeiten, also die Dauer, die von der Adressierung bis zur Bereitstellung der Information vergeht, sind den Geschwindigkeiten der Prozessoren nicht mehr gewachsen. Das Bereitstellen der Befehle dauert zu lange, und Daten werden nicht schnell genug gelesen oder geschrieben. Aber es gibt wie überall für alles Lösungen, in diesem Fall heißen sie Instruction Queue und Cache. Beides sind Verfahren, um in Zeiten, in denen programmgemäß keine Zugriffe auf die Speicher ausgeführt werden, vorausschauend Daten oder Befehle zu lesen, die später möglicherweise benötigt werden. Auf diese Weise lassen sich langsame Speicherzugriffe in Zeiten verlegen, in denen sie nicht stören. Die meisten modernen Mikroprozessoren verwenden dieses Verfahren, und auch bei Mikrocontrollern kann man es finden, denn auch dort bestehen die gleichen Probleme mit den langsamen Speichern, aber das sehen wir später.

Um aus den verschiedenen Informationen, Adressen und Daten des Prozessors ein außen verwendbares Signalverhalten zu erzeugen, gibt es noch die Buseinheit. Hier werden die bauelementetypischen Zeitabläufe für den Adreß-, Daten- und Steuerbus gebildet. Neben dieser Hauptaufgabe übernimmt der Komplex auch zum Teil Funktionen zur Zugriffsoptimierung, wie sie eben schon genannt wurden.

Bei einfachen Prozessoren sind diese drei Teile der Speicherverwaltung und Ablaufsteuerung in einem Komplex zusammengefaßt, ihre Strukturen sind entsprechend simpel. Manchmal gibt es nur einen Befehlszähler, der den Programm- und Datenspeicher gleichermaßen anspricht. Auch die Logik zur Adreßbildung ist durch meist wenige Adressierungsarten einfach. Der Begriff Speicherverwaltung ist dann nicht immer angebracht.

Im Gegensatz dazu sind die einzelnen Komplexe bei Hochleistungsmaschinen zum Teil selbst schon als selbständige Prozessoren ausgebildet, die eigenen Mikroprogrammen entsprechend ihre Funktionen ausführen. Mit so »intelligenten« Komponenten lassen sich zum Beispiel sehr effektive Cache-Verfahren realisieren. Ein Cache ist dann am wirkungsvollsten, wenn er auch mit den Befehlen gefüllt wird, die die Verarbeitungseinheit als nächstes braucht. So kann der Cache bei entsprechender Voruntersuchung der eingelesenen Befehle selbständig die Adressen der als nächstes zu lesenden Befehle ermitteln und diese dann laden. Je vorausschauender und intensiver diese Analyse ausgeführt wird (eigener Befehls- oder Cachecontroller), desto größer ist die Trefferwahrscheinlichkeit. Neben Befehlen wird der Cache aber auch zum effektiven Lesen der Daten verwendet, vorausgesetzt, die Logik kann die Befehle selbst analysieren, um die Datenadresse zu ermitteln. Auch zum Rückschreiben von Daten in den Speicher wird ein spezieller Cache genutzt. Das Ergebnis all dieser Verfahren ist schließlich eine optimale Eingliederung langsamer Speicherzugriffe in die Gesamtarbeit.

So viel zu Mikroprozessoren im engeren Sinne. Wie schon zu Anfang gesagt wurde, mit dieser Darstellung sollen nur die zwei verschiedenen Wege aufgezeigt werden, um das Besondere der Mikrocontroller besser zu verstehen. Sehen wir uns als nächstes den zweiten Weg an, den Weg der Verbindung zwischen Mikroprozessor, Speicher und Peripherie in einem Bauelement.

1.1.2 Der Mikrocontroller

Die Entwicklung der Mikroprozessoren ist eine Entwicklung zu immer leistungsfähigeren CPU-Kernen, zu effektiveren Speicherverwaltungsstrukturen und zu einem höheren Datendurchsatz. Die Richtung geht damit praktisch von außen nach innen, konzentriert sich vollkommen auf die CPU. Alle zusätzlichen Rechnerkomponenten sind Themen anderer Entwicklungsteams und von dem Prozessor nahezu völlig losgelöst.

Für den Weg der Mikrocontroller ist die entgegengesetzte Entwicklungsrichtung typisch, sie verläuft von innen nach außen, vom CPU-Kern zu den Speichern und den Peripherieelementen. Ziel ist ein möglichst leistungsfähiges Gesamtsystem auf einem Chip, das den Wünschen der Anwender am gerechtesten wird. Ist ein Mikroprozessor meistens der zentrale Kern in einem umfangreichen System aus vielen zum Teil ebenfalls intelligenten Hochleistungsbauelementen, so ist im Gegensatz dazu der Mikrocontroller häufig *das* Bauelement in einem Gerät. Er ist in vielen Fällen von nur wenigen einfachen Teilen umgeben, die seine Ports an das Umfeld anpassen und bestenfalls Hilfsfunktionen haben. Ein Controller ist Zentrale und Komplettsystem in einer Person. Alle für den Betrieb notwendigen Komponenten, die CPU, die Speicher und die Peripherie, sind in seinem Inneren vereint. Es ist fast unvorstellbar, was heute alles in solch einem Bauelement integriert wird. Und die Entwicklung geht weiter, immer kleinere Halbleiterstrukturen und neue Technologien bilden ein reiches Betätigungsfeld für die Entwickler. Doch damit ergibt sich sofort ein Problem. Wenn dieses Bauelement alle in einem Gerät notwendigen elektronischen Komponenten enthalten soll, so müßte für nahezu jeden Anwendungsfall ein neuer Controller entwickelt werden. Daß das nicht geht, ist sofort klar. Wie gelingt es aber dann der Industrie, den Bedarf an Bauelementen zu decken, die die Wünsche der Anwender optimal erfüllen?

Zunächst steht erst einmal fest, daß ein Mikrocontroller nicht in jedem Fall die gesamte Elektronik eines Gerätes ersetzen kann. In einem Fernseher zum Beispiel alle Funktionen in einem Bauelement zu vereinen ist derzeit noch nicht möglich. Hier bilden Controller eigene Module, die hauptsächlich Bedien- und Kontrollfunktionen des Gerätes übernehmen und automatisieren. In anderen Fällen wiederum sind Controller häufig zum einzigen elektronischen Bauelement geworden, abgesehen von einigen passiven Teilen wie Widerstände, Kondensatoren und Schalter. Ein Blick in so manchen Spielcomputer zeigt, wie mager die Bestückung und wie hochkonzentriert der Rest Elektronik sein kann. Das ist aber nicht der einzige Ort, wo Controller zu finden sind! Die kleine Grafik zeigt, wo überall diese Bauelemente anzutreffen sind.

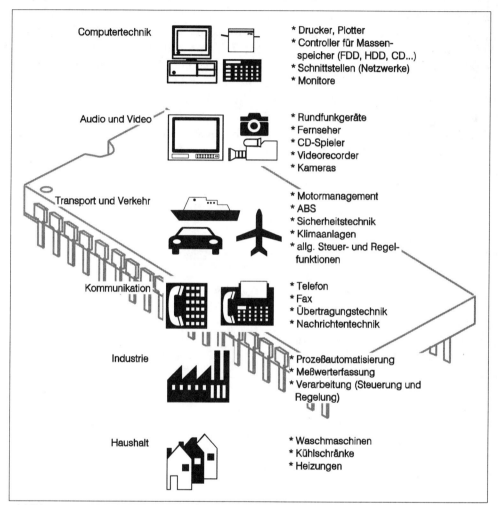

Abbildung 1.6: Typische Einsatzgebiete von Mikrocontrollern

Um ein möglichst breites Einsatzgebiet abzudecken, haben alle Firmen, die sich mit der Entwicklung von Mikrocontrollern beschäftigen, zunächst einen Universaltyp herausgebracht. Die Funktionen sind meistens im unteren bis mittleren Leistungsbereich angesiedelt. Die Ausstattung mit Speichern und Peripherie ist einfach, für viele Fälle aber schon ausreichend. Aufbauend auf diesen Grundtyp wurden oder werden dann, ähnlich einer Familie, verschiedene weitere Bauelemente entwickelt, deren Leistungsfähigkeit in Richtung mehr Speicher und/oder mehr Peripherie ausgebaut ist. Damit wird diese Familie breiter und vielgestaltiger. Man findet Bauelemente mit relativ wenig Speicher, dafür aber mit vielen digitalen Ein- und Ausgängen für Anwender mit einfachen Programmstrukturen, aber hohem E/A-Bedarf (Ein-/Ausgangsbedarf), beispielsweise für Tastaturen und Eingabefelder. Andere Mikrocontroller haben viel Speicher und nur wenige Peripheriefunktionen, die dafür aber hocheffektiv sein können. In vielen Anwendungen werden gerade besondere Fähigkeiten der Peripherie gefordert, so daß Hochleistungstimerkomplexe, Multikanal-Analog-/Digitalwandler oder spezielle Kommunikationsschnittstellen für Bussysteme zu finden sind. Bei entsprechend hoher Nachfrage können so die unterschiedlichsten Strukturen in einer Familie auftreten.

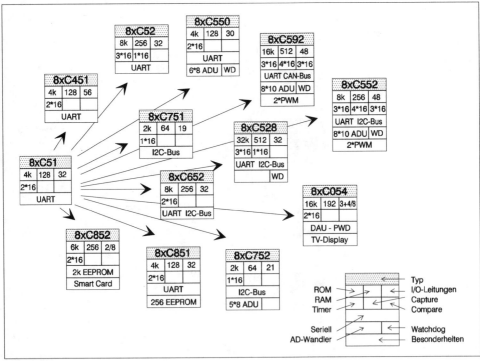

Abbildung 1.7: Ausschnitt aus dem 8051-Familienbaum

Sehen wir uns als Beispiel eine der bekanntesten Mikrocontrollerfamilien an, Intels 8051-Familie, die mittlerweile von vielen anderen Herstellern, so von SIEMENS oder Philipps aufgenommen und völlig selbständig weiterentwickelt wird. Das führt zu einer noch breiteren Auffächerung der Bauelementetypen und zu einer schier unüberschaubaren Fülle. Das Wesentliche der Familie, die CPU und die Grundstruktur Speicher/Peripherie, ist erhalten geblieben und sichert damit die große Verbreitung durch Software- und in weiten Grenzen auch deren Hardwarekompatibilität. Mehr zu dieser Familie dann im Kapitel 3. Die folgende Grafik zeigt aber schon einen winzigen Ausschnitt aus dieser Familie, die nur eine kleine Spur von der Vielfalt darstellt.

Was diese Grafik nicht zeigt, ist eine weitere Aufteilung, die für die meisten der einzelnen Bauelemente zusätzlich noch erfolgt. So gibt es zu nahezu jedem Bauelement neben der Standardversion mit einem Masken-ROM auch Ausführungen ohne internes ROM oder mit einem EPROM. Zum Teil findet man auch EEPROM-Speicher, andere haben Gehäuseformen, die das Aufsetzen eines externen Speichers gestatten (sogenannte Piggyback-Gehäuse), und noch andere besitzen zusätzliche Anschlüsse für einen externen Speicher (Emulator-Chips). Sie sehen schon, die Sache wird unüberschaubar, und das in nur einer Familie.

Unterstützt wird diese Entwicklung durch Entwicklungswerkzeuge der Hersteller, die es gestatten, neue Module entsprechend den Kundenwünschen recht einfach in bestehende Strukturen einzufügen. Jeder Hersteller hat seine Standardmodule wie den CPU-Kern und die verschiedenen Speicher- und Peripheriemodule so aufgebaut, daß sie ähnlich wie Bausteine handhabbar werden. Damit lassen sich sehr einfach durch bloßes Zusammensetzen oder Erweitern um spezielle Kundenmodule neue Mikrocontroller aufbauen. Das ist neben den Universalbauelementen der zweite Weg, der Grundidee der Mikrocontroller gerecht zu werden und dem Anwender ein Bauelement in die Hand zu geben, das alle für ihn wesentlichen Komponenten vereint und die gewünschten Funktionen ohne viel Drumherum erfüllt. Universalcontroller sind immer dann von Vorteil, wenn ihre Funktionen die Anforderungen erfüllen und die Stückzahlen nicht groß sind. Dank ihrer hohen Fertigungsstückzahlen sind sie besonders billig, und so kann man auch Funktionen, die in der konkreten Anwendung ungenutzt bleiben, akzeptieren.

Anders sieht es aus, wenn Bedarf an ganz speziellen Funktionen besteht, die bisher noch nicht vorhanden sind, oder bei genügend großen Bauelementestückzahlen. Dann sind Neuentwicklungen durchaus sinnvoll und werden auch häufig durchgeführt. Die Modularisierung bei der Bauelemententwicklung und -fertigung bietet alle Möglichkeiten dafür.

Nach so viel Unterschiedlichem ist es langsam an der Zeit, auch das Gemeinsame beider Entwicklungsrichtungen vorzustellen. Immer wieder ist schon darauf hingewiesen worden, daß es Gemeinsamkeiten gibt. Und tatsächlich, Mikrocontroller und Mikroprozessoren nähern sich, nach ihrem gemeinsamen Ausgangspunkt und einer dann erfolgten Trennung in zwei unterschiedliche Wege, wieder auf der Ebene einer hohen Datenverarbeitungsleistung und Echtzeitfähigkeit. Das Anwendungsgebiet traditioneller Mikrocontroller wird dabei nicht nur immer breiter, sondern auch intensiver, was die höhere Verarbeitungsleistung anbelangt. So sind bei modernen Mikrocontrollern mittlerweile Strukturen anzutreffen, die denen von Hochleistungs-prozessoren in der Datenverarbeitung gleichen. Befehls- und Daten-Cache, Parallel-verarbeitung, Adreßräume bis in den Mbytebereich und interne Arithmetikcontroller sind in den meisten Controllerfamilien keine Seltenheit mehr. Nahezu alle namhaften Hersteller von Controllern unterstützen heutzutage mit Entwicklungslinien und zum Teil schon umfangreichen Bauelementepaletten die 16- oder sogar 32-Bit-Ver-arbeitungsbreite. Aber das werden Sie alles noch in den Kapiteln des Buches sehen.

Eine ähnliche Entwicklung, allerdings mit umgekehrter Richtung, trifft man bei den Mikroprozessoren an. Auch hier hat die Verbreiterung der Anwendungsgebiete hin zu komplexeren Geräten mit hoher Datenverarbeitungsleistung zwangsläufig die Einbeziehung von Speicher- und Peripheriekomponenten in die ansonsten auf CPU-Leistung ausgerichteten Mikroprozessorstrukturen gefordert. Als vor etwa 4 Jahren die Firma »Chips and Technologies« ihren NEAT-Chipsatz einführte, brachte das eine bedeutende Verringerung der Bauelemente rund um den Mikroprozessor. Sie enthielten in wenigen »vielfüßigen« Chips die wichtigsten Schaltungsfunktionen eines PC. Heutzutage sind solche Chipsätze aus Mikrorechnern nicht mehr wegzu-denken, doch für viele Anwender sind auch sie noch zu viel »Material« in ihren Geräten. Hersteller von immer kleiner werdenden Notebooks und Notepads möch-ten die Zahl der Bauelemente weiter reduziert sehen. Also kommen immer mehr Funktionen, die sonst in externen Bauelementen aufgehoben waren, in die Mikro-prozessoren. Diese Entwicklung hat allerdings recht früh begonnen, wie der aus-zugsweise Blick auf eine Entwicklungslinie der Firma Motorola zeigt:

- 1979 Einführung des MC68000
  16-Bit-Mikroprozessor mit interner 32-Bit-Struktur
  Weiterentwicklung zum MC68010 (Virtuelles Speicherkonzept)
  Einsatz in Computern aus dem breiten Gebiet der Datenverarbeitung, in Steuerun-gen und Regelungen.

- 1984 Vorstellung des MC68020
  Echter 32-Bit-Prozessor mit externem 32-Bit-Bus

- 1987 Der MC68030
  Erweiterung des MC68020 um einen Daten-Cache und eine effektivere Speicher-verwaltung (Paged Memory Management Unit)

◆ 1989 Motorolas Embedded Mikroprozessor MC68332
Mischung aus dem Prozessor MC68020 und dem Controller MC68HC11 (letzterer
wird ausführlich im Kapitel 2 vorgestellt)
intern 32 Bit, extern 16 Bit; zusätzlich intern : 2 KRAM
2 serielle Schnittstellen (SPI und SCI); Timer-Co-Prozessor
Adreßdekoder; Interruptcontroller; Watchdog

◆ 1990 MC68040
»echter« Hochleistungsmikroprozessor mit großem Befehls- und Daten-Cache,
integrierter Floating Point Unit, Multimaster-Konzept

◆ 1991 MC68340
ähnlich dem MC68331, aber zusätzlich mit DMA-Controller, zwei 16-Bit-Timer-
module

◆ MC68EC030 Embedded Controller
ähnlich dem MC68030, aber zur Platz- und Preissenkung ohne Paged Memory
Management Unit

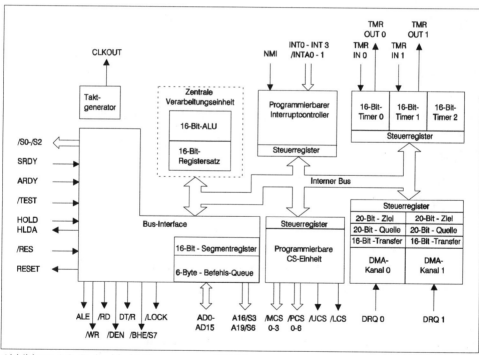

Abbildung 1.8: Embedded Mikroprozessor 80186

Auch auf der Basis des 16-Bit-Mikroprozessors 8086, auf dem die gesamte 80X86-Serie aufbaut, sind schon früh sogenannte Embedded Mikroprozessoren entstanden. Diese Bauelemente wurden speziell für die Belange der industriellen Anwendung in Steuerungen entwickelt. Einer davon ist der 80186 (80C186 CMOS-Version), ein 16-Bit-Prozessor mit einem 8086-Kern und einem 16-Bit-Datenbus. Ein weiterer dieser Serie ist der 80188 (auch hier in der CMOS-Version 80C188). Er besitzt, ähnlich wie der 8088, nur einen 8-Bit-Datenbus. Intern sind die beiden Typen bis auf wenige Ausnahmen identisch (Unterschiede im Businterface, 6-Byte/4-Byte Prefetch Queue). Was beide im wesentlichen von ihren reinen Mikroprozessorversionen unterscheidet, sind die folgenden internen Ausstattungsmerkmale:

◆ interner Taktgenerator

◆ programmierbarer Interruptgenerator

◆ DMA-Controller mit 2 unabhängigen High-Speed-DMA-Kanälen für Port-Port, Port-Memory und Memory-Port-Transfers

◆ drei programmierbare 16-Bit-Timer

◆ programmierbare Speicher- und Peripherie-Chip-Select-Logik

◆ programmierbarer Wait-Generator

◆ Local-Bus-Controller

Auf der Basis des 8086 sind noch weit mehr Prozessoren entwickelt worden, die aber schon dem Bereich der Controller zugeordnet werden sollten. Hier nur ein kurzer Überblick:

80C186EA – 80C186EB – 80C186EC

◆ statische CMOS-CPU, 8 – 20 MHz Systemtaktfrequenz, Opcode-kompatibel zu 8086/88

◆ 1Mbyte adressierbarer Speicherbereich, 86 Kbyte I/O-Raum

◆ Chip-Select-Unit mit 10 programmierbaren Memory- und Peripherie-Chip-Select-Signalen, programmierbarer Wait-Generator, READY-Logik

◆ DRAM-Refresh-Steuerung bis 4 MBit-DRAM-Chips

◆ Timer 3×16 Bit, kaskadierbar

◆ E/A- und EC-Typ mit DMA, 20-Bit-Adressen, 64-Kbyte-Blöcke, Memory- und I/O-Übertragung, byteweise/wortweise, externer, interner (Timer) und Software-Request

◆ programmierbarer Interruptcontroller mit internen und externen maskierbaren Quellen, 1 nichtmaskierbarer Interrupt, Master-Mode/Slave-Mode

◆ Low-Power-Modi

Idle Mode mit 30 % Reduzierung, Power Down Mode mit Reduzierung auf ca. 100 µA, Power Save Mode mit Taktteilung (1-/4-/16-/32-/64-Teiler), aber nicht bei 80C186EB

Typ	I/O	DMA	Schnittstelle	Interrupt	Watchdog
80C186EA	–	2 Kanäle	–	4 ext, 5 int	-
80C186EB	2×8 Bit	–	2×UART	5 ext, 5 int	-
80C186EC	3×8 Bit	4 Kanäle	2×UART	8 ext, 11 int	ja

Tabelle 1.1: Ausstattungsmerkmale der 80x86-Controller

Es fällt mitunter schon recht schwer, bei solchen Baulementen noch eine eindeutige Einordnung in die Gruppe der Mikroprozessoren oder der Mikrocontroller zu treffen. Für Prozessoren mit einer derartig controllertypischen Ausstattung findet man dann auch häufig den Namen Embedded Controller an Stelle von Embedded Prozessor. Im Gegensatz zu den reinen Mikroprozessoren benötigen sie häufig nur einen externen Programmspeicher, denn neben der umfangreichen Peripherie sind auch RAM-Zellen mitintegriert. Damit dringen sie in Bereiche ein, die normalerweise die Domäne von Controllern sind. Trotz dieser Überschneidungen und der vielen Gemeinsamkeiten bei der Entwicklung sind es im großen und ganzen doch zwei unterschiedliche Wege geblieben, wenn sich auch ihre Grenzen mehr und mehr verwischen.

Soviel zur Darstellung des Wesentlichen der beiden Grundideen Mikroprozessor und Mikrocontroller. Sie haben gesehen, daß sich aus verschiedenartigen Einsatzgebieten und damit unterschiedlichen Anforderungen zunächst zwei Entwicklungsrichtungen bei Mikrorechnerbausteinen herausgebildet haben: zwei getrennte Wege mit unterschiedlicher Designphilosophie. Doch die Anforderungen in beiden Anwenderkreisen sind mittlerweile derart gewachsen, daß die einstmals klaren Linien eine Verbreiterung erfahren haben, die jetzt zu einer ständig größer werdenden Überlappung führt. Die Domäne der Mikroprozessoren ist nicht mehr allein der Umgang mit großen Datenmengen, so wie Mikrocontroller auch nicht mehr nur den Bereich von simplen Steueraufgaben abdecken. Wie weit die Entwicklung moderner Mikrocontroller gediehen ist und wohin sie tendiert, werden Sie in den nächsten Kapiteln erfahren.

1.2   Ein modulares Konzept

Das wesentliche Merkmal eines Mikrocontrollers ist seine modulare Struktur. Sie ist es, die ihn sowohl zum Universalbauelement als auch zum Spezialisten in ganz speziellen Anwendungen werden läßt. Dabei verfolgt die Industrie zwei verschiedene Strategien, die sich aber nur in der Art der Ausstattung und der Einflußnahme des Anwenders beim Schaltkreisdesign unterscheiden. So gibt es die Gruppe der

◆ Standardcontroller mit flexibler Konfiguration und der

◆ Kundenwunschcontroller mit speziell zugeschnittener Konfiguration (z.B. AUDIO-Technik mit Analogverstärkern, AFC-Reglern usw.).

Alle Hersteller von Mikrocontrollern haben beide Linien in ihrem Entwicklungs- und Fertigungsprogramm. Meistens handelt es sich dabei praktischerweise um gleiche Schaltkreisfamilien. Die Standardversionen bilden dabei den Familienkern, der mit den wichtigsten Funktionen ausgerüstet, den Großteil der Anwender bedient. Was konkret unter den wichtigsten Funktionen verstanden wird, ist eine Frage der, Firmenphilosophie, doch haben sich typische Merkmale herausgebildet. So hat ein ganz normaler Standardcontroller etwa die Struktur wie in Abbildung 1.9.

Zu so einem 8-Bit-Standardcontroller gehört in der Regel neben der CPU ein Programmspeicher mittlerer Größe (ca. 8 Kbyte), ein Datenspeicher mit 256 Byte, der häufig auch die Arbeitsregister enthält, und ein Grundset an Peripheriemodulen. Typisch ist dafür eine Ausrüstung mit 3–5 8-Bit-Ein-/Ausgabeports (mit Mehrfachfunktionen) und einem Timermodul, das in den einfachsten Fällen verschiedene Zähler- und Zeitgeberfunktionen, aber häufig auch komplexe Timeraufgaben ausführen kann. Zur Verbindung mit anderen Bauelementen und Geräten wird auch sehr oft eine serielle Schnittstelle mit verschiedenen Betriebsarten angeboten. Und da in vielen Einsatzfällen Analogeingangssignale vorkommen, gehört auch ein AD-Wandler zur Grundausrüstung. Letzterer ist aber nicht prinzipiell bei jedem Typ vorhanden. Ausgestattet mit diesen Merkmalen, sind solche Controller in vielen Anwendungen wiederzufinden. Dabei sind häufig bestimmte Module mit besonderer Leistungsfähigkeit ausgestattet, so daß es hier schon zu einer gewissen Spezialisierung innerhalb einer Schaltkreisfamilie kommt. Besonders oft betrifft das die Timermodule. Die Palette reicht bei ihnen von einfachen 8-Bit-Zählern/Zeitgebern bis hin zu Timer-Co-Prozessoren. Auch die Schnittstellen, sowohl parallel als auch seriell, sind zum Teil ausgesprochen komfortabel angelegt. Durch diese Spezialisierung in verschiedene Funktionen entstehen in einer Schaltkreisfamilie viele »Standardversionen für besondere Anforderungen«. Damit wird der Name »Standardcontroller« genau genommen verwaschen, doch die Stückzahl in den unterschiedlichen Versionen machen sie eben doch zu Standardtypen für alle Fälle.

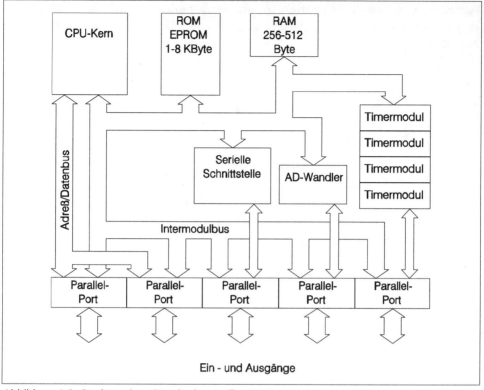

Abbildung 1.9: Struktur eines Standardcontrollers

Neben der riesigen Zahl an Anwendern, denen die Leistung der Standardversionen ausreicht oder auch ein Optimum darstellt, gibt es jedoch immer wieder Ausnahmen. Man braucht sich nur die Vielzahl an Einsatzgebieten von Mikrocontrollern vorzustellen und sofort wird klar, daß es da keinen gemeinsamen Nenner geben kann, die Anforderungen sind viel zu unterschiedlich. So werden in einigen Einsatzfällen ganz spezielle Funktionen gefordert, die nur der eine Kunde benötigt. Für alle anderen Anwender sind diese uninteressant und wirken sich nur negativ auf den Preis aus. Gerade der Preis zwingt die Hersteller oft zur Entwicklung von Spezialbauelementen. Dabei ist Spezialisierung und Kundenwunsch nicht immer gleichzusetzen mit hoher Funktionalität. Manchmal geht es auch um Bauelemente mit wenigen Minimalfunktionen, die genau an die Anwendung angepaßt sind. Beispiele für diese Controller finden sich überall, ein Blick in moderne Telefone oder HiFi-Anlagen, Autoelektronikmodule und Heimgeräte bringt gleich mehrere von ihnen ans Tageslicht. Generell gilt, je mehr ein Controller an Verbreitung gewinnt, umso größer wird auch die Zahl der Spezialbauelemente. Großkunden mit ihren ganz besonderen

Forderungen lassen dabei häufig die Zahl der Familienmitglieder sehr schnell ansteigen. Ein typisches Beispiel für einen Spezialcontroller sehen Sie in der folgenden Abbildung.

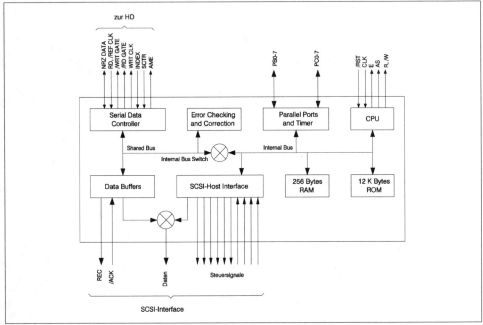

Abbildung 1.10: Hard Disk Controller MC68HC99 von Motorola

Bei dem abgebildeten Mikrocontroller handelt es sich um eine Spezialversion aus der MC68HC11-Familie. Es ist ein Controller für Festplattenlaufwerke, der die Verbindung zwischen einem oder mehreren Festplattenlaufwerken und einem Host-Computer herstellt. Für die nötige Intelligenz eines solchen Controllers sorgt der CPU-Kern eines MC68HC11-Mikrocontrollers. Für Daten steht ein 256-Byte-RAM bereit, das Programm ist in dem internen 12-Kbyte-ROM untergebracht. Außerdem verfügt auch diese Version über alle 4 Betriebsarten des MC68HC11, so daß die internen Speicher und Peripheriemodule extern erweiterbar sind (siehe Kapitel 2). Die Peripheriemodule sind aber ganz auf den besonderen Einsatz zugeschnitten. So bildet das Serial-Data-Controller-Modul die Schnittstelle zu den Plattenlaufwerken, und eine Error Checking and Correction Unit sorgt für die automatische Überwachung und Fehlerkorrektur des Datenstroms von den Festplatten. Die Verbindung zum Host-Computer erfolgt über eine SCSI-Schnittstelle (Small Computer System Interface), kann aber auch beliebig anders gestaltet sein. Ein Host Interface und ein

528-Byte-Ringdatenpuffer ist dafür vorgesehen. Außerdem sind noch zwei 8-Bit-Parallel-Ports (Buserweiterungen Adreß-/Datenbus...) und ein 16-Bit-Timermodul mit Capture-/Comparefunktion auf dem Chip integriert.

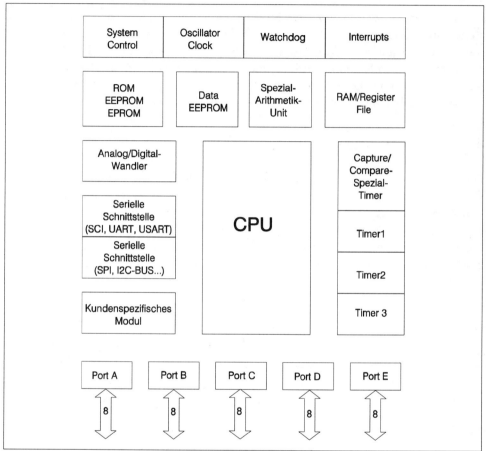

Abbildung 1.11: Modularer Aufbau eines Mikrocontrollers

Die ungeheuer große Anzahl an Modulen, mit denen ein Mikrocontroller ausgestattet sein kann, ist verständlicherweise nicht in diesem Buch erfaßbar. Deshalb möchte ich mich auf die wesentlichen Komponenten beschränken, bei passender Gelegenheit aber auch Sonderformen vorstellen. Die Wahl der Module ist nach ihrer Verbreitung vorgenommen worden und dürfte immerhin ca. 90 % aller Mikrocontroller betreffen. Sehen wir uns also den »Standardcontroller« in einem Überblickbild an, das alle nachher im einzelnen vorgestellten Module enthält. Die gleiche Grafik wird auch bei der späteren Zusammenstellung von Bauelementen verschiedenster Hersteller im Kapitel 3 verwendet. Dort soll sie der Orientierung zwischen den einzelnen Familien dienen. Hier an dieser Stelle zeigt sie die Modularität eines typischen Mikrocontrollers (Abb. 1.11).

Kommen wir nun zu den einzelnen Modulen und ihren Funktionen. Die Reihenfolge stellt keine Wertung dar, doch bildet sicher die CPU und die verschiedenen Speicher den Kern eines jeden Mikrocontrollers. Daher sollen sie auch diesen Teil des Buches anführen. Um den Kern angeordnet sind die Peripheriemodule und werden daher auf den folgenden Seiten besprochen. Den Abschluß bildet ein kurzer Blick auf den Aufbau eines Befehlssatzes, wie er bei heutigen Mikrocontrollern üblich ist.

1.2.1   CPU-Kern, Arithmetikeinheit

Die Zentrale eines jeden Mikrocontrollers ist die CPU. Andere Bezeichnungen dafür sind CPU-Kern, CPU-Core oder Zentraleinheit. In der Literatur sind alle Namen vertreten, und auch in diesem Buch wird von ihnen Gebrauch gemacht. Die CPU ist der Ausgangspunkt aller befehlsgesteuerten Aktionen, in ihr erfolgt generell jegliche Datenverarbeitung. Zu Ausnahmen von dieser Regel kommen wir später. Die Abbildung zeigt den prinzipiellen Aufbau eines CPU-Kerns, wie er typisch für Controller ist.

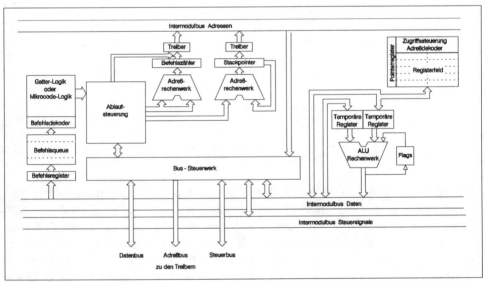

Abbildung 1.12: Prinzipieller Aufbau eines CPU-Kerns

Vergleicht man dieses Bild mit der Darstellung eines Mikroprozessors weiter vorn, so fällt auf, daß hier sehr große Ähnlichkeiten bestehen. Das ist auch nicht verwunderlich, denn letztendlich ist ein Mikrocontroller nichts anderes als ein meist komplettes Mikrorechnersystem, das in einem einzigen Schaltkreis integriert ist. Somit gehören Speicher und Peripheriemodule und eben auch ein Mikroprozessor zu dieser Struktur.

Zu den wesentlichen Bestandteilen der CPU zählt die Ablaufsteuerung mit der Adressenverwaltung und dem Befehlsdekoder sowie die Datenverarbeitungseinheit. Häufig werden auch noch Registerblöcke dazu gezählt, doch das ist abhängig von der Architektur des Controllers. Bei spezialregisterorientierten Strukturen sind diese Register praktisch mit in der CPU integriert.

Als ich Ihnen weiter vorn den Grundaufbau eines Mikroprozessors kurz vorgestellt habe, sind dort schon die wichtigsten Funktionen seiner Bestandteile erläutert worden. Schauen wir uns jetzt aber sein Innenleben etwas genauer an. Den Anfang soll dabei jener Teil bilden, der für die Steuerung aller Abläufe im Gesamtbauelement sorgt. Zwar ist die wichtigste Aufgabe der CPU die Verarbeitung von Daten, doch bedeutet das nicht zwangsläufig, daß der zuständige Verarbeitungskomplex auch das funktionelle Zentrum darstellt. Diese Wertung ist sicher sehr subjektiv, doch bestimmt das Steuerwerk und alles, was dazu gehört, wesentlich den Charakter und die Leistung der CPU und des gesamten Controllers.

Steuerwerk

Unter dem Begriff Steuerwerk werden eine ganze Reihe von Einzelelementen der CPU zusammengefaßt, die alle der Koordinierung der internen und externen Abläufe entsprechend den Vorgaben durch das Programm dienen. Demzufolge besteht die Hauptaufgabe in der Generierung der Adressen für den Programm- oder Befehlsspeicher, dem Holen der Befehle und der Analyse und Umsetzung in interne Steuersignale für die CPU und aller anderen Module des Bauelements.

Zur Adressierung des Programmspeichers ist es zunächst unerheblich, ob sich dieser Speicher innerhalb oder außerhalb des Controllers befindet. Meistens wird ein spezielles Register, der Befehlszähler PC verwendet. Geht man von üblichen 8-Bit-Controllern aus, so hat sich für ihn eine Breite von 16 Bit eingebürgert. Der damit adressierbare Speicher besitzt demzufolge eine maximale Größe von 2^{16} Speicherzellen, gleich 64 Kbyte. Diese Größe ist für die meisten Anwendungen in der 8-Bit-Welt ausreichend. Sieht man sich den Großteil der Controller an, so ist deren interner Programmspeicher selten größer als 16 Kbyte. Bei Low-Cost-Versionen findet man auch noch kürzere Befehlszähler, vor allem, wenn diese Bauelemente nicht für eine externe Speichererweiterung vorgesehen sind und der interne Adreßraum unter den 64 K bleibt. Ein Beispiel dafür sind die Bauelemente der ST6-Familie von SGS Thomson. Ihr PC ist gerade einmal 12 Bit groß, so daß der Gesamtspeicher auf maximal 4 Kbyte beschränkt ist. Daß das durchaus ausreichend sein kann, beweist die große Verbreitung dieser Controller in ihrem Marktsegment, das sich von Spielwaren über HiFi und TV bis zu Industrieanlagen erstreckt. In Kapitel 3 werden wir diese Familie noch genauer ansehen.

Das andere Extrem wird von Bauelementen gebildet, denen die 64-Kbyte-Speicher nicht reichen und die mit besonderen Mitteln, trotz 8-Bit-Architektur, hier mehr Adreßraum verwalten können. Eines dieser Verfahren verwendet ganz einfach einen größeren Befehlszähler. Ausgeweitet auf 20 Bit wird der Adreßraum schon 1 Mbyte groß. Da sich die »8-Bitter« aber selten dieser Methode bedienen, sie ist mehr den 16-Bit-Controllern vorbehalten, werden wir auch nicht näher darauf eingehen. Üblicher ist hier ein Verfahren, mehr Speicher über sogenannte Speicherbänke anzusprechen. Dazu sind zwei oder auch mehrere, bis zu 64 Kbyte große Speicherbereiche an einem 16-Bit-Adreßbus angeschlossen. Sie werden über eine sogenannte Bank Switching Logik programmgemäß selektiert und aktiv bzw. passiv geschaltet. Näheres zu diesem Verfahren aber im Kapitel über Speicherbereiche und deren Strukturen.

Ein weiteres Verfahren, das ebenso fast ausschließlich bei den 16-Bit-Prozessoren anzutreffen ist, nutzt sogenannte Segmentregister, um den eigentlichen 16-Bit-Befehlszähler zu erweitern. Die wahre physikalische Adresse, die am entsprechend breiten Adreßbus ausgegeben wird, ergibt sich aus der Summe aus Befehlszähler und Segmentregisterinhalt. Neben der Erweiterung des Adreßbereichs liegt aber der Vorteil der Segmentierung in der Trennung von einzelnen Speicherbereichen. Als Beispiel soll hier wieder der Mikroprozessor dienen, der in jedem IBM-kompatiblen PC zu finden ist. Auch wenn diese Bauelemente mittlerweile bedeutend an Umfang und Leistung zugelegt haben, ist ihr Kern immer noch mit dem alten 8086 verwandt. Dieser kennt 4 verschiedene Segmentregister, eines für Befehlslesezugriffe, ein anders für Datenlese- und Schreibzugriffe, ein weiteres für alle Aktionen im Umgang mit dem Stack und schließlich ein viertes Segmentregister für erweiterte Anwendungen mit Daten. Die einzelnen Zugriffsarten auf den Speicher nutzen jede für sich ein bestimmtes Segmentregister. Damit lassen sich auf einfache Art und Weise Speicherbereiche voneinander trennen. Im Falle von Taskumschaltungen, wie sie schon bei Interruptprogrammen und Unterprogrammstrukturen, aber auch in Multitaskingprogrammen vorkommen, bildet die Segmentierung ein gutes Mittel der Isolierung der Arbeitsbereiche. Allerdings setzt das Verfahren auch eine saubere Programmierung voraus, da es leicht zu ungewollten Segmentüberlappungen und damit zu

Fehlern kommen kann. Auch dazu wieder eine Abbildung und weitere Bemerkungen im Kapitel über Speicherstrukturen.

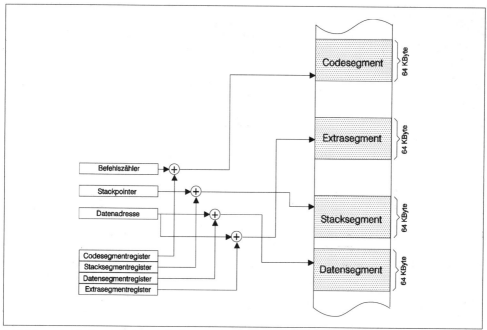

Abbildung 1.13: Segmentierung beim 80x86-Mikroprozessor

Eine andere Methode, den Adreßbereich bei unverändertem Befehlszähler zu vergrößern, ergibt sich indirekt aus einer speziellen Architektur der Bauelemente. Bei den heutigen Mikroprozessoren und Mikrocontrollern findet man in der Hauptsache zwei verschiedene Architekturtypen, die Von-Neumann-Architektur und die Harvard-Architektur. Bei der Von-Neumann-Architektur existiert nur ein linearer Adreßraum, den sich Daten und Befehle teilen müssen. Bei der Adressierung kann nicht zwischen Daten-, Konstanten- und Programmbereichen unterschieden werden. Der gesamte Adreßraum ergibt sich aus der Befehlszählerbreite, soweit keine Hilfsmittel wie etwa das Speicherbanking zum Einsatz kommen. Von-Neumann-Architekturen kennen nur einen Adreßbus und einen Datenbus. Über letzteren werden Daten gelesen und geschrieben, aber auch alle Befehle aus dem Programmspeicher geholt. Damit ist eine gleichzeitige Adressierung von Befehlen und Daten (Parallelstrukturen) von vornherein ausgeschlossen. Das typische Aussehen eines Adreßraumes unter der Von-Neumann-Architektur zeigt die folgende Abbildung.

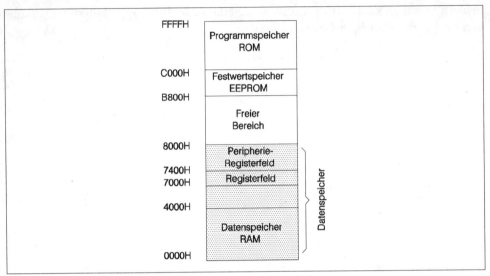

Abbildung 1.14: Adreßraum bei einer Von-Neumann-Architektur

Anders sieht es bei der Harvard-Architektur aus. Obwohl auch sie nur über einen Befehlszähler verfügt, kennt sie jedoch getrennte Adreßräume für Daten und Befehle. Zur Unterscheidung wird ein zusätzliches Steuersignal herangezogen, das der Controller in Abhängigkeit von dem Befehl ausgibt. Die Namen für dieses Signal sind verschieden, ihre Funktion aber generell gleich. Bei den Controllern der 8051-Familie nennt man das Signal /PSEN. Das Steuerwerk des Controllers legt /PSEN immer auf Low-Pegel, wenn ein Befehl geholt wird und wenn auf den Programmspeicher zugegriffen wird. Ansonsten bestimmt die Art der Befehle die Quellen und Ziele von Daten.

> MOVC A, @A + DPTR

Dieser Befehl lädt den Akkumulator A mit einem Byte aus dem Programm- oder Konstantenspeicher. Die Adresse ergibt sich aus der Summe aus dem Akkumulatorinhalt und dem Inhalt eines 16-Bit-Pointerregisters DPTR. Bei diesem Zugriff wird das /PSEN-Signal auf Low gelegt, so daß der Programm- oder Konstantenspeicher angesprochen wird.

> MOVX A, @DPTR

Auch dieser Befehl lädt den Akku A mit einem Byte, allerdings nun aus dem externen Datenspeicher. Das /PSEN-Signal bleibt dabei inaktiv.

Da in beiden Fällen, also sowohl beim Lesen von Befehlen oder Konstanten als auch beim Zugriff auf Daten im Datenspeicher, die volle Breite des Adreßbusses zur Verfügung steht, kommt es dadurch zu einer Verdopplung des physikalischen Adreßraumes. Das /PSEN-Signal bildet praktisch die zusätzliche 17. Adresse. Auch hier wieder am Beispiel der 8051-CPU ein Blick auf eine typische Harvard-Architektur.

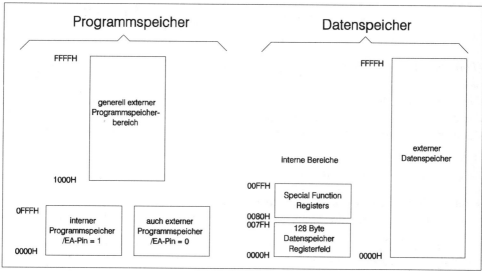

Abbildung 1.15: Adreßraum bei einer Harvard-Architektur

Viele Controller nutzen dieses Verfahren zur Erweiterung ihrer Speicherbereiche, wobei dieser Effekt aber nicht das Hauptmerkmal der Harvard-Architektur ist. Neben der Verdopplung des Speicherraumes gestattet sie auch eine echte parallele Verarbeitung, da Befehle und Daten getrennt voneinander und damit parallel zur Verfügung stehen. Wenn getrennte Bussysteme verwendet werden, kann gleichzeitig auf beide zugegriffen werden. Allerdings nutzen nur wenige Mikrocontroller diese Architektur voll aus, denn gerade bei den 8-Bit-Bauelementen herrscht der »universelle« Datenbus vor, der nicht nur die Daten, sondern auch die Befehle transportiert. Bei 16- oder 32-Bit-Mikrocontrollern ist diese Technik aber ein hervorragendes Mittel, die Verarbeitungsgeschwindigkeit zu steigern. Die Grafik zeigt das Prinzip von getrennten Bussen.

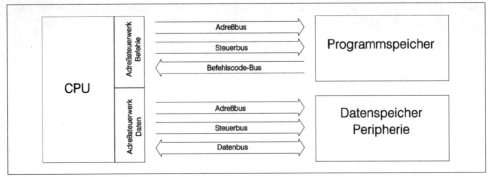

Abbildung 1.16: Harvard-Architektur mit getrennten Bussen

Die Verwaltung des Befehlszählers und aller mit ihm in Zusammenhang stehenden weiteren Register (Bank Switching Logik, Segmentregister) ist Aufgabe der Ablaufsteuerung. Sie entscheidet in Abhängigkeit von dem Befehl, ob für dessen Ausführung

◆ kein weiterer Zugriff auf den Befehlsspeicher erfolgen soll,

◆ ein weiterer Lesezyklus des Befehlsspeichers notwendig ist (um Teile des Opcodes oder Operandenadressen oder Operanden selber zu lesen),

◆ Lese- oder Schreibzugriffe auf den Datenspeicher oder Peripheriebereich ausgeführt werden müssen.

Die Ablaufsteuerung inkrementiert infolge des Opcodes entweder den Befehlszähler und gibt ihn erneut auf den Adreßbus aus oder sie bildet Operandenadressen, die anstelle des PCs ausgegeben werden. In beiden Fällen kann es sich auch um komplizierte Adreßberechnungen handeln, wenn zum Beispiel die Adresse nicht unmittelbar im Befehl steht oder die Reihenfolge im Befehlsspeicher verlassen wird. Was dabei wie gerechnet wird, werden wir später bei der Vorstellung der Adressierungsarten genauer sehen. Die von der Ablaufsteuerung erzeugten Adressen gelangen entweder auf Intermodulbussen zu den chipinternen Modulen oder zum Bus-Steuerwerk. Über die Intermodulbusse sind alle internen Module des Controllers verbunden. Sie sind das Äquivalent zu den von Mikrorechnern bekannten Bussen und transportieren Adressen, Daten und Steuersignale. Für die Adressierung von Bereichen außerhalb des Controllers müssen zusätzlich zu den Adressen bestimmte Signale mit definierten Abläufen erzeugt werden. Diese Aufgabe übernimmt das Bus-Steuerwerk. So wie die »Umgangsformen« mit Speicher oder Peripherieelementen eine gewisse Standardisierung erfahren haben, bilden sich auch charakteristische Signalspiele bei den Controllern und Prozessoren heraus. Jeder Controller, der mit

Standardbauelementen zusammenarbeiten soll, muß sich an diese Regeln halten. Die Abbildung zeigt typische Zugriffe beim Befehlslesen und bei Datenlese- und Schreiboperationen.

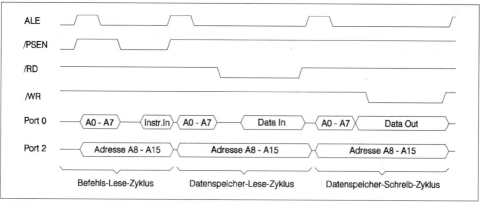

Abbildung 1.17: Externes Bus-Timing

Die dargestellten Zeitabläufe gelten für das externe Adreßtiming eines Controllers mit gemultiplextem Daten-/Adreßbus. Bei diesem werden zur Einsparung von Portleitungen über ein Port sowohl die Daten als auch ein Teil der Adressen ausgegeben. Da alle extern angeschlossenen Bauelemente eine gewisse Zeit brauchen, um für den Datenverkehr bereit zu sein (Zugriffszeit), müssen immer zuerst die Adressen gültig sein und dann erst die Daten. Aus diesem Grund senden Controller mit gemultiplextem Bus einen Teil der Adressen zunächst an einen Port, in diesem Fall den Low-Teil (A0 – A7). Für den anderen Teil der Adressen wird meistens ein eigenes Port verwendet, sie liegen hier während des gesamten Buszugriffs fest an. Ein spezielles Signal kennzeichnet die Gültigkeit der Adressen (Adress Latch Enable ALE). So kann ein an dem Port angeschlossenes Register die Adresse einspeichern und für den Rest des Zyklusses der externen Schaltung zur Verfügung stellen. In den weiteren Takten ist das Port frei für den Datenverkehr. Weiter hinten im Kapitel 1 werden Sie anhand von Schaltungen sehen, wie mit einem derartigen Multiplexbus gearbeitet wird. Der große Vorteil der Einsparung von Portleitungen überwiegt meistens den Nachteil des erhöhten Schaltungsaufwandes. Bei einigen Bauelementen ist auch das Busverfahren wählbar, so daß von Fall zu Fall die optimale Variante eingesetzt werden kann.

Nachdem die Adresse gebildet und an den Speicher weitergeleitet wurde, steht nach einer definierten Zugriffszeit das Datenbyte bereit. Bei einem Zugriff auf den Befehlsspeicher ist das selbstverständlich der Opcode bzw. ein ergänzendes, zum Befehl gehörendes Byte. Um mit der Information etwas anfangen zu können, muß sie analysiert werden. Das Ergebnis dieser Analyse sind dann entsprechende Steuersignale für die verschiedenen Bestandteile der CPU. In der Ablaufsteuerung führt die Information aus dem Opcode zu bestimmten Abarbeitungssequenzen, wie zum Beispiel:

◆ Erhöhen des Befehlszählers für den nächsten Befehl oder zum Einlesen eines weiteren Bytes, das zum aktuellen Befehl gehört (Mehrbyte-Befehl)

◆ Bildung einer neuen Befehlsadresse durch Verknüpfung oder Rechnung

◆ Transporte zwischen CPU-internen oder internen und externen Adressen bzw. zwischen der CPU und den Modulen des Controllers

◆ Datenmanipulationen (logische, arithmetische und Bitbefehle)

◆ Stellen von Status- und Flagbits

◆ Stackoperationen bei Sprüngen, Unterprogrammaufrufen oder Interruptbearbeitung

◆ Eingriffe in die Arbeit der CPU (Low-Power-Modi)

Alle diese Sequenzen innerhalb eines Befehls bestehen wieder aus einzelnen Transport- und Verarbeitungsvorgängen, die von der Ablaufsteuerung initiiert oder durchgeführt werden. Dazu verwendet die CPU in der Regel mehrere interne Systemtakte, die zusammen einen Maschinenzyklus bilden. In dem oben abgebildeten Timing sind für einen Befehlslesezyklus und für einen Speicherlese- und Schreibzyklus Verhältnisse dargestellt, wie sie typisch für Mikrocontroller und Mikroprozessoren sind. Die nachfolgende Abbildung zeigt die Abarbeitung eines vollständigen Befehls in einem vereinfachten Timingdiagramm.

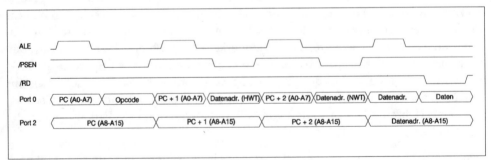

Abbildung 1.18: ADD A, MEM-Befehl mit absoluter Adressierung

Um den Opcode eines Befehls in interne Steueranweisungen umzusetzen, haben sich in der Praxis zwei unterschiedliche Verfahren durchgesetzt:

◆ Befehlsdekoder (Gatterlogik)

◆ Mikrocode-Steuerwerke

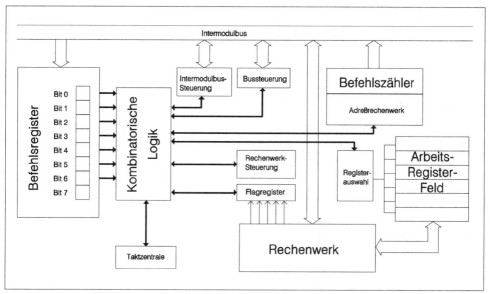

Abbildung 1.19: Befehlsdekoder

Der Befehlsdekoder stellt die klassische Art des Steuerwerks dar. Bei ihm werden die eingelesenen Befehle durch eine kombinatorische Logik so zerlegt, daß sich damit unter Zuhilfenahme von Signalen aus einer Taktzentrale die geforderten Sequenzen erzeugen lassen. So ein Befehlsdekoder ist jedoch leider eine starre Struktur, die, einmal entwickelt, kaum Änderungen und Erweiterungen im Befehlssatz zuläßt. Gerade bei der Entwicklung eines Controllers bringt sie die meisten Probleme mit sich. Ihr großer Vorteil ist aber die Schnelligkeit bei der Befehlsanalyse und die Umsetzung in die Steuersequenzen.

Wesentlich flexibler, dafür aber langsamer, sind sogenannte Mikrocode-Steuerwerke. Bei ihnen analysiert eine an einen Controller erinnernde Struktur den Befehl und setzt diesen in eine ganze Reihe neuer Mikrobefehle um, die ihrerseits die gewünschten Aktionen auslösen und steuern. In der Praxis handelt es sich bei dieser Struktur tatsächlich um einen Mikrocontroller, der einen eigenen Programmspeicher, den Mikrocodespeicher, besitzt. Jeder Befehl des eigentlichen Prozessors läßt diesen »Mikrocontroller« ein bestimmtes Programm an Mikrobefehlen abarbeiten. Damit sind solche Bauelemente sehr gut zu entwickeln, da durch »Programmierung« der Mikrocodes bis zum Schluß noch Änderungen an der Arbeitsweise des Bauelements vorgenommen werden können. Auch für Erweiterungen sind derartige Strukturen optimal geeignet. Dafür ist der Aufwand allerdings sehr hoch, so daß man Mikrocode-Steuerwerke kaum bei 8-Bit-Controllern findet. Ihre Stärke können sie nur von den größeren 16-Bit-Mikroprozessoren an aufwärts ausspielen.

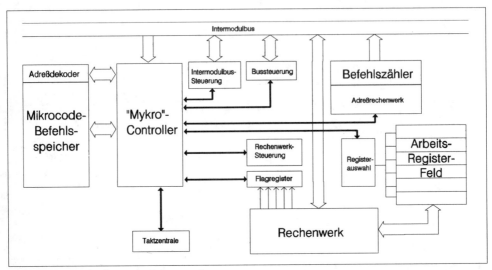

Abbildung 1.20: Mikrocode-Steuerwerk

Beide Verfahren haben ihre eigenen, schon genannten Vor- und Nachteile. Welches letztendlich in dem Bauelement zum Einsatz kommt, hängt neben dem Aufwand unter anderem von der Grundstruktur des Controllers ab. Hier kommen wir zu einem Punkt, der bisher bewußt ausgeklammert wurde. In der Prozessortechnik gibt es zwei grundlegend unterschiedliche Philosophien im Hard- und Softwaredesign. Eine davon setzt auf ein großes Spektrum leistungsfähiger, komplexer Befehle, die pro Befehl ganze Teilaufgaben mit zum Teil sehr vielen Takten ausführen. Die andere Art nutzt eine bescheidene Anzahl primitiver Grundbefehle, welche jedoch dafür nicht selten in einem Takt abgearbeitet werden. Erstere nennt sich nach der Vielzahl und Komplexität der Befehle CISC-Struktur (Complex Instruction Set Computer), entsprechend heißen die Bauelemente CISC-Prozessoren. Die Mehrzahl aller Mikroprozessoren und Mikrocontroller gehören zu dieser Art. Daher dominiert hier auch noch der Befehlsdekoder aus Gatterlogik-Komplexen, obwohl sich der Trend auch da eindeutig in Richtung Mikrocode-Steuerwerke entwickelt. Mit schnellen Befehlsdekodern läßt sich der Nachteil der komplexen, aber langsamen Befehle zwar gut ausgleichen, dafür bringen aber die programmierbaren Sequenzen der Mikrocodes gerade hier enorme Vorteile. Sieht man sich Befehle von typischen CISC-Prozessoren genauer an, so bilden manche ganze »Teilprogramme«, die nur mit einem intelligenten Steuerwerk zu beherrschen sind.

Die zweite Art von Prozessordesign trägt den Namen RISC-Struktur (**R**educed **I**nstruction **S**et **C**omputer). RISC-Prozessoren nutzen verständlicherweise hauptsächlich die schnelle Gatterlogik. Ihre Befehle sind einfach in den Funktionen und den Adressierungsarten. So laufen zum Beispiel alle Datenmanipulationen nur zwischen wenigen internen Registern ab, aufwendige Verfahren zur Adressierung der Operanden entfallen daher. Bei Mikrocontrollern sind diese Strukturen selten zu finden. Hier dominiert eindeutig das CISC-Konzept. Mit den steigenden Taktfrequenzen verringern sich die Nachteile der langen Befehlsbearbeitungszeiten von CISC-Prozessoren, und die Vorteile der effektiven Befehle überwiegen. Einige wenige Hersteller suchen auch den goldenen Mittelweg und binden einen RISC-CPU-Kern in eine CISC-Umgebung ein. Damit stehen die kurzen und schnellen RISC-Befehle für extreme Echtzeitforderungen zur Verfügung, für komplexere Programmteile lassen sich mächtigere CISC-Befehle verwenden.

Häufig liest man im Zusammenhang mit Prozessoren die Begriffe »Pipelinig«, »parallele Befehlsabarbeitung« oder »Instruction-Prefetch-Queue«. Hinter all diesen Namen verbirgt sich ein besonderes Verfahren der CPU, Befehle und zum Teil auch Daten schneller von den Speichern zur Ausführung bereitzustellen. Bei den normalen bisher vorgestellten Strukturen laufen die Zugriffe alle nacheinander ab.

– Befehl holen – analysieren – eventuell weitere Daten holen – ausführen –

Erst dann liest die CPU den nächsten Befehl vom Speicher. Bei einem Großteil der Befehle wird jedoch der Daten-/Adreßbus nur beim unmittelbaren Lesen und Schreiben genutzt, in der verbleibenden Zeit laufen CPU-interne Vorgänge ab. Was liegt also näher, in diesen Bus-Ruhezeiten vorausschauend schon die nächsten Befehle in spezielle Speicher innerhalb der CPU zu lesen. Von diesem Ort aus sind die Zugriffszeiten wesentlich kürzer, die gesamte Verarbeitungszeit verringert sich damit automatisch. Da in diesem Speicher Befehle eingeladen werden, die auf ihre Abarbeitung warten, tragen sie auch die Namen »Befehlswarteschlange« oder »Instruction-Prefetch-Queue«. Immer wenn die CPU mit Datenmanipulationen beschäftigt ist, die nicht den Pfad Programmspeicher-Befehlsdekoder/Systemsteuerung benutzen, liest die Steuerung schon die nächsten Befehle aus dem Programmspeicher in einen FIFO-Speicher ein. Damit es zu keinen Zeitverlusten kommt, ist dieser in der Regel am Befehlsdekoder »angeordnet« und besitzt durch seine geringe Speicherkapazität von nur wenigen Befehlen wesentlich kürzere Zugriffszeiten als interne und erst recht externe Programmspeicher. Das FIFO-Prinzip (First In First Out) ist hier besonders geeignet, da die Befehle ähnlich einem Schieberegister in der Reihenfolge des Programmspeichers eingelesen und von dem Dekoder abgeholt werden. Betrachtet man die Befehlsabarbeitung eines derartigen Controllers, so scheinen Teile des Programms parallel abzulaufen. In der Zeit, in der ein Befehl in der Verarbeitungseinheit ausgeführt wird, analysiert der Befehlsdekoder schon den nächsten Befehl und gleichzeitig transportiert die Ablaufsteuerung den darauf folgenden Befehl in die Warteschlange. Dieses Verfahren ist bei Hochleistungsmikroprozessoren und 16-Bit-Controllern schon zum Standard geworden und auch bei einigen 8-Bit-Typen setzt es sich langsam durch.

Verarbeitungseinheit

Die Verarbeitungseinheit bildet den ausführenden Teil der CPU. Häufig trifft man auch noch auf den Namen »Rechenwerk«, doch besitzen heutige CPUs weitaus mehr als nur ein einfaches Rechenwerk. Mit ihrem Aufbau bestimmen sie entscheidend die Möglichkeiten des Controllers im Umgang mit Daten. Ein Blick auf den Befehlssatz eines Bauelements läßt in etwa erahnen, wie komplex dieses Modul ist. So werden für Additionen und Subtraktionen noch keine besonderen Strukturen gefordert, doch kommen Multiplikation und Division dazu, wird es schon komplizierter. Einige Bauelemente lösen diese Funktionen bei relativ wenig Hardwareaufwand mittels umfangreicher Mikrocodesequenzen. Bei modernen 8-Bit-Mikrocontrollern findet man jedoch mehr und mehr Hardwarestrukturen, die die Multiplikation und Division in wenigen Takten ausführen. Üblich sind dabei folgende Formate:

◆ Multiplikation von zwei 8-Bit-Zahlen

◆ Multiplikation zweier 16-Bit-Zahlen

◆ Division einer 16-Bit-Zahl durch eine 8-Bit-Zahl

Dabei werden zum Teil auch vorzeichenbehaftete Zahlen berücksichtigt. Überhaupt hat sich in der 8-Bit-Welt die Verarbeitung von Worten durchgesetzt. Nahezu jede Controllerfamilie beherrscht die Addition und Subtraktion von 16-Bit-Zahlen. Und einige sind auf dem Weg, die Rechenleistung von echten 16-Bittern zu erreichen. So hat Siemens in der Familie der 8051-Controller Versionen entwickelt, die 32-Bit-Werte verarbeiten können. Bei den Bauelementen SAB80C517/537/517A ist zusätzlich zu dem normalen Rechenwerk mit seinen MUL- und DIV-Befehlen noch ein besonderer 16/32-Bit-»Co-Prozessor« integriert. Dieser hat eigene Register und arbeitet völlig unabhängig von der eigentlichen CPU. Seine Arbeit beginnt mit dem Laden der Operanden in die Register (Aus der Reihenfolge der Schreibzugriffe erkennt die Logik den gewünschten Befehl!). Nach dem Laden der Register durch die CPU kann sich diese mit anderen Arbeiten beschäftigen. Ist das Modul mit der Berechnung am Ende angekommen, steht das Ergebnis in den gleichen Registern. Die Tabelle zeigt die möglichen Berechnungen und die Ausführungszeiten bei 12 MHz Oszillatorfrequenz:

Operation	Resultat	Rest	Ausführungszeit
32-Bit / 16-Bit	32-Bit	16-Bit	6 µs
16-Bit / 16-Bit	16-Bit	16-Bit	4 µs
16-Bit×16-Bit	32-Bit	–	4 µs
32-Bit-Normalisierung	–	–	6 µs
32-Bit Shift R/L	–	–	6 µs

Tabelle 1.2: Ausführungszeiten

Je nach Struktur des Controllers gehört zu der Verarbeitungseinheit noch ein bestimmter Satz an Registern. Zunächst gehört auf jeden Fall ein Statusregister, das auch häufig den Namen Flag-Register trägt, dazu. In ihm werden mit einzelnen Bits (Flags) bestimmte Informationen über die Ergebnisse von Datenmanipulationen gespeichert. Typisch dabei sind:

◆ Zero-Flag, Z-Flag
Wird gesetzt, wenn infolge einer Operation im Rechenregister der Wert 0 steht.

◆ Overflow-Flag, OV-Flag, O-Flag
Zeigt an, daß bei einer arithmetischen Operation ein Zweierkomplementüberlauf aufgetreten ist.

◆ Carry-Flag, CY-Flag, C-Flag
Tritt bei einer logischen oder arithmetischen Operation ein Überlauf an der höchsten Bitposition auf, wird das Bit gesetzt.

◆ Sign-Flag, S-Flag, N-Flag
Zeigt immer den Wert von Bit 7 an, damit steht es für eine negative Zahl bei Zweierkomplementwerten.

Weniger typisch, aber auch oft anzutreffen:

◆ Half-Carry-Flag, H-Flag
Zeigt einen Tetradenübertrag, also einen Übertrag von Bit 3 zu Bit 4, bei der Addition an. Wird von den BCD-Korrekturbefehlen genutzt.

◆ Parity-Flag, P-Flag
Dieses Bit zeigt nach jedem oder auch nur nach bestimmten Befehlen die Parität
des Wertes im Rechenregister an. Bei gerader Anzahl der Bits ist es gesetzt.

Die Funktion der einzelnen Flags und deren Beeinflussung durch die Befehle kann
von Typ zu Typ unterschiedlich sein, doch im allgemeinen findet man die geschil-
derten Eigenschaften. Neben diesen Statussignalen nutzen manche Hersteller das
Flag-Register auch noch gern für andere Aufgaben. So werden häufig spezielle
Steuerbits mit untergebracht, die wichtige Funktionen in der CPU steuern.

◆ I-Flag; das Bit steuert die globale Freigabe aller Interrupts

◆ Steuerbits für das Erlauben oder Verbieten bestimmter Low-Power-Modi

Bei diesen Funktionen herrscht weniger Einigkeit, so daß hier nur auf die entsprechenden Beschreibungen der einzelnen Familien verwiesen werden kann.

Zu Registern, die in jeder CPU vorhanden sind, gehören auch temporäre Speicher.
Allerdings bekommt der Anwender davon nie etwas mit, da der Befehlssatz keine
direkten Zugriffe auf sie gestattet. Dennoch laufen viele Operationen nur über solche
versteckte Register ab. Anders sieht es bei den Rechen- und Datenregistern aus. Je
nach CPU-Struktur gehört dazu ein fester Satz an Spezialregistern, oder aber ein
Registerfeld bietet Universalregister für alle Funktionen.

Bei den Spezialregister-CPUs trifft man meistens ein Register mit dem Namen Akkumulator an. Dieses besitzt die Verarbeitungsbreite des Controllers und bildet
dessen zentrales Rechenregister. Nahezu alle arithmetischen und logischen Operationen werden in ihm ausgeführt. Es ist dabei die Quelle und/oder das Ziel der
Operanden. Durch die Zunahme der 16-Bit-Befehlsverarbeitung auch bei den 8-Bit-
Controllern wird häufig noch ein zweites Register mit ähnlichen Funktionen im
Zusammenhang mit dem Akku eingesetzt, so daß auf diese Weise ein Doppelregister
oder Doppelakku entsteht. Weitere Spezialregister übernehmen die Aufgabe von
Adreßzeigern und Indexregistern, um zum Beispiel interne oder externe Speicher-
bereiche adressieren zu können.

Die andere Art von Arbeitsregistern findet man besonders häufig bei Mikrocontrol-
lern. Keine Spezialregister für bestimmte Funktionen, sondern ein ganzes Feld von
Universalregistern sind kennzeichnend für diese Strukturen. Jedes Register kann als
Arbeitszelle für Daten oder als Pointer- oder Indexregister genutzt werden. Bei einer
Breite von 8 Bit entstehen Doppelregister ganz einfach durch den Zusammenschluß
von Nachbarzellen. Damit bieten diese Registerstrukturen den flexibelsten Umgang
mit Daten. Mehr jedoch zu diesem Thema weiter hinten bei der Vorstellung der
Registerstrukturen.

Ein besonderes Register, das mehr zu den Steuerregistern gehört, darf nicht vergessen werden. Es handelt sich um den Stackpointer, der im Zusammenhang mit der Unterprogramm- und der Interruptverarbeitung seine hauptsächliche Verwendung findet. Er dient als Zeiger auf einen Systemspeicherbereich, in dem die CPU zum Teil automatisch, zum Teil nur auf Initiierung durch die Software wichtige Informationen ablegt. Was die CPU zu welchem Anlaß im einzelnen in diesen Bereich ablegt, ist individuell verschieden. Hier nur die typischsten Aktionen:

◆ Aufbewahrung des aktuellen Befehlszählers bei einer Interruptabarbeitung. Die CPU trägt selber den Inhalt des PCs in den Stack, bevor die Startadresse der Interruptroutine geladen wird. Bei der Beendigung des Interrupts mit einem speziellen Befehl wird automatisch der Befehlszähler mit dem gespeicherten Wert überschrieben, so daß das Programm an der unterbrochenen Stelle fortgesetzt wird.

◆ Aufbewahrung des Statusregisters bei einem Interrupt, um auch hier den alten Zustand der CPU wieder herzustellen.

◆ Auch ein Unterprogrammaufruf sichert den Befehlszähler vor dem Übergang zum aufgerufenen Programm auf dem Stack und trägt ihn am Ende wieder zurück in den PC.

Der Stack ist auch ein beliebter Speicher für temporäre Daten und Übergabewerte an Unterprogramme. Besonders Hochsprachen machen regen Gebrauch von diesem besonderen Speicherbereich. Für all diese Aktionen ist der Stackpointer das bestimmende Register. Er zeigt immer auf die nächste freie Stelle im Stack und wird automatisch bei den eben genannten Speicheroperationen der CPU bzw. der Software inkrementiert oder dekrementiert. Durch die besonderen Aufgaben des Stacks bei der Verwaltung von Programmadressen und CPU-Zuständen muß der Umgang mit ihm unter strengen Vorsichtsmaßnahmen erfolgen. Genaueres dazu erfahren Sie aber in Kapitel 2. Kapitel 3 zeigt bei einem Controller noch eine besonders komfortable Variante der Stackarbeit.

Bevor im letzten Abschnitt des Kapitels die Softwareschnittstelle von Mikrocontrollern vorgestellt wird, sehen wir uns als Vorbereitung dazu zunächst den Mechanismus der Befehlsabarbeitung einer CPU etwas genauer an. Unabhängig von der Architektur des Controllers laufen alle Befehle nach dem gleichen Muster in typischen Maschinenzyklen ab:

1. Maschinenzyklus eines Befehls

◆ Aussenden der Befehlsadresse über den Adreßbus und Aktivierung der zugehörigen Steuersignale zum Befehlslesen

◆ Einlesen des 1. Befehlsbytes in die CPU

◆ Analysieren des Befehls und Ausführung, wenn es sich um einen 1-Byte-Befehl handelt

◆ Weitere Maschinenzyklen schließen sich an, wenn der Befehl aus mehreren Bytes besteht und wenn in Folge des Befehls Daten eingelesen oder ausgeschrieben werden sollen

Mit dem Aussenden der Adresse auf den Adreßbus wird der Befehlszähler automatisch um 1 erhöht und zeigt damit auf das Byte unmittelbar hinter dem aktuellen Befehlsbyte im Programmspeicher. Die folgenden Beispiele einiger konkreter Befehle des Mikrocontrollers MC68HC11 von Motorola zeigen noch einmal das Prinzip:

◆ 1-Byte-Befehl   Inhärente Adressierung
ABA – Addiere den Inhalt von Register B zum Register A;
Die CPU gibt den aktuellen Befehlszähler auf den Adreßbus aus und liest den Opcode des ABA-Befehls (Befehlsholezyklus). Nach der Analyse des Befehls wird der Befehlszähler um 1 erhöht und der Befehl von der CPU abgearbeitet.

◆ 2-Byte-Befehl   Inhärente Adressierung
DEY – Dekrementiere den Inhalt des Indexregisters Y;
Der Befehlszähler wird ausgegeben und das 1. Byte des Opcodes eingelesen. An ihm erkennt die CPU (der Befehlsdekoder), daß zum Opcode noch ein zweites Byte gehört. Also wird nach dem Erhöhen des PC ein erneuter Befehlsholezyklus durchgeführt und der Befehl vollständig eingelesen. Während der nun folgenden Ausführung erhöht das Steuerwerk den Befehlszähler erneut um 1, so daß er jetzt auf den nächsten Befehl zeigt.

◆ 2-Byte-Befehl   Immediate Adressierung
CMP A, #WERT – Vergleiche das Register A mit dem Wert, der direkt hinter dem Opcode im Programmspeicher steht;
Wie beim vorherigen Beispiel wird nach dem Einlesen des Opcodes der Befehlszähler um 1 erhöht und das 2. Byte, das den Wert darstellt, eingelesen.

◆ 3-Byte-Befehl   Extended oder Absolute Adressierung
ADDA Speicher – Der Inhalt der Speicherzelle, auf den die absolute Adresse im Befehl zeigt, wird zum Inhalt des Registers A addiert.
Bei diesem Befehl steht unmittelbar hinter dem 1-Byte-Opcode die Speicheradresse des Operanden in der Reihenfolge High-Teil/Low-Teil. Nach Einlesen des Opcodes wird also in einem 2. Maschinenzyklus der High-Teil der Operandenadresse aus dem Befehlsspeicher gelesen. Daran schließt sich ein Maschinenzyklus an, in dem der Low-Teil gelesen wird. Nachdem der CPU die vollständige

Adresse des Operanden bekannt ist, wird in einem weiteren Maschinenzyklus nun diese Adresse auf dem Adreßbus ausgegeben, und dazu werden die Steuersignale zum Lesen des Datenspeichers (bei einer Harvard-Architektur) bzw. zum normalen Speicherlesen (bei einer Von-Neumann-Architektur) erzeugt. Der damit eingelesene Operand wird im gleichen Maschinenzyklus verarbeitet.

Nach diesem Prinzip laufen alle Befehle ab. Entweder werden nach dem 1. Byte des Opcodes weitere Teile eingelesen, oder es werden Zugriffe auf den Datenspeicher (oder Peripherieraum) durchgeführt.

In einigen Fällen dauert die interne Verarbeitung während eines Befehls länger als ein Maschinenzyklus, so daß vom Steuerwerk in der Zeit weitere Adreßzugriffe erzeugt werden. Die dabei gelesenen Befehle oder Daten werden ignoriert (nicht bei Cache- und Instruction-Prefetch-Queue-Strukturen!). Ein solches Verhalten ist bei einer Reihe von Controllern zu beobachten. Es hat aber keinen direkten Einfluß auf die Funktion, außer daß der Bus unnötig belegt wird und für transparente Datentransporte nicht frei ist. Daß derartige »unnütze« Busaktivitäten aber dennoch nicht sehr gern gesehen werden, hat einen anderen Grund. Jedes Signalspiel erzeugt mit seinen Flanken hochfrequente Störungen. Je höher die Taktfrequenz und je steiler die Signalflanken sind, in umso höhere Frequenzbereiche erstreckt sich das Störsignalspektrum. Die Folge sind schlechte EMV-Werte. In vielen Einsätzen wird aber gerade auf die Störarmut der Schaltung ein immer größerer Wert gelegt, so daß die Industrie einiges unternehmen muß, um die zum Teil harten EMV-Forderungen mit dem Trend zu höheren Verarbeitungsgeschwindigkeiten in Einklang zu bringen. Bei einigen Controllern läßt sich zum Beispiel in speziellen Betriebsarten die Systemtaktfrequenz herunterschalten und damit neben der Stromreduzierung der Störpegel absenken. Von Vorteil können auch vergrößerte interne Programm- und Datenspeicher sein. Bei ausreichender Größe lassen sich so, zum Teil auch bei umfangreichen Programmen und Daten, externe Speicher einsparen. Ohne externe Speicher gibt es dann keinen externen Bus und ohne Bus weniger Störungen.

Adressierungsarten und Befehlssätze

Adressierungsarten, Befehlssätze und Registerstrukturen bilden die Schnittstelle zwischen der Hardware und der Software eines Mikrocontrollers. So vielgestaltig die Hardware der Bauelemente ist, so verschieden sind auch die Möglichkeiten der Adressierung und der Befehle. Dennoch lassen sich bestimmte Befehlsgruppen bei allen Controllern finden, und auch bei den Adressierungsarten gibt es ganz typische Verfahren im Umgang mit den Ressourcen des Systems.

Inhärente Adressierung

Bei der inhärenten Adressierung bestimmt allein der Opcode Ort und Ziel der Operanden, soweit überhaupt mit Werten gearbeitet wird. Häufig handelt es sich bei Befehlen mit dieser Adressierungsart um Steuerbefehle für die CPU.

◆ Flag-Befehle wie
CLC (Lösche Carry-Flag)
Im Opcode steckt schon das Was und das Wo der Operation.

◆ Befehle mit fester Operandenzuordnung wie
PSHX (transportiere das X-Register auf den Stack)

Unmittelbare Adressierung (Immediate Adressing Mode)

Diese Adressierung kommt immer dann zum Einsatz, wenn zum Zeitpunkt der Programmerstellung der Wert eines Operanden schon feststeht, also bei Konstanten und anderen Festwerten.

◆ CMPA #VERGLEICHSWERT
(Vergleiche den Akku mit dem festen Vergleichswert)

◆ SUBB #WERT
(Subtrahiere vom Register B einen Festwert)

Direkte Adressierung

Die direkte Adressierung ist eine Sonderform der absoluten Adressierung. Auch bei ihr steht der Ort des Operanden fest im Befehl, doch wird als Adresse nur ein 8-Bit-Wert verwendet. Daher ist der Adreßbereich auch nur 256 Byte groß und beginnt in der Regel bei der Adresse 0000H. Diese 265 Adressen werden Page-0-Bereich genannt und die Adressierung demzufolge auch Page-0-Adressierung. Durch die Einschränkung auf einen 8-Bit-Adreßwert bleiben die Befehle trotz ihres absoluten Bezuges kurz und schnell. Die meisten Controller bieten in dem Bereich ihr Registerfile oder interne RAM-Bereiche an, so daß diese Befehle sehr gern eingesetzt werden.

◆ STAA VARIABLE
(Der Inhalt des Akkus A wird auf die Adresse VARIABLE im Bereich zwischen 0000H und 00FFH abgelegt.)

Absolute Adressierung (Extended Adressing Mode)

Die Adresse des Operanden bzw. die neue Programmadresse steht unmittelbar als 16-Bit-Wert im Befehl.

◆ STAA VARIABLE
(Der Inhalt des Akkus A wird auf die Adresse VARIABLE, die im gesamten Adreßbereich des Controllers liegen kann, abgelegt.)

◆ JMP MARKE
(Der Befehlszähler wird mit der Adresse, die hinter dem Opcode steht, geladen und damit dort das Programm fortgesetzt.)

Registeradressierung

Auch die Registeradressierung ist eine Sonderform der absoluten Adressierung mit einem relativen Ausgangspunkt. Sie bezieht sich meistens nur auf wenige Register, die, kodiert mit 3–4 Bit, im Opcode explizit angesprochen werden. Im Zusammenhang mit Registerbänken ist diese Adressierung sehr beliebt, um innerhalb einer ausgewählten Registergruppe (Bank- oder Arbeitsregistergruppe) sehr kurze Zugriffe durchzuführen.

◆ INC R4
(Der Inhalt des Registers 4 in der momentan aktuellen Arbeitsregistergruppe wird inkrementiert.)

Indirekte Adressierung

Die indirekte Adressierung bringt mehr Freiheiten bei der Programmierung, da bei ihr der Ort eines Operanden oder der Programmfortsetzung nicht explizit im Befehl angegeben werden muß, sondern der Inhalt eines Register ist.

◆ DEC @R1
(Der Inhalt der Speicherzelle, deren 8-Bit-Adresse im Register R1 steht, wird dekrementiert. Mit der 8-Bit-Adresse sind auch wieder nur Speicher- oder Registerzellen in den unteren 256-Byte-Adreßraum ansprechbar.)

◆ MOVX A, @DPTR
(Der Inhalt des Akkus A wird in die durch den 16-Bit-Pointer gezeigte externe Speicherzelle gebracht.)

Indizierte Adressierung

Bei der indizierten Adressierung ergibt sich der Ort des Operanden bzw. die Programmadresse aus dem Inhalt eines Registers (Indexregister) und einem fest im Befehl stehenden Offsetwert. Beide Werte werden addiert und ergeben die effektive Adresse. Diese Adressierungsart wird sehr gern für die Arbeit mit Tabellen hergenommen, da sich mit dem Festwert im Befehl sehr schön der Anfang der Tabelle und mit dem variablen Wert aus dem Indexregister die Position in dieser Tabelle bestimmen läßt.

◆ DEC TABELLE, Y
   (Der Wert auf der Speicherstelle TABELLE + Y-Register wird dekrementiert.)

Indirekte, indizierte Adressierung

Während bei der indizierten Adressierung noch ein Adreßteil als Festwert auftrat, sind bei dieser Adressierungsart alle Adreßbezüge variabel. Sie bildet dabei die Mischung aus der indirekten und der indizierten Adressierung. Der Anfangswert eines Adreßbereichs steht in einem Basisregister und der Offsetwert bis zur Operandenadresse in einem Indexregister. Damit ist diese Form besonders für Zugriffe auf Strukturen oder Arrays geeignet. Die hauptsächliche Verbreitung dieser Art liegt aber leider nicht bei den 8-Bit-Controllern, sondern mehr bei den 16-Bit-Typen.

◆ MOV AX,[BP][SI] (Das 16-Bit-Register AX wird mit dem Inhalt der Adresse geladen, die sich aus der Summe aus dem Basisregister BP und dem Indexregister DI ergibt.)

Relative Adressierung

Die relative Adressierung wird für bedingte und unbedingte Sprünge verwendet und gestattet durch den 8-Bit-Offsetwert im Befehl die relative Bewegung um -128 bis + 127 Adressen vom momentan gültigen Befehlszählerstand aus.

Adressierungsarten wie die eben genannten bilden die Basis für den Befehlssatz bei modernen 8-Bit-Controllern. Zum Teil gibt es bei einigen Herstellern Unterschiede in der Bezeichnung, doch vom Prinzip gehören die genannten Arten zur Grundausstattung der meisten bekannten Bauelemente. Das gleiche trifft auch auf die folgenden typischen Befehlsgruppen zu. Abgesehen von einer Reihe familienspezifischer Befehle gibt es ein gewisses Basisset, das alle Controller besitzen. Wenn es auch Unterschiede infolge der verschiedenen Hardwarestruktur gibt, so sind die Funktionen und Wirkungen doch gleich.

Lade- und Transportbefehle

Zu dieser Befehlsgruppe gehören alle Befehle, mit denen Daten von externen Quellen zu internen Orten oder von internen Quellen zu externen Zielen, aber auch zwischen internen Orten transportiert werden. Weiter gehören hierzu alle Ladebefehle, bei denen Konstanten auf Register oder Speicherplätze transportiert werden. Befehle dieser Gruppe bilden einen nicht unbedeutenden Anteil in einem Programm. Bei ihnen ist der Einfluß der Hardware, besonders der Speicher- und Registerstruktur, verständlicherweise sehr groß. Unkomfortable Architekturen zwingen den Softwareentwickler zu einem stärkeren Einsatz von Transport- und Ladebefehlen, als das im Normalfall notwendig wäre. Ein weiteres Leistungsmerkmal stellt die Breite der transportierbaren Daten dar. Ob nur 8-Bit-Daten oder gleich 16-Bit-Worte transportiert und geladen werden, kann bei der Beurteilung des Befehlssatzes von großer Bedeutung sein. Typische Befehle sind:

◆ Ladebefehle (Load Instructions), Laden von Speicherinhalten oder Konstanten in Register

◆ Transportbefehle (Move Instructions), Speicher-zu-Register-Transporte

◆ Speicherbefehle (Store Instructions), Speichern von Registerinhalten in Speicherzellen

◆ Transferbefehle (Transfer Instructions), Register-zu-Register-Transporte

◆ Austauschbefehle (Exchange Instructions), Austausch von Registerinhalten

◆ Stackbefehle

Arithmetikbefehle

Mit dieser und der nächsten Gruppe von Befehlen führt der Controller die eigentliche Manipulation der Daten durch. Daher sind hier die Leistungsdaten der CPU von entscheidendem Einfluß. Aber auch die Struktur der Arbeitsregister geht direkt in diese Befehle ein. Moderne 8-Bit-Controller bieten schon einen Teil ihrer Befehle für die verschiedensten Zahlenformate an. 16-Bit-Zahlen und sogar die teilweise Unterstützung von Gleitkommaberechnungen werden langsam zum Standard in der gehobenen Klasse. Besitzt der Controller zudem noch arithmetische »Hilfsmittel« wie Co-Prozessoren, können noch ganz spezielle Operationen wie Filteroperationen hinzukommen.

◆ Befehle für die 4 Grundrechenarten (Addition, Subtraktion und bei den meisten Familien auch Multiplikation und Division)

◆ Inkrement- und Dekrementbefehle

◆ Korrekturbefehle für bestimmte Zahlenformate

◆ Co-Prozessorbefehle

Logikbefehle

Speziell in Steuerungsaufgaben sind diese Befehle besonders häufig anzutreffen. Mit ihnen werden Operanden bitweise verknüpft oder geschoben und einzelnen Bits gesetzt, gelöscht oder getestet. Bei ganz typischen Anwendungen von Mikrocontrollern, bei denen über die parallelen Ports bestimmte Signale eingelesen und ausgegeben werden, kommen immer wieder Befehle dieser Gruppe zum Einsatz. Daher haben Mikrocontroller häufig besonders leistungsstarke Bitverarbeitungsbefehle, die durch ganz spezielle Controllerstrukturen (Boolean-CPU) unterstützt werden.

◆ Logische Verknüpfungsbefehle wie AND, OR, XOR

◆ Vergleichsbefehle (Compare and Test Instructions)

◆ Bitmanipulations- und Testbefehle

◆ Umwandlungen (Complement and Negate Instructions)

◆ Schiebe- und Rotationsbefehle (Shift and Rotate)

Steuerbefehle

Durch Befehle dieser Gruppe wird der Ablauf eines Programms gesteuert. In Abhängigkeit von den Ergebnissen bei arithmetischen oder logischen Operationen, aber auch fest durch das Programm vorgegeben, werden Verzweigungen zu anderen Programmteilen und Unterprogrammaufrufen durchgeführt. Einen Großteil dieser Befehle nutzen die sich im Prozessorstatusregister befindenden Flagbits als Bedingung für Entscheidungen. Zu dieser Gruppe gehören aber auch alle Befehle, die die Arbeit der CPU steuern, so zum Beispiel Low-Power-Mode- und Interruptbefehle.

◆ bedingte und unbedingte Sprungbefehle

◆ bedingte und unbedingte Unterprogrammaufrufbefehle sowie dazugehörende Rückkehrbefehle

◆ Interrupt- und Trapbefehle und Rückkehrbefehle

◆ Low-Power-Mode-Befehle

Aus all diesen Befehlen sind die Befehlssätze der Mikrocontroller aufgebaut. Wenn sich auch die Namen unterscheiden und einige Funktionen nicht implementiert sind, so ist im großen und ganzen gesehen die Ausstattung in den einzelnen Controllerfamilien ziemlich gleich. Im Kapitel 2 sehen Sie den Befehlssatz eines typischen 8-Bit-Controllers mit genaueren Erklärungen und im Anhang in tabellarischen Übersichten die Befehlssätze anderer Controllerfamilien.

1.2.2 Speicher- und Registerstrukturen

Wenden wir uns nun einem Teil des Mikrocontrollers zu, der neben der CPU einen entscheidenden Einfluß auf das Leistungsvermögen des Gesamtsystems hat. Er ist »Aufbewahrungsort« und Speicher für die Software und für die bei der Arbeit anfallenden Daten. Dabei wird zunächst grob zwischen Speichern für Programme und für Daten unterschieden. Die CPU kann auf die einzelnen Speicherpositionen über Adressen zugreifen, die allesamt einen bestimmten Adreßraum belegen. Auch für die Datenquellen und Ziele der Peripheriefunktionen werden Adressen verwendet. Damit nutzt ein Controller verschiedene Bereiche, aus denen er Daten liest und in die er Daten schreibt. Zum Teil sind die Bereiche deutlich getrennt, dann gibt es wieder Bauelemente, die dabei keine Unterschiede machen. Wie auch immer, meistens ist der Gesamtadreßraum durch die Breite der Adresse, d.h. durch die Anzahl der Bits beschränkt und muß entsprechend aufgeteilt werden. Durch diese Trennung ergibt sich aber sofort ein Problem. Die mannigfaltigen Einsatzgebiete von Mikrocontrollern stellen gerade im Bereich der Speicher die unterschiedlichsten Anforderungen. Je nach Umfang von Programm und/oder Daten ist die Streuung bei der Größe und den Zugriffsmechanismen auf die Adreßräume sehr groß. Einen Teil der Forderungen kompensieren die Hersteller mit einem breiten Spektrum verschiedener Typen mit abgestuften Speicherausstattungen. Eine andere Methode, flexibel auf die Anforderungen zu reagieren, bietet das bei Mikrocontrollern gern eingesetzte Prinzip, aus verschiedenen Betriebsarten wählen zu können. Im Zusammenhang mit einer freien Konfigurierbarkeit des Bauelements und einem programmierbaren Umgang mit den Adreßräumen sind die besten Voraussetzungen geschaffen, einen Großteil der Anwender zufriedenzustellen.

Neben den Grundprinzipien der Behandlung von Programm und Daten, die durch die Architekturen nach »Von Neumann« und »Harvard« zu unterscheiden sind, ist auch die Behandlung von internen, meist eingeschränkten Speicherbereichen und externen Speichern charakteristisch. Speichergenügsame Anwendungen, die nur mit internen Bereichen auskommen, bilden dabei immer die preiswerteste Variante. Hier steht der komplette Controller mit all seinen Ports dem Anwender zur Verfügung. Der Hardwareaufwand ist minimal, und die I/O-Funktionalität hat ihr Maximum.

Da für den Betrieb in der Regel keine weiteren Bauelemente gebraucht werden, trägt sie auch den Namen Single-Chip-Mode oder Mikorcontroller-Mode (abgeleitet aus der üblichsten Betriebsart eines Mikrocontrollers). Bis auf einige Sonderbauelemente für Entwicklungsaufgaben findet man diesen Mode bei allen Bauelementen. Bei Controllern, die ganz speziell für einen Anwendungsfall entwickelt wurden, ist das zum Teil auch die einzige Betriebsart.

Anders sieht es aus, wenn der Umfang der Software oder die Menge der anfallenden Daten Größen erreicht, die interne Bereiche nicht mehr abdecken können. Dem Verlangen nach mehr Speicher sind aber zunächst erst einmal ganz objektive Grenzen gesetzt. Der Hersteller hat auf dem Chip eine bestimmte Größe an Speicherfläche angelegt, und diese kann nicht beliebig vergrößert werden, sieht man von völligen Neuentwürfen ab. Deshalb bleibt nur die Möglichkeit, bei einem größeren Speicherbedarf auf externe Adreßbereiche auszuweichen. Um jedoch einen externen Speicher anzusprechen, müssen Adreß-, Daten- und Steuerleitungen vom Controller bereitgestellt werden, und das geht leider auf Kosten von I/O-Leitungen. Eine geringere I/O-Funktionalität ist die Folge. Allerdings läßt sich der Verlust durch einen gemultiplexten Adreß-/Datenbus etwas mildern, doch einen wirklichen Ersatz bieten nur sogenannte Port Replacement IC's, die verlorengegangene Ports extern ersetzen. Durch die Erweiterung der internen Speicher mittels externem Adreßbereich nennt sich diese Betriebsart auch Expanded Mode, Extended Mode oder Mikroprozessor-Mode. Hier verwenden die Hersteller keine einheitliche Bezeichnung. Auch die Möglichkeiten der Aufteilung und der Umgang mit den externen Bereichen ist recht unterschiedlich. Mehr zum Thema Speicher-, Peripheriebereiche zeigt Ihnen das Kapitel 2 am Beispiel einer Familie und Kapitel 3 an weiteren Bauelementefamilien.

Die Notwendigkeit einer externen Erweiterung wird aber nicht nur bei Speicherplatzmangel sichtbar, häufig sind auch die dem Bauelement mitgegebenen Peripheriefunktionen nicht ausreichend oder ungeeignet. Aber dank der externen Adressen und Datenleitungen im Expanded Mode lassen sich fehlende Funktionen wie bei Speichern nachrüsten. Allerdings muß hier noch eine Besonderheit der Controller im Umgang mit Speichern und Peripherie beachtet werden. Für die Einordnung der Peripheriemodule in den Gesamtadreßraum gibt es zwei unterschiedliche Methoden. Bei der einen wird ganz klar zwischen Speicherplätzen und Peripheriemodulen unterschieden. Schon der Maschinencode trennt hier die verschiedenen Orte der Daten. Dieses Verfahren stammt eigentlich von den Mikroprozessoren, doch auch unter den Mikrocontrollern ist es zum Teil üblich. Häufiger anzutreffen ist aber das sogenannte Memory Mapping. Der Controller kennt dabei nur einen gemeinsamen Adreßraum für den Datenspeicher und für die Register der Peripheriemodule. Dieses Verfahren bringt große Vorteile im Datenhandling. Alle Befehle, mit denen Daten transportiert und manipuliert werden, gelten uneingeschränkt auch für die Peripherie. Bauelemente dieser Art lassen im Expanded Mode die Entscheidung bei der Aufteilung in Speicher und Peripherie völlig frei. Allein der Dekoder, der die Select-Signale für die Erweiterungsmodule (Speicher und Peripherie) bildet, bestimmt die Lage im Adreßraum. Der Rest ist dann Sache der Software. Arbeitet ein Bauelement allerdings mit unterschiedlichen Zugriffsmechanismen, so werden auch die erweiterten Bereiche unterschiedlich behandelt. Bei diesen Bauelementen kommen daher auch Expanded Modi vor, die nur die Erweiterungen von Peripheriezugriffen gestatten und andere, bei denen nur externe Speicherzugriffe möglich sind. Die folgende Abbildung zeigt die Aufteilung des Adreßbereiches bei einem Controller mit Memory Mapped I/O.

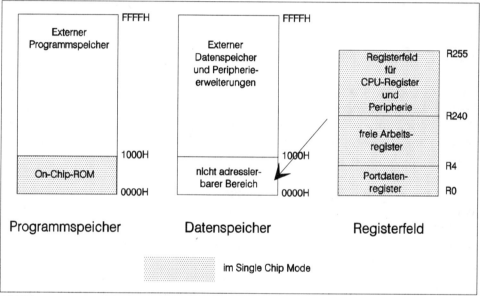

Abbildung 1.21: Betriebsarten mit Memory Mapped I/O

Anders sieht es aus, wenn zwischen Speicher und Peripherie Unterschiede bestehen. Dann sind auch die erweiterten Betriebsarten verschieden, und es kommen weitere Arten dazu. Auch hierzu wieder eine Abbildung.

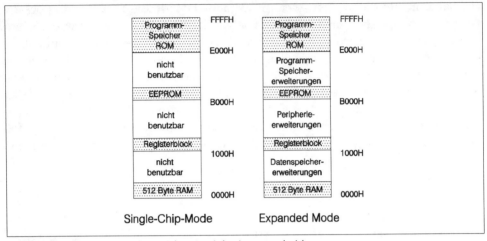

Abbildung 1.22: Betrieb mit Speicher-/Peripherieunterscheidung

Neben den beiden Modi, Single Chip und Expanded, bieten einige Hersteller zudem noch andere Betriebsarten an, die speziell für die Entwicklung und Testung der Anwendersoftware oder der Hardware ausgelegt sind. Viele Controller verfügen über ein umfangreiches System an Sicherungsmaßnahmen, um das spätere Produkt vor Fehlfunktionen zu schützen. So werden beispielsweise wichtige Steuerregister mit einer Zugriffsüberwachung versehen, die ein Schreiben nur in den ersten Maschinenzyklen nach einem Reset zuläßt. Spätere, nicht programmgemäße Manipulationen sind damit ausgeschlossen. Leider kann jedoch dieses Verhalten in der Phase der Entwicklung sehr stören, so daß die Hersteller deshalb häufig einen speziellen Mode anbieten, in dem dieser Schutzmechanismus nicht wirkt. Da in Kapitel 2 und 3 verschiedene Controller vorgestellt werden, können Sie noch weitere Beispiele sehen.

Programm- und Festwertspeicher

Unabhängig von allen Betriebsarten und Adreßbereichen wird bei den Speichern generell zwischen Festwertspeichern und Speichern mit wahlfreiem Zugriff unterschieden. Alle Informationen, die sich im laufenden Betrieb nicht mehr ändern müssen oder dürfen, kommen in einen Festwertspeicher. Das ist in der Regel zuallererst das Programm, aber auch Konstanten, die von der Software benötigt werden, haben dort ihren Platz. Geht ein Gerät oder eine Anlage mit einem Mikrocontroller irgendwann in die Serienfertigung, so sollten das Programm und die Konstanten im allgemeinen feststehen. In solch einem Fall und bei ausreichender Stückzahl kommen beide in einen maskenprogrammierten ROM, der sich fast immer auf dem Chip und nur in Ausnahmefällen bei extremem Programmumfang in externen Speichern befindet. Die Maskenversion ist in der Serie die kostengünstigste Lösung, da sie im Herstellungsprozeß bei der Strukturierung des Chips nach den Angaben des Kunden gleich mit erzeugt wird (Maskenschritt). Hohe Kosten entstehen nur in der Phase der Ersterstellung der Maske. Das folgende Beispiel vermittelt einen Eindruck von den Größenverhältnissen bei Stückzahl und Kosten:

◆ Mindeststückzahl größer 1000 Bauelemente

◆ Maskenkosten ca. 5000 $

◆ Herstellungsdauer bis zur Serie 8 bis 10 Wochen

Ist die Maske erst einmal erstellt und die Software fehlerfrei, reduzieren sich die Kosten auf den reinen Bauelementepreis. Dieses ist einer der Gründe für die große Verbreitung der Mikrocontroller. Eine intelligente Schaltung zu einem so geringen Preis läßt den Einsatz selbst in Geräten zu, die mit herkömmlicher diskreter Logik viel zu teuer wären oder bei denen allein der Platz, die Energieversorgung oder die Wärmeentwicklung objektive Grenzen setzen.

Doch nicht immer rechtfertigen die Stückzahlen die Verwendung einer Maske. Beispielsweise in der Entwicklungsphase, in der das Programm oder die Hardware erst entsteht, wäre ein ROM unvorstellbar. Aber auch in bestimmten Bereichen, bei Einzelgeräten und Kleinserien lohnt sich ein derartiger Festwertspeicher nicht. In solchen Fällen sind Bauelemente gefragt, die entweder ohne internen Programmspeicher arbeiten können oder deren Speicher programmierbar ist. Die Verwendung externer Speicher für das Programm wird hauptsächlich in der Entwicklungsphase verwendet. Spezielle Entwicklungswerkzeuge machen sich die Möglichkeiten eines Expanded Mode zunutze und lassen die Testung von Programmen in externen, frei ladbaren Speicherbereichen zu. Doch zu diesem Thema der Entwicklungswerkzeuge lesen sie in Kapitel 1.

Hier an dieser Stelle sollen uns nur die programmierbaren On-Chip-Speicher interessieren. Zu den wichtigsten Vertretern dieser Klasse gehören die EPROMs und die EEPROMs. Bei beiden erfolgt die Programmierung nach dem selben Prinzip, nur das Löschen macht den entscheidenden Unterschied aus. Bauelemente mit EPROM-Speicher sind immer an dem charakteristischen Quarzglas- oder Keramikdeckel zu erkennen. Er ist die Voraussetzung für die Löschbarkeit ihrer Speicherzellen. Ohne nun tief in die Technik dieser Speicher einzusteigen, sehen wir uns kurz das Prinzip der Programmierung und Löschung bei EPROMs und EEPROMs an.

Die Grundlage all dieser Speicher ist der Feldeffekttransistor. Die Speicherzellen werden aus lauter Einzeltransistoren gebildet, die in einer großen Matrix angeordnet sind. Jeder Transistor repräsentiert die Information eines Bits. Stark vereinfacht hat so ein Speichertransistor den folgenden Aufbau:

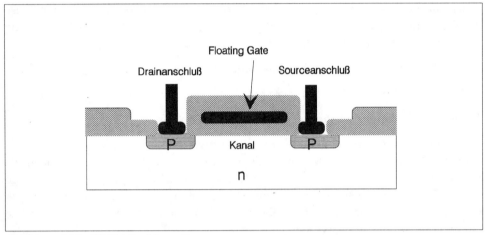

Abbildung 1.23: EPROM-Speicherzelle

Wie bei jedem Feldeffekttransistor befindet sich hier, isoliert von dem Kanal, der den Stromfluß durch den Transistor ermöglicht, eine Gateelektrode. Mit ihrer Ladung bestimmt diese Elektrode die Leitfähigkeit in dem Kanal und damit den Stromfluß zwischen der Source- und der Drainelektrode. Bei einem normalen Transistor ist das Gate elektrisch über die Anschlüsse steuerbar, nicht aber bei der EPROM-Speicherzelle. Hier ist es völlig isoliert und kann damit zunächst weder Ladungen aufnehmen noch welche abgeben oder verlieren (Floating Gate). Im gelöschten Zustand ist dieses Gate ungeladen und damit der Transistor gesperrt. Bei der Programmierung wird durch die hohe Programmierspannung (21 V oder 12,5 V) ein Lawinendurchbruch zwischen dem Source und dem Substrat erzeugt. Dabei gelangen heiße Elektronen durch die Isolierschicht auf das Gate und laden dieses auf. Diese Aufladung und die Isolierung haben zur Folge, daß unter normalen Betriebsbedingungen, also nach Abschalten der Programmierspannung und auch völlig ohne Betriebsspannung, die Elektronen das Gate nicht mehr verlassen können. Der Transistor hat dadurch eine veränderte Leitfähigkeit, und das entspricht einem anderen logischen Pegel als bei einem unprogrammierten Transistor. Bei einem gelöschten Speicher ist der Pegel der Speicherzellen gleich 1. Durch den Programmiervorgang werden die gewünschten Zellen auf 0 gesetzt. Um so eine Speicherzelle wieder zu löschen, muß dafür gesorgt werden, daß die Ladungsträger von dem Floating Gate herunter gelangen können. Bei EPROMs geschieht das durch Bestrahlung mit ultraviolettem Licht, daher der Glasdeckel. Dabei können die Elektronen von dem Gate durch die Isolierung zum

Substrat tunneln. Bei genügender Bestrahlung ist nach einiger Zeit (10 – 15 Minuten) der alte Zustand mit ungeladenem Gate wieder hergestellt. Da sich eine derartige Lichtbehandlung aber nicht auf eine einzelne Zelle beschränken läßt, können EPROMs zwar einzelbitweise (adressenweise) programmiert, jedoch nur global gelöscht werden.

Um diesen Nachteil zu beheben, wurde der EEPROM entwickelt. Die Abbildung zeigt den prinzipiellen Aufbau seiner Speicherzelle.

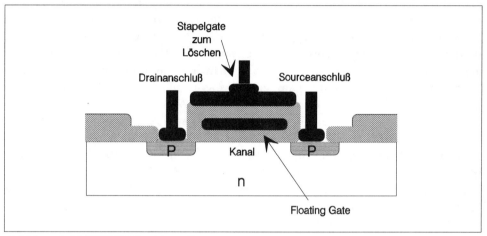

Abbildung 1.24: EEPROM-Speicherzelle

Wie Sie sehen können, ist der Aufbau ziemlich ähnlich, doch befindet sich jetzt über dem Floating Gate eine zweite Elektrode, die für den Löscheffekt sorgt. Legt man daran eine entsprechende Spannung, können Ladungen von dem darunterliegenden Floating Gate »abgesaugt« werden, wodurch die gleiche Wirkung wie beim Löschen mit UV-Licht erreicht wird. Was allerdings beim EPROM nur ganzflächig ging, ist beim EEPROM durch das Vorhandensein der zu jeder Speicherzelle individuell gehörenden Löschelektrode bitweise möglich. Auch ist durch den unmittelbaren Einfluß auf die Floating Gates die Zeit zum Löschen extrem kurz, verglichen mit den Löschzeiten bei EPROMs. So dauert das Löschen mit UV-Licht mehrere Minuten, EEPROMs schaffen das im Gegensatz dazu in wenigen Millisekunden.

Eine Besonderheit dieses Speicherprinzips mit isoliertem Steuergate muß noch erwähnt werden. So ideal dieses Programmieren und Löschen auch ist, es gibt eine Grenze bei der Zahl der Zyklen, denn leider gelingt das Entladen des Gates durch die Isolierschicht nicht vollständig, so daß mit der Zeit mehr und mehr Ladungen darauf zurückbleiben. Das hat zur Folge, daß der so bedeutende Unterschied zwischen »geladen« und »ungeladen« immer geringer wird, bis schließlich die Leitfähigkeit des Transistors als Folge der Gateladung nicht mehr eindeutig unterschieden werden kann. Die Folge davon: Der Speicher oder die betreffende Speicherzelle zeigen undefinierte Zustände. Aber das sind alles mehr oder weniger theoretische Betrachtungen, in der Praxis ist die Zahl der Programmier-/Löschzyklen weit entfernt von kritischen Werten (Garantie für durchschnittlich 10 000 bis 100 000 Lösch-/Schreibzyklen). Nur bei EEPROMs können anwendungsbedingt höhere Zykluszahlen vorkommen, so daß hier durch geeignete Methoden unnötige Programmierungen vermieden werden sollten. Es ist in jedem Fall von Vorteil für die Lebensdauer des EEPROMs, wenn die Zahl der Löschvorgänge so weit wie möglich minimiert wird. Das läßt sich leicht machen, wenn vor jedem Programmieren zunächst getestet wird, ob in dem neuen Datenbyte aus irgendeinem »0«-Bit des alten Bytes ein »1«-Bit werden soll. Ist das nicht der Fall, kann man auf das Löschen des alten Bytes verzichten und programmiert ganz einfach das neuen Byte über den alten Wert. Enthält zum Beispiel die Speicherzelle zuvor den Wert 00110111, und ist der neue Wert 00010001, so kann nach eben diesem Verfahren vorgegangen werden. Da aus keinem der »0«-Bits eine 1 werden soll, wird die Zelle mit dem neuen Wert überprogrammiert. Der Aufwand für eine »intelligente« Programmiersoftware ist minimal, der Gewinn an Sicherheit und an Programmierzeit ist recht groß. Gerade der Zeitgewinn kann beträchtlich sein, denn mit der vorangestellten Testung lassen sich je nach Daten mehr oder weniger viele Löschzyklen einsparen. Soviel aber nun zu den Prinzipien und zu einer Besonderheit bei EEPROMs, sehen wir uns jetzt die einzelnen Versionen in ihrem Verhalten und ihren Funktionen in Mikrocontrollern an.

Wie man sich leicht denken kann, ist durch die einfachere Struktur ein Speicher mit EPROM-Zellen billiger und braucht weitaus weniger Fläche als ein Speicher nach dem EEPROM-Prinzip. Durch ihr unterschiedliches Löschverhalten ergeben sich auch völlig verschiedene Einsatzgebiete. Während der EEPROM als Festwertspeicher verwendet wird und nur der Aufnahme von Programmen und Konstanten dient, nutzt man einen EEPROM mehr als nichtflüchtigen Datenspeicher. In den meisten Controllerfamilien findet man einige Bauelemente, bei denen anstelle des internen Masken-ROMs ein EPROM integriert ist. Da dieser EPROM in allen Einzelheiten den ROM ersetzt, bietet das dem Anwender die Möglichkeit, ein Programm so lange unter den gleichen Bedingungen wie später in der ROM-Variante zu testen. Damit ist der EPROM im Controller ein einfaches, aber durchaus brauchbares Mittel bei der Hard- und Softwareentwicklung. Neben diesem Einsatzgebiet ist er aber auch für Prototypen und vor allem für die Hersteller von Kleinserien interessant. Leider stört aber dabei der relativ hohe Preis derartiger Bauelemente. Der lichtdurchlässige Deckel, der für die Löschung notwendig ist, wird in der Serie nicht gebraucht, da dort die Software nicht verändert werden muß und nur eine einmalige Programmierung stattfindet. Was liegt also näher, als den Controller mit integriertem EPROM in einem normalen Gehäuse zu verkappen. Die meisten Halbleiterhersteller produzieren einen Teil ihrer Controllerchips mit EPROM-Speicherzellen in Gehäusen ohne Deckel und bieten diese als OTP-Versionen an (OTP – One Time Programmable).

Diese OTP-Speicher sind damit die flexible Alternative zu ROM-Versionen von Controllern und immer beliebt, wenn die Stückzahl den Aufwand einer Maske nicht rechtfertigt, das Programm aber so weit ausgereift ist, daß eine Vorabproduktion oder eine Mindermenge produziert werden kann. Die Vorteile liegen auf der Hand:

◆ flexible Entwicklung bis zur Serienreife von Hard- und Software

◆ hohe Kosteneinsparung, da keine unnötigen Maskenkosten

◆ kein Warten auf Masken

◆ keine Minderbestellmengen

◆ attraktiver Preis gegenüber der reinen EPROM-Version

Im Gegensatz zu solchen reinen Festwertspeichern haben die EEPROMs in der Regel eine andere Aufgabe in Mikrocontrollern. Durch ihre einfache und vor allem partielle Löschbarkeit werden sie immer dort verwendet, wo Daten versorgungsspannungsunabhängig zu retten sind. In vielen Anwendungen müssen im laufenden Betrieb Daten ausfallsicher gespeichert, Konstanten abgelegt und Einstellparameter gesichert werden. Gerade in den Fällen der Parametrierung und Kalibrierung von Geräten und Anlagen bringen EEPROM-Speicher einen unschätzbaren Vorteil. Der Umgang ist bis auf den Programmier- und Löschalgorithmus identisch mit dem eines normalen flüchtigen Speichers, und doch sind die Daten in jeder Situation so sicher wie in einem reinen Festwertspeicher. Viele Beispiel lassen sich nennen, die von diesem Prinzip profitieren und die zum Teil erst damit möglich wurden:

◆ Scheckkartenspeicher, Sicherungssysteme und Zugangskontrollen

◆ Parameterspeicher in allen möglichen Anwendungen

◆ Unterhaltungselektronik (Audio- und Videogeräte)

◆ Telekommunikation

◆ Verbrauchserfassungsgeräte

Diese Aufgaben erfüllen zwar auch statische RAM-Speicher, doch ist für ihren Datenerhalt immer eine Spannung notwendig. Auch wenn diese Spannung bei modernen CMOS-Speichern nur gering und die Belastung unbedeutend ist, so bleibt doch der Nachteil der fortlaufenden Versorgung. Fällt diese Spannung auch nur einen Moment aus, so ist die Sicherheit der Daten nicht mehr gewährleistet. Deshalb ist der Aufwand für batteriegestützte Speicher je nach Anforderung recht hoch. Im nächsten Unterkapitel wird eine solche Schaltung vorgestellt.

Einfacher geht da die Datensicherung mit EEPROMs, bei ihnen ist der Datenerhalt prinzipbedingt. Allerdings sind auch hier bestimmte Bedingungen beim Ein- und Ausschalten der Versorgungsspannung und beim Schaltungsdesign zu beachten. Solange sich die Speicher innerhalb des Controllers befinden, trägt in der Regel die Hardware des Controllers selbst die Verantwortung dafür. Anders sieht es aber aus, wenn ein EEPROM an den externen Bus angeschlossen ist. Hier können unerwünschte Schreiboperationen auftreten, wenn infolge der Spannungszu- und Abschaltung oder bei einem Reset die Ports und damit auch die Daten-/Adreß- und Steuersignale unbestimmte Zustände annehmen. Hier ist durch geeignete Schaltungen (z. B. Pull-Up-Widerstände) für definierte Pegel zu sorgen.

Entsprechend der doch meist überschaubaren Anzahl an sicherheitsrelevanten Daten ist die in Controllern eingesetzte Größe der EEPROM's nicht besonders groß, Bereiche von 128 bis 512 Byte sind die Regel. Aber es gibt auch Typen mit weitaus mehr Speicher. Auch werden die Stimmen der Anwender lauter, welche die Vorteile der Sofortveränderbarkeit in besonderen Chips für die Entwicklung nutzen möchten. Brachte die Einführung der EPROM- und OTP-Mikrocontroller schon einen gewaltigen Vorteil, indem die Entwickler in der Lage waren, die Anwendersoftware direkt vor Ort zu programmieren und zu testen, so werden diese Konfigurationen den heutigen Anforderungen an Flexibilität zum Teil nicht mehr gerecht. Ob in Kombinationen mit EPROM- oder OTP-Speicherbereichen, oder aber als einziger Speicher ausgeführt, Bauelemente mit EEPROM-Zellen sind für die Entwicklung wirtschaftlich und praktisch. Die Controller der Firma Texas Instruments, die mit derartigen Kombinationen ausgestattet sind, tragen auch den Namen Field Programmable Microcontroller (FPM).

Field Programmable Microcontroller

◆ EPROM und EEPROM auf einem CHIP (Texas Intruments)

◆ Software im EPROM

◆ Daten im RAM *und* EEPROM

◆ veränderbare Software im Programm-EEPROM

Der bei ihnen unkomplizierte Wechsel der integrierten Software und der Daten machen diese Bauelemente auch für die Produktion interessant. Häufig müssen beim Endkunden, also an irgendeinem Einsatzort, Programme und Daten modifiziert und an neue äußere Bedingungen angepaßt werden. Das ist mit FPMs in Minutenschnelle möglich, ohne große Entwicklungswerkzeuge und direkt in der Anwenderschaltung. Letzteres setzt allerdings schon bei der Geräteentwicklung gewisse Schaltungsdetails voraus, die eine On-Board-Programmierung zulassen. Aber das ist recht einfach zu machen und bringt später den entscheidenden Vorteil der »Feldprogrammierbarkeit«.

Datenspeicher

Für die Aufgaben der Datenspeicherung verwenden Mikrocontroller im allgemeinen statische Speicherzellen. Diese sind im Vergleich zu dynamischen Speichern flächenmäßig bedeutend größer, haben aber den Vorteil, auf zusätzliche Refreshvorgänge verzichten zu können. Sind sie dazu auch noch in einer CMOS-Technologie ausgeführt, und das ist eigentlich die Regel, so ist ihr Stromverbrauch minimal. Bei den 8-Bit-Controllern haben interne Datenspeicher Größen von 128 Byte bis zu 2 Kbyte. Häufige Werte sind 256 oder 512 Byte. Diese Größen haben sich in der Praxis für viele Anwendungen als ausreichend bewiesen und sind ohne großen Platzverlust gut zu integrieren. Bei höheren Werten nimmt das Verhältnis RAM zur übrigen Logik sehr schnell ungünstige Verhältnisse an.

Prinzipbedingt verlieren statische Speicher beim Abschalten der Betriebsspannung ihre Informationen. Um dennoch Daten ausfallsicher dort abzulegen, kann mittels spezieller Schaltungen dafür gesorgt werden, daß diese Speicherzellen mit einer Erhaltungsspannung aus einer Batterie versorgt werden. Teilweise sind derartige Schaltungen schon in den Schaltkreisen integriert, zum Teil müssen sie extern nachgerüstet werden. Je nach Sicherheitsanspruch kann das ganz einfach eine Batterie sein. Strengere Vorschriften fordern aber eine komplexe Schaltung, die genau die Stützspannung überwacht und den kleinsten Ausfall bei Wiederzuschalten der eigentlichen Betriebsspannung an den Controller meldet. Die nachfolgende Abbildung zeigt einen Überwachungsschaltkreis, der neben der Stützspannungsversorgung noch andere Sicherungsaufgaben (Watchdogfunktion) hat.

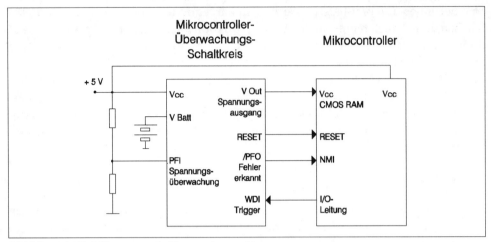

Abbildung 1.25: Mikroprozessorüberwachungs-IC

Weitere Informationen zu Datenspeichern in Mikrocontrollern lesen Sie bitte in den Kapiteln 2 und 3. Dort ist anhand konkreter Bauelemente der Aufbau der RAM-Module zu sehen. Hier soll es jetzt auf den nächsten Seiten um den prinzipiellen Umgang mit den Datenspeichern gehen. Damit kommt auch das Thema Software ins Spiel, allerdings nur, soweit es um die Adressierung von Speichern geht.

Der Umgang mit den Speichern eines Mikrocontrollers hängt hauptsächlich von deren Art und Anordnung im Adreßraum ab. Unabhängig, ob es sich bei der CPU um eine Harvard- oder Von-Neumann-Architektur handelt, sind mit der Breite des Adreßbusses die Grenzen der Adressierbarkeit gegeben. Liegen die Speicher innerhalb des adressierbaren Bereichs, sowohl was die Größe als auch die Lage betrifft, sind die Verhältnisse sehr einfach. Die Adressen für die Befehle und die Daten stammen aus dem Befehlszähler bzw. aus speziellen Zeigerregistern oder ganz einfach aus dem Befehl selber. Bei Programmspeichern ist die Adresse im allgemeinen eine 16-Bit-Zahl (64 Kbyte maximaler Programmspeicher). Unterschiede gibt es bei Datenspeichern. Hier entscheidet die Anordnung im Adreßraum. Bei sehr kleinen Mikrocontrollern findet man häufig einen eingeschränkten Adreßbereich. Der RAM ist auf einen internen Bereich begrenzt, die Adressierung geschieht mit einer 8-Bit-Adresse. Für derartige Speicher wird auch gern der Ausdruck Datenregisterfeld benutzt, und die Adressierungsarten tragen Namen wie Registeradressierung und Zero-Page-Adressierung. Diese Formen werden aber auch bei großen Controllern zur Ansprache interner RAM-Bereiche verwendet. Die Registeradressierung wird später in dem Unterkapitel »Registerstrukturen« zu sehen sein, die Zero-Page-Adressierung zeigt der nächste Abschnitt.

Zero-Page-Adressierung von Datenspeichern

16-Bit-Adreßzugriffe erfordern je nach Befehl zunächst das Einlesen einer 16-Bit-Adresse, was bei einem 8-Bit-Controller 2 Lesezyklen in Anspruch nimmt. So besteht zum Beispiel ein Befehl zum Lesen eines Speicherplatzes mit absoluter Adressierung aus folgenden Speicherzugriffen:

◆ Lesezugriff Programmspeicher Opcode

◆ Lesezugriff Programmspeicher 8-Bit-Adreßteil 1

◆ Lesezugriff Programmspeicher 8-Bit-Adreßteil 2

◆ Lesezugriff Datenspeicher mit der im Befehl eingelesenen Adresse

Erst beim 4. Zugriff auf den Speicher gelangt die CPU an die gewünschten Daten. Etwas günstiger liegen die Verhältnisse, wenn der Controller oder Prozessor Möglichkeiten der Zero-Page-Adressierung bietet. Hierbei liegen die Speicherzellen auf den ersten 256 Adressen des Speicherbereichs. Zur Adressierung ist dadurch nur eine 1-Byte-Adreßangabe notwendig. Das verkürzt den Opcode und die Verarbeitungszeit. Diese Methode hat sich bei vielen Controllern für die Verwendung des internen RAMs eingebürgert. Manche Hersteller gehen sogar noch einen Schritt weiter und erlauben dem Programmierer, selbst festzulegen, ob auf diesem bevorzugten Platz der RAM oder ein anderes, häufig verwendetes Modul liegen soll (siehe Motorola MC68HC11-Familie).

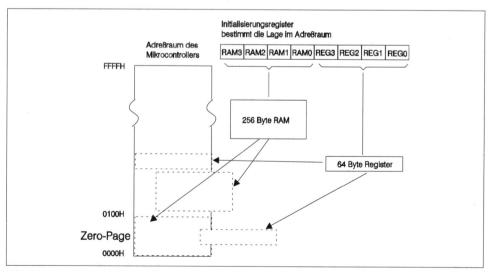

Abbildung 1.26: Zero-Page-Adressierung

Aber nicht nur zur Verkürzung und Vereinfachung von Zugriffen wird von der normalen 16-Bit-Adressierung abgewichen, sondern auch, um den auf 64 Kbyte bzw. 2x64 Kbyte eingeschränkten Adreßbereich zu erweitern. Gründe dafür können große Programm- oder Datenmengen sein, aber auch Peripheriemodule, die sich den Speicherraum mit den eigentlichen Speichern teilen müssen. Und noch ein Grund kann zu Abweichungen von dem 16-Bit-Adreßzugriff führen. Soll zwischen ganzen Speicherbereichen schnell und sicher gewechselt werden, wie es bei Programmunterbrechungen durch Interrupt oder bei Multitasking-Programmen vorkommt, sind spezielle Mechanismen gefragt, die eine Umschaltung oder einen Austausch von Speicherbereichen hardwaremäßig unterstützen. Mit Hardwareunterstützung ist ein zum größten Teil von der Adreßverwaltung der CPU getragener Vorgang gemeint, im Gegensatz zu Softwarelösungen, die alle auf entsprechend umfangreiche Datentransporte hinauslaufen. Zwei dieser Verfahren zeigen die nächsten beiden Unterkapitel.

Speicherbanking

Viele Controller bieten die Möglichkeit, mittels gleicher Adreßbussignale verschiedene physikalische Speicher anzusprechen. Eine Bank-Switching-Logik, die im einfachsten Fall aus einigen Parallelport-Ausgängen und einem Verwaltungsprogramm bestehen kann, sorgt für das Zuschalten oder Selektieren von Speichern. Die Grafik zeigt das Prinzip.

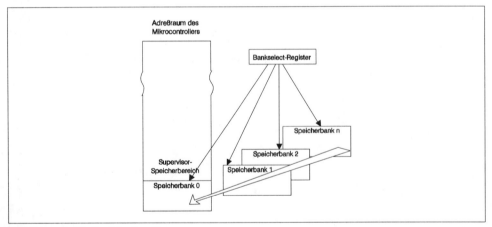

Abbildung 1.27: Speicherbanking

Die Vorteile liegen auf der Hand. Es findet eine sichere Trennung der einzelnen Speicher und damit der darin enthaltenen Daten statt. Wenn die Bank-Switching-

Logik fehlerfrei funktioniert, sind die einzelnen Bereiche optimal voneinander getrennt. Typisch für derartige Verfahren ist das Vorhandensein eines gemeinsamen, nicht umzuschaltenden Speicherbereichs, in dem das Verwaltungsprogramm liegt. Von hier aus erfolgt die Umschaltung der Bänke, denn es muß immer sichergestellt sein, daß der Speicher, in dem sich die CPU gerade ablaufmäßig befindet, nicht gewechselt werden kann. Das geht am sichersten, wenn der Speicherwechsel nur aus einem feststehenden Bereich erfolgen kann. Ansonsten ist dieses Verfahren relativ schnell und einfach.

Auf eine Besonderheit bei Harvard-Architekturen muß hier noch hingewiesen werden. Es gibt eine Reihe von Bauelementen, die keine Speicherlesebefehle des Programmspeichers kennen. Dieser ist damit nur von Befehlsholezyklen erreichbar. Werden nun im Programm Konstantenfelder definiert, so stehen diese logischerweise im Programmspeicher. Damit sind sie aber später bei der Programmabarbeitung mangels spezieller Befehle nicht erreichbar. Controller dieser Art wenden daher ein modifiziertes Speicher-Banking an, in dem ein besonderer Bereich definiert ist, der als reiner Lesespeicher über den Teil des Programmspeichers gelegt wird, der die Konstantenfelder enthält. Über diesen Bereich kann die CPU auf den Programmspeicher sehen, als ob er mitten im Datenspeicher liegt. In Kapitel 3 sehen Sie anhand der ST6-Controller von SGS-Thomson die Anwendung dieses Verfahrens.

Generell ist das Speicher-Banking auch nicht nur auf Speicher anwendbar. Jede Art von adressierbaren Modulen, also auch die Peripherie, läßt sich so verwalten.

Segmentierung

Ein anderes Verfahren zur Erweiterung bzw. Trennung von Speicherbereichen stellt die Segmentierung dar. Dieses bei den 80X86-Prozessoren von INTEL angewandte Prinzip ähnelt vom Ablauf her der indirekten, indizierten Adressierung. Die physikalische Adresse wird aus dem Inhalt eines Segmentregisters plus dem Inhalt eines Zeigerregisters gebildet. Im Fall des Datenspeichers kann das Zeigerregister ein Datenpointerregister sein. Das Prinzip ist weiter vorn bei der Vorstellung des Steuerwerks eines Mikrocontrollers am Beispiel der 80X86-Prozessoren schon einmal grafisch dargestellt worden.

Von Vorteil bei diesem Verfahren ist eine schnelle Arbeitsweise, da alle Zugriffe über Adreßberechnung in der CPU ausgeführt werden und moderne CPUs, die diese Art der Adressierung unterstützen, mit einer entsprechenden Logik ausgerüstet sind. Vorteilhaft ist auch, daß nur ein einziger, entsprechend großer Speicher für das Verfahren genügt. Durch die Begrenzung des Datenpointers auf eine bestimmte Breite ist der Adreßbereich für ein bestimmtes Segment festgelegt. Damit sind die einzelnen Bereiche leicht voneinander zu trennen, aber gleichzeitig ergibt sich daraus auch eine große Gefahr. Eine versehentliche Überschneidung von unterschiedlichen Bereichen bleibt unbemerkt und produziert schnell Fehler, die schwer zu finden sind. Reicht zum Beispiel das Datensegment in den Bereich des Stacksegments hinein, so sind Programmabstürze praktisch vorprogrammiert, da Datenmanipulationen den Stack und damit möglicherweise Rücksprungadressen aus Unterprogrammen zerstören.

Register

Neben Datenspeichern gibt es noch andere Speicherzellen in einem Mikrocontroller, die ebenso der Aufbewahrung von allen möglichen Arten von Daten und Informationen dienen. Sie werden für gewöhnlich als Register bezeichnet und nicht wie bei einem Speicher über Adressen, sondern über Registernummern oder Namen angesprochen. Selbstverständlich verbergen sich dahinter ebenso physikalische Adressen auf interne Strukturen des Controllers, jedoch mit einer Ausnahme: Für spezielle Register mit Sonderfunktionen verwendet die CPU andere Zugriffsmechanismen, da sich solche Register häufig direkt in dem CPU-Kern befinden und nicht an einem internen Adreß-/Datenbus angeschlossen sind. Bei Controllern findet man zwei verschiedene Arten von Registern: Spezialregister und Universalregister. Für die Verwendung dieser Register hat jede Familie ihre eigene Philosophie, doch drei prinzipielle Verfahren sind dabei wohl am meisten verbreitet:

◆ Controller mit einem festen Satz an Spezialregistern und keinen weiteren Datenregisterfeldern

◆ Controller mit reinen Universalregisterfeldern und

◆ Controller mit einem Universalregisterfeld, bei denen bestimmte Register Sonderaufgaben haben und damit eigentlich schon wieder Spezialregister darstellen.

Spezialregisterorientierte Strukturen

Bauelemente mit dieser Registerstruktur haben fast immer einen recht kleinen Teil an Spezialregistern, die selten der Datenspeicherung, sondern mehr der reinen Datenverarbeitung dienen. Zum Ablegen und Aufbewahren von Daten werden übliche Speicher verwendet. Meistens sind die Register Bestandteile der CPU und fest an bestimmte Befehlsgruppen gebunden. So gibt es beispielsweise typische Rechenregister für alle Arten der Datenmanipulation, die als Akkumulatoren oder Akkus bezeichnet werden und in der Regel die Verarbeitungsbreite der CPU haben. Einige Controller besitzen auch mehrere davon, die sich dann für bestimmte Befehle zu größeren Verarbeitungsbreiten zusammenfügen lassen.

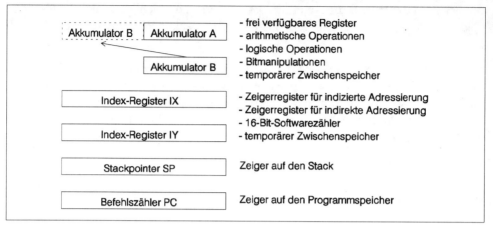

Abbildung 1.28: Typischer Registersatz

Neben diesen Datenregistern gehört auch noch eine Reihe von Adreß- oder Pointer-registern zu den Spezialregistern. Sie finden bei indirekten oder indizierten Adres-sierungsarten ihre Verwendung und bewahren bzw. verarbeiten absolute Adressen oder einen Teil davon. Aus diesem Grund haben sie auch die Breite des Adreßbusses, sind also in der Regel 16 Bit breit. Typisch sind dabei sogenannte Indexregister, mit denen Adreßberechnungen durchführbar sind. Die Grafik zeigt am Beispiel der MC86HC11-Familie solch einen Registersatz.

Wenden wir uns nun dem Umgang mit diesen Registern zu. Bei einer Architektur mit einer derartigen Spezialisierung sind viele Transportoperationen notwendig, um Daten von ihrem Aufbewahrungsort im Speicher oder einem anderen Register zum Verarbeitungszentrum, dem Akkumulator zu bringen. Das gleiche trifft auch für den Rücktransport in den Speicher zu. Durch die eingeschränkte Anzahl an Registern, die zur Aufbewahrung von Quell- und Zieloperanden dienen können, müssen mehr Schreib-und Lesebefehle auf externe Speicherbereiche durchgeführt werden. Auch wenn sich einige der Register als temporäre Zwischenspeicher eignen, so ist deren Zahl doch recht begrenzt und der Platz kostbar. Die Folge davon sind die schon genannten vielen Transportbefehle, die für Programme bei derartigen Controllern charakteristisch sind.

Nun scheint es so, als hätten diese Strukturen nur Nachteile, doch das ist nicht so. Besonders ausgeprägt ist gerade durch die Spezialisierung die Funktionalität der Register. Ein weiterer positiver Aspekt ergibt sich aus der einfacheren Adressierung, die ein eingeschränkter Registersatz mit klarer Aufgabenteilung automatisch mit sich bringt. Ist zum Beispiel der Ort einer arithmetischen Operation immer der Akkumulator, so braucht im Befehl dafür kein Vermerk zu stehen. Damit werden die Befehle kürzer, und die Ausführungszeit verringert sich. In dem folgenden Beispiel ist eine typische Befehlssequenz bei einem spezialregisterorientierten Controller zu sehen.

In einem Programm soll ein Wert von einem Speicherplatz um einen bestimmten Betrag, der in einem anderen Speicher des Controllers steht, erhöht werden. Zunächst liest also das Programm den Wert aus dem Speicher und schreibt ihn in den Akkumulator. Dann führt es die Berechnung aus und schreibt das Ergebnis auf den Speicherplatz zurück.

LD	AKKU,Adresse 1	;Wert vom Speicher 1 in den Akku transportieren
ADD	AKKU,(Adresse 2)	;Addition des Wertes im Akku mit dem Wert von Speicher 2
LD	Adresse 1,AKKU	;Zurückschreiben des Ergebnisses in den Speicher 1

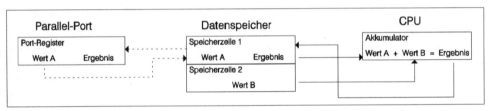

Abbildung 1.29: Addition

Registerfeldorientierte Strukturen

Im Gegensatz zu den spezialregisterorientierten Strukturen findet man bei dieser Anordnung keine funktionsbezogenen Register. Alle Register können sowohl zur Datenmanipulation als auch zur Adressierung herangezogen werden. Dementsprechend sind nahezu alle Befehle auf jedes Register anwendbar. In der Regel ist auch deren Anzahl weitaus größer. Bei Controllern dieser Art findet man selten weitere interne RAM-Speichermodule, fast immer ist die Zahl der Register so groß gewählt, daß diese auch alle wesentlichen Aufgaben herkömmlicher Speicher mitübernehmen. Selbst der Stackbereich liegt bei vielen Controllern in dem Bereich. Übliche Registerfeldgrößen sind 128, 256 oder 512 Byte. Damit entsprechen sie den weiter vorn schon genannten Datenspeicherbereichen, und in der Tat werden diese häufig nur aus den Registerfeldern gebildet. Durch den Fortfall eines Akkumulators als Verarbeitungszentrum übernehmen alle Register die akkumulatortypischen Funktionen wie arithmetische und logische Bearbeitung von Daten. Es gibt aber auch Ausnahmen von dieser Universalität, in manchen Fällen sind Rechen- und logische

Funktionen auf einen bestimmten, kleinen Bereich beschränkt. Bei anderen wieder sind für bestimmte Abschnitte einige Adressierungsarten nicht zulässig.

Eine Besonderheit im Zusammenhang mit Register-Register-Architekturen, wie diese Strukturen auch genannt werden, sind bitadressierbare Bereiche. Eine spezielle Adressierungsart gestattet dabei den bitweisen Zugriff auf ganze Registerfelder. Normalerweise werden die einzelnen Register mit ihrem Namen bzw. ihrer Nummer im Befehl angesprochen. Da aber gerade bei Controllern, die oft ihr Einsatzgebiet in der Steuerungstechnik haben, sehr viel mit einzelnen Bits in einem Register gearbeitet wird, ist diese Adressierungsart sehr häufig anzutreffen. So sind zum Beispiel Ports und damit alle Ein-/Ausgänge bestimmten Registern zugeordnet. Soll bei einem solchen Port ein bestimmter Ausgang, also ein einzelnes Bit ein- oder ausgeschaltet werden, so läßt sich diese Aktion direkt über einen einzigen Bitmanipulationsbefehl durchführen. Ohne diese Befehle und die Adressierungsart müßten sonst zunächst die bisherigen Werte des Ports gelesen, das Bit geändert und dann wieder auf das Port ausgeschrieben werden. Dieser Umgang mit den Registern setzt allerdings auch eine bestimmte Hardwarestruktur voraus, und die erstreckt sich selten über das ganze Registerfeld. Deshalb findet man auch bei Register-Register-Architekturen Bereiche mit einer ausgeprägten Funktionsteilung. Die Abbildung zeigt eine derartige Struktur.

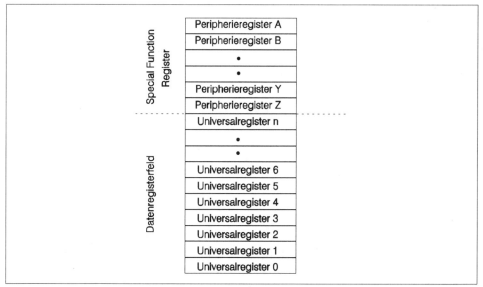

Abbildung 1.30: Registerfeldorientierte Struktur

Sehen wir uns auch hier wieder den Umgang mit dieser Struktur etwas genauer an. Um den Unterschied besser zu sehen, soll das gleiche Beispiel wie bei den Spezialregistern verwendet werden. Hier wird der Vorteil, der sich aus der Universalität der Register ergibt, recht deutlich sichtbar. Es kommen viel weniger Transporte in den Programmen vor. Daten brauchen nur einmal auf einen Registerplatz eingelesen werden, ein Vorgang übrigens, der bei der vorher genannten Architektur auch notwendig war. Sind sie aber dann in dem Register, können sie auch dort verarbeitet werden. Transporte in spezielle Register entfallen völlig. Das spart Programmcode, Zeit und macht die Programme schneller. Aber nun unser Beispiel:

◆ In der Speicherzelle 1 (Register R1) soll sich der Wert 1 befinden. Zu ihm soll der Wert 2 aus der Speicherzelle 2 (Register R7) hinzuaddiert werden (Beispiel Zilog Z8-Controller).

    ADD R1,R7   ;Wert vom Speicher 2 (Register 7) zum Inhalt von
                                  Speicher 1 (Register 1) addieren

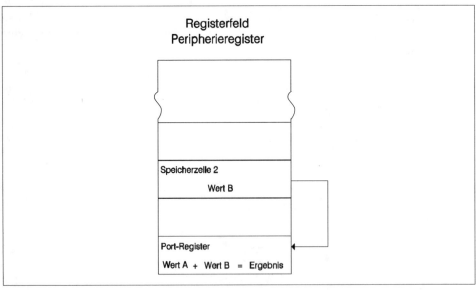

Abbildung 1.31: Addition

Mehr ist das nicht! Vergleicht man den Aufwand mit dem Programmteil aus dem vorherigen Beispiel, so ist der Unterschied beachtlich. Ein einziger 2-Byte-Befehl statt 3 Mehrbyte-Befehlen. Der Platz- und Zeitgewinn ist sofort offensichtlich.

Aber noch eine Besonderheit ist bei manchen registerfeldorientierten Controllern anzutreffen. War bei der bisher gezeigten Architektur der Registerbereich linear angeordnet und konnte von den Befehlen mit den Namen R0 bis Rn adressiert werden, gibt es noch eine andere Form. Zunächst ist das Registerfile in gleicher Weise angeordnet und wird auch genauso adressiert. Die Besonderheit besteht jedoch in der Möglichkeit des Register-Bankings. Was verbirgt sich hinter diesem Begriff? Das gesamte Registerfile oder auch nur Teile davon sind in Gruppen (Arbeitsregistergruppen) aufgeteilt, die immer eine gleichgroße Zahl Register zusammenfassen. Eine spezielle Form der Adressierung gestattet nun, innerhalb solch einer Registerbank mit besonders kurzen Adressen einzelne Register anzusprechen. Da die Anzahl der Register in einer Bank meist klein gehalten wird (8 oder 16), genügen nur wenige Bits im Opcode zu deren Auswahl. In einem speziellen Register wird vorher festgelegt, welche Registerbank momentan aktiv ist. Ein Beispiel dieser Architektur zeigt das Registerfile des Z8-Standardcontrollers.

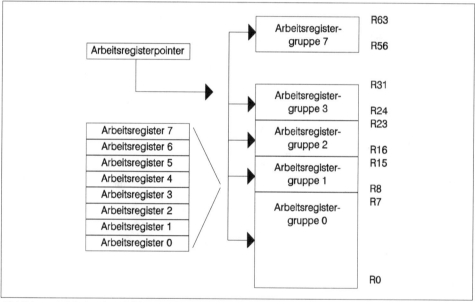

Abbildung 1.32: Registerfeld mit Arbeitsregistergruppen

Übliche Bänke bestehen aus jeweils 8 oder 16 Einzelregistern. Durch die sogenannte Arbeitsregisteradressierung lassen sich alle üblichen Datenmanipulationen in der jeweils aktiven Gruppe mit extrem kurzen Befehlen ausführen. Ein einziges Byte im Befehl kann die Adressen von Quelle und Ziel gleichzeitig aufnehmen. Am Beispiel des Z8 sieht der ADD Rn, Rm wie folgt aus.

Ein Registerpointer-Register sorgt für die Aktivierung des jeweiligen Registersatzes. Trotz dieser Sonderform sind mit direkter Adressierung selbstverständlich alle anderen Register der nichtaktiven Bänke auch erreichbar. Es geht immer um die besondere Form der kurzen Adressierung. Zusätzlich bieten einige Controller noch die Erweiterung dieser Registerbänke über Memory Mapping (Z86C06 von Zilog oder ST9-Familie von SGS-Thomson). Bei Zilog werden hinter die Registerbank 0 (Register R00-R15) 16 weitere Registerblöcke mit jeweils 16 Registern gelegt. Ein 4-Bit-Expanded-Register-Pointer wählt einen der 16 Registerblöcke aus, der dann auf den Bereich R00 bis R15 eingeblendet wird.

ADD R5,R8	OPC	MODE	0 0 0 0	0 0 1 0
	Ziel	Quelle	0 1 0 1	1 0 0 0

Abbildung 1.33: Arbeitsregisteradressierung

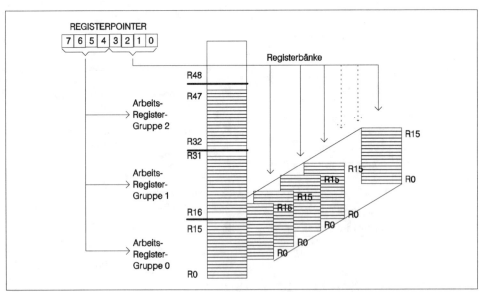

Abbildung 1.34: Register-Banking und Register-Mapping

Mit dem Register-Banking lassen sich nicht nur kürzere Befehle erzeugen, auch die Programme können sehr einfach strukturiert werden. Die Trennung der Arbeitsbereiche unterstützt die Aufteilung eines Programms in Teilprogramme und Module. Jeder Programmteil hat sein eigenes Registerfeld, das aufwendige Retten von

Registern vor dem Aufruf eines Unterprogramms kann entfallen. Von besonderer Bedeutung kann diese Methode für Interruptroutinen sein. Wenn an ihrem Anfang auf eine gesonderte Registerbank umgeschaltet wird, erübrigt sich das Retten und Rückschreiben von Registern. Die Belastung des Programms durch einen Interrupt wird dadurch geringer. Ein Beispiel soll den Umgang mit dieser Methode zeigen:

Zwei verschiedene Programmteile und ein Interruptprogramm teilen sich in die Registerbänke. Das Hauptprogramm nutzt die Bank 0, das Unterprogramm die Bank 1 und die Interruptroutine die Bank 3. Die Registernummern in der Klammer benennen die tatsächlichen Registerstellen.

Hauptprogramm

```
.
MOV    PSW,#00000000B    ;Registerbank 0 wählen
MOV    A,R0              ;Wert aus Reg.0 (R0) in den Akku
ADD    A,R1              ;den Wert aus Reg.1 R1 dazuaddieren
MOV    R0,A              ;Ergebnis wieder in Reg.0 (R0) zurück-
                         schreiben
.
```

Unterprogramm

```
UP1:  MOV    PSW.#00001000B    ;Registerbank 1 wählen
      MOV    A,R0              ;Wert aus Reg.0 (R8) in den Akku
      SUBB   A,#10             ;von A den Wert #10 subtrahieren
      MOV    R1,A              ;Ergebnis in Reg.R1 (R9) laden
      .
```

Interruptprogramm

```
INT:  PUSH   PSW               ;Zustand der Bankauswahl retten
      MOV    PSW,#00010000B    ;Registerbank 2 wählen
      .                        ;Interruptprogramm
      POP    PSW               ;Zustand wie vor Interrupt wiederherstellen
      RETI                     ;Ende des Interruptprogramms
```

Außer den beiden reinen Varianten Spezialregister- und Registerfeldstrukturen findet man bei Mikrocontrollern häufiger gemischte Varianten. Diese zeichnen sich dadurch aus, daß sie sowohl ein großes Registerfeld besitzen, dann aber auch einen bestimmten Teil davon so mit speziellen Funktionen belegen, daß man hier wieder von einer Spezialregisterstruktur sprechen muß. Meistens findet man einen typischen Akkumulator, der als einziger in der Lage ist, arithmetische und logische Operationen auszuführen, und auch spezielle Indexregister für die Adreßbildung. Damit werden die jeweiligen Vorteile beider Klassen recht günstig miteinander verbunden. Typische Vertreter hierfür sind die 8051-Controller. An ihnen läßt sich der

Vorteil dieser Architektur sehr schön zeigen. Alle besitzen zwar einen richtigen Akkumulator, doch ein großes Registerfeld einschließlich des Prinzips des Register Bankings gehört ebenso dazu wie die bitadressierbaren Bereiche. Die Grafik zeigt den Aufbau:

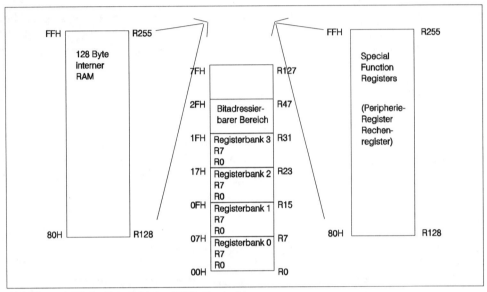

Abbildung 1.35: Registerfeld des 8051-Controllers

Peripherieregister und Special Function Register

Bisher ist immer nur von Datenspeichern und Datenregistern gesprochen worden. Doch wo befinden sich die Daten- und Steuerregister der On-Chip-Peripheriemodule? Bei normalen Mikroprozessoren mit ihrer getrennt liegenden Peripherie natürlich im Speicher- oder I/O-Adreßraum. Genauso ist es auch bei den Controllern. Auch hier befinden sie sich wie alle anderen Register im internen Adreßraum und nutzen die gleichen Befehle. Meistens sind sie jedoch in einem eigenen Registerblock, dem Special Function Register zusammengefaßt. Durch die Nutzung des Memory Mappings ergeben sich neben der Vereinfachung der Befehle (keine besonderen I/O-Befehle) noch andere Vorteile. Sind die Steuer- und Datenregister der Peripherie in gleicher Weise verwendbar wie alle Datenregister, können für I/O-Funktionen Transporte gespart werden, da direkt in den Registern einzelne Bits manipuliert werden können. Die Abbildung zeigt einen Ausschnitt aus einem solchen Registerfeld.

Special Function Register des 80535

0F8H	Port 5	P5	0B9H	Interrupt Priority Register 1	IP1
0F0H	B-Register	B	0B8H	Interrupt Enable Register 1	IEN 1
0E8H	Port 4	P4	0B0H	Port 3	P3
0E0H	Akkumulator	ACC	0A9H	Interrupt Priority Register 0	IP0
0DAH	D/A Converter (U Ref für A/D)	DAPR	0A8H	Interrupt Enable Register 0	IEN0
0D9H	A/D Converter Data Register	ADDAT	0A0H	Port 2	P2
0D8H	A/D Converter Control Register	ADCON	99H	Serial Port Buffer Register	SBUF
0D0H	Program Status Word Register	PSW	98H	Serial Port Control Register	SCON
0CDH	Timer 2 High Byte	TH2	90H	Port 1	P1
0CCH	Timer 2 Low Byte	TL2	8DH	Timer 1 High Byte	TH1
0CBH	Comp/Reload/Capt Reg. High	CRCH	8CH	Timer 0 High Byte	TH0
0CAH	Comp/Reload/Capt Reg. Low	CRCL	8BH	Timer 1 Low Byte	TL1
0C8H	Timer 2 Control Register	T2CON	8AH	Timer 0 Low Byte	TL0
0C7H	Comp/Capt Reg. 3 High Byte	CCH3	89H	Timer Mode Register	TMODE
0C6H	Comp/Capt Reg. 3 Low Byte	CCL3	88H	Timer Control Register	TCON
0C5H	Comp/Capt Reg. 2 High Byte	CCH2	87H	Power Control Register	PCON
0C4H	Comp/Capt Reg. 2 Low Byte	CCL2	83H	Data Pointer High Byte	DPH
0C3H	Comp/Capt Reg. 1 High Byte	CCH1	82H	Data Pointer Low Byte	DPL
0C2H	Comp/Capt Reg. 1 Low Byte	CCL1	81H	Stack Pointer	SP
0C1H	Comp/Capt Enable Register	CCEN	80H	Port 0	P0
0C0H	Interrupt Request Control Reg.	IRCON			

Abbildung 1.36: Ausschnitt aus dem Special Function Register

Spezielle Umgangsform mit Speicherzellen und Registern

Waitgenerierung

Nicht immer stimmen die zeitlichen Forderungen des Controllers mit dem Zeitverhalten externer Speicher- oder Peripheriebaugruppen überein. Um sich an langsame Partner anzupassen, kann der Controller mehrere Waitzyklen in die normalen externen Zugriffe einfügen. Dabei gibt es zwei unterschiedliche Möglichkeiten. Eine davon ist eine Softwarelösung, welche die Erweiterung der Schreib-/Lesezugriffe um mehrere Takte gestattet. Sollte das nicht reichen, oder ist nicht generell für alle Module eine Wait-Einfügung notwendig, kann auch mit einem Hardwareeingang gearbeitet werden. So kann ein langsames Bauelement am externen Bus ganz speziell nur für sich das Wait-Pin auf Low ziehen und den Zugriff verlängern. Andere Zugriffe bleiben damit unbeeinflußt und schnell.

Direct Memory Access

Bei allen bisher vorgestellten Transporten zwischen Speicherplätzen in- und außerhalb des Controllers, zwischen Registern und Peripheriemodulen, ist immer davon ausgegangen worden, daß die CPU diese Aktionen entsprechend den Befehlen durchführt. Daß es auch ohne Hilfe der CPU geht, zeigt der folgende Abschnitt.

Eine noch so hervorragende Speicherstruktur und eine schnelle Peripherie bleiben ohne Effekt, wenn der Transport zwischen den einzelnen Komponenten nur langsam vor sich geht. Zwei kurze Beispiele üblicher Abläufe in einem Programm zur Dateneingabe verdeutlichen den »Flaschenhalseffekt« von Normalstrukturen:

◆ Ein AD-Wandler liefert zyklisch Werte, die von einem Programm nacheinander verarbeitet werden sollen. Zusätzlich wird noch gefordert, daß die Werte in äquidistanten Abständen einzulesen sind, da sie in einen Regelprozeß weiterverarbeitet werden - bei dem Einsatzgebiet von Controllern ein sehr häufiger Einsatzfall.

◆ Oft sind die Zeitabläufe zwischen Peripheriefunktionen und dem verarbeitenden Programm sehr unterschiedlich, so daß mit aufwendigen Verfahren eine Synchronität hergestellt werden muß. So ist zum Beispiel ein A/D-Wandler im allgemeinen langsamer als das Programm, das die gewandelten Werte verarbeitet.

In beiden Beispielen muß die CPU für die Synchronisation zwischen dem Programm und den Peipheriefunktionen sorgen. Im ersten Fall geht es um die schnelle und zeitgleiche Abfrage, bei der das Programm die bremsende oder »störende« Rolle spielt, im zweiten Fall ist es genau umgekehrt. Das Programm muß auf die Peripherie warten und wird mit dieser Überwachung zusätzlich belastet.

Normalerweise sorgt die CPU mittels einzelner Befehle für die Datenübertragung zwischen der Quelle und dem Ziel der Daten. Geht es um den Transfer mehrerer Bytes zwischen zwei unterschiedlichen Speicherbereichen, so sieht das bei programmgesteuerten Aktionen etwa so aus:

Programminitiierter Schreib-Lese-Transfer: Das Programm steuert über die Hardware des Controllers jeden Datentransfer zwischen Speichern, Daten- und Peripherieregistern.

◆ Befehl lesen (Opcode und Quelladresse der Daten)

◆ Daten lesen

◆ Befehl lesen (Opcode und Zieladresse der Daten)

◆ Daten ausschreiben

◆ Befehl lesen (Opcode Quelladresse inkrementieren)

◆ Quelladresse inkrementieren

◆ Befehl lesen (Opcode Zieladresse inkrementieren)

◆ Zieladresse inkrementieren

◆ Befehl lesen (Opcode Zählzelle inkrementieren)

◆ Zähler inkrementieren

◆ Befehl lesen (Opcode Test auf Ende der Übertragung)

◆ Reaktion (bei Schleifenende Sprung zum Anfang der Schleife)

Diese Art der Transporte ist aufwendig und kostet viel Zeit. Besser geht es mit speziellen Blocktransferbefehlen. Einige Controller besitzen diese komplexen Funktionen (typisch CISC-CPUs) und gestatten damit sehr schnelle Transporte. Im Prinzip ist der Ablauf der gleiche wie bei der vorhergehenden Sequenz, nur geschieht hier alles in einem einzigen Befehl, der dann allerdings entsprechend viele Takte benötigt. Dabei übernehmen bestimmte Register die Funktionen der Quell- und Zielpointer und des Schleifenzählers. Eingespart werden die vielen Befehlslesezyklen, mit denen die Sequenzen ausgeführt werden.

Wesentlich schneller und vor allem ohne Zutun der CPU geht es mit einer speziellen Hardware, die den Namen DMA-Modul oder DMA-Controller trägt. Sie stellt vom Aufbau her eine ähnliche Struktur dar wie das Adreßsteuerwerk der CPU. Aufgebaut aus Pointern und Zählern übernimmt sie die Transporte von Daten zwischen Speichern und/oder Peripheriemodulen untereinander. Im allgemeinen genügt ein Datenquellenregister, ein Datenzielregister, ein Schleifenzähler und ein Steuerregister für die Funktion. Nach dem programmgesteuerten Laden dieser Register übernimmt das Modul alle Funktionen des Transfers. Es führt Lese- und Schreibzyklen durch und sorgt selbständig für das Inkrementieren oder Dekrementieren der Pointer und des Zählers. Um auch den Transfer zwischen einem Register und einer bzw. mehreren Speicheradressen zu ermöglichen, läßt sich die Art und Weise der Zugriffe einstellen. Meistens ist auch der Zeitpunkt der Transporte wählbar. Im einfachsten Fall unterbricht ein DMA-Transfer die Arbeit der CPU. Leistungsfähiger sind aber sogenannte transparente Transfers, bei denen der DMA-Controller immer dann die Busse übernimmt, wenn die CPU mit internen Abläufen beschäftigt ist. Im Zusammenhang mit Peripheriemodulen lassen sich die Transporte manchmal auch von den Zeitabläufen dieser Module abhängig machen. So kann der A/D-Wandler mit seinem »Wandlung beendet«-Signal jeweils einen Transport auslösen und damit für den Abtransport des Ergebnisses selber sorgen.

Damit ist das Kapitel über die CPU und die Speicher- und Registermodule des Mikrocontrollers abgeschlossen. In den nächsten Kapiteln wird es hauptsächlich um die Baugruppen gehen, die den Mikrocontroller von üblichen Prozessoren unterscheiden – die internen Peripheriemodule. Durch die große Zahl verschiedener Mikrocontrollertypen müssen bei den weiteren Betrachtungen leider Verallgemeinerungen gemacht werden. Auf die unterschiedlichen Strukturen und ihre Möglichkeiten genauer einzugehen hätte im Rahmen dieses Buches keinen Sinn. Doch Sie werden in Kapitel 2 und besonders in Kapitel 3 sehen, daß es auch hier gewisse Ähnlichkeiten gibt.

1.2.3 Parallele Ein- und Ausgänge bei Mikrocontrollern

Die Ein- und Ausgänge bilden die Schnittstelle der internen Module des Mikrocontrollers zu seiner Umwelt. Über sie erfolgt die Übertragung von Signal und Daten von der Außenwelt in den Controller und umgekehrt. In der Regel handelt es sich dabei hauptsächlich um digitale Signale, d.h., es kommen nur die Pegel High und Low vor. Aber auch analoge Werte sind über einige Ein-/Ausgänge übertragbar, allerdings erfolgt hier die Auswertung nicht in der Logik des Ports, sondern in dem dafür zuständigen internen Modul. Manche Spezialbauelemente, die ihren Einsatz in vorrangig analoger Umgebung finden, besitzen dafür entsprechend ausgerüstete Ein-/Ausgänge. Dieses Buch widmet sich aber vorrangig den Universaltypen, und bei diesen herrschen die rein digitalen Signale eindeutig vor.

Üblicherweise werden immer mehrere funktionsgleiche Ein-/Ausgänge zu einem Port zusammengefaßt, das die Breite des chipinternen Datenbusses hat, also bei 8-Bit-Controllern entsprechend 8-Bit-Ports mit jeweils 8 Ein-/Ausgängen. Aus dieser Anordnung resultieren auch die Namen parallele Ein-/Ausgänge oder kurz parallele I/O-Ports. Jedem Port ist ein Datenregister und häufig noch ein oder mehrere Steuerregister zugeordnet. Die Zahl der Steuerregister hängt von der Mannigfaltigkeit der Funktionen ab, die mit dem Port verbunden sind. Der Ort im Adreßraum, an dem sich diese Register befinden, ist sehr unterschiedlich, doch vielfach liegen sie in einem speziellen Registerbereich, dem Special-Function-Register-Bereich.

Zu den Aufgaben der Ein-/Ausgabeports gehören:

◆ reine digitale Ein-/Ausgabefunktionen

◆ alternative Funktionen im Zusammenhang mit internen Peripheriemodulen (Ein-/Ausgänge von Timern, seriellen Schnittstellen, Analog-/Digitalwandlern usw.)

◆ Bereitstellung von Adreß-/Daten- und Steuersignalen zur Realisierung von externen Speicher- und Peripheriebereichen (Expanded Mode...)

Je nachdem, mit welchen Aufgaben ein Port beauftragt werden kann, sind bestimmte elektrische Bedingungen zu erfüllen. Am einfachsten sind die Verhältnisse bei nur einer Funktion, doch so etwas findet man verständlicherweise selten bei Universalcontrollern. Typische Kombinationen und ihre Auswirkungen auf den Aufbau der Portelektronik zeigt die folgende Tabelle:

Funktion	Aufbau der Portelektronik
reine I/O-Funktion	Ausgabelatch und Eingabelatch bzw. Leseverstärker, Ausgangsstufe mit aktivem oder passivem Pull Up
I/O-Funktion und alternative Funktion	wie oben sowie Multiplexer zu den Modulsignalen, eventuell Open-Drain-Stufen
I/O-Funktion und Daten-/Adreßbusfunktion	wie oben sowie Multiplexer zu den Intermodulbussen für Daten und Adressen, Ausgangsstufen mit Tristate-Verhalten

Tabelle 1.3: Typische Ein-/Ausgabeportfunktionen

Da die einzelnen Pins eines Ports fast ausschließlich gleich aufgebaut sind, sollen sich die nachfolgenden Betrachtungen immer auf den Aufbau eines einzelnen Pins beziehen. Kernstück eines jeden Portpins, das zur Signalausgabe benutzt wird, ist zunächst ein Ausgabe-Flip-Flop. Dahinein schreibt die CPU die auszugebende Information, so daß sie auch nach dem Schreibbefehl noch stabil an dem Port verfügbar sind. Um die geforderten elektrischen Bedingungen wie Ausgangspegel, Belastbarkeit und Zeitverhalten einzuhalten, ist dem Flip-Flop eine Ausgangsstufe nachgeschaltet, die in Abhängigkeit von der Portfunktion unterschiedlich aufgebaut sein kann. Dazu aber später mehr.

Soll dieses Port zusätzlich eine Eingabefunktion aufweisen, so ist der Ausgang der Ausgabestufe, also das eigentliche Portpin, mit einem Eingangsverstärker verbunden. Dieser entkoppelt das Pin von der internen Elektronik und sorgt dafür, daß die Pegel am Port entsprechend den elektrischen Daten als Low- oder Highpegel eingeordnet werden (eventuell Schmitt-Trigger-Funktion). Um aber bei einem kombinierten Ausgabe-/Eingabeport auch wirklich Signale einlesen zu können, muß die Ausgabestufe hochohmig sein, sonst würden die Eingabedaten verfälscht werden. Wie das gemacht wird, hängt wieder stark vom Aufbau dieser Stufe ab. Um ein solches Port zu lesen, gibt es verschiedene Varianten. Bei einfachen Portstrukturen wird durch den Lesebefehl der Eingangsverstärker aktiviert und dessen Ausgang, also das angepaßte Eingangssignal, auf den chipinternen Datenbus gelegt. Bei Controllern mit Eingaberegisterfunktion ist der Ablauf komplizierter. Hier erfolgt durch einen externen Strobe-Impuls oder durch das Lesesignal der CPU der Transport der Eingangspegel über den Verstärker in ein internes Eingaberegister. Dieses Verfahren findet man bei Ports mit Handshake-Funktion. Neben dem direkten und indirekten

Lesen der Eingangssignale gibt es aber bei vielen Mikrocontrollern noch ein anderes Leseverfahren. Über ein weiteres Tor läßt sich bei ihnen der Ausgang des Ausgabe-latch rücklesen. Man bekommt also nicht generell die Pegel am Pin, sondern »nur« die Ausgabedaten geliefert. Einige Befehle machen sich dieses Verhalten bei der häufig anzutreffenden Read-Modify-Write-Funktion zunutze. Typische Befehle sind die portbezogenen logischen Verknüpfungen und Bitbefehle. Bei ihnen werden Daten an einem Port modifiziert, d. h., der alte, bisherige Zustand wird gezielt verändert. Um das zu erreichen, müßte ohne ein rücklesefähiges Ausgaberegister jedes Mal der alte Wert in einem beliebigen Register gespeichert werden. Einfacher geht es aber, wenn sich der Wert aus dem Port rücklesen läßt. So ermittelt die CPU den vorherigen Wert und kann ihn verändert wieder ausgeben. Die folgende Tabelle zeigt eine kleine Auswahl an Read-Modify-Write-Befehlen, die sich dieser Funktion bedienen:

Befehl	Funktion
OR PORT,Wert	Die Daten am PORT werden logisch ODER-Verknüpft, also alle im Wert auf 1 stehenden Bits auch am PORT gesetzt
AND PORT,Wert	Die Daten am PORT werden logisch UND-Verknüpft, also alle im Wert auf 0 stehenden Bits auch am PORT rückgesetzt
XOR PORT,Wert	Die Daten am PORT werden logisch Exclusiv-Oder-Verknüpft
INC PORT	Der Wert am PORT wird um 1 erhöht
DEC PORT	Der Wert am PORT wird um 1 erniedrigt

Tabelle 1.4: Read-Modify-Write-Befehle

Einer Gefahr muß man sich allerdings im Umgang mit diesen Befehlen immer bewußt sein. Die rückgelesenen Daten entsprechen nur so lange den wirklichen Werten an den Pins, solange das Port mit aktiven Ausgangsstufen arbeitet. Haben die Treiber eine Open-Drain-Funktion, so kann es da Unterschiede geben. Ein auf 1 stehendes Ausgabe-Flip-Flop muß in diesem Fall nicht zwangsläufig auch einen 1-Pegel am Pin erzeugen. Durch das Open-Drain-Prinzip kann hier durchaus auch von außen ein Low-Pegel erzwungen werden. Der Befehl liefert in diesem Fall also falsche Werte.

Nun aber zum Aufbau einer typischen Pinelektronik, die mit den genannten Funktionen ausgestattet ist.

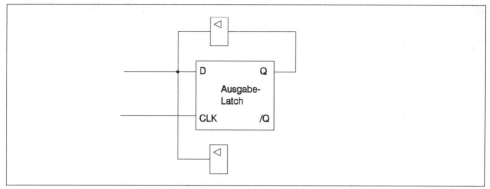

Abbildung 1.37: Pinelektronik mit Ausgabelatch und Leseverstärker

In der Grafik (Pinelektronik der 8051-Controller) ist das Flip-Flop mit einer typischen Ausgangsstufe zu erkennen. Der untere Transistor T2 ist für die Bildung des Low-Pegels verantwortlich. Um die üblichen Ströme beim Anschluß von Standard-TTL-Lasten und kurze High-Low-Flanken zu erreichen, ist er entsprechend groß ausgelegt. Für einen aktiven High-Ausgangspegel sorgt der obere Transistor T3. Er ist von seiner Stromergiebigkeit schwächer ausgelegt und nur für statische, eingeschwungene High-Pegel zuständig. Im Fall der Eingangsfunktion sorgt er für einen High-Pegel bei offenem Eingang. Um bei einem Low-High-Übergang trotz des schwachen oberen Transistors eine genügend steile Signalflanke zu erzeugen, ist ein wesentlich stärkerer Transistor parallel zu T3 geschaltet. Bei dem Pegelwechsel wird dieser Transistor T1 für genau 2 Taktperioden durchgeschaltet, so daß der nötige Strom den Ausgang auf High-Pegel ziehen kann. Danach sorgt T3 wieder allein für die Erhaltung des Zustandes. Die Abbildung zeigt aber noch einen weiteren Transistor T4. Im Gegensatz zu den anderen Transistoren wird er aber nicht vom Flip-Flop angesteuert, sondern direkt vom Pin. Seine Aufgabe ist es, bei einem High-Ausgabepegel den Transistor T3 so zu unterstützen, daß auch er den nötigen Ausgangsstrom treiben kann. Im Fall einer Eingabefunktion ist nur noch Transistor T3 aktiv und damit die Stromaufnahme der Portelektronik geringer. Diese Schaltung ist jedoch nicht bei allen Controllern anzutreffen. Die verschiedenen Hersteller haben alle ihre eigenen Schaltungen.

Das nächste Beispiel zeigt ein Port, das neben der Ein-/Ausgabefunktion noch als Schnittstelle für weitere interne Module Verwendung findet. Es handelt sich hierbei wieder um eine Schaltung aus der 8051-Familie.

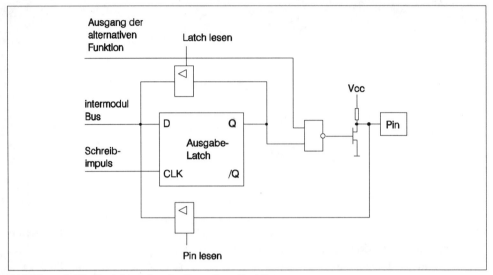

Abbildung 1.38: Pinelektronik mit alternativer Funktion

Bei den meisten Controllern findet man neben der I/O-Funktion mindestens eine Doppelbelegung mit irgendeiner anderen internen Funktion. Aus diesem Grunde muß durch eine geeignete Schaltung dafür gesorgt werden, daß es zu keiner Vermischung und damit Verfälschung der Pegel kommt. In der dargestellten Grafik erfolgt die Freigabe der alternativen Funktion durch das Ausschreiben eines High-Pegels in das Ausgabelatch. Dadurch ist das Gatter für die alternative Funktion freigegeben (Multiplexer-Funktion). Das Einlesen geschieht in diesem Fall ohne Lesefreigabe durch die CPU, nur durch das angeschlossene Peripheriemodul. In ähnlicher Weise sind auch die chipinternen Daten-/Adreßbusse an die Ports angeschlossen.

Die dargestellten Beispiele sind sehr einfach und kommen ohne Portsteuerregister aus. Allerdings ist auch der Umgang mit ihnen etwas komplizierter und gewöhnungsbedürftig. Die Mehrzahl der Hersteller verwenden aufwendigere Schaltungen mit mehr Komfort. Die Abbildung zeigt solch einen Aufbau am Beispiel der Pinelektronik der ST62xx-Controller von SGS-Thomson.

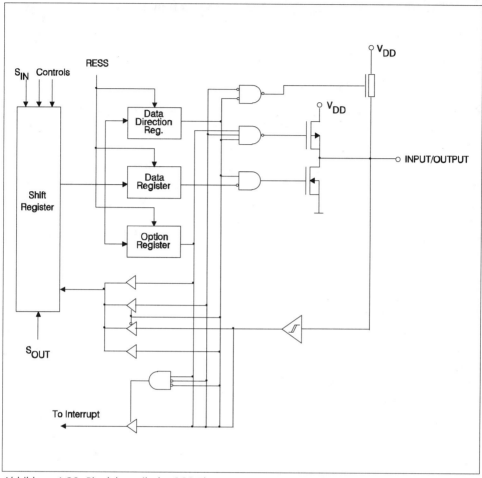

Abbildung 1.39: Pinelektronik der SGS-Thomson ST62xx-Controller

Jedem Portpin ist in einem Data-Direction-Register ein Bit zugeordnet. Dieses Bit steuert über Gatter die Ausgangstransistoren und die Eingangsverstärker und bestimmt damit die Datenflußrichtung. In einem weiteren Steuerregister lassen sich Funktionen wie zum Beispiel die Arbeitsweise der Ausgangsstufen oder das Interruptverhalten einstellen. Allein durch die verschiedenen Bit-Kombinationen der zu einem Port gehörenden zwei Steuerregister sowie des Datenregisters sind folgende Varianten programmierbar:

◆ Eingangsfunktion ohne Pull-Up und ohne Interruptfunktion

◆ Eingangsfunktion mit Pull-Up und Interruptfunktion

◆ Eingangsfunktion mit Pull-Up und ohne Interruptfunktion

◆ Analoger Eingang

◆ Aktiver Ausgang (Push-pull output)

◆ Open-Drain-Ausgang

Zusätzlich zeigt die Abbildung noch das Zusammenspiel der Pinelektronik mit dem Schieberegister als Beispiel einer alternativen Funktion. Mehr zu diesem Controller erfahren Sie in Kapitel 3.

Noch ein Wort zu den Open-Drain-Ausgängen. Diese Art von Ausgängen wird immer dann benötigt, wenn es um den Zusammenschluß mehrerer Ausgänge zu einer Wired-Or-Struktur geht. Dabei sind zwei oder mehrere Ausgänge miteinander verbunden und über einen gemeinsamen Arbeitswiderstand an die Versorgungsspannung angeschlossen. Im Ruhe- oder Inaktivzustand sind alle Ausgangsstufen nicht angesteuert, so daß die gemeinsame Leitung High-Pegel (Versorgungsspannung) führt. Mit dem Aktivwerden eines oder mehrerer Ausgänge wird der Pegel auf Low gezogen (Oder-Verknüpfung).

Dieses Verfahren ist üblich für Leitungen in einem System, die von verschiedenen Bauelementen oder auch selbständigen Strukturen, wie etwa Bus-Teilnehmern, zur Signalisierung von Sonderzuständen genutzt werden. Typisch hierfür sind gemeinsame Interrupt- oder Resetleitungen. Stellt ein Bauelement eine unkorrekte Funktion bei sich oder auch im Gesamtsystem fest, kann es per Interrupt Alarm auslösen oder für alle anderen einen Resetvorgang einleiten.

Ein anderes Beispiel findet man bei Busstrukturen. Hier sind eine Reihe von Bauelementen zum Datenaustausch über eine bestimmte Anzahl von Leitungen miteinander verbunden. Am gebräuchlichsten ist heutzutage als Verbindung die serielle Schnittstelle geworden. Probleme gibt es nicht, wenn nur ein aktiver Sender in solch einem Verbund existiert und der Rest der Teilnehmer nur Hörerfunktionen besitzt. Doch so eine Struktur findet man selten, meistens sind mehrere Master an solch einem Bus angeschlossen, oder aber Slaves können selber Masterfunktionen besitzen. Da jedoch für eine korrekte Datenübertragung immer nur ein Master aktiv sein darf (senden darf), muß dafür gesorgt werden, daß alle anderen keinen Einfluß auf die Signale auf dem Bus haben können. Das ist sicher zunächst erst einmal eine Sache der Software. Es gibt hier die verschiedensten Methoden, Buskonflikte, d. h. Störungen der Übertragung, zu vermeiden. Einiges dazu finden Sie im Kapitel Multicontrollerkopplungen. Hier an dieser Stelle geht es nur um die elektrische Seite, denn auch dabei werden bestimmte Bedingungen an die Hardware gestellt. So müssen sich alle passiven Teilnehmer auch wirklich elektrisch neutral verhalten. Ihre Ausgänge dürfen die Signale nicht beeinflussen. Dazu werden üblicherweise 2 verschiedene Verfahren angewandt. Eines davon benutzt Tristate-Ausgänge, die sich im inaktiven Zustand hochohmig schalten lassen. Ihre Ausgänge sind in der Regel mit aktiven Treibern ausgestattet, d. h., in beiden Pegelrichtungen sorgen Transistoren für den richtigen Pegel und den nötigen Ausgangsstrom. Soll der Ausgang inaktiv sein, so werden beide Ausgangstransistoren gesperrt, und damit kann weder Strom von der Versorgungsspannung aus dem Ausgang, noch Strom über den Ausgang nach Masse fließen. Der Ausgang ist hochohmig.

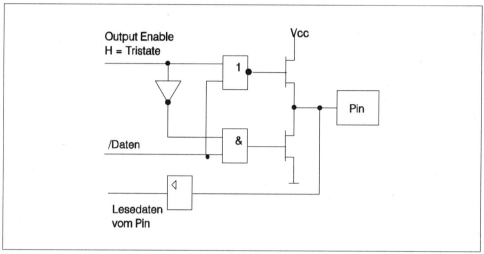

Abbildung 1.40: Tristate-Ausgangsstufe in einer Kopplung

Eine andere Möglichkeit bietet der Einsatz von Open-Drain-Ausgangsstufen. Hierbei ist der obere Transistor »nicht vorhanden«, so daß der Ausgang die angeschlossene Leitung nur nach Low ziehen kann. Der High-Pegel muß durch einen externen Widerstand gegen die Betriebsspannung erzeugt werden. Er stellt sich automatisch dann ein, wenn der Ausgangstransistor gesperrt ist. Somit können mehrere Ausgänge an einer Leitung arbeiten. Es ist nur dafür zu sorgen, daß alle Bauelemente, die passiv sein sollen, ihre Ausgangstransistoren sperren und nur das aktive Bauelement das Recht hat, den Pegel auf Low zu ziehen.

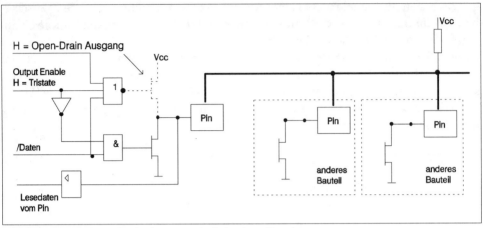

Abbildung 1.41: Open-Drain-Ausgangsstufe in einer Kopplung

Neben den einfachen Ein-/Ausgabefunktionen können die parallelen Ports aber je nach Aufbau weitaus mehr leisten. Weiter oben ist das schon einmal kurz erwähnt worden. Oft findet man bei Controllern ein oder auch mehrere 8-Bit-Ports mit Handshake-Funktionen. Wenn es um eine zeitoptimale und softwaresparende Ankopplung von Geräten mit parallelen Schnittstelle geht, ist ein von der Hardware unterstütztes Quittungsverfahren immer eine gute Lösung. Typisches Beispiel hierfür ist der parallele Anschluß von Druckern an Personalcomputer über die Centronics-Schnittstelle.

Als Handshake-Leitungen reichen bei jeweils reinen Ein- oder Ausgabefunktionen zwei zusätzliche Leitungen, die über die Bereitschaft zum Datenaustausch und zum Gültigerklären einer Übertragung eingesetzt werden. Komplizierter wird es bei bidirektionalem Verkehr. Streng genommen sind hierbei vier Handshake-Leitungen notwendig. Doch an dieser Stelle sparen die meisten Controllerhersteller und reduzieren die Anzahl auf zwei Signale. Überhaupt lassen sich je nach Anforderung Signale einsparen, wenn gewisse Funktionen nicht benötigt werden. Wie derartige Kopplungen im Quittungsbetrieb aussehen können, zeigt die kurze Aufstellung:

Ausgabefunktion:

◆ 2-Draht-Handshake-Verfahren
Hierbei wird die volle Funktionalität im Handshake-Betrieb erreicht. Jede Ausgabe auf das Port löst die Aussendung eines STROBE-Impulses aus, der dem Empfänger die Gültigkeit der Daten anzeigt. Hat dieser die Information aufgenommen, so sendet er seinerseits eine Quittung, die der Controller an seinem BUSY-Eingang empfängt. So ist er damit in der Lage, den ordnungsgemäßen

Abschluß einer kompletten Übertragung zu erkennen und gegebenenfalls z.B. mit einer weiteren Nachricht fortzufahren. Die Geschwindigkeit, mit der der Datenaustausch erfolgen kann, erreicht hierbei ihr Maximum, da alle Handshake-Funktionen allein durch die Portelektronik ausgeführt werden. Das Programm braucht nur die Quittung des Empfängers zu kontrollieren und kann bei positiven Ergebnis sofort die nächste Nachricht senden. Noch besser geht das allerdings, wenn die Software statt der Abfrage des BUSY-Signals ein Interrupt nutzen kann, der die CPU bei positiver Quittung unterbricht und die Ausgaberoutine startet.

◆ 1-Draht-Handshake-Verfahren
Bei dieser Sparvariante wird meistens auf die Rückmeldung vom Empfänger verzichtet. Einzig allein das Gültigkeitssignal STROBE wird verwendet. Das hat zur Folge, daß der Controller nicht erkennen kann, ob die Daten den Empfänger auch richtig erreicht haben und ob dieser für weitere Übertragungen bereit ist. Das Programm muß seine Übertragung entsprechend langsam gestalten, um dem Empfänger Zeit zum Einlesen zu lassen.

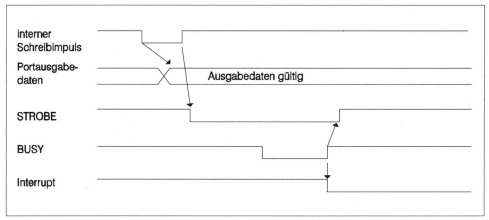

Abbildung 1.42: Ausgabe Handshake-Betrieb

Eingabefunktion:

◆ 2-Draht-Handshake-Verfahren
Wie bei der Ausgabefunktion kommen auch hier die zwei Quittungssignale STROBE und BUSY zum Einsatz, doch sind ihre Funktionen genau vertauscht. Schreibt ein externer Sender Daten auf das Port des Controllers, so signalisiert er dabei mit Hilfe des STROBE-Signals deren Gültigkeit. Dieses Signal, das jetzt als

Eingang arbeitet, bewirkt das Einlesen der Daten in ein internes Portleseregister und zusätzlich das Deaktivieren des BUSY-Signals. Wenn erlaubt, generiert die Portlogik auch noch einen Interrupt, der die CPU vom Empfang unterrichtet. Ansonsten muß das STROBE-Bit per Programm abgefragt werden. Nach dem Lesen des Portregisters geht das BUSY-Signal automatisch wieder auf Aktiv-Pegel. Der externe Datensender ist somit in der Lage, genau zu erkennen, wann der Controller zum Empfang bereit ist und wann gewartet werden muß.

◆ 1-Draht-Handshake-Verfahren
Auch bei der Eingabefunktion gibt es wieder eine Sparvariante. Dabei kann auf das STROBE- oder das BUSY-Signal verzichtet werden. Ohne STROBE-Signal ist der Eingang des Controllers immer empfangsbereit, und nur das Lesen des Ports durch die CPU führt zu einem BUSY-Ausgangsimpuls, der dem Sender anzeigt, daß die Daten übernommen wurden. Der Controller meldet dabei also die Übernahme, eine Aufforderung dazu von außen gibt es nicht. Aber es geht auch andersherum, der Sender signalisiert dem Controller die Gültigkeit der Daten und initiiert mit dem STROBE-Signal die Übernahme in ein internes Register. Leider fehlt aber nun die Rückmeldung, wann die Daten von der CPU gelesen wurden und das Register wieder empfangsbereit ist.

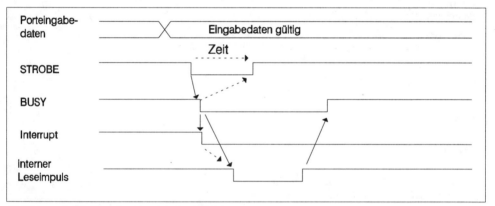

Abbildung 1.43: Eingabe-Handshake-Betrieb

Bidirektionale Funktion:

◆ 4-Draht-Handshake-Verfahren
In dieser Betriebsart sind vier Signale für den Quittungsbetrieb zuständig, die hier zur besseren Unterscheidung ISTROBE und IBUSY für die Eingabe und entsprechend OSTROBE und OBUSY für die Ausgabe genannt werden sollen.

Hat der Controller Daten für die Ausgabe, so schreibt er sie in das Portausgabe-
register. Infolge davon geht das OBUSY-Signal in den aktiven Zustand und
signalisiert dem angeschlossenen Gerät die bereitliegenden Daten. Die Ausgabe
auf das Port erfolgt aber zu diesem Zeitpunkt noch nicht. Erst wenn die Peripherie die Daten abholen will, legt sie den OSTROBE-Eingang des Controllers auf
aktiven Pegel und bringt damit die Daten aus dem Ausgaberegister auf die
Portausgangsstufen und damit auf die Leitungen. Nach der Übernahme setzt sie
das OSTROBE-Signal wieder inaktiv, wodurch der Controller auch sein OBUSY-
Signal wegnimmt und dem Programm den Abschluß der Übertragung mitteilt
(Polling oder Interrupt). Die Eingabe von Daten in den Controller geschieht wie
bei der einfachen Eingabefunktion. Angelegte Informationen signalisiert die
Peripherie mittels des ISTROBE-Signals. Damit erfolgt die Übernahme in das
Porteingaberegister. Die Portlogik setzt das IBUSY-Signal inaktiv, bis die CPU das
Register gelesen hat.

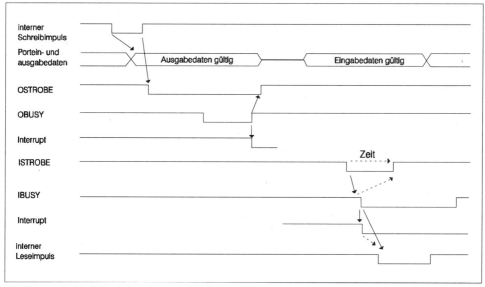

Abbildung 1.44: Bidirektionaler Handshake-Betrieb

In den genannten Handshake-Betriebsarten sind für die Quittungssignale die Begriffe STROBE und BUSY verwendet worden. Häufig findet man auch andere Namen
dafür, wie etwa DAV, RDY o.ä. Ebenso unterschiedlich können die Signalspiele
verlaufen, gerade beim bidirektionalen Betrieb nutzen manche Bauelemente andere
Protokolle.

1.2.4   Timer und Capture-Compare-Einheiten

Wohl kaum ein anderes selbständiges Peripheriemodul hat eine so große Verbreitung in Mikrocontrollern gefunden wie das Timermodul. Zwar liegen die digitalen Ein-/Ausgabemodule in der Zahl noch vor den Timern, doch können diese kaum als selbständig bezeichnet werden. Obwohl ihre Funktionen zum Teil recht komplex und vielfältig sind, bilden sie kein in sich abgeschlossenes Modul. Welche große Bedeutung die Hersteller von Mikrocontrollern dem Thema Timermodul widmen, sieht man an der umfangreichen Ausstattung moderner Bauelemente. Das Spektrum reicht von einfachen Zähler-/Zeitgeber-Modulen bis zu internen »Timer-Co-Prozessoren«, sogenannten PACT- Modulen.

Gründe für diese große Beliebtheit gibt es viele. Zunächst sind Zähler für den Hersteller recht einfach zu integrieren. Derartige Strukturen passen von ihrem Charakter, verglichen zum Beispiel mit analogen Peripheriemodulen, hervorragend in das Design von Controllern. Das ist jedoch nur ein positiver Aspekt für die Hersteller, die damit in der digitalen Welt bleiben können und nicht den diffizilen Boden von analogen Schaltungen betreten müssen. Die große Bedeutung von Timermodulen liegt aber wohl darint, daß in der Mehrzahl der Anwendungen Zeiten gemessen, Ereignisse gezählt oder zeitabhängige Signale erzeugt werden müssen. Sehr viele physikalische Größen lassen sich in irgendeiner Weise auf zeitbezogene Vorgänge oder Zählerwerte zurückführen. Dadurch werden sie für die Digitaltechnik einfach erfaßbar. Das gleiche gilt auch für die Rücklieferung der verarbeiteten Information an den Prozeß. Auch hier sind Zeitsignale häufig ein guter Mittler zwischen der digitalen Verarbeitung im Controller und dem Umfeld. Neben den Aufgaben der Datenein- und Ausgabe sowie der Signalwandlung werden zeit- und zählerbezogene Signale aber auch von controllerinternen Prozessen gebraucht, sei es für die einfache Programmablauforganisation (festes oder frei-programmierbares Zeitregime) oder für komplexe Multitaskingprogramme.

Die Aufgaben nochmals zusammengefaßt:

◆ Impulszählung

◆ Zeitmessung (Bestimmung von Impulsdauer, Impulspausen, Periodendauer)

◆ Zeitmessungen mit zusätzlichen Funktionen (Pulse-Akkumulator, Differenzmessung usw.)

◆ Impulssignalerzeugung (Einzelimpulse, zeitlich wiederkehrende Impulse und Impulsgruppen, komplexe Signalgenerierung)

◆ Teilfunktion bei der Analogsignalerzeugung (PWM-Signale – pulsweitenmodulierte Signale)

◆ Bildung fester Zeitabstände (Regelprozesse, zyklische Abfragen von Meßwerten oder Schaltern, zyklische Datenausgaben, Taskswitching)

Zur Erzielung dieser genannten Funktionen setzen die Controllerhersteller entsprechend unterschiedliche Modulstrukturen ein, angefangen bei einfachen Zählern mit wenig zugehöriger Logik bis hin zu selbständigen Timer-Controllern. Aber unabhängig, wie komplex die Struktur ist, das Kernstück eines jeden Timers ist ein Zähler. Bei manchen Ausführungen können es auch durchaus mehrere zum Teil miteinander verbundene Zähler sein.

Typisch für jeden Zähler ist der Takteingang. Über ihn erfolgt das Inkrementieren oder Dekrementieren der Zählerzellen. Die Anzahl der Zählerzellen bestimmt den eigentlichen Zählumfang. Ein 8-Bit-Zähler besitzt 8 miteinander verbundene Zählzellen und damit einen maximalen Zählumfang von 2^8 = 256 Zustände. Bei den meisten der verwendeten Zähler hat jede Zählzelle neben ihrem Takteingang einen Eingang zum gezielten Setzen und Rücksetzen sowie einen Ausgang, der ihren aktuellen Zustand abbildet. Durch diesen Aufbau ergibt sich eine Zählerstruktur, die parallel, d.h. bitweise, ladbar und auslesbar ist. An den Eingängen kann der Zähler auf einen bestimmten Wert voreingestellt werden, und an den Ausgängen ist zu jeder Zeit der aktuelle Zählerstand abnehmbar. Dieser Aufbau ist die Grundvoraussetzung für eine ganze Reihe von Funktionen, die noch genauer erläutert werden. Der Ausgang der letzten Zählzelle erzeugt zugleich das Nulldurchgangs- oder Überlaufsignal. Bei seinem Auftreten ist der Zähler an seinem Zählerende angekommen, und der Stand wechselt vom Maximalwert zum Minimalwert oder umgekehrt. Bei einem 8-Bit-Zähler, der vorwärts zählt, springt der Wert von 0FFH (255) auf den Wert 0 bzw. beim Rückwärtszählen entsprechend von 0 auf 255. Da dieser Fall für die Auswertung sehr wichtig sein kann, man denke nur an eine Ereigniszählung, führt dieses Signal meistens zum Setzen eines Statusbits in einem bestimmten Register und/oder zur Auslösung eines Interrupts. Neben diesen Aktionen nutzen einige Zähler das Signal aber noch zu anderen Funktionen, wie Sie gleich sehen werden.

Die Aufgabe der parallelen Zählerausgänge ist sicher verständlich, repräsentieren sie doch den jeweils aktuellen Zählerstand. Wie sieht es aber bei den parallelen Zählereingängen aus? Auch ihre Funktion wird klar, wenn man bedenkt, daß ein normaler Zähler, bei dem z.B. durch das Übertragungssignal eine gewünschte Aktion ausgelöst werden soll, diesen Zustand erst nach dem Durchlaufen aller Zählerstände erreicht. Um auf die Zeitdauer zwischen den Signalen Einfluß zu nehmen, muß entweder die Taktfrequenz, mit der der Zähler betrieben wird, variiert werden, oder der Zählumfang muß einstellbar sein. Ersteres ist nur selten in einer sinnvollen

Variabilität machbar, da hier die Timermodule in der Regel nur wenig Einstellmöglichkeiten bieten. Bleibt also nur der Weg über den Zählumfang. Wird dazu der Zähler vor dem Beginn einer Zählung auf einen bestimmten Wert voreingestellt, so ist damit die Taktanzahl und auch die Dauer bis zum Überlauf variierbar. Entscheidend für den Vorladewert sind nur der Gesamtzählumfang und die Taktfrequenz.

Für den Vorwärtszähler gilt:

$$\text{Gewünschte Zeit zwischen den Übertragimpulsen} = \text{Taktimpulsdauer} \times (\text{Gesamtzählumfang} - \text{Vorladewert})$$

und für den Rückwärtszähler:

$$\text{Gewünschte Zeit zwischen den Übertragimpulsen} = \text{Taktimpulsdauer} \times \text{Vorladewert}$$

Um ein kontinuierliches Ausgangssignal zu erhalten, muß der Zähler bei jedem Überlauf wieder auf den Vorladewert gestellt werden. Diese Aufgabe übernimmt bei den Timermodulen eine Logik, die den Vorladewert aus einem sogenannten Reload-Register beim Nulldurchgang automatisch in den Zähler lädt. Die Betriebsart, in der das geschieht, nennt sich häufig Autoreload oder Continuous Mode. Unter letzterem verstehen allerdings einige Hersteller noch eine andere Funktion. Bei den bisherigen Betrachtungen ist immer davon ausgegangen worden, daß bei anliegendem Zählertakt der Zähler ständig inkrementiert oder dekrementiert wird. Das ist aber nicht immer so. Einige Bauelemente bieten im Gegensatz zu diesem auch Continuous Mode genannten Betrieb einen Einmalbetrieb oder One Shot Mode. Nach dem Starten des Zählers läuft dieser vom Anfangs- oder Vorladewert bis zum Überlauf und stellt dann die Zählfunktion ein. Erst ein erneuter Start oder ein Nachladen führt zu einem neuen Zählzyklus.

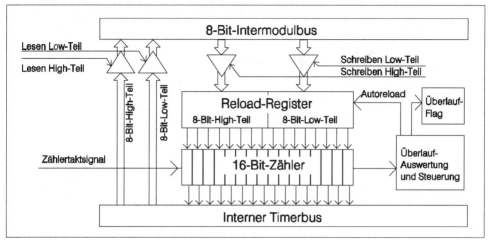

Abbildung 1.45: Zähler mit Reload-Funktion

Soviel zunächst zum eigentlichen Zähler. Als nächstes sehen wir uns die Timer-Takt-signalversorgung genauer an. Ihre Ausführung bestimmt die Möglichkeiten des Timers mit. Zunächst muß zwischen internen und externen Taktquellen unterschieden werden. Interne Quellen sind zum einen der Systemtakt des Controllers, zum anderen können es aber auch die Übertragausgänge anderer Zähler sein. Bei den externen Quellen gelangt das Taktsignal über einen speziellen Eingang oder auch über ein dazu programmiertes Portpin an die Zählerlogik. Die Aufgabe der Taktversorgung mit allem, was dazu gehört, übernimmt die Taktsignallogik. In den meisten Fällen wird aber der Takt, egal woher er kommt, dem Zähler nicht direkt zugeführt, sondern noch entsprechend bearbeitet. Um gerade bei den internen Signalquellen mehr Einfluß auf die Taktfrequenz zu nehmen, wird das Signal noch über einen einstellbaren Vorteiler geleitet. Dessen Teilerfaktor bestimmt den eigentlichen Zählertakt. Manchmal sind seine Werte nur in groben, binären Stufen wählbar, z. B. Teiler 1 zu 2, 1 zu 4, 1 zu 8 usw. Bei leistungsstarken Timermodulen trifft man aber auch auf freiprogrammierbare Strukturen, die, ähnlich wie der Zähler, einen Vorladewert haben und so im Bereich des maximalen Teilerumfangs variable Zwischenwerte erzeugen. In der folgenden Abbildung sind die verschiedenen Arten der Taktversorgung dargestellt.

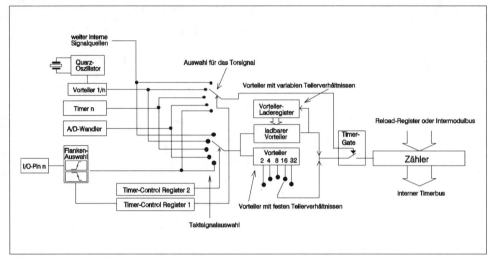

Abbildung 1.46: Taktversorgung eines Timermoduls

Eine Taktversorgung, wie eben dargestellt, ist nicht der Standard, viel häufiger findet man nur Teile davon realisiert. Was allerdings mit dieser Schaltung und dem zuvor dargestellten Zähler alles möglich ist, stellt Ihnen die Zusammenstellung auf den nächsten Seiten vor.

Free Running Mode

In dieser einfachsten Betriebsart läuft der Zähler ohne Nachladen über den ganzen Zählbereich. Der Zählumfang entspricht genau dem 2 hoch n-ten Wert, wobei n die Zählerbreite in Bit ist. Ein 16-Bit-Zähler hat dementsprechend 2^{16}, also 65636 Zählerzustände.

Funktionen mit Reload-Register

Mit einem Reload-Register wird der Zählumfang eines Zählers im Bereich seines Gesamtumfangs einstellbar. Der Zeitpunkt des Nachladens des Zählerwertes ist allerdings von der Betriebsart abhängig:

One Shot Mode

Wenn der Zähler einen Überlauf/Unterlauf (Nulldurchgang) hat, wird kein neuer Startwert geladen, der Zähler bleibt stehen. Einzig und allein ein Statusbit (Flag) kennzeichnet den Zustand, und ein Interrupt kann dabei ausgelöst werden.

Continuous Mode

Wenn der Zähler einen Überlauf/Unterlauf (Nulldurchgang) hat, wird aus einem Reload-Register ein neuer Startwert geladen, der Zähler beginnt seine Arbeit wieder von vorn. Dabei kann ein Flag und/oder ein Interrupt ausgelöst werden. Sind mehrere Reload-Register vorhanden (Biload Mode), kann aus einen von ihnen oder wechselweise der Startwert entnommen werden. Speziell durch diese Kombination zweier oder gar mehrerer Reload-Register sind die unterschiedlichsten Zeitfunktionen realisierbar.

External Trigger Mode

Ein externes Eingangssignal kann einen Start des Zählvorgangs oder ein Nachladen des Startwertes auslösen. Programmierbar ist die Art der Auslösung (Pegel High/Low oder Flanke steigend/fallend). Reload- oder Startsignale vor Ablauf eines Zählvorganges werden ignoriert.

External Retrigger Mode

Das Verhalten ist zunächst identisch zum vorherigem Mode, allerdings führt hier jedes Reload- oder Startsignal vor Ablauf eines Zählvorganges zum sofortigen Nachladen und/oder Neustart.

Funktionen mit der Taktauswahl

Neben den verschiedenen Betriebsarten, die sich allein durch die Handhabung des Reload-Registers ergeben, kommen noch die Möglichkeiten hinzu, die durch die Auswahl und Verwendung der verschiedenen Taktsignale entstehen.

Normaler Zeitgebermode

Entscheidend für diese Betriebsart ist, daß das Taktsignal immer von einer internen Quelle kommt. Die Art und Weise, wie und wann der Takt an den Zähler/Vorteiler gelangt, bestimmt die Funktion des Timers. In der einfachsten Art erfolgt die Freigabe des Takteingangs durch Stellen eines Bits in einem Steuerregister. Der Zähler wird dabei durch das Programm gestartet und auch wieder angehalten (im One Shot Mode ist nach einem Durchlauf der Betrieb des Zählers beendet). Ist dabei als Taktquelle der Systemtakt gewählt, so ist der Zählertakt nur von diesem Wert und dem Vorteilerfaktor abhängig. Damit arbeitet der Zähler als Zeitreferenz für andere Timerfunktionen. Nutzt man den Übertragimpuls des Zählers und möglicherweise auch die Reload-Funktion, so lassen sich damit Zeitsignale und Zeitintervalle erzeugen. Beispielsweise kann bei jedem Überlauf eine andere Baugruppe des Controllers getriggert werden oder ein dabei ausgelöster Interrupt führt zur zeitgesteuerten Abarbeitung eines bestimmten Programms. Diese Betriebsart ist eine der grundlegenden Funktionen der Timermodule. Wie der Name schon sagt, werden damit die häufig notwendigen zeitabhängigen Aktionen eines Controllers ausgelöst und gesteuert. Die Periodendauer eines damit erzeugten Signals oder Intervalls ergibt sich nach folgender Formel:

> Intervall = Periodendauer des Systemtaktes × Vorteilerfaktor x (Gesamtzählerwert – Vorladewert)

oder im Fall des Rückwärtszählers:

> Intervall = Periodendauer des Systemtaktes × Vorteilerfaktor x Vorladewert

Kommt anstelle des Systemtaktes eine andere interne Quelle zum Einsatz, wie z. B. der Ausgang eines anderen Zählers, so ist dessen Wert als Systemtakt in den Formeln einzusetzen.

Normaler Zählermode

Neben der Freigabe des Zählers durch das Programm können aber auch andere Signale diese Aufgabe übernehmen. Bei einer der wichtigsten und mit am häufigsten eingesetzten Variante steuert ein externes Signal die Weiterleitung des Zähltaktes zum Zähler. Hierbei können noch verschiedene Bedingungen mit dem externen Signal verknüpft sein:

External Gate Mode

Ein externer Eingang dient als Tor/Schalter für ein internes oder externes Taktsignal. Ist der Eingang aktiv, gelangt das Taktsignal an den Zähler, im anderen Fall stoppt der Zähler bei dem momentanen Zählerstand. Ist der aktive Pegel programmierbar, lassen sich auf diese Weise Impulsbreiten und Impulspausen messen. Probleme bereitet dabei leider die Auswertung des Zählerstandes, zeigt er doch nur die in der Impulszeit eingelaufenen Taktimpulse an. Um in solch einem Fall die wahre Dauer des Eingangsimpulses zu bestimmen, muß zunächst der Zählerstand zu Anfang des Impulses abgespeichert werden. Aus der Differenz dieses Wertes und des aktuellen Zählerstandes bei Impulsende (unter Beachtung eines möglichen Überlaufs) sowie der Taktperiode kann das Programm dann die Impulslänge bestimmen.

> Meßwert = (Endwert – Anfangswert) × Taktsignalperiode

Um aber die Anfangs- und Endzeitpunkte richtig zu erfassen, sollte das Programm durch Interrupt von den Pegelwechseln informiert werden. Sie sehen schon, daß diese Verfahren nur für Impulslängen anwendbar ist, bei denen die Software auch die beschriebenen Vorgänge ausführen kann. Die Grafik zeigt das Vorgehen.

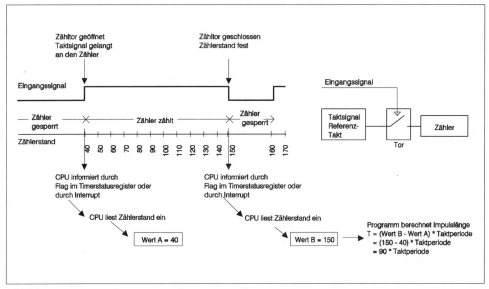

Abbildung 1.47: Impulsmessung mit getortem Timer

Wird nicht jeder Eingangsimpuls ausgewertet, kommt es zu einer Summenbildung über entsprechend mehrere Impulse. Diese Betriebsart nennt sich dann Pulse-Akkumulation und wird häufig zur Integration von Impulsen und zur Grenzwertüberwachung bei Impulssignalen angewendet. Soll zum Beispiel das Low-zu-High-Verhältnis eines Signals über einen bestimmten Zeitraum bestimmt werden, läßt man für die Meßdauer bei gewünschtem aktivem Pegel den Zähler den Referenztakt zählen und bestimmt nach der Meßdauer aus dem Zählerstand das gesuchte Verhältnis. In der Grafik ist das Prinzip des Pulse-Akkumulators zu sehen.

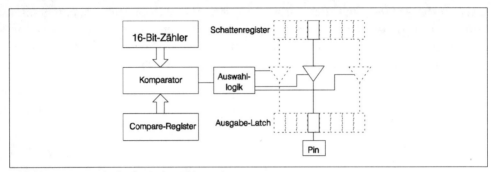

Abbildung 1.48: Prinzip des Pulse-Akkumulators

Flankengesteuerter Mode

Im Gegensatz zum vorhergehenden Prinzip sorgt jetzt eine wählbare Flanke für die Freigabe bzw. das Stoppen des Zählers. Ist zum Beispiel eine steigende Flanke gewählt worden, so öffnet der erste Low-High-Übergang das Tor für die Taktimpulse, der nächste Low-High-Wechsel schließt das Tor wieder. Auf diese Weise wird genau die Periode des Signals, also der Abstand zwischen zwei gleichgerichteten Impulsflanken bestimmt. Auch hier gilt wieder das vorhin Gesagte – der Controller muß über das Eintreffen der Flanken in geeigneter Weise informiert sein, um die Zählerstände auch auswerten zu können.

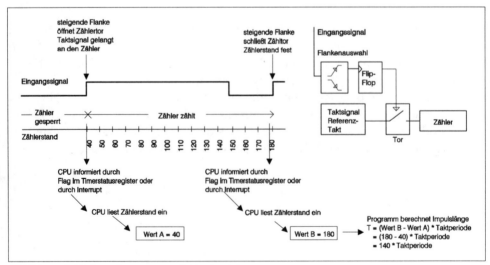

Abbildung 1.49: Impulsmessung mit Flankentriggerung

Normaler Ereigniszählermode

In allen bisherigen Zählerbetriebsarten wurde als Zähltakt ein internes Referenz-
signal, wie etwa der Systemtakt oder ein vergleichbarer Takt, verwendet. Beim
Ereigniszähler ist das anders. Hier führt ein extern eingespeistes Signal zum direkten
Inkrementieren oder Dekrementieren des Zählers. Auf diese Weise werden praktisch
die Eingangsimpulse ohne Beachtung von Zeitintervallen oder Meßzeitfenstern gezählt. Das Programm sorgt für das Öffnen und Schließen des Zählereingangs und
bestimmt damit den Anfang und das Ende der Ereigniszählung.

Für gewöhnlich findet man bei den Zählern der Timermodule nur eine mögliche
Zählrichtung. Doch einige Controller bieten hier mehr Komfort. Ob durch Software
oder durch einen externen Eingang, bei ihnen kann die Zählrichtung gewechselt
werden. Diese, auch Up and Down Mode genannte Betriebsart ist in jeder der vorher
genannten Betriebsarten nutzbar. Damit ergeben sich interessante Einsatzfälle. Bei
einem Ereigniszähler zum Beispiel läßt sich damit recht einfach die Differenz von
zwei Signalen bilden. Signal 1 bewirkt die Vorwärtszählung und Signal 2 die Rück-
wärtszählung. Als Ergebnis steht im Zähler die Differenz beider Ereignisanzahlen.
Das gleiche gilt auch für den Pulse-Akkumulator, nur wird bei ihm die Differenz
der Impulslängen gebildet.

Neben diesen Grundfunktionen, die sich allein durch den Zähler mit seinem Reload-
Register und der Taktauswahl ergeben, verfügen moderne Timerkomplexe über
weitaus mehr Funktionsgruppen. So gehören zusätzliche Register, Komparatoren
und spezielle Ausgangsstufen zum Standard. Sehen wir uns nun zwei der am häufigsten anzutreffenden Timerfunktionen an.

Capture-Funktion

Wird der parallele Ausgang des Zählers, der sogenannte interne Timerbus, auf ein
Register geführt, das mittels eines Steuersignals den Zählerstand einspeichert, so
nennt sich diese sich daraus ergebende Funktion Capture-Funktion. Die Grafik zeigt
das Prinzip.

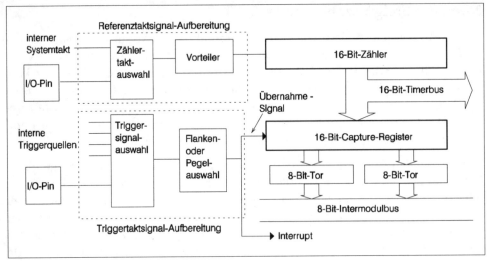

Abbildung 1.50: Capture-Funktion

Das als Capture-Register bezeichnete Auffanglatch besitzt auf der Seite des Timer-busses zum internen Controllerbus hin jedoch die übliche interne Datenbusbreite. Im Fall einer 8-Bit-Capture-Funktion ist das von vornherein gegeben, bei einer 16- oder 24-Bit-Funktion hingegen wird das Register in 2 bzw. 3 Einzelregister aufgeteilt und nacheinander gelesen. Als Steuersignal für die Zählerstandsübernahme sind die verschiedensten Quellen denkbar. Eine davon ist die Auslösung der Abspeicherung per Befehl. Mit dieser Methode können die Zeiten zwischen bestimmten Programm-teilen sehr einfach bestimmt oder generell Zeiten gemessen werden. Die häufigste Methode ist allerdings die Triggerung durch externe oder interne Quellen. Externe Signale gelangen über spezielle Eingänge der Timermodule oder durch dafür pro-grammierbare normale Ein-/Ausgangspins zur Timerlogik. Dort werden sie oft einer Bewertung unterzogen. Zunächst kann die Software die Wirkung sperren oder frei-geben. Komfortable Timer gestatten aber auch die Auswahl der wirksamen Flanke. Dadurch ist es möglich, Impulse ohne großen Softwareaufwand zu messen. Ein Beispiel zeigt das Vorgehen.

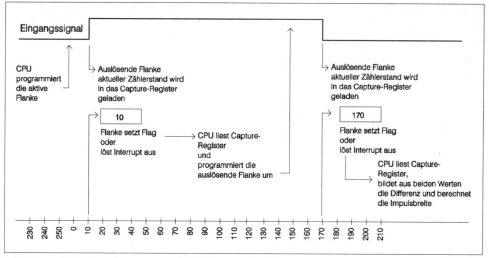

Abbildung 1.51: Impulsmessung mittels Capture-Funktion

Die Abbildung zeigt in der obersten Zeile ein Impulssignal. Darunter sind die Zählerstände des Timers aufgetragen. Die Logik ist auf die steigende Flanke programmiert, so daß bei der ersten Signalflanke der aktuelle Zählerwert in das Capture-Register geladen wird. Die CPU liest diesen Wert und legt ihn zunächst in einem Register ab. Anschließend programmiert sie die Logik auf die fallende Flanke um. Trifft diese ein, wird der aktuelle Zählerwert erneut in das Capture-Register geladen. Aus der Differenz des neuen Wertes und des zuvor abgespeicherten Wertes kann das Programm die Zahl der zwischenliegenden Zählerimpulse ermitteln. Multipliziert mit der Dauer der Zählimpulse ergibt diese die gesuchte Impulsdauer. In gleicher Weise kann auch die Periodendauer eines Signals bestimmt werden. Erfolgt nach der ersten Auslösung keine Umprogrammierung der triggernden Flanke, so ist die Zeit zwischen zwei Triggerungen gleich der Periodendauer des Signals.

Das eben vorgestellte Beispiel hat gezeigt, daß es wichtig ist, wenn die CPU von dem Eintreffen eines Impulses geeignet unterrichtet wird. In einfachster Weise setzt die Timerlogik dazu in einem Statusregister ein Bit, das zyklisch von der CPU abgefragt werden muß. Das erhöht allerdings den Softwareaufwand und birgt die Gefahr in sich, daß Impulse nicht bemerkt werden. Im Fall einer Impulsmessung hätte das fatale Folgen. Besser ist es deshalb, die Interruptfähigkeiten des Controllers zu nutzen. Jeder Triggerimpuls löst dabei zugleich einen speziellen Timerinterrupt aus. In dessen Behandlungsroutine kann die CPU das Captureregister lesen und gegebenenfalls die Triggerflanke umprogrammieren.

Nun ist bei all den Betrachtungen immer nur von einem Capture-Register ausgegangen worden. An dem Timerbus können aber auch mehrere derartige Register angeschlossen sein. Ein zweites Register, auf die entgegengesetzte Flanke programmiert, löst automatisch das Problem der Umprogrammierung nach jeder Flanke. Die Grafik zeigt das Verfahren.

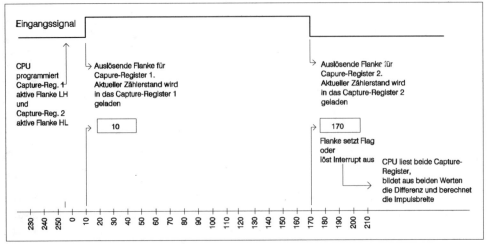

Abbildung 1.52: Impulsmessung mit 2 Capture-Registern

Neben den externen Quellen für die Capture-Funktion kommen auch noch interne Signale zum Einsatz. Diese können von Timern des gleichen Moduls, aber auch von anderen Peripheriemodulen stammen. Die Funktionen sind aber identisch.

Timer mit Capture-Funktion gehören heute zur Standardausrüstung eines Mikrocontrollers. Häufig findet man ein ganzes Feld von Capture-Registern an einem Zähler. Per Programmierung lassen sich entsprechend viele Portleitungen auf die Steuerlogik dieser Register schalten, wodurch gleichzeitig und ohne Softwareaufwand mehrere Eingangssignale bewertet werden können. Zum Abschluß des Kapitels über die Timermodule von Mikrocontrollern werden Sie noch ein Beispiel der Capture-Funktion sehen, bei dem statt eines Capture-Registers ein ganzer Registersatz in Form eines Ringpuffers zum Einsatz kommt.

Compare-Funktion

Diente die zuvor dargestellte Funktion der Messung oder Bestimmung von Impuls- und Verarbeitungszeiten, so hat die Compare-Funktion die Aufgabe, Impulse oder Zeitintervalle zu erzeugen. Wie der Name schon sagt, geschieht das durch Vergleich eines Vorgabewertes mit einem zweiten Wert. Die Abbildung zeigt wieder das Prinzip.

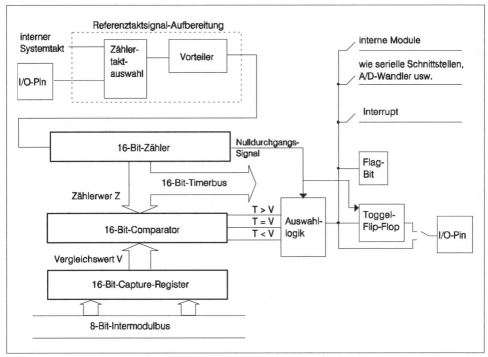

Abbildung 1.53: Compare-Funktion

In einem Compare-Register mit der Breite des Timerbusses wird der Vergleichswert von der CPU geladen. Je nach Timerbusbreite geht das in einem Schreibzugriff oder aber in mehreren einzelnen 8-Bit-Transporten. Der Ausgang des Registers und der Timerbus bilden die Eingänge eines Vergleichers. Bei Gleichheit gibt dieser ein Signal an die Logik, die dann die vorher programmierte Funktion auslöst. Je nach Leistungsfähigkeit des Timermoduls können das die verschiedensten Reaktionen sein. Die einfachste Reaktion auf den Gleichheitszustand ist nichts weiter als das Setzen eines Bits in einem Statusregister. Die CPU erkennt bei zyklischem Lesen dann das Zusammentreffen von Zählerstand und Vorgabewert. Leider ist aber hier der Softwareaufwand viel zu hoch für eine derart einfache Funktion. Diese Compare-Funktion kann mit etwas zusätzlicher Logik wesentlich mehr leisten. So lassen sich allein mit einer Compare-Struktur, wie sie die Abbildung zeigt, zeitliche Abläufe in der Gesamtarbeit des Systems steuern und Impulse für interne und externe Prozesse erzeugen. Wie wichtig und häufig definierte Zeitabstände in Anwendungen der

Mikrocontroller sind, ist schon in der Einleitung des Kapitels gesagt worden. Die nachfolgenden Beispiele zeigen nun, wie sich mit Hilfe der Compare-Funktion Zeitintervalle und Impulse erzeugen lassen.

Unter Verwendung nur eines Compare-Registers gibt es dazu mehrere Möglichkeiten. Das Grundprinzip basiert jedoch immer auf der Bildung eines Vergleichswertes aus dem aktuellen Zählerstand und dem Zeitintervall. Die CPU liest dazu zunächst den aktuellen Stand des Timers, addiert die gewünschte Zeitdistanz in Zählerimpulsen auf diesen Wert und lädt ihn in das Compare-Register. Erreicht der Zähler den voreingestellten Wert, so meldet sich die Timerlogik. Dabei kann Melden das Setzen eines Bits bedeuten oder die Auslösung eines speziellen Interrupts, aber auch die Erzeugung eines Impulses, der in der Logik weiterverarbeitet wird.

Sollte nur ein bestimmtes Zeitintervall gebildet werden, so ist die Aufgabe damit erfüllt. Vielfach geht es aber um die Erzeugung von immer fortwährenden äquidistanten Intervallen. In solch einem Fall muß der Vorgang Zählerstand lesen, Summe bilden und Ausschreiben in das Compare-Register zyklisch wiederholt werden. Sie sehen sofort, daß diese Methode keine optimale Lösung darstellen kann. Solche Aufgaben übernehmen andere Timerfunktionen besser. Doch nicht jeder Controller hat eine so umfangreiche Timerstruktur, so daß auf diese Möglichkeit leider manchmal zurückgegriffen werden muß. Ganz nebenbei birgt dieses Verfahren auch noch ein Problem in sich. Wenn der aktuelle Zählerstand so weit fortgeschritten ist, daß bei der Bildung des Vergleichswertes ein größerer Wert als der maximale Zählbereich des Zählers herauskommt, so ist der Wert zusätzlich noch durch Differenzbildung mit diesem Endwert zu bilden.

Beispiel:
Zählbereich des 16-Bit-Zählers : 65536
maximaler Zählerwert des Zählers : 65535
Zeitbasis des Zählers : 1 ms
gewünschtes Zeitintervall : 100 ms

1. Fall : ohne Überlauf
aktueller Zählerstand : 10080
Komparatorwert   = aktueller Zählerstand + (Intervall / Zeitbasis)
*   = 10080 + (100 ms / 1 ms) = 10180*
Beim Zählerstand 10180, also nach 100 1-ms-Zählertakten, wird die Reaktion ausgelöst.

2. Fall : mit Zählerüberlauf
aktueller Zählerstand : 65500
Komparatorwert nach gleicher Rechnung: 65500 + (100 ms / 1 ms) = 65600
Dieser Wert ist bei einem 16-Bit-Zähler nicht möglich! Daher muß hier der
Wert korrigiert werden, also
berechneter Wert – maximaler Zählerwert = 65600 – 65535 = 65
Dieser Wert im Compare-Register bewirkt nach 100 1-ms-Zählertakten erneut
die Reaktionsauslösung.

Das Verfahren ist nicht ganz so einfach, und es erfordert einen relativ hohen Aufwand an Software. Bei großen Zeitabständen, bei denen das Verhältnis der Dauer der Berechnung des Vergleichswertes zur Länge des Zeitintervalls groß ist, kann es aber durchaus brauchbar sein.

Neben der Erzeugung von definierten Zeitintervallen lassen sich mit der Compare-Funktion aber noch ganz einfach Impulse für interne oder externe Verwendung erzeugen. Das geht zunächst erst einmal per Software. Bei jedem abgelaufenen Zeitintervall, an dessen Ende die CPU den neuen Vergleichswert in das Compare-Register lädt, kann sie über ein Port auch ein Signal ausgeben. Wird dabei jedesmal dessen logischer Zustand geändert, so ergibt das ein Rechtecksignal mit Impulsbreiten gleich den Zeitintervallen. Sollen verschiedene Impulse erzeugt werden, so kann das durch Variation der Komparatorwerte geschehen.

Einfacher geht die Signalerzeugung allerdings unter Zuhilfenahme der Timerlogik. Läßt sich an den Ausgang des Vergleichers ein Flip-Flop schalten, so erfolgt der Signalwechsel ohne Zutun der CPU automatisch. Jedes Vergleichsereignis kippt das Flip-Flop in die jeweils andere Lage.

Auf diese Weise lassen sich also recht einfach Impulse erzeugen, deren Impuls-/Pausenverhältnis variierbar ist. Auf die Periodendauer kann damit jedoch kein Einfluß genommen werden. Sie ist von dem Gesamtumfang des Zählers und der Taktrate abhängig. Der einfachste Weg wäre, das Taktsignal zu verändern. Bei vielen Controllern kann dazu als Signalquelle der Ausgang eines anderen, frei programmierbaren Timers verwendet werden. Doch nicht jeder Timer bietet diesen Komfort, die meisten beschränken die Auswahl auf wenige Quellen, wie etwa auf den internen Systemtakt oder Teilerwerte von diesen. Genau genommen bedeutet der Einsatz eines weiteren Timers allein zur Taktsignalgenerierung eine Verschwendung wichtiger Ressourcen. Um bei der Compare-Funktion Einfluß auf die Maximalzahl der Zustände und damit auf die Periodendauer des Signals zu nehmen, wird im allgemeinen wieder die Reload-Funktion verwendet. Die CPU trägt einmal den Anfangswert in ein Reload-Register, von da wird bei jedem Nulldurchgang des Zählers der Ausgangswert selbständig nachgeladen.

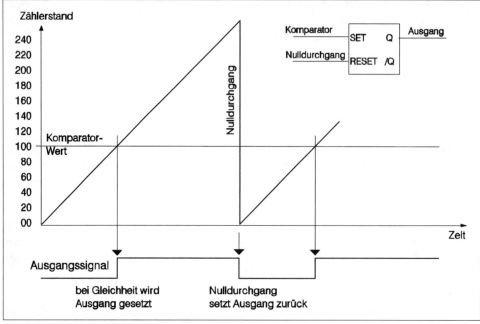

Abbildung 1.54: Impulserzeugung mit Compare-Register u. Flip-Flop

Was bisher im Zusammenhang mit der Compare-Funktion noch nicht erwähnt wurde, ist die Zählrichtung. Hier herrscht bei Mikrocontroller-Timern eindeutig die Rückwärtszählvariante vor, d.h., bei jedem Taktimpuls wird der Zählerwert um 1 erniedrigt. Bei einem Vorwärtszähler, von dem in den bisherigen Beispielen immer ausgegangen wurde, erhöht sich der Zählerstand bei jedem Taktimpuls. Damit durchläuft der Zähler die Werte Startwert bis Endwert. Soll eine bestimmte Periode eingestellt werden, so ist der Nachladewert aus der Differenz Endwert minus Periodendauer durch Taktperiode zu bilden.

Dazu wieder ein Zahlenbeispiel:
> *Zählbereich des 16-Bit-Zählers : 65536*
> *maximaler Zählerwert des Zählers : 65535*
> *Zeitbasis des Zählers : 1 ms*
> *gewünschte Periode der Nulldurchgänge : 100 ms*

> *Startwert bei Vorwärtszählrichtung* $= Endwert - (Periode / Zeitbasis)$
> $= 65535 - (100\ ms\ /\ 1\ ms) = 65435$

In dem Beispiel durchläuft der Zähler die Zustände 65435 bis 65535. Das ist bei der Wahl der Komparatorwerte zu beachten, denn ein Wert außerhalb dieses Bereichs führt nie zu einer Signalabgabe durch Vergleich.

Bei einem Rückwärtszähler ist die Bestimmung des Startwertes einfacher. Er ergibt sich allein durch Teilung der gewünschten Periode durch die Periode des Taktsignals. Der Zähler nimmt dabei die Werte 0 bis Startwert ein (allerdings rückwärts!), doch für die Berechnung der Komparatorwerte ist dieser Fall wesentlich einfacher. Wie kommt man nun bei wählbarer Timerperiode und programmierbarem Vergleichswert zu einem Ausgangssignal, bei dem das Impuls-/Pausenverhältnis einstellbar ist (pulsweitenmoduliertes Signal)? Hier gibt es verschiedene Möglichkeiten, die vom Aufbau des Timers abhängig sind.

Ist nur ein Compare-Register vorhanden, so bieten manche Timer eine Schaltung an, bei der das Ausgangs-Flip-Flop bei jedem Vergleichsereignis in die eine Lage kippt und beim Nulldurchgang und Nachladen des Zählers wieder in die Ausgangslage zurückkippt. Diese Version bietet damit eine sehr gute Basis für die Signalgenerierung, wie das nachfolgende Beispiel zeigt.

> *Zählbereich des 16-Bit-Zählers : 65536*
> *maximaler Zählerwert des Zählers : 65535*
> *Zeitbasis des Zählers : 1 ms*
> *gewünschte Periode des Signals : 500 ms*
> *Startwert bei Rückwärtszählrichtung   = Periode / Zeitbasis*
> *   = 500 ms / 1 ms = 500*
> *Damit ergibt sich für das Impuls-/Pausenverhältnis ein Bereich von 0 bis 499.*

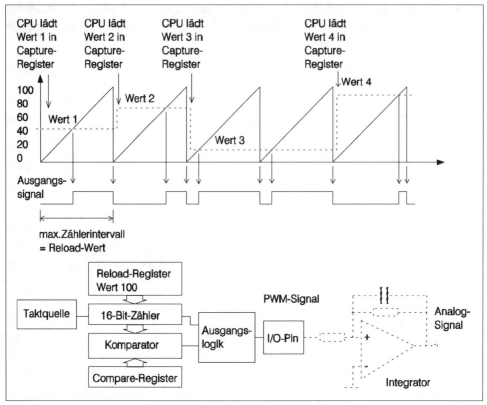

Abbildung 1.55: Pulsweitenmodulation mit einer Compare-Funktion

Wie Sie sehen können, lassen sich schon mit einem einfachen nachladbaren Zähler, einem Komparator und ein wenig Schaltungslogik pulsweitenmodulierte Signale (PWM-Signale) generieren. Diese Signale sind häufig der Ausgangspunkt zur Umwandlung digitaler Werte in analoge Spannungen. Wie das geht, erläutert das Kapitel AD/DA-Wandler. Das Beispiel zeigt aber auch, und so viel dazu an dieser Stelle, daß der Zählumfang einen direkten Einfluß auf die Auflösung des Signals hat. Durchläuft der Zähler nur die 500 Zustände, um bei einem Taktsignal von einer Millisekunde eine Periode von 500 ms zu erreichen, gibt es für die Einstellung des Verhältnisses Impulsdauer zu Impulspause auch nur diese 500 Möglichkeiten. Die kleinste Einheit entspricht genau der Taktperiode des Zählertaktes. Um also eine große Variationsbreite und hohe Auflösung des Signals zu erreichen, bedarf es eines großen Zählerumfangs des Timers. Dieser setzt aber dafür wieder eine hohe Taktfrequenz voraus, soll die Periodendauer genügend klein sein.

Es ist also nicht so einfach, hier den goldenen Mittelweg zu finden. Der jeweilige Anwendungsfall bestimmt daher die Wahl der Hardware und der Software. Die nachfolgende Tabelle soll kurz die Verhältnisse darstellen.

Zählerbreite	Taktperiode	Signalperiode	Impusverhältnis
8 Bit	0,001 ms	0,256 ms	1 zu 256
8 Bit	0,01 ms	2,56 ms	1 zu 256
8 Bit	0,1 ms	25,6 ms	1 zu 256
8 Bit	1,0 ms	256 ms	1 zu 256
10 Bit	0,001 ms	1,024 ms	1 zu 1024
10 Bit	0,01 ms	10,24 ms	1 zu 1024
10 Bit	0,1 ms	102,4 ms	1 zu 1024
10 Bit	1,0 ms	1,024 s	1 zu 1024
12 Bit	0,001 ms	4,096 ms	1 zu 4096
12 Bit	0,01 ms	40,96 ms	1 zu 4096
12 Bit	0,1 ms	409,6 ms	1 zu 4096
12 Bit	1,0 ms	4,096 s	1 zu 4096
16 Bit	0,001 ms	65,536 ms	1 zu 65536
16 Bit	0,01 ms	655,36 ms	1 zu 65536
16 Bit	0,1 ms	6,5536 s	1 zu 65536
16 Bit	1,0 ms	65,536 s	1 zu 65536

Tabelle 1.5: Signalerzeugung

Bei den bisher gemachten Betrachtungen ist die eigentliche Signalerzeugung allein durch die Logik des Timermoduls realisiert worden. Für die PWM-Signalgenerierung mag das auch die beste Variante sein, nicht aber, wenn es um exakte, nicht periodische Signale geht. Soll zum Beispiel das Signal nicht automatisch mit der Periode des Timers verknüpft sein, hilft die einfache Logik nicht weiter. Hier muß eine gezielte Manipulation durch die Software erfolgen. Für solche Fälle bieten einige Hersteller erweiterte Timerstrukturen, bei denen die jeweiligen Pegel der Ausgangssignale programmierbar sind und nur der Zeitpunkt der Aktivierung durch die Compare-Funktion geschieht. Das Prinzip dazu ist einfach. Der Komparatorausgang steuert nicht direkt die Pinelektronik oder ein Flip-Flop zur PWM-Erzeugung, sondern nur die Weiterleitung eines vorher in einem Schattenregister abgespeicherten Bits an den Ausgang. Auf diese Weise kann das Programm Daten für ein Port zu einem beliebigen Zeitpunkt für die Ausgabe vorbereiten, aber erst die Compare-Funktion führt zur tatsächlichen Ausgabe an das Pin. Die Grafik zeigt das Prinzip.

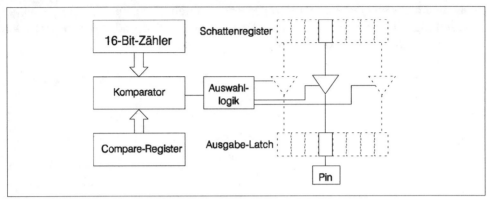

Abbildung 1.56: Compare-Mode mit Schattenregistern

Eine weitere Version der eben vorgestellten Compare-Funktion ergibt sich, wenn ein Komparator nicht nur jeweils auf ein einzelnes Bit wirkt, sondern zugleich auf eine möglicherweise wählbare Gruppe von Pins. Für diese Funktion liest man häufig den Begriff Concurrent-Compare-Mode. In einem Schattenregister legt das Programm die gewünschten Ausgangssignale ab und bestimmt dann mittels des Compare-Wertes den genauen Zeitpunkt der Ausgabe. Auf diese Weise lassen sich Daten hochgenau über die Portleitung aussenden. Auch hier wieder eine Grafik zur Verdeutlichung.

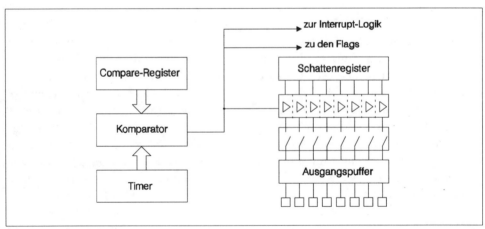

Abbildung 1.57: Concurrent-Compare-Mode

Auf ein generelles Problem bei der Compare-Funktion muß noch hingewiesen werden. Bei den vorgestellten Timerstrukturen kommt es jedesmal zu einer fehlerhaften ersten Ausgabe, wenn das Compare-Register von dem Programm geladen wird. Je nach momentanem Zählerstand des Referenzzählers ist die Dauer bis zum Eintreten des Gleichheitszustandes unterschiedlich lang. Das Programm kann diesen Fehler beheben, indem es den Zähler vorher abfragt und dementsprechend den Vergleichswert modifiziert oder den Zähler ganz einfach definiert setzt. Ersteres Verfahren ist nicht anwendbar, wenn es um die kontinuierliche Signalerzeugung geht, denn dann ist der Wert schon im zweiten Durchlauf durch die Korrektur beim Start wieder falsch. Die zweite Möglichkeit scheidet häufig aus fehlender Hardwarevoraussetzung aus. Deshalb bieten einige Hersteller ein sogenanntes synchrones Laden des Compare-Registers an. Dabei ist dem eigentlichen Compare-Register noch ein Zwischenregister vorgeschaltet. Eine Schreiboperation in das Compare-Register geht dadurch nur in dieses Register. Erst beim Nulldurchgang des Zählers erfolgt die Übernahme in das richtige Register, und erst dann kann der eingestellte Wert auch wirksam werden. Damit ist in allen Fällen trotz Asynchronität beim Schreiben ein definierter Vergleichsausgangspunkt gegeben. Die Grafik zeigt den dazu notwendigen Aufbau.

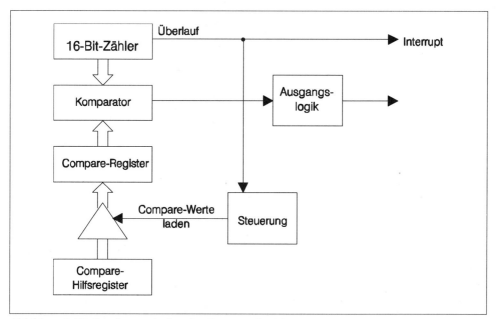

Abbildung 1.58: Synchrones Laden des Compare-Registers

Wie schon bei der Capture-Funktion findet man auch bei der Compare-Funktion die verschiedensten Ausführungen, angefangen bei einem Compare-Register bis hin zu umfangreichen Compare-Register-Blöcken mit zugehöriger Logik. Anhand des Timermoduls eines Controllers der 8051-Familie sehen Sie die einzelnen Funktionen noch einmal in einem Blockbild. Es handelt sich hierbei um die Capture/Compare-Unit (CCU) des SAB 80C537 der Firma Siemens.

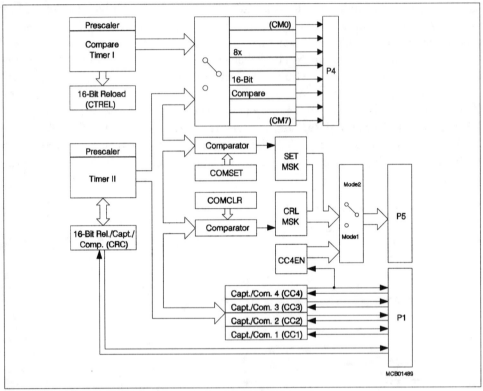

Abbildung 1.59: Capture/Compare-Unit des SAB 80C537

Die Abbildung zeigt zwei getrennte Zähler mit eigenen Vorteilern und Reload-Registern. Timer 1 ist mit 8 16-Bit-Compare-Registern verbunden und kann damit an 8 digitalen Ausgängen eines Ports Impulssignale ausgeben. Dabei wechselt das zu einem Compare-Register gehörende Pin bei Gleichheit zwischen Zähler und Register von Low zu High und kippt beim Zählerüberlauf wieder nach Low zurück (PWM-Modus). Das Ergebnis sind bis zu 8 PWM-Signale mit einer Auflösung von 16 Bit von einem Timer und aus einem Port. Bei entsprechender Filterung können daraus 8 Analogausgabekanäle werden.

Im Gegensatz zu Timer 1 bietet Timer 2 eine größere Auswahl bei den Taktquellen. Möglich ist zunächst wieder der geteilte Systemtakt (Zeitgeberbetrieb), dann der externe Eingang (Zählerbetrieb) und schließlich ein getorter Zeitgebermode mit externer Steuerung. Die Ausgänge von diesem Timer sind mit 5 Capture/Compare-Registern verbunden und haben zusätzlich noch eine Verbindung zur Compare-Einheit von Timer 1. Auch dieser Timer bietet wieder die schon bekannte PWM-Signalerzeugung durch die 5 16-Bit-Register. Zusätzlich beherrscht das Modul auch das Verfahren zum synchronen Laden der Register. Die Folge ist eine exakte Impulserzeugung ohne jeglichen Softwareaufwand.

Doch das ist noch nicht alles. Ein Schattenregister im Timermodul ermöglicht eine zeitgesteuerte, programmierbare Einzelsignalausgabe (High-Speed-Ausgabemode). Ein weiteres Schattenregister und eine dazugehörige Auswahllogik erweitert die Möglichkeiten des Moduls um den Concurrent-Compare-Mode. Ergänzt werden die Möglichkeiten dieses Timermoduls noch durch die 5 16-Bit-Capture-Funktionen von Timer 2. Dabei wird ein Hardware-Capture- und ein Software-Capture-Mode geboten.

Besonderheiten bei Eingängen von Timermodulen

Eingänge bei Timern haben je nach Programmierung die verschiedensten Aufgaben. Sie dienen dabei z. B. als Takteingang, Zählerfreigabeeingang, Strobesignal für Capture-Einheiten usw. In einigen Fällen wirken deren Pegel direkt und asynchron auf die entsprechende Funktion, in der Mehrzahl werden sie jedoch mit dem internen Controllersystemtakt verknüpft. Im Fall einer Flankentriggerung bei einer Funktion löst nicht die Eingangsflanke direkt den Vorgang aus, sondern der erkannte Pegelwechsel. Dazu wird der entsprechende Eingang vom Systemtakt abgetastet und der Zustand zweier aufeinanderfolgender Takte verglichen. Je nach Programmierung lassen sich so positive und negative Flanken erkennen (auf die gleiche Weise werden auch stationäre Pegel ausgewertet). Erst das Ergebnis dieses Vergleichs löst dann den eigentlichen Vorgang aus. Dieses Verfahren vermeidet die Probleme, die bei asynchronen Signalen auf eine ansonsten streng getaktete Struktur, wie wir sie überall in einem Controller und auch im Timer finden, auftreten können. Für den Anwender bedeutet dieses Vorgehen allerdings auch, daß bezüglich der Eingangssignale einige Regeln zu beachten sind. So erkennt die Schaltung nur Impulse ab einer Mindestimpulsbreite. Dies ergibt sich aus der Periodendauer des Abtasttaktes, also üblicherweise des Systemtaktes. Kürzere Eingangssignale kann die Logik nicht erfassen. Treten in der Anwendung dennoch kürzere Signale auf, so können diese Impulse durch extern installierte Schaltungen, wie z. B. Flip-Flops, auf die auflösbare Länge erweitert werden.

1.2.5 Timer-Co-Prozessoren

Der letzte Teil dieses Kapitels soll noch einer Sonderform von internen Timern gewidmet sein, die häufig unter dem Namen Timer-Co-Prozessoren in der Literatur zu finden sind. Sie sind nahezu selbständig arbeitende Timerkomplexe, die zum Teil freikonfigurierbar und frei programmierbar sind. Kern dieser Module ist immer ein Zähler mit einer Breite von üblicherweise 8 bis 32 Bit. Der parallele Ausgang des Zählers bildet den Timerbus, dem einstellbare Capture- und Compare-Register zugeordnet werden können. Ausgehend von diesem Bus lassen sich die unterschiedlichsten Timerfunktionen realisieren. Das Entscheidende dieser Module ist aber nicht allein ihre freie Konfigurierbarkeit, sondern vielmehr eine Ablaufsteuerung, deren Wirkung anhand einer einfachen Capture- und einer Compare-Funktion erläutert wird.

Der Nachteil einer gewöhnlichen Capture-Funktion ist, daß die CPU den eingelesenen Zählerstand sofort verarbeiten muß, da er sonst von dem nächsten Ereignis überschrieben werden kann. Dieses Problem brachte die Entwickler auf die Idee, den Inhalt des Capture-Registers über eine Hardware in einen Speicher übertragen zu lassen. Bei jedem Ereignis kommt ein neuer Wert in den Speicher, zusätzlich wird der Zeiger der Abspeicheradresse erhöht bzw. erniedrigt. Somit entsteht im Speicher ein Abbild der Capture-Ereignisse, die das Programm bei Bedarf verarbeiten kann.

Eine ähnliche Automatik findet man auch bei der Compare-Funktion. Hier dient wieder ein Speicherbereich dazu, die gewünschten Compare-Werte aufzubewahren, um sie dann, gesteuert durch die Modulhardware, in das Compare-Register zu laden. Das Ergebnis sind vorher definierbare Zeitintervalle, die sequentiell vom Modul eingestellt und abgearbeitet werden. Noch mehr Funktionalität wird erreicht, wenn sich zusätzlich zu den Compare-Werten (Zeitintervallen) die entsprechenden Ausgangspegel mit abspeichern lassen. Auf diese Weise können im Speicher die kompliziertesten Ausgangssignalverläufe abgespeichert und dann, völlig unabhängig von der CPU, allein vom Timermodul erzeugt werden.

Neben diesen Fähigkeiten bieten Timer-Co-Prozessoren häufig auch die Möglichkeit der Programmierung. Dabei ist allerdings die Programmierung einer derartigen Struktur nicht vergleichbar mit der eines normalen Mikrocontrollers. In Kapitel 3 wird ein derartiges Modul anhand eines Controllers der Firma Texas Instruments genauer erläutert. Die folgende Grafik zeigt nur den prinzipiellen Aufbau.

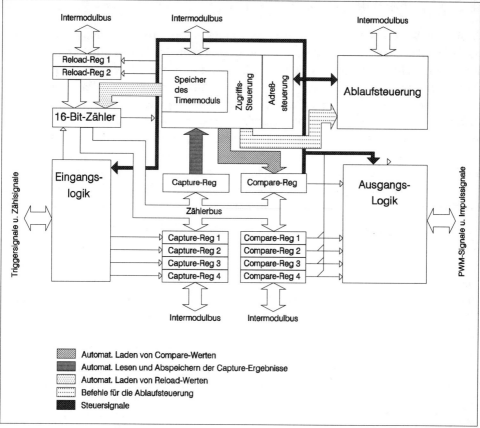

Abbildung 1.60: Timer-Co-Prozessor

Hochleistungs-Timermodule wie das eben dargestellte sind nicht der Standard bei 8-Bit-Controllern. Dennoch gehören gerade die Timer zu den umfangreichsten Peripheriemodulen. Deshalb kann die kurze Vorstellung des Aufbaus und der Funktionen nur eine Andeutung von dem vermitteln, was die Industrie mittlerweile auf den Markt gebracht hat.

1.2.6 Serielle Schnittstellen

Mittlerweile ist es schon fast zum Standard geworden, Mikrocontroller mit seriellen Schnittstellen auszurüsten. Nur noch wenige Typen im Low-End-Bereich müssen darauf verzichten. Die serielle Schnittstelle bietet sich überall dort an, wo komplette Geräte und Baugruppen, wie zum Beispiel Rechner, Drucker und Terminals, Daten austauschen. Würde man dazu eine parallele Übertragung verwenden, die der Datenbreite der Systeme entspricht, wäre der Aufwand sehr hoch. So genügen aber je nach Übertragungsart nur wenige Leitungen. Auch bezüglich der Störsicherheit bieten die seriellen Verfahren optimale Voraussetzungen für lange Distanzen unter kritischen Umgebungseinflüssen. Ausgefeilte Sicherungstechniken, die weit mehr können als das anfänglich eingesetzte Parityverfahren, lassen kaum Fehler durch Störungen bei der Übertragung zu. Im Bereich der Datenkommunikation ist die parallele Übertragung nahezu bedeutungslos geworden, egal ob im Nah- oder Fernbereich.

Eine große Verbreitung haben die seriellen Schnittstellen in letzter Zeit durch die Vernetzung von Datenverarbeitungsanlagen sowie von Anlagen und Maschinen in der Automatisierungstechnik erfahren. Neben diesen zum Teil sehr großflächigen Verbindungen und Vernetzungen gibt es aber auch eine Art der Kommunikation, die viel versteckter stattfindet und häufig nicht einmal den Rahmen eines Gerätes verläßt. Es handelt sich hierbei um eine spezielle Schnittstelle, die einzelne Bauteile oder Baugruppen miteinander verbindet. Dabei sind die Übertragungswege zum Teil nur wenige Zentimeter lang, und auch die Teilnehmer haben nicht immer die »Intelligenz« wie sonst in der Datenkommunikation üblich. In einfachsten Fällen bestehen sie nur aus Registern mit etwas umgebender Logik. Produkte aus Industriebereichen wie zum Beispiel der Automobilindustrie oder der Unterhaltungselektronik (Video- und Audiobranche) sind ohne diese Schnittstellen kaum mehr denkbar oder zumindest deutlich unkomfortabler.

Aus den eben genannten Aufgaben und Einsatzgebieten ergeben sich zwei unterschiedliche Schnittstellenarten. Die eine dient mehr der Kommunikation im Sinne eines umfangreicheren und meistens standardisierten Datenaustausches zwischen Geräten unterschiedlichster Art und verschiedenster Hersteller, die andere ist hardwarenäher angelegt und hat einfachere, aber auch starrere Protokollbindungen. Die Kommunikation ist hier auf einen artenmäßig kleinen Kreis von aufeinander abgestimmten Bauteilen begrenzt.

Sehen wir uns die beiden Arten nun im einzelnen genauer an. Bei der Kommunikationsschnittstelle wurden die Erklärungen auf den Funktionsumfang, wie er bei Mikrocontrollern typisch ist, eingeschränkt. Gerade im Bereich der Netzwerktechnik kommen spezielle Kommunikationscontroller zum Einsatz, die besonders für die Belange der Datenübertragung in Datennetzen konstruiert sind. Sie übernehmen die zum Teil komplizierten Übertragungsprotokolle mit ihren Zugriffssteuerungen (Master-/Slave-, Client-/Server-Funktion) und den verschiedenen Sicherungsverfahren nahezu vollständig und liefern an das übergeordnete System nur noch die reinen Nutzdaten. Die ganze Thematik Netzwerktechnik – Feldbusse – Sensor-/Aktorbusse und die damit verbundenen Bauelemente sind ausgesprochen umfangreich.

Im Anschluß daran wird das Prinzip der zweiten Schnittstellenart, der seriellen Peripherieschnittstelle, vorgestellt. Detailliertere Informationen dazu finden Sie allerdings in den Kapiteln 2 und 3. Den Abschluß bildet schließlich ein kurzer Einblick in die Technik der Mikrocontrollerkopplung, wie sie speziell unter Anwendung der Peripherieschnittstelle eingesetzt wird.

Das Serial Communication Interface SCI

Diese Schnittstelle stellt den Standard in der seriellen Datenübertragung dar. Bei ihr werden zwei verschiedene Verfahren eingesetzt, die sich in der Art der Synchronisation von Sender und Empfänger unterscheiden. Das größte Problem bei der seriellen Übertragung besteht in der Zuordnung der Zeichen zu den Pegeln auf der Übertragungsleitung vom Sender zum Empfänger. Ein von der CPU parallel in ein Senderschieberegister geladenes Zeichen wird in einzelnen Takten bitweise (bitseriell) über die Datenleitung zum Empfänger übertragen. Dort wird aus dem seriellen Datenstrom, d.h. aus den Pegeln auf der Leitung, ein Empfängerschieberegister gefüllt und so das Zeichen wieder seriell/parallel gewandelt. Das Schieben von Sender und Empfänger muß dabei mit völlig gleicher Taktfrequenz und gleicher Phase geschehen. Die Taktfrequenz ist dabei eine Sache der Vereinbarung zwischen Sender und Empfänger und ist in der Regel parametrierbar. In einigen Fällen kann auch der Empfänger aus dem ersten empfangenen Zeichen, das allerdings dann auch vereinbart sein muß, die Taktrate erkennen. Probleme bestehen jedoch bei der Erkennung des Anfangs eines Zeichens. Wann beginnt ein Zeichen, wann ist sein Ende erreicht und wann beginnt das nächste Zeichen? In der Art, wie dieses Problem gelöst wird, unterscheiden sich die beiden Übertragungsverfahren.

Asynchronmode

Dieser Mode ist die am häufigsten anzutreffende Betriebsart bei der Verbindung zwischen Geräten (mit Prozessoren und Controllern) und Terminals bzw. Druckern. Das Übertragungsformat besteht aus einem Startbit und fünf bis acht Datenbits und wahlweise einem Paritätsbit (gerade oder ungerade). Abgeschlossen wird der Datenrahmen mit einem oder zwei Stoppbits. Durch diesen Aufbau ist es dem Empfänger möglich, den Anfang eines Zeichens zu erkennen und damit, phasengenau zum Sender, die Datenbits in das Empfängerschieberegister einzuschieben. Um die einzelnen Bits genauer zu erfassen, wird jedes einzelne Bit (Daten-, Start- oder Stoppbit) dabei in der Regel mit mehreren Untertakten (8 oder 16 mal der Schiebetakt) abgetastet. Es ist dabei klar zwischen Schiebe- und Übertragungstakt und dem Abtasttakt im Empfänger zu unterscheiden. Der Übertragungstakt beschreibt die Taktfolge, mit der die einzelnen Bits eines Zeichens aus dem Senderschieberegister hinausgeschoben werden. Er ist auch das übliche Maß für die Übertragungsgeschwindigkeit. Aus der Zahl der Bits, die zu einem Zeichen gehören, einschließlich der Start- und Stoppbits, läßt sich die Dauer für ein Zeichen und damit die Geschwindigkeit der Übertragung berechnen. Die Tabelle gibt einen kurzen Überblick (Datenrahmen 1 Startbit, 1 Stoppbit):

Baudrate	Zeichendauer/Zeichen pro Sekunde	
	7 Datenbits/1 Paritätsbit	8 Datenbits/1 Paritätbit
4800 Baud	2,08 ms/480	2,3 ms/436
9600 Baud	1,04 ms/960	1,14 ms/873
19200 Baud	0,52 ms/1920	0,57 ms/1745
38400 Baud	0,26 ms/3840	0,28 ms/3491
76800 Baud	0,13 ms/7680	0,14 ms/6982

Tabelle 1.6: Übertragungsgeschwindigkeit

Im Gegensatz dazu ist der Abtasttakt im Empfänger um einiges höher, da mit ihm der Signalzustand während eines einzelnen Bits ermittelt wird. Die folgende Grafik zeigt das Verfahren der Abtastung.

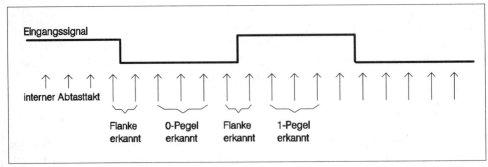

Abbildung 1.61: Bitabtastung

Durch die ständige Abtastung des Eingangssignals kann die Empfängerlogik das Startbit erkennen. Ist das gelungen, so ist für die restlichen Bits des Zeichens die Synchronisation garantiert. Nach dem Zeichen kann der Gleichlauf wieder verloren gehen, denn beim Startbit des nächsten Zeichens wird die Synchronität sofort wieder hergestellt. Dazu beginnt sofort nach dem Stoppbit die Suche nach dem Startbit des nächsten Zeichens. Das ganze Übertragungsverfahren ist bis auf die Zeitdauer eines Zeichens asynchron.

Synchronmode

Beim Synchronmode herrscht, wie schon der Name sagt, während der gesamten Übertragung Synchronität zwischen Sender und Empfänger. Um das zu erreichen, wird zusätzlich zu den Daten der Schiebetakt mit übertragen. Durch diese Maßnahme verlieren die Informationen des Zeichenrahmens (Start- und Stoppbit) ihre Bedeutung für die Synchronisierung des Abtasttaktes. Ihre zweite Aufgabe, den Anfang und das Ende eines Zeichens zu kennzeichnen, bleibt allerdings weiter bestehen. Um auch hier noch zu sparen, werden die Daten zu ganzen Paketen zusammengefaßt, die dann einen gemeinsamen, übergeordneten Rahmen bekommen.

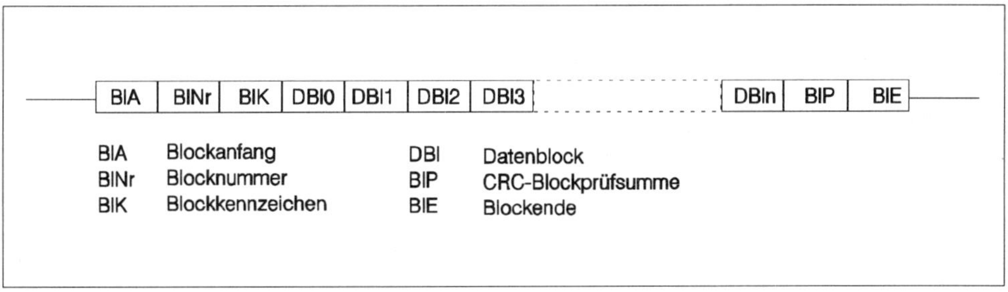

Abbildung 1.62: Datenpaket beim synchronen Datenverkehr

Durch diese Einsparung beim einzelnen Zeichen kann andererseits beim Blockrahmen mehr Augenmerk auf die Übertragungssicherheit gelegt werden. Deshalb nutzt man ihn gern für Zusatzinformationen wie Adreßinformationen, Prüfsummen und Kennzeichenflags.

In der »reinen« Form findet man die synchrone Übertragung bei Mikrocontrolleranwendungen selten. Meistens handelt es sich um Varianten des Verfahrens, welche die Vorteile des asynchronen und synchronen Betriebes verbinden.

Isosynchronmode

Der Isosynchronmode stellt sich als eine Mischform aus asynchronen und synchronen Übertragungsverfahren dar. Das Datenformat ist völlig identisch mit dem des Asynchronmodes. Im Gegensatz zu diesem wird jedoch mit jedem Taktimpuls (SCLK) ein Bit übertragen. Sender und Empfänger müssen daher zusätzlich ein gemeinsames Taktsignal haben. Der Sender gibt daher zusätzlich zu den Daten auf der SCLK-Leitung den Schiebetakt aus, so daß der Empfänger die Daten mit diesem Takt in sein Empfängerregister einlesen kann. Die Synchronisation auf den Datenrahmen erfolgt aber trotz dieser Bit-Synchronisation mit den auch beim asynchronen Verfahren verwendeten Start- und Stoppbits. Der Vorteil liegt beim Isosynchronmode in der höheren Übertragungsgeschwindigkeit, da die Abtastung der einzelnen Bits entfällt. Jedes Bit hat sein Taktsignal.

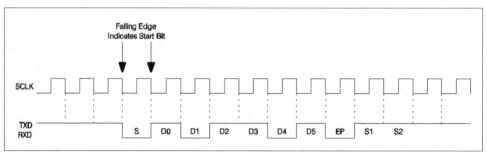

Abbildung 1.63: Isosynchrones Übertragungsverfahren

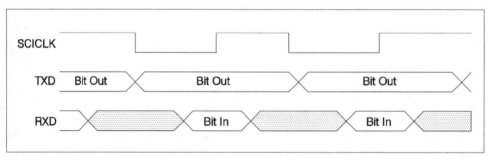

Abbildung 1.64: Isosynchron im Detail

Serieller I/O-Mode

Noch einen Schritt weiter geht der serielle I/O-Mode. Bei ihm wird wie beim iso-synchronen Verfahren mit jedem Taktimpuls ein Bit übertragen, der Datenrahmen besteht aber nur noch aus einem Stoppbit. Zur besseren Synchronisation erhält das Stoppbit jedoch keinen Taktimpuls. Das gekürzte Format ermöglicht eine noch höhere Übertragungsgeschwindigkeit. Dieses Verfahren ist häufig bei der Kommunikation mit Spezialschaltkreisen und einfachen Schieberegistern ohne eigene »Intelligenz« zu finden. Wie Sie noch sehen werden, ähnelt das Verfahren sehr stark dem der zweiten Schnittstellenart, dem seriellen Peripherieinterface. Sie ist im Prinzip auch nicht mehr typisch für die serielle Kommunikationsschnittstelle, wie sie zu Anfang des Kapitels definiert wurde. Doch wird damit nur gezeigt, daß es keine klare Trennung bei den Verfahren gibt. Das Ziel einer optimalen Kommunikation oder Verbindung von Bauteilen und Geräten führt zu den verschiedensten Formen.

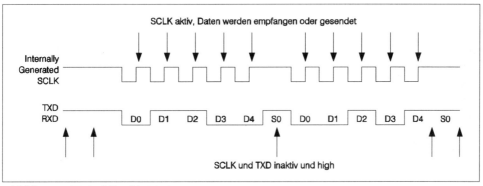

Abbildung 1.65: Serieller I/O-Mode

Das Serial Peripheral Interface (SPI)

Die zweite, controllertypische Schnittstelle nutzt ein synchrones Übertragungsverfahren, das nahezu vollständig von der Hardware des Moduls getragen wird. Es dient hauptsächlich dazu, Einzelbauelemente so miteinander zu verbinden, daß deren Funktionen vom Umfang her erweitert werden oder daß die zum Teil örtlich unterschiedlichen Baugruppen eines Gesamtsystems optimal zusammen arbeiten können. Beispiele hierfür findet man überall, obwohl sie weniger auffallen als mit Kabeln verbundene Computer.

In der Autoindustrie zum Beispiel werden mehr und mehr Funktionen von einzelnen Controllern »vor Ort«, also in den unterschiedlichsten »Ecken« eines Fahrzeuges in abgeschlossenen Modulen erledigt. Dabei muß eine Verbindung aller Module untereinander bestehen, um das Zusammenspiel zu ermöglichen. Typische Verbindungen in dieser Branche nutzen Bus-Strukturen mit 2-Leitungs-Verbindungen und synchronen Übertragungsverfahren.

Ein weiteres typisches Einsatzgebiet des seriellen Peripherie-Interfaces sind Geräte in der Audio- und Videoindustrie und in der Steuer- und Regeltechnik. Ein oder auch mehrere Controller sind über einen seriellen Bus miteinander verbunden, auf dem mittels des synchronen Übertragungsverfahrens Daten ausgetauscht werden. Speziell in der Heimelektronik hat sich eine Schnittstelle durchgesetzt, die den Namen I^2C-Bus trägt. Später werden Sie dazu noch ein Beispiel sehen.

Nun jedoch zunächst zu dem Prinzip dieser Schnittstelle. Das SPI-Modul ist ein High-Speed Synchrones Interface, das einen Bitstrom mit programmierbarer Länge und Übertragungsrate absenden oder empfangen kann. Es wird normalerweise zur Kommunikation zwischen Mikrocontrollern und externen Peripheriemodulen oder anderen Controllern verwendet. Typische Anwendungen sind Verbindungen zu I/O-Erweiterungs-Bauelementen, Displaytreibern und D/A- und A/D-Wandlern. Dabei liegt die Hauptanwendung solcher Erweiterungen nicht allein in der Vergrößerung der Anzahl der digitalen Eingänge des Controllers. Der Großteil der Bauelemente, die dabei zum Einsatz gelangen, hat ganz andere Aufgaben. Meistens sind es Spezialfunktionen, wie z.B. A/D- oder D/A-Wandler mit besonderen Leistungsdaten, Analogbausteine, HF-Komponenten usw., Bauelemente also, die sich nur schwer oder überhaupt nicht sinnvoll auf einem Controllerchip integrieren lassen. Mehr und mehr wird das Interface aber auch zur Multiprozessorkopplung genutzt.

Die Übertragungen erfolgen nach dem synchronen Prinzip, das heißt, der Datenstrom enthält keine Zusatzinformationen, die es erlauben, daß sich der Empfänger auf den Sender für die Dauer eines Zeichens synchronisiert. Bei dieser Schnittstelle werden die reinen Daten übertragen, ohne jegliche Start- und Stoppbits. Ist als Beispiel das zu sendende Zeichen der Wert $FF, der nur aus Einsen besteht, so bleibt die Sendeleitung die ganze Zeichendauer auf 1-Pegel. Damit der Empfänger nun aus diesem Signal das Zeichen rückgewinnen kann, wird gleichzeitig der Takt mit übertragen, der für das Serialisieren, d.h. für das Ausschieben aus dem Schieberegister, gesorgt hat.

Man kann sich das Prinzip auch als Hintereinanderschaltung zweier gleichgroßer Schieberegister vorstellen. In dem dargestellten Beispiel sind diese 8 Bit lang, ein Wert, wie er bei 8-Bit-Controllern verständlicherweise meistens vorkommt. Nachdem das Register SR1 parallel mit einem Datenbyte geladen wurde, beginnt ein Taktsignal, das Byte seriell aus dem Register zu schieben. Da der Schieberegisterausgang mit dem Eingang des Schieberegisters SR2 und der Takt mit dessen Takt-

eingang verbunden ist, wird das Byte im gleichen Moment in diese Register eingeschoben. Nach genau 8 Takten ist das Byte vollständig im Register SR2 angekommen
und kann parallel gelesen werden. Verbindet man dessen Registerausgang noch
zusätzlich mit dem Eingang von SR1, entsteht daraus eine Ringanordnung, die dazu
führt, daß der Inhalt der beiden Register nach 8 Takten einfach ausgetauscht ist.

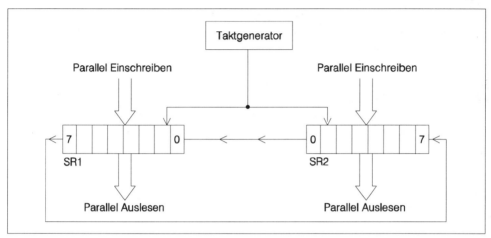

Abbildung 1.66: Prinzip der SPI-Schnittstelle

Das ist das Grundprinzip der SPI-Übertragung. Bei der asynchronen Datenübertragung muß der Empfänger den Datenstrom abtasten, um sich zunächst auf den
Zeichenanfang, das Startbit, zu synchronisieren. Ist das geschehen, tastet er jedes
einzelne weitere Datenbit mit mehreren Abtastungen ab, um den Wert sicher zu
bestimmen. Und schließlich muß auch noch das Ende des Zeichens anhand des
Stoppbits erkannt werden. Als Ergebnis des Empfangs werden entsprechende Flags
gesetzt. Das alles setzt der Übertragungsgeschwindigkeit eine obere Grenze, die je
nach Taktfrequenz und Verarbeitungsgeschwindigkeit entsprechend niedrig ist.
Ganz anders ist es bei der SPI-Übertragung. Hier kann, wie bei allen synchronen
Verfahren, mit der maximal möglichen »Hardwareleistung« der Schieberegister gearbeitet werden. Bremsend wirkt meistens nur die Verarbeitungsgeschwindigkeit
der CPU, die die zu sendenden Daten in das Senderegister und die empfangenen
Daten aus dem Register lesen und verarbeiten muß. Deshalb findet man bei modernen Hochleistungs-SPI-Modulen auch immer öfter mehrfach hinterlegte Sender- und
Empfängerregister. Das Programm trägt darin die Daten ein bzw. liest daraus empfangene Daten, und die Hardware sorgt selbständig für den Transfer von und zu
dem Schieberegister. Bei einigen Controllern sind diese Register als Daten-Queue
mit bis zu 256 Einträgen ausgelegt. Damit läßt sich die Übertragungsgeschwindig-

keit der Hardware besser ausnutzen. Aber auch ohne diese Hilfsregister ist die Geschwindigkeit wesentlich höher als bei der asynchronen Übertragung. Baudraten von 1000 KBit/sec bei 8 MHz Oszillatortakt sind theoretisch erreichbar. Allerdings muß auch gesagt werden, daß hierbei keine hardwaremäßige Fehlerüberwachung stattfindet. Der Wert gilt für die reinen Nettodaten, also nur für die Nutzinformation. Um fehlersichere Übertragungen zu erreichen, ist beim Übertragungsprotokoll der Aufwand entsprechend zu wählen. Eine andere Beschränkung erfährt die Übertragungsgeschwindigkeit durch die Entfernung der Teilnehmer untereinander. Hier hat die elektrische Gestaltung der Übertragungsstrecke einen großen Einfluß auf Geschwindigkeit und Fehlerfreiheit. Daher wird diese Schnittstelle auch am häufigsten als Verbindung von Bauteilen in einem Gerät verwendet. Werden Übertragungen über längere Strecken benötigt, nimmt man dann doch lieber wieder die asynchrone Schnittstelle mit ihrem weiten Übertragungsbereich und ihrer Unterstützung bei der Fehlerüberwachung, oder man setzt die Übertragungsgeschwindigkeit deutlich herab.

Ganz außer acht gelassen wurde bisher die Wahl der elektrischen Übertragungsart. Gerade sie bestimmt im starken Maß die erreichbare Entfernung und Übertragungsgeschwindigkeit. Die weitverbreitete RS232C oder auch V24-Schnittstelle arbeitet mit zwei entgegengesetzten Spannungspegeln in den Bereichen -3 bis -15 V bzw. +3 bis +15 V. Damit sind, je nach Übertragungsrate, Entfernungen bis zu 15 m erreichbar. Eine weitaus größere Entfernung bei vergleichsweise deutlich höheren Übertragungsraten ermöglicht die RS485-Schnittstelle. Sie arbeitet mit Differenzsignalen und ist damit unempfindlicher gegenüber Störsignalen. Die beste Lösung für serielle Übertragungen bieten aber Lichtwellenleiter. Sie sind gänzlich unempfindlich gegen jede Art von Störungen und gestatten bei guten Übertragungsleitungen (geringe Dämpfung) extreme Entfernungen und Geschwindigkeiten.

Um wie bei der asynchronen Übertragung einen Voll-Duplex-Betrieb zu fahren, sind bei der SPI-Schnittstelle 3 Signale notwendig: die Sendeleitung, die Empfangsleitung und eine Taktleitung. Dafür ist die Zeichenübertragung einfacher. Da bei dieser Übertragung immer einer der beiden Teilnehmer das Taktsignal liefern muß, bezeichnet man die beiden auch als Master und Slave. Der Master liefert den Takt und bestimmt, wann etwas mit welcher Geschwindigkeit gesendet wird. Der Slave kann hierbei seine Information erst an den Master absenden, wenn dieser das Taktsignal anlegt. In der Regel liefert dabei der Master auch gleich eine Information an den Slave (Duplex-Betrieb). Möglich ist aber auch eine reine Abfrage des Slaves oder eine reine Übertragung vom Master zum Slave. Doch das ist eigentlich schon wieder Sache des Protokolls. Wir werden uns das noch bei der Kopplung mehrerer SPI-Teilnehmer an einem Bus ansehen. Während beim asynchronen Interface intelligente Übertragungsteilnehmer notwendig sind, genügt hier als 2.Teilnehmer ein einfaches

Schieberegister. Je nachdem, ob der Slave nur als Datenausgabe- oder Dateneingabemodul arbeiten soll, kann das ein Schieberegister nur mit paralleler Ausgabe oder Eingabe sein.

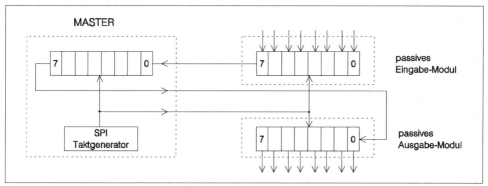

Abbildung 1.67: Master-Eingabe/-Ausgabemodul-Kopplung

Bei dem Schieberegister des Slaves braucht die Länge nicht mit der Länge im Controller identisch zu sein, und auch deren Anzahl ist unkritisch. Der Controller muß nur wissen, wie groß die Register der Slaves sind. So können Daten mittels zweier Übertragungen aus dem controllerinternen 8-Bit-Schieberegister in ein 16-Bit-Slave-Schieberegister transportiert werden. Die Möglichkeiten sind dabei vielfältig. Interessant ist auch eine Reihenschaltung von weiteren Slaves. Die Grafik zeigt das Prinzip.

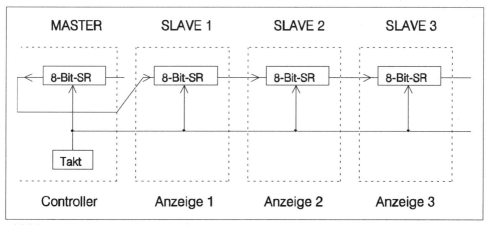

Abbildung 1.68: Master-Slave-Betrieb

Der I²C-Bus

Als eine Sonderform des SPI-Verfahrens kann der I²C-Bus angesehen werden. Der Name steht für Inter-IC-Bus und bedeutet soviel wie ein Bussystem zur Kopplung auf der Ebene von Einzel-ICs. Daß mit diesem Bus aber nicht nur innerhalb eines Gerätes Verbindungen hergestellt werden, demonstrieren viele Fälle, in denen einzelne Komponenten wie CD-Spieler, Kassettendeck, Verstärker usw. miteinander über längere Strecken (bis 1 m) untereinander verbunden sind.

Es handelt sich hierbei um einen bidirektionalen seriellen Zweidrahtbus, der nicht nur eine Master-Slave-Kopplung ermöglicht, sondern auch von Haus aus multimasterfähig ist. So können Mikrocontroller sowohl mit Peripherieschaltungen als auch untereinander korrespondieren. Durch Adreß- bzw. Datenwörter wird die Priorität einer Nachricht festgelegt. Bauelemente, die für die Teilnahme an diesem Bus vorgesehen sind, besitzen meistens eine autonom arbeitende I²C-Bus-Hardwarelogik, die den Softwareaufwand soweit reduziert, daß sich die CPU nur um die reinen Nutzdaten kümmern muß. In der folgenden Zusammenstellung sind einige Bauelementebeispiele zusammengestellt, die speziell für den I²C-Bus von der Firma Phillips entwickelt wurden.

Speicherschaltungen

◆ PCF8570 CMOS-RAM 256x8 Bit

◆ PCF8583 CMOS-RAM 256x8 Bit mit Uhr/Kalender

◆ PCF8598 CMOS-EEPROM 1Kx8

Anzeigetreiber

◆ PCF8576 LCD-Anzeigetreiber für max. 160 Segmente (Stat/Multipl)

◆ PCF8578 LCD-Anzeigetreiber für Punktmatrix (Reihen-/Spaltentreiber)

Audio- und Videoschaltungen

◆ SAA4700 VPS-Einchip-Dekoder

◆ SAA7151 Digitaler 8-Bit-Multistandard-Dekoder (RGB)

◆ TDA8433 Programmierbarer Ablenkprozessor

◆ TDA8442 D/A-Umsetzer und Schalter (für Farbdekoder)

◆ SAB3035 Fernseh-Frequenzsynthese-Abstimmung, 8 DAC + 8 Ports

◆ TSA6057 PLL-Frequenz-Synthesizer für AM/FM-Rundfunkempfänger

Telefon- und Sonderschaltungen

◆ PCF8574 8-Bit-Ein-/Ausgabe-Expander

◆ PCD8584 CMOS-I²C-Bus-Controller (Parallel/I²C-Interface)

◆ PCF8591 CMOS 8-Bit-A/D- und D/A-Umsetzer
Die nächste Abbildung zeigt das Prinzip der Übertragung. Es handelt sich dabei um eine Mischung eines synchronen und asynchronen Verfahrens. Zur Bitsynchronisation wird der Schiebetakt mit übertragen (synchrones Verfahren), die Synchronisation auf die Zeichen geschieht asynchron mittels Start- und Stoppbit.

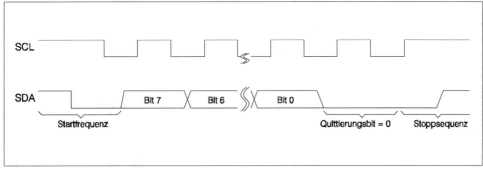

Abbildung 1.69: I²C-Bus-Signalverhalten

Der große Vorteil des I²C-Busses ist seine einfache und zeitunkritische Protokollführung. In einem System gibt es immer einen Master, der den Takt bereitstellt. Ansonsten kann jeder Teilnehmer auf den Bus zugreifen, vorausgesetzt, er ist frei. Jeder kann somit Sender oder Empfänger sein.

Das Zeichensynchronisationsprinzip ist einfach. Normalerweise darf kein Teilnehmer die Datenleitung auf Low ziehen, solange die Taktleitung auf High ist. Ein sendewilliger Teilnehmer nutzt diese Festlegung aus und macht mit dem Lowziehen auf seinen Sendewunsch aufmerksam. Der Master stellt daraufhin den Takt bereit, und die Übertragung beginnt. Nun können beliebig viele Datenbytes ohne Startbit übertragen werden. Erst mit dem Stoppbit ist eine Übertragungsfolge beendet. Damit ist für den Bus eine 2-Draht-Leitung ausreichend. Etwas einfacher ist die Zeichensynchronisation beim sogenannten 3-Draht-S-Bus. Über eine weitere Leitung wird der Anfang und das Ende einer Übertragung angekündigt. Die Abbildung zeigt die Kopplung bei solch einem 3-Draht-Bus. (Beim I²C-Bus fehlt die zusätzliche SEN-Leitung.)

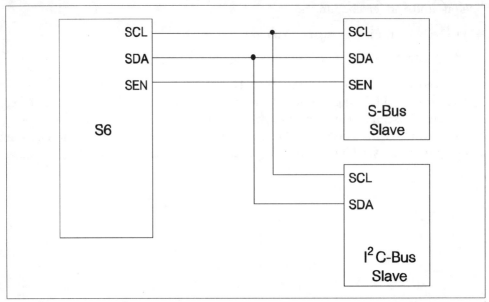

Abbildung 1.70: S-Bus/I²C-Kopplung

Ein Blick in den Schaltplan eines Fernsehers oder einer HiFi-Anlage zeigt, wie die einzelnen Module und Funktionsgruppen über diese Busse miteinander verbunden sind. Kaum eine Funktion, die nicht von einem zentralen Controller gesteuert wird! Selbst an der Gerätegrenze macht der Bus nicht halt. Über 3- bzw. 4-polige Kabel lassen sich weitere Komponenten wie CD-Spieler, Kassettendecks o.ä. anschließen (3- bzw. 4-polig bei 2-Draht- bzw. 3-Draht-Bus einschließlich Masseleitung).

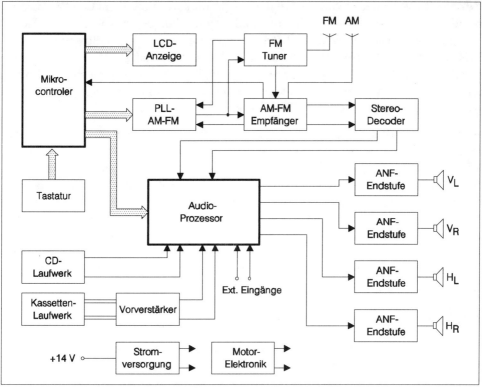

Abbildung 1.71: Typischer Einsatz des I²C-Busses

1.2.7 Analog-Digital- und Digital-Analog-Wandler

In vielen Fällen des Einsatzes von Mikrocontrollern treten neben digitalen auch analoge Signale als Eingangs- und/oder Ausgangsgrößen auf. Zwar überwiegt der Anteil der binären Signale, doch wo immer physikalische Größen wie Spannungen und Ströme zu messen sind, kommen analoge Eingangssignale vor. Auch alle anderen Größen wie Drücke, Temperaturen, Geschwindigkeiten usw. lassen sich in Analogsignale umwandeln. Zwar kann deren Umsetzung auch in Zeitsignale erfolgen, die sich dann mittels Timermodulen verarbeiten lassen, doch überwiegt hier noch bei weitem der »analoge Weg«.

Um analoge Signale verarbeiten zu können, besteht zunächst erst einmal die Möglichkeit, extern einen geeigneten Analog-/Digital-(A/D)-Wandler an den Controllerbus anzuschließen. Allerdings erfordert das automatisch die Bereitstellung eines externen Busses oder wenigstens digitaler Ein- und Ausgänge, um den Wandler zu steuern und die Ergebnisse zu lesen. Soll der Controller jedoch wie in vielen Fällen völlig ohne externe Bauelemente betrieben werden, ist der angeschlossene Wandler keine praktikable Lösung. Da es keine Schwierigkeiten bereitet, analoge und digitale Schaltungen auf einem Chip zu vereinen, ein A/D-Wandler ist auch eine Mischung aus beiden, haben die meisten Mikrocontrollerfamilien in ihrem Bauelementespektrum Versionen mit On-Chip-A/D-Wandlern.

Anders sieht es da schon bei der Umkehr des Verfahrens aus. Digital-/Analog-Wandler gehören zu den Ausnahmen bei Standardcontrollern. Nur bei Spezialbauelementen sind zum Teil echte Module integriert, doch die Menge der Anwender muß sich hier tatsächlich mit externen Schaltungen behelfen. Daß dennoch nahezu alle modernen Controller in der Lage sind, mit geringster externer Beschaltung analoge Spannungen zu erzeugen, liegt an der Leistungsfähigkeit der eingesetzten Timermodule und deren Fähigkeit, pulsweitenmodulierte Signale zu erzeugen. Wie schon im Kapitel über Timermodule zu sehen war, ist es sehr einfach, aus dieser Signalform mit minimalster externer Beschaltung (ein Widerstand und ein Kondensator!) Analogsignale zu bilden.

Analog-/Digital-Wandler

Das Grundprinzip der Analog-/Digital-Wandlung ist bei allen Wandlerverfahren gleich. Immer wird der gesamte Eingangsspannungsbereich in eine bestimmte Anzahl an gleichgroßen Quantisierungsstufen eingeteilt. Ein Eingangssignal, das in diesem Bereich liegt, kann einer dieser Stufen zugeordnet werden. Diese Stufen sind abzählbar, und somit ist der Wert digitalisiert. Verständlicherweise ist die Anzahl der Quantisierungsstufen ein binär gut darstellbarer Wert, also eine Zweierpotenz wie 2^8, 2^{10} oder 2^{12}. Da bei 8-Bit-Controllern die Breite der internen Register in der Regel 8 Bit beträgt, findet man auch am häufigsten A/D-Wandler mit 256 Stufen, die damit einen 8-Bit-Wert repräsentieren. Wandler mit einer höheren Breite setzen die Verwendung von Doppelregistern voraus. Die Zahl der Quantisierungsschritte bestimmt direkt die Auflösung des Wandlers. Ein 8-Bit-Wandler löst den maximalen Eingangsspannungsbereich in 256 Stufen, ein 10-Bit-Wandler in 1024 Stufen und ein 12-Bit-Wandler sogar in 4096 Stufen auf. Damit geht die Wandlerbreite auch direkt in die Genauigkeit ein, mit der sich ein bestimmter Eingangswert erfassen läßt. Wenn man bedenkt, daß jeder Wert als eine bestimmte Anzahl an Stufen angesehen wird, ist die Größe einer Stufe ein Maß für die Genauigkeit der Wandlung. Die folgende Tabelle zeigt, welchen Anteil eine Quantisierungsstufe am Maximalwert (Maximalstufenzahl $= 2^{\text{Wandlerbreite}}$) hat.

Wandlerbreite	Quantisierungsstufen	% vom Maximalwert
8	256	0,39
9	512	0,195
10	1024	0,098
11	2048	0,049
12	4096	0,024
13	8192	0,0122
14	16384	0,0061
15	32768	0,00305
16	65536	0,00152

Tabelle 1.7: Anteil der Quantisierungsstufe am Maximalwert

Um also eine weitestgehend fehlerfreie Umwandlung des analogen Wertes zu erreichen, ist nach der Aussage der Tabelle eine möglichst hohe Wandlerbreite notwendig. Dabei darf allerdings nicht übersehen werden, daß nicht die Zahl der Stufen allein die Genauigkeit bestimmt, sondern noch andere Faktoren einen entscheidenden Einfluß haben. Zwar hat der Quantisierungsfehler, bedingt durch das Bewerten einer stetigen Größe durch einen gestuften Vergleichswert, den größten Einfluß, jedoch werden dabei oft Fehler übersehen, die sich aus dem entsprechenden Wandlerprinzip ergeben. Um die Fehlermöglichkeiten besser zu verstehen, zeigt die Abbildung das Grundprinzip der Wandlung.

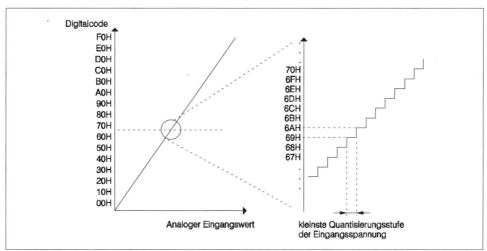

Abbildung 1.72: Quantisierung einer analogen Eingangsspannung

Ein typischer Fehler entsteht, wenn die einzelnen Stufen, mit denen der Analogwert verglichen oder bewertet wird, nicht gleich groß sind. Es ergibt sich eine Wandlerkennlinie, die von der Geraden abweicht und an der ein linearer Analogwert dann fehlerbehaftet gemessen wird. Der Fehler trägt auch den Namen Linearitätsfehler.

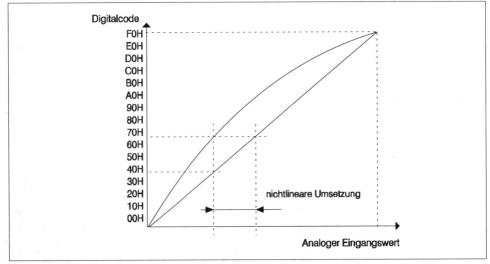

Abbildung 1.73: Linearitätsfehler

Linearitätsfehler gehören neben den Quantisierungsfehlern zu den häufigsten Fehlern. Leider können sie nicht oder nur sehr schwer durch die Software kompensiert werden. Zwei weitere Fehler, die bei Wandlern auftreten, nennen sich Full Scale Error und Zero Offset Error. Ersterer ist vergleichbar mit einem Fehler bei der Verstärkung des Eingangssignals. Wenn schon bei kleineren Eingangsspannungen als der vereinbarten Maximalgröße der maximale Wandlerwert erreicht wird, kommt es zur Abkappung und damit zu einer Verzerrung des Ergebnisses.

Bei dem zweiten Fehler handelt es sich um eine Verschiebung der Wandlerkennlinie aus dem Nullpunkt. Falls die Eingangsspannung den Wert Null hat und der Wandler dennoch einen von Null verschiedenen Wert ermittelt, handelt es sich um den Offsetfehler oder auch Zero Offset Error. Der Vorteil beider Fehler ist, daß sie sowohl durch externe Beschaltung, zum Beispiel durch einen in der Verstärkung und den Nullpunkt einstellbaren Verstärker, aber auch durch Software recht einfach korrigierbar sind.

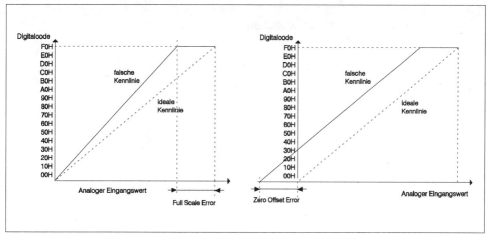

Abbildung 1.74: Full Scale Error und Zero Offset Error

Neben diesen systembedingten internen Fehlern von A/D-Wandlern gibt es noch eine Reihe weiterer Fehler, die aus dem Ablauf der Messung und der Beurteilung deren Ergebnisse entstehen. Doch dazu mehr nach der Vorstellung der prinzipiellen Wandlerverfahren.

Die Umwandlung einer analogen Spannung in einen digitalen Wert läuft im Prinzip auf den Vergleich mit einer Referenzspannung hinaus. Dabei ist der Wert für die Wandlung völlig uninteressant, das Ergebnis spiegelt nur das Verhältnis der zu messenden Spannung zu der Referenzgröße wieder. Durch diese relative Aussage ist natürlich der absolute Wert der Referenzgröße für das Ergebnis schon entscheidend, für den Wandler stellt sich die Umsetzung aber nur als ein Vergleich dar. Folglich ist das Kernelement aller Wandler ein Komparator. Wie der Referenzwert diesem Vergleich zur Verfügung gestellt wird und wie aus dem Ergebnis des Vergleichs der Digitalwert entsteht, ist kennzeichnend für die einzelnen Wandlerverfahren.

Parallel (FLash)-Wandler

Wie der Name schon sagt, findet hier die Wandlung parallel und in einem Augenblick statt. Die Abbildung zeigt zunächst den Aufbau eines Parallel-Wandlers.

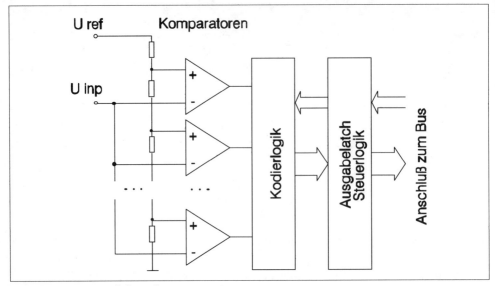

Abbildung 1.75: Parallelwandler

Parallel-Wandler bestehen aus einer Vielzahl von Komparatoren, die alle am analogen Eingang angeschlossen sind und bei denen jeder eine andere Vergleichsspannung U_{REFn} besitzt. Diese kommt aus einem Widerstandsnetzwerk und hat die entsprechende Wichtung, nach der die Eingangsspannung zu bewerten ist. Aus den Ausgangssignalen aller Komparatoren bildet eine Kodierlogik den gesuchten Digitalwert. Der Vorteil dieses Wandlerprinzips ist die hohe Geschwindigkeit, mit der aus dem Eingangssignal das Ergebnis entsteht. Durch die parallele Arbeitsweise, alle Komparatoren liefern das Vergleichsergebnis gleichzeitig, ist die Wandlungszeit praktisch nur von der Geschwindigkeit der Komparatoren und der nachgeschalteten Logik abhängig. Leider hat dieser Wandler aber einen entscheidenden Nachteil. Um auf die gewünschte Genauigkeit zu kommen, muß die Zahl der Komparatoren sehr groß sein. Das kostet Chipfläche, denn analoge Strukturen brauchen prinzipbedingt viel Platz. Außerdem ist es nicht einfach, die Exaktheit und Reproduzierbarkeit der gestuften Referenzspannungen im Halbleiterprozeß zu erreichen. Deshalb findet man Parallelwandler nicht in normalen Mikrocontrollern. Sie sind in Spezialbauelementen eingesetzt, die wegen ihrer hohen Umsetzgeschwindigkeit für Sonderaufgaben wie die digitale Bildverarbeitung und die Spracheingabe vorbehalten bleiben.

Sequentielles Wandlerverfahren

Auch bei diesem Wandlerverfahren wird aus dem Vergleich der Eingangsspannung mit einer Referenzspannung der Ergebniswert gebildet. Allerdings findet der Vergleich nicht wie beim parallelen Wandler in vielen einzelnen, sondern in nur einem einzigen Komparator statt. Die Vergleichsspannung ist nicht durch ein Widerstandsnetzwerk fest vorgegeben, sondern wird erst während der Umwandlung von einem Digital-Analog-Wandler erzeugt. Die folgende Grafik zeigt das Prinzip.

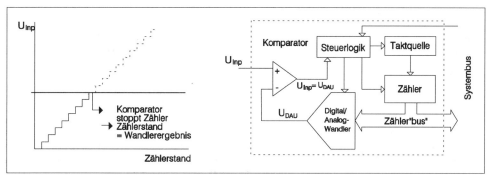

Abbildung 1.76: Sequentielles Wandlerverfahren

Der D/A-Wandler bekommt von der Logik einen digitalen Wert zugeteilt und erzeugt daraus einen analogen Ausgangswert. Zu Beginn der Umsetzung ist der Wert Null. Der Komparator vergleicht diesen Wert mit der Eingangsspannung, sein Ergebnis steuert die Logik. Ist der Vergleichswert kleiner als die Eingangsspannung, wird der Digitalwert um ein Bit erhöht und damit die Vergleichsspannung um die kleinste Auflösungseinheit vergrößert. Dieser Vorgang wiederholt sich so lange, bis der Komparator Gleichheit feststellt. Mit Erreichen dieses Zustandes repräsentiert der Digitalwert am D/A-Wandler das Wandlerergebnis. Nun kann man sich leicht vorstellen, daß dieses rein sequentielle Verfahren sehr langsam ist, und was noch schlimmer ist, die Umsetzgeschwindigkeit hängt direkt vom Eingangswert ab. Bei einem 8-Bit-Wandler sind im ungünstigsten Fall 255 Vergleiche notwendig. Ein derartiger Wert ist völlig unakzeptabel. Deshalb verwendet man in Wandlern dieser Klasse eine modifizierte Variante, die den Namen sukzessives Approximationsverfahren oder Wägeverfahren trägt. Hierbei wird nicht mit einer Normalen, sondern mit binär gestuften Normalen, ähnlich wie bei einer Waage, gearbeitet. Die Logik beginnt mit der Vorgabe des Digitalwertes also nicht bei Null, sondern genau in der Mitte des gesamten Wandlerbereiches. Mit dem ersten Vergleich steht damit fest, ob der Eingangswert größer oder kleiner als die Hälfte ist. Auf dieser Erkenntnis basiert die Bildung des zweiten Vergleichswertes. Er teilt den verbleibenden Bereich, in dem sich der Meßwert befand, erneut in zwei Hälften und grenzt so die Eingangsspannung mehr und mehr ein. Bei jedem Vergleich wird das Fenster um den Eingangswert kleiner. Ein 8-Bit-Wandler hat 8 Vergleichsnormale und benötigt genau 8 Vergleichsschritte zur Bestimmung des Eingangswert. Auch hier zeigt die Grafik das Prinzip.

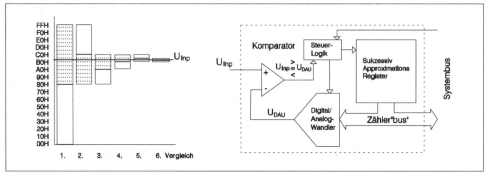

Abbildung 1.77: Verfahren der Sukzessiven Approximation

Wandler dieser Art sind zum Standard bei der Analog-/Digital-Umsetzung geworden. Ihr relativ gut zu beherrschender Aufbau (binär gestufte Referenzspannungen oder Ströme) und vor allem die für den Aufwand ausgezeichnete Umsetzgeschwindigkeit machen sie zu den am meisten eingesetzten Wandlern. In den Kapiteln 2 und 3 sehen Sie typische Beispiele bei Mikrocontrollern.

Ein 8-Bit-Wandler, der mit einer Taktfrequenz von 1 MHz betrieben wird und für jede Stufe 2 Takte benötigt, führt die Wandlung in 16 µs aus. Dabei ist ein Taktsignal von 1 MHz nicht einmal besonders hoch, ein 80C517A von der Firma SIEMENS braucht für eine 10-Bit-Wandlung nur 7 µs! Neben der Zeit für die Durchführung der Vergleiche gehört zu jeder Umsetzung noch eine gewisse »Vorbereitungszeit«, in welcher die zu messende Spannung die Eingangskapazität des Wandlers aufladen muß und in der die Logik den Wandler auf die Messung vorbereitet (Rückstellen des sukzessiven Approximationsregisters, Abgleichen der Analogkomponenten usw.). Während der ganzen Zeit der Vorbereitung und Umsetzung muß die Eingangsspannung völlig konstant anliegen, damit es nicht zu Meßfehlern kommt. Um diese Einschränkung für den praktischen Einsatz zu mildern, besitzen A/D-Wandler meistens Sample & Hold-Schaltungen, die den Eingangswert einmal abtasten und ihn dann für die Gesamtdauer der Messung konstant halten. Damit verringert sich die notwendige Zeit für die Konstanthaltung des Meßwertes auf die Dauer der Abtastung durch die Sample & Hold-Stufe. Die besteht in der Regel aus einem

Kondensator, der über einen analogen Schalter mit dem Eingang verbunden werden kann und nach der Abtastung von diesem abgetrennt wird. Um diesen Kondensator in der kurzen Abtastzeit tatsächlich auf den Eingangswert aufzuladen, werden von der Meßspannungsquelle häufig »höhere« Ströme gefordert, die den Eingangswiderstand des Wandlers deutlich herabsetzen. Für eine fehlerarme Messung ist es daher immer ratsam, den Eingang eines Wandlers ohne eingebauten Vorverstärker aus einer relativ niederohmigen Quelle zu speisen.

Soviel zu dem am häufigsten eingesetzten Wandlerprinzip. Mikrocontroller besitzen meist mehr als einen analogen Eingang. Der Aufwand, den ein solcher Wandler in einem Controller fordert, rechtfertigt sich nur, wenn damit mehrere Meßaufgaben gelöst werden können. 8-Bit-Controller haben, bedingt durch ihre 8-Bit-Portstruktur häufig 8 analoge Eingangskanäle, die aber nicht ausschließlich nur für Analogsignale hergenommen werden können. Teilweise lassen sie sich bitweise auch andere Module zuordnen.

Mehrkanalige Analogmodule sind optimal geeignet, ohne große externe Beschaltung mehrere Analogsignale quasi gleichzeitig zu messen. Derartige Module besitzen aber nicht für jeden Eingangskanal einen eigenen Wandler. Bei ihnen ist der Analogmultiplexer mitintegriert und gestattet nur die Zuschaltung des gewünschten Eingangskanals auf den A/D-Wandler. Für die Gleichzeitigkeit der Messung ist dabei die Anordnung der Sample & Hold-Schaltung entscheidend. Bei einfachen Modulen befindet sich direkt hinter den Eingängen der Multiplexer, und sein Ausgangssignal geht über die Sample & Hold-Schaltung an den Wandlereingang. Bedingt durch diese Anordnung kann immer nur ein Eingangssignal nach dem anderen gemessen werden. Der Multiplexer schaltet dazu einen Kanal auf die Sample & Hold-Baugruppe, der Wandler setzt den Wert um, und danach kann erst der nächste Eingang abgetastet werden. Bei 8 Messungen an 8 Kanälen sind so alle 8 Ergebnisse zeitlich um die jeweilige Umschaltdauer des Multiplexers, die Sample-Zeit und die eigentliche Umsetzdauer zueinander verschoben. Dieser Sachverhalt muß beachtet werden, um keine Fehler bei der Beurteilung der Ergebnisse zu bekommen. Vorteilhafter sind diesbezüglich Wandler, bei denen jeder Eingang seine eigene Sample & Hold-Baugruppe besitzt und erst deren Ausgänge über den Multiplexer mit dem Wandler verbunden sind. Hier genügt die einmalige Aufforderung zum Einlesen der Eingänge, und alle Signale werden zum selben Zeitpunkt erfaßt. Die Umsetzung kann im nachhinein dann zeitlich versetzt geschehen, auf die Kohärenz der Signale hat das keinen Einfluß. Die Grafik zeigt die beiden Varianten.

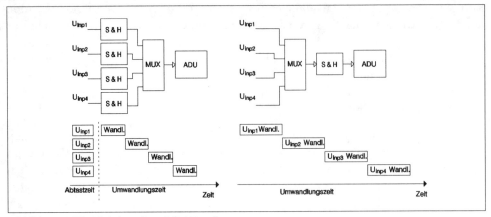

Abbildung 1.78: Mehrkanalige A/D-Wandler

Leider sind derartige Strukturen bei A/D-Wandlern von Mikrocontrollern selten. Hier wird aus Platzgründen meist nur eine Sample & Hold-Schaltung eingesetzt. Um den damit verbundenen Nachteil wenigstens einigermaßen auszugleichen, sorgen zum Teil komplexe Ablaufsteuerungen für eine automatische Abtastung der Eingänge. Nach der Programmierung des Wandlers genügt ein Startsignal, und die Logik organisiert automatisch für die Abtastung der Eingänge und die Abspeicherung der Ergebnisse in einem Register- oder Speicherfeld. Damit entfallen die sonst notwendigen Aktionen der CPU, wie sie der folgende prinzipielle Programmablauf zeigt.

◆ Auswahl des Eingangs 1

◆ Auslösung der Wandlung und Warten auf die Beendigung

◆ Lesen des Wandlers und Abspeichern des Ergebnisses

◆ Auswahl des Eingangs 2

◆ Auslösung der Wandlung und Warten auf die Beendigung

◆ Lesen des Wandlers und Abspeichern des Ergebnisses

◆ Auswahl des Eingangs n

◆ Auslösung der Wandlung und Warten auf die Beendigung

◆ Lesen des Wandlers und Abspeichern des Ergebnisses

Der Zeitbedarf und vor allem die Belastung der CPU ist dabei sehr hoch, auch wenn die Interruptfähigkeit der Wandlermodule zur Fertigmeldung ausgenutzt werden kann. Neben der automatischen Abtastung mehrerer Eingänge gestatten »bessere« Wandler auch die zyklische Wandlung nur eines Kanals. Auf diese Weise können äquidistante Messungen sehr schnell und automatisch aufgezeichnet werden. Im Kapitel 2 werden Sie am Beispiel des MC68HC-Wandlers die Arbeitsweise eines mit diesen Fähigkeiten ausgestatteten Moduls sehen.

Am Schluß der Analog-Digital-Wandlung noch zu einer Besonderheit bei einigen Wandlern. Da sich der digitale Ausgangswert immer auf das Intervall – unterer Referenzwert zu oberem Referenzwert – bezieht, wird bei gegebener Wandlerbreite die Auflösung, d. h. die kleinste Meßeinheit, fest von diesen beiden Grenzwerten bestimmt. Einige Controller besitzen die Fähigkeit, die internen Werte innerhalb der Grenzen der von außen zugeführten Referenzspannung zu variieren. Über Steuerregister läßt sich der Wert der unteren und oberen Referenzspannung getrennt programmieren. Dadurch ergeben sich interessante Meßmöglichkeiten. Mit einem kleinen Trick sind mit einem 8-Bit-Wandler 10-Bit-Ergebnisse erzielbar. Das Verfahren beruht auf einer 2-stufigen Messung. In der 1. Stufe arbeitet der Wandler mit den maximalen Werten der Referenzspannung. Das Ergebnis mit der 8-Bit-Auflösung liefert den Grobbereich, in dem sich die Eingangsspannung befindet. Nun korrigiert das Programm die Referenzspannungen so, daß diese so dicht wie möglich an dem gemessenen Wert liegen. Der dabei entstehende Bereich wird in einer 2. Messung abermals mit einer Auflösung von 8 Bit umgesetzt. Aus beiden Ergebnissen errechnet das Programm schließlich den Endwert, der damit eine höhere Auflösung besitzt als bei der 1. Messung über den gesamten Eingangsspannungsbereich. Typische Vertreter mit dieser Art A/D-Wandler sind die Controller der 8051-Familie.

Einige andere Bauelemente bieten auch die Möglichkeit, beliebige analoge Eingangskanäle als Referenzspannungsquellen zu verwenden. Damit lassen sich unter anderem ohne zusätzlichen Softwareaufwand Differenzmessungen durchführen, die normalerweise externe Beschaltungen in Form von Differenzverstärkern erfordern. In Kapitel 3 sind noch andere Varianten von A/D-Wandlern zu sehen, die zeigen, wie vielgestaltig das Thema der »analogen Signalverarbeitung« selbst bei Standardcontrollern von der Industrie interpretiert wird.

Digital-Analog-Wandler

Während Analog-/Digital-Wandler nahezu zum Standard bei Mikrocontrollern geworden sind, gehören Digital-/Analog-Wandler eher zu den Ausnahmen und sind nur bei einigen Sonderbauelementen anzutreffen. Das hat sicher seinen Hauptgrund in der wesentlich öfter notwendigen Messung von physikalischen Größen, die in analoger Form vorliegen. Nur selten fließen Ergebnisse einer Verarbeitung als Analogsignal in den Prozeß zurück. Für eine rein analoge Signalverarbeitung sind digitale Signalprozessoren zuständig, bei 8-Bit-Controllern dienen analoge Ausgangssignale meistens nur der Ansteuerung von Zeigerinstrumenten, Schreibern, vereinzelt noch vorkommenden Steuer- und Regeleinrichtungen mit analogen Eingängen und einigen anderen Fällen. Die meisten analog wirkenden Ausgabeorgane einer Steuerung arbeiten heute auch digital, wie zum Beispiel der Schrittmotor als typisches analoges Stellglied. Dennoch werden wir einen kurzen Blick auf den Aufbau und die Funktion der zwei am häufigsten vorkommenden D/A-Wandler werfen.

Jedes analoge Signal, das aus einem digitalen Signal, also aus diskreten Werten erzeugt wird, muß zwangsläufig auch aus diskreten Einzelwerten zusammengesetzt sein. Eine völlig stufenlose, stetige Wandlung ist damit also nicht möglich. Wie schon bei den Analog-/Digital-Wandlern geht hier die Breite des Wandlers, d. h. die Zahl der Bits, die ein Digitalwert haben kann, direkt in die Auflösung ein.

Um einen Digitalwert in ein analoges Signal zu überführen, gibt es verschiedene Verfahren. Bei monolithischen Wandlern haben sich allerdings 2 Verfahren zahlenmäßig deutlich abgesetzt. Eines basiert auf der Summenbildung von gewichteten Einzelelementen, das andere arbeitet mit der Integration von Impulssignalen. Sehen wir uns auch hier beide nacheinander an.

Parallel-Wandler mit geschalteten Strom- oder Spannungsquellen

Ein Digitalwert unterliegt wertmäßig einer bestimmten Wichtung.

> Bit 0 = Wert 1
> Bit 1 = Wert 2
> Bit 3 = Wert 4
> Bit 4 = Wert 8 usw.

So setzt sich der Zahlenwert 89 aus den Teilen $0 \times 128 + 1 \times 64 + 0 \times 32 + 1 \times 16 + 0 \times 8 + 0 \times 4 + 0 \times 2 + 1 \times 1$ zusammen. Ihr Digitalwert ist 01010001 binär oder 51 hexadezimal. Er entsteht aus der Summe der einzelnen Wertanteile, die jedem Bit zugeordnet sind. Aber zurück zur Digital-/Analog-Wandlung. Um einen digitalen Wert analog darzustellen, kann nach dem selben Verfahren vorgegangen werden. Jedem Bit des digitalen Wertes ist eine Strom- oder Spannungsquelle zugeordnet, die genau diesen Strom/die Spannung erzeugt, der/die dem Wertanteil des Bits entspricht. Also bringt die Stromquelle von Bit 7 bei einer 8-Bit-Wandlerbreite genau die Hälfte des Strommaximalwertes auf. Bit 6 liefert ein Viertel, Bit 5 ein Achtel usw. Werden alle Ströme in den Summenpunkt eines Operationsverstärkers eingespeist, so ergibt sich hier ein Strom, der genau dem digitalen Wert entspricht. Ob dieser Strom nun in eine Ausgangsspannung gewandelt wird oder nur verstärkt und entkoppelt an den Ausgang geliefert wird, ist egal. Das Prinzip der gewichteten Ströme oder Spannungen und deren Zusammenfassung in einem Summenpunkt, ähnlich der Rechnung am Anfang, ist das Wesentliche dieses Verfahrens.

Um gewichtete Stromquellen auf einem Chip zu erzeugen, verwendet man gern Transistoren mit entsprechend gestufter Geometrie. Wandler mit diesem Aufbau erreichen allerdings keine allzu hohe Genauigkeit, da die ausschlaggebenden Größen im Halbleiterprozeß nicht in der geforderten Genauigkeit und Reproduzierbarkeit beherrscht werden können.

Eine andere Technologie basiert auf einem Widerstandsnetzwerk aus gewichteten Widerständen, das von einer gemeinsamen Referenzspannungsquelle versorgt wird. Durch bitweises Zuschalten der Spannung an die Widerstände kommt es zum Stromfluß, der genau dem Wert des Widerstandes entspricht. Aber auch hier gibt es wieder das gleiche Problem. Binär gewichtete Widerstände sind noch viel schwerer zu integrieren als spezielle Transistorstrukturen. Deshalb wurde das Verfahren noch einmal etwas abgewandelt, indem durch eine besondere Form der Zusammenschaltung eine binäre Stufe mit nur zwei unterschiedlichen Widerstandswerten gebildet werden konnte. Die folgende Abbildung zeigt einen aus einem solchen R-2R-Widerstandsnetzwerk aufgebauten Digital-/Analog-Wandler.

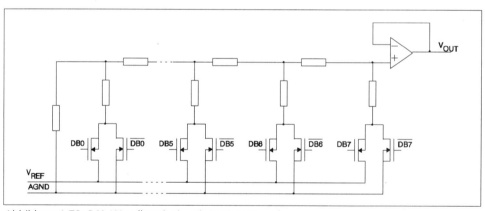

Abbildung 1.79: D/A-Wandlerprinzip mit R-2R-Netzwerk

Da es nur zwei Widerstandswerte gibt und einer der beiden Werte genau dem Doppelten des anderen entspricht, ist die Herstellung in den üblichen IC-Technologien recht leicht möglich. Allerdings ist der Aufwand für einen derartigen Wandler bei höheren Anforderungen nicht unerheblich. Durch Toleranzen im Widerstandsnetzwerk und in den elektronischen Schaltern kommt es leicht zu Einschränkungen bei der Genauigkeit der Linearität oder des Offsets. Überhaupt sind Widerstände in digitalen Schaltungen nicht gern gesehen, besonders wenn auf ihre Exaktheit Wert gelegt wird. Daher findet man häufiger gestufte Stromquellen aus Transistoren. Diese benötigen weniger Chipfläche und sind einfacher zu integrieren.

Der große Vorteil der parallelen Wandler ist ihre sehr hohe Wandlergeschwindigkeit. Der Ausgangswert ist praktisch sofort nach dem Schalten der Referenzspannungen an das Netzwerk verfügbar. Einschwing- und Laufzeitvorgänge verzögern die Ausgabe nur unbedeutend. Besteht das Netzwerk aus hochpräzisen Widerständen, und ist die Spannung, die auf das Netzwerk geschaltet wird, stabil, lassen sich sehr genaue und schnelle Wandlungen vornehmen.

Digital-Analog-Wandlung durch Pulsweitenmodulation

Ein anderes Verfahren der Digital-/Analog-Wandlung beruht auf dem Prinzip der Integration eines Pulssignales. Ein Tiefpaßfilter oder Integrator wandelt ein periodisches Impulssignal in eine Gleichspannung. Durch Variation des Impulsdauer-/Impulspausenverhältnisses läßt sich die analoge Ausgangsspannung zwischen einem Minimal- und Maximalwert einstellen.

Wird ein Impulssignal mittels spektraler Analyse (Fourier-Reihen-Entwicklung) untersucht, findet man einen Gleichspannungsanteil und einen Wechselspannungsanteil. Ersterer entsteht durch Mittelwertbildung (arithmetischer MW) aus dem Integral über einer Periode.

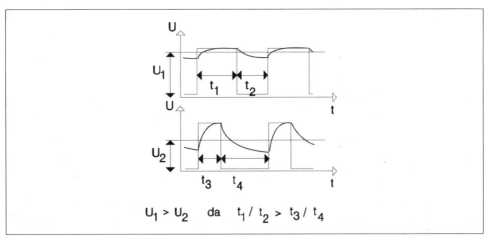

Abbildung 1.80: Mittelwertbildung an einem PWM-Signal

Der Gleichspannungswert ist damit also direkt proportional zur Impulsamplitude und zum Tastverhältnis. Wird die Amplitude konstant gehalten (Referenzspannung) so bestimmt einzig und allein das Impulsdauer-/Impulspausenverhältnis die Höhe der gebildeten Spannung. Um den verbleibenden Wechselanteil zu beseitigen, genügt in der Regel ein einfaches Tiefpaßfilter. Das Wechselsignal besteht aus den Frequenzen $1/T, 2x1/T, \ldots nx1/T$. Damit ist die kleinste zu unterdrückende Frequenz gleich der des Ausgangssignals. Soll ein Filter 1. Ordnung zur Filterung verwendet werden, so ist dessen Grenzfrequenz deutlich unterhalb der PWM-Frequenz anzusetzen. Leider sinkt dabei aber auch die Geschwindigkeit, mit der das Analogsignal dem Digitalwert folgen kann. Um dennoch eine hohe Dynamik zu erreichen, kann entweder die Periodendauer des PWM-Signals verringert werden, oder ein steileres Filter (Filter höherer Ordnung wie z. B. Tschebyscheff- oder Butterworthfilter) wird erforderlich.

Soviel aber nun zur Theorie. Jeder Timer kann mit etwas Software und notfalls einigen wenigen externen Bauelementen ein pulsweitenmoduliertes Signal erzeugen. Leistungsfähige Module bieten dazu komplexe Strukturen, die völlig selbständig aus dem Wert eines Registers ein PWM-Signal bilden. Weiter vorn im Kapitel über Timermodule sind derartige Strukturen näher erläutert worden. Aber unabhängig davon, wie der Controller das PWM-Signal erzeugt, an einem seiner Pins ist es mit dem für Digitalsignale typischen Pegeln verfügbar. Im einfachsten Fall genügt für die Wandlung ein nachgeschalteter Kondensator oder ein einfaches RC-Glied. Die »Referenzspannung« für die Integration wird aus der Versorgungsspannung des Controllers gebildet. Nachteilig ist dabei die starke Abhängigkeit des gebildeten Analogsignals von der bei digitalen Schaltungen öfters stärker gestörten Versorgungsspannung. Eine andere Fehlerquelle entsteht direkt durch den Aufbau der Ausgangsstufe. Bei CMOS-Ausgängen mit ihren symmetrischen Transistoren lassen sich recht gute Werte erzielen. Viele Controller haben aber Ausgangsstufen, bei denen die Transistoren unterschiedliche Ströme liefern. Meistens ist der Transistor, welcher den Low-Pegel erzeugt, wesentlich stärker ausgebildet als der Transistor zwischen Ausgang und Betriebsspannung. Mit derartigen Ausgangsstufen sind, bedingt durch die unterschiedliche Stromergiebigkeit, kaum befriedigende Ergebnisse erreichbar. Hier hilft nur die Nachschaltung einer symmetrischen Treiberstufe, wie sie zum Beispiel in CMOS-Gattern der 4000er Serie eingesetzt sind. Die Grafik zeigt so eine mögliche Anschaltung.

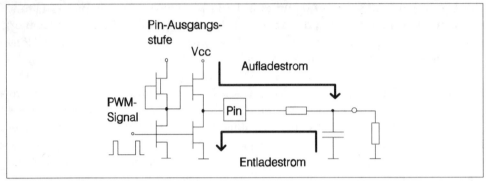

Abbildung 1.81: Einfache Integration von PWM-Signalen

Nachteilig bei diesen Schaltungen ist ihre Empfindlichkeit gegenüber der Belastung durch den Eingangswiderstand der nachfolgenden Schaltung. Dieser führt zu einer Entladung des Kondensators in den Impulspausen, wodurch die Welligkeit des Signals stark ansteigt. Um den dadurch entstehenden Wandlungsfehler so gering wie möglich zu halten muß für eine möglichst hochohmige Anschaltung gesorgt werden. Ein nichtinvertierender Operationsverstärker kann für viele Fälle schon ausreichend sein.

Werden höhere Anforderungen an die Genauigkeit des Analogsignals gestellt, reichen jedoch solche einfachen Schaltungen nicht mehr aus. Besonders bei der Referenzspannung ist auf eine genügende Konstanz und Lastunabhängigkeit zu achten. Ungenauigkeiten an dieser Stelle können den Aufwand im Timermodul und der treibenden Software völlig zunichte machen. So erfüllt ein als Integrator betriebener Operationsverstärker seine Aufgabe besser als ein einfaches RC-Glied. Er sorgt neben einer ausreichenden Filterung gleichzeitig für den gewünschten niedrigen Ausgangswiderstand. Die Abbildung zeigt eine entsprechende Schaltung.

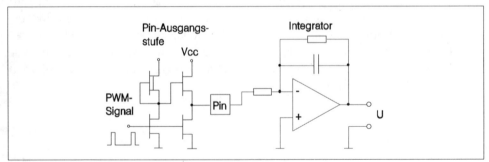

Abbildung 1.82: Verbesserte Beschaltung zur PWM-Analog-Wandlung

Im Vergleich zum vorher vorgestellten Parallelwandler bietet das PWM-Verfahren entscheidende Vorteile im Zusammenhang mit Mikrocontrollern. Timermodule gehören mit zu den am weitesten ausgebauten Peripheriemodulen in Controllern. Ein Timer mit 8 Compare-Registern und 8 Compare-Ausgängen ist in der Lage, gleichzeitig 8 analoge Signale zu erzeugen. Ein parallel arbeitender Wandler hat demgegenüber immer nur einen Ausgangskanal. Jeder weitere zusätzliche Analogkanal erfordert einen weiteren Wandler. Auch die Genauigkeit ist bei der PWM-Variante wesentlich leichter zu erreichen als mit den Präzisionswiderständen oder Stromquellen des anderen Verfahrens. Steigt bei Parallelwandlern mit jedem Bit Auflösung der Aufwand immer mehr an, ist bei Timern der Zuwachs nur minimal. Die meisten Timermodule besitzen ohnehin Strukturen mit 16 Bit, die bei Analogsignalen ganz sicher als oberste Grenze genügen dürften. Auch was die Linearität und Monotonie der erzeugten Analogwerte betrifft, zeichnen sich PWM-Wandler durch sehr gute Ergebnisse aus.

Bedingt durch die Mittelwertbildung und Filterung sind leider die dynamischen Eigenschaften wie die Umsetzgeschwindigkeit bedeutend schlechter. Die kürzeste Zeit für den Wechsel des Ausgangswertes entspricht genau der Periodendauer des PWM-Signals. Wird dieses Signal durch eine Compare-Funktion gebildet, kann ein neuer Wert erst nach einer vollen Periode sinnvoll verarbeitet werden. Diese Einschränkung ist notwendig, weil ein nicht im Nulldurchgang geladener Vergleichswert zu einer fehlerhaften Ausgabe führt.

Bei einer Compare-Funktion bestimmt der maximale Zählumfang die Auflösung des Signals. Sein Wert ist gleich der Zahl der möglichen Einstellwerte plus 1. Aus dem maximalen Zählumfang und der Periode des Zähltaktes ergibt sich durch Multiplikation die Periodendauer des Timers und damit die Zeit für eine Umsetzung. Damit sind Umsetzgeschwindigkeit und Auflösung wie schon beim Analog-/Digital-Wandler wieder einmal indirekt proportional. Eine Entscheidung für eines der beiden Verfahren läuft also immer auf einen Kompromiß hinaus. Verglichen mit parallelen Wandlern sind die Umsetzzeiten wesentlich länger und liegen je nach Timer und Taktfrequenz zum Teil im ms-Bereich. Neben dem Nachteil dieses trägen Zeitverhaltens kommt noch ein anderer Punkt hinzu. Mit größer werdender Timerperiode steigt auch der Aufwand zur Filterung des Signals. Eine stärkere Filterung durch größere Integrationszeitkonstanten verlangsamt die Geschwindigkeit für Signalwechsel noch weiter. Dennoch sind Wandler nach dem PWM-Prinzip die am meisten anzutreffenden Digital-/Analog-Umsetzer in Schaltungen mit Mikrocontrollern. Der Vorteil ihres einfachen Aufbaus und der guten Realisierbarkeit mit den Mitteln der Mikrocontroller überwiegt häufig all die Nachteile. Sollten dennoch einmal sehr schnelle Analogsignale zu bilden sein, stehen jederzeit extern anschließbare Parallelwandler zur Verfügung.

Mit Modulen wie etwa 8-kanaligen Analog-Digital-Wandlern mit 10 Bit Auflösung und 8 bis 16 getrennten 16-Bit-PWM-Kanälen sind Mikrocontroller keineswegs nur einfache Chips, die digitale Signale verarbeiten können. Ohne großen externen Aufwand lassen sich Controller auch in einer analogen Umgebung einsetzen. Das ist ein wichtiger Aspekt bei vielen Anwendungen, denn ein großer Teil der zu verarbeitenden Signale sind Analogwerte, und nicht immer besteht die Möglichkeit, externe Wandler anzuschließen.

1.3 Interruptverarbeitung bei Mikrocontrollern

Bei der oberflächlichen Bewertung eines Mikrocontrollers werden allzuoft solche Merkmale wie Taktfrequenz, Anzahl der Ports und der Timerkanäle, A/D-Wandler und Schnittstellen überbewertet. Dabei wird häufig vergessen, daß die schnellste und umfangreichste Peripherie ihren Wert verliert, wenn das Zusammenspiel aller Module und der Software durch ein langes und kompliziertes Handling erschwert ist.

Obwohl auf einem Chip vereint, sind doch alle Module sowohl räumlich wie funktionell voneinander getrennt. Diese Trennung hat ihren guten Grund, denn zur Erreichung einer hohen Leistungsfähigkeit wird auf eine weitgehende Selbständigkeit der Funktionen geachtet. Allerdings erhöht sich aber damit auch der Aufwand zu deren Steuerung und Überwachung. Bei einer engeren Verbindung hat die CPU zu jeder Zeit den Überblick über alle Aktionen. Da jedoch damit viel Rechenzeit für die Überwachung und Steuerung vertan wird, sind autonome Module doch meistens die bessere Lösung. Um dennoch auch unter Echtzeitbedingungen den nötigen Kontakt untereinander zu halten, werden leistungsfähige Interruptsysteme eingesetzt. In modernen Mikrocontrollern ist oft die gesamte Peripherie in der Lage, Interrupts zu erzeugen und damit die CPU von zeitintensiven Überwachungs- und Kontrollaufgaben zu entbinden. Da aber nicht nur interne Quellen der Beachtung durch die CPU und des Programmes bedürfen, sondern ebenso Signale aus dem Umfeld ohne Zeitverzug und völlig sicher verarbeitet werden müssen, sind auch externe Interruptquellen mit in das Gesamtsystem einbezogen. Um mit all den Quellen fertig zu werden und einen guten Service zu bieten, haben Controller häufig spezielle interne Interruptcontroller-Module.

Sehen wir uns zunächst die typische Abarbeitung eines Interrupts in einem Controller an. Zwar unterscheiden sich die Funktionen bei unterschiedlichen Controllerfamilien im Detail voneinander, doch von ihrem Grundablauf sind sich alle sehr ähnlich. Die CPU oder das Interruptcontroller-Modul überwacht ständig alle Interruptquellen. Wird von irgendeiner der Quellen ein Interrupt ausgelöst, so beendet die CPU zuerst den gerade bearbeiteten Befehl, rettet dann den alten Befehlszähler PC und eventuell noch bestimmte Register und lädt schließlich die Startadresse der Interruptserviceroutine in den Befehlszähler. Damit wird das Programm an der neuen Stelle in dem Interruptserviceprogramm fortgesetzt. Hier lassen sich nun die für die Unterbrechung bestimmten Programmteile abarbeiten. Unabhängig von dem Zustand vor dem Interrupt steht dieser neuen Aufgabe damit die volle CPU-Leistung zur Verfügung. Das ist ein wesentlicher Punkt in Echtzeitapplikationen. Eine schnelle sofortige Reaktion und die Bereitstellung der notwendigen Ressourcen, einschließlich der kompletten CPU, kennzeichnen echtzeitfähige Interruptsysteme. Bei der Rückkehr aus dem Interrupt mittels eines besonderen Interruptprogramm-rückkehr-Befehls werden der Befehlszähler und andere vorher gesicherte Register automatisch in die CPU zurückgeschrieben. Damit setzt das Programm an der unterbrochenen Stelle mit den gleichen Zuständen seiner Register fort. Die Vorgänge Interruptaufruf und Rückkehr laufen dabei völlig automatisch ab, zumindest was die Verwaltung des Befehlszählers betrifft. Bei den Registern und internen Statuszellen gibt es schon Unterschiede. Nicht jeder Controller sorgt für deren Sicherung und Wiederherstellung. Meistens jedoch werden so wichtige Register wie die Flags oder besondere Pointerregister in die Interrupteinsprung- und Rückkehrroutine mit einbezogen. Für andere Speicherzellen oder Register ist das Programm aber in der Regel selber verantwortlich. Welche Mittel und Möglichkeiten Controller dabei von Haus aus mitbringen, zeigen spätere Beispiele. Jetzt jedoch erst einmal zu den Mechanismen der Interrupterkennung und Verwaltung.

Solange es nur eine Quelle für einen Interrupt gibt, ist die Sache ganz einfach. Kommt es zu einer Auslösung, führt der Controller den eben beschriebenen Ablauf aus. Eine spezielle Interruptsteuerung ist dann nicht nötig. Derartige Controller mit nur einer Quelle gibt es aber nicht. Mit der steigenden Zahl der Peripheriemodule sind auch mehr und mehr Interruptquellen dazugekommen. Manche Module besitzen gleich eine ganze Reihe von interruptauslösenden Funktionen. Generell steigt deren Zahl mit größer werdender Komplexität. Wie am Anfang schon gesagt wurde, kennzeichnen ja gerade die umfangreichen Interruptmöglichkeiten die besonderen Stärken leistungsfähiger Controller.

Um mit einer so großen Anzahl an Interruptquellen auch sinnvoll umgehen zu können, bedarf es einer entsprechenden Verwaltung. Die unterste Stufe ist meistens in den einzelnen Modulen gelegen und dient nur zur individuellen Freigabe einzelner Quellen. Dazu haben die Module meistens spezielle Steuerregister. Bei kleinen Controllern kann aber auch ein Register alle Quellen verwalten. Diese unterste Ebene ist wichtig, um programmgesteuert nur den Ereignissen das Recht zur Unterbrechung einzuräumen, die auch einen Beitrag im Sinne der Programmfunktion bringen. Ist eine serielle Schnittstelle zum Beispiel nicht in Betrieb, hat es wenig Sinn, Interrupts bei Empfang eines Zeichens zu erlauben.

Im Gegensatz zu internen Quellen, bei denen die Freigabe in der Regel ausreichend ist, haben externe Eingänge zum Teil weitere Einstellmöglichkeiten. Um alle Signalformen zur Interrupterzeugung zu befähigen, findet man bei externen Eingängen häufig eine parametrierbare Pegel- und/oder Flankenauswahl. Damit kann zum Beispiel der Controller so eingestellt werden, daß er nur auf die steigende Flanke an einem Eingang reagiert. Von diesen Möglichkeiten machen Impulsmeßprogramme häufig Gebrauch.

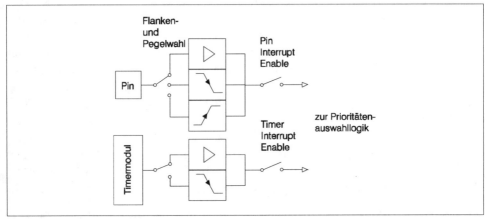

Abbildung 1.83: Interruptquellenauswahl

Typische Interruptquellen in einem Standardcontroller sind:

◆ Timermodul Zählerüberlauf

◆ Timermodul Trigger-/Taktsignal (Capture-Ereignis, Triggersignal)

◆ SCI/SPI-Modul Zeichen im Empfänger, Empfängerpuffer voll

◆ SCI/SPI-Modul Sendepuffer leer

◆ SCI/SPI-Modul Fehler beim Zeichenempfang (Überlauf, Parity, Framing-Error)

◆ A/D-Wandler Ende der Umsetzung

◆ CPU-Fehler Division durch Null

◆ Externer Eingang

◆ usw.

Neben diesen individuellen Einstell- und Freigabemöglichkeiten besitzen alle Controller noch eine globale Sperrfunktion. Hiermit lassen sich generell alle Interrupts verbieten oder die individuell erlaubten freigeben. Diese Funktion ist äußerst wichtig, um zum einen das Interruptsystem ein- und auszuschalten und andererseits in Programmphasen, in denen keine Unterbrechung geduldet werden kann, diese sicher zu unterbinden. Solche Phasen sind beispielsweise Initialisierungen des Interruptsystems. Erst wenn alle Einstellungen erfolgt sind, kann das System »scharfgemacht« werden.

Soviel zur untersten Ebene, der Freigabe von Interruptquellen. Allein mit dieser Funktion kann aber ein umfangreiches System noch nicht arbeiten. Was passiert zum Beispiel, wenn gleichzeitig mehrerer Quellen eine Unterbrechung anmelden oder wenn zum Zeitpunkt gerade eine Interruptserviceroutine läuft und ein weiterer Interrupt erzeugt wird? Neben der Freigabe gehört also noch ein anderer Mechanismus zur Interruptsteuerung, ein Mechanismus, der für die Verteilung der Rechte nach Prioritäten sorgt. Hier unterscheiden sich die einzelnen Bauelemente sehr stark voneinander. Bei einfachen Controllern sind die Rechte der einzelnen Quellen fest verteilt. Es gibt wichtige Interrupts, die, mit hoher Priorität ausgestattet, alle anderen unterbrechen können, und niedrig-priore Interrupts, die nur angenommen werden, wenn gerade keine andere Routine läuft. Komfortablere Systeme bieten dem Programmierer die Freiheit, die Prioritäten mehr oder weniger flexibel einstellen zu können. Auf diese Weise lassen sich je nach Programmsituation bestimmte Quellen bevorzugen und andere einschränken oder unterbinden. In Echtzeitapplikationen eine ganz wichtige Forderung, um die Wertigkeiten von Ereignissen optimaler zu verteilen. Wie eine derartige Interruptsteuerung aussieht, zeigt die Abbildung 1.84.

Der Sinn jeden Interrupts ist die Ausführung eines besonderen Serviceprogramms, das sich in den normalen Programmablauf einschiebt. Um ein Programm zum Ablaufen zu bringen, muß dessen Anfangsadresse in den Befehlszähler der CPU geladen werden. Dabei stellt sich sofort die Frage, woher nimmt die Interruptsteuerung die Adresse des Serviceprogramms? In diesem Punkt gibt es ebenfalls Unterschiede bei den verschiedenen Controllern. In den meisten Fällen sind bei 8-Bit-Controllern den einzelnen Interrupts feste Adressen zugeordnet. Um aber damit nicht an Flexibilität zu verlieren, beginnt das Serviceprogramm nicht an diesen Adressen. Vielmehr handelt es sich dabei entweder um einen Sprungverteiler oder um eine Vektortabelle. Im ersten Fall wird bei einem Interrupt die zu dem Interrupt gehörende Adresse im Sprungverteiler geladen und somit das Programm an der dortigen Adresse fortgesetzt. Dort steht dann ein Sprung in das eigentliche Serviceprogramm, das dann irgendwo im Speicher liegen kann. Die Abbildung 1.85 zeigt den Ablauf.

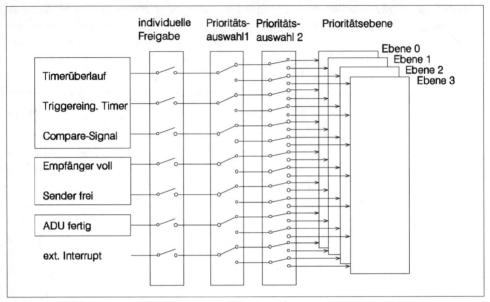

Abbildung 1.84: Interruptsteuerung mit Prioritätenvergabe

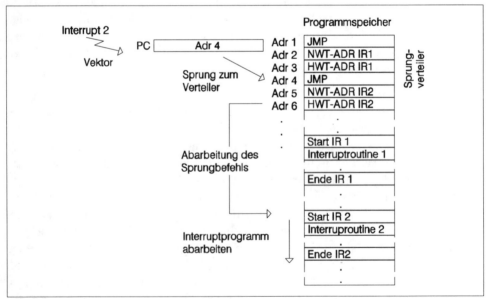

Abbildung 1.85: Interruptprogrammaufruf über Sprungverteiler

Etwas anders ist der Ablauf unter Verwendung einer Vektortabelle. Hierbei führt die CPU keinen Sprung zu der Tabelle aus, sondern lädt den dort stehenden Wert in den Befehlszähler. Dazu wird eine Art indirekter oder auch indizierter Speicherlesebefehl mit der Quelle Sprungverteiler und dem Ziel Befehlszähler ausgeführt. Auch hier wieder eine Abbildung zum besseren Verständnis des Verfahrens.

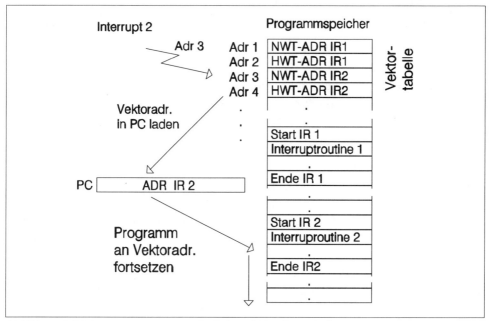

Abbildung 1.86: Interruptprogrammaufruf über eine Vektortabelle

Egal, welches Verfahren angewandt wird, beide gestatten dem Programmierer, bei der Programmerstellung den genauen Ort der Interruptserviceprogramme festzulegen. Meistens liegt dieser Verteiler oder die Tabelle im späteren ROM des Controllers, bei einigen Versionen kann aber auch ein RAM-Bereich dafür verwendet werden. Damit wird ein noch höherer Grad an Freiheit erreicht, da nun das Programm in der Lage ist, während der Arbeit die Orte der Interruptbearbeitung selber zu modifizieren. Bei 16-Bit-Prozessoren generell üblich, macht man bei 8-Bit-Controllern davon leider noch keinen Gebrauch. Um diese Flexibilität zu erreichen, bedarf es einiger Hardwaretricks. Dabei wird an den bewußten Stellen RAM- oder EEPROM-Speicher eingeblendet, der sich nun beliebig mit den gewünschten Adressen oder Sprungbefehlen laden läßt.

Bisher sind alle Betrachtungen zu den Interrupts hauptsächlich von der Seite der Hardware aus erfolgt. Deshalb ist es nun an der Zeit, die Abläufe programmtechnisch genauer zu betrachten. Hier sind einige Regeln zu beachten, die im Prinzip relativ unabhängig von der Hardware sind, im Detail aber schon Unterschiede aufweisen.

Für ein Programm bedeutet jeder Interrupt:

1. Die CPU muß ihre bisherige Programmabarbeitung unterbrechen und ihre Leistung voll dem Interruptprozeß zur Verfügung stellen.

2. Der vorher unterbrochene Prozeß darf auf keinen Fall »gestört« werden. Eine zeitliche Störung ist unabdingbar, doch muß der Controller mit all seinen Komponenten nach der Bearbeitung des Interruptprogramms mit der alten Aufgabe weitermachen können, ohne dabei einen Fehler zu produzieren.

3. Die zeitliche Belastung, die sich aus den Verwaltungsaufgaben für die Realisierung der Punkte 1 und 2 ergeben, sollte so gering wie möglich sein.

Sehen wir uns die Lösung der einzelnen Punkte genauer an. Der Punkt 1 ist leicht zu erfüllen. Das Reaktionsprogramm auf einen Interrupt stellt ein Unterprogramm dar, das durch Laden der Startadresse in den Befehlszähler ausgeführt wird. Damit steht die CPU automatisch dem Programm zur Verfügung. Werden außerdem noch alle weiteren Interrupts verboten, ist die CPU 100%ig dem Programm zugeordnet. Was passiert aber mit dem unterbrochenen Programm und dessen Daten? Hier kommt es beim bloßen Laden der neuen Adresse zum Konflikt mit Punkt 2. Wird dabei nicht die momentane Adresse des unterbrochenen Programms gerettet, ist die spätere Fortsetzung an der alten Stelle nicht mehr möglich. Das gleiche trifft für die Daten in den CPU-Registern und eventuell auch in den Peripherieregistern zu. Auch diese müssen, damit nichts verändert wird, vor Beginn der Bearbeitung des Interruptprogramms gerettet werden. Letztere Aufgabe kommt immer dem unterbrechenden Programm, also dem Interruptprogramm, zu. Nur dieses Programm weiß genau, welche Register oder Datenbereiche von ihm verändert werden. Punkt 2 läßt sich also durch das Retten des CPU-Zustandes und eventueller Datenbereiche oder Peripheriebereiche erfüllen. An dieser Stelle kommt aber nun Punkt 3 verstärkt ins Spiel. Um echtzeitfähig, also reaktionsschnell zu sein, darf dieses Retten die CPU zeitlich so wenig wie möglich belasten.

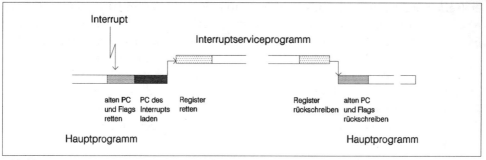

Abbildung 1.87: Interruptprogrammablauf

In der Regel sorgt die CPU selber für die Sicherung des Programmzählers. Bleiben also nur noch die Register und Statuszellen. Für diese Verwaltungsaufgaben müssen Verfahren eingesetzt werden, die all die Forderungen nach Schnelligkeit und Sicherheit erfüllen. Je nach Architektur des Controllers bieten sich dafür verschiedene Wege an:

◆ Ausschreiben der Registerinhalte in Speicherzellen im RAM

◆ Retten in den Stack mittels spezieller Stack-Transferbefehle (PUSH und POP)

◆ Umschalten der CPU-Register und Datenbereiche durch Register- oder Speicher-banking

Das erste Verfahren verursacht den größten Aufwand, da für mehrere Transportbefehle in den Speicher und schließlich wieder heraus viel Zeit gebraucht wird. Weitaus günstiger ist die zweite Version. Mittels spezieller Stack-Transferbefehle ist eine schnelle Datensicherung möglich. Den geringsten Software-Overhead und damit den minimalsten Zeitbedarf bietet allerdings die letzte Methode, doch setzt sie eine spezielle CPU-Architektur voraus. Nicht alle CPUs haben die Möglichkeit, Arbeitsregister, Schattenregister oder ganze Speicherbereiche auszutauschen, um damit den Unterprogrammen problemlos Ressourcen zur Verfügung zu stellen. Dennoch findet man gerade bei Mikrocontrollern häufig solche Mechanismen.

Eine Besonderheit vieler leistungsfähiger Interruptsysteme ist ihre Schachtelbarkeit. Bisher ist immer nur das Auftreten eines Interrupts bedacht worden, dessen Serviceprogramm, wenn es einmal läuft, nicht unterbrochen wird. Für die Sperrung aller weiteren Interrupts sorgen die meisten Systeme von allein. Dazu wird automatisch mit der Interruptanerkennung (Entgegennahme) das entsprechende Freigabebit so gesetzt, daß ein weiterer Interrupt dieser Art gesperrt ist. Manche Controller setzen auch ihr globales Sperr-Bit. Damit sind alle Interrupts verboten. Die Folge davon ist eine absolute Inbesitznahme der CPU durch das laufende Interruptprogramm. Neu eintreffende Interruptereignisse werden entweder ignoriert, oder ihr Zustand wird gespeichert und kann nach einer erneuten Freigabe zur Auslösung führen. Dieser Betrieb nennt sich Concurrent Mode und ist bei einfachen Bauelementen zum Teil die einzige Art des Umgangs mit Unterbrechungen. Erst zum Ende der Serviceroutine per Befehl oder automatisch durch den Rückkehrbefehl aus einem Interrupt erfolgt die globale Freigabe. Einzelne Quellen müssen meistens generell durch das Programm erlaubt werden. Wesentlich leistungsfähiger und komfortabler ist aber der sogenannte Nested Mode. Hierbei kann die globale Sperrung per Befehl zu jeder Zeit, also auch gleich am Anfang der Interruptserviceroutine, wieder aufgehoben werden. Das hat zur Folge, daß jeder höherpriore Interrupt das laufende Interruptprogramm unterbrechen und damit eine eigene Serviceroutine »einschieben« kann. Es kommt dadurch zu einer Verschachtelung der Programme, die große Aufmerksamkeit bei der Programmierung erfordert. Da bei jedem Eintritt in eine Interruptroutine der alte Programmzähler und wichtige Register auf den Stack gepackt und von dort wieder zurückgeholt werden, muß der Umgang mit dem Stack und seinem Zeigerregister sehr vorsichtig geschehen. Fehler führen meist unweigerlich zum Absturz des Programms. Dafür bietet der Nested Mode die besten Voraussetzungen für Echtzeitanwendungen und Multitasking.

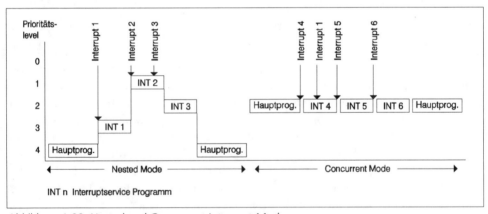

Abbildung 1.88: Nested und Concurrent Interrupt-Mode

Die Fähigkeit, auf interne und externe Ereignisse sofort und ohne Zutun der Software zu reagieren, gehört mit zu den einsatzentscheidenden Eigenschaften eines Mikrocontrollers. Je flexibler dabei der Umgang mit den Quellen ist, umso besser lassen sich Echtzeitforderungen erfüllen. So spielen Fragen der Parametrierbarkeit von auslösenden Zuständen und von Prioritäten ebenso eine Rolle wie die Möglichkeiten der Software, schnell und sicher zwischen den Serviceprogrammen umzuschalten. Ziel aller Mittel und Maßnahmen der Interruptverarbeitung ist die möglichst geringe zeitliche Belastung der CPU mit Routineüberwachungs- und Steueraufgaben. Wird die Erreichung dieses Ziels von der Hardware optimal unterstützt, so ist ein wesentlicher Punkt für ein Hochleistungsbauelement erreicht.

1.4   Systeme zur Erzielung einer höheren Sicherheit

Ein nicht zu unterschätzendes Problem beim Einsatz von Mikroprozessoren und Mikrocontrollern in Steuer- und Regelanlagen, aber auch in anderen Anwendungen, ist die Erkennung oder besser noch Vermeidung von Fehlfunktionen. Äußere Einflüsse wie beispielsweise elektrostatische und elektromagnetische Signale können die Hardware beeinflussen und stören. Gegen direkte Störungen durch Überspannungen an den Pins ist zum Teil schon von Seiten der Hersteller mit Eingangsschutzschaltungen Vorsorge getroffen worden, doch sollte dieser Schutz nicht überbewertet werden. Er dient im allgemeinen nur der Abwendung von Gefahren durch kleinere statische Aufladungen beim Handling mit den Bauelementen. Diese Schaltungen gezielt in die äußere Beschaltung als Eingangsschutz einzubeziehen, wäre ein fataler Fehler. Dabei sind die Angaben der Hersteller bezüglich erlaubter Eingangssignale genauestens einzuhalten.

Hier geht es jedoch nicht um Gefährdungen solcher Art. Viel gefährlicher, weil schlecht zu beherrschen, sind Störungen, die den Controller dazu bringen, den Programmlauf zu verlassen und das Programm an einer anderen Stelle fortzusetzen. So etwas kann zum Beispiel bei Schaltungen, bei denen der Programm- oder Datenspeicher außerhalb des Controllers liegt, relativ leicht passieren. Generell ist ein nach außen geführter Adreß-/Datenbus eine Sicherheitslücke in einem System. Über diese Leitungen können Störsignale in das Steuerwerk der CPU gelangen und so Daten und Adressen verfälschen.

Neben Hardwarefehlern kommt es auch öfters zu Problemen mit der Software. Fehler im Programm sind ab einem gewissen Umfang kaum auszuschließen, besonders, wenn es sich um sehr komplexe Programme mit intensiver Interruptverarbeitung handelt. Unter Umständen können Fehler im Programm auftreten, die im normalen Betrieb versteckt geblieben sind und daher auch in der Entwicklungsphase noch nicht entdeckt wurden. Programme geraten in eine Schleife, aus der sie nicht herauskommen oder warten auf Signale von internen Modulen oder von externen Quellen, die zu dem Zeitpunkt überhaupt nicht kommen können. Auch gegen solche Fehler sollte ein Controllersystem geschützt sein, und zwar nicht nur in der Entwicklung, sondern hauptsächlich im späteren Einsatz.

In der Praxis haben sich zwei bzw. drei unterschiedliche Verfahren eingebürgert, die der Programm- aber auch der Hardwareüberwachung dienen. Zwei davon ermöglichen die Überwachung des ordentlichen Programmlaufs, das dritte kontrolliert nur die Hardware.

1.4.1 Der Watchdog-Timer

Es wird ein nichterfüllbarer Wunsch bleiben, Fehler im Programm mit Hilfe einer Hardware zu erkennen. Wie sollte auch die Hardware erkennen, welche Befehle und welche Programmsequenzen sinnvoll und von den Entwicklern der Software gewünscht sind und welche durch Störungen hervorgerufen werden? Diese Aufgabe würde ein »Mitdenken« des Controllers voraussetzen, und bei all dem Fortschritt, so weit ist die Entwicklung noch nicht. Daß es dennoch eine Möglichkeit gibt, den Lauf eines Programms auf seine Richtigkeit zu bewerten, zeigt das Beispiel des Watchdog-Timers.

Die Grundidee dabei ist, daß ein interner Zähler in bestimmten maximalen Zeitintervallen vom Programm rückgesetzt werden muß. Geschieht dies nicht, so löst der Zähler nach Ablauf der voreingestellten Zeit einen Reset oder Interrupt aus, der das System in einen definierten Zustand zurückversetzen soll. Soviel zum Beitrag der Hardware. Aufgabe der Softwareentwickler ist es nun, an mehreren Stellen im Programm, die bei korrekter Arbeit durchlaufen werden, Befehlssequenzen einzubauen, die den Watchdog rechtzeitig rücksetzen. Tritt jetzt ein Fehler ein, und das Programm kommt nicht zu solch einer Stelle oder nicht in der nötigen Zeit, wird der Watchdog-Timer nicht rückgesetzt. Damit ist der Fehler im Ablauf bemerkt worden, und der nun ausgelöste Reset oder auch Interrupt kann das System zumindest wieder in einen definierten Zustand rücksetzen. Manche Hersteller führen das interne RESET-Signal auch nach außen (der Reseteingang ist dann bidirektional gestaltet). Das hat den Vorteil, daß zum einen der Vorfall nicht unbemerkt bleibt und zum anderen weiter mitangeschlossene Baugruppen ebenfalls rückgesetzt werden. Kam beispielsweise der Fehler aus einer externen Baugruppe, und ist er vom Controller durch einen veränderten Programmlauf bemerkt worden, so wird dieses fehlerhafte Modul automatisch ebenfalls mit rückgesetzt. Die nachfolgende Abbildung zeigt den prinzipiellen Aufbau eines Watchdog-Timers.

Das Rücksetzen erfolgt im allgemeinen durch Schreibbefehle mit bestimmtem Inhalt auf ein Steuerregister des Watchdog-Timers. Damit es dabei nicht zu einem zufälligen Rücksetzen selbst durch ein abgestürztes Programm kommt, wird häufig eine bestimmte Schreibsequenz verwendet. Es ist sehr unwahrscheinlich, daß ein fehlerhaftes Programm dazu in der Lage ist, eine derartige Sequenz unter den zugehörigen

Zeitbedingungen zu erzeugen. Allerdings bedarf es der Einhaltung einiger Regeln, um die Möglichkeiten dieses Schutzmechanismus richtig zu nutzen. So sollte der Unterbringung der Rücksetzbefehle im Programm die entsprechende Aufmerksamkeit gewidmet werden. Derartige Befehle gehören zum Beispiel nicht in Interruptroutinen, die von einem Hardwaretimer oder einem anderen Modul ausgelöst werden. Ein abgestürztes Programm, dessen Timer aber weiterläuft und das mit seinem Vektor die Interruptroutine ordentlich durchläuft, kann durchaus die fehlerfreie Funktion vortäuschen. Ein im Interruptprogramm untergebrachter Trigger- oder Rücksetzbefehl für den Watchdog sorgt dafür, daß die Fehlfunktion vom Watchdog nicht bemerkt wird. Das soll allerdings nicht heißen, daß Befehle für den Watchdog generell nichts in Interruptroutinen zu suchen haben. Wenn gesichert ist, daß die alleinige Wiederholung durch dieses Programm nicht die Zeitbedingung des Watchdogs erfüllt, ist nichts dagegen einzuwenden. Zu einer richtigen Verteilung der Rücksetzbefehle gehört eine exakte inhaltliche und zeitliche Analyse der möglichen erlaubten Programmwege, einschließlich der Interruptroutinen. Letztere sind zwar schwer zu erfassen, doch hier entscheidet die Art ihrer Auslösung und die Zeitfolge über die Einbeziehung.

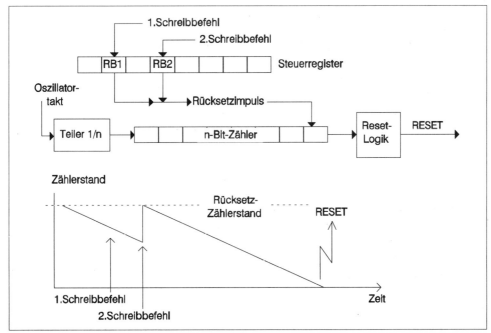

Abbildung 1.89: Watchdog-Timer

Sie sehen also, es ist nicht einfach, die richtigen Orte für die Behandlung des Watchdogs zu finden. Ein an einer falschen Stelle plazierter Befehl kann das gesamte Sicherheitssystem in Frage stellen. Nur eine richtige Programmierung kann den Mechanismus zu dem befähigen, zu dem er imstande ist: ein Überwachungsorgan über die fehlerfreie Funktion von Hard- und Software zu sein.

1.4.2 Interrupt durch unerlaubte Opcodes

Eine weitere Möglichkeit, einen fehlerhaften Programmablauf aufzuspüren, bieten einige CPUs. Ihr Befehlsdekoder kann Befehle erkennen, die nicht im Befehlssatz vereinbart sind. Die wenigsten Befehlssätze von Mikrocontrollern sind lückenlos mit Befehlen belegt. Immer wieder tauchen unbenutzte Opcodes auf, die im einfachsten Fall von der CPU als NOP-Befehl (No-Operation-Befehl) interpretiert werden. Einige CPUs können aber bei deren Auftreten auch einen speziellen Interrupt auslösen. Kommt es beispielsweise durch eine Störung zu einem Verlassen des normalen Programms, so werden mit großer Warscheinlichkeit auch Speicherbereiche durchlaufen, die keine ausführbaren Befehle enthalten. Einen derartigen Fall kann die CPU erkennen und durch den Interrupt wieder in definierte Bereiche gelangen.

Im Zusammenhang mit den illegalen Opcodes sollen noch kurz andere Kontrollmöglichkeiten genannt werden, die allerdings weniger mit der Überwachung des Programmlaufs zu tun haben als vielmehr mit der Vermeidung von unerlaubten Operanden in Berechnungen. Dazu zählen:

◆ Interrupt bei einer Division durch Null

◆ Flags bei arithmetischen und logischen Operationen

1.4.3 Oszillatortakt-Überwachung (Clock Monitoring)

War bei allen bisher betrachteten Schutzmechanismen der auslösende Faktor ein Fehler im Programmablauf, so wird bei diesem Verfahren einzig allein nur die Hardware überwacht. Der Nachteil aller anderen Verfahren ist, daß zu ihrer Funktion der zentrale Systemtakt notwendig ist. Ohne Taktsignal funktioniert keine Interruptlogik, und selbst der Watchdog-Timer ist auf ein solches angewiesen. Das bedeutet,daß der Controller bei einem Ausfall des Oszillators in seinem momentanen Zustand verharrt. Doch nicht nur ein Totalausfall kann schlimme Folgen haben, auch eine mehr oder weniger große Abweichung von der Sollfrequenz kann fatale Folgen haben. Man denke dabei nur an die vielen zeitabhängigen Vorgänge in der Hard- und Software, wie z. B. serielle Schnittstellen, A/D-Wandler, Ablaufsteuerungen usw.

Aus diesem Grunde besitzen einige Mikrocontroller eine Überwachungsschaltung für den Oszillatortakt. Dabei handelt es sich in der Regel um einen zweiten, durch einen eigenen internen Taktgenerator versorgten Timer, der seine Ausgangsfrequenz mit der des zu überwachenden Taktes vergleicht. Treten dabei extreme Unterschiede auf, wird ein Alarm ausgelöst. Üblicherweise setzt die Logik dazu ein spezielles Flag und leitet einen Reset ein. Die Abbildung zeigt einen möglichen Aufbau.

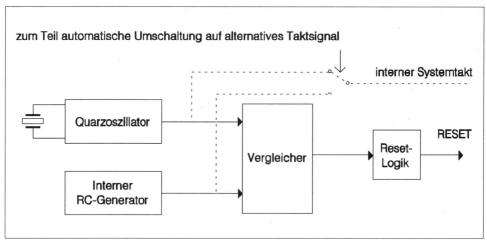

Abbildung 1.90: Clock Monitor

Durch die Überwachung des Taktes kann ein schlecht arbeitender Oszillator auch rechtzeitig erkannt werden. Wird diese Möglichkeit genutzt, können sich ankündigende Fehler rechtzeitig erkannt und entsprechende Aktionen ausgelöst werden. Schäden bei einem Totalausfall des Controllers lassen sich so häufig verhindern.

1.5 Möglichkeiten zur Verlustleistungsreduzierung

1.5.1 Low Power Mode

Zu den Forderungen an moderne Mikrocontroller zählen die hohe Funktionalität aller Module, eine generell große Modulvielfalt, eine hohe Verarbeitungsgeschwindigkeit und nicht zuletzt eine niedrige Stromaufnahme. Aber gerade der letzte Punkt steht all den anderen Wünschen entgegen. Mit einem Mehr an Funktionen und einer höheren Taktfrequenz steigt automatisch auch der Strombedarf der Bauelemente. Zwar ist durch den Einsatz der CMOS-Technologie in ihren verschiedensten Varianten ein großer Schritt in Richtung Leistungsminimierung gelungen, aber in vielen Fällen ist die dadurch erreichte Einsparung nicht ausreichend. Gerade in netzunabhängigen Geräten, einem bevorzugten Einsatzgebiet von Mikrocontrollern, bedeutet jedes mA weniger Stromaufnahme sogleich eine Verringerung der notwendigen Akkukapazität (kleinere Abmessungen, geringeres Gewicht) bzw. eine Vergrößerung der Betriebsdauer mit einer Akkuladung oder einer Batterie. Aber nicht nur netzunabhängige Geräte profitieren von einer geringen Stromaufnahme. Auch bei netzbetriebenen Geräten ergeben sich mit niedrigeren Versorgungsströmen Vorteile, die in kleineren Netzteilen und weniger Gesamtverlustleistung zu sehen sind.

Aus diesem Grund findet man bei Mikrocontrollern öfters sogenannte Low-Power-Betriebsarten. Dabei handelt es sich in der Regel um per Befehl einstellbare Zustände der Controllers, bei denen durch Abschalten einiger oder auch aller Module die Stromaufnahme gesenkt wird. Neben einem befehlsgesteuerten Eintritt in solche Low-Power- oder Power-Down-Betriebsarten besitzen einige Controller auch spezielle Eingangspins, so daß der Betrieb über externe Steuersignale eingeleitet und erzwungen werden kann.

Die Namen für diese Betriebsarten sind von Hersteller zu Hersteller unterschiedlich. Das gleiche gilt auch für die Art und den Umfang der Abschaltungen. Deshalb in diesem Kapitel nur das Prinzipielle dieser Verfahren und Methoden.

1.5.2 Dual- oder Multi-Clock-Systeme für High-Performance/Low-Power-Systeme

Bei diesem Verfahren läßt sich über Steuerregister die interne Systemtaktfrequenz um variable oder auch feste Teilerfaktoren reduzieren (10 MHz/5 MHz/32 KHz). Mit einer niedrigeren Taktfrequenz wird die Stromaufnahme automatisch geringer (ganz nebenbei sinkt auch die Emission von Störstrahlungen – EMV-Verbesserung). Der größte Vorteil dieses Verfahrens ist aber, daß der Controller trotz Low Power Mode voll funktionstüchtig bleibt. Einzig und allein die Verarbeitungsgeschwindigkeit und damit die Schnelligkeit der Reaktionen auf Ereignisse wird geringer. Mit wählbaren Teilern kann die Software gezielt über die Taktraten auf die »Echtzeitfähigkeit« Einfluß nehmen und individuell entscheiden, ob die Stromreduzierung oder die Geschwindigkeit wichtiger ist. Bei Bedarf läßt sich die Taktfrequenz wieder auf den vollen Wert hochschalten. Das kann programmgesteuert, durch interne Signale (Timer-Interrupt) oder durch externe Signale (externer Interrupt) geschehen.

Abschaltung von Modulen, Oszillator arbeitet

Diese Version der Stromverbrauchsreduzierung wird von den meisten Herstellern eingesetzt. Dabei kann die CPU sich selbst oder auch andere Module von der internen Taktversorgung abschalten. Ohne Taktsignal sind die betroffenen Module zwar nicht arbeitsfähig, doch verbrauchen sie dadurch kaum noch Strom. Je nachdem, welche Baugruppen noch taktversorgt sind, kann die Rückkehr zum Normalbetrieb erfolgen. Übliche Weckmöglichkeiten sind:

◆ interne Interrupts durch Timer (zeitgesteuerte Ruhephasen)

◆ interne Interrupts durch Schnittstellen (Ruhe während Übertragungspausen)

◆ externe Interrupts an Eingängen (Ruhe in Funktionspausen, Bedienpausen…)

◆ Reset

Abschalten des Oszillators

Diese Methode ist das konsequenteste Stromsparverfahren mit dem größten Einspareffekt. Da im Prinzip alle Funktionen des Bauelements eingefroren sind und nur noch Ströme des statischen Betriebs fließen, kommt es zur Reduzierung um den Faktor 150 bis 200. Leider sind damit aber auch alle Funktionen des Controllers erloschen, so daß zu seiner Wiedererweckung nur noch ein Reset benutzt werden kann. Damit ist dieser Mode für Einsätze vorbehalten, bei denen z. B. ein äußeres Zeitregime die Zustände »Arbeiten« und »Ruhe« steuert. Gegenüber dem totalen Abschalten der Betriebsspannung bleiben aber die Daten in den Speichern und Registern erhalten, und darin liegt die Stärke des Verfahrens.

Eine Gefahr darf allerdings im Zusammenhang mit einer teilweisen oder kompletten Abschaltung nicht übersehen werden. Kommt es ungewollt zu einem Eintritt in eine derartige Betriebsart, kann das möglicherweise schwere Folgen haben. In vielen Applikationen wird ständig die volle Leistung der Bauelemente gefordert, eine Einschränkung der Funktionen darf dort nicht eintreten. Daher sind gewisse Sicherheitssperren in die Bauelemente eingebaut, die ein versehentliches Aktivieren dieser Low-Power-Modi verhindern. Ein häufig eingesetztes Schutzverfahren arbeitet mit Freigabebits in Steuerregistern, die nur kurze Zeit nach einem Reset zum Schreiben freigegeben sind. In dieser Zeit muß das Programm entscheiden, ob die Low-Power-Betriebsarten genutzt werden sollen oder ob jeglicher spätere Versuch zu verhindern oder zu ignorieren ist. Ist die Entscheidung aus Sicherheitsgründen zugunsten des ungestörten Betriebs gefallen, läßt sich später keine der Betriebsarten einnehmen.

1.6 Multimikrocontroller-Kopplungen

Es gibt verschiedene Möglichkeiten, die Leistungsfähigkeit eines Systems zu erhöhen. Der Einsatz leistungsfähigerer Bauelemente ist der eine Weg, die Kopplung mehrerer »intelligenter Komponenten« der andere. In diesem Zusammenhang ist immer wieder von verteilter Intelligenz oder Dezentralisierung die Rede. Grundvoraussetzung für eine Aufgabenteilung ist aber eine gut funktionierende Kommunikation.

Die Kopplung mehrerer Einzelcontroller hat für viele Anwendungen einen entscheidenden Vorteil. Meistens sind die Aufgaben einer Software in verschiedene Bereiche geteilt. Mit dieser Aufgabenteilung ergibt sich oft auch eine sinnvolle Teilung der Hardware. Ein Beispiel zeigt, was gemeint ist:

In der elektronischen Steuerung einer Maschine lassen sich zwei Teilbereiche unterscheiden. Ein Modul betreibt die Kommunikation mit einem Benutzer z. B. über eine Tastatur und eine Anzeige, ein anderes Modul steuert die Gerätefunktion. Beide Aufgaben können so grundverschieden sein, daß sich eine Aufteilung fast zwingend ergibt. Die erste Aufgabe, die Mensch-Maschine-Kommunikation, erfordert in der Regel keine besonders hohen Arbeitsgeschwindigkeiten, da die Programme den größten Teil ihrer Zeit mit dem Warten auf eine Bedieneraktion verbringen. Es wäre also wünschenswert, den Controller in einem Low Power Mode zu betreiben und ihn erst bei einer Eingabe oder auch zeitgesteuert (für Anzeigefunktionen) kurzzeitig zu aktivieren. Außerdem kann auch das Bedienfeld örtlich von dem eigentlichen Gerät getrennt angeordnet sein.

Der zweite Teile des Systems bzw. der Software könnte beispielsweise Regelprozesse oder andere Echtzeitfunktionen durchführen. In so einem Fall kommt es ganz besonders auf eine ungestörte Arbeit des Programms und der Hardware an. In vielen Regelprozessen spielt die Zeit als Maßstab eine entscheidende Rolle. Äquidistante Zeitabstände bestimmter Programmteile sind wichtig und werden durch Timer-Interrupts realisiert.

Prinzipiell sind derart verschiedene Prozesse mit einem Controller und einem Programm möglich. Entscheidend sind immer die Anforderungen, und da besonders die Echtzeitanforderungen aus dem Prozeß. Treten hier strenge Forderungen auf, so müssen die Aufgaben verteilt werden.

Neben dem eben genannten Beispiel gibt es aber auch noch ganz andere Gründe, die den Einsatz mehrerer Controller in einem System notwendig machen. Anlagen und Prozesse mit hohen Sicherheitsanforderungen können und dürfen sich nicht auf die Arbeit eines Bauelements verlassen. In solchen Fällen betraut man gern mehrere

Controller mit der selben Aufgabe und läßt ein übergeordnetes System, häufig auch einen Controller, die Ergebnisse überwachen. Treten dabei Unterschiede auf, führt das sofort zu einem Alarm und einer bewußt gesteuerten Reaktion. Es gibt verschiedene Möglichkeiten, mittels mehrerer Einzelsysteme ein Gesamtsystem sicher zu machen. Dieses Verfahren ist nur eines davon. Ganze Forschungs- und Entwicklungsteams beschäftigen sich mit der Sicherheitsproblematik bei computergesteuerten Prozessen, die Wege laufen aber meistens in Richtung Multiprozessor-Multicontrollersysteme.

Zum Schluß noch ein Aspekt, der mehr konstruktionsbedingte Gründe hat. In vielen Einsätzen sind oft die Orte, an denen Daten aus dem Prozeß in das System eingehen und umgekehrt in den Prozeß zurückfließen, weit voneinander entfernt bzw. sehr gestreut verteilt. Ein typisches Beispiel findet man in nahezu jedem Auto. Orte, an denen etwas gesteuert oder gemessen wird, sind voneinander getrennt und müssen dennoch zusammenarbeiten. Dabei sind immer wieder einige Funktionen dicht beieinander gelegen und bilden Funktionsinseln, wie zum Beispiel die Baugruppe »Tür«. Hier konzentrieren sich Funktionen wie die Spiegelverstellung, die Heizung des Spiegels und des Schlosses, Fensterheber, Türverriegelungen und einige Bedienelemente. Ein abgeschlossener Block, der aber dennoch mit anderen Einheiten kommunizieren muß. Am Beispiel »Tür« erfolgt so von der Fahrerseite die Steuerung des Spiegels und der Fensterheber auf der Beifahrerseite. Vom Türschloß geht auch die Beeinflussung der Innenlichtautomatik oder des Schiebedaches aus, wenn zum Beispiel beim Verlassen des Wagens und beim Zuschließen das Dach noch offen ist. Die Kommunikation sorgt dann sofort für ein Schließen aller Fenster und des Daches und für das Verlöschen des Innenlichts. In gleicher Weise lassen sich von einer anderen Stelle im Wagen alle Fensterheber und die Türverriegelungen gleichzeitig beeinflussen. Bei einem Unfall zum Beispiel erfolgt automatisch eine Entriegelung aller Türen. Mit der herkömmlichen Technik, d.h. ohne Controller, ist allein schon bei diesen wenigen Funktionen ersichtlich, welch großer Aufwand an Kabeln und Verbindungen dazu notwendig ist. Betrachtet man sich dann die anderen Funktionen in einem Auto und deren Beziehungen zueinander und das Ganze auch noch unter dem Gesichtspunkt der örtlichen Verteilung, so wird der Vorteil von nachrichtenmäßig gekoppelten Einzelmodulen sofort ersichtlich. Bei einer entsprechenden Wahl der Kopplung sind nur wenige Signalleitungen zwischen den Modulen notwendig, die energetische Versorgung übernehmen wie bisher Leistungsverkabelungen. Jede einzelne Baugruppe, wie zum Beispiel die Tür, ist einzeln testbar und bei der Montage zum Gesamtfahrzeug leicht mit dem Rest zu verbinden. Eine spezielle Bussoftware sorgt in solchen Sensor-/Aktor-Bussen für eine hohe Datensicherheit bei schneller Übertragung. Diagnosefunktionen können Ausfälle rechtzeitig ankündigen und erhöhen damit noch einmal die Sicherheit. Aus all diesen Gründen setzt die

Automobiltechnik intensiv auf diese neue Technik und hat dazu verschiedene Bussysteme entwickelt.

Bussysteme kommen mittlerweilen in nahezu allen Bereichen der Technik zum Einsatz. Nicht nur kleine, abgeschlossene Einheiten, wie sie das eben genannte Auto darstellt, sondern ganze Industrieanlagen sind in Bussysteme eingebunden. Auf deren unterster Automatisierungsebene findet man superschnelle Sensor-/Aktorbusse. Bei ihnen geschieht die Übertragung in Echtzeit, so daß selbst schnelle Regelprozesse per Bus realisierbar sind. Auf etwas höherer Ebene arbeiten die Feldbussysteme. Sie schließen sowohl die schnellen Sensor-/Aktorbusse als auch die Prozeßbusse ein. Um eine universelle und herstellerunabhängige Vernetzung der verschiedensten Geräte und Anlagen zu ermöglichen, sind entsprechende Busprotokolle und sogenannte Profile entwickelt worden. Diese beschreiben alle Einzelheiten des Informationsaustausches, angefangen beim untersten Niveau, dem Handling der einzelnen Informationsbytes, bis hin zur Verwaltung der Zugriffsrechte auf dem Bus. Neben diesen allgemeineren Vereinbarungen definieren Profile den Informationsaustausch für bestimmte Anwendungsgebiete.

Auf den folgenden Seiten soll es jedoch nicht um diese Art der Kopplungen auf »höherer« Ebene gehen. Vielmehr werden typische Varianten aufgezeigt, die für Verbindungen zwischen Mikrocontrollern untereinander und Mikrocontrollern und Peripherieschaltkreisen eingesetzt werden.

1.6.1   Kopplung über serielle Schnittstellen

Fast alle Controller und auch viele Peripheriebausteine sind mit seriellen Schnittstellen ausgerüstet. Das vorherige Kapitel zeigte zwei der bei Mikrocontrollern am häufigsten vorkommenden Arten. Welche Schnittstelle in welchen Fällen zum Einsatz kommt, hängt von der »Intelligenz« der Kommunikationspartner ab. So setzt die serielle Kommunikationsschnittstelle SPI bei allen Teilnehmern ein aktives »Mitdenken und Mitmachen« voraus, während das Prinzip der seriellen Peripherieschnittstelle auch mit einfachsten Schieberegistern funktioniert.

Zunächst jedoch zur Kopplung über SCI-Module. Wie bei allen Bussystemen gibt es immer zwei Möglichkeiten des Zusammenschlusses, entweder eine reine 1-Master-n-Slave-Verbindung oder aber Multimasterverbindungen. Einfach sind die Verhältnisse, wenn nur ein Master im System das Sagen hat. Er bestimmt über alle Aktionen auf dem Bus, verteilt Kommandos an die Slave-Teilnehmer und teilt ihnen eingeschränkte Rechte zu. Bei so einem System ist die Gefahr von Buskonflikten sehr gering, da die gesamte Verwaltung in der Hand eines Programms auf einem Controller liegt. Die »Einzelherrschaft« bringt aber nicht nur Vorteile. Ohne entsprechende Software- und zum Teil auch Hardwareunterstützung ist es schwierig, jedem Teilnehmer das Recht zu geben, bei Bedarf den Datenverkehr auf dem Bus für sich zu nutzen. Gerade in Echtzeitanwendungen kann es vorkommen, daß auch zwei Slaves Informationen miteinander austauschen müssen. Ist für die gesamte Transportsteuerung nur der Master zuständig, bringt das verständlicherweise Probleme. Der folgende Ablauf zeigt das ungünstige Verfahren:

◆ Der Master fragt zyklisch alle Teilnehmer ab, ob sie Wünsche an den Übertragungskanal Bus haben.

◆ Wenn ein oder mehrere Teilnehmer kommunizieren wollen, so muß nach Prioritäten unterschieden werden.

◆ Der Teilnehmer mit der höchsten Priorität kann nun mit dem Master Daten austauschen.

◆ Handelt es sich um Informationen für einen anderen Slave (Slave-Slave-Kommunikation), so überträgt der Master nun die aufgenommene Nachricht an den eigentlichen Zielteilnehmer.

Der kurze Ablauf zeigt sofort, wie langwierig so ein Datenverkehr ist. Ein großes Problem ist dabei auch die Unbestimmtheit der Übertragungszeit und der Reaktionszeit. Je nach Dringlichkeit und Busbelastung (gerade laufende Datentransporte können nicht unterbrochen werden) sind die Zeiten völlig unbestimmt. In vielen Prozessen ist das ein völlig unakzeptabler Zustand. Daher nutzen solche Bussysteme auch meistens leistungsfähigere Verwaltungsmechanismen. Einer davon basiert auf dem Prinzip eines durch alle Teilnehmer umlaufenden Aktivitätsrechts. Mit anderen Worten, der Master sorgt dafür, daß in genau festgelegten Zeitabständen jeder Teilnehmer das Recht bekommt, den Bus für seine Informationsübertragung zu nutzen. Damit kann zwar immer noch nicht jeder mit seiner Information sofort auf den Bus, doch die Zeit, wann er das kann, steht fest. So lassen sich zumindest definiertere Reaktionszeiten bei dem System erreichen.

Günstiger in bezug auf Echtzeitanwendungen sind Multimastersysteme, obwohl es auch hier viele Probleme gibt. Durch die Möglichkeit, daß mehrere Master den Bus eventuell gleichzeitig nutzen möchten, kann es so leicht zu Buskonflikten kommen. Das Ergebnis sind gestörte Übertragungen und eine unnötige Wiederholung der Nachrichten zwecks Fehlerbeseitigung. Auch hier sind wieder entsprechende Programme gefragt, die für eine optimale Verwaltung des Übertragungsmediums Bus sorgen.

Wenn über Verwaltungsprogramme gesprochen wird, sollte man sich immer verdeutlichen, daß der Bus eigentlich nur ein Werkzeug ist, um Controller oder Controllersystem so zu verbinden, daß sie für ihre Hauptfunktion wichtige Informationen austauschen können. Es kann also nicht Aufgabe der Software sein, den Bus zu verwalten, wenn dabei wichtige Rechenzeit für die eigentliche Aufgabe verloren geht. Deshalb findet man bei modernen Controllern Hardwarehilfsmittel, mit denen die Software von Überwachungsaufgaben bezüglich einer Multiprozessor-Kopplung befreit werden kann. Die folgende Zusammenstellung zeigt zwei Beispiele von sogenannten Multiprozessor-Modi bei seriellen Schnittstellen, wie sie mittlerweile beinahe zum Standard geworden sind.

Multiprozessor-Modi

Ein Informationsaustausch auf einem Bus kann immer nur von einem Teilnehmer (Master oder auch Slave) an einen anderen oder auch mehrerer andere erfolgen. Wie auch immer, jede Information muß einer Adresse zugeordnet werden, die den Empfänger der Nachricht ansprechen und aktivieren soll. Alle anderen Teilnehmer, für die die Information nicht bestimmt ist, sollen sich nicht mit deren Inhalt beschäftigen. Um das Verhältnis Nutzinformation (Daten) zu Verwaltungsinformationen (Adressen, Prüf- und Datensicherungsinformationen) günstig zu gestalten, sind die Daten zu Paketen zusammengefaßt, die von dem Verwaltungsteil eingerahmt werden. Den Anfang macht dabei meistens die Adresse. Sie soll alle am Bus »hörenden« Teilnehmer zuerst erreichen, damit sich der angesprochene Partner auch für die Übertragung aktivieren kann. Die Folge dieses Verfahrens ist, daß alle Teilnehmer ständig das Geschehen auf dem Bus verfolgen müssen, um nicht ihre Adresse und damit eine für sie bestimmte Information zu verpassen. Man kann sich leicht vorstellen, wie hoch die Belastung des Controllers ist, wenn er jedes Datenbyte empfangen und analysieren muß. Zur Verringerung der Zeit, die für die Erkennung der Adressen notwendig ist, werden deshalb Hardwarehilfen eingesetzt.

Das Prinzip der Hardwareunterstützung basiert auf der Kennzeichnung des Anfangs eines jeden Datenblocks. Brauchen die Busteilnehmer jeweils nur den Anfang eines Blocks analysieren, sinkt der Verwaltungsaufwand beträchtlich. Zwei der typischsten Methoden, die von einem Großteil der Controllerfamilien unterstützt werden, sind auf den nächsten Seiten zu sehen.

Überwachung auf Sendepausen – Idle Line Mode (Motorola MC6801 Protokoll)

Für Bussysteme, in denen zwischen den einzelnen Teilnehmern jeweils lange zusammenhängende Informationsblöcke übertragen werden, ist dieses Verfahren entwickelt worden. Das Prinzip geht davon aus, daß die Information von einem Teilnehmer zu einem anderen in lückenlose Datenblöcke gepackt sind.

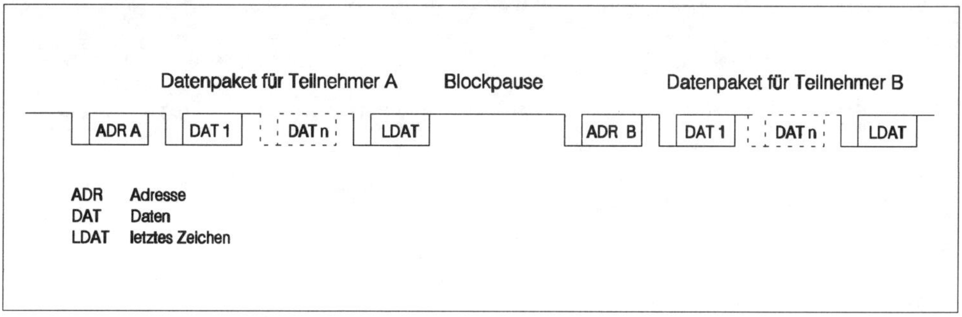

Abbildung 1.91: Idle-Line-Verfahren

Wird ein Datenblock gerade übertragen, so brauchen alle Teilnehmer, für die die Nachricht nicht bestimmt ist, erst wieder aufpassen, wenn die Zeichenfolge beendet ist. Die Logik in der seriellen Schnittstelle überwacht deshalb im Hintergrund des Programms allein durch die Hardware die Daten auf dem Bus und informiert die CPU und das Programm erst bei einer längeren Unterbrechung (in der Regel eine Zeit größer als eine Zeichenlänge). Wird hierzu ein Vektorinterrupt verwendet, kann die Software sogar auf Abfrageschleifen von Statusregistern der Schnittstelle verzichten. Tritt eine Übertragungspause ein, so wird das gerade laufende Programm unterbrochen. Von nun an wartet die CPU auf das nächste oder die nächsten Zeichen. In diesen muß vereinbarungsgemäß die Adresse enthalten sein. Wird auch dazu eine Interruptfunktion (z.B. »Interrupt bei empfangenen Zeichen«) benutzt, wird der Rechenzeitaufwand für die Überwachung nochmals geringer. Stellt sich nach Empfang der Adresse heraus, daß die Information nicht für das Bauelement bestimmt ist, kann sie die Überwachung wieder an die Logik übertragen.

Überwachung bestimmter Zeichenbits – Address Bit Mode (Intel I8051 Protokoll)

Falls bei der Übertragung die Datenblöcke kurz und die Pausen dazwischen unregelmäßig sind, ist das Idle-Line-Verfahren nicht die richtige Lösung. Hier ist es besser, die Adressen, die jedem Datenblock vorangestellt sind, gesondert zu kennzeichnen. Dann brauchen die einzelnen Teilnehmer nur auf diese Adreßzeichen zu achten. Die einfachste Weise der Kennzeichnung besteht darin, mittels eines Bits in jedem Zeichen Adressen von Daten zu unterscheiden. Ist das Bit gesetzt, so ist das Zeichen zum Beispiel eine Adresse, ansonsten ein Datenbyte.

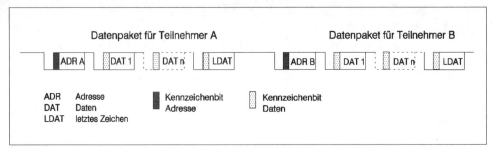

Abbildung 1.92: Adreß-Bit-Verfahren

Der Controller kann in seinem Programm arbeiten, die Logik überwacht den Datenverkehr auf dem Bus. Wird ein Zeichen empfangen, bei dem das Adreßkennzeichen auftritt, also zum Beispiel das bestimmte Bit gesetzt ist, so wird das Zeichen an das Programm gemeldet. Das geht natürlich auch wieder am besten per Interrupt. Das Programm kann nun die Adresse analysieren und entscheiden, ob die nachfolgenden Daten für diese Adresse bestimmt sind. Wenn nicht, so wird an der Stelle das Programm fortgesetzt, an der es durch das Adreßzeichen unterbrochen wurde. Anderenfalls beginnt der Datenempfang.

Gibt es bei dem Idle-Line-Verfahren keine Probleme, Controller und Peripheriemodule verschiedener Hersteller miteinander kommunizieren zu lassen, kann es beim Adreß-Bit-Verfahren Verständigungsprobleme geben. Leider existieren hier keine einheitlichen Festlegungen, welches Bit mit was für einem Pegel zur Unterscheidung von Daten und Adressen verwendet wird.

Um als Sender einer Nachricht das entsprechende Wake-Up-Format einzuhalten, gibt es verschiedene Verfahren. Der Begriff Wake Up steht für die Tatsache, daß die CPU durch ein Adreßzeichen aus seiner normalen Arbeit »aufgeweckt« wird, um sich mit dem Inhalt der Adresse zu beschäftigen.

Betrachten wir zunächst den Idle Line Mode. Hier hat der Sender dafür zu sorgen, daß der Abstand zwischen der letzten Nachricht und der jetzt anstehenden größer oder zumindest gleich der vereinbarten Pause ist. Das klingt zwar einfach, doch leider gibt es hier bei den meisten Controllern ein Problem. Auf geeignete Weise muß die Software die Zeit überwachen, die seit dem Stopp-Bit der letzten Nachricht vergangen ist. Denkbar ist dazu folgender Ablauf:

◆ Beim letzten Zeichen wird der Sender auf »Interrupt bei senderfrei« programmiert (oder dieser Zustand durch Abfrage erfaßt).

◆ Dann startet die Software einen Hardware-Timer oder liest den Stand eines laufenden Timers ein – Zeitpunkt 1.

◆ Zu Beginn der neuen Sendung wird der Timer abgefragt -Zeitpunkt 2- und die Zeitdifferenz ermittelt.

◆ Ist diese kleiner als die Pausenzeit, muß gewartet werden, anderenfalls beginnt die Übertragung.

Selbstverständlich sind auch andere Abläufe möglich, das Prinzip bleibt aber das gleiche. Dieses einfache Beispiel zeigt den recht großen Aufwand zur Realisierung des Multiprozessor-Protokolls auf Software-Ebene. Deshalb haben einige Hersteller ihre SCI-Module mit einer Logik ausgerüstet, die der Software diese Aufgabe abnimmt. Bei den Controllern von Texas Instruments, den TMS370-Bauelementen zum Beispiel, gibt es ein Bit im Steuerregisterblock, das diese Funktion hardwaremäßig auslöst. Setzt die Software das TXWAKE-Bit, wird eine Pause von genau 11 Datenbits erzeugt. Damit ist die Pause exakt eingehalten und wird nicht zu kurz oder unnötig lang. Hier als Beispiel der sich ergebende Ablauf:

◆ Die Software setzt das TXWAKE-Bit und schreibt ein beliebiges Datenwort in den Sender.

◆ Die Logik erzeugt die Pause von 11 Bit und setzt das TXWAKE-Bit zurück.

◆ Ist der Sender wieder frei, also die Pause vorbei, kann die Software die zu sendende Adresse in den Sendepuffer eintragen, die Übertragung beginnt mit dem Adreßbyte.

◆ Die eigentlichen Daten folgen.

Man sieht schon, daß von Seiten der Software der Aufwand nur minimal ist und sich letztendlich auf das einmalige Starten der Pause (wie ein normales Zeichen senden) und auf das Warten bis zu deren Ablauf erstreckt.

Etwas einfacher ist die Situation beim Address Bit Mode. Hier muß zur Kennzeichnung des Adreßbytes ein bestimmtes Bit, meistens das höchstwertige Bit auf 1 gesetzt werden. Diese Aufgabe kann leicht die Software übernehmen, indem sie dieses Bit mittels einer Maske bei normalen Daten löscht und beim Adreßbyte das Bit setzt. Aber auch hier gibt es Hardwarelösungen, wie es das Beispiel des TMS370-Controllers von Texas Instruments zeigt. Zu Beginn einer neuen Nachricht braucht nur das TXWAKE-Bit in dem Steuerregister des SCI-Moduls gesetzt und das Adreßbyte in den Sendepuffer geschrieben werden. Die Logik des Moduls fügt sodann automatisch ein 1-Bit als Adreßkennzeichen an das Byte an. Gleichzeitig setzt sie das TXWAKE-Bit, und alle nachfolgenden Daten, die das Programm in den Sendepuffer schreibt, haben ein gelöschtes Adreßbit und sind somit als Daten gekennzeichnet.

Im Zusammenhang mit dem synchronen SPI-Modul und der Kopplung mehrerer Module an einem 3-Leiter-Bus tritt noch ein weiteres Problem auf. Worum es geht, sieht man am besten anhand eines Beispiels. Ein Mastercontroller ist mit zwei reinen Empfängern E1 und E2, einem reinen Sender S und einem Sender/Empfänger S/E verbunden.

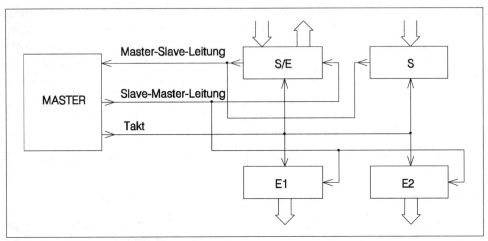

Abbildung 1.93: SPI-Kopplung im 3-Leiter-Bus

Damit sind folgende Übertragungsvarianten denkbar:

◆ Master sendet nur an Empfänger E1

◆ Master sendet nur an Empfänger E2

◆ Master liest den Sender S

◆ Master liest den Sender/Empfänger S/E

◆ Master sendet an den Sender/Empfänger und liest ihn gleichzeitig

◆ Master sendet an mehrere Teilnehmer

Weitere Möglichkeiten sind dabei noch leicht denkbar. Aber schon jetzt wird deutlich, wo das Problem liegt. Bei diesem System gibt es zunächst keine Möglichkeit, einen oder auch mehrere Teilnehmer für die Übertragung zu aktivieren. Dabei ist es aber sehr wichtig, daß nur der Teilnehmer die Daten auf der Master-Slave-Leitung in sein Schieberegister hineinschiebt, für den sie auch bestimmt sind. Das gleiche gilt für den Slave-Master-Kanal. Auch hier darf nur der Slave Daten auf die Leitung schieben, die der Master lesen möchte. Andere müssen sich am Ausgang inaktiv und hochohmig verhalten, um die Übertragung nicht zu stören.

Unabhängig davon, ob die Slaves nur einfache Schieberegister sind oder selber intelligente Controller, alle beginnen im Slavemode mit dem Datentransfer, wenn das Taktsignal sie dazu auffordert. Wenn es also gelingt, nur den gewünschten Kommunikationspartner mit dem Taktsignal zu versorgen, wäre das Problem gelöst. Im einfachsten Fall werden in die Taktleitungen vom Master zu den Slaves elektronische Schalter (Gatter, Dekoder...) eingebaut, die der Master nach eigenem Ermessen öffnen oder schließen kann. Für viele Fälle ist das die optimale, wenn auch aufwendigste Lösung. Die Datenleitungen der Slaves allein zu schalten bringt nicht den Erfolg, da das Taktsignal dann die Schieberegister der »inaktiven Module« bedient, die Daten dabei aber verlorengehen oder falsche Daten eingelesen werden. Deshalb besitzen Bauelemente, die für die Verbindung über einen SPI-Bus vorgesehen sind, in der Regel einen Selecteingang. Ist das Bauelement damit inaktiv oder passiv geschaltet, so liest es keine Daten in sein Schieberegister ein und schaltet seinen Ausgang hochohmig. Motorolas MC68HC11-Controller besitzen so einen Eingang, er wird Slave-Select-Eingang /SS genannt. Eine einfache Schaltung eines Controllers mit zwei weiteren Bauelementen zeigt die Abbildung. Hier aktiviert der Master über zwei einfache digitale Ausgänge den jeweils gewünschten Partner.

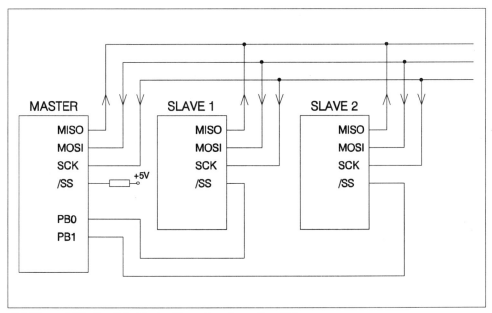

Abbildung 1.94: Parallele Master-Slave-Kopplung über SPI

In der dargestellten Kopplung ist für jeden Slave ein eigener Aktivierungsausgang beim Master notwendig. Bei einem anderen Verfahren sind alle Schieberegister einschließlich des oder auch der Master in Reihe geschaltet (serielle SPI-Kopplung). Eine gemeinsame Selektleitung wählt alle Teilnehmer an. Der Master muß nun eine bestimmte Anzahl an Takten ausgeben, um den Datenaustausch mit allen Teilnehmern durchzuführen. Die Grafik zeigt den Aufbau.

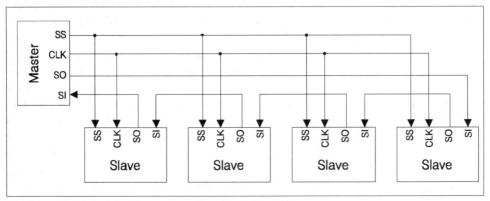

Abbildung 1.95: Serielle Master-Slave-Kopplung über SPI

Dieses Verfahren beseitigt den großen Nachteil der parallelen SPI-Kopplung, bei der für jeden neuen Teilnehmer eine eigene Aktivierungsleitung notwendig ist. Schon bei nur wenigen Teilnehmern ist die »Verschwendung« von Ausgängen beim Master unvertretbar. Ein weiterer Nachteil ist eben schon angeklungen. Da die Aktivierung nur von einem Master erfolgen kann und alle anderen nur dann kommunizieren können, wenn sie vom Master aktiviert werden, ist dieses Verfahren praktisch nicht busfähig. Es stellt dem Master nur weitere Peripheriefunktionen zur Verfügung. Anders beim seriellen Verfahren. Wird die gemeinsame Selektleitung bei den Slaves nicht nur mit deren Selekteingang verbunden, sondern auch noch zusätzlich mit einem Ausgang mit Open-Kollektor-Stufe, so kann jeder Teilnehmer diese Leitung selbst aktivieren und damit auf einen Kommunikationswunsch aufmerksam machen. Am Master, der jetzt nur noch Master im Sinne der Taktbereitstellung ist, wird diese Leitung ständig abgefragt. Wird durch irgendeinen Teilnehmer das Signal aktiviert, so beginnt der »Master« mit dem Takten und unterstützt so die Datenübertragung, auch wenn er selber keinen Bedarf dafür hat. Damit können beliebig viele Teilnehmer den Bus für sich nutzen, ohne darauf zu warten, daß ein Master sie fragt. Das Programm für ein derartiges Bussystem ist allerdings nicht ganz einfach. Jeder Teilnehmer muß die Struktur des gesamten Systems genau kennen, um zu wissen, welche in dem Schieberegisterring umlaufende Information für ihn bestimmt ist bzw. mit wieviel Takten seine Daten den Zielpartner erreicht haben. Grundgedanke dieser Software ist ein ringförmig angeordnetes Schieberegister, bei dem jeder Busteilnehmer seinen Anteil beisteuert. Dieses Prinzip findet man bei industriellen Bussen, bei denen es um eine schnelle und vor allem kontinuierliche Datenübertragung geht. Wird dieser Ring ständig durchgetaktet, lassen sich alle Teilnehmer in gleichen Zeitabständen bedienen.

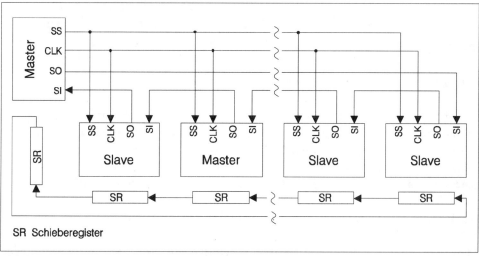

Abbildung 1.96: Serielle Buskopplung mit Multimasterfunktion

Ein weiteres Verfahren setzt wieder auf eine Parallelanordnung der SPI-Module aller Teilnehmer. Ein einziger Master (!) aktiviert über eine gemeinsame Aktivierungsleitung alle Slaves gleichzeitig. Um zur Kommunikation letztendlich nur einen auszuwählen, wird zu Anfang eine Adresse gesendet. Der Teilnehmer, der damit angesprochen ist, arbeitet von nun an mit dem Master, alle anderen Teilnehmer unterdrücken das Senden so lange, bis die Selektleitung wieder auf Inaktiv geht. Erst dann ist die Kommunikation mit dem einen Partner abgeschlossen. Auch dieses Verfahren ist multimasterfähig, jedoch geht es hier nicht ohne ein wenig zusätzliche Hardware. In der Grafik ist eine reine Master-Slave-Kopplung zu sehen.

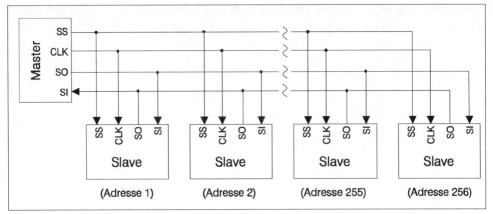

Abbildung 1.97: Master-Slave-Kopplung mit Adreßauswahl

Ein prinzipielles Problem bei seriellen Bussystemen ergibt sich durch die gemeinsame Nutzung eines allen zur Verfügung stehenden Übertragungskanals. Über ein Verwaltungsprogramm in jedem Teilnehmer (soweit es sich um einen Master handelt) muß geklärt werden, wer wann und wie lange den Bus für sich benutzen darf. Bei Systemen, in denen ständig Informationen umlaufen, ergibt sich dieses Problem nicht. Wenn aber nichtzyklische Datentelegramme versendet werden, muß durch das Programm dafür gesorgt werden, daß immer nur ein Teilnehmer den Bus aktiv, d. h. als Master nutzt. Für die Steuerung des Zugriffs gibt es die unterschiedlichsten Verfahren. Eines davon basiert auf dem bewußten Zulassen von Buskonflikten. Die Funktion ist eigentlich ganz einfach. Möchte ein Teilnehmer den Bus für sich nutzen, so achtet er auf die Pegel auf den Übertragungsleitungen. Wenn diese keine Aktivitäten zeigen, kann er mit der Übertragung beginnen, im anderen Fall muß er warten, bis eine gerade laufende Aktion zu Ende ist. Wie man sich leicht denken kann, läßt sich damit kein schneller Datenverkehr realisieren, da jeweils ein Teilnehmer den Bus so blockieren kann, daß keine weiteren Aktivitäten mehr möglich sind. Deshalb wird das Verfahren etwas abgewandelt. Die Busleitungen (Takt oder Daten) sind im Ruhezustand auf dem High-Pegel. Die Ausgangsstufen der einzelnen Module sind als Open-Kollektor-Stufen ausgeführt und haben zusätzlich noch einen Eingang, mit dem der aktuelle Pegel gelesen werden kann. Wenn ein Teilnehmer Daten überträgt, so muß er bei jedem Datenbit testen, ob der Pegel auf der Leitung dem gewünschten Signal entspricht. Beginnt ein zweiter Teilnehmer ebenfalls mit dem Senden, so wird es in der Regel passieren, daß der Leitungspegel mindestens bei einem der Sender nicht mit dem eigenen Signal übereinstimmt (Low-Pegel setzt sich durch!). Dieser Zustand wird als Buskonflikt vermerkt und führt zum Einstellen der Aktivität des jeweiligen Teilnehmers. Auf diese Weise kann es passieren, daß alle Partner ihre

Sendung einstellen. Um das System wieder zum Anlaufen zu bringen, wird nach einer durch einen Zufallsgenerator gesteuerten Zeit jeder Teilnehmer wieder mit seinen Aktivitäten beginnen, so daß die Kommunikation erneut in Gang kommt. Dieses Verfahren ist zwar nicht optimal, aber gerade bei kleinen Systemen sind damit durchaus brauchbare Ergebnisse zu erzielen. Bei großen Systemen kommen natürlich wesentlich perfektere Verfahren zur Anwendung, wobei dort aber auch der Hardwareaufwand um einiges höher ist. Meistens setzt man in einem »richtigen« Businterface spezielle Buscontroller ein, welche die ganze Problematik der Übertragung und der Zugriffssteuerung zum Teil per Hardware lösen.

1.6.2 Kopplung über gemeinsame Systemressourcen

Die serielle Kopplung mehrerer Controller oder Peripheriemodule ist nur eine der Möglichkeiten, die Systemleistung zu erhöhen. Sie ist sicher immer dort gefragt, wo nebenbei auch noch größere Distanzen zu überwinden sind. Sind allerdings die Verbindungspartner dicht beieinander gelegen, gibt es durchaus noch andere sinnvolle Kopplungsvarianten. Grundgedanke solcher Kopplungen ist die Nutzung gemeinsamer Systemressourcen. Was ist aber darunter zu verstehen? Zu den Systemressourcen zählen Systemkomponenten wie Speicher und Peripheriemodule. Bei dieser Art der Kopplung nutzen die gekoppelten Systeme in der Regel bestimmte Speicherbereiche gemeinsam. Jedes hat auf geeignete Weise Zugriff auf den gemeinsamen Bereich. Um Daten untereinander auszutauschen, werden die Informationen in den Speicher geschrieben, und jeder andere Teilnehmer kann sie dort lesen und neue hinzufügen. So einfach wie eben beschrieben ist das Verfahren aber auch wieder nicht. Wie schon bei den Bussystemen sorgt auch hier in jedem Mitbenutzer des Speichers ein Verwaltungsprogramm für den ordnungsgemäßen Datenaustausch. Nur so ist gewährleistet, daß die Verständigung untereinander funktioniert. Zunächst ist so ein Speicher in bestimmte Bereiche eingeteilt, die jedem Nutzer als Übergabebereich zur Verfügung stehen. Über Kennzeichenzellen, sogenannte Semaphoren, tauschen die Verwaltungsprogramme Steuerinformationen aus. Auf diese Weise läßt sich zum Beispiel die Gültigkeit von Daten kennzeichnen, oder es werden Signale und Statusinformationen übermittelt. Die technische Realisierung gemeinsamer Ressourcen setzt allerdings etwas mehr Hardware voraus, die nun kurz vorgestellt werden soll.

Speicher sind über Adreßleitungen, Datenleitungen und einige Steuersignale an Mikrocontrollerbusse angeschlossen. Sollen mehrere Controller auf einen Speicher zugreifen, kommen diese Leitungen von jedem einzelnen. Ein normaler Speicher besitzt diese Signale aber nur jeweils einmal und gestattet damit nur den Anschluß eines Systems. Um diesen Speicher dennoch mehreren zur Verfügung zu stellen, wird die Busleitung über Tore angeschlossen und gleichzeitig voneinander entkoppelt. Diese Tore schalten jeweils nur einen Controller an den Speicher und verhindern so Konflikte. Eine Steuerlogik sorgt für die Zuteilung der Nutzungsrechte. Die Grafik zeigt das Prinzip.

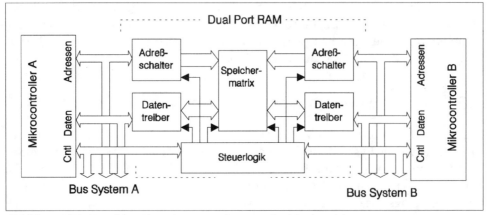

Abbildung 1.98: Kopplung über einen gemeinsamen Speicherbereich

Eine andere Möglichkeit zur Verbindung von zwei Controllersystemen bieten Speicher mit zwei kompletten Busanschlüssen, sogenannte Dual Port RAMs. Hatten die bisher genannten Speicher alle die Aufgabe, Programme, Daten und Konstanten zu speichern, so dienen Dual Port RAMs fast ausschließlich der Kopplung von Prozessor- und Controllersystemen untereinander. In dem Kapitel über Bauelemente rund um den Controller werden diese Sonderbauelemente noch einmal genauer vorgestellt. Der wesentliche Unterschied eines Dual Port RAMs zu einem normalen Speicher ist, daß er nicht einen Anschluß für den Datenbus und einen für den Adreßbus hat, sondern jeweils zwei Daten- und zwei Adreßbusse. Auch die nötigen Steuersignale wie Chip Select und das Schreibsignal /WR sind doppelt vorhanden. Diese Anordnung schafft die Möglichkeit, den Speicher von zwei Seiten, d.h. von zwei verschiedenen Bussystemen anzusprechen. Von jedem Busanschluß sieht der Speicher wie ein ganz gewöhnlicher RAM aus. Damit sind Daten, die von einer Seite eingeschrieben werden, auch auf der anderen Seite lesbar. Eine chipinterne Logik sorgt dafür, daß nicht beide Seiten gleichzeitig auf die selbe Speicherzelle schreiben können. Dieses ist der einzige Schwachpunkt bei diesen Speichern. Gleichzeitige Schreibbefehle auf unterschiedliche Adressen sind aber erlaubt. Tritt so ein Fall eines mißglückten Schreibens auf, wird der betreffende Controller über ein Busy- oder Interruptsignal davon unterrichtet. Auch hier hilft die Software wieder, einen fehlerfreien Datenaustausch zu gewährleisten.

Der große Vorteil gemeinsamer Ressourcen gegenüber der seriellen Kopplung ist die hohe Übertragungsgeschwindigkeit von einem System zu einem oder mehreren anderen Partnern. Sieht man von der Verwaltungsprozedur einmal ab, beschränkt sich der Austausch praktisch nur auf Speicher-Lese- und Schreiboperationen. Kein Übertragungskanal mit eingeschränkter Taktrate setzt hier merkliche physikalische Grenzen. Diese Arten der Kopplung sind daher typisch für Parallelrechnerstrukturen. Dabei sind mehrere gleiche oder unterschiedliche Prozessoren so miteinander verbunden, daß sie gleichzeitig, also parallel, die Aufgaben des Gesamtsystems lösen. Gemeinsame Ressourcen, angefangen bei den Speichern über Massenspeicher bis hin zur Ein- und Ausgabeperipherie stehen allen Teilsystemen über die Kopplung zur Verfügung. Durch die parallele Verarbeitung ist die Leistung solcher Systeme besonders hoch. Im Zusammenhang mit 8-Bit-Mikrocontrollern haben parallele Strukturen eine verschwindend geringe Bedeutung. Hier dienen Kopplungen über Speicher eher der Verteilung unterschiedlicher Aufgaben auf zwei oder mehrere Einzelcontroller. Beispiele dafür findet man in Geräten, in denen zur Kommunikation mit dem Menschen oder einer übergeordneten Anlagensteuerung (über Feldbus) ein Controller eingesetzt ist, die Gerätefunktion aber über einen anderen Controller oder Prozessor abgewickelt wird. Häufig sind beide Prozesse, die Kommunikation und die Gerätesteuerung, so verschieden in ihren Zeitanforderungen (langsame Bedienung und schnelle Regler), daß eine Aufteilung große Vorteile bringt. Überhaupt findet die Kopplung von Mikrocontrollern fast immer unter der Vorgabe statt, bestimmte Funktionen, die sich zeitlich oder räumlich nicht in einen Controller einbinden lassen, auf mehrere Bauelemente aufzuteilen. Wenn Controller dazu die entsprechende Hardwareunterstützung wie die genannten speziellen Schnittstellen bereitstellen, lassen sich sehr leistungsfähige Vernetzungen realisieren. In vielen Branchen geht es ohne eine derartige Aufgabenverteilung gar nicht mehr, man denke nur an den Automobilbau oder an Industrieroboter. Und obwohl der Einzelcontroller bei 8-Bit-Anwendungen noch dominiert und wahrscheinlich auch weiter die Mehrzahl der Probleme lösen wird, steigt die Zahl der Einsätze von Multicontrollersystemen.

1.7 Bauelemente rund um den Mikrocontroller

Bauelemente rund um den Mikrocontroller – welche Aufgaben haben sie? Sollten sich Controller nicht dadurch auszeichnen, daß sie alle wesentlichen Komponenten schon »on board« haben? Wozu dann noch Erweiterungen?

Antwort auf diese Fragen sollen die nächsten Seiten geben, und Sie werden sehen, ganz so perfekt sind Controller auch wieder nicht. Aber das ist auch nicht zu erwarten. Die Aufgaben und Einsatzgebiete sind viel zu verschieden. Trotz modularem

Design und flexiblen Strukturen gibt es immer wieder Fälle, bei denen die vom Hersteller realisierten Funktionen nicht ausreichen. Manche der Anforderungen sind rein technisch auch gar nicht machbar, bzw. der dafür notwendige Aufwand ist nicht gerechtfertigt. Diskrete Lösungen außerhalb des Controllers können so durchaus kostengünstiger sein als komplizierte Strukturen auf dem Chip. Gerade der Kostenfaktor spielt häufig keine unbedeutende Rolle bei der Entscheidung, beim Hersteller nicht ein Bauelement für eine spezielle Aufgabe neu- bzw. umentwickeln zu lassen, sondern diese Funktionen ganz einfach extern zu realisieren. Die Praxis zeigt, daß oft zugunsten externer, diskreter Bauelemente entschieden wird.

Betrachtet man die Aufgaben externer Bauelemente, lassen sich zunächst zwei Gruppen erkennen. Die eine Gruppe wird von Komponenten gebildet, die schon vorhandene Funktionen unterstützen sollen, die andere Gruppe erweitert interne Strukturen und fügt neue hinzu.

Zunächst ein Blick auf die erste Gruppe. Hierzu gehören all die Bauelemente, die den Controller in das Anwenderumfeld integrieren helfen. Integrieren heißt, seine über die Pins zugänglichen internen Module und Funktionsgruppen elektrisch an die Anforderungen und Bedingungen der Schaltkreisumgebung anzupassen. Im Prinzip können hierzu sämtliche Treiberschaltkreise, Operationsverstärker, Logik-ICs und selbst passive Bauelemente wie Widerstände und Kondensatoren gezählt werden. Daher möchte ich hier nur einige Beispiele stellvertretend für alle vorstellen.

1.7.1   Ausgangsbeschaltungen und Ausgangsbaugruppen

Die am häufigsten anzutreffenden externen Beschaltungen stellen Treiber dar. Soll ein Controller andere Bauelemente wie Relais, LEDs, Motoren oder Leistungsbauelemente ansteuern, so reichen vielfach die von den chipinternen Ausgangstreiberstufen gelieferten Ströme oder Spannungen nicht aus. Eine Leistungsausgangsstufe auf dem Chip zu integrieren kostet aber viel Chipfläche, da die Ausgangstransistoren eine entsprechende Größe haben müssen, um den Strom zu treiben oder den Spannungsabstand gewährleisten zu können. Bis auf wenige Spezialcontroller verzichten die Hersteller daher zugunsten von Funktion und Leistung der CPU, der Speicher und der Peripherie auf derartige Leistungsstufen. Eine externe Nachrüstung mit Transistoren oder Treibern ist fast immer die bessere Lösung.

Spezielle Controller mit Leistungsausgangsstufen findet man daher nur in Sonderanwendungen, wie zum Beispiel in der Autoindustrie. Dort sind viele Controller unmittelbar am Wirkungsort angeordnet und bilden mit den signalaufnehmenden und ausführenden Organen wie Schaltern, Motoren oder Relais Einheiten, die bei der Montage leichter zu handhaben sind. Durch diese stärkere Dezentralisierung ist der Funktionsumfang eines einzelnen Controllers geringer. Kostenentscheidend ist aber dafür die Zahl der Bauelemente, die zu einem Modul gehören. Aus diesem Grunde kommen die Treiber in die Controller, denn dort ist der Platz bei der hohen Produktionsstückzahl dann immer noch billiger als in einer umfangreicheren Schaltung, die mit mehr Kosten gefertigt und montiert werden muß. Das sind jedoch Ausnahmen!

Allgemein wird man die Ports mit externen Treiberstufen versehen, wenn die chipinternen Stufen nicht ausreichen. Im einfachsten Fall können das diskrete Transistoren, Thyristoren oder Triacs sein, bei mehreren Leitungen greift man jedoch gern auf Transistorarrays oder spezielle Treiber-ICs zurück. Einige Beispiele aus der großen Palette:

◈ Mehrfachtreiber-ICs für Lasten mit hohem Spannungsbedarf oder Strombedarf (auch mit Ausgangsschutzdioden für das Schalten von induktiven Lasten)

◈ komplexe Treiber-ICs für Schrittmotoren und bürstenlose Gleichspannungsmotoren (z. B. in Floppy Disk- und Festplattenlaufwerken)

◈ Treiber für die Ansteuerung von Druckköpfen in Matrixdruckern

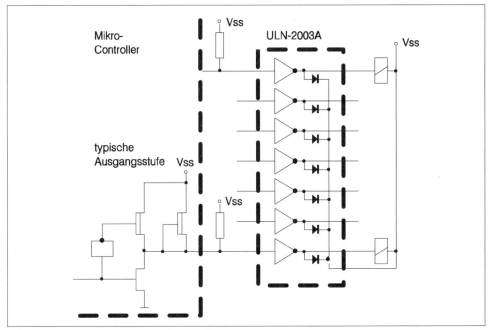

Abbildung 1.99: Typischer Ausgangstreiber ULN-2003A

1.7.2 Eingangsbeschaltungen und Eingangsbaugruppen

Aber nicht nur die Ausgänge von Controllern gilt es anderen Baugruppen anzupassen, sondern häufig haben auch die Eingänge eine besondere Behandlung nötig. Bei der Aufnahme von Signalen aus der Einsatzumgebung des Controllers liegen deren Pegel nicht immer innerhalb der Grenzen der Eingangsstufen. Diese können jedoch meistens nur Signale verarbeiten, die im Betriebsspannungsbereich des Bauelementes liegen. Allerdings gibt es auch hier Ausnahmen. Dank spezieller Eingangsschutzschaltungen arbeiten einige wenige Controller auch mit höheren Eingangsspannungen, doch im allgemeinen sind das dann Spezialbauelemente. Ansonsten gilt als Untergrenze das Massepotential und als Obergrenze die Betriebsspannung. Kommen aus der umgebenden Schaltung höhere Pegel oder gar eine andere Polarität, ist eine externe Beschaltung des Eingangs unumgänglich. Reine Widerstandskombinationen können ausreichen, wenn die Signale nur im Pegel verringert werden müssen und der Eingangswiderstand nebensächlich ist. In anderen Fällen kommt der Entwickler nicht um aktive Schaltungen herum, besonders, wenn es um die Anpassung der Polarität geht.

Einen weiteren Fall von Eingangsbeschaltung bilden Trennstufen zur galvanischen Entkopplung der Elektronik des Controllers von anderen Baugruppen, zum Beispiel in Geräten der Leistungselektronik. Hier ist für eine konsequente Trennung der Leistungsseite von der Seite des Bedieners oder der übergeordneten Steuerung zu sorgen. Technische Vorschriften stellen hier zum Teil strenge Forderungen an das Produkt bezüglich Spannungsabstand und vollständiger galvanischer Trennung. Abgesehen von gestalterischen Möglichkeiten bei der Konstruktion werden zur Signaltrennung fast ausschließlich optische oder magnetische Verfahren genutzt. Impulstrenntransformatoren und Optokoppler bzw. Lichtwellenleiter im Zusammenhang mit Optokopplern sind hierbei die typischen Bauelemente, die dabei zum Einsatz kommen. Was für Eingangsbeschaltungen gilt, trifft auch für die Ausgangssignale zu, wie die Abbildung zeigt.

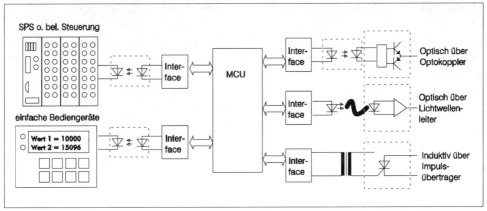

Abbildung 1.100: Controlleranwendung mit Ein-/Ausgabefunktionen

1.7.3 Analogbaugruppen

Neben digitalen Ein- und Ausgangssignalen verarbeiten die meisten Mikrocontroller auch analoge Signale. Für diese gilt das gleiche wie für die digitalen Größen. Pegel müssen an die Eingangsspannungsbereiche der A/D-Wandler und Ausgangssignale an die anzusteuernden Baugruppen und Geräte angepaßt werden. Nebenbei sind zum Teil spezielle Forderungen an die Konstanz der Signale während der Messung zu erfüllen. Hier spielen Operationsverstärker, Analogmultiplexer und Sample & Hold-Schaltungen eine große Rolle. Besonders auf der analogen Seite ist die Unterstützung durch externe Schaltungen besonders groß. Hier finden sich mitunter die weitaus umfangreichsten Schaltungen im Umfeld eines Controllers. Der grundsätzlich digitale Charakter der Standardbauelemente ist dafür verantwortlich. Dabei liegt allerdings die Betonung auf »Standardbauelement«, denn es gibt durchaus Controller, die mit komplexen analogen Strukturen ausgestattet sind und die mit weitaus weniger externer Beschaltung auskommen. Diese Bauelemente sind jedoch, wie schon am Anfang betont, nicht das Thema dieses Buches.

Die Vorstellung von Schaltungen zur Integration von Controllern ließe sich noch weiter fortsetzen, denkt man nur an die verschiedenen Signale und physikalischen Größen, mit denen gearbeitet wird. Doch leider erlaubt die begrenzte Seitenzahl des Buches hier nur einen kurzen Einblick.

Die zweite Gruppe von Bauelementen rund um den Mikrocontroller hat das Ziel, interne vorhandene Funktionen zu erweitern und mit neuen Funktionen zu ergänzen.

Obwohl Mikrocontroller alle für den Einsatz notwendigen Komponenten wie Speicher und Peripherie auf dem Chip mitbringen, kommt es immer wieder vor, daß ein ansonsten optimaler Controller zusätzliche Speicher, I/O- oder spezielle Peripheriefunktionen benötigt. Auf solche Fälle haben die meisten Hersteller ihre Bauelemente vorbereitet, in dem sie Betriebsarten anbieten, die externe Erweiterungen der internen Ressourcen gestatten. Sieht man dabei wieder von einigen Sonderbauelementen ab, die zu diesem Zweck spezielle Bus-Anschlüsse haben (Emulator-Chips), so gehen Erweiterung bei allen Bauelementen leider immer auf Kosten von I/O-Funktionen.

1.7.4 Speichererweiterungen

Programm- und Datenspeicher

Eine Form der Funktionserweiterung bei Mikrocontrollern stellt die Aufstockung des internen Speichers durch äußere Bauelemente dar. In der Regel müssen dazu ein Datenbus, ein Adreßbus und einige Steuersignale aus dem Controller nach außen geführt werden. Über diese Leitungen lassen sich dann normale Speicher anschließen, sowohl Festwertspeicher als auch Schreib-/Lesespeicher. Generell können als Speicherbauelemente alle Typen zum Einsatz kommen, mit einer Ausnahme, und das sind dynamische Speicher (DRAMs). Ihre Zeitbedingungen, die von dem besonderen Speicherverfahren diktiert werden, sind mit normalen Controllern nur mit zusätzlichem Aufwand zu realisieren. Dynamische Speicher brauchen zum Erhalt der Daten die zyklische Aktivierung bestimmter Adressen. Je nach Kapazität müssen zum Beispiel alle Adressen A0 bis A7 innerhalb von 2 ms einmal angesprochen werden. Dabei kommt es nicht auf den Inhalt der dort gelesenen Daten an. Bei dem Zugriff frischt die speicherinterne Logik die Ladung in den Speicherzellen auf und sichert damit den Datenerhalt. Mikroprozessoren, die häufiger mit dynamischen Speichern arbeiten sollen, haben dafür meistens eine eigene Logik integriert. Diese arbeitet dann völlig transparent und führt die Refreshzugriffe in Zeiten durch, in denen der Controller intern beschäftigt ist und den äußeren Bus nicht benötigt. DRAMs gestatten die Integration riesiger Kapazitäten auf einem Chip. Der Speicherbedarf von Controllern ist aber selten so groß, daß auf diese Bauelemente zurückgegriffen werden muß. Als Datenspeicher kommen so im allgemeinen nur Speicher nach dem statischen Verfahren zum Einsatz.

Bei den Programmspeichern hat der Anwender die Wahl zwischen echten ROMs und wiederlöschbaren Speichern. Erstere sind wegen ihrer Unveränderbarkeit des Inhalts nur für feststehende Programme und bei großen Stückzahlen sinnvoll, da die in ihnen enthaltenen Daten während der Herstellung über Masken »erzeugt« werden (auch Befehle sind aus der Sicht des Speichers nur Daten – Begriffsdefinition!). Für die Entwicklung oder Kleinserie sind EPROMs, OTPs oder EEPROMs die optimale Lösung. Bei EPROMs und EEPROMs läßt sich der Inhalt jederzeit löschen und verändern. Bei OTPs geht das nicht, doch gegenüber echten Masken-ROMs ist ihre Programmierung völlig problemlos mit jedem EPROM-Programmiergerät durchzuführen, da sie nichts anderes als EPROMs in einem UV-Licht-undurchlässigen Gehäuse sind. Leider ist der Preis von OTP-Speichern höher im Vergleich zu EPROMs, obwohl die Gehäuse weitaus billiger sind als jene mit lichtdurchlässigem Deckel. Hier spielen aber die Produktionsstückzahlen die preisbildende Rolle, und die sind bei EPROMs vergleichsweise höher.

Eine Sonderposition nehmen EEPROMs ein. Durch ihr Funktionsprinzip bieten sie die Möglichkeit, auch während des Betriebes Daten fest einzuschreiben und auch wieder zu löschen. Dabei sind Daten in ihren Speicherzellen so sicher wie in einem EPROM aufgehoben, können aber im Gegensatz zu diesem ganz einfach per Befehl wieder gelöscht werden. Dabei geschieht bei ihnen das Löschen nicht global für den ganzen Inhalt, sondern kann je nach Bedürfnis auch adreßweise erfolgen. Damit eignen sich diese Speicher nicht nur für Programme und andere Festwerte, sondern auch für Daten, die im Betrieb anfallen. Eine typische Speicherstruktur, wie sie in Schreib-/Lesespeichern vorkommt, zeigt die folgende Abbildung.

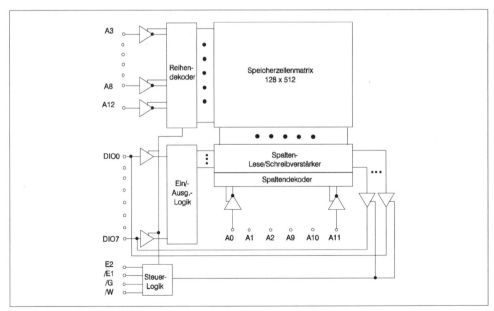

Abbildung 1.101: Typische Strukturen eines 8Kx8SRAM

Die Speicherzellen sind in einer Matrix angeordnet, die sich technologisch leichter realisieren läßt als eine Struktur, die genau der Breite von 8 Bit entspricht. An dem gezeigten Beispiel eines 8K×8 Bit-RAMs besteht die Matrix aus 128 Reihen mit einer Einzelbreite von 512 Bit. Mit 7 Adreßleitungen wird eine der Reihen ausgewählt. Damit liegen gleichzeitig 512 Bit an dem Spaltendekoder und den Lese-/Schreibverstärkern an. Mit Hilfe von 6 weiteren Adressen wählt nun der Spaltendekoder einen 8-Bit-breiten Abschnitt aus und gibt ihn zum Lesen oder Schreiben frei. Nach diesem Prinzip arbeiten alle üblichen Speicherstrukturen, sowohl Schreib-/Lesespeicher als auch Festwertspeicher, unabhängig, ob als selbständiges Bauelement oder in einem Mikrocontroller.

Für die Bildung der externen Daten-/Adreß- und Steuersignale gibt es prinzipiell zwei unterschiedliche Möglichkeiten. Eine ist durch eine vollständig getrennte Bereitstellung aller Signale an den Ports des Controllers gekennzeichnet, die andere Variante erzeugt die Signale zeitlich versetzt hintereinander und gibt sie über ein Port nacheinander aus. Ersteres Verfahren verwendet einen sogenannten nicht-gemultiplexten Bus, das zweite Verfahren ist typisch beim gemultiplexten Bussystem. Bei der Vorstellung der Speicherbereiche und der zugehörigen Betriebsarten sind beide Bussysteme schon vorgestellt worden. Bei den üblichen gemultiplexten Bussen teilen sich die Adressen A0 bis A7 einen 8-Bit-Bus gemeinsam mit den Daten D0 bis D7. Genaueres zu diesem Verfahren lesen Sie bitte in dem genannten Kapitel. Trotz der Nachteile durch weitere zusätzliche externe Bauelemente nutzen die meisten Controller (und auch Mikroprozessoren) den gemultiplexten Bus für den Betrieb externer Speicherbereiche. Diese Variante spart die so dringend benötigten I/O-Ports, braucht jedoch extern ein 8-Bit-Auffangregister, um die Adressen A0-A7 von den Daten zu trennen. Einige Hersteller von Speicherbausteinen haben sich deshalb entschlossen, Bauelemente zu fertigen, bei denen dieses Register schon im Speicher enthalten ist. Ein Beispiel dafür ist die Firma MOSEL in den USA. In ihrem Produktspektrum findet man statische Speicher mit der Organisation 12Kx8, 16Kx8 und 32Kx8, bei denen ein Latch intern die Pegel auf dem Adreßbus auffängt und bis zum nächsten Zugriff speichert. Ihr Adreß-Latch-Eingang kann direkt mit dem ALE-Ausgang verbunden werden. Die Grafik zeigt das Blockbild eines solchen Speichers und den Anschluß an einen Controller.

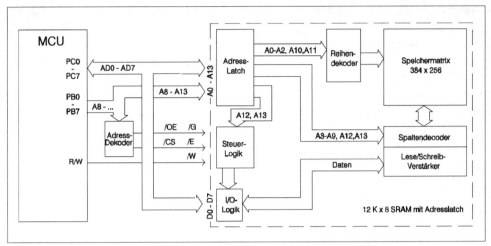

Abbildung 1.102: SRAM mit internem Adreß-Latch an MCU

Soll ein Controller mit gemultiplextem Daten-/Adreßbus mit Speichern verbunden werden, die kein internes Adreßlatch besitzen, und das dürfte zur Zeit noch der häufigste Fall sein, so gibt es verschiedene Methoden für den Anschluß. Sehen wir uns nun zwei Beispiele an, die unterschiedlich mit den Möglichkeiten des Controllers und den Bedürfnissen nach Speicher- oder Ein-/Ausgabefunktionalität umgehen.

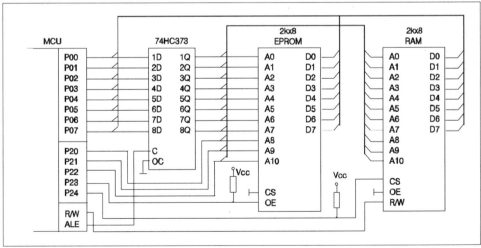

Abbildung 1.103: Speichererweiterung ohne Adreßdekoder

Die erste Abbildung zeigt den Anschluß eines 2-Kbyte-EPROMs und eines 2-Kbyte-RAMs an einen Controller mit gemultiplexten Daten-/Adreßbus. Die Chip-Selekt-Signale werden direkt aus den höherwertigen Adressen gebildet. Das hat jedoch den Nachteil, daß der Adreßraum nicht vollständig ausdekodiert wird und die Speicher an mehreren Adressen ansprechbar sind. Daher empfiehlt sich diese Methode immer nur dann, wenn andere Bereiche dadurch nicht gestört werden. Sind nur wenige externe Adressen mit Speichern oder anderen externen Modulen belegt, kann hier Material und Strom gespart werden. In dem gezeigten Beispiel ergibt sich die folgende Adreßverteilung:

Port	Adresse	EPROM	RAM
00	A0	A	A
01	A1	A	A
02	A2	A	A
03	A3	A	A
04	A4	A	A
05	A5	A	A
06	A6	A	A
07	A7	A	A
20	A8	A	A
21	A9	A	A
22	A10	A	A
23	A11	0	1
24	A12	1	0
25	A13	x	x
26	A14	x	x
27	A15	x	x

Tabelle 1.8: Adreßverteilung

Der EPROM ist auf den Adressen

1000H-17FFH	3000H-37FFH	5000H-57FFH	7000H-77FFH,
9000H-97FFH	B000H-B7FFH	D000H-D7FFH	F000H-F7FFH

ansprechbar und der RAM auf den Adressen

0800H-0FFFH	2800H-2FFFH	4800H-4FFFH	6800H-6FFFH
8800H-8FFFH	A800H-AFFFH	C800H-CFFFH	E800H-EFFFH.

Wie leicht zu sehen ist, sind beide Speicher immer wieder auf verschiedenen Adressen vertreten. Bei einer solchen Art der Adressierung besteht eine gewisse Gefahr vor Programmabstürzen. Werden an dem Port mit den Chip-Select-Signalen versehentlich beide CS-Leitungen auf aktiv, d. h. auf Low gesetzt, so kommt es auf den Datenleitungen zu einem Datenkonflikt. Das gleiche kann auch passieren, wenn das Port in der Initialisierungsphase hochohmig ist. Auch dann sind die Pegel auf den beiden Leitungen unbestimmt und könnten zufälligerweise Low sein. Letzteres läßt sich durch Pull-Up-Widerstände vermeiden, der erste Fehler ist aber eine Sache der Software, und die muß diesbezüglich fehlerfrei sein. Also Vorsicht mit derartigen Schaltungen, ihr Einsatz sollte gut überlegt sein!

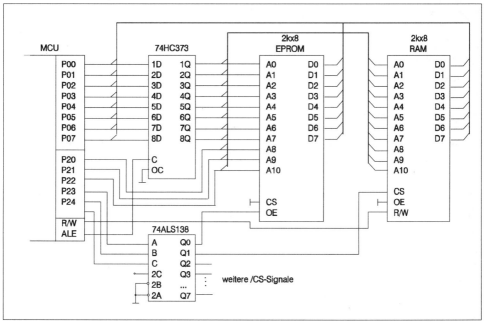

Abbildung 1.104: Speichererweiterung mit Adreßdekoder

In der zweiten Schaltung ist zur Selektierung der Speicher ein Dekoder eingesetzt worden. Je nachdem, wie viele Adressen zur Dekodierung herangezogen werden, läßt sich der Adreßraum vollständig aufteilen, ohne auch nur eine Doppelbelegung zu erzeugen. Ob das aber immer notwendig ist, muß die konkrete Anwendung entscheiden. Einen Fehler hilft ein Dekoder aber beseitigen, es kann nicht zur Aktivierung mehrerer externer Komponenten im Beispiel der beiden Speicher gleichzeitig kommen. Konflikte mit internen Adreßbereichen vermeiden Controller in der

Regel von Haus aus. Sie ignorieren ganz einfach die von außen hereinkommenden Daten, wenn sie intern an der Stelle auch Daten lesen oder schreiben können.

Bei allen bisher vorgestellten Speichern war immer deren Datenbreite mit der des Controllers identisch. Ein n-K×8 Bit-Speicher »paßt« problemlos an einen 8-Bit-Controller, ein 4-Bit-Speicher an einen 4-Bit-Controller usw. In den meisten Fällen wird man die Wahl auch so treffen. Doch es gibt auch Ausnahmen. So kommen bei Speichern auch 1-Bit-breite Versionen vor, deren Anschluß jedoch auch leicht auszuführen ist. Je 8 derartige Schaltkreise werden mit ihren Adreß- und Steuerleitungen parallel an den 8-Bit-Controller angeschlossen, die einzelnen Datenein-/Ausgänge bilden dabei den 8-Bit-Datenbus.

Speicher mit seriellem Zugriff

Etwas ganz Besonderes stellen Speicher mit seriellen Anschlüssen dar. Für diese Speicher hat sich auch der Name »serielle Speicher« eingebürgert, obwohl die Bezeichnung irreführend ist. Das Speicherprinzip erfolgt intern ganz normal in einer Matrix aus Speicherzellen und nicht etwa seriell, wie es bei Spezialbauelementen nach dem Schieberegisterprinzip angewandt wird. Ihr Kennzeichen ist, daß sie meistens nur einen Datenein- und Ausgang und einen Takteingang besitzen. Einige wenige weitere Pins dienen der Selektierung, der Betriebsartenwahl und bestimmten Statusinformationen. Wie diese Schnittstelle im konkreten Fall ausgebildet ist, kann von Typ zu Typ unterschiedlich sein. Eine gewisse Vereinheitlichung, wie man sie bei herkömmlichen Speichern findet (das sogenannte byte-wide-Schema), gibt es hier nicht. Alle Informationen, die normalerweise zwischen Controller und Speicher parallel ausgetauscht werden, also Adressen, Daten und Steuersignale, laufen bei diesen Bauelementen über den seriellen Weg der zwei bzw. drei aufgezählten Signale. Damit verringert sich die Zahl der Leitungen beträchtlich. Ein 2-Kbyte-Speicher benötigt zum Beispiel in der normalen Version 11 Adreßleitungen, 8 Datenleitungen und mindestens 2 Steuersignale (Chip-Select- und Schreibsignal). Das ergibt in der Summe 21 Leitungen, die nicht nur den Platz auf der Leiterplatte belegen, sondern vor allem dem Controller Ein-/Ausgangspins abverlangen. Im Gegensatz dazu benötigt der »serielle« Speicher gerade mal 4 Leitungen, und zwar eine Taktleitung, eine Leitung für Daten zum Speicher, eine Leitung für Daten vom Speicher zum Controller und das Chip-Select-Signal. Damit scheint dieser Speichertyp ideal für den Einsatz mit Controllern zu sein. Doch leider bringt die serielle Methode auch entscheidende Nachteile. Die verringerte Signalanzahl fordert im angeschlossenen Controller wesentlich mehr Schaltungsaufwand, denn letztendlich arbeitet jener intern auch wieder parallel. Die gewünschte Adresse wird vom Programmzähler parallel erzeugt, und die Daten, egal ob Ausgabe- oder Eingabedaten, liegen auch parallel vor. Um mit dem Speicher zu kommunizieren, müssen beide seriell über ein Schieberegister zum Speicher übertragen werden. Das gleiche gilt auch für den Empfang der serielle Daten vom Speicher. Der Aufwand ist recht hoch, verglichen mit den üblichen Zugriffsmechanismen bei parallelen Speichern. Dieser komplizierte Prozeß fordert entsprechend auch mehr Ausführungszeit. Je nach Typ kommen so leicht Zugriffszeiten von 25 000 bis 50 000 ns zusammen (übliche Speicher haben Zugriffszeiten von 50 – 100 ns!). Damit ist der Haupteinsatzbereich von seriellen Speichern praktisch festgelegt. Im Zusammenspiel mit Controllern aller Datenbreiten dienen sie der Speicherung von Konstanten und Daten, auf die nicht mit der üblichen Schnelligkeit zugegriffen werden muß. Ein Beispiel hierfür sind Controller in Audio- und Videoanlagen der Heimelektronik. In diesem Bereich findet man besonders häufig die serielle Übertragung zwischen einzelnen Modulen und Baugruppen. Die Anforderungen an die Reaktionszeiten des Gesamtsystems sind in der Regel nicht so hoch wie in Steuerungsanlagen oder bei anderen industriellen Einsätzen. Bei der Anwahl eines Rundfunksenders, dessen Sendefrequenz in einem derartigen Speicher abgelegt ist, kommt es nicht auf die Geschwindigkeit beim Speicherzugriff an. Ob die Daten nach 70 ns oder erst nach 50 000 ns bereitstehen, davon merkt der Nutzer des Empfängers nichts. In diesem Anwenderbereich hat sich ein spezieller Bus herausgebildet, der unter dem Namen I^2C-Bus bekannt geworden ist. Die eingesetzten Controller und auch andere Systembauelemente sind optimal auf diese serielle Übertragung abgestimmt. Im Kapitel über die seriellen Schnittstellen finden Sie dieses Übertragungsverfahren näher beschrieben.

Als Programmspeicher sind serielle Speicher wegen ihrer langen Zugriffszeit nur in Ausnahmen zu finden. Fälle eines solchen Einsatzes kommen praktisch nur in Controllersystemen vor, die mit niedriger Taktfrequenz in Anwendungen laufen, bei denen die Reaktionszeiten lang genug sein dürfen. Beispiel dafür sind »intelligente« Haushaltgeräte, Spielzeuge o.ä. Die Firma TOSHIBA hat einen seriellen EEPROM entwickelt, der die Bezeichnung TC89101P bzw. TC89102P trägt. Sein Blockbild und das Sockelbild zeigt die folgende Abbildung.

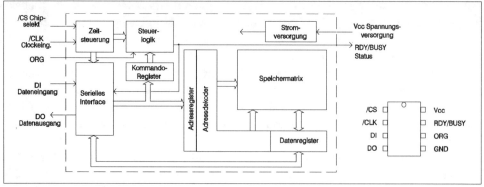

Abbildung 1.105: Speicher mit seriellem Zugriff

Der Schaltkreis besitzt je einen Datenein- und Ausgang. Über diese werden die Daten, gesteuert durch das Taktsignal am Takteingang, transportiert. Aber nicht nur die Daten, sondern auch die Adressen und die Befehle an den Speicher laufen über diesen Pfad. Befehle an den Speicher sind:

◆ Daten lesen

◆ Daten schreiben (programmieren)

◆ Speicher löschen (alle Adressen werden gelöscht)

◆ Busy Monitor (Abfrage, ob der Speicher zur Kommunikation bereit ist, also nicht gerade programmiert oder löscht)

◆ E/W Enable (generelle Freigabe zum Löschen und Programmieren)

◆ E/W Disable (generelle Sperrung der Lösch- und Programmierfunktion)

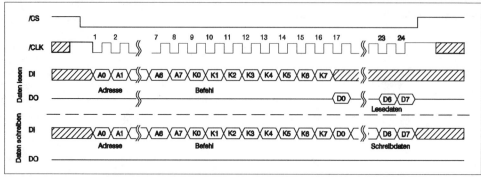

Abbildung 1.106: Zeitverhalten des Speichers

Der Speicher mit einer Gesamtkapazität von 2048 Bit kann wahlweise im 8-Bit- oder 16-Bit-Mode arbeiten. Dementsprechend besitzt er 265 Byte oder 128 Worte, wozu 8 bzw. 7 Adressen notwendig sind. Bei einer Befehlsbreite von 8 Bit ergibt sich eine Gesamtlänge der Übertragung von 24 Bit. Sie setzt sich aus 8 Adreßbits, 8 Befehls- oder Kommandobits und 8 Datenbits zusammen. Im 16-Bit-Betrieb sind es 32 Bit. Die Adresse wird zur Vereinfachung der internen Struktur ebenfalls mit 8 Bit übertragen, das oberste Adreßbit ist immer 0. Bei einer maximalen Taktfrequenz des Schaltkreises ergibt sich für die komplette Übertragung vom Speicher zum Controller eine kürzeste Zeit von 24µs bzw. 32µs.

Beim Lesen werden zunächst die 8 Adressen übertragen, daran schließen sich die 8 Bit des Befehlsbytes an. Mit weiteren 8 bzw. 16 Takten schiebt der Speicher danach das Datenbyte/Wort über die DO-Leitung zum Controller. Die Funktion der RDY/BUSY-Leitung ist dabei nicht aktiv. Sie erlangt ihre Bedeutung erst bei den Programmier- und Löschfunktionen.

Beim Programmieren ist der Ablauf zunächst identisch zum Lesen, nur schließt sich an den Befehl die Übertragung der 8 bzw. 16 Datenbits von dem Controller zum Chip an. Nach dem letzten Bit beginnt der Speicher mit dem internen Programmierzyklus. Von einem Zeitgenerator und einer Logik gesteuert, erfolgt das Einschreiben der Daten in die Speicherzellen völlig selbständig. Während dieser Zeit, die maximal 20 ms lang ist, kann auf den Speicher nicht zugegriffen werden. Deshalb geht der RDY/BUSY- Ausgang auf Low und signalisiert dem Controller diesen Zustand. Mit der Low-High-Flanke sind alle Zugriffe wieder erlaubt. Wird dieser Ausgang mit einem flankengetriggerten Eingang am Controller verbunden, ist der Abschluß der internen Arbeit im Speicher mittels Interrupt leicht erkennbar. Aber auch durch bloßes Abfragen der Leitung kann sich der Controller informieren. Ist für diese Statusleitung kein Pin mehr frei, steht noch der BUSY MONITOR-Befehl zur Verfügung. Hierbei meldet der Speicher über die Datenausgangsleitung DO den Zustand der internen Funktion. Allerdings benötigt diese Abfrage wieder einen Kommunikationszyklus mit 16 Takten, wobei der Inhalt der Adreßbits unbedeutend ist. Ebenso wie das Schreiben geschieht auch das Gesamtspeicherlöschen per Befehl. Dafür benötigt der Speicher wieder eine gewisse Zeit (max. 20 ms) für die Ausführung. Doch solche Zeiten sind typisch für elektrisch löschbare Speicher.

Nach der Vorstellung dieser Sonderform von Speichern, die man im Zusammenhang mit Mikrocontrollern öfters findet, zeigt das nächste Kapitel einen anderen Typ, der ebenfalls in Spezialanwendungen eingesetzt wird.

Dual Port RAM

Neben Speichern zur Aufbewahrung von Programmen, Konstanten und Daten setzt man eine besondere Form von Speichern auch zur Kopplung von Controller- oder Prozessorsystemen ein. Diese Speicher heißen Dual Port RAMs, haben meistens nur relativ wenig Speicherkapazität, dafür aber zwei getrennte Daten-/Adreß-/Steuer-busse. Werden mit solch einem Spezialbauelement zwei Systeme verbunden, so stellt sich dieser RAM in jedem dieser Systeme wie ein ganz normaler Speicher dar. Da aber beide Seiten auf die Speicherzellen zugreifen können, lassen sich Daten so sehr elegant und einfach von einem System an das andere übergeben.

Wie die Abbildung zeigt, ist das eigentliche Speicherarray mit je zwei Adreßdeko-dern zur Auswahl der Speicherzellen, zwei Ein- und Ausgabeverstärkern und je zwei Chip-Select- und Schreiblogiken ausgerüstet. Damit besitzt der RAM zwei komplette Speicherschnittstellen, mit denen er in je ein Mikrocontrollersystem ein-gebunden ist. Der Sinn dieser Anordnung besteht darin, daß jeder Controller über diesen Speicher verfügen kann. Für jeden von ihnen ist es ein ganz normaler RAM zum Dateneinschreiben und Datenauslesen. Wenn beide Systeme aber auf die glei-chen Zellen zugreifen können, ist der Datenaustausch damit gewährleistet. Auf ein Problem muß allerdings noch hingewiesen werden. Für die beiderseitigen Zugriffe auf den Speicher gibt es einen Problemfall. Es ist verständlicherweise nicht möglich, zur selben Zeit auf ein und dieselbe Speicheradresse schreibend zuzugreifen. In diesem Fall wäre das Ergebnis der Operation unbestimmt. Um diesen Fehler zu vermeiden, besitzen Dual Port RAMs eine Arbitrations-Logik, die dafür sorgt, daß die Seite das Vorrecht für den Zugriff bekommt, die zuerst mit dem Schreiben begonnen hat. Der jeweils anderen Seite wird über ein /BUSY-Signal mitgeteilt, daß gewartet werden muß. Controller, die über einen WAIT-Eingang verfügen, können dieses Signal verwenden, um den »erfolglosen« Schreibbefehl so lange zu verlän-gern, bis die andere Seite mit dem Schreiben fertig ist. Ist ein WAIT-Eingang nicht vorhanden, muß der Controller auf eine andere geeignete Weise von dem Fehlschlag informiert werden.

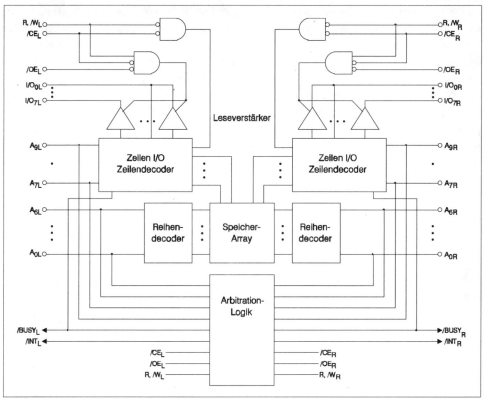

Abbildung 1.107: 1Kx8 CMOS Dual Port SRAM

In allen Fällen ist es die Aufgabe der Software, diesen gemeinsamen Speicher sinnvoll zur Systemkopplung einzusetzen. In dem folgenden Abschnitt wird die Kopplung zweier Controllersysteme über einen Dual Port RAM an einer konkreten Schaltung vorgestellt. Am Beispiel einer Anschlußbaugruppe eines elektronischen Antriebssystems an einen Feldbus oder Sensor-/Aktorbus ist das Prinzip zu sehen. Doch zunächst ein kurzer Blick auf einen Drehstromantrieb mit Frequenzumrichter. Das Prinzip dürfte bekannt sein. Aus der Netzeingangsspannung erzeugt ein Gleichrichter eine Gleichspannung, die Zwischenkreisspannung. Diese wird nun elektronisch gesteuert und mit gewünschter Frequenz und Amplitude an den Motor weitergeleitet. Elektronische Leistungsschalter wie Transistoren oder IGBTs schalten die Gleichspannung abwechselnd auf die drei Wicklungen des angeschlossenen Drehstrommotors, die Dreiphasenspannung ist damit wieder hergestellt. Nun ist aber dieses Vorgehen erst einmal nicht gleich verständlich. Wo liegt der Vorteil, wenn man aus einer Wechselspannung eine Gleichspannung und danach wieder eine Wechselspannung bildet? Ganz einfach – die Ausgangsspannung kommt mit konstanter Frequenz und konstantem Wert vom Stromnetz. Damit ist die Drehzahl, die Leistung und das Drehmoment eines direkt am Netz angeschlossenen Motors nicht beeinflußbar. Da nun aber ein solcher Umrichter zunächst eine Gleichspannung bildet und diese dann in eine Wechselspannung mit wählbarer Frequenz und Amplitude zurückverwandelt, sind diese Größen sehr gut steuerbar. Die Rückverwandlung erfolgt durch die elektronischen Leistungsschalter, die mittels eines Pulsmusters sinusförmige Spannungen und Ströme erzeugen. Die Grafik zeigt das Prinzip.

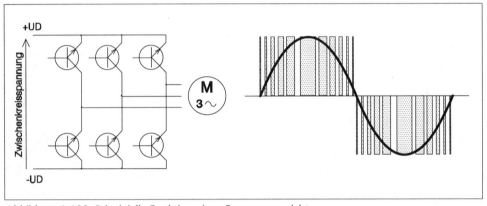

Abbildung 1.108: Prinzipielle Funktion eines Frequenzumrichters

Neben der Ansteuerung der Leistungsstufen hat der Prozessor natürlich noch viel mehr zu tun. So ist der gesamte Prozeß der Pulsmustergenerierung eingebettet in umfangreiche Programme, die für den Betrieb und die Überwachung des Umrichters verantwortlich sind. Man kann sich leicht vorstellen, daß trotz eines leistungsstarken Prozessors viel Rechenzeit für diese Aufgaben benötigt wird und daß alle diese Programme strengen Echtzeitforderungen unterworfen sind. Dadurch ist es einem Prozessor kaum möglich, noch eine weitere Aufgabe zu übernehmen, die ebenso mit eigenen harten Zeitbedingungen verbunden ist. Am Beispiel des Umrichters mit einer Schnittstelle zu einem Feldbus handelt es sich um zwei unterschiedliche Aufgaben, die alle den Prozessor voll fordern können. Die Lösung des Problems ergibt sich durch die Aufteilung der Aufgaben auf zwei Systeme, die per Dual Port RAM gekoppelt sind. Der Prozessor A ist das Kernstück des digitalen Frequenzumrichters, Controller B wirkt im Zusammenhang mit einigen wenigen anderen Bauelementen als Bus-Controller. Beide haben ihre eigene Software und arbeiten völlig getrennt voneinander. Aufgabe des Prozessors ist die Ausführung der Antriebsfunktionen. Der Controller B übernimmt die Verwaltung und Kommunikation über den Feldbus. Die Übertragung auf dem Bus geschieht dabei nach einem seriellen Verfahren. Auf den untersten Ebenen des Protokolls arbeitet ein spezieller BUS-Controller. Wie schon bei der Vorstellung von Mikrocontrollerkopplungen beschrieben, sind bei den meisten Bussystemen die eigentlichen Daten in eine ganze Reihe von Verwaltungs- und Sicherungsinformationen eingebettet. Um daraus wieder die benötigten Netto- daten zu gewinnen, werden bei schnellen Bussystemen spezielle BUS-Controller eingesetzt. Diese übernehmen verständlicherweise auch die Datenwandlung in die entgegengesetzte Richtung, also von der Nettodatenebene auf die Bus-Ebene. Durch die Arbeit dieser Spezialbauelemente wird das angeschlossene Controllersystem von den Aufgaben auf den untersten Übertragungsebenen entlastet.

Der Controller B sorgt mit seiner Software für die Umsetzung der über den Bus kommenden Informationen und Befehle in eine Form, die der Umrichter verstehen kann. Daneben wandelt er umrichterinterne Werte und Daten in vereinbarte Forma- te, die sich für diesen Feldbus aus dem Profil ergeben. Diese Konvertierungen bilden die Grundlage für den Anschluß verschiedenster Geräte an einen Bus und für die problemlose Verständigung untereinander. Unabhängig davon, wie die Einzelteil- nehmer bestimmte Werte intern verwenden, sind auf dem Bus alle Größen gleich. Damit kommt auf den Controller B eine wichtige und umfangreiche Aufgabe zu, die zwangsläufig die Abspaltung von den geräteinternen (umrichterinternen) Funktio- nen verlangt. Durch den Dual Port RAM lassen sich beide Funktionen voneinander trennen, und nur die für den jeweils anderen Partner bestimmten Informationen werden über gemeinsame Speicherplätze ausgetauscht. Vereinbarungen bei der Pro- grammgenerierung sorgen dafür, daß auf beiden Seiten gleiche Werte und Funktio- nen auf gleichen Adressen liegen. Dieses Prinzip ist die Grundlage aller Anwendun- gen mit Dual Port RAMs. Die Grafik zeigt das Blockbild und einige Details dieser Kopplung.

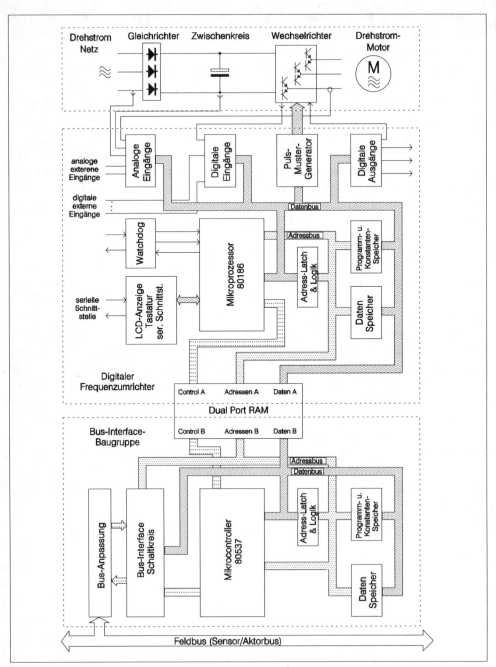

Abbildung 1.109: Blockbild Frequenzumrichter-Businterface

1.7.5 Peripherie-Erweiterungen – I/O-Ports

Nicht nur der Speicher eines ansonsten optimal in eine Anwendung passenden Controllers kann zu klein sein, auch bei den I/O-Ports ist der Bedarf manchmal größer als der Hersteller dies durch die Ausrüstung vorgesehen hat. Besonders häufig wird so ein Mangel sichtbar, wenn der Speicherbereich zusätzlich erweitert werden muß und dafür normale I/O-Pins benutzt werden. Für genau diese Fälle gibt es eine riesige Zahl an Erweiterungsschaltkreisen, die, an den Controller in unterschiedlicher Weise angeschlossen, dessen I/O-Kanäle vervielfachen. Generell handelt es sich dabei immer um Register mit parallelen Ein-/Ausgängen. Unterschiede gibt es nur in der Ankopplung an den Controller. Die folgenden drei Verfahren sind dabei am häufigsten anzutreffen.

Nutzung des externen Adreßraums

Die Einbindung in den externen Adreßraum ist eines der Verfahren zur Erweiterung. Es läßt sich immer dann anwenden, wenn der Controller solch einen externen Bereich ansprechen kann. Das zusätzliche I/O-Port-Register wird an den externen Adreß-, Daten- und Steuerbus angeschlossen und genau wie ein externer Speicherplatz verwendet. Dieses Verfahren bietet sich besonders an, wenn der externe Bus schon wegen einer Speichererweiterung vorhanden ist oder wenn der Zuwachs an zusätzlichen I/O-Funktionen die controllereigenen Möglichkeiten bedeutend überschreitet. Die Grafik zeigt das Prinzip.

Über eine entsprechende Logik werden aus den üblichen Speicherzugriffen des Controllers die Ansteuersignale für die Register gebildet. Für die Ausgabe nutzt man in der Regel Register mit Latchfunktion ohne Tri-State-Ausgänge. Um Daten auszugeben, muß aus dem Schreibbefehl des Controllers und der gewünschten Adresse ein Strobe-Impuls für das Register gebildet werden. Die beim Schreiben auf dem Datenbus liegenden Werte gelangen so in das Register und von dort an die Ausgänge.

Bei den Eingangsfunktionen lassen sich Register oder nur ganz einfache Treiberschaltkreise verwenden. Wichtig ist hier nur, daß sie mit Tri-State-Ausgängen versehen sind, so daß ihre Daten nur bei Aufforderung von der MCU auf den Bus gelangen. Soll gelesen werden, so wird aus der Adresse und dem Lesesignal der MCU in einer Logik ein Freigabesignal erzeugt und damit der Treiber oder das Register durchgeschaltet. Von außen anliegende Daten können so über den Datenbus vom Controller gelesen werden.

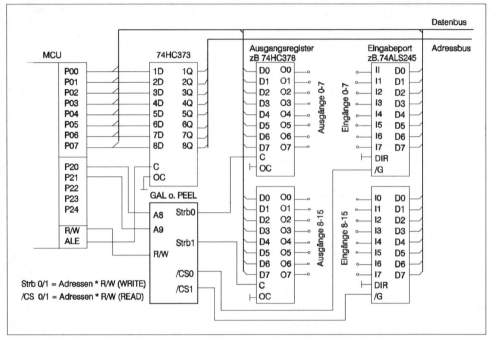

Abbildung 1.110: I/O-Port-Erweiterung über externen Adreßraum

Ein typischer Erweiterungsschaltkreis, der mit einem derartigen Verfahren arbeitet, ist der Port-Replacement-Schaltkreis der Motorola MC68HC11-Familie. Dieses ASIC wird in Kapitel 2 näher vorgestellt.

Nutzung eines externen »Pseudo«-Datenbusses

Steht kein externer Bus zur Verfügung, da der Controller diese Funktion nicht unterstützt oder weil keine Ports dafür verwendet werden sollen, sieht man häufig ein anderes Verfahren. Ein gewöhnliches I/O-Port wird zu einem »Pseudo«-Datenbus umfunktioniert, an dem dann die Register der Erweiterung angeschlossen sind. Über einige zusätzliche Ausgangssignale eines anderen Ports werden Strobe-Signale für die Register und Freigabesignale für Eingaberegister/Treiber gebildet. Im einfachsten Fall ist dazu je ein Pin des Controllers notwendig. Soll hier aber mit Portleitungen gespart werden, so setzt ein einfacher Dekoder diese Signale um und erzeugt die nötige Anzahl Strobe-Signale. Die nachfolgenden Beispiele zeigen verschiedene Varianten.

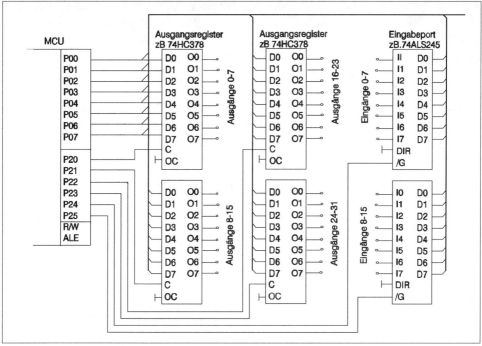

Abbildung 1.111: I/O-Erweiterung über Pseudo-Bus ohne Dekoder

In dieser Version verbraucht jedes Register eine zusätzliche Ausgangsleitung, die von einem weiteren Controllerport bereitgestellt werden muß. Das kann ein Nachteil sein, denn so gehen noch weitere Signale für I/O-Zwecke verloren. Dafür ist sie aber die preiswerteste Lösung. Allein durch die Verwendung von zwei 8-Bit-Ports lassen sich acht zusätzliche 8-Bit-Ports gewinnen. In dem dargestellten Beispiel gehören zu den I/O-Erweiterungen folgende Steuerwerte am Port 2:

Port 2						I/O-Erweiterung
Bit 5	Bit 4	Bit 3	Bit 2	Bit 1	Bit 0	
1	1	1	1	1	0	Ausgaberegister 0–7
1	1	1	1	0	1	Ausgaberegister 8–15
1	1	1	0	1	1	Ausgaberegister 16–23
1	1	0	1	1	1	Ausgaberegister 24–31
1	0	1	1	1	1	Eingaberegister 0–7
0	1	1	1	1	1	Eingaberegister 8–15

Tabelle 1.9: Steuerworte an Port 2

Sollen sowohl Ein- als auch Ausgangsfunktionen hinzugefügt werden, muß das »Pseudo«-Datenbus-Port bidirektional arbeiten können. Das Ausschreiben eines Wertes auf ein Zusatzregister, z. B. ein Register mit den Ausgängen 0–7, erfordert dann eine Programmsequenz, die dem folgenden Aufbau ähnelt:

◆ Ausgabe der Daten auf das »Pseudo«-Datenbus-Port

◆ Ausgabe des Bitmusters zur Strobesignalerzeugung. Ist der benötigte Schreibimpuls zum Beispiel Low-Aktiv, so wird auf das »Steuer«-Port zunächst ein Wert ausgegeben, bei dem alle Bits, bis auf das entsprechende Bit, auf dem Pegel 1 stehen. Anschließend muß der Impuls wieder weggenommen werden. Das geschieht durch eine erneute Ausgabe auf das »Steuer«-Port, allerdings jetzt mit dem Wert \$FF.

Bei einem Controller mit im Registerfile liegenden Portregistern könnte diese Sequenz folgendermaßen aussehen:

ST_bit_A	EQU 0000 0001B	Bit 0 = Strobe-Impuls für externes Ausgaberegister 0–7,
MOV	Port0,#Daten	Die Ausgabedaten werden auf den Pseudo-Datenbus gelegt,
ANL	Port2,NOT ST_bit_A	Das Strobebit des externen Ausgaberegisters ist 0,
ORL	Port2,ST_bit_A	Das Strobebit geht wieder nach 1, die Daten sind eingeschrieben und werden ausgegeben,

Bei der Eingabe ist der Vorgang ähnlich, nur wird hier zunächst das gewünschte Register aktiv geschaltet, so daß seine Eingangsdaten auf den »Pseudo«-Bus gelangen. Von dort liest sie der Controller dann über seinen Port.

CS_bit_E	EQU 0001 0000B	Bit 4 = CS-Signal für externes Eingabeport 0–7. Port 0 muß auf Eingabe programmiert sein!
ANL	Port2,NOT CS_bit_E	Der externe Treiber wird freigegeben.
MOV	Wert,Port0	Die am Port 0 liegenden Daten vom externen Eingang 0–7 werden gelesen und auf den Registerplatz WERT geschrieben.
ORL	Port2,CS_bit_E	Der externe Treiber ist wieder gesperrt, danach kann Port 0 wieder beliebig als Eingang oder Ausgang arbeiten.

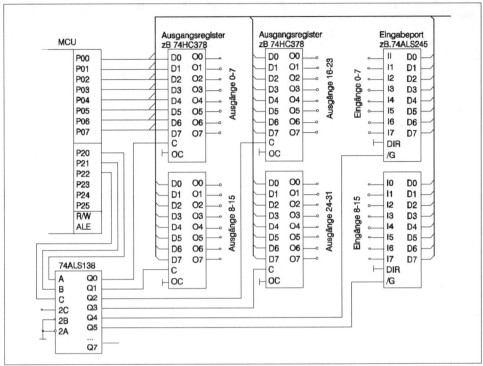

Abbildung 1.112: I/O-Erweiterung über Pseudo-Bus mit Dekoder

Dieses Verfahren wird immer dann eingesetzt, wenn die Zahl der benötigten Erweiterungsregister groß ist, jedoch bei der Zahl der »Steuer«-Signale gespart werden muß. Die Ansteuerung gleicht der ohne Dekoder, nur daß die Steuerinformation kodiert an das »Steuer«-Port ausgegeben werden. Die einzelnen Register reagieren auf die folgenden Daten am Port 2:

Port 2			I/O-Erweiterung
Bit 2	Bit 1	Bit 0	
0	0	0	Ausgaberegister 0–7
0	0	1	Ausgaberegister 8–15
0	1	0	Ausgaberegister 16–23
0	1	1	Ausgaberegister 24–31
1	0	0	Eingaberegister 0–7
1	0	1	Eingaberegister 8–15

Tabelle 1.10: Register

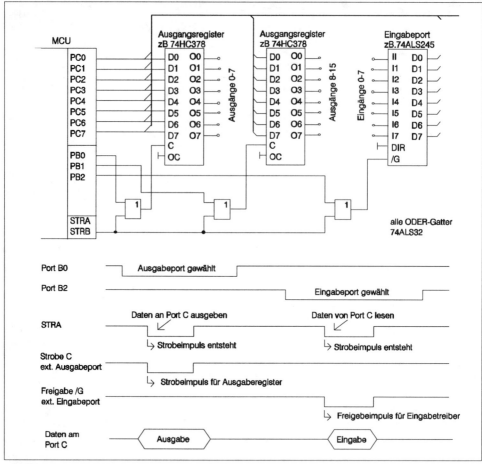

Abbildung 1.113: I/O-Erweiterung mit Dekoder und Handshakesignal

Ein Problem bei allen beiden zuvor genannten Methoden ist der recht hohe Aufwand zur Ansteuerung der externen Register. Dabei läßt sich die Bauelementeanzahl durch Verwendung von programmierbaren Logikschaltkreisen, sogenannten GALs, PEELs …, reduzieren, auf den Aufwand bei der Software hat das keinen Einfluß. In beiden Fällen erzeugt eine Befehlssequenz den nötigen Strobe-Impuls. Besitzt der Controller aber ein Port, das über eine Ausgabe-Handshake-Funktion verfügt, so läßt sich die Ansteuerung wesentlich vereinfachen. Hier der Ablauf in Stichpunkten:

◆ Ausgabe der »Adresse« des gewünschten Registers über das »Steuer«-Port an den Dekoder (dessen Ausgänge sind aber noch gesperrt!).

◆ Ausgabe der Ausgabedaten an das Datenport. Dabei erzeugt die Portlogik einen Strobeimpuls, der den Dekoder aktiv schaltet und damit das spezielle Register anspricht.

Welches der verschiedenen Verfahren genutzt wird, hängt immer von den Anforderungen ab. Sind die Erweiterungen nur geringfügig, und sollen die Kosten minimal ausfallen, so wird man sich für eine Variante ohne Dekodierung entscheiden. Muß allerdings mit den Ports gehaushaltet werden, so ist der Dekoder die bessere und zum Teil einzige Lösung. Die Version mit Handshake ist praktisch nur eine Funktionsverbesserung und kann sowohl bei der Dekodervariante als auch bei der einfachen Variante eingesetzt werden. Häufig besitzen selbst einfachste Register zwei Steuereingänge, die dann die Möglichkeit bieten, an einem das Signal zur Registerauswahl und an dem anderen den Strobeimpuls der Handshake-Steuerung anzuschließen.

Verwendung serieller Übertragungsverfahren zu Peripheriebausteinen

Bei den beiden eben vorgestellten Verfahren wurden die Daten, die von dem Erweiterungs-Registern, ausgegeben bzw. von diesem eingelesen werden sollen, parallel in der vollen Breite des Ports an die Register übertragen. Eine 8-Bit-Ausgabe-/Eingabeerweiterung benötigte mindestens ein 8-Bit-Port des Controllers für die Daten und dann weitere Signale für die Selektierung und Aktivierung der Zusatzregister.

Anders bei diesem Verfahren – hier werden die Daten seriell in die Register übertragen, und von dort dann parallel ausgegeben. Umgekehrt gelangen parallele Informationen über einen seriellen Kanal zur CPU. Für die Übertragungsverfahren gibt es einen Reihe häufig verwendeter Varianten. Die einfachste, aber auch die schnellste, ist die synchrone Übertragung. Viele moderne Controller besitzen ein entsprechendes Interface, das den Namen Serial Periphery Interface, SPI, trägt. Im Kapitel über die seriellen Schnittstellen ist dieses Modul genauer vorgestellt worden, und Kapitel 2 zeigt als Beispiel das SPI des MC68HC11.

Das Grundprinzip dieses Verfahrens basiert auf der Kopplung von Schieberegistern. Eines befindet sich im Controller, ein anderes im externen Ausgaberegister. Per Takt von der CPU, die dabei als Master wirkt, wird der Inhalt aus deren Schieberegister zum externen Modul, dem Slav,e geschoben. Dort seriell eingeschoben, stehen die Daten dann wieder parallel zur Verfügung. Nach diesem Prinzip funktionieren viele Peripherieschaltkreise, nicht nur I/O-Ports. Die Grafik zeigt als Beispiel einen 12-Bit-AD-Wandler, der über eine 3-Drahtleitung mit dem Controller verbunden ist.

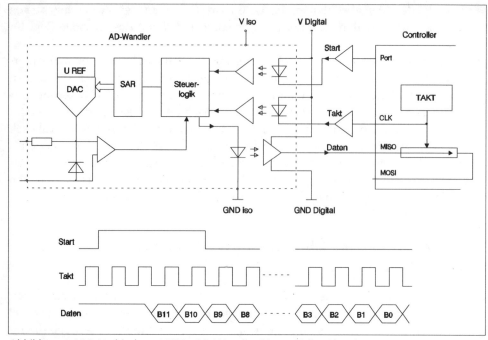

Abbildung 1.114: Verbindung MCU - AD-Wandler über seriellen Kanal

Auf dieser Basis lassen sich ganze Bus-Systeme, sogar Multicontrollerstrukturen erstellen. Etwas modifiziert ist das Verfahren bei dem hauptsächlich in der Audio- und Videotechnik eingesetzten I^2C-Bus und beim SBUS. Bei beiden werden zusätzlich zu den Daten noch Adreß- und Steuerinformationen transportiert, die dann einen richtigen Protokollrahmen bilden. Die Blöcke sind nicht auf standardmäßig 8 Datenbits begrenzt, sondern sind flexibel, je nach Kommunikationspartner. Aber auch dazu mehr im Kapitel »Serielle Schnittstellen«.

Peripherie-Erweiterungen – A/D- und D/A-Wandler

A/D-Wandler

Viele Mikrocontroller sind mit sehr leistungsfähigen A/D-Wandlern ausgerüstet, doch in einigen Fällen reicht deren Wandlerbreite und Genauigkeit nicht aus, so daß manchmal auf externe Bauelemente zurückgegriffen werden muß. Die Vielfalt der hier angebotenen Typen ist nahezu unüberschaubar groß. Die Wandlungsbreiten beginnen bei 8 Bit und enden derzeit im Standardmarktbereich bei 12/14 Bit. Es gibt Versionen mit einem Kanal, aber auch solche mit 16 Kanälen mittels eingebautem

Multiplexer. Manche benötigen noch eine vorgeschaltete Sample & Hold-Schaltung, andere haben diese Funktion schon mitintegriert. Ebenso unterschiedlich sind die Schnittstellen zum Controller. Bei vielen muß eine zusätzliche Hardware für die Übermittlung eines 10-, 12- oder 14-Bit Ergebnisses eingesetzt werden, da der Wandler dieses auf einmal parallel ausgibt. Mehr und mehr sind aber Wandler auch auf einen 8-Bit-Bus zugeschnitten und lassen ein sequentielles Lesen zu. Selbst die Steuersignale sind zum Teil auf übliche Mikroprozessoren und Mikrocontroller abgestimmt und bilden deren Timing nach, so daß sie sich wie Speicher am externen Bus verhalten. Neben dem parallelen Interface findet man aber immer häufiger serielle Schnittstellen, die hervorragend zu dem synchronen Verfahren der bei Controllern üblichen SPI-Module passen. In der folgenden Zusammenstellung sind zwei Wandler der Firma MAXIM zu sehen.

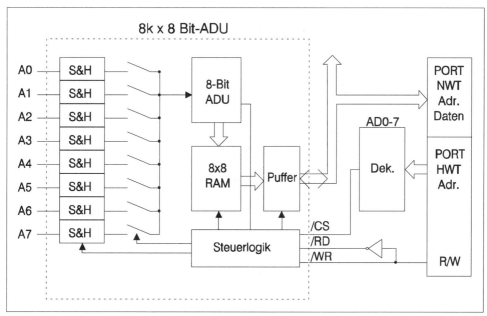

Abbildung 1.115: 8 Kanal x 8-Bit-A/D-Wandler MAX155

Dieser Wandler zeichnet sich nicht durch die Wandlerbreite aus. Was ihn so interessant macht, sind seine jedem Kanal zugeordneten internen Sample & Hold-Schaltungen, die alle gleichzeitig analoge Signale aufnehmen können. Das ist ein entscheidender Vorteil, denn oft müssen mehrere Analogsignale zu einem völlig gleichen Zeitpunkt gemessen werden. Mehrkanalige Wandler mit einer Sample & Hold-Schaltung zwischen Multiplexer und Wandler können die Kanäle nur nacheinander aufnehmen. Damit sind alle Meßwerte zeitlich um die Wandlerumsetzzeit versetzt. Dieser Wandler aber speichert alle 8 Analogsignale und setzt sie anschließend nacheinander um. Die Ergebnisse kommen nach der Wandlung in einen ebenfalls internen 8×8 Bit-Dual-Port-RAM. Von hier können sie dann vom Controller zeitunabhängig gelesen werden.

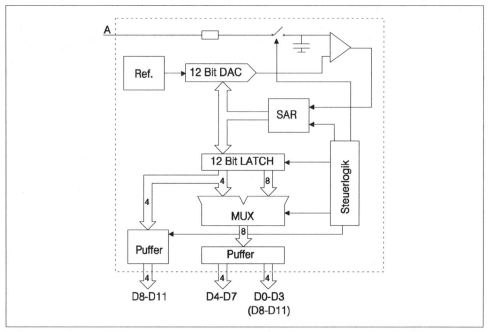

Abbildung 1.116: 12-Bit-AD-Wandler MAX 163/164/167

Eine 12-Bit-Wandlung ohne 8-Bit-Datenport führt zu dem Problem, die Ergebnisdaten dem Controller über den 8-Bit-Bus zuzuführen. Der hier gezeigte Wandler bietet aber die Möglichkeit, die niederwertigen 8 Bit und die höherwertigen 4 Bit getrennt und nacheinander zu lesen. Damit ist die Anbindung an alle 8-Bit-Systeme problemlos möglich. In einer weiteren Betriebsart lassen sich aber auch alle 12 Bit auf einmal parallel ausgeben, falls das zum Beispiel bei einem 16-Bit-Bus gewünscht ist.

D/A-Wandler

Gehören A/D-Wandler nahezu zur Grundausstattung von modernen Mikrocontrollern, so ist ihr Gegenstück, der D/A-Wandler, kaum auf den Chips anzutreffen. In den meisten Fällen, in denen ein Mikrocontroller eingesetzt ist, werden analoge Prozesse mit digitalen Signalen gesteuert. Ein Elektromotor, der als analogen Wert eine bestimmte Drehzahl abgibt, kann mittels pulsweitenmodulierten, also digitalen Signalen betrieben werden. Das ist nur ein Beispiel, doch es zeigt das Hauptprinzip der analogen Signalausgabe von Controllern. Ihre analogen Ausgangswerte erzeugen sie durch Impulsweiten-/Impulspausenmodulation. Über Vor- und Nachteile dieses Verfahrens lesen sie bitte weiter vorn in Kapitel 1. An dieser Stelle soll es um die Fälle gehen, bei denen ein analoger Wert nach einem parallelen Verfahren erzeugt wird. Das Prinzip ist einfach und allgemein bekannt. Daher nur kurz zur Erinnerung: Entsprechend der binären Wertigkeit des zu wandelnden Digitalwertes werden gewichtete Ströme in einem Summenpunkt eingespeist und verstärkt oder in eine Spannung gewandelt ausgegeben. Die Wichtung der Ströme geschieht im allgemeinen durch R-2R-Widerstandsnetzwerke.

Der Aufwand für solche Wandler steigt mit den Anforderungen an die Genauigkeit, so daß sie selten in Mikrocontrollern anzutreffen sind. Als externe Erweiterung haben sie jedoch eine größere Verbreitung. Die Grafik zeigt einen typischen Vertreter moderner D/A-Wandler, der mit seiner seriellen Schnittstelle ideal zu den SPI-Ports der Mikrocontroller paßt (Firma MAXIM).

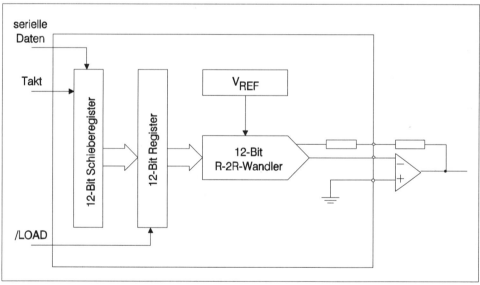

Abbildung 1.117: 12-Bit-D/A-Wandler mit serieller Schnittstelle MAX543

1.7.6   Anzeigebaugruppen

Neben all den Bauelementen zur Datenein- und Ausgabe ist bisher eine große Gruppe noch nicht genannt worden, und dabei liefert sie oft den einzigen Hinweis auf das versteckte Arbeiten eines Mikrocontrollers in einem Gerät. Es handelt sich um die Anzeigemodule, die eine große Bedeutung für die Schnittstelle Elektronik – Mensch haben. Immer wenn es darum geht, daß ein Gerät manuell bedient, kontrolliert oder überwacht werden muß, kommt man ohne Anzeigemodule nicht aus. Auch hier ist das Spektrum sehr groß. Es beginnt bei kleinen Treiberschaltkreisen für 7-Segment-LED-Bausteine und endet bei Anzeigecontrollern für LCD-Displays mit VGA-Auflösung.

Hier nun einige Beispiele. Zu Beginn eine Anzeigeform, die man häufig in Computerterminals, Kassen, Meßgeräten, Telefonen und ähnlichen Geräten antrifft. Sie ist sofort an der zeilenweisen Anordnung von alphanumerischen Zeichen zu erkennen. Meistens besitzt eine derartige Anzeige 1 bis 4 Zeilen mit bis zu 40 Zeichen in einer Zeile. Das einzelne Zeichen ist aus einer Matrix von Punkten zusammengesetzt. Bei einer Matrix von 5×7 Punkten lassen sich praktisch alle gewünschten Zeichen mit einer ausreichenden Auflösung darstellen. Zwischen den einzelnen Zeichenpositionen ist jeweils ein gewisser Zwischenraum, so daß eine Grafikdarstellung mit diesen Anzeigen nicht möglich ist. Hier liegt auch der entscheidende Unterschied zu alphanumerischen und grafischen Displays. Die Einzelzeichen sind in ihrer Gestalt in einem anzeigeinternen Zeichengenerator fest vorgeschrieben. Nur in Ausnahmefällen sind einige Zeichen vom Anwender frei programmierbar und können vom angeschlossenen Controller in die Anzeige »runtergeladen« werden. Ansonsten muß mit den vorgegebenen Mustern gearbeitet werden. Daraus ergibt sich auch der typische Einsatzbereich in Klartextanzeigen mit begrenzter Textmenge. Trotz der eingeschränkten Zeichenanzahl besitzt eine 2-zeilige Anzeige mit 20 Zeichen pro Zeile und einer 5x7-Punktmatrix eine Gesamtpunktezahl von $2 \times 20 \times 5 \times 7 = 1400$ Punkte. Bei dieser Zahl wird sofort verständlich, daß eine Ansteuerung nur mit einer anzeigeeigenen Hardware sinnvoll ist. Diese besteht in der Regel aus einem Mikrocontroller, einem Zeichengenerator, einem Datenspeicher, Treibern und der eigentlichen Anzeige. Zeichengenerator und RAM sind in dem Controller untergebracht, bei kleinen Anzeigen zum Teil auch die komplette Ansteuerung. Bei größeren Anzeigen werden jedoch spezielle Treiberschaltkreise benutzt, die aus einem Schieberegister, einem Latch und den eigentlichen Ausgangstreibern bestehen. Der Controller spricht diese Schaltkreise über ein SPI-ähnliches Interface an und schiebt die Pixel-Information einer kompletten Zeichenzeile seriell in alle Treiber. Über einen Zeilentreiber wird dann die entsprechende Pixel-Zeile aktiviert. Die Grafik zeigt das Prinzip.

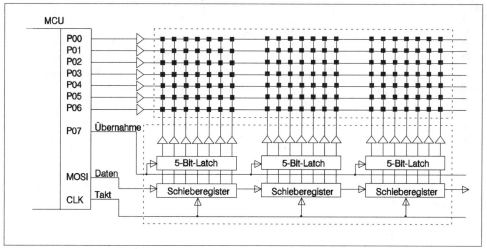

Abbildung 1.118: Punkt-Matrix-Ansteuerung

Die eigentliche Anzeige kann nach verschiedenen Prinzipien arbeiten. Veraltet sind sogenannte LED-Punkt-Matrix-Anzeigen. Bei ihnen bestanden die einzelnen Punkte aus winzigen LEDs, die aber einen viel zu großen Strom verbrauchten. Ihr Vorteil war allerdings funktionsbedingt ihre Selbstleuchteigenschaft. Ansonsten aber wurden diese Anzeigen bald schon von den LCD-Anzeigen verdrängt, denn bei diesen ist der Leistungsverbrauch nahezu Null. Dafür muß aber für eine Zusatzbeleuchtung gesorgt werden, wenn das Umgebungslicht wegfällt oder der Kontrast zu gering wird. Diesen Nachteil beseitigen die Fluorescent-Anzeigen. Ihr Stromverbrauch ist zwar höher als bei LCD-Anzeigen, dafür sind sie selbstleuchtend und für einen weiten Temperaturbereich geeignet. Diese Anzeigen sind in vielen Fällen der goldene Mittelweg. In der folgenden Abbildung ist der Aufbau eines kompletten Anzeigemoduls einschließlich der Kopplung an einen Controller zu sehen.

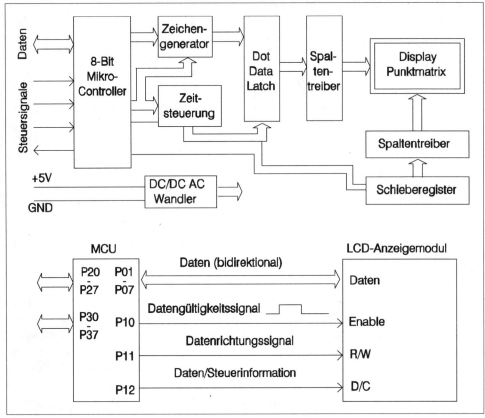

Abbildung 1.119: Prinzipieller Aufbau eines LCD-Anzeigemoduls

Neben diesen »einfachen« Anzeigen gibt es auch Vollgrafik-Displays mit einer Auflösung bis zu 1024×768 Bildpunkten. Hier findet man nur noch LCD- und TFT (Thin Film Transistor)-Anzeigen. Fast jeder Laptop oder jedes Notbook ist mit einer derartigen Anzeige ausgerüstet. Auch Farbversionen sind auf dem Markt und gestatten eine Darstellung wie auf einem herkömmlichen Monitor. Bei diesen Anzeigen kommen Spezial-Grafikcontroller als zentrales Ansteuer-IC zum Einsatz. Häufig ist aber die Ansteuerung auch getrennt in einen Teil, der unmittelbar auf dem Display mitintegriert ist und einen zweiten Teil, der, abgesetzt von der Anzeige, die Ansteuerung und den Anschluß an den Rechnerbus realisiert.

Zwischen den beiden Extremen, der einfachen Zeilenanzeige mit ihrem festen Zeichensatz und dem farbfähigen Vollgrafikdisplay, gibt es eine riesige Anzahl von Zwischenlösungen. Die Anbindung an die Computer- oder Controllersysteme ist aber bei allen ziemlich ähnlich. Bei den Zeilenanzeigen hat sich schon eine Art Standard herausgebildet. Viele, auch unterschiedliche Hersteller verwenden den gleichen Anzeigecontroller und damit den gleichen Befehlssatz. Auch serielle Schnittstellen sind auf dem Markt. Einige besondere Controllermodule gestatten die Ansteuerung über eine Normschnittstelle (RS 232) wie bei einem normalen Terminal. Dabei werden ganze Anzeigeeinheiten mit Folientastaturen als selbständige Einheiten angeboten. Das Prinzip der Dezentralisierung ist besonders bei den Anzeigen und Bedienorganen sehr stark zu spüren, denn in vielen Einsatzfällen im Maschinen- und Anlagenbau sind Bedienort und Funktionsort nicht identisch. Hier sind intelligente Terminals gefragt, die mit Mikrocontrollern optimal zu realisieren sind. Doch damit kommen wir in Bereiche, die mit Peripherieerweiterungen im Sinne des Kapitels nichts mehr zu tun haben.

1.7.7   Universelle Speicher-I/O-Peripheriebausteine

Die vorhergehenden Beispiele für Erweiterungen behandelten Speicher und Peripherie als getrennte Bauelemente. Das entspricht auch den üblichen Anwendungen, denn meistens greifen Entwickler auf die Einzellösungen EPROM, RAM und I/O-Ports zurück. Das ist auch sicher immer dann die beste Lösung, wenn zum Beispiel nur die internen Speicher oder nur die Zahl der Schnittstellen aufgestockt werden sollen. Wenn es jedoch wie in vielen Fällen an beiden Komponenten fehlt, dann sind sogenannte Universelle Speicher-I/O-Peripheriebausteine möglicherweise die bessere Lösung. Diese besonderen Bauelemente enthalten die verschiedensten Formen von Speichern, EPROMs, EEPROMs, OTP-ROMs und RAMS, weiterhin Ein-/Ausgabeports und die notwendige Steuerlogik zur Adressierung und zum Transport. Das Ziel dieser Bausteine ist es, den Aufwand für ein Controllersystem einschließlich Erweiterungen auf die Anzahl von 2 Bauelementen zu beschränken. Daß sich eine derartige Lösung im Preis bei der Großserie bemerkbar macht, ist sicher einleuchtend. Leider ist ihre Verbreitung aber noch nicht so weit fortgeschritten, wie es eigentlich ihrer Leistung entsprechen würde.

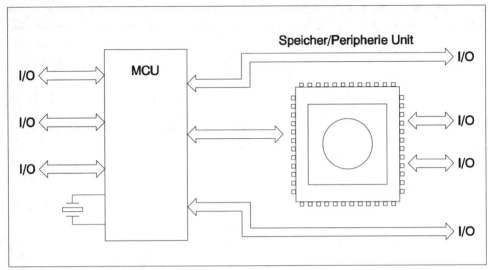

Abbildung 1.120: MCU + Speicher-I/O-Chip = Komplettsystem

Die Firma Waferscale Integration WSI bietet mit ihrer PSD-Familie (Peripheral System Devices) Bauelemente an, welche die am meisten verwendeten Zusatzkomponenten auf einem Chip vereinen. Das Besondere der PSD3XX ist die universelle Konfigurierbarkeit. Auf der Seite zum Controller bildet eine programmierbare Interfacelogik die Schnittstellen der gebräuchlichsten 8- und 16-Bit-Prozessoren und Controller, so z.B. der 8031/51, 8096, 80196, 68HC11, V25, V35, Z80, 80286, 68000 oder RISC-Prozessoren. Durch ebenfalls programmierbare Adreßdekoder lassen sich die Zusatzkomponenten beliebig im Adreßraum einordnen. Zusätzlich gestatten interne PLDs deren freie Konfiguration. Die Speichergrößen reichen bis zu 1MBit EPROM und 16KBit SRAM. Das sind je nach Busbreite bis zu 128 Kbyte EPROM und 2 Kbyte RAM. Mit auf dem Chip enthaltenen Ein-/Ausgaberegister stehen maximal 16 I/O-Signale zur Verfügung. Damit lassen sich die durch den externen Adreß-/Datenbus verlorengegangenen I/O-Leitungen des Controllers rekonstruieren. In der Abbildung ist der Grundaufbau eines PSDs der Firma Waferscale Integration WSI zu sehen.

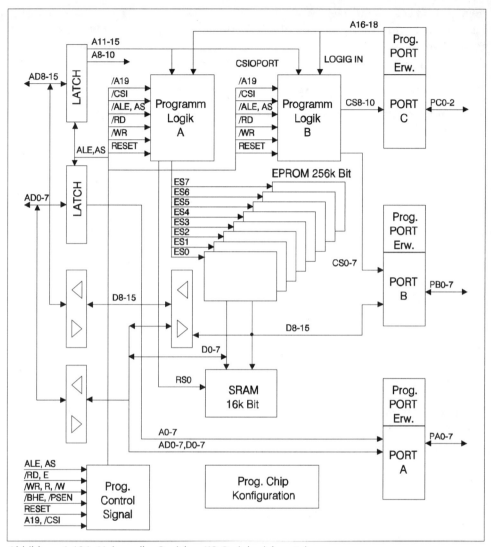

Abbildung 1.121: Universeller Speicher-I/O-Peripheriebaustein

Eine Low-Cost-Version stellt der PSD311 dar. Er ist ausschließlich für die Zusammenarbeit mit 8-Bit-Controllern und Prozessoren ausgelegt und wird in einem 44-Pin-Keramikgehäuse mit Fenster oder als OTP-Version im Plastikgehäuse geliefert. Mit einem einfachen Programmiergerät und einer speziellen Treibersoftware läßt er sich programmieren. Intern bietet er einen 32K×8 EPROM und einen 2K×8 SRAM. Durch die programmierbaren Adreßdekoder lassen sich die Speicher geschickt als gemappte Blöcke beliebiger Größe ansprechen. Das Interface zum Mikrocontroller ist 8 Bit breit und unterstützt gemultiplexte und nicht gemultiplexte Daten-/Adreß-busse. Die Steuersignale sind an die verschiedenen Controller anpaßbar. 19 individuell konfigurierbare I/O-Pins können als

◆ Mikrocontroller I/O-Port Expansion

◆ programmierbare Adreßdekoder-Ausgänge für weitere Speicher-/Peripherie-komponenten

◆ gelatchte Adreßausgänge (bei gemultiplexten Bussen)

◆ Open Drain oder CMOS-I/O-Pins verwenden.

genutzt werden.

Neben den schon am Anfang genannten Vorteilen bringt so ein Baustein auch einen Gewinn bezüglich der Stromaufnahme, des Platzbedarfs auf der Schaltung und nicht zuletzt Kostenvorteile durch geringeren Bestückungsaufwand. Ein leistungsfähiges Softwarepaket, das vom Hersteller angeboten wird, stellt alle notwendigen Werk-zeuge zur Konfiguration der ICs zur Verfügung.

1.7.8 Zusatzmodule und Bauelemente

Mikroprozessor-Überwachungsschaltkreise

Schon die Überschrift weist darauf hin, daß es bei den nun zu besprechenden Bauelementen eigentlich nicht mehr um die Erweiterung der Peripherie von Con-trollern geht, sondern um zusätzliche Komponenten. Dazu gehören Bauelemente, die nicht unmittelbar die Leistung verbessern, jedoch für bestimmte Funktionen unabdingbar sind.

Immer wenn der Einsatz von Controllern in einer Umgebung erfolgt, bei der jede Fehlfunktion zu erheblichen Schäden führen kann, wird man bei der Systementwick-lung der Überwachung von Hard- und Software mehr Bedeutung entgegenbringen müssen. Viele Controller enthalten daher ein eigenes chipinternes Überwachungs-modul, einen Watchdog-Timer. Fehlt dieses Modul, kann auf externe Bauelemente zurückgegriffen werden. Ein Beispiel für einen Mikroprozessor-Überwachungs-schaltkreis ist der MAX690 der Firma MAXIM. In der Abbildung ist der prinzipielle Aufbau dargestellt.

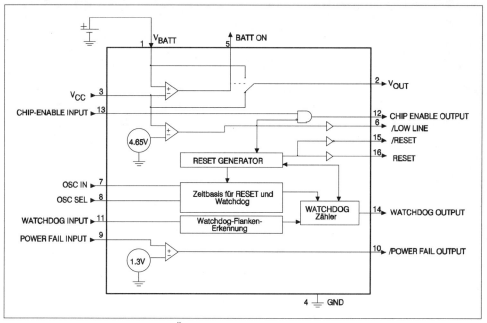

Abbildung 1.122: Mikroprozessor-Überwachungsschaltkreis MAX 690

Der im Schaltkreis enthaltene Watchdog-Timer ist wesentlich komplizierter aufgebaut als die in Controllern üblichen Schaltungen. Dafür bietet er aber auch einiges mehr an Funktionen:

◆ Automatische Resetimpulserzeugungen beim Spannungsschalten und Abschalten. Es wird ein Resetimpuls mit der Dauer von 50 ms erzeugt, wenn die Betriebsspannung am V_{CC}-Eingang kleiner 4,5 V wird.

◆ Überwachung der Betriebsspannung auf einen einstellbaren Pegel. Bei Unterschreiten wird ein Ausgangssignal erzeugt, das über einen hochprioren Interrupt in dem angeschlossenen Controller eine Routine zum Retten des Systemstatus aufrufen kann. In der Regel wird man diese zu überwachende Spannung aus dem Netzteil des Systems nehmen, allerdings von einer Stelle, die nicht so stark mit Kondensatoren gepuffert ist wie die Versorgungsspannung des Systems. Auf diese Weise wird ein Spannungseinbruch bereits von der Logik bemerkt, bevor die Spannung hinter dem Netzteil so weit zusammengebrochen ist, daß der Controller nicht mehr ordentlich arbeitet.

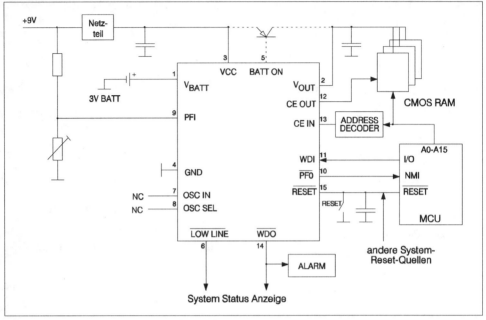

Abbildung 1.123: Typisches Einsatzbeispiel

◆ Der Schaltkreis besitzt einen V_{OUT}-Ausgang, der über einen internen Schalter bei einer Eingangsspannung größer 4,5 V mit dem Betriebsspannungsanschluß verbunden wird. Sinkt die Spannung unter diesen Wert, so schaltet dieser Schalter den Ausgang an einen V_{BATT}-Eingang. Ist dort eine Batterie angeschlossen, so können auf diese Weise ganz einfach bestimmte Module des Systems, wie zum Beispiel CMOS-Speicher oder das Controllermodul, über den Spannungsausfall hinweg mit Spannung versorgt werden.

◆ Den eigentlichen Watchdog-Timer versorgt ein interner Oszillator oder ein externer Eingang mit einem Taktsignal. Mit der internen Quelle sind die Timeoutzeiten 100 ms und 1,6 s wählbar, bei externer Taktung sind es 1024 Taktimpulse. Nach einem Reset wird diese Zeitdauer automatisch auf 1,6 s bzw. 4096 Takte erweitert.

Real-Time-Clock-Schaltkreise

Für die Lösung eines anderen Problems bei Controllersystemen sind sogenannte Real-Time-Clock-Schaltkreise gedacht. Arbeitet ein System nicht ununterbrochen, und wird es teilweise ausgeschaltet, so gibt es zunächst keine Möglichkeit, Zeiten absolut zu messen oder auf Zeiten absolut Bezug zu nehmen. Doch gerade die Zeit ist in vielen Anwendungen eine wichtige Größe. Deshalb gibt es auf dem Markt eine

Reihe von ICs, die eine vollständige Uhr inklusive des Schwingquarzes enthalten. Über eine Schnittstelle, die leicht an die gängigen Prozessoren und Controller paßt, kann man solche Real Time Clocks leicht in Systeme einbinden. Wird die gesamte Elektronik einschließlich des Controllers ausgeschaltet, so bleibt dieser Schaltkreis an der Spannungsversorgung. Da er in der CMOS-Technologie gefertigt ist, gibt es keine Probleme mit dem Battery Backup.

Neben der Uhrenfunktion besitzen diese ICs meistens noch einen Kalender mit automatischer Schaltjahrkorrektur und manchmal auch eine Alarmfunktion. Diese gestattet es, Zeitüberwachungen gänzlich ohne Softwareaufwand einzubauen und damit die Sicherheit eines Systems fehlerfreier zu machen. Und noch eine weitere Komponente wird häufig mitintegriert. Durch die zwangsläufig ununterbrochene Spannungsversorgung bietet es sich nebenbei an, RAM-Speicherzellen in die Struktur mit aufzunehmen, die wichtige Daten ausfallsicher speichern können. Diese Speicher sind im allgemeinen nicht sehr groß und dienen nur zur Aufbewahrung von wichtigen Konfigurationsdaten. Die Abbildung zeigt den TC8521AP/AM von TOSHIBA, einen typischen Schaltkreis dieser Gattung.

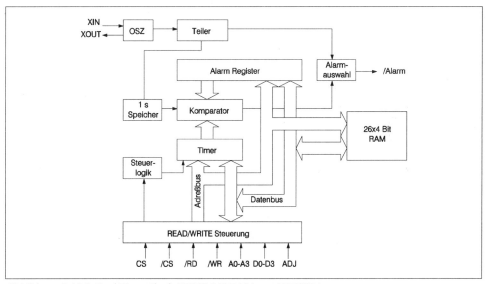

Abbildung 1.124: Real Time Clock TC8621AP7AM von TOSHIBA

Der Schaltkreis enthält einen Uhrenkomplex mit den Funktionen:

◈ Stunden, Minuten, Sekunden

◈ Tag, Monat, Jahr (mit Schaltjahrautomatik) und Wochentag

Für die Darstellung der Zeit steht wahlweise der 12-Stunden- oder 24-Stundenmode zur Auswahl. In einem Alarmregister kann ein Minuten-, Stunden-, Tages- und Wochentagswert geladen werden. Ist der eingestellte Wert gleich dem aktuellen Datum und der Zeit, und ist die Alarmfunktion eingeschaltet, gibt ein spezieller ALARM-Ausgang ein Signal bzw. 1-Hz- oder 16-Hz-Impulse aus.

Für alle Zeitfunktionen ist ein Oszillator auf dem Chip integriert, der allerdings von außen mit einem 32768-Hz-Quarz erweitert werden muß. Außerdem ist in dem Schaltkreis noch ein 26×4-Bit-SRAM enthalten, in dem wichtige Daten abgelegt werden können. Die Schnittstelle ist etwas ungewöhnlich, ein 4-Bit-Datenbus und 4 Adreß- sowie 3 Steuersignale bilden die Verbindung zu dem Controller oder dem Prozessor. Mit dem »schmalen« Datenbus hat dieser Schaltkreis aber auch eine Chance für 4-Bit-Controller. In der 8-Bit-Umgebung ist der Anschluß unproblematisch, wie die Grafik an Hand eines Anschlusses an einen 8-Bit-Controller zeigt.

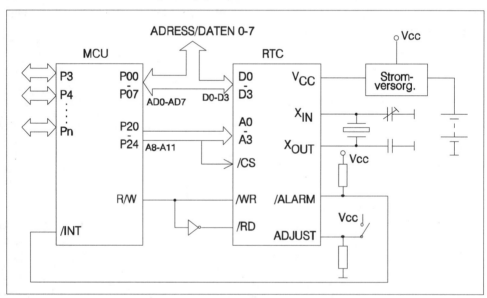

Abbildung 1.125: Anschluß an einen 8-Bit-Controller

Nun ließe sich die Darstellung von Bauelementen in einem Mikrocontrollersystem noch beliebig fortsetzen. Die bis hierher vorgestellten Komponenten und Bausteine stellen nur den Standard bei Erweiterungen und Ergänzungen dar. Je nach Anwendungsfall kommt es aber immer wieder vor, daß Funktionen gefordert sind, die über diese Möglichkeiten hinausgehen und die der betreffende Controller nicht beherrscht oder für die er nicht die geforderte Leistungsfähigkeit besitzt. Einige wenige solcher zusätzlichen Module und Funktionen seien daher hier nur kurz genannt:

- PLL-Module und Zähler/Teiler für hohe Frequenzen in der Nachrichten- und Kommunikationstechnik

- Analogbaugruppen wie Verstärker, Analogschalter und Filter

- Kommunikationsbausteine für die serielle Datenübertragung (spezielle Protokolle)

- Spezialcontroller für schnelle Sensor-Aktorbusse in der Automatisierungstechnik, die ein spezielles Busprotokoll hardwaremäßig unterstützen und realisieren

- Speichermanagement-Bausteine bei hohem Speicherbedarf und Forderung nach Datensicherheit

- Spezialbausteine mit Teilfunktionen für Antriebe und Positionieraufgaben

- Grafikcontroller

- Bauelemente für die Bildverarbeitung (Bildaufnahme und Ausgabe)

Nicht immer ist es sinnvoll, eine neue Version für den speziellen Fall beim Hersteller entwickeln zu lassen, auch wenn ein modularer Aufbau des Controllers und sehr gute Entwicklungswerkzeuge so etwas unterstützen. Es ist meistens eine Frage der Stückzahl und der speziellen Funktion, die eine Entwicklung ratsam erscheinen lassen. Bei Kleinserien wählt man in der Regel die externe Erweiterung und nimmt den Mehraufwand bei der Fertigung der Baugruppen und Geräte in Kauf.

1.8 Entwicklungswerkzeuge

Zu den wichtigen Auswahlkriterien bei der Entscheidung für eine Mikrocontroller-familie gehört neben dem Blick auf die Leistungsmerkmale der Bauelemente auch die Beachtung der vorhandenen Unterstützungen bei der Hard- und Softwareentwicklung. Die Bedeutung von effektiven Werkzeugen und Hilfsmitteln sollte nicht unterschätzt werden. Eine nicht ganz optimale Hardware ist zum Teil noch mit externen Bauelementen zu ersetzen, ein fehlender Service, ungenügende Hardware-inbetriebnahmewerkzeuge oder schlechte Softwarewerkzeuge können jedoch die Kosten und den Zeitaufwand in unvorhersehbare Höhen treiben. Im ungünstigsten Fall kann sogar der Erfolg gefährdet sein.

Betrachtet man sich die Entwicklung eines Gerätes, in dem ein oder auch mehrere Mikrocontroller eingesetzt werden, so müssen in der Regel beide Komponenten, die

Hardware als auch die Software, erstellt werden. In manchen Fällen kann bei »größeren« Geräten auf vorgefertigte Controllerbaugruppen oder Module zurückgegriffen werden. Es gibt eine ganze Reihe Hersteller, die hier die unterschiedlichsten Formen anbieten. Das beginnt bei Leiterplatten im Europakartenformat, die, mit den wichtigsten Komponenten eines Mikrocontrollers ausgerüstet, noch genügend Lochrasterfläche für eigene Schaltungen lassen, und endet bei kleinsten Modulen im Format einer Scheckkarte. Anwender, die ihre Schaltung um solch einen fertigen Controller »herum bauen«, können damit leicht und mit wenig Risiko zu einem Gerät kommen, bei dem zumindest der Rechnerkern schaltungstechnisch funktionsfähig ist. So schön die Sache aber ist, ein großer Vorteil von Controllern geht dabei sehr leicht verloren. Allzuoft sind auf diesen Baugruppen mehr Elemente enthalten, als für den eigentlichen Einsatzfall notwendig sind. Einige Anwender mag das nicht stören, andere hingegen, die bei Material-, Platz- und Stromverbrauch sparen müssen, können mit solchen Universalmodulen wenig anfangen. Für sie bleibt weiterhin nur der Eigenentwurf der Schaltung übrig. In diesem Fall ist eine Unterstützung von Seiten des Herstellers oder von Firmen, die Hardwarewerkzeuge produzieren, dringend notwendig. Bei der Softwareentwicklung ist ohne minimalste Werkzeuge wie Assembler und Debugger ohnehin nichts zu machen. Ob nun Software- oder Hardwareentwicklung, zumindest bei kleinen, einfachen Anwendungen wird gern und oft ohne große und teure Entwicklungswerkzeuge entwickelt und getestet. Für manche Fälle mag das gerechtfertigt sein, andere haben damit kaum eine Chance auf Erfolg.

Sehen wir uns also nun die Entwicklungswerkzeuge genauer an, angefangen bei einfachsten Hilfsmitteln bis hin zu komplexen Entwicklungssystemen.

1.8.1   Nutzung von Expanded Betriebsarten

Eine Möglichkeit, Software und im geringen Umfang auch Hardware zu testen, bieten die Expanded Betriebsarten der Controller. Ist beim normalen Single-Chip-Mode das Programm im internen Speicher abgelegt und damit für den Test nicht veränderbar, gestattet der Expanded Mode, externe Speicherbereiche anzusprechen. Wie auch immer dieser Mode bei den verschiedenen Herstellern heißt, das Prinzip ist bei allen etwa gleich. Auf einige, sonst für I/O-Zwecke benutzte Pins kann vom Controller ein Daten- und Adreßbus gelegt werden. Daran angeschlossene Speicher können Programm oder Daten aufnehmen. Dazu erlauben die Controller meistens noch, einstellbar durch Steuerpins nach einem Reset, auf einem der äußeren Bereiche mit der Programmabarbeitung zu beginnen. Befindet sich dort ein EPROM, kann die Software auf einfache Weise getestet werden. Leider ist diese Methode nicht besonders komfortabel: Den EPROM programmieren, in die Schaltung stecken, einschalten, Fehler suchen, Software ändern, erneut EPROM programmieren usw. ist ein nicht nur zeitintensives Verfahren. Einfacher ist es da schon, statt des EPROMs einen Dual Port RAM oder einen RAM-Simulator zu verwenden. Dieser ist von Seiten des Controllers lesbar und zusätzlich von einer weiteren Logik les- und schreibbar. In beiden Fällen wird solch ein Speicher mit der einen Seite mit dem Adreß-/Datenbus des Controllers und mit der anderen Seite mit dem Bus des Entwicklungsrechners verbunden. Dieser überträgt die zu testenden Programme in den RAM und schaltet dann anschließend den RAM an den Controller. Dort arbeitet der Controller mit dem Programm, ohne etwas von dem PC auf der anderen Seite zu merken. Die Abbildung zeigt das Prinzip.

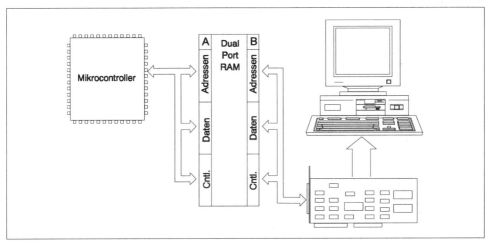

Abbildung 1.126: Entwicklungssystem mit Dual Port RAM

Anstelle eines Dual Port RAMs kann auch ein EPROM-Simulator verwendet werden. Er ist vom Prinzip her auch ein Dual Port RAM, nur ist bei ihm die Logik für die Adreß- und Datenzugriffe auf die Speicherzellen durch externe Logik realisiert. Solche Schaltungen sind häufig als PC-Einsteckkarten aufgebaut und mit über Treiber und kurze Leitungen angeschlossenen EPROM-Adaptern ausgerüstet. Diese nehmen den Platz des späteren EPROMs ein. Noch bessere Eigenschaften besitzen Simulatoren, bei denen ein eigener Rechner den RAM ansteuert. Solche Geräte werden nur mit einer herkömmlichen seriellen oder parallelen Schnittstelle mit einem PC verbunden, auf dem die Entwicklungssoftware läuft. Damit mindern derartige Systeme ein Problem, das bei Simulatoren schnell auftreten kann. In den Schaltungen, in denen der Simulator den EPROM oder einen anderen Speicher ersetzt, wird selten mit ausreichenden Treibern für Daten und Adressen gearbeitet. Ein an den Bus angeschlossenes Kabel bis zum Simulator im PC stellt für die Schaltungen meistens eine zu große Belastung dar, die deren Funktion stört und zum Teil unmöglich macht. Werden die Treiber andererseits zum Adapter verlagert, ist der PC-Bus überfordert. Ein unmittelbar am Adapter liegender intelligenter Treiber, ein Rechner, kann mit den bei Standardschnittstellen üblichen Kabellängen mit dem PC verbunden werden. Außerdem sind solche Systeme in der Lage, noch ganz andere Funktionen zu übernehmen, die sonst nur leistungsfähigere Debugger auszeichnen (eigenes Betriebssystem mit Software zum Tracen, Assemblieren und Disassemblieren...).

Ein typischer Vertreter solcher Simulatoren wird von der Firma iSYSTEM angeboten. Der iPS16000 ist ein 16-MBit-Simulator, der bis zu 4 einzelne EPROMs der verschiedensten Typen simulieren kann. In der Grundausrüstung stehen 1MBit Speicher zur Verfügung, die aber auf 4 oder 16MBit aufgerüstet werden können. Die Zugriffszeit ist abhängig von den eingesetzten Speicherchips. Mit 85ns-RAMs ergibt sich eine Zugriffszeit von 100 ns, bei 55ns RAMs 70 ns. Dabei ist die Busbreite der einzelnen EPROMs zwischen 8-Bit, 16-Bit und 8-Bit high und 8-Bit low wählbar. Es lassen sich auch verschiedene EPROM-Typen gleichzeitig simulieren. Die Tabelle zeigt eine kleine Auswahl:

Organisation	EPROM-Typ
8Kx8	2764
16Kx8	27128
32Kx8	27256
64Kx8	27512
128Kx8	271010
64Kx16	27210
128Kx16	27220 (ab 4Mbyte-Aufrüstung)
256Kx16	27240 (ab 4Mbyte-Aufrüstung)
32Kx8HI 32Kx8LO	27256+27256
64Kx8HI 64Kx8LO	27512+27512
128Kx8HI 128Kx8LO	27010+27010 (ab 4Mbyte-Aufrüstung)
265Kx8HI 256Kx8LO	27020+27020 (ab 4Mbyte-Aufrüstung)
512Kx8HI 512Kx8LO	27040+27040 (ab 16Mbyte-Aufrüstung)
1024Kx8HI 1024Kx8LO	27080+27080 (ab 16Mbyte-Aufrüstung)

Tabelle 1.11: Simulation von EPROM-Typen

Im Simulator sorgt ein Akku für einen 14-tägigen Datenerhalt, auch bei abgeschalteter Betriebsspannung. Damit muß der PC zur Programmentwicklung nicht unbedingt beim Zielsystem stehen. Der Speicher wird am PC mit den Daten geladen und dann der Simulator zum Zielsystem geschafft und dort getestet. So sind auch Tests in Prüffeldern und rauher Umgebung möglich, in der normalerweise keine Entwicklungswerkzeuge stehen. Die Verbindung des Simulators mit dem Entwicklungssystem kann über die serielle Schnittstelle oder auch über die parallele Schnittstelle erfolgen. Verwendet werden die Objekt-Formate Binär, Intel-Hex und Motorola-S. So kann jede Entwicklungssoftware mit diesem Gerät arbeiten.

Um das Zielsystem mit dem Simulator zu steuern, ist zusätzlich noch eine Verbindung zu dessen Reset-Eingang und, wenn vorhanden, zu dessen Halt-Eingang vorgesehen. So kann zum Laden oder Ändern des Programms das System angehalten und über dem Reset-Eingang neu gestartet werden.

Alle Funktionen des Simulators, die Wahl der EPROM-Typen, die Bus-Breite, die Lage der Speicherfenster, die Reset- und Halt-Signalsteuerung usw., werden von der Simulatorsoftware gesteuert. Wie es bei vielen modernen Programmen üblich ist, wird eine SAA-Oberfläche angeboten, die ein übersichtliches Bedienen gestattet. In verschiedenen Fenstern lassen sich die Speicherbereiche in Hex- und ASCII-Interpretation darstellen und auch editieren. Alle Einstellungen können gespeichert und für spätere Verwendungen gesichert werden.

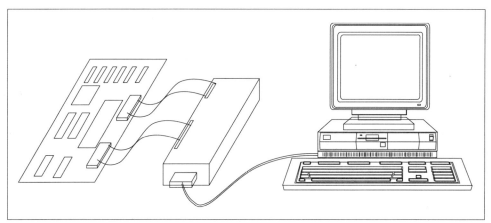

Abbildung 1.127: Typischer Einsatz eines EPROM-Simulators

So praktisch diese Methode der Software-Inbetriebnahme auch ist, sie funktioniert nur bei Controllern, die in einem Expanded Mode laufen können. Außerdem ist der Einsatz nur sinnvoll, wenn auch in der endgültigen Schaltung mit dem Expanded

Mode gearbeitet wird. Soll der Controller später nur im Single Chip Mode betrieben werden, ist diese Methode nicht zu empfehlen. Durch den notwendigen externen Daten- und Adreßbus werden Ports für den externen Speicher gebunden, die möglicherweise von der späteren Anwendung benötigt werden. Dadurch ist nur eine unvollständige Simulation möglich. Für Schaltungen, die jedoch ohnehin externe Speicher oder Peripherie verwenden, ist dieses Verfahren auf jeden Fall ein Mittel der Wahl. Ob nun spätere RAMs oder EPROMs durch den Simulator ersetzt werden oder der Daten-/Adreßbus auf einen Steckverbinder und von dort zum Simulator geführt wird, ist abhängig von der endgültigen Schaltung.

1.8.2 Programmspeicher in EPROM-Ausführung

Den Nachteil des Verlustes von I/O-Funktionalität durch die Ansteuerung externer Speicherbereiche verhindern Bauelemente, bei denen die Anschlüsse des internen Programmspeichers auf gesonderte externe Anschlüsse geführt sind oder bei denen der Speicher durch einen internen EPROM ersetzt ist. Es existiert zu nahezu jedem Controller eine Variante mit EPROM als Programmspeicher. Ob als Piggyback oder internes EPROM, jeder kann sein Programm so lange ausprobieren, bis alles funktioniert (außer OTP). Bei der Entscheidung für diese Methode spielen die Zeitfrage und damit auch die Kosten eine Rolle. Ansonsten sind natürlich die Ausgaben für die Hilfsmittel minimal. Ein PC zur Programmerstellung und ein Programmer für EPROMs oder für den speziellen Controller, mehr ist im Prinzip nicht notwendig.

Bei der Piggyback-Version ist der Controller-Chip in einem Spezialgehäuse untergebracht. Die Schaltkreisoberseite trägt einen Sockel für EPROMs, und der sonst interne ROM ist mit diesen Anschlüssen verbunden. Das zu testende Programm wird einfach in einen zum internen Speicher passenden EPROM programmiert und auf den Controller aufgesetzt. Dieser arbeitet dann mit diesem Huckepack-Speicher wie mit seinem sonst internen ROM. Auf diese Weise kann das Programm beliebig oft neu in den EPROM geladen und getestet werden. Allerdings sind diese Gehäuse nicht ganz billig, dafür können aber die Standard-EPROMs auf jedem noch so einfachen und billigen Programmer gebrannt werden.

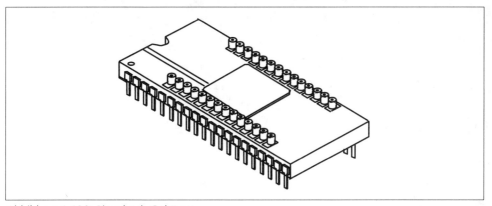

Abbildung 1.128: Piggyback-Gehäuse

Anstelle des teuren Piggyback-Gehäuses bieten manche Hersteller ihre Controller auch in einer Bond-out-Version an. Wie bei den Piggybacks sind die internen Programmspeicheranschlüsse aus dem Gehäuse herausgeführt, jedoch nicht auf die Gehäuseoberseite, sondern auf weitere zusätzliche Pins. Diese Variante ist billiger, dafür weicht aber das Gehäuse des Entwicklungsmusters vom endgültigen Gehäuse ab. Der große Vorteil der Piggyback-Gehäuse (auch der nachfolgenden EPROM-Versionen) ist das völlig gleiche Sockellayout, das die Inbetriebnahme der Software in der endgültigen Hardwareumgebung ermöglicht. Auch ein späterer Service profitiert von diesen Bauelementen. Im Gegensatz dazu sind Leiterplatten für die Bound-out-Versionen nach der Entwicklung nicht weiter verwendbar. Ein typischer Vertreter der Bound-out-Bauelemente ist Intels 80515K, ein Controller der 8051-Serie. Mit ihm ist die Inbetriebnahme der 80515-Controller möglich. Noch einen Schritt weiter geht Zilog mit seinen In-Circuit-Emulator-Chips der Z8-Serie. So besitzt der Z86C12 die Funktionen des Z86C21-Mikrocontrollers und darüber hinaus noch Module, die zur Programmentwicklung und Testung in Prototypenschaltungen verwendbar sind. Der interne ROM ist auf externe Pins herausgeführt, weitere Ein- und Ausgänge gestatten die Auswahl von 6 verschiedenen Speichermodi. Der Schaltkreis befindet sich in einem 84-Pin PGA-Gehäuse, sein Zieltyp, der Z86C21, besitzt ein 44-Pin Dil-Gehäuse oder ein 44-Pin Leaded Chip Carrier oder Quad Flat Pack. Die Abbildung zeigt diesen Schaltkreis in einem Blockbild.

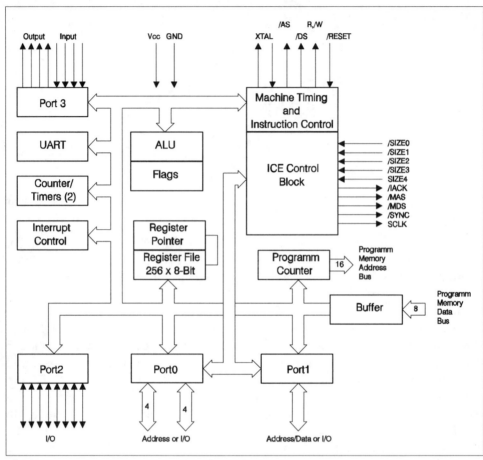

Abbildung 1.129: Z86C12 In-Circuit-Emulator-Chip

Bei der Variante mit internem EPROM ist der Schaltkreis in einem Standardgehäuse mit UV-durchlässigem Fenster untergebracht. Diese Technologie wird bei jedem EPROM verwendet und ist billiger als das Piggyback-Gehäuse. Auch hier ersetzt der EPROM den sonst üblichen ROM und kann beliebig oft programmiert werden. Allerdings ist in der Schaltung des Controllers ein höherer Aufwand notwendig, um EPROM-Zellen zu realisieren und zu programmieren. Bauelemente mit internem EPROM gehören aber schon zum Standardangebot der meisten Controllerfamilien. Äußerlich, also an den Pins, verhalten sich diese Controller wie ihre ROM-Versionen. Über eine spezielle Ansteuerung (höhere Pegel an bestimmten Pins, Pins mit Doppelfunktionen im Programmiermode) erfolgt die Programmierung des internen EPROMs. Leider bringt gerade diese besondere Behandlung Probleme beim Programmieren. Nicht jeder Programmer kann solch einen Controller programmieren. Mittlerweile bieten jedoch nahezu alle Hersteller dieser Geräte auch Sockeladapter oder frei wählbare Universalsockel für alle gängigen Controllerfamilien an. Anwender, die jedoch einen Programmer besitzen, der den Controller nicht unterstützt, sind möglicherweise mit der Piggyback-Version besser bedient.

Eine vierte Variante mit EPROM-Speicher stellen die OTP-Versionen dar. Schaltungstechnisch zunächst identisch zur EPROM-Version, besitzen sie im Unterschied zu dieser kein UV-durchlässiges Fenster, durch das die EPROM-Zellen auf dem Chip gelöscht werden können. Einmal programmiert, ist der Inhalt unveränderbar. Daher ist das Einsatzgebiet dieser Bauelemente auch nicht die Entwicklungsphase, sondern vielmehr die Klein- oder Vorserie. Ihr Preis ist nicht wesentlich geringer als die EPROM-Version. Verglichen mit den Kosten für die Erstellung einer Maske für den chipinternen ROM, die sich auch erst ab einer bestimmten Mindeststückzahl lohnt, ist diese Version jedoch immer optimal für die Kleinstserie und auch für die Überführung einer Neuentwicklung in die Serienproduktion. Der nachfolgende Überblick zeigt die Verhältnisse anhand von Mikrocontrollern der Firma Texas Instruments:

OTP-Version(FPM-Version)	Masken-Version
Bauelementekosten 1,5×Masken-Version	Minimale Bauelementekosten
keine Maskenkosten	Maskenkosten ca. 5000$
keine Mindeststückzahl	ab 1000 Stück
keine Maskenherstellungszeit	typisch 8–10 Wochen
Zeit bei Softwarefehler: ca. 10 Minuten	ca. 8 Wochen

Tabelle 1.12: Kosten anhand von Mikrocontrollern der Fa. Texas Instruments

1.8.3 Programmspeicher im EEPROM

Eine weitere Technologie, bei der der Programmspeicher als EEPROM ausgebildet ist, bietet ausgezeichnete Möglichkeiten für die Programmentwicklung. Leider sind solche Bauelemente noch relativ teuer. Dafür bieten sie aber einen großen Vorteil in der Entwicklungsphase. Die Zeiten zum Löschen des Speichers sind im Vergleich zu EPROM-Versionen verschwindend gering. Es ist also im Prinzip eine Entscheidung zwischen Komfort und Kosten, ob die EPROM- oder die EEPROM-Version eingesetzt werden soll. Funktionell gibt es keine Unterschiede.

1.8.4   Bootstrap Mode

Wenn über einfache Mittel zur Soft- und Hardwareentwicklung gesprochen wird, so darf ein besonderer »Service« einiger Schaltkreise nicht vergessen werden, der zwar keine allzugroße Unterstützung bietet, aber dennoch von Fall zu Fall recht nützlich sein kann. Es handelt sich dabei um eine besondere Betriebsart der Controller, in der nach einem Reset über ein internes sogenanntes Bootloader-Programm über die serielle Standardschnittstelle ein Programm bestimmter Länge in den internen RAM geladen und anschließend gestartet wird. Nach dem Ladeprogramm trägt diese Betriebsart auch den Namen Bootstrap Mode. Inm Kapitel 2 ist ein solcher Mode anhand des Controllers MC68HC11 von Motorola näher vorgestellt. Daher hier nur kurz etwas zum Prinzip. Der Grundgedanke ist, ähnlich dem Vorbild im allseits bekannten Personalcomputer, in einem ROM-Bereich des Controllers nur ein einfaches Ladeprogramm fest abzulegen, das nach dem Einschalten ein individuell vom Anwender zu erstellendes Programm laden kann. Damit besteht die Möglichkeit, ohne Programmierung von EPROM- oder EEPROM-Bereichen ein zu testendes Programm in dieser Bootstrap-Phase in den RAM-Speicher des Controllers zu übertragen. Wird der Mode nach dem Laden gewechselt, was zum Teil durch interne Register, aber auch über externe Steuereingänge geschehen kann, so befindet sich das Programm im Controller und kann von diesem abgearbeitet werden. Eine Sache gilt es dabei aber noch zu beachten. Ohne Erweiterung des RAMs besitzen die meisten Controller nur einen kleinen internen Datenspeicher, der auch oft nicht zur Befehlsspeicherung genutzt werden kann (Harvard-Architektur). Es muß also gewährleistet sein, daß das Testprogramm in interne, als Programmspeicher nutzbare Bereiche geladen werden kann oder aber extern angeschlossener RAM zur Verfügung steht. Damit ist der Einsatz dieser Methode auf Controller mit nutzbarem Expanded Mode beschränkt. Lesen Sie jedoch mehr dazu in Kapitel 2!

1.8.5   Evaluation-Module

Einen anderen Weg als alle bisher genannten Verfahren gehen sogenannte Evaluation Boards oder Evaluation-Module. Ob EPROM-, EEPROM-Speicher oder Speichersimulator, immer war bisher der Controller in der Zielhardware integriert. Das Programm wurde mittels beschreibbarer oder programmierbarer Speicher zu dem Controller gebracht und auf diese Art in die Hardware »runtergeladen«. Anders bei Evaluation Boards und -Modulen – hier ist der Controller nicht in der Anwenderschaltung eingesetzt, sondern auf einem eigenen Board. Da für die eigentliche Funktion in der Zielhardware in der Regel nur die Ports genutzt werden, sind auch nur diese vom Board zur Anwenderschaltung geführt. Über einen Stecker, der in den

Sockel des späteren Controllers paßt, werden so alle wichtigen Signale übertragen. Auf dem Evaluation Board befinden sich alle für die besondere Aufgabe notwendigen Komponenten:

◆ ein Programmspeicher mit einem Betriebssystem

◆ ein Datenspeicher für das zu testende Programm

◆ ein oder auch zwei serielle Schnittstellen zum Entwicklungssystem

Die Grafik zeigt den prinzipiellen Aufbau eines solchen Entwicklungswerkzeuges.

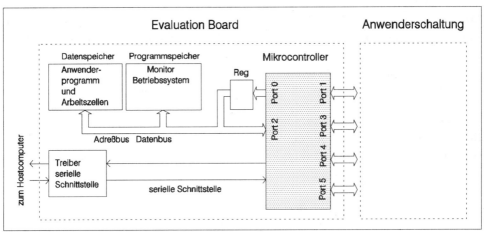

Abbildung 1.130: Prinzip des Evaluation Boards

Damit stellt sich das Board aus der Sicht der Anwenderschaltung wie ein einzelner Controller mit internem Programmspeicher dar. Dieser Programmspeicher wird von dem Datenspeicher simuliert. Der Controller nimmt auf solchen Boards eine Art Zwitterstellung ein. Zum einen steht er dem Entwicklungssystem auf der Seite der seriellen Schnittstellen zur Verfügung, im anderen Fall ist er der Controller im Zielsystem, der mit seinen Ports voll in die Schaltung integriert ist. Dementsprechend ist auch die Soft- und Hardware aufgebaut. In der Phase der Kommunikation mit dem Entwicklungssystem ist der Controller voll unter der Kontrolle des im ROM abgelegten Betriebssystems, das bei solchen Systemen auch Monitorprogramm heißt. Er kann in der Regel dabei folgende Aufgaben ausführen:

◆ Laden von Programmen und Daten über die Schnittstelle in den Datenspeicher

◆ Lesen und Modifizieren einzelner Daten im Datenspeicher

◆ Füllen und Verschieben im Datenspeicher

◆ Aus- und Eingaben über die Ports aus bzw. in die Zielhardware

◆ zeilenweises Assemblieren und Disassemblieren

◆ Anzeige und Modifizierung von Registerinhalten

◆ Setzen und Löschen von Breakpoints

◆ im Zusammenhang mit der zweiten Betriebsart schrittweiser Programmlauf, Lauf bis zu einem Breakpoint, Lauf ohne Beschränkung

Der letzte Punkt der Aufzählung gehört eigentlich schon zur Phase 2. Hier ist der Controller Bestandteil der Anwenderschaltung und arbeitet nach dem Programm im Datenspeicher. Dazu hat das Monitorprogramm den mit dem zu testenden Programm geladenen Bereich so in den Adreßraum des Controllers gelegt, daß dieser den Inhalt als Programm interpretieren kann. Im Fall des schrittweisen Tests wird hinter den auszuführenden Anwenderbefehl ein Sprung zurück in das Monitorprogramm geladen. Im Anschluß daran erfolgt der Start an der Befehlsadresse. Nach der Ausführung des einen Befehls kehrt der Controller automatisch wieder in das Monitorprogramm zurück. Hier stehen alle Befehle zur Manipulation von Daten und Registern zu Verfügung. Vor dem nächsten Programmschritt wird der Breakbefehl wieder durch den ursprünglichen Befehlscode ersetzt und auf die nächste, dahinterliegende Stelle im Datenspeicher geschrieben. Auf diese Weise ist gesichert, daß nach jedem Befehl eine Rückkehr in das Betriebssystem erfolgt. Probleme treten dabei nur bei Sprung- und Unterprogrammbefehlen auf. Doch auch hier ist die Lösung recht einfach, und es hängt ganz von der »Intelligenz« des Monitorprogramms ab, wie gut ein schrittweiser Test durchführbar ist. In der gleichen Weise werden auch größere Programmteile in Echtzeit durchlaufen. Echtzeit bedeutet dabei, daß der Controller bis zum Erreichen eines Breakbefehls dem Anwenderprogramm mit seiner vollen Leistung zur Verfügung steht.

Evaluation Boards oder Evaluation-Module sind ein oft genutztes Hilfsmittel, um mit einem einfachen Aufbau Software für Mikrocontroller zu entwickeln und zu testen. Auch für die Einarbeitung in die Funktion der Bauelemente können sie sehr nützlich sein. Der große Vorteil ist dabei ihr relativ niedriger Preis (im allgemeinen liegt ihr Preis unter 1000 DM). Die Namen Evaluation Board und Evaluation-Module unterliegen keiner genauen Definition der Funktionen. Einige Hersteller, wie z.B. Motorola, verstehen dabei zwei unterschiedliche Leistungsklassen. Das Board stellt die Low-Cost-Version dar, das Modul ist umfangreicher ausgestattet und besitzt mehr Möglichkeiten, was Funktion und Betriebsarten des Controllers anbelangt. Eine genaue Begriffsbestimmung gibt es jedoch nicht, so daß zur Auswahl immer die konkreten Daten herangezogen werden müssen.

1.8.6 In-Circuit-Emulatoren

Das obere Ende der Leistungsklassen bei Entwicklungswerkzeugen für Mikrocontroller stellen sogenannte In-Circuit-Emulatoren dar. Ihr prinzipieller Aufbau und auch die Einbindung in die Zielhardware ähnelt sehr stark den Evaluation Boards, und es kann durchaus sein, daß ein Board am oberen Leistungsende in den Bereich der einfachen Emulatoren reichen kann. Der Hauptunterschied besteht jedoch in der Art der Bereitstellung der CPU für die Aufgaben Entwicklungssystem – Anwendersystem. Während bei Evaluation Boards nur die wichtigsten Portsignale, also die Ein- und Ausgänge der Anwenderschaltung zur Verfügung stehen, wird bei Emulatoren der gesamte Controller mit all seinen Pins in die Schaltung eingegliedert. Somit ist die komplette Testung der Anwenderhardware in allen Betriebsarten möglich.

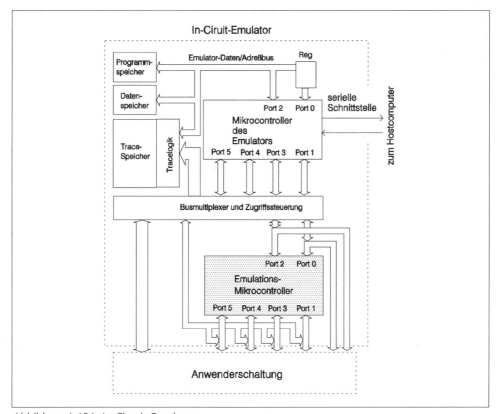

Abbildung 1.131: In-Circuit-Emulator

Der Controller arbeitet in der Schaltung wie ein normales Bauelement. Die Hardware des Emulators sorgt dabei jedoch immer für eine ständige Kontrolle durch das Entwicklungssystem, das dabei häufig auf einem zweiten gleichartigen Mikrocontroller läuft. Um ein Anwenderprogramm schrittweise zu testen, müssen keine Breakbefehle mehr in das Anwenderprogramm eingetragen werden. Eine spezielle Schaltung überwacht alle Busaktivitäten des Emulationscontrollers und sorgt dafür, daß die Abarbeitung bei bestimmten Adressen/Daten auf dem Bus unterbrochen wird. Somit können Programme auch mit umfangreichen Abbruchbedingungen laufen gelassen werden. Beispielsweise ist es möglich, einen Test nach folgendem Schema durchzuführen:

◆ Starte die Abarbeitung des Anwenderprogramms auf der Adresse XXXX und halte an, wenn auf die Adresse YYYY der Wert ZZ geschrieben wird oder wenn das Register RR den Inhalt BB enthält.

Sicher können Sie sich vorstellen, wie hilfreich sich damit eine Hardware oder ein Programm testen läßt. Die Emulatorsoftware zeigt nach jedem Befehl die nächsten Befehle, alle Register, die gewünschten Speicherbereiche und die Portsignale an. Gute Emulatoren gestatten die Durchtestung oder das Debuggen (Bugs, Programmfehler entfernen) sowohl auf Assemblerniveau als auch in Hochsprachen. Bei letzteren können Programme auf der Ebene von Hochsprachenanweisungen getestet werden. Üblich ist auch die Angabe von Programmadressen und Daten in Form von symbolischen Namen.

Im allgemeinen überwacht die Schaltung des Controllers aber nicht nur die Adreß- und Datenwege des Controllers, sondern auch seine restlichen Pins. Dadurch lassen sich z.B. durch die Einbeziehung der Portsignale noch viel komplexere Testbedingungen formulieren. Neben der Aufgabe der Steuerung des Programmlaufs bieten Emulatoren meistens noch umfangreiche Trace-Funktionen. Darunter versteht man die Aufzeichnung aller Bus- und Pinsignale in einen emulatorinternen, schnellen Speicher. Über entsprechende Menüs lassen sich die aufzuzeichnenden Signale, der Beginn oder das Ende der Aufzeichnung sowie der Aufzeichnungstakt (alle Speicherzugriffe, nur Lesezugriffe, nur Schreibzugriffe, bestimmte Adreßzugriffe usw.) auswählen. Dadurch bekommt man einen Überblick über die ausgewählten Aktivitäten des Controllers in einem bestimmten Zeitraum. Jeder, der schon einmal Fehler in einem Programm oder auch in der Hardware gesucht hat, wird auf die Tracefunktion nicht mehr verzichten wollen. Bei richtiger Anwendung sind Fehler sehr schnell und einfach zu finden. Da bei den meisten Tracern auch die Zeit mit aufgezeichnet wird, erhält man automatisch einen Einblick in die Laufzeit von Programmen.

Mit all diesen Möglichkeiten sind In-Circuit-Emulatoren das optimale Mittel, um sowohl die Hardware als auch die Software zu entwickeln und zu testen. Der Preis guter Geräte ist zwar recht hoch, doch lohnt sich die Anschaffung in den meisten Fällen. Spätestens beim ersten größeren Fehler im Programm lernt man die Vorteile eines Emulators schätzen. Werden Programme oder eine Schaltung umfangreicher, sollte auf den Einsatz eines Emulators nicht verzichtet werden. Bei welchem Umfang dieser Punkt allerdings erreicht wird, hängt von der Art der Aufgabe und auch von dem Controller ab. Bei einigen Bauelementen ist die Entwicklungsunterstützung von Haus aus reichhaltiger, andere wiederum bieten nicht einmal eine EPROM-Version.

1.8.7 Simulatoren

Schließlich sollte noch ein Entwicklungswerkzeug erwähnt werden, das durchaus seine Berechtigung hat, jedoch selten eingesetzt wird. Es handelt sich um den Simulator, der im Gegensatz zu allen vorher genannten Arten ein reines Softwarewerkzeug ist. Seine Stärke liegt in der Unterstützung bei der Softwareentwicklung, für eine Hardwaretestung ist es verständlicherweise nicht geeignet.

Nicht immer ist es sinnvoll, schon in frühen Phasen der Softwareerstellung auf der Zielhardware zu arbeiten. Häufig ist diese auch noch nicht betriebsbereit und selber noch in der Entwicklung. Ein Simulator ist ein Programm, das auf einem beliebigen Rechner die Funktion einer bestimmten CPU oder eines Controllers simuliert. Ähnlich einem Emulator kann das zu testende Programm auf Assemblerniveau oder Hochsprache oder auch auf beiden debugged werden. Der Bildschirm, bei moderenen Programmen in einer SAA- oder Windows-Oberfläche, kann den Quellcode, die internen Register, Speicherbereiche, Ports usw. darstellen. Der PC, auf dem der Simulator läuft, spielt das Verhalten der zu simulierenden CPU vollständig nach. Er ersetzt die Befehle des zu testenden Programms intern durch eigene, so daß die Abarbeitung identisch zur Ziel-CPU ist. Die Register und interne Peripheriekomponenten wie Timer, Schnittstellen usw. werden von guten Simulatoren vollständig nachgebildet. Die Software übernimmt deren Funktionen. Eingaben über parallele und serielle Ports können vorher in Dateien abgelegt werden. Der Simulator liest diese dann ein, als kämen sie direkt über das simulierte Port. Auch interaktiv lassen sich Eingaben machen. Ausgaben gehen ebenfalls in Dateien oder direkt auf den Bildschirm.

Simulatoren stellen ein gutes Werkzeug bei der Softwareentwicklung dar. Je größer der Anteil des hardwareunabhängigen Programms ist, desto effektiver arbeitet ein Simulator. Umfangreiche Programme lassen sich so gleich bei der Entwicklung auf dem selben Rechner testen, auf dem sie entwickelt werden. Mit Programmen wie z. B. Deskview von Quarterdeck unter DOS oder gleich unter OS/2 lassen sich das Assembler- oder Compilerpaket und der Simulator gleichzeitig im Computer verwenden. Beim Testen kann beliebig zwischen ihnen umgeschaltet werden, so daß sich eine ähnliche Entwicklungsumgebung ergibt, wie man es bei guten Hochsprachen-Compilern für den PC gewohnt ist.

Effiziente Entwicklungswerkzeuge gehen im starken Maße in die Entwicklungskosten ein, allerdings weniger bei der Anschaffung als bei den Kosten der Entwicklung selber. Diese Tatsache wird gern übersehen, denn bewußt wird sie erst, wenn es zu spät ist. Man sollte sich stets überlegen, ob sich an dieser Stelle ein Sparen lohnt. Nicht selten sind die Kosten stark in die Höhe gegangen, da während der Entwicklung Probleme aufgetreten sind, die mit schlechten Werkzeugen nur unbefriedigend gelöst werden konnten. Was ein guter Emulator wert sein kann, weiß jeder, der schon einmal Soft- oder Hardware entwickelt hat und dann beim Austesten nicht das erhoffte Ergebnis vorgefunden hat. Die Folgen sind dann zum Teil schwerwiegend, sei es, daß die Kosten stark angestiegen sind oder daß der Fertigstellungstermin nicht eingehalten werden konnte. Spätestens dann wird sich der Entwickler nach den passenden Werkzeugen umsehen. Im Anhang ist eine kurze Übersicht über Entwicklungswerkzeuge und ihre Anbieter zu finden.

1.9   Entwicklungstendenzen bei Mikrocontrollern

Immer komplexere Aufgaben und strengere Echtzeitanforderungen bilden den Rahmen, in dem sich moderne Mikrocontroller beweisen müssen. Ständig kommen neue Einsatzgebieten hinzu, neue Bereiche mit eigenen Ansprüchen, die von der Industrie bedacht werden müssen. Schon lange ist die Zeit vorbei, in der Controller nur in einfachen Anwendungen wie in Telefonen, Autoradios, Videorecordern und ähnlichem eingesetzt wurden. Es gibt heute kaum noch einen Bereich, in dem Mikrocontroller nicht zur Steuerung, Überwachung und Bedienung verwendet werden. Dabei handelt es sich jedoch nicht immer um Standardbauelemente. Vielfach befinden sich in Spezialcontrollern die Kerne von Standard-CPUs. Diese sind von der Elektronik, der Applikation, so umgeben, daß der eigentliche Controller als solcher nicht mehr sichtbar ist.

Bei dem ständig wachsenden Bedarf an Controllern aller Arten und Leistungsklassen steht die herstellende Industrie vor folgenden Fragen:

◆ Wo sind die Wege für die zukünftige Weiterentwicklung und mit welchen Mitteln und Verfahren können die Aufgaben erfüllt werden?

◆ Gibt es Leistungsreserven, oder sollte man bisherige Strategien neu überdenken?

◆ Reichen 8-Bit-Controller noch aus, sind 4-Bit-Typen überhaupt noch zeitgemäß, oder liegt die Zukunft einzig und allein im 16/32-Bit-Segment? Ist hier der gleiche Trend zu beobachten wie bei den Mikroprozessoren?

Dieser Ausschnitt aus dem Problemkatalog zu den Entwicklungslinien zeigt schon, daß es hier keine klare Antwort geben kann, zu vielfältig sind die Einsatzgebiete und Ansprüche. Im Gegensatz zu den Mikroprozessoren ist die Weiterentwicklung eben nicht nur durch das klare Verlangen nach mehr Rechenleistung, Speicher- und Ressourcenverwaltung bestimmt. Durch ihren anwendungsnahen Einsatz wird von Controllern wesentlich mehr Anpassung an die jeweilige Aufgabe gefordert, als das bei Mikroprozessoren der Fall ist. Im Gegensatz zu diesen sind die Einsatzgebiete der Controller vielfältiger und breiter gestreut. So gibt es zum Beispiel viele Fälle, bei denen ein 8-Bit-Controller und erst recht ein »16-Bitter« völlig überdimensioniert wären. Kleine 4-Bit-Bauelemente können dort durchaus das Optimum aus Anforderung, Leistung und Preis darstellen.

Eine Erhöhung der Verarbeitungsbreite mag für den einen Einsatz Vorteile bringen, für einen anderen genügt eine kleine CPU, die dafür aber mit viel Peripherie umgeben ist, und ein dritter Geräteentwickler wünscht sich einen Controller mit einer ganz speziellen, superschnellen Peripherie. So verschieden die Einsatzgebiete sind, so verschieden scheinen auch die Entwicklungsziele für zukünftige Bauelemente zu sein. Und genau das ist es auch, was man bei genauer Betrachtung des Controllermarktes beobachten kann. Zweifellos steigt die Komplexität und Leistung neuer Typen immer mehr an. Die Richtung geht eindeutig zu größeren Busbreiten und schnelleren Strukturen, denn die Anwender aus Bereichen mit stark nach oben zeigendem Leistungsbedarf fordern diese Entwicklung. Aber auch die Basis und alles, was dazwischen liegt, bleibt im Brennpunkt der Weiterentwicklung. Es kommt, bildlich gesehen, zu einer großen Auffächerung bei den Versionen und zu einer Leistungssteigerung in allen Belangen: Bauelemente mit mehr Peripherie, andere mit mehr Speicher, wieder andere mit einem größeren CPU-Kern. Bei jedem der namhaften Controllerproduzenten ist diese Strategie in Richtung Variantenvielfalt zu erkennen. Kaum einer kann es sich heute leisten, nur die steigende Verarbeitungsbreite als Ziel der Entwicklung anzusehen, und keiner kann sich davon ausschließen.

Ich hoffe, daß dieser Trend auch an den Beispielen in diesem Buch ersichtlich wird. Ich habe mich bemüht, zumindest auf dem 8-Bit-Sektor einen Einblick in das Spektrum der Bauelemente verschiedener Hersteller zu geben.

Nun sind oben schon einige Mittel und Wege der Weiterentwicklung wie Busbreite, Peripherieleistung und Verarbeitungsgeschwindigkeit angesprochen worden. In der folgenden Zusammenstellung sind die wesentlichen Punkte zusammengestellt.

◆ Höhere Taktfrequenzen – kürzere Befehlsverarbeitungszeiten

Wenn es um mehr Rechenleistung geht, so bringt eine Vergrößerung der möglichen Taktfrequenz immer einen merklichen Gewinn. Höhere Taktfrequenz bedeutet zugleich auch kürzere Verarbeitungszeit der Befehle. Für den Anwender hat das den entscheidenden Vorteil, daß er mit seinen Softwarewerkzeugen und Programmen wie bisher weiterarbeiten kann und dennoch eine höhere Leistung des Systems erzielt. Auch braucht er keine Zeit für die Einarbeitung in eine neue Struktur zu investieren. Neben diesen, die Rechenzeit betreffenden Auswirkungen verbessern sich dabei in der Regel auch die zeitabhängigen Größen von internen Peripheriemodulen. So werden zum Beispiel die Umsetzzeiten von A/D-Wandlern kürzer, und Timer erlangen eine höhere Grenze bei Frequenz- und Impulsmessungen. Allerdings darf man auch die negativen Seiten solch einer Maßnahme nicht übersehen. So steigt im gleichen Maße mit der Taktfrequenz auch die Verlustleistung der Bauelemente. Das kann zu einem großen Problem werden, wenn sich ein Controller in einem leistungsarmen Umfeld einfügen muß. Ebenso können Probleme mit weiteren, extern angeschlossenen Bauelementen auftreten, denn für diese ergeben sich zugleich schärfere Zeitbedingungen in ihrer Verbindung zum Controller.

◆ Kürzere Befehlsverarbeitungszeiten durch einfachere Opcodes

Einen anderen Weg zu mehr Rechengeschwindigkeit und damit zu einer besseren Echtzeitfähigkeit gehen die Entwickler mit CPU-Strukturen nach dem RISC-Prinzip. Diese Controller besitzen einen Befehlssatz, der nur aus einfachen, kurzen Befehlen besteht. Die Abarbeitung solcher Befehle geschieht dabei in sehr wenigen Takten, so daß damit äußerst kurze Ausführungszeiten erreichbar sind. Selbstverständlich geht diese Maßnahme zu Lasten der Befehlskomplexität. Wer jedoch seine Programme in einfachen Grundbefehlen formulieren kann, erzielt damit sehr kurze Programmlaufzeiten. Für spezielle Anwendungen mit vorrangig Reglerfunktionen stellen RISC-Controller eine günstige Lösung dar.

◆ Leistungsfähigere Befehle – CISC-Strukturen

Genau das Gegenteil von RISC-Strukturen findet man in der Philosophie von CISC-Controllern. Bei ihnen erhält der Anwender leistungsfähige, umfangreiche Befehle, bei denen jeder für sich allein komplexe Aufgaben erfüllen kann. So sind String-Suchbefehle oder etwa Multiplikations- und Divisionsbefehle typisch für CISC-CPUs. Daß solche Leistungen viele Takte benötigen, mag ein Nachteil sein. Dafür bekommt man jedoch zum Teil hochsprachenreife Befehle angeboten, die besonders effiziente Compilierungen von C-Programmen ermöglichen. Die anvisierte Zielgruppe für den Controller ist daher ausschlaggebend bei der Wahl zwischen einer RISC- oder CISC-Struktur.

◆ Parallelverarbeitung von Befehlen
Wie bei Mikroprozessoren schon lange üblich, sind neuerdings auch die ersten
Controller mit Strukturen zur Parallelverarbeitung von Operationsbefehlen ausgestattet. Durch Pipelining und Befehlswarteschlangen lassen sich die Ausführungszeiten der Befehle im Ganzen gesehen stark reduzieren. Auch ein interner
Cache für Befehle und Daten bei externen Zugriffen ist ein gutes Mittel für eine
höhere Befehls- und Datenverarbeitung.

◆ Bessere Speicher- und Registerstrukturen
Die Strukturen von Programm- und Datenspeichern sowie der Register bestimmen im hohen Maße die Leistung eines Mikrocontrollers. So verfehlen die schnell-
sten oder komplexesten Befehle ihre Wirkung, wenn auf den Opcode oder auf die
Operanden nicht ebenso effektiv zugegriffen werden kann. Deshalb sind Verbes-
serungen an der Art sowie am Handling mit den Quellen und Zielen von Befehlen
und Daten ein wichtiges Instrument bei der Weiterentwicklung. Gerade unter den
Bedingungen von Multitaskingprogrammen erlangen geschickte Methoden wie
Banking und Segmentierung eine immer größer werdende Bedeutung. Hier ist
eine entsprechende Hardware gefragt, die derartige Verfahren unterstützt. Neben
Speicherbereichen und Datenregistern ist die Einbindung der Peripherie in das
Programmiermodell des Gesamtcontrollers ein ebenso wichtiger Punkt! Bei entsprechender Anordnung ihrer Register im Adreßraum der CPU kann sich die
Leistung merkbar verbessern, ohne daß sich an ihren eigentlichen Funktionen
etwas ändert. Schnellere und effektivere Zugriffe sind immer wichtig für ein
optimales Zusammenspiel zwischen Programm und Peripherie.

◆ 16-Bit-Architekturen bzw. interne 16-Bit-Datenpfade mit 16-Bit-Verarbeitung
Die Erhöhung der Verarbeitungsbreite von 8 auf 16 Bit bringt einen mindestens
zehnmal höheren Datendurchsatz. Das ist eine Tatsache, die für sich spricht.
Diesen Weg gehen daher früher oder später alle Hersteller. Er ist zwingend
notwendig, sollen die immer komplexer werdenden Aufgaben der Mikrocontroller erfüllt werden.

◆ Weitere Integration von Peripheriekomponenten
Auf dem Chip integrierte Peripheriemodule bilden ein wesentliches Unterschei-
dungsmerkmal der Controller von den Prozessoren. Immer neue und bessere
Module werden von den Entwicklern in die Schaltkreise eingebracht. Diese Steigerung gilt quantitativ und qualitativ, entsprechend der Auffächerung der Typen.
So sind einige Bauelemente mit immer mehr Ports, Timern und sonstigen Modulen
ausgestattet, während andere spezielle Funktionen durch interne Co-Prozessoren
(PACT-Module, Analogmodule, Arithmetikeinheiten usw.) erweitern. Hier bietet
sich ein weites Feld für die Entwicklung. Neue Halbleitertechnologien lassen

schnellere Funktionen (Timer, ADU, ...) zu oder ermöglichen erst die Integration von speziellen Funktionen (Analogmodule wie Verstärker, Filter usw.).

◆ Neue Halbleitertechnologien
Durch neue Technologien beim Herstellungsprozeß (feinere Strukturen, neue Materialien usw.) ergeben sich unter anderem verbesserte elektrische Eigenschaften wie eine geringere Stromaufnahme und eine niedrigere Versorgungsspannung. Auch die Zeitbedingungen der internen und externen Signale (Anstiegs- und Abfallzeiten, Signalverzögerung, Laufzeiten...) sind unmittelbar davon abhängig. Der Weg zu höheren Taktfrequenzen ist daher hauptsächlich ein technologisches Problem. Das gleiche gilt auch für den Leistungsverbrauch und die Betriebsspannung der Bauelemente. Hier geht der Trend zu immer niedrigeren Spannungen und geringeren Stromaufnahmen. Technologien wie der SACMOS-Prozeß lassen derzeit Betriebsspannungsbereiche bis hinunter zu 1,8 V zu. Die Stromaufnahme sinkt trotz Steigerung der Funktionen. Das alles zusammen sichert das Eindringen der Controller in immer weitere Anwendungsgebiete, die bisher nur mit einfachen, wenig stromverbrauchenden Schaltungen auskommen mußten.

◆ Unterstützung höherer Programmiersprachen
Durch hocheffiziente Befehlssätze lassen sich höhere Programmiersprachen wie C bedeutend einfacher auf Controller umsetzen. Entsprechende CPU-Strukturen (Registerstruktur, Adressierung und Befehlssatz) unterstützen die Compilierung und liefern einen hocheffizienten Programmcode.

Neben diesen vorgestellten Wegen gibt es natürlich noch viele weitere Möglichkeiten, und die Industrie zeigt mit immer neuen Bauelementen, daß die Entwicklung rasant voranschreitet.

1.9.1 Der Weg zu neuen Verarbeitungsbreiten – 16-Bit-Mikrocontroller

Viele Hersteller von Mikrocontrollern haben sich mit der Entwicklung und Produktion von Controllern größerer Verarbeitungsbreite beschäftigt. Angefangen hat das mit der Integration von 16-Bit-CPU-Kernen in normale 8-Bit-Bauelemente. Das Ergebnis sind Strukturen, die äußerlich 8-Bit breit sind, aber intern eine 16-Bit-Verarbeitungsbreite besitzen. Diese Lösungen sollten nicht als halbherzige Entwicklungsstufen aufgefaßt werden. Ein externer 8-Bit-Bus hat viele Vorteile. So sind die meisten externen Speicher und Peripheriebauteile nur 8-Bit breit. Geht es nur um die Steigerung der internen Verarbeitungsgeschwindigkeit, um beispielsweise einen Regelalgorithmus schneller zu machen, muß sich der Aufwand für einen kompletten 16-Bit-Aufbau nicht unbedingt lohnen. Das haben auch die Entwickler der Schaltkreise erkannt und bieten ihre »16-Bitter« daher häufig mit einer parametrierbaren Busbreite an. Der Anwender kann dann entscheiden, ob er bei relativ wenigen externen Zugriffen mit 8 oder 16 Bit arbeiten möchte. Mittlerweile bieten nahezu alle namhaften Hersteller komplette Lösungen an. Sehen wir uns das kurz an den Beispielen zweier bekannter Hersteller an.

Der 16-Bit-Mikrocontroller SAB 80C166/83C166

Die Firma SIEMENS hat es geschafft, mit ihrem Controller SAB 80C166/83C166 eine neue Referenzklasse unter den 16-Bit-Mikrocontrollern zu definieren. Ein Modulkonzept, bestehend aus einem Hochleistungsprozessor, einem programmierbaren Interruptsystem, einer Vielzahl von intelligenten Peripherieschaltungen und einer Reihe von Ein-/Ausgabe-Kanälen sowie umfangreichen Speichereinheiten, bildet das Grundgerüst dieser 16-Bit-Familie. Wie schon bei der SAB 8051-Familie sichert die hohe Modularität auch hier die schnelle Reaktion auf Kundenwünsche und auf Anforderungen des Marktes. Die Grafik zeigt das Konzept in einer Übersicht.

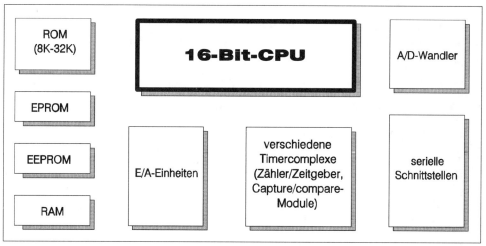

Abbildung 1.132: SAB 80C166/83C166 Modulkonzept

Die Leistungsmerkmale im einzelnen:

◆ SACMOS-Technologie (1,2 m-Raster)
Durch diese Technologie ergibt sich trotz der hohen Integrationsdichte und des riesigen Funktionsumfangs bei einer Taktfrequenz von 20 MHz eine Stromaufnahme von 200 mA bei 5,5 V Betriebsspannung. Der Arbeitstemperaturbereich reicht von -40 bis +110 C (-40 bis +85 C und 0 bis +70 C).

◆ 16-Bit-CPU
Befehlsausführungszeit von 100 ns bei 20 MHz, 16-Bit-Multiplikation (500 ns) und Division (1000 ns), 1- bis 4-Byte-Befehle, die meisten Befehle können in einem einzigen Befehlszyklus abgearbeitet werden, Gesamtanzahl 76 Befehle, Befehls-pipelining, CISC-Prinzip, speziell auf Controllerbelange abgestimmter Befehls-satz.

◆ Speicher- und Registerstruktur
Großer linearer Adreßbereich von 256 Kbyte, erweiterbar durch Segmentierung und seitenweisen Zugriff auf bis zu 16 Mbyte, Von-Neumann-Architektur mit flexiblen Adressierungsarten, Registerbänke für ein schnelles Task-Switching (100 ns), 8 – 32 Kbyte ROM, 1 Kbyte RAM, 512 Spezialregister, EPROM und EEPROM, interner 32-Bit-Datenbus zwischen Speicher und CPU.

◆ Leistungsstarkes Interruptsystem
Frei priorisierbarer Interrupt-Controller, der Reaktionszeiten von 4 bis 5 Zyklen (400 – 500 ns) auf asynchrone Ereignisse ermöglicht.

◆ Interruptbetriebener »DMA«-Controller
Einfache Transportaufgaben übernimmt ein als PEC (Peripheral Event Controller) bezeichnetes Modul, das die CPU durch Cycle-Stealing entlastet.

◆ Flexible Bussteuerung
Freie Programmierbarkeit der externen Busbreite und wählbare Wartezyklen

◆ 6 Ein-/Ausgabeports mit maximal 76 Leitungen

◆ 1 10-Bit-AD-Wandler mit Sample & Hold-Schaltung mit 10 µs Umwandlungszeit

◆ 2 serielle Schnittstellen mit universellen synchronen/asynchronen Sendern/ Empfängern

◆ Komplexe Timerstrukturen
7 unabhängige Timer, 16 Capture-/Compare-Kanäle

◆ Watchdog mit eigenem Oszillator

◆ Interne 16-Bit-Busse zu den Peripheriemodulen

◆ PQFP-100-Gehäuse

Die nachfolgende Grafik den Aufbau des Controllers zeigt in einem Blockbild:

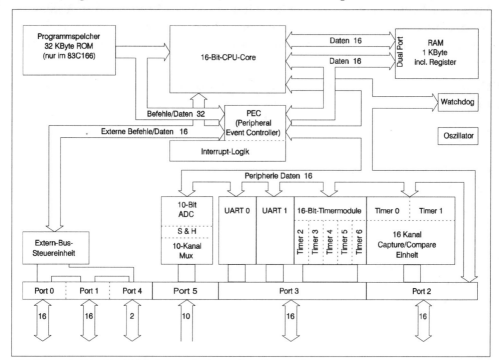

Abbildung 1.133: Blockbild des 16-Bit-Controllers SAB 80C166

Ohne das Thema 16-Bit-Controller zu weit auszudehnen, hier noch einige Details des SAB 80C166, die einen Eindruck von seinem Leistungsvermögen vermitteln sollen. Am deutlichsten wird der Unterschied zur 8-Bit-Klasse an der CPU sichtbar. Auch die Verbindungen CPU – Speicher oder CPU – Peripherie sind auf einen höheren Datendurchsatz ausgelegt. Bei den eigentlichen Peripheriemodulen haben allerdings viele 8-Bit-Controller bedeutend mehr zu bieten. Doch der 80C166 ist auch erst das »Basismodell« der neuen Familie von SIEMENS.

Kernstück der **CPU** ist eine 16-Bit-ALU mit Schieberegister, Bit-Masken-Generator und Multiplikation-/Divisionseinheit. Damit werden die üblichen arithmetischen und logischen Befehle sowie die vorzeichenbehaftete und vorzeichenlose Multiplikation und Division ausgeführt. Durch das 16-Bit-Hardwareschieberegister bewerkstelligt die CPU alle Schiebeoperationen und Bitrotationen in einem einzigen Operationszyklus. Speziell für Steuerungsaufgaben ist die Hardware und der Befehlssatz um Werkzeuge zur effektiven Bitmanipulation erweitert. Dabei können die Operanden direkt adressiert werden und bedürfen nicht erst der Auswertung über Flags.

Die CPU verzichtet auf einen speziellen Akkumulator und arbeitet statt dessen mit einer Universalregisterstruktur, die im chipinternen RAM-Bereich liegt. Jeweils bis zu 16 Wortregister (R0 bis R15) sind zu einer Registerbank zusammengefaßt. Die Struktur ist so ausgelegt, daß während eines Operationszyklusses auf 4 Universalregister zugegriffen werden kann.

Diese CPU, die vom Charakter her ein CISC-Prozessor ist, hat dennoch einen Befehlssatz mit im Durchschnitt 2-Byte-langen Befehlen. Die im allgemeinen am häufigsten verwendeten Befehle sind auf 2 Byte angelegt, andere haben aber auch bis zu 4 Byte Länge. Dank eines 32-Bit-breiten Busses zum Programmspeicher ist die Abarbeitung extrem schnell. So werden die Befehle, mit Ausnahme von Multiplikation, Division und Programmverzweigungen, während eines Operationszyklus durchgeführt (Zykluszeit 100 ns!). Aber auch 16- und 32-Bit-Divisionen brauchen nicht länger als 1 µs, und eine 16-Bit-Multiplikation ist in 500 ns abgeschlossen. Um diese beeindruckenden Leistungen noch zu steigern, besitzt die CPU eine intelligente Parallelverarbeitungseinheit, die maximal 4 Befehle behandeln kann.

Der **maskenprogrammierbare interne ROM** des SAB 83C166 ist 8 Kbyte groß und dient der Programm- und Konstantenspeicherung. Durch seinen 32-Bit-Datenpfad zur CPU werden während eines Maschinenzyklus zugleich 4 Byte oder 2 Worte übertragen.

Den **internen RAM** mit einer Größe von 1 Kbyte nutzt der Controller für die Datenspeicherung, für einen internen Stack und als Universalregisterbereich. Schnelle Zugriffe von allen Komponenten garantiert seine Dual-Port-Struktur.

Um externe Speicher und Module anzusprechen, ist eine **integrierte Bus-Steuerung** vorhanden. Die Busbreite und die Zugriffsmodi sind programmierbar. Damit läßt sich der Controller optimal an die Bedürfnisse anpassen.

Zu einem Hochleistungscontroller gehört auch ein dementsprechendes Interruptsystem. Beim SAB 80C166 ist dazu ein eigener **programmierbarer Interruptcontroller** auf dem Chip integriert. Bis zu 64 Prioritätsebenen, 400 ns Reaktionszeit und ein interruptbetriebener »DMA« sind nur einige der vielen Merkmale dieses Systems. Die schnelle Reaktion unterstützt die Multitaskingfähigkeiten, der DMA sichert den schnellen ereignisabhängigen Datenaustausch der Module.

Eine **interne Peripheriesteuerung PEC** (Peripheral Event Controller) entlastet die CPU von Transportaufgaben und führt diese per Cycle-Stealing aus. Ein Operationszyklus genügt für den Transport und das Inkrementieren der Quell- oder Zielvektoren. 8 Kanäle können nach einer Interruptanforderung so den Transfer Peripherie – Speicher/CPU automatisch durchführen. Für die Verbindung der internen Peripheriemodule untereinander und mit der CPU besitzt der Controller einen 16-Bit-Peripheriebus.

Die Peripheriemodule des Controllers bestehen aus einem A/D-Wandler, 2 seriellen Schnittstellen, parallelen Ports und einem umfangreichen Timerkomplex. Der **A/D-Wandler** hat eine Verarbeitungsbreite von 10 Bit und kann nacheinander die Analogwerte von bis zu 10 Eingängen wandeln. Eine integrierte Sample & Hold-Schaltung sorgt für die nötige Stabilität während der eigentlichen Umsetzung. Das Verfahren der sukzessiven Approximation führt zu einer Wandlungszeit von 15 µs. Die Ergebnisse werden zwischengespeichert und lassen sich durch DMA einlesen.

Zwei völlig identische **synchrone/asynchrone Schnittstellen** dienen der Kommunikation mit einer seriellen Umwelt. Im asynchronen Voll-Duplex-Verkehr beträgt die maximale Datenübertragungsgeschwindigkeit 625 KBit/s, bei der synchronen Halb-Duplex-Verbindung sind es sogar 2,6 MBit/s. Die Baudrate ist selbstverständlich einstellbar.

Das **Timermodul** ist eine Sammlung von sieben einzelnen Zählern/Zeitgebern und einer umfangreichen Logik. Dabei sind fünf 16-Bit-Zeitgeber in 2 Untermodule zusammengefaßt. Jeder einzelne kann getrennt von den anderen betrieben werden, für bestimmte Aufgaben lassen sie sich aber auch koppeln. Zwei weitere 16-Bit-Zähler arbeiten als Referenzquellen für eine 16-stufige Capture-/Compare-Einheit. Die Taktfrequenz der Zähler gestattet eine minimale Impulszeit von 400 ns. Das gesamte Timermodul kann zur Impulserzeugung, Zeitmessung, Analogsignalgenerierung über PWM und zur Impulsmessung benutzt werden.

Insgesamt **76 Ein-/Ausgabeleitungen** stehen dem Anwender bei einem SAB 80C166/83C166 zur Verfügung. Diese sind in 5 unterschiedlichen Ports zusammengefaßt und bestimmten Funktionsgruppen und Peripheriemodulen zugeordnet. Benötigt das entsprechende Modul keine Verbindung nach außen, so sind die zugehörigen Leitungen frei als parallele Ein-/Ausgabeleitungen nutzbar. Dabei können auch nur einzelne Leitungen eines Ports auf eine Funktion parametriert werden. Die Verteilung auf die einzelnen Module ist im Blockbild ersichtlich.

Das letzte hier noch fehlende Detail in der Kurzvorstellung dient der Fehlersicherheit. Ein zusätzlicher 16-Bit-Timer arbeitet im Zusammenhang mit einer Logik als **Watchdog**.

Nach soviel Hardware noch ein kurzer Blick auf die Software, die ein Bauelement erst anwendbar macht. Die Firma SIEMENS bietet eine vollständige Entwicklungsumgebung für ihren Controller an. Die Grafik zeigt die Einzelkomponenten.

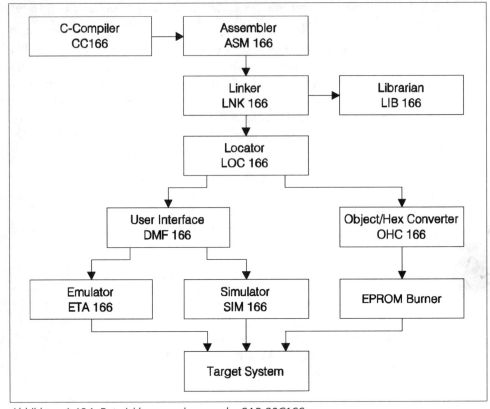

Abbildung 1.134: Entwicklungswerkzeuge der SAB 80C166

Als Hardwareplattform lassen sich normale IBM-kompatible PCs mit MS-DOS als Betriebssystem einsetzen. Die Softwareentwicklung kann sowohl auf Hochsprachen- und/oder auf Assemblerniveau durchgeführt werden.

◆ Ein speziell auf die Besonderheiten des Controllers abgestimmtes »C« (aber dennoch der ANSI-Norm entsprechend!) unterstützt alle Möglichkeiten der CPU und seiner Peripheriekomponenten.

◆ Hinter dem Namen ASM 166 verbirgt sich ein Makroassembler, der ebenso wie der Compiler optimal für den Controller aufgebaut ist.

◆ Der Linker LNK 166 sorgt für die Verbindung verschiedener Programme zu einem verschiebbaren Maschinencodemodul.

◆ Nicht alle Programmteile müssen vom Entwickler selbst geschrieben werden. Ihm steht in Form des Bibliotheksverwaltungsprogramms LIB 166 eine Vielzahl von fertigen Modulen zum Umgang mit der Controllerperipherie, für Arithmetikroutinen (Floating Point) usw. zur Verfügung.

◆ Nach dem Zusammenbinden aller Einzelmodule erzeugt der Locater LOC 166 absolute Adreßbezüge und damit ein auf einer bestimmten Speicheradresse ablauffähiges Maschinenprogramm.

◆ Um dieses Programm an einen EPROM-Programmer zu übergeben oder aber in einem Prototypenmodul mit Monitor zu testen, wandelt ein Objekt-/Hex-Umsetzer OHC 166 den Objektcode in einen reinen Hex-Code um. Dieser ist sowohl für die meisten Programmer als auch für einen Monitor verständlich.

◆ Für Entwickler, die keine Hardwarewerkzeuge zur Programmtestung besitzen, bietet SIEMENS den Simulator SIM 166 an. Mit ihm lassen sich so gut wie alle Funktionen des Zielprozessors nachbilden und damit die Software auf recht einfache Weise testen. Gerade in der Anfangsphase der Softwareerstellung kann dieser Simulator eine wertvolle und vor allem preiswerte Hilfe sein.

Für eine richtige Hard- und Softwareentwicklung steht ein In-Circuit-Emulator zur Verfügung. Er ist die optimale Ergänzung der leistungsfähigen Softwarewerkzeuge. Durch ihn lassen sich Programme in Echtzeit testen und verfolgen. Ein Tracespeicher, umfangreiche Triggermöglichkeiten und symbolisches Debuggen sind nur einige Begriffe, die diesen Emulator auszeichnen.

Die MCS-96 CHMOS-Familie der Firma Intel

Die Firma Intel, in der Computerbranche bekannt durch ihre Mikroprozessorfamilie 80X86, beschäftigt sich nicht nur ausschließlich mit Hochleistungs-Mikroprozessoren. Zu ihrem Entwicklungs- und Fertigungsspektrum gehören unter anderem auch Embedded Prozessoren und Mikrocontroller. Über die Embedded Typen ist schon am Anfang des Kapitels geschrieben worden, und schon da war es ein Problem, bei der Struktur dieser Bauelemente eine klare Trennung in Mikroprozessor und Mikrocontroller zu treffen. Leichter fällt es da schon bei der Intel-Familie, welche die 96 im Namen führt.

Mit der MCS-96-Familie hat Intel eine 16-Bit-High-End-Mikrocontrollerfamilie auf den Markt gebracht, die speziell für komplexe I/O- und interruptintensive Echtzeitanwendungen entwickelt wurde. Die typischen Merkmale dieser Familie in einem Überblick:

◆ 16-Bit-Mikrocontroller in 1-CHMOS-Technologie, bis zu 16 MHz, 16x16-Bit MUL in 1,75 µs, 32/16-Bit DIV in 3 µs

◆ volle 16-Bit-Register-Register-Architektur mit bis zu 488 Byte Register-RAM

◆ On Chip 8K, 12K oder 16Kbyte interner ROM/EPROM (mit Bootstrap EPROM-Programmierung per serieller Schnittstelle)

◆ bis zu 488 Byte RAM (Register)

◆ 256 Byte Code-RAM zum Downloading von Bootstrap-Routinen

◆ 8- oder 16-Bit-Bus, READY- und Wait-State-Steuerung (0–3), Steuersignale auch als einfache I/O

◆ programmierbare Interruptcontroller, 37 Interruptquellen, 31 Vektoren

◆ Slave-Port, Parallelinterface zu anderen Prozessoren

◆ bis zu 56 digitale Ein-/Ausgänge mit frei programmierbarer Datenrichtung und Schmitt-Triggereingangsfunktion

◆ Peripheral Transaction Server (PTS), eine spezielle Hardware gestattet High-Speed-Transfers (ähnlich DMA)

◆ Event Processor Array (EPA), High-Speed Capture-/Compare-Einheit mit bis zu 10 Input-Capture- und 10 Output-Compare-Funktionen (250 ns Auflösung), Flanken- und Zustandswahl, Überlauferkennung

◆ High-Speed I/O-Subsystem, bis zu 6 Output-Compare- und 4 Input-Capture-Funktionen, bis zu 3 8-Bit-PWM-Kanäle

◆ 16-Bit-Vor-/Rückwärtszähler, 2-Bit-Vorteiler, wahlweise interner oder externer Takt

◆ 2 Software-Compare-Timer, unter Verwendung von I/O-Pins für 16-Bit-PWM

◆ Voll-Duplex asynchrone/synchrone Schnittstelle, 1 synchroner Mode, 5 asynchrone Modi, Voll-Duplex, leistungsfähige Fehlererkennung, eigener 16-Bit-Baudratengenerator

◆ Voll-Duplex synchrone Schnittstelle, bis zu 2 MBit Übertragungsrate, 2 separate Kanäle, 5 verschiedene Konfigurationen (Master/Slave), Multiprozessor-Kopplung

◆ 8-Kanal-10-Bit-AD-Wandler, integrierte Sample & Hold-Schaltung, weniger als 16 µs Umsetzzeit (programmierbar), programmierbare Abtastzeit, Single- und Multikanal-Scanning

◆ 16-Bit-Watchdog-Timer, auch als normaler Timer nutzbar

In der folgenden Abbildung ist der prinzipielle Aufbau des 80C196KR zu sehen.

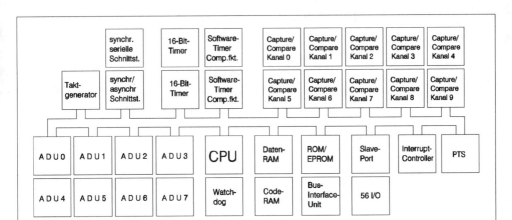

Abbildung 1.135: 16-Bit-Controller 80C196KR von Intel

Mit dieser Vorstellung zweier 16-Bit-Controller-Familien soll das Kapitel »Entwicklungstendenzen« abgeschlossen sein. Es hat gezeigt, daß sich auf dem Gebiet der Mikrocontroller eine Entwicklung abzeichnet, die nicht so sehr auf *ein* Ziel ausgerichtet abläuft wie bei den Prozessoren. Hier dreht es sich mehr um eine quantitative *und* qualitative Steigerung der Funktionen. Nicht immer schnellere Strukturen bestimmen den Markt, sondern immer vielfältigere Versionen entstehen. Dabei kommt jede Controllerklasse, von den 4-Bit- bis zu den 16/32-Bit-Typen, zu ihrem Recht. Von einem generellen Umsteigen auf höhere Busbreiten als alleinigem Trend kann nicht die Rede sein. Trotzdem fordern mehr und mehr neue Applikationen die Leistung von 16-Bit-CPUs, wobei das aber meistens Gebiete sind, in denen vorher überhaupt noch nicht mit Controllern gearbeitet wurde. Somit handelt es sich dabei nicht um ein Verdrängen, sondern vielmehr um ein weiteres Vordringen von Mikrocontrollern in neue Bereiche unseres Alltags.

2 Die Familie der Single-Chip-Mikrocontroller MC68HC11

Motorolas MC68HC11-Familie gehört zu den High-End-Produkten in der Klasse der 8-Bit-Controller. Aufbauend auf einer erweiterten HCMOS-Version der leistungsstarken MC6801-CPU-Core, ist diese Familie zu einem Industriestandard für Embedded Controller geworden. Zur Zeit gibt es über 20 Versionen mit unterschiedlichsten Konfigurationen, und diese Zahl ist steigend. Dabei ist dieser Controller im Gegensatz zu anderen Typen als Standardtyp anzusehen, Sonderausrüstungen wie LCD-Ports, Analogstrukturen (außer A/D-Wandlern) oder andere Module gibt es nicht – momentan nicht! Seine inneren Komponenten ermöglichen einen Betrieb als Einzelbauelement; ROM, RAM, I/O, Timer, Schnittstellen und A/D-Wandler sind vorhanden. Wird mehr Peripheriefunktionalität gefordert, so ist durch die Nutzung von Expander-ICs und des externen Adreßraumes leicht eine Aufrüstung möglich. Die Zusammenstellung zeigt die verschiedensten Ausrüstungen, die momentan »Standard« sind.

Name	ROM	RAM	EEPROM	Timer	Serial	A/D	PWM	I/O	EPROM	Kommentar
68HC11A0	–	256	–	16 Bit, 3 IC, 5 OC, RTI, WD, PA	SPI, SCI	8x8	–	38	–	64K extern
68HC11A1	–	256	512	16 Bit, 3 IC, 5 OC, RTI, WD, PA	SPI, SCI	8x8	–	38	–	64K extern
68HC11A7	8K	256	–	16 Bit, 3 IC, 5 OC, RTI, WD, PA	SPI, SCI	8x8	–	38	711E9	64K extern
68HC11A8	8K	256	512	16 Bit, 3 IC, 5 OC, RTI, WD, PA	SPI, SCI	8x8	–	38	711E9	64K extern
68HC11D0	–	192	–	16 Bit, 3/4 IC, 4/5 OC, RTI, WD, PA	SPI, SCI	–	–	32	–	64K extern

Name	ROM	RAM	EEPROM	Timer	Serial	A/D	PWM	I/O	EPROM	Kommentar
68HC11D3	4K	192	–	16 Bit, 3/4 IC, 4/5 OC, RTI, WD, PA	SPI, SCI	–	–	32	711D3	64K extern
68HC11E0	–	512	–	16 Bit, 3/4 IC, 4/5 OC, RTI, WD, PA	SPI, SCI	8x8	–	22	–	64K extern
68HC11E1	–	512	512	16 Bit, 3/4 IC, 4/5 OC, RTI, WD, PA	SPI, SCI	8x8	–	38	–	64K extern
68HC11E8	12K	512	512	16 Bit, 3/4 IC, 4/5 OC, RTI, WD, PA	SPI, SCI	8x8	–	38	711E9	64K extern
68HC11E9	12K	512	512	16 Bit, 3/4 IC, 4/5 OC, RTI, WD, PA	SPI, SCI	8x8	–	38	711E9	64K extern
68HC811E2	–	256	2K	16 Bit, 3/4 IC, 4/5 OC, RTI, WD, PA	SPI, SCI	8x8	–	38	–	64K extern
68HC11F1	–	1K	512	16 Bit, 3/4 IC, 4/5 OC, RTI, WD, PA	SPI, SCI	8x8	–	54	–	(Bem. 1)
68HC11G0	–	512	–	16 Bit, 3/4 IC, 4/5 OC, RTI, WD, PA	SPI, SCI	8x10	4x8	66	–	EC
68HC11G5	16K	512	–	16 Bit, 3/4 IC, 4/5 OC, RTI, WD, PA	SPI, SCI	8x10	4x8	66	?	EC

Name	ROM	RAM	EEPROM	Timer	Serial	A/D	PWM	I/O	EPROM	Kommentar
68HC11G7	24K	512	–	16 Bit, 3/4 IC, 4/5 OC, RTI, WD, PA	SPI, SCI	8x10	4x8	66	?	EC
68HC11L1	–	512	512	16 Bit, 3/4 IC, 4/5 OC, RTI, WD, PA	SPI, SCI	8x8	–	30	–	64K extern
68HC11L5	16K	512	–	16 Bit, 3/4 IC, 4/5 OC, RTI, WD, PA	SPI, SCI	8x8	–	46	711L6	64K extern
68HC11M2	32K	1280	*	*	2 SPI, SCI	8x8	4x8	*	*	(Bem.2)
68HC711M2	–	1280	*	*	2 SPI, SCI	8x8	4x8	*	32K	(Bem.2)
68HC11N4	24K	768	640	*	SPI, SCI	12x8	6x8	*	–	(Bem.3)
68HC711N4	–	768	640	*	SPI, SCI	12x8	6x8	*	24K	(Bem.3)
68HC11P2	32K	1024	640	*	SPI, 3 SCI	12x8	6x8	*	24K	(Bem.4)
68HC711P2	–	1024	640	*	SPI, 3 SCI	12x8	6x8	*	32K	(Bem.4)

Tabelle 2.1: Standardausrüstungen der MC68HC11-Familie

Erläuterungen:

IC	Input-Capture-Eingänge
OC	Output-Compare-Ausgänge
RTI	Real-Time-Interrupt
WD	Watchdog
PA	Pulse-Akkumulator
PWM	Pulsweitenmodulation
EC	Ereigniszähler
(Bem.1)	Adreßbus nicht multiplex, CS-Signale 1Mbyte externes Speichermapping
(Bem.2)	4 Kanal DMA, mathematischer Co-Prozessor
(Bem.3)	2 x 8-Bit-D/A-Wandler, math. Co-Prozessor
(Bem.4)	2 x 8-Bit-D/A-Wandler, PLL Clock

Das Customer Specified Integrated Circuit (CSIC)-Konzept ist die bestimmende Designmethode der HC11-Familie. Eine umfangreiche Library an verschiedenen fertigen Modulen und entsprechende Entwicklungswerkzeuge ermöglichen es dem Kunden, in kürzester Entwicklungszeit und bei niedrigen Kosten seinen »eigenen Mikrocontroller« zu entwerfen. Diese Methode wurde schon bei der Low-Cost-Familie MC68HC05 mit Erfolg angewendet, doch mit der leistungsfähigeren HC11-CPU-Core ist das Ergebnis noch bemerkenswerter.

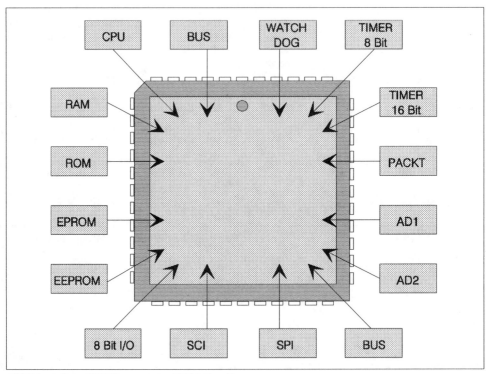

Abbildung 2.1: CSIC-Konzept der HC11-Familie

Kunden, die nicht den gesamten Schaltkreis »neu entwerfen« wollen, haben noch eine andere Möglichkeit, ihren Wunsch-IC zu bekommen. Motorola bietet ein Teillayout an, in dem die wichtigsten Komponenten enthalten sind. So befinden sich CPU-Core, Speicher, Standardtimer, SPI und SCI schon fertig auf dem Chiplayout. Der Kunde kann dann auf vorhandenen freien Bereichen weitere Module aus einer Library hinzufügen. Diese Methode gestattet es ohne großen Aufwand, kundenspezifische Bauteile in kürzester Zeit bei minimalsten Kosten bereitzustellen.

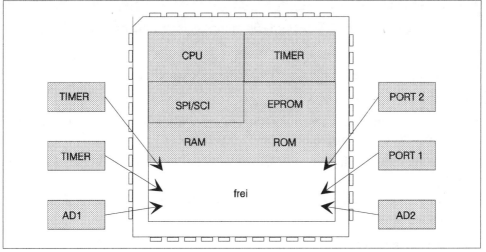

Abbildung 2.2: Teillayout mit Platz für Kundenerweiterungen

2.1 Aufbau und Funktionsbeschreibung des MC68HC11

Nachdem Sie nun einen kurzen Überblick über die HC11-Familie erhalten haben, nun zu den »inneren« Werten dieser Bauelemente. Die folgende Zusammenstellung vermittelt die wichtigsten Fakten und Eigenschaften dieser Familie. Was die einzelnen Daten bedeuten, erfahren Sie im Anschluß in der Detailvorstellung eines konkreten Controllers aus der Familie.

◆ HCMOS-Technologie, damit niedrige Verlustleistung und hohe Arbeitsgeschwindigkeit

◆ Busfrequenz von 4 MHz bis hinab zum vollstatischen Betrieb

◆ weiter Temperaturbereich von -40 °C bis 125 °C (verschiedene Klassen)

◆ leistungsstarke 8-Bit-CPU-Core (erweiterte MC6801-CPU), zwei 8-Bit- oder ein 16-Bit-Akkumulator

◆ hocheffizienter Befehlssatz, abwärtskompatibel zum MC6801-Industriestandard, 6 Adressierungsarten, 16-Bit-Lade-/Transferbefehle, 16-Bit-Arithmetikbefehle, leistungsstarke Bit-Befehle für Steuerungsaufgaben

◆ leistungssparender STOP- und WAIT-Mode mit programmierbarem Wake-Up

◆ sehr flexibles Interruptsystem, 21 separate Interruptvektoren

◆ 0 bis 24 Kbyte ROM

◆ 256 Byte bis 1 Kbyte RAM (externe Spannungsversorgung möglich)

◆ 4 bis 24 Kbyte EPROM als Fenster- oder OTP-Variante

◆ 0 bis 2 Kbyte EEPROM mit On-Chip-Spannungswandlung

◆ externer Adreßbereich 64 Kbyte

◆ einige Familienmitglieder unterstützen unter Zuhilfenahme einer On-Chip-Memory-Mapping-Logik einen Speicherraum bis zu 1 Mbyte

◆ zwei Arbeitsmodi (Single-Chip / Expanded Multiplex) und zwei Testmodi (Bootstrap / Special Test)

◆ 16-Bit-Zähler mit 3-4 Input-Capture- und 4-5 Output-Compare-Funktionen, programmierbarer Vorteiler

◆ Real-Time-Interruptfunktion

◆ 8-Bit-Pulse-Akkumulator (Ereigniszähler oder Zeitzähler mit externem Gate)

◆ Watchdog-Funktion und Taktüberwachung

◆ bis zu 66 freiprogrammierbare Ein- und Ausgänge

◆ 2 serielle Kommunikationsschnittstellen:
SCI: Asynchronbetrieb, Sender und Empfänger doppelt gepuffert, On-Chip-Baudratengenerator
SPI: synchrone High-Speed-Kommunikation bis 2 MBit/sec, Baudrate programmierbar

◆ 8-Kanal-Analog/Digital-Wandler mit 8-Bit/10-Bit-Auflösung (sukzessive Approximationsmethode), Single-Channel- und Multiple-Channel-Betriebsart, 4 Ergebnisregister

◆ für die Expanded-Multiplex-Betriebsart steht ein Port Replacement IC (PRU) zur Verfügung

◆ PLCC-, QFP-, Dual-In-Line-Gehäuse bis zu 84 Pins

Verständlicherweise ist nicht jedes Familienmitglied mit allen Leistungsmerkmalen ausgerüstet. Doch wie aus dem Überblick ersichtlich ist, sind die Versionen 68HC11Gx am leistungsstärksten ausgeführt und enthalten im Prinzip schon fast alles, was das Spektrum zu bieten hat. Generell schließen sich jedoch ROM- und EPROM-Speicher aus.

Als Orientierung unter der Vielzahl von Ausrüstungen kann folgender Schlüssel verwendet werden:

MC68HCX11 YZ

X	**ohne**	ROM- oder ROM-lose Version
X	7	statt ROM gleichgroßer EPROM
X	8	statt ROM nicht unbedingt gleichgroßer EEPROM

Y	A	256 Byte $IRAM TimerRAM Timer mit 3 Input-Capture-Registern und 5 Output-Compare-Registern (alle Typen von nun an mit 3 oder 4 Input-Capture-Registern und 4 oder 5 Output-Compare-Registern)
	D	kein A/D-Wandler
	E	512 Byte RAM
	F	1 Kbyte RAM, ROM-los, kein gemultiplexter Adreßbus, Chip-Select für externes Memory-Mapping
	G	8 Kanäle 10-Bit-A/D-Wandler, 4 Kanäle 8-Bit-PWM
	K	768 Byte RAM
	L	512 Byte RAM
	M	Mathe-Co-Prozessor, 4-Kanal-DMA, 1280 Byte RAM
	N	Mathe-Co-Prozessor, 768 Byte RAM
	P	1024 Byte RAM, 3 SCI, PLL Clock

Z	0	0 Kbyte ROM, 0 Kbyte EPROM, 0 Byte EEPROM
	1	0 Kbyte ROM, 0 Kbyte EPROM, 512 Byte EEPROM
	2	0 Kbyte ROM, 0 Kbyte EPROM, 2 Kbyte EEPROM
	3	4 (24) Kbyte ROM o. 4 (24) Kbyte EPROM, 0 Byte EEPROM
	4	24 Kbyte ROM o. 24 Kbyte EPROM, 640 Byte EEPROM
	5	16 Kbyte ROM o. 16 Kbyte EPROM, 0 Byte EEPROM
	6	16 Kbyte ROM o. 16 Kbyte EPROM, ? Byte EEPROM
	7	8 (24) Kbyte ROM o. 8 (24) Kbyte EPROM, 0 Byte EEPROM
	8	8 (12) Kbyte ROM o. 8 (24) Kbyte EPROM, ? Byte EEPROM
	9	12 Kbyte ROM o. 12 Kbyte EPROM, 512 Byte EEPROM

Leider ist diese Zuordnung bei den jüngsten Typen nicht konsequent eingehalten worden (z.B. 68HC16Y1 nicht ROM- und EPROM-los, sondern 48 Kbyte ROM). Außerdem existiert nicht für jede ROM-Größe auch eine gleichgroße EPROM-Größe. In solchen Fällen muß für Entwicklungsaufgaben, und um solche handelt es sich in der Regel beim EPROM-Einsatz, auf den nächsthöheren Typ zurückgegriffen werden.

Bei dieser großen Ausrüstungsvielfalt ist es nicht einfach, an Hand eines Typs das ganze Spektrum darzustellen. Aber da sich die Unterschiede hauptsächlich in Einzelheiten verschiedener Module oder in speziellen Speichervarianten äußern, kann man mit einem Bauelement das Wesentliche erfassen. Bei den Erläuterungen wird an den entsprechenden Stellen auf andere Varianten eingegangen.

Der Mikrocontroller MC68HC11E9

Der Mikrocontroller MC68HC11E9 ist ein leistungsstarkes Mitglied der MC68HC11-Familie von Motorola, mit einer großen Verbreitung auf allen Gebieten der Steuer- und Regeltechnik. An seinem Beispiel wollen wir uns den Aufbau und die Funktionen moderner Mikrocontroller ansehen. Vor der eigentlichen Detailbetrachtung noch einmal die typischen Merkmale, jetzt aber konkret für den HC11E9:

◆ HCMOS-Technologie, damit High-Speed bei Low-Power-Eigenschaft

◆ Busfrequenz von 0 bis 2 MHz, da vollstatisches Design

◆ 8-Bit-CPU-Kern mit 16-Bit-Lade-/Transport- und Arithmetikbefehlen (auch MUL und DIV)

◆ 12 Kbyte ROM

◆ 512 Byte EEPROM

◆ 512 Byte statischer RAM (Datenerhalt durch externe Spannungsversorgung)

◆ externer Adreßbereich 64 Kbyte

◆ Arbeitsmodi Single-Chip/Expanded Multiplex und Bootstrap/Special Test

◆ 1 16-Bit-Zähler mit programmierbarem Vorteiler, 3–4 Input-Capture- und 4–5 Output-Compare-Funktionen, Aufteilung programmierbar

◆ Real-Time-Interruptfunktion

◆ 8-Bit-Pulse-Akkumulator

◆ Watchdog-Funktion und Taktüberwachung

◆ 38 freiprogrammierbare Ein- und Ausgänge

◆ 2 serielle Kommunikationsschnittstellen: SCI und SPI

◆ 8-Kanal-Analog-/Digital-Wandler mit 8-Bit-Auflösung, Single-Channel- und Multiple-Channel-Betriebsart, 4 Ergebnisregister

◆ MC68HC24 als Port Replacement Unit (PRU) für die Expanded-Multiplex-Betriebsart

◆ 52 Pin PLCC- oder 64 Pin QFP-Gehäuse

◆ EPROM-Version MC68HC711E9

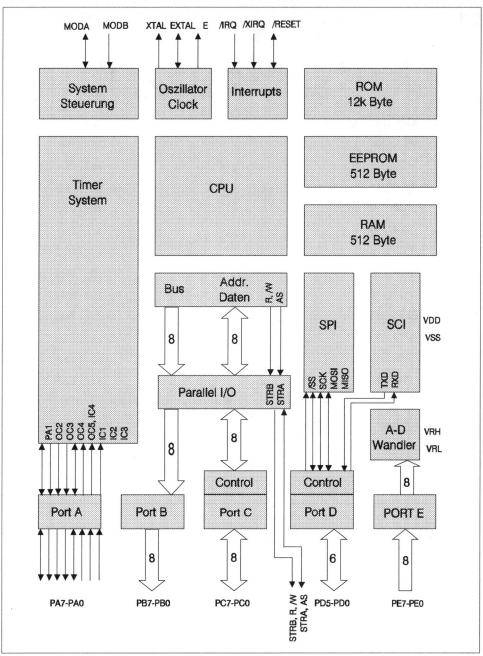

Abbildung 2.3: Blockbild des Controllers

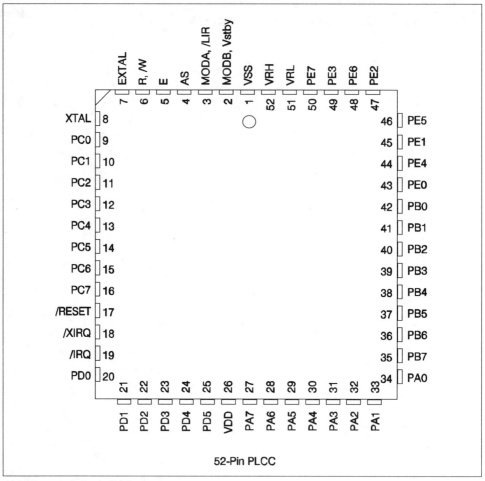

Abbildung 2.4: Sockelbild

| Pin | | I/O | Beschreibung |
Name	Nr.		
PA0	34	I/O	Port A ist ein frei verfügbares bidirektionales Port, das auch alternativ
PA1	33	I/O	die Ein- und Ausgabefunktionen des Timermoduls übernimmt.
PA2	32	I/O	
PA3	31	I/O	
PA4	30	I/O	
PA5	29	I/O	
PA6	28	I/O	
PA7	27	I/O	

Pin		I/O	Beschreibung
Name	**Nr.**		
PB0	42	O	Port B ist im Single Chip Mode ein Ausgabeport, das zusammen mit
PB1	41	O	dem Signal STRB auch eine Handshake-Funktion übernehmen kann.
PB2	40	O	Im Expanded Mode wird dieses Port für den höherwertigen externen
PB3	39	O	Adreßbus verwendet.
PB4	38	O	
PB5	37	O	
PB6	36	O	
PB7	35	O	
PC0	9	I/O	Port C ist im Single Chip Mode ein frei verfügbares Ein- und
PC1	10	I/O	Ausgabeport und kann für verschiedene Handshake-Funktionen
PC2	11	I/O	verwendet werden (im Zusammenspiel mit den Signalen STRA, STRB).
PC3	12	I/O	Im Expanded Mode dient es als gemultiplexter Daten-/Adreßbus.
PC4	13	I/O	
PC5	14	I/O	
PC6	15	I/O	
PC7	16	I/O	
PD0	20	I/O	In allen Betriebsarten ist Port D ein frei verfügbares Ein- und
PD1	21	I/O	Ausgabeport, das alternativ den seriellen Schnittstellen SCI und SPI
PD2	22	I/O	dient.
PD3	23	I/O	
PD4	24	I/O	
PD5	25	I/O	
PE0	43	I	Port E ist ein normales Eingabeport oder stellt die analogen Eingänge
PE1	45	I	für den Analog-Digital-Wandler.
PE2	47	I	
PE3	49	I	
PE4	44	I	
PE5	46	I	
PE6	48	I	
PE7	50	I	
R/W	6	O	Im Single Chip Mode ist R/W der STRB-Ausgang, im Expanded Mode das Datenrichtungssignal R/W.
AS	4	I/O	Im Single Chip Mode wird dieses Signal als Eingang STRA für die Handshake-Funktionen genutzt. Im Expanded Mode ist das Pin ein Ausgang und liefert das Adreß-Strobe-Signal.
XTAL	8	O	Diese beiden Pins bilden die Schnittstelle zum externen Quarz oder
EXTAL	7	I/O	zum CMOS-kompatiblen Takt.
E	5	O	Ausgang des internen Taktsignals.
$\overline{\text{RESET}}$	17	I/O	Resetein- und Ausgang und Signalausgang für interne Fehler.
$\overline{\text{IRQ}}$	10	I	Maskierbarer Interrupteingang mit programmierbarem Verhalten.
$\overline{\text{XIRQ}}$	19	I	Nichtmaskierbarer Interrupteingang.
MODA	3		Steuereingänge für die Betriebsartenwahl. MODA ist weiterhin ein
MODB	2		Open-Drain-Ausgang für die Debug-Funktion, MODB kann als Stützspannungseingang für den internen RAM dienen.

| Pin | | I/O | Beschreibung |
Name	Nr.		
V$_{RH}$ V$_{RL}$	52 51	I I	Eingänge der Referenzspannung des A/D-Wandlers.
V$_{SS}$ V$_{DD}$	1 26		Masse Betriebsspannung +5V (+/- 0,5V).

Tabelle 2.2: Pinbeschreibung

Wie die tabellarische Darstellung der Anschlüsse schon zeigt, beziehen sich die meisten Pins auf typische Controllermodule, so daß detailliertere Erläuterungen in den entsprechenden Kapiteln folgen werden. Einige der Anschlüsse haben jedoch allgemeinere Aufgaben, so daß sie schon an dieser Stelle vorgestellt werden sollen.

Anschluß /RESET

Der RESET-Anschluß ist bidirektional ausgeführt, also zugleich Eingang und Ausgang. Der prinzipielle Aufbau und die externe Beschaltung ist in der Abbildung zu sehen.

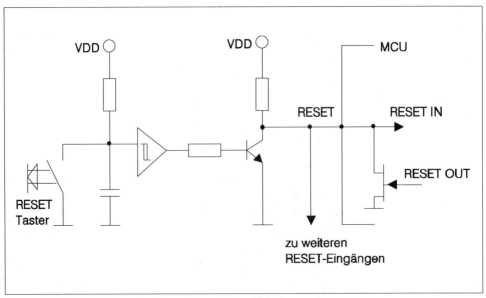

Abbildung 2.5: Prinzipieller Aufbau des RESET-Anschlusses

Wie schon bei den allgemeinen Betrachtungen erwähnt wurde, hat auch bei Motorola der Controller die Möglichkeit, selbst ein RESET-Signal auszugeben. Zunächst ist jedoch der Anschluß dazu gedacht, das Bauelement in jeder Situation in einen definierten Anfangszustand zu versetzen. Im Gegensatz zu manchen anderen Typen ist beim Zuschalten der Betriebsspannung kein Rücksetzen von außen nötig. Eine interne Baugruppe erkennt den Power-On-Zustand und legt den RESET-Anschluß selbst für die notwendige Dauer auf Low-Pegel. Damit lassen sich angeschlossene Bauelemente ebenfalls rücksetzen. Das Pin hat aber noch weitere Funktionen. Erkennt die Logik des Controllers einen Fehler der Hardware oder der Software, so bildet sie ein RESET-Signal, das auch an diesem Pin ausgegeben wird. Damit kann sich der Controller selbst und alle am RESET-Pin angeschlossenen Bauelemente in den Anfangszustand versetzen. In einem späteren Kapitel werden die zahlreichen Funktionen der RESET-Logik und Prozessorüberwachung nochmals genauer vorgestellt.

Anschluß XTAL, EXTAL

Alle Abläufe im Mikrocontroller werden einem Taktregime untergeordnet. Auch wenn im Fall dieses Controllers von der Möglichkeit des statischen Betriebs gesprochen wird, heißt das noch lange nicht, daß das Bauelement dabei noch arbeitet. Ohne Taktsignal werden alle Funktionen und Zustände »eingefroren«, d.h., sie gehen nicht verloren, wie das beim nichtstatischen Betrieb passieren würde. Die Abarbeitung des Programms wird aber unterbrochen. Bei dem hier vorgestellten Controller kann der Zustand der Taktausschaltung auch durch Software erzeugt werden. Ohne Taktsignal sinkt die Stromaufnahme auf einen unbedeutenden Restwert ab, da stromverbrauchende Umladevorgänge, wie sie durch das Takten der gesamten Controllerschaltung entstehen, wegfallen. Im konkreten Fall sind es weniger als 1 % der normalen Stromaufnahme im Single-Chip- und weniger als 0,5 % bei Expanded-Betrieb. Diese Möglichkeit des Stromsparens wird daher häufig in batteriebetriebenen Schaltungen verwendet, bei denen eine ständige Arbeit des Controllers nicht notwendig ist, da z.B. auf manuelle Eingabe gewartet werden muß. Das Besondere solch einer Betriebsart ist ihre Fähigkeit, diesen »Schlafzustand« durch ein Signal von außen zu beenden und in den aktiven Betrieb zurückzukehren. Dabei wird das Programm an der vorher unterbrochenen Stelle fortgesetzt. Zur Taktversorgung des Controllers gibt es zwei Möglichkeiten: die Verwendung des chipinternen Oszillators oder die externe Einspeisung eines Taktsignals mit CMOS-kompatiblen Pegeln. In beiden Fällen muß die Frequenz den 4-fachen Wert der internen Taktfrequenz haben. Hinter dem Oszillator wird das Signal in einem Teiler auf ein Viertel heruntergeteilt und der internen Schaltung zur Verfügung gestellt. Am Controlleranschluß E ist dieser interne Takt auch für externe Schaltungen verfügbar. Die häufigste Variante der Taktversorgung nutzt den internen Oszillator. Die externe Beschaltung ist minimal und in den Abbildungen zu sehen.

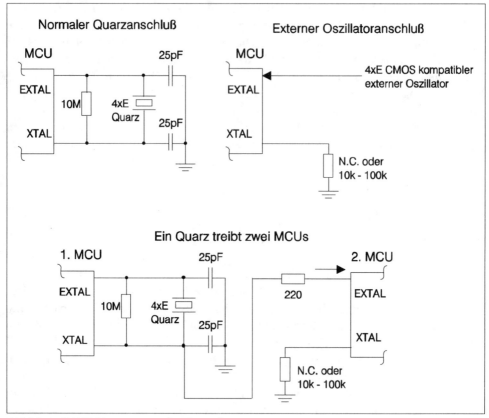

Abbildung 2.6: Taktversorgung des Controllers

Der Controller besitzt dazu die beiden Anschlüsse XTAL und EXTAL. Sie sind, wie die Abbildung zeigt, Ein- und Ausgang eines Negators. Durch die Beschaltung mit einem Widerstand wird der Negator im linearen Kennlinienbereich betrieben und durch den Quarz rückgekoppelt. Der Quarz arbeitet dabei als induktive Reaktanz in Parallelresonanz mit den Kapazitäten an den beiden Pins. Diese Kapazitäten setzen sich aus den Kondensatoren und den parasitären Kapazitäten aus Schaltung, Leiterführung usw. zusammen. Deshalb ist generell bei allen Oszillatorschaltungen beim Schaltungslayout auf einen kapazitätsarmen Aufbau zu achten. Nur so ist eine reproduzierbare Funktion der Schaltung erreichbar. Weniger kritisch ist beim MC68HC11 der Zeitbedarf des Oszillators vom Spannungszuschalten bis zum stabilen Betrieb auf der geforderten Frequenz. Durch den statischen Aufbau des Controllers ist bei jeder Frequenz eine fehlerfreie Arbeit gesichert. Beim Hochlaufen der Frequenz ist nur mit längeren Befehlsausführungszeiten zu rechnen. Doch das dürfte softwaremäßig jederzeit beherrschbar sein. Dank seiner sehr leistungsfähigen RESET-Logik wird die Phase des Anschwingens und Stabilisierens des Taktsignals so durchlaufen, daß keine Probleme auftreten können. Die interne RESET-Logik erkennt den Zustand der Spannungszuschaltung und hält den RESET-Eingang für genau 4064 gültige interne Takte auf Low. So kann auch bei einem schlechten Oszillatorstart und kurzem RESET-Signal der gesamte Controller vollständig initialisiert werden.

Bei externer Taktversorgung ist am Pin EXTAL ein CMOS-kompatibles Signal einzuspeisen. Das Pin XTAL bleibt dabei unbeschaltet. Wird in der umgebenden Anwenderschaltung das Oszillatorsignal ebenfalls benötigt, um zum Beispiel einen zweiten MC68HC11 zu betreiben, kann am Pin XTAL das Signal abgegriffen werden. Dabei ist allerdings auf eine kurze, kapazitätsarme Leitungsführung und eine geringe Belastung zu achten, um die Stabilität des Oszillators nicht unnötig zu gefährden. In solch einem Fall schaltet man gern einen Treiber unmittelbar an den Taktausgang. Damit sind die genannten Probleme beseitigt, und der Taktverteilung sind keine allzu engen Grenzen gesetzt.

Anschluß E

Alle Vorgänge im Controller sind dem Taktsignal untergeordnet. Allerdings nutzt keine interne Baugruppe die volle Frequenz, sondern einen heruntergeteilten Wert. Dieser wird in einer Ablaufsteuerung aus dem Quarz- oder externen Takt gebildet und den verschiedenen Funktionsmodulen zugeführt. Dabei kommt dem Teilungsverhältnis 4:1 eine besondere Bedeutung zu. Auf ihm basieren alle Signalverläufe im Zusammenspiel mit externer Peripherie und externem Speicher. Zum Beispiel führt der Controller Datenzugriffe durch, wenn das E-Signal auf Low-Pegel liegt. Bei High-Pegel laufen interne Prozesse der eigentlichen Datenbearbeitung ab. In einigen Anwendungsfällen ist eine Synchronisation der internen Arbeit mit externen Baugruppen notwendig. Deshalb ist dieses Signal auch vom Hersteller herausgeführt worden. Bei der Betrachtung der Signalverläufe werden Sie diese Zusammenhänge noch einmal sehen.

Anschluß /IRQ und Anschluß /XIRQ

Ein Leistungskriterium moderner Mikrocontroller ist ihr umfangreiches und flexibles Interruptsystem. Dabei treten interne und externe Interruptquellen auf. Auch beim MC86HC11 werden neben vielen internen Unterbrechungsmöglichkeiten zwei externe Eingänge genutzt, um von außen Einfluß auf die Programmabarbeitung zu nehmen. Dabei gibt es einen Unterschied zwischen maskierbaren und nicht maskierbaren Quellen. $\overline{\text{IRQ}}$ ist der maskierbare und $\overline{\text{XIRQ}}$ der nichtmaskierbare Interrupteingang. Beide Eingänge sind low-aktiv bzw. flankentriggerbar und können per Software parametriert werden. Sie benötigen einen externen Pull-Up-Widerstand, auch wenn ihre Funktion nicht verwendet wird.

Anschluß MODA, /LIR und MODB, V$_{STBY}$

Schon mehrfach wurden die verschiedenen Betriebsarten des Mikrocontrollers MC68HC11 genannt. Was dahinter steckt, wird das Thema des nächsten Kapitels sein. Hier sehen wir uns nur an, wie mittels der beiden Anschlüsse MODA, $\overline{\text{LIR}}$ und MODB, V$_{STBY}$ der gewünschte Mode eingestellt werden kann. Zu einer der Aktionen, die der Controller während des Resets ausführt, gehört die Einstellung der Betriebsart. Dabei fällt die Entscheidung für die weitere Arbeitsweise. Soll der Controller nur den internen Speicherbereich benutzen oder auch einen externen Adreßraum kennen, soll nach dem Reset ein Programm über die serielle Schnittstelle geladen und gestartet werden oder eine nur zu Testzwecken vorgesehene Betriebsart eingenommen werden? Das alles entscheidet sich, bevor der Reseteingang vom Low- zum High-Pegel wechselt. Danach ist eine Änderung bis auf wenige Ausnahmen nicht mehr möglich. Um diese Auswahl zu treffen, werden während des RESET-Signals die beiden Anschlüsse MODA und MODB eingelesen. Die sich dadurch ergebenden vier Möglichkeiten zeigt die Tabelle.

Eingänge		Betriebsart
MODA	MODB	
0	1	Normal Single Chip Mode
1	1	Normal Expanded Mode
0	0	Special Bootstrap Mode
1	0	Special Test Mode

Tabelle 2.3: Anschlüsse MODA und MODB

Nach dem Reset-Vorgang wechselt die Funktion der Anschlüsse. Aus MODA wird der Open-Drain-Ausgang $\overline{\text{LIR}}$, der bei der Inbetriebnahme von Hard- und Software hilfreich sein kann. An ihm wird, allerdings nur im Expanded Mode, zu Beginn jedes Befehlszyklus im ersten E-Takt ein Low-Impuls ausgegeben. Mit diesem Signal lassen sich Logikanalysatoren bei jedem Befehl triggern. Auch Emulatoren nutzen dieses Signal für den Schrittbetrieb. Keinen Sinn macht die Funktion allerdings im Single Chip Mode, da alle Zugriffe nur auf den internen Speicher erfolgen. Zur

Nutzung wird MODA über einen Pull-Up-Widerstand mit der Betriebsspannung verbunden. So wird während des Resets der notwendige High-Pegel eingelesen und danach der Anschluß $\overline{\text{LIR}}$ freigegeben.

Im Gegensatz zu MODA bleibt MODB ein Eingang und hat seine zweite Funktion nicht während des Betriebes, sondern bei Abschaltung der Versorgungsspannung. Über ihn kann der interne RAM-Bereich unabhängig von der Spannung an Pin V_{DD} versorgt werden, so daß keine Daten verlorengehen. Für die Betriebsarten Single Chip und Expanded Mode ist das Pin über einen Widerstand mit der Hilfsspannung zu verbinden. Soll allerdings der Bootstrap Mode verwendet werden, steigt der Aufwand für den Datenerhalt. Deshalb ist es meistens sinnvoller, die Stromaufnahme durch die verschiedenen Power-Down-Betriebsarten zu senken als über die Abschaltung der Versorgungsspannung. Diese erfordert zur Sicherung der Daten unbedingt eine Hilfsspannung an MODB.

Anschluß V_{RL} und V_{RH}

Das zur Analog-/Digitalwandlung eingesetzte Verfahren der sukzessiven Approximation benötigt je einen Bezugspegel für den Minimalwert und einen für den Maximalwert. Alle zu messenden Eingangssignale werden bezüglich dieser beiden Referenzpunkte bewertet. Damit geht deren Genauigkeit unmittelbar in die Wandlergenauigkeit ein. Aus diesem Grund sind die Referenzspannungseingänge extra aus dem Bauelement herausgeführt worden. Für niedrige Genauigkeitsanforderungen genügt es, den unteren Referenzspannungseingang V_{RL} mit V_{SS} zu verbinden und die obere Referenzspannung V_{RH} aus der Controllerbetriebsspannung V_{DD} abzuleiten. Werden allerdings höhere Anforderungen an die Wandlung gestellt, sollten diese beiden Referenzpegel gesondert erzeugt und dem Controller zugeführt werden.

Für die beiden Spannungen gibt es selbstverständlich Randbedingungen. So darf V_{RL} nicht kleiner als V_{SS} -100 mV und nicht größer als V_{RH} sein. Für V_{RH} ist die untere Grenze durch den Wert von V_{RL} und die obere Grenze durch V_{SS} +100 mV bestimmt. Die minimale Differenz beider Spannungen sollte 2,5 V nicht unterschreiten, sonst verschlechtern sich die Parameter des Wandlers.

Anschluß V_{DD} und V_{SS}

Diese beiden Anschlüsse, der Masseanschluß Vss und der Betriebspannungsanschluß V_{DD} dienen der Spannungsversorgung des Controllers beim Betrieb. Für die Betriebsspannung gibt es eine obere Grenze von 7 V, ihr Normalwert beträgt allerdings üblicherweise 5 V.

Nachdem wir nun den Controller in seinen Grundeigenschaften und auch alle seine äußeren Anschlüsse kennen, werden wir uns im nächsten Kapitel seinen »inneren Werten« genauer zuwenden. Dabei soll zunächst mit den verschiedenen Betriebsarten, in denen der Controller betrieben werden kann, begonnen werden. Die Reihenfolge der Betrachtungen soll keine Wertung bezüglich der Wichtigkeit der einzelnen Komponenten bedeuten. Ich möchte vielmehr den in Kapitel 1 behandelten Grundaufbau eines Mikrocontrollers hier anhand eines konkreten Bauelements illustrieren und wende daher die gleiche Darstellungsfolge an.

2.1.1   Speicherbereiche und Betriebsarten des Controllers

Der weite Einsatzbereich des Mikrocontrollers stellt die unterschiedlichsten Anforderungen an Programm-, Daten- und I/O-Funktionalität. Deshalb besitzt auch der MC68HC11 wie viele andere Mikrocontroller mehrere Möglichkeiten, dem Programm und den Daten bei Bedarf unterschiedlich große Adreßräume bereitzustellen. Sollte zum Beispiel der chipinterne Programm- und Datenspeicher den Anforderungen nicht genügen, so können über herausgeführte Adreß- und Datenleitungen externe Speicher angesprochen werden. Über den selben Weg lassen sich auch die verschiedensten Peripheriemodule hinzufügen. Motorola liefert dafür selber entsprechende Hardware. Allerdings geht solch ein externer Adreß-/Datenbus leider immer auf Kosten der Anzahl von I/O-Ports. Doch auch dafür gibt es Abhilfe, wie Sie später noch sehen werden.

Um den verschiedensten Einsatzfällen gerecht zu werden, bietet Motorola bei ihrer MC68HC11-Familie zwei normale und zwei Testbetriebsarten an. Die Auswahl erfolgt durch Hardware, im Gegensatz zu anderen Herstellern, die eingeschränkt auch ein Umschalten im Betrieb erlauben. Motorola bietet auch eine Möglichkeit des Wechselns, aber nur aus einer besonderen Betriebsart und auch nur ein einziges Mal.

Während des Resets, also bei RESET-Pin gleich Low, wird die gewünschte Betriebsart über die beiden Anschlüsse MODA und MODB eingelesen. Nach der Low-High-Flanke am RESET-Pin beginnt der Controller entsprechend der gewählten Betriebsart mit der Arbeit.

Single-Chip-Mode

Im Single-Chip-Mode ist der MC68HC11 ein Mikrocontroller ohne externen Daten- und Adreßbus. Alle Ports, auch das Port B und C, stehen dem Anwender als Ein- und Ausgänge zur Verfügung. Dafür ist allerdings der Programm- und Datenspeicher auf die chipinternen Module mit ihren festen Größen begrenzt. Wird hier mehr

Speicher benötigt, muß gegebenenfalls auf einen anderen Controller aus der Familie zurückgegriffen werden. In den meisten Fällen dürfte sich aber dort ein Bauelement finden lassen, das die Bedürfnisse befriedigt. Auch bei den Peripheriefunktionen besteht die Beschränkung auf die internen Module. Doch auch hier lohnt sich ein Blick in die Familienübersicht. Sollte das alles nichts bringen, so kann zum Schluß bei ausreichender Stückzahl auch ein kundenspezifischer Controller entwickelt werden. Für den Großteil der Einsätze sind jedoch die mitgegebenen Funktionen ausreichend.

In allen Fällen bietet der Single-Chip-Mode die preiswerteste Lösung, da für den Betrieb bis auf die Oszillator- und Reset-Beschaltung keine weiteren Bauelemente gebraucht werden. Natürlich gehören in der Regel noch Abblock- und Stützkondensatoren sowie Pull-Up-Widerstände für definierte Pegel zu einem Controller. Ansonsten aber ist das Bauelement in Schaltungen kaum noch als ein Mikrocontroller zu erkennen. Die Abbildung zeigt den Controller in dieser Betriebsart.

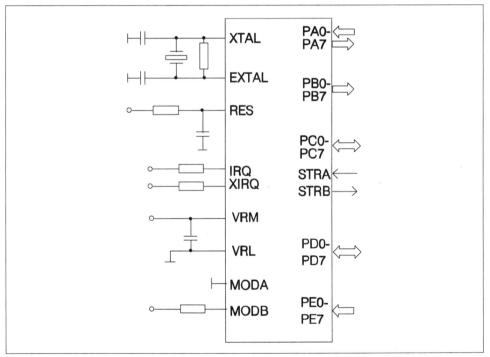

Abbildung 2.7: Single Chip Mode

Expanded Multiplexed Operating Mode oder Expanded Mode

Wenn auch der Single-Chip-Mode die meistverbreitete Betriebsart bei Mikrocontrollern sein dürfte, so kann es in einigen Fällen schon vorkommen, daß über die internen Funktionsgruppen hinaus weitere Speicher und Peripheriemodule gebraucht werden. Diese Forderungen erfüllt der Expanded Mode. Hierbei wird vom Controller ein gemultiplexter Daten- und Adreßbus zur Verfügung gestellt, der einen 8-Bit-Datenbus und einen 16-Bit-Adreßbus enthält. Dazu kommen noch 3 Steuersignale, die der Unterscheidung von Daten und Adressen, der Datenrichtung und dem Timing dienen. Alles in allem benötigt die Adressierung im externen Bereich 21 Leitungen, die den normalen Portleitungen verloren gehen. Dafür gewinnt der Controller aber einen Adreßbereich von 64 Kbyte. In diesem Bereich sind auch die Adressen eingeschlossen, die von den internen Modulen belegt werden. Zugriffe auf diese Bereiche haben eine höhere Priorität und ignorieren jegliche Daten von außen. Für alle anderen Bereiche bedeutet ein Lese- oder Schreibzugriff immer automatisch einen Datenverkehr über den externen Bus. Wie dieser prinzipiell aussieht, zeigt die folgende Abbildung.

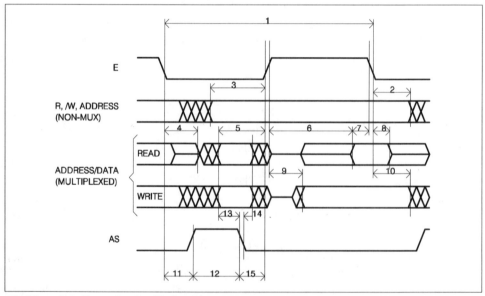

Abbildung 2.8: Expansion Bus Timing-Diagramm

Nr.	Charakteristik	Symbol	1,0 MHz		2,0 MHz		Einheit
			Min	Max	Min	Max	
1	Zykluszeit	tCYC	1000	–	500	–	ns
2	Adreßnachhaltezeit	tAH	–	33	–	30	ns
3	HWT-Adressen Vorhaltezeit	tAV	281,5	–	94	–	ns
4	Verzög. NWT-Adressen vom vorherigen Zugriff	tMAD	145,5	–	83	–	ns
5	Vorhaltezeit NWT-Adressen	tAVM	271,5	–	84	–	ns
6	Zugriffszeit	tACCE	–	442	–	192	ns
7	Setupzeit Lesedaten	tDSR	30	–	30	–	ns
8	Nachhaltezeit Lesedaten	tDHR	10	145,5	10	83	ns
9	Verzög. Schreibdaten	tDDW	–	190,5	–	128	ns
10	Nachhaltezeit Schreibdaten	tDHW	95,5	–	33	–	ns
11	Verzög. AS- zu E-Flanke	tASD	115,5	–	53	–	ns
12	Pulsweite AS High	PW ASH	221	–	96	–	ns
13	Vorhaltezeit NWT-Adresse vor AS Fallend	tASL	151	–	26	–	ns
14	Nachhaltezeit NWT-Adresse	tAHL	95,5	–	33	–	ns
–	alle An- und Abfallzeiten	tr,tf	–	20	–	20	ns

Tabelle 2.4: Zeitverhalten

Wie die Zeitangaben zeigen, werden an das äußere Zeitverhalten keine allzu harten Bedingungen gestellt. Alle Werte sind leicht von den derzeitig auf dem Markt angebotenen Speichern und Peripheriebauelementen zu erfüllen. Zum Demultiplexen des Daten-/Adreßbusses lassen sich die üblichen Schaltungen einsetzen. Ein 8-Bit-Latch, das mit dem gemeinsamen Bus verbunden ist, übernimmt die Adressen mit der High-Low-Flanke des speziell dafür erzeugten Adreß-Strobe-Signals AS. Die anderen Steuersignale können je nach Speicher oder Peripherie direkt verwendet werden oder ergeben sich aus der Verknüpfung mit dem E-Takt. Die Abbildung zeigt die Funktion.

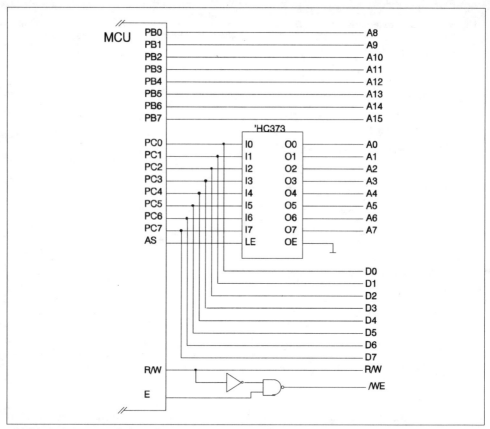

Abbildung 2.9: Expanded Mode

Die Kombination Datenbus und Adreßbus ist bei Mikrocontrollern (und auch bei Mikroprozessoren) wegen ihrer Vorteile bezüglich der Einsparung von Pins sehr häufig anzutreffen. Daher sind viele Peripheriebauelemente schon für den Einsatz mit den verschiedensten Mikrocontrollern vorbereitet und besitzen eine gemultiplexte Daten-/Adreßbusschnittstelle. Einige gestatten auch die Wahl zwischen den Verfahren Multiplexbus oder Einzelbus. Im Zusammenhang mit dem hier vorgestellten Controller ergibt sich mit ihnen ein einfacherer Anschluß und ein kompakteres Leiterplattenlayout. In einem späteren Kapitel über »Bauelemente rund um den Controller« sind typische Kopplungen von Controllern mit Speichern und Peripherie zu sehen. Dort sind auch Beispiele für den Multiplexbus zu finden.

Special Bootstrap Operation Mode oder Bootstrap Mode

Der Bootstrap Mode wird in Anwendungen selten eingesetzt. Er ist mehr der Entwicklung, Inbetriebnahme und Testung der Hard- und Software vorbehalten. Mit seiner Hilfe ist es möglich, nach einem Reset ein Programm über die serielle asynchrone Schnittstelle in den RAM des Controllers zu laden und dieses dann automatisch zu starten. Dazu besitzt der Controller ein 192-Byte-langes Boot-Loader-Programm in einem internen ROM (Adreßbereich $BF40 bis BFFF). Nach einem Reset mit eingestelltem Bootstrap Mode wird es aktiv und liest über das SCI-Modul genau 256 Byte in den RAM ab der Adresse $0000 ein. Nach Empfang des letzten Zeichens wird das eben geladene Programm an dieser Adresse gestartet. Alles weitere geschieht von da an unter dessen Kontrolle. 256 Byte sind zwar nicht viel, doch in Form eines leistungsfähigeren Download-Programms kann nun zum Beispiel das eigentlich zu testende Programm in den Speicher (RAM oder EEPROM) geladen werden. Um im Anschluß daran in einem anderen praxisgerechteren Mode arbeiten zu können, läßt sich von dieser Sonderbetriebsart ein einziges Mal in den Single Chip oder Expanded Mode wechseln. Im Expanded Mode besteht nun zum Beispiel die Möglichkeit, externen RAM für das Testprogramm zu verwenden. Genutzt wird diese Methode auch zum Programmieren des internen EEPROMs oder zur Diagnose bei fertigen Geräten.

Sehen wir uns den eigentlichen Bootvorgang etwas genauer an. Zunächst wird die serielle Schnittstelle (SCI-Modul) vom Boot-Loader-Programm auf eine Übertragungsrate von einem E-Takt/(16 x 16) eingestellt. Eine alternative Übertragungsrate mit E-Takt/(16 x 104) Baud ist auch nutzbar. Dieses Vorgehen bedeutet, daß die Übertragungsrate beim Booten fest vom verwendeten Quarz abhängt.

Oszillatorfrequenz (MHz)	Baudrate (Zeichen/Sekunde)	Alternativ
8,3886	8192	1260
8,0000	7812,5	1202
4,9152	4800	738
4,0000	3906	601

Tabelle 2.5: Übertragungsraten

Der Ablauf nach einem Reset ist zusätzlich noch vom Inhalt eines Steuerregisters abhängig. Im CONFIG-Register gibt es ein sogenanntes NOSEC-Bit. Dieses Bit bestimmt, was nach einem Reset und zu Beginn des Bootstrap Mode mit dem EEPROM und den RAM-Zellen geschehen soll. Für manche Fälle kann es wünschenswert sein, andere Anwendungen wieder fordern den Schutz ihren Inhalte. Für die jeweilige

Funktion ist dieses Security-Bit verantwortlich. Ist es gelöscht, werden auch der EEPROM, der RAM sowie das CONFIG-Register bei einem Reset gelöscht. Diese Funktion hat das Bit aber nur im Bootstrap Mode. In den verbleibenden Betriebsarten besitzt es eine andere Sicherheitsaufgabe. Doch dazu später mehr.

Je nachdem, ob die Speicherzellen zunächst gelöscht werden oder aber ihre alten Werte behalten, reagiert der Controller unterschiedlich über die Schnittstelle. Da das Löschen der EEPROM-Zellen einige Zeit in Anspruch nimmt, wird hierbei zunächst das Zeichen $FF über die TXT-Leitung ausgesendet. Ist das Löschen nicht erfolgreich gewesen, wird das Zeichen erneut gesendet. Das wiederholt sich so lange, bis der EEPROM vollständig gelöscht ist. Danach werden die RAM-Zellen ebenfalls mit $FF beschrieben. Erst danach setzt der Controller seine Arbeit so fort, wie er es auch bei gesetztem NOSEC-Bit getan hätte, und das bedeutet, daß zunächst ein Break-Zeichen ausgesendet und dann auf ein Zeichen von der Gegenseite, zum Beispiel von einem PC gewartet wird. Diese muß ihre Sendung mit einem $FF-Zeichen beginnen. Daraus ermittelt die Boot-Loader-Software die richtige Baudrate für die Kommunikation. Nun schließen sich die 256 Datenbyte des zu ladenden Programms an. Jedes Zeichen, außer das zuerst gesendete $FF, wird vom Sender des Controllers als Quittung zurückgesendet. Daran kann der PC die fehlerfreie Übertragung erkennen. Nach dem 256. Zeichen startet der Boot Loader das eben geladene Programm an der Adresse $0000. Damit ist der Bootvorgang beendet.

Beim Laden des Programms werden auch die Interruptadressen beschrieben, auf die die Interruptvektoren der einzelnen Module im Bootstrap Mode zeigen. Im Gegensatz zu den anderen Betriebsarten liegen hier die Adressen im RAM-Bereich und nicht am Ende des Adreßraumes im ROM. Durch diesen Trick ist es möglich, Einsprungadressen in Interruptroutinen auch später noch zu modifizieren. Ein Controller, der in einem fertigen Gerät nur getestet werden soll, würde auch nach dem Laden eines Diagnoseprogramms über den Bootstrap Mode das Testprogramm mit dem ersten auftretenden Interrupt verlassen und in sein normales Programm springen. Deshalb weisen alle Vektoren in diesem Mode auf Adressen im RAM. Neben der Verlagerung wird auch noch eine ganz andere Technik der Adressierung des entsprechenden Interruptserviceprogramms angewendet. Bei den anderen Betriebsarten zeigen die Vektoren auf feste 16-Bit-Adressen im ROM, die von der Interruptverwaltung als eigentliche Startadressen der Serviceprogramme interpretiert werden. Im Bootstrap Mode hingegen stehen auf den Vektoradressen komplette Sprungbefehle zu den jeweiligen Interruptprogrammen. Da der Sprungbefehl ein 3-Byte-Befehl ist, zeigen die Vektoren hier auf Adressen im Abstand von 3 Byte. Die folgende Tabelle zeigt diesen Sprungverteiler:

Adresse	Vektor
00C4	SCI-Modul
00C7	SPI-Modul
00CA	Pulse Akku Eingangsflanke
00CD	Pulse Akku Überlauf
00D0	16-Bit-Zähler Überlauf
00D3	Timer Output-Compare 5
00D6	Timer Output-Compare 4
00D9	Timer Output-Compare 3
00DC	Timer Output-Compare 2
00DF	Timer Output-Compare 1
00E2	Timer Input-Capture 3
00E5	Timer Input-Capture 2
00E8	Timer Input-Capture 1
00EB	Real-Timer-Interrupt
00EE	IRQ
00F1	XIRQ
00F4	SWI
00F7	Illegaler Opcode
00FA	COP Watchdog
00FD	Taktüberwachung

Tabelle 2.6: Interruptvektoren im Bootstrap Mode

Neben dem Downloaden von Programmen hat der Bootstrap Mode aber noch andere Besonderheiten zu bieten:

So kann auch ohne Laden eines Programms im RAM sofort an den Adreßanfang $0000 gesprungen werden. Das passiert dann, wenn als erstes Zeichen anstelle des $FF das Zeichen $55 gesendet wird. Auf diese Weise lassen sich schon geladene Programme nach einem Reset ohne erneutes Laden beliebig oft wieder starten. Für diese Funktion darf allerdings nur die E-Takt/(16 x 16)-Baudrate verwendet werden, da hier die Erkennung nicht funktioniert.

Weiterhin kann der Controller auch direkt nach einem Reset an den Anfang des EEPROMs auf die Adresse $B600 springen. Dazu muß nur der Ausgang des Senders mit dem Eingang des Empfängers verbunden werden (aber mit Pull-Up-Widerstand). So etwas kann immer dann nützlich sein, wenn in fertigen Schaltungen das zu startende Programm schon im EEPROM steht. Den Sprung dorthin kann man auch über ein Zeichen von der Schnittstelle auslösen. Wird anstelle des $FF als erstes Zeichen ein $00 an den Controller gesendet, führt der Loader einen Sprung an den EEPROM-Anfang aus.

Bei all den Funktionen des Boot Loadings werden einige interne Register verändert. Sie weichen daher von den sonst beim Reset üblichen Grundeinstellungen ab. So ist zum Beispiel das SCI-Modul entsprechend seiner Aufgaben in diesem Mode parametriert. Port D, das auch die Schnittstelle nach außen verbindet, besitzt Open-Drain-Ausgänge. Diese Ausgangsart fordert für Sender und Empfänger unbedingt Pull-Up-Widerstände als Abschluß, sonst funktioniert die Datenübertragung nicht.

Aus den Erläuterungen wird ersichtlich, welch hervorragendes Werkzeug die Boots-trap-Betriebsart bei der Inbetriebnahme, aber auch bei der Überprüfung von Geräten mit diesem Controller sein kann. Gerade für Test- und Diagnoseaufgaben lassen sich so entsprechende Programme sehr einfach in einen ansonsten programmierten Controller inmitten seiner Einsatzumgebung laden und ausführen. Besonders wertvoll wird die Methode, wenn das normale Anwenderprogramm im internen ROM abgelegt ist und so normalerweise immer die Funktionen des Controllers bestimmen würde. Bei anderen Baulementen, die nicht so eine Möglichkeit besitzen, müssen entsprechende Testprogramme schon vorausschauend im Anwenderprogramm eingebunden werden. Nur so lassen sich bei ihnen auch später noch Tests und Wartungen an dem fertigen Gerät durchführen.

Special Test Operation Mode oder Special Test Mode

Die vierte Betriebsart, die es hier vorzustellen gilt, ist für den Anwender praktisch uninteressant. Sie wurde zur Testung des Controllers beim Hersteller eingebaut und bringt keine Vorteile für normale Anwendungen. Was zeichnet diese Betriebsart aber vor den anderen aus? Zunächst wird ein externer Daten-/Adreßbus wie beim Expanded Mode benutzt. Jedoch beginnen hier die Interruptvektoren nicht wie üblich im ROM ab der Adresse $FFC0, sondern in einem extern anzuschließenden Speicher an der Adresse $BFC0. Das Herstellertestprogramm hat hier seinen Platz und unterstützt die Überprüfung des Schaltkreises. Außerdem gibt es keine zeitlichen Beschränkungen für das Beschreiben der Register TMSK2, OPTION und INIT. Diese können zu jeder Zeit und wiederholt verändert werden. Mit einem nur in dieser Betriebsart vorhandenen TEST1-Register lassen sich verschiedene Testfunktionen wählen. Um diesen Mode zu verlassen, gibt es wie bei den anderen Modi auch die SMODE- und MDA-Bits im HPRIO-Register.

Speicheraufteilung in den verschiedenen Betriebsarten

Jede der genannten Betriebsarten hat ihre eigene Adreßaufteilung für Speicher- und Peripheriemodule. So besitzt der Single-Chip-Mode nur interne Adreßbereiche. Der Expanded Mode hingegen nutzt die gleichen internen Adressen, für die verbleibenden Adressen werden jedoch externe Zugriffe erzeugt. Überlappen sich innere und äußere Bereiche, so dominieren die inneren Daten. Beim Lesen werden einfach die von außen am Port C anliegenden Daten ignoriert. Beim Schreiben auf innere Bereiche stehen die Daten auch an den Pins des Port C an. Aus diesem Grund sollte die Logik zur Adressierung externer Module dafür sorgen, daß sich interne und externe Bereiche nicht überlappen, zumindest nicht bei Schreiboperationen. Im Bootstrap Mode ist die Adreßaufteilung gleich der im Single-Chip-Mode. Es gibt keine externen Adreßbereiche, dafür aber ab der Adresse $BF40 bis $BFFF einen internen Boot Loader ROM. Der Special Test Mode als Sondermode hat wieder die gleiche Adreßaufteilung wie der Expanded Mode, nur liegen hier die Interruptvektoren nicht im ROM-Bereich, sondern in einem externen Bereich. Die Abbildung zeigt die 4 Betriebsarten im Überblick.

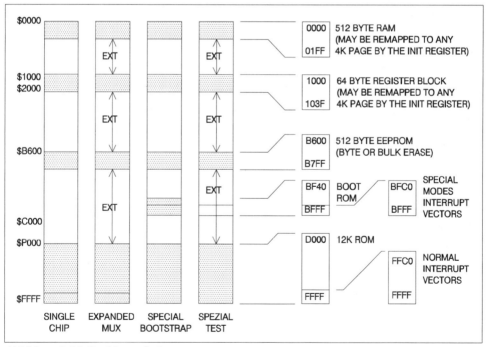

Abbildung 2.10: Speicheraufteilung

Der ROM besitzt beim Controller MC68HC11E9 eine Größe von 12 Kbyte und belegt die obersten 12 Kbyte des Adreßbereichs. Sein Anfang liegt auf der Adresse $D000. Der Programmspeicher ist als Maskenversion ausgeführt und läßt sich nur beim Hersteller nach Kundenangaben fertigen. Für eine kostengünstige Fertigung sind dabei hohe Stückzahlen wichtig. Ein weiterer ROM-Bereich ist für den Anwender im Normalfall nicht sichtbar. Es handelt sich um den maskenprogrammierten Boot Loader ROM, der nur im Bootstrap Mode wirksam ist und dort den Vorgang des Bootens über die Schnittstelle steuert. Der normale ROM ist immer vorhanden, mit einer Ausnahme. Im CONFIG-Register gibt es ein ROMON-Bit, das für das Ein- oder Ausblenden des Festwertspeichers sorgt. Ist es gelöscht, so ist auch der ROM nicht verfügbar. Vorsicht im Umgang mit diesem Bit! Diese Funktion hat aber nur im Expanded Mode Sinn, da damit der interne ROM ausgeschaltet und an seiner Stelle ein externer Speicher für das Programm angeschlossen werden kann. Fehlt dieser, kommt es unausweichlich zu einem Systemabsturz. Für den Expanded Mode bietet sich damit aber eine interessante Möglichkeit für ein einfaches »Entwicklungssystem« an, bei dem ein externer EPROM oder besser RAM mit dem zu testenden Programm geladen wird. Erinnert sei in diesem Zusammenhang noch einmal an den Bootstrap Mode. Mit dem zuerst geladenen 256-Byte-langen Programm könnte die eigentlich zu testende Software über den gleichen Weg der Schnittstelle gelesen und in den externen RAM geschrieben werden. Dieser ist an der Adresse des internen ROMs an dessen Stelle eingeblendet. Im Single-Chip-Mode ist die Stellung des ROMON-Bits unwichtig, denn hier ist der ROM immer eingeschaltet.

Im Unterschied zum ROM ist die Anfangsadresse des RAMs nicht fest vorbestimmt, wenngleich er nach einem Reset immer an der Adresse $0000 beginnt. Durch Verändern des INIT-Registers kann gleich nach dem Start die Anfangsadresse neu eingestellt werden. Seine 512 Byte bestehen aus statischen Zellen, die ihren Inhalt auch im WAIT- und STOP-Mode nicht verlieren. In beiden Low-Power-Modi, in denen der Controller in eine Warteposition mit reduzierter Stromaufnahme, bzw. mit abgeschaltetem Oszillator auf seine »Wiedererweckung« durch einen Interrupt oder einen Reset wartet, ist der RAM noch mit Spannung versorgt. Soll jedoch auch nach dem Abschalten der Betriebsspannung der Inhalt erhalten bleiben, muß über das MODB/V$_{STBY}$-Pin eine Hilfsspannung eingespeist werden. Nutzt man diese Möglichkeit, ist bei der Spannungszuschaltung dafür zu sorgen, daß das Reset-Low-Signal vor Zuschalten der Versorgungsspannung anliegt. Es darf auch erst inaktiv werden, wenn die Spannung stabil ist. Sonst ist der Erhalt der Daten nicht gesichert.

Der EEPROM ist bezüglich seines Verhaltens und seiner Programmierung so umfangreich, daß er ein eigenes Unterkapitel in diesem Buch besitzt.

2.1.2   Registerstruktur

Typisch für Mikrocontroller ist ein großer Registersatz, der auch häufig wegen seiner besonderen Funktionen gegenüber den normalen Datenregistern als Special Function Register Block (SFR) bezeichnet wird. Hier befinden sich alle Daten-, Control- und Statusregister der verschiedenen Module und Komponenten. Über Lese- und Schreiboperationen auf diese Register wird der gesamte Mikrocontroller mit all seinen Funktionen gesteuert. Schon ein Blick auf diesen Bereich verschafft einen groben Überblick über die Leistungsfähigkeit.

Bei Motorolas MC68HC11 ist dieser Registersatz 64 Byte lang und beginnt nach einem Reset bei der Adresse $1000. Das Besondere bei diesem Controller ist aber seine Fähigkeit, diesen Registersatz komplett in 4 Kbyte-Schritten im gesamten Adreßbereich verschieben zu können. Das gleiche gilt für den im vorhergehenden Kapitel vorgestellten 256-Byte-großen RAM-Bereich. Auch er läßt sich in gleicher Weise auf Adressen im 4-Kbyte-Raster verschieben. Doch welchen Sinn sollten diese Funktionen haben? Beim Betrachten der Adressierungsarten fällt auf, daß es für den Adreßbereich $0000 bis $00FF (Page 0) eine besonders kurze und schnelle Adressierung gibt. Bei dieser, auch direkte Adressierung genannten Art und Weise des Zugriffs wird die Operandenadresse mit einem 8-Bit-Wert im Befehl angegeben. Der daraus resultierende Zeit- und Speicherplatzgewinn sollte immer dann genutzt werden, wenn es um schnelle und kompakte Programme geht. Dazu muß der Programmierer überlegen, ob mehr Zugriffe auf den RAM oder auf den Special-Function-Register-Bereich erfolgen sollen. Dann braucht nur noch der häufiger benutzte Bereich auf die Adresse $0000 gelegt werden, und das Ziel ist erreicht. So werden Programme, die viel mit den Peripheriemodulen arbeiten, den SFR-Bereich dorthin legen. Programme mit viel Datenarbeit im RAM setzen diesen Bereich auf die Adresse $0000. Die Verschiebbarkeit von RAM und SFR ist jedoch nicht nur für den Page-0-Bereich interessant. Auch in anderen Einsatzfällen kann eine Verlagerung Vorteile bringen, wenn zum Beispiel im Expanded Mode externe Adressen mehr oder weniger fest vorgegeben sind. Durch einfache Verschiebungen im Controller lassen sich so Adreßkonflikte vermeiden. Bei überlappenden Bereichen haben Daten von internen Quellen die höhere Priorität. Gelesen wird dann von dem RAM oder dem Register, geschrieben wird auch dorthin, aber zusätzlich auch nach außen. Dabei kann es Probleme geben, wenn gleichzeitig mit dem Schreiben des Controllers Ausgänge angeschlossener Bauelemente auch aktiv sind.

Adreßkonflikte können aber auch entstehen, wenn für den RAM oder den SFR-Block Bereiche genutzt werden sollen, auf denen der Controller selbst schon feste Bereiche gebunden hat. So ergibt zum Beispiel ein Verschieben in den ROM-Bereich keinen

Sinn und sollte daher vermieden werden. Der ROM hätte immer die niedrigere Priorität, ein Programmabsturz wäre die Folge. Das gilt auch für den EEPROM! Anders sieht die Sache allerdings aus, wenn der ROM oder der EEPROM mit den Steuerbits ROMON und EEON im CONFIG-Register abgeschaltet sind. Doch dazu später mehr.

Für die Einstellung der Anfangsadressen von RAM und SFR-Block ist das INIT-Register verantwortlich.

RAM und I/O-Mapping-Register INIT ($103D)

7	6	5	4	3	2	1	0
RAM3	RAM2	RAM1	RAM0	REG3	REG2	REG1	REG0

◆ RAM3 bzw. REG3 entspricht der Adresse A15,

◆ RAM2 bzw. REG2 entspricht der Adresse A14,

◆ RAM1 bzw. REG1 entspricht der Adresse A13,

◆ RAM0 bzw. REG0 entspricht der Adresse A12,

Um zum Beispiel den RAM auf die Adresse $2000 und den Registerblock an den Adreßanfang zu legen, muß in das INIT-Register der Wert $20 geschrieben werden. Schreibzugriffe sind zur Sicherheit nur während der ersten 64 E-Takte nach einem Reset möglich, danach ist das Register nur noch lesbar.

Ein weiteres Register in dem SFR-Block, das auch grundlegende Eigenschaften des Controllers bestimmt, ist das CONFIG-Register. Wegen seiner großen Bedeutung haben es die Entwickler nicht als einfache RAM-Zelle ausgeführt, sondern als einen nichtflüchtigen Speicher nach dem EEPROM-Prinzip. Um dieses Register zu beschreiben, muß die gleiche Prozedur wie bei den Zellen des EEPROMs angewandt werden. Diesem Vorgang ist das nächste Unterkapitel gewidmet. Etwas Besonderes unterscheidet dieses Register aber von den üblichen Zellen im EEPROM. Mit ihm werden so grundlegende Dinge wie das Ein- und Ausschalten des internen ROMs und des EEPROMs, die Arbeit des Watchdogs und ein Schutzmechanismus für die Software gesteuert. Wenn diese Bits so tiefgreifend in die Arbeit des Controllers eingreifen, wie sollen aber dann solche Funktionen im laufenden Betrieb umgeschaltet werden, ohne daß dadurch Probleme auftreten? Die Lösung ist ein Hilfsregister, das auf der gleichen Adresse wie die EEPROM-Zelle liegt. Gelesen wird immer der Inhalt des Registers, geschrieben, oder besser: programmiert, wird die EEPROM-Zelle. Bei jedem Reset kopiert der Controller deren Inhalt in das Register. Somit ist es möglich, im Betrieb das CONFIG-Register im Hintergrund umzuprogrammieren, die Wirkung wird aber erst nach dem nächsten Reset spürbar. Deshalb sollte eine bestimmte Reihenfolge zum Verändern des CONFIG-Registers eingehalten werden:

1. Löschen des Registers. VORSICHT! Jetzt keinen Reset ausführen!

2. Programmieren mit dem neuen Wert.

3. Einen Reset, z.B. durch den Watchdog oder die Taktüberwachung (STOP-Befehl) auslösen.

Sehen wir uns jetzt das Register und dessen Funktionen genauer an:

System-Configuration-Register CONFIG ($103F)

7	6	5	4	3	2	1	0
0	0	0	0	NOSEC	NOCOP	ROMON	EEON

◆ NOSEC Security-Mode-Disable-Bit
Dieses Bit hat zwei unterschiedliche Aufgaben. In allen Betriebsarten, außer dem Bootstrap Mode, dient es dem Schutz der Software vor unerlaubtem Auslesen und Ausspionieren. Ist es gelöscht, kann der Controller nur im Single-Chip-Mode arbeiten. Damit besitzt er auch keinen externen Bus, so daß interne Programmabläufe nach außen nicht sichtbar werden. Wird der Controller allerdings im Bootstrap Mode betrieben, übernimmt dieses Bit die Auslösung eines Löschvorgangs von RAM, EEPROM und CONFIG-Register. Ein gelöschtes Bit beim Reset löscht zunächst die Speicher und setzt erst im Anschluß daran den Bootvorgang fort.

◆ NOCOP COP-System-Disable
Der Controller besitzt ein Überwachungsmodul, das den normalen Programmlauf kontrolliert und bei fehlerhaften Funktionen einen speziellen Reset auslöst. Mit diesem Bit kann dieses Modul ein- oder ausgeschaltet werden. Bei gelöschtem Bit ist die Funktion aktiv.

◆ ROMON Enable-On-Chip-ROM
Ist dieses Bit gelöscht, so ist der interne ROM abgeschaltet, und alle Zugriffe auf dessen Adressen erzeugen externe Speicherzugriffe. Im Single-Chip-Mode ist der Zustand des Bits ohne Bedeutung, der ROM ist immer aktiv.

◆ EEON Enable-ON-Chip-EEPROM
Ein gelöschtes Bit deaktiviert den internen EEPROM und leitet alle Schreib- und Lesezugriffe auf den externen Bus um.

Genauer auf die anderen Register einzugehen ist die Aufgabe der nachfolgenden Unterkapitel. Bei der Besprechung der einzelnen Module wird die Bedeutung der einzelnen Bits in den Registern eher verständlich. Die nachfolgende Übersicht soll daher nur der Orientierung in dem Special Function Register Block dienen.

Adr.	Bit7	Bit6	Bit5	Bit4	Bit3	Bit2	Bit1	Bit0
$1000	PORTA; I/O Port A							
	Bit7	–	–	–	–	–	–	Bit0
$1001	Reserved							
$1002	PIOC; Parallel I/O Contr. Reg.							
	STAF	STAI	CWOM	HNDS	OIN	PLS	EGA	INVB
$1003	POTRC; I/O Port C							
	Bit7	–	–	–	–	–	–	Bit0
$1004	PORTB; Output Port B							
	Bit7	–	–	–	–	–	–	Bit0
$1005	PORTCL; Alternate Latched Port C							
	Bit7	–	–	–	–	–	–	Bit0
$1006	Reserved							
$1007	DDRC; Data Direction for Port C							
	Bit7	–	–	–	–	–	–	Bit0
$1008	PORTD; I/O Port D							
			Bit5	–	–	–	–	Bit0
$1009	DDRD; Data Direction for Port D							
			Bit5	–	–	–	–	Bit0
$100A	PORTE; Input Port E							
	Bit7	–	–	–	–	–	–	Bit0
$100B	CFORC; Compare Force Reg.							
	FOC1	FOC2	FOC3	FOC4	FOC5			
$100C	OC1M; OC1 Action Mask Reg.							
	OC1M7	OC1M6	OC1M5	OC1M4	OC1M3			
$100D	OC1D; OC1 Action Data Reg.							
	OC1D7	OC1D6	OC1D5	OC1D4	OC1D3			
$100E	TCNT; Timer-Counter- Reg.							
	Bit15	–	–	–	–	–	–	Bit8

Adr.	Bit7	Bit6	Bit5	Bit4	Bit3	Bit2	Bit1	Bit0
$100F	TCNT; Timer-Counter- Reg.							
	Bit7	–	–	–	–	–	–	Bit0
$1010	TIC1; Input-Capture-1-Reg.							
	Bit15	–	–	–	–	–	–	Bit8
$1011	TIC1; Input-Capture-1-Reg.							
	Bit7	–	–	–	–	–	–	Bit0
$1012	TIC2; Input-Capture-2-Reg.							
	Bit15	–	–	–	–	–	–	Bit8
$1013	TIC2; Input-Capture-2-Reg.							
	Bit7	–	–	–	–	–	–	Bit0
$1014	TIC3; Input-Capture-3-Reg.							
	Bit15	–	–	–	–	–	–	Bit8
$1015	TIC3; Input-Capture-3-Reg.							
	Bit7	–	–	–	–	–	–	Bit0
$1016	TOC1; Output-Capture-1-Reg.							
	Bit15	–	–	–	–	–	–	Bit8
$1017	TOC1; Output-Capture-1-Reg.							
	Bit7	–	–	–	–	–	–	Bit0
$1018	TOC2; Output-Capture-2-Reg.							
	Bit15	–	–	–	–	–	–	Bit8
$1019	TOC2; Output-Capture-2-Reg.							
	Bit7	–	–	–	–	–	–	Bit0
$101A	TOC3; Output-Capture-3-Reg.							
	Bit15	–	–	–	–	–	–	Bit8
µ101B	TOC3; Output-Capture-3-Reg.							
	Bit7	–	–	–	–	–	–	Bit0
$101C	TOC4; Output-Capture-4-Reg.							
	Bit15	–	–	–	–	–	–	Bit8
$101D	TOC4; Output-Capture-4-Reg.							
	Bit7	–	–	–	–	–	–	Bit0
$101E	TOC5; Output-Capture-5-Reg.							
	Bit15	–	–	–	–	–	–	Bit8

Adr.	Bit7	Bit6	Bit5	Bit4	Bit3	Bit2	Bit1	Bit0
$101F	TOC5; Output-Capture-5-Reg.							
	Bit7	–	–	–	–	–	–	Bit0
$1020	TCTL1; Timer-Contr.- Reg.1							
	OM2	OL2	OM3	OL3	OM4	OL4	OM5	OL5
$1021	TCTL; Timer-Control-Reg. 2							
			EDG1B	EDG1A	EDG2B	EDG2A	EDG3B	EDG3A
$1022	TMSK; Timer-Interrupt-Mask-Reg. 1							
	OC1I	OC2I	OC3I	OC4I	OC5I	IC1I	IC2I	IC3I
$1023	TFLG1; Timer-Interrupt-Flag-Reg. 1							
	OC1F	OC2F	OC3F	OC4F	OC5F	IC1F	IC2F	IC3F
$1024	TMSK2; Timer-Interr.-Mask-Reg.2							
	TOI	RTII	PAOVI	PAII			PR1	PR0
$1025	TLFG2; Timer-Interrupt-Flag-Reg. 2							
	TOF	RTIF	PAOVF	PAIF				
$1026	PACTL; Pulse-Accu.-Con-trol-Reg.							
	DDRA7	PAEN	PAMOD	PEDGE			RTR!	RTR0
$1027	PACNT; Pulse-Accu.-Count-Reg.							
	Bit7	–	–	–	–	–	–	Bit0
$1028	SPRC; SPI-Control-Register							
	SPIE	SPE	DWOM	MSTR	CPOL	CPHA	SPR1	SPR0
$1029	SPSR; SPI-Status-Reg.							
	SPIF	WCOL		MODF				
$102A	SPDR; SPI-Data-Reg.							
	Bit7	–	–	–	–	–	–	Bit0
$102B	BAUD; SCI-Baud-Rate-Contr.							
	TCLR		SCP1	SCP0	RCKB	SCR2	SCR1	SCR0
$102C	SCCR1; SCI-Control-Reg.1							
	R8	T8		M	WAKE			
$102D	SCCR2; SCI-Control-Reg.2							
	TIE	TCIE	RIE	ILIE	TE	RE	RWU	SBK
$102E	SCSR; SCI-Status-Reg.							
	TDRE	TC	RDRF	IDLE	OR	NF	FE	

Adr.	Bit7	Bit6	Bit5	Bit4	Bit3	Bit2	Bit1	Bit0
$102F	SCDR; SCI-Data (Read RDR; Write TDR)							
	Bit7	–	–	–	–	–	–	Bit0
$1030	ADCTL; A/D-Control-Reg.							
	CCF		SCAN	MULT	CD	CC	CB	CA
$1031	ADR1; A/D-Result-Reg.1							
	Bit7	–	–	–	–	–	–	Bit0
$1032	ADR2; A/D-Result-Reg.2							
	Bit7	–	–	–	–	–	–	Bit0
$1033	ADR3; A/D-Result-Reg.3							
	Bit7	–	–	–	–	–	–	Bit0
$1034	ADR4; A/D-Result-Reg.4							
	Bit7	–	–	–	–	–	–	Bit0
$1035	BROT; EEPROM-Block-Protect-Reg.							
	–	–	–	PTCON	BPRT3	BPRT2	BPRT1	BPRT0
$1036 – 38	Reserved							
$1039	OPTION; System-Configuration-Options							
	ADPU	CSEL	IRQE	DLY	CME		CR1	CR0
$103A	COPRST; Arm/Reset-COP-Timer-Circuitry							
	Bit7	–	–	–	–	–	–	Bit0
$103B	PPROG; EEPROM-Programming-Control-Reg.							
	ODD	EVEN		BYTE	ROW	ERASE	EELAT	EEPGM
$103C	HPRIO; Highest-Priority-I-Bit Int and Misc							
	RBOOT	SMOD	MDA	IRV	PSEL3	PSEL2	PSEL1	PSEL0
$103D	INIT; RAM and I/O Mapping-Reg.							
	RAM3	RAM2	RAM1	RAM0	REG3	REG2	REG1	REG0
$103E	TEST1; Factory-TEST-Contr.-Reg.							
	TILOP		OCCR	CBYP	DISR	FCM	FCOP	TCON
$103F	CONFIG; COP, ROM and EEPROM Enables							
	–	–	–	–	NOSEC	NOCOP	ROMON	EEON

Tabelle 2.7: Special Function Register Block

2.1.3   EEPROM-Speicherbereich

Die EEPROM-Zellen des MC86HC11 sind eine große Stärke dieser Mikrocontroller-familie. Immer mehr Anwendungen benötigen eine sichere Abspeicherung von speziellen Daten auch ohne Batterie-Backup. In Kapitel 1 sind dazu schon Beispiele genannt worden, und auch das Prinzip einer EEPROM-Zelle wurde dort bereits erläutert. Der EEPROM dieses Controllers ist 512 Byte groß und belegt die Adressen $B600-$B7FF. Eine weitere EEPROM-Zelle versteckt sich hinter dem CONFIG-Register. Einige der Familienmitglieder besitzen sogar anstelle des ROMs einen EEPROM in den Größen 2K, 4K oder 8K. Motorola garantiert für seinen EEPROM eine Datensicherheit von 10 Jahren, üblicherweise ist sie jedoch 5-10 mal länger. Dabei sind ca. 10000 Schreib-Löschzyklen vorgesehen. Aber das sind theoretische Minimalwerte.

Wie auch bei normalen EPROMs ist der Inhalt einer gelöschten Zelle $FF, d.h., alle Bits stehen auf »1«. Programmieren einer Zelle bedeutet, daß diese Bits auf »0« gesetzt werden. Soll also eine Zelle programmiert werden, so muß zunächst der alte Inhalt gelöscht werden. Im Anschluß daran erfolgt das »Auf-0-setzen« der entsprechenden Bits, die den Wert 0 haben sollen, der Rest steht auf 1.

Bei der Vorstellung der EEPROM-Zellen in Kapitel 1 ist schon darauf hingewiesen worden, daß die Speicherzelle mit jedem Lösch-/Programmiervorgang »altert«. Zwar geht das sehr langsam, wie die zuvor genannte Zahl verdeutlicht, doch kann dieser Prozeß nicht übersehen werden. Es ist also im Sinn der Lebensdauer des EEPROMs, wenn zumindest Löschvorgänge soweit als möglich minimiert werden. Das läßt sich leicht machen, wenn vor dem Programmieren zunächst getestet wird, ob in dem neuen Datenbyte aus irgendeinem »0«-Bit des alten Bytes ein »1«-Bit werden soll. Ist das nicht der Fall, kann man auf das Löschen verzichten und das neue Byte einfach darüber programmieren. Sollte sich allerdings auch nur ein Bit von 0 auf 1 ändern, ist das Löschen der Zelle unvermeidbar. Ein Beispiel zeigt das Vorgehen: Beträgt der alte Wert einer Speicherzelle 00110111, und ist der neue Wert 00010001, so kann das Löschen gespart werden. Das neue Byte wird auf die Adresse programmiert. Da die Programmierung prinzipiell nicht von außen, d.h. über externe Pins erfolgt, sondern immer durch ein Programm, das im Controller laufen muß, sollte dieses Programm die »Intelligenz« für dieses schonende Programmierverfahren besitzen. Soviel zum sinnvollen Umgang mit den EEPROM-Zellen.

Sehen wir uns nun die Umgangsweise mit diesem Speicher an. Ein spezielles Register, das PPROG-Registerr steuert alle Funktionen wie Löschen, Schreiben und Lesen. Es ist selbstverständlich zu jeder Zeit frei beschreib- und lesbar, hat aber einen eigenen Schutzmechanismus vor zufälligen Aktionen im Fall einer Fehlfunktion der Hardware oder auch der Software.

EEPROM Programming Control Register PPROG ($103B)

7	6	5	4	3	2	1	0
ODD	EVEN	0	BYTE	ROW	ERASE	EELAT	EEPGM

◆ ODD und EVEN Program-Odd-Rows, Program-Even-Rows
Diese beiden Bits haben für den Anwender keine Bedeutung, sie dienen nur der
Testung bei der Fertigung.

◆ BYTE Byte-Erase-Select, ROW Row-Erase-Select
Der Controller verfügt über 3 verschiedene Möglichkeiten, den EEPROM zu
löschen. Zunächst läßt sich jedes beliebige einzelne Byte löschen. Dazu ist das
BYTE-Bit zu setzen und dann der Löschvorgang einzuleiten. Die zweite Möglichkeit erlaubt es, eine einzelne Zeile zu löschen. Hierbei darf das BYTE-Bit nicht
gesetzt sein, dafür aber das ROW-Bit. Und schließlich kann der ganze EEPROM
auch in einem Zug gelöscht werden, wobei weder BYTE noch ROW gesetzt sein
dürfen. Die beiden Bits lösen jedoch noch keinen Löschvorgang aus. Sie dienen
nur der Auswahl für den Fall, daß gelöscht wird.

BYTE	ROW	Funktion
1	0	Byte löschen
1	0	Byte löschen
0	1	Zeile löschen
0	0	Gesamtlöschung

◆ ERASE Erase-Mode-Select
Mit diesem Bit wird entschieden, ob der EEPROM nur gelesen oder programmiert, oder aber gelöscht werden soll. Bei rückgesetztem Bit kann nur gelesen
oder programmiert werden, dagegen sind bei gesetztem Bit Datenzugriffe jeder
Art unmöglich, der EEPROM ist bereit zum Löschen.

◆ EELAT EEPROM-Latch-Control
Ist dieses Bit gelöscht, verhält sich der EEPROM wie ein normaler Nur-Lese-Spei-
cher. Er besitzt die gleiche Zugriffszeit wie der chipinterne ROM. In diesem
Zustand sind alle anderen Bits dieses Registers bedeutungslos. Soll jedoch der
EEPROM programmiert oder ein einzelnes Byte, eine Zeile oder auch der gesamte
Speicher gelöscht werden, so muß dieses Bit gesetzt sein.

◆ EEPGM EEPROM-Programming-Voltage-Enable
Dieses Bit ist der auslösende Schalter für den Lösch- oder Programmiervorgang.
Mit ihm wird die Programmierspannung eingeschaltet (Bit=1) oder ausgeschaltet
(Bit=0).

Der EEPROM benötigt zum Löschen und Programmieren eine Spannung von ca.
+20V. Diese wird von einer Ladungspumpe erzeugt, die mit dem EEPGM-Bit ein-
und ausgeschaltet wird. Solch eine Ladungspumpe braucht für ihre Arbeit ein Taktsignal, da, ähnlich wie bei einem Wechselrichter mit Spannungsverdopplern, die
normale Betriebsspannung zum stufenweisen Aufladen kleiner chipinterner Kapazitäten benutzt wird. Um auf die geforderte Spannung zu kommen, muß die Ladungspumpe eine gewisse Zeit laufen. Dabei ist diese Aufladezeit abhängig von der
Taktfrequenz. Im allgemeinen dient als Taktquelle der interne E-Takt. Da sich dieser
aber durch Teilung aus der Oszillatorfrequenz ableitet und es dafür keine untere
Grenze gibt, ergeben sich Probleme bei zu niedrigem Takt. Die Wartezeit beträgt bei
einer Oszillatorfrequenz von 8 MHz ca. 10 ms, bei 4 MHz sind es schon 20 ms!
Darunter ist eine ordentliche Funktion der Ladungspumpe nicht mehr gewährleistet.
Für solche Fälle besitzt der Controller jedoch einen intern freischwingenden RC-Oszillator, der in solchen Fällen den benötigten Takt bereitstellt. Um diesen Taktgenerator anstelle des E-Taktes für die Ladungspumpe einzusetzen, muß das CSEL-Bit
im OPTION-Register gesetzt werden. Nach einem Reset ist es zunächst gelöscht,
und der E-Takt ist die Quelle der Ladungspumpe. Das gleiche Problem mit einer
Ladungspumpe gibt es auch beim A/D-Wandler, der später vorgestellt wird.

Nun zum Löschvorgang selber. An Hand kurzer Programmausschnitte soll gezeigt
werden, wie einzelne Bytes, ganze Zeilen oder aber der gesamte EEPROM zu löschen
sind.

Löschen eines Bytes (BYTE ERASE)

ADR		ist die Adresse, an der das Byte gelöscht werden soll,
DELAY		ist ein Warte-Unterprogramm mit einer Zeit, die
		der Aufladezeit der Ladungspumpe entspricht.
LDX	#ADR	
LDAB	#$16	BYTE, ERASE und EELAT=1
STAB	PPROG	Byte-Löschen einstellen
STAB	0,X	Adresse anwählen, Daten werden ignoriert
LDAB	#$17	EEPRG zusätzlich 1
STAB	PPROG	Programmier- und Löschspannung einschalten
JSR	DELAY	Warten, bis Spannung erreicht ist
CLR	PPROG	Löschvorgang wieder ausschalten

Löschen einer Zeile (ROW ERASE)

Unter einer Zeile wird ein zusammenhängender Block von 16 Byte verstanden. So enthält zum Beispiel die Zeile 0 die Adressen $B600 bis $B60F, die Zeile 1 die Adressen $B610 bis $B61F usw.

ADR		ist die Adresse, an der die Zeile gelöscht werden soll,
DELAY		ist ein Warte-Unterprogramm mit einer Zeit, die der Aufladezeit der Ladungspumpe entspricht.
LDX	#ADR	
LDAB	#$0E	ROW, ERASE und EELAT = 1
STAB	PPROG	Zeile-Löschen einstellen
STAB	0,X	Adresse anwählen, Daten werden ignoriert
LDAB	#$0F	EEPRG zusätzlich 1
STAB	PPROG	Programmier- und Löschspannung einschalten
JSR	DELAY	Warten, bis Spannung erreicht ist
CLR	PPROG	Löschvorgang wieder ausschalten

Löschen des gesamten EEPROMs (BULK ERASE)

DELAY		ist ein Warte-Unterprogramm mit einer Zeit, die der Aufladezeit der Ladungspumpe entspricht.
LDAB	#$06	ERASE und EELAT=1
STAB	PPROG	Byte-Löschen einstellen
STAB	$B600	Eine beliebige Adresse anwählen, Daten werden ignoriert
LDAB	#$07	EEPRG zusätzlich 1
STAB	PPROG	Programmier- und Löschspannung einschalten
JSR	DELAY	Warten, bis Spannung erreicht ist
CLR	PPROG	Löschvorgang wieder ausschalten

Die gleichen Abläufe gelten auch für das Programmieren. Hierbei wird jedoch das ERASE-Bit nicht gesetzt, sondern die gewünschten Daten werden auf die Adresse ausgegeben, ansonsten aber sind die Vorgänge identisch. Allerdings darf nicht vergessen werden, daß beim Programmieren immer nur ein »0«-Bit erzeugt werden kann. Gegebenenfalls muß das Byte vorher gelöscht werden!

Programmieren eines Bytes

ADR		ist die Adresse, auf die das Byte geschrieben werden soll,
DAT		ist der Inhalt des Bytes
DELAY		ist ein Warte-Unterprogramm mit einer Zeit, die der Aufladezeit der Ladungspumpe entspricht.
LDX	#ADR	Adresse laden
LDAA	#DAT	Daten laden
LDAB	#$02	EELAT=1
STAB	PPROG	Programmieren einstellen
STAB	0,X	Adresse anwählen, Daten ausschreiben
LDAB	#$03	EEPRG zusätzlich 1
STAB	PPROG	Programmier- und Löschspannung einschalten
JSR	DELAY	Warten, bis Spannung erreicht ist
CLR	PPROG	Programmiervorgang wieder ausschalten

Selbstverständlich kann in der Zeit, in der die Ladungspumpe die Spannung zum Löschen oder Programmieren erzeugt, auch jedes andere Programm bearbeitet werden. Eine Logik verhindert, daß während eines laufenden Vorgangs durch unerlaubte Schreibbefehle auf das PPROG-Register oder den EEPROM Fehler entstehen können. Die oben dargestellten Sequenzen entsprechen einer gewissen Zwangsführung. Eine andere Reihenfolge wird von der Logik ignoriert.

Neben der bewußt umständlich gestalteten Prozedur beim Löschen oder Programmieren gibt es noch einen anderen Schutzmechanismus für den EEPROM und das CONFIG-Register. Ein sogenanntes Block-Protect-Register ermöglicht den blockweisen Schutz vor unabsichtlichem Löschen und Programmieren bei Programmfehlern.

EEPROM Block-Protect-Register BPROT ($1035)

7	6	5	4	3	2	1	0
0	0	0	PTCON	BPRT3	BPRT2	BPRT1	BPRT0

◆ PTCON Protect-CONFIG-Register
  Ist das Bit gesetzt, so kann das CONFIG-Register weder gelöscht noch programmiert werden.

◆ BPRT0 bis BPRT3 Block-Protect
  Wenn ein Bit dieser Gruppe gesetzt ist, so wird der zugehörige Block vor Löschen und Überschreiben geschützt.

Bit	geschützter Block	Größe
BPRT0	$B600-$B61F	32 Byte
BPRT1	$B620-$B65F	64 Byte
BPRT2	$B660-$B6DF	128 Byte
BPRT3	$B6E0-$B7FF	288 Byte

Dieses spezielle Register ist in den Betriebsarten Single-Chip-Mode und Expanded Mode nur in den ersten 64 E-Takten beschreibbar. Danach ist es nur noch ein gewöhnliches Nur-Lese-Register. Aus Sicherheitsgründen ist nach einem Reset zunächst erst einmal der Schutzmechanismus aktiv. Soll also gelöscht oder programmiert werden, so muß das gleich am Programmanfang entschieden werden. Auch diese Aktion dient dem Schutz vor unerlaubten Veränderungen durch Fehler im Programm oder Störungen von außen. Wurde der EEPROM oder das CONFIG-Register nach dem Reset freigegeben, so können diese Speicherzellen beliebig lange verändert werden. Um den Schutz im nachhinein wirksam werden zu lassen, kann zu beliebiger Zeit jedes der Schutz-Bits gesetzt und damit ein bestimmter Bereich vor Überschreiben oder Löschen geschützt werden. Ein Rücksetzen ist allerdings dann nicht mehr möglich. Doch auch hier gibt es wieder Ausnahmen, und die findet man im Bootstrap Mode und im Special Test Mode. Bei beiden ist das Register immer beschreibbar. Das CONFIG-Register, ebenfalls eine EEPROM-Zelle, wird nach den gleichen Regeln gelöscht oder programmiert. Allerdings muß hier zuvor das PTCON-Bit im BPROT-Register rückgesetzt sein.

Mit diesem Mechanismus wird das hervorragende Prinzip der nichtflüchtigen Speicherung um die Sicherheit eines echten Festwertspeichers erweitert. Dadurch lassen sich wichtige Daten während der Programmlaufzeit nicht nur abspeichern und gegen Spannungsausfall schützen, sondern sie sind auch vor versehentlichem Überschreiben gesichert. Dieser Schutzmechanismus kann auch lokal auf einige Bereiche angewendet werden, so daß häufig wechselnde, doch nicht weniger wichtige Daten den normalen Schutz einer EEPROM-Zelle genießen können. Mit diesen Fähigkeiten setzt Motorola deutliche Akzente unter den Mikrocontrollern. Der Schutzmechanismus der EEPROM-Zellen ist aber nicht in allen Mitgliedern der MC68HC11-Familie enthalten. So müssen die Anwender der A0-A8-Typen leider darauf verzichten.

2.1.4   Parallele Ein- und Ausgänge

Signal	PIN	I/O	Pinbeschreibung	
			Single Chip/Boot	Expanded/Special Test
PA0	34	I	PA0, IC3	PA0, IC3
PA1	33	I	PA1, IC2	PA1, IC2
PA2	32	I	PA2, IC1	PA2, IC1
PA3	31	I/O	PA3, OC5, IC4, OC1	PA3, OC5, IC4, OC1
PA4	30	O	PA4, OC4, IC1	PA4, OC4, OC1
PA5	29	O	PA5, OC3, OC1	PA5, OC3, OC1
PA6	28	O	PA6, OC2, OC1	PA6, OC2, OC1
PA7	27	I/O	PA7, PAI, OC1	PA7, PAI, OC1
PBO	42	O	PBO	Adr A 8
PB1	41	O	PB1	Adr A 9
PB2	40	O	PB2	Adr A 10
PB3	39	O	PB3	Adr A 11
PB4	38	O	PB4	Adr A 12
PB5	37	O	PB5	Adr A 13
PB6	36	O	PB6	Adr A 14
PB7	35	O	PB7	Adr A 15
PC0	9	I/O	PC0	Adr A0 / Daten D0
PC1	10	I/O	PC1	Adr A1 / Daten D1
PC2	11	I/O	PC2	Adr A2 / Daten D2
PC3	12	I/O	PC3	Adr A3 / Daten D3
PC4	13	I/O	PC4	Adr A4 / Daten D4
PC5	14	I/O	PC5	Adr A5 / Daten D5
PC6	15	I/O	PC6	Adr A6 / Daten D6
PC7	16	I/O	PC7	Adr A7 / Daten D7
PD0	20	I/O	PD0, RxD	PD0, RxD
PD1	21	I/O	PD1, TxD	PD1, TxD
PD2	22	I/O	PD2, MISO	PD2, MISO
PD3	23	I/O	PD3, MOSI	PD3, MOSI
PD4	24	I/O	PD4, SCK	PD4, SCK

Signal	PIN	I/O	Pinbeschreibung	
			Single Chip/Boot	**Expanded/Special Test**
PD5	25	I/O	PD5, $\overline{SS}$	PD5, $\overline{SS}$
STRA	4	I/O	STRA (I)	AS (O)
STRB	6	O	STRB	R/W
PE0	43	I	PE0, AN0	PE0, AN0
PE1	45	I	PE1, AN1	PE1, AN1
PE2	47	I	PE2, AN2	PE2, AN2
PE3	49	I	PE3, AN3	PE3, AN3
PE4	44	I	PE4, AN4	PE4, AN4
PE5	46	I	PE5, AN5	PE5, AN5
PE6	48	I	PE6, AN6	PE6, AN6
PE7	50	I	PE7, AN7	PE7, AN7

Tabelle 2.8: Parallele Ein- und Ausgänge

Prinzipieller Aufbau eines I/O-Pins

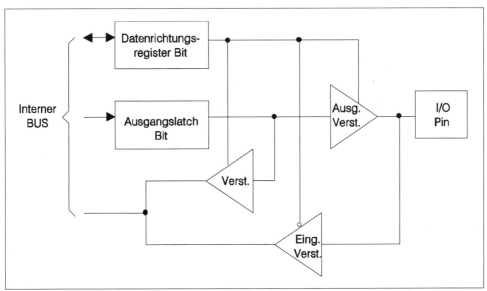

Abbildung 2.11: Prinzipieller Aufbau des I/O-Pins

Einige Pins des Controllers sind als Ein- oder Ausgang programmierbar. Um diese Funktionalität zu erreichen, ist die abgebildete Struktur notwendig. Der Anwender kann die Funktion durch Setzen oder Löschen eines bestimmten Bits in einem Datenrichtungsregister DDRx bestimmen. Für jedes bidirektionale Port ist ein solches Register im SFR vorhanden. Das Register DDRC ($1007) bestimmt die Richtung von Port C und das Register DDRD ($1009) die von Port B. Jedem Pin des Ports ist genau ein Bit in dem Register zugeordnet. Wird das Bit gesetzt, ist das Pin auf Output-Funktion programmiert, anderenfalls auf Input. Die Daten des Ports werden dann entweder vom Pin in das Datenregister geschrieben oder aus dem Register auf das Pin ausgegeben. Je nach Programmierung ergeben sich verschiedene Reaktionen beim Lesen und Schreiben des Ports.

internes R/W	Bit im DDRx	I/O-Funktion
0 (WR)	0	Das Pin ist ein Eingang. Deshalb werden die Daten in das Ausgabe-Latch geschrieben, aber nicht an das Pin durchgeschaltet.
0 (WR)	1	Das Pin ist ein Ausgang. Die Daten werden in das Ausgabe-Latch geschrieben und an das Pin durchgeschaltet.
1 (RD)	0	Das Pin ist ein Eingang. Der am Pin anliegende Pegel wird über die Eingangsstufe gelesen.
1 (RD)	1	Das Pin ist ein Ausgang. Es wird der Inhalt des Ausgabe-Latches gelesen und nicht der wahre Pegel am Pin.

Tabelle 2.9: Ports

Durch dieses Verhalten ist es möglich und häufig auch sinnvoll, vor der Programmierung der Datenrichtung die richtigen Daten in das Datenregister zu schreiben. Wird später auf Ausgabe geschaltet, herrschen gleich gültige Pegelverhältnisse an den Pins. Nach einem Reset sind alle DDRx-Register gelöscht, so daß alle bidirektionalen Pins auf Eingabe und damit für die angeschlossene Peripherie und für den Controller auf »ungefährlich« stehen. Da das Programm zum Zeitpunkt des Resets noch keine Möglichkeit hat, die Ports entsprechend der äußeren Beschaltung sinnvoll zu programmieren, ist diese Aktion sehr wichtig. Wenn im konkreten Einsatzfall von außen ein Pegel anliegt, und das kann im Moment des Resets durchaus möglich sein, würde ein zufällig auf Ausgang eingestelltes Pin Schaden am Controller oder an der externen Beschaltung anrichten.

PORT A

Port A ist in allen Betriebsmodi gleich konfiguriert. Es besteht die Möglichkeit, jedes Pin als Ein- bzw. Ausgang oder als Funktionsein- bzw. Ausgang für das Timermodul und den Pulse-Akkumulator zu verwenden. Bis auf Pin 3 und 7 sind die Richtungen allerdings festgelegt. Die Varianten für den Timer und Pulse-Akkumulator sind vielfältig, so daß hier nochmals eine Zusammenstellung helfen soll:

◆ Die Pins A0-A2 dienen als Eingang IC3-IC1 der Input-Capture-Register.

◆ Pin A3
Ausgang OC5 des Output-Compare-Registers 5 (3 Input-Capture- und 5 Output-Compare-Funktionen)
oder Eingang IC4 des Input-Capture-Registers 4 (4 Input-Capture- und 4 Output-Compare-Funktionen)
oder Ausgang OC1 des Output-Compare-Registers 1 (wenn Pin PA7 Eingang PAI des Pulse-Akkumulators ist)

◆ Pin A4
Ausgang OC4 des Output-Compare-Registers 4
oder Ausgang OC1 des Output-Compare-Registers 1

◆ Pin A5
Ausgang OC3 des Output-Compare-Registers 3
oder Ausgang OC1 des Output-Compare-Registers 1

◆ Pin A6
Ausgang OC2 des Output-Compare-Registers 2
oder Ausgang OC1 des Output-Compare-Registers 1

◆ Pin A7
Ausgang OC1 des Output-Compare-Registers 1
oder Eingang des Pulse-Akkumulators

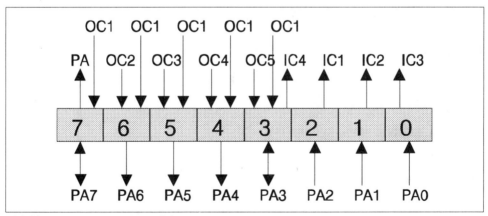

Abbildung 2.12: Port A Pin-Funktion

Da dieses Port Sonderfunktionen des Timermoduls und des Pulse-Akkumulators übernimmt, wird die genaue Beschreibung der Programmierung bei den Erläuterungen des Moduls vorgenommen. Zur Entscheidung zwischen I/O- oder Timerfunktion vorweg nur soviel. Um die jeweiligen Pins auf normale I/O-Funktion zu setzen, sind die entsprechenden Steuerregister im SFR wie folgt zu programmieren:

◆ Die genannten Bits sind auf 0 zu setzen.

◆ Pin A0   TCTL2 EDG3A (Bit0) und EDG3B (Bit1)

◆ Pin A1   TCTL2 EDG2A (Bit2) und EDG2B (Bit3)

◆ Pin A2   TCTL2 EDG1A (Bit4) und EDG1A (Bit5)

◆ Pin A3   TCTL1 OL5 (Bit0) und OM5 (Bit1) und OC1M OC1M3 (Bit3)

◆ Pin A4   TCTL1 OL4 (Bit2) und OM4 (Bit3) und OC1M OC1M4 (Bit4)

◆ Pin A5   TCTL1 OL3 (Bit4) und OM3 (Bit5) und OC1M OC1M5 (Bit5)

◆ Pin A6   TCTL1 OL2 (Bit6) und OM2 (Bit7) und OC1M OC1M6 (Bit6)

◆ Pin A7   OC1M OC1M7 (Bit7)

Für alle Pins ist die Datenrichtung festgelegt, außer für Pin 7 und Pin 3. Hier bestimmen die Bits DDRA7 und DDRA3 im Register PACTL die Richtungen. Für eine Ausgangsfunktion muß das entsprechende Bit gesetzt und für eine Eingangsfunktion gelöscht sein.

TCTL1 Timer-Control-Register 1 ($1020)

7	6	5	4	3	2	1	0
OM2	OL2	OM3	OL3	OM4	OL4	OM5	OL5

TCTL2 Timer-Control-Register 2 ($1021)

7	6	5	4	3	2	1	0
EDG4B	EDG4A	EDG1B	EDG1A	EDG2B	EDG2A	EDG3B	EDG3A

OC1M OC1 Action-Mask-Register ($100C)

7	6	5	4	3	2	1	0
OC1M7	OC1M6	OC1M5	OC1M4	OC1M3	-	-	-

PACTL Pulse-Accumulator-Control-Register ($1026)

7	6	5	4	3	2	1	0
DDRA7	PAEN	PAMOD	PEDGE	DDRA3	I4/O5	RTR1	RTR0

PORTA I/O-Port A-Register ($1000)

7	6	5	4	3	2	1	0
PA7	PA6	PA5	PA4	PA3	PA2	PA1	PA0

Die Portleitungen vom Port A haben im Special-Function-Registerblock SFR das zugehörige Datenregister PORTA ($1000).

Wird aus diesem Register gelesen, so bekommt man unmittelbar die Pegel von dem zugehörigen Pin. Bei Ausgängen hingegen wird der im internen Ausgabe-Latch gespeicherte Zustand zurückgeliefert. Schreiben auf dieses Register legt die Daten in dem zugehörigen Latch ab, so daß bei programmierter Ausgangsfunktion der entsprechenden Pegel an dem Pin erscheint.

PORT B

Im Single-Chip-Mode wird der Inhalt des Datenregisters PORTB ($1004) ausgegeben, im Expanded Mode der höherwertige Adreßteil. Dieses Port hat kein Datenrichtungsregister und kein Steuerregister, da seine Funktion mit der reinen Datenausgabe eindeutig bestimmt ist. Allerdings gibt es eine Ausnahme. Wenn das Port C auf Simple Strobe Mode programmiert ist, dient es als Ausgabeport beim Handshake-Verfahren. Mehr dazu jedoch gleich im Anschluß bei den Erläuterungen zum Port C .

PORT C

Je nach Betriebsart ist dieses Port ein normaler Ein- oder Ausgang oder der gemultiplexte Daten-/Adreßbus (Expanded Mode). Als Ein- oder Ausgang wird die Datenrichtung durch die entsprechenden Bits im Register DDRC ($1007) bestimmt. Ein gesetztes Bit wählt für das zugehörige Pin den Ausgangsmode, im anderen Fall den Eingangsmode. Das Datenregister ist das Register PORTC ($1003) im SFR.

DDRC Data-Direction-Register ($1007)

7	6	5	4	3	2	1	0
DIR C7	DIR C6	DIR C5	DIR C4	DIR C3	DIR C2	DIR C1	DIR C0

PORTC I/O-Port C-Register ($1003)

7	6	5	4	3	2	1	0
PC7	PC6	PC5	PC4	PC3	PC2	PC1	PC0

Dieses Port hat im Single-Chip-Mode noch eine besondere Funktion. Es kann mit Hilfe der zwei Pins STRB und STRA aus dem Port D für Handshake-Funktionen verwendet werden. Dabei sind die nachfolgenden Betriebsarten durch Software wählbar:

a) Simple Strobe Mode

Port B ist der Ausgang und Port C der Eingang. Beide lassen sich extern Pin für Pin zu einem bidirektionalen Bus verbinden.

Wird auf das Datenregister PORTB geschrieben, sendet eine Handshake-Logik einen in der Polarität wählbaren Impuls am Pin STRB aus. Dieser hat die Länge von 2 E-Takten. Ein E-Takt ist 4 mal so lang wie die Periode der Quarzfrequenz an den Eingängen des Oszillators XTAL und EXTAL. Beträgt die Quarzfrequenz 8 MHz, so ist die interne Arbeitsfrequenz, die am E-Takt sichtbar ist, 2 MHz. Damit ergibt sich für die Periode des E-Taktes 500 ns, und der Strobe-Impuls STRB ist demzufolge 1 µs lang.

Mit diesem Signal wird der Peripherie die Gültigkeit der Daten an den Pins PB0 bis PB7 angezeigt.

Eine Signalflanke mit wählbarer Richtung (steigend oder fallend) am Eingang STRA speichert die momentanen Pegel am Port C in das Latch-Register PORTCL ($1005). Gleichzeitig wird im PIOC-Register ($1003) des SFR das Bit STAF (Bit7) auf 1 gesetzt. Damit ist es jederzeit möglich, vom Programm aus festzustellen, ob neue Daten von der Peripherie eingegangen sind. Man kann allerdings auch die sehr guten Interrupt-eigenschaften des Controllers nutzen und beim Setzen des STAF-Bits durch die STRA-Flanke ein Interrupt auslösen lassen. Dieser Interrupt, der selbe übrigens, der auch bei entsprechender Programmierung vom externen Interrupteingang IRQ er-zeugt wird, verwendet den Vektor auf der Adresse $FFF2, $FFF3. Diese Adresse liegt im Programmspeicher in der Interruptvektortabelle.

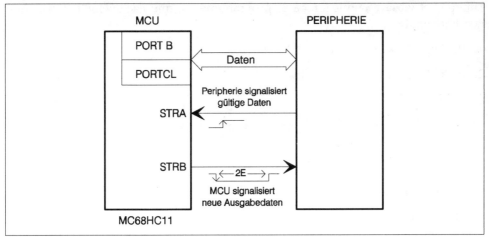

Abbildung 2.13: Simple Strobe Mode

Die aktive Flanke des STRA-Signals wird im PIOC-Register mit dem Bit EGA (Bit1) ausgewählt. Ist das Bit gesetzt, wird mit der steigenden Flanke gespeichert, im anderen Fall mit der fallenden Flanke. Für die Interruptfreigabe ist das STAI-Bit im gleichen Register verantwortlich. Ein gesetztes Bit gibt die Erzeugung des Interrupts frei.

Trotz Nutzung des Handshake-Spiels kann das Datenregister PORTC weiterhin zum Lesen des Ports C benutzt werden. Es repräsentiert immer den Pegelzustand an den zugehörigen Pins.

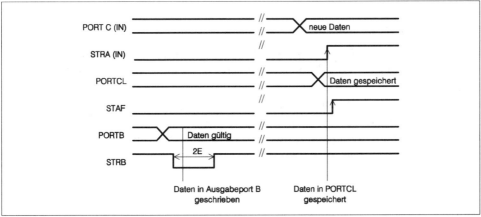

Abbildung 2.14: Signalspiel beim Simple Strobe Mode

Um die Betriebsart Simple Strobe zu programmieren, sind nachfolgende Einstellungen notwendig:

1. Register DDRC: alle Pins Input

2. PIOC Parallel-I/O-Control-Register ($1002)

7	6	5	4	3	2	1	0
STAF	STAI	CWOM	HNDS	OIN	PLS	EGA	INVB

◆ INVB Invertieren STRB-Ausgangsimpuls
  1 = Aktiv High
  0 = Aktiv Low

◆ EGA Aktive Flanke STRA für Eingang
  1 = steigend
  0 = fallend

◆ HNDS Handshake-Bit
  1 = Full Handshake Mode
  0 = Simple Strobe Mode

◆ STAI STRA Interrupt enable
  1 = Interrupt bei STRA
  0 = kein Interrupt

◆ STAF Status STRA-Flag
  1 = aktive Flanke an STRA eingetroffen
  0 = keine aktive Flanke an STRA8

b) Full Handshake Mode

Diese Betriebsart bietet vier verschiedene Möglichkeiten der Datenübertragung. Dabei wird nur mit dem Port B und den beiden Handshake-Signalen STRA und STRB vom Port D gearbeitet. Im Gegensatz zum Simple Strobe Mode ist die Übertragungsrichtung durch die Programmierung bestimmt. Dafür ist aber das Protokoll wesentlich komfortabler. In jeder Datenrichtung erfolgt nun ein richtiges Quittieren der Übertragung. Außerdem kann bei dem STRB-Signal zwischen Puls und Interlocked gewählt werden. In den folgenden Erläuterungen werden die 4 Arten einzeln vorgestellt.

Input Handshake Interlocked Mode

Von Seiten der Peripherie werden Daten an das Port C gelegt. Mit einer wählbaren Flanke am STRA-Eingang übernimmt die Portlogik die Daten in das interne Register PORTCL ($1005). Gleichzeitig wird das Ausgangssignal STRB in den inaktiven Zustand gebracht und das Bit STAF im PIOC-Register gesetzt. Ist zusätzlich noch der Interrupt durch das STAI-Bit im gleichen Register freigegeben, kommt es zur Auslösung eines IRQ-Interrupts. Wie auch im Simple Strobe Mode ist der aktuelle Zustand an den Pins von Port C jederzeit über das Register PORTC lesbar.

Ein Inaktiv-Signal an STRB teilt der Peripherie mit, daß der Controller noch nicht zur weiteren Datenaufnahme bereit ist. Wird das PORTCL-Register gelesen, die Daten also abgeholt, setzt die Portlogik das STRB-Signal wieder auf aktiv und löscht das STAF-Bit. Die Zeit bis zur nächsten Übertragung bestimmt damit einzig und allein das Programm im Controller.

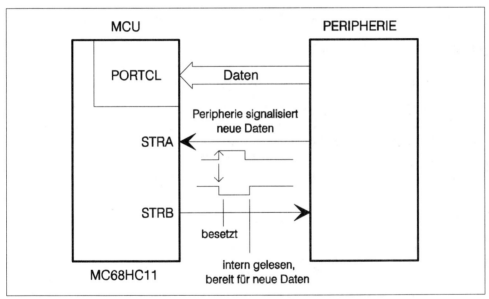

Abbildung 2.15: Input Full Handshake Mode (Interlocked)

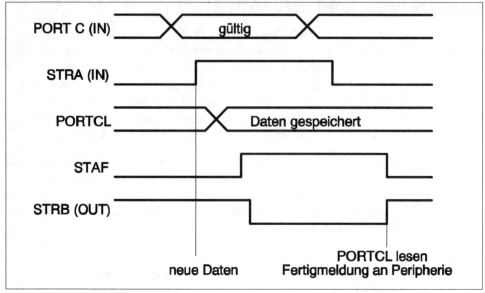

Abbildung 2.16: Input Strobe Mode (Interlocked)

Für diese Betriebsart sind die nachfolgenden Programmierungen notwendig:

1. Register DDRC: Alle Pins, die am Handshake-Mode teilnehmen sollen, müssen auf Input geschaltet sein. Unabhängig davon kann das Port zu jeder Zeit auch ohne STRA-Impuls-Auslösung gelesen werden. Genauso lassen sich nicht benutzte Pins auch als Ausgang verwenden. Ihr Datenrichtungs-Bit ist entsprechend auf Ausgang zu stellen. Damit nehmen sie nicht am Handshake-Protokoll teil.

2. PIOC Parallel-I/O-Control-Register ($1002)

7	6	5	4	3	2	1	0
STAF	STAI	CWOM	HNDS	OIN	PLS	EGA	INVB

◆ INVB Invertieren STRB-Ausgangsimpuls
  1 = Aktiv High
  0 = Aktiv Low

◆ EGA aktive Flanke STRA für Eingang
  1 = steigend
  0 = fallend

◆ PLS Pulse- oder Interlocked-Betrieb
1 = Pulse
0 = Interlocked

◆ OIN Aus- oder Eingangs-Handshake
1 = Output-Handshake
0 = Input-Handshake

◆ HNDS Handshake-Bit
1 = Full Handshake Mode
0 = Simple Strobe Mode

◆ CWOM Arbeitsweise Port C
1 = Open-Drain-Ausgangsstufen
0 = Pull-Up-Ausgangsstufen

◆ STAI STRA Interrupt enable
1 = Interrupt bei STRA
0 = kein Interrupt

◆ STAF Status STRA-Flag
1 = aktive Flanke an STRA eingetroffen
0 = keine aktive Flanke an STRA

Input Handshake Pulsed Mode

Hier sind die Verhältnisse ähnlich wie beim Interlocked Mode. Das Speichern der Daten in das Register PORTCL erfolgt mit der ausgewählten Flanke von STRA. Das STAF-Bit wird gesetzt und, falls erlaubt, ein IRQ-Interrupt ausgelöst. Liest das Programm das PORTCL-Register, wird das STAF-Bit rückgesetzt und ein Impuls mit der Dauer zweier E-Takte auf der STRB-Signalleitung ausgesendet. Die Polarität ist wieder mittels INVB-Bit programmierbar. Überhaupt sind alle notwendigen Einstellungen in dem Register PIOC vorzunehmen.

Die Programmierung der Betriebsart ist bis auf eine Ausnahme identisch mit dem Interlocked Mode. Für den Pulsed Mode ist im Register PIOC das PLS-Bit (Bit 2) zu setzen.

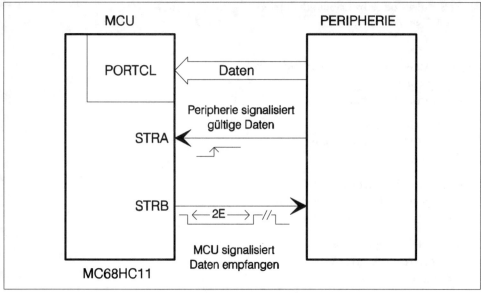

Abbildung 2.17: Input Full Handshake Mode (Pulsed Mode)

Output Handshake Interlocked Mode

In dieser Betriebsart ist das Port C auf Ausgabe programmiert. Schreibt das Programm Daten in das Register PORTCL (nicht in das PORTC-Register!), werden diese auf die Pins von Port C ausgegeben. Gleichzeitig erfolgt ein Aktivsetzen des STRB-Signals. Der Pegel ist wieder programmierbar. Damit wird der Peripherie angezeigt, daß neue Daten am Port bereitstehen. Um das Handshake-Spiel zu beenden, muß die Peripherie die Übernahme quittieren. Dazu erzeugt sie eine mit dem Controller »vereinbarte« Flanke am STRA-Eingang und löst so das Inaktivsetzen des STRB-Signals und das Setzen des STAF-Bits aus. So kann das Programm den erfolgreichen Empfang der Daten erkennen. Möchte man auf diese ständige Kontrolle des STAF-Bits verzichten, so kann mit Interruptauslösung beim Setzen des STAF-Bits gearbeitet werden.

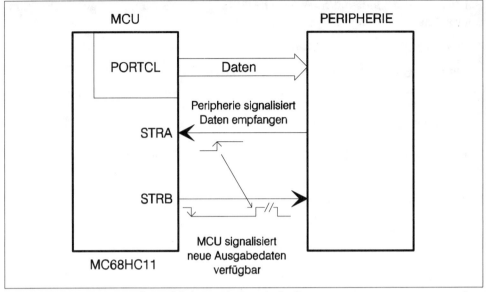

Abbildung 2.18: Output Full Handshake Mode (Interlocked)

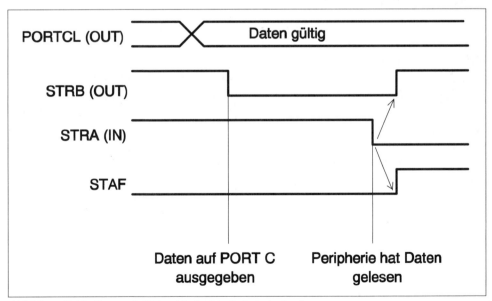

Abbildung 2.19: Output Full Handshake Mode (Interlocked)

Für den Output Mode mit Interlocked STRB-Signal müssen nachfolgende Programmierungen vorgenommen werden:

1. Register DDRC: alle Pins Output

2. PIOC Parallel-I/O-Control-Register ($1002)

7	6	5	4	3	2	1	0
STAF	STAI	CWOM	HNDS	OIN	PLS	EGA	INVB

Die Erklärungen dazu befinden sich in der Beschreibung der Input-Betriebsarten. Wie auch in den anderen Betriebsarten sind

◆ die auslösende STRA-Flanke,

◆ der Aktivpegel des STRB-Signals,

◆ die Erlaubnis zum Interrupt programmierbar.

Zusätzlich kann im Output Mode noch gewählt werden, ob die Treiber der Pins als Open-Drain-Stufen oder mit internen Pull-Up-»Widerständen« arbeiten sollen.

Output Handshake Pulsed Mode

Wie im Output Interlocked Mode wird auch hier durch das Einschreiben von Daten in das PORTCL-Register das Strobe-Signal STRB ausgelöst. Allerdings bleibt dieses nicht bis zur Quittierung durch die Peripherie aktiv, sondern kehrt nach 2 E-Takten wieder in den Inaktivzustand zurück. Der Peripherie wird also nur mit einem kurzen Impuls die Gültigkeit neuer Daten mitgeteilt. Diese muß dementsprechend die Aktivflanke oder auch die Inaktivflanke des STRB-Impulses zum Speichern der Daten verwenden. Ebenso kann der Impuls bei einer intelligenten Peripherie (z.B. ein weiterer Controller) zur Interruptauslösung benutzt werden, so daß die Daten dadurch schnell gelesen werden können. In allen Fällen sollte die Peripherie dem Controller mitteilen, daß sie die Daten übernommen hat und für einen neuen Datenempfang bereitsteht. Diese erfolgt durch eine aktive Flanke am STRA-Eingang. Dabei wird das STAF-Bit gesetzt und, wenn programmiert, ein IRQ-Interrupt ausgelöst. Daraufhin kann der Controller neue Daten auf das Port C ausgeben und die Übertragung zur Peripherie fortsetzen.

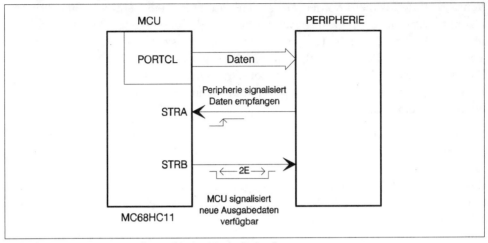

Abbildung 2.20: Output Full Handshake Mode (Pulsed)

Für den Output Mode mit Pulsed STRB-Signal müssen nachfolgende Programmierungen vorgenommen werden:

1. Register DDRC: alle Pins Output

2. PIOC Parallel-I/O-Control-Register ($1002)

7	6	5	4	3	2	1	0
STAF	STAI	CWOM	HNDS	OIN	PLS	EGA	INVB

Die Erklärungen dazu befinden sich wieder in der Beschreibung der Input-Betriebsarten. Die Programmierung

◆ der quittierenden STRA-Flanke,

◆ des Aktivpegels des STRB-Signals,

◆ der Erlaubnis zum Interrupt

◆ und der Arbeitsweise der Ausgangsstufen

erfolgt auf die gleiche Weise wie in den anderen Betriebsarten.

Als letztes noch eine Sonderform der Output-Full-Handshake-Betriebsart. Durch entsprechende Beschaltung und Programmierung können mehrere 8-Bit-Peripheriegeräte mit Tristate- oder Open-Drain-Ausgängen über einen gemeinsamen parallelen Bus gekoppelt werden. Damit ist zum Beispiel die Verbindung mehrerer Controller und Peripheriegeräte untereinander möglich.

Voraussetzung für diese Betriebsart ist, daß immer nur ein Gerät den Bus aktiv mit Daten belegen darf, ein Grundprinzip eines jeden Bus-Systems. Dementsprechend müssen alle Geräte über Tristate- oder Open-Drain-Ausgänge bzw. über hochohmige Eingänge an dem Bus angeschlossen sein. Im Fall des Controllers MC68HC11 wird das dabei verwendete Port C auf Open-Drain-Ausgangsstufen parametriert. Die Datenübertragung zwischen Controller und einem Peripheriegerät läuft nach folgendem Schema ab.

Das Programm schreibt die zu sendenden Daten in das PORTCL-Register. Damit werden sie auf Port C ausgegeben und liegen an allen am Bus angeschlossenen Geräten an. Die Gültigkeit der Daten kennzeichnet der Controller durch Aktivieren des STRB-Signals. Der Aktivpegel ist programmierbar. Hat die Peripherie die Daten empfangen, so quittiert sie diese mit einem Pegelwechsel auf der Leitung STRA. Dieser Wechsel setzt im Controller das STAF-Bit im PIOC-Register und kann außerdem einen Interrupt IRQ auslösen. Der Controller weiß nun, daß die Daten aufgenommen wurden, jedoch noch nicht, ob die Peripherie für weitere Daten bereit ist. Die erneute Bereitschaft wird abermals durch einen Pegelwechsel an STRA, jetzt allerdings durch eine »inaktive« Flanke, gemeldet. Ob der eben noch als Master aktive Controller den Dialog weiter fortsetzt oder sich danach als »Hörer« an dem Bus beteiligt, ist eine Frage des Busprotokolls. Die Übertragung erfolgt immer in Einzelzeichen, die jedes für sich von der Gegenstelle, dem Slave, quittiert werden muß. Weitere Einzelheiten zu Kopplungen über Bus- oder Spezial-Schnittstellen und den Problemen zur Verwaltung mehrerer Komponenten wurden schon in Kapitel 1 dargestellt.

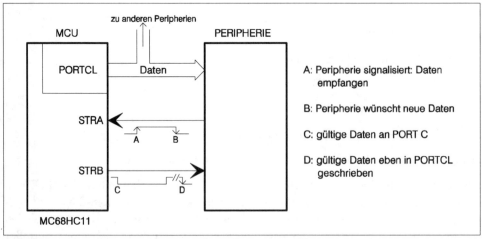

Abbildung 2.21: Output Handshake Mode (mehrere angeschlossene Ports)

PORT D

Das Port D hat genau wie das Port A eine besondere Funktion. Je nach Programmierung stehen 6 richtungsmäßig frei wählbare Ein- und Ausgänge zur Verfügung, oder bestimmte Pins bekommen feste Funktionen für die seriellen Schnittstellen zugeordnet. Die restlichen zwei Pins sind generell fest gebunden und ändern ihre Funktion in Abhängigkeit von dem Betriebsmode des Controllers. In der Zusammenstellung sind die verschiedenen Funktionen dargestellt.

◆ Pin PD0   Ein-/Ausgang PD0 oder Empfängereingang RxD des SCI

◆ Pin PD1   Ein-/Ausgang PD1 oder Senderausgang TxD des SCI

◆ Pin PD2   Ein-/Ausgang PD2 oder serieller Ein-/Ausgang MISO des SPI

◆ Pin PD3   Ein-/Ausgang PD3 oder serieller Aus-/Eingang MOSI des SPI

◆ Pin PD4   Ein-/Ausgang PD4 oder Taktein- und Ausgang SCK des SPI

◆ Pin PD5   Ein-/Ausgang PD5 oder Slave-Select-Eingang /SS des SPI

Die genannten Funktionen sind unabhängig von der Betriebsart des Controllers. Für die letzten beiden Pins trifft dieses jedoch nicht zu. Im Single-Chip-Mode dient Pin 6 als Strobe-Eingang STRA und Pin 7 als Strobe-Ausgang STRB für die Handshake-Modi von Port C. Im Expanded Mode arbeiten beide als Ausgänge für die externe Adressierung, und zwar Pin 6 als Adreß-Strobe-Signal AS und Pin 7 als Datenrichtungssignal R/W.

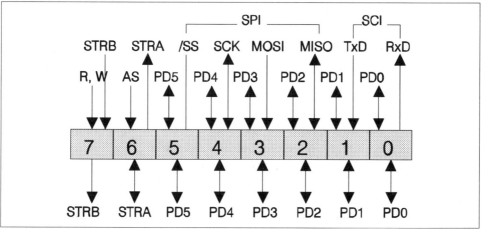

Abbildung 2.22: Port D Pin-Funktion

Weiteres zu den Betriebsarten jedoch im entsprechenden Kapitel des Buches. Auch die Arbeitsweisen der seriellen Schnittstellen SPI und SCI werden in ihren eigenen Kapiteln behandelt. Die Betrachtungen an dieser Stelle beziehen sich nur auf die parallele Ein- und Ausgabe. Zuständig für die Auswahl der Funktionen sind die Register der Module SPI und SCI.

Im einzelnen sind das für die Pins:

◆ Pin 0   das Empfängerfreigabebit RE (Bit 2) im SCCR2-Register ($102D)
   RE = 1 Eingang RxD der seriellen Schnittstelle
   RE = 0 Ein-/Ausgang PD0

◆ Pin 1   das Senderfreigabebit TE (Bit 3) im SCCR2-Register
   TE = 1 Ausgang TxD der seriellen Schnittstelle
   TE = 0 Ein-/Ausgang PD1

◆ Pin 2   das SPI-Freigabebit SPE (Bit 6) im SPCR-Register ($1028)
   SPE = 1 SPI-System aktiv (Ein-/Ausgang MISO)
   SPE = 0 Ein-/Ausgang PD2

◆ Pin 3 das SPI-Freigabebit SPE (Bit 6) im SPCR-Register ($1028)
   SPE = 1 SPI-System aktiv (Aus-/Eingang MOSI)
   SPE = 0 Ein-/Ausgang PD3

◆ Pin 4 das SPI-Freigabebit SPE (Bit 6) im SPCR-Register ($1028)
   SPE = 1 SPI-System aktiv (Taktein- und Ausgang SCK)
   SPE = 0 Ein-/Ausgang PD4

◆ Pin 5 das SPI-Freigabebit SPE (Bit 6) im SPCR-Register ($1028)
   SPE = 1 SPI-System aktiv (Slave-Select-Eingang $\overline{SS}$)
   SPE = 0 Ein-/Ausgang PD5

Als Datenregister wird Register PORTD ($1008) verwendet. Allerdings besitzen nur die Bits 0 bis 5 eine Funktion.

Die Datenrichtung für normale Ein-/Ausgänge wird von den entsprechenden Bits im Datenrichtungsregister DDRD ($1009) bestimmt. Im Fall ihrer Sonderfunktionen für die seriellen Schnittstellen werden die Pins richtungsmäßig fest von der neuen Funktion bestimmt. Eine Ausnahme macht dabei allerdings das Pin 5. In einem Vorgriff auf das Kapitel der seriellen Schnittstellen dazu nur ein paar Worte. Ist das SPI-System aktiv, wird das Pin als $\overline{SS}$-Eingang genutzt. Bei dieser Schnittstellenart gibt es immer einen Master und einen oder mehrere Slave-Bauelemente. Alle sind über die MISO, MOSI und CLK-Leitungen parallel verbunden. Damit ein Slave weiß, wann der Master-Controller mit ihm Daten austauschen möchte, besitzen die Slaves einen Eingang ($\overline{SS}$), der ähnlich einem Chip-Select-Signal das entsprechende Bauelement zur seriellen Aktivität auswählt. Ist der Controller selber Master, so ist diese Pin-Funktion nicht notwendig und steht normalen Ein-/Ausgaben zur Verfügung. Doch auch hier gibt es eine Besonderheit. Ist im DDRD-Register das Bit 5 gesetzt, so ist das Pin 5 ein normaler Ausgang. Ist das Bit nicht gesetzt, dient das Pin als Überwachungseingang der SPI-Funktion. Es ermöglicht die Kopplung mehrerer Master in einem System.

PORT E

Port E ist ein reines Eingabeport. Es kann für allgemeine Eingabeaufgaben oder als 8-Kanal-Analogeingabeport benutzt werden. Die Entscheidung darüber trifft das ADPU-Bit im OPTION-Register ($1039). Ist es gesetzt, so arbeitet der Analog-Digital-Wandler, und die Pins sind ihm zugeordnet. Im anderen Fall sind es normale Eingänge, die mittels Datenregister PORTE ($100A) gelesen werden können. Ein Schreiben auf dieses Register bleibt ohne Bedeutung.

Parametrierung der Ports nach Reset

Nach einem Reset werden die Steuerregister in definierte Zustände versetzt. Wie diese Einstellungen für die einzelnen Ports des Controllers aussehen, wird in den folgenden Tabellen dargestellt. Die Einstellung ist aber abhängig von der gewählten Betriebsart des Controllers. Im Single-Chip-Mode werden alle Ports als Ein-/Ausgänge parametriert und alle dazu gehörenden Interruptfreigaben gelöscht. Im Expanded Mode ist die Einstellung so gewählt, daß der externe Adreßbereich angesprochen werden kann.

Port	Single-Chip-Mode	Expanded Mode
A	freie Ein-/Ausgänge	Ein-/Ausgänge
B	freie Ausgänge	alle Pins 0-Pegel
C	freie Eingänge	Adressen-Daten A0-A7, D0-D7
D	freie Ein-/Ausgänge	Pin D0-D5 Eingänge, Pin D6 AS, Pin D7 R/W
E	freie Eingänge	freie Eingänge

Tabelle 2.10: Einstellung der Ports nach RESET

Für Port B und C ist der Simple Strobe Mode eingestellt, STRA reagiert auf eine steigende Flanke, der aktive STRB-Pegel ist High, und der IRQ-Interrupt ist gesperrt.

Damit sind die Erklärungen zu den Ports des Controllers abgeschlossen. In den späteren Kapiteln wird allerdings noch öfters auf ihre Funktionen eingegangen, da alle internen Module nur über die Ports mit der Außenwelt kommunizieren können.

2.1.5 Timermodule (incl. Pulse-Akku und PWM)

Das Timermodul des MC68HC11 ist ein Komplex aus mehreren Zählern, Datenregistern und einer umfangreichen Logik. Mit ihm hat man die Möglichkeit, Zeiten zu messen, zeitabhängige Signale zu erzeugen und Ereignisse zu zählen. Das erscheint im ersten Moment nicht viel. Doch das Können liegt im Detail. Allein bei der Zeitmessung kann je nach Programmierung zwischen Periodendauermessung, Impulspausenmessung und Impulsdauermessung unterschieden werden, und das an 3 bzw. 4 Kanälen gleichzeitig. Ebenso vielfältig sind die Möglichkeiten bei der Zeitgeberfunktion. Hier stehen 4 bis 5 Ausgänge zur Verfügung, die zeitlich programmierbare Signale ausgeben können. Mit nur wenig Zusatzbauelementen lassen sich damit durch Pulsweitenmodulation analoge Ausgaben realisieren. Doch auch zur Erzeugung von Zeittakten für die Soft- und Hardware kann das Timermodul eingesetzt werden. Mittels Interrupt- oder Pollingverfahren lassen sich Zeitregimes aufbauen, die in vielen Anwendungen gebraucht werden. Das alles mit einer Auflösung von 16 Bit!

Mit nur 8 Bit Auflösung muß sich der Ereigniszähler begnügen, und auch als Pulse-Akkumulator steht nur diese Auflösung zur Verfügung. Doch das dürfte für die meisten Anwendungsfälle ausreichend sein.

Neuere Bauelemente aus dieser Familie sind schon mit noch leistungsfähigeren Timermodulen ausgestattet, wie die Familienübersicht zeigt. Auch bei anderen Herstellern wird diesem Spezialmodul sehr große Aufmerksamkeit entgegengebracht.

Motorola hat seinem Controller ein Timermodul mitgegeben, das aus zwei Einzelkomplexen besteht, einem 16-Bit-Zähler mit mehrfacher Capture-/Compare-Funktion und Real-Time-Interrupt sowie einem 8-Bit-Zähler für die Verwendung als Pulse-Akkumulator. Eigentlich gehört die Watchdog-Logik auch in das Timermodul, doch ist deren Funktion in einem eigenen Kapitel beschrieben. Sehen wir uns also zunächst den 16-Bit-Zähler mit »Zubehör« an.

16-Bit-Zähler mit Capture-/Compare-Funktion und Real-Time-Interrupt-Geber

Ein freilaufender 16-Bit-Vorwärtszähler ist die Basis aller Zeitfunktionen dieses Modul-Komplexes. Als einzige Taktquelle dient der E-Takt des Controllers, allerdings durch einen Vorteiler auf $\frac{1}{4}$, $\frac{1}{8}$ oder $\frac{1}{16}$ reduzierbar. Wie die Vorstellung von Bauelementen anderer Hersteller im letzten Drittel des Buches zeigt, wird die Taktquelle des Zählers häufig programmierbar gestaltet. Damit können beliebige externe und interne Quellen als Zeitbasis verwendet werden. Das ist sicher ein Vorteil, doch Motorola hat sich bei diesem Bauelement für eine einzige interne Quelle entschieden. Daß damit trotzdem ein großer Teil von Anwendungen abgedeckt werden kann, zeigt die breite Verbreitung des Controllers. Der Übertrag-Ausgang des Zählers setzt ein Flag in einem Register und kann, programmierbar, einen Interrupt auslösen. An

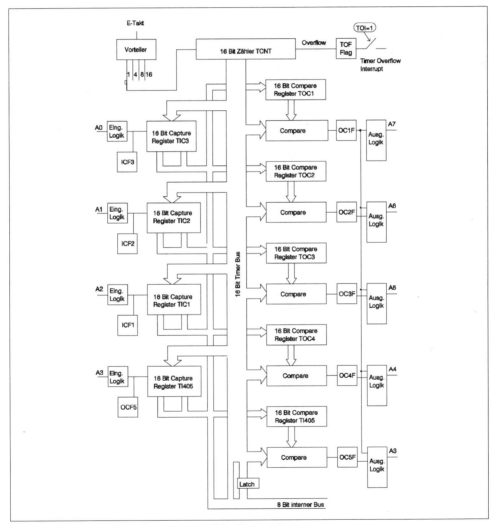

Abbildung 2.23: Prinzipaufbau, 16-Bit-Zähler Capture/Compare

den parallelen Zählerausgängen sind 5 Compare-Einheiten und 4 Capture-Einheiten angeschlossen. Jede für sich besitzt ein Flag und ist interruptfähig. Eine umfangreiche Logik verbindet schließlich die Ein- und Ausgänge der Register mit den Ein- und Ausgängen des Portes A. Die Grafik zeigt den Grundaufbau dieser Einheit.

Anhand der Grafik ist die Komplexität dieser Teilbaugruppe des Timermoduls bereits zu sehen. Wir werden deshalb nochmals eine Unterteilung vornehmen und den Zähler, die Capture- und die Compare-Funktion getrennt betrachten.

Der 16-Bit-Zähler

Als Istwert der Capture-Funktion und als Bezugswert für die Compare-Funktion dient ein freilaufender 16-Bit-Vorwärtszähler. Ihm vorangeschaltet ist ein Vorteiler mit 4 unterschiedlichen Teilerverhältnissen. Damit wird der E-Takt des Controllers wahlweise 1 zu 1, 1 zu 4, 1 zu 8 oder 1 zu 16 dem Zähler als Taktsignal zur Verfügung gestellt. Bei jedem Überlauf des Zählers wird das Flagbit TOF im Timer-Interrupt-Flag-Register 2 (TFLG2-Register) gesetzt. Soll das zu einem Interrupt führen, muß das TOI-Bit im Timer-Interrupt-Mask-Register 2 (TMSK2-Register) durch das Programm gesetzt werden. Der Zählerstand kann jederzeit vom Programm gelesen, aber nicht überschrieben werden. Die Grafik zeigt den Aufbau des Zählers.

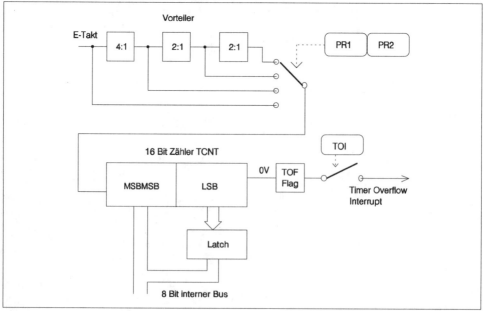

Abbildung 2.24: 16-Bit-Zähler des Timer-Moduls

Der Zähler wird durch das 16-Bit-TCNT-Register gebildet, das sich wie alle anderen Funktionsregister auch im Special-Function-Register-Bereich (SFR) befindet.

☐ Zum Lesen des Zählers sollte nur mit 16-Bit-Ladebefehlen gearbeitet werden. Bei einem Lesezugriff auf den Zähler wird der LSB-Teil des aktuellen Wertes zunächst in ein Latch geschrieben, da der interne Datenbus nur 8 Bit breit ist und dadurch der höherwertige und der niederwertige Teil nicht gleichzeitig gelesen werden können. Ohne dieses Latch wäre keine Kohärenz beider Teile zu erreichen. Das Verfahren funktioniert aber nur bei Anwendung von 16-Bit-Befehlen zum Lesen.

Das TCNT-Register ist ein Nur-Lese-Register, das Voreinstellen des Zählers ist somit nicht möglich. Wie trotz des Fehlens dieser Möglichkeit bei einem definierten Zählerstand mit einer Funktion, wie zum Beispiel der Signalausgabe durch die Compare-Funktion, begonnen werden kann, zeigt ein Beispiel bei der Beschreibung dieser Funktion. Neben der dort vorgestellten Möglichkeit kann aber auch das Überlauf-Flag TOF oder gar der Timer-Overflow-Interrupt genutzt werden, um eine Synchronisation zu erreichen. In beiden Fällen ist dabei der Zählerstand 0 und damit für das Programm definiert.

Eine Ausnahme muß allerdings noch genannt werden. Im Bootstrap Mode und im Special Test Mode ist der Zähler beschreibbar. Ein Schreiben auf das TCNT-Register, unabhängig von dem Datenwort, setzt ihn auf den Wert $FFF8. Da aber in den seltensten Fällen in diesen Betriebsarten gearbeitet wird, ist diese Funktion wahrscheinlich recht bedeutungslos.

Mit den Vorteilerfaktoren und verschiedenen Oszillatorfrequenzen ergeben sich die folgenden Auflösungen des Zählers.

TMSK2-Register		Teiler-fakt.	Oszillatorfrequenz							
			8,3886 MHz		8,0000 MHz		4,9152 MHz		4,0000 MHz	
PR1	PR0		Aufl.	Zeit	Aufl.	Zeit	Aufl.	Zeit	Aufl.	Zeit
0	0	1	477 ns	31,25 ms	500 ns	32,77 ms	8,14 ns	53 ms	1,0 µs	65,5 ms
0	1	4	1,91 µs	125 ms	2 µs	131,1 ms	3,25 µs	213,3 ms	4,0 µs	262,1 ms
1	0	8	3,81 µs	250 ms	4 µs	262,1 ms	6,51 µs	426,6 ms	8,0 µs	524,3 ms
1	1	16	7,63 µs	500 ms	8 µs	524,3 ms	13,0 µs	853,3 ms	16,0 µs	1049 ms

Tabelle 2.11: Auflösungen des Zählers

Die Programmierung des Vorteilerfaktors erfolgt durch die Bits PR0 und PR1 im TMSK2-Register. Ein frei wählbarer Wert ist nicht möglich.

☐ Bei der Programmierung des Vorteilerfaktors muß beachtet werden, daß die beiden Bits PR0 und PR1 nur in den ersten 64 E-Takten nach einem Reset beschrieben werden können, danach sind sie nur noch lesbar. Damit ist die Wahl des Wertes nur in dieser kurzen Zeit nach einem Reset möglich. Danach kann der Wert nicht mehr verändert werden – die Befehle für die Initialisierung des Vorteilers also gleich an den Programmanfang aufnehmen!

Das mag zwar als Nachteil empfunden werden, doch kann man sich mit einigen Tricks, wie zum Beispiel mit einem programmgesteuerten Reset, jederzeit helfen. In diesem Register befindet sich auch das Freigabebit für den Timer-Overflow-Interrupt. Es kann im Gegensatz zu den PR0- und PR1-Bits zu jeder Zeit verändert werden und erlaubt so ein beliebiges Ein- und Ausschalten des Interrupts. Im TFLG2-Register ist schließlich das Flagbit TOF des Zählerüberlaufs angelegt. Bei einem Zählerüberlauf wird es auf 1 gesetzt. Um es wieder zu löschen, muß auf diese Bitstelle ebenfalls eine 1 geschrieben werden. Dieses zunächst etwas eigenartig erscheinende Verfahren finden wir noch öfters bei Registern dieses Controllers. Ist mit Interrupt gearbeitet worden, erfolgt dadurch auch gleichzeitig ein Rücksetzen der Interruptanforderung.

☐ Das etwas ungewöhnliche Rücksetzen von Flagbits erfordert einen vorsichtigen Umgang bei der Programmierung. Man muß unbedingt darauf achten, daß keine Read-Modify-Write-Befehle zum Rücksetzen verwendet werden. Das bedeutet, daß auf die sonst für solche Einzelbit-Verarbeitungen üblicherweise eingesetzten Bit-Manipulationsbefehle verzichtet werden muß. Bei diesen Befehlen wird der Inhalt der Speicherstelle gelesen, mit einer Bitmaske manipuliert und dann wieder auf die Speicherstelle zurückgeschrieben. Die Bitmaske sorgt dafür, daß nur die betreffenden Bits verändert werden. Alle anderen Bits bleiben unverändert. Und gerade darin liegt das Problem. Da zum Quittieren eines gesetzten Flags eine Eins auf dieses Bit geschrieben werden muß, würde ein solcher Befehl alle gesetzten Flags in dem Register »löschen«, und nicht nur das gewünschte Bit. Dieser Hinweis gilt für alle Flagregister, die mit einer Eins quittiert werden müssen!

Sehen wir uns die entsprechenden Register an:

TCNT Timer-Counter-Register ($100E, $100F)

7	6	5	4	3	2	1	0
Bit15	Bit14	Bit13	Bit12	Bit11	Bit10	Bit9	Bit8
Bit7	Bit6	Bit5	Bit4	Bit3	Bit2	Bit1	Bit0

Dieses Register ist das eigentliche Zählregister. Es spiegelt zu jeder Zeit den aktuellen Stand des Zählers wider. Bei einem Reset wird es auf $0000 gesetzt.

TMSK2 Timer-Interrupt-Mask-Register 2 ($1024))

7	6	5	4	3	2	1	0
TOI	RTII	PAOVI	PAII			PR1	PR0

◆ TOI Timer-Overflow-Interrupt-Erlaubnis
0 = verboten
1 = erlaubt

◆ PR0, PR1
Die beiden Bits PR0 und PR1 können zu jeder Zeit gelesen, aber nur in den ersten 64 E-Takten nach einem Reset modifiziert werden.

PR1	PR0	Teilerfaktor
0	0	1
0	1	4
1	0	8
1	1	16

TFLG2 Timer-Interrupt-Flag-Register 2 ($1025)

7	6	5	4	3	2	1	0
TOF	RTIF	PAOVF	PAIF				

◆ TOF Timer-Overflow-Flag
0 = kein Überlauf erfolgt
1 = $FFFF --> $0000 Überlauf

Bei einem Reset werden die folgenden Einstellungen automatisch vorgenommen:

◆ Das TCNT-Register wird auf 0 gesetzt.

◆ Der Vorteiler ist auf 1 zu 1 gestellt.

◆ Das Timer-Overflow-Flag ist rückgesetzt.

◆ Der Timer-Overflow-Interrupt ist gesperrt.
Damit ist der Zähler mit voller Zählgeschwindigkeit in Betrieb, löst aber keinen Interrupt aus. Soll mit einem anderen Vorteilerfaktor gearbeitet werden, so ist unmittelbar nach einem Reset für die Umprogrammierung zu sorgen.

Die Capture-Funktion

Der MC68HC11 ist in der Lage, gleichzeitig vier Input-Capture-Funktionen auszuführen. Dazu sind drei 16-Bit-Register TIC 1 bis 3 vorhanden, ein viertes Register TI4O5 kann wahlweise auch für eine fünfte Output-Compare-Funktion verwendet werden. Die Steuereingänge der Register sind den jeweiligen Pins von Port A fest zugeordnet. Es kann in diesem Zusammenhang nur zwischen normaler Ein-/Ausgangsfunktion oder der Input-Capture-Funktion gewählt werden. Eine Ausnahme bildet der Kanal 4, Pin A 3. Je nach Programmierung über die Funktionsregister kann er ein normaler Ein-/Ausgang (PA3), der Eingang der Input-Capture-Funktion 4 oder der Ausgang der Output-Compare-Funktion 5 bzw. 1 sein. Dazu ist den Eingängen eine Auswahllogik nachgeschaltet, die die Wahl der verschiedenen Funktionen gestattet. In einer weiteren Logik wird entschieden, mit welcher Flanke das Abspeichern des aktuellen Zählerstandes vom Zähler TCNT in das zugehörige Input-Capture-Register erfolgen soll. Damit das Programm auch erfährt, wann ein Ereignis aufgetreten ist, das zum Speichern führte, wird ein eingangsbezogenes Flag im TFLG1-Register gesetzt. Und auch hier kann wieder ein Vektorinterrupt ausgelöst werden, so daß das Programm gezielt auf das Ereignis reagieren kann. In der nachfolgenden Grafik ist der prinzipielle Aufbau einer Input-Capture-Einheit dargestellt.

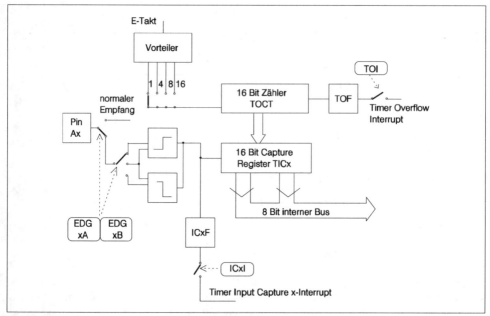

Abbildung 2.25: Prinzipaufbau einer Input-Capture-Einheit

Generell erfolgt die Übernahme des aktuellen Zählerstandes in das entsprechende Input-Capture-Register TICx nach einer maximalen Verzögerung von einem E-Takt, da alle Funktionen der Flankenerkennung durch diesen Takt intern getriggert werden. Das gleiche gilt für das Flag und den Interrupt. Der dabei entstehende Zeitfehler ist allerdings klein im Vergleich zur Auflösung von 16 Bit.

Die Zuordnung der Pins zu den einzelnen Funktionen wurde schon im Kapitel »Parallele Ein- und Ausgänge« vorgestellt. Jetzt werden wir uns der Programmierung dieses Timers zuwenden. Jede Capture-Funktion besitzt ihr eigenes 16-Bit-Register und entsprechende Bits in anderen Funktionsregistern. Es besteht folgende Zuordnung:

Funktion	Port Pin	16-Bit-Register	Flankenauswahl	Ereignis-Flag	Interrupt-Maske
			TCTL2($1021)	TFLG1($1023)	TMSK1($1022)
1	A2	TIC 1($1010)	EDG1A,EDG1B	IC1F	IC1I
2	A1	TIC 2($1012)	EDG2A,EDG2B	IC2F	IC2I
3	A0	TIC 3($1014)	EDG3A,EDG3B	IC3F	IC3I
4	A3	TI4O5($101E)	EDG4A,EDG4B	I4O5F	I4O5I

Tabelle 2.12: Zuordnung von Pins zu Funktionen

☐ Das Lesen der eingespeicherten Zählerstände aus den 16-Bit-Registern sollte auch hier wieder mittels 16-Bit-Ladebefehlen erfolgen. Eine Logik sorgt beim Lesen dafür, daß im Moment des Zugriffs auf den MSB-Teil die Input-Capture-Funktion für diesen Eingang gesperrt wird, damit beim anschließenden Zugriff auf den LSB-Teil auch der tatsächlich zugehörige Wert gelesen wird. Ein genau in diesem Augenblick eintreffendes Ereignis könnte sonst die Werte verändern.

Wird ein Wert nicht aus dem Register abgeholt, so überschreibt ihn das nächste Ereignis. Für Zeitmessungen zwischen zwei Flanken ist es deshalb sehr wichtig, auf jede auslösende Flanke zu reagieren.

Die Wahl der Betriebsart und der Flanke wird in dem TCTL2-Register vorgenommen. Pin 3 bildet allerdings mit seiner Mehrfachbelegung einen Sonderfall.

TCTL2 Timer-Control-Register 2 ($1021)

7	6	5	4	3	2	1	0
EDG4B	EDG4A	EDG1B	EDG1A	EDG2B	EDG2A	EDG3B	EDG3A

EDGxB	EDGxA	Funktion
0	0	Capture-Funktion ausgeschaltet, normaler Ein-/Ausgang
0	1	Capture bei der steigenden Flanke
1	0	Capture bei der fallenden Flanke
1	1	Capture bei jeder Flanke

Tabelle 2.13: Zuordnung der Capture-Funktion

Für das Pin 3 ist weiterhin verantwortlich:

PACTL Pulse-Accumulator-Control-Register ($1026)

7	6	5	4	3	2	1	0
DDRA7	PAEN	PAMOD	PEDGE	DDRA3	I4O5	RTR1	RTR0

◆ DDRA3 Datenrichtung Port A Pin 3
0 = Eingang
1 = Ausgang

◆ I4O5 Timerfunktion Pin 3
0 = Output-Compare-Funktion
1 = Input-Capture-Funktion

Man sieht also, daß für das Pin 3 ein weiteres Register zu programmieren ist. Wurde die Input-Capture-Funktion mittels I4O5-Bit und Flankenwahl EDG4A- und EDG4B-Bit gewählt, muß auch noch die Datenrichtung dazu passen. Ist DDRA3 auf Ausgang programmiert und wird auf Pin 3 geschrieben, so wird die Bit-Information über das Pin nach außen gegeben und gleichzeitig ein Capture-Ereignis 4 ausgelöst, als ob eine Flanke über das Pin empfangen wurde (vorausgesetzt, die Flanke ist richtig). Diese Funktion kann für bestimmte Programmaufgaben interessant sein. Im Normalfall sollte aber das DDRA3-Bit auf Eingang stehen. Die Register TIC 1 bis 3 sind reine Leseregister, ein Schreiben auf das TI4O5-Register bei Input-Compare-Programmierung bleibt ohne Wirkung. Tritt ein Capture-Ereignis an einem Pin auf, so wird ein Flagbit im TFLG1-Register gesetzt. Ist der zugehörige Interrupt mittels Erlaubnisbit im TMSK1-Register freigegeben, führt ein vektorisierter Interrupt zum Sprung in eine Interruptserviceroutine. Die Interruptquittierung erfolgt durch Löschen des Flagbits im TFLG1-Register. Auch hier ist dazu das entsprechende Bit auf 1 zu setzen. Es gilt das schon weiter oben Gesagte zur Quittierung von Flags.

TFLG1 Timer-Interrupt-Flag-Register 1 ($1023)

7	6	5	4	3	2	1	0
OC1F	OC2F	OC3F	OC4F	I4O5F	IC1F	IC2F	IC3F

Ein gesetztes Bit signalisiert ein Capture-Ereignis an dem entsprechenden Pin und erklärt den Wert im Capture-Register als gültig. Rückgesetzt wird das Flag durch Beschreiben mit einem 1-Bit.

TMSK1 Timer-Interrupt-Mask-Register 1 ($1022)

7	6	5	4	3	2	1	0
OC1I	OC2I	OC3I	OC4I	I4O5I	IC1I	IC2	IC3I

Ein gesetztes Bit erlaubt die Erzeugung eines Vektorinterrupts. Die Vektortabelle wird am Schluß des Kapitels vorgestellt, genaueres zu den Interrupts ist in einem gesonderten Kapitel zu finden.

Die Compare-Funktion

Wie schon bei der Capture-Funktion stellt auch hier das Timermodul die alternativen Funktionen zu den normalen Ein- und Ausgängen des Kanals A dar. Der Controller besitzt 5 Capture-Compare-Einheiten, die je nach Programmierung auf 3, 4 oder 5 Ausgänge geschaltet werden können. In all diesen Einheiten wird bei jedem E-Takt der Inhalt eines durch das Programm ladbaren Vergleichsregisters mit dem Zählerstand des freilaufenden 16-Bit-Zählers TCNT verglichen. Bei Gleichheit setzt die Logik den zugehörigen Ausgang abhängig von der Programmierung auf Low- oder High-Pegel. Eine interessante Programmiervariante ist in diesem Zusammenhang auch die Toggel-Funktion. Dabei wechselt der entsprechende Ausgang bei jedem Compare-Ereignis seinen Pegel, wodurch sehr einfach fortlaufende Impulssignale erzeugt werden können. Die Abbildung 2.26 zeigt den prinzipiellen Aufbau einer Einheit.

Der Vergleichszeitwert kommt von dem 16-Bit-Zähler TCNT, der auch als Basis der Capture-Einheit dient. Sein Vorteiler bestimmt die Auflösung und Periode der Ausgangssignale der Compare-Einheit mit. Die Werte dazu finden Sie in der Tabelle 2.10 am Anfang des Kapitels. Bezüglich der Programmierung gelten die gleichen Vorgaben. Also Achtung: Soll der Vorteilerfaktor geändert werden, so muß das in den ersten 64 E-Takten durchgeführt werden!

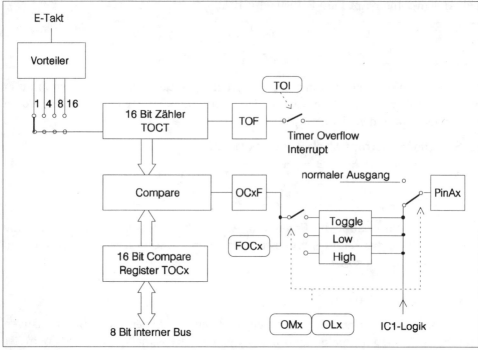

Abbildung 2.26: Prinzipaufbau einer Compare-Einheit

Die Vergleichsregister TOC1 bis TOC4 und TI4O5 sind 16 Bit breit und ermöglichen damit eine recht hohe Auflösung. Für die Compare-Funktionen 2, 3 und 4 existieren feste Zuordnungen zu den Ausgangspins. Die Funktion 5 ist alternativ zu der Capture-Funktion 4 nutzbar und verwendet dazu dasselbe Pin A3. Etwas Besonderes ist die Compare-Funktion 1, doch dazu gleich mehr.

Pin	Funktion
A3	Ein- oder Ausgang PA3 oder Input-Capture 4 oder Output-Compare 5 und/oder Output-Compare 1
A4	Ausgang PA4 oder Output-Compare 4 und/oder Output-Compare 1
A5	Ausgang PA5 oder Output-Compare 3 und/oder Output-Compare 1
A6	Ausgang PA6 oder Output-Compare 2 und/oder Output-Compare 1
A7	Ein- oder Ausgang PA7 oder Eingang Pulse-Akku und/oder Output-Compare 1

Tabelle 2.14: Zuordnung der Compare-Funktionen zu den Ausgängen

Wie die Zusammenstellung zeigt, spielt die Output-Compare-Funktion 1 eine besondere Rolle. Sie ist nicht an einen bestimmten Ausgang gebunden, sondern kann jeden der Ausgänge A3 bis A7 beeinflussen.

Ein normaler Compare-Ausgang wirkt immer nur auf sein bestimmtes Pin. Anders die Funktion 1. In einem Action-Mask-Register OC1M wird entschieden, welche Ausgänge mit der Compare-Einheit OC1 verbunden sein sollen. Der Pegel, der im Fall der Gleichheit von Zähler und TOC1-Register auszugeben ist, bestimmt den Inhalt des Action-Data Registers OC1D. Die nachfolgende Abbildung zeigt den prinzipiellen Aufbau von OC1.

Über ein spezielles Register (CFORC-Register) kann per Software zu jeder Zeit ein Compare-Zustand simuliert und damit die gleiche Reaktion des oder der Ausgänge ausgelöst werden. Allen Compare-Einheiten ist ein eigenes Flagbit im Timer-Interrupt-Flag-Register TFLG1 zugeordnet und selbstverständlich auch wieder ein vektorisierter Interrupt. Über das Masken-Register TMSK1 kann jeder einzelne Interrupt erlaubt oder verboten werden.

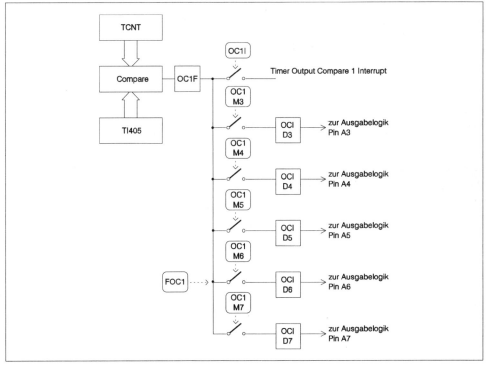

Abbildung 2.27: Compare-Funktion

Zunächst noch ein Blick auf die Abläufe in der Timereinheit.

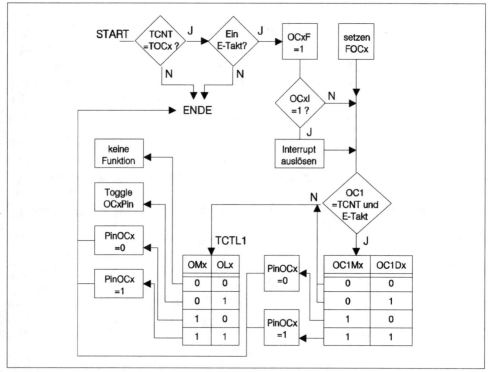

Abbildung 2.28: Funktionsablauf der Output Compare-Funktionen 2-5

Das Besondere der Output-Compare-Funktion 1 drückt sich auch in ihrem eigenen Ablaufplan aus. Während in der oberen Abbildung nur ein Ausgang dargestellt wurde, sieht man hier den Zugriff auf alle Ausgänge.

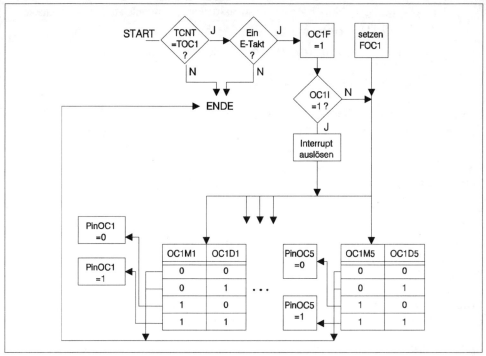

Abbildung 2.29: Funktionsablauf der Output Compare-Funktion 1

Nun also zur Programmierung: Die Auswahl der Zeitbasis, die bestimmend ist für Auflösung und Periode der erzeugten Ausgangssignale, wird wie bei der Capture-Funktion durch Einstellung des Vorteilerfaktors getroffen. In beiden Funktionen gelten damit die gleichen Werte. In der folgenden Tabelle sind die zugehörigen Register mit den entsprechenden Bits zu sehen:

Funkt.	Port Pin	16-Bit-Reg.	Flankenauswahl	Ereignis-Flag	Interrupt-Maske
			TCTL1($1021)	TFLG1($1023)	TMSK1($1022)
2	A6	TOC 2($1016)	OM2,OL2	OC2F	OC2I
3	A5	TOC 3($101A)	OM3,OL3	OC3F	OC3I
4	A4	TOC 4($101C)	OM4,OL4	OC4F	OC4I
5	A3	TI4O5($101E)	OM5,OL5	I4O5F	I4O5I

Tabelle 2.15: Zuordnung von Pins zu Funktionen

Funkt.	Port Pin	16-Bit-Register	Ausg.-Wahl OC1M($100C)	Ausg.-Daten OC1D($100D)	Ereignis-Flag TFLG1($1023)	Int.-Maske TMSK1($1022)
1	A3-A7	TOC 1($1016)	OC1M3-OC1M7	OC1D3-OC1D7	OC1F	OC1I

Tabelle 2.16: Zuordnung von Pins zur Funktion 1

Die Vergleichsdatenregister OC1 bis OC4 und das Register IC4O5 sind 16 Bit breit und sowohl beschreibbar als auch lesbar. Wird eine Compare-Funktion nicht genutzt, steht das entsprechende Register als allgemein nutzbares Datenregisterpaar zur Verfügung (2 voneinander unabhängige 8-Bit-Register). Ansonsten gelten bei Verwendung als Timerregister die gleichen Bedingungen für den Zugriff.

☐ Es sollten nur 16-Bit-Ladebefehle verwendet werden, da bei dem Schreibzugriff auf das höherwertige Byte der Compare-Vorgang für einen E-Takt unterbrochen wird, um das niederwertige Byte auch noch ausschreiben zu können. Nur bei diesen Befehlen wird unmittelbar nach dem 1. Byte im nächsten E-Takt das 2. Byte ausgegeben.

Prinzipiell kann jedoch auf jeden Teil des Doppelregisters auch einzeln zugegriffen werden. Das gilt für alle Register dieser Art im SFR.

Zur Funktionswahl der Kanäle 2 bis 5 (Pins A3 bis A7) wird das Timer-Control-Register 1 (TCTL1) verwendet. Jeweils 2 Bit für jeden Kanal bestimmen das Verhalten.

TCTL1 Timer-Control-Register 1 ($1020)

7	6	5	4	3	2	1	0
OM2	OL2	OM3	OL3	OM4	OL4	OM5	OL5

OMx	OLx	Funktion
0	0	keine Timerfunktion, normaler Ein-/Ausgang
0	1	Toggeln des Ausgangs (das Ausgangssignal wechselt bei jedem Compare-Ereignis)
1	0	Ausgang Low-Pegel (bei einem Compare-Ereignis geht der Ausgangspegel nach Low)
1	1	Ausgang High-Pegel (bei einem Compare-Ereignis geht der Ausgangspegel nach High)

Tabelle 2.17: Funktionen des Timer-Control-Registers 1

Der »besondere« Kanal 1 nutzt andere Register zur Programmierung. Für ihn muß festgelegt werden, auf welchen Ausgang er wirken soll und mit welchem Pegel. Dazu dienen die Register OC1M und OC1D.

OC1M Output-Compare-1-Mask-Register ($100C)

7	6	5	4	3	2	1	0
OC1M7	OC1M6	OC1M5	OC1M4	OC1M3	0	0	0

OC1D Output-Compare-1-Data-Register ($100D)

7	6	5	4	3	2	1	0
OC1D7	OC1D6	OC1D5	OC1D4	OC1D3	0	0	0

Die Bits in dem Register OC1M regeln die Wirkung der OC1-Funktion auf die entsprechenden Bits A3 bis A7. Ist zum Beispiel Bit OC1M3 gesetzt, so wird der Ausgang Pin A3 unabhängig von der eigenen Output-Compare-Funktion OC5 von OC1 bestimmt. Die Ausgabedaten stehen in den entsprechenden Bits des Registers OC1D. In dem Beispiel wird der Pegel vom Bit OC1D3 auf den Ausgang A3 gelegt. Eine weitere Besonderheit ist hier der Ausgang A7. Da dieser gleichzeitig Aus- und Eingang des Pulse-Akkumulators ist, benötigt er weitere Informationen zu seiner Funktion. Diese Aufgabe übernimmt das DDRA7-Bit im PACTL-Register.

PACTL Pulse-Accumulator-Control-Register ($1026)

7	6	5	4	3	2	1	0
DDRA7	PAEN	PAMOD	PEDGE	DDRA3	I4/O5	RTR1	RTR0

Ist das DDRA3-Bit gesetzt, so ist A7 ein Ausgang, und OC1 hat Zugriff auf das Pin, wenn sein OC1M7-Bit ebenfalls gesetzt ist. Ist nun zusätzlich noch der Pulse-Akkumulator durch das PAEN-Bit im PACTL-Register eingeschaltet, so verwenden beide dasselbe Pin, OC1 als Ausgang und der PA als Eingang. Das Ergebnis des Vergleichs in der OC1-Funktion steuert damit den Ausgang A7 und wird gleichzeitig vom Pulse-Akkumulator ausgewertet. Das kann sehr nützlich sein, um zum Beispiel eine bestimmte Anzahl von Impulsen durch OC1 erzeugen zu lassen oder deren Länge über ein bestimmte Zeit zu bestimmen. Der Pulse-Akkumulator wirkt in diesem Fall als Ereigniszähler bzw. als Zeitzähler. Wird die Funktion des PA nicht für solch einen Sonderfall benutzt, so ist das DDRA3-Bit zu löschen. Damit hat die OC1-Funktion keinen Einfluß auf diesen Eingang.

Auch bei den Output-Compare-Funktionen hat jede Einzelfunktion ihr eigenes Flagbit und ihren eigenen Vektorinterrupt, der durch ein Maskenbit sperrbar ist. Diese

Aufgabe übernehmen die entsprechenden Bits in den Registern TFLG1 und TMSK1. Ihre Wirkung ist die gleiche wie bei den Capture-Funktionen.

TFLG1 Timer-Interrupt-Flag-Register 1 ($1023)

7	6	5	4	3	2	1	0
OC1F	OC2F	OC3F	OC4F	I4O5F	IC1F	IC2F	IC3F

TMSK1 Timer-Interrupt-Mask-Register 1 ($1022)

7	6	5	4	3	2	1	0
OC1I	OC2I	OC3I	OC4I	I4O5I	IC1I	IC2	IC3I

Zum Schluß noch das Register, dessen Inhalt sich über alle anderen Compares hinwegsetzt. Die Bits des CFORC-Registers wirken genauso auf die Ausgänge, als wenn ein Komparator-Ereignis stattgefunden hätte. Würde zum Beispiel das FOC2-Bit gesetzt, erfolgt die gleiche programmierte Funktion (High- oder Low-Pegel) wie bei einem positiven Vergleichsergebnis zwischen TOC2-Register und dem aktuellen Zählerstand. Ein Unterschied besteht nur in der Flag- und Interruptbearbeitung. Die Force-Funktion setzt nicht die Flags und löst keinen Interrupt aus. Das wäre auch wenig sinnvoll, da deren Aktion durch Schreiben in das CFORC-Register unter voller Programmkontrolle erfolgt. Das Register ist ein reines Schreibregister, das beim Lesen immer den Wert 0 liefert. Häufig wird diese Funktion genutzt, um definierte Anfangsbedingungen zu setzen. Wenig Sinn macht die Anwendung allerdings auf einen Ausgang mit Toggle-Funktion. Hierbei ist es von Seiten des Programms, das das FORCE-Bit setzt, nicht möglich, einen definierten Zustand des Ausgangs zu erreichen. Der Ausgang wechselt den Pegel, und es ist nicht feststellbar (von Seiten des Programms), welcher Pegel sich eingestellt hat. Auch löst das nächste reguläre Compare-Ereignis des zugehörigen Kanals einen erneuten Wechsel aus. Nach einem Reset sind alle FORCE-Bits 0, und somit findet keine Beeinflussung der Ausgänge statt. Eine Zusammenfassung der Reset-Einstellung befindet sich am Schluß des Kapitels.

Der Pulse-Akkumulator

Der Pulse-Akkumulator, ein weiterer Teilkomplex des Timermoduls, ist ein 8-Vorwärtszähler, der in zwei verschiedenen Modi betrieben werden kann. Im Ereigniszähler-Mode führt jede Signalflanke am Eingang zum Inkrementieren des Zählerstandes und zum Setzen eines Flagbits. Die Flanke ist programmierbar. Mit dem Aktivieren des Flagbits kann ein Vektorinterrupt ausgelöst werden. In der zweiten Betriebsart ist die Taktquelle des Zählers der durch 64 geteilte E-Takt. Dazu ist vor den Zähler ein 6-Bit-Vorteiler geschaltet, dessen Übertrag das Inkrementieren auslöst. Über den Eingang läßt sich mit einem programmierbaren Pegel der ungeteilte E-Takt sperren oder freigeben. Liegt der passende Pegel am Eingang, wird der E-Takt an den Vorteiler geleitet. Hat dieser seine 64 Zählzustände durchlaufen, wird der eigentliche Zähler inkrementiert. Der Ein-Zustand setzt das Flagbit und löst einen Vektorinterrupt aus, wenn dazu die Erlaubnis vorliegt. Wechselt der Pegel in den inaktiven Zustand, hört das Zählen auf, der Vorteilerstand und der Zählerstand bleiben erhalten. Bei erneutem Aktiv-Pegel wird die Zählung am alten Stand fortgesetzt. Es findet hier also eine Integration über das Eingangssignal statt. Ein Überlauf des Zählers setzt ein Flagbit und kann einen Interrupt auslösen. Die nachfolgende Abbildung zeigt den Aufbau des Pulse-Akkumulators.

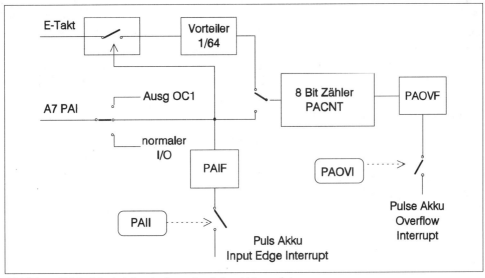

Abbildung 2.30: Prinzipieller Aufbau des Pulse-Akkumulators

Der Zähler hat mit seiner 8-Bit-Breite leider nur einen Zählumfang von 256 Ereignissen bzw. Takten. Damit ergibt sich für die Zeitmessung eine minimale Auflösung bzw. eine maximal meßbare Periodendauer. Ähnliche Einschränkungen gibt es auch für den Ereigniszählerbetrieb. Das Eingangssignal wird vom internen E-Takt abgetastet. Für die Erkennung einer Flanke ist der Signalzustand zweier aufeinanderfolgender Abtastungen entscheidend. Je nach Pegelwechsel wird dieser als positive oder negative Flanke bewertet. Dieses Prinzip wird auch bei allen anderen flankengesteuerten Funktionen angewandt. Damit ergibt sich eine maximale Eingangsfrequenz für die Ereigniszählung. In der folgenden Tabelle sind die Grenzwerte für Auflösung, Signalperiode und Zählfrequenz zusammengestellt.

Oszillatorfrequenz	E-Takt	Auflösung	maximale Meßzeit	max. Zählfrequenz
8,3886 MHz	2,0971 MHz	30,517 s	7,812 ms	1,04 MHz
8,0000 MHz	2,0000 MHz	32,000 s	8,192 ms	1,00 MHz
4,9152 MHz	1,2288 MHz	52,083 s	13,333 ms	0,61 MHz
4,0000 MHz	1,0000 MHz	64,000 s	16,384 ms	0,50 MHz

Tabelle 2.18: Grenzwerte für Auflösung, Signalperiode und Zählfrequenz

Nutzt man die Interruptmöglichkeit beim Zählerüberlauf oder auch nur das Überlauf-Flag, so ist der Zählumfang leicht durch Software erweiterbar. Auf die Auflösung und die maximale Zählfrequenz hat man dadurch allerdings keinen Einfluß. Die Programmierung des Pulse-Akkumulators wird mit den Registern PACTL und TMSK2 durchgeführt. Der Zähler selbst ist als Schreib-Lese-Register PACNT ansprechbar. Da er nur 8 Bit breit ist, gibt es keine Einschränkungen bei der Wahl der Befehle, die zum Lesen oder Schreiben eingesetzt werden. Die Bedeutung der einzelnen Bits in den Steuerregistern ist in der nachfolgenden Abbildung zu sehen.

PACTL Pulse-Accumulator-Control-Register ($1026)

7	6	5	4	3	2	1	0
DDRA7	PAEN	PAMOD	PEDGE	DDRA3	I4/O5	RTR1	RTR0

◆ DDRA7 Datenrichtung Port A7
0 = Eingang
1 = Ausgang

◆ PAEN Pulse-Akkumulator-System
0 = aus
1 = ein

◆ PAMODE Pulse-Akkumulator-Mode
0 = Ereigniszähler
1 = Zeitzähler getort

◆ PEDGE Flanken-/Zustandssteuerung PAI-Eingang

PAMODE	PEDGE	Funktion
0	0	Ereigniszähler, Inkrementieren durch fallende Flanken
0	1	Ereigniszähler, Inkrementieren durch steigende Flanken
1	0	Zeitzähler, Low-Pegel unterbricht die Zählung
1	1	Zeitzähler, High-Pegel unterbricht die Zählung

Tabelle 2.19: Einstellung der PAMODE- und PEDGE-Bits

☐ Bei der Programmierung ist darauf zu achten, daß das Pin A7 immer der Eingang des Pulse-Akkumulators ist, wenn dieser mit PAEN=1 eingeschaltet ist. Wurde als Datenrichtung des Pins A 7 die Ausgaberichtung gewählt, so löst dessen Pegel die gleichen Aktionen aus, als ob es sich um ein Signal von außen handelt. So können zum Beispiel der Output-Compare-Ausgang OC1 oder auch normale Ausgangsdaten den Zähler triggern oder toren. Das muß unbedingt beachtet werden, um keine unerwünschten Funktionen auszulösen. Soll der Pulse-Akkumulator über den PAI-Eingang gesteuert werden, so ist dessen Pin A7 unbedingt als Eingang zu programmieren.

Die vom Pulse-Akkumulator benutzten Flags liegen im Timer-Interrupt-Flag-Register TFGL2. Der aktive Zustand ist 1, und auch hier wird, ebenso wie bei allen anderen Flagregistern, mit dem Schreiben einer 1 auf das betreffende Flagbit dessen Zustand auf 0 rückgesetzt. Es gelten die gleichen Einschränkungen bezüglich der verwendbaren Befehle. Über zwei Bits im Timer-Interrupt-Mask-Register TMSK2 wird die Weitergabe der dazugehörigen Interrupts gesteuert.

TFLG2 Timer-Interrupt-Flag-Register 2 ($1025)

7	6	5	4	3	2	1	0
TOF	RTIF	PAOVF	PAIF	-	-	-	-

◆ PAOVF Pulse-Akku-Überlauf-Flag
Dieses Bit wird bei jedem Zählerüberlauf von $FF nach $00 gesetzt.

◆ PAIF Pulse-Akku-Eingangsflanke
Dieses Bit wird durch eine aktive Flanke am PAI-Eingang gesetzt.

TMSK2 Timer-Interrupt-Mask-Register 2 ($1024)

7	6	5	4	3	2	1	0
TOI	RTII	PAOVI	PAII	-	-	PR1	PR0

◆ PAOVI Pulse-Akku-Überlauf-Interruptfreigabe

◆ PAIF Pulse-Akku-Eingangsflanken-Interruptfreigabe
Ist das Freigabebit gesetzt, so werden auftretende Interrupts an die Interruptlogik weitergeleitet.

Während eines Resets löscht der Controller alle Steuerregister. Damit ist die Pulse-Akkumulator-Funktion abgeschaltet, und das Pin A 7 ist ein Eingang. Die Flags sind gelöscht, die Interrupts gesperrt.

Die Real-Time-Interruptfunktion

Häufig werden in Programmen Zeitregimes benötigt, damit bestimmte Funktionen zeitgleich ablaufen. Motorola hat für solche Aufgaben eine Real-Time-Interruptfunktion im Timermodul implementiert. Diese erlaubt, wenn auch nur in 4 Zeitstufen, eine Triggerung bzw. Interruptauslösung. Je nach Programmierung der beiden Bits RTR0 und RTR1 im PACTL-Register wird nach einer definierten Anzahl von E-Takten das RTIF-Flag im TFLG2-Register gesetzt. Ist dazu noch der Interrupt durch ein gleichfalls gesetztes RTIF-Bit im Maskenregister TMSK2 freigegeben, wird der Vektorinterrupt »Periodischer Interrupt« ausgelöst. Die Tabelle zeigt die möglichen Zeiten in Abhängigkeit von der Oszillatorfrequenz und der Programmierung.

RTI1	RTI0	E/Teiler-faktor	Oszillatorfrequenz			
			8,3886 MHz	8,0000 MHz	4,9152 MHz	4,0000 MHz
0	0	2^{13}	3,91 ms	4,10 ms	6,67 ms	8,19 ms
0	1	2^{14}	7,81 ms	8,19 ms	13,33 ms	16,38 ms
1	0	2^{15}	15,62 ms	16,38 ms	26,67 ms	32,77 ms
1	1	2^{16}	31,25 ms	32,77 ms	53,33 ms	65,54 ms

Tabelle 2.20: Zeilen in Abhängigkeit von Oszillatorfrequenz und Programmierung

PACTL Pulse-Accumulator-Control-Register ($1026)

7	6	5	4	3	2	1	0
DDRA7	PAEN	PAMOD	PEDGE	DDRA3	I4/O5	RTR1	RTR0

TFLG2 Timer-Interrupt-Flag-Register 2 ($1025)

7	6	5	4	3	2	1	0
TOF	RTIF	PAOVF	PAIF	-	-	-	-

◆ RTIF Real-Time-Interrupt-Flag
Dieses Bit wird nach jedem Durchlaufen der durch den Teilerfaktor festgelegten Zeit gesetzt.

TMSK2 Timer-Interrupt-Mask-Register 2 ($1024)

7	6	5	4	3	2	1	0
TOI	RTII	PAOVI	PAII	-	-	PR1	PR0

◆ RTII Real-Time-Interruptfreigabe
Ist das Freigabebit gesetzt, so wird beim Setzen des RTIF-Flag-Bits durch den Timer ein Interruptwunsch an die Interruptlogik weitergeleitet.

☐ In einem Interrupt sollte sofort das auslösende Flagbit gelöscht werden, da es sonst nach Verlassen des Interrupts sofort zu einer Neuauslösung kommt.

Schauen wir uns zum Abschluß des Timermoduls noch einmal die Initialisierungseinstellungen nach einem Reset in einer Zusammenfassung an. Die Register sind wie folgt eingestellt:

◆ Register CFORC – 0-0-0-0-0-0-0-0;
keine Force-Aktion

◆ OC1M – 0-0-0-0-0-0-0-0;
kein OC1-Funktion

◆ OC1D – 0-0-0-0-0-0-0-0

◆ TCTL1 – 0-0-0-0-0-0-0-0;
keine Compare-Funktion, die zugehörigen Pins sind normale I/O

◆ TCTL2 – 0-0-0-0-0-0-0-0;
keine Capture-Funktion, die zugehörigen Pins sind normale I/O

◆ TMSK1 – 0-0-0-0-0-0-0-0;
Capture-/Compare-Interrupts verboten

◆ TFLG1 – 0-0-0-0-0-0-0-0;
keine Output-Compare-Ereignisse

◆ TMSK2 – 0-0-0-0-0-0-0-0;
alle Timer-Interrupts verboten, Vorteiler-Faktor 1 zu 1

◆ TFLG2 – 0-0-0-0-0-0-0-0;
keine Timer-Ereignisse

◆ PACTL – 0-0-0-0-0-0-0-0;
Pin A3 und A7 Eingänge, Pulse-Akkumulator keine Funktion

2.1.6   Serielle Schnittstellen

Wie es sich für einen Controller dieser Klasse gehört, besitzt Motorolas MC68HC11 zwei sehr leistungsfähige serielle Schnittstellen. Für die Kommunikation mit einer Standardperipherie und ähnlichen Geräten ist eine asynchrone Schnittstelle integriert. Für eine synchrone Übertragung zu speziellen Peripherieschaltkreisen und zur Kopplung von Controllern untereinander steht ein serielles Peripherieinterface zur Verfügung. Wir werden die beiden Module auf den nächsten Seiten im einzelnen betrachten. Prinzipielles zu seriellen Schnittstellen ist jedoch in Kapitel 1 nachzulesen. Die folgenden Ausführungen beziehen sich zwar nur auf den Motorola-Typ, doch sind bei den anderen Herstellern die Funktionen ähnlich. Für die asynchrone Schnittstelle, die eine Standardschnittstelle darstellt, trifft das ganz besonders zu.

Das Serial Communications Interface (SCI)

Das Serial Communications Interface ist als Voll-Duplex-Schnittstelle ausgebildet und arbeitet nach dem asynchronen Standard-NRZ-Verfahren. Übertragungsdaten wie Zeichenlänge, Parität und Baudrate sind einstellbar. Damit erfüllt es mit seinem Übertragungsformat die Forderungen an eine Schnittstelle, die als RS 232 oder RS 485 eine weite Verbreitung hat. Hier ein kurzer Überblick über die Leistungsdaten:

◆ Standard-NRZ-Verfahren (Mark/Space)

◆ Voll-Duplex-Betrieb

◆ 32 verschiedene Baudraten durch internen Baudratengenerator

◆ Wortlänge 8 oder 9 Bit, bei Verwendung mit Parität 8-Bit-Länge

◆ keine hardwareseitige Paritätsbearbeitung

◆ leistungsfähige Fehlererkennung und Unterdrückung

◆ volle Ausnutzung der Interruptmöglichkeiten des Controllers zur Überwachung der Übertragung

◆ Sender und Empfänger jeweils mit einem Pufferregister

◆ Senden von Break möglich

◆ 2 Wake-Up-Funktionen (Idle- oder Adreß-Mode)

Was ist an Hardware notwendig, um diese Merkmale zu erfüllen? Sehen wir uns den Aufbau des SCI an. Der Ausgang des Sendeschieberegisters ist mit der Pin-Elektronik von Port D1 verbunden, der Eingang des Empfängerschieberegisters mit der von Port D0. Dabei haben die seriellen Signale Vorrang vor den allgemeinen Ein- oder Ausgabefunktionen PD0 und PD1. So spielen auch die eingestellten Datenrichtungen in dem DDRD-Register für diese zwei Pins keine Rolle mehr. Die Schieberegister werden mit den Takten aus dem programmierbaren Baudratengenerator durch die Sender- bzw. Empfängersteuerung versorgt. Zu sendende Daten schreibt das Programm in ein Senderegister SCDR, von dort überträgt es die Sendersteuerung in das Sendeschieberegister. Hier werden die 8-Bit-breiten Daten mit Start- und Stoppbit ergänzt und, wenn nötig, auch mit dem 9. Bit (T8) aus dem Serial-Communication-Control-Register 1 (SCCR1). Dann beginnt das Senden durch Herausschieben der Daten.

Das Freiwerden des Senderdatenregisters und des Senderschieberegisters wird mittels Flags und, wenn gewünscht, mit vektorisierten Interrupts dem Programm mitgeteilt. Der Datenempfang ist komplizierter. Hierbei tastet die Steuerelektronik des Empfängers ständig den Zustand des RxD-Eingangs ab. Wird ein Startbit erkannt, so beginnt das taktgesteuerte Einschieben der Daten in das Empfängerschieberegister. Die Logik überwacht dabei ständig den Signalzustand und setzt gegebenenfalls entsprechende Flags. Ist ein Zeichen korrekt empfangen worden, überträgt es die Steuerelektronik in das Empfängerdatenregister. Bei einem 9-Bit-langen Zeichen kommt das 9. Bit in das SCCR1-Register als Bit R8. Auch beim Empfang wird die Verfügbarkeit und die Qualität des Zeichens durch Flags und Interrupts an das Programm gemeldet. Für die Realisierung des Wake-Up-Modes ist noch eine Schaltung vorhanden, die den Pegel am Eingang bzw. das Schieberegister überwacht. Die Grafik zeigt den prinzipiellen Aufbau.

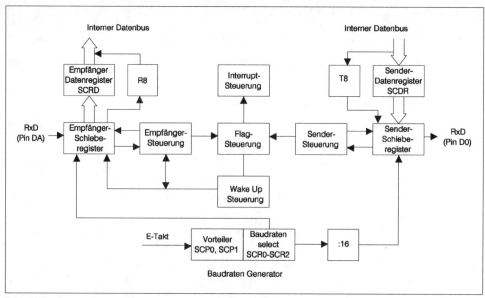

Abbildung 2.31: Prinzipieller Aufbau der SCI-Schnittstelle

Das von dieser Schnittstelle verarbeitete Datenformat besteht aus einem Startbit, 8 oder 9 Datenbits und einem Stoppbit. Das Startbit kennzeichnet den Beginn des Datenrahmens, das Stoppbit das Ende. Innerhalb eines Zeichens wird zuerst das niederwertige Bit gesendet oder empfangen. Das 9. Bit wird hinzugefügt, wenn das M-Bit im SCCR1-Register gesetzt ist.

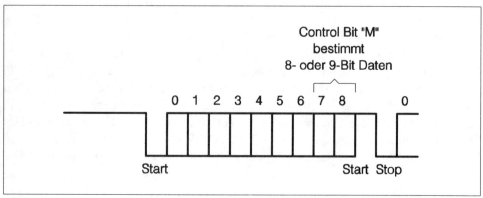

Abbildung 2.32: Datenformat der SCI-Schnittstelle

Für die Sende- und Empfangsdaten ist aus der Sicht des Programmierers nur ein Datenregister vorhanden. Wird es gelesen, so übergibt die Steuerlogik das zuletzt empfangene Zeichen aus dem eigentlichen Empfängerdatenregister, beim Beschreiben werden die Daten in das Senderdatenregister übertragen.

Zeichenempfang

Der eigentliche Zeichenempfang ist ein ziemlich komplizierter Vorgang. Sehen wir uns das Prinzip etwas genauer an. Aus dem Baudratengenerator wird ein Taktsignal mit der 16-fachen Baudrate entnommen. Mit diesem Takt wird der Empfängereingang abgetastet. Wird nach mindestens 6 Abtastungen mit 1-Pegel eine 1-0-Flanke erkannt, und bestätigt sich der 0-Pegel über die Dauer von 6 weiteren Abtastungen, so wird dieses Signal als Anfang eines Zeichens, als Startbit angesehen. Bei den 6 Abtastungen wird nur jede zweite bewertet.

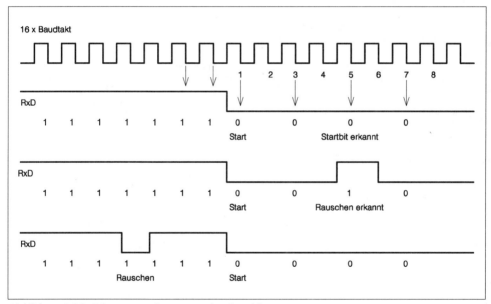

Abbildung 2.33: Erkennung eines normalen Startbits

Die Grafik zeigt oben die Erkennung eines normalen Startbits. Nun kann es aber vorkommen, daß bei leicht gestörtem Signal zwischendurch kurze Pegelwechsel auftreten. Diese werden von der Logik erkannt und als Rauschen interpretiert. Das zugehörige Noise-Flag (NF-Bit im SCSR-Register) wird gesetzt, die Auswertung geht aber weiter. So kann der Datenverkehr auch bei leichten Störungen aufrecht erhalten werden. Es ist dann eine Frage der Software, wie sie mit derartigen Störungen umgeht, d.h. ob sie das Zeichen noch einmal anfordert oder mittels geeigneter Prüfsummen bei einer Blockübertragung eine Korrektur vornimmt.

Aber die Empfangslogik kann noch mehr. Zum Beispiel ist sie in der Lage, fehlerhafte Stoppbits zu erkennen (Stoppbits, die zu kurz oder gestört sind). Ein nachfolgendes Zeichen mit verstümmeltem Startbit wird richtig empfangen. Außerdem erkennt sie auch nach Breaks als Anfang von neuen Zeichen, wenn der 1-Pegel nur sehr kurz war.

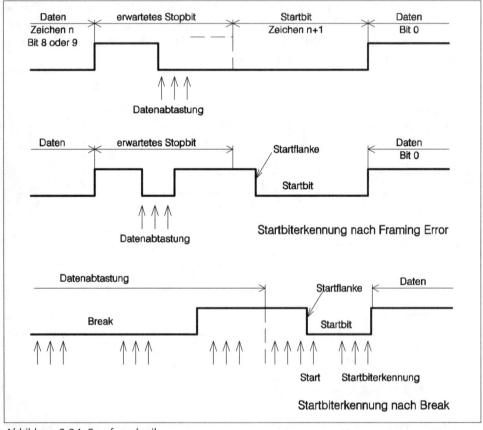

Abbildung 2.34: Empfangslogik

Die einzelnen Bits des Zeichens werden nach Erkennung des Startbits jeweils in der Bitmitte dreimal abgetastet. Auch hier wird mit der 16-fachen Baudrate gearbeitet.

Das mehrheitliche Ergebnis bestimmt den erkannten Pegel. Unterschiede führen zum Setzen des Noise-Flags.

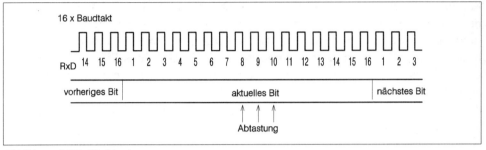

Abbildung 2.35: Bitabtastung

Ist ein Zeichen vollständig in das Schieberegister aufgenommen worden, schafft es die Logik in das Empfängerdatenregister und setzt das Receiver-Data-Register-Full-Flag (RDRF-Bit). Bei einer 9-Bit-Datenlänge kommt das 9. Bit an die Bitposition R8 im SCCR1-Register.

Wurde vor dem eigentlichen Ende des Zeichens ein Stoppbit erkannt, wird zusätzlich das Framing-Error-Flag (FE-Bit) gesetzt. Wenn es allerdings während der Daten oder auch beim Start- oder Stoppbit zu Signalstörungen kam und das Noise-Flag gesetzt wurde, bleibt das RDRF-Bit gelöscht. Das Programm kann nun selber entscheiden, ob es mit den gestörten Daten arbeiten möchte oder ob vielleicht die Gefahr einens Fehlers überwiegt. Dann könnte eventuell die Wiederholung der Übertragung angefordert werden, soweit das vom Übertragungsprotokoll überhaupt vorgesehen ist.

Liest das Programm ein empfangenes Zeichen nicht aus dem Empfängerdatenregister, und ein neues Zeichen befindet sich schon im Schieberegister, so setzt die Empfängerlogik das Overrun-Error-Flag (OR-Bit). Das alte Zeichen wird nicht überschrieben, sondern das neue geht verloren, wenn weitere Zeichen kommen. Aus den Flags oder durch den Vektorinterrupt erkennt die Software die Gültigkeit, aber auch die Fehler einer Übertragung.

☐ Sowohl bei der Arbeit mit Abfrage als auch mit Interrupt müssen die Flagbits rückgesetzt werden. Das muß bei der Schnittstelle nach einem besonderen Verfahren geschehen. Zunächst wird das SCSR-Register mit jeweils gesetztem Bit gelesen, im Anschluß daran das Datenregister SCDR. Gut geeignet dafür sind die BRCLR und BRSET-Befehle.

Der Empfänger ist auch in der Lage, ein Idle-Line-Signal zu erkennen. Mit Idle-Line ist ein Signalzustand gemeint, bei dem für mindestens 10 oder 11 Bitzeiten ein 1-Pegel am Empfänger anliegt. Die 10 oder 11 Bitzeiten entsprechen genau der Rahmenlänge eines Zeichens mit 8 oder 9 Datenbits. Damit wird angezeigt, wenn nach einer Übertragung kein weiteres Zeichen empfangen wird und die Signalleitung inaktiv ist. Dieser Zustand setzt das IDLE-Flag und löst auf Wunsch einen Interrupt aus. Das Programm hat damit die Möglichkeit, das Ende einer Übertragung oder auch den Anfang einer neuen zu erkennen oder sich auch nur mit dem Sender der Gegenstelle zu synchronisieren. Für solche Zwecke gibt es im Modul zwar noch leistungsfähigere Unterstützung, doch kann diese einfache Variante bei bestimmten Übertragungsprotokollen eine gute Hilfe sein.

Zeichen senden

Eine Sendeoperation beginnt mit dem Eintragen eines Zeichens in das Senderdatenregister. Dieses Register »versteckt« sich hinter dem SCDR-Register und läßt sich nur durch einen Schreibbefehl erreichen. Wird von der gleichen Adresse gelesen, so liefert die Controllerlogik den Inhalt des Empfängerdatenregisters zurück. Vom Senderdatenregister lädt die Steuerung das Zeichen in das Sendeschieberegister. Das geschieht natürlich nur, wenn zum Zeitpunkt kein Zeichen ausgegeben wird. Das Eintragen in das Schieberegister setzt das Transmit-Data-Register-Empty-Flag (TDRE-Bit) und signalisiert so dem Programm, daß nun das Datenregister wieder frei ist für ein neues Zeichen. Dabei hat man auch die Möglichkeit, mit einem Vektorinterrupt zu arbeiten und so das Programm von lästigen Abfragen der Flags zu entbinden. Im Schieberegister wird das Zeichen mit dem Start- und Stoppbit komplettiert und, wenn gewünscht, auch mit einem 9. Bit aus dem SCCR1-Register (T8-Bit). Dann erfolgt das Ausschieben über das Pin D0 mit dem Takt des Baudratengenerators. Ist das Zeichen vollständig gesendet, und befindet sich kein neues Zeichen im Senderdatenregister, setzt die Steuerung das Transmit-Complete-Flag (TC-Bit) und zeigt so das Ende einer Übertragung an. Im Gegensatz zum TDRE-Flag wird hierbei die Beendigung der Arbeit des Senders signalisiert. Auch hierbei kann wieder ein spezieller Interrupt genutzt werden.

☐ Vor dem Eintragen eines Zeichens in das Senderregister sollte zunächst der Zustand das TDRE-Flags abgefragt werden. Ist es gesetzt, so ist das Register bereit zur Aufnahme, anderenfalls enthält es ein Zeichen, daß noch nicht gesendet wurde. Auf diese Art und Weise läßt sich sicherstellen, daß kein Zeichen verloren geht. Es empfiehlt sich, auch hier wieder einen Testbefehl mit bedingtem Sprung zu verwenden, da dabei gleichzeitig das Flagbit quittiert wird. Bei eingeschaltetem

Interrupt löst sonst ein nicht quittiertes Flag sofort wieder einen neuen Interrupt aus.

Der Sender wie auch der Empfänger haben jeweils ein Freigabebit im SCCR2-Register. Beide steuern die Arbeit der jeweiligen Module. Für den Sender ist es das TE-Bit. Ist es gesetzt, so arbeitet der Sender. Im anderen Fall wird das Senden nach dem letzten noch im Register stehenden Zeichen beendet und das TC-Flag gesetzt. Das TC-Bit kennzeichnet damit einen abgeschlossenen Sendevorgang. Bei der Zeichenausgabe auf dieses Bit zu warten lohnt sich jedoch nicht, da schon ein freies Senderegister Garantie für die erfolgte Übertragung ist. Das eingeladene Zeichen wird trotz Sperrung des Senders noch gesendet. Allerdings darf der Sender erst nach dem Zeicheneintrag in das Senderdatenregister gesperrt werden. Geschieht es vorher, erfolgt keine Abarbeitung mehr. Nach dem letzten Bit des Zeichens gibt der Sender das Pin D0 an die normale I/O-Funktion zurück.

Etwas problematischer ist die Realisierung der bei asynchronen Übertragungsstrekken üblichen Modemsteuersignale. Hier bietet der Controller keine Hardwareunterstützung an. Speziell das Fehlen eines hardwaremäßigen Sendersperrsignals (im allgemeinen das $\overline{CTS}$-Signal) macht sich bei schnellen Datenübertragungen störend bemerkbar. So muß mittels Software dafür gesorgt werden, daß der Sender gebremst wird, wenn die Gegenseite nicht in der Lage ist, die Daten so schnell zu empfangen und zu verarbeiten. Auch die anderen Signale, die für die Standardschnittstelle manchmal benötigt werden, müssen durch normale Eingänge und entsprechende Software nachgebildet werden.

Baudratengenerator

Die Taktversorgung des SCI-Moduls erfolgt aus einem eigenen Baudratengenerator. Dieser besitzt ein eigenes Steuerregister im SFR-Bereich. Zwei Bit SCP0 und SCP1 wählen einen Vorteilerfaktor aus, 3 weitere Bit SCR0 – SCR2 gehören zu einem nachgeschalteten Teiler. Die dabei entstehende Frequenz erhält der Empfänger als Abtasttakt. Als Schiebetakt für den Sender wird sie allerdings noch einmal durch 16 geteilt und entspricht dann der tatsächlichen Baudrate.

SCP1	SCP0	Teilerfaktor für den internen E-Takt
0	0	1
0	1	3
1	0	4
1	1	13

Tabelle 2.21: Erste Vorteilerstufe

SCR2	SCR1	SCR0	Teilerfaktor
0	0	0	1
0	0	1	2
0	1	0	4
0	1	1	8
1	0	0	16
1	0	1	32
1	1	0	64
1	1	1	128

Tabelle 2.22: Zweite Teilerstufe

Alle zusammen gestatten die Einstellung von 32 verschiedenen Teilerfaktoren. Mit dieser Auswahl ist praktisch bei jeder Oszillatorfrequenz die gewünschte Baudrate einstellbar. Die nachfolgende Tabelle zeigt die Werte für übliche Oszillatorfrequenzen.

SCP1	SCP0	SCR2	SCR1	SCR0	Teiler-faktor	Oszillatorfrequenz (MHz)			
						8,3886	8,0000	4,9152	4,0000
0	0	0	0	0	64	131072	125000	76800	62500
0	0	0	0	1	128	65536	62500	38400	31250
0	0	0	1	0	256	32768	31250	**19200**	15625
0	0	0	1	1	512	16384	15625	**9600**	7812
0	0	1	0	0	1024	8192	7812	**4800**	3906
0	0	1	0	1	2048	4096	3906	**2400**	1953
0	0	1	1	0	8192	2048	1953	**1200**	977
0	0	1	1	1	16384	1024	977	**600**	488
0	1	0	0	0	192	43691	41666	25600	20833

SCP1	SCP0	SCR2	SCR1	SCR0	Teiler-faktor	Oszillatorfrequenz (MHz)			
						8,3886	8,0000	4,9152	4,0000
0	1	0	0	1	384	21845	20833	21800	10417
0	11	0	1	0	1536	10923	10417	6400	5208
0	1	0	1	1	3072	5461	5208	3200	2604
0	1	1	0	0	6144	2731	2604	1600	1302
0	1	1	0	1	12288	1365	1302	800	651
0	1	1	1	0	24576	683	651	400	326
0	1	1	1	1	49152	341	326	200	163
1	0	0	0	0	256	32768	31250	**19200**	15625
1	0	0	0	1	512	16384	15625	**9600**	7812
1	0	0	1	0	1024	8192	7812	**4800**	3906
1	0	0	1	1	2048	4096	3906	**2400**	1953
1	0	1	0	0	4096	2048	1953	**1200**	977
1	0	1	0	1	8192	1024	977	**600**	488
1	0	1	1	0	16384	512	488	**300**	244
1	0	1	1	1	32768	256	244	150	122
1	1	0	0	0	832	10082	**9600**	5908	**4800**
1	1	0	0	1	1664	5041	**4800**	2954	**2400**
1	1	0	1	0	3328	2521	**2400**	1477	**1200**
1	1	0	1	1	6656	1260	**1200**	738	**600**
1	1	1	0	0	13312	630	**600**	369	**300**
1	1	1	0	1	26624	315	**300**	185	150
1	1	1	1	0	53248	158	150	92	75
1	1	1	1	1	106496	79	75	46	38

Tabelle 2.23: 21 Werte für übliche Oszillatorfrequenzen

Wake-Up-Funktionen

Das Fehlen von Modemsteuersignalen macht sicher ein wenig Aufwand an Software notwendig, doch ist gerade bei diesen Signalen keine allzu einheitliche Verwendung zu beobachten. Von Anwendung zu Anwendung bestehen häufig große Unterschiede. Damit ist es sicher auch gerechtfertigt, keine Hardware fest dafür zu verwenden, sondern, den Anforderungen entsprechend, die Signale durch Software zu bilden und zu verarbeiten. Das wird auch von vielen anderen Controllerherstellern so gesehen, betrachtet man sich den Markt diesbezüglich genauer.

Dafür bietet Motorola aber eine andere Funktion, die viel Programmlaufzeit sparen kann. Arbeitet die Schnittstelle an einem gemeinsamen seriellen Bus mit mehreren Controllern und Peripheriemodulen zusammen, so werden vielfach Daten übertragen, die für andere Teilnehmer bestimmt sind. Jeder Teilnehmer hat daher seine eigene Adresse, unter der er angesprochen werden kann. Dazu wird jeder Nachricht die Adresse des Zielteilnehmers vorangestellt. Alle Teilnehmer am Bus müssen die Adressen überwachen, damit sie auf für sie bestimmte Daten reagieren können. Um den Aufwand an Rechenzeit für diese Überwachung so niedrig wie möglich zu halten, löst Motorola diese Aufgabe mittels Hardware. Für diese Überwachung werden verschiedene Protokollverfahren verwendet. Die nun vorgestellten Verfahren ermöglichen es dem Controller, sich mit anderen Aufgaben zu beschäftigen und trotzdem wichtige Informationen nicht zu verpassen. Er wird sozusagen von bestimmten Ereignissen auf dem Übertragungskanal »aufgeweckt«, daher auch der Name.

Motorola setzt bei dem hier vorgestellten Controller zwei verschiedene Verfahren ein, die schon in Kapitel 1 vorgestellt wurden. Für Übertragungsprotokolle, bei denen die Daten zwischen zwei Teilnehmern in große Datenblöcke gepackt und von anderen Blöcken durch Pausen mit einer minimalen Länge getrennt sind, ist das Idle-Line-Verfahren vorgesehen. Sind die Datenblöcke dagegen klein und die Pausen zwischen den Daten verschiedener Verbindungen unregelmäßig, ist das Adreß-Bit-Verfahren geeignet. Betrachten wir die zwei Verfahren nun genauer:

Wake-Up durch Idle-Line-Überwachung

In dieser Betriebsart überwacht die Logik im SCI-Modul den Pegel am seriellen Eingang auf Pausen. Ist dieser für mehr als 10 bzw. 11 Einzelbitzeiten inaktiv, so kennzeichnet dies das Ende eines Datenübertragungsblocks.

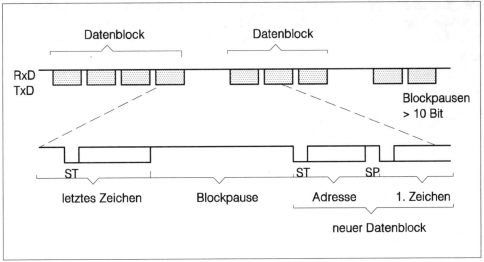

Abbildung 2.36: Idle-Line-Verfahren

Von nun an wartet die Logik auf das nächste Zeichen, das protokollgemäß die Adresse des kommenden Datenblocks enthalten sollte. Ein Vergleich dieser Adresse mit der eigenen führt dann zu der entsprechenden Reaktion. Entweder werden die Daten eingelesen, oder es wird erneut auf die nächste Datenpause gewartet. Dieses Warten braucht allerdings nicht »Ruhe« zu bedeuten, denn nur das Empfängermodul geht dabei in einen »Schlaf«-Mode. Bei allen weiteren Zeichen des Blocks erfolgt eine erneute Zeichenempfangsmeldung über das Receiver-Data-Register-Full-Flag oder den zugehörigen Interrupt. Das Programm arbeitet ungestört, als ob keine Zeichen empfangen werden. Erst eine erneute Pause führt zu einem Aufwecken des Empfängers und allen damit im Zusammenhang stehenden Reaktionen. Um diese Funktion zu aktivieren, muß zunächst der Idle-Line-Mode ausgewählt werden. Das braucht nur einmal zu geschehen und wird durch Löschen des WAKE-Bits im SCCR1-Register gemacht. Der Empfänger geht von nun an jedesmal in den Sleep-Mode, wenn das Wake-Up-Bit (RWU) im SCCR2 Register gesetzt wird. Jede Pause in der Datenübertragung löscht das Bit und führt zur Meldung an das Programm.

Wake-Up durch Adreß-Bit-Überwachung

Im Gegensatz zum Idle-Line-Mode wird hier jedes Zeichen vom seriellen Eingang in das Schieberegister eingeladen und analysiert. Nur wenn das höchstwertige Bit in einem Zeichen gleich 1 ist, wird es als Adresse interpretiert und ein Zeichenempfang an das Programm gemeldet. Ist das Bit aber 0, passiert aus der Sicht des

Programms überhaupt nichts. Diese Zeichen gehen verloren, ohne daß die Software davon gestört wird. Eine empfangene Adresse aber vergleicht die Logik wie auch beim Idle-Line-Mode mit der eigenen und entscheidet dann, ob die nächsten Zeichen gelesen werden sollen.

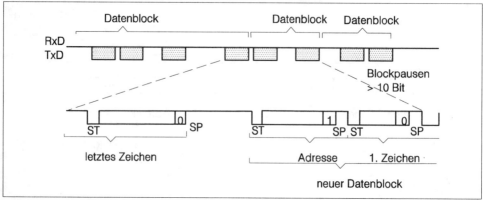

Abbildung 2.37: Adreßbit-Verfahren

Für diese Funktion ist das WAKE-Bit auf 1 zu setzen. Damit ist der Adreß-Bit-Mode ausgewählt. Setzt das Programm nun auch noch das RWU-Bit, geht der Empfänger in den Sleep-Mode. Ein Zeichen mit auf 1 stehendem höherwertigem Bit löscht das RWU-Bit. Ansonsten wird der Empfang eines Adreßzeichens wie bei anderen Zeichen auch an das Programm gemeldet.

Das RWU-Flag oder auch das normale RDRF-Flag läßt sich von der Software zyklisch abfragen. Damit wird sofort ersichtlich, daß sich die Überwachung des Datenverkehrs auf die reine Abfrage einer Registerzelle reduziert und nicht jedes Zeichen analysiert werden muß. Nutzt man darüber hinaus wieder die Interruptmöglichkeiten des Controllers, ist der Softwareaufwand zur Adreßerkennung verschwindend gering. Daher sollte in beiden Betriebsarten von den Interruptmöglichkeiten des Controllers Gebrauch gemacht werden. Nur so ist eine optimale Entlastung von den Überwachungsaufgaben zu erreichen. Es muß allerdings auch gesagt werden, daß der Nutzen der beiden Methoden entscheidend von der Gestaltung des Übertragungsprotokolls abhängt. Sehen wir uns zum Schluß noch einmal alle wichtigen Register in einer Zusammenstellung an.

SCDR SCI-Data-Register ($102f)

7	6	5	4	3	2	1	0
Bit7	Bit6	Bit5	Bit4	Bit3	Bit2	Bit1	Bit0

BAUD SCI-Baud-Rate-Control ($102B)

7	6	5	4	3	2	1	0
TCLR	–	SCP1	SCP0	RCKB	SCR2	SCR1	SCR0

◆ TCLR Clear Baud-Rate-Counter
Das Bit wird nur im Factory-Test zum Löschen des Baudratengenerators genutzt,
SCP1, SCP0 und SCR2, SCR1, SCR0 Baudratenselect

SCCR1 SCI-Control-Register 1 ($102C)

7	6	5	4	3	2	1	0
R8	T8	–	M	WAKE	–	–	–

◆ R8..Receive-Data-Bit 8 Empfänger-Bit 8 bei 9-Bit-Betrieb

◆ T8..Transmit-Data-Bit 8 Sender-Bit 8 bei 9-Bit-Betrieb

◆ M..SCI Character Length..
0=1 Startbit, 8 Datenbit, 1 Stoppbit
1=1 Startbit, 9 Datenbit, 1 Stoppbit

◆ WAKE..Wake-Up-Method-Select..
0=Idle-Line
1=Address-Mark

SCCR2 SCI-Control-Register 2 ($102D)

7	6	5	4	3	2	1	0
TIE	TCIE	RIE	ILIE	TE	RE	RWU	SBK

◆ TIE Transmit-Interrupt-Enable
0=TDRE-Interrupt verboten
1=SCI-Interrupt, wenn Senderregister frei

◆ TCIE Transmit-Complete-Interrupt-Enable
0=TC Interrupt verboten
1=SCI-Interrupt, wenn Sender fertig

◆ RIE Receive-Interrupt-Enable
0=RDRF und OR Interrupt verboten
1=SCI-Interrupt, wenn RDRF oder OR=1

◆ ILIE Idle-Line-Interrupt-Enable
0=IDLE Interrupt verboten
1=SCI-Interrupt bei IDLE=1

◆ TE..Transmit-Enable
Wird das Bit auf 1 gesetzt, so ist der Sender auf das Port D1 geschaltet. Es werden für die nächsten 10 bzw. 11 Baudtakte 1-Pegel gesendet. Erst dann folgt das 1. Zeichen. Das Bit kann gelöscht werden, wenn das TDRE-Bit 0 ist.

◆ RE .. Receive-Enable
Ist das Bit auf 1 gesetzt, so ist das Port D0 mit dem Eingang des Empfängerschieberegisters verbunden und die Datenrichtung fest auf Eingabe geschaltet. Die Empfängerlogik ist aktiv.

◆ RWU.. Receiver-Wake-Up
Wird das Bit von der Software gesetzt, so geht der Empfänger in den Sleep-Mode, und die Wake-Up-Funktion ist eingeschaltet. Die Empfängerlogik löscht das Bit, wenn ein Adreßbit, bzw. eine Pause in den Daten erkannt wird.

◆ SBK.. Send Break
Setzt das Programm dieses Bit auch nur kurz, so sendet die Schnittstelle 10 oder 11 Break-Bits. Ist es fest auf 1 gesetzt, so werden ständig 10 oder 11 Break-Bits (abhängig von M) gesendet, bis es wieder gelöscht wird.

SCSR SCI-Status-Register ($102E)

7	6	5	4	3	2	1	0
TDRE	TC	RDRF	IDLE	OR	NF	FE	–

◆ TDRE Transmit-Data-Register-Empty
Ist das Bit gesetzt, so ist das letzte Zeichen in das Senderschieberegister übertragen worden und das Senderregister wieder bereit für ein neues Zeichen. Das Bit wird gelöscht durch Lesen von SCSR mit gesetztem TDRE-Bit und anschließendem Schreiben auf das SCDR-Register (neues Zeichen in das Senderregister).

◆ TC Transmit-Complete
Die Senderlogik setzt dieses Bit, wenn das letzte Zeichen aus dem Schieberegister gesendet wurde und kein weiteres Zeichen im Senderregister bereit steht oder

wenn der Sender mittels TE=0 abgeschaltet wurde. Das Löschen erfolgt nach dem gleichen Prinzip wie beim TDRE-Bit, allerdings mit gesetztem TC-Bit.

◆ RDRF Receive-Data-Register-Full
Ein gesetztes Bit signalisiert ein empfangenes Zeichen im Empfängerdatenregister. Es wird gelöscht durch Lesen von SCSR mit gesetztem RDRF-Bit und anschließendem Lesen des Empfängerdatenregisters.

◆ IDLE Idle-Line-Detect
Ein gesetztes Bit kennzeichnet eine erkannte Datenpause von mehr als 10 bzw. 11 Baudtakten. Es wird wie das RDRF-Bit gelöscht, nur mit gesetzten IDLE-Bit. Ist das Bit gelöscht und der Idle-Line-Zustand hält an, so wird es erst wieder gesetzt, wenn zwischendurch das Eingangssignal an RxD aktiv war.

◆ OR Overrun-Error

◆ NF Noise-Flag

◆ FE Framing-Error
Die Bedeutung dieser Bits ist schon im Text erläutert worden.

Nach einem Reset haben die Register zum Teil unbestimmte Einstellungen. Diese beziehen sich jedoch nicht auf die wichtigen Funktionen. Generell sind Sender und Empfänger gesperrt, der Sender ist aber bereit für die Datenübertragung, die Baudrate ist jedoch undefiniert. Alle SCI-Interrupts sind gesperrt, und die Wake-Up-Funktion ist ausgeschaltet. Im einzelnen sehen die Initialisierungswerte folgendermaßen aus:

◆ BAUD-Register 0-0-0-0-0-U-U-U

◆ SCCR1-Register U-U-0-0-0-0-0-0

◆ SCCR2-Register 0-0-0-0-0-0-0-0

◆ SCSR-Register 1-1-0-0-0-0-0-0

Das serielle Peripherie-Interface SPI

Sehen wir uns jetzt das zweite Interface an, das Motorola seinem Mikrocontroller mitgegeben hat. Es ist das serielle Peripherie-Interface SPI. Im Kapitel 1 ist das Prinzipielle schon erläutert worden, so daß wir uns hier nur auf das motorolatypische dieses Moduls beschränken wollen. Das ist allerdings nicht so einfach, da dieses Interface mittlerweilen schon zu einem Standard geworden ist, soweit man das bei so einer einfachen Anordnung überhaupt sagen kann. Zunächst ein Blick auf die Daten:

- synchrones Übertragungsverfahren, Voll-Duplex-Betrieb über 3-Draht-Verbindung

- master- und slavefähig

- im Masterbetrieb maximal 1,05 MBaud

- im Slavebetrieb maximal 2,1 MBaud

- 4 programmierbare Master-Bitraten

- Taktpolarität und Phase programmierbar

- Überwachung der Funktion durch Flags (End of Transmission, Write Collision Protection)

- Master-Master-Mode Fehlererkennung

Basierend auf einem synchronen Übertragungsprinzip werden die reinen Daten übertragen, ohne Rahmenkennzeichen- und Prüfbits. Zusätzlich wird noch der Takt vom sendenden Teilnehmer geliefert. Die Anordnung entspricht einer Ringschaltung von 2 Schieberegistern, wobei jeweils eines in jedem Teilnehmer angeordnet ist. Der Teilnehmer, welcher den Takt liefert, wird Master genannt, der passive Teilnehmer ist der Slave. Der Controller kann entweder Master oder Slave sein, wobei diese Funktion im Betrieb auch noch gewechselt werden kann. Auf diese Weise lassen sich mehrere Controller an einem gemeinsamen Bus betreiben.

Der Mikrocontroller besitzt 2 Datenein- und Ausgänge die hier MISO und MOSI genannt werden und den Pins von Port D2 bzw. D3 zugeordnet sind (MISO Master Input/Slave Output und MOSI Master Output/Slave Input). Der Taktein- und Ausgang SCK ist mit dem Port D4 verbunden. Alle drei besitzen in Abhängigkeit von ihrer Funktion als Master oder Slave unterschiedliche Datenrichtungen. Weiterhin gibt es noch das Signal $\overline{SS}$ (Slave Select), das zum einen der Einstellung der Funktion Master oder Slave dient, anderseits bei mehreren Slaves an einem Bus den gewünschten Partner aktiviert. Zusätzlich dient es dem Master als Ausgang, um in Multicontroller-Bussystemen einen Bus-Konflikt anzuzeigen.

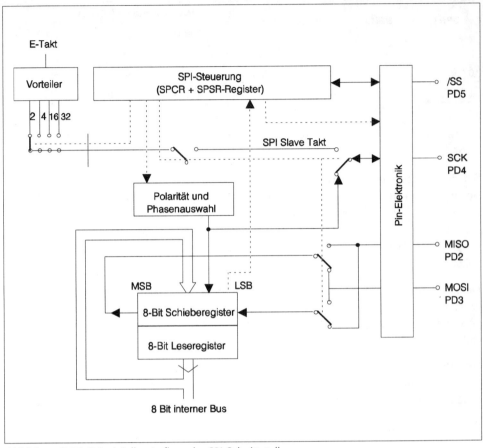

Abbildung 2.38: Prinzipieller Aufbau der SPI-Schnittstelle

Die Abbildung zeigt den prinzipiellen inneren Aufbau. Als Taktquelle dient der interne Controllertakt E, der in einem Teiler mit den Teilerfaktoren 2, 4, 16 oder 32 heruntergeteilt den Übertragungstakt darstellt. Die Auswahl des Teilerfaktors und damit der Übertragungsrate geschieht durch Programmierung des Serial-Peripheral-Control-Registers SPCR. Verantwortlich für die Auswahl sind die Bits SPR0 und SPR1 (Bit0 und Bit1). Damit sind die in der Tabelle dargestellten möglichen Raten einstellbar.

SPR1	SPR0	Teiler	Oszillatorfrequenz (MHz)			
			8,3886	8,0000	4,9152	4,0000
0	0	2	1048,57	1000,00	614,40	500,00
0	1	4	524,28	500,00	307,20	250,00
1	0	16	131,07	125,00	76,80	62,50
1	1	32	65,53	52,50	38,40	31,25

Tabelle 2.24: Bitraten in Abhängigkeit von der Oszillatorfrequenz und dem Teilerfaktor (in KBit/sec)

Bei den angegebenen Werten handelt es sich um die Mastertaktraten, d.h. um die Bitraten, die mit dem internen Taktgenerator möglich sind. Wird der Controller im Slave-Mode betrieben, bei dem der Takt über den CLK-Eingang eingespeist wird, sind noch höhere Werte erreichbar. Wenn es das Programm zuläßt, können Bitraten bis zu 2100 KBit/s verwendet werden. Dabei muß die Software allerdings bis zu 262500 Byte in der Sekunde verarbeiten können!

Das Taktsignal vom internen Taktgeber (Master) oder vom CLK-Eingang (Slave) wird in einer Aufbereitungsstufe in der Phase und der Polarität parametrierbar gewandelt und dient so als Synchrontakt bei der Übertragung. Über die Bits CPOL (Bit3) und CPHA (Bit2) erfolgt die Einstellung.

Arbeitet der Controller als Master, so schiebt jeder dieser Taktimpulse genau ein Bit aus dem Schieberegister über das als Ausgang programmierte MOSI-Pin heraus. Eine Übertragung beginnt dabei mit dem höchstwertigen Bit. Gleichzeitig wird über das dabei als Eingang funktionierende MISO-Pin das zu empfangende Byte gleichermaßen bitweise in das Schieberegister hineingeschoben. Der zugehörige Taktimpuls wird über den Ausgang CLK an dem Slave zur Verfügung gestellt. Nach genau 8 Takten ist die Übertragung abgeschlossen. Master und Slave haben ihr Byte ausgetauscht. Ist der Slave ebenfalls ein Mitglied der MC68HC11-Familie, so erfolgt hier das Einschieben der Daten über das als Eingang programmierte MOSI-Pin und das Ausschieben über das MISO-Pin. Den Takt erhält das Schieberegister über den dabei als Eingang funktionierenden CLK-Eingang.

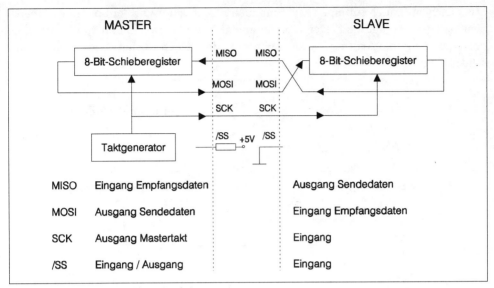

Abbildung 2.39: Master-Slave-Funktion

Als Slave kann aber auch jedes beliebige andere Schieberegister verwendet werden, das über einen Takt- und einen Dateneingang verfügt und eine Seriell-/Parallel- bzw. Parallel-/Seriellwandlung durchführt. Häufig findet man nur Teilfunktionen dieses Übertragungsverfahrens. So läßt sich ganz einfach bei Verzicht auf die Eingabefunktion mit einem gewöhnlichen 8-Bit-Schieberegister ein paralleles Ausgabeport aufbauen.

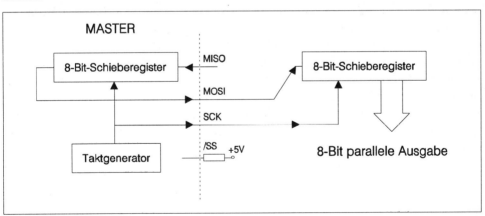

Abbildung 2.40: Paralleles Ausgabeport

Das gleiche gilt auch für eine reine Eingabefunktion. Hier wird ein parallel ladbares Schieberegister eingesetzt. Der Übernahmetakt zum Parallelladen muß allerdings noch auf geeignete Art und Weise erzeugt werden. Doch ist der Hardwareaufwand sehr gering.

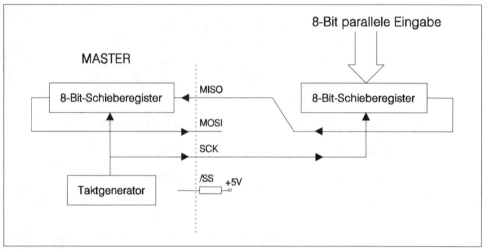

Abbildung 2.41: Paralleles Eingabeport

Um mit der unterschiedlichsten Hardware zusammenarbeiten zu können, muß für eine flexible Gestaltung der Übertragung auf der Controllerseite gesorgt werden. Von einfachsten Schieberegistern bis hin zu Controllern anderer Hersteller reicht die Spanne der anschließbaren Bauteile. Je nach eingesetztem Schieberegister auf der Teilnehmerseite muß daher der Master sein Taktsignal dem Datensignal richtig zuordnen. Einige Register benötigen eine ansteigende Flanke zum Schieben, andere eine abfallende. Auch die Impulspolarität kann von Typ zu Typ unterschiedlich sein. Daher hat Motorola für sein SPI-Modul, das übrigens auch in der MC68HC05-Familie zum Einsatz kommt, Wert darauf gelegt, hier die nötige Programmierbarkeit zu ermöglichen. Dazu werden die beiden Bits CPOL und CPHA aus dem SPCR-Register herangezogen. Die Abbildung zeigt die Zusammenhänge Takt, Daten und Programmierung.

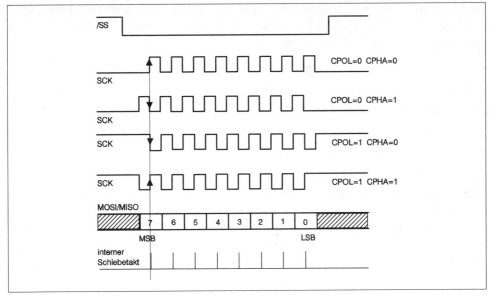

Abbildung 2.42: Zusammenhänge von Takt, Daten und Programmierung

Öfters findet man auch mehrere Slave-Bauelemente (also nicht nur einfache Register mit einer Funktion) an einem Master über einen Bus angeschaltet. Diese sind dann häufig selber Controller oder intelligentere Logiken. In solchen Fällen, aber auch bei einfachen Registern, muß der Master den gewünschten Übertragungspartner selektieren können. Wird als Slave auch ein MC68HC11 (oder MC68HC05) benutzt, sind dafür schon die nötigen Vorkehrungen getroffen worden. Der MC68HC11 (und 05) besitzt dazu einen Slave-Select-Eingang $\overline{SS}$. Die Funktion ist einfach: Ist der Controller als Slave programmiert (das Master-Mode-Select-Bit ist gesetzt), so dient dieser Eingang zum Aktivieren des Übertragungskanals. Bei 1-Pegel »kümmert« sich der Controller praktisch nicht um die Signale an den MOSI-, MISO- und CLK-Pins. Geht $\overline{SS}$ aber auf 0-Pegel, werden alle Signale beachtet, und das Bauelement kann entsprechend dem SPI-Übertragungsverfahren kommunizieren. Es ist jedoch darauf zu achten, daß das $\overline{SS}$-Pin vor Beginn der Übertragung nach 0 geht und erst danach wieder inaktiv wird. In der Abbildung 2.36 ist das deutlich zu sehen.

Anders sieht es aus, wenn der Controller als Master arbeitet. Dann sollte der $\overline{SS}$-Eingang mit einem Widerstand an V_{DD} gelegt werden. Befinden sich an einem Bus mehrere Controller, die masterfähig sein können, dient der Eingang nun als Multi-Master-Conflict-Signaleingang. Bei einer solchen Zusammenstellung von Bauelementen kann es zu Bus-Konflikten kommen, wenn gleichzeitig mehrere Controller als Master arbeiten wollen. Wird ein solcher Fall erkannt, so zieht eine Busüberwachung den Eingang auf Low. Die SPI-interne Mode-Fault-Logik setzt daraufhin das Fault-Error-Flag (MODF) im Serial-Peripheral-Status-Register (SPSR) und löst damit die folgenden Reaktionen im Controller aus:

◆ Ein SPI-Interrupt wird ausgelöst, wenn das SPIE-Bit auf 1 gesetzt ist.

◆ Das SPE-Bit und das MSTR werden gelöscht, d.h., das SPI-Modul wird inaktiv und steht bei erneuter Aktivierung im Slave-Mode.

◆ Die 4 Bit der SPI-Anschlüsse im Data-Direction-Register Port D werden auf 0, also auf Eingang gesetzt

Damit wird das SPI-Modul des Controllers oder auch aller anderen, die mit ihrem $\overline{SS}$-Eingang an der Busüberwachung hängen, definiert rückgesetzt, und ein aufgetretener Bus-Konflikt kann behoben werden. Wie ein System mit mehreren Mastern nach einem Konflikt mit Hilfe spezieller Softwaretricks wieder in einen sinnvollen Dialog kommt, lesen Sie bitte in Kapitel 1 nach. Die nachfolgende Abbildung zeigt die hardwaremäßige Zusammenschaltung mehrerer Bauelemente an einem gemeinsamen Bus.

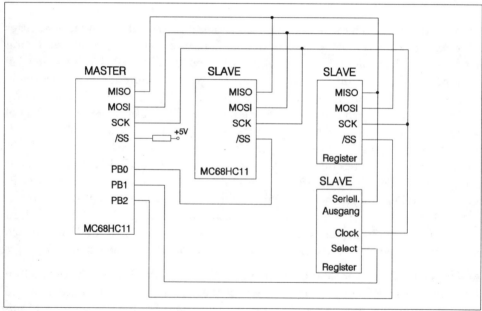

Abbildung 2.43: Mehrere Bauelemente an einem Bus

Der $\overline{SS}$-Eingang ist der einzige SPI-Eingang, der, unabhängig davon, ob das SPI-Modul aktiv oder passiv ist, als normaler Ausgang nutzbar bleibt. Dazu ist das zugehörige Bit (Bit5) im DDRD-Register auf 1 zu setzen. Alle anderen 3 Pins (Pin D2, 3 und 4) sind mit Einschalten der SPI-Funktion fest an das Modul gebunden, und das DDRD-Register hat keinen Einfluß mehr auf deren Datenrichtung. Eine Besonderheit des $\overline{SS}$-Eingangs in Zusammenhang mit dem Steuerbit CPHA muß allerdings noch genannt werden. Dieses CPHA-Bit, das zur Auswahl der Schiebetaktphase dient, bestimmt auch das Signalspiel am $\overline{SS}$-Eingang. Ist es rückgesetzt, so muß das $\overline{SS}$-Signal zwischen einzelnen Zeichen immer kurz auf High-Pegel gehen. Bei gesetztem CPHA-Bit kann das $\overline{SS}$-Signal jedoch so lange auf Low-Pegel liegen bleiben, bis die Übertragung aller Zeichen abgeschlossen ist. Für den Master hat das folgende Konsequenzen:

◆ Wird mit dem CPHA=0-Mode gearbeitet, so kann immer nur ein Zeichen an einen Slave übertragen werden. Danach muß kurz der Slave-Select-Eingang des Übertragungsteilnehmers abgeschaltet werden, bevor ein neues Zeichen an ihn übermittelt oder auch von ihm abgefragt werden kann.

◆ Im CPHA=1-Mode kann mit einem selektierten Teilnehmer ohne Einschränkung kommuniziert werden.

◆ In einem Systemen aus zwei Controllern, in dem einer als Master, der andere als Slave funktioniert und bei dem der Slave seinen $\overline{SS}$-Eingang fest mit Masse verbunden hat, kann nur im CPHA=1-Mode gearbeitet werden. Anderenfalls muß der Master für das Ein- und Ausschalten des Slaves sorgen.

Betrachten wir zum Abschluß noch die 3 Register, die zum SPI-Modul gehören. Da ist zuerst das SPI-Data-Register SPDR. Wird in dieses Register geschrieben, und ist der Controller als Master aktiv, so beginnt damit die Übertragung des eingeschriebenen Zeichens. Bei einem Slave wird das Zeichen zwar in dem Register aufgenommen, der Transport beginnt jedoch erst mit Vorhandensein des Taktes am CLK-Eingang. Dieses Register ist für Schreiboperationen nicht gepuffert. Bei einem versehentlichen Schreiben bei laufender Übertragung wird das Write-Collision-Status-Bit (WCOL) im Statusregister SPSR gesetzt, ansonsten ist für die Überwachung der Übertragung kein besonderer Aufwand nötig. Ein Flag zur Erkennung eines Zeichenempfangs erübrigt sich, da nach einer erfolgten Übertragung das SPIF-Flag im Statusregister gesetzt ist. Da jede Datenausgabe mit einer Dateneingabe verbunden ist (Schieberegister-Prinzip), genügt ein Flag. Es reicht auch aus, vor einem Schreiben auf das Datenregister das Statusregister abzufragen, um festzustellen, ob die letzte Übertragung abgeschlossen ist, denn dann ist auch das Datenregister wieder beschreibbar.

Als Leseregister, d.h. als Empfangsregister, ist das SPDR-Register doppelt gepuffert. Damit kann schon das nächste Zeichen in das Schieberegister hineingeschoben werden, obwohl das letzte Zeichen noch nicht gelesen wurde.

SPDR SPI-Data-Register ($102A)

7	6	5	4	3	2	1	0
Bit7	Bit6	Bit5	Bit4	Bit3	Bit2	Bit1	Bit0

Zur Steuerung der SPI-Funktion dient das Serial-Peripheral-Control-Register SPCR. Alle Einstellungen, wie Übertragungsrate, Taktversorgung, Interrupterlaubnis und Master-/Slavebetrieb erfolgen durch dessen Bits. Nur für die Datenrichtung des $\overline{SS}$-Eingangs (Pin D4) wird das Data-Direction-Register von Port D herangezogen. Hier muß das Bit 5 gelöscht sein, soll das SPI-Modul im gesteuerten Slavebetrieb arbeiten. Ist das Bauelement als Master eingesetzt, kann darauf verzichtet werden, und das Pin D5 ist als normaler Ausgang für andere Zwecke nutzbar.

SPCR Serial-Peripheral-Control-Register ($1028)

7	6	5	4	3	2	1	0
SPIE	SPE	DWOM	MSTR	CPOL	CPHA	SPR1	SPR0

◆ SPIE SPI-Interrupt Enable
0=SPI Interrupt verboten
1=SPI Interrupt, wenn SPIF=1

◆ SPE SPI-System-Enable
0=SPI-Sytem ausgeschaltet, die Pins D2, D3 und D4 sind normale Ein-/Ausgänge, deren Datenrichtung von DDRD-Register bestimmt ist.
1=SPI-System eingeschaltet

◆ DWOM Port D Wire-OR-Mode-Option
0=Die Port D Ausgänge sind normale CMOS-Ausgänge.
1=Die Ausgänge sind Open-Drain-Ausgänge.
Diese Einstellmöglichkeiten haben ihre Bedeutung bei der Nutzung der Schnittstellen in Bus-Strukturen. In den Fällen, in denen mehrere Master praktisch parallel betrieben werden, wird der Open-Drain-Ausgang gewählt, um die gegenseitige elektrische Beeinflussung der Bauelemente untereinander auszuschließen.

◆ MSTR Master-Mode-Select
0=Slave-Mode
1=Master-Mode

◆ CPOL Clock-Polarity
Ist das Bit gelöscht, und werden keine Daten übertragen, so ist der Taktausgang des Masters Low, anderenfalls High.

◆ CPHA Clock-Phase
In Verbindung mit der Clock-Polarität wird hier die von den Übertragungsteilnehmern geforderte Beziehung zwischen Takt- und Datensignal eingestellt. Ist das Bit gelöscht, so ist der Schiebetakt die ODER-Funktion aus dem SCK-Signal und dem $\overline{SS}$-Signal. Wenn $\overline{SS}$ nach Low geht, die Übertragung also beginnt, wird mit der ersten Flanke das erste Datenbit geschoben. Bei gesetztem CPHA-Bit werden die Daten jeweils mit der hinteren Flanke des SCK-Signals geschoben. In der Abbildung 2.36 sind diese Zusammenhänge schon dargestellt worden.

◆ SPR0 und SPR1 Clock-Rate-Select
Auswahl der Übertragungsrate (siehe dazu Tabelle 2.23)

Das dritte Register des SPI-Moduls ist das Serial-Peripheral-Status-Register. Hier werden die wichtigen Zustände des Moduls protokolliert, damit das Programm jederzeit über dessen Aktivitäten informiert ist.

SPSR SPI-Status-Register ($1029)

7	6	5	4	3	2	1	0
SPIF	WCOL	0	MODF	0	0	0	0

◆ SPIF SPI-Transfer-Complete-Flag
Ein gesetztes Bit kennzeichnet das Ende der kompletten Übertragung eines Bytes zwischen dem Controller und einem Teilnehmer. Ist dabei noch das SPIE-Bit im Steuerregister gesetzt, so löst das einen SPI-Interrupt aus. Das Löschen des Bits erfolgt beim Lesen des SPSR-Registers mit gesetztem Bit 7 und anschließendem Lesen des SPDR-Registers. Wird das SPIF-Bit nicht wie eben beschrieben gelöscht, so kann auf das SPDR-Register auch nicht mehr geschrieben werden. Damit wird sichergestellt, daß auf jede Übertragung, also auch zwangsläufig auf jeden Zeichenempfang reagiert werden muß.

◆ WCOL Write-Collision
Dieses Bit wird gesetzt, wenn schreibend auf das SPDR-Register zugegriffen wird, während gerade eine Übertragung läuft. Das Löschen erfolgt auch hier wieder durch Lesen des SPSR-Registers mit gesetztem Bit 6 und anschließendem Zugriff auf das Datenregister.

◆ MODF Mode-Fault

Mit diesem Bit wird dem Programm ein Multi-Master-Konflikt gemeldet, der immer dann eintreten kann, wenn mehrere Master an einem gemeinsamen Bus gleichzeitig kommunizieren wollen.

Nach einem Reset sind alle SPI-Register gelöscht, und damit ist das gesamte Modul abgeschaltet. Die vom Modul belegten Pins stehen als normale Ein- und Ausgänge zur Verfügung, deren Datenrichtungen frei, mittels DDRD-Register wählbar sind. Das SPI-Interruptsystem ist selbstverständlich abgeschaltet.

2.1.7 Analog-/Digital-Wandler

Typisch für moderne Mikrocontroller sind ihre Analog-Eingabe-Kanäle. Auch Motorola hat seine MC68HC11-Familie mit einem Analog-/Digitalwandler ausgerüstet. Sehen wir uns zunächst seine Daten in einem Überblick an:

◆ 8 analoge Eingangskanäle mit 8 Bit Wandlerbreite

◆ Wandlungsdauer für einen Kanal 32 E-Takte

◆ Verfahren der sukzessive Approximation mit Kondensatornetzwerk

◆ totaler Wandlerfehler +/- 1 LSB bei +/- 1/2 LSB Quantisierungsfehler

◆ Sample & Hold-Funktion prinzipbedingt enthalten

◆ Eingangsspannungsbereich zwischen den 2 Referenzspannungen V_{RL} und V_{RH}, aber nicht kleiner als V_{SS} und nicht größer als V_{DD}

◆ Einzelkanalwandlung oder Gruppenwandlung (je 4 Eingänge)

◆ einmalige Wandlung oder kontinuierliche Wandlungen

Der eingesetzte A/D-Wandler arbeitet nach dem Prinzip der sukzessiven Approximation. Dieses Prinzip wurde in Kapitel 1 schon vorgestellt. Das Verfahren ist bei A/D-Wandlern, an die keine zu hohen Forderungen bezüglich der Wandlungsgeschwindigkeit gestellt werden, am häufigsten anzutreffen. Motorola nutzt allerdings anstelle des sonst üblichen Widerstandsnetzwerkes eine Anordnung aus Kondensatoren. Damit erübrigen sich externe Sample & Hold-Schaltungen, die normalerweise dafür sorgen, daß sich über die Dauer der Wandlung das Signal am eigentlichen Wandler nicht ändert, bzw. sich eine Änderung nicht an dem Wandlereingang bemerkbar macht. Mit dieser »internen S & H-Schaltung« sind deshalb die Anforderungen an die Konstanz der Eingangssignale nicht so hoch. Trotzdem sollten sie ca. 12 E-Takte lang stabil anliegen. Leider bringt diese Schaltung auch einen kleinen

Nachteil mit sich. Bedingt durch den Aufbau aus Kapazitäten darf die Taktversorgung des Wandlers einen Wert von 750 kHz nicht unterschreiten. Da aber der Controller für den statischen Betrieb ausgelegt ist, kann je nach Anwendung die Quarzfrequenz auch schon einmal recht niedrig sein. Normalerweise wird der Wandler aus dem prozessorinternen E-Takt versorgt. Legt man die Untergrenze auf 750 kHz, so ergibt sich damit eine minimale Quarzfrequenz von 3 MHz. Das ist für manche Anwendungen schon zu viel. Deshalb hat Motorola einen freilaufenden RC-Generator mit integriert, der mit ca. 2 MHz schwingt und im Bedarfsfall den zu langsamen E-Takt ersetzen kann. Die Auswahl erfolgt durch ein Bit im Steuer- und Statusregister des Wandlers.

Vor den eigentlichen A/D-Wandler ist ein 16-Kanal-Analogmultiplexer geschaltet, der die 8 Eingangskanäle, 4 weitere Quellen und 4 reservierte Kanäle auf den Wandler leitet. Die Referenzspannungsversorgung erfolgt extern über 2 Pins. Damit läßt sich das Wandlungsfenster (Null-Pegel zu Maximalpegel) an die verschiedensten Eingangsspannungen anpassen. Die Ergebnisse der Wandlungen werden in 4 Datenregister transportiert, und ein Flag wird im Steuer- und Statusregister entsprechend gestellt. Die Abbildung zeigt den prinzipiellen Aufbau des Analog-Digital-Wandlers.

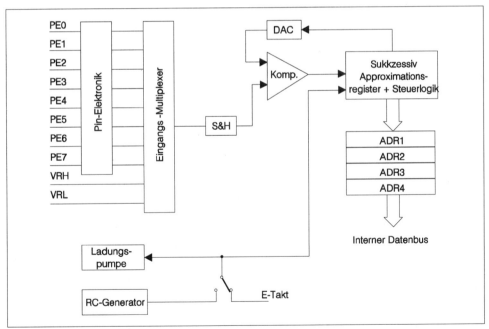

Abbildung 2.44: Aufbau des Analog-Digital-Wandlers

Sehen wir uns nun das Wandlermodul genauer an. Wird das Wandlermodul durch das ADPU-Bit im OPTION-Register eingeschaltet, so ist der Wandler mit seinen externen Eingangskanälen mit den 8 Pins von Port E verbunden. Bei ausgeschalteter Wandlerfunktion sind die 8 Pins normale Eingänge. Da der eigentliche A/D-Wandler nur einkanalig arbeitet, werden die Eingänge über einen Multiplexer an den Wandler geleitet. Die Kanalauswahl erfolgt durch die 4 Bit CA, CB, CC und CD im ADCTL-Register. Mit diesen 4 Bit ergeben sich die nachfolgenden 16 Möglichkeiten:

CD	CC	CB	CA	Eingangssignal	Zielregister bei MULT=1
0	0	0	0	AN0 (PE0)	ADR1
0	0	0	1	AN1 (PE1)	ADR2
0	0	1	0	AN2 (PE2)	ADR3
0	0	1	1	AN3 (PE3)	ADR4
0	1	0	0	AN4 (PE4)	ADR1
0	1	0	1	AN5 (PE5)	ADR2
0	1	1	0	AN6 (PE6)	ADR3
0	1	1	1	AN7 (PE7)	ADR4
1	0	0	0	Reserve	ADR1
1	0	0	1	Reserve	ADR2
1	0	1	0	Reserve	ADR3
1	0	1	1	Reserve	ADR4
1	1	0	0	V_{RH} Pin	ADR1
1	1	0	1	V_{RL} Pin	ADR2
1	1	1	0	$(V_{RH})/2$	ADR3
1	1	1	1	Reserve	ADR4

Tabelle 2.25: AD-Kanal-Auswahl

Die ersten 8 Kanäle stellen die 8 Eingangspins dar. In der letzten Vierergruppe befinden sich Signale, die eigentlich nur zu Testzwecken benötigt werden. Das Wandeln des V_{RH}-Eingangssignals ergibt den Wert $FF und V_{RL} den Wert 0. Für den Anwender dürften also nur die ersten 8 Kanäle interessant sein. Alle Eingangssignale werden bezüglich der beiden Referenzspannungen V_{RL} und V_{RH} bewertet. Dabei darf das Eingangssignal nicht kleiner als V_{RL} und nicht größer als V_{RH} sein. Für V_{RL} ist die untere Grenze das Potential V_{SS} des Controllers, V_{RH} darf nur bis zur Versorgungsspannung V_{DD} reichen. Die Untergrenze von V_{RH} ist der jeweilige V_{RL}-Wert und umgekehrt. Hat die zu wandelnde Eingangsspannung einen Wert gleich dem

Potential von V_{RL}, ergibt das ein Wandlerergebnis von 0. Ist der Eingangspegel dagegen auf V_{RH}-Potential, wird daraus der Wert $FF gewandelt. Unabhängig von den absoluten Werten von V_{RL} und V_{RH} wird immer der Bereich von 0 bis $FF benutzt. So besteht die Möglichkeit, diese beiden Referenzspannungen den minimalen und maximalen Eingangssignalen anzupassen, um die größtmögliche Auflösung zu erreichen. Dabei sollte jedoch eine Mindestdiffernz V_{RH}-V_{RL} von 2,5 bis 3 V nicht unterschritten werden, da sonst die Wandlungsfehler stark zunehmen. Wird der Wert V_{RH} auf den Wert der Versorgungsspannung V_{DD} gelegt, muß dafür gesorgt werden, daß eine höhere Spannung das Wandlermodul intern versorgt. Diese Aufgabe übernimmt eine auf dem Chip integrierte Ladungspumpe, die gemeinsam mit dem Wandler durch das ADPU-Bit im OPTION-Register eingeschaltet wird. Sie erzeugt eine interne Hilfsspannung von 7-8 V, die für den ordentlichen Betrieb des Wandlers benötigt wird.

Der Wandler setzt die Eingangsspannung in genau 32 Takten um. Je nach Taktquelle ist die dafür benötigte Zeit fest mit dem E-Takt des Controllers verbunden und damit berechenbar, oder sie ist von dem Wert des RC-Oszillators abhängig, und dessen Frequenzwert ist nur ungefähr bekannt (ca. 2 MHz).

Generell führt der Wandler immer 4 Wandlungen hintereinander aus. Die Ergebnisse werden in den 4 8-Bit-Registern ADR1 bis ADR4 abgelegt. Anschließend setzt die Modullogik das CCF-Flag im Steuer-/Status-Register und signalisiert so das Ende einer Wandlung.

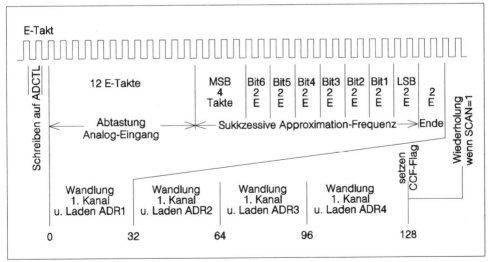

Abbildung 2.45: AD-Wandler-Zeitverlauf

Welche Eingangssignale benutzt werden und wie die Abspeicherung erfolgt, bestimmt die Programmierung der 4 Kanalsteuer-Bits CA bis CD in Verbindung mit dem MULT-Bit im gleichen Register. Ist dieses Bit rückgesetzt, so arbeitet der Wandler im Single-Channel-Mode. Alle 4 Wandlungen gehen von dem einen ausgewählten Kanal (CA bis CD-Auswahl) aus. Es stehen damit 4 im Abstand von jeweils 32 E-Takten gewandelte Eingangsspannungen zur Verfügung.

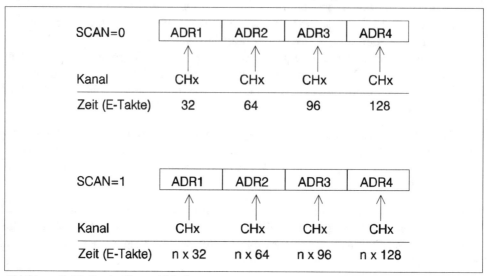

Abbildung 2.46: Single Channel Mode

Der zweite Wandlermode, den man mit dem MULT-Bit einstellen kann, nennt sich Multiple-Channel-Mode. Hier wird nicht viermal hintereinander der selbe Kanal abgefragt, sondern 4 zu einer Gruppe gehörende Kanäle. Ansonsten ist das Prinzip gleich. Die einzelnen Ergebnisse gelangen in die Register ADR1 bis ADR4. Als Gruppe gelten jeweils die Eingänge AN0-AN3, AN4-AN7 usw. In der Tabelle sind die Aufteilungen und die zugehörigen Zielregister zu sehen. Die Auswahl der Gruppen wird durch die Bits CC und CD im Control- und Statusregister getroffen. Der Multiple-Channel-Mode ist dann von besonderem Interesse, wenn es darauf ankommt, automatisch 4 Analogsignale zeitlich gleich aufzuzeichnen. Der zeitliche Versatz beträgt dabei nur 32 E-Takte (bei Quelle E-Takt).

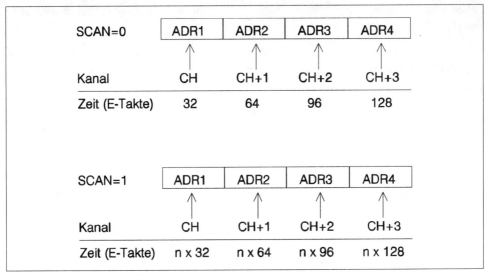

Abbildung 2.47: Multiple Channel Mode

Nun ist bisher immer nur von 4 aufeinanderfolgenden Wandlungen gesprochen worden. Das trifft auch zu, solange das SCAN-Bit im ADCTL-Register gelöscht ist. Dann werden tatsächlich immer nur 4 Wandlungen durchgeführt, und danach tritt »Ruhe« ein. Um eine erneute Wandlung auszulösen, muß das Programm auf das ADCTL-Register schreibend zugreifen. Dabei wird das CCF-Bit, das eine abgeschlossene Wandlung anzeigt, automatisch zurückgesetzt.

☐ Soll eine Wandlung ausgelöst werden, so braucht nur in das ADCTL-Register das Steuerwort, bestehend aus den Bits SCAN, MULT und den Kanalauswahlbits, geschrieben werden. Die abgeschlossene Umsetzung erkennt das Programm dann beim Lesen desselben Registers am gesetzten CCF-Bit. Erst dann sollte wieder eine neue Wandlung ausgelöst werden. Wird die Zeit bis zum Abschluß nicht abgewartet, beginnt sofort ein neuer Wandlungszyklus, und die alten Werte gehen verloren.

Doch es gibt noch eine andere Betriebsart, bei der ein Wandlungsblock den anderen kontinuierlich ablöst. Ist das SCAN-Bit im ADCTL-Rgister gesetzt, so werden nacheinander die 4 Register mit den Wandlerwerten eines Eingangs oder einer Vierergruppe beschrieben. Danach beginnt der Zyklus wieder von vorn. Alle 4 Register werden so zyklisch »refresht«. Das CCF-Bit bleibt dabei gesetzt. Diese kontinuierliche Betriebsart endet erst mit der Umschaltung zurück in die »Einmal-Wandlungs«-Betriebsart (SCAN-Bit=0).

Sehen wir uns zum Schluß die Register an, die in unmittelbarem Zusammenhang mit dem A/D-Wandler-Modul stehen.

Da ist zunächst erst einmal das OPTION-Register. Es ist zwar nicht allein für die Arbeit des Wandlers zuständig, doch werden zwei seiner Bits hier benötigt.

OPTION Configuration-Options-Register ($1039)

7	6	5	4	3	2	1	0
ADPU	CSEL	IRQE	DLY	CME	0	CR1	CR0

◆ ADPU AD-Power-Up
Dieses Bit steuert die Funktionen des A/D-Wandlers. Ist es gesetzt, so ist der Wandler eingeschaltet. Zugriffe auf das Control-/Statusregister und auf die Datenregister des Wandlers liefern richtige Werte. Die Pins von Port E sind dem Wandler zugeordnet. Bei gelöschtem Bit ist das Modul ausgeschaltet, dessen Register ohne Bedeutung, und alle Port-E-Pins sind normale digitale Eingänge. Bei eingeschaltetem A/D-Wandler ist eine Ladungspumpe aktiv, die dem Wandler die notwendige interne Spannung zuführt. Um analoge Eingangsspannungen nahe der Betriebsspannung des Wandlers verarbeiten zu können, wird intern eine höhere Spannung benötigt. Diese Spannung liefert üblicherweise eine interne Spannungsüberhöhungsschaltung. Dazu wird, ähnlich wie bei einem Spannungswandler, aus der Betriebsspannung eine gepulste Spannung erzeugt, die durch eine Spitzenwertgleichrichtung eine höhere Spannung erzeugt, die auf die normale Betriebsspannung aufgestockt wird. Das Setzen des ADPU-Bits schaltet diese Ladungspumpe ein. Nun braucht der Vorgang des »Aufpumpens« eine gewisse Zeit, um die erhöhte Spannung bereitzustellen. Deshalb muß nach dem Einschalten des A/D-Wandlers ca. 0,1 ms auf dessen Funktionsbereitschaft gewartet werden. Die erzeugte Spannung nutzt auch der internen EEPROM-Programmer (siehe dazu das Kapitel EEPROM-Speicherbereich).

◆ CSEL AD/EE Charge-Pump-Clock-Source-Select
Dieses Bit bestimmt die Taktquelle der Ladungspumpe. Wie eben schon beim ADPU-Bit erläutert, wird zur Spannungserzeugung ein Taktsignal benötigt. Dieses muß, bedingt durch die niedrigen Kapazitätswerte der Spannungswandlerschaltung, eine bestimmte Mindestfrequenz haben. Als Taktquelle kann der interne E-Takt verwendet werden, solange seine Frequenz nicht kleiner als 750 kHz ist. Wird dieser Wert unterschritten, so muß das CSEL-Bit gesetzt werden. Damit steuert ein interner RC-Generator mit einer Taktfrequenz von ca. 2 MHz die Ladungspumpe an.

Das eigentliche Steuer- und Status-Register des Wandlers ist das ADCTL-Register. Es ist ein Schreib-Leseregister und befindet sich wie alle anderen Register auch im SFR-Bereich.

ADCTL AD Control-Status-Register ($1030)

7	6	5	4	3	2	1	0
CCF	0	SCAN	MULT	CD	CC	CB	CA

◆ CCF Conversions-Complete-Flag
 Dieses Bit ist im Gegensatz zu den sonstigen Flags des Controllers nur lesbar, braucht also nicht rückgesetzt zu werden. Hat die A/D-Wandlersteuerung dieses Bit gesetzt, so ist eine Umsetzung abgeschlossen, und die 4 Ergebnisse stehen in den Registern ADR1 bis 4. Arbeitet der Wandler im Continuous Mode, so bleibt das Bit gesetzt. Ansonsten wird es bei jedem Wandlerneustart automatisch rückgesetzt.

◆ SCAN Continuous-Scan-Control
 Ist das Bit gesetzt, arbeitet der Wandler im Continuous-Scan-Mode, alle 4 Datenregister werden kontinuierlich mit den Ergebnissen der fortlaufenden Wandlungen geladen. Bei gelöschtem Bit erfolgt nur eine einmalige Folge von 4 Wandlungen mit Abspeichern in die 4 Datenregister.

◆ MULT Multiple-Channel/Single-Channel-Control
 Dieses Bit wählt aus, ob jeweils nur ein Kanal gewandelt werden soll, oder 4 zu einer Gruppe gehörende Kanäle. Bei gelöschtem Bit erfolgt die Wandlung des mittels CA bis CC bestimmten Kanals. Ist das Bit gesetzt, so bestimmen das CC und das CD die Gruppe, die nun umgesetzt wird.

◆ CA, CB, CC, CD Channel-Select
 Diese 4 Bit legen je nach Betriebsart den Kanal bzw. die Gruppe der Kanäle fest, die vom A/D-Wandler umgesetzt werden soll. Die Zuordnung ist in der Tabelle AD-Kanal-Auswahl zu sehen.

Um eine Wandlung, 4 Einzelwandlungen oder eine kontinuierliche Folge auszulösen, braucht nur auf das ADCTL-Register schreibend zugegriffen werden. Ein spezielles Startbit gibt es nicht.

Als Datenregister für die Ergebnisse der Wandlungen stehen die Register ADR1 bis ADR4 zur Verfügung. Es sind Nur-Lese-Register, die bei abgeschaltetem A/D-Wandler (Bit ADPU im OPTION-Register=0) keine Bedeutung haben. Ansonsten stehen hier die Ergebnisse des einen oder der vier Kanäle nach einer Wandlung.

ADR1 AD-Result-Register 1 ($1031)

ADR2 AD-Result-Register 2 ($1032)

ADR3 AD-Result-Register 3 ($1033)

ADR4 AD-Result-Register 4 ($1034)

ADRx AD-Result-Register x ($1031-34)

7	6	5	4	3	2	1	0
Bit7	Bit6	Bit5	Bit4	Bit3	Bit2	Bit1	Bit0#

Nach einem Reset sind im OPTION-Register die Bits ADPU und CSEL gelöscht, so daß der A/D-Wandler ausgeschaltet ist und Port E als digitales Eingangs-Port zur Verfügung steht. Als Takt der Ladungspumpe ist der E-Takt gewählt, diese ist aber ausgeschaltet.

Wird der Wandler eingeschaltet, so beginnt die eigentliche Umsetzung erst nach einem Schreiben auf das Steuer- und Status-Register, das bis dahin den Wert 0 hat.

Damit ist die Beschreibung des A/D-Wandlers abgeschlossen. Die Funktion dieses Moduls ist recht einfach, trotzdem besitzt es für die meisten Anwendungen eine ausreichende Leistungsfähigkeit. Die Wandlungsbreite von 8 Bit ist bei einigen anderen Mitgliedern der MC68HC11-Familie auf 10 Bit erhöht worden. Leider fehlt dem Wandler die Möglichkeit, seine Referenzspannungen selbst per Programm zu wählen. Diese Option bieten einige andere Hersteller. Sie gestattet es mittels mehrmaliger Umsetzung bei jeweils angepaßten Referenzspannungen die Genauigkeit der Wandlung zu erhöhen. In Kapitel 1 ist dieses Verfahren schon vorgestellt worden. Trotzdem dürfte die 8-Bit-Wandlung für die meisten Anwendungen ausreichend sein, zumal der Controller mit dem Multi-Channel-Mode eine sehr schöne Möglichkeit schafft, automatisch 4 Kanäle praktisch gleichzeitig zu wandeln. Alles in allem also ein leistungsfähiges Modul, das den Einsatz des Controllers auch in analoger Umgebung ermöglicht.

2.1.8 Watchdog und Clock Monitoring

Alle bisher dargestellten Module waren in Anwendungen direkt nutzbar, und ihre Funktionen wirkten sich entsprechend dem Programm auf die Arbeit des Gesamtsystems Controller-Umfeld aus. Der nun zu besprechende Funktionsblock enthält zwei Einzelschaltungen, die im Normalfall bei ordentlicher Funktion des Controllers nie zum Einsatz kommen. Doch ihre Bedeutung in bezug auf die Leistungsfähigkeit ist ebenso groß wie die der anderen Module. Das flexibelste Timermodul oder die schnellste Schnittstelle nützen wenig, wenn der Controller infolge einer Störung oder eines Softwarefehlers unkontrolliert abstürzt und Fehlfunktionen zeigt. Deshalb hat Motorola seine Bauelemente mit zwei Überwachungsschaltungen ausgerüstet, die derartige Ausfälle korrigieren und damit das Gesamtsystem fehlersicherer machen sollen.

Watchdog oder Computer-Operating-Properly (COP)

Auch die besten Computersysteme sind nicht frei von Fehlern, die durch unerwartete Veränderungen im Programmablauf entstehen. Das Programm wechselt plötzlich an eine falsche Stelle oder bleibt in einer Programmschleife hängen. Solche Fehler, die durch äußere Störsignale zum Beispiel bei externen Programm- oder Datenspeichern oder auch bei Fehlern in der Software auftreten, lassen sich relativ leicht von einem Watchdog-Modul erkennen. In Kapitel 1 sind die Grundlagen erläutert worden, die nächsten Seiten werden Motorolas praktische Ausführung eines solchen Moduls zeigen. Im MC68HC11 ist ein Rückwärtszähler eingesetzt, der über einen Vorteiler mit dem E-Takt versorgt wird. Der Vorteiler ist in 4 Stufen programmierbar und bietet die Teilerfaktoren $\frac{1}{1}$, $\frac{1}{4}$, $\frac{1}{16}$ und $\frac{1}{64}$. Als Gesamtwert ergibt sich ein Teilungsfaktor von Vorteilerfaktor mal 2^{15}. Je nach gewähltem Wert des Vorteilers erreicht der Rückwärtszähler nach einer bestimmten Zeit den Zählwert 0. Ist dies der Fall, löst die Logik einen Resetvorgang aus. Dieser unterscheidet sich jedoch von einem gewöhnlichen Rücksetzen über den RESET-Eingang. Der Controller besitzt, wie in Kapitel 2.1.10 noch gezeigt wird, mehrere Restquellen. Jede hat einen eigenen Vektor und damit ein eigenes Bearbeitungsprogramm. Auch der Watchdog belegt einen eigenen Reset, einschließlich Vektor. Dadurch kann das Programm gezielt auf einen Watchdog-Timeout reagieren. Das kann für die Behebung dieses Fehlers sehr wichtig sein. Um es aber nicht so weit kommen zu lassen, muß das Programm dafür sorgen, daß der Zähler vor Ablauf der Timeoutzeit rückgesetzt wird. Im Falle des MC68HC11 geschieht das durch zwei Schreibbefehle mit festem Inhalt auf ein Register im SFR-Bereich. In den passenden Stellen im Programm untergebracht, sorgen die Schreibbefehle für das zyklische Rücksetzen des Watchdog-Zählers. Die maximalen Zeiten ergeben sich aus den genannten Teilerfaktoren und sind in der Tabelle für verschiedene Quarzfrequenzen dargestellt.

CR1	CR0	E/2^{15} geteilt durch	Oszillatorfrequenz			
			8,3886	8,0000	4,9152	4,0000
0	0	1	15,625 ms	16,384 ms	26,667 ms	32,768 ms
0	1	0	62,5 ms	65,536 ms	106,67 ms	131,07 ms
1	0	16	250 ms	262,14 ms	426,67 ms	524,29 ms
1	1	64	1 s	1,049 s	1,707 s	2,1 s

Tabelle 2.26: Timeoutzeiten des Watchdogs

Die Tabelle zeigt, daß praktisch für alle Reaktionszeiten ein Wert existiert. Die Auswahl erfolgt dabei durch die zwei Bits CP0 und CR1 im OPTION-Register. Damit bei später auftretenden Fehlfunktionen nicht durch zufälliges Schreiben auf das OPTION-Register die Timeoutzeiten verändert werden, sind diese relevanten Bits nur in den ersten 64 E-Takten nach einem Reset beschreibbar. Danach können sie nur gelesen werden. Somit muß die Programmierung gleich zu Anfang des Programms erfolgen. Das gleiche galt auch schon für den Teiler des Real-Time-Interrupt-Moduls.

OPTION Configuration-Options-Register ($1039)

7	6	5	4	3	2	1	0
ADPU	CSEL	IRQE	DLY	CME	0	CR1	CR0

Um das Watchdog-Modul einzuschalten, ist das Bit NOCOP im CONFIG-Register zu löschen. Auch hier trifft das eben Gesagte zu. Der ganze Überwachungskomplex hat nur dann Sinn, wenn er nicht durch eine falsch arbeitende Software beeinflußt oder gar abgeschaltet werden kann. Aus diesem Grunde ist das für das Ein- und Ausschalten verantwortliche Bit zusätzlich noch in einem EEPROM-Register untergebracht. Um hier eine Veränderung zu bewirken, muß der recht komplizierte Prozeß der EEPROM-Programmierung durchlaufen werden. Daß dazu eine fehlerhafte Software imstande ist, läßt sich mit großer Wahrscheinlichkeit ausschließen. Außerdem ist die Information auch nach einem Abschalten der Betriebsspannung sicher aufgehoben und bedarf damit keiner Neuprogrammierung nach jedem Einschalten.

CONFIG System-Configuration-Register ($103F)

7	6	5	4	3	2	1	0
0	0	0	0	NOSEC	NOCOP	ROMON	EEON

Um den Watchdog-Timer zum rechten Zeitpunkt rückzusetzen, muß das Programm mit einer bestimmten Sequenz auf das COPRST-Register schreiben. Dieses Spezial-register ist als reines Schreibregister ausgeführt und nicht rücklesbar. Rückgesetzt wird mit dem Byte $55, gefolgt von dessen Komplement $AA. Dabei kommt es nicht darauf an, daß beide Bytes unmittelbar hintereinander geschrieben werden, wichtig ist nur die Reihenfolge und die Einhaltung der Timeoutzeit für beide Schreibzugriffe.

COPRST Arm-/Reset-COP-Register ($103A)

7	6	5	4	3	2	1	0
Bit7	Bit6	Bit5	Bit4	Bit3	Bit2	Bit1	Bit0

Nach einem Reset ist das Watchdog-Modul, bedingt durch das Steuerbit in dem EEPROM-Register, im gleichen Zustand wie beim Ausschalten davor. Nur die CPR1- und CPR0-Bits sind gelöscht, so daß bei eingeschaltetem Watchdog nach einem Reset immer mit der kleinsten Timeoutzeit gearbeitet wird. Eine Maßnahme zur Steige-rung der Sicherheit, die das Programm am Anfang leicht korrigieren kann.

Taktüberwachung oder Clock Monitor Reset

Das eben dargestellte Watchdog-Modul bringt schon eine relativ große Sicherheit gegen Fehler durch äußere Einflüsse und fehlerhafte Software. Allerdings setzt diese Schaltung das Vorhandensein des Taktsignals voraus. Wenn aber durch eine Störung des Oszillators nicht mehr die nötige Frequenz verfügbar ist, hilft der Watchdog-Zähler auch nicht mehr, da sein Takt ausgefallen oder zumindest stark verlangsamt sein kann. Deshalb ist in dem Controller zusätzlich eine Taktüberwachung einge-baut. Von ihr wird ständig die Periodendauer des internen E-Taktes »gemessen« und auf die Überschreitung einer maximalen Zeit überprüft. Die Maximalperiode beträgt 5 bis 100 μs. Wird die Periode des E-Taktes größer, so löst die Logik auch hier wieder ein Reset mit einem eigenen Reset-Vektor aus. Für einen fehlerfreien Betrieb sollte die E-Taktfrequenz deswegen sicherheitshalber einen Wert von 200 kHz nicht unter-schreiten. Ein kleinerer Wert als 10 kHz bewirkt auf alle Fälle einen Alarm. Auch dieser Fehlerfall wird dem Controllerumfeld über den bidirektionalen Reset-An-schluß mitgeteilt, so daß angeschlossene Peripheriebauelemente auf die Störung reagieren können.

Freigegeben wird diese Überwachungsfunktion durch Setzen des CME-Bits im OP-TION-Register. Dieses Bit ist jederzeit veränderbar. Nach einem Reset ist es gelöscht und damit die Taktüberwachung ausgeschaltet. Es gibt eine Betriebsart des Controllers, bei der der Oszillator absichtlich abgeschaltet wird: der STOP-Mode. Um hierbei nicht zwangsläufig die Taktüberwachung auszulösen, sollte dieses Modul bei verwendetem STOP-Befehl nach dem Reset abgeschaltet werden.

2.1.9   RESET-/Interruptverhalten und Low Power Mode

Dieses Kapitel wird sich nun einigen Funktionen des Motorola-Controllers widmen, die entscheidenden Einfluß auf das Leistungsvermögen besitzen. Was passiert zum Beispiel nach einem Reset, der von außen oder auch von innen kommen kann? Oder wie kann von außen und innen auf den normalen Programmablauf Einfluß genommen werden? Und schließlich, wie wird die Leistungsaufnahme gezielt vermindert und bei Bedarf wieder zur vollen Funktion zurückgekehrt?

Diese drei Fragen werden von dem hier vorgestellten Controller in der für moderne Bauelemente typischen flexiblen Weise beantwortet. Sehen wir uns jetzt die drei Themen im einzelnen an.

RESET-Verhalten

Ein Reset soll dazu dienen, der Hard- und Software eine definierte Ausgangssituation für die Arbeit zu schaffen. Das ist wichtig, wenn das Bauelement an die Versorgungsspannung angeschlossen wird – also nach dem Einschalten. Es kann aber auch notwendig werden, wenn aus verschiedenen Gründen die Funktion gestört und eine Weiterarbeit nicht mehr möglich ist. Im vorherigen Kapitel sind dazu schon der Watchdog und die Taktüberwachung vorgestellt worden. Aber natürlich muß es auch möglich sein, den Controller jederzeit von außen rücksetzen zu können. Alle vier Fälle werden durch den MC68HC11 unterstützt.

Für das Resetsignal von außen muß ein RESET-Eingang vorhanden sein, über den alle bekannten Controller verfügen. Bei inneren Quellen ist es wichtig, daß ein von innen erzeugter Reset auch außen sichtbar wird. Deshalb ist das RESET-Pin als bidirektionales Pin ausgebildet. Somit können andere, hier angeschlossene Bauelemente gemeinsam mit dem Controller rückgesetzt werden. Der Reseteingang besitzt dazu intern einen Transistor, der bei einem Reset von internen Quellen den Eingang nach Masse zieht und damit einen Low-Pegel an die interne Logik, aber eben auch nach außen abgibt.

An das externe Resetsignal werden bestimmte Bedingungen gestellt. Geht der Eingang nach Low, erkennt eine interne Logik diesen Pegelwechsel und sorgt dafür, daß für 4 E-Takte der Eingang über den oben genannten Transistor auf Low gehalten wird. Anschließend gibt die Logik den Eingang wieder frei, fragt ihn aber nach weiteren 2 E-Takten erneut ab. Liegt er dann immer noch auf dem gleichen Pegel, so erkennt der Controller daran einen externen Reset. Anderenfalls ist die Quelle ein schaltkreiseigenes Modul. Daraus ergibt sich eine bestimmte Mindestlänge für den externen Resetimpuls. Er sollte zur sicheren Erkennung mindestens 8 E-Takte lang sein. Die eigentliche Abarbeitung der Resetfunktion beginnt erst mit dem Inaktivwerden des Resetsignals. Auf die Stabilisierung des Oszillatortaktes braucht bei dem Motorola-Controller nicht gewartet zu werden. Durch seinen statischen Betrieb gibt es auch keine Höchstgrenze für die Resetimpulslänge. Bei einer dynamischen Arbeitsweise des Bauelements wäre bei langen Resetimpulsen die Refreshsteuerung außer Betrieb gesetzt, und der Inhalt der dynamischen Speicherzellen und Register ginge verloren. Hier jedoch gibt es dieses Problem nicht. Doch dafür muß etwas anderes beachtet werden. Die ordentliche Arbeit der EEPROM-Speicherzelle und auch das auf dem EEPROM-Prinzip funktionierende CONFIG-Register benötigen beim Zuschalten der Betriebsspannung einen auf Low liegenden Reseteingang. Wenn der Eingang nicht auf Low-Pegel ist und die Betriebsspannung einen bestimmten Mindestwert noch nicht erreicht hat, kann der Inhalt dieser EEPROM-Zellen und des CONFIG-Registers verloren gehen. Der Fehler entsteht durch Befehle, die bei unzureichender Betriebsspannung ausgeführt werden, denn auch bei zu geringer Betriebsspannung beginnt der Controller mit der Initialisierung und dem Programmstart, wenn der Reset-Eingang auf High-Pegel schaltet. Eine einfache Außenbeschaltung kann dieses Problem lösen helfen.

In Geräten und Anlagen mit hohen Ansprüchen an die Störsicherheit sollte einer ordentlichen Reset-Beschaltung die nötige Aufmerksamkeit entgegengebracht werden. Es wäre falsch zu glauben, daß der Reset nur den Controller »startet« und das Programm dann die richtige Initialisierung übernimmt. In den Takten, die nach dem Reset ablaufen, werden interne Strukturen initialisiert, die dem Anwender vom Programm her nicht zugänglich sind. Ist zu dem Zeitpunkt die Versorgungsspannung nicht stabil, können Fehler auftreten. Es gibt eine Reihe ICs mit Schaltungen zur Überwachung der Betriebsspannung und zur Erzeugung eines exakten Resetimpulses. Andere haben mehrere Überwachungseingänge, so daß auch Rohspannungen im Netzteil kontrolliert werden können. Dadurch lassen sich Ausfälle in der Netzversorgung rechtzeitig erkennen, bevor die Versorgungsspannung hinter dem Netzteil zusammenbricht. So können noch wichtige Funktionen ausgeführt werden, bis die Spannung ganz ausfällt. Häufig sind auch verschiedene Watchdog-Schaltungen mitintegriert, die die Arbeit der controllerinternen Funktionen unterstützen.

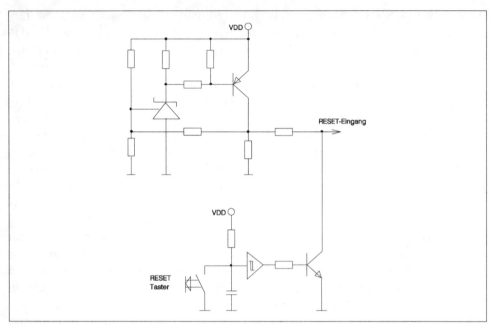

Abbildung 2.48: Reset-Schaltung mit Spannungsüberlauf

Die zweite Reset-Quelle dient dem Rücksetzen des Controllers beim Zuschalten der Betriebsspannung. Man bezeichnet diesen Reset daher auch als Power-On-Reset. Eine interne Spannungsüberwachung erkennt einen positiven Spannungsanstieg am V_{DD}-Pin und erzeugt selbständig ein Resetsignal. Dazu wird der Transistor wieder parallel zum Reset-Eingang durchgeschaltet, wodurch das Resetsignal nach außen am Pin abnehmbar ist. Das Signal bleibt für genau 4064 E-Takte auf Low-Pegel. Damit ist die eigentliche Zeit abhängig von der Taktfrequenz. Ein nur langsam anlaufender Oszillator bewirkt einen entsprechend langen Resetimpuls. Sind die 4064 Takte abgelaufen, dürfte auch ein schlechter Oszillator zu einem stabilen Betrieb gefunden haben. Ansonsten ist der Impuls fest durch die Oszillatorfrequenz vorgegeben.

Oszillatorfreqenz (MHz)	8,3886	8,0000	4,9152	4,0000
Resetimpulsdauer(ms)	1,94	2,03	3,31	4,06

Tabelle 2.27: Oszillatorfrequenz

Nach dieser Dauer wird der Reset-Eingang wieder inaktiv, und der Controller beginnt mit der üblichen internen Initialisierung. Wird zu diesem Zeitpunkt der Reset-Eingang von einer externen Quelle noch aktiv, d.h. auf Low gehalten, beginnt die Initialisierung selbstverständlich erst nach dessen Inaktivwerden.

Dieses Power-On-Reset läßt einen externen Reset beim Spannungszuschalten zunächst überflüssig erscheinen. Doch wie auch oben schon gesagt wurde, ist der Aufwand immer unter dem Gesichtspunkt der Störsicherheit zu sehen. In einfachen Anwendungen mögen die controllereigenen Schaltungen sicher ausreichend sein, unter härteren Forderungen, bei denen zum Beispiel noch mehrere andere Bauelemente mit kritischem Resetverhalten eingesetzt werden, sollte an der Stelle nicht gespart werden. Häufig führen unklare Reset-Bedingungen zu sporadisch auftretenden Fehlern.

Die beiden Reset-Quellen, der Watchdog-Reset und der Taktüberwachungs-Reset, sind schon ausführlich im Kapitel 2.1.9 vorgestellt worden. Hier soll es daher nur noch einmal um den eigentlichen Reset-Vorgang gehen. Beide Quellen erzeugen einen internen Resetimpuls mit einer Länge von 4 E-Takten, der auch am Reset-Pin abgreifbar ist. Nach den 4 Takten und 2 weiteren Takten wird die Reset-Leitung von der internen Logik abgetastet. Ist sie zu dem Zeitpunkt wieder auf High-Pegel, so kam der Reset aus einem der beiden Module. Welches aber den Reset ausgelöst hat, wird nur an einem speziellen Flag, dem COP-Flag erkennbar. Die Taktüberwachung setzt dieses Flag auf 1, wenn ein Taktfehler erkannt wurde.

Die folgende Abbildung zeigt den Ablauf der internen Erkennungsroutine zur Ermittlung der Reset-Quelle.

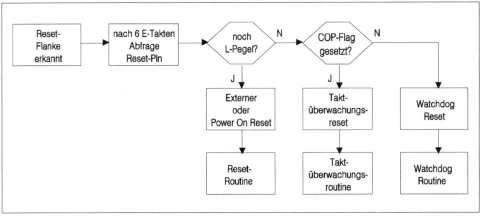

Abbildung 2.49: Ablauf der Reset-Funktion

In einem vereinfachten Zeitdiagramm sind die drei Hardwarequellen für einen Reset noch einmal dargestellt. Dabei ist der externe Reset und der von dem Controller selbst erzeugte Power-On-Reset nicht getrennt worden. Ihr Unterschied besteht nur in der Länge des internen Signals. In der Abbildung ist auch der dabei geladene Reset-Vektor zu sehen.

Bevor der Controller mit der Abarbeitung des Programms an der durch den Vektor gezeigten Stelle beginnt, werden zunächst interne Register initialisiert. In der Beschreibung der einzelnen Module ist deren Verhalten nach einem Reset schon vorgestellt worden, so daß hier nur noch eine kurze Zusammenfassung folgen soll.

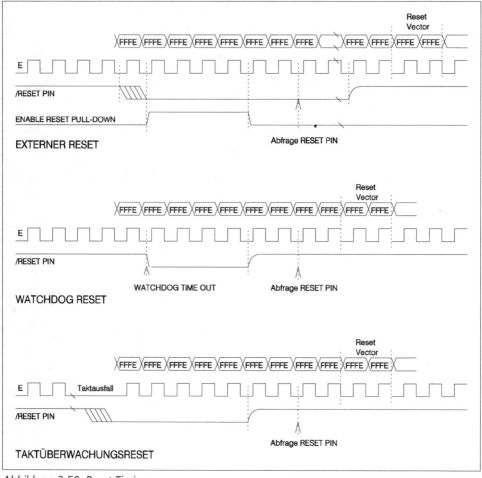

Abbildung 2.50: Reset Timing

◆ **Resetverhalten der CPU**
Während der ersten 3 Takte nach dem Reset wird der Vektor gelesen. Der Stackpointer und die anderen CPU-Register sind unbestimmt. Im Condition-Code-Register ist das X-, I- und S-Bit gesetzt, wodurch alle maskierbaren Interrupts, der XIRQ-Interrupt und der STOP-Mode verboten sind.

◆ **Speichereinstellung bei einem Reset**
Der interne RAM ist auf den Adreßbereich $0000 bis $00FF gelegt, der Special-Funktion-Registerblock auf den Bereich $1000 bis $103F. Für den ROM und EEPROM sind die Orte durch das CONFIG-Register bestimmt, das selber eine EEPROM-Zelle ist. So sind sie vor und nach dem Reset gleich.

◆ **Resetverhalten der parallelen Ein- und Ausgänge**
In Abhängigkeit von der gewählten Betriebsart ist die Funktion unterschiedlich. Ist der Expanded Mode gewählt, so arbeiten die 18 Pins von Port B, Port C und Port D (2 Pins) als externe Adreß-, Daten- und Steuersignale. Im Single-Chip-Mode sind alle Pins mit ihren Ein- und Ausgangsfunktionen verfügbar. Im einzelnen ergibt sich folgendes Bild:

– Port A – Pin 0, 1, 2, 7 sind hochohmige Eingänge, Pin 3, 4, 5, 6 sind Ausgänge
– Port B – alle Pins sind Ausgänge
– Port C – alle Pins sind hochohmige Eingänge
– Port D – Pin 0-5 sind hochohmige Eingänge
– Port E – alle Pins sind hochohmige Eingänge

Die Bits STAF, STAI und HNDS im PIOC-Register sind gelöscht, so daß alle möglichen Handshake-Interrupts gelöscht bzw. weiter verboten sind. Für einen späteren Handshake-Mode ist der Simple-Strobe-Mode voreingestellt. Das Port C hätte in solch einem Fall keine Open-Drain-Ausgänge (CWOM-Bit=0). STRA wäre dann ein flankenaktiver Strobe-Eingang mit steigender Flanke für Port A, STRB ein Strobe-Impulsausgang für Port B mit aktivem Low-Pegel.

◆ **Timer nach einem Reset**
Der 16-Bit Zähler ist auf $0000 gesetzt, der Vorteiler steht auf 1 zu 1. Alle Output-Compare-Registerinhalte sind unbestimmt, ihre Funktion bleibt ohne Wirkung auf die Ausgänge. Ebenso wenig wirken die Eingänge von Port A auf die Input-Capture-Funktion. Das gesamte Interruptsystem des Timermoduls ist abgeschaltet.

◆ **Real-Timer-Interrupt**
Das Interruptbit des Timers ist gelöscht. Damit sind Interrupts verboten. Der Timer ist auf das kürzeste Intervall eingestellt (der Teilerfaktor für den E-Takt beträgt 2^{13}) und wird erst aktiv mit dem Initialisieren des Moduls.

◆ **Pulse-Akkumulator**

Der Pulse-Akkumulator ist außer Betrieb, sein Eingang, das Pin A7, ist ein normaler Eingang.

◆ **Watchdog und Taktüberwachung**

Das Freigabebit NOCOP des Watchdogs liegt in der EEPROM-Zelle CONFIG, so daß die Funktion die gleiche ist wie vor dem Reset. Die Timeoutzeit wird aber auf das kürzeste Intervall eingestellt. Die Taktüberwachung ist ausgeschaltet.

◆ **Serial Communications Interface**

Bei dem SCI-Interface sind die Einstellungen wieder abhängig von der Betriebsart. Wenn nicht der Bootstrap Mode gewählt ist, so ist das Baudratenregister unbestimmt. Der Empfänger und der Sender sind abgeschaltet, ihre Ein- und Ausgänge stehen dem Port D frei zur Verfügung. Alle Interrupts (Sammelinterrupt) sind gesperrt, die Flags rückgesetzt. Ist allerdings der Controller im Bootstrap Mode eingestellt, so wird das Interface vom 192-Byte-großen Programm aus dem Boot-ROM initialisiert und dient zur Aufnahme eines Startprogramms von einer externen seriellen Quelle.

◆ **Serial Peripheral Interface**

Das SPI-Interface ist ausgeschaltet, die Ein- und Ausgänge sind normale I/O-Pins.

◆ **A/D-Wandler**

Die Einstellung des A/D-Wandlers ist nach einem Reset unbestimmt, aber ohne Wirkung, da das ADPU-Bit im OPTION-Register gelöscht ist. Das Conversion-Complete-Flag ist gelöscht.

◆ **System allgemein**

Die Prioritätslogik der Interruptsteuerung ist auf den Defaultwert eingestellt, d.h., der IRQ-Eingang hat die höchste Priorität, seine Auslösung ist pegelsensitiv. Die Programmierung des EEPROMs ist gesperrt, er ist nur ein reiner Lesespeicher.

Nachdem all diese Einstellungen von der Resetlogik durchgeführt, bzw. initiiert wurden, beginnt nun die Abarbeitung des Programms.

Für jede Reset-Quelle (der externe und der Power-On-Reset sind zu einer Quelle zusammengefaßt) gibt es einen eigenen Vektor. Von dieser durch den Vektor adressierten Speicheradresse wird ein Datenwort gelesen und in den Befehlszähler geladen. Das hat zur Folge, daß das Programm an der neuen Programmadresse den Ablauf beginnt oder fortsetzt. Somit kann für jeden Reset-Fall eine eigene Behandlungsroutine verwendet werden, die gezielt auf die Besonderheiten eingehen kann. Im allgemeinen führt der externe und der Power-On-Reset zu einer Standardinitialisierung. Bei einem Watchdog-Reset oder bei einem Taktsignalfehler kann die Reaktion jedoch schon ganz anders aussehen. In Kapitel 2.1.9 ist dazu schon einiges gesagt worden. Die Resetvektoren befinden sich beim Single-Chip-, Expanded und Special Test Mode auf den obersten Adressen des adressierbaren Speicherbereichs. Beim Special Bootstrap Mode liegt der interne Boot-ROM auf den Adressen $BF40 bis $BFFF. Also sind auch die Vektoren in diesem Bereich gelegen. In den nun folgenden Erläuterungen zum Interruptverhalten werden die Resetvektoren zusammen mit den Interruptvektoren nochmals in einer Tabelle dargestellt.

Interruptverhalten

Zu den besonderen Stärken des MC68HC11 gehören seine ausgezeichneten Interrupteigenschaften. Der Controller ist in der Lage, auf 26 verschiedene Situationen mit 21 speziellen Serviceroutinen zu reagieren. Dazu sind 21 externe und interne Interruptquellen vorhanden, wobei zwei eine noch weitere Unterteilung haben. Alle Interrupts sind Vektorinterrupts und damit programmierbar. Von den 21 Quellen sind 6 nicht maskierbar. Die verbleibenden 15 Interrupts können generell mit einem einzigen Bit im Condition-Code-Register CC ein- und ausgeschaltet werden. Jede der 15 Quellen besitzt außerdem noch ein eigenes Freigabebit in den moduleigenen Steuerregistern. Auch bei den nichtmaskierbaren Interrupts sind einige darunter, die zumindest in den ersten E-Takten nach einem Reset ein- oder ausgeschaltet werden können oder aber ihr Freigabebit in einer EEPROM-Zelle haben.

Vektor-Quelle Adresse	Interruptquelle	CC-Reg Maske	Lokale Maske (Register)
FC00, C1	Reserviert	–	–
.	.		
FFD4, D5	Reserviert	–	–
FFD6, D7	SCI Sammelinterrupt	I-Bit	siehe Tabelle SCI Vektorinterrupt
FFD8, D9	SPI Übertragung komplett	I-Bit	SPIE (SPCR)
FFDA, DB	Pulse-Akkumulator Eingangsflanke	I-Bit	PAII (TMSK2)
FFDC, DD	Pulse-Akkumulator Überlauf	I-Bit	PAOVI (TMSK2)
FFDE, DF	Timer Überlauf (16-Bit-Zähler)	I-Bit	TOI (TMSK2)
FFE0, E1	Timer Output-Comp.5 / Input-Capt.4	I-Bit	4O5I (TMSK1)
FFE2, E3	Timer Output-Compare 4	I-Bit	OC4I (TMSK1)
FFE4, E5	Timer Output-Compare 3	I-Bit	OC3I (TMSK2)
FFE6, E7	Timer Output-Compare 2	I-Bit	OC2I (TMSK1)
FFE8, E9	Timer Output-Compare 1	I-Bit	OC1I (TMSK1)

Vektor-Quelle Adresse	Interruptquelle	CC-Reg Maske	Lokale Maske (Register)
FFEA, EB	Timer Input-Capture 3	I-Bit	IC3I (TMSK1)
FFEC, ED	Timer Input-Capture 2	I-Bit	IC2I (TMSK1)
FFEE, EF	Timer Input-Capture 1	I-Bit	IC1I (TMSK1)
FFF0, F1	Real-Time-Interrupt	I-Bit	RTII (TMSk2)
FFF2, F3	externer /IRQ o. Parallel I/O	I-Bit	siehe Tabelle IRQ-Vektorinterrupt
FFF4, F5	$\overline{\text{XIRQ}}$-Eingang	X-Bit	keine Maske
FFF6, F7	SWI Software-Interrupt	kein	keine Maske
FFF8, F9	Illegaler Opcode	kein	keine Maske
FFFA, FB	Watchdog-Reset	kein	NOCOP (CONFIG)
FFFC, FD	Taktüberwachung-Reset	kein	CME (OPTION)
FFFE, FF	Externer oder Power-On-Reset	kein	keine Maske

Tabelle 2.28: Interrupt- und Resetvektoren

Interruptquelle	Lokale Maske (Register)
Empfängerregister voll	RIE (SCCR2) [1]
Empfänger Überlauf	RIE (SCCR2) [2]
Idle Line Detect	ILIE (SCCR2)
Senderegister frei	TIE (SCCR2)
Sendung beendet	TCIE (SCCR2)

Tabelle 2.29: SCI Vektorinterrupt

[1] RDRF-Bit im SCSR-Register gesetzt
[2] OR-Bit im SCSR-Register gesetzt

Interruptquelle	Lokale Maske (Register)
Externer IRQ-Eingang	keine Maske
Parallel I/O-Handshake	STAI (PIOC)

Tabelle 2.30: IRQ Vektorinterrupt

Die aufgeführten Vektoradressen liegen in den Betriebsarten Single-Chip-Mode, Expanded Mode und Special Test Mode alle in dem Bereich, in dem sich auch der Programmspeicher befindet bzw. befinden sollte. An den entsprechenden Vektoradressen müssen die Startadressen der zugehörigen Serviceprogramme stehen. Bei einem Interrupt oder auch bei einem Reset wird der Wortwert von der durch den Vektor adressierten Speicherzelle und der darauffolgenden Adresse in den Befehlszähler geladen und damit das Programm an der neuen Adresse, der Serviceroutine, fortgesetzt.

Bei einer Interruptroutine ist es im allgemeinen sehr wichtig, daß nach deren Abschluß das vom Interrupt unterbrochene Programm an genau der selben Stelle und mit denselben Registerinhalten fortgesetzt werden kann. Deshalb sorgt die interne Ablaufsteuerung, die den Befehlszähler mit der neuen Adresse lädt, auch für die Rettung der CPU-Register (nicht der Special-Function-Register). Das Interruptprogramm kann dadurch alle Register nutzen, ohne sich mit der Sicherung der Daten des unterbrochenen Programms aufhalten zu müssen. Das ist nicht bei allen Controllerfamilien so. Vielfach muß sich der Programmierer um die Datenrettung durch PUSH- und POP-Befehle selbst kümmern. Verständlicherweise dauert so etwas länger, da dazu auch noch die nötigen Befehle gelesen werden müssen. Für einen Software-Interrupt (SWI) sind zum Beispiel nur 14 Programmzyklen nötig, während allein das Retten eines Registers mittels PUSH-Befehl (PSHA) 3 Zyklen braucht. Die Register werden in den Stack des Controllers geladen, die Anordnung in diesem Bereich zeigt die Abbildung.

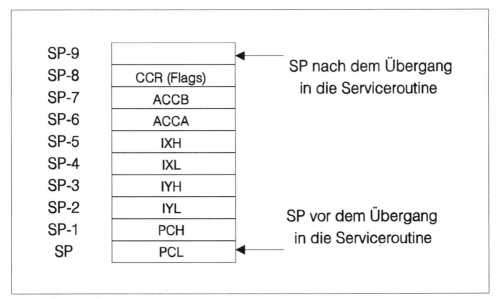

Abbildung 2.51: Interrupt Stack

Nachdem das Interruptserviceprogramm seine Arbeit getan hat, wird mittels eines speziellen Rückkehrbefehls der Inhalt des Stacks in die Register zurückgeladen. Da hierbei als letztes der Befehlszähler (Stand vor dem Interrupt) zurückgeschrieben wird, setzt das Programm an der unterbrochenen Stelle fort. Dieser Ablauf ist prinzipiell bei allen Controllern und auch Prozessoren gleich (wenn auch zum Teil komplizierter und umfangreicher). Hier soll er nur deshalb erwähnt werden, weil sich der Controller wie beim Einsprung in das Interruptprogramm völlig allein um das Rückschreiben aller CPU-Register kümmert, und das ist nun einmal nicht Standard. Sehen wir uns die Interrupts im einzelnen an. Von den 21 Interruptquellen sind 5 Quellen nicht bzw. nur bedingt maskierbar.

Reset

Für ein Reset, ob vom externen Pin oder von der Power-On-Reset-Logik erzeugt, gibt es keine Maske, die die Wirkung verhindern kann. Ein Reset hat die höchste Priorität im Controller.

Reset durch die Taktfehlerüberwachung

Dieser Reset ist auch nicht maskierbar, kann aber generell durch Ausschalten der Taktüberwachung unterbunden werden.

Reset durch den Watchdog

Ein weiterer nichtmaskierbarer Reset ist der Watchdog-Reset. Er wird durch das NOCOP-Bit im CONFIG-Register ein- oder ausgeschaltet. Da das Register aber eine EEPROM-Zelle ist, bleibt die Funktion vor dem Reset auch danach erhalten. Die Umstellung geht nur über die Umprogrammierung der Zelle.

Illegaler Opcode

Etwas Besonderes stellt dieser Interrupt dar. Er ist ausgesprochen hilfreich, wenn in einem Programm Fehler versteckt sind, die im normalen Betrieb nicht in Erscheinung treten. Zum Beispiel kann es in einem Programm dazu kommen, daß der Stack in Bereiche kommt, die auch von Daten benutzt werden. Dadurch wird möglicherweise eine Rücksprungadresse aus einem Unterprogramm zerstört, das Programm kommt an einen zufälligen Adreßbereich, an dem keine sinnvollen Befehle stehen. Der Controller überwacht aber alle auszuführenden Befehle auf ihre Richtigkeit. Wird dabei ein illegaler Befehl, d.h. eine Bitkombination, die nicht im Befehlssatz enthalten ist, erkannt, löst er diesen nichtmaskierbaren Interrupt aus. Der Vektor sollte immer mit einer vernünftigen Adresse geladen werden!

Software-Interrupt SWI

Gleichermaßen eine Sonderbedeutung hat der Software-Interrupt. Er ist eine Mischung aus einem normalen Befehl und einem Interrupt. Der Aufruf erfolgt durch einen SWI-Befehl, der dann einen Ablauf wie bei einem Hardware-Interrupt bewirkt. Er setzt auch wie die anderen Interrupts das I-Bit, wodurch maskierte Interrupts verboten werden. Ist allerdings gerade ein anderer Interrupt in Bearbeitung, wird der Befehl einfach übergangen.

Interrupt durch XIRQ-Eingang

Der $\overline{\text{XIRQ}}$-Interrupt ist ein von außen generierbarer Interrupt. Für seine Freigabe ist das X-Bit im CC-Register verantwortlich. Nach einem Reset ist es gemeinsam mit dem I-Bit für die maskierten Interrupts gelöscht. Dadurch ist zunächst der $\overline{\text{XIRQ}}$-Interrupt als auch die große Gruppe der maskierten Interrupts gesperrt. Während jedoch das I-Bit zu jeder Zeit durch das Programm geändert werden kann, ist das X-Bit nur während der ersten 64 E-Takte nach einem Reset beschreibbar. Dazu kann nur der TAP-Befehl verwendet werden. Wird es in diesem Zeitraum gesetzt, so ist der $\overline{\text{XIRQ}}$-Interrupt nicht mehr sperrbar, zumindest nicht bis zum nächsten Reset. Dieser Interrupt liegt in der Priorität zwischen den anderen nichtmaskierbaren und den maskierbaren Interrupts. Wenn er ausgeführt wird, setzt die Logik beim Einsprung in die Interruptroutine das X- und das I-Bit (für die Hardware ist dieses Bit weiterhin beschreibbar!). Bei der Rückkehr aus der Routine durch einen RTI-Befehl wird der alte Stand in die beiden Bits zurückgeschrieben. Es sollte daher nicht verwundern, wenn während der Bearbeitung des Interrupts das X-Bit gesetzt ist, obwohl der Interrupt doch freigegeben ist.

Alle nun folgenden Interrupts gehören zur Gruppe der maskierbaren Unterbrechungen. Diese können jederzeit durch Setzen oder Löschen des I-Bits im CC-Register gesperrt bzw. freigegeben werden. Ein gesetztes I-Bit sperrt alle maskierten Interrupts. Nach einem Reset wird zunächst das I-Bit gelöscht. Um diese Interrupts freizugeben, muß die Software das Bit löschen. Dazu hat sie jederzeit die Möglichkeit. Jeder Interrupt setzt zu Beginn seiner Bearbeitung das I-Bit, um weitere Interrupts zu sperren. Mit seiner Beendigung durch einen RTI-Befehl wird dann jedoch automatisch der alte Zustand des Bits wiederhergestellt. All diese Interrupts haben noch ein eigenes Freigabebit in den zum Modul gehörenden Steuerregistern. Das

I-Bit stellt somit nur einen globalen Schalter dar, der alle verbieten, keinen jedoch individuell einschalten kann. Diese Tatsache ist recht hilfreich, da somit die einzelnen Module ihre eigene Initialisierung »in aller Ruhe« durchführen können. Erst wenn alle Interruptquellen richtig eingestellt sind, kann der globale Interrupt freigegeben werden. Eine andere Bedeutung hat das Bit im Zusammenhang mit verschachtelten Interrupts. Normalerweise sind mit dem automatischen Setzen des I-Bits während der Bearbeitung eines Interrupts alle anderen gesperrt. Wird nun dieses Bit im Interruptprogramm gelöscht, können andere Interrupts dieses Programm unterbrechen. Die Möglichkeit der Verschachtelung von Interrupts setzt allerdings die nötige Vorsicht bei der Programmierung der Interruptprogramme voraus. Doch gerade die Fähigkeit der Interruptlogik verdeutlicht die Leistungsfähigkeit dieses Controllers.

IRQ-Interrupt

Auch der $\overline{\text{IRQ}}$-Interrupt ist wieder etwas Besonderes. Hier handelt es sich je nach Programmierung um einen normalen externen Interrupteingang $\overline{\text{IRQ}}$ oder um einen Interrupt, hervorgerufen durch das STRA-Signalspiel beim Handshake-I/O-Betrieb der Ports B und C. Arbeiten die beiden Ports im Handshake-Betrieb, und ist das STAI-Bit im PIOC-Register gesetzt, so löst jede als aktiv programmierte Flanke am STRA-Eingang ein $\overline{\text{IRQ}}$-Interrupt aus.

Wird der $\overline{\text{IRO}}$-Interrupt nicht von den Parallel-I/O-Funktionen genutzt, steht er als externer Eingang mit programmierbarer Auslösung zur Verfügung. Dazu ist im OPTION-Register das IRQE-Bit vorhanden. Ist es gelöscht, arbeitet $\overline{\text{IRQ}}$ als Low-Pegelaktiver Interrupteingang, der zudem noch für Wired-OR-Funktionen, also ohne eigenen Pull-Up-Widerstand eingestellt ist. Mit dieser Variante ist es leicht möglich, das innere Interruptsystem um äußere Komponenten zu erweitern. Durch den Wired-OR-Eingang können andere Bauelemente hier einen Low-Pegel erzwingen und damit ihren Interruptwunsch anmelden. In dem IRQ-Serviceprogramm läßt sich dann das interruptauslösende Bauelement feststellen. Ob das durch einen Vektor geschieht oder nur durch Abfrage bleibt dem Programmierer freigestellt. Der Controller bietet dabei keine weitere Unterstützung. Dieses Verfahren der Erweiterung kann aber auch mit dem $\overline{\text{XIRQ}}$-Eingang gemacht werden, selbst mit den Input-Capture-Funktionen sind bei entsprechender Programmierung externe Interruptquellen anschließbar. Gleichgültig, wie dieser Eingang eingesetzt wird – er sollte unbedingt über einen Widerstand mit der Versorgungsspannung verbunden werden! Bei gesetztem IRQE-Bit im OPTION-Register ist der Eingang flankensensitiv und reagiert auf eine fallende Flanke mit einem Interrupt.

Alle weiteren Interrupts sind schon in den einzelnen Modulen behandelt worden. Nun wird es Zeit zu klären, was passiert, wenn mehrere Interrupts auftreten. Die Interruptpriorität und ihre Programmierung soll daher nun Gegenstand der Betrachtung sein. Für die 6 nichtmaskierbaren Interrupts besteht eine feste Reihenfolge.

◆ $\overline{\text{RESET}}$ – höchste Priorität

◆ Taktüberwachung

◆ Watchdog

◆ Illegaler Opcode

◆ $\overline{\text{XIRQ}}$ – niedrigste Priorität

Beim Software-Interrupt ist die Situation anders. Dieser wird bewußt vom Programm ausgelöst und hat die höchste Priorität nach den Reset-Interrupts und dem illegalen Opcode-Interrupt, da bis zum Lesen des SWI-Interruptvektors kein anderer Interrupt beachtet werden kann. In der Priorität schließen sich die maskierbaren Unterbrechungen an. Ihre Rangfolge ist auch fest vorgegeben, die nachfolgende Aufzählung stellt die Standardreihenfolge dar. Allerdings kann eine der Quellen per Software an die höchstpriorste Stelle gesetzt werden. Für den Rest bleibt die Reihenfolge unverändert.

◆ $\overline{\text{IRQ}}$

◆ Real-Timer-Interrupt

◆ Timer-Input-Capture 1

◆ Timer-Input-Capture 2

◆ Timer-Input-Capture 3

◆ Timer-Output-Compare 1

◆ Timer-Output-Compare 2

◆ Timer-Output-Compare 3

◆ Timer-Output-Compare 4

◆ Timer-Output-Compare 5 / Input-Capture 4

◆ Timer Überlauf (16-Bit-Zähler)

◆ Pulse-Akkumulator Überlauf

◆ Pulse-Akkumulator Eingangsflanke

◆ SPI-Übertragung komplett

◆ SCI-Sammelinterrupt

Hier bieten andere Hersteller mehr Flexibilität. Häufig lassen sich die einzelnen Quellen in gewünschter Reihenfolge in Blöcke zusammenfassen, die dann wiederum einer Reihenfolge unterstellt werden können. Motorola gestattet es aber, diese Reihenfolge beliebig im Betrieb zu ändern und somit je nach aktueller Stelle im Programm das wichtigste Modul oder die wichtigste Funktion an die höchste Stelle zu setzen. Die Auswahl bestimmen die 4 Bit PSEL0 bis 4 im HPRIO-Register. Das Programm kann diese Bits beliebig oft und zu jeder Zeit ändern, wenn nicht gerade das I-Bit im CC-Register gesetzt ist. Somit läßt sich während eines Interrupts die Priorität nicht ändern, außer das I-Bit wird kurzzeitig auf 0 gesetzt, und die Bits werden dann neu eingestellt.

HPRIO Highest Priority I-Bit Int and Misc-Register ($103c)

7	6	5	4	3	2	1	0
RBOOT	SMOD	MDA	IRV	PSEL3	PSEL2	PSEL1	PSEL0

PSEL3	PSEL2	PSEL1	PSEL0	Höchste Interruptquelle
0	0	0	0	Timer Überlauf (16-Bit-Zähler)
0	0	0	1	Pulse-Akkumulator Überlauf
0	0	1	0	Pulse-Akkumulator Eingangsflanke
0	0	1	1	SPI Übertragung komplett
0	1	0	0	SCI Sammelinterrupt
0	1	0	1	Reserviert (Defaultwert ist $\overline{IRQ}$)
0	1	1	0	$\overline{IRQ}$(Externer Eingang o. Handshake)
0	1	1	1	Real Timer-Interrupt
1	0	0	0	Timer-Input-Capture 1
1	0	0	1	Timer-Input-Capture 2
1	0	1	0	Timer-Input-Capture 3
1	0	1	1	Timer-Output-Compare 1
1	1	0	0	Timer-Output-Compare 2

PSEL3	PSEL2	PSEL1	PSEL0	Höchste Interruptquelle
1	1	0	1	Timer-Output-Compare 3
1	1	1	0	Timer-Output-Compare 4
1	1	1	1	Timer-Output-Compare 5 / Input-Capture 4

Tabelle 2.31: PSEL-Bits und höchste Interruptquelle

Nach einem Reset besitzt der Defaultwert $\overline{IRQ}$ die höchste Priorität, die PSEL-Bits stehen dazu auf den Werten 0-1-0-1.

Low-Power-Betriebsarten

Viele Controllerhersteller treiben viel Aufwand für die Bereitstellung von stromsparenden Betriebsarten ihrer Bauelemente, denn häufig ist der Stomverbrauch kein unwesentliches Entscheidungskriterium bei der Auswahl der Bauelemente. Auch Motorola hat seine Controller mit zwei verschiedenen Betriebsarten ausgerüstet, die wie ein gewöhnlicher Befehl gehandhabt werden. Einmal ausgelöst, führen sie dann allerdings zu umfangreichen Änderungen in den internen Abläufen des Controllers.

WAIT-Mode

Die erste dieser Sparbetriebsarten führt zu einer Reduzierung der Leistungsaufnahme auf etwa die Hälfte des normalen Wertes. Wie wird diese Verringerung erreicht? Nach Erkennung des WAIT-Befehls beginnt der Controller zunächst wie bei jedem Interrupt, alle CPU-Register in den Stack zu retten. Danach wird die CPU »heruntergefahren«, d.h., sie stellt jegliche Arbeiten ein und wartet auf die Aufhebung des Wait-Modes. Aus diesem Zustand kann nur noch ein nichtmaskierter Interrupt oder ein Resetimpuls zur Rückkehr in den normalen Betrieb führen. Bei einem Interrupt wird auf das Retten der Register verzichtet, nur der zugehörige Vektor wird gelesen.

Ansonsten läuft alles wie bei einem gewöhnlichen Interrupt ab. Bei einem Reset verhält sich der Controller wie bei einer normalen externen Auslösung. Um die Leistungsaufnahme noch weiter zu reduzieren, sollten alle Module wie Timer, SPI, SCI und A/D-Wandler vor dem Wait-Befehl abgeschaltet werden. Was dabei im einzelnen geschieht, zeigt die Abbildung.

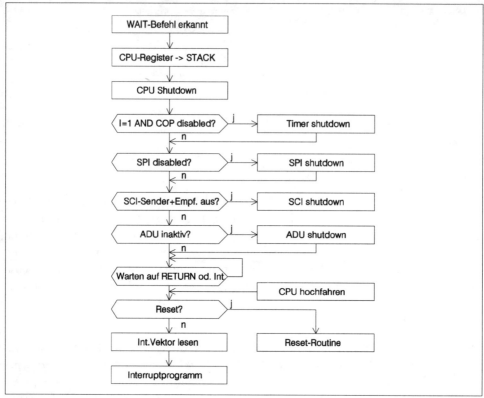

Abbildung 2.52: Ablauf der WAIT-Funktion

STOP-Mode

Der STOP-Mode geht mit der Einsparung noch einen Schritt weiter. Nach Erkennung des STOP-Befehls wird der aktuelle Zustand der CPU regelrecht eingefroren. Um das zu erreichen, setzt der Befehl den Oszillator außer Betrieb, und damit hören jegliche Aktionen im Controller auf. Die Stromaufnahme sinkt dabei ungefähr um den Faktor 1/150 auf 0,1 mA. Der STOP-Befehl kann allerdings auch unterbunden werden, da er, durch einen Programmfehler ungewollt ausgelöst, den ganzen Controller und dessen Umgebung lahmlegt. Soll also dieser Zustand nicht eintreten, so braucht nur das S-Bit im CC-Register gesetzt zu werden. Dadurch wird der Befehl wie ein normaler NOP-Befehl behandelt und richtet keinen Schaden an. An Stellen aber, an denen er bewußt eingesetzt werden soll, wird das S-Bit durch das Programm gelöscht und dem Schlafzustand steht nichts mehr im Wege. Der Umgang mit diesem Befehl sollte also mit Vorsicht geschehen. Bei richtiger Anwendung ist er aber ein ideales Mittel, den Stromverbrauch in passenden Momenten drastisch zu verringern und die Betriebsdauer bei batteriebetriebenem Einsatz zu verlängern. Um aus diesem Zustand wieder herauszukommen, gibt es drei Möglichkeiten:

◆ Reset am externen Eingang

◆ Impuls am $\overline{\text{XIRQ}}$-Eingang

◆ Impuls am $\overline{\text{IRQ}}$-Eingang

Bei einem Reset oder einer IRQ-Aktivierung ist die Situation einfach. Die CPU verhält sich so wie bei jedem Reset bzw. IRQ-Interrupt. Das Programm beginnt an der durch den Reset- bzw. Interruptvektor gezeigten Stelle. Anders sieht es bei einem $\overline{\text{XIRQ}}$-Interrupt aus. Dieser ist durch das X-Bit im CC-Register maskierbar. So hängt es schließlich von dessen Einstellung ab, was nach dem Impuls geschieht. War das Bit vor dem STOP-Befehl gelöscht, der XIRQ-Interrupt also freigegeben, so beginnt nun die ganz normale Interruptabarbeitung. War dieser Interrupt jedoch durch ein gesetztes X-Bit gesperrt, so kann er auch jetzt nicht ausgeführt werden. An seiner Stelle wird das Programm mit dem Befehl unmittelbar hinter dem STOP-Befehl fortgesetzt. Damit hat man eine ideale Möglichkeit in der Hand, ein Programm mitsamt der Hardware anzuhalten, um dann bei einem Ereignis von außen ganz normal mit dem nächsten Befehl weiterzuarbeiten.

Etwas muß jedoch im Zusammenhang mit dem STOP-Mode noch beachtet werden. Da für das »Wiedererwachen« ein Taktsignal notwendig ist, der interne Oszillator aber erst stabil arbeiten muß, sollte zunächst eine gewisse Zeit gewartet werden, bevor mit der Programmabarbeitung begonnen wird. Diese Funktion übernimmt eine Schaltung, die wie bei einem Power-On-Reset erst 4046 E-Takte wartet und dann die Programmausführung freigibt. Wird in der Schaltung jedoch mit einem externen Oszillator gearbeitet, der auch bei gestopptem Controller weiterläuft, ist diese Wartezeit natürlich nicht nötig. Ein Bit im OPTION-Register, das DLY-Bit, ist für dieses Verhalten zuständig. Ist es gesetzt, so wird die 4046 Takte gewartet, im anderen Fall geht es sofort mit dem Programm weiter. Und noch etwas ist sehr wichtig. All das zum Reset- und Interruptverhalten Gesagte trifft uneingeschränkt auf die Betriebsarten Single-Chip-Mode und Expanded Mode zu. Beim Bootstrap Mode allerdings fehlt der Programmspeicher an der Stelle, wo er sich bei den anderen Modi befindet. Hier müssen die Vektoren an der Stelle stehen, an der sich auch ein Speicher befindet. Für den Resetvektor ist es die Stelle $BFFE und $BFFF. Für die restlichen Vektoren wird ein anderes Prinzip verwendet. Hierbei wird mit einer Sprungtabelle gearbeitet, die sich im RAM befindet und somit jederzeit durch das Programm modifiziert werden kann. Ein bestimmter Interrupt bewirkt einen Sprung an eine für ihn vorgeschriebene Stelle. Dort befindet sich dann der zum Serviceprogramm führende

Sprungbefehl, den die CPU wie jeden anderen Befehl ausführt. Zur Erinnerung: Bei einem Interrupt in den anderen Modi wird an der Speicherstelle die Adresse der Serviceroutine gelesen und in den Befehlszähler geladen. Die Tabelle zeigt die Adressen für die einzelnen Sprungbefehle.

Adresse	Vektor
00C4	SCI Sammelinterrupt
00C7	SPI Übertragung komplett
00CA	Pulse-Akkumulator Eingangsflanke
00CD	Pulse-Akkumulator Überlauf
00D0	Timer-Überlauf (16-Bit Zähler)
00D3	Timer-Output-Comp.5 / Input-Capt.4
00D6	Timer-Output-Compare 4
00D9	Timer-Output-Compare 3
00DC	Timer-Output-Compare 2
00DF	Timer-Output-Compare 1
00E2	Timer-Input-Capture 3
00E5	Timer-Input-Capture 2
00E8	Timer-Input-Capture 1
00EB	Real-Time-Interrupt
00EE	externer /IRQ o. Parallel-I/O-Handshake
00F1	/XIRQ-Eingang
00F4	SWI Software-Interrupt
00F7	Illegaler Opcode
00FA	Watchdog-Reset
00FD	Taktüberwachung-Reset

Tabelle 2.32: Adressen für Sprungbefehle

Diese Tabelle wird automatisch mit dem Anwenderprogramm beim Booten geladen und steht somit sofort nach dem Start zur Verfügung. Der Programmierer muß nur bei der Programmerstellung dafür sorgen, daß an den festgelegten Stellen der richtige Sprungbefehl eingetragen wird. Zum Abschluß aber noch einmal einen Überblick über die internen Funktionen bei einem Reset oder Interrupt sowie bei den beiden Low-Power-Modi. Diese sind recht kompliziert, so daß die Darstellungen in Form von Ablaufplänen die Zusammenhänge verständlicher machen sollen.

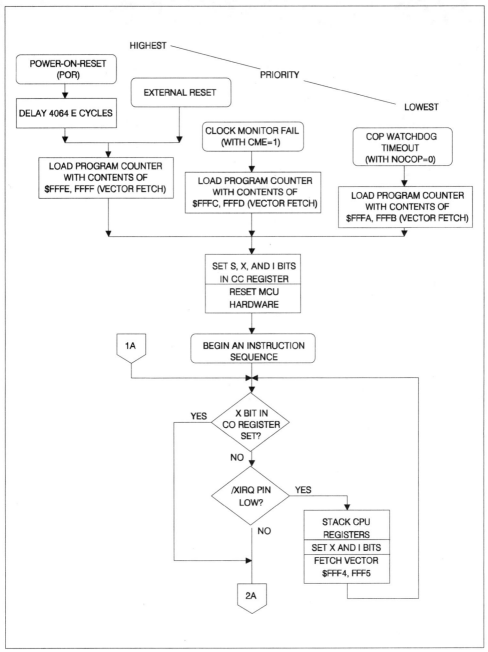

Abbildung 2.53: Processing Flow Out of Resets (Teil1/2)

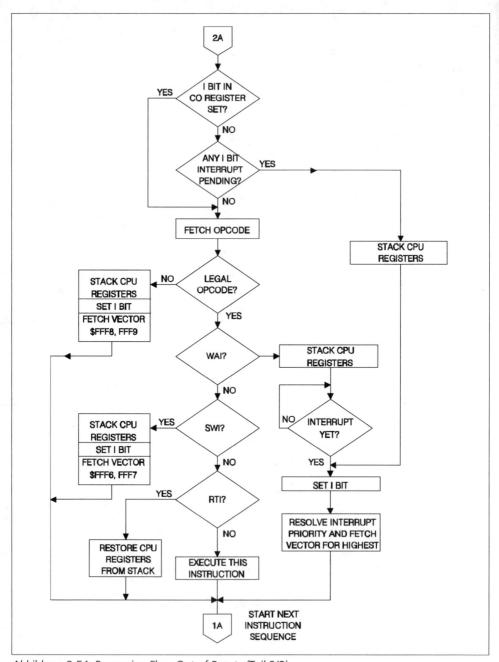

Abbildung 2.54: Processing Flow Out of Resets (Teil 2/2)

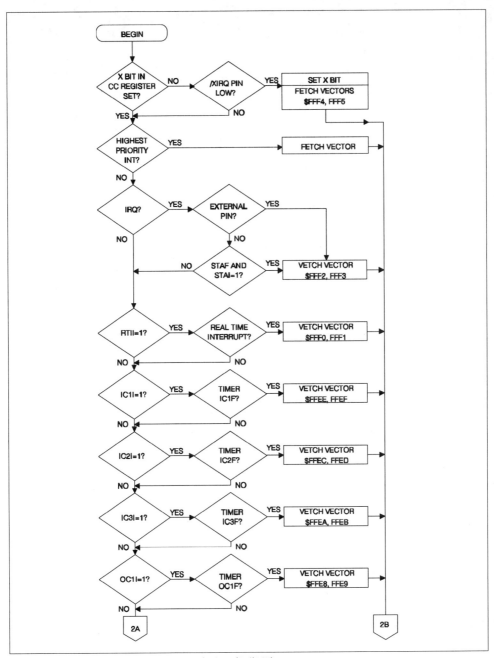

Abbildung 2.55: Interrupt Priority Resolution (Teil1/2)

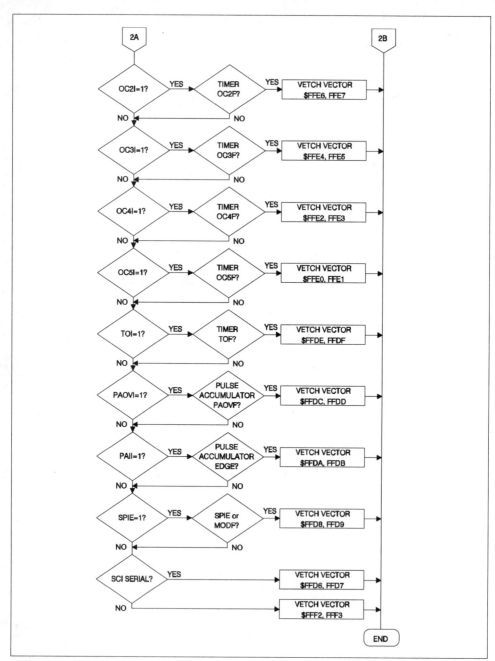

Abbildung 2.56: Interrupt Priority Resolution (Teil2/2)

2.1.10 Erweiterung der Peripherie durch die Port Replacement Unit MC68HC24

Bevor wir nun das Gebiet der Hardware verlassen und uns der Software zuwenden, soll noch ein Bauelement vorgestellt werden, das so unmittelbar mit dem Controller zu tun hat, daß es eigentlich schon zum Controller dazugehört.

Beim Betreiben des MC68HC11 im Extended oder auch im sicher seltener verwendeten Special Test Mode kommt es durch den externen Daten- und Adreßbus zum Verlust von zwei Ein-/Ausgabeports. Das Port B wird zum Adreßbus für die höherwertigen Adressen AD8 bis AD15, während das Port C als gemultiplexter Daten-/Adreßbus für die Signale D0/A0 bis D7/A7 verwendet wird. Damit gehen jegliche Ein-/Ausgabefunktionen mit diesen 16 Pins verloren. Da beide Ports normalerweise auch noch für die Sonderfunktionen der Handshake-Modi benutzt werden, kann ihr Verlust für manche Anwendungen recht problematisch sein. Aus diesem Grunde hat Motorola einen Port-Replacement-Schaltkreis entwickelt, der dieses Problem lösen kann. Dieser als MC68HC24 bezeichnete IC enthält die kompletten Funktionen der Ports B und C mit all ihren Möglichkeiten des Handshake-Betriebes, einschließlich der Interruptfähigkeit. Der Schaltkreis wird dabei am externen Daten-/Adreßbus des Controllers betrieben. Alle Zugriffe auf die »neuen« Register erfolgen nach dem Memory-Mapped-Prinzip. Damit ist der Einsatz des Bauelements nicht auf die Zusammenarbeit mit einem Controller der MC68HC11-Familie beschränkt. Alle Controller und Prozessoren, die das Zeitverhalten des externen Busses erfüllen, können den HC24 zur Erweiterung ihrer Ein-/Ausgänge benutzen. Durch die innere Adreßdekodierung sind gleichzeitig 8 solcher Porterweiterungsschaltkreise mit je 2 Ports an einem Controller betreibbar. Dabei ist die Programmierung bis auf wenige Unterschiede völlig identisch mit der Programmierung der internen Register des MC68HC11, und auch deren Funktion ist völlig gleich. Sehen wir uns jetzt zunächst den Schaltkreis in einem Überblick an.

◆ ein 8-Bit-Ausgabeport (entspricht Port B im MC68HC11)

◆ ein 8-Bit-freiprogrammierbares Ein-/Ausgabeport (entspricht Port C im MC68HC11)

◆ Unterstützung aller Handshake-Modi der entsprechenden MC68HC11-Ports

◆ Interrupt wie im Controller nutzbar

◆ softwarekompatibel mit MC68HC11 Single-Chip-Mode

◆ gemultiplexter Daten-/Adreßbus

◆ Register im Memory-Map-Bereich mit variabler Anfangsadresse

◆ 0 bis 2 MHz E-Takt-Arbeitsbereich (entspricht Controlleroszillatorfrequenz bis 8 MHz)

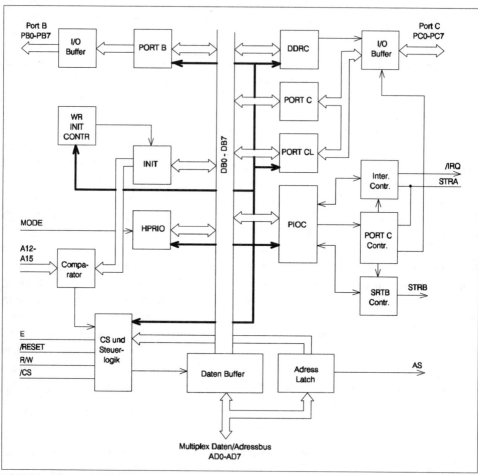

Abbildung 2.57: Blockbild MC68HC24

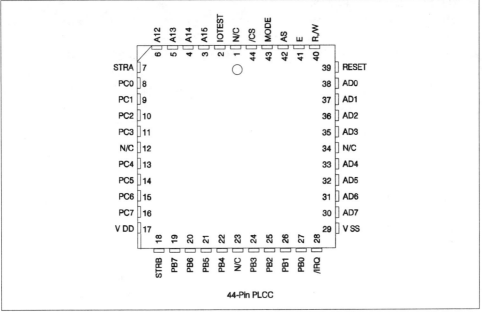

Abbildung 2.58: Sockelbild

Pin-Beschreibung

Die meisten Pins des HC24 erklären sich von selbst, da sie identisch mit denen des MC68HC11 sind. Deshalb hier nur die wichtigsten Merkmale:

◆ $\overline{\text{RESET}}$
Die Aufgabe ist zunächst die gleiche wie beim Controller, jedoch muß hier der Low-Pegel für mindestens 2 E-Takte anliegen, damit ein ordentliches Rücksetzen erreicht wird.

◆ E-Takt
Der E-Takt ist das bestimmende Signal für alle Zeitabläufe auf dem externen Bus. Ist er Low, so findet gerade ein interner Prozeß statt, bzw. der Adreßteil wird über den gemultiplexten Daten-/Adreßbus gesendet. Bei High-Pegel findet die Übertragung von Daten in der durch das Signal R/W bestimmten Richtung statt.

◆ ADDRESS STROBE (AS)
Mit diesem Impuls erfolgt das Abspeichern der niederwertigen Adressen in ein chipinternes Latch. Zur Zeit der fallenden Flanke müssen die Adressen stabil auf dem gemeinsamen Daten-/Adreßbus sein.

◆ READ/WRITE (R/W)

Dieser Pin ist ein hochohmiger Eingang und steuert die Datenrichtung auf dem gemultiplexten Daten-/Adreßbus. Wenn der Schaltkreis selektiert und das Signal auf High-Pegel ist, so kann das ausgewählte Register gelesen werden. Ist das Signal hingegen auf Low-Pegel (wieder bei selektiertem Schaltkreis), so läßt sich das gewünschte Register beschreiben. Für eine korrekte Datenübernahme muß das R/W-Signal vor der steigenden Flanke des E-Taktes stabil sein und darf auch während der High-Phase des Taktes seinen Pegel nicht ändern.

◆ CHIP SELECT ($\overline{CS}$)

Dieser Eingang ist bei dem Controller gänzlich unbekannt. Er dient zum Aktivieren des HC24. Die Freigabe der Datentreiber und anderer interner Logikgruppen erfolgt aber erst, wenn die Adressen A12 bis A15 mit einer intern gespeicherten Vergleichsadresse übereinstimmen und mit den niederwertigen Adressen ein gültiges Register angesprochen wird.

◆ DATEN-/ADRESSBUS (AD0 bis AD7)

Während der ersten Phase eines jeden Buszyklus (das E-Takt-Signal ist auf Low-Pegel) wird auf diesen Leitungen der niederwertige Teil der 16-Bit-Adresse übertragen. Mit dem Wechsel des Signals in der zweiten Phase werden die Leitungen für die Datenübertragung benutzt.

◆ Adressen A12 bis A15

Diese 4 Adressen liest der HC24 mit der steigenden Flanke des E-Taktsignals in ein internes Register und vergleicht sie mit der gespeicherten Chipadresse. Das Ergebnis stellt eine Bedingung für die Aktivierung von internen Funktionen und Datentreibern dar.

◆ PORT B (PB0 bis PB7)

Port B ist das 8-Bit-Ausgabeport und ist von der Funktion her identisch mit dem des Controllers.

◆ PORT C (PC0 bis PC7)

Auch das Port C des HC24 ist wie das gleichnamige Port im Controller beschaffen und erfüllt die gleichen Funktionen.

◆ STROBE A (STRA)

Strobe A ist ein flankenempfindlicher Eingang und wird zusammen mit Port C benutzt. Im Simple-Strobe-Mode und im Input-Handshake-Mode führt eine (programmierbare) Flanke zum Einspeichern der Daten vom Port C in das PORTCL-Register. Im Output-Handshake-Mode kennzeichnet eine Flanke die Übernahme der vom Port C ausgegebenen Daten durch die Peripherie.

◆ STROBE B (STRB)

Im Simple-Strobe-Mode wird über den Ausgang STRB ein Impuls abgegeben, wenn auf das Port B geschrieben wird. Das STROBE B-Signal ist ein READY-Ausgang, um im Input-Handshake-Mode die externe Peripherie daran zu hindern, neue Daten an die Eingänge des Port C zu legen, wenn dieses noch nicht zur Aufnahme bereit ist. Im Output-Handshake-Mode kennzeichnet das Signal die Übernahme bereitgestellter neuer Daten im Port C.

◆ INTERRUPT REQUEST ($\overline{\text{IRQ}}$)

Der $\overline{\text{IRQ}}$-Ausgang dient zur Signalisierung von Interruptanforderungen im Schaltkreis. Er ist als Open-Drain-Ausgang ausgelegt und kann gemeinsam mit anderen Quellen an den /IRQ-Eingang des Controllers angeschlossen werden.

◆ I/O TEST (IOTEST)

Dieser vom Hersteller zum Testen verwendete Eingang ist mit VSS zu verbinden.

◆ MODE

Mit diesem Signal läßt sich eine der beiden Betriebsarten nach einem Reset auswählen. Ist während der steigenden Flanke des Reset-Signals das Pin auf High, so arbeitet der Schaltkreis im Normal Mode, andernfalls im Special Test Mode. Der Normal Mode gehört zum Expanded Mode, der Special Test Mode zur gleichnamigen Betriebsart des Controllers.

Überblick über die Funktion

Alle internen Register des MC68HC24 werden vom Controller als Speicherzellen im externen Adreßbereich angesprochen. Dieses Verfahren, Memory-Mapping genannt, bietet viele Möglichkeiten, externe Peripheriemodule wie interne zu behandeln. Die Register tragen die gleichen Namen und besitzen die gleichen Funktionen. Nur in wenigen Bits und in ihren Adressen unterscheiden sie sich von den controllerinternen Registern. In der folgenden Zusammenstellung sind alle Register mit ihren Basisadressen aufgeführt.

Parallel-I/O-Control-Register PIOC ($xx02)

7	6	5	4	3	2	1	0
STAF	STAI	CWOM	HNDS	OIN	PLS	EGA	INVB

PORT C Data-Register PORT C ($xx03)

7	6	5	4	3	2	1	0
PC7	PC6	PC5	PC4	PC3	PC2	PC1	PC0

PORT B Data-Register PORT B ($xx04)

7	6	5	4	3	2	1	0
PB7	PB6	PB5	PB4	PB3	PB2	PB1	PB0

PORT C Latched-Data-Register PORTCL ($xx05)

7	6	5	4	3	2	1	0
PCL7	PCL6	PCL5	PCL4	PCL3	PCL2	PCL1	PCL0

Data-Direction-Register C DDRC ($xx07)

7	6	5	4	3	2	1	0
DDRC7	DDRC6	DDRC5	DDRC4	DDRC3	DDRC2	DDRC1	DDRC0

Highest-Priority-Interrupt-Register HPRIO ($xx3C)

7	6	5	4	3	2	1	0
–	SMOD	–	IRV	–	–	–	–

I/O-Mapping-Register INIT ($xx3D)

7	6	5	4	3	2	1	0
–	–	–	–	REG3	REG2	REG1	REG0

Wo liegen nun die Unterschiede zu den Registern des Controllers, wo die Namen doch identisch sind? Das Register zur Parametrierung der Quelle mit der höchsten Priorität weist verständlicherweise Unterschiede auf. Das SMOD-Bit ist der negierte Pegel des zum Zeitpunkt der steigenden Reset-Impulsflanke gelatchten MODE-Eingangs. Ist es auf 1, so befindet sich der Schaltkreis im Special Test Mode. Bei 0 läuft gerade der normale Mode. Diese Bit kann nur gelesen werden, mit einer Ausnahme: Wurde der Schaltkreis im Special Test Mode durch einen Resetimpuls und bei MODE-Pin auf Low in Betrieb genommen, so kann das Bit zu jeder Zeit, aber nur EINMAL auf den Wert 0 gesetzt werden. Danach ist das Bit schreibgeschützt. Somit ist es möglich, das Bauelement zunächst beliebig lang im Special Test Mode zu betreiben. Auf »Programmwunsch« kann aber in den Normal Mode übergegangen werden. Ein Zurück gibt es dann allerdings nicht mehr. Hierin unterscheidet sich der MC86HC24 vom Controller MC68HC11. Der Wechsel vom Test zum Normal Mode ist bei ihm nur in den ersten 64 E-Takten möglich. Dann tritt der Schreibschutz automatisch ein.

Das IRV-Bit hat die gleiche Aufgabe wie im Controller, nur die genau umgekehrte Wirkung. Ist das Bit gesetzt, so werden interne Leseoperationen auf dem gemultiplexten Daten-/Adreßbus sichtbar, im anderen Fall ist der Bus dabei hochohmig. Dieses Bit läßt sich nur im Special Test Mode setzen. Ein Wechsel zum Normal Mode setzt das Bit automatisch zurück, die Sichtbarkeit der Busaktivitäten geht verloren.

Bei den 4 Bit im INIT-Register ist die Funktion ebenfalls identisch. Sie bestimmen die Startadresse des I/O-Bereichs, bei dem der Schaltkreis aktiv wird. Bei einem Zugriff wird der Inhalt der Adressen A12 bis A15 mit den Bits REG0 bis REG3 verglichen. Wenn der Vergleich positiv ausfällt, das CS-Signal auf Low-Pegel liegt und auch die niederwertigen Adressen ein mögliches Register ansprechen, werden die Datentreiber und die Logik zum Datenverkehr aktiv. Im Special Test Mode kann dieses Register beliebig beschrieben und gelesen werden. Befindet sich der HC24 aber im Normal Mode, so ist genau ein Schreibzugriff erlaubt, danach ist das Register schreibgeschützt und nur noch lesbar. Im Gegensatz zum Controller ist dieses Verhalten aber wieder nicht zeitabhängig. Wann das Schreiben auf das Register und damit verbunden der automatische Schreibschutz wirksam wird, ist ganz allein von der Software abhängig. Wird jedoch der Test Mode verlassen, so ist im selben Moment auch das Register schreibgeschützt.

Die Adressen A0 bis A7 zeigen jeweils auf das gewünschte Register. Mit ihnen wird ein 256-Byte-großer Block adressiert, von dem allerdings nur die wenigsten Register tatsächlich vorhanden sind. Die Adressen A12 bis A15 definieren einen 4-Kbyte-Block im 64-Kbyte-Gesamtadreßraum. Die verbleibenden Adressen A8 bis A11 können zur Decodierung herangezogen werden und bilden dann das $\overline{CS}$-Signal. Damit legen sie den 256-Byte-Bereich auf eine bestimmte Adresse des 4-K-Blocks fest. Nach einem Reset steht der Defaultwert des INIT-Registers auf $01, d.h., die Register befinden sich im Bereich $1x00 bis $1x3F. Wird bei A8 bis A11=Low das CS-Signal aktiv, so ist dieser Bereich eindeutig auf die Adressen $1000 bis $103f fixiert.

Je nach Einsatz kann das Pin MODE fest belegt werden. Eine feste Verbindung zur Betriebsspannung erzwingt von Anfang an den Normal Mode. Damit läßt sich das INIT-Register in einer Grundinitialisierung einmal parametrieren. Eine Verbindung mit Masse startet zunächst erst den Test Mode mit all seinen Möglichkeiten des freien Zugriffs auf die Register.

Auch bei dem $\overline{CS}$-Signal kann der Aufwand entsprechend den Anforderungen an-gepaßt werden. Ob nur eine der freien Adressen A8 bis A11 als Signal herangenommen wird oder ob alle 4 Adressen voll ausdekodiert werden, hängt von mehreren Faktoren ab. So beeinflußt zum Beispiel die Zahl der zu adressierenden I/O-Bereiche sowie die Fehlersicherheit der Gesamtschaltung den Aufwand. Eine absolut feststehende Adresse bringt mehr Sicherheit gegen versehentliches Beschreiben als eine nur teilweise Dekodierung mit ihren vielen Adreßmöglichkeiten (Spiegeladressen). Die Abbildung zeigt eine mögliche Zusammenschaltung mit einem Controller.

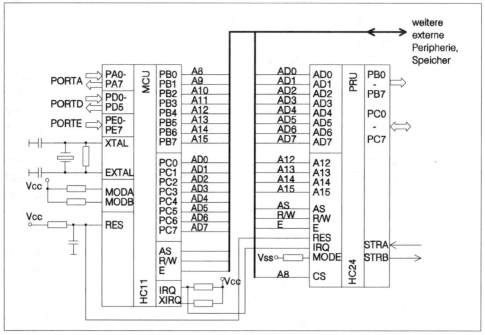

Abbildung 2.59: Einsatzbeispiel für den HC68HC24

Nach einem Reset sind die Register fest initialisiert. Die Bits STAF, STAI und HNDS im PIOC-Register sind auf 0 gesetzt. Damit werden mögliche Interruptanforderungen aufgehoben und neue Interrupts verboten. Der Simple-Strobe-Mode ist ausgewählt, aber nicht aktiv. Port C steht auf Eingabe (DDRC=$00), Port B gibt auf allen 8 Pins Low-Pegel aus. Für den Übergang zu einer Handshake-Betriebsart sind die zugehörigen Signale auch schon voreingestellt. STRA ist für eine steigende Flanke initialisiert, STRB gäbe einen Low-Impuls ab. Die Initialisierung durch ein Reset-Signal erzeugt auch eine Grundeinstellung, die eine arbeitsfähige Kombination mit einem Controller ergibt. In einer Initialisierungsphase lassen sich dann genauere

Einstellungen vornehmen. Im Gegensatz zum Controller gibt es aber keine zeitlichen Vorgaben.

Im Kapitel 2 wurde bisher die Hardware des Mikrocontrollers MC68HC11 mit all seinen für den Anwender wichtigen Bestandteilen und Funktionsgruppen vorgestellt. Es ist gezeigt worden, wie in einem modernen 8-Bit-Mikrocontroller auf die verschiedensten Anforderungen der Anwender flexibel reagiert werden kann. Dieser Controller bietet mehrere Betriebsarten, die sich nicht nur an dem zukünftigen Finalprodukt orientieren, sondern die auch bei der Hard- und Softwareentwicklung eine große Hilfe sind. So ist zum Beispiel der Bootstrap Mode ein Mittel, notfalls auch ohne große Entwicklungswerkzeuge und in fertigen Baugruppen und Geräten sowohl neue Software zu testen als auch das bestehende System zu warten. Ein unschätzbarer Vorteil für Kleinentwickler und Service.

Die Betriebsartenwahl erlaubt es auch, durch einen Single-Chip-Betrieb den mit dem Controller verbundenen Hardwareaufwand minimal zu halten. Reicht die Leistung der chipinternen Speicher- und Peripheriemodule nicht aus, so läßt sich der Mangel im Extended Mode durch externe Erweiterungen beheben. Bei einem externen Adreßbereich von 64 Kbyte dürften sicher alle Wünsche an einen 8-Bit-Controller zu erfüllen sein. Stört dabei der bei dieser Betriebsart auftretende Verlust an chipeigenen Ein- und Ausgängen, so hat Motorola in Form des Port Replacement ICs auch dafür eine Lösung. Aber auch andere Hersteller bieten verschiedenste periphere Bauelemente an, die sich mit dem HC11 hervorragend vertragen.

Interessant ist auch die Möglichkeit, die Bereiche RAM und Registerblock adreßmäßig frei zu verschieben. So läßt sich der Registerblock für Programme, die besonders viel mit Ein-/Ausgabefunktionen arbeiten, in den Bereich der kurzen Adressierung legen. Im anderen Fall, bei besonders vielen Zugriffen auf den RAM, kann dort auch der interne RAM-Speicherbereich gelegt werden. Auch dieses ist wieder ein Mittel, den Controller entsprechend den Anforderungen so einzurichten, daß ein Optimum an Leistung erzielt wird.

Eine Vielzahl von Peripheriefunktionen bestimmt das Bild des MC68HC11. Schon der hier vorgestellte E9-Typ enthält eigentlich alles, was für die meisten Einsatzfälle benötigt wird. Sollte das jedoch nicht reichen, so bietet die HC11-Familie noch viele andere Mitglieder mit spezielleren Funktionen.

Nach soviel Hardware stellt sich nun die Frage nach der Schnittstelle des Controllers zur Software. Eine leistungsstarke Hardware braucht auch einen gleichwertigen Befehlssatz und Adressierungsarten, die einen schnellen und effektiven Umgang mit den Systemressourcen ermöglichen. Daher soll in den folgenden Kapiteln der Controller von seiner »Softwareseite« vorgestellt werden. Es wird sich zeigen, daß auch hier die Forderung nach Leistungsfähigkeit bei großer Flexibilität erfüllt ist.

2.2 Programmierung des MC68HC11

Programmiermodell, Adressierungsarten und Befehlssatz haben für den Programmierer die gleiche Bedeutung wie die Anschluß- und Funktionsbeschreibungen der Module und ihre elektrischen und zeitlichen Kennwerte für den Hardwareentwickler. Das gilt in gleicher Weise auch für Mikroprozessoren. Während jedoch bei den Prozessoren meistens eine schärfere Trennung zwischen Hardware und Software besteht, verschmelzen die Grenzen bei Controllern häufig mehr. Das ist eigentlich auch verständlich, da hier im allgemeinen hardwarenäher programmiert wird. Für Mikroprozessoren existieren vielfach Betriebssystemkerne, die die Beschäftigung mit der Hardware und dem Gesamtsystem für den Entwickler der Anwendersoftware überflüssig machen. Man denke dabei zum Beispiel an das DOS mit seinen BIOS/BDOS-Schnittstellen. Bei Controllern hingegen verlangt die zum Teil größere Komplexität der Komponenten des einzelnen Bauelements, aber auch der meist geringere Speicherplatz für Programm und Daten eine hardwarenahe Programmierung. Das gilt auch für die neuen 16-Bit-Controller. Auch bei ihnen ist in den am häufigsten eingesetzten Single-Chip-Varianten der Speicher begrenzt.

Ein anderer Punkt spielt hier auch noch eine große Rolle. Der Einsatz der Bauelemente erfolgt oft in so strengen Echtzeitanwendungen, daß extrem schnelle Programme gefragt sind. Der flexible, doch zeitlich längere Weg über einen hardwarenahen Softwarekern mit Schnittstellen zum Anwenderprogramm ist da nicht immer die optimale Lösung. Es dominieren Programme, die ganz speziell auf die Hardware zugeschnitten werden und damit kurz und schnell, aber nicht universell sind. Solche Aufgaben erfordern von den Softwareentwicklern ein fundiertes Verständnis vom Aufbau des Controllers und der ihn umgebenden Schaltung. Die Bearbeitung der Software nur auf der Problemebene, d.h. der eigentlichen Aufgaben des späteren Gerätes, ist im allgemeinen nicht möglich. Das soll aber nicht heißen, daß jeder Entwickler seine Software selber von Null an aufbauen muß, einige Firmen bieten Unterstützung in Form von Echtzeitbetriebssystemen für Controller an, doch dazu mehr im Kapitel der Softwarewerkzeuge.

Aufgabe dieses Kapitel soll es sein, anhand des Controllers MC68HC11 den Aufbau und die Funktion der CPU-Register zu erläutern und die verschiedenen Adressierungsarten mit ihren typischen Einsatzgebieten vorzustellen. Einen großen Teil nimmt dann die Beschreibung des Befehls ein. Im Anhang ist dann noch einmal der gesamte Befehlssatz in einer tabellarischen Übersicht zu sehen.

2.2.1 Das Programmiermodell

Der Controller von Motorola verfügt über einen linearen Adreßraum von 64 Kbyte, der allerdings nur zum Teil von internen Komponenten genutzt wird. Dieser Bereich schließt den Programmspeicher und den Datenspeicher ein (von-Neumann-Architektur). Eine Aufteilung wie bei manch anderen Controllern gibt es nicht. Ebenfalls enthalten sind sämtliche I/O-Module. Das bedeutet, daß es für Zugriffe auf die Peripherie keine eigenen I/O-Befehle gibt, sondern nach dem Memory-Mapping-Prinzip gearbeitet wird. Alle I/O-Funktionen lassen sich über Register in einem besonderen Registerblock, dem Special-Function-Register-Block steuern. Auf diese Register wird mit den gleichen Befehlen zugegriffen wie auf die anderen Speicherbereiche auch. Das hat den großen Vorteil, daß der gesamte Befehlssatz für die Arbeit mit der Peripherie zur Verfügung steht. Auch das Zeitverhalten ist gleich.

Die CPU-Register besitzen eine klare Aufgabenverteilung, es gibt Datenregister, Indexregister und Spezialregister, wie Pointer und Flags. Dieser Aufbau ist eigentlich typischer für Mikroprozessoren, doch auch bei Controllern häufig vertreten. Andere Controllerfamilien setzen auf freiverwendbare Registerstrukturen, die zum Teil auch noch in Registerbänken angeordnet sind und sich so komplett wechseln lassen. Jedes der beiden Verfahren hat Vorteile, die Leistungsfähigkeit einer Software wird aber nicht durch diese Unterschiede entschieden.

Die Abbildung gibt einen Überblick über die CPU-Register des MC68HC11.

7 AKKUMULATOR A	0	7 AKKUMULATOR B	0
15 oder	AKKUMULATOR D		0
15	INDEXREGISTER X		0
15	INDEXREGISTER Y		0
15	STACKPOINTER		0
15	PROGRAM-COUNTER		0
	7	CC-REGISTER	0

Akkumulator A und B (Akkumulator D)

Zwei wichtige Register im Zusammenhang mit Daten sind die beiden Akkumulatoren A und B. Sie sind jeweils 8 Bit breit und dienen bei arithmetischen und logischen Operationen als Datenquelle und Datenziel. Nahezu alle zu verarbeitenden Daten laufen über diese Register. Aber sie besitzen noch eine Besonderheit. Beide lassen sich bei Bedarf zu einem 16-Bit-Register zusammenfassen und tragen dann den Namen Akkumulator D. Mit ihm können 16-Bit-Befehle abgearbeitet werden, seine Daten stehen aber auch, als High- und Low-Teil getrennt, in den Akkus A und B bereit. Es handelt sich dabei um die gleichen Register, nur der Befehlscode bestimmt die Quelle bzw. das Ziel als 16-Bit-Wert oder als 8-Bit-Wert. Typische Befehle für die Arbeit mit den Akkumulatoren zeigen die Beispiele:

LDAA #$1E   ;A=$1E, der 8-Bit-Wert $1E wird in den Akku A geladen.

LDD #$73FE   ;D=$73FE, der 16-Bit-Wert $73FE wird in das Doppelregister
                 D geladen, der Akku A erhält den Wert $73, der Akku B den
                 Wert $FE.

DECA   ;A=A-1, der Inhalt des Akkus A wird um 1 vermindert.

STAB $10   ;B=($10), der Inhalt des Akkus B wird auf die Speicheradresse
                 $0010 (Page 0) geschrieben.

SUBA #$80   ;A=A-$80, vom Inhalt des Akkus A wird der Wert $80 subtra-
                 hiert (ohne Übertrag) und im Akku A wieder abgelegt.

Indexregister X und Y

Diese beiden 16-Bit-Register dienen hauptsächlich als Zeigerregister bei der Adressierung. Aus ihrem Inhalt plus einem festen 8-Bit-Offsetwert wird bei der Indizierten Adressierung die effektive Adresse von Daten berechnet. Aber auch als normale Datenregister und Zähler lassen sich die Register benutzen. Ihre Anwendung ist nur etwas eingeschränkt, da nicht genügend arithmetische Befehle für ihre Beeinflussung zur Verfügung stehen. So ist es häufig sinnvoller, komplexere Berechnungen in den Akkus auszuführen und dann das Ergebnis in die Indexregister zu laden. Motorola unterstützt dieses Vorgehen durch die zwei Befehle XGDX und XGDY. Mit ihnen wird der Inhalt des D-Akkus mit dem Inhalt eines Indexregisters ausgetauscht.

Beide Register sind in ihren Funktionen gleich, ihre Abarbeitung unterscheidet sie jedoch. Während der Opcode bei Verwendung des X-Registers fast ausschließlich ein Byte lang ist, wird für Befehle mit dem Y-Register zusätzlich ein Präfix in Form eines zusätzlichen Bytes benötigt. Damit haben diese Befehle einen um ein Byte längeren Befehl und benötigen auch einen Maschinenzyklus mehr für ihre Abarbeitung. Auch hier wieder einige Beispiele:

LDAA $10,X   ;A=($10+X), der Akku wird mit dem Inhalt der Speicherzelle
                 geladen, deren Adresse aus dem Wert $10 + dem Inhalt des X-
                 Registers gebildet wird.

STD $0F,Y   ;D=($0F+Y), ($0F+Y+1), der Akku D wird mit dem Inhalt aus den Adressen $0F+Y und der nachfolgenden Adresse $0F+Y+1 geladen.

DEY   ;Y=Y-1, der Inhalt des Y-Register wir um Eins verringert.

Stackpointer SP

Der Stackpointer dient, wie der Name schon sagt, als 16-Bit-Register ausschließlich der Verwaltung des Stacks. Motorola verwendet einen LIFO-Stack, d.h., das zuletzt eingetragene Byte wird als erstes wieder ausgegeben. Dabei zeigt der Stackpointer immer auf die nächste freie Adresse im Stack. Der Stack läuft dabei beim Füllen zu niedrigeren Adressen. Mit der Breite des Pointers von 16 Bit kann der Stack an jeder beliebigen Stelle im 64-Kbyte-Adreßraum gelegt werden. Da nach einem Reset sein Wert unbestimmt ist, muß bei der Initialisierung unbedingt vor jedem Unterprogrammaufruf und jeglicher Interruptfreigabe ein definierter Wert eingetragen werden.

Bei einem Unterprogrammaufruf wird die nächste nach dem Aufruf folgende Adresse auf den Stack gebracht und der Stackpointer um 2 erniedrigt. Bei der Rückkehr aus dem Unterprogramm wird diese Adresse wieder aus dem Stack gelesen, in den Program Counter geladen und der Stackpointer um 2 vermindert.

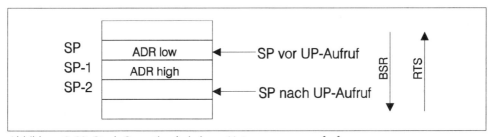

Abbildung 2.60: Stack-Operation bei einem Unterprogrammaufruf

Das gleiche geschieht bei einem Interrupt, nur werden hier zusätzlich noch die CPU-Register mit auf den Stack gerettet. Damit wird das unterbrochene Programm zwar zeitlich, aber nicht inhaltlich gestört. Nach der Interruptroutine sind alle Register wieder auf dem gleichen Stand, und das Programm kann ohne Fehler und Verluste weiterarbeiten. Bei Motorola sorgt die Interruptlogik selbst für das Retten und Rückschreiben der Register, andere Controller überlassen diese Aufgaben dem Programmierer.

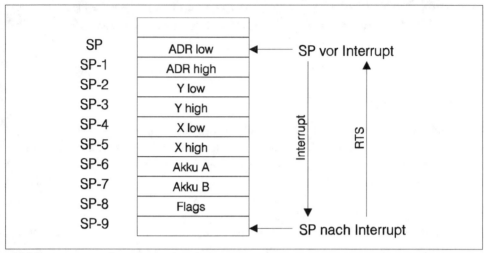

Abbildung 2.61: Stack-Operation bei einem Interrupt

Aber auch für die Datenverwaltung läßt sich der Stack nutzen. Diese Methode wird häufig bei der Arbeit mit Unterprogrammen angewendet. Das Programm speichert vor dem Aufruf mittels spezieller Befehle (PSHA, PSHB, ...) die Daten für das Unterprogramm auf den Stack. Im Unterprogramm werden diese dann aus dem Stack geholt (PULA, PULB, ...). Auch bei der Rückkehr aus dem Unterprogramm bietet sich die Methode an.

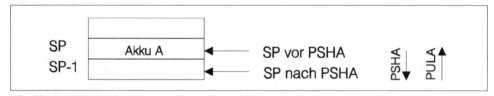

Abbildung 2.62: Stack-Operation bei PSHx und PULx

Program Counter PC oder Befehlszähler

Durch den Befehlszähler erfolgt die Adressierung der Befehle im Programmspeicher. Er ist als 16-Bit-Register ausgebildet und zeigt automatisch immer auf den nächsten auszuführenden Befehl. Die Logik des Controllers sorgt dafür, daß, abhängig von der Länge des momentan aktuellen Befehls, der Befehlszähler entsprechend inkrementiert wird. Sprungbefehle, Unterprogramm-Aufrufe, Interrupts und deren Umkehrungen stellen den PC direkt. Bei einem Unterprogramm-Aufruf wird zunächst der alte Inhalt in den Stack gerettet und dann die Startadresse des Unterprogramms geladen. Damit geht die Programmabarbeitung an der neuen Stelle weiter. Die Rückkehr in das aufrufende Programm geschieht durch Rückschreiben der aus dem Stack geholten Adresse in den PC. Nach dem gleichen Schema arbeiten auch die Interruptoperationen. Nur stammen bei ihnen die neuen Werte für den Befehlszähler nicht aus dem Befehl direkt, sondern aus der Interrupttabelle, auf die der zum Interrupt gehörende Vektor zeigt.

Condition-Code-Register (CCR) oder FLAG-Register

Das CC-Register ist ein 8-Bit-Register, in dem jedes Bit einen bestimmten Status signalisiert. Arithmetische und logische Befehle beeinflussen allein davon fünf Bit. Auf diesem Wege erfährt das Programm zum Beispiel, ob bei einer Addition ein Überlauf aufgetreten ist und ein falsches Ergebnis im Akku steht. Tritt bei einer Operation ein negatives Ergebnis auf oder wird der Wert Null, so ist das auch an veränderten Bits im CC-Register ablesbar. Aber nicht nur die Ergebnisse von Operationen beeinflussen den Inhalt des Registers, das Programm kann auch direkt einzelne Bits setzen und rücksetzen. So existieren im Register drei weitere Bit, mit denen Einfluß auf die Arbeit des Controllers genommen werden kann. Alle drei sind Erlaubnis- oder Maskierungsbits, mit denen sich Interrupts und STOP-Befehle erlauben oder verbieten lassen.

Condition-Code-Register CCR

7	6	5	4	3	2	1	0
S	X	H	I	N	Z	V	C

◆ Carry / Borrow (C)
Dieses Bit kennzeichnet Überträge bei arithmetischen und logischen Operationen. So wird zum Beispiel bei einer Addition das Übertragsflag gesetzt, wenn ein Übertrag beim höchsten Bit des Akkumulators entsteht. Das gleiche gilt auch für einen negativen Übertrag bei einer Subtraktion. Die Rotations- und Schiebebefehle wirken ebenfalls auf das Bit.
Beispiel:

```
    1011 1010        $BA
  + 1011 0110      + $B6
  ───────────
  1 0111 0000        $170     Übertrag aufgetreten, C-Flag gesetzt

  C=0 1000 1110      ASLB-Befehl C=1 0001 1100
```

◆ Overflow (V)

Mit diesem Bit wird ein bei arithmetischen Operationen aufgetretener Zweier-komplementüberlauf gekennzeichnet. Die Steuerlogik macht mit einem gesetzten Bit darauf aufmerksam, daß bei einer Operation mit Zweierkomplementzahlen der zulässige Bereich von +127 ($7F) oder -128 ($80) überschritten wurde. Das Ergebnis ist dann im Sinne der Zahlenvereinbarung fehlerhaft.
Beispiel:

0110 0011	99	
+ 0101 0101	+ 85	
1011 1000	−72	Zweierkomplementüberlauf, V-Flag gesetzt.

Das Ergebnis ist falsch, obwohl kein Überlauf durch das Carry-Flag angezeigt wird. Bei Betrachtung des V-Flags kann aber die Software den Fehler erkennen.

◆ Zero (Z)

Wird bei einer arithmetischen, logischen oder Transportoperation der Akku gleich Null, so trägt das Zero-Bit den Wert 1, anderenfalls ist es Null. Nahezu jeder Befehl nimmt Einfluß auf dieses Bit. Bedingte Sprungbefehle, Bit-Testbefehle und andere logische Anweisungen arbeiten intensiv mit diesem Bit.

◆ Negative (N)

Dieses Bit widerspiegelt nach einer arithmetischen, logischen oder anderen Da-tenmanipulation den Zustand des höchstwertigen Bits. Ist dieses Bit gleich 1, so hat auch die höchste Stelle in dem Ergebnis den Wert 1. Bei Zahlen im Zweier-komplement bedeutete das eine negative Zahl.

◆ Half Carry (H)

Bei einer BCD-Zahlendarstellung setzt sich jedes Datenbyte aus zwei Dezimal-zahlen zusammen. Vier Bit bilden immer eine Zahl, die 16 verschiedene Werte annehmen kann. Außer den Zahlen 0 bis 9 existieren auch die möglichen Pseu-dotetraden A bis F. Der DAA-Befehl verrechnet diese unerwünschten Werte in normale Dezimalzahlen. Die Reihenfolge bei Berechnungen mit BCD-Zahlen be-steht in der Regel zunächst in der Ausführung der arithmetischen Operation, gefolgt von dem DAA-Befehl zur Korrektur des Ergebnisses. Diese Korrektur ist erforderlich, um die bei der Rechnung möglicherweise aufgetretenen Pseudote-traden zu korrigieren. Wie nun diese Korrektur durchgeführt wird, hängt davon ab, ob in den unteren 4 Bit ein Übertrag aufgetreten ist. Das H-Flag ist dafür verantwortlich, diesen Fall für den DAA-Befehl zu vermerken.

Die nun folgenden Bits gehören streng genommen nicht in das Condition-Code-Register. Mit ihnen lassen sich Interrupts maskieren und der STOP-Befehl verhindern. Arithmetische und logische Operationen haben keinerlei Einfluß auf ihren Inhalt. Einzig allein der TAP-Befehl erlaubt es, diese Bits zu ändern. Mit ihm wird der Akku A in das CC-Register kopiert.

◆ Interrupt Mask (I)

Das I-Bit erlaubt oder sperrt sämtliche maskierbaren Interrupts. Ist es gelöscht, so können diese Interrupts den Programmablauf beeinflussen. Bei gesetztem Bit allerdings erfolgt nur eine Registrierung der Interruptquelle, aber die Reaktion kommt nicht zustande. Wird später dann das I-Bit gelöscht, so tritt die Wirkung in Kraft. Nach einem Reset ist das Bit zunächst gesetzt, so daß Interrupts gesperrt sind. Dadurch hat die Software Zeit, die nötigen Initialisierungen vorzunehmen. Per Software lassen sich dann später die Interrupts freigeben. Jeder Interrupt rettet alle Register, so auch das CC-Register auf den Stack und setzt dann das I-Bit, so daß weitere Interrupts gesperrt sind. Durch das Verlassen der Serviceroutine mit dem RTI-Befehl wird das CC-Register wieder mit dem alten Wert aus dem Stack geladen, und damit sind die Interrupts wieder freigegeben.

◆ X Interrupt Mask (X)

Neben den maskierten Interrupts gibt es auch noch den XIRQ- Interrupt von einem externen Eingang, der sich nicht mit dem I-Bit sperren läßt. Für ihn ist das XIRQ-Bit zuständig. Dieser Interrupt gilt als nicht maskierbar, obwohl er sich mit diesem Bit sperren läßt. Daß dieser Interrupt diesen Namen trotzdem zu Recht trägt, liegt daran, daß das Bit nur während der ersten 64 E-Takte nach einem Reset beschreibbar ist. Zunächst jedoch ist es gesetzt, und der Interrupt ist gesperrt. Löscht ein Initialisierungsprogramm jedoch das Bit zur rechten Zeit, ist an dieser Einstellung im Betrieb nichts mehr zu ändern.

◆ Stop Disable (S)

Der Controller besitzt einen speziellen Befehl, der es gestattet, durch Anhalten des Oszillators alle internen Vorgänge zu stoppen. Dieser Befehl birgt aber auch eine gewisse Gefahr in sich, wenn er durch einen Fehler unerwünscht ausgeführt wird. Um solche Möglichkeiten von vornherein auszuschließen, kann dieses Bit per Software gesetzt werden.

2.2.2   Die Adressierungsarten

Ein wichtiger Punkt bei der Bewertung eines Mikrocontrollers ist dessen Umfang an Adressierungsarten. Diese bestimmen entscheidend den Komfort und die Schnelligkeit bei Zugriffen auf Daten und Programme. Häufig haben sie daher auch einen höheren Stellenwert als der Aufbau des eigentlichen Befehlssatzes. Am Beispiel unseres MC68HC11 werden wir uns auf den nächsten Seiten ansehen, was dieser Controller zu bieten hat.

Unmittelbare Adressierung (Immediate Addressing Mode)

Bei der unmittelbaren Adressierung steht direkt hinter dem Opcode das Argument. Das hat zur Folge, daß es sich, wie auch der Opcode, im Programmspeicher befindet und damit nur ein fester Wert, also eine Konstante sein kann. Das Laden und die Manipulation von Registern mit Festwerten ist daher der Haupteinsatz dieser Adressierungsart. Um an das Argument zu gelangen, braucht der Befehlszähler nur inkrementiert zu werden. Die Länge eines Befehls ist vom Zielregister der Operation abhängig.

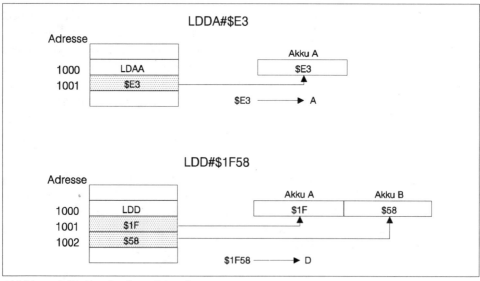

Abbildung 2.63: Unmittelbare Adressierung

Lade 8-Bit-Akku mit einer Konstanten
LDAA   #$E3   1000 0110   Opcode
                   1110 0011   Argument

Lade X-Register mit einer Konstanten

LDX #5511	1100 1110	Opcode
	0101 0101	Argument High
	0001 0001	Argument Low

Lade Y-Register mit einer Konstanten

LDY #5511	0001 1000	Prebyte (wegen Y-Register)
	1100 1110	Opcode
	0101 0101	Argument High
	0001 0001	Argument Low

Ein Kennzeichen der unmittelbaren Adressierung ist das #-Zeichen vor dem Argument.

Direkte Adressierung (Direct Addressing Mode)

Die direkte Adressierung stellt eine Sonderform der absoluten Adressierung dar. Unmittelbar hinter dem Opcode steht die Adresse des Arguments, hier allerdings nur mit 8-Bit-Breite. Da nur die Adressen A0 bis A7 angegeben werden, ist auch der adressierbare Bereich auf 256 Positionen beschränkt. Für die oberen Adressen A8 bis A15 wird von der Adreßsteuerung der Wert 0 eingesetzt. Der damit adressierbare Bereich, auch Page 0 genannt, liegt in dem Bereich $0000 bis $00FF.

Durch die 8-Bit-Adresse ergeben sich sehr kurze Befehle und demzufolge auch hohe Ausführungsgeschwindigkeiten. Die meisten Befehle bestehen nur aus 2 Byte, nur bei der Arbeit mit dem Y-Register kommt zusätzlich das Prebyte hinzu.

Die direkte Adressierung gewinnt noch durch die Fähigkeit des Controllers, in diesen Adreßbereich entweder den RAM oder den Registerbereich zu legen. Je nach der Verteilung der Häufigkeit der Zugriffe auf einen dieser Bereiche kann entweder der RAM oder der Registerblock dorthin gelegt werden.

Lade Akku A mit dem 8-Bit-Wert von einer Adresse aus der Page 0

LDAA $10	1001 0110	Opcode
	0001 0000	Adresse des Arguments

Lade Doppel-Akku D mit dem 16-Bit-Wert von der Adresse aus der Page 0 und der darauffolgenden Adresse

LDD $82	1101 1100	Opcode
	1000 0010	Adresse des Arguments

Lade Y-Register mit dem 16-Bit-Wert von der Adresse aus der Page 0 und der darauffolgenden Adresse

LDY $34   0001 1000 Prebyte
       1110 1110 Opcode
       0011 0100 Adresse des Arguments

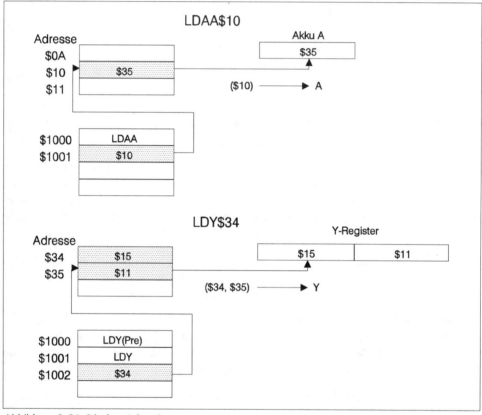

Abbildung 2.64: Direkte Adressierung

Das Kennzeichen der direkten, aber auch der absoluten Adressierung ist das Fehlen jeglicher Zusatzzeichen vor dem Argument. Wird wie üblich im Quellcode anstelle direkter Adreßwerte (wie in den Beispielen) mit symbolischen Namen für Variable und Adressen gearbeitet, so verwendet ein guter Compiler/Linker/Locater automatisch die richtige Adressierungsart. Befindet sich die Variable zum Beispiel im Page-0-Bereich, so wird die direkte Adressierung gewählt, ansonsten die absolute Adressierung.

Absolute Adressierung (Extended Addressing Mode)

Bei der absoluten Adressierung steht unmittelbar hinter dem Opcode die komplette Adresse des Arguments. Um den gesamten Adreßraum von 64 Kbyte überstreichen zu können, ist dafür eine 16-Bit-Adresse notwendig. Diese setzt sich aus 2 Byte zusammen. Befehle, die die absolute Adressierung anwenden, haben daher 3 Byte bzw. 4 Byte (mit einem Prebyte) und benötigen einen Lesezyklus mehr.

Addiere Akku A mit dem Wert von Adresse $FF80

ADDA $FF80	1011 1011	Opcode
	1111 1111	High-Adresse des Arguments
	1000 0000	Low-Adresse des Arguments

Aufruf des Unterprogramms auf Adresse $1000

JSR $1000	1011 1101	Opcode
	0001 0000	Unterprogrammadresse High-Teil
	0000 0000	Unterprogrammadresse Low-Teil

Vergleiche Y-Registerinhalt mit dem Inhalt der Speicherzellen $7E10 und $7E11 (16-Bit-Register!)

CPY $7E10	0001 1000	Prebyte
	0111 1110	High-Adresse des Arguments
	0001 0000	Low-Adresse des Arguments

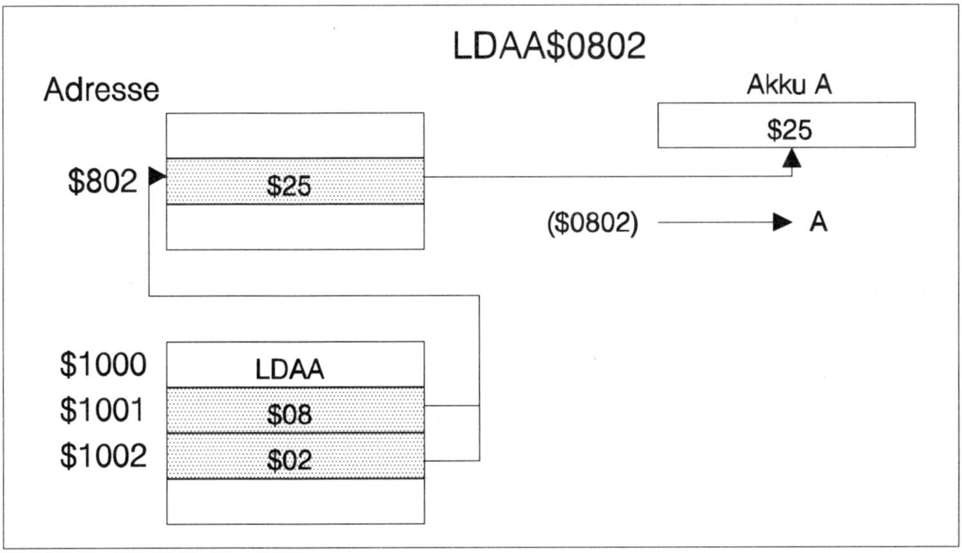

Abbildung 2.65: Absolute Adressierung

Indizierte Adressierung (Indexed Addressing Mode)

War bei allen bisher genannten Adressierungsarten der Wert des Arguments konstant (unmittelbare Adressierung), oder zumindest die Adresse, an der der Wert steht (direkte und absolute Adressierung), so ist bei der indizierten Adressierung auch die Adresse des Arguments variabel. Die genaue Adresse ergibt sich aus dem Inhalt des X- oder Y-Registers plus einem festen Wert, der unmittelbar auf den Opcode folgt. Mit dieser Art der Adressierung wird gern auf Tabellen oder Speicherblöcke zugegriffen. Der feste Wert bildet die Anfangsadresse der Tabelle oder des Blocks, im X- oder Y-Register steht der Tabellenindex, zu dem das Argument gehört. Einen Nachteil hat diese Adressierung beim MC68HC11 allerdings. Für den festen Adreßteil ist im Befehl nur eine Breite von 8 Bit vorgesehen, und somit kann die Ausgangsadresse nur im Bereich von $0000 bis $00FF liegen. Da jedoch die verwendeten Index-Register X oder Y 16 Bit breit sind, ist dadurch auch automatisch der gesamte Adreßbereich verfügbar. In diesem Fall kommt der Tabellenanfangswert in das Indexregister, und der Offsetwert steht, allerdings nun fest, im Opcode und bildet den Tabellenindex. Der feste Wert kann selbstverständlich auch Null sein, und damit läßt sich wie bei jeder indirekten Adressierung mittels Registerpointer auf Werte im ganzen Speicher zugreifen.

> Lade den Akku A mit dem Wert von der Speicherstelle an der Adresse
> $0055 + X-Register
> LDAA $55,X   1010 0110   Opcode
> 0101 0101   Index Offset

> Verringere den Inhalt der Speicherzelle mit der Adresse $23 + Y-Register
> um 1
> DEC $23,Y   0001 1000   Prebyte
> 0100 1010   Opcode
> 0010 0011   Index Offset

Mit dieser Adressierungsart sind jedoch nicht nur Variablen lokalisierbar, es lassen sich auch sehr elegant indirekte Sprünge und Unterprogrammaufrufe ausführen.

> Springe zu der Adresse $0 + X-Register
> JMP   0,X   0110 1110   Opcode
> 0000 0000   Offset

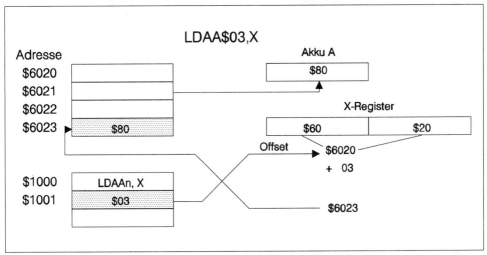

Abbildung 2.66: Indizierte Adressierung

Relative Adressierung (Relative Addressing Mode)

Über die relative Adressierung lassen sich keine Variablen ansprechen. Ihr Einsatzgebiet sind die Verzweigungsbefehle. Um das Programm an einer anderen Stelle fortzusetzen, muß der Befehlszähler manipuliert werden. Ein absoluter Sprung schreibt einfach einen neuen Wert ein. Dazu muß in dem entsprechenden Opcode die vollständige neue Adresse stehen. Kürzer geht das mit der relativen Adressierung. Eine hinter dem Opcode stehende Distanz bestimmt den Abstand der neuen Programmadresse vom momentanen Programmort. Da die Distanz sowohl positive als auch negative Werte haben kann, ergeben sich Sprünge nach vorn und nach hinten (zu höheren und niedrigeren Programmadressen). Der Distanzwert besteht aus einer 8-Bit-Zahl in Zweierkomplement-Darstellung, was bei der internen Adreßberechnung einen Sprungbereich von -128 bis +127 Adressen ergibt. Als Bezugspunkt dient immer der aktuelle Befehlszähler, und der zeigt nach dem Lesen der Distanz auf den nächsten Befehl im Speicher.

MARKE1:   Beliebige Befehle
.
.
BNE   MARKE1   0010 0110   Opcode
                xxxx xxxx   Sprungdistanz zu MARKE1

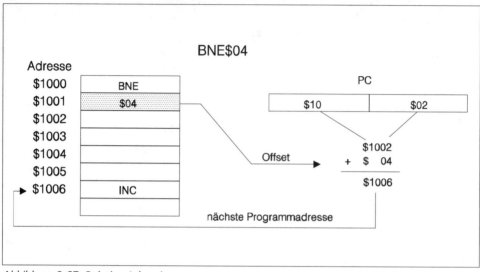

Abbildung 2.67: Relative Adressierung

Inhärente Adressierung (Inherent Addressing Mode)

Bei allen bisher genannten Adressierungsarten ist immer auf irgendeine Art und Weise eine Adresse übergeben worden, sei es als Wert direkt oder indirekt über Register oder relativ zu einer bekannten Adresse. Anders nun bei der inhärenten Adressierung. Hier bestimmt allein der Opcode den Ort des oder der Argumente. Weitere Informationen erübrigen sich. Befehle, die diese Adressierungsart nutzen, arbeiten hauptsächlich mit internen Registern. Da bei ihnen keine Adreßberechnungen durchgeführt werden müssen, haben sie meistens die kürzeste Verarbeitungszeit. Bis auf die Befehle mit dem Y-Register sind sie auch allesamt 1-Byte-Befehle.

Übertrage den Akku B in den Akku A
TBA   0001 0111 Opcode

Tausche Indexregister Y mit dem Akku D
XGDY   0001 1000 Prebyte
       1000 1111 Opcode

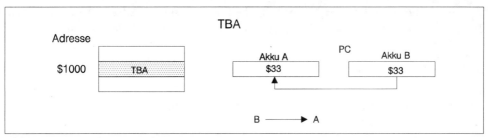

Abbildung 2.68: Inhärente Adressierung

Betrachtet man sich die verschiedenen Adressierungsarten noch einmal, so fallen die unterschiedlichen Freiheitsgrade auf. Bei der unmittelbaren Adressierung ist alles festgelegt. Hier können nur Werte verwendet werden, die schon bei der Programmentwicklung feststehen. In den meisten Fällen handelt es sich jedoch um Variable, die im RAM-Speicher abgelegt sind. Auf sie kann das Programm über die direkte oder absolute Adressierung zugreifen. Wie die Namen schon verdeutlichen, sind hier die Orte, wo die Variablen stehen, absolut im Programm festgelegt. Noch einen Freiheitsgrad mehr bietet die indizierte Adressierung. Bei ihr ist auch der Ort der Variablen selber eine Variable. Das Programm bestimmt während der Laufzeit Ort und Ziel seiner Operanden.

Bei der relativen Adressierung gibt es bezüglich einer Einflußnahme durch das laufende Programm keine Freiheiten. Schon zum Zeitpunkt der Programmerstellung ist der Ort, wo das Programm fortgesetzt werden soll, fest bestimmt. Das entspricht aber auch genau dem Anliegen der Befehlsgruppe, die diese Adressierung nutzt.

Das gleiche trifft auch für die inhärente Adressierung zu. Befehle mit inhärenter Adressierung haben ihre Stärke gerade in der klaren Bestimmung ihrer Funktion.

Bei einem Vergleich mit den Adressierungsmöglichkeiten eines modernen Mikroprozessors scheint der Controller mit seinen 6 Arten recht spartanisch ausgerüstet zu sein. Aber auch bei anderen Controllern sieht es ähnlich aus. Es hat sich eine gewisse Grundausrüstung herausgebildet, die von Hersteller zu Hersteller geringfügig variiert.

So gibt es im Bereich der indirekten Zugriffe bei einigen anderen Controllern zum Teil mehr Komfort. Wünschenswert wäre beim HC11 eine bessere indizierte Adressierung. Der fest im Befehl stehende nur 8-Bit-große Adreßteil kann nachteilig sein. Besser wäre ein 16-Bit-Festwert als Basisadresse und ein 8-Bit-Indexwert. Im häufigsten Anwendungsfall der indizierten Adressierung, dem Zugriff auf Tabellen, brächte das große Vorteile. Der ohnehin bekannte Tabellenanfang würde im Befehl als 16-Bit-Festwert stehen, und der berechnete variable Indexwert ergäbe dann den

Zeiger auf den Tabellenwert. Die Möglichkeit der indirekten Adressierung mit einem 16-Bit-Registerpointer (Index-Register X und Y) dürfte dabei jedoch nicht wegfallen.

Interessant ist auch die indirekt indizierte Adressierung, eine Verbesserung der indizierten Adressierung. Der Nachteil, daß ein 16-Bit-Index-Register plus ein 8-Bit-Festwert aus dem Befehl die Operandenadresse ergibt, ist hierbei behoben. Aus einem 16-Bit-Basisregister und einem 8-Bit-Indexregister entsteht durch Addition die effektive Speicheradresse. Ein schon im Programm stehender Festwert kommt nicht mehr zum Einsatz. Die Ausgangsadresse und der Offset sind Registerinhalte und damit variabel. Völlig freie Zugriffe über den gesamten Adreßraum sind die Folge. In der 8051-Familie nutzt man diese Adressierungsart.

Trotz dieser kleinen Nachteile, die gewiß auch von Programmierer zu Programmierer unterschiedlich bewertet werden, besitzt der MC68HC11 die entscheidenden Adressierungsarten, die in Verbindung mit dem Befehlssatz und der Register- und Speicherstruktur leistungsfähige Programme entstehen lassen.

2.2.3 Der Befehlssatz

Als die Motorola-Prozessoren MC6800 und MC6801 auf den Markt kamen, entwickelte sich mit ihnen ein neuer Standard auf dem Gebiet des Mikrocomputereinsatzes in der Elektronik. Auf diesem Standard basieren für nahezu jeden Anwendungsfall riesige Mengen an Software. Daher war es ganz selbstverständlich, daß neuere Bauelemente, wie sie die MC68HC11-Familie und die kleineren MC68HC05 darstellen, softwarekompatible Schnittstellen bieten mußten. Das sicherte von Anfang an einen ebensolchen Erfolg, wie ihn die »Urväter« hatten.

Der Befehlssatz, die Adressierungsarten, ja das gesamte Programmiermodell sind voll abwärtskompatibel zum 6800/01. Das bedeutet, daß sich existierende Programme sowohl im Sourcecode als auch im Objektcode auf die moderneren Controller umsetzen lassen. Allerdings mußte der weitaus höheren Performance der Controller Rechnung getragen werden. Der ursprüngliche Befehlssatz bestand aus 72 Instruktionen, die in Zusammenhang mit den möglichen Adressierungen und Registern 197 gültige Maschinenbefehle ergaben. Der Opcode hatte also in einem Byte Platz, und es blieben trotzdem noch 59 unbenutzte Befehle übrig. Der MC68HC11 hingegen benötigt wesentlich mehr Befehle. Ein weiteres Byte im Opcode mußte zur Erweiterung eingesetzt werden. Dieses Page-Select-Byte oder Prebyte wird einer Reihe von Befehlen vorangestellt und ermöglicht die Erweiterung über die Grenze von 256 Befehlen bei einem Byte Opcode. Da reichten auch nicht mehr die verbliebenen freien Opcodes aus, die es noch beim 6800/01 gab. Überhaupt ist es nicht üblich, den Befehlssatz immer lückenlos auszunutzen. Nicht jedes mögliche Byte stellt immer einen Befehl dar. Betrachtet man die Befehlssätze verschiedener Controller und Prozessoren mit ihren Opcodes, so fällt auf, daß in den Befehlen mit bestimmten Bits sehr gern ganz bestimmte Funktionen ausgelöst werden. So werden damit Adressierungsarten oder Register gewählt, andere Hersteller gliedern die Befehlsgruppen nach Funktionen. Bei Motorolas Controllern zum Beispiel findet man folgende Aufteilung des Opcodes:

Der Opcode, ein Byte, kann in einen höherwertigen (Bit 4 bis 7) und einen niederwertigen Teil (Bit 0 bis 3) getrennt werden. Dabei übernimmt der höherwertige Teil die Auswahl der Adressierungsart und der Register, der niederwertige Teil, bestimmt eine Funktion, wie zum Beispiel Arithmetik- oder Lade- und Transportbefehle.

Durch diese Art der bitweisen Codierung vereinfacht und beschleunigt sich die Befehlsdekodierung. Jeden Befehl, der vom Programmspeicher eingelesen wird, setzt der zum Steuerwerk gehörende Befehlsdekoder in Anweisungen für interne Abläufe um. Dabei entscheidet es sich, woher die Daten kommen und wo sie der Contoller ablegt. Normale Register, aber auch temporäre, nicht sichtbare Register und Speicherzellen werden adressiert und deren Inhalte verknüpft und verschoben. Auf diese Weise entsteht aus vielen Mikrobefehlen der Befehlssatz.

Bit 7...4	Erläuterung
0000	Inhärente Adressierung
0001	Inhärente Adressierung
0010	Relative Adressierung
0011	Inhärente Adressierung
0100	Akku A-Befehle
0101	Akku B-Befehle
0110	Indizierte Adressierung X-Reg. (mit Prebyte Y-Reg.)
0111	Absolute Adressierung
1000	Unmittelbare Adressierung Akku A
1001	Direkte Adressierung Akku A
1010	Indizierte Adressierung Akku A (durch x- oder Y-Reg.)
1011	Absolute Adressierung Akku A
1100	Unmittelbare Adressierung Akku B
1101	Direkte Adressierung Akku B
1110	Indizierte Adressierung Akku B (durch X- oder Y-Reg.)
1111	Absolute Adressierung Akku B

Tabelle 2.33: Befehlssatz

So ein Befehlssatz läßt sich in eine Reihe von Befehlsgruppen einteilen: Befehle, die nur für den Transport von Daten dienen, andere, die ausschließlich Dateninhalte manipulieren und schließlich Steuerbefehle zur Beeinflussung der Arbeit des Controllers. In der folgenden Übersicht sind die Gruppen noch einmal feiner unterteilt. Die Gliederung wird in verschiedenen Literaturquellen unterschiedlich vorgenommen. Diese Darstellung ist jedoch recht gebräuchlich.

Speicher-in-Register-Lade-Befehle

Befehle dieser Gruppe sorgen für den Transport von Daten aus Speicherzellen in- und außerhalb des Controllers in die internen CPU-Register. Befindet sich die Datenquelle innerhalb des Controllers, z.B. im internen RAM, erfolgt der Zugriff auf diesen Bereich, und Daten von außen haben keine Wirkung. Bei außerhalb liegenden Adressen (im Expanded Mode) werden Daten über den gemultiplexten Daten-/ Adreßbus eingelesen.

Register-in-Speicher-Lade-Befehle

Diese Befehlsgruppe bildet die Umkehrung der vorhergehenden Gruppe. Die Befehle transportieren Daten aus CPU-Registern auf Speicherplätze in internen und externen Bereichen. Für die Zugriffe gelten dieselben Verfahrensweisen wie bei Speicher-Register-Transporten.

Register-Register-Transfer-Befehle

Neben Transporten zwischen Registern und Speicherzellen muß es auch noch einen Datenaustausch unter CPU-Rgeistern geben. Bei Befehlen, die zu dieser Gruppe gehören, sind Quelle und Ziel immer fest im Befehl definiert. Daher sind die Befehle auch sehr kurz und schnell.

Daten-Handling-Befehle

So wie die drei eben genannten Gruppen dem Oberbegriff Datentransport zuzuordnen sind, bilden die Daten-Handling-Befehle die Verbindung aller mit der »direkten Datenverarbeitung« in Zusammenhang stehenden Befehle. Es ist daher sinnvoll, diese große Gruppe noch einmal zu unterteilen.

Daten-Handling-Befehle (Einfachbefehle)

Diese Befehlsgruppe schließt alle Anweisungen ein, die Daten inkrementieren und dekrementieren, Komplemente bilden oder gar Daten löschen.

Daten-Handling-Befehle (Schieben und Rotieren)

Alle Befehle, die Daten in Registern und Speichern schieben oder rotieren, sind hier zusammengefaßt. Sie stellen damit arithmetische und logische Operationen dar, jedoch nur mittels Bit-Bewegung, ohne Verknüpfung mit anderen Daten.

Arithmetische Operationen

Die 4 Grundrechenarten Addition, Subtraktion, Multiplikation und Division bilden eine eigene Gruppe. Mit ihrer Hilfe lassen sich einfache mathematische Berechnungen durchführen. Für komplexere Berechnungen werden aus diesen Befehlen leistungsfähige Programm-Module entwickelt.

Logische Operationen

Befehle wie AND, OR und EXOR dienen dem logischen Verknüpfen von Daten in Registern und Speicherzellen. Das Setzen und Löschen einzelner Bits in einem Byte ist der Hauptzweck für diese Anweisungen.

Bit-Test-Operationen

Ein großes Einsatzgebiet von Controllern stellen Steuerungen und Regelungen dar. Für solche Aufgaben gibt es eine besondere Gruppe von Befehlen. Diese Bit-Test-Befehle ermöglichen das Testen und Vergleichen von Daten als Einheit und auch bitweise. Sie bilden den Ausgangspunkt für die Sprung- und Verzweigungsbefehle, mit denen strukturierte leistungsfähige Programme erstellt werden.

Bedingte Verzweigungen

Den linearen Programmablauf in Abhängigkeit vom Zustand der Daten zu verlassen, ist Voraussetzung für jedes Programm. Befehle dieser Gruppe verändern den Befehlszähler, wenn bestimmte Flags im CC-Register gesetzt oder gelöscht sind, und führen relative Sprünge aus.

Unbedingte Sprünge und Unterprogrammverarbeitung

Ist bei bedingten Verzweigungen der weitere Programmlauf zur Zeit der Programmerstellung noch unbestimmt, so führen bedingte Sprünge immer zur Veränderung. In dieser Gruppe sind aber auch die Unterprogrammbefehle enthalten, mit denen das Programm für eine bestimmte Zeit an einer anderen Stelle fortgesetzt werden kann.

Flag-Operationen

Diese Befehle haben nur ein Ziel: das Condition-Code-Register. Mit ihnen erfolgt das Setzen und Löschen der Flags und Steuerbits. Zwei Befehle tauschen den Inhalt von Akku A und CC-Register und stellen die einzige Möglichkeit dar, bestimmte Bits zu verändern.

Prozessorsteuerungs-Befehle

Die letzte Gruppe im Befehlssatz des Controllers bilden die Prozessorsteuer-Befehle. Das Einstellen der Low-Power-Betriebsarten, die Software-Interrupts sowie die Interrupt-Rückkehrbehandlung gehören zu ihren Aufgaben.

Nach diesem groben Überblick über die Befehle des Mikrocontrollers, der auch für andere Controller gültig ist, wird in der nun folgenden Übersicht der Befehlssatz der MC86HC11-Familie vorgestellt. Die Befehle sind in alphabetischer Reihenfolge aufgeführt, um schneller auf bestimmte Beschreibungen zugreifen zu können. Aus dieser Darstellung können Informationen zur Funktion, zur Flag-Beeinflussung, zu Adressierungsarten, zum Opcode, zur Anzahl der Bytes sowie zu Ausführungszeiten entnommen werden. Jeder Befehl ist anhand eines Beispiels erläutert.

Außer dieser umfangreichen Darstellung sind alle Befehle noch einmal tabellarisch zusammengefaßt, allerdings erst im Anhang. Dort sind dann die Befehle entsprechend der Gruppeneinteilung zusammengefaßt. Mit jener Darstellung kann zunächst der für die Aufgabe entsprechende Befehl ausgesucht werden. Für mehr Informationen sorgt dann die alphabetische Aufstellung.

In der Darstellung sind einige Kurzbezeichnungen verwendet worden. Die Übersicht zeigt die eingesetzten Symbole:

direct	8-Bit-Adresse , die auf den Bereich $0 bis $FF zeigt
#data	8-Bit-Datenbyte $0 bis $FF
#data16	16-Bit-Datenwort $0 bis $FFFF
#maske	8-Bit-Maske
bit	Nummer eines Bit 0 bis 7
offs8	8-Bit-Offsetwert $0 bis $FF
addr16	16-Bit-Adreßwert
rel	relative Adreßdistanz
d...d	Daten-Byte
n...n	Adreß-Byte
m...m	Masken-Byte
r...r	relativer Adreßwert

2.2.4   Alphabetische Aufstellung der Befehle der MC68HC11-Familie

ABA   Addiere den Akku A zum Akku B

Operation: (ACCA) = (ACCA) + (ACCB)

Beschreibung: Addiere den Inhalt von Akku B zum Inhalt von Akku A. Das Ergebnis steht in Akku A, Akku B wird nicht verändert. Die Flags werden entsprechend dem Ergebnis gestellt.

Flags: H: gesetzt bei Übertrag von Bit 3, sonst gelöscht
N: gesetzt, wenn MSB des Ergebnisses = 1
Z: gesetzt, wenn Ergebnis = 0
V: gesetzt, wenn Zweierkomplement-Überlauf $7F \rightarrow \$80$
C: gesetzt, wenn Überlauf über MSB $FF \rightarrow \$00$

Beispiel: Der Akku A enthält den Wert $10 (00010000B), der Akku B den Wert $0A (00001010B). Nach der Operation steht im Akku A der Wert $1A (00011010B), B ist unverändert. Alle Flag-Bits sind gelöscht.

Adressierungsarten:

Inherent: ABA (ACCA) = (ACCA) + (ACCB)

Code: 1B   0001 1011

Bytes/Zyklen: 1/2

ABX   Addiere den Akku B zum Indexregister X

Operation: (IX) = (IX) + (ACCB)

Beschreibung: Der Inhalt des Akkumulators B wird vorzeichenlos zum Inhalt des X-Registers addiert. Dabei wird ein Übertrag vom unteren Byte zum höherwertigen Byte des X-Registers beachtet. Das B-Register bleibt unverändert.

Flags: Flags werden nicht beeinflußt.

Beispiel: Das X-Register enthält den Wert $92BE (10010010 10111110B), im Akku B steht der Wert $9C (10011100B). Als Ergebnis steht im X-Register $935A (10010011 01011010B).

Adressierungsarten:

Inherent: ABX (IX) = (IX) + (ACCB)

Code: 3A   0011 1010

Bytes/Zyklen:: 1 / 3

ABY   Addiere den Akku B zum Indexregister Y

Operation: (IY) = (IY) + (ACCB)

Beschreibung: Der Inhalt des Akkumulators B wird vorzeichenlos zum Inhalt des Y-Registers addiert. Dabei wird ein Übertrag vom unteren Byte zum höherwertigen Byte des Y-Registers beachtet. Das B-Register bleibt unverändert.

Flags: Flags werden nicht beeinflußt.

Beispiel: ähnliche Funktion wie ABX

Adressierungsarten:

Inherent: ABY (IY) = (IY) + (ACCB)

Code: 18 3A 0001 1000 0011 1010

Bytes/Zyklen: 2 / 4

ADC   Addieren mit Übertrag

Operation: (ACCx) = (ACCx) + (M) + (C)

Beschreibung: Addiere den Inhalt der Speicherstelle M zum Inhalt von Akku A oder B, zuzüglich des Carry-Flags. Das Ergebnis steht in Akku A bzw. B, der Speicherinhalt M wird nicht verändert. Die Flags werden entsprechend dem Ergebniss gestellt.

Flags: H: gesetzt bei Übertrag von Bit 3, sonst gelöscht
              N: gesetzt, wenn MSB des Ergebnisses = 1
              Z: gesetzt, wenn Ergebnis = 0

V: gesetzt, wenn Zweierkomplement-Überlauf $7F → $80

C: gesetzt, wenn Überlauf über MSB $FF → $00

Beispiel: Im Akku A befindet sich der Wert $12 (00010010B), das Carry-Flag ist gelöscht, und auf der Speicherstelle $0050 steht der Wert $80 (10000000B). Der Befehl ADC $50 bildet die Summe aus dem Inhalt der Speicherstelle $0050, dem Akku und dem Carry-Bit. Das Ergebnis $A2 (10100010B) steht danach im Akku A. Der Wert auf der Speicherstelle wird nicht verändert (Direkte oder Absolute Adressierung).

Adressierungsarten:

| **Unmittelbar:** | ADCA #data | (Akku A) = (Akku A) + data + C |
| | ADCB #data | (Akku B) = (Akku B) + data + C |

| *Code:* | 89 #data | 1000 1001 dddd dddd (ADCA) |
| | C9 #data | 1100 1001 dddd dddd (ADCB) |

Bytes/Zyklen: 2/2

| **Direkt:** | ADCA direct | (Akku A) = (Akku A) + (direct) + C |
| | ADCB direct | (Akku B) = (Akku B) + (direct) + C |

| *Code:* | 99 direct | 1001 1001 nnnn nnnn (ADCA) |
| | D9 direct | 1101 1001 nnnn nnnn (ADCB) |

Bytes/Zyklen: 2/3

| **Absolut:** | ADCA addr16 | (Akku A) = Akku A) + (addr16) + C |
| | ADCB addr16 | (Akku B) = Akku B) + (addr16) + C |

| *Code:* | B9 addr16 | 1011 1001 nnnn nnnn nnnn nnnn (ADCA) |
| | F9 addr16 | 1111 1001 nnnn nnnn nnnn nnnn (ADCB) |

Bytes/Zyklen: 3/4

| **Ind(X):** | ADCA Offs8,X | (Akku A) = (Akku A) + (Offs8 + IX) + C |
| | ADCB Offs8,X | (Akku B) = (Akku B) + (Offs8 + IX) + C |

| *Code:* | A9 offs8 | 1010 1001 nnnn nnnn (ADCA) |
| | E9 offs8 | 1110 1001 nnnn nnnn (ADCB) |

Bytes/Zyklen: 2/4

| **Ind(Y):** | ADCA Offs8,Y | (Akku A) = (Akku A) + (Offs8 + IY) + C |
| | ADCB Offs8,Y | (Akku B) = (Akku B) + (Offs8 + IY) + C |

Code:	18 A9 offs8	0001 1000 1010 1001 nnnn nnnn (ADCA)
	18 E9 offs8	0001 1000 1110 1001 nnnn nnnn (ADCB)

Bytes/Zyklen: 3/5

ADD   Addieren ohne Übertrag

Operation: $(ACCx) = (ACCx) + (M)$

Beschreibung: Addiere den Inhalt der Speicherstelle M zum Inhalt von Akku A oder B. Das Ergebnis steht in Akku A bzw. B, der Speicherinhalt M wird nicht verändert. Die Flags werden entsprechend dem Ergebnis gestellt.

Flags: H: gesetzt bei Übertrag von Bit 3, sonst gelöscht
N: gesetzt, wenn MSB des Ergebnisses = 1
Z: gesetzt, wenn Ergebnis = 0
V: gesetzt, wenn Zweierkomplement-Überlauf \$7F $\rightarrow$ \$80
C: gesetzt, wenn Überlauf über MSB \$FF $\rightarrow$ \$00

Beispiel: Im Akku A befindet sich der Wert \$42 (01000010B), im Y-Register der Wert \$1000, und auf der Speicherstelle \$1020 steht der Wert \$32 (00110010B). Der Befehl ADC \$20,Y bildet die Summe aus dem Inhalt der Speicherstelle \$1020 und dem Akku. Das Ergebnis \$74 (01110100B) steht danach im Akku A. Der Wert auf der Speicherstelle wird nicht verändert (Indizierte Adressierung mit Y-Register).

Adressierungsarten:

Unmittelbar:	ADCA #data	(Akku A) = (Akku A) + data
	ADCB #data	(Akku B) = (Akku B) + data

Code:	8B #data	1000 1011 dddd dddd (ADCA)
	CB #data	1100 1011 dddd dddd (ADCB)

Bytes/Zyklen: 2/2

Direkt:	ADCA direct	(Akku A) = (Akku A) + (direct)
	ADCB direct	(Akku B) = (Akku B) + (direct)

Code:	9B direct	1001 1011 nnnn nnnn (ADCA)
	DB direct	1101 1011 nnnn nnnn (ADCB)

Bytes/Zyklen: 2/3

Absolut:	ADCA addr16	(Akku A) = Akku A) + (addr16)
	ADCB addr16	(Akku B) = Akku B) + (addr16)
Code:	BB addr16	1011 1011 nnnn nnnn nnnn nnnn (ADCA)
	FB addr16	1111 1011 nnnn nnnn nnnn nnnn (ADCB)
Bytes/Zyklen:	3/4	
Ind(X):	ADCA Offs8,X	(Akku A) = (Akku A) + (Offs8 + IX)
	ADCB Offs8,X	(Akku B) = (Akku B) + (Offs8 + IX)
Code:	AB offs8	1010 1011 nnnn nnnn (ADCA)
	EB offs8	1110 1011 nnnn nnnn (ADCB)
Bytes/Zyklen:	2/4	
Ind(Y):	ADCA Offs8,Y	(Akku A) = (Akku A) + (Offs8 + IY)
	ADCB Offs8,Y	(Akku B) = (Akku B) + (Offs8 + IY)
Code:	18 AB offs8	0001 1000 1010 1011 nnnn nnnn (ADCA)
	18 EB offs8	0001 1000 1110 1011 nnnn nnnn (ADCB)
Bytes/Zyklen:	3/5	

ADDD Addiere den Doppelakku mit Speicherstelle ohne Übertrag

Operation: $(ACCD) = (ACCD) + (M:M+1)$

Beschreibung: Der Inhalt des Doppelregisters D wird mit dem Inhalt der Speicherstellen M und M+1 addiert und das Ergebnis im Doppelakku abgelegt. Die Speicherstellen bleiben unverändert.

Flags: N: gesetzt, wenn MSB des Ergebnisses = 1
Z: gesetzt, wenn Ergebnis = 0
V: gesetzt, wenn Zweierkomplement-Überlauf $7F → $80
C: gesetzt, wenn Überlauf über MSB $FF → $00

Beispiel: Der Doppelakku D enthält den Wert $0123 (00000001 00100011B). Auf den Speicherstellen $8000 und $8001 stehen die Werte $60 (01100000B) und $45 (01000101B). Damit ergibt der Befehl ADDD $8000 das Ergebnis $6168 (01100001 01101000B) im Akku D (Absolute Adressierung).

Adressierungsarten:

Unmittelbar: ADDD #data16(Akku D) = (Akku D) + data16

Code: C3 #data16 1100 0011 dddd dddd dddd dddd

Bytes/Zyklen: 3/4

Direkt: ADDD direct (Akku D) = (Akku D) + (direct:direct+1)

Code: D3 direct 1101 0011 nnnn nnnn

Bytes/Zyklen: 2/5

Absolut: ADDD addr16 (Akku D) = Akku D) + (addr16:addr16+1)

Code: F3 addr16 1111 0011 nnnn nnnn nnnn nnnn

Bytes/Zyklen: 3/6

Ind(X): ADDD Offs8,X (Akku D) = (Akku D) + (Offs8 + IX:Offs8 + IX+1)

Code: E3 offs8 1110 0011 nnnn nnnn

Bytes/Zyklen: 2/6

Ind(Y): ADDD Offs8,Y (Akku D) = (Akku D) + (Offs8 + IY:Offs8 + IY+1)

Code: 18 E3 offs8 0001 1000 1110 0011 nnnn nnnn

Bytes /Zyklen: 3/7

AND   Bilde logisches UND des Akkus mit einer Speicherstelle

Operation: (ACCx) = (ACCx) AND (M)

Beschreibung: Der Befehl bildet das logische UND zwischen dem Inhalt der Speicherstelle M zum Inhalt von Akku A oder B. Das Ergebnis steht in Akku A bzw. B, der Speicherinhalt M wird nicht verändert. Die Flags stehen entsprechend dem Ergebnis.

Flags: N: gesetzt, wenn MSB des Ergebnisses = 1
Z: gesetzt, wenn Ergebnis = 0
V: wird immer gelöscht

Beispiel: Im Akku A befindet sich der Wert $4F (01001111B). Der Befehl AND $2D wandelt den Akkuinhalt in den Wert $0D (00001101B) (Unmittelbare Adressierung).

Adressierungsarten:

| **Unmittelbar:** | ANDA #data | (Akku A) = (Akku A) AND data |
| | ANDB #data | (Akku B) = (Akku B) AND data |

| *Code:* | 84 #data | 1000 0100 dddd dddd (ANDA) |
| | C4 #data | 1100 0100 dddd dddd (ANDB) |

Bytes/Zyklen: 2/2

| **Direkt:** | ANDA direct | (Akku A) = (Akku A) AND (direct) |
| | ANDB direct | (Akku B) = (Akku B) AND (direct) |

| *Code:* | 94 direct | 1001 0100 nnnn nnnn (ANDA) |
| | D4 direct | 1101 0100 nnnn nnnn (ANDB) |

Bytes/Zyklen: 2/3

Absolut:	ANDA addr16	(Akku A) = Akku A) AND (addr16)
	ANDB addr16	(Akku B) = Akku B) AND (addr16)
	B4 addr16	1011 0100 nnnn nnnn nnnn nnnn (ANDA)
	F4 addr16	1111 0100 nnnn nnnn nnnn nnnn (ANDB)

Bytes/Zyklen: 3/4

| **Ind(X):** | ANDA Offs8,X | (Akku A) = (Akku A) AND (Offs8 + IX) |
| | ANDB Offs8,X | (Akku B) = (Akku B) AND (Offs8 + IX) |

| *Code:* | A4 offs8 | 1010 0100 nnnn nnnn (ANDA) |
| | E4 offs8 | 1110 0100 nnnn nnnn (ANDB) |

Bytes/Zyklen: 2/4

| **Ind(Y):** | ANDA Offs8,Y | (Akku A) = (Akku A) AND (Offs8 + IY) |
| | ANDB Offs8,Y | (Akku B) = (Akku B) AND (Offs8 + IY) |

| *Code:* | 18 A4 offs8 | 0001 1000 1010 0100 nnnn nnnn (ANDA) |
| | 18 E4 offs8 | 0001 1000 1110 0100 nnnn nnnn (ANDB) |

Bytes/Zyklen: 3/5

ASL (LSL)

Arithmetisches Linksschieben (Logisches Linksschieben)

Operation: $C \leftarrow$ b7 b6 b5 b4 b3 b2 b1 b0 $\leftarrow 0$

Beschreibung: Der Inhalt des Akkus oder einer Speicherstelle wird um eine Bit-Position nach links geschoben. In die Position Bit 0 wird eine 0 eingeschoben, das Bit 7 kommt in das Carry-Flag. Das Ergebnis steht entweder im Akku oder in der Speicherstelle.

Flags:
N: gesetzt, wenn MSB des Ergebnisses = 1
Z: gesetzt, wenn Ergebnis = 0
V: gesetzt, wenn N gesetzt und C gelöscht ist oder wenn N gelöscht und C gesetzt ist, ansonsten wird V gelöscht.
C: übernimmt das Bit 7 des Bytes vor der Operation.

Beispiel: Im X-Register steht der Wert $1000, auf der Speicherstelle $1002 der Wert $C7 (11000111B). Nach dem Befehl ASL $02,X steht in der Speicherstelle der Wert $8E (10001110B) das Carry-Flag ist gesetzt. (Indizierte Adressierung mit dem X-Register).

Adressierungsarten:

Inherent:

ASLA	$C \leftarrow$ b7 b6 b5 b4 b3 b2 b1 b0 $\leftarrow 0$ (im Akku A)	
ASLB	$C \leftarrow$ b7 b6 b5 b4 b3 b2 b1 b0 $\leftarrow 0$ (im Akku B)	

Code:
48   0100 1000 (ASLA)
58   0101 1000 (ASLB)

Bytes/Zyklen: 1/2

Absolut: ASL addr16 $C -$ b7 b6 b5 b4 b3 b2 b1 b0 $- 0$ (in Speicher addr16)

Code: 78 addr16   0111 1000 nnnn nnnn nnnn nnnn

Bytes/Zyklen: 3/6

Ind(X): ASL Offs8,X $C \leftarrow$ b7 b6 b5 b4 b3 b2 b1 b0 $\leftarrow 0$ (in Speicher Offs8 + IX)

Code: 68 offs8   0110 1000 nnnn nnnn

Bytes/Zyklen: 2/6

Ind(Y): ASL Offs8,Y C ← b7 b6 b5 b4 b3 b2 b1 b0 ← 0 (in Speicher Offs8 + IY)

Code: 18 68 offs8   0001 1000 0110 1000 nnnn nnnn

Bytes/Zyklen: 3/7

ASLD (LSLD) Arithmetisches (logisches) Linksschieben im Doppelakku D

Operation: C ← b7 b6 b5 b4 b3 b2 b1 b0 ← b7 b6 b5 b4 b3 b2 b1 b0 ← 0

Beschreibung: Der Inhalt des Doppelakkus wird um eine Bit-Position nach links geschoben. In die Position Bit 0 wird eine 0 eingeschoben, das Bit 15 kommt in das Carry-Flag. Das Ergebnis steht im Akku.

Flags: N: gesetzt, wenn MSB des Ergebnisses = 1
Z: gesetzt, wenn Ergebnis = 0
V: gesetzt, wenn N gesetzt und C gelöscht ist oder wenn N gelöscht und C gesetzt ist, ansonsten wird V gelöscht.
C: übernimmt das Bit 7 des Bytes vor der Operation.

Beispiel: Im Akku D steht der Wert $18F6 (00011000 11110110B). Nach dem Befehl ASLD steht im Akku D der Wert $31EC (00110001 11101100B), das Carry-Flag ist nicht gesetzt.

Adressierungsarten:

Inherent: ASLD C ← b7 b6 b5 b4 b3 b2 b1 b0 ← b7 b6 b5 b4 b3 b2 b1 b0 ← 0

Code: 05   0000 0101

Bytes/Zyklen: 1/3

ASR Arithmetisches Rechtsschieben

Operation: b7 → b7 b6 b5 b4 b3 b2 b1 b0 → C

Beschreibung: Der Inhalt des Akkus oder einer Speicherstelle wird um eine Bit-Position nach rechts geschoben. In die Position Bit 7 wird noch einmal das Bit 7 eingeschoben, das Bit 0 kommt in das Carry-Flag (vorzeichenrichtiges Schieben!). Das Ergebnis steht entweder im Akku oder in der Speicherstelle.

Flags: N: gesetzt, wenn MSB des Ergebnisses = 1

Z: gesetzt, wenn Ergebnis = 0

V: gesetzt, wenn N gesetzt und C gelöscht ist oder wenn N gelöscht und C gesetzt ist, ansonsten wird V gelöscht.

C: übernimmt das Bit 0 des Bytes vor der Operation.

Beispiel: Im Akku A steht der Wert \$C5. Nach dem Befehl ASRA besitzt der Akku A den Wert \$E2 (11100010B), das Carry-Flag ist gesetzt (Inhärente Adressierung).

Adressierungsarten:

Inherent:	ASRA	$b7 \rightarrow b7\ b6\ b5\ b4\ b3\ b2\ b1\ b0 \rightarrow C$ (im Akku A)
	ASRB	$b7 \rightarrow b7\ b6\ b5\ b4\ b3\ b2\ b1\ b0 \rightarrow C$ (im Akku B)

Code:	47	0100 0111 (ASRA)
	57	0101 0111 (ASRB)

Bytes/Zyklen: 1/2

Absolut: ASR addr16 $b7 \rightarrow b7\ b6\ b5\ b4\ b3\ b2\ b1\ b0 \rightarrow C$

(in Speicher addr16)

Code: 77 addr16   0111 0111 nnnn nnnn nnnn nnnn

Bytes/Zyklen: 3/6

Ind(X):   ASR Offs8,X $b7 \rightarrow b7\ b6\ b5\ b4\ b3\ b2\ b1\ b0 \rightarrow C$

(in Speicher Offs8 + IX)

Code: 67 offs8   0110 0111 nnnn nnnn

Bytes/Zyklen: 2/6

Ind(Y):   ASR Offs8,Y $b7 \rightarrow b7\ b6\ b5\ b4\ b3\ b2\ b1\ b0 \rightarrow C$

(in Speicher Offs8 + IY)

Code: 18 67 offs8   0001 1000 0110 0111 nnnn nnnn

Bytes/Zyklen: 3/7

BCC (BHS) Verzweigen, wenn Carry-Flag gelöscht (vorzeichen-los)

Operation: (PC) = (PC) + 2 + rel   wenn C = 0

Beschreibung: Wenn das Carry-Flag im CC-Register gelöscht ist, wird das Programm an der neuen Adresse fortgesetzt. Das tritt immer dann ein, wenn bei einem Vergleich oder einer Subtraktion der Binärwert im Akku größer oder auch gleich dem Operand ist. Die neue Adresse ergibt sich aus dem PC des nächsten Befehls plus dem relativen Offset. Ist das Flag gesetzt, geht es mit dem nächsten Befehl weiter.

Flags: Die Flags werden nicht verändert.

Adressierungsart:

Relativ: BCC rel   (PC) = (PC) + 2 + rel   wenn C = 0

Code: 24 rel   0010 0100 rrrr rrrr

Bytes/Zyklen: 2/3

BCLR Löschen einzelner Bits in einer Speicherstelle

Operation: (M) = (M) AND NOT(maske) (Maskierte Bits löschen)

Beschreibung: Mit diesem Befehl werden alle Bits in der Speicherzelle gelöscht, die im Masken-Byte gesetzt sind. Alle anderen Bits ändern sich nicht.

Flags: N: gesetzt, wenn MSB des Ergebnisses = 1
Z: gesetzt, wenn Ergebnis = 0
V: wird immer gelöscht

Beispiel: Auf der Adresse $10 im Speicher steht der Wert $4F (01001111B). Der Befehl BCLR $10,$05 wandelt den Inhalt im Speicher in den Wert $4A (01001010B) (Direkte Adressierung).

Adressierungsarten:

Direkt: BCLR direct,#maske   (direct) = (direct) AND NOT(#maske)

Code: 15 direct #maske   0001 0101 dddd dddd mmmm mmmm

Bytes/Zyklen: 3/6

Ind(X):	BCLR Offs8,X, #maske	(M) = (M) AND NOT(#maske) (in Speicher Offs8+IX)
Code:	1D offs8 #maske	0001 1101 nnnn nnnn mmmm mmmm
Bytes/Zyklen:	3/7	
Ind(Y):	BCLR Offs8,Y,#maske	(M) = (M) AND NOT(#maske) (in Speicher Offs8+IY)
Code:	18 1D offs8 #maske	0001 1000 0001 1101 nnnn nnnn mmmm mmmm
Bytes/Zyklen:	4/8	

BCS (BLO)
Verzweigen, wenn Carry-Flag gesetzt (vorzeichenlos)

Operation: $(PC) = (PC) + 2 + rel$ wenn $C = 1$

Beschreibung: Wenn das Carry-Flag im CC-Register gesetzt ist, wird das Programm an der neuen Adresse fortgesetzt. Das ist immer dann der Fall, wenn bei einem Vergleich oder einer Subtraktion die Binärzahl im Akku kleiner als der Operand ist. Die neue Adresse ergibt sich aus dem PC des nächsten Befehls plus dem relativen Offset. Ist das Flag gelöscht, geht es mit dem nächsten Befehl weiter.

Flags: Die Flags werden nicht verändert.

Adressierungsart:

Relativ: BCS rel $(PC) = (PC) + 2 + rel$ wenn $C = 1$

Code: 25 rel   0010 0101 rrrr rrrr

Bytes/Zyklen: 2/3

BEQ Verzweigen, wenn Zero-Flag gesetzt (vorzeichenlos)

Operation: $(PC) = (PC) + 2 + rel$ wenn $Z = 1$

Beschreibung: Wenn das Zero-Flag im CC-Register gesetzt ist, wird das Programm an der neuen Adresse fortgesetzt. Diese ergibt sich aus dem PC des nächsten Befehls plus dem relativen Offset. Ist das Flag gelöscht, geht es mit dem nächsten Befehl weiter.

Flags: Die Flags werden nicht verändert.

Adressierungsart:

Relativ:	BEQ rel	$(PC) = (PC) + 2 + rel$	wenn $Z = 1$
Code:	27 rel	0010 0111 rrrr rrrr	
Bytes/Zyklen:	2/3		

BGE Verzweigen, wenn Ergebnis größer oder gleich Null (vorzeichenbehaftet)

Operation: $(PC) = (PC) + 2 + rel$ wenn $(N \text{ XOR } V) = 0$

Beschreibung: Diese Verzweigung wird für vorzeichenbehaftete Zahlen verwendet. Ist die Zweierkomplementzahl des Akkus größer als die Zweierkomplementzahl des Operanden oder auch gleich, geht das Programm an der neuen Adresse weiter. Diese ergibt sich aus dem PC des nächsten Befehls plus dem relativen Offset. Dazu werden die Flags N und V im CC-Register nach einem Vergleich oder einer Subtraktion getestet.

Flags: Die Flags werden nicht verändert.

Adressierungsart:

Relativ:	BGE rel	$(PC) = (PC) + 2 + rel$	wenn $(N \text{ XOR } V) = 0$
Code:	2C rel	0010 1100 rrrr rrrr	
Bytes/Zyklen:	2/3		

BGT   Verzweigen, wenn Ergebnis größer als Null (vorzeichenbehaftet)

Operation: $(PC) = (PC) + 2 + rel$ wenn $Z + (N \text{ XOR } V) = 0$

Beschreibung: Diese Verzweigung wird für vorzeichenbehaftete Zahlen verwendet. Ist die Zweierkomplementzahl des Akkus größer als die Zweierkomplementzahl des Operanden, geht das Programm an der neuen Adresse weiter. Diese ergibt sich aus dem PC des nächsten Befehls plus dem relativen Offset. Dazu werden die Flags N und V sowie Z im CC-Register nach einem Vergleich oder einer Subtraktion getestet.

Flags: Die Flags werden nicht verändert.

Adressierungsart:

Relativ: BGT rel $(PC) = (PC) + 2 + rel$ wenn $Z + (N \text{ XOR } V) = 0$

Code: 2E rel   0010 1110 rrrr rrrr

Bytes/Zyklen: 2/3

BHI   Verzweigen, wenn Ergebnis größer (vorzeichenlos)

Operation: $(PC) = (PC) + 2 + rel$ wenn Z und C = 0

Beschreibung: Wenn das Zero-Flag und das Carry-Flag im CC-Register gelöscht sind, wird das Programm an der neuen Adresse fortgesetzt. Das tritt dann ein, wenn bei einem Vergleich zweier Binärzahlen die Zahl im Akku größer ist. Die neue Adresse ergibt sich aus dem PC des nächsten Befehls plus dem relativen Offset. Ist das Flag gelöscht, geht es mit dem nächsten Befehl weiter.

Flags: Die Flags werden nicht verändert.

Adressierungsart:

Relativ: BHI rel $(PC) = (PC) + 2 + rel$ wenn Z und C = 0

Code: 22 rel   0010 0010 rrrr rrrr

Bytes/Zyklen: 2/3

BIT Bit im Speicher testen

Operation: (ACCx) = (ACCx) AND (M) (ACCx) und (M) bleiben unverändert.

Beschreibung: Der Befehl bildet das logische UND zwischen dem Inhalt der Speicherstelle M und dem Inhalt von Akku A oder B. Weder der Wert im Akku A bzw. B noch der Speicherinhalt M werden verändert. Die Flags werden entsprechend dem Ergebnis gestellt.

Flags: N: gesetzt, wenn MSB des Ergebnisses = 1
Z: gesetzt, wenn Ergebnis = 0
V: wird immer gelöscht

Beispiel: Im Akku A befindet sich der Wert $35 (00110101B). Der Befehl Bit $2D löscht das Z-Flag, das N-Flag und das V-Flag (Unmittelbare Adressierung).

Adressierungsarten:

Unmittelbar: BITA #data (Akku A) = (Akku A) AND data
BITB #data (Akku B) = (Akku B) AND data

Code: 85 #data 1000 0101 dddd dddd (BITA)
C5 #data 1100 0101 dddd dddd (BITB)

Bytes/Zyklen: 2/2

Direkt: BITA direct (Akku A) = (Akku A) AND (direct)
BITB direct (Akku B) = (Akku B) AND (direct)

Code: 95 direct 1001 0101 nnnn nnnn (BITA)
D5 direct 1101 0101 nnnn nnnn (BITB)

Bytes/Zyklen: 2/3

Absolut: BITA addr16 (Akku A) = Akku A) AND (addr16)
BITB addr16 (Akku B) = Akku B) AND (addr16)
B5 addr16 1011 0101 nnnn nnnn nnnn nnnn (BITA)
F5 addr16 1111 0101 nnnn nnnn nnnn nnnn (BITB)

Bytes/Zyklen: 3/4

Ind(X):	BITA Offs8,X	(Akku A) = (Akku A) AND (Offs8 + IX)
	BITB Offs8,X	(Akku B) = (Akku B) AND (Offs8 + IX)
Code:	A5 offs8	1010 0101 nnnn nnnn (BITA)
	E5 offs8	1110 0101 nnnn nnnn (BITB)
Bytes/Zyklen:	2/4	
Ind(Y):	BITA Offs8,Y	(Akku A) = (Akku A) AND (Offs8 + IY)
	BITB Offs8,Y	(Akku B) = (Akku B) AND (Offs8 + IY)
Code:	18 A5 offs8	0001 1000 1010 0101 nnnn nnnn (BITA)
	18 E5 offs8	0001 1000 1110 0101 nnnn nnnn (BITB)
Bytes/Zyklen:	3/5	

BLE Verzweigen, wenn Ergebnis kleiner oder gleich Null (vorzeichenbehaftet)

Operation: $(PC) = (PC) + 2 + rel$ wenn $Z + (N \text{ XOR } V) = 1$

Beschreibung: Diese Verzweigung wird für vorzeichenbehaftete Zahlen verwendet. Ist die Zweierkomplementzahl des Akkus kleiner als die Zweierkomplementzahl des Operanden oder auch gleich, geht das Programm an der neuen Adresse weiter. Diese ergibt sich aus dem PC des nächsten Befehls plus dem relativen Offset. Dazu werden die Flags N und V sowie Z im CC-Register nach einem Vergleich oder einer Subtraktion getestet.

Flags: Die Flags werden nicht verändert.

Adressierungsart:

Relativ: BLE rel $(PC) = (PC) + 2 + rel$ wenn $Z + (N \text{ XOR } V) = 1$

Code: 2F rel   0010 1111 rrrr rrrr

Bytes/Zyklen: 2/3

BLS Verzweigen, wenn kleiner oder gleich (vorzeichenlos)

Operation: (PC) = (PC) + 2 + rel   wenn Z oder C = 1

Beschreibung: Wenn das Zero-Flag oder das Carry-Flag im CC-Register gesetzt ist, wird das Programm an der neuen Adresse fortgesetzt. Das tritt dann ein, wenn bei einem Vergleich oder einer Subtraktion zweier Binärzahlen die Zahl im Akku kleiner oder gleich dem Operanden ist. Die neue Adresse ergibt sich aus dem PC des nächsten Befehls plus dem relativen Offset. Ist das Flag gelöscht, geht es mit dem nächsten Befehl weiter.

Flags: Die Flags werden nicht verändert.

Adressierungsart:

Relativ: BLS rel   (PC) = (PC) + 2 + rel   wenn Z und C = 1

Code: 23 rel   0010 0011 rrrr rrrr

Bytes/Zyklen: 2/3

BLT Verzweigen, wenn Ergebnis kleiner Null (vorzeichenbehaftet)

Operation: (PC) = (PC) + 2 + rel   wenn (N XOR V) = 1

Beschreibung: Diese Verzweigung wird für vorzeichenbehaftete Zahlen verwendet. Ist die Zweierkomplementzahl des Akkus kleiner als die Zweierkomplementzahl des Operanden, geht das Programm an der neuen Adresse weiter. Diese ergibt sich aus dem PC des nächsten Befehls plus dem relativen Offset. Dazu werden die Flags N und V sowie Z im CC-Register nach einem Vergleich oder einer Subtraktion getestet.

Flags: Die Flags werden nicht verändert.

Adressierungsart:

Relativ: BLT rel   (PC) = (PC) + 2 + rel   wenn (N XOR V) = 1

Code: 2D rel   0010 1101 rrrr rrrr

Bytes/Zyklen: 2/3

BMI Verzweigen, wenn Ergebnis Minus

Operation: $(PC) = (PC) + 2 + rel$ wenn $N = 1$

Beschreibung: Wenn das Minus-Flag im CC-Register gesetzt ist, wird das Programm an der neuen Adresse fortgesetzt. Diese ergibt sich aus dem PC des nächsten Befehls plus dem relativen Offset. Ist das Flag gelöscht, geht es mit dem nächsten Befehl weiter.

Flags: Die Flags werden nicht verändert.

Adressierungsart:

Relativ: BMI rel $(PC) = (PC) + 2 + rel$ wenn $N = 1$

Code: 2B rel   0010 1011   rrrr rrrr

Bytes/Zyklen: 2 / 3

BNE Verzweigen, wenn Zero-Flag gelöscht (vorzeichenlos)

Operation: $(PC) = (PC) + 2 + rel$ wenn $Z = 0$

Beschreibung: Wenn das Zero-Flag im CC-Register gelöscht ist, wird das Programm an der neuen Adresse fortgesetzt. Diese ergibt sich aus dem PC des nächsten Befehls plus dem relativen Offset. Ist das Flag gesetzt, geht es mit dem nächsten Befehl weiter.

Flags: Die Flags werden nicht verändert.

Adressierungsart:

Relativ: BNE rel $(PC) = (PC) + 2 + rel$ wenn $Z = 0$

Code: 26 rel   0010 0110   rrrr rrrr

Bytes/Zyklen: 2 / 3

BPL Verzweigen, wenn Ergebnis Positiv

Operation: (PC) = (PC) + 2 + rel   wenn N = 0

Beschreibung: Wenn das Minus-Flag im CC-Register gelöscht ist, wird das Programm an der neuen Adresse fortgesetzt. Diese ergibt sich aus dem PC des nächsten Befehls plus dem relativen Offset. Ist das Flag gesetzt, geht es mit dem nächsten Befehl weiter.

Flags: Die Flags werden nicht verändert.

Adressierungsart:

Relativ: BPL rel   (PC) = (PC) + 2 + rel   wenn N = 0

Code: 2A rel   0010 1010 rrrr rrrr

Bytes/Zyklen: 2/3

BRA Relativer Sprung

Operation: (PC) = (PC) + 2 + rel

Beschreibung: Das Programm wird an der neuen Adresse fortgesetzt. Diese ergibt sich aus dem PC des nächsten Befehls plus dem relativen Offset.

Flags: Die Flags werden nicht verändert.

Adressierungsart:

Relativ: BRA rel   (PC) = (PC) + 2 + rel

Code: 20 rel   0010 0000 rrrr rrrr

Bytes/Zyklen: 2/3

BRCLR Verzweigen, wenn die maskierten Bits der Speicherstelle gelöscht sind

Operation: (PC) = (PC) + 2 + rel   wenn (M) AND maske = 0

Beschreibung: Das Programm wird an der neuen Adresse fortgesetzt, wenn die mit der Maske markierten Bits in der Speicherzelle null sind. Diese neue Adresse ergibt sich aus dem PC des nächsten Befehls plus dem relativen Offset. Sind die Bits nicht gesetzt, geht es mit dem nächsten Befehl weiter.

Flags: Die Flags werden nicht verändert.

Beispiel: Bei dem Befehl BRCLR $10,$05 wird dann gesprungen, wenn die Bit 0 und 2 auf der Speicherstelle $10 gelöscht sind (Direkte Adressierung).

Adressierungsarten:

Direkt: BRCLR direct,#maske rel   (PC) = (PC) + 2 + rel
wenn (direct) AND #maske = 0

Code: 13 direct #maske rel   0001 0011 dddd dddd
mmmm mmmm rrrr rrrr

Bytes/Zyklen: 4/6

Ind(X): BRCLR Offs8,X,#maske rel   (PC) = (PC) + 2 + rel
wenn (M) AND #maske = 0
in Speicher Offs8 + IX)

Code: 1F offs8 #maske rel   0001 1111 nnnn nnnn
mmmm mmmm rrrr rrrr

Bytes/Zyklen: 4/7

Ind(Y): BRCLR Offs8,Y,#maske rel   (PC) = (PC) + 2 + rel
wenn (M) AND #maske = 0
(in Speicher Offs8 + IY)

Code: 18 1F offs8 #maske rel   0001 1000 0001 1111
nnnn nnnn mmmm mmmm rrrr rrrr

Bytes/Zyklen: 5/8

BRN   Springe niemals (2 * NOP)

Operation: (PC) = (PC) + 2 + rel Niemals!

Beschreibung: Das Programm würde an der neuen Adresse fortgesetzt. Das tritt jedoch niemals ein. Der Befehl ist unsinnig und wirkt wie zwei NOP-Befehle.

Flags: Die Flags werden nicht verändert.

Adressierungsart:

Relativ: BRN rel (PC) = (PC) + 2 + rel

Code: 21 rel 0010 0001 rrrr rrrr

Bytes/Zyklen: 2 / 3

BRSET   Verzweigen, wenn die maskierten Bits der Speicherstelle gesetzt sind

Operation: (PC) = (PC) + 2 + rel   wenn (M) AND NOT(maske) = 1

Beschreibung: Das Programm wird an der neuen Adresse fortgesetzt, wenn die mit der Maske markierten Bits in der Speicherzelle gesetzt sind. Diese neue Adresse ergibt sich aus dem PC des nächsten Befehls plus dem relativen Offset. Sind die Bits nicht gelöscht, geht es mit dem nächsten Befehl weiter.

Flags: Die Flags werden nicht verändert.

Beispiel: Bei dem Befehl BRSET \$11,\$0F wird dann gesprungen, wenn die Bit 0 bis 3 auf der Speicherstelle \$11 gesetzt sind (Direkte Adressierung).

Adressierungsarten:

Direkt: BRSET direct,#maske rel   (PC) = (PC) + 2 + rel
                                      wenn (direct) AND NOT(#maske) = 1

Code: 12 direct #maske rel   0001 0010 dddd dddd mmmm
                                 mmmm rrrr rrrr

Bytes/Zyklen: 4 / 6

Ind(X):	BRSET Offs8,X,#maske rel	(PC) = (PC) + 2 + rel
		wenn (M) AND NOT(#maske) = 1
		(in Speicher Offs8 + IX)

| *Code:* | 1E offs8 #maske rel | 0001 1110 nnnn nnnn mmmm mmmm |
| | | rrrr rrrr |

Bytes/Zyklen: 4/7

Ind(Y):	BRSET Offs8,Y,#maske rel	(PC) = (PC) + 2 + rel
		wenn (M) AND NOT(#maske) = 1
		(in Speicher Offs8 + IY)

| *Code:* | 18 1E offs8 #maske rel | 0001 1000 0001 1110 |
| | | nnnn nnnn mmmm mmmm rrrr rrrr |

Bytes/Zyklen: 5/8

BSET   Setzt einzelne Bits in einer Speicherstelle

Operation: (M) = (M) OR maske (Maskierte Bits setzen)

Beschreibung: Mit diesem Befehl werden alle Bits in der Speicherzelle gesetzt, die auch im Masken-Byte gesetzt sind. Alle anderen Bits ändern sich nicht.

Flags: N: gesetzt, wenn MSB des Ergebnisses = 1
Z: gesetzt, wenn Ergebnis = 0
V: wird immer gelöscht

Beispiel: Auf der Adresse $08 im Speicher steht der Wert $03 (00000011B). Der Befehl BSET $08,$05 wandelt den Inhalt im Speicher in den Wert $07 (00000111B) (Direkte Adressierung).

Adressierungsarten:

Direkt: BSET direct,#maske   (direct) = (direct) OR #maske

Code: 14 direct #maske   0001 0100 dddd dddd mmmm mmmm

Bytes/Zyklen: 3/6

| **Ind(X):** | BSET Offs8,X,#maske | (M) = (M) OR (#maske) |
| | | (in Speicher Offs8 + IX) |

Code: 1C offs8 #maske   0001 1100 nnnn nnnn mmmm mmmm

Bytes/Zyklen: 3/7

| **Ind(Y):** | BSET Offs8,Y,#maske | (M) = (M) OR (#maske) |
| | | (in Speicher Offs8 + IY) |

Code: 18 1C offs8 #maske   0001 1000 0001 1100 nnnn nnnn

                                                    mmmm mmmm

Bytes/Zyklen: 4/8

BSR   Verzweigen in ein Unterprogramm mit relativer Adresse

Operation: STACK = PC + 2; SP = SP − 2; PC = PC + rel

Beschreibung: Der Befehl bewirkt einen Sprung mit Rückkehrabsicht in ein Unterprogramm. Zuvor wird der PC des nächsten Befehls PC + 2 in den Stack geladen und der Stackpointer um 2 Adressen verringert (Rückkehradresse retten). Der neue PC wird mit der Summe aus dem aktuellen Wert plus dem relativen Offset aus dem Argument gebildet.

Flags: Die Flags werden nicht verändert.

Beispiel: Der BSR $10-Befehl steht auf der Adresse $FD05; der SP hat den Wert $1100; bei der Ausführung wird der Wert $07 (Low-Teil des nächsten Befehls nach dem BSR-Befehl) auf den Stack $1100 und der Wert $FD (High-Teil) auf den Stack $10FF gebracht. Danach zeigt der SP auf die Adresse $10FE. Aus dem momentanen PC ($FD05) und dem Offset $10 wird der neue PC-Wert $FD15 berechnet. Dort wird das Programm fortgesetzt.

Adressierungsarten:

Relativ: BSR rel

Code: 8D rel   1000 1101 rrrr rrrr

Bytes/Zyklen: 2/6

BVC Verzweigen, wenn Vorzeichenüberlauf (vorzeichenbehaftet)

Operation: (PC) = (PC) + 2 + rel   wenn V = 0

Beschreibung: Diese Verzweigung wird für vorzeichenbehaftete Zahlen verwendet. Ist das V-Bit im CC-Register gelöscht, geht das Programm an der neuen Adresse weiter. Diese ergibt sich aus dem PC des nächsten Befehls plus dem relativen Offset. Wenn kein Überlauf auftrat, geht das Programm mit dem nächsten Befehl weiter.

Flags: Die Flags werden nicht verändert.

Adressierungsart:

Relativ:	BVC rel	(PC) = (PC) + 2 + rel wenn V = 0
Code:	28 rel	0010 1000 rrrr rrrr
Bytes/Zyklen:	2/3	

BVS Verzweigen, wenn kein Vorzeichenüberlauf (vorzeichenbehaftet)

Operation: (PC) = (PC) + 2 + rel   wenn V = 1

Beschreibung: Diese Verzweigung wird für vorzeichenbehaftete Zahlen verwendet. Ist das V-Bit im CC-Register gesetzt, geht das Programm an der neuen Adresse weiter. Diese ergibt sich aus dem PC des nächsten Befehls plus dem relativen Offset. Wenn ein Überlauf auftrat, geht das Programm mit dem nächsten Befehl weiter.

Flags: Die Flags werden nicht verändert.

Adressierungsart:

Relativ:	BVS rel	(PC) = (PC) + 2 + rel wenn V = 1
Code:	29 rel	0010 1001 rrrr rrrr
Bytes/Zyklen:	2/3	

CBA Vergleiche Akku A mit Akku B

Operation: (ACCA) – (ACCB) ohne Veränderung

Beschreibung: Die Differenz aus Akku A minus Akku B wird gebildet, und die Flags werden entsprechend gesetzt. Die Werte selber werden nicht verändert.

Flags:
N: gesetzt, wenn MSB des Ergebnisses = 1
Z: gesetzt, wenn Ergebnis = 0
V: gesetzt, wenn Zweierkomplement-Überlauf $7F → $80
C: gesetzt, wenn Überlauf über MSB $FF → $00

Beispiel: Der Akku A enthält den Wert $4F, der Akku B den Wert $71. Als Ergebnis der Operation ist das N-, V- und das C-Flag gesetzt.

Adressierungsart:

Inherent:	CBA	(ACCA) – (ACCB)
Code:	11	0001 0001
Bytes/Zyklen:	1/2	

CLC Löschen des C-Flags

Operation: C = 0

Beschreibung: Der Befehl löscht das Carry-Flag im CC-Register.

Flags: C: Das Bit wird gelöscht.

Adressierungsart:

Inherent:	CLC	C = 0
Code:	0C	0000 1100
Bytes/Zyklen:	1/2	

CLI   Löschen des I-Flags

Operation: I = 0

Beschreibung: Der Befehl löscht das Interrupt-Flag im CC-Register. Dadurch werden maskierte Interrupts erlaubt.

Flags: I: Das Bit wird gelöscht.

Adressierungsart:

Inherent:	CLI	I = 0
Code:	0E	0000 1110
Bytes/Zyklen:	1/2	

CLR   Löschen der Akkumulatoren oder Speicherstellen

Operation: (ACCx) = 0 oder (M) = 0

Beschreibung: Der Akku oder die Speicherzelle werden auf 0 gesetzt.

Flags: N: wird gelöscht
Z: wird gelöscht
V: wird gelöscht
C: wird gelöscht

Beispiel: Der Befehl CLR $1000 löscht die Speicherstelle $1000.

Adressierungsart:

Inherent:	CLRA	(ACCA) = 0
	CLRB	(ACCB) = 0
Code:	4F	0100 1111 (ACCA)
	5F	0101 1111 (ACCB)
Bytes/Zyklen:	1/2	
Absolut:	CLR addr16	(addr16) = 0
Code:	7F addr16	0111 1111 nnnn nnnn nnnn nnnn
Bytes/Zyklen:	3/6	

IND(X):	CLR offs8,X	(offs8 + IX) = 0
Code:	6F offs8	0110 1111 nnnn nnnn
Bytes/Zyklen:	2/6	
IND(Y):	CLR offs8,Y	(offs8 + IY) = 0
Code:	18 6F offs8	0001 1000 0110 1111 nnnn nnnn
Bytes/Zyklen:	3/7	

CLV   Löschen des Zweierkomplement-Übertrag-Flags

Operation: V = 0

Beschreibung: Der Befehl löscht das Zweierkomplement-Übertrag-Flag V im CC-Register.

Flags: V: Das Bit wird gelöscht.

Adressierungsart:

Inherent:	CLV	V = 0
Code:	0A	0000 1010
Bytes/Zyklen:	1/2	

CMP   Vergleiche Akku A oder Akku B mit Speicherstelle

Operation: (ACCx) – (M) ohne Veränderung

Beschreibung: Die Differenz aus Akku A (B) minus Speicherzelle M wird gebildet, und die Flags werden entsprechend gesetzt. Die Werte selber werden nicht verändert.

Flags: N: gesetzt, wenn MSB des Ergebnisses = 1
Z: gesetzt, wenn Ergebnis = 0
V: gesetzt, wenn Zweierkomplement-Überlauf \$7F → \$80
C: gesetzt, wenn Überlauf über MSB \$FF → \$00

Beispiel: Der Akku A enthält den Wert \$50, die Speicherstelle \$10 den Wert \$20. Als Ergebnis der Operation CMP \$10 ist das N-, V-, Z- und das C-Flag gelöscht.

Adressierungsart:

Unmittelbar:	CMPA #data	(Akku A) – data
	CMPB #data	(Akku B) – data

Code:	81 #data	1000 0001 dddd dddd (CMPA)
	C1 #data	1100 0001 dddd dddd (CMPB)

Bytes/Zyklen: 2/2

Direkt:	CMPA direct	(Akku A) – (direct)
	CMPB direct	(Akku B) – (direct)

Code:	91 direct	1001 0001 nnnn nnnn (CMPA)
	D1 direct	1101 0001 nnnn nnnn (CMPB)

Bytes/Zyklen: 2/3

Absolut:	CMPA addr16	(Akku A) – (addr16)
	CMPB addr16	(Akku B) – (addr16)
	B1 addr16	1011 0001 nnnn nnnn nnnn nnnn (CMPA)
	F1 addr16	1111 0001 nnnn nnnn nnnn nnnn (CMPB)

Bytes/Zyklen: 3/4

Ind(X):	CMPA Offs8,X	(Akku A) – (Offs8 + IX)
	CMPB Offs8,X	(Akku B) – (Offs8 + IX)

Code:	A1 offs8	1010 0001 nnnn nnnn (CMPA)
	E1 offs8	1110 0001 nnnn nnnn (CMPB)

Bytes/Zyklen: 2/4

Ind(Y):	CMPA Offs8,Y	(Akku A) – (Offs8 + IY)
	CMPB Offs8,Y	(Akku B) – (Offs8 + IY)

Code:	18 A1 offs8	0001 1000 1010 0001 nnnn nnnn (CMPA)
	18 E1 offs8	0001 1000 1110 0001 nnnn nnnn (CMPB)

Bytes/Zyklen: 3/5

COM   Komplement im Akku oder Speicher bilden

Operation: (ACCx) = $FF – (ACCx) oder (M) = $FF – (M)

Beschreibung: Im Akku oder einer Speicherzelle wird das Einerkomplement gebildet. Der Inhalt wird bitweise invertiert.

Flags: N: gesetzt, wenn MSB des Ergebnisses = 1
               Z: gesetzt, wenn Ergebnis = 0
               V: wird gelöscht
               C: wird gesetzt

Beispiel: Im Akku A steht der Wert $05. Der Befehl COMA verändert den Inhalt in den Wert $FA.

Adressierungsart:

Inherent:	COMA	(ACCA) = $FF – (ACCA)
	COMB	(ACCB) = $FF – (ACCB)
Code:	43	0100 0011 (COMA)
	53	0101 0011 (COMB)
Bytes/Zyklen:	1/2	
Absolut:	COM addr16	(addr16) = $FF – (addr16)
Code:	73 addr16	0111 0011 nnnn nnnn nnnn nnnn
Bytes/Zyklen:	3/6	
Ind(X):	COM Offs8,X	(Offs8 + IX) = $FF – (Offs8 + IX)
Code:	63 offs8	0110 0011 nnnn nnnn
Bytes/Zyklen:	2/6	
Ind(Y):	COM Offs8,Y	(Offs8 + IY) = $FF – (Offs8 + IY)
Code:	18 63 offs8	0001 1000 0110 0011 nnnn nnnn
Bytes/Zyklen:	3/7	

CPD   Vergleiche den Doppelakku mit Speicherstelle M

Operation: (ACCD) – (M:M+1)

Beschreibung: Der Inhalt des Doppelregisters D wird mit dem Inhalt der Speicherstellen M und M+1 verglichen, und die Flags werden entsprechend gesetzt. Die beiden Operanden bleiben dabei unverändert.

Flags: N: gesetzt, wenn MSB des Ergebnisses = 1
Z: gesetzt, wenn Ergebnis = 0
V: gesetzt, wenn Zweierkomplement-Überlauf $7FFF \rightarrow \$8000$
C: gesetzt, wenn Überlauf über MSB $FFFF \rightarrow \$0000$

Beispiel: Der Doppelakku D enthält den Wert $0100 (00000001 00000000B). Auf den Speicherstellen $5000 und $5001 stehen die Werte $01 (00010000B) und $00 (00000000B). Damit wird durch den Befehl CPD $5000 nur das Z-Flag gesetzt (Absolute Adressierung).

Adressierungsarten:

Unmittelbar: CPD #data16   (Akku D) – data16

Code: 1A 83 #data16   0001 1010 1000 0011 dddd dddd dddd dddd

Bytes/Zyklen: 4/5

Direkt: CPD direct   (Akku D) – (direct:direct+1)

Code: 1A 93 direct   0001 1010 1001 0011 nnnn nnnn

Bytes/Zyklen: 3/6

Absolut: CPD addr16   (Akku D) – (addr16:addr16+1)

Code: 1A B3 addr16   0001 1010 1011 0011 nnnn nnnn nnnn nnnn

Bytes/Zyklen: 4/7

Ind(X):   CPD Offs8,X   (Akku D) – (Offs8 + IX:Offs8 + IX+1)

Code: 1A A3 offs8   0001 1010 1010 0011 nnnn nnnn

Bytes/Zyklen: 3/7

Ind(Y):   CPD Offs8,Y   (Akku D) – (Offs8 + IY:Offs8 + IY+1)

Code: CD A3 offs8   1100 1101 1010 0011 nnnn nnnn

Bytes/Zyklen: 3/7

CPX Vergleiche das Indexregister X mit Speicherstelle M

Operation: (IX) − (M:M+1)

Beschreibung: Der Inhalt des Indexregisters X wird mit dem Inhalt der Speicherstellen M und M+1 verglichen, und die Flags werden entsprechend gesetzt. Die beiden Operanden bleiben dabei unverändert.

Flags:
N: gesetzt, wenn MSB des Ergebnisses = 1
Z: gesetzt, wenn Ergebnis = 0
V: gesetzt, wenn Zweierkomplement-Überlauf $7FFF → $8000
C: gesetzt, wenn Überlauf über MSB $FFFF → $0000

Beispiel: Der Indexregister enthält den Wert $FFFF (11111111 11111111B). Das Argument des Befehls ist $1000 (00010000B). Damit wird durch den Befehl CPX $1000 nur das N-Flag gesetzt (Unmittelbare Adressierung).

Adressierungsarten:

Unmittelbar: CPX #data16 (IX) − data16

Code: 8C #data16 1000 1100 dddd dddd dddd dddd

Bytes/Zyklen: 3/4

Direkt: CPX direct (IX) − (direct:direct+1)

Code: 9C direct 1001 1100 nnnn nnnn

Bytes/Zyklen: 2/5

Absolut: CPX addr16 (IX) − (addr16:addr16+1)

Code: BC addr16 1011 1100 nnnn nnnn nnnn nnnn

Bytes/Zyklen: 3/6

Ind(X): CPX Offs8,X (IX) − (Offs8 + IX:Offs8 + IX+1)

Code: AC offs8 1010 1100 nnnn nnnn

Bytes/Zyklen: 2/6

Ind(Y): CPX Offs8,Y (IY) − (Offs8 + IY:Offs8 + IY+1)

Code: CD AC offs8 1100 1101 1010 1100 nnnn nnnn

Bytes/Zyklen: 3/7

CPY   Vergleiche das Indexregister Y mit Speicherstelle M

Operation: (IY) – (M:M+1)

Beschreibung: Der Inhalt des Indexregisters Y wird mit dem Inhalt der Speicherstellen M und M+1 verglichen, und die Flags werden entsprechend gesetzt. Die beiden Operanden bleiben dabei unverändert.

Flags: N: gesetzt, wenn MSB des Ergebnisses = 1
Z: gesetzt, wenn Ergebnis = 0
V: gesetzt, wenn Zweierkomplement-Überlauf $7FFF → $8000
C: gesetzt, wenn Überlauf über MSB $FFFF → $0000

Adressierungsarten:

Unmittelbar: CPY #data16   (IY) – data16

Code: 18 8C #data16   0001 1000 1000 1100 dddd dddd dddd dddd

Bytes/Zyklen: 4/5

Direkt: CPY direct   (IY) – (direct:direct+1)

Code: 18 9C direct   0001 1000 1001 1100 nnnn nnnn

Bytes/Zyklen: 3/6

Absolut: CPY addr16   (IY) – (addr16:addr16+1)

Code: 18 BC addr16   0001 1000 1011 1100 nnnn nnnn nnnn nnnn

Bytes/Zyklen: 4/7

Ind(X):   CPY Offs8,X   (IY) – (Offs8 + IX:Offs8 + IX+1)

Code: 18 AC offs8   0001 1000 1010 1100 nnnn nnnn

Bytes/Zyklen: 3/7

Ind(Y):   CPY Offs8,Y   (IY) – (Offs8 + IY:Offs8 + IY+1)

Code: 18 AC offs8   0001 1000 1010 1100 nnnn nnnn

Bytes/Zyklen: 3/7

DAA   Dezimalkorrektur des Akkus A

Operation: (ACCA) = Korrektur(ACCA)

Beschreibung: Der Inhalt des Akkus A wird entsprechend der Werte der C- und H-Flags so korrigiert, daß als Ergebnis wieder eine gültige BCD-Zahl im Akku steht.

Flags: N: gesetzt, wenn MSB des Ergebnisses = 1
Z: gesetzt, wenn Ergebnis = 0
V: unbestimmt
C: entsprechend Ergebnis

Beispiel: Beispiel im Anschluß

Adressierungsart:

Inherent: DAA

Code: 19   0001 1001

Bytes/Zyklen: 1/2

DEC   Dekrementiere Akku oder Speicherstelle M

Operation: (ACCx) = (ACCx) − 1 oder (M) = (M) -1

Beschreibung: Der Inhalt des Akkus A oder B bzw. der Speicherzelle M wird um eins vermindert. Die Flags (außer C-Flag) werden beeinflußt.

Flags: N: gesetzt, wenn MSB des Ergebnisses = 1
Z: gesetzt, wenn Ergebnis = 0
V: gesetzt, wenn Zweierkomplement-Überlauf $7F → $80
C: bleibt unverändert

Beispiel: Der Akku A enthält vor DECA den Wert $FF, danach $FE.

Adressierungsart:

Inherent:	DECA	(ACCA) = (ACCA) – 1
	DECB	(ACCB) = (ACCB) – 1
Code:	4A	0100 1010 (DECA)
	5A	0101 1010 (DECB)
Bytes/Zyklen:	1/2	
Absolut:	DEC addr16	(addr16) = (addr16) – 1
Code:	7A addr16	0111 1010 nnnn nnnn nnnn nnnn
Bytes/Zyklen:	3/6	
Ind(X):	DEC Offs8,X	(Offs8 + IX) = (Offs8 + IX) – 1
Code:	6A offs8	0110 1010 nnnn nnnn
Bytes/Zyklen:	2/6	
Ind(Y):	DEC Offs8,Y	(Offs8 + IY) = (Offs8 + IY) – 1
Code:	18 6A offs8	0001 1000 0110 1010 nnnn nnnn
Bytes/Zyklen:	3/7	

DES   Dekrementieren des Stack Pointers

Operation: (SP) = (SP) – 1

Beschreibung: Der Befehl vermindert den Inhalt des Stack Pointers um eins.

Flags: Die Flags werden nicht verändert.

Adressierungsart:

Inherent:	DES (SP) = (SP) – 1	
Code:	34 0011 0100	
Bytes/Zyklen:	1/3	

DEX   Dekrementieren des Indexregisters X

Operation: (IX) = (IX) – 1

Beschreibung: Der Befehl vermindert den Inhalt des Indexregisters X um eins.

Flags: Z: gesetzt, wenn Ergebnis = 0

Adressierungsart:

Inherent: DEX   (IX) = (IX) – 1

Code: 09   0000 1001

Bytes/Zyklen: 1/3

DEY   Dekrementieren des Indexregisters Y

Operation: (IY) = (IY) – 1

Beschreibung: Der Befehl vermindert den Inhalt des Indexregisters Y um eins.

Flags: Z: gesetzt, wenn Ergebnis = 0

Adressierungsart:

Inherent: DEY   (IY) = (IY) – 1

Code: 18   09 0001 1000 0000 1001

Bytes/Zyklen: 2/4

EOR   Bilde logisches Exklusiv-ODER des Akkus mit einer Speicherstelle

Operation: (ACCx) = (ACCx) EOR (M)

Beschreibung: Der Befehl bildet das logische Exklusiv-ODER zwischen dem Inhalt der Speicherstelle M zum Inhalt von Akku A oder B. Das Ergebnis steht in Akku A bzw. B, der Speicherinhalt M wird nicht verändert. Die Flags werden entsprechend dem Ergebnis gestellt.

Flags: N: gesetzt, wenn MSB des Ergebnisses = 1
                   Z: gesetzt, wenn Ergebnis = 0
                   V: wird immer gelöscht

Beispiel: Im Akku A befindet sich der Wert $50 (01010000B). Der Befehl EOR $2D wandelt den Akkuinhalt in den Wert $7D (01111101B) (Unmittelbare Adressierung).

Adressierungsarten:

Unmittelbar:	EORA #data	(Akku A) = (Akku A) EOR data
	EORB #data	(Akku B) = (Akku B) EOR data
Code:	88 #data	1000 1000 dddd dddd (EORA)
	C8 #data	1100 1000 dddd dddd (EORB)
Bytes/Zyklen:	2/2	

Direkt:	EORA direct	(Akku A) = (Akku A) EOR (direct)
	EORB direct	(Akku B) = (Akku B) EOR (direct)
Code:	98 direct	1001 1000 nnnn nnnn (EORA)
	D8 direct	1101 1000 nnnn nnnn (EORB)
Bytes/Zyklen:	2/3	

Absolut:	EORA addr16	(Akku A) = Akku A) EOR (addr16)
	EORB addr16	(Akku B) = Akku B) EOR (addr16)
	B8 addr16	1011 1000 nnnn nnnn nnnn nnnn (EORA)
	F8 addr16	1111 1000 nnnn nnnn nnnn nnnn (EORB)
Bytes/Zyklen:	3/4	

Ind(X):	EORA Offs8,X	(Akku A) = (Akku A) EOR (Offs8 + IX)
	EORB Offs8,X	(Akku B) = (Akku B) EOR (Offs8 + IX)
Code:	A8 offs8	1010 1000 nnnn nnnn (EORA)
	E8 offs8	1110 1000 nnnn nnnn (EORB)
Bytes/Zyklen:	2/4	

Ind(Y):	EORA Offs8,Y	(Akku A) = (Akku A) EOR (Offs8 + IY)
	EORB Offs8,Y	(Akku B) = (Akku B) EOR (Offs8 + IY)
Code:	18 A8 offs8	0001 1000 1010 1000 nnnn nnnn (EORA)
	18 E8 offs8	0001 1000 1110 1000 nnnn nnnn (EORB)
Bytes/Zyklen:	3/5	

FDIV   Vorzeichenlose Division

Operation: (ACCD)/(IX); IX = Quotient; ACCD = Divisionsrest

Beschreibung: Es wird die vorzeichenlose Division einer 16-Bit-Zahl im Akku D durch eine 16-Bit-Zahl im IX-Register durchgeführt. Als Ergebnis steht der Quotient im X-Register, der Divisionsrest im Akku D.
Ist bei den Ausgangswerten der Wert im Akku D kleiner als der im X-Register, oder ist sogar das X-Register = 0, wird im Akku der Quotient $FFFF zurückgegeben. IX ist dann unbestimmt.

Flags: Z: gesetzt, wenn Ergebnis = 0
V: wird gesetzt, wenn (IX) (ACCD)
C: wird gesetzt, wenn (IX) = 0

Beispiel: Im Akku D steht der Wert $8000 und in IX $05. Nach FDIV ist der Wert in ACCD $1999 und der Rest in IX $0003.

Adressierungsart:

Inherent: FDIV (ACCD)/(IX) (IX) = Quotient ACCD = Rest

Code: 03   0000 0011

Bytes/Zyklen: 1/41

IDIV   Integer-Division

Operation: (ACCD)/(IX); IX = Quotient; ACCD = Divisionsrest

Beschreibung: Es wird die Integer-Division einer 16-Bit-Zahl im Akku D durch eine 16-Bit-Zahl im IX-Register durchgeführt. Als Ergebnis steht der Quotient im X-Register, der Divisionsrest im Akku D. Ist das X-Register = 0, wird im Akku der Quotient $FFFF zurückgegeben. IX ist dann unbestimmt.
Das Ergebnis wird als binärer Bruch-Wert/$10000 gewertet.

Flags: Z: gesetzt, wenn Ergebnis = 0
V: wird immer gelöscht
C: wird gesetzt, wenn (IX) = 0

Beispiel: Ein Ergebnis von $0001 ergibt den Wert 1/$10000 gleich 0,0001, der Wert $C000 wird durch $C000/$10000 zu 0,75, und aus $FFFF wird durch $FFFF/$10000 schließlich 0,9999.

Adressierungsart:

Inherent: IDIV (ACCD)/(IX) (IX) = Quotient ACCD = Rest

Code: 02   0000 0010

Bytes/Zyklen: 1/41

INC   Inkrementiere Akku oder Speicherstelle M

Operation: (ACCx) = (ACCx) + 1 oder (M) = (M) + 1

Beschreibung: Der Inhalt des Akkus A oder B bzw. der Speicherzelle M wird um eins erhöht. Die Flags (außer C-Flag) werden beeinflußt.

Flags: N: gesetzt, wenn MSB des Ergebnisses = 1
Z: gesetzt, wenn Ergebnis = 0
V: gesetzt, wenn Zweierkomplement-Überlauf $7F \rightarrow$ $80
C: bleibt unverändert

Beispiel: Der Akku A enthält vor INCA den Wert $FF, danach $0.

Adressierungsart:

Inherent: INCA   (ACCA) = (ACCA) + 1
INCB   (ACCB) = (ACCB) + 1

Code: 4C   0100 1100 (INCA)
5C   0101 1100 (INCB)

Bytes/Zyklen: 1/2

Absolut: INC addr16   (addr16) = (addr16) + 1

Code: 7C addr16   0111 1100 nnnn nnnn nnnn nnnn

Bytes/Zyklen: 3/6

Ind(X):   INC Offs8,X   (Offs8 + IX) = (Offs8 + IX) + 1

Code: 6C offs8   0110 1100 nnnn nnnn

Bytes/Zyklen: 2/6

Ind(Y):	INC Offs8,Y	(Offs8 + IY) = (Offs8 + IY) + 1
Code:	18 6C offs8	0001 1000 0110 1100 nnnn nnnn
Bytes/Zyklen:	3/7	

INS Inkrementieren des Stack Pointers

Operation: (SP) = (SP) + 1

Beschreibung: Der Befehl erhöht den Inhalt des Stack Pointers um eins.

Flags: Die Flags werden nicht verändert.

Adressierungsart:

Inherent:	INS	(SP) = (SP) + 1
Code:	31	0011 0001
Bytes/Zyklen:	1/3	

INX Inkrementieren des Indexregisters X

Operation: (IX) = (IX) + 1

Beschreibung: Der Befehl erhöht den Inhalt des Indexregisters X um eins.

Flags: Z: gesetzt, wenn Ergebnis = 0

Adressierungsart:

Inherent:	INX	(IX) = (IX) + 1
Code:	08	0000 1000
Bytes/Zyklen:	1/3	

INY   Inkrementieren des Indexregisters Y

Operation: (IY) = (IY) + 1

Beschreibung: Der Befehl erhöht den Inhalt des Indexregisters Y um eins.

Flags: Z: gesetzt, wenn Ergebnis = 0

Adressierungsart:

Inherent: DEY   (IY) = (IY) + 1

Code: 18   08 0001 1000 0000 1000

Bytes/Zyklen: 2/4

JMP   Absoluter Sprung

Operation: PC = addr16

Beschreibung: Der PC wird mit der absoluten Adresse geladen. Diese steht entweder hinter dem Opcode oder wird aus dem Inhalt eines Indexregisters plus einem 8-Bit-Offset gebildet.

Flags: Die Flags werden nicht verändert.

Beispiel: Nach dem Befehl JMP $FF00 wird das Programm an der angegebenen Adresse fortgesetzt.

Adressierungsart:

Absolut: JMP addr16   (PC) = addr16

Code: 7E addr16   0111 1110 nnnn nnnn nnnn nnnn

Bytes/Zyklen: 3/3

Ind(X):   JMP Offs8,X   (PC) = Offs8 + (IX)

Code: 6E offs8   0110 1110 nnnn nnnn

Bytes/Zyklen: 2/3

Ind(Y):   JMP Offs8,Y   (PC) = Offs8 + (IY)

Code: 18 6E offs8   0001 1000 0110 1110 nnnn nnnn

Bytes/Zyklen: 3/4

JSR   Verzweigen in ein Unterprogramm mit absoluter Adresse

Operation: STACK = PC + 2 oder 3; SP = SP – 2; PC = addr16

Beschreibung: Der Befehl bewirkt einen Sprung mit Rückkehrabsicht in ein Unterprogramm. Zuvor wird der PC des nächsten Befehls (PC + 2 oder 3) in den Stack geladen und der Stackpointer um 2 Adressen verringert (Rückkehradresse retten). Der neue Wert für den PC steht entweder hinter dem Opcode oder wird aus dem Inhalt eines Indexregisters plus einem 8-Bit-Offset gebildet.

Flags: Die Flags werden nicht verändert.

Beispiel: Der JSR $0100-Befehl steht auf der Adresse $FD00; der SP hat den Wert $1000. Bei der Ausführung wird der Wert $03 (Low-Teil des nächsten Befehls nach dem BSR-Befehl) auf den Stack $1000 und der Wert $FD (High-Teil) auf den Stack $0FFF gebracht. Danach zeigt der SP auf die Adresse $0FFE. Der PC hat nun den Wert $0100. Dort wird das Programm fortgesetzt.

Adressierungsarten:

Direkt:	JSR direkt Low	(PC) = direkt; High(PC) = 0
Code:	9D direkt	1001 1101 nnnn nnnn
Bytes/Zyklen:	2/5	
Absolut:	JSR addr16	(PC) = addr16
Code:	BD addr16	1011 1101 nnnn nnnn nnnn nnnn
Bytes/Zyklen:	3/6	
Ind(X):	JSR Offs8,X	(PC) = Offs8 + (IX)
Code:	AD offs8	1010 1101 nnnn nnnn
Bytes/Zyklen:	2/6	
Ind(Y):	JSR Offs8,Y	(PC) = Offs8 + (IY)
Code:	18 AD offs8	0001 1000 1010 1101 nnnn nnnn
Bytes/Zyklen:	3/7	

LDA Lade den Akku A oder B mit dem Inhalt einer Speicherstelle

Operation: (ACCx) = (M)

Beschreibung: Der Befehl lädt den Akku A oder B mit dem Inhalt der Speicherzelle M. Dabei werden die Flags entsprechend dem Wert beeinflußt.

Flags:
N: gesetzt, wenn MSB des Ergebnisses = 1
Z: gesetzt, wenn Ergebnis = 0
V: wird immer gelöscht

Beispiel: Auf der Speicherstelle $55 steht der Wert $01. Der Befehl LDAA $55 lädt den Wert $01 in den Akku A. Kein Flag ist dabei gesetzt (Direkte Adressierung).

Adressierungsarten:

Unmittelbar:	LDAA #data	(Akku A) = data
	LDAB #data	(Akku B) = data
Code:	86 #data	1000 0110 dddd dddd (LDAA)
	C6 #data	1100 0110 dddd dddd (LDAB)
Bytes/Zyklen:	2/2	
Direkt:	LDAA direct	(Akku A) = (direct)
	LDAB direct	(Akku B) = (direct)
Code:	96 direct	1001 0110 nnnn nnnn (LDAA)
	D6 direct	1101 0110 nnnn nnnn (LDAB)
Bytes/Zyklen:	2/3	
Absolut:	LDAA addr16	(Akku A) = (addr16)
	LDAB addr16	(Akku B) = (addr16)
	B6 addr16	1011 0110 nnnn nnnn nnnn nnnn (LDAA)
	F6 addr16	1111 0110 nnnn nnnn nnnn nnnn (LDAB)
Bytes/Zyklen:	3/4	
Ind(X):	LDAA Offs8,X	(Akku A) = (Offs8 + IX)
	LDAB Offs8,X	(Akku B) = (Offs8 + IX)
Code:	A6 offs8	1010 0110 nnnn nnnn (LDAA)
	E6 offs8	1110 0110 nnnn nnnn (LDAB)
Bytes/Zyklen:	2/4	

Ind(Y):	LDAA Offs8,Y	(Akku A) = (Offs8 + IY)
	LDAB Offs8,Y	(Akku B) = (Offs8 + IY)
Code:	18 A6 offs8	0001 0110 1010 1000 nnnn nnnn (LDAA)
	18 E6 offs8	0001 0110 1110 1000 nnnn nnnn (LDAB)
Bytes/Zyklen:	3 / 5	

LDD Lade den Doppelakku mit dem Inhalt der Speicherstelle M

Operation: (ACCD) = (M:M+1)

Beschreibung: Das Doppelregister D wird mit dem Inhalt der Speicherstellen M und M+1 geladen. Akku A bekommt dabei den Wert aus (M) und Akku B den Wert aus (M+1). Die Flags werden entsprechend dem Wert verändert.

Flags:
N: gesetzt, wenn MSB des Ergebnisses = 1
Z: gesetzt, wenn Ergebnis = 0
V: wird immer gelöscht

Beispiel: Das Indexregister X enthält den Wert $1000. Auf der Speicherstelle $1010 steht der Wert $22 und auf der Stelle dahinter der Wert $55. Mit dem Befehl LDD $10,X wird der Wert $22 in den Akku A und der Wert $55 in den Akku B geladen. Akku D hat damit den Wert $2255 (Indizierte Adressierung)

Adressierungsarten:

Unmittelbar:	LDD #data16	(Akku D) = data16
Code:	CC #data16	1100 1100 dddd dddd dddd dddd
Bytes/Zyklen:	3 / 3	
Direkt:	LDD direct	(Akku D) = (direct:direct+1)
Code:	DC direct	1101 1100 nnnn nnnn
Bytes/Zyklen:	2 / 4	
Absolut:	LDD addr16	(Akku D) = (addr16:addr16+1)
Code:	FC addr16	1111 1100 nnnn nnnn nnnn nnnn
Bytes/Zyklen:	3 / 5	

Ind(X):	LDD Offs8,X	(Akku D) = (Offs8 + IX:Offs8 + IX+1)
Code:	EC offs8	1110 1100 nnnn nnnn
Bytes/Zyklen:	2/5	
Ind(Y):	LDD Offs8,Y	(Akku D) = (Offs8 + IY:Offs8 + IY+1)
Code:	18 EC offs8	0001 1000 1110 1100 nnnn nnnn
Bytes/Zyklen:	3/6	

LDS — Lade den Stack Pointer mit dem Inhalt der Speicherstelle M

Operation: (SP) = (M:M+1)

Beschreibung: Der Stack Pointer wird mit dem Inhalt der Speicherstellen M und M+1 geladen. Die Flags werden entsprechend dem Wert verändert.

Flags: N: gesetzt, wenn MSB des Ergebnisses = 1
Z: gesetzt, wenn Ergebnis = 0
V: wird immer gelöscht

Beispiel: Auf der Speicherstelle $10 steht der Wert $34 und auf der Stelle dahinter der Wert $56. Mit dem Befehl LDS $10 wird der Wert $34 in den High-Teil des Stack Pointers und der Wert $56 in den Low-Teil geladen. Der SP hat damit den Wert $3456 (Direkte Adressierung).

Adressierungsarten:

Unmittelbar:	LDS #data16	(SP) = data16
Code:	8E #data16	1000 1110 dddd dddd dddd dddd
Bytes/Zyklen:	3/3	
Direkt:	LDS direct	(SP) = (direct:direct+1)
Code:	9E direct	1001 1110 nnnn nnnn
Bytes/Zyklen:	2/4	
Absolut:	LDS addr16	(SP) = (addr16:addr16+1)
Code:	BE addr16	1011 1110 nnnn nnnn nnnn nnnn
Bytes/Zyklen:	3/5	

Ind(X):	LDS Offs8,X	(SP) = (Offs8 + IX:Offs8 + IX+1)
Code:	AE offs8	1010 1110 nnnn nnnn
Bytes/Zyklen:	2/5	
Ind(Y):	LDS Offs8,Y	(SP) = (Offs8 + IY:Offs8 + IY+1)
Code:	18 AE offs8	0001 1000 1010 1110 nnnn nnnn
Bytes/Zyklen:	3/6	

LDX   Lade das Indexregister X mit dem Inhalt der Speicherstelle M

Operation: (IX) = (M:M+1)

Beschreibung: Das IX-Register wird mit dem Inhalt der Speicherstellen M und M+1 geladen. Die Flags werden entsprechend dem Wert verändert.

Flags: N: gesetzt, wenn MSB des Ergebnisses = 1
Z: gesetzt, wenn Ergebnis = 0
V: wird immer gelöscht

Beispiel: Der Befehl LDX #$1234 wird den Wert $1234 in das IX-Register laden (Unmittelbare Adressierung).

Adressierungsarten:

Unmittelbar:	LDX #data16	(IX) = data16
Code:	CE #data16	1100 1110 dddd dddd dddd dddd
Bytes/Zyklen:	3/3	
Direkt:	LDX direct	(IX) = (direct:direct+1)
Code:	DE direct	1101 1110 nnnn nnnn
Bytes/Zyklen:	2/4	
Absolut:	LDX addr16	(IX) = (addr16:addr16+1)
Code:	FE addr16	1111 1110 nnnn nnnn nnnn nnnn
Bytes/Zyklen:	3/5	

Ind(X):	LDX Offs8,X	(IX) = (Offs8 + IX:Offs8 + IX+1)
Code:	EE offs8	1110 1110 nnnn nnnn
Bytes/Zyklen:	2/5	
Ind(Y):	LDX Offs8,Y	(IX) = (Offs8 + IY:Offs8 + IY+1)
Code:	18 EE offs8	0001 1000 1110 1110 nnnn nnnn
Bytes/Zyklen:	3/6	

LDY   Lade das Indexregister Y mit dem Inhalt der Speicherstelle M

Operation: (IY) = (M:M+1)

Beschreibung: Das IY-Register wird mit dem Inhalt der Speicherstellen M und M+1 geladen. Die Flags werden entsprechend dem Wert verändert.

Flags: N: gesetzt, wenn MSB des Ergebnisses = 1
Z: gesetzt, wenn Ergebnis = 0
V: wird immer gelöscht

Beispiel: Der Befehl LDY $F000 lädt das Wort von der Adresse $F000 in das IY-Register. In den High-Teil von IY kommt der Wert von $F000 und in den Low-Teil der Wert von $F001 (Absolute Adressierung).

Adressierungsarten:

Unmittelbar:	LDY #data16	(IY) = data16
Code:	18 CE #data16	0001 1000 1100 1110 dddd dddd dddd dddd
Bytes/Zyklen:	4/4	
Direkt:	LDY direct	(IY) = (direct:direct+1)
Code:	18 DE direct	0001 1000 1101 1110 nnnn nnnn
Bytes/Zyklen:	3/5	
Absolut:	LDY addr16	(IY) = (addr16:addr16+1)
Code:	18 FE addr16	0001 1000 1111 1110 nnnn nnnn nnnn nnnn
Bytes/Zyklen:	4/6	

Ind(X):	LDY Offs8,X	(IY) = (Offs8 + IX:Offs8 + IX+1)
Code:	1A EE offs8	0001 1010 1110 1110 nnnn nnnn
Bytes/Zyklen:	3/6	
Ind(Y):	LDY Offs8,Y	(IY) = (Offs8 + IY:Offs8 + IY+1)
Code:	18 EE offs8	0001 1000 1110 1110 nnnn nnnn
Bytes/Zyklen:	3/6	

LSR Logisches Rechtsschieben

Operation: $0 \to b7\ b6\ b5\ b4\ b3\ b2\ b1\ b0 \to C$

Beschreibung: Der Inhalt des Akkus oder einer Speicherstelle wird um eine Bit-Position nach rechts geschoben. In die Position Bit 7 wird eine 0 eingeschoben, das Bit 0 kommt in das Carry-Flag. Das Ergebnis steht entweder im Akku oder in der Speicherstelle.

Flags: N: wird immer gelöscht
Z: gesetzt, wenn Ergebnis = 0
V: gesetzt, wenn N gesetzt und C gelöscht ist oder wenn N gelöscht und C gesetzt ist, ansonsten wird V gelöscht.
C: übernimmt das Bit 0 des Bytes vor der Operation.

Beispiel: Im X-Register steht der Wert $1000, auf der Speicherstelle $1002 der Wert $C7 (11000111B). Nach dem Befehl LSR $02,X steht in der Speicherstelle der Wert $8E (01100011B), das Carry-Flag ist gesetzt (Indizierte Adressierung mit dem X-Register).

Adressierungsarten:

Inherent:	LSRA	$0 \to b7\ b6\ b5\ b4\ b3\ b2\ b1\ b0 \to C$ (im Akku A)
	LSRB	$0 \to b7\ b6\ b5\ b4\ b3\ b2\ b1\ b0 \to C$ (im Akku B)
Code:	44	0100 0100 (LSRA)
	54	0101 0100 (LSRB)
Bytes/Zyklen:	1/2	

Absolut:	LSR addr16	0 → b7 b6 b5 b4 b3 b2 b1 b0 → C (in Speicher addr16)
Code:	74 addr16	0111 0100 nnnn nnnn nnnn nnnn
Bytes/Zyklen:	3/6	
Ind(X):	LSR Offs8,X	0 → b7 b6 b5 b4 b3 b2 b1 b0 → C (in Speicher Offs8 + IX)
Code:	64 offs8	0110 0100 nnnn nnnn
Bytes/Zyklen:	2/6	
Ind(Y):	LSR Offs8,Y	0 – b7 b6 b5 b4 b3 b2 b1 b0 – C (in Speicher Offs8 + IY)
Code:	18 64 offs8	0001 1000 0110 0100 nnnn nnnn
Bytes/Zyklen:	3/7	

LSRD   Logisches Rechtsschieben im Doppelakku D

Operation: 0 → b7 b6 b5 b4 b3 b2 b1 b0 → b7 b6 b5 b4 b3 b2 b1 b0 → C

Beschreibung: Der Inhalt des Doppelakkus wird um eine Bit-Position nach rechts geschoben. In die Position Bit 15 wird eine 0 eingeschoben, das Bit 0 kommt in das Carry-Flag. Das Ergebnis steht im Akku D.

Flags: N: wird immer gelöscht
Z: gesetzt, wenn Ergebnis = 0
V: gesetzt, wenn N gesetzt und C gelöscht ist oder wenn N gelöscht und C gesetzt ist, ansonsten wird V gelöscht.
C: übernimmt das Bit 0 des Bytes vor der Operation.

Beispiel: Im Akku D steht der Wert $18F6 (00011000 11110110B). Nach dem Befehl LSRD steht im Akku D der Wert $31EC (00001100 01111011B), das Carry-Flag ist nicht gesetzt.

Adressierungsarten:

Inherent:	LSRD	0 – b7 b6 b5 b4 b3 b2 b1 b0 – b7 b6 b5 b4 b3 b2 b1 b0 – C
Code:	04	0000 0100
Bytes/Zyklen:	1/3	

MUL Vorzeichenlose Multiplikation

Operation: ACCD = (ACCA) x (ACCB)

Beschreibung: Die Inhalte der beiden Akkumulatoren A und B werden miteinander multipliziert. Das Ergebnis steht im Akku D, d.h., die Ausgangswerte sind damit überschrieben.

Flags: C: wird auf das Bit 15 des Ergebnisses gesetzt.

Adressierungsarten:

Inherent: MUL (ACCD) = (ACCA) x (ACCB)

Code: 3D 0011 1101

Bytes/Zyklen: 1/10

NEG Zweierkomplement im Akku oder Speicher

Operation: (ACCx) = $00 – (ACCx) oder (M) = $00 – (M)

Beschreibung: Aus dem Inhalt des Akkus oder einer Speicherstelle wird das Zweierkomplement gebildet.

Flags: N: gesetzt auf das MSB des Ergebnisses
Z: gesetzt, wenn Ergebnis = 0
V: gesetzt, wenn Zweierkomplement-Überlauf $7F – $80
C: gesetzt, wenn Überlauf über MSB $FF – $00

Beispiel: Im Akku A steht der Wert $10 (00010000B). Nach dem Befehl NEGA beträgt der Wert $F0 (11110000B) (Inhärente Adressierung).

Adressierungsarten:

Inherent: NEGA (ACCA) = $00 – (ACCA)
NEGB (ACCB) = $00 – (ACCB)

Code: 40 0100 0000 (NEGA)
50 0101 0000 (NEGB)

Bytes/Zyklen: 1/2

Absolut:	NEG addr16	(addr16) = $00 – (addr16)
Code:	70 addr16	0111 0000 nnnn nnnn nnnn nnnn
Bytes/Zyklen:	3/6	
Ind(X):	NEG Offs8,X	(IX + offs8) = $00 – (IX + offs8)
Code:	60 offs8	0110 0000 nnnn nnnn
Bytes/Zyklen:	2/6	
Ind(Y):	NEG Offs8,Y	(IY + offs8) = $00 – (IY + offs8)
Code:	18 60 offs8	0001 1000 0110 0000 nnnn nnnn
Bytes/Zyklen:	3/7	

ORA Bilde logisches ODER des Akkus mit einer Speicherstelle

Operation: $(ACCx) = (ACCx)$ OR (M)

Beschreibung: Der Befehl bildet das logische ODER zwischen dem Inhalt der Speicherstelle M und dem Inhalt von Akku A oder B. Das Ergebnis steht im Akku A bzw. B, der Speicherinhalt M wird nicht verändert. Die Flags werden entsprechend dem Ergebnis gestellt.

Flags: N: gesetzt, wenn MSB des Ergebnisses = 1
Z: gesetzt, wenn Ergebnis = 0
V: wird immer gelöscht

Beispiel: Im Akku A befindet sich der Wert $4F (01001111B). Der Befehl ORA $2D wandelt den Akkuinhalt in den Wert $6F (01101111B) (Unmittelbare Adressierung).

Adressierungsarten:

Unmittelbar:	ORAA #data	(Akku A) = (Akku A) OR data
	ORAB #data	(Akku B) = (Akku B) OR data
Code:	8A #data	1000 1010 dddd dddd (ORAA)
	CA #data	1100 1010 dddd dddd (ORAB)
Bytes/Zyklen:	2/2	

Direkt:	ORAA direct	(Akku A) = (Akku A) OR (direct)
	ORAB direct	(Akku B) = (Akku B) OR (direct)
Code:	9A direct	1001 1010 nnnn nnnn (ORAA)
	DA direct	1101 1010 nnnn nnnn (ORAB)
Bytes/Zyklen:	2/3	
Absolut:	ORAA addr16	(Akku A) = Akku A) OR (addr16)
	ORAB addr16	(Akku B) = Akku B) OR (addr16)
Code:	BA addr16	1011 1010 nnnn nnnn nnnn nnnn (ORAA)
	FA addr16	1111 1010 nnnn nnnn nnnn nnnn (ORAB)
Bytes/Zyklen:	3/4	
Ind(X):	ORAA Offs8,X	(Akku A) = (Akku A) OR (Offs8 + IX)
	ORAB Offs8,X	(Akku B) = (Akku B) OR (Offs8 + IX)
Code:	AA offs8	1010 1010 nnnn nnnn (ORAA)
	EA offs8	1110 1010 nnnn nnnn (ORAB)
Bytes/Zyklen:	2/4	
Ind(Y):	ORAA Offs8,Y	(Akku A) = (Akku A) OR (Offs8 + IY)
	ORAB Offs8,Y	(Akku B) = (Akku B) OR (Offs8 + IY)
Code:	18 AA offs8	0001 1000 1010 1010 nnnn nnnn (ORAA)
	18 EA offs8	0001 1000 1110 1010 nnnn nnnn (ORAB)
Bytes/Zyklen:	3/5	

PSH   Akkumulator auf den Stack laden (PUSH)

Operation: (STACK) = (ACCx); (SP) = (SP) – 1

Beschreibung: Der Befehl dient zum Retten des Akkuinhalts auf den Stack. Dazu wird der Inhalt des Akkus A oder B auf den Stack geladen. Die Adresse zeigt der Stackpointer. Nach der Operation ist der Stackpointer um 1 vermindert und zeigt auf den nächsten freien Platz im Stack. Der Wert im Akku wird dabei nicht verändert.

Flags: Die Flags werden nicht verändert.

Beispiel: Der SP enthält den Wert $0800 und zeigt damit auf den Speicherplatz $0800. Der Befehl PSHB überträgt den Inhalt des Akkus B auf diesen Speicherplatz. Danach zeigt der SP auf die Adresse $07FF, den Ort des nächsten Stack-Ausschreibens.

Adressierungsarten:

Inherent:	PSHA	(STACK) = (ACCA); (SP) = (SP) – 1
	PSHB	(STACK) = (ACCB); (SP) = (SP) – 1

Code:	36	0011 0110 (PSHA)
	37	0011 0111 (PSHB)

Bytes/Zyklen: 1/3

PSHX   Indexregister X auf den Stack laden (PUSH)

Operation: (STACK) = (Low IX); (STACK-1) = (High IX); (SP) = (SP) – 2

Beschreibung: Der Inhalt des Indexregisters X wird auf den Stack geladen (gerettet). Dabei kommt zunächst der Low-Teil des IX-Registers auf die durch den SP gezeigte Adresse. Der High-Teil von IX wird mit dem nächsten Zyklus auf die um 1 verminderte Adresse geschrieben. Zum Schluß wird der SP um 2 Adressen dekrementiert und zeigt auf den nächsten freien Platz im Stack. Der Wert im Indexregister bleibt unverändert.

Flags: Die Flags werden nicht verändert.

Beispiel: Der SP enthält den Wert $1000, im X-Register steht der Wert $1234. Der Befehl PSHX überträgt zunächst den Low-Teil von IX, also den Wert $34, auf den Speicher mit der Adresse $1000. Der High-Teil, $12 kommt danach auf den Speicherplatz $0FFF. Zum Schluß wird der SP auf den Wert $0FFE gestellt.

Adressierungsarten:

Inherent:	PSHX	(STACK) = (IX);(SP) = (SP) – 2

Code:	3C	0011 1100

Bytes/Zyklen: 1/4

PSHY — Indexregister Y auf den Stack laden (PUSH)

Operation: (STACK) = (Low IY); (STACK-1) = (High IY); (SP) = (SP) – 2

Beschreibung: Der Inhalt des Indexregisters Y wird auf den Stack geladen (gerettet). Dabei kommt zunächst der Low-Teil des IY-Registers auf die durch den SP gezeigte Adresse. Der High-Teil von IY wird mit dem nächsten Zyklus auf die um 1 verminderte Adresse geschrieben. Zum Schluß wird der SP um 2 Adressen dekrementiert und zeigt auf den nächsten freien Platz im Stack. Der Wert im Indexregister bleibt unverändert.

Flags: Die Flags werden nicht verändert.

Beispiel: siehe PSHX

Adressierungsarten:

Inherent: PSHY (STACK) = (IY);(SP) = (SP) – 2

Code: 18 3C 0001 1000 0011 1100

Bytes/Zyklen: 2/5

PUL — Akkumulator aus dem Stack laden (POP)

Operation: (SP) = (SP) + 1 (ACCx) = STACK);

Beschreibung: Der SP wird zunächst um 1 erhöht. Der Inhalt des damit gezeigten Speicherplatzes wird in den Akkus A oder B geladen.

Flags: Die Flags werden nicht verändert.

Beispiel: Der SP enthält den Wert $0.7FF, und auf der Adresse $0800 steht der Wert $30. Bei dem Befehl PULA wird zunächst der SP um 1 erhöht und zeigt damit auf den Speicherplatz $0800. Danach wird der dort stehende Wert $30 in den Akku A geladen.

Adressierungsarten:

Inherent: PULA (SP) = (SP) + 1;(ACCA) = (STACK)
PULB (SP) = (SP) + 1;(ACCB) = (STACK)

| *Code:* | 32 | 0011 0010 (PULA) |
| | 33 | 0011 0011 (PULB) |

Bytes/Zyklen: 1/4

PULX   Indexregister X aus dem Stack laden (POP)

Operation: (SP) = (SP) + 2; (Low IX) = (STACK+2); (High IX) = (STACK+1)

Beschreibung: Der durch den Stack gezeigte Speicherinhalt wird in das IX-Register zurückgeladen. Der SP wird um 1 erhöht und der Inhalt des damit gezeigten Speicherplatzes in den High-Teil des IX-Registers geladen. Danach wird der SP erneut um 1 erhöht, und der nun gezeigte Speicherplatzinhalt kommt in den Low-Teil von IX.

Flags: Die Flags werden nicht verändert.

Beispiel: Der SP enthält den Wert $0FFE, und auf den Adressen $0FFF und $1000 stehen die Werte $45 und $67. Durch den Befehl PULX wird der Inhalt der Adresse $0FFF in den High-Teil des X-Registers und der Inhalt der Adresse $1000 in den Low-Teil geladen. IX hat nun den Wert $6745 und der SP den Wert $1000.

Adressierungsarten:

Inherent: PULX   (SP) = (SP) + 2;(IX) = (STACK)

Code: 38   0011 1000

Bytes/Zyklen: 1/5

PULY   Indexregister Y aus dem Stack laden (POP)

Operation: (SP) = (SP) + 2; (Low IY) = (STACK+2); (High IY) = (STACK+1)

Beschreibung: Der durch den Stack gezeigte Speicherinhalt wird in das IY-Register zurückgeladen. Der SP wird um 1 erhöht und der Inhalt des damit gezeigten Speicherplatzes in den High-Teil des IY-Registers geladen. Danach wird der SP erneut um 1 erhöht, und der nun gezeigte Speicherplatzinhalt kommt in den Low-Teil von IY.

Flags: Die Flags werden nicht verändert.

Beispiel: siehe PULX.

Adressierungsarten:

Inherent: PULY   (SP) = (SP) + 2;(IY) = (STACK)

Code: 18   38 0001 1000 0011 1000

Bytes/Zyklen: 2/6

ROL   Links rotieren im Akku oder Speicher

Operation: C – b7 b6 b5 b4 b3 b2 b1 b0 – C

Beschreibung: Der Inhalt des Akkus oder einer Speicherstelle wird um eine Bit-Position nach links geschoben. In das Bit 0 wird der Wert des Carry-Flags geschoben, und das überlaufende Bit 7 kommt in das Carry-Flag. Das Ergebnis steht entweder im Akku oder in der Speicherstelle.

Flags: N: gesetzt, wenn MSB des Ergebnisses = 1
Z: gesetzt, wenn Ergebnis = 0
V: gesetzt, wenn N gesetzt und C gelöscht ist oder wenn N gelöscht und C gesetzt ist, ansonsten wird V gelöscht.
C: übernimmt das Bit 7 des Bytes vor der Operation.

Beispiel: Im Akku A steht der Wert $E2 (11100010B), und das Carry-Flag ist gesetzt. Nach dem Befehl ROLA steht im Akku A der Wert $C3 (11000011B), und das Carry-Flag ist erneut gesetzt(Inhärente Adressierung).

Adressierungsarten:

Inherent: ROLA   C – b7 b6 b5 b4 b3 b2 b1 b0 – C (im Akku A)
ROLB   C – b7 b6 b5 b4 b3 b2 b1 b0 – C (im Akku B)

Code: 49   0100 1001 (ROLA)
59   0101 1001 (ROLB)

Bytes/Zyklen: 1/2

Absolut: ROL addr16   C – b7 b6 b5 b4 b3 b2 b1 b0 – C (in Speicher addr16)

Code: 79 addr16   0111 1001 nnnn nnnn nnnn nnnn

Bytes/Zyklen: 3/6

| Ind(X): | ROL Offs8,X | C – b7 b6 b5 b4 b3 b2 b1 b0 – C |
| | | (in Speicher Offs8 + IX) |

Code: 69 offs8   0110 1001 nnnn nnnn

Bytes/Zyklen: 2/6

| Ind(Y): | ROL Offs8,Y | C – b7 b6 b5 b4 b3 b2 b1 b0 – C |
| | | (in Speicher Offs8 + IY) |

Code: 18 69 offs8   0001 1000 0110 1001 nnnn nnnn

Bytes/Zyklen: 3/7

ROR   Rechts rotieren im Akku oder Speicher

Operation: C – b7 b6 b5 b4 b3 b2 b1 b0 – C

Beschreibung: Der Inhalt des Akkus oder einer Speicherstelle wird um eine Bit-Position nach rechts geschoben. In das Bit 7 wird der Wert des Carry-Flags geschoben, und das überlaufende Bit 0 kommt in das Carry-Flag. Das Ergebnis steht entweder im Akku oder in der Speicherstelle.

Flags: N: gesetzt, wenn MSB des Ergebnisses = 1
Z: gesetzt, wenn Ergebnis = 0
V: gesetzt, wenn N gesetzt und C gelöscht ist oder wenn N gelöscht und C gesetzt ist, ansonsten wird V gelöscht.
C: übernimmt das Bit 0 des Bytes vor der Operation.

Beispiel: Im Akku A steht der Wert $E2 (11100010B), und das Carry-Flag ist gesetzt. Nach dem Befehl RORA steht im Akku A der Wert $F1 (11110001B), und das Carry-Flag ist gelöscht (Inhärente Adressierung).

Adressierungsarten:

| **Inherent:** | RORA | C – b7 b6 b5 b4 b3 b2 b1 b0 – C (im Akku A) |
| | RORB | C – b7 b6 b5 b4 b3 b2 b1 b0 – C (im Akku B) |

Code: 46   0100 0110 (RORA)
56   0101 0110 (RORB)

Bytes/Zyklen: 1/2

Absolut:	ROR addr16	C – b7 b6 b5 b4 b3 b2 b1 b0 – C (in Speicher addr16)
Code:	76 addr16	0111 0110 nnnn nnnn nnnn nnnn
Bytes/Zyklen:	3/6	
Ind(X):	ROR Offs8,X	C – b7 b6 b5 b4 b3 b2 b1 b0 – C (in Speicher Offs8 + IX)
Code:	66 offs8	0110 0110 nnnn nnnn
Bytes/Zyklen:	2/6	
Ind(Y):	ROR Offs8,Y	C – b7 b6 b5 b4 b3 b2 b1 b0 – C (in Speicher Offs8 + IY)
Code:	18 66 offs8	0001 1000 0110 0110 nnnn nnnn
Bytes/Zyklen:	3/7	

RTI   Rückkehr aus einem Interrupt

Operation: (SP) = SP) + 1; CC = (STACK)
(SP) = SP) + 1; ACCB = (STACK)
(SP) = SP) + 1; ACCA = (STACK)
(SP) = SP) + 1; XH = (STACK)
(SP) = SP) + 1; XL = (STACK)
(SP) = SP) + 1; YH = (STACK)
(SP) = SP) + 1; YL = (STACK)
(SP) = SP) + 1; PCH = (STACK)
(SP) = SP) + 1; PCL = (STACK)

Beschreibung: Mit diesem Befehl wird ein Interrupt-Serviceprogramm ordnungs-gemäß beendet. Die automatisch bei der Interruptannahme auf den Stack geretteten Register werden in die CPU zurückgeladen, so daß deren Zustand vor dem Interrupt rekonstruiert wird.

Flags: Die Flags werden vom Stack zurückgeladen und haben den gleichen Wert wie vor der Unterbrechung.

Beispiel: siehe Beschreibung Interruptverhalten

Adressierungsarten:

Inherent: RTI

Code: 3B 0011 1011

Bytes/Zyklen: 1/12

RTS Rückkehr aus einem Unterprogramm

Operation: (SP) = (SP) + 1; (PCH) = (STACK)
(SP) = (SP) + 1; (PCL) = (STACK)

Beschreibung: Der durch den Stack gezeigte Speicherinhalt wird in den Befehlszähler zurückgeladen. Damit wird normalerweise aus einem Unterprogramm in das vorherige Programm zurückgesprungen.
Der SP wird um 1 erhöht, und der Inhalt des damit gezeigten Speicherplatzes wird in den High-Teil des Befehlszählers geladen. Danach wird der SP erneut um 1 erhöht, und der nun gezeigte Speicherplatzinhalt kommt in den Low-Teil des PCs. Damit wird der nächste
Befehl von der eben geladenen Programmspeicheradresse gelesen.

Flags: Die Flags werden nicht verändert.

Beispiel: Vor dem Aufruf eines Unterprogramms steht der PC auf dem Wert
$F100 und der Stackpointer auf $1000. Nach Abarbeitung des Unter-
programmaufrufs JSR $FF80 steht im PC der Wert $FF80. Die Adresse
des dem Aufruf folgenden Befehls $F103 kommt dabei in den Stack
auf die Adressen $1000 (Low PC $03) und $0FFF (High PC $F1). Bei
der Beendigung des Unterprogramms durch den RTS-Befehl wird
vom Stack die gerettete Adresse in den PC zurückgeladen und damit
das Programm hinter dem Unterprogrammaufruf an der Adresse
$F103 fortgesetzt.

Adressierungsarten:

Inherent: RTS (SP) = (SP)+1; PCH = (STACK); (SP) = (SP)+1; (PCL) = (STACK)

Code: 39 0011 1001

Bytes/Zyklen: 1/5

SBA   Subtrahiere Akku B von Akku A

Operation: (ACCA) = (ACCA) + (ACCB)

Beschreibung: Der Befehl subtrahiert den Inhalt von Akku B vom Inhalt des Akkus A. Das Ergebnis steht im Akku A, der Akku B wird nicht verändert. Die Flags werden entsprechend dem Ergebnis gestellt.

Flags: N: gesetzt, wenn MSB des Ergebnisses = 1
Z: gesetzt, wenn Ergebnis = 0
V: gesetzt, wenn Zweierkomplement-Überlauf $7F – $80
C: gesetzt, wenn Überlauf über MSB $FF – $00

Beispiel: Im Akku A befindet sich der Wert $32 (00110010B), im Akku B der Wert $05. Nach dem Befehl steht im Akku A der Wert $2D (00101101B) (Inhärente Adressierung).

Adressierungsarten:

Inherent: SBA   (ACCA) = ACCA) -(ACCB)

Code: 10   00010000

Bytes/Zyklen: 1/2

SBC   Subtrahiere Akku A oder B mit Speicher (M) und Übertrag

Operation: (ACCx) = (ACCx) – (M) – C

Beschreibung: Der Inhalt der Speicherstelle M und das Carry-Flag werden vom Inhalt des Akkus A oder B subtrahiert. Das Ergebnis steht in Akku A bzw. B, der Speicherinhalt M wird nicht verändert. Die Flags werden entsprechend dem Ergebnis gestellt.

Flags: N: gesetzt, wenn MSB des Ergebnisses = 1
Z: gesetzt, wenn Ergebnis = 0
V: gesetzt, wenn Zweierkomplement-Überlauf $7F – $80
C: gesetzt, wenn Überlauf über MSB $FF – $00

Beispiel: Im Akku A befindet sich der Wert $42 (01000010B), im Y-Register der Wert $1000, und auf der Speicherstelle $1020 steht der Wert $32 (00110010B). Das Carry-Flag ist gelöscht. Der Befehl SBC $20,Y bildet die Differenz aus dem Inhalts, der Speicherstelle $1020, dem Carry-

Flag und dem Akku. Als Ergebnis der Operation steht das Ergebnis $10 (0001000B) im Akku A. Der Wert auf der Speicherstelle wird nicht verändert (Indizierte Adressierung mit Y-Register).

Adressierungsarten:

Unmittelbar:	SBCA #data	(Akku A) = (Akku A) – data – C
	SBCB #data	(Akku B) = (Akku B) – data- C

Code:	82 #data	1000 0010 dddd dddd (SBCA)
	C2 #data	1100 0010 dddd dddd (SBCB)

Bytes/Zyklen: 2/2

Direkt:	SBCA direct	(Akku A) = (Akku A) – (direct) – C
	SBCB direct	(Akku B) = (Akku B) + (direct) – C

Code:	92 direct	1001 0010 nnnn nnnn (SBCA)
	D2 direct	1101 0010 nnnn nnnn (SBCB)

Bytes/Zyklen: 2/3

Absolut:	SBCA addr16	(Akku A) = Akku A) – (addr16) – C
	SBCB addr16	(Akku B) = Akku B) – (addr16) – C

Code:	B2 addr16	1011 0010 nnnn nnnn nnnn nnnn (SBCA)
	F2 addr16	1111 0010 nnnn nnnn nnnn nnnn (SBCB)

Bytes/Zyklen: 3/4

Ind(X):	SBCA Offs8,X	(Akku A) = (Akku A) – (Offs8 + IX) – C
	SBCB Offs8,X	(Akku B) = (Akku B) – (Offs8 + IX) – C

Code:	A2 offs8	1010 0010 nnnn nnnn (SBCA)
	E2 offs8	1110 0010 nnnn nnnn (SBCB)

Bytes/Zyklen: 2/4

Ind(Y):	SBCA Offs8,Y	(Akku A) = (Akku A) – (Offs8 + IY) – C
	SBCB Offs8,Y	(Akku B) = (Akku B) – (Offs8 + IY) – C

Code:	18 A2 offs8	0001 1000 1010 0010 nnnn nnnn (SBCA)
	18 E2 offs8	0001 1000 1110 0010 nnnn nnnn (SBCB)

Bytes/Zyklen: 3/5

SEC   Setzen des C-Flags

Operation: C = 1

Beschreibung: Der Befehl setzt das Carry-Flag im CC-Register.

Flags: C: Das Bit wird gesetzt.

Adressierungsart:

Inherent:	SEC	C = 1
Code:	0D	0000 1101
Bytes/Zyklen:	1/2	

SEI   Setzen des I-Flags

Operation: I = 1

Beschreibung: Der Befehl setzt das Interrupt-Flag im CC-Register. Dadurch werden maskierte Interrupts verboten.

Flags: I: Das Bit wird gesetzt.

Adressierungsart:

Inherent:	SEI	I = 1
Code:	0F	0000 1111
Bytes/Zyklen:	1/2	

SEV   Setzen des Zweierkomplement-Übertrag-Flags

Operation: V = 1

Beschreibung: Der Befehl setzt das Zweierkomplement-Übertrag-Flag im CC-Register.

Flags: V: Das Bit wird gesetzt.

Adressierungsart:

Inherent:	SEV	V = 1
Code:	0B	0000 1011
Bytes/Zyklen:	1/2	

STA   Akku A oder B in den Speicher laden

Operation: (M) = (ACCx)

Beschreibung: Der Inhalt des Akkus A oder B wird auf der Speicherstelle M abgelegt. Im Akku bleibt der Wert erhalten. Die Flags werden gestellt.

Flags: N: gesetzt, wenn MSB des Ergebnisses = 1
                 Z: gesetzt, wenn Ergebnis = 0
                 V: immer gelöscht

Beispiel: Im Akku A steht der Wert $35. Mit dem Befehl STAA $10 wird dieser Wert auch in die Speicherzelle $0010 geladen. Die Flags N, Z und V werden gelöscht (Direkte Adressierung).

Adressierungsarten:

Direkt:	STAA direct	(direct) = (Akku A)
	STAB direct	(direct) = (Akku B)
Code:	97 direct	1001 0111 nnnn nnnn (STAA)
	D7 direct	1101 0111 nnnn nnnn (STAB)
Bytes/Zyklen:	2/3	
Absolut:	STAA addr16	(addr16) = (Akku A)
	STAB addr16	(addr16) = (Akku B)
Code:	B7 addr16	1011 0111 nnnn nnnn nnnn nnnn (STAA)
	F7 addr16	1111 0111 nnnn nnnn nnnn nnnn (STAB)
Bytes/Zyklen:	3/4	
Ind(X):	STAA Offs8,X	(Offs8 + IX) = (Akku A)
	STAB Offs8,X	(Offs8 + IX) = (Akku B)

Code:	A7 offs8	1010 0111 nnnn nnnn (STAA)
	E7 offs8	1110 0111 nnnn nnnn (STAB)

Bytes/Zyklen: 2/4

Ind(Y): STAA Offs8,Y (Offs8 + IY) = (Akku A)

STAB Offs8,Y (Offs8 + IY) = (Akku B)

Code:	18 A7 offs8	0001 1000 1010 0111 nnnn nnnn (STAA)
	18 E7 offs8	0001 1000 1110 0111 nnnn nnnn (STAB)

Bytes/Zyklen: 3/5

STD   Doppelakku D in den Speicher laden

Operation: (M:M+1) = (ACCD)

Der Inhalt des Doppelakkus D wird auf den Speicherstellen M und M+1 abgelegt. Dabei kommt der High-Teil (Akku A) auf die Adresse M und der Low-Teil (Akku B) auf die Adresse M+1. Im Akku bleibt der Wert erhalten. Im Speicher steht das Wort immer in der Reihenfolge High-Byte/Low-Byte. Die Flags werden gestellt.

Flags: N: gesetzt, wenn MSB des Ergebnisses = 1
Z: gesetzt, wenn Ergebnis = $0000
V: immer gelöscht

Beispiel: Im Akku D steht der Wert $1234. Mit dem Befehl STD $1000 wird der Wert $12 auf die Speicherzelle $1000 und der Wert $34 auf $1001 geladen. Die Flags N, Z und V werden gelöscht (Absolute Adressierung).

Adressierungsarten:

Direkt: STD direct   (direct) = (Akku A); (direkt+1) = (Akku B)

Code: DD direct   1101 1101 nnnn nnnn

Bytes/Zyklen: 2/4

Absolut: STD addr16   (addr16) = (Akku A); (addr16+1) = (Akku B)

Code: FD addr16   1111 1101 nnnn nnnn nnnn nnnn

Bytes/Zyklen: 3/5

Ind(X):	STD Offs8,X	(Offs8 + IX) = (Akku A); (Offs8 + IX + 1) = (Akku B)
Code:	ED offs8	1110 1101 nnnn nnnn
Bytes/Zyklen:	2/5	
Ind(Y):	STD Offs8,Y	(Offs8 + IY) = (Akku A); (Offs8 + IY + 1) = (Akku B)
Code:	18 ED offs8	0001 1000 1110 1101 nnnn nnnn
Bytes/Zyklen:	3/6	

STOPP   Anhalten des Prozessors mit Abschaltung aller Systemtakte

Operation: Prozessor Halt

Beschreibung: Wird dieser Befehl erkannt, und ist das S-Bit im CC-Register gelöscht, nimmt die CPU den Stop-Zustand ein. Dabei sind alle Takte einschließlich Quarzoszillator gesperrt. Dadurch sinkt die Leistungsaufnahme auf $\frac{1}{150}$stel des normalen Wertes. Aus diesem Zustand kann die CPU nur durch einen Reset, einen XIRQ oder einen nichtmaskierten IRQ geholt werden. Bei gesetztem S-Bit wird dieser Befehl einfach wie ein NOP-Befehl behandelt.

Flags: Die Flags werden nicht verändert.

Adressierungsart:

Inherent:	STOP1
Code:	CF 1100 1111
Bytes/Zyklen:	1/2

STS   Stackpointer in Speicher laden

Operation: (M) = (SPH); (M+1) = (SPL)

Beschreibung: Der Inhalt des Stackpointers wird auf den Speicherstellen M und M+1 abgelegt. Dabei kommt der High-Teil auf die Adresse M und der Low-Teil auf die Adresse M+1. Im SP bleibt der Wert erhalten. Im Speicher steht das Wort immer in der Reihenfolge High-Byte/Low-Byte. Die Flags werden gestellt.

Flags: N: gesetzt, wenn MSB des Ergebnisses = 1
               Z: gesetzt, wenn Ergebnis = $0000
               V: immer gelöscht

Beispiel: Im Stackpointer steht der Wert $F102. Mit dem Befehl STS $0100 wird
               der Wert $F1 auf die Speicherzelle $0100 und der Wert $02 auf $0101
               geladen. Die Flags N, Z und V werden gelöscht (Absolute Adressie-
               rung).

Adressierungsarten:

Direkt:	STS direct	(direct) = (SPH); (direkt+1) = (SPL)
Code:	9F direct	1001 1111 nnnn nnnn
Bytes/Zyklen:	2/4	
Absolut:	STS addr16	(addr16) = (SPH); (addr16+1) = (SPL)
Code:	BF addr16	1011 1111 nnnn nnnn nnnn nnnn
Bytes/Zyklen:	3/5	
Ind(X):	STS Offs8,X	(Offs8 + IX) = (SPH); (Offs8 + IX + 1) = (SPL)
Code:	AF offs8	1010 1111 nnnn nnnn
Bytes/Zyklen:	2/5	
Ind(Y):	STS Offs8,Y	(Offs8 + IY) = (SPH); (Offs8 + IY + 1) = (SPL)
Code:	18 AF offs8	0001 1000 1010 1111 nnnn nnnn
Bytes/Zyklen:	3/6	

STX   Indexregister X in Speicher laden

Operation: (M) = (IXH); (M+1) = (IXL)
               Der Inhalt des Indexregisters X wird auf den Speicherstellen M und
               M+1 abgelegt. Dabei kommt der High-Teil auf die Adresse M und
               der Low-Teil auf die Adresse M+1. Im X-Register bleibt der Wert
               erhalten. Im Speicher steht das Wort immer in der Reihenfolge High-
               Byte/Low-Byte. Die Flags werden gestellt.

Flags: N: gesetzt, wenn MSB des Ergebnisses = 1

Z: gesetzt, wenn Ergebnis = $0000

V: immer gelöscht

Beispiel: Im X-Register steht der Wert $FEDC. Mit dem Befehl STX IX,$2 wird der Wert $FE auf die Speicherzelle $FEDE und der Wert $DC auf $FEDF geladen. Die Flags N, Z und V werden gelöscht (Indizierte Adressierung X-Register).

Adressierungsarten:

Direkt: STX direct   (direct) = (IXH); (direkt+1) = (IXL)

Code: DF direct   1101 1111   nnnn nnnn

Bytes/Zyklen: 2/4

Absolut: STX addr16   (addr16) = (IXH); (addr16+1) = (IXL)

Code: FF addr16   1111 1111   nnnn nnnn   nnnn nnnn

Bytes/Zyklen: 3/5

Ind(X):   STX Offs8,X   (Offs8 + IX) = (IXH); (Offs8 + IX + 1) = (IXL)

Code: EF offs8   1110 1111   nnnn nnnn

Bytes/Zyklen: 2/5

Ind(Y):   STX Offs8,Y   (Offs8 + IY) = (IXH); (Offs8 + IY + 1) = (IXL)

Code: 18 EF offs8   0001 1000   1110 1111   nnnn nnnn

Bytes/Zyklen: 3/6

STY   Indexregister Y in Speicher laden

Operation: (M) = (IYH); (M+1) = (IYL)

Der Inhalt des Indexregisters Y wird auf den Speicherstellen M und M+1 abgelegt. Dabei kommt der High-Teil auf die Adresse M, der Low-Teil wird auf der Adresse M+1 abgelegt. Im Y-Register bleibt der Wert erhalten. Im Speicher steht das Wort immer in der Reihenfolge High-Byte/Low-Byte. Die Flags werden gestellt.

Flags:　　　　N: gesetzt, wenn MSB des Ergebnisses = 1

Z: gesetzt, wenn Ergebnis = $0000

V: immer gelöscht

Beispiel:　　　Im Y-Register steht der Wert $23A0. Mit dem Befehl STX $7F wird der Wert $23 auf die Speicherzelle $007F und der Wert $A0 auf $0080 geladen. Die Flags N, Z und V werden gelöscht (Direkte Adressierung).

Adressierungsarten:

Direkt:	STY direct	(direct) = (IYH); (direkt+1) = (IYL)
Code:	18 DF direct	0001 1000 1101 1111 nnnn nnnn
Bytes/Zyklen:	3/5	
Absolut:	STY addr16	(addr16) = (IYH); (addr16+1) = (IYL)
Code:	18 FF addr16	0001 1000 1111 1111 nnnn nnnn nnnn nnnn
Bytes/Zyklen:	4/6	
Ind(X):	STY Offs8,X	(Offs8 + IX) = (IYH); (Offs8 + IX + 1) = (IYL)
Code:	1A EF offs8	0001 1010 1110 1111 nnnn nnnn
Bytes/Zyklen:	3/6	
Ind(Y):	STY Offs8,Y	(Offs8 + IY) = (IYH); (Offs8 + IY + 1) = (IYL)
Code:	18 EF offs8	0001 1000 1110 1111 nnnn nnnn
Bytes/Zyklen:	3/6	

SUB　　Subtrahiere Akku A oder B mit Speicher (M) ohne Übertrag

Operation:　　(ACCx) = (ACCx) – (M)

Beschreibung: Der Inhalt der Speicherstelle M wird vom Inhalt des Akkus A oder B subtrahiert. Das Ergebnis steht in Akku A bzw. B, der Speicherinhalt M wird nicht verändert. Die Flags werden entsprechend dem Ergebnis gestellt.

Flags: N: gesetzt, wenn MSB des Ergebnisses = 1
Z: gesetzt, wenn Ergebnis = 0
V: gesetzt, wenn Zweierkomplement-Überlauf $7F – $80
C: gesetzt, wenn Überlauf über MSB $FF – $00

Beispiel: Im Akku A befindet sich der Wert $31 (00110001B), im Y-Register der Wert $1000, und auf der Speicherstelle $1020 steht der Wert $12 (00010010B). Der Befehl SUB $20,Y bildet die Differenz aus dem Inhalt der Speicherstelle $1020 und dem Akku. Als Ergebnis der Operation steht das Ergebnis $1F (00011111B) im Akku A. Der Wert auf der Speicherstelle wird nicht verändert (Indizierte Adressierung mit Y-Register).

Adressierungsarten:

Unmittelbar: SUBA #data   (Akku A) = (Akku A) – data
SUBB #data   (Akku B) = (Akku B) – data

Code: 80 #data   1000 0000 dddd dddd (SUBA)
C0 #data   1100 0000 dddd dddd (SUBB)

Bytes/Zyklen: 2/2

Direkt: SUBA direct   (Akku A) = (Akku A) – (direct)
SUBB direct   (Akku B) = (Akku B) + (direct)

Code: 90 direct   1001 0000 nnnn nnnn (SUBA)
D0 direct   1101 0000 nnnn nnnn (SUBB)

Bytes/Zyklen: 2/3

Absolut: SUBA addr16   (Akku A) = Akku A) – (addr16)
SUBB addr16   (Akku B) = Akku B) – (addr16)

Code: B0 addr16   1011 0000 nnnn nnnn nnnn nnnn (SUBA)
F0 addr16   1111 0000 nnnn nnnn nnnn nnnn (SUBB)

Bytes/Zyklen: 3/4

Ind(X):   SUBA Offs8,X   (Akku A) = (Akku A) – (Offs8 + IX)
SUBB Offs8,X   (Akku B) = (Akku B) – (Offs8 + IX)

Code: A0 offs8   1010 0000 nnnn nnnn (SUBA)
E0 offs8   1110 0000 nnnn nnnn (SUBB)

Bytes/Zyklen: 2/4

Ind(Y):	SUBA Offs8,Y	(Akku A) = (Akku A) – (Offs8 + IY)
	SUBB Offs8,Y	(Akku B) = (Akku B) – (Offs8 + IY)
Code:	18 A0 offs8	0001 1000 1010 0000 nnnn nnnn (SUBA)
	18 E0 offs8	0001 1000 1110 0000 nnnn nnnn (SUBB)
Bytes/Zyklen:	3/5	

SUBD Subtrahiere Doppelakku D mit Speicher (M) ohne Übertrag

Operation: $(ACCD) = (ACCD) - (M:M+1)$

Beschreibung: Der Inhalt der Speicherstelle M und M+1 wird vom Inhalt des Doppelakkus D subtrahiert. Das Ergebnis steht in Akku D, der Speicherinhalt M wird nicht verändert. Die Flags werden entsprechend dem Ergebnis gestellt.

Flags:
N: gesetzt, wenn MSB des Ergebnisses = 1
Z: gesetzt, wenn Ergebnis = $0000
V: gesetzt, wenn Zweierkomplement-Überlauf $7FFF – $8000
C: gesetzt, wenn Überlauf über MSB $FFFF – $0000

Beispiel: Im Doppelakku D befindet sich der Wert $458A. Der Befehl SUBD #1000 liefert das Ergebnis $358A im Akku D. Der Wert auf der Speicherstelle wird nicht verändert (Unmittelbare Adressierung).

Adressierungsarten:

Unmittelbar:	SUBD #data16	(Akku D) = (Akku D) – data16
Code:	83 #data16	1000 0011 dddd dddd dddd dddd
Bytes/Zyklen:	3/4	
Direkt:	SUBD direct	(Akku D) = (Akku D) – (direct;Direkt+1)
Code:	93 direct	1001 0011 nnnn nnnn
Bytes/Zyklen:	2/5	
Absolut:	SUBD addr16	(Akku D) = Akku D) – (addr16; addr16+1)
Code:	B3 addr16	1011 0011 nnnn nnnn nnnn nnnn
Bytes/Zyklen:	3/6	

Ind(X):	SUBD Offs8,X	(Akku D) = (Akku D) – (Offs8 + IX; Offs8 + IX + 1)
Code:	A3 offs8	1010 0011 nnnn nnnn
Bytes/Zyklen:	2/6	
Ind(Y):	SUBD Offs8,Y	(Akku D) = (Akku D) – (Offs8 + IY; Offs8 + IY + 1)
Code:	18 A3 offs8	0001 1000 1010 0011 nnnn nnnn
Bytes/Zyklen:	3/7	

SWI Software-Interrupt

Operation: (PC) = PC)+1;
(STACK) = PCL;(SP) = (SP) + 1
(STACK) = PCH;(SP) = (SP) + 1
(STACK) = YL;(SP) = (SP) + 1
(STACK) = YH;(SP) = (SP) + 1
(STACK) = XL;(SP) = (SP) + 1
(STACK) = XH;(SP) = (SP) + 1
(STACK) = ACCA;(SP) = (SP) + 1
(STACK) = ACCB;(SP) = (SP) + 1
(STACK) = CC;(SP) = (SP) + 1
(PC) = (SWI-Vektor)

Beschreibung: Durch diesen Befehl werden alle CPU-Register auf den Stack gerettet, und der PC wird mit der SWI-Vektoradresse geladen. Im CC-Register wird das I-Bit gesetzt.

Flags: I: wird gesetzt

Adressierungsart:

Inherent: SWI

Code: 3F   0011 1111

Bytes/Zyklen: 1/14

TAB   Übertrage Akku A in Akku B

Operation: (ACCB) = (ACCA)

Beschreibung: Der Befehl überträgt den Inhalt von Akku A in den Akku B. Der Inhalt von Akku A bleibt unverändert. Die Flags werden entsprechend verändert.

Flags: N: gesetzt, wenn MSB des Ergebnisses = 1
Z: gesetzt, wenn Ergebnis = $0000
V: immer gelöscht

Beispiel: Der Akku A enthält den Wert $10. Durch den Befehl TAB wird auch der Akku B mit diesem Wert geladen.

Adressierungsart:

Inherent: TAB

Code: 16   0001 0110

Bytes/Zyklen: 1/2

TAP   Übertrage Akku A in das CC-Register

Operation: (CC) = (ACCA)

Beschreibung: Der Befehl überträgt den Inhalt von Akku A in das CC-Register. Der Inhalt von Akku A bleibt unverändert. Dieser Befehl dient hauptsächlich dazu, die Bits S, X und I zu beeinflussen.

Flags: Die Bits übernehmen den Inhalt des Akkus A.

Adressierungsart:

Inherent: TAP

Code: 06   0000 0110

Bytes/Zyklen: 1/2

TBA   Übertrage Akku B in Akku A

Operation: (ACCA) = (ACCB)

Beschreibung: Der Befehl überträgt den Inhalt von Akku B in den Akku A. Der Inhalt von Akku B bleibt unverändert. Die Flags werden entsprechend verändert.

Flags: N: gesetzt, wenn MSB des Ergebnisses = 1
Z: gesetzt, wenn Ergebnis = $0000
V: immer gelöscht

Beispiel: Der Akku B enthält den Wert $23. Durch den Befehl TBA wird auch der Akku A mit diesem Wert geladen.

Adressierungsart:

Inherent: TBA

Code: 17   0001 0111

Bytes/Zyklen: 1/2

TPA   Übertrage das CC-Register in den Akku A

Operation: (ACCA) = (CC)

Beschreibung: Der Befehl überträgt den Inhalt des CC-Registers in den Akku A. Der Inhalt des CC-Registers bleibt unverändert.

Flags: Die Flags werden nicht verändert.

Adressierungsart:

Inherent: TPA

Code: 07   0000 0111

Bytes/Zyklen: 1/2

TST — Testen der Akkus bzw. einer Speicherstelle

Operation: (ACCx)-$00 bzw. (M)-$00

Von dem Akku A oder B bzw. von der Speicherzelle M wird der Wert $00 subtrahiert, und als Ergebnis werden die Flags beeinflußt. Der Akku bzw. der Speicher wird dabei nicht verändert.

Flags:
N: gesetzt, wenn MSB des Ergebnisses = 1
Z: gesetzt, wenn Ergebnis = $0000
V: immer gelöscht
C: immer gelöscht

Beispiel: Im Akku A steht der Wert $E3. Nach dem Befehl ist das N-Flag gesetzt.

Adressierungsart:

Inherent:	TSTA	(Akku A) – $00
	TSTB	(Akku B) – $00
Code:	4D	0100 1101 (TSTA)
	5D	0101 1101 (TSTB)
Bytes/Zyklen:	1/2	

Absolut:	TST addr16	(addr16) – $00
Code:	7D addr16	0111 1101 nnnn nnnn nnnn nnnn
Bytes/Zyklen:	3/6	

Ind(X):	TST Offs8,X	(Offs8 + IX)-$00
Code:	6D offs8	0110 1101 nnnn nnnn
Bytes/Zyklen:	2/6	

Ind(Y):	TST Offs8,Y	(Offs8 + IY)-$00
Code:	18 6D offs8	0001 1000 0110 1101 nnnn nnnn
Bytes/Zyklen:	3/7	

TSX   Übertrage Stackpointer + 1 in Indexregister X

Operation: (IX) = (SP) + 1

Beschreibung: Der Befehl überträgt den Inhalt des Stackpointers + 1 in das Index-register X. Der Inhalt des Stackpointers bleibt unverändert.

Flags: Die Flags werden nicht verändert.

Adressierungsart:

Inherent: TSX

Code: 30   0011 0000

Bytes/Zyklen: 1/3

TSY   Übertrage Stackpointer + 1 in Indexregister Y

Operation: (IY) = (SP) + 1

Beschreibung: Der Befehl überträgt den Inhalt des Stackpointers + 1 in das Index-register Y. Der Inhalt des Stackpointers bleibt unverändert.

Flags: Die Flags werden nicht verändert.

Adressierungsart:

Inherent: TSY

Code: 18   30 0001 1000   0011 0000

Bytes/Zyklen: 2/4

TXS   Übertrage den Inhalt des Indexregisters X – 1 in den Stackpointer

Operation: (SP) = (IX) – 1

Beschreibung: Der Befehl überträgt den Inhalt des Registers IX – 1 in den Stack-pointer. Der Inhalt des Indexregisters bleibt unverändert.

Flags: Die Flags werden nicht verändert.

Beispiel: Das Indexregister X enthält den Wert $0025. Nach der Ausführung von TXS ist der Stackpointer mit dem Wert $0024 geladen.

Adressierungsart:

Inherent: TXS

Code: 35   0011 0101

Bytes/Zyklen: 1/3

TYS   Übertrage den Inhalt des Indexregisters Y – 1 in den Stackpointer

Operation: (SP) = (IY) – 1

Beschreibung: Der Befehl überträgt den Inhalt des Registers IY – 1 in den Stackpointer. Der Inhalt des Indexregisters bleibt unverändert.

Flags: Die Flags werden nicht verändert.

Adressierungsart:

Inherent: TYS

Code: 18   35 0001 1000   0011 0101

Bytes/Zyklen: 2/4

WAI   Warten auf Interrupt

Operation: (PC) = PC)+1;
(STACK) = PCL;(SP) = (SP) + 1
(STACK) = PCH;(SP) = (SP) + 1
(STACK) = YL;(SP) = (SP) + 1
(STACK) = YH;(SP) = (SP) + 1
(STACK) = XL;(SP) = (SP) + 1
(STACK) = XH;(SP) = (SP) + 1
(STACK) = ACCA;(SP) = (SP) + 1
(STACK) = ACCB;(SP) = (SP) + 1
(STACK) = CC;(SP) = (SP) + 1

Beschreibung: Durch diesen Befehl werden alle CPU-Register auf den Stack gerettet. Danach nimmt die CPU einen Wartezustand ein, aus dem sie nur durch einen Interrupt wiedererweckt werden kann. Dieser Interrupt wird dann wie jeder andere Interrupt behandelt.

Flags: I: wird gesetzt

Adressierungsart:

Inherent: WAI

Code: 3E 0011 1110

Bytes/Zyklen: 1/14

XGDX Die Inhalte von Indexregister X und Akku D werden getauscht

Operation: (IX) = (ACCD)

Beschreibung: Der Befehl tauscht die Inhalte von Akku D und dem Indexregister X.

Flags: Die Flags werden nicht verändert.

Beispiel: Der Akku D enthält den Wert $7FEE, das X-Register den Wert $0000. Nach dem Befehl XGDX steht im Akku D der Wert $0000 und im X-Register der Wert $7FEE.

Adressierungsart:

Inherent: XGDX

Code: 8F 1000 1111

Bytes/Zyklen: 1/3

XGDY   Die Inhalte von Indexregister Y und Akku D werden getauscht

Operation: (IY) = (ACCD)

Beschreibung: Der Befehl tauscht die Inhalte von Akku D und dem Indexregister Y.

Flags: Die Flags werden nicht verändert.

Adressierungsart:

Inherent: XGDY

Code: 18 8F   0001 1000 1000 1111

Bytes/Zyklen: 2/4

Ergänzung zum DAA-Befehl:

Die Wirkung des DAA-Befehls soll an einem kurzen Zahlenbeispiel erläutert werden. Auf der entsprechenden Seite der Befehlsvorstellung war dazu nicht der ausreichende Platz vorhanden. Aufgabe dieses Befehls ist die Dezimalkorrektur nach erfolgten Additionen und Subtraktionen von Zahlen im BCD-Format. Die gepackte Darstellung von 2 Dezimalzahlen im BCD-Format gehört zu den häufigen Zahlenformaten in Mikrorechnern. Um eine Dezimalzahl binär darzustellen, benötigt man nur 4 Bit. Dabei werden diese nicht einmal ganz ausgenutzt (16 mögliche Zustände), so daß die Werte 10-15 oder A-F als Pseudotetraden übrig bleiben. Durch die Reduzierung auf 4 Bit pro Ziffer lassen sich 2 Ziffern in einem Byte unterbringen, und das in einer für die Ein- und Ausgabe leicht lesbaren Form. Diese Darstellung dominiert daher auch in Mikrocomputerprogrammen, die intensiv im Dialog mit dem Menschen stehen, wie z.B. jede Taschenrechnersoftware.

So schön diese Darstellung aber ist, so unpraktisch läßt es sich mit ihr rechnen. Das Rechenwerk der CPU kann nämlich die beiden Ziffern nicht voneinander unterscheiden und erzeugt bei der Addition oder Subtraktion einen Fehler.

Addition:	0011 0110	36H	36
	+ 0001 0110	+ 16H	+ 16
	0100 1100	4CH	52

Der Übertrag, der bei der Addition der hinteren beiden Zahlen auftritt (6+6), erzeugt einen Pseudotetradenwert C, den es in der BCD-Darstellung nicht gibt. Wird das im Akku A stehende Ergebnis mit dem DAA-Befehl »bearbeitet«, so wandelt dieser die Pseudotetrade C in die Ziffer 12, die das Gesamtergebnis über den Übertrag von der 1. zur 2. Stelle zum richtigen Ergebnis 52 korrigiert.

Die gleiche Wirkung zeigt der DAA-Befehl auch bei der Subtraktion, nur wird hier statt mit einem Übertrag mit dem Borgen der Subtraktion gearbeitet. Damit lassen sich die Fehler im Umgang mit den sonst so beliebten BCD-Zahlen ausbessern, und das ganz einfach durch einen Befehl. Zum ordnungsgemäßen Umgang mit BCD-Zahlen gehört daher hinter jede Addition oder Subtraktion ein DAA-Befehl.

Damit ist die alphabetische Aufstellung der Befehle des MC68HC11 abgeschlossen. Um sich einen schnelleren Überblick zu verschaffen, ist im Anhang des Buches noch einmal eine tabellarische Darstellung aller Befehle zu sehen. Die Tabelle ist in Befehlsgruppen gegliedert und gestattet so eine effektivere Suche nach speziellen Befehlen. Im allgemeinen wird diese Darstellung auch der alphabetischen vorgezogen. Um allerdings den Befehlssatz genauer in seinen Einzelheiten zu beschreiben, ist die tabellarische Form nicht geeignet

2.3 Entwicklungswerkzeuge für die MC68HC11-Familie

Für die große Verbreitung der MC86HC11-Controller gibt es mehrere Gründe. Einer davon ist sicherlich seine leistungsfähige Hardware. Und auch die Softwarekompatibilität mit dem 6800 und 6801, auf deren Struktur eine ungeheure Vielzahl an Programmen läuft, ist ein Grund für viele Anwender, auf diesen Controller umzusteigen. Was aber die Entscheidung besonders leicht macht, ist die umfangreiche Entwicklungsunterstützung zu allen Bauelementen dieser Familie. So ist von der Softwareentwicklung auf Assemblerniveau oder Hochsprache bis hin zur Testung und Inbetriebnahme im Finalprodukt die Unterstützung lückenlos. Nicht nur vom Hersteller gibt es die nötigen Mittel, die meisten Produzenten von Entwicklungswerkzeugen haben diese Controllerfamilie in ihrem Angebot. Ein kleiner Auszug aus der Reihe der Anbieter zeigt folgende Liste (ausgenommen der Hersteller):

Anbieter	Softwarewerkzeuge/Hardware
iSystem GmbH Dachau	Software: IAR6811-Assembler, XLINK Linker, XLINVB-Bibliotheksverwaltung, ANSI C Crosscompiler, C-SPY CS6811-Hochsprachen-Simulator, MODULA 68HC11 Modula 2 Compiler Hardware: EMUL68-PC-Emulator (Produkte der Firma NOHAU Corporation Campbell USA), MODHC11 Prototypmodul

Anbieter	Softwarewerkzeuge/Hardware
Ashling Micro-systems Limited Representativ Office München	CT-Serie Universal Microprocessor Development System (In-Circuit-Emulator) incl. Software (High-Level-Unterstützung PL/M, IAR/Archimedes C, Keil/Franklin C usw.) PathFinder-HC11 für Programmverfolgung, Macro-Assembler, Linker/Loader, Disassembler, Source-Level Debugging, SEA System Execution Analyser (Performance Analysis, Function Trace, Code Coverage)
dli digital logic in-struments gmbh Dietzenbach	Logikanalysatoren mit Software (Disassembler) für Mikroprozessoren und Mikrocontroller
Allmos Electronic GmbH Martinsried	Software:Cross-Assembler, Linker, Crosscompiler und Simulatoren der Firmen 2500 AD, IAR Systems, Intermetrics und Microtec Research Hardware: In-Circuit-Emulator-Familie MICE-II und MICE-II S incl. Software
Dr. Krohn & Stiller GmbH&Co Unterhaching(Mü)	Vertrieb von Software und Hardware: Assembler, C Compiler, HLL-Debugger, Debugger, Editoren, Emulatoren und Logikanalysatoren

Tabelle 2.34: Anbieter von Entwicklungswerkzeugen

Bevor auf den nächsten Seiten einige Produkte dieser Entwicklungswerkzeuge zu sehen sind, zunächst noch ein Blick auf andere Methoden, mit deren Hilfe durchaus eingeschränkte Entwicklungsarbeiten möglich sind. Je nach Umfang der geplanten Hardware und Software lassen sich schon mit recht einfachen Verfahren kleinere Projekte auf die Beine stellen, doch sollte man die Ansprüche an die Möglichkeiten und den Komfort nicht allzu hoch ansetzen. Ein Controller ist ein Bauelement mit einer recht komplizierten Struktur, das, richtig genutzt, eine entsprechend leistungs-fähige Software erfordert. Diese braucht entsprechende Mittel zur Generierung und Testung. Für simple Anwendungen mögen die »Werkzeuge«, wie wir sie gleich sehen werden, vielleicht durchaus genügen, doch sind die sinnvollen Grenzen sehr schnell erreicht. Daher sollte jeder Entwickler den Umfang rechtzeitig vor Beginn abschätzen. Unzureichende Werkzeuge können die Kosten in unvorhersehbare Hö-hen treiben und den Erfolg sogar unmöglich machen.

2.3.1   Bauelementeeigene Hilfsmittel

Motorola bietet seine Bauelemente unter anderem in verschiedenen Speicherversio-nen an. So gibt es zum Beispiel den MC68HC811E2 mit 0 Kbyte ROM, dafür aber mit 2 Kbyte EEPROM. Auf einem etwas umständlichen Weg läßt sich in diesen Speicher ein Programm laden und starten. Für diese Vorgehensweise muß allerdings das Bauelement in der Zielschaltung so eingesetzt sein, daß eine Umschaltung der Betriebsarten möglich ist und die serielle asynchrone Schnittstelle zugänglich bleibt. Der Controller ist mittels der Pins MODA und MODB auf Bootstrap Mode zu stellen (beide L-Pegel). Nach einem Reset lädt ein internes Bootstrap-Programm ein 256-Byte-langes Programm in den RAM des Controllers. Dieses Programm wird im Anschluß daran gestartet und übernimmt die Kontrolle über das Bauelement. Diese Funktion ist in dem entsprechenden Kapitel über die Betriebsarten des Controllers eingehend beschrieben worden. Das geladene Programm sorgt nun dafür, daß die eigentlich zu testende Software über dieselbe Schnittstelle in den EEPROM geladen wird. Dabei werden dessen Zellen programmiert. Die Reihenfolge noch einmal zusammengefaßt:

◆ Controller im Bootstrap Mode starten.

◆ Der 256-Byte-lange zweite Lader wird über die serielle Schnittstelle gelesen und im RAM abgelegt.

◆ Der zweite Lader wird gestartet und sorgt für das Einlesen des eigentlichen Programms (auch über die Schnittstelle).

◆ Das Programm wird vom zweiten Lader in die EEPROM-Zellen programmiert.

◆ Das Programm im EEPROM kann gestartet und getestet werden.

Wenn es gelingt, in dem 256-Byte-langen Ladeprogramm noch Monitorfunktionen zu integrieren, können vielleicht auch schon Tests durchgeführt werden. Im anderen Fall wird das in den EEPROM geladene Programm gestartet. Für eine Testung und Inbetriebnahme empfiehlt es sich, das endgültige Programm soweit wie möglich in Untermodule zu teilen, um jedes einzeln oder nacheinander auf die beschriebene Art in den EEPROM zu laden und zu testen. Auch sollte man versuchen, alle Möglichkeiten zu nutzen, um Testhilfen in das Programm einzubauen. So können zum Beispiel an bestimmten Stellen Signale über die Ports oder die Schnittstelle ausgegeben werden. Da das Programm immer in Echtzeit läuft, kann man sich praktisch nur mit solchen Mitteln einen Überblick darüber verschaffen, welche Stellen durchlaufen werden und wo das Programm nicht hin kommt. Diese Methode ist äußerst mühevoll und kann fehlschlagen, wenn Fehler auftreten. Daher muß generell zunächst die Hardware vollständig funktionieren, um nicht deren Fehler bei der Software zu suchen. Notfalls kann man auch vor der Programmtestung einen kleinen Monitor in den EEPROM laden, um damit eventuelle Hardwarefehler zu beseitigen.

Eine weitere Möglichkeit der Programmtestung bieten Bauelemente mit EPROM-Speicher anstelle des ROMs, z.B. der MC68HC711E9 mit 12Kbyte EPROM. Auch hier wird das zu testende Programm in den internen Speicher geladen, aber nicht in den EEPROM, sondern in den UV-löschbaren EPROM. Der Unterschied zum vorgenannten Verfahren besteht nur in der Art und Weise des Downloding. Dabei ist das

Programmieren des EPROMs in einem Programmiergerät wesentlich einfacher als das Laden des Programms über den Bootloader. Allerdings kommt es hierbei auch auf die Software zum Laden über die Schnittstelle an. Mit einem komfortablen Programm kann man recht schön und vor allem schnell ein zu testendes Programm in den EEPROM laden. Gegen den EPROM spricht der aufwendige Löschvorgang, er kann nur in einem Löschgerät außerhalb der Schaltung erfolgen. Ansonsten ist das Vorgehen identisch zur EEPROM-Version.

2.3.2 Evaluation Boards

Für ernsthafte Entwicklungsaufgaben sind beide zuvor dargestellten Methoden ungeeignet. Hier müssen andere Mittel eingesetzt werden. Es gibt eine ganze Reihe von Hard- und Softwarewerkzeugen, die in Kapitel 1 auch schon vorgestellt wurden.

Eines dieser »Werkzeuge« hat jeder HC11-Controller immer an Bord. Bei der Vorstellung der verschiedenen Betriebsarten wurde auch schon kurz darauf eingegangen. Der Controller kann in vier unterschiedlichen Speicherverwaltungsverfahren arbeiten. Im Single-Chip-Mode steht nur ein interner Speicher für Daten und Programm zur Verfügung, eine Programmentwicklung ist damit nicht möglich. Um Software zu testen, muß entweder ein extern adressierbarer Speicher vorhanden sein, oder interne Bereiche müssen sich von außen laden lassen. Ersteres ermöglicht der Expanded Mode. Über den gemultiplexten Daten-/Adreßbus verfügt der Controller über einen externen Adreßraum, in dem programmierbare oder frei beschreibbare Speicher Platz finden können. Dort abgelegte Programme lassen sich somit testen und jederzeit modifizieren. Von dieser Methode machen die beliebten Evaluation Boards Gebrauch. Bei ihnen wird der Controller immer im Expanded Mode betrieben, und die dabei für die Anwendung durch den Speicherausbau verlorenengegangenen Ports werden soweit wie möglich mit Hilfe von Port-Replacement-Schaltkreisen zurückgewonnen. Diese Boards besitzen jeweils eine Anwenderseite und eine Programmiererseite. Auf der Anwenderseite bilden sie einen »vollwertigen« Controller im Single-Chip-Mode oder im Expanded Mode nach. So ein Board kann damit in bestehende Schaltungen anstelle des späteren Controllers eingefügt werden. Die Verbindung wird entweder über normale Leitungen oder über IC-Sockeladapter hergestellt. Man erhält auf diese Weise einen Low-Cost-»In-Circuit-Emulator«. Diese Bezeichnung sollte allerdings nicht zu ernst genommen werden, denn mit einem richtigen Emulator hat das Board nur sehr entfernt etwas zu tun. So bietet es zum Beispiel keinerlei Trace-Möglichkeiten, keine Hardware-Breakpoints, und Zugriffe auf die Zielelektronik sind auch nur umständlich auszuführen. Ihre Berechtigung haben sie allerdings durchaus zu Lehrzwecken, bei der Einarbeitung in die Hard- und Software der Bauelemente. Auch einfache Entwicklungsaufgaben können mit ihnen ausgeführt werden. Bei komplizierteren Programmen mit hohen Echtzeitanforderungen sind allerdings die Grenzen schnell erreicht.

Auf der »anderen Seite« des Boards, also auf der Programmiererseite, befindet sich der Programmspeicher, eventuell ein Monitorprogramm im EPROM sowie die Schnittstelle zu einem PC. Über diese erfolgt das Laden des Programms und überhaupt die gesamte Steuerung des Boards. Dazu läuft auf dem angeschlossenen PC eine entsprechende Software, mit der im einfachsten Fall ein Programm bearbeitet, in den Speicher des Boards transportiert und dort gestartet werden kann. In der Regel bietet die Software aber weitaus mehr Möglichkeiten, wie die nachfolgenden Beispiele zeigen werden.

Evaluation Board EVB

Dieses preiswerte Board gestattet die Testung und Inbetriebnahme von Assemblerprogrammen auf einer einfachen Hardware, die aber alle Signale eines Controllers der MC68HC11-Familie im Single-Chip-Mode bereitstellt. Soll später ein Controller mit internem Programmspeicher eingesetzt werden, können so Erfahrungen gesammelt und auch durchaus erfolgreiche kleine Entwicklungsaufgaben gelöst werden. Für die Arbeit mit dem Board ist ein RS-232C-Terminal oder ein PC erforderlich. Die Software befindet sich auf dem Board in einem EPROM.

In der Abbildung ist der prinzipielle Aufbau des Boards zu sehen.

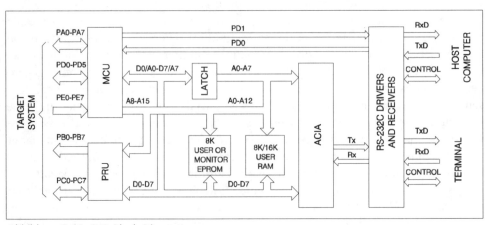

Abbildung 2.69: EVB-Block-Diagramm

Auf einer Leiterplatte befindet sich als Herzstück ein MC68HC11A1-Controller. Dieser wird im Expanded Mode betrieben und hat als externen Speicher einen

8-Kbyte-Monitor-EPROM mit der Firmware oder alternativ einen Anwender-EPROM. Desweiteren ist an den externen Daten-/Adreßbus ein 8 Kbyte-/16 Kbyte-RAM angeschlossen, der dem Anwender zur Verfügung steht. In diesem können die zu testenden Programme geladen und von dort ausgeführt werden. Da durch den externen Bus die Ports B0-B7 und C0-C7 dem Controller nicht mehr als freie Ports zur Verfügung stehen, sorgt ein Port-Replacement-Schaltkreis (PRU MC68HC24) für die Rückgewinnung der verlorenen Ausgangsfunktionalität. Mit seiner Hilfe wirkt der Controller auf der Anwenderseite wie ein Bauelement im Single-Chip-Mode. Alle Portleitungen sind frei benutzbar und der Speicher scheint im Schaltkreisinneren zu liegen. Als Anschluß nach außen sind die Leitungen auf einen 60-poligen Steckverbinder geführt.

Um nicht die controllereigene serielle Schnittstelle zu verlieren, ist ein asynchroner serieller Interface-Schaltkreis (ACIA) mit dem Daten-/Adreßbus verbunden. Mit diesem kann das Board über eine RS232C-Schnittstelle mit einem einfachen Terminal oder einem PC zusammenarbeiten. Die Baudrate ist hardwaremäßig einstellbar (300-9600 Baud). Über die Befehle des Monitorprogramms lassen sich so einfache Tests durchführen. Eine weitere Schnittstelle, allerdings mit einer festen Übertragungsrate von 9600 Baud, wird vom Controller selbst geliefert. Mit ihr erfolgt die Kommunikation mit einem Host-Rechner. Dabei geht jedoch das SCI-Modul für die Anwenderseite verloren. In der nachfolgenden Abbildung ist das Evaluation Board in einer Skizze dargestellt.

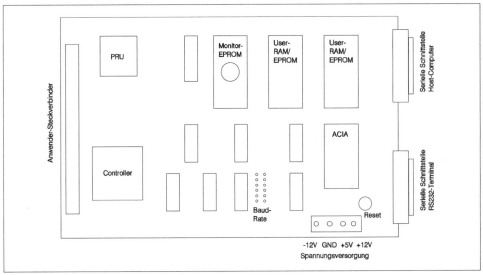

Abbildung 2.70: MC68HC11-EVB-Ansichtsbild

An dem Steckverbinder der Anwenderseite sind die Signale des Controllers ohne Leistungsstufe und ohne Schutzbeschaltung herausgeführt. Für eine geeignete Entkopplung muß der Nutzer selber sorgen. Die Tabelle zeigt die Signalbelegung:

Signal	Kontakte		Signal	Signal	Kontakte		Signal
GND	1	2	MODB	PA3	31	32	PA2
NC	3	4	STRA	PA1	33	34	PA0
E	5	6	STRB	PB7	35	36	PB6
EXTAL	7	8	XTAL	PB5	37	38	PB4
PC0	9	10	PC1	PB3	39	40	PB2
PC2	11	12	PC3	PB1	41	42	PB0
PC4	13	14	PC5	PE0	43	44	PE4
PC6	15	16	PC7	PE1	45	46	PE5
RESET	17	18	XIRQ	PE47	47	48	PE6
IRQ	19	20	PD0	PE3	49	50	PE7
PD1	21	22	PD2	VRL	51	52	VRH
PD3	23	24	PD4	nc	53	54	nc
PD5	25	26	VDD	nc	55	56	nc
PA7	27	28	PA6	nc	57	58	nc
PA5	29	30	PA4	nc	59	60	nc

Tabelle 2.35: Steckverbinder zum Zielsystem

Über vier Anschlußklemmen ist eine Gleichspannung von +5 V und bei Verwendung der seriellen Schnittstellen von +/-12 V zuzuführen. Weitere Beschaltungen und Versorgungsspannungen sind nicht notwendig.

Als Software wird in dem Firmeware-EPROM ein Mini-Monitorprogramm mit dem Namen BUFFALO mitgeliefert. BUFFALO steht dabei für Bit User Fast Friendly Aid To Logical Operations. Es gestattet das Laden von Programmen in den Speicher des Boards, das Lesen und Modifizieren von Speicherzellen und Registern, das Programmieren der EEPROM-Zellen und das Testen und Tracen von Programmen auf Assemblerniveau. Die folgende Tabelle zeigt alle Befehle des Monitors mit ihrer Bedeutung:

Befehl	Funktion
ASM [(addresse)]	Assembler und Disassembler ab [adresse]
BF (adr1) (adr2) (data)	Speicherbereich von adr1 bis adr2 mit data füllen
BR [(adr1)].[(adr2)]..	Breakpoint (auf adr1,(adr2) (...)) setzen
BR – [(adr1)] [(adr2)]...	Breakpoint (auf adr1,(adr2) (...)) löschen
BULK	EEPROM komplett löschen
BULKALL	EEPROM und CONFIG-Register löschen
CALL [(adresse)]	Unterprogramm (an der Adresse) in Echtzeit ausführen
G [(adresse)]	Programm (ab Adresse) in Echtzeit ausführen
HELP	Anzeige der Monitorkommandos
LOAD (host download command)	Download eines S-Records über Host Port
LOAD (T)	Download eines S-Records über Terminal Port
MD [(adr1)[(adr2)]]]	Memory-Dump (von adr1 (bis adr2)) über Terminal
MM [(adresse)]	Speicher (an der Adresse) modifizieren
MOVE (adr1) (adr2) [(dest)]	Block verschieben
P	Fortsetzung/Fortsetzung ab Breakpoint
RM [p,y,x,a,b,c,s]	Register modifizieren
T [(n)]	Trace n Befehle
VERIFY (host download command)	Vergleich Speicher mit Download-Daten des Host Ports
VERIFY (T)	Vergleich Speicher mit Download-Daten des Terminal Ports
TM	Transparent Mode einschalten
CTRL A	Beenden
CTRL B	Break senden
CTRL W	Warten auf bel. Taste)
CTRL H	Backspace
CTRL X (Del)	Kommando abbrechen
ENTER	letztes Kommando wiederholen

Tabelle 2.36: Befehle des Monitors

Mit diesen einfachen Boards lassen sich sicher schon eine Reihe von Aufgaben lösen, etwas besser ausgerüstet ist allerdings ein weiteres Werkzeug von Motorola, das MC68HC11 EVM.

MC68HC11 EVM Evaluation Modul

Ähnlich wie schon beim kleineren MC68HC11 EVB ist auch das EVM auf einer Leiterplatte aufgebaut und besitzt eine CPU mit Port-Replacement-Schaltkreis, EPROM und RAM-Speicher und seriellen Schnittstellen. Der Unterschied besteht jedoch in einer leistungsfähigeren Speicherausrüstung und Verwaltung, einer anderen CPU-Bestückung mit 2 möglichen Simulations-Modi und einem anderen Monitorprogramm. Der Anwender kann wählen, ob er eine MC68HC11A8 oder einen MC68HC11E9 emulieren möchte. Außerdem stehen ihm an zwei unterschiedlichen Anwendersteckern die Signale einer CPU im Single-Chip-Mode und im Expanded Mode zur Verfügung. Über entsprechende Adapterkabel läßt sich damit in einem Zielsystem die gewünschte CPU emulieren. Als Speicher sind außer dem 16-Kbyte-Firmware-EPROM noch 8/18-Kbyte RAM als User-Pseudo-ROM vorhanden. Auch der interne EEPROM kann durch einen auf dem Board befindlichen RAM (Pseudo-EEPROM) angesprochen werden. Die Software erlaubt so zum Beispiel das Downloaden eines Programms in diesen Speicher und das anschließende Programmieren dieser Daten in den controllerinternen EEPROM. Über zwei zusätzlich auf dem Board befindliche Fassungen (48-pin Dual-In-Line DIP und 52-Lead Quad Package) lassen sich damit Controller mit EEPROM-Zellen programmieren. Auch bei den Schnittstellen wurde einiges verbessert. So sind Baudraten von 0,15 bis 19,2 KBaud zwischen Board und Terminal bzw. Host-Computer möglich. Für die Schnittstelle zu einem PC ist die Baudrate per Software einstellbar, bei der Terminal-Schnittstelle findet das Monitorprogramm die nötige Übertragungsgeschwindigkeit selbständig (Auto-baud rate selection). Die Abbildungen zeigen das Blockbild des Boards und einen groben Überblick über den Aufbau.

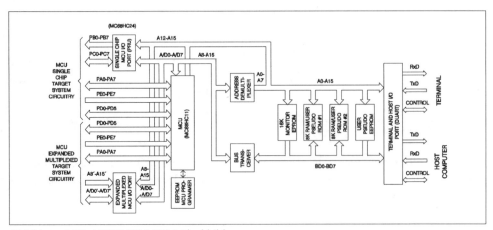

Abbildung 2.71: HC68MC11 EVM-Blockbild

Die Software EVMbug im Firmware-EPROM besitzt ähnliche Befehle wie das BUF-FALO-Programm. Entsprechend den neu hinzugekommenen Aufgaben ist sie allerdings um einige Befehle erweitert worden. Andere Befehle sind umfangreicher und mit mehr Leistung ausgestattet. Auch in diesem Fall hier wieder alle Befehle in einer Tabelle:

Befehl	Funktion
ASM [(adresse)]	Assembler und Disassembler ab [adresse] interaktiv
BF (adr1) (adr2) (data)	Speicherbereich von adr1 bis adr2 mit data füllen
BR [(adr1)].[(adr2)]..	Breakpoint (auf adr1,(adr2) (...)) setzen
BULK [(103F)]	EEPROM oder CONFIG-Register (103F) komplett löschen
CHCK (adr1) [(adr2)]	EEPROM überprüfen
COPY (adr1) [(adr2)] [(adr3)]	EEPROM in User-Bereich kopieren
ERASE (adr1) [(adr2)]	einzelne EEPROM-Bytes löschen
G [(adresse)]	Programm (ab Adresse) in Echtzeit ausführen
HELP	Anzeige der Monitorkommandos
LOAD (port) [=(text)]	S-Record von port downloaden
MD [(adr1)[(adr2)]]	Memory-Dump (von adr1 (bis adr2)) über Terminal
MM [(adresse)]	Speicher (an der Adresse) modifizieren
NOBR [(adr)]	Breakpoints auf adr löschen
P [(n)]	Fortsetzung/Fortsetzung ab Breakpoint
PROG (adr1) [(adr2)] [(adr3)]	EEPROM von Pseudo EEPROM programmieren
RD	Register anzeigen
RM	Register interaktiv modifizieren
SPEED (rate)	Baud-Rate für Host-Port einstellen
T [(n)]	Trace n Befehle
TM [(exit character)]	Transparent Mode einschalten
VERF (adr1) [(adr2)] [(adr3)]	EEPROM mit Pseudo EEPROM vergleichen

Tabelle 2.37: Befehle von EVMbug

Es ist, wie schon mehrfach erwähnt wurde, immer eine Frage des Umfangs der zu entwickelnden Soft- und Hardware, ob sich die Arbeit mit einem Evaluation Board lohnt. Im Zweifelsfall sollte besser auf leistungsfähigere Systeme zurückgegriffen werden, auch unter dem Gesichtspunkt einer späteren Steigerung des Entwicklungsumfanges. Man muß sich immer vor Augen halten, daß Evaluation Boards zwar das

Testen von Soft- und Hardware gestatten, bei komplizierteren Fehlern im Testprogramm oder bei Echtzeit- und Interruptprogrammen aber meistens versagen. Hier werden Hardware-Breakpoints, Tracefunktionen für alle CPU-Signale und, wenn möglich, noch für externe Signale benötigt. So können schon für relativ einfache Aufgaben echte und auch teurere In-Circuit-Emulatoren letztendlich die kostengünstigere Lösung sein. Auch unter diesen Geräten soll nun eine kleine Auswahl den Stand bei Mikrocontrollern zeigen.

2.3.3 Emulatoren und Entwicklungssysteme

HDS-300 Entwicklungssystem

Ebenso vom CPU-Hersteller Motorola ist das erste leistungsfähige System in dieser Kurzvorstellung. Es dient als Hard- und Softwareentwicklungswerkzeug für verschiedene Mikrocontroller und Mikroprozessoren von 8- bis 32-Bit, so auch für die MC68HC11-Familie. Wie häufig bei derartigen Systemen befindet sich der Emulator mit Tracelogik in einem eigenständigen Gerät, der prozessorspezifische Teil aber auf einem abgesetzten Extramodul, dem sogenannten POD. Dieses bildet gleichzeitig über Adaptersockel oder Adapterkabel die Verbindung zum Zielsystem. Für eine Umrüstung auf einen anderen Prozessortyp sind nur die über Steckverbinder angeschlossenen PODs und die Entwicklungssoftware zu wechseln.

Das HDS-300 System besitzt zudem noch ein 5.25"-Diskettenlaufwerk und einen Anschluß für ein RS232-Terminal. Im Gegensatz zu anderen Emulatoren handelt es sich hier um ein selbständiges Entwicklungssystem, das keinen Host-Computer benötigt. Es besitzt dazu einen Line Assembler/Disassembler, einen normalen Debugger und einen C Source Level Debugger. Für größere Programme dürften diese aber auch nicht ausreichen. Daher kann ein Host-Computer zusätzlich über eine zweite serielle Schnittstelle angeschlossen werden, um Software mittels S-Records an das HDS-300 zu übertragen. Wichtig für die Fehlersuche ist auch der Bus Status Analysator und Tracer. Die nachfolgende Abbildung zeigt das Zusammenspiel des HDS-300 in einem Entwicklungsplatz.

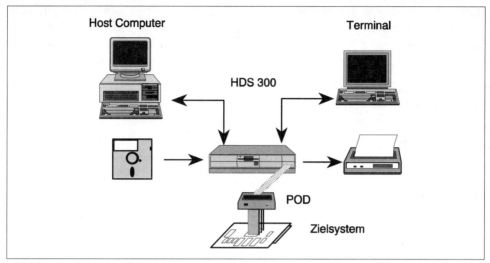

Abbildung 2.72: Entwicklungssystem HDS300

EMUL68-PC Emulator

Ein anderes Produkt auf dem Markt der Emulatoren für MC68HC11-Controller kommt von dem amerikanischen Unternehmen NOHAU CORPORATION. Diese Firma liefert für verschiedene Prozessoren und Controller entsprechende Emulatoren und Entwicklungswerkzeuge. Vertrieben werden die Produkte hierzulande von der Firma iSYSTEM in 8080 Dachau.

Der EMUL68-PC gehört zu einer Gruppe von Emulatoren, die als Einsteckkarten in PCs eingesetzt werden. Das macht ihn für den großen Kreis der Entwickler interessant, die den PC als Arbeitsmittel verwenden. Allerdings läßt sich der Emulator auch in einer speziellen Erweiterungsbox abgesetzt vom PC betreiben. Die Verbindung wird nur durch eine serielle Schnittstelle oder ein Businterface hergestellt. Aufgebaut aus zwei langen PC-Einsteckkarten belegt er zwei 8-Bit- oder 16-Bit-Steckplätze. Eine der Karten ist das eigentliche Emulatorboard, die andere Karte ist ein Traceboard. Auf letzteres kann verzichtet werden, wenn die Funktion nicht gebraucht wird. Von der Rückwand des Emulatorboards führt ein 1,6 m langes Spezialkabel zum Personality-Modul (POD). Der Emulator wird aus dem PC mit Spannung versorgt, bei dem POD hat man die Wahl zwischen der Versorgung aus dem PC oder aus dem Zielsystem. Das gleiche gilt auch für den Prozessortakt. In der Grundversion ist der Emulator mit 64 Kbyte Speicher ausgerüstet. Für mehr Speicher gibt es noch Versionen mit 256 Kbyte und 512 Kbyte. Ansonsten ist der Speicher in 4 Kbyte-Schritten zwischen Zielsystem und Emulatorspeicher mappbar. Bei den größeren Speicherbereichen besteht die Möglichkeit des feineren Mappings in 64-Bit-Schritten und außerdem des Bankings. Die Bedienung des Emulators geschieht über eine leistungsstarke Software. Sie arbeitet in der gewohnten Fenstertechnik und bietet alles, was zur Programmentwicklung und Testung gebraucht wird. Doch dazu später mehr.

Das Traceboard TR68 wird durch ein kurzes Kabel mit dem Emulatorboard verbunden. Es besitzt eine Speichertiefe von 16 Kbyte bei einer Breite von 48 Bit. Somit lassen sich 48 Signale gleichzeitig aufzeichnen. 30 Bit sind den Controllersignalen zugeordnet (Adreß- und Datenbus, Steuersignale), die verbleibenden 18 Bit können für externe Signale verwendet werden. Somit lassen sich auch Vorgänge des Zielsystems mit aufzeichnen. Der Anschluß dieser freien Kanäle erfolgt über Meßclips.

Der gesamte Tracevorgang ist interaktiv steuerbar. Zwei verschiedene Trace-Bedingungsregister können gesetzt werden, wobei bei jedem 8 Einzelbedingungen frei wählbar, sowie UND- bzw. ODER- verknüpfbar sind. Ein Tracecounter bestimmt die Zahl der aufzuzeichnenden Frames, ein Loopcounter die Anzahl der Triggerereignisse, bis schließlich mit der Aufzeichnung begonnen wird. Dabei wird die Befehlszeit gleichzeitig absolut oder relativ gemessen und in der Ergebnisdarstellung angezeigt. Diese Funktion ist besonders interessant für Laufzeitermittlungen von Programmteilen. Speziell für diese Aufgabe befindet sich noch ein Programm-Performance-Analysator in dem System. In 10 verschiedenen Adreßbereichen können Messungen der Laufzeit durchgeführt und anschließend prozentual und grafisch als Balkendiagramm dargestellt werden.

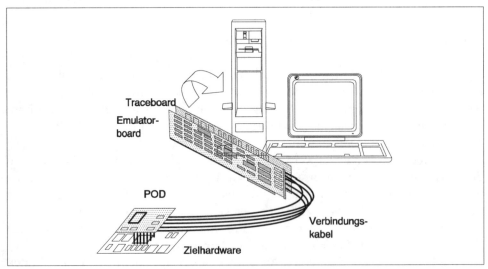

Abbildung 2.73: EMUL 68-PC NOHAU

Die Software des Emulators bietet neben einem integrierten Assembler/Disassembler auch einen symbolischen Sourcecode-Debugger. Damit ist die Arbeit auf Assemblerniveau oder in C und Modula 2 möglich. Auf dem Bildschirm sind beide getrennt oder aber auch gemixt darstellbar. Angezeigt werden außerdem alle Register, wählbare externe und interne Speicherbereiche und natürlich beliebige Watch-Ausdrücke für einzelne Variable. Die Programmtestung kann in Einzelschritten, Sprüngen über Unterprogramme oder Interrupts, Echtzeitläufen bis zum Erreichen von Breakpoints oder direkt in Echtzeit erfolgen. Egal ob in Assembler oder Hochsprache, die Schritte beziehen sich immer auf die gewählte Sprache, so daß sich gerade im Bereich der Hochsprachen sehr elegant Programme austesten lassen. 64 Kbyte Programm-Breakpoints und 64 Kbyte Daten-Breakpoints stehen zur Verfügung. Selbstverständlich kann in allen Fällen mit Symbolen gearbeitet werden, und auch Macros für häufige Kommandos sind möglich. Für letztere ist ein Macro-Editor vorhanden. Für die Einarbeitung und auch für Zwischendurch ist eine komfortable HELP-Funktion integriert. Alle Aktionen sind interaktiv steuerbar und werden durch die Darstellungsweise in Fenstertechnik und Pull-down-Menüs leicht beherrschbar. Die nachfolgende Tabelle zeigt einen Überblick über die Befehle des Emulators:

Befehl	Funktion
Asm	Automatischer In-Line-Assembler
BPROT	Anzeigen/Setzen BPROT-Register
BR	Anzeigen/Ändern Break-Register
BREak	Unterbrechen der Emulation
BYte	Anzeigen/Ändern Memory Byte
CODE	Anzeigen/Ändern Code-Fenster
CONfig	Konfigurations-Fenster öffnen
COUnt	Mehrfachausführung von Kommandos
DAsm	Disassembler-Aufruf
DEFine	Definition eines Makros oder Symbols
DIsable	Disable Makro, Symbol,Interrupt...
DOMain	Anzeigen/Ändern Modulname
DOS	Aufruf von DOS-Kommandos
EDit	Editor für Makros
ENAble	Enable Makro, Symbole, Interrupt....
EValuate	Rechenfunktionen
EXit	Ende Emulator, zurück zu DOS

Befehl	Funktion
Go	Start der Emulation
IF	Makro IF
INClude	Makro aus Datei lesen
INIT	Anzeige INIT-Register
INT	Anzeige Interruptstatus
LINE	LINE Step
LISt	Display-Kopie auf Datei starten
LOad	Laden von Object/Symbolen/Makro/Setup
MACro	Anzeige der Makros
MAP	Anzeigen/Ändern Speichermapping
MODE	Ändern CPU-Mode
MODUles	Anzeige der benutzerdef. Module
NOList	Display-Kopie auf Datei beenden
PPA	Start des Performance-Analysators
PPABIN	Anzeigen/Ändern Programm-Performance-Analysator
QRA	Anzeigen/Ändern Trace-Qualifier A(0-7)
QRB	Anzeigen/Ändern Trace-Qualifier B(0-7)
QUit	Ende Emulator, zurück zu DOS
REG	Anzeige interner Register
REMove	Entfernen von Symbolen, Makros, Watch
PEPeat	Mehrfachausführung von Kommandos
RESet	Reset EM, CHIP, BR, Timer, Target...
SAve	Sichern von OBJ. SYM, MAC oder Setup
SOURCEPath	Ändern des Source-Verzeichnisses
STAck	Anzeige Stack und Stackpointer
Step	Single Step
SYMbols	Anzeige Usersymbole und Werte
SYStem	Aufruf von DOS-Kommandos
TB	Trace-Beginn
TBR	Trace Breakpoint
TC	Anzeigen/Ändern Triggercounter
TD	Trace-Anzeige (Frame)

Befehl	Funktion
TE	Trace-Ende
Timer	Anzeigen/Ändern Trigger Loopcounter
TLC	Anzeigen/Ändern Trace Post View
TR	Anzeigen/Ändern Trace-Register
TS	Anzeigen/Ändern Tracebedingungen
TTS	Anzeigen/Ändern Timer stamp
VERsion	Anzeige Softwareversion
WATch	Überwachungsanzeige setzen
WIndow	Anzeigen/Ändern Datenfenster-Adressen
WOrd	Anzeigen/Ändern Speicherwort
WRITE	Bildschirmausgabe eines Ausdrucks
:'MAC	Makrofunktion starten
[..'modul']	Symbol anzeigen,Symbolinhalt

Tabelle 2.38: Emulatorbefehle

2.3.4   Reine Software-Werkzeuge

Den Hardwarewerkzeugen steht auf der Softwareseite eine große Anzahl an Programmen gegenüber, mit denen sich sehr effektiv Anwendersoftware entwickeln läßt. Je nach Aufgabe oder Wunsch kann unter verschiedensten Assemblern und Compilern für Hochsprachen gewählt werden. Auch hier einige Beispiele im Überblick:

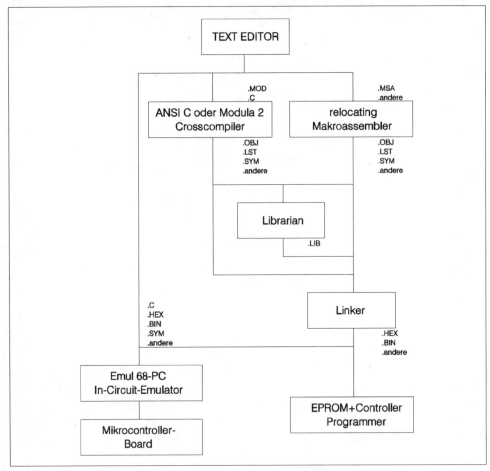

Abbildung 2.74: 68HC11 Entwicklungssystem

Crossassemblerpaket

Der IAR6811-Assembler und seine Zusatzprogramme XLINK und XLINB stehen als Beispiel für die große Menge der Entwicklungsprogramme auf Assemblerniveau. Programmierer benutzen immer noch gern Assemblerprogramme zur Erzeugung von kurzen, schnellen und hardwarenahen Programmen. Durch die direkte Verwendung der Hardwareressourcen wie CPU- und Spezialregister lassen sich bei guten Programmierkenntnissen optimale Programme schreiben. Allerdings sind moderne Compiler mittlerweile auch dazu in der Lage, wie der Maschinencode von compilierten C-Programmen zeigt.

Das hier vorgestellte Assemblerpaket wird von der Firma iSystem vertrieben. Das Kernstück bildet der Macroassembler IAR6811. Er erzeugt einen relokatiblen oder absoluten Code und ist kompatibel zum ICC6811 C-Compiler vom gleichen Anbieter. Für seine Anwendung wird das Betriebssystem MS-DOS oder PC-DOS benötigt. Die verwendete Mnemonik entspricht der von Motorola verwendeten Schreibweise. Symbole können sich aus 255 signifikanten Zeichen zusammensetzen. Für die Anzahl der relokatiblen Segmente gibt es keine Grenze, so daß auch komplizierte Programme kein Problem darstellen sollten. Enthalten ist auch eine 32-Bit-Arithmetik. Komplexe, aber flexible Programme erfordern die Möglichkeit der bedingten Assemblierung und der Verknüpfung von Include-Dateien. Beides wird von diesem Assembler unterstützt. Für den Programmierer vereinfacht sich die Arbeit durch Makroverarbeitung und eine informative Fehlermeldung.

Der XLINK-Linker stellt die Verbindung verschiedener Objektmodule her und erzeugt daraus Dateien für EPROM-Programmer, Emulatoren oder andere Entwicklungswerkzeuge. Für die Ausgabe kann aus 31 verschiedenen Formaten gewählt werden, so z.B. Intel-Hex, OMF, Motorola S, TEK-HEX und andere. Beim Linken werden Typüberprüfungen der externen und Public-Deklarationen von Variablen und Modulen durchgeführt. Ebenfalls der Fehlervermeidung dient die Bereichsüberprüfung bei relokativen Objekten. Die Adreßzuweisungen lassen sich sehr flexibel gestalten, bei Programmen für speicherintensive Hardware können auch Speicherbänke adressiert werden. Loadmap- und Crossreferenzlisten sowie informative Fehlermeldungen und Warnungen unterstützen die Entwicklung und Dokumentation der Programme. Für die meisten Probleme stehen bereits umfangreiche Bibliotheken zur Verfügung. Auch bei der eigenen Entwicklung kommt es nach kurzer Zeit zur Bildung von Bibliotheken. Das Programm XLIB ist ein Bibliothekenverwalter und unterstützt die Erstellung und Verwaltung von Objekt-Code-Bibliotheken.

Hochsprachen-Programmierwerkzeuge

Neben diesem Assemblerpaket bietet die Firma iSystem auch noch Hochsprachencompiler an. Einer davon ist der ANSI C Crosscompiler ICC6811 von IAR Systems. Er ist speziell für die Controller der 86HC11-Familie entwickelt worden. Dazu ist die Sprache über den Rahmen des ANSI-Standards erweitert worden. Statt auf allgemeine Bibliotheksroutinen zurückzugreifen, versucht der Compiler, so viel In-Line-Code wie möglichzu erzeugen. Dadurch wird das erzeugte Programm kurz und schnell. Auch die Speichermodelle sind auf die Belange der Controller abgestimmt.

◆ small memory model (ms):
Dieses Modell ist besonders im Single-Chip-Mode des Controllers sinnvoll. Der Code-Bereich kann 64 Kbyte betragen, der RAM ist auf 256 Byte beschränkt, liegt aber im kurz adressierbaren Page-0-Bereich. Externe Speicher werden nicht angesprochen.

◆ large model (ml):
Das ist das Standardmodell des Compilers, bei dem der Variablenbereich bis zu 64 Kbyte groß sein kann und damit auch außerhalb des Controllers liegt. Der Code-Bereich ist ebenfalls 64 Kbyte groß. Controller mit mehr als 256 Kbyte internem RAM müssen dieses Modell auch im Single-Chip-Mode verwenden. Ansonsten ist es besonders für den Expanded Mode vorgesehen, da auch externe Speicher angesprochen werden.

◆ banked model (mb):
Werden für den Programmspeicher mehr als 64 Kbyte gebraucht, muß dieses Modell verwendet werden. Es unterstützt das Speicher-Banking, das heißt, die Aufteilung des Programms auf verschiedene Bänke, die über eine entsprechende Logik in den 64-Kbyte-Adreßbereich geschaltet werden. Nur wenige Grunddefinitionen sind notwendig, den Rest übernimmt der Compiler.

Neben den üblichen Befehlen und Vereinbarungen von ANSI C bietet der ICC6811-Compiler noch eine Reihe von Sonderfunktionen. So ist es mit Hilfe des Schlüsselwortes »interrupt« möglich, Interrupt-Handler direkt in C zu schreiben. Der Compiler kümmert sich dann selbst um das Anlegen des Interruptvektors. Auch die Registerinhalte werden gerettet und der RTI am Ende automatisch hinzugefügt. Mit dem Schlüsselwort »monitor« kann zum Beispiel das Interruptsystem für Programmteile in der Testphase abgeschaltet werden.

Eine andere Besonderheit stellt das Wort »zpage« dar. Mit ihm werden Variablen bei der Vereinbarung in die Page 0 gelegt. Für häufig benötigte Variable kann damit der Code und vor allem die Ausführungszeit gesenkt werden.

Das Schlüsselwort »no_init« dient der Vereinbarung von Variablen, die in spezielle, batteriegeschützte Bereiche gelegt werden sollen. Damit gehen die Daten nicht verloren und werden beim Startup nicht initialisiert. Selbstverständlich werden alle nötigen Datentypen unterstützt, die für C-Programme nötig sind.

Datentyp	Größe
char	1 Byte
short	2 Byte
int	2 Byte
long	4 Byte
float	4 Byte
double	4 oder 8 Byte
long double	4 oder 8 Byte
pointer/address	2 Byte

Tabelle 2.39: Typüberprüfung

Eine ausführliche Typenprüfung überwacht die Programme und liefert entsprechende Warnungen. Diese kann mittels Compiler-Schalter aktiviert werden und Fehler vermeiden helfen. Sollte es notwendig werden, Teile in Assembler zu schreiben, kann man auf einen einfachen In-Line-Assembler zurückgreifen.

Zum Compiler-Paket gehören außerdem noch der Assembler A6811, der Linker XLINK, das Bibliotheksverwaltungsprogramm XLIB und selbstverständlich Bibliotheken. Diese enthalten die »intrinsic«-Funktionen, Standard-C-Funktionen und »double Float«-Mathematikfunktionen.

Simulatoren

Steht kein Emulator zur Verfügung, und ist die Zielhardware noch nicht einsetzbar, kann die spätere Funktion auch simuliert werden. Ein Simulator übernimmt alle Funktionen der Ziel-CPU. Die Software läuft dabei auf dieser virtuellen CPU wie auf dem Originalbauelement. Auch Sonderfunktionen, wie sie die Peripheriemodule Timer, SIO, Parallelports usw. besitzen, kann ein guter Simulator nachahmen. Eingaben von außen auf die simulierte CPU werden dabei entweder vorher in Dateien abgelegt und beim Debuggen eingelesen oder interaktiv bereitgestellt. Ausgaben erfolgen ebenfalls in Dateien oder direkt auf den Bildschirm.

Ein Beispiel für solch eine Entwicklungssoftware ist der C-SPYC6811-Simulator, vertrieben von der Firma iSystem. Dieser Hochsprachensimulator für C erlaubt das Debuggen von C- und Assemblerprogrammen. Der Zielprozessor, immer ein Controller der MC68HC11-Familie, wird vollständig auf dem Host-Rechner, einem PC simuliert. Das Programm ist speicherresident im PC und daher sehr schnell. Bei Platzproblemen kann aber auch dateigebunden gearbeitet werden. Der Simulator versteht die vom C-Compiler ICC6811 und vom Linker XLINK erzeugten Debug-

Dateien. Damit läßt sich mit den von Emulatoren gewohnten Möglichkeiten ein Programm testen. Einzelne Assemblerbefehle, Hochsprachenbefehle und C-Statements sind ausführbar. Der Zugriff auf Variable und Programmteile kann über Symbole erfolgen. Die Arbeit wird durch eine fensterorientierte Oberfläche unterstützt. Es stehen Fenster für den Quellcode, für die Register, für Watchausdrücke, für Speicherbereiche, für I/O-Arbeit und natürlich für C-SPY-Befehle zur Verfügung. Die folgende kurze Übersicht zeigt einige Befehle des Simulators:

◆ BREAK SET/CLEAR
Setzen/Löschen von Breakpoints auf eine Funktion, Zeilennummer oder Statement

◆ BYTE, WORD, LWORD
Anzeigen und Modifizieren von Werten

◆ CALLS
Anzeige aller aktiven Funktionen (Funktions-Stack)

◆ COMMAND
C-SPY-Befehle von Befehlszeile einlesen

◆ EXPRESSION
Ausführen eines vollständigen C-Ausdrucks

◆ GO
Programmlauf in »Echtzeit« bis zu einem Breakpoint, Programmende oder Abbruch mit Ctrl-C

◆ ISTEP
Schrittweiser Durchlauf, auch durch Funktionen

◆ MEMORY
Anzeige eines Speicherbereichs um eine angegebene Adresse

◆ Quit
Verlassen des Simulators

◆ REGISTER
Anzeige und Modifizieren von Registern

◆ RESET
Rücksetzen des Zielprozessors

◆ SYMBOLS
Anzeige aller Symbole innerhalb des aktuellen Bereichs mit Angabe von bestimmten Symboltypen

◆ TERMIO

Ein eingebauter Terminal-Emulator sorgt dafür, das char-Ein-/Ausgabefunktionen unabhängig von der späteren Hardware simuliert werden können.

◆ TRACE ON/OFF

Trace-Funktion ein- oder ausschalten

◆ WATCH

Watchfenster anlegen und Werte auswählen

◆ WHATIS

Anzeige des Typs eines vollständigen C-Ausdrucks

Allein aus dieser kurzen Vorstellung läßt sich leicht erkennen, daß ein Simulator ein effektives Werkzeug bei der Softwareentwicklung sein kann. Das trifft besonders dann zu, wenn die zu testenden Programme wenig Ein-/Ausgaben über Ports verwenden. Gut geeignet sind Programme, die über nur wenige Routinen mit der Außenwelt kommunizieren. Für Echtzeitanwendungen kann ein Simulator selbstverständlich nicht verwendet werden. Das ist die Domäne der Emulatoren und Evaluation Boards. Aber auch bei derartigen Aufgaben können Aussagen über die Funktionsfähigkeit gemacht werden, zum Beispiel durch Aufteilung in einzeln simulierbare Teilprogramme. Aus den Einzelfunktionen lassen sich dann Rückschlüsse auf das Gesamtprogramm ziehen. Steht kein Emulator zur Verfügung, ist selbst bei Echtzeitanwendungen ein Simulator noch eine gute Vorbereitung vor einem Test auf der Zielhardware.

3 Überblick Mikrocontroller

Kapitel 1 beschäftigte sich mit dem Aufbau und der Technik moderner Mikrocontroller. In Kapitel 2 wurde anhand eines konkreten Bauelements, dem 8-Bit-Controller MC68HC11 der gleichnamigen Familie von Motorola gezeigt, wie diese Techniken in der Praxis umgesetzt werden.

Dieses Kapitel soll nun einen Überblick über Bauelemente anderer Hersteller geben. Dabei wird sich zeigen, daß es sehr viele Gemeinsamkeiten gibt, die sich ganz einfach aus den gleichen oder ähnlichen Anforderungen ergeben. Timer, Ports, A/D-Wandler sind zwar sehr unterschiedlich ausgeführt, doch vom Prinzip her immer ähnlich. Anders sieht es da bei den Funktionen Speicher- und Registerstrukturen aus. Hier werden verschiedene Philosophien sichtbar.

Die Zusammenstellung ist nach Herstellern gegliedert. Jeweils ein Bauelement wird näher erläutert, auf die verschiedenen Derivate kann aber nur andeutungsweise eingegangen werden. Produziert ein Hersteller verschiedene Familien, so trifft diese Einteilung für jede Familie einzeln zu.

Um einen besseren Überblick zu bekommen, sind die Bauelemente nach einem festen Schema dargestellt:

 ◆ Bauelementeüberblick in Kurzvorstellung und Blockbild

 ◆ Sockelbild und Anschlußbelegung

 ◆ Speicherstruktur, Betriebsarten

 ◆ Registeraufbau (Special-Function-Register)

 ◆ Module und Peripherie (Ports, Timer, Schnittstellen …)

 ◆ Interrupt- und Reset-Verhalten, Sonderfunktionen

 ◆ Adressierungsarten

 ◆ Befehlssatzüberblick

Durch die einheitliche Gliederung läßt sich das Wesentliche und Spezielle der einzelnen Bauelemente einfacher erfassen. Die vorgenommene Reihenfolge stellt dabei keinerlei Wertung im bezug auf die Leistungsfähigkeit dar. Auch Rückschlüsse auf die Verbreitung sollten daraus nicht gezogen werden. Viel zu breit ist dazu das

Einsatzspektrum der Anwendungen. Natürlich haben sich in bestimmten Einsatz-
bereichen einige Bauelementfamilien mehr oder weniger stark etabliert. Diese Situation resultiert zum einen aus dem Bestand an Entwicklungsmitteln und der Erfah-
rung bestimmter Gerätehersteller mit einer Controllerfamilie, zum anderen auch aus
den spezielle Entwicklungen von Seiten der Hersteller für diese Erzeugnisgruppe.
Auch territoriale Streuungen sind vorhanden.

Man kann von dieser Darstellung nicht den Informationsgehalt erwarten, der jedem
einzelnen Bauelement zukommen müßte. Um eine einzelne Controllerfamilie richtig
darzustellen, wäre jeweils der Umfang eines Buches nötig. Hier geht es nur um das
Wesentliche, um den Überblick.

3.1   Mikrocontroller der Firma TI

Aus dem Bauelementespektrum der Firma TI sind zwei Familien mit 8-Bit-Verarbei-
tungsbreite von besonderem Interesse. Den Bereich der Low-Cost-Anwendungen
bestreiten die Controller der TMS7000-Typen. Das obere Ende, die High-End-Pro-
dukte bilden 16-Bit-Controller. In der Mitte etwa sind die Bauelemente der TMS370-
Familie angesiedelt.

Die Bezeichnung Low-Cost ist sicher nicht ganz treffend für die »kleinen« von Texas
Instruments. Mit 2 bis 16 Kbyte internem ROM, den üblichen 128 bzw. 256 Byte
RAM, ausreichend I/Os, Timern und einer seriellen Schnittstelle ausgerüstet, sind
diese Bauelemente alles andere als »low cost«. Wie bei anderen Herstellern kommt
es auch bei TI in bezug auf die Leistungsfähigkeit zur Überlappung der einzelnen
Familien. Die aufgerüsteten Typen der TMS7000-Familie sind mit 8 Kbyte ROM, 256
Byte RAM/55 I/O-Pins, 2 Timern, 8 8-Bit-A/D-Kanälen und LCD-Treibern ausge-
rüstet. Damit finden diese Bauelemente ihren Einsatz in den folgenden Bereichen:

◆ Konsumprodukte wie Audio- und Videogeräte, Fernsteuerungen, einfache Com-
   puterspiele

◆ Verkehrstechnik und Fahrzeugindustrie (ABS, Klimaanlagen, Motorsteuerungen,
   Bordcomputer)

◆ Industrie (Motorsteuerungen, Teilaufgaben in Robotersteuerungen, Meßgeräte)

◆ Nachrichtentechnik (Telefon, Modem, Fax, Vermittlungen)

◆ Computertechnik (Peripheriegeräte, Drucker- und Plottersteuerungen)

Die 370er Controller setzen die Leistungsfähigkeit der 7000er fort und warten zusätzlich mit mehr RAM, Timern, seriellen Schnittstellen und einem PACT-Coprozessor auf. Doch die eigentlichen Neuerungen sind EEPROM-Speicher für Daten und Programm. Damit sind Anwendungen möglich, die sonst zusätzliche Hardware und Batteriestützung erfordern. Wenn es um den Datenerhalt bei Stromausfall, bei transportablen Geräten oder sogar um »Chipkarten-Geräte« geht, kommt man um die EEPROM-Technologie nicht herum. TI hat diese Technologie in der TMS370-Familie eingesetzt. So ist der Einsatzbereich der »kleinen Typen« aufgegriffen und für solche Anwendungen erweitert worden, bei denen es darum geht, Daten im Einsatz spannungsfrei zu speichern.

3.1.1   TMS7000-Familie

Den Anfang der Vorstellung von Controllern der Firma Texas Instruments macht die Familie TMS7000. Diese aus dem Low-Cost-Produktsegment von TI stammenden Bauelemente bilden für viele Anwendungsbereiche eine optimale Synthese aus Leistung und Preis. Dabei sind sie keineswegs leistungsschwach. Bei ihnen ist jedoch auf eine Überfrachtung mit Funktionen und Modulen bewußt verzichtet worden, um auch solchen Anwendern Bauelemente in die Hand zu geben, die keine »Hochleistungsmaschinen« in ihrem Produkt einsetzen wollen oder müssen. Daß es davon sehr viele gibt, zeigt die große Verbreitung in den Bereichen Automobilelektronik, Nachrichtentechnik, Heimelektronik, Industriesteuerungen und Computerperipherie.

Wie leistungsfähig diese Bauelemente durchaus sind, zeigt die folgende Übersicht der wichtigsten Eigenschaften:

◆ Gefertigt in der Silicon-Gate CMOS-Technologie garantieren sie eine geringe Leistungsaufnahme. Abhängig von der Taktfrequenz liegt der Wert unter 100 mW. Diese Technologie führt auch zu einem weiten Betriebsspannungsbereich. Bis auf die Typen TMS70CTx0 können die Bauelemente mit 2,5 bis 6 V Spannung versorgt werden. Damit sind Sie für Anwendungen mit Batteriebetrieb sehr gut geeignet. Der große Temperaturbereich (-40 C ... 85 °C Industrial, 0 °C ... 70 °C Standard) setzt kaum Grenzen für die Arbeitsumgebung.

◆ 8-Bit-CPU-Kern.
8 Adressierungsarten, Register-zu-Register-Architektur, BCD-Arithmetik, ein effizienter Befehlssatz lassen leistungsfähige Programme entstehen.

◆ Memory-mapped Ports
Dieses Verfahren garantiert eine einfache Einbindung von Peripherie in die Hard- und Software.

◆ Leistungsfähige Interruptstruktur
Bei externen Interrupteingängen ist die auslösende Flanke bzw. der Pegel programmierbar (nicht bei TMS70x0 und TMSCTx0). Gleichzeitig auftretende Interrupts sind in der Priorität parametrierbar. Alle Interruptquellen sind global und maskiert schaltbar.

◆ Power-Down- und Halt-Mode mit wählbaren Übergängen unterstützen den Einsatz in batteriebetriebenen Geräten (Leistungsaufnahme bis zu 0,5 mW herabsetzbar).

◆ Umfangreiche Entwicklungswerkzeuge
Übliche Software wie Assembler und Link-Editor ermöglichen die Programmentwicklung, Prototyping durch Piggyback und EPROM-Varianten unterstützen die Inbetriebnahme. Für mehr Entwicklungsservice sorgen ein Evaluation-Modul und ein Extended-Development-Support-System XDS. Ist die Software fertig erstellt und getestet, kann mit Hilfe einer Standard-Softwareschnittstelle zur Maskenproduktion übergegangen werden.

Betrachtet man diese Zusammenstellung, so ergibt sich durchaus nicht das Bild eines Low-Cost-Produktes. Um diese Familie jedoch noch besser den Bedürfnissen der Anwender anzupassen, läßt sich noch einmal eine Unterteilung in vier Typengruppen vornehmen. Hierbei reicht das Spektrum von einfachen Bauelementen im 28-Pin-DIP-Gehäuse bis zu Typen mit 54 Port-Leitungen in 64 Pin-Flat-Gehäusen.

Bevor nun die einzelnen »Familienmitglieder« im einzelnen betrachtet werden, noch kurz eine tabellarische Zusammenstellung der vier Gruppen mit ihrem Aufbau und ihren Funktionen.

	TMS70C40 TMS70C20 TMS70C00	TMS70CT40 TMS70CT20	TMS77C82 TMS70C82 TMS70C42 TMS70C02	TMS70C48 TMS70C08
Max. Oszillatorfrequenz	5 MHz	5 MHz	6 MHz	6 MHz
On-Chip ROM (Kbyte)	4/2/0	4/2/0	8/4/0	4/0
Interner RAM (Byte)	128	128	256	256
Interrupt levels	2 Extern 4 Gesamt	2 Extern 4 Gesamt	2 Extern 6 Gesamt	2 Extern 6 Gesamt

	TMS70C40 TMS70C20 TMS70C00	TMS70CT40 TMS70CT20	TMS77C82 TMS70C82 TMS70C42 TMS70C02	TMS70C48 TMS70C08
Timer	1x13-Bit	1x13-Bit	2x21-Bit 1x10-Bit	2x21-Bit 1x10-Bit
I/O-Ports	16xBidir. 8xInput 8xOutput	12xBidir. 4xInput 4xOutput	24xBidir. 8xOutput UART	46xBidir. 8xOutput UART
Gehäuse	40 Pin DIP 44 Pin PLCC	28 Pin DIP	40 Pin DIP 44 Pin PLCC	64 Pin FLAT 68 Pin PLCC
Entwicklungswerkzeuge:				
Prototyping: EPROM	–	–	TMS77C82	–
Prototyping: Piggyback	SE70CP160	SE70CP160	SE70P162	SE70CP168
XDS	ja	ja	ja	ja
EVM	ja	ja	ja	ja
Starter Kit	nein	nein	ja	nein

Tabelle 3.1: TI-Controller und Entwicklungswerkzeuge

XDS: Real Time Emulator
EVM 7000: Evaluation-Modul (nur Single-Chip-Mode)
Starter Kit KIT77C82PC: Low-Cost Development Package (EVM 700-Board, Assembler, Linker, Debugger, DIL to PLCC, 3xTMS77C82, Target Kabel, Literatur)

Die Controller TMS70C00, TMS70C20, TMS70C40

◆ TMS70C20, 2 Kbyte Masken-ROM-Variante
TMS70C40, 4 Kbyte Masken-ROM-Variante
TMS70C00, ROM-lose Variante
128 Byte interner RAM
256 Byte oder bis zu 64Kbyte externer Adreßbereich (je nach Speichermode)

◆ 1 8-Bit-Port (mit Eingang)
1 8-Bit-Port (mit Eingang)
2 8-Bit-Ports (bidirektional, bitweise programmierbar)

◆ 1 8-Bit-Timer (Zähler/Zeitgeber) mit 5-Bit-Vorteiler und Capture-Funktion

◆ 3 Interruptquellen, 2 externe Eingänge, 1 mal intern durch den Timer

◆ Oszillatorfrequenz 0,5 … 5 MHz

◆ Stromaufnahme typ. 1,5 mA (bei 1 MHz)
  Typ 7,5 mA (bei 5 MHz)
  Wake-up-Mode 160 (1 MHz) ... 800 (5 MHz) µA
  HALT (Oszillator arbeitet) 80 (1 MHz) ... 480 (5 MHz) µA
  HALT (Oszillator aus) 1µA

◆ Prototyping mit Piggyback-Version SE70CP160

◆ 40-Pin-DIP- oder 44-Pin-PLCC-Gehäuse

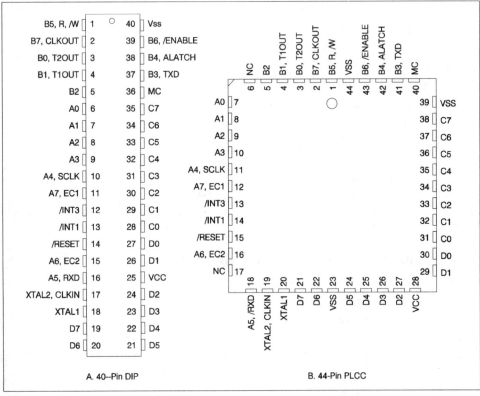

Abbildung 3.1: TMS70Cx0 Sockelbilder

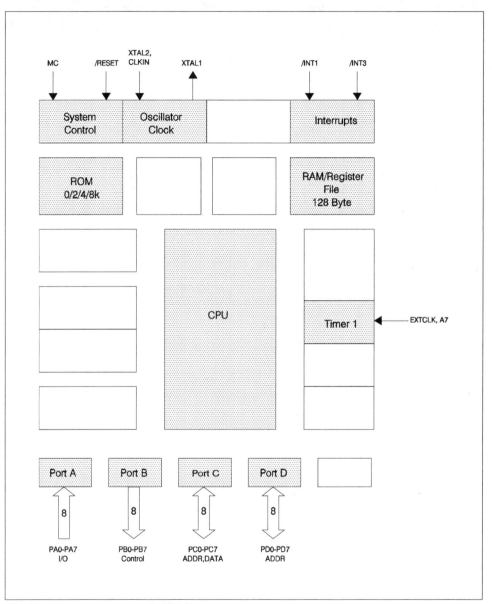

Abbildung 3.2: TMS70Cx0 Blockbild

| Signal | Pin | | I/O | Pinbeschreibung |
	PLCC	DIP		
A0 LSb	7	6	I	Alle Pins sind hochohmige Eingänge. Pin A7 wird auch
A1	8	7	I	als Eingang des Timers benutzt.
A2	9	8	I	
A3	10	9	I	
A4	11	10	I	
A5	18	16	I	
A6	16	15	I	
A7/EC1	12	11	I	
B0	3	3	O	Alle Pins sind im Single-Chip-Mode reine Ausgänge.
B1	4	4	O	[B4] Ausg. Adreß-Latch-Strobe
B2	5	5	O	[B5] Ausg. Datenrichtungssignal
B3	41	37	O	[B6] Ausg. Externer Speicherzugriff
B4/ALATCH	42	38	O	[B7] Ausg. interner Takt
B5/R/W	1	1	O	
B6/ENABLE	43	39	O	
B7/CLKOUT	2	2	O	
C0	31	28	I/O	Bidirektionale Ein-/Ausgänge im Single-Chip-Mode,
C1	32	29	I/O	sonst LSB-Teil Adreßbus/Datenbus
C2	33	30	I/O	
C3	34	31	I/O	
C4	35	32	I/O	
C5	36	33	I/O	
C6	37	34	I/O	
C7	38	35	I/O	
D0	30	27	I/O	Bidirektionale Ein-/Ausgänge im Single-Chip-Mode,
D1	29	26	I/O	sonst MSB-Teil Adreßbus
D2	27	24	I/O	
D3	26	23	I/O	
D4	25	22	I/O	
D5	24	21	I/O	
D6	22	20	I/O	
D7	21	19	I/O	
INT1	14	13	I	Maskierbarer Int-Eingang (höchste Priorität)
INT3	13	12	I	Maskierbarer Int-Eingang (niedrigste Priorität)
RESET	15	14	I	Reseteingang
MC	40	36	I	Mode-Steuerung (V_{CC} Mikroprozessor-Mode)
XTAL2/CLKIN	19	17	I	Oszillatoreingang
XTAL1	20	18	O	Oszillatorausgang
V_{CC}	28	25		Spannungsversorgung
V_{SS}	44, 39, 23	40		Ground

Tabelle 3.2: Pinbelegung

Die Controller MS70CT20, TMS70CT40

◆ TMS70CT20, 2 Kbyte Masken-ROM
   TMS70CT40, 4 Kbyte Masken-ROM

◆ Low-Cost-Version des TMS70Cx0

◆ 128 Byte interner RAM
   max. 256 Byte externer Adreßbereich

◆ 1 4-Bit-Port (mit Eingabe)
   1 4-Bit-Port (mit Ausgabe)
   1 4-Bit-Port (bidirektional, bitprogrammierbar)
   1 4-Bit-Port (bidirektional, bitprogrammierbar)

◆ 1 8-Bit-Timer (nur Zeitgeberfunktion) mit 5-Bit-Vorteiler und Capture-Funktion

◆ 3 Interruptquellen, 2 externe Eingänge, 1 mal intern durch den Timer

◆ Versorgungsspannungsbereich nur 5 V +/- 10 %

◆ Temperaturbereich (Arbeitsbereich) beschränkt auf 0 °C ... 70 °C

◆ Oszillatorfrequenz 0,5 ... 5 MHz

◆ Stromaufnahme typ. 1,5 mA (bei 1 MHz)
   Typ 7,5 mA (bei 5 MHz)
   Wake up Mode 160 (1 MHz) ... 800 (5 MHz) µA
   HALT (Oszillator arbeitet) 80 (1 MHz) ... 480 (5 MHz) µA
   HALT (Oszillator aus) 1µA

◆ Prototyping mit Piggyback-Version, SE70CP160 und zusätzliche 40 – 28-Pin-Adapter

◆ 28-Pin-Gehäuse

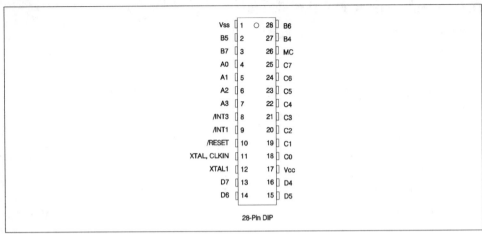

Abbildung 3.3: TMS70CTx0 Sockelbild

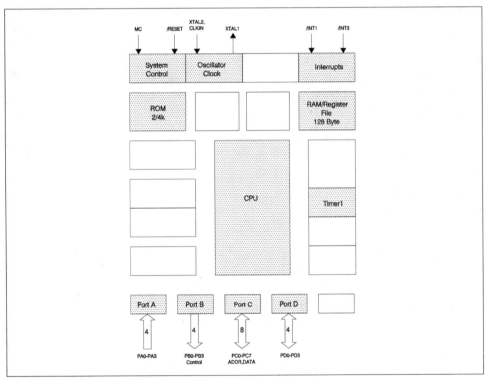

Abbildung 3.4: TMS70CTx0 Blockbild

Signal	Pin	I/O	Pinbeschreibung
A0	4	I	Alle Pins sind hochohmige Eingänge.
A1	5	I	
A2	6	I	
A3	7	I	
B4	27	O	Alle Pins sind im Single-Chip-Mode reine Ausgänge,
B5	2	O	im Peripheral-Expansion-Mode Steuersignale.
B6	28	O	
B7	3	O	
C0	18	I/O	Bidirektionale Ein-/Ausgänge im Single-Chip-Mode,
C1	19	I/O	sonst Adreßbus / Datenbus.
C2	20	I/O	
C3	21	I/O	
C4	22	I/O	
C5	23	I/O	
C6	24	I/O	
C7	25	I/O	
D4	16	I/O	Bidirektionale Ein-/Ausgänge im Single-Chip-Mode
D5	15	I/O	
D6	14	I/O	
D7	13	I/O	
$\overline{\text{INT1}}$	9	I	Maskierbarer Int-Eingang (höchste Priorität)
$\overline{\text{INT3}}$	8	I	Maskierbarer Int-Eingang (niedrigste Priorität)
$\overline{\text{RESET}}$	10	I	Reseteingang
MC	26	I	Mode-Steuerung (Vcc Mikroprozessor-Mode)
$\overline{\text{XTAL2}}$/CLKIN	11	I	Oszillatoreingang
XTAL1	12	O	Oszillatorausgang
Vcc	17		Spannungsversorgung
Vss	1		Ground

Tabelle 3.3: Pinbelegung

Die Controller TMS70C02, TMS70C42, TMS70C82, TMS77C82

◆ TMS70C42, 4 Kbyte Masken-ROM
TMS70C82, 8 Kbyte Masken-ROM
TMS77C02, ROM-lose Version
TMS77C82, 8 Kbyte EPROM (intern)

◆ leistungsfähige Version des TMS70Cx0

◆ 256 Byte interner RAM
265 Byte bis 64 Kbyte externer Adreßbereich (je nach Speichermode)

◆ 1 8-Bit-Port (mit Ausgang)
3 8-Bit-Ports (bidirektional, bitprogrammierbar)

◆ 2 16-Bit-Timer (Zähler/Zeitgeber) mit 5-Bit-Vorteiler mit Capture-Funktion
1 8-Bit-Timer (mit Zeitgeber) mit 2-Bit-Vorteiler (wird allerdings für die serielle Schnittstelle bei interner Taktversorgung benötigt)

◆ serielle Schnittstelle
mehrere Modi (asynchron, isosyncron, Multiprozessor, Peripherieexpansion);
Bitanzahl, Parität, Stoppbits programmierbar;
interner oder externer Baudratentakt

◆ 5 Interruptquellen, 2 externe Eingänge, 3 interne Quellen

◆ Oszillatorfrequenz 0,5 … 6 MHz

◆ Stromaufnahme Typ 2,4 mA (bei 1 MHz)
15 mA (bei 6 MHz)
Wake-up-Mode 400 µA (bei 1 MHz) … 2400 µA (bei 6 MHz)
HALT (Oszill. ein) 80 µA (bei 1 MHz) … 480 µA (bei 6 MHz)
HALT (Oszill. aus) 5 µA

◆ Prototyping durch EPROM-Version TMS77C82 bzw. Piggyback-Version
SE70CP162

◆ 40-Pin-DIP- und 44-Pin-PLCC-Gehäuse

Die Sockelbilder der Bauelemente TMS70Cx2 sind identisch mit denen der TMS70Cx0!

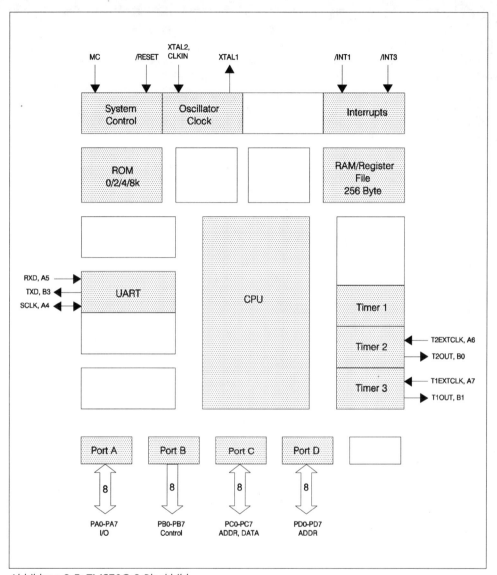

Abbildung 3.5: TMS70Cx2 Blockbild

| Signal | Pin | | I/O | Pinbeschreibung |
	PLCC	DIP		
A0 LSb	7	6	I/O	Alle Pins sind bidirektionale Ein-/Ausgänge bzw.
A1	8	7	I/O	dienen Sonderfunktionen. In den anderen
A2	9	8	I/O	Betriebsarten gestatten B4 – B7 den Zugriff auf
A3	10	9	I/O	den externen Adreßbereich.
A4/SCLK	11	10	I/O	
A5/RXD	18	16	I/O	
A6/EC2	16	15	I/O	
A7/EC1	12	11	I/O	
B0/T2OUT	3	3	O	Bidirektionale Ein-/Ausgänge im Single-Chip-
B1/T1OUT	4	4	O	Mode, sonst LSB-Teil Adreßbus / Datenbus
B2	5	5	O	
B3/TXD	41	37	O	
B4/ALATCH	42	38	O	
B5/R/W	1	1	O	
B6/ENABLE	43	39	O	
B7/CLKOUT	2	2	O	
C0	31	28	I/O	Bidirektionale Ein-/Ausgänge im Single-Chip-
C1	32	29	I/O	Mode, sonst Adreßbus / Datenbus.
C2	33	30	I/O	
C3	34	31	I/O	
C4	35	32	I/O	
C5	36	33	I/O	
C6	37	34	I/O	
C7	38	35	I/O	
D0	30	27	I/O	Bidirektionale Ein-/Ausgänge im Single-Chip-
D1	29	26	I/O	Mode, sonst MSB-Teil Adreßbus.
D2	27	24	I/O	
D3	26	23	I/O	
D4	25	22	I/O	
D5	24	21	I/O	
D6	22	20	I/O	
D7	21	19	I/O	
INT1	14	13	I	mask. Int.-Eingang (höchste Priorität)
INT3	13	12	I	mask. Int.-Eingang (niedrigste Priorität)
RESET	15	14	I	Reseteingang
MC	40	36	I	Mode-Steuerung (Vcc Mikroprozessor-Mode)
XTAL2/CLKIN	19	17	I	Oszillatoreingang
XTAL1	20	18	O	Oszillatorausgang
Vcc	28	25		Spannungsversorgung
Vss	44, 39, 23	40		Ground

Tabelle 3.4: Pinbelegung

Die Controller TMS70C08, TMS70C48

◆ TMS70C48, 4 Kbyte Masken-ROM
  TMS70C08, ROM-lose Version

◆ High-End-Version der TMS7000-Familie

◆ 256 Byte interner RAM

◆ 256 Byte bis 64 Byte externer Adreßbereich (je nach Speichermode)

◆ 1 8-Bit-Port (nur Ausgang)

◆ 6 8-Bit-Port (bidirektional, bitprogrammierbar)

◆ 2 16-Bit-Timer (Zähler/Zeitgeber) mit 5-Bit-Vorteiler und Capture-Funktion

◆ 1 8-Bit-Timer (nur Zeitgeberfunktion) mit 2-Bit-Vorteiler und Capture-Funktion
  (wird allerdings für die serielle Schnittstelle benötigt, wenn kein externer Baudtakt)

◆ serielle Schnittstelle
  mehrere Modi (asynchron, isosynchron, Multiprozessor, Peripherieexpansion);
  Bitanzahl, Parität, Stoppbits programmierbar;
  interner oder externer Baudratentakt

◆ 5 Interruptquellen, 2 externe Eingänge, 3 interne Quellen

◆ Oszillatorfrequenz 0,5 … 6 MHz

◆ Stromaufnahme Typ 2,4 mA (bei 1 MHz)
  15 mA (bei 6 MHz)
  Wake up Mode 400 µA (bei 1 MHz) … 2400 µA (6 MHz)
  HALT Mode (Oszill. ein) 80 µA (1 MHz) … 480 µA (6 MHz)
  HALT Mode (Oszill. aus) 5 µA

◆ Prototyping durch Piggyback-Version SE70CP168

◆ 64-Pin-Flat- und 68-Pin-PLCC-Gehäuse

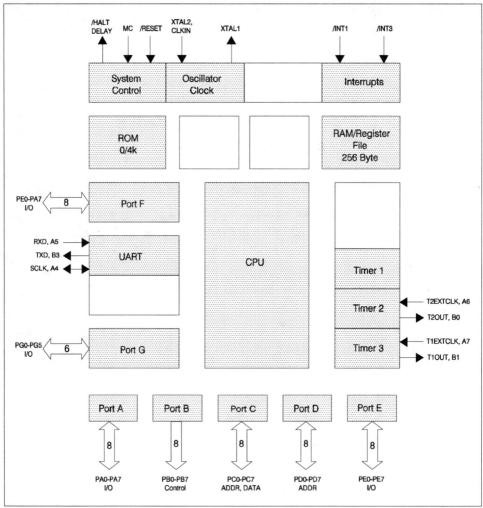

Abbildung 3.6: TMS70Cx8 Blockbild

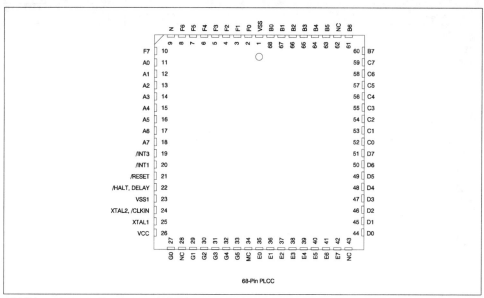

Abbildung 3.7: TMS70Cx8 Sockelbild PLCC

Signal	Pin	I/O	Pinbeschreibung
F0	2	I/O	Alle Pins bidirektionale Ein-/Ausgänge
F1	3	I/O	
F2	4	I/O	
F3	5	I/O	
F4	6	I/O	
F5	7	I/O	
F6	8	I/O	
F7	9	I/O	
G0	26	I/O	Alle Pins bidirektionale Ein-/Ausgänge
G1	27	I/O	
G2	28	I/O	
G3	29	I/O	
G4	30	I/O	
G5	31	I/O	
$\overline{INT1}$	19	I	Maskierbarer Int-Eingang (höchste Priorität)
$\overline{INT3}$	18	I	Maskierbarer Int-Eingang (niedrigste Priorität)
$\overline{RESET}$	20	I	Reseteingang
MC	32	I	Mode-Steuerung (Vcc Mikroprozessor-Mode)
$\overline{HALT/DELAY}$	21	O	HALT/DELAY Pin oder HALT Modes Status
XTAL2/CLKIN	23	I	Oszillatoreingang
XTAL1	24	O	Oszillatorausgang

Signal	Pin	I/O	Pinbeschreibung
V_{CC}	25	I	Spannungsversorgung
V_{SS1}	22	I	Ground 1
V_{SS2}	1	I	Ground 2
A0	10	I/O	Alle Pins sind bidirektionale Ein-/Ausgänge bzw. dienen
A1	11	I/O	Sonderfunktionen.
A2	12	I/O	[A4..] I/O;
A3	13	I/O	UART Takt [A5..] I/O;
A4/SCLK	14	I/O	Eing. UART [A6] I/O;
A5/RXD	15	I/O	Timer 2 Eing. [A7] I/O;
A6(EC2)	16	I/O	Timer 1 Eing.
A7(EC1)	17	I/O	
B0/T2OUT	64	O	Im Single-Chip-Mode sind alle Pins Ausgänge. In den
B1/T1OUT	63	O	anderen Betriebsarten dienen B4 – B7 dem Zugriff auf den
B2	62	O	externen Adreßbereich.
B3/TXD	61	O	
B4/ALATCH	60	O	
B5/R/W	59	O	
B6/ENABLE	58	O	
B7/CLKOUT	57	O	
C0	49	I/O	Im Single-Chip-Mode sind alle Pins bidirektionale Ein-
C1	50	I/O	/Ausgänge. In den anderen Betriebsarten bildet das Port den
C2	51	I/O	Low-Teil des Adreßbusses und den Datenbus (Multiplex).
C3	52	I/O	
C4	53	I/O	
C5	54	I/O	
C6	55	I/O	
C7	56	I/O	
D0	41	I/O	Im Single-Chip-Mode sind alle Pins bidirektionale Ein-
D1	42	I/O	/Ausgänge. In den anderen Betriebsarten bildet das Port den
D2	43	I/O	High-Teil des Adreßbusses.
D3	44	I/O	
D4	45	I/O	
D5	46	I/O	
D6	47	I/O	
D7	48	I/O	
E0	33	I/O	Alle Pins arbeiten als bidirektionale Ein-/Ausgänge.
E1	34	I/O	
E2	35	I/O	
E3	36	I/O	
E4	37	I/O	
E5	38	I/O	
E6	39	I/O	
E7	40	I/O	

Tabelle 3.5: Pinbelegung

Die nachfolgenden Darstellungen gelten für alle Bauelemente der TMS7000-Familie. Sollte es Unterschiede in der Funktion oder dem Aufbau geben, wird in den entsprechenden Fällen darauf hingewiesen.

Speicher- und Registerstruktur

Der gesamte adressierbare Bereich der Familie erstreckt sich bis maximal 64 Kbyte. In diesem Bereich sind Register, Programmspeicher, RAM und Peripherie eingebunden. Einzig der 16-Bit-Programmzähler (PC), der 8-Bit-Stackpointer (SP) und die Flags sind nicht darin enthalten. Ansonsten steht der volle Befehlssatz zur Adressierung aller dieser Bereiche zur Verfügung (bis auf wenige Ausnahmen, doch dazu später mehr beim Befehlssatz). Die folgende Abbildung zeigt den Aufbau mit der entsprechenden Unterteilung.

Registerfile

Das Register/RAM-File (RF) ist je nach Typ 128 oder 256 Byte groß, beginnt aber immer auf der Adresse 0. Dort befinden sich auch gleich zwei Register mit besonderer Funktion. Diese beiden Register R0 und R1, auch als Akku A und B bezeichnet, ermöglichen als Quelle oder Ziel für Operationen besonders kurze Befehle und Befehlsausführungszeiten.

Peripheriefile

Das Peripheriefile ist ein besonderer Speicherbereich, der sich in einen internen und je nach Speichermodell in einen externen Bereich teilt. Der interne Bereich enthält alle Daten- und Steuerregister der Peripheriemodule (Ports, Timer, UART usw.). Er beginnt immer an der absoluten Adresse 0100H mit dem Register P0. Je nach Typ erstreckt sich dann der gültige Bereich bis 010BH (TMS70Cx0) bzw. bis 0121H (TMS70Cx8). Abhängig vom Speichermodus wird der verbleibende Bereich bis 01FFH als externes Peripheriefile mittels besonderer Befehle angesprochen. So läßt sich durch die extern angeschlossene 8-Bit-Peripherie die Funktionalität des Systems weiter steigern.

Im Anhang sind die verschiedenen Peripheriebereiche der einzelnen Controller dargestellt. Dabei erfolgt eine Einteilung in 4 Arbeitsmodi (Single-Chip-Mode, Peripheral Expansion Mode, Full Expansion Mode, Mikroprozessor-Mode).

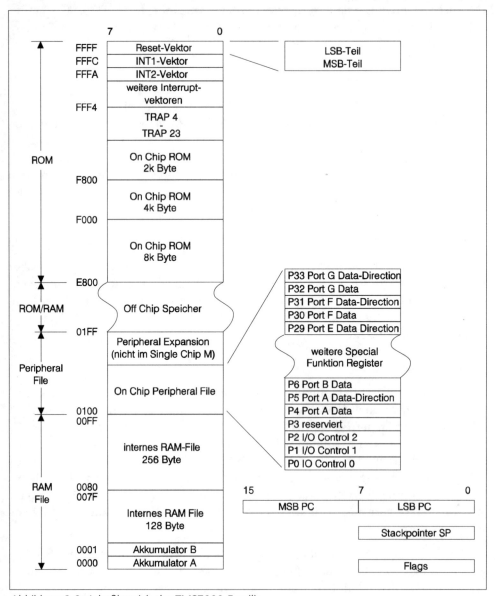

Abbildung 3.8: Adreßbereich der TMS7000-Familie

Spezielle Register

Der **Befehlszähler (PC)** ist 16 Bit breit und legt damit den maximalen Adreßbereich auf 64 Kbyte fest. Darüber hinaus geht es dann nur noch mittels Banking!

Der **Stackpointer (SP)** ist als 8-Bit-Register angelegt und kann den Bereich des internen Registerfile ansprechen. Somit ist auch der Stack auf diesen Bereich festgelegt. Nach dem Reset zeigt der Stackpointer auf die Adresse 0001H. Um ihn zu initialisieren, wird Register B mit dem Initialisierungswert geladen und durch den LDSP-Befehl Register B in SP kopiert.

Die **Flags** enthalten 4 benutzte Bit.

7	6	5	4	3	2	1	0
C	N	Z	I	reserviert			

◆ C – Carry Flag

◆ N – Negativ-Flag = MSB des Operanden

◆ Z – Zero-Flag

◆ I – Interrupt-Enable-Flag
0 = alle Interrupts gesperrt
1 = alle Interrupts global freigegeben

Speicher und Betriebsarten

Im Anschluß an das Peripheriefile liegt der Speicherbereich, der je nach Speichermode unterschiedlich genutzt wird. Aber unabhängig von der Betriebsart, auf den oberen Adressen befindet sich immer der interne ROM-Bereich, und seine höchsten Adressen sind den Reset- und Interruptfunktionen vorbehalten. Hier liegen die Interruptvektoren und der Reset-Vektor. Nach einem Reset wird der dort stehende Wert in den Befehlszähler geladen und das Programm an der damit bestimmten Stelle begonnen.

Die Controller der TMS7000-Familie können den zur Verfügung stehenden Adreßbereich verschiedenartig nutzen. Es gibt vier Speichermodi, die je nach Anwendungsgebiet viel I/O-Leistung oder viel Speicher bieten.

Single-Chip-Mode

Dieses ist die Betriebsart für Anwendungen, die sich mit dem internen Programm- und Arbeitsspeicher zufrieden geben und dafür volle I/O-Leistungen verlangen. In dieser Betriebsart sind nur der interne ROM, das Registerfile und das interne Peripheriefile adressierbar.

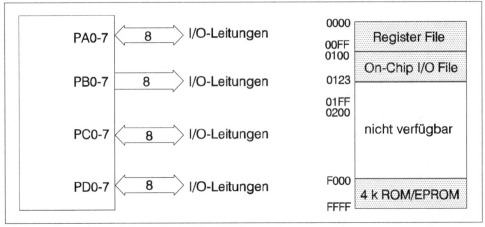

Abbildung 3.9: Single-Chip-Mode des TMS70Cx2

Peripherie Expansion Mode

Als Speicherbereich und Register sind wie im Single-Chip-Mode nur die internen Bereiche nutzbar, aber das Peripheriefile ist bis zur vollen Größe von 256 Byte adressierbar. Dabei bleiben die internen Adressen auch intern, doch Zugriffe auf Adressen außerhalb dieses Bereiches werden über die Ports an die extern angeschlossene Peripherie weitergeleitet. Dazu wird das Port C vollständig als gemultiplexter Adreß-/Datenbus genutzt. Port B verliert 4 Bit (beim TMS70CTx0 ist das ganze 4-Bit-breite Port notwendig). Diese Bits werden für die Nutzung des externen Adreßraums benötigt. Mit dem Signal ALATCH (Port B4) wird das Adreßlatch angesteuert, das die bei einem externen Zugriff auf das Port C ausgegebenen Adressen aufnimmt (niederwertige Adressen A0-A7). Das Signal R/W (Port B5) signalisiert die Richtung der Daten. High-Pegel bedeutet, daß der Controller einen Lesezyklus ausführt, Low-Pegel kennzeichnet einen Schreibzyklus auf den externen Adreßbereich. Das 3. notwendige Signal, das den Namen ENABLE trägt, wird an Port B6 übertragen und zeigt mit 1-Pegel an, daß ausgegebene Daten gültig und zu lesende Daten von der Peripherie angelegt werden müssen. Weiterhin ist an dem Port Pin B7 der interne Clock, also der halbe Oszillatortakt, abgreifbar.

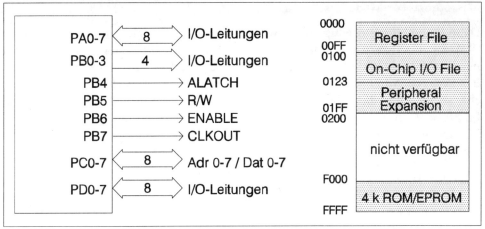

Abbildung 3.10: Periperal Expansion Mode des TMS70Cx2

Full Expansion Mode

In dieser Betriebsart wird der gesamte Adreßbereich zugänglich. Allerdings geht dabei den I/O-Aufgaben noch ein Port verloren. Port D liefert jetzt die 8 höherwertigen Adressen. Dieser Mode ist beim TMS70CTx0 nicht wählbar, da das Port bei diesem nur 4 Bit besitzt.

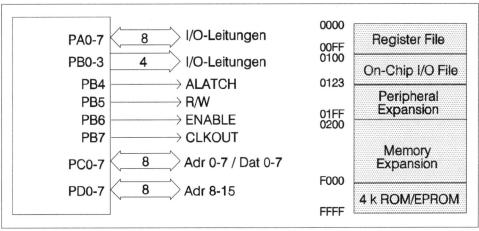

Abbildung 3.11: Full Expansion Mode des TMS70Cx2

Mikroprozessor-Mode

Diese Betriebsart ist zwingend notwendig, wenn das Bauelement keinen internen ROM hat. Doch auch alle anderen Typen können damit betrieben werden. Außer auf interne Register/RAM-Speicher und interne Registerfiles erfolgen alle Zugriffe auf den externen Adreßbereich. Das heißt, das Programm muß in einem externen Speicher stehen. Diese Betriebsart kann auch verwendet werden, wenn für die Entwicklungsphase ein EPROM oder ROM-Simulator den internen ROM für den späteren Full Expansion Mode ersetzen soll. Ansonsten ist die Nutzung der Ports und die Adreßaufteilung identisch mit der des Full Expansion Mode.

Für die Auswahl der Speichermodi werden Hard- und Softwaremittel angewendet. Um in den Mikroprozessor-Mode zu gelangen, ist der Controllereingang MC zur Zeit des Reset mit der Betriebsspannung zu verbinden. Dieser Eingang wird nur während des Resets abgefragt und ist von da an bedeutungslos. Damit ist ein Übergang in einen anderen Mode während des Betriebes nicht möglich. Anders bei den verbleibenden Modi, bei denen der interne ROM immer verwendet wird. Für sie ist zur Zeit des Resets der MC-Eingang auf Ground zu halten. Alles weitere geschieht durch Beschreiben eines internen Registers im Registerfile. Werden im IOCNT0-Register (I/O Control-/Memory-Control-Register) die Bits 6 und 7 verändert, ändert sich der Speichermodus nach folgendem Muster.

Bit 7	Bit 6	
0	0	– Single-Chip-Mode
0	1	– Peripheral Expansion Mode
1	0	– Full Expansion Mode
1	1	– nicht erlaubt

Funktionsgruppen und Peripheriemodule

Ein-/Ausgabeports

Die Controller der TMS7000-Familie besitzen je nach Typ 20 bis 48 Portleitungen. Die einzelnen Leitungen sind als Ein-, Aus- oder Ein- und Ausgänge nutzbar. Zum Teil werden sie von internen Modulen wie Timern und Schnittstellen mitgenutzt. Wie bei der Vorstellung der Betriebsarten schon zu sehen war, kann die Funktion der Ports ansonsten sehr unterschiedlich sein. Je nachdem, ob der Controller externe Adressen ansprechen soll, fallen einige Portleitungen dieser Aufgabe zum Opfer. Diese Methode ist üblich bei Controllern; einige Hersteller kompensieren den Verlust allerdings mit sogenannten Port-Replacement-Schaltkreisen, wie zum Beispiel Motorola mit seinem MC68HC24. Wie die verschiedenen Controller der TMS7000-Familie die Ports in den Betriebsarten nutzen, zeigt die folgende Tabelle:

		TMS70CTx0	TMS70Cx0	TMS70Cx2	TMS70Cx8
Port A		4 Inp	8 Inp	8 I/O	8 I/O
Port B	S	4 Outp	8 Outp	8 Outp	8 Outp
	P	–	B0–3 Outp	B0–3 Outp	B0–3 Outp
	F	–	B4–7 Cntl	B4–7 Cntl	B4–7 Cntl
	M	–	–	–	–
Port C	S	8 I/O	8 I/O	8 I/O	8 I/O
	P	ADL/DB	ADL/DB	ADL/DB	ADL/DB
	F	–	ADL/DB	ADL/DB	ADL/DB
	M	–	ADL/DB	ADL/DB	ADL/DB
Port D	S	4 I/O	8 I/O	8 I/O	8 I/O
	P	–	–	–	–
	F	–	ADH	ADH	ADH
	M	–	ADH	ADH	ADH
Port E		–	–	–	8 I/O
Port F		–	–	–	8 I/O
Port G		–	–	–	8 I/O

Tabelle 3.6: Ports der TMS7000-Familie

S: Single-Chip-Mode P: Peripheral Expansion Mode
F: Full Expansion Mode M: Mikroprozessor-Mode
ADL: Adreßbus NWT A0–7 ADH: Adreßbus HWT A8–15 DB Datenbus D0–7

Zähler-/Zeitgebermodule

Die Bauelemente der Familie sind mit unterschiedlich leistungsfähigen Timern ausgerüstet. Alle arbeiten als Rückwärtszähler, von einem Startwert aus wird bis zum Wert 0 gezählt. Dann erfolgt das Nachladen des Startwertes aus einem Reload-Register, der Vorgang beginnt von vorn. Die Zähler und ihre Reload-Register sind 8 Bit breit. Für die in den Typen TMS70Cx2 und Cx2 eingesetzten 16-Bit-Zähler sind zwei 8-Bit-Zähler hintereinander geschaltet. Jeder Zähler besitzt ein Datenregister. Ein Lesezugriff liefert den momentanen Zählerstand, ein Schreibzugriff stellt den Startwert (Reload-Wert).

Den Zählern ist jeweils ein 5-Bit-Vorteiler vorangeschaltet, der dem Zähler das Signal der Taktquelle um den Teilerfaktor heruntergeteilt zuführt. Der Gesamtteilerfaktor ist somit das Produkt aus dem Vorteilerwert und dem Zählerwert. Der Aufbau des

Vorteilers ähnelt dem des Zählers. Auch er besitzt ein 5-Bit-breites Reload-Register, dessen Inhalt bei einem Nulldurchgang des Vorteilers in diesen zurückgeschrieben wird.

Schließlich hat jeder Timer noch ein Capture-Register, das die gleiche Breite wie der Zähler selbst besitzt. Getriggert vom /INT3-Eingang wird hierin der momentane Zählerwert eingeladen und kann vom Programm gelesen werden. Um den Umfang der Spezialregister nicht unnötig zu vergrößern, sind das Vorteiler-Reload-Register und das Capture-Register zu einem Special-Function-Register zusammengefaßt. Lesen des Registers liefert den Capture-Wert, Schreiboperationen stellen den Vorteilerwert. Mit einer Breite von 5 Bit für den Vorteiler bleiben noch 3 Bit in diesem Byte ungenutzt. Über diese erfolgt die Steuerung des Timers, d. h. die Startfreigabe, die Wahl der Taktquelle und andere Sonderfunktionen. Eine dieser Sonderfunktionen beinhaltet zum Beispiel die Möglichkeit, zwei 16-Bit-Zähler einschließlich ihrer Vorteiler intern hintereinander zu schalten. Das ergibt eine maximale Zählerbreite von 42 Bit! Eine andere Sonderfunktion wird in Zusammenhang mit den Low-Power-Betriebsarten eingesetzt. Hierbei bewirken die Zähler ein zeitgesteuertes Verlassen des Wake-Up- oder Halt-Modes.

Als Taktquelle der Zähler dient entweder ein internes Controllertaktsignal (fosz/4 bzw. fosz/16) oder im Ereigniszählerbetrieb das Signal eines externen Eingangs. Nachfolgend sind die unterschiedlichen Ausrüstungen der einzelnen Bauelemente zu sehen:

◆ TMS70C40,TMS70C20,TMS70C00
   1 8-Bit-Ereigniszähler/Timer mit 8-Bit-Capture-Register
   5-Bit-Vorteiler
   Taktquelle fosz/16 oder externer Eingang Port A7/EC1

◆ TMS70CT40,TMS70CT20
   1 8-Bit-Timer mit 8-Bit-Capture-Register
   5-Bit-Vorteiler
   Taktquelle nur fosz/16

◆ TMS70C82, TMS70C42, TMS70C02, TMS77C82, TMS70C48, TMS70C08
   2 16-Bit-Ereigniszähler/Timer mit 16-Bit-Capture-Register
   5-Bit-Vorteiler, Nulldurchgang wird auf Ausgang Port B1/T1OUT (Timer1) und
   Port B0/T2OUT (Timer2) geschaltet.
   Taktquelle fosz/4 oder externer Eingang Port A7/T1EXTCLK (Timer1) bzw. Port
   A6/T2EXTCLK (Timer2). Bei Timer2 kann der Ausgang von Timer1 intern geschaltet werden (Kaskadierung).

1 8-Bit-Timer

2-Bit-Vorteiler, Nulldurchgang wird auf Ausgang Port A4/SCLK geschaltet. Taktquelle fosz/4 (wird von der seriellen Schnittstelle als Baudratengenerator genutzt)

1 8-Bit-Timer(wird von der seriellen Schnittstelle als Baudratengenerator genutzt)

Serielle Schnittstelle

Die serielle Schnittstelle, heutzutage fast schon ein Muß bei Controllern, ist auch bei den Bauelementen TMS70Cx2 und Cx8 als Modul integriert. Nur die Anwender der einfacheren TMS70Cx0 und CTx0 müssen leider darauf verzichten. Was ihnen dabei entgeht, zeigt die folgende Zusammenstellung.

Die voll-duplexfähige Schnittstelle erlaubt 4 verschiedene Betriebsarten:

Asynchron-Mode

Dieser Mode, der typisch für die gebräuchliche RS-232-C-Schnittstelle ist, wird von den TMS7000-Bauelementen mit einem sehr flexibel einstellbaren Übertragungsformat unterstützt. Einstellbar sind fünf bis acht Datenbits und wahlweise ein Paritätsbit (gerade oder ungerade). Der Datenrahmen besteht aus einem Startbit und einem oder zwei Stoppbits. Jedes einzelne Bit (Daten-, Start- oder Stoppbit) dauert 8 SCLK-Takte. Das Abtastverfahren zur Erkennung der Bitpegel ist dafür verantwortlich.

Isosynchron-Mode

Der Isosynchron-Mode, eine Mischung aus asynchronen und synchronen Übertragungsverfahren, ist vom Datenformat her völlig identisch mit dem des Asynchron-Modes. Im Gegensatz zu diesem wird jedoch mit jedem Taktimpuls (SCLK) ein Bit übertragen. Sender und Empfänger sind über den SCLK-Ein- und Ausgang taktmäßig miteinander gekoppelt. Der Sender überträgt auf der Taktleitung zusätzlich zu den Daten den Schiebetakt, so daß der Empfänger mit diesem Takt die Daten in sein Empfängerregister schieben kann. Die Synchronisation auf die einzelnen Datenbytes wird wie im Asynchron-Mode durch ein Start- und Stoppbit erledigt. Der Vorteil liegt beim Isosynchron-Mode in der höheren Übertragungsgeschwindigkeit, da die Abtastung der einzelnen Bits entfällt. Das ermöglicht wesentlich höhere Übertragungsraten.

Serieller I/O-Mode (für I/O-Expander)

Eine weitere Steigerung der Übertragungsgeschwindigkeit läßt sich durch eine noch konsequentere Reduzierung des Datenrahmens erreichen. Beim seriellen I/O-Mode bleibt nur noch ein Stoppbit zur Bytesynchronisation übrig. Die Bitsynchronisation wird von einem gemeinsamen Takt von Sender und Empfänger vorgenommen. Das Stoppbit bekommt allerdings keinen Taktimpuls. Ansonsten wird wie beim isosynchronen Verfahren der Takt immer in Bitmitte gewechselt. Mit seiner Flanke kann der Empfänger das Datenbit in ein Schieberegister hineinschieben. Das Verfahren ist daher auch hauptsächlich zur Kommunikation mit einfachen Schieberegistern vorgesehen. A/D- und D/A-Wandler, LCD-Treiber und andere Peripherie bilden die Gegenstelle zu dieser Schnittstelle. Andere Hersteller verwenden ähnliche Methoden (zB. SPI-Modul bei Motorola).

Multiprozessor-Modi

Zwei spezielle Verbindungsverfahren dienen der Kommunikation zwischen zwei oder mehreren Controllern. Beide Verfahren wurden schon ausführlich in Kapitel 1 beschrieben. Texas Instruments verwendet bei seinen Controllern wählbar das Motorola(MC6801)-Protokoll und das Intel(I8051)-Protokoll. Bei ersterem, das auch den Namen Idle-Line-Mode trägt, sind die Datenblöcke, in denen die Informationen übertragen werden, durch Pausen mit einer Länge von 10 Bit getrennt. Die Empfängermodule der Controller erkennen die Pause und müssen nur auf den Beginn eines neuen Blocks achten. Ob durch Interrupt oder Polling, das erste Zeichen im Block, das auch die Zieladresse enthält, entscheidet, ob die Nachricht für den betreffenden Controller bestimmt ist oder nicht. Beim Intel-Protokoll (Adreßbit-Mode) spielen die Pausen zwischen den Blöcken keine Rolle. Hier wird in einem weiteren Bit zwischen Adressen- und Daten-Bytes unterschieden. Dieses Bit, das Adreßbit, ist bei der Übertragung der Adresse 1 und bei normalen Daten 0. Die Hardware des Empfängermoduls kann dieses spezielle Bit ganz einfach überwachen und den Controller informieren, wenn eine Adresse empfangen wurde. Auch hier wird der Controller erst bei Erkennen einer Adresse zeitlich belastet. Ansonsten ist diese Übertragung wieder synchron, benötigt also einen gemeinsamen Zeichentakt.

Alle Übertragungsmodi werden per Programm über spezielle Register im Peripheral File eingestellt. Als Taktquelle für die Schnittstelle kommt entweder der Timer 3 oder der externe Takteingang Port A4 in Frage. Für die synchronen und isosynchronen Betriebsarten dient A4 beim Sender als Ausgang und beim Empfänger als Takteingang SCLK. Bei einer Oszillatorfrequenz (Quarzfrequenz) von 3,579 MHz sind maximal 19,2 KBaud, bei 4,9152 MHz 38,4 KBaud und bei 8 MHz sogar 125 KBaud Übertragungsgeschwindigkeit möglich.

Dem seriellen Port ist ein Interrupt zugeordnet. Der INT4-Interrupt gehört zum Sender (TX), zum Empfänger (RX) und zum Timer 3. Ein freier Sender, ein Zeichen im Empfänger und wahlweise ein Timer-3-Überlauf können zur Unterbrechung führen.

Interruptverhalten und Low-Power-Mode

Die Bauelemente der TMS7000 Familie sind in der Lage, auf zwei externe Interruptquellen zu reagieren. Dazu tastet die CPU in jedem Maschinenzyklus die beiden Interrupteingänge ab und speichert den Zustand intern. Die Interruptsignale müssen allerdings mindestens 1,25 mal die Taktzeit (= 4x Oszillatorperiode) anliegen. Bei den Typen TMS70Cx2 und TMS70Cx8 kann zusätzlich noch festgelegt werden, ob auf Flanken oder auf Flanken und Pegel sowie auf welche Flanke (steigend oder abfallend) reagiert werden soll. Die restlichen Interrupts sind je nach Ausrüstung der Bauelemente durch interne Module belegt.

INT1 - externer Eingang	alle Typen 1
INT2 - Timer 1	alle Typen
INT3 - externer Eingang 2	alle Typen
INT4 - Timer 3 oder serielle Schnittstelle	nur TMS70Cx2, TMS70Cx8
INT5 - Timer 2	nur TMS70Cx2, TMS70Cx8

Die Priorität ist von INT1 nach INT5 fallend, jedem Interrupt ist im Programmspeicher am oberen Ende eine Vektoradresse zugeordnet. Die allerhöchste Priorität hat der System-RESET. 3 Steuerregister im Peripheral File bestimmen die Funktionen des Interruptsystems.

Entsprechend den Bedürfnissen der Anwender hat Texas Instruments seine Controller mit zwei Low-Power-Modes ausgerüstet. In Kapitel 1 sind die typischen Methoden zur Stromreduzierung vorgestellt worden. Hier kommen folgende Verfahren zum Einsatz:

Wake-Up-Mode

Im Wake-Up-Mode hat nur die CPU ihre Arbeit eingestellt, der Oszillator und der Timer 1 bzw. Timer 2 und 3 sowie der UART bleiben aktiv. Nach der Abarbeitung des IDLE-Befehls nimmt die CPU diesen Zustand ein und kann ihn erst wieder durch einen RESET oder, wenn erlaubt, durch einen Interrupt verlassen (INT1, INT2 oder INT3 sowie INT4 und INT5 bei TMS70Cx2 und Cx8).

Halt-Mode

Bei diesem Mode hängt die Funktion von einer Maskenoption ab. Je nach Herstellermaske wird der Oszillator nach Bearbeitung des IDLE-Befehls zusätzlich zur CPU mit abgeschaltet, oder er bleibt aktiv. Abhängig von dieser Einstellung sind auch die Wiedererweckungsmöglichkeiten:

◆ HALT (XTAL) CPU und Timer 1 Halt, Oszillator aktiv – Rückkehr mit Reset, INT1 und INT3

◆ HALT (RC) zusätzlich wird der Oszillator angehalten – Rückkehr mit RESET, INT1 und INT3

◆ Halt (RC) wie vorhergehender Mode, aber Rückkehr nur mit RESET

Der Halt-Mode mit abgeschaltetem Oszillator bringt die größte Stromersparnis und wird dann gewählt, wenn die Zeit der Abschaltung relativ groß sein kann. Welcher Mode, Wake-Up oder Halt, eingenommen werden soll, entscheidet ein Bit in einem Steuerregister des Timer 1.

Programmiermodell und Befehlssatz

Die Controller der TMS7000-Familie bieten dem Programmierer zwei 8-Bit-Akkumulatoren, den Akku A (Register R0) und den Akku B (Register R1). Als Datenquelle oder Ziel lassen sich aber auch alle anderen Register des Registerfiles und des Peripheriefiles oder beliebige Adressen im Speicherraum verwenden. Spezielle 16-Bit-Register gibt es nicht, jedoch Befehle zur 16-Bit-Verarbeitung auf Speicherzellen oder Registern.

Für einen optimalen Zugriff auf Daten und Programme stehen die üblichen Arten der Adressierung zur Verfügung:

◆ Immediate

◆ Single Register

◆ Dual Register

◆ Peripheral File

◆ Direct Memory

◆ Register File Indirect

◆ Indexed

◆ Programm-Counter relativ

Der Befehlssatz, der sich aus 61 Instruktionen zusammensetzt, läßt sich grob in die folgenden Befehlsgruppen einteilen:

◆ 8- und 16-Bit-Transportbefehle

◆ 8-Bit-Arithmetik- und Logik-Befehle (auch Multiplikation)

◆ Bit-Befehle

◆ Bit-Test- und Sprungbefehle

◆ Bedingte und unbedingte Sprungbefehle sowie Unterprogrammverarbeitung (Normal und 1-Byte-Call, TRAP)

◆ Befehle zur Steuerung (Interrupt und Low-Power-Mode, …)

Im Anhang befindet sich ein tabellarischer Überblick über alle Befehle der TMS7000. Dort ist auch noch mal das Peripheral File zu sehen.

Entwicklungswerkzeuge

Als einfachstes Werkzeug zur Softwaretestung und Inbetriebnahme bietet TI das RTC/EVM7000 Evaluation-Modul an, ein Einkartencontroller mit eigenem Betriebssystem und Anschlüssen für Zielhardware, Host-Computer und Kassettenrecorder. Die Software (24K) besteht aus dem Monitor, einem Texteditor, einem Assembler, einem Debugger und einem EPROM-Programmer. Auf einer freien Fläche lassen sich zusätzliche Logikgruppen aufbauen, ansonsten aber wird das Modul eher zum Anschluß an die Zielhardware genutzt. Dabei wirkt es wie ein Controller im Single-Chip-Mode, d. h., alle Peripherieanschlüsse sind von außen zugänglich.

Leistungsfähiger, aber auch teurer ist das Extended Development Support (XDS) System, Model XDS/22. Dieses System ist für den Anschluß an einen Host-Computer oder ein Terminal vorgesehen und bietet einen echtzeitfähigen Emulator, der über Kabel mit der Zielhardware verbunden ist. Eine umfangreiche Breakpointlogik, ein interner Tracespeicher mit zusätzlichen externen Eingängen und Logikanalysatorfunktionen und eine ausgezeichnete Software ermöglicht eine sehr effiziente Hard- und Softwareentwicklung und Inbetriebnahme.

3.1.2   TMS370-Familie

Die TMS370-Familie bildet eine weitere Gruppe von Controllern der Firma Texas Instruments. Im Gegensatz zu den TMS7000-Bauelementen sind sie für Anwender mit mehr Leistungs- und Funktionsbedarf bestimmt. Das wird sofort deutlich, wenn man sich die Ausrüstung mit Peripheriemodulen, die höhere Verarbeitungsgeschwindigkeit und den umfangreicheren Befehlssatz ansieht. In der folgenden Zusammenstellung sind die wichtigsten Merkmale dieser Familie zu sehen. Im Anschluß daran werden anhand von drei Unterfamilien typische Eigenschaften und Komponenten näher vorgestellt. Doch wie auch bei allen anderen Controllern kann in dem Buch der großen Vielfalt an Varianten nur teilweise Rechnung getragen werden.

Charakteristik der TMS370-Controller

◆ Durch die CMOS-Technologie (Sub-2-Micron-Technologie) ist bei einem weiten Temperaturbereich (–40 °C bis +85 °C) und trotz hoher Taktfrequenz ein stromsparender Betrieb möglich.

◆ 8-Bit-CPU-Kern mit Register zu Register-Architektur, BCD-Arithmetik, Bit-Verarbeitung, Multiplikation und Division.

◆ Verschiedene Programmspeichervarianten, von 4 bis 16 K On-Chip, oder ROM-los mit externem Adreß-/Datenbus. Der Programmspeicher kann auch als 4, 8, 16 oder 32 Kbyte On-Chip-EPROM oder 4 Kbyte On-Chip-EEPROM ausgeführt sein (für Entwicklung, Prototypen oder Kleinserien).

◆ Datenspeicher in Form von On-Chip-RAM in den Größen 128/256 oder 512 Byte sowie 256 bzw. 512 Byte Daten-EEPROM.

◆ CMOS EEPROM-Technologie mit 5 Volt Arbeitsspannung.

◆ Bauelemente der 370Cx5X-Serie mit externem Speicher-/Peripheriebus Der 8-Bit-Datenbus und der 16-Bit-Adreßbus sind nicht gemultiplext, daher ist keine externe Logik für die Speicher- oder Peripherieerweiterung notwendig. Durch die Bereitstellung von Chip-Select-Signalen durch den Controller können weitere externe Bauelemente eingespart werden. Über Speicherbanking sind bis zu 112 Kbyte externer Adreßraum verfügbar.

◆ Vier verschiedene Betriebsarten für den externen Adreßraum
mit den Unterteilungen (nur 370Cx5X-Serie):

  ◆ Mikrocontroller-Mode (MC Single-Chip-Mode und MC External Expansion)

  ◆ Mikroprozessor-Mode (MP ohne Internal Program Memory und mit Internal
  Program Memory)

  Diese vier Betriebsarten gestatten die optimale Anpassung der Bauelemente an
  den Umfang von Programm- bzw. Peripheriebedarf, wobei sich der Aufwand für
  die Speichererweiterung einzig und allein auf die Speicherbauelemente beschränkt.

◆ Zugriffe auf die Peripherie erfolgen über Memory-Mapping, damit sind eine
einfache Adressierung und ein voller Befehlssatz anwendbar.

◆ Sehr gute Fehlerüberwachung
Zum Schutz vor Fehlprogrammierungen bestimmter empfindlicher Peripherie-
Registerbereiche kann per Software in einen Privilege Mode geschaltet werden.
Ein Watchdog-Timer dient der hardwaremäßigen Überwachung des Programm-
laufs und kann Programmabstürze beheben helfen. Der Oszillator wird von einer
internen Logik kontrolliert.

◆ Flexibles Interrupthandling
Durch 3 externe Interrupteingänge, bis zu 25 Interruptquellen insgesamt, eine
leistungsfähige, programmierbare Prioritätslogik und volle Vektorisierung aller
Interrupts sind diese Contoller besonders für Echtzeitanwendungen hervorragend geeignet.

◆ STANDBY- und HALT-Mode
Diese beiden stromsparenden Betriebsarten sind die Voraussetzung für den Einsatz in batteriebetriebenen Geräten.

◆ Je nach Bauelement und Betriebsart sind zwischen 22 und 55 I/O-Signale vorhanden, wobei jede Leitung einzeln in der Datenrichtung wählbar ist. Bei der
370Cx5x-Serie gehen bei Nutzung des externen Adreßraums allerdings nahezu
alle I/O-Leitungen verloren.

◆ Timer/PACT-Modul
Abhängig vom Typ stehen ein oder zwei freiprogrammierbare Timer bzw. ein
PACT-Modul zur Verfügung. Die Timer besitzen einen 16-Bit-Zähler/Zeitgeber,
ein oder zwei 16-Bit-Capture- und zwei 16-Bit-Compare-Register, eine PWM-

Logik und eine Reihe anderer programmierbarer Funktionen. Noch leistungsfähiger ist das PACT-Modul, ein »speicherprogrammierter Timerkomplex«. Hier
nur einige Merkmale dieses Moduls:

◆ Input-Capture-Funktion an 6 Eingängen (4 Eingänge mit Vorteiler)

◆ 8 Timer-Ausgänge

◆ 8-Bit-Ereigniszähler

◆ 20-Bit-Timer

◆ komplexe Funktion ohne CPU-Aktivitäten- integrierter Watchdog

◆ Mini-SCI-Interface mit Baudratengenerator

◆ 18 eigene Interruptvektoren mit 2 Prioritätslevels

◆ SCI- und SPI-Module
Zwei universelle serielle Schnittstellenmodule gestatten den Datenverkehr mit
bis zu 156 KBit/s im asynchronen Betrieb und 2,5 MBit/s im synchronen Betrieb.

◆ Ein Teil der Bauelemente besitzt einen 8-Kanal-8-Bit-A/D-Wandler. Eine Besonderheit dieses Wandlers ist die frei Wahl des Referenzspannungseingangs, so daß
sich Differenzmessungen sogar ohne externen Aufwand durchführen lassen.

◆ Adressierungsarten und Befehlssatz
14 Adressierungsarten und 73 Befehle ergeben zusammen die Basis für effektive
Programme, die den Anforderungen an den Echtzeitbetrieb gerecht werden.

◆ Waitstate-Steuerung für externe Adreßzugriffe

Die Merkmale der Bauelemente wie Speicherausbau und Leistungsklasse sind anhand eines einfachen Schlüssels leicht ableitbar. Eine genauere Unterteilung gibt die
nachfolgende Tabelle, die jedoch auch nur einen kleinen Auszug aus der großen
Anzahl an verschiedenen Versionen darstellt.

TMS 370 C Z1 Z2 Z3

◆ Z1 Programmspeicher: 0,3 – ROM
   1,2 – ROM-los
   6,7 – EPROM

◆ Z2 Unterfamilie: 1 – Basisversion
   2 – LCD, RTC-Version
   3 – PACT-Version

4 – mittlere Leistungsgruppe

5 – volle Konfiguration

◆ Z3 Speichergröße (ROM/RAM/EEPROM): 0 – 4k, 128/256, 256

2 – 8k, 256,256

6 – 16k, 512, 512

Vers	Programmspeicher ROM/EPROM/EEPROM			Datensp. RAM/EEPROM		Ext. Mem	Seriell	Timer	ADU	I/O
.C010	4K	–	–	128	256	–	SPI	T1	–	22
.C050	4K	–	–	256	256	112K	SPI/SCI	T1/T2	8	55
.C032	8K	–	–	256	256	–	PACT/SCI	PACT	8	36
.C052	8K	–	–	256	256	112K	SPI/SCI	T1/T2	8	55
.C056	16K	–	–	512	512	112K	SPI/SCI	T1/T2	8	55
.C310	4K	–	–	128	–	–	SPI/SCI	T1/T2	8	55
.C350	4K	–	–	256	–	112K	SPI/SCI	T1/T2	8	55
.C332	8K	–	–	256	–	–	PACT-SCI	PACT	8	36
.C352	8K	–	–	256	–	112K	SPI/SCI	T1/T2	8	55
.C356	16K	–	–	512	–	112K	SPI/SCI	T1/T2	8	55
.C150	–	–	–	256	–	112K	SPI/SCI	T1/T2	8	55
.C250	–	–	–	256	256	112K	SPI/SCI	T1/T2	8	55
.C156	–	–	–	512	–	112K	SPI/SCI	T1/T2	8	55
.C256	–	–	–	512	512	112K	SPI/SCI	T1/T2	8	55
.C610	–	4K	–	128	–	–	SPI	T1	–	22
.C710	–	4K	–	128	256	112K	SPI	T1	–	22
.C810	–	–	4K	128	256	–	SPI	T1	–	22
.C850	–	–	4K	256	256	112K	SPI/SCI	T1/T2	8	55
.C732	–	8K	–	256	256	–	PACT-SCI	PACT	8	36
.C756	–	16K	–	512	512	112K	SPI/SCI	T1/T2	8	55
.C726	–	16K	–	512	256	–	SCI	T2	–	x
LCD-Mod., Keyb. Contr. RTC										

Tabelle 3.7: Typenübersicht TMS370

Die Übersicht zeigt ganz deutlich das modulare Konzept dieser Controllerfamilie. Aus einem Grundbestand an Funktionsgruppen und Modulen entsteht für jeden Anwendungsfall ein passend zugeschnittenes Bauelement. Wie andere Hersteller bietet auch Texas Instruments für ambitionierte Anwender eine umfangreiche Bibliothek an Modulen, so z. B.

◆ 8-Bit-CPU-Core

◆ ROM-Modul mit 4, 8 und 16 Kbyte Kapazität

◆ statt ROM auch Programm-EPROM-Version für Entwicklung und Prototypen

◆ Field-Programmable-Memory-Module mit bis zu 4 Kbyte Programm-EEPROM und bis zu 512 Byte Daten-EEPROM

◆ statischer RAM-Speicher 128, 256 und 512 Byte

◆ leistungsstarke SCI- und SPI-Module

◆ 2 Timervarianten, eine davon mit Watchdog

◆ PACT-Timer-Co-Prozessor

◆ 8-Kanal- und 16-Kanal-8-Bit-A/D-Wandler

◆ I/O-Module

◆ LCD-Treiber mit 46 Segmenten und 1, 2, 3, 4 Backplanes

◆ RTC-Modul mit programmierbarem Alarm und Watchdog

Ein großer Teil der Versionen kann in drei Unterfamilien zusammengefaßt werden, die neben den zu Beginn genannten Eigenschaften spezielle Merkmale haben. Die folgenden Seiten werden das zeigen.

Die Controller TMS370Cx1x

Die kleinsten der TMS370-Familie haben ihre Zielgruppe unter den Anwender im Low-End-Bereich, in Applikationen wie Kartenlesern, Tastenfeldern und Anzeigen. Bei nicht zu hohen Ansprüchen an I/O-Funktionen bieten sie eine kostengünstige Variante für einen Controllereinsatz. Die folgende Übersicht zeigt noch einmal, was man von diesen Bauelementen erwarten kann:

◆ bis zu 4 Kbyte interner ROM oder EPROM

◆ 128 Byte statischer RAM

◆ Daten-EEPROM bis 256 Byte

◆ SPI-Modul

◆ Timer 1 mit 16-Bit-Zähler,
8-Bit-Vorteiler,
16-Bit-Ereigniszähler,
16-Bit-Pulse-Akkumulator,
16-Bit-Input-Capture-Funktion und
zwei 16-Bit-Output-Compare-Funktionen

◆ Watchdog-Timer

◆ 22 Port-Leitungen, 21 bidirektional

◆ 28-Pin-Gehäuse (DIP oder PLCC)

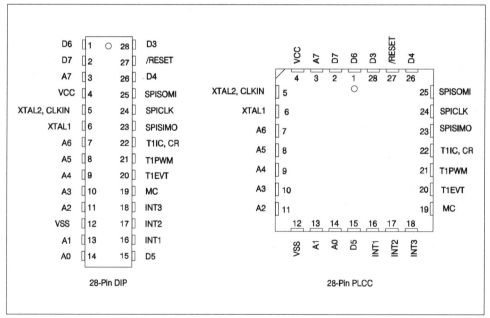

Abbildung 3.12: TMS370Cx1x Sockelbild

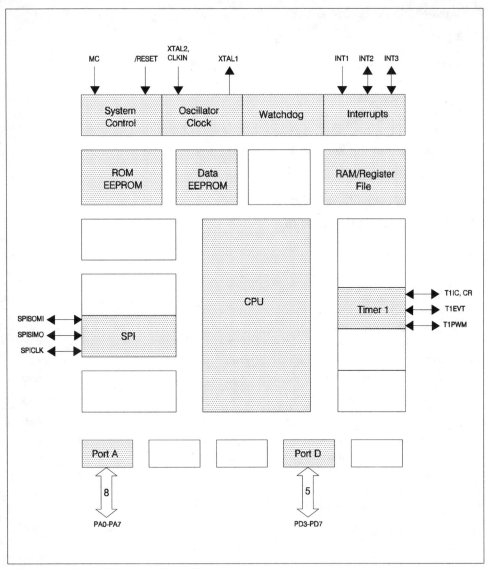

Abbildung 3.13: TMS370Cx1x Blockbild

Signal	Pin	I/O	Pinbeschreibung
A0	14	I/O	frei verfügbares bidirektionales I/O-Port
A1	13	I/O	
A2	11	I/O	
A3	10	I/O	
A4	9	I/O	
A5	8	I/O	
A6	7	I/O	
A7	3	I/O	
D3	28	I/O	frei verfügbares bidirektionales I/O-Port,
D4	26	I/O	D3 als CLKOUT nutzbar
D5	15	I/O	
D6	1	I/O	
D7	2	I/O	
INT1	16	I	ext. mask. oder nichtmask. INT-Eing., normaler Eing.
INT2	17	I/O	ext. mask. INT-Eing., normaler I/O
INT3	18	I/O	ext. mask. INT-Eing., normaler I/O
T1IC/CR	22	I/O	Timer1 Inp Cap.t, Counter Res., I/O
T1PWM	21	I/O	Timer1 PWM-Ausg., I/O
T1EVT	20	I/O	Timer1 Ereign. Zählereing., I/O
SPISOMI	25	I/O	SPI Slave Out/Master In, I/O
SPISIMO	23	I/O	SPI Slave Inp/Master Out, I/O
SPICLK	24	I/O	SPI Clock In/Out, I/O
$\overline{\text{RESET}}$	27	I/O	System-Reset Ein-/Ausgang
MC	19	I	Mode Control Eing. EEPROM Write Protect.Override
XTAL2/CLKIN	5	I	Quarzoszillator und extern Clock-Eing.
XTAL1	6	O	Quarzoszillator Anschluß, Ausg.
V$_{CC}$	4		Spannungsversorgung (+5 V)
V$_{SS}$	12		Masse

Tabelle 3.8: Pinbeschreibung TMS370Cx1x

Die Controller TMS370Cx3x

Die größeren Controller von Texas Instruments TMS370 sind speziell für Anwendungen gemacht, die überdurchschnittlich viel Timerfunktionalität fordern. Sie alle besitzen einen Timer-Co-Prozessor »on Chip«. Weiter hinten ist diese auch als PACT-Modul bezeichnete Funktionsgruppe näher erläutert. Hier aber erst einmal das Wesentliche der Cx3x.

◈ bis zu 8 Kbyte interner ROM oder EPROM

◈ 128 oder 256 Byte statischer RAM

◈ Daten-EEPROM bis 256 Byte

- PACT-Modul mit Mini-SCI und Watchdog

- 8-Kanal-8-Bit-A/D-Wandler

- 36 Port-Leitungen,
  14 bidirektional,
  13 Eingänge,
  9 Ausgänge

- 44-Pin-Gehäuse (PLCC oder CLCC)

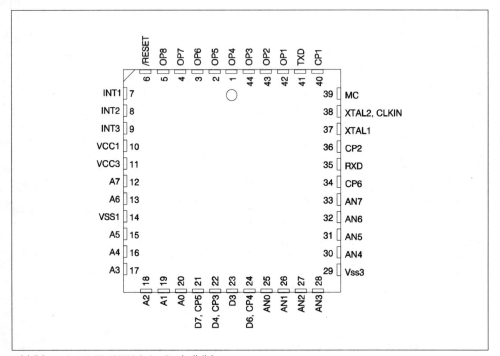

Abbildung 3.14: TMS370Cx3x Sockelbild

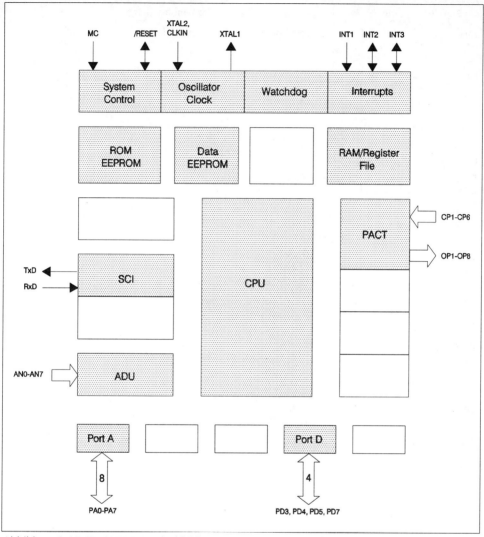

Abbildung 3.15: TMS370Cx3x Blockbild

Signal	Pin	I/O	Pinbeschreibung
A0	20	I/O	frei verfügbares bidirektionales I/O-Port
A1	19	I/O	
A2	18	I/O	
A3	17	I/O	
A4	16	I/O	
A5	15	I/O	
A6	13	I/O	
A7	12	I/O	
			frei verfügbares bidirektionales I/O-Port,
D3	23	I/O	D3 als CLKOUT nutzbar, I/O
D4/CP3	22	I/O	PACT Input Capture 3, I/O
D6/CP4	24	I/O	PACT Input Capture 4, I/O
D7/CP5	21	I/O	PACT Input Capture 5, I/O
INT1	7	I	ext. mask. oder nichtmask. INT-Eing., Eing.
INT2	8	I/O	ext. mask. INT-Eing., normaler I/O
INT3	9	I/O	ext. mask. INT-Eing., normaler I/O
CP1	40	I	PACT Input Capture 1
CP2	36	I	PACT Input Capture 2
CP6	34	I	PACT Input Capture 6, Ereigniszähler Eing.
TXD	41	O	PACT SCI Sender Ausgang
RXD	35	I	PACT SCI Empfänger Eingang
OP1	42	O	PACT Ausgang 1
OP2	43	O	PACT Ausgang 2
OP3	44	O	PACT Ausgang 3
OP4	1	O	PACT Ausgang 4
OP5	2	O	PACT Ausgang 5
OP6	3	O	PACT Ausgang 6
OP7	4	O	PACT Ausgang 7
OP8	5	O	PACT Ausgang 8
AN0	25	I	A/D-Eingang oder U REF-Eingang, normaler I/O
AN1	26	I	
AN2	27	I	
AN3	28	I	
AN4	30	I	
AN5	31	I	
AN6	32	I	
AN7	33	I	
$\overline{\text{RESET}}$	6	I/O	System-Reset Ein-/Ausgang
MC	39	I	Mode Control Eing. EEPROM Write Protect.Override
XTAL2/CLKIN	38	I	Quarzoszillator und extern Clock-Eing.
XTAL1	µ/	O	Quarzoszillator Anschluß, Ausg.
V_{SS1}	14		Masse Digitalteil
VCC23	11		A/D-Wandler Versorgung, UREF
VSS3	29		A/D-Wandler-Masse

Tabelle 3.9: Pinbeschreibung TMS370Cx3x

Die Controller TMS370Cx5x

Die Mitglieder dieser Unterfamilie haben den höchsten Ausrüstungsgrad der Standardversionen. Nahezu alle zur Modulbibliothek gehörenden Komponenten sind hier auf einem Chip vereint. Demzufolge findet man diese Bauelemente auch in Geräten, in denen sie häufig alle Funktionen eines »Zentralrechners« übernehmen.

◆ bis zu 16 Kbyte interner ROM oder EPROM

◆ 128, 256 oder 512 Byte statischer RAM

◆ Daten-EEPROM bis 512 Byte

◆ externer Speicher und Peripheriebereich bis 112 Kbyte

◆ SPI- und SCI-Modul

◆ Timer 1 mit 16-Bit-Zähler
8-Bit-Vorteiler,
16-Bit-Ereigniszähler,
16-Bit-Pulse-Akkumulator,
16-Bit-Input-Capture-Funktion und
zwei 16-Bit-Output-Compare-Funktionen

◆ Timer 2 mit 16-Bit-Zähler
16-Bit-Ereigniszähler,
16-Bit-Pulse-Akkumulator,
zwei 16-Bit-Input-Capture-Funktionen und
zwei 16-Bit-Output-Compare-Funktionen

◆ Watchdog-Timer

◆ 8-Kanal-8-Bit-A/D-Wandler

◆ 55 Port-Leitungen
46 bidirektional,
9 Eingänge

◆ 68-Pin-Gehäuse (PLCC oder CLCC)

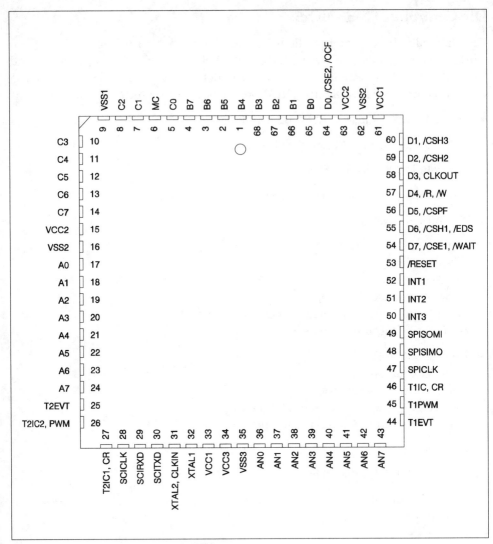

Abbildung 3.16: TMS370Cx5x Sockelbild

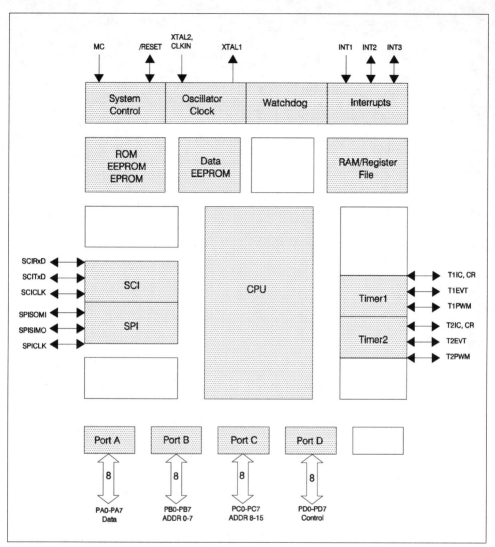

Abbildung 3.17: TMS370Cx5x Blockbild

Signal	Alt.Funktion	Pin	I/O	Pinbeschreibung
A0	Data 0	17	I/O	Single-Chip: Port A freie I/O
A1	Data 1	18	I/O	Expansion: Bidirekt. Datenbus
A2	Data 2	19	I/O	individuell programmierbar
A3	Data 3	20	I/O	
A4	Data 4	21	I/O	
A5	Data 5	22	I/O	
A6	Data 6	23	I/O	
A7	Data 7	24	I/O	
B0	Adr 0	65	I/O	Single-Chip: Port B freie I/O
B1	Adr 1	66	I/O	Expansion: Adreßbus AD0 bis AD7
B2	Adr 2	67	I/O	individuell programmierbar
B3	Adr 3	68	I/O	
B4	Adr 4	1	I/O	
B5	Adr 5	2	I/O	
B6	Adr 6	3	I/O	
B7	Adr 7	4	I/O	
C0	Adr 8	5	I/O	Single-Chip: Port C freie I/O
C1	Adr 9	7	I/O	Expansion: Adreßbus AD8 bis AD15
C2	Adr 10	8	I/O	individuell programmierbar
C3	Adr 11	10	I/O	
C4	Adr 12	11	I/O	
C5	Adr 13	12	I/O	
C6	Adr 14	13	I/O	
C7	Adr 15	14	I/O	
INT1	INTIN	52	I	ext. mask. oder nichtmask. INT-Eing., Eing.
INT2	INTI01	51	I/O	ext. mask. INT-Eing., normaler I/O
INT3	INTI02	50	I/O	ext. mask. INT-Eing., normaler I/O
				Single-Chip: Port D freie I/O
				Expansion: Speicherverwaltung oder I/O
D0	/CSE2 (/OCF)	64	I/O	I/O, CS 2000–3FFF (Opcode Fetch)
D1	/CSH3 ( )	60	I/O	I/O, CS 8000-FFFF
D2	/CSH3 ( )	59	I/O	I/O, CS 8000-FFFF
D3	CLKOUT	58	I/O	I/O, Interner Systemtakt (1/4 Osz.)
D4	R/W	57	I/O	I/O, Datenrichtungssignal
D5	/CSPF ( )	56	I/O	I/O, CS Peripherie 10C0–10FF
D6	/CSH1 (/EDS)	55	I/O	CS 8000-FFFF, Strobe-Speicherzugriff
D7	/CSE1 (/WAIT)	54	I/O	I/O, CS 2000–3FFF, Wait-Eingang
T1IC/CR	T1IO1	46	I/O	Timer1 Inp Capt., Counter Res., I/O
T1PWM	T1IO2	45	I/O	Timer1 PWM-Ausg., I/O
T1EVT	T2IO3	44	I/O	Timer1 Ereign.Zählereing., I/O
T2IC1/CR		27	I/O	Timer2 Inp Capt1., Counter Res., I/O
T2IC2/PWM		26	I/O	Timer2 Inp Capt2., PWM-Ausg., I/O
T2EVT		25	I/O	Timer2 Ereign.Zählereing., I/O
SPISOMI		49	I/O	SPI Slave Out/Master In, I/O
SPISIMO		48	I/O	SPI Slave Inp/Master Out, I/O
SPICLK		47	I/O	SPI Clock In/Out, I/O

Signal	Alt.Funktion	Pin	I/O	Pinbeschreibung
SCITXD		30	O	SCI Sender Ausgang
SCIRXD		29	I	SCI Empfänger Eingang
SCICLK		28	I	SCI Clock-In/OUT
AN0		36	I	A/D-Eingang oder U REF-Eingang;
AN1		37	I	jedes Pin ist auch als normaler Eingang
AN2		38	I	programmierbar
AN3		39	I	
AN4		40	I	
AN5		41	I	
AN6		42	I	
AN7		43	I	
V_{CC23}		34		A/D-Wandler Versorgung, UREF
V_{SS3}		35		A/D-Wandler-Masse
$\overline{RESET}$		53	I/O	System-Reset Ein-/Ausgang
MC		6	I	Mode Control Eing. EEPROM Write Protect. Override
XTAL2/CLKIN		31	I	Quarzoszillator und extern Clock-Eing.
XTAL1		32	O	Quarzoszillator Anschluß, Ausg.
V_{CC1}		33,61		Spannungsversorgung (+5 V) Digitalteil
V_{CC2}		15,63		Spannungsversorgung (+5 V) Digitalteil
V_{SS1}		15,63		Masse Digitalteil
V_{SS2}		16,62		Masse Digitalteil

Tabelle 3.10: Pinbeschreibung TMS370Cx5x

Speicher- und Registerstruktur

Die Controller der TMS370-Familie besitzen einen Speicheraufbau nach der Von-Neumann-Architektur, das heißt, Programm- und Datenspeicher befinden sich im selben Adreßbereich. Doch nicht nur die Speicher liegen in diesem Bereich, auch alle Register und Peripheriemodule sind darin enthalten. Dieses Prinzip, alle Komponenten in einen Adreßraum zusammenzufassen, ist bei Controllern sehr häufig anzutreffen. Die TMS370 benutzen Memory-Mapping-Zugriffe für RAM, ROM/ EPROM, EEPROM, Peripherieregister und I/O-Pins. Die Vorteile so einer Architektur sind unter anderem einfachere Befehle und gleiche Verarbeitungszeiten, aber sie bringt auch Nachteile. So ist der Adreßraum meistens stark unterteilt und von den verschiedenen Komponenten ungleichmäßig belegt. Für größere Programme kann das problematisch sein, wenn kein linearer Adreßbereich zur Verfügung steht. Die folgende Abbildung zeigt die typische Adreßaufteilung der TMS370-Familie.

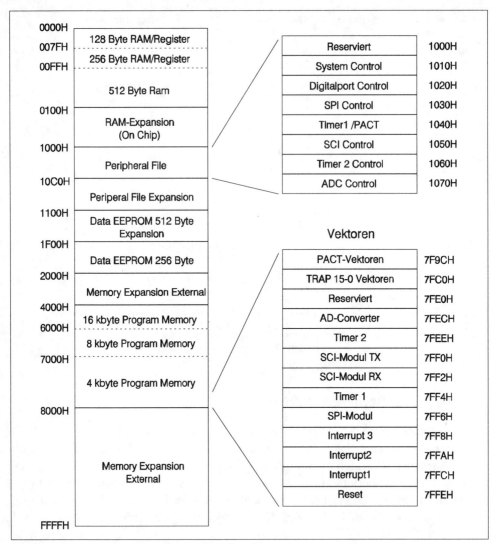

Abbildung 3.18: Memory Map der TMS370-Familie

Für die Bauelemente der Serien TMS370Cx1X und Cx3x ist der Adreßbereich bei der Adresse 7FFFH zu Ende. Nur die Typen mit der 5 in der Nummer (TMS370Cx5x) können darüber hinaus Adressen ansprechen, denn nur sie besitzen einen externen Daten- und Adreßbus. Bei ihnen sind dann aber auch bis zu 112 Kbyte adressierbar. Betrachten wir nun jedoch die Bereiche im einzelnen.

Registerfile (RF)

Der RAM-Bereich beginnt bei allen TMS370-Controllern bei der Adresse 0. Er ist aus statischen Speicherzellen aufgebaut und benötigt keine Refreshoperationen zum Datenerhalt. Je nach Serie gibt es Ausführungen mit 128 Byte, 256 Byte und 512 Byte Länge. Ihre Endadressen liegen damit auf 007FH, 00FFH bzw. bei 01FFH. Die ersten 256 Byte bzw. 128 Byte bei der kleinen Ausführung dienen als CPU-Registerfile und als frei verfügbarer RAM, die oberen 256 Byte der 512 Byte-Versionen können nur als RAM genutzt werden. Der Unterschied liegt einzig und allein in der Art der Zugriffe und der Verwendbarkeit in Befehlen. Auf den Registerteil greift die CPU mit einem Zyklus zu, auf den oberen RAM-Teil wie auch auf andere externe Bereiche in zwei Zyklen.

Die unteren 256 Byte (128 Byte) tragen auch die Namen R0 bis R255 (R127). Bei der hier angewandten erweiterten Register-Register-Architektur können alle Register (R0 bis R255/127) für arithmetische und logische Operationen herangezogen werden. Der Weg über einen Akkumulator ist nicht erforderlich, daher gibt es auch keinen im herkömmlichen Sinn. Trotzdem besitzen zwei Register im Befehlssatz eine besondere Bedeutung. Die Register R0 und R1, auch Register A und B genannt, werden besonders intensiv von den Befehlen verwendet und erlauben sehr kurze Befehle, wie das folgende Beispiel zeigt:

- ADD   R14,R10
  Der Inhalt von Register R14 wird zum Inhalt von Register R10 addiert und das Ergebnis in R10 abgelegt.
  Speicherbedarf für den Befehl: 3 Byte
  Ausführungszeit: 9 Zyklen

- ADD   R14,B
  Der Inhalt von Register R14 wird zum Inhalt von Register B addiert und das Ergebnis in B abgelegt.
  Speicherbedarf für den Befehl: 2 Byte
  Ausführungszeit: 7 Zyklen

- ADD   B,A
  Der Inhalt von Register B wird zum Inhalt von Register A addiert und das Ergebnis in A abgelegt.
  Speicherbedarf für den Befehl: 1 Byte
  Ausführungszeit: 8 Zyklen

In diesem unteren Teil des RAMs ist auch der Prozessorstack untergebracht. Mit dem zu ihm gehörenden 8-Bit-Stackpointer kann nur dieser Bereich angesprochen werden. Der Stack ist bei diesem Controllertyp als LIFO-Speicher mit steigenden Adressen ausgelegt. Das Ablegen von Daten auf den Stack bewirkt eine Abspeicherung zu höheren Adressen hin, das Rücklesen schiebt den Stackpointer wieder in Richtung niedrigere Adressen.

Die Reihenfolge für einen PUSH-Befehl ist zunächst:

◆ Inkrementieren des Stackpointer,

◆ Abspeichern der Daten auf die neue Speicherstelle, auf die der SP zeigt

Für einen POP-Befehl ist die Reihenfolge umgekehrt:

◆ Rücklesen von der durch den SP gezeigten Speicherstelle,

◆ Dekrementieren des SP

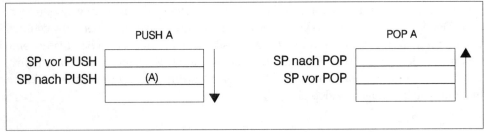

Abbildung 3.19: Stack-Organisation der TMS370-Controller

Der RAM oberhalb der Adresse 0100H bei den 512-Byte-Versionen ist nur als Daten- oder Befehlsspeicher nutzbar. Befehlsspeicher bedeutet, hier können Programmteile abgelegt werden und sind von hier aus lauffähig. Diese Möglichkeit wird gern von Selbsttest-, Diagnose- und Systemtestprogrammen genutzt. Auch zur Programmierung des EEPROMs nutzen manche Anwendungen diesen RAM. So können zum Beispiel mittels eines kleinen Bootstrap-Laders ein Programm oder auch Daten in diesen RAM geladen und dann dort getestet werden.

Eine besondere Funktion haben Teile des RAMs bei Controllern mit einem PACT-Modul, wie bei den Typen TMS370Cx3x. Bei ihnen ist der Bereich 0080H bis 00FFH als Dual-Port-RAM ausgebildet. Hierin liegen Kommando- und Definitionsregister, Speicher, Pufferbereiche, Zähler- und Capture-Register des PACT-Moduls. Damit hat die CPU die Möglichkeit, in maximaler Geschwindigkeit mit diesem Modul zu kommunizieren, Befehle an dieses zu übermitteln und Ergebnisse zu lesen.

Peripheriefile (PF)

Das Peripheriefile, bei TI kurz PF genannt, ist ein Speicherbereich, über den der Zugang zu allen internen Peripheriemodulen und Systemkomponenten erfolgt. Auch die Programmierung der EEPROM-Zellen und, soweit vorhanden, der EPROM-Zellen, geschieht über dieses Registerfile. Wie auch auf alle anderen Adreßbereiche wird hier memory-mapped zugegriffen. Ein schnelles und komfortables Handling mit der Peripherie ist die Folge. Das gesamte Registerfile ist 256 Byte groß und reicht von der Adresse 1000H bis 10FFH. Nicht alle Controller nutzen allerdings diesen Bereich vollständig. Eingeteilt in 16 Felder mit jeweils 16 Byte, ist jedem Peripheriemodul ein eigener Registersatz zugeordnet. Aber auch andere Controllerfunktionen haben hier ihren Steuerblock.

Frame	Adresse	Funktion	TMS370C		
			x1x	x3x	x5x
0	1000H	reserviert für Factory Test	–	–	–
1	1010H	System- und EEPROM/EPROM-Steuerregister	x	x	x
2	1020H	Digital I/O-Port-Steuerregister	x	x	x
3	1030H	SPI-Register	x	–	y
4	1040H	Timer-1-Register	y	–	x
		PACT-Register	–	x	–
5	1050H	SCI-Register	–	–	x
6	1060H	Timer-2-Register	–	–	x
7	1070H	A/D-Wandler-Register	–	x	x
8	1080H	reserviert	–	–	–
9	1090H	reserviert	–	–	–
10	10A0H	reserviert	–	–	–
11	10B0H	reserviert	–	–	–
12	10C0H	Externe Peripherie-Steuerung	–	–	x
13	10D0H	Externe Peripherie-Steuerung	–	–	x
14	10E0H	Externe Peripherie-Steuerung	–	–	x
15	10F0H	Externe Peripherie-Steuerung	–	–	x

Tabelle 3.11: Registerfile

Das Feld 1 (1010H–101FH) enthält Steuerregister für die Systemsteuerung z. B.:

◆ Waitstate-Steuerung für externe Adreßzugriffe

◆ Power-Down und Idle-Mode

◆ Auswahl Betriebsart Mikrocontroller-/Mikroprozessor-Mode

◆ Schreibschutz für EEPROM

◆ Fehlerüberwachungen (Oszillator)

◆ Speichersteuerung (interner Programmspeicher enable/disable)

◆ Privileg-Mode-Steuerung

◆ Interrupt 1 maskiert/nicht maskiert

Auch die Steuerregister für den EEPROM und den EPROM befinden sich in diesem Registerfeld

Im Feld 2 (1020H-102FH) liegen alle Register, die der Steuerung und der Datenübertragung der vier digitalen I/O-Ports dienen. Bei externen Adreßzugriffen nutzt der Controller diese Ports zur Bildung von Adreß-, Daten- und Steuerbus. Damit hat dieses Registerfeld zugleich noch eine ganz besondere Bedeutung. Aber dazu später mehr.

Die Felder 3 bis 7 sind den internen Peripheriemodulen zugeordnet und werden mit diesen zusammen vorgestellt.

Spezielle Register

Bei den speziellen Registern der TMS370 sieht es ähnlich aus wie bei der kleineren TMS7000-Familie. Hier ist die nahe Verwandtschaft, ihre Weiterentwicklung zu sehen. In beiden Familien gibt es keinen Akkumulator im herkömmlichen Sinn. Die akkumulatortypischen Funktionen, wie die arithmetische und logische Bearbeitung von Daten, können bei dieser Register-Register-Architektur von jedem Register aus dem Bereich der 128 oder 256 übernommen werden. Die Vorteile dieser Architektur sind schon detailliert im Kapitel 1 dargestellt worden. Nur zwei Register, die beiden R0 und R1, haben gewisse Sonderfunktionen, was ihre Adressierung angeht.

Der **Befehlszähler (PC)** ist als 16-Bit-Register ausgebildet und kann damit den üblichen 64-Kbyte-Adreßraum ansprechen. Nach einem Reset lädt die CPU den Inhalt der Speicherstelle 7FFEH und 7FFFH in den PC. Dabei kommt der Inhalt von 7FFEH in den High-Teil des PC und der Inhalt von 7FFFH in den Low-Teil. Die beiden

Adressen liegen am oberen Ende der Programmspeicher und bestimmen somit den Anfang der Programmabarbeitung.

Der **Stackpointer (SP)** ist nur 8 Bit breit und kann so nur einen Bereich von 256 Adressen überstreichen. Er zeigt immer auf die letzte Eintragung im Stack, also auf die Stackspitze. Der SP wird bei einem Schreiben auf den Stack zuerst automatisch inkrementiert, und dann werden die Daten in den Stack geladen. Beim Rücklesen wird zuerst von der durch den SP gezeigten Stelle gelesen und unmittelbar danach der SP dekrementiert. Der Stackpointer kann den Bereich von Adresse 0000H bis 00FFH ansprechen, andere RAM-Bereiche sind nicht erreichbar. Nach einem Reset wird der SP mit dem Wert 01H geladen. Für die Zuweisung eines anderen Wertes läßt sich nur der Befehl LDSP verwenden. Er kopiert den Inhalt des B-Registers (R1) in den SP. Wie so eine Initialisierung aussehen kann, zeigt das Beispiel:

```
INIT:      MOV #100,B      ;Register B wird auf den Wert 100H gesetzt
           LDSP            ;und anschließend damit der SP initialisiert
```

Bauelemente mit 512 Byte RAM können den Stack leider nur bis zur oberen Grenze von 256 benutzen. Wird diese Grenze nicht eingehalten, z.B. durch PUSH-Befehle, beginnt der SP wieder bei der Adresse 0, ohne diesen Fehler zu melden. Ebenfalls ohne Fehlermeldung und damit leider unbemerkt bleiben Stackzugriffe oberhalb der Adresse 007FH bei Bauelementen mit nur 128 Byte RAM. Auch hier muß das Programm selbst für eine Überwachung sorgen.

Das **STATUS REGISTER (ST)** enthält die **FLAGS** und 2 Interrupt-Freigabe-Bits. Die Abbildung zeigt die Belegung des 8-Bit-Registers:

7	6	5	4	3	2	1	0
C	N	Z	V	IE2	IE1	–	–

◈ C – Carry-Flag

◈ N – Negativ-Flag

◈ Z – Zero-Flag

◈ V – Overflow-Flag

◈ IE1 – Interrupt Level 1 Enable (1=Enable)

◈ IE2 – Interrupt Level 2 Enable (1=Enable)

Bei einem Interrupt rettet die CPU automatisch den Inhalt des Statusregisters in den Stack und sorgt bei der Rückkehr ins unterbrochene Programm für das Rekonstruieren des alten Zustandes.

Die vier Flags werden bei jeder Manipulation oder Transportoperation von Daten beeinflußt. Um die Interrupt-Freigabe-Bits im Statusregister durch das Programm gezielt zu setzen, kann nur der Befehl LDST #byte verwendet werden. Er trägt den Wert #byte in das Register ein.

Speicher und Betriebsarten

Wie schon die Darstellung des Adreßraums weiter oben gezeigt hat, ist der Programmspeicher immer am oberen Ende des internen Adreßbereiches, also bei der Adresse 7FFFH, gelegen. Höhere Adressen sind zunächst erst einmal nicht möglich. Bei Typen mit 4 Kbyte beginnt der Speicher bei der Adresse 7000H, bei 8 Kbyte an der Adresse 6000H und bei den ganz »Großen« mit 16 Kbyte an der Adresse 4000H. Unabhängig von der Größe des Speichers, eines haben alle gemeinsam: Auf den obersten Adressen ist immer der Vektorbereich untergebracht. Die Tabelle zeigt diesen Bereich:

Adresse	Bytes	Vektor	Cx1x	Cx3x	Cx5x
7F9CH	36	PACT-Modul Int 1–18	–	x	–
7FC0H	32	Trap 0–15	x	x	x
7FE0H	12	reserviert	x	x	x
7FECH	2	A/D-Wandler-Modul	–	x	x
7FEEH	2	Timer2-Modul	–	–	x
7FF0H	2	SCI-Modul Sender TX	–	–	x
7FF2H	2	SCI-Modul Empfänger RX	–	–	x
7FF4H	2	Timer1-Modul	x	–	x
7FF6H	2	SPI-Modul	x	–	x
7FF8H	2	Interrupt 3	x	x	x
7FFAH	2	Interrupt 2	x	x	x
7FFCH	2	Interrupt 1	x	x	x
7FFEH	2	Reset	x	x	x

Tabelle 3.12: Vektorbereich

Der Programmspeicher kann je nach Bauelementetyp ein Masken-ROM, ein EPROM oder ein EEPROM sein. Alle Zugriffe auf den Speicher benötigen 2 Systemtaktzyklen. Bevor nun die einzelnen Betriebsarten der Controller vorgestellt werden, noch ein paar Worte zu den verschiedenen Speichertypen.

Die **Masken-ROM-Version** wird nach Kundenvorgabe beim Hersteller produziert. Das Programm muß fehlerfrei sein, und die Stückzahl sollte wie bei allen Maskenoptionen nicht zu klein sein.

EEPROM-Version TMS370C8xx

Diese Version ist besonders für die Entwicklung gedacht. Der Speicher kann wie ein normaler ROM gelesen werden, Schreiben erfordert die Abarbeitung einer bestimmten Programmsequenz. Ein spezielles Register (PEECTL) ist für die Programmierung der EEPROM-Zellen verantwortlich. Seine Funktion werden wir bei der Vorstellung des Daten-EEPROMS sehen. Der Programm-EEPROM kann aber nur im Write-Protect-Override-Zustand des Controllers beschrieben werden. Diesen nimmt er nach einem Reset ein, wenn der Anschluß MC auf +12V gehalten wird.

EPROM-Version TMS370C7xx

Mit diesen Bauelementen unterstützt Texas Instruments besonders die Entwicklung von Prototypen und Kleinserien. Es gibt Varianten mit 8 und 16 Kbyte Speicherkapazität. Die Lesezugriffe sind normale Speicherlesezyklen, Schreiboperationen benötigen wieder die Abarbeitung einer speziellen Programmiersequenz. Auch hier kommt ein spezielles Register, das EPCTL-Register, zum Einsatz. Zunächst muß der EPROM aber durch die übliche UV-Belichtung gelöscht sein.

EPCTL Program-EPROM-Controllregister ($101C)

7	6	5	4	3	2	1	0
BUSY	VPPS	–	–	–	–	WO	EXE

Ein kurzes Beispiel zeigt die Sequenz für die Programmierung des EPROMs:

◆ Anlegen der Programmierspannung von 12,5V an das MC-Pin

◆ VPPS-Bit im EPCTL-Register auf 1 setzen

◆ gewünschtes Byte auf die EPROM-Adresse schreiben

◆ EXE-Bit im EPCTL-Register auf 1 setzen (ca. 0,002 ms nach 2. warten)

◆ ca.1 ms warten (Programmierdauer)

◆ EXE-Bit löschen, das VPPS-Bit bleibt gesetzt

◆ Lesen der EPROM-Adresse und Vergleichen mit der Vorgabe. Ist der EPROM-Inhalt noch falsch, die Schritte 4 bis 6 bis zu 25 mal wiederholen.

◆ EXE-Bit zur Schlußprogrammierung noch einmal auf 1 setzen

◆ Programmierzeit 3 ms warten

◆ EXE- und VPPS-Bit löschen

Wird die Programmierspannung zur Zeit des Resets angelegt, geht der Controller in einen Testmode, den aber nur der Hersteller benutzt.

Texas Instruments stellt auch eine ROM-lose Version ihrer Contoller her. Es sind die Typen TMS370C1xx und TMS370C2xx. Bei ihnen muß außen an die Ports ein externer Speicher angeschlossen werden. Damit gibt es aber für sie nur eine mögliche Betriebsart, den Mikroprozessor-Mode.

Daten-EEPROM

Ein Teil der TMS370-Controller ist mit einem 256 Byte Daten-EEPROM ausgerüstet, bei manchen Typen ist dieser Speicher sogar 512 Byte groß. Der 256-Byte-Speicher beginnt an der Adresse 1F00H und endet bei 1FFFH. Er ist in 8 Blöcke mit je 32 Byte unterteilt und kann blockweise mit einem Schreibschutz belegt werden. Zu diesem Zweck ist auf der 1. Adresse des EEPROMs, also auf 1F00H, das 1. Byte zur Kennzeichnung reserviert. Jedes Bit ist einem dieser Blöcke zugeordnet und sperrt den Schreibzugriff auf diesen Block, wenn es gesetzt ist. Sperrt man auch den 1. Block, ist eine Änderung der vorgenommenen Einstellung nur noch in einem Write-Protection-Override-Zustand durchführbar (MC-Pin auf 12V beim Reset). Damit sind alle Speicherstellen wieder freigegeben.

Hat der Controller einen 512-Byte-EEPROM, so liegt ein zweiter gleichartiger 256-Byte-Bereich unmittelbar vor dem ersten und beginnt an der Adresse 1E00H. Auch er hat auf dieser Adresse sein Write-Protection-Byte, das diesen Bereich schützen kann.

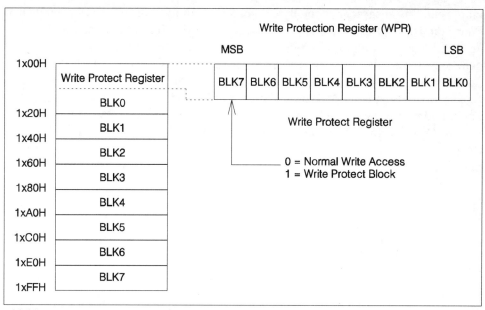

Abbildung 3.20: EEPROM mit Write Protection Bits

Für die Programmierung der EEPROM-Zellen, des Daten- und Programm-EEPROM sind besondere Steuerregister zuständig. Sie befinden sich im Peripheriefile und nennen sich Data-EEPROM-Control-Register DEECTL und Program-EEPROM-Control-Register PEECTL.

DEECTL Data-EEPROM-Control-Register ($101A)

7	6	5	4	3	2	1	0
BUSY	–	–	–	–	AP	W1WO	EXE

PEECTL Program-EEPROM-Control-Register ($101C)

7	6	5	4	3	2	1	0
BUSY	–	–	–	–	AP	W1WO	EXE

Auch die Programmierung der EEPROM-Zellen braucht eine höhere Programmierspannung, die allerdings hier von einer chipinternen Ladungspumpe erzeugt wird. Das EXE-Bit steuert unter anderem die Funktion dieses Spannungserzeugers. Um eine Speicherstelle oder auch einen Block (AP-Bit = 1) zu programmieren, genügt es nicht, wie bei den EPROM-Zellen, nur auf diese Adresse zu schreiben und dann die Programmierspannung zuzuschalten. Hier setzt Texas Instruments ein anderes Verfahren ein. Das ausgeschriebene Byte dient dabei nur als Maske für den eigentlichen Programmiervorgang. Gesteuert wird alles durch das Bit W1W0. Ist das Bit auf 1 gesetzt, bildet die Programmierlogik aus dem alten Inhalt der EEPROM-Zelle und dem neuen Wert das logische OR und trägt es ein. Dadurch erhalten alle Bits im Speicher den Wert 1, die auch im neuen Wert auf 1 stehen. Um einzelne Bits auf 0 zu setzen, setzt man das W1W0-Bit ebenfalls auf 0 und programmiert noch mal. Die Logik bildet nun das logische AND des alten Wertes im EEPROM und des neuen Wertes. Dieses Prinzip gibt dem Programmierer die Möglichkeit, ein intelligentes Programmierverfahren einzusetzen, um nur das zu beschreiben, was geändert werden muß.

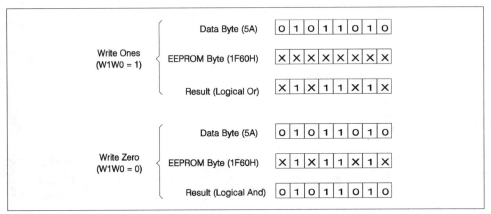

Abbildung 3.21: EEPROM-Programmierprinzip

Ansonsten ähnelt das Verfahren dem der EPROM-Programmierung. Das folgende Beispiel zeigt den Vorgang ohne Anwendung eines intelligenten Verfahrens:

```
        MOV      #Wert,A             ;den neuen Wert in Register 0
        MOV      A,Adresse           ;und auf die EEPROM-Adresse
        MOV      #00000011B,DEECTL   ;W1W0=1 und EXE=1 setzen--1-
                                     Bits schreiben
        MOVW     #DELAY,R010         ;Zeitkonstante 10ms in bel. Register

LOOP1:
        INCW        #-1,R010         ;Warten 10 ms
        JC          LOOP1
        MOV      #00000001B,DECTL    ;W1W0=0 und EXE=1 setzen--0-
                                     Bits schreiben
        MOVW     #DELAY,R010         ;Zeitkonstante 10ms in bel. Register
```

LOOP2:

INCW	#-1,R010	;Warten 10 ms
JC	LOOP2	
MOV	#0,DEECTL	;Programmierung beenden

Das Programmieren des Programm-EEPROMS geschieht nach dem gleichen Verfahren, nur muß hierzu der Controller im Write-Protection-Override-Mode sein. Sonst ist jeder Schreibzugriff auf diesen Speicher gesperrt.

Nach dieser Vorstellung der einzelnen Speicherbereiche nun zu deren Nutzung in den verschiedenen Betriebsarten. Eigentlich sind nur die Typen mit der »5« im Bauelementeschlüssel in der Lage, außerhalb des Single-Chip-Mode zu arbeiten, denn nur sie verfügen über eine Bus-Erweiterung. Alle anderen Bauelemente müssen mit den vom Hersteller mitgegebenen internen Speicherbereichen auskommen.

Den Bauelementetypen TMS370Cx5x stehen 4 verschiedene Betriebsarten zur Verfügung, die sich in zwei Gruppen einteilen lassen:

◆ Mikrocontroller-Mode
  Single-Chip-Mode
  Mikrocontroller mit externer Erweiterung

◆ Mikroprozessor-Mode
  Mikroprozessor ohne internen Programmspeicher
  Mikroprozessor mit internem Programmspeicher

Die Auswahl, in welcher der beiden Hauptgruppen der Controller arbeiten soll, bestimmt der Pegel am MC-Pin während des Resets. Ist dieser vielfältig genutzte Eingang zur Zeit des Reset-Impulses auf Low-Pegel, so beginnt der Controller seine Arbeit im Mikrocontroller-Mode, anderenfalls im Mikroprozessor-Mode. Diese Umschaltung gelingt aber nur, wenn der Reset-Eingang wieder inaktiv wird. Um also den Mode zu wechseln: erst den MC-Eingang einstellen und dann Reset. Innerhalb der einzelnen Modi läßt sich per Software die Untergruppe wechseln. Die Steuerregister der Ports A bis D bestimmen dazu die weitere Funktion, also ihre Verwendung als normale I/O-Ports oder als Daten-, Adreß- oder Steuerports zur Bus-Erweiterung. Eine besondere Bedeutung hat dabei das Port D. In den Erweiterungs-Modi kann es Chip-Select-Signale für die Funktion Mikrocontroller mit externer Erweiterung oder Steuersignale für den Mikrocontroller und Mikroprozessor-Mode bereitstellen.

Mikrocontroller-Single-Chip-Mode

In dieser Betriebsart sind alle Port als Ein-/Ausgänge nutzbar, der Controller hat seine maximale I/O-Leistung. Dafür gibt es aber keine externen Speicher- oder Peripherieerweiterungen.

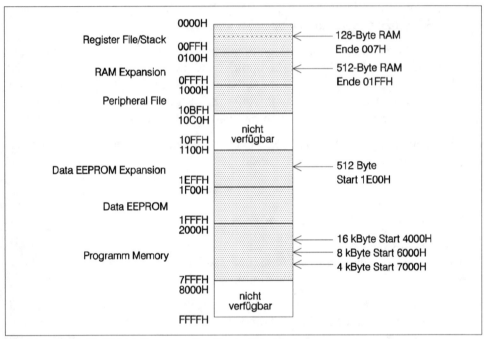

Abbildung 3.22: TMS370 Mikrocontroller-Single-Chip-Mode

Mikrocontroller-Mode mit externer Erweiterung

In dieser Betriebsart verliert der Controller seine Ports für I/O-Funktionen, gewinnt aber dadurch externe Adreßräume, die er für Speicher- oder Peripherieerweiterungen nutzen kann. Allerdings lassen sich für externe Adressen nicht benötigte Leitungen durchaus ganz normal als I/O-Leitungen verwenden. Das ist alles nur eine Frage der Portprogrammierung. In allen erweiterten Modi bildet das Port A den Datenbus, Port B und C den 16-Bit-Adreßbus, und Port D liefert die Steuersignale für das Bus-Timing.

Dabei sind 2 weitere Funktionen wählbar. Bei der *Funktion A* erzeugt der Controller selbständig Chip-Select-Signale, die in der Tabelle zusammengestellt sind.

Adreßbereich	Größe	Erklärung	erzeugte Chip-Select Signale
10C0H-10FFH	64 Byte	Erweiterung des Peripheral File	/CSPF#
2000H-3FFFH	2×8k	Speichererweiterung 1	/CSE1, /CSE2
8000H-FFFFH	3×32k	Speichererweiterung 2	/CSH1, /CSH2, /CSH3

Tabelle 3.13: Chip-Select-Signale

Wie die Tabelle zeigt, erzeugen Zugriffe auf bestimmte Adreßbereiche zum Teil mehrere Chip-Select-Signale. Durch Programmierung der entsprechenden Portleitungen (CS-Pins) wird nur jeweils ein Signal aktiv geschaltet. Damit lassen sich mehrere Speicherbänke aufbauen und von den Chip-Select-Signalen ansteuern. Das Ansprechen einer Speicherbank erfordert nur die Programmierung der entsprechenden Portleitung als Chip-Select-Signal, und schon wird beim Ansprechen dieser Adressen das Signal und der zugehörige Speicher aktiv.

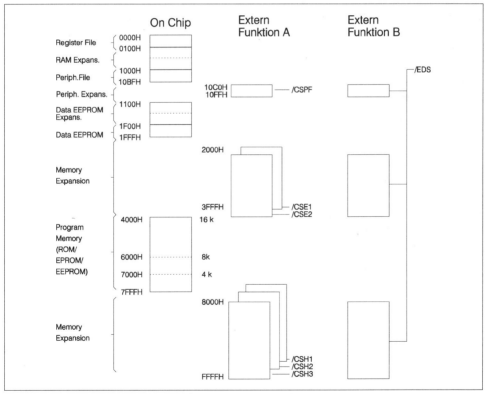

Abbildung 3.23: Mikrocontroller-Mode mit externer Erweiterung

Eine weitere Betriebsart im Mikrocontroller-Mode nennt sich *Funktion B* und ist zugleich die einzig mögliche Arbeitsweise von Port D in diesem Mode. Anstelle der Chip-Select-Signale gibt es jetzt ein gemeinsames Speicherfreigabesignal /EDS, das bei jedem Zugriff auf einen der externen Adreßbereiche auf Low-Pegel geht. Die Adreßdekodierung muß dafür aber eine externe Hardware übernehmen, vorausgesetzt, der Adreßbereich soll ausdekodiert werden, um keine Ressourcen zu verschenken. Ein weiteres Signal (/OCF) zeigt Befehlslesezyklen an und gestattet die Selektierung des externen Programmspeichers auf recht einfache Weise. Die Grafik – Mikrocontroller-Mode mit externer Erweiterung – zeigt die beiden Funktionen.

Mikroprozessor-Mode ohne internen Speicher

Im Mikroprozessor-Mode ohne internen Speicher ist der chipeigene Programmspeicher nicht verfügbar. Ab der Adresse 2000H erzeugen alle Speicherzugriffe bis zum Adreßende FFFFH externe Speichersignale. Auch alle anderen, nicht intern besetzten Adressen setzt die Logik in externe Operationen um. Dabei kommt die Funktion B zum Einsatz, d.h., die Steuerung übernehmen die Signale /EDS, /OCF und R/W.

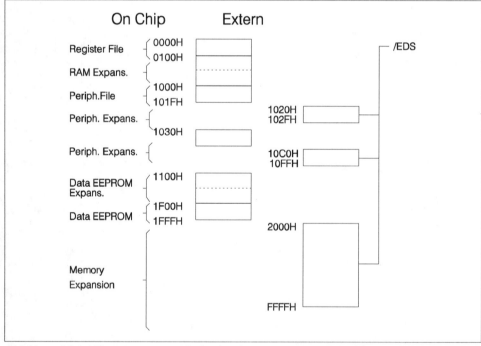

Abbildung 3.24: Mikrocoprozessor-Mode ohne internen Programmspeicher

Mikroprozessor-Mode mit internem Programmspeicher

Dieser Mode unterscheidet sich vom eben genannten nur in der Behandlung des internen Programmspeichers. Im SCCR1-Register existiert ein Bit, das Memory-Disable-Bit, mit dem sich dieser Speicher zu und abschalten läßt. Je nachdem ob dieses Bit gesetzt oder gelöscht ist, erzeugen Adreßzugriffe auf den Bereich 4000H–7FFFH (16 k Speicher), 6000H-7FFFH (8 k Speicher) oder 4000H-7FFFH (4 k Speicher) ein externes Select Signal /EDS. Der Bereich 1020H-102FH ist nicht verfügbar.

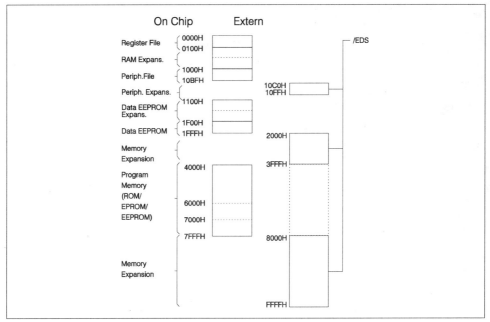

Abbildung 3.25: Mikrocoprozessor-Mode mit internem Programmspeicher

Auf der Adresse 1010H beginnt ein 16-Byte-langer Registerbereich, der alle zur Systemsteuerung und EPROM/EEPROM-Programmierung notwendigen Bits zusammenfaßt.

Funktionsgruppen und Peripheriemodule

Die Controllerfamilie TMS370 ist mit einer Reihe interessanter Peripheriemodule ausgerüstet. Timer, A/D-Wandler und serielle Schnittstellen gehören mittlerweile zum Standard, nicht aber eigenständige Timerkomplexe, wie sie das PACT-Modul darstellt. Betrachten wir aber zunächst die controllertypischen Module, also die I/O-Ports und die Timer.

Ein-/Ausgabeports

Den Anwendern der TMS370-Controller stehen je nach Bauelementetyp zwischen 22 und 55 digitale I/O-Pins zur Verfügung. In der TMS370-Übersicht sind die verschiedenen Versionen mit ihrer Ausrüstung zu sehen. Ein Teil der Pins sind reine I/O-Pins und auf interne Register geführt. Andere wieder gehören zu internen Modulen, wie Timern und Schnittstellen. Doch auch sie lassen sich als normale I/O-Pins programmieren und haben ihre Register in dem entsprechenden Peripheriefile. Die nachfolgende Tabelle zeigt die einzelnen I/O-Pins der Controller noch mal in einer Zusammenstellung.

Port/Signal	Funktion
Port A0–7	8 bidir. I/O#
PORT D3–7	5 bidir. I/O, D3 auch CLKOUT
INT1-INT3	Interrupt-Eing. o. INT1 Eing. IN2-INT3 bidir. I/O
T1IC/CR	Timer 1 Input-Capture/Counter Reset o. bidir. I/O
T1PWM	Timer 1 PWM-Output o. bidir. I/O
T1EVT	Timer 1 Event-Input o. bidir. I/O
SPISOMI	SPI Slave Output/Master-Input o. bidir. I/O
SPISIMO	SPI Slave Input/Master-Output o. bidir. I/O
SPICLK	SPI bidir. Clock-I/O o. bidir. I/O

Tabelle 3.14: Digitale I/O-Pins der TMS370Cx1x-Controller

Port/Signal	Funktion
Port A0–7	8 bidir. I/O
PORT D3	Bidir. I/O o. CLKOUT
PORT D4/CP3	Bidir. I/O o. PACT Input-Capture 3
PORT D5/CP4	Bidir. I/O o. PACT Input-Capture 4
PORT D6/CP5	Bidir. I/O o. PACT Input-Capture 5
INT1-INT3	Interrupt-Eing. o. INT1 Eing. IN2-INT3 bidir. I/O
CP1,CP2,CP6	PACT Input-Capture 1,2,6
OPT1-OPT8	PACT Output-Compare 1–8
AN0-AN7	Analog Input 0–7 o. beliebig digit.Input
TXD	PACT SCI Sender Output
RXD	PACT Empfänger Input

Tabelle 3.15: Digitale I/O-Pins der TMS370Cx3x-Controller

Port/Signal	Funktion
Port A0–7	8 bidir. I/O (Single Chip) o. ext Datenbus
Port B0–7	8 bidir. I/O (Single Chip) o. ext. Adreßbus AD0–7
Port C0–7	8 bidir. I/O (Single Chip) o. ext. Adreßbus AD8–15
Port D0–7	8 bidir. I/O (Single Chip) o. ext. Bus-Steuersignale
INT1-INT3	Interrupt-Eing. o. INT1 Eing. IN2-INT3 bidir. I/O
T1IC/CR	Timer 1 Input-Capture/Counter Reset o. bidir. I/O
T1PWM	Timer 1 PWM Output o. bidir. I/O
T1EVT	Timer 1 Event Input o. bidir. I/O
T2IC1/CR	Timer 2 Input-Capture 1/Counter Reset o. bidir. I/O
T1IC2/PWM	Timer 2 Input-Capture 2/PWM Output o. bidir. I/O
T2EVT	Timer 2 Event Input o. bidir. I/O
SPISOMI	SPI Slave Output/Master Input o. bidir. I/O
SPISIMO	SPI Slave Input/Master Output o. bidir. I/O
SPICLK	SPI bidir. Clock-I/O o. bidir. I/O
SCITXD	SCI Sender Output o. bidir. I/O
SCIRXD	SCI Empfänger Input o. bidir. I/O
SCICLK	SCI bidir. Clock-I/O o. bidir. I/O

Tabelle 3.16: Digitale I/O-Pins der TMS370Cx5x-Controller

In den Betriebsarten mit externem Adreßbereich gibt es häufig Anwendungen, die nicht den kompletten Adreßbus notwendig machen. Ist extern nur ein 8-Kbyte-Speicher angeschlossen, so reichen dafür die Adressen AD0 bis AD12. AD13, AD14 und AD15 sind frei und als normale Ein-/Ausgänge nutzbar. Das gleiche gilt für die verschiedenen Chip-Select-Signale, die das Port D bildet. Auch hier lassen sich nicht genutzte Pins als Ein-/Ausgänge verwenden.

Was die Signale anbelangt, die bestimmten Modulen zugeordnet sind, so erfolgt ihre Programmierung in den entsprechenden Modul-Steuerregistern. Für die eigentlichen digitalen Ports ist im Registerfile ein eigener Bereich reserviert. Er erstreckt sich von der Adresse 1020H bis 102FH. Jedes der 4 Ports hat hierin 4 Register. Controller, bei denen bestimmte I/O-Kanäle fehlen, brauchen allerdings ihre Register auch nicht, so daß dann ein bestimmter Teil ungenutzt bleibt.

Die 4 Register haben portbezogen die folgenden Funktionen:

◆ **XPORT1** ist nur für das Port D vorhanden und steuert dort im Mikrocontroller-Mode die Auswahl der Funktionen A oder B (0 = Funktion A).

◆ **XPORT2** wählt die Betriebsart 0 = Bit mit I/O-Funktion, 1 = Bit mit Busfunktion.

◆ **XDIR** bestimmt die Datenrichtung 0 = Bit ist Eingang, 1 = Bit ist Ausgang.

◆ **XDATA** repräsentiert das Datenwort an dem Port.

Eine besondere Funktion übernimmt das Port D. In den Betriebsarten, in denen der Controller externe Adressen ansprechen kann, werden hier spezielle Steuersignale zum Bus-Timing und zur Selektierung externer Baugruppen ausgegeben. Damit läßt sich der Aufwand an zusätzlicher Hardware reduzieren. Die Abbildung zeigt eine typische Außenbeschaltung eines TMS370Cx5x mit Speichern und I/O-Bausteinen.

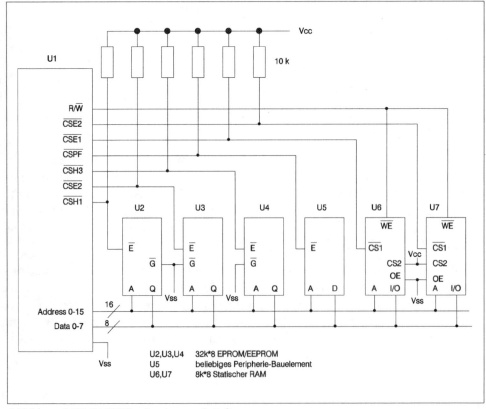

Abbildung 3.26: TMS370 mit externen Erweiterungen

Die Chip-Select-Signale /CSH1–3, /CHE1 und 2, /CSPF sowie das globale /EDS-Signal sind Low-aktive Freigabesignale für externe Speicher oder Peripherie und werden beim Zugriff auf die entsprechende Adresse aktiv. Mit ihrer fallenden Flanke kennzeichnen sie die Gültigkeit von Schreibdaten, mit der steigenden Flanke geschieht das Einspeichern der Lesedaten. Ein besonderer Mechanismus unterstützt die Bildung von Speicher-/Peripherie-Bänken. Die Signale /CSHx und /CHEx sind jeweils an gleiche Adreßbereiche gebunden (siehe dazu die Tabelle bei der Betriebsartenbeschreibung). Durch Zuordnung der jeweiligen Pins zur Chip-Select-Logik oder zur normalen I/O-Funktion erfolgt der Zugriff auf die einzelnen Bänke. Am Beispiel der Abbildung sieht das folgendermaßen aus:

Zugriff auf	Adressen	Programmierung
Speicher U1	8000H-FFFFH	Pin D6 /CSH1, Pin D1 und D2 I/O
Speicher U3	8000H-FFFFH	Pin D0 /CSE2, Pin D7 I/O
Speicher U4	8000H-FFFFH	Pin D1 /CSH3, Pin D2 und D6 I/O
Register U5	8000H-FFFFH	Pin D5 /CSPF
RAM U6	8000H-9FFFH	Pin D7 /CSE1, D0 I/O
RAM U7	8000H-9FFFH	Pin D0 /CSE2, D7 I/O

Tabelle 3.17: Bankzugriffe

Zu Richtungssteuerung des Datenverkehrs über den externen Bus dient das Signal R/W. Ist es 1, so will der Controller Daten lesen, bei 0 gehen Daten nach außen. Mit dem Signal /OCF zeigt die Bus-Logik Befehlslesezyklen an. Einen interessanten Eingang stellt das Pin D7 dar. Es ist als /WAIT-Eingang konfigurierbar und verlängert die Zugriffe auf die externen Adreßbereiche jeweils um einen Takt, wenn es bei einem Zugriff auf Low-Pegel gehalten wird.

In ihrer normalen Ein-/Ausgabefunktion weisen die Ports keine Besonderheiten auf. Ein Schreiben in das entsprechende Datenregister xDATA legt sofort den Wert an das zugehörige Pin, wenn dessen Datenrichtungsbit im Richtungsregister xDIR auf Ausgabe, d.h. auf 1 steht. Das Schreiben auf als Eingang parametrierte Pins hat keinen Einfluß auf das Port. Bei auf Lesen gestellten Pins entspricht der Wert an der entsprechenden Bit-Stelle im xDATA-Register dem aktuellen Wert am Pin.

Zähler-Zeitgebermodule

Timermodule mit Capture-/Compare-Funktionen, Pulse-Akkumulator, Ereigniszählerfunktion, Pulsweitenmodulationslogik, selbst komplexen PACT-Modulen gehören zum Ausrüstungsstand der TMS370-Familie. Natürlich haben nicht alle Versionen die gleiche Konfiguration, jedoch mindestens ein Timer gehört zur Grundausstattung eines jeden Typs.

Timermodul	Cx1x	Cx3x	Cx5x
Timer 1 16-Bit, 16-Bit Compare, 16-Bit Capture/Compare,PWM-Logik, Watchdog-Timer	ja	nein	ja
Timer 2 16-Bit, Dual 16-Bit Compare, Dual 16-Bit Capture, PWM-Logik	nein	nein	ja
PACT-Modul	nein	ja	nein

Tabelle 3.18: Timermodule

Timer 1 und Timer 2 sind in vielen Funktionen gleich, und somit ähneln sie sich auch in ihrem Aufbau. Das Kernstück eines jeden Timers ist ein 16-Bit-Zähler, der von den verschiedensten Quellen angesteuert werden kann. Dieser Zähler ist mit einem (Timer 1) bzw. zwei 16-Bit-Compare-Registern (Timer 2) verbunden. Außerdem ist ihm noch je ein 16-Bit-Capture-/Compare-Register zugeordnet. Ein programmierbarer Vorteiler zwischen der internen Taktquelle und dem Zähler kann den Teilerbereich entsprechend erweitern.

In der nachfolgenden Grafik ist zunächst der Timer 1 mit seinem prinzipiellen Aufbau zu sehen.

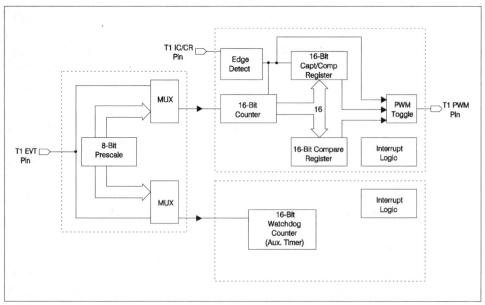

Abbildung 3.27: TMS370 Timer 1 Blockbild

Das Timer-1-Modul besteht aus 3 Funktionsblöcken, der Taktquellenlogik mit Vorteiler, dem eigentlichen Zähler einschließlich der Capture-/Compare-Einheiten und der PWM-Logik sowie einer Watchdog-Funktionseinheit.

Über die *Taktquellenlogik* lassen sich die verschiedensten Quellen für den Zähler wählen:

◆ Systemtakt ohne Vorteiler

◆ externe Signale von Pin T1EVT, synchronisiert mit dem Systemtakt (Ereigniszählerfunktion)

◆ Systemtakt, getort vom externen Eingang (Pulse-Akkumulator)

◆ Systemtakt, geteilt durch den Vorteilerfaktor 4, 16, 64 oder 256

Wird der externe Eingang T1EVT nicht für die Timerfunktion genutzt, kann ihn die Software auch als normalen digitalen Ein-/Ausgang verwenden.

Mit dem internen Oszillator als Taktquelle und unter Nutzung des Vorteilers ergeben sich in Abhängigkeit von der Quarzfrequenz die folgenden maximalen Periodendauern des Zählers:

Quarzfrequenz (in MHz)	2.0	4.0	10.0	20.0
ohne Vorteiler 2^{16}	131 ms	66 ms	26 ms	13 ms
Vorteiler 4:1 2^{18}	524 ms	262 ms	105 ms	52 ms
Vorteiler 16:1 2^{20}	2,1 s	1,05 s	4,19 ms	210 ms
Vorteiler 64:1 2^{22}	8,39 s	4,19 s	1,68 s	839 ms
Vorteiler 256:1 2^{24}	33,6 s	16,8 s	6,71 s	3,355 s

Tabelle 3.19: Maximale Periodendauer des Zählers

Da dieser Zähler die Referenzbasis für die Timerfunktionen bildet, ist leicht ersichtlich, in was für weiten Zeitbereichen sich im Fall der Capture-Funktion Signale messen lassen. Für die zweite Funktion des Timers, die Compare-Funktion, bedeutet das entsprechend große, variabel einstellbare Periodendauern für die erzeugten Ausgangssignale oder Zeitintervalle.

Der Taktquellenlogik nachgeschaltet ist der *Zählerkomplex*. Neben dem eigentlichen Zähler besitzt er ein 16-Bit-Compare-Register zur Erzeugung von Zeitsignalen und Intervallen im einfachen Compare-Mode. Der Ausgang dieses Registers kann verschiedenartig genutzt werden

◆ zur Erzeugung eines Zeitsignals nach einem bestimmten Interrupt

◆ zum periodischen Rücksetzen des Zählers (Zeitgeberfunktion) oder

◆ als Signal für die PWM-Ausgangslogik, wobei damit der T1PWM-Ausgang mit jedem Compare-Ereignis seinen Pegel wechselt (Toggle-Funktion).

Ein zweites Register ist wahlweise für Capture- oder auch nochmals für Compare-Funktionen anwendbar. Setzt man es als zweites Compare-Register ein, so läßt sich sehr leicht ein pulsweitenmoduliertes Ausgangssignal erzeugen. In dieser auch als Dual-Compare-Mode bezeichneten Betriebsart sind somit folgende Funktionen einstellbar:

◆ normaler Compare-Mode, die Compare-Register können jedes für sich einen Interrupt erzeugen und/oder das T1PWM-Bit toggeln.

◆ Compare-Register 1 kann den Timer rücksetzen und damit periodische Interrupts erzeugen. Im Zusammenspiel mit dem zweiten Compare-Register lassen sich zeitlich versetzte, aber periodische Zeitsignale oder Interrupts erzeugen.

◆ Erzeugung eines PWM-Signals ohne zusätzliche CPU-Belastung. Compare-Register 1 setzt nach der gewünschten Impulsperiode den Zähler und den T1PWM-Ausgang zurück. Das Capture-/Compare-Register ist mit dem eigentlichen PWM-Wert geladen und stellt den Ausgang auf 1. Die CPU muß nur den Ausgabewert in das Capture-/Compare-Register schreiben, alles andere übernimmt von da an die Hardware.

Nutzt man das Capture-/Compare-Register für die Capture-Funktion, so ergeben sich die schon bekannten Möglichkeiten solch einer Timerstruktur, angefangen mit der Periodendauermessung eines Signals bis zur Impulspausen- und Impulsdauermessung. Bei letzteren Messungen wird die Fähigkeit, die auslösende Flanke frei wählen zu können, ausgenutzt.

Eine Pulse-Akkumulator-Funktion läßt sich auch sehr einfach realisieren. Hierzu dient der Oszillatortakt oder der Vorteilerausgang als Taktsignal und der Eingang T1EVT wirkt als dessen Tor zum Zähler.

Als letztes sei noch die Ereigniszählerfunktion des Timermoduls genannt. Hier wirkt der T1EVT-Eingang direkt auf den Zähler und inkrementiert dessen Inhalt bei jeder Low-High-Flanke. Der maximale Zählerwert ohne Nutzung von Software ist 65536. Soll weiter gezählt werden, kann das durch Abfangen des Zählerüberlaufs und unter Zuhilfenahme eines kleinen Programms ganz einfach geschehen.

In allen Funktionen kann der Zähler, wenn gewünscht, zusätzlich noch vom externen Eingang T1IC/CR rückgesetzt werden, und das auch wieder unter Vorgabe der aktiven Flanke. Damit ergeben sich nochmals weitere Möglichkeiten für einen vielfältigen Einsatz.

Das interessante an diesem Timer ist seine Fähigkeit, mehrere Funktionen gleichzeitig auszuführen. So kann er Zeitgeber für das Programm sein und gleichzeitig pulsweitenmodulierte Signale ausgeben oder die Impulsdauer/Impulspause/Impulsperiode eines Eingangssignals ermitteln und Zeitgeberaufgaben oder Impulssignale erzeugen. Das ist alles möglich durch die Zusammenschaltung eines Zählers mit den Capture-/Compare-Registern und unter Zuhilfenahme der zusätzlichen Logik.

Den dritten Komplex in diesem Timermodul bildet der *Watchdog-Timer*. Auch hier hat man wieder großen Wert auf die Gestaltung einer frei programmierbaren Struktur gelegt. Das Watchdog-Teilmodul setzt sich aus einem 16-Bit-Zähler, einer Logik zur Interrupt- oder Reset-Erzeugung und einer Rücksetzlogik zusammen. Getaktet wird das Ganze von dem programmierbaren Vorteiler des Timermoduls. Aber auch der externe Eingang kann als Taktsignal genutzt werden. Ob mit dem externen Signal nun die Watchdog-Funktion betrieben wird, der Zähler nur als Zeitgeber funktioniert oder der Watchdog-Zähler als Ereigniszähler genutzt wird, ist nur eine Frage der Programmierung. Der Aufbau dieses Teilmoduls läßt alle Möglichkeiten offen und trägt so zur großen Flexibilität bei.

Der Zählerwert ist, wie auch beim eigentlichen Zähler des Timers, jederzeit lesbar. Bei einem Überlauf (FFFFH – 0000H) kann ein Interrupt und als Besonderheit dieses Moduls ein Reset erzeugt werden. Durch den identischen Aufbau, gleicher Vorteiler und 16-Bit-Zähler, ergeben sich dieselben Zeitintervalle, die weiter oben schon in der Tabelle genannt wurden. Ein kleiner Unterschied besteht aber dennoch zwischen beiden Zählern. Bei diesem Zähler kann die Länge von 16 auf 15 Bit verkürzt werden, wodurch noch etwas kürzere Timeout-Zeiten einstellbar sind. Nach Ablauf des Zählers, d. h. nach dem Zählerüberlauf, löst die Logik einen 8 Systemtakte langen Resetimpuls aus, der auch am externen RESET-Ein-/Ausgang abnehmbar ist. Bei einem 20-MHz-Quarz liegt die Timeout-Zeit zwischen 6,55 ms und 3,35 µs. Um die Resetauslösung zu verhindern, muß er innerhalb des Intervalls der Zähler rückgesetzt werden. Dazu hat die Software in ein spezielles Register zunächst den Wert 55H und anschließend den Wert AAH einzuschreiben. Beide Schreiboperationen müssen nicht aufeinanderfolgen. Das Rücksetzen geschieht jedoch erst nach dem Schreiben des Wertes AAH. Diese Zwangsfolge ist die Garantie für die große Fehlersicherheit des Moduls.

Gesteuert werden alle Funktionen des Timers durch 16 8-Bit-Register, die im Peripheriefile ab der Adresse 1040H stehen. Hier findet man die Zählerregister T1 und Watchdog, die Capture- und Compare-Register und die Steuerregister. Einige der

Bits in den Registern können nur verändert werden, solange ein spezielles Watch-dog-Freigabebit nicht gesetzt ist. Das soll ein späteres Deaktivieren der Watchdog-Funktion durch einen Programmfehler ausschließen.

Ein weitere Timer, der bei den Controllern TMS370Cx5x verfügbar ist, hat einen ähnlichen Aufbau wie der eben vorgestellte Timer. Daher kann hier auf Einzelheiten verzichtet werden. Die Abbildung zeigt den Aufbau, und man sieht schnell die veränderte Struktur.

Zunächst fällt auf, daß die Taktbereitstellung vereinfacht ist. Als Taktsignal steht zur Verfügung:

◆ der Systemtakt

◆ ein externes Signal an Pin T2EVT, synchronisiert durch den Systemtakt (Ereig-niszählung)

◆ der Systemtakt, getort durch das Eingangssignal an Pin T2EVT (Pulse-Akkumu-lator-Funktion)

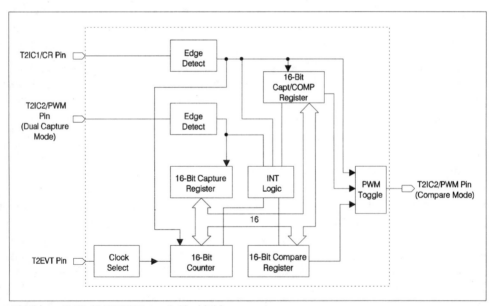

Abbildung 3.28: TMS370 Timer 2 Blockbild

Der Ereigniszähler arbeitet mit einer 16-Bit-Zähltiefe und triggert auf die fest vorge-gebene positive Flanke des Eingangssignals.

Auch bei der Pulse-Akkumulator-Funktion ist der aktive Signalpegel fest definiert. Ist der Eingang auf High-Pegel, so gelangen die Systemtaktimpulse zu dem Zähler und führen dort zur Aufsummierung über die Impulsdauer.

Im Gegensatz zum Timer 1 besitzt dieser Timer ein zweites Capture-Register. Das führt zu einer weiteren Betriebsart, bei der mit beiden Registern gleichzeitig ein Eingangssignal vermessen werden kann. Die prinzipiellen Betriebsarten im Überblick:

Dual Compare Mode

Der Zähler ist mit zwei 16-Bit-Compare-Registern verbunden und wird von einem internen oder externen Takt versorgt. Rücksetzen läßt er sich außer durch Software noch durch den Ausgang von Compare-Register 1 oder den externen Eingang T2IC1/CR. Die Ausgänge der beiden Compare-Register können zur Interrupterzeugung (Intervall-Timer) oder als Eingangssignale für die PWM-Logik zur Signalgenerierung herangezogen werden. Die Pulsweitenmodulation arbeitet nach dem gleichen Prinzip wie beim Timer 1. Auch hier kann man mit nur einem Compare-Register ein PWM-Signal am Ausgabepin T2IC2/PWM erzeugen (Toggle-Funktion). Das andere Register ist dabei für Zeitgeberfunktionen frei. Unter Nutzung beider Register ist aber wie schon beim Timer 1 eine sehr einfache und mit der CPU-Zeit sparsam umgehende PWM-Signalerzeugung realisierbar.

Dual Capture/Single Compare Mode

Dieser nur beim Timer 2 vorhandene Mode ergibt sich durch das Vorhandensein eines zweiten 16-Bit-Capture-Registers in diesem Modul. Jedes der beiden Register hat einen eigenen Eingang, der mit einer Flankenauswahllogik versehen ist. Dadurch können zwei Signale gleichzeitig bewertet werden. Besonders effektiv lassen sich damit aber Impulsbreiten messen. Durch Zusammenschalten beider Eingänge und entsprechende Wahl der aktiven Flanke wird von einem Compare-Register der Low-Teil des Signals und vom anderen der High-Teil vermessen. Die Software ermittelt aus diesen beiden Werten dann schnell die Impulsbreite oder die Pause.

In dieser Betriebsart sind Differenzmessungen auch relativ einfach durchführbar, und das ohne großen Rechenzeitaufwand und einschränkende Reaktionsschnelligkeit des Programms. Ohne diese doppelten Register und ohne die Flankenwahl wird zur Messung von Impulsen normalerweise nach jeder Flanke die aktive Richtung umparametriert, um das Impulsende erfassen zu können. In Kapitel 1 sind die entsprechenden Methoden vorgestellt worden. Auch dieses Timermodul besitzt sein eigenes Registerfile mit 16 8-Bit-Registern. Die Anfangsadresse ist 1060H.

Serielle Schnittstellen

Wie bei fast allen anderen Controllern sind auch die Mitglieder der TMS370-Familie mit seriellen Schnittstellen zur Kommunikation mit anderen Bauelementen und Geräten ausgerüstet. Dabei kommen die zwei gebräuchlichsten Varianten zum Einsatz, die asynchrone Schnittstelle für den »Fernverkehr« z. B. im RS 232-C-Format und die synchrone Schnittstelle für die schnelle Verbindung von Bauelementen untereinander. Diese Ausrüstung ist mittlerweile fast zum Standard geworden, wobei jedoch nicht alle Typen gleichermaßen damit versehen wurden. Die einfacheren Controller TMS370Cx1x haben nur ein SPI-Modul, dagegen präsentieren die TMS370Cx5x sowohl ein SPI- als auch ein SCI-Modul. Eine Sonderrolle spielen die TMS370Cx3x. In ihrem PACT-Modul, dem ein eigener Unterpunkt gewidmet ist, gibt es auch eine einfache SCI-Schnittstelle. Betrachten wir aber zunächst das SCI-Modul der TMS370-Familie.

Serial Communication Interface SCI

Diese Schnittstelle gestattet den asynchronen Datenaustausch des Controllers mit anderen Geräten nach dem NRZ-Verfahren. Sie ist im Vergleich zur TMS700-Familie aus dem gleichen Haus flexibler und leistungsfähiger. Die folgende Zusammenstellung zeigt die charakteristischen Daten:

◆ 2 Kommunikationsformate, asynchron (RS232-C) und isosynchron

◆ Empfänger und Sender doppelt gepuffert und mit jeweils eigenem Interrupt-vektor

◆ Empfänger und Sender können unabhängig voneinander arbeiten

◆ Voll-Duplex-Verkehr

◆ Fehlerüberwachung (Break, Parity, Overrun und Framing Error)

◆ Datenwortlänge 1 bis 8 Bit

◆ 1 oder 2 Stoppbits

◆ Parität gerade/ungerade oder ohne

◆ Übertragungsraten bei 20 MHz Quarztakt 3 Bps bis 156 KBps (bis 64 kBaud) asynchron und 39 Bps bis 2,5 MBps isosynchron

◆ 2 Wake-Up-Multiprozessor-Modi

Der Aufbau des Moduls ist ähnlich dem anderer SCI-Module. Ein Empfängerschieberegister ist mit dem SCIRXD-Pin verbunden. Das empfangene Datenbyte wird in ein Empfänger-Pufferregister übertragen. Hier kann es die CPU lesen, während der Empfänger schon das nächste Zeichen einschiebt. Der Sender besteht ebenfalls aus einem Pufferregister und einem Schieberegister (SCITXD-Ausgang), so daß bei laufender Übertragung schon das nächste zu sendende Byte an die Schnittstelle übergeben werden kann. Im Modul mit enthalten ist ein Baudratengenerator, der aus dem internen Systemtakt die benötigten Übertragungstakte bereitstellt. Am SCICLK-Pin ist dieses Taktsignal abnehmbar. Selbstverständlich kann man aber auch ein externes Taktsignal zuführen und damit die Übertragung steuern (unabdingbar im isosynchronen Mode bei passivem Modul). Eingang für dieses Signal ist wieder das SCICLK-Pin, das damit eine Doppelfunktion besitzt. Eine Steuer- und Überwachungslogik sorgt für das Zusammenspiel der einzelnen Komponenten und des gesamten Moduls mit dem Controller und der Software. Dazu hat auch diese Schnittstelle einen 16-Adressen-langen Registerblock im Peripheriefile (Adresse 1050H bis 105FH).

Asynchroner Mode

In diesem Standardmode bietet die Schnittstelle Übertragungsparameter, die nicht generell bei Controllern zu finden sind, wie programmierbare Zeichenlängen von 1 bis 8 Bit oder eine Paritätsverarbeitung auf Hardwareebene. Noch immer gibt es zahlreiche Controllerfamilien, bei denen die Software die Paritätserzeugung und Überwachung übernehmen muß. Auch die Interruptbehandlung ist sehr gut ausgeführt. Sender und Empfänger haben einen eigenen Vektor und lassen sich so ohne viel Softwareaufwand bedienen. Die Überwachung der Übertragung auf Rahmenfehler und Überlauf geschieht ebenfalls rein hardwaremäßig. Am Ausgang SCICLK steht das Taktsignal der Schnittstelle für weitere Aufgaben bereit. Pro Datenbit werden 16 Taktimpulse ausgegeben, was der internen Abtastung im Empfänger entspricht. In Kapitel 1 ist dieses Verfahren näher erläutert. Je nach eingesetztem Oszillatorquarz sind die nachfolgenden maximalen Übertragungsraten erreichbar:

Oszillatorfrequenz	Maximale Baudrate
2,4576 MHz	19200 Baud
7,3728 MHz	19200 Baud
19,6608 MHz	38400 Baud
20,0000 MHz	156000 Baud

Tabelle 3.20: Maximale Übertragungsraten

Isosynchroner Mode

Im isosynchronen Mode besitzt die Schnittstelle im Prinzip die gleichen Übertragungsmerkmale wie im asynchronen Mode. Bitanzahl, Paritätsüberwachung, Rahmenaufbau usw. sind gleich. Der Unterschied liegt in der Art der Taktung des Sender- und Empfängerschieberegisters. Jeder Taktimpuls, abnehmbar am SCICLK-Ein-/Ausgang schiebt ein Datenbit aus bzw. in die Schieberegister. Einer der Kommunikationspartner bildet dabei den Master, der den Takt liefert. Hierbei ist die Übertragungsrate natürlich höher und erreicht den 16-fachen Wert gegenüber dem asynchronen Mode.

In beiden Betriebsarten stehen zwei verschiedene Multiprozessor-Betriebsarten zur Verfügung. Um kompatibel zu anderen Bauelementen zu sein, hat sich auch Texas Instruments für die beiden meist verwendeten Verfahren, das Idle-Line- und das Adreßbit-Verfahren entschieden. Beide Verfahren bewirken den gleichen Ablauf:

◆ Setzen des SLEEP-Bits in allen Teilnehmern,

◆ bei Erkennen des Endes einer Pause (Idle-Line) oder einer Adresse (Adreß-Bit) Setzen des RXWAKE-Bits und wahlweise Interrupt,

◆ Software testet Adresse und entscheidet, ob die kommende Nachricht für sie bestimmt ist,

◆ wenn ja, wird das SLEEP-Bit gelöscht, der Rest der Nachricht empfangen und dann das SLEEP-Bit wieder gesetzt, sonst geschieht nichts, das SLEEP-Bit bleibt gesetzt.

Das Absenden einer Nachricht mit der Kennzeichnung von Adreß- und Dateninformationen wird von den TMS370-Controllern auf eine besondere Art und Weise unterstützt. Dazu verfügen die Bauelemente über eine Logik, die selbständig im Idle-Line-Mode eine 11-Bit-große Pause erzeugt und beim Address-Bit-Mode das Adreß-Bit setzt. Diese Funktion verwendet zur Steuerung das TXWAKE-Bit im SCICTL-Steuerregister und arbeitet nach folgendem Schema:

Idle-Line-Mode

Wird von der Software das TXWAKE-Bit gesetzt und ein beliebiges Datenbyte in den Sender-Puffer TXBUF geschrieben, fügt die Logik einen Pause von 11 Bit ein, das Datenwort wird nicht ausgesendet. Meldet sich der Sender danach wieder frei, so kommt als erstes das Adreßbyte in den Sender, und daran schließen sich die Daten an. Der Vorteil liegt im minimalen Softwareaufwand, der zur Sicherstellung der Pause zwischen zwei Nachrichten an verschiedene Empfangsteilnehmer notwendig ist. Nach dem Senden des letzten Zeichens der 1. Nachricht kann sofort das TXWA-

KE-Bit gesetzt und das Dummy-Byte an den Sender übergeben werden. Dieser erzeugt daraus die Pause, und schon geht es mit dem Adreßsenden und den Daten weiter.

Adreß-Bit-Mode

Auch hier ist die Softwarebelastung gering, verglichen mit Lösungen ohne Hardwareunterstützung. Vor dem Einschreiben der Adresse in den Sendepuffer setzt die Software wieder das TXWAKE-Bit im Steuerregister. Der Sender fügt damit von sich aus ein 1-Bit vor dem Stoppbit in den seriellen Datenstrom ein. Gleichzeitig wird dabei das TXWAKE-Bit rückgesetzt, so daß bei allen weiteren Schreiboperationen auf den Sender nur noch Datenrahmen, also Zeichen mit gelöschtem Bit vor dem Stoppbit, gesendet werden.

Weitere Besonderheiten gibt es bei dem SCI-Modul nicht. Die Funktionen und Arbeitsweisen entsprechen dem, was hier üblich ist.

Serial Peripheral Interface SPI

Das SPI-Modul der TMS370-Controller weist keine Besonderheiten auf. Es besitzt die drei üblichen Ein- und Ausgänge:

◆ SPISIMO SPI Slave In, Master Out,

◆ SPISOMI SPI Slave Out, Master In und

◆ SPICLK SPI Clock.

Das Datenformat ist im Bereich von 1 bis 8 Bit einstellbar, wobei bei Zeichenlängen kleiner 8 Bit Besonderheiten zu beachten sind. Zum Senden werden die Daten linksbündig in das Senderegister geschrieben. Empfangene Daten stehen immer rechtsbündig im Empfängerregister. Ist als Zeichenbreite zum Beispiel ein 5-Bit-Format vereinbart, so geschieht die Übertragung auch nur mit 5 Takten des SCLK-Signals. Da aber immer nach links über das höchste Bit aus dem Senderschieberegister hinausgeschoben und von rechts in das Empfängerschieberegister hineingeschoben wird, ergibt sich diese etwas unübliche Anordnung.

Senden des Wertes 15H mit 5 Bit Zeichenlänge

7	6	5	4	3	2	1	0
1	0	1	0	1	X	X	X

Sendepufferregister SPIDAT

Empfangen des Wertes 15H mit 5 Bit Zeichenlänge

7	6	5	4	3	2	1	0
X	X	X	1	0	1	0	1

Empfangspufferregister SPIBUF

Abbildung 3.29: SPI-Funktion mit verminderter Bitzahl

Bei der Übertragungsrate erstreckt sich der Bereich bis zu 2,5 MBit/Sek. Bei den verschiedenen Quarzfrequenzen ergeben sich die folgenden Maximalwerte:

Oszillatorfrequenz	Maximale Bitrate
2 MHz	250 KBit/Sek
5 MHz	625 KBit/Sek
10 MHz	1250 KBit/Sek
12 MHz	1500 KBit/Sek
20 MHz	2500 KBit/Sek

Tabelle 3.21: Maximalwerte bei verschiedenen Quartzfrequenzen

Soweit zu den vom Baudratengenerator erzeugbaren Schiebetakten. Für den Slavebetrieb, bei dem der Takt über das SCLK-Pin in das Modul gelangt, gelten andere Grenzen. Hier kann der Takt auch höher sein, darf aber nicht den Wert des internen Systemtakts/32 überschreiten. Die Polarität und damit die Abtastflanke ist per Software einstellbar. Das ist äußerst wichtig für Verbindungen mit systemfremden Komponenten.

Das Modul kann als Maste oder als Slave arbeiten und dabei gleichzeitig Daten senden und empfangen. Der Master kann jederzeit die Übertragung einleiten, der Slave ist dazu nicht in der Lage. Um mehrere Slaves an einen Master anschließen und getrennt betreiben zu können, ist bei den TMS370-Controllern die Verwendung von Software notwendig. Es gibt keinen Slave-Select-Eingang, der nur den jeweils gewünschten Slave zur Kommunikation aktiviert. Hier muß mit anderen Mitteln gearbeitet werden, um Buskonflikte und Fehlübertragungen zu vermeiden. In Kapitel 1 ist diese Problematik diskutiert worden. Selbstverständlich besitzt das SPI-Modul auch einen eigenen Interrupt. Immer wenn ein komplettes Zeichen aus dem Schieberegister hinaus oder in dieses hineingeschoben wurde, setzt die Modul-Logik das SPI-Interrupt-Flag und erzeugt, wenn erlaubt, einen SPI-Interrupt. Das Flag wird gelöscht, wenn die CPU den Empfängerpuffer liest, der Controller in den Halt- oder Standby-Mode geht, ein SPI-Software-Reset durchgeführt wird oder bei einem Systemreset. Dem SPI-Modul ist auch ein eigener Registerblock im Peripheriefile zugeordnet. Dieser liegt auf den Adressen 1030H bis 103FH.

A/D-Wandler

Alle TMS370Cx3x und Cx5x besitzen einen 8-Kanal-8-Bit-Analog-Digital-Wandler. So wie die anderen Hersteller von Controllern verwendet auch Texas Instruments die sukzessive Approximation als Wandlungsprinzip. Der Aufbau entspricht dem allgemein Üblichen bis auf eine Ausnahme. Für die Einspeisung der Referenzspannungen verwenden die meisten Hersteller 2 gesonderte Eingänge. Das macht Texas Instruments auch, geht aber dabei noch einen Schritt weiter. Bei ihrem Wandler kann jeder Analogeingang (außer Eingang 1) als Referenzspannungseinspeisung herangezogen werden. Ein Multiplexer schaltet auf Wunsch den Eingang vom Wandler weg und legt ihn an den internen Wandlerreferenzeingang.

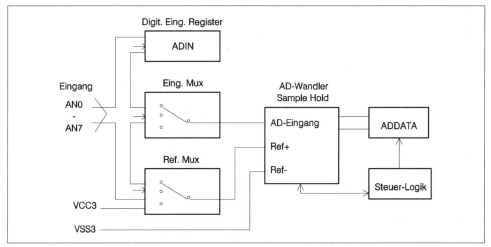

Abbildung 3.30: TMS370 AD-Wandler Blockbild

Häufig werden in Anwendungen nicht alle 8 Analogkanäle benötigt. In solchen Fällen lassen sich diese Eingänge als ganz gewöhnliche Digitaleingänge parametrieren und verwenden. Das ist ein großer Vorteil bei der sonst relativ geringen I/O-Kanalanzahl.

Der wählbare Referenzeingang gestattet neben den normalen Spannungsmessungen auch Differenzmessungen zwischen zwei Eingängen und radiometrische Messungen. Da sich vor jeder Wandlung die Analog- und Referenzspannungsquelle wechseln läßt, sind viele interessante Varianten denkbar.

Das Ergebnis der Umsetzung errechnet sich nach folgender Formel:

$$\text{Ergebnis} = \frac{255 \times \text{Eingangsspannung}}{\text{Referenzspannung}}$$

164 Systemtakte sind für die Umwandlung notwendig, das sind bei einer Quarzfreqenz von 20 MHz 0,0328 ms. Damit lassen sich in einer Sekunde 27600 Analogwerte wandeln. In diese Zeit ist auch schon die Sampling- und Setup-Zeit eingerechnet. Die Sampling-Zeit ist notwendig, um in der Sample & Hold-Schaltung den Eingangsspannungswert abzubilden. Je nach Innenwiderstand des externen Meßsignals ergibt sich hier eine mehr oder weniger lange Zeit. Als Überschlagswert kann mit 1000 ns pro kOhm gerechnet werden, wobei allerdings die 1000 ns als Untergrenze immer eingehalten werden sollten. Insgesamt ergibt sich für die Umwandlung der folgende Ablauf:

◆ Auswahl der Referenzspannungsquelle und des Meßkanals (im ADCTL-Register Bit 0–2 Kanalauswahl und Bit 3–5 Referenzquelle)

◆ SAMPLE-START-Bit im ADCTL-Register auf 1 setzen

◆ Sampling-Zeit abwarten (= 1000 ns)

◆ Zusätzlich CONVERT-START-Bit setzen – Umsetzung beginnt!

◆ Warten, bis das AD-INT-FLAG im ADSTAT-Register von der Logik gesetzt wird oder bis dieses Bit einen Interrupt auslöst (nur wenn AD-INT-ENA-Bit gesetzt war)

◆ Lesen des ADDATA-Registers – Ergebnis der Wandlung

◆ Rücksetzen des AD-INT-FLAGS

Wird immer mit der gleichen Referenzspannungsquelle gearbeitet, genügt es, die entsprechenden Bits im ADCTL-Register nur einmal zu setzen. Das gleiche gilt auch für das fortlaufende Messen an ein und demselben Kanal. Hier kann auch auf die ständige Kanalwahl verzichtet werden.

Wie alle anderen Module hat auch der A/D-Wandler ein 16-Byte-großes Registerfeld im Peripheriefile. Im Anhang ist der Aufbau und die Funktion der einzelnen Bits zu sehen.

PACT-Modul

Mit einem besonderen Modul sind die TMS370Cx3x-Controller ausgerüstet. Das hier vorgestellte PACT-Modul verleiht diesen Bauelementen leistungsfähige Zeitfunktionen, die normale Timer nicht bieten. Das Modul arbeitet als Timer-Co-Prozessor und kann dabei Eingangssignale verarbeiten, Ausgangssignale erzeugen, und das ganz oder zum großen Teil ohne jegliche CPU-Unterstützung. Die Co-Prozessorstruktur ist für diese Selbständigkeit verantwortlich. Die Leistungsmerkmale des Moduls in einem Überblick:

◆ Input-Capture-Funktion an 6 Eingangspins einschließlich 4 Pins mit programmierbarem Vorteiler (CP3 bis CP6)

◆ Timergesteuerte Ausgänge an 8 Pins

◆ Konfigurierbare Timerraten für verschiedene Funktionen

◆ ein 8-Bit-Ereigniszähler am Pin CP6

◆ bis zu 20 Bit Zählerbreite wählbar

◆ Register-based-Organisation des Befehls- und Parameterspeichers

◆ 18 unabhängige Interruptvektoren

◆ Watchdog-Timer mit wählbarer Timeout-Zeit

◆ Mini-SCI-Interface mit voneinander getrennt einstellbarer Baudrate für Sender und Empfänger

Die folgende Grafik zeigt den prinzipielle Aufbau dieses Moduls, wobei nur das Wesentliche wiedergegeben werden kann, da die Struktur sehr komplex ist.

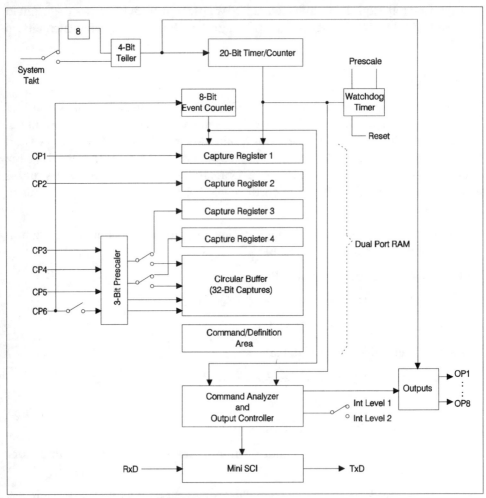

Abbildung 3.31: PACT-Modul Blockbild

Was für den Aufbau gilt, trifft in gleicher Weise auf die Beschreibung der Funktionen zu. Auch hier kann aus Platzgründen nur ein kurzer Einblick in die Arbeitsweise gegeben werden. Auf Erläuterungen zur Programmierung muß leider vollständig verzichtet werden.

Wie das Blockbild zeigt, besteht das PACT-Modul, abgesehen von den Zusätzen Mini-SCI und Watchdog, aus einem 20-Bit-Zähler, an den ein Eingangs- und ein Ausgangskomplex angeschlossen ist, sowie aus einem eigenen Controller. Dieser Controller bekommt seine Befehle von der CPU übermittelt und arbeitet dann völlig unabhängig von dieser. Dabei können komplizierte Abläufe und Funktionen ausgeführt werden. Das unterscheidet dieses Modul ganz besonders von hochgezüchteten, aber ansonsten normalen Timermodulen.

Um die notwendige Kommunikation zwischen CPU und PACT-Modul so schnell wie möglich zu gestalten, ohne dabei beide unnötig zu stören, hat man sich bei Texas Instruments dazu entschlossen, nicht nur die üblichen Register im Peripheriefile zu nutzen, sondern einen gemeinsamen RAM-Bereich als Übergabezone einzurichten. Dieser ist 128 Byte lang und als Dual-Port-RAM ausgeführt. Normalerweise liegt dieser Bereich im RAM-Bereich des Controllers ab der Adresse 0080H bis 00FFH, kann aber auch auf andere Adressen verschoben werden. Dieser Typ von Speicher und die Lage erfüllen die gewünschten Merkmale am besten. In der Abbildung ist dieser Bereich im Adreßraum des Controllers zu sehen. Die Funktionen der einzelnen Abschnitte sind im späteren Text noch näher erläutert.

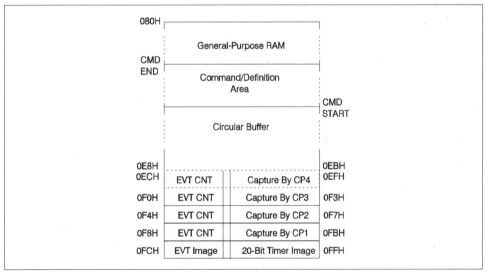

Abbildung 3.32: Dual-Port-RAM-Organisation

Eingangsfunktionen des PACT-Moduls

Zu den wichtigsten Teilgruppen der Eingangsfunktion zählen der Zähler mit der Taktquelle, die 4 Capture-Register, der 3-Bit-Vorteilerblock und der Circularpuffer. Für Eingänge stehen 6 Pins mit den Namen CP1 bis CP6 zur Verfügung. Für alle Eingänge kann die auslösende Flanke programmiert werden. Wählbar sind steigende Flanken, fallende Flanken oder auch beide. Die Auswahl der gewünschten Flanke geschieht mittels der Register CPCTL1, CPCTL2 und CPCTL3 im Registerfile. Mit der jeweils aktiven Flanke wird der zum Zeitpunkt aktuelle 20-Bit-Wert des Zählers in das entsprechende 32-Bit-Capture-Register geladen. Die 32 Bit enthalten weiterhin den derzeitigen Zählerstand des Ereigniszählers und eine Nummer, an der der Eingang, der zur Speicherung führte, zu erkennen ist. Diese Markierung ist nur für die Verwendung des Ringpuffers notwendig.

31 – 24	23 – 20	19 – 0
Ereigniszähler	Pin-Nummer	20-Bit Zählerstand getriggert durch Pin CPx

Neben der Capture-Funktion kann jeder Eingang mit seiner aktiven Flanke auch einen Interrupt auslösen und damit die CPU zum Lesen des Capture-Registers auffordern.

Die Eingänge CP1 und CP2 sind fest mit den Capture-Registern 1 und 2 verbunden. Dagegen führen die Eingänge CP3 bis CP6 zunächst über einen 3-Bit-Vorteiler. Das Teilerverhältnis ist zwischen 1/1 und 1/8 frei wählbar, gilt aber immer für alle 4 Eingänge gleichzeitig. Eine individuelle Belegung mit verschiedenen Teilerverhältnissen ist nicht möglich. Der Faktor wird in PACTPRI-Register im Peripheriefile eingestellt.

Für die 4 Eingänge gibt es zwei Betriebsarten. Im Mode A sind die Eingänge CP3 und CP4 zwei weiteren Input-Capture-Registern fest zugeordnet. CP5 und CP6 wirken direkt auf den Ringpuffer. Im Mode B gehen auch CP3 und CP4 zum Puffer. Dieser Ringpuffer ist nichts anderes als eine Input-Capture-Logik, die bei jeder aktiven Flanke an einem der 2 bzw. 4 Eingänge den momentanen Zählerstand, den 8-Bit-Ereigniszählerstand und die Nummer des jeweiligen Eingangs in ein 32-Bit-Wort schreibt und in einen Ringpuffer ablegt. Damit entsteht in dem Speicherbereich, der den Puffer enthält, eine Art Ereignisspeicher für Signale an den Pins CP3 bis CP4 bzw. CP5 bis CP6. Die Anfangsadresse und damit die Größe dieses Puffers wird vom Wert im BUFPTR-Register bestimmt. 32 verschiedene Startadressen sind einstellbar. Über den Füllungsgrad des Puffers informiert ein Flag (BUFFER HALF/ FULL INT FLAG) im CPPRE-Register. Es kennt die Zustände halbvoll und voll und kann zur Auslösung eines speziellen Interrupts verwendet werden (BUFFER HALF/ FULL INT ENA).

Der Eingang CP6 ist ständig mit dem 8-Bit-Ereigniszähler verbunden. Soll er nur diese eine Aufgabe ausführen, so läßt sich seine Input-Capture-Funktion abschalten. Das geschieht mit einem Bit (CP6 EVENT ONLY) im CPPRE-Register.

Ausgabefunktionen und Steuerung des PACT-Moduls

Brachte der Eingangskomplex schon deutlich mehr Funktionalität gegenüber normalen Timermodulen, so ist der kommende Teil, der das PACT-Modul von anderen Timern unterscheidet, der mit Recht eindruckvollste. Die Abbildung zeigt diesen Komplex:

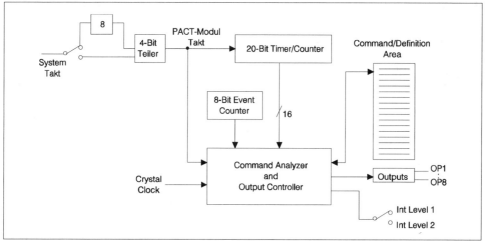

Abbildung 3.33: Ausgangs- und Steuerkomplex

Im Prinzip handelt es sich bei diesem Controller (PACT-Controller!) um eine Art Status-Maschine, die als Eingänge den 20-Bit-Zähler und den Ereigniszähler und als Ausgänge die Endstufen der Pins OP1 bis OP8 hat. Der Controller beginnt bei seiner Arbeit mit der steigenden Flanke des PACT-Modul-Taktes. Er liest einen 32-Bit-Befehl (Mikrocode) aus dem Command-/Definition-Teil des Dual-Port-RAMs. Der 8-Bit-Ereigniszähler und die 16 niederwertigsten Bit des 20-Bit-Zählers werden zum Vergleich entsprechend dem Befehl herangezogen. Das Ergebnis des Vergleichs setzt oder löscht einzelne Ausgangssignale. Nach jedem dieser Vergleiche holt sich der Controller den nächsten Befehl aus dem Dual-Port-RAM. Das geschieht mit der maximalen Geschwindigkeit, die durch den Systemtakt bestimmt ist. Der Controller muß alle Befehle durchlaufen haben, bevor ein neuer PACT-Modul-Takt eintrifft. Dieser inkrementiert den 20-Bit-Zähler und startet den Vorgang wieder von vorn. Das ist zunächst das Grundprinzip. Werfen wir nun einen kurzen Blick auf die Befehle oder Kommandos.

Standard-Compare-Befehl

Der einfachste Befehl ist der Standard-Compare-Befehl. Die Aufgabe dieses Befehls ist das Setzen oder Löschen eines Ausgangspins und, wenn gewünscht, die Auslösung eines Interrupts, wenn der im Befehl stehende 16-Bit-Wert mit dem Zählerwert übereinstimmt. Auch die Nichtübereinstimmung ist programmierbar. Alles ist im Befehl einstellbar! Als Zählerwert gilt immer der zuletzt in der Befehlsablauffolge definierte Zähler, das kann auch ein virtueller Zähler sein. Mit diesem einfachen Befehl lassen sich schon pulsweitenmodulierte Signale erzeugen, die aber den Nachteil haben, daß ihre Periodendauer durch den 16-Bit-Vergleichswert bei Verwendung des 20-Bit-Zählers immer auf 65536 PACT-Modul-Takte festgelegt ist. Durch Verwendung von virtuellen Zählern läßt sich dieser Nachteil allerdings beseitigen.

31 – 24	23 – 20	19 – 0
Funktion	Ausg.Pin	Zählervergleichswert

Virtual-Timer-Definition

Der eben genannte Nachteil resultiert aus dem festen Zählbereich des Zählers und des Vergleichswertes. Hier kann nur eine freie Festlegung des Zählbereichs helfen, beliebig einstellbare Periodendauern der Signale zu erzeugen. Zu diesem Zweck kann als eine besondere Form von Befehl ein virtueller 16-Bit-Zähler angelegt werden. Da sich die Befehle im RAM befinden, ist es leicht möglich, in dem Befehl selber das Zählregister unterzubringen. Um den Zählbereich beliebig wählen zu können, muß in dem Befehl auch noch der Maximalwert untergebracht sein. Bei jeder Abarbeitung des Befehls wird nun der Wert dieser Speicherstelle (Zähler) in den PACT-Controller gelesen, inkrementiert und wieder (in den Befehl!) zurückgeschrieben. Ist dabei der ebenfalls im Befehl stehende Endwert erreicht, so setzt der Controller den Wert auf Null und kann, wenn gewünscht (im Befehl mit einem Bit vereinbart), einen Interrupt auslösen. Dieser Zählerstand kann nun in den nächsten Befehlen als Vergleichswert zur Signalerzeugung herangenommen werden.

Max. virtueller Zählbereich			Virtuelle Zähler

D31   D0

Ein Beispiel illustriert diese Funktion. Im Command-/Definition-Bereich stehen folgende Befehle (vereinfacht auf das Wesentliche):

Standard-Compare-Befehl	Ausg OP1 Ein	Vergleichswert = 4000H
Standard-Compare-Befehl	Ausg OP2 Aus	Vergleichswert = 8000H
Virtueller Zähler	Maxwert 1000	Zählerstand = ????
Standard-Compare-Befehl	Ausg OP3 Aus	Vergleichswert = 01F4H

Der Mikrocontroller läuft mit einem internen Systemtakt von 5 MHz (200 ns). Für den Vorteiler ist ein Verhältnis 1/5 gewählt, wodurch sich ein PACT-Modul-Takt von 1000 ns ergibt. Die ersten beiden Befehle erzeugen damit ein PWM-Signal mit einer Periodendauer von 65536×1000 ns = 65,536 ms. An dieser Zeit ist nichts zu ändern, ohne durch ein Verstellen des Vorteilerfaktors das ganze Zeitregime mit zu ändern.

Der erste Befehl liefert ein PWM-Signal mit 75 %-Verhältnis, also 16,384 ms zu 49,152 ms. Der zweite erzeugt ein 50%-Verhältnis, 32,768 ms High- und 32,768 ms Low-Pegel.

Der dritte Befehl arbeitet mit einem virtuellen Zähler, der als Zählgrenze den Wert 1000 im Befehl stehen hat. Somit besitzt dieser Zähler eine Periodendauer von 1000×1000 ns = 1 ms.

In der nächsten Anweisung, einem normalen Standard-Compare-Befehl, dient dieser Zählerwert als Istwert für den Vergleich, wodurch nun ein PWM-Signal mit einer Periodendauer von 1 ms erzeugt wird. Das Verhältnis High zu Low beträgt bei dem Vergleichswert 1F4H 50 %.

Durch die Kombination von Standard-Compare-Befehlen mit virtuellen Zählern lassen sich komplexe Signale oder verschiedene periodische Interrupts bilden.

Double-Event-Compare-Befehl
Einen weiteren »Eingangswert« in den PACT-Controller bildet der aktuelle Wert des 8-Bit-Ereigniszählers. Auch er kann für die Vergleichsbildung herangezogen werden. Da dieser Wert nur 8 Bit lang ist, der Befehl aber 32 Bit hat, lassen sich zwei Vergleichswerte und die zugehörige Aktion darin unterbringen.

		Funktion Ereignis1	Funktion Ereignis 2	Ausg.Pin	Vergl. Ereigniswert 2	Vergl. Ereigniswert 1

D31   D0

Man nutzt diesen Befehl, um bei einer bestimmten Anzahl von Ereignissen die Ausgänge OP1 bis OP8 zu schalten, Interrupts zu generieren, einen 32-Bit-Capturewert in den Ringpuffer zu schreiben oder den 20-Bit-Zähler rückzusetzen.

Offset-Timer-Definition-Befehl

Dieser Befehl erzeugt auch einen virtuellen 16-Bit-Zähler, der bei jedem Ereignis am Pin CP6 gelöscht, ansonsten aber durch den Befehl fortlaufend inkrementiert wird. Der Befehl setzt aber außerdem noch einen Grenzwert für den Ereigniszähler, so daß der Ereigniszähler rückgesetzt wird, wenn dieser Grenzwert erreicht ist.

Max.Wert Ereigniszähler			Funktion	Virtuelle Zähler

D31   D0

Folgende Funktionen kann der Befehl ausführen, wenn der Ereignisspeicher den Grenzwert erreicht:

◆ Erzeugung eines Interrupts

◆ Einspeichern des 16-Bit-virtuellen Zählerwertes in den Ringpuffer

◆ Einspeichern der Inhalte des 20-Bit-Zählers und des 8-Bit-Ereignisspeichers in den Ringpuffer

◆ Rücksetzen des 20-Bit-Zählers

Condition-Compare-Befehl

Mit diesem Befehl lassen sich gleich zwei Zähler auf einmal überwachen. Er enthält je einen Vergleichswert für den 20-Bit-Zähler und den 8-Bit-Ereigniszähler.

Vergl.Ereigniswert		Funktion	Ausg.Pin	Vergl. 20-Bit-Zähler

D31   D0

Wenn beide Bedingungen erfüllt sind, d. h. wenn der Ereigniszählerwert gleich dem Wert im Befehl und der 16-Bit-Wert im Befehl gleich dem zuletzt definierten Zählerstand ist, reagiert der Controller entweder mit einem Interrupt oder mit dem Setzen oder Löschen eines Ausgangs. Als Zählerwert kann auch ein virtueller Zähler in Frage kommen.

Baud-Rate-Timer-Befehl

Der letzte Befehl dieser kurzen Übersicht hat eigentlich nichts mit der Arbeit des PACT-Moduls zu tun. Da er aber virtuelle Zähler einsetzt, kommt er hier als Befehl vor. Eingesetzt wird der Befehl, um einen Baudratengenerator zu erzeugen. Sowohl der SCI-Sender als auch der SCI-Empfänger lassen sich so mit einer eigenen Taktversorgung ausrüsten.

Damit wären alle Befehle des PACT-Moduls in einer Kurzübersicht vorgestellt. Das Eintragen der Befehle in den Command-/Definition-Bereich übernimmt die CPU. So wie die CPU zu jeder Zeit auf Befehle zugreifen kann, ist auch das Lesen und Verändern der virtuellen Zähler möglich. Damit ist das Programm, wenn erforderlich und gewünscht, ständig über die Zustände im PACT-Modul informiert und kann bei Bedarf eingreifen.

Das PACT-Modul belegt mit seiner Vielzahl Interruptvektoren einen eigenen Bereich im Programmspeicher. Dieser liegt hinter den in allen Bauelementen vorkommenden TRAP-Vektoren. Der Vektorbereich unterteilt sich in 3 Teilbereiche, einen für die Input-Capture-Funktion, einen zweiten für die Mini-SCI und den dritten für die Befehle aus dem Command-/Definition-Bereich. Jeder dieser Bereiche ist intern in der Priorität geordnet und kann den zwei Hauptprioritätsgruppen zugeordnet werden.

Watchdog im PACT-Modul

Der Watchdog-Timer des PACT-Moduls ist funktionsmäßig fest mit dem 20-Bit-Zähler gekoppelt. Ist seine Logik eingeschaltet (nach einem Reset immer), erzeugt er einen System-Reset, sobald ein wählbares Bit im 20-Bit-Zähler seinen Pegel wechselt. Dieser Aktion muß die Software zuvorkommen, indem sie die Bytes 55H und AAH in das Register WDRST im Peripheriefile einschreibt. Für die Sequenz gilt das dabei typische Verfahren; beide müssen nicht unmittelbar hintereinander geschrieben werden, die Reihenfolge ist aber wichtig! Die Auswahl der auslösenden Bits geschieht in einem weiteren Register. Zur Wahl stehen die Bits 9, 15 und 19. Mit diesem Register läßt sich der Watchdog auch abschalten. Eine Ausnahme bei dieser Funktion gibt es allerdings. Setzt das PACT-Modul von sich aus den 20-Bit-Zähler zurück, so wird unabhängig von dem Softwaretrigger (55H/AAH) ein Reset erzeugt!

Mini-SCI im PACT-Modul

Als »Zugabe« besitzt das PACT-Modul noch eine einfache serielle Schnittstelle, die aber trotzdem einen asynchronen Voll-Duplex-Betrieb ermöglicht. Die Zeichenlänge ist mit 8 Bit festgelegt, ein Startbit und ein Stoppbit bilden den Rahmen. Soll mit

Paritätsüberwachung gearbeitet werden, so muß der Sender selbst für die Berechnung sorgen und diese an die 8. Stelle im Senderregister eintragen. Auf der Empfängerseite berechnet die Modul-Logik die jeweilige Parität und trägt das Ergebnis in einem Bit im PACT-SCI-Register ein. Dieses Bit sagt aber nur aus, ob die Parität gerade oder ungerade ist. Ein möglicher Paritätsfehler ist hieraus jedoch nicht zu erkennen. Hier muß das Programm für die Kontrolle sorgen. Für die Überwachung des Rahmenaufbaus ist ein entsprechendes Fehlerbit vorhanden.

Die Schieberegister sind mit je einem Sende- und Empfangspuffer verbunden, deren Verfügbarkeit bzw. Besetzung durch Flags und, wenn gewünscht, auch durch Interrupts der Software mitgeteilt wird. Einen möglichen Empfängerüberlauf zeigt das Modul nicht an, doch ist bei fehlerfreier Software und mit Hilfe der Zustandsflags der Puffer solch ein Fall leicht zu vermeiden.

Die Übertragungstakte für Sender und Empfänger erzeugen virtuelle Zähler im PACT-Modul. Die Zähler werden mit dem PACT-Modul-Takt inkrementiert und geben einen Taktimpuls bei Erreichen eines im Befehl stehenden Endwertes an das SCI-Modul ab. In die Berechnung dieser Endwerte gehen mehrere Faktoren ein, wie die Quarzfrequenz, der Vorteilerfaktor des PACT-Moduls und die gewünschte Baudrate. Die Formel dafür ist aber einfach:

$$\text{Endwert des Timers} = \frac{\text{interner Systemtakt}}{4 \times \text{Baudrate} \times \text{PACT-Vorteilerfaktor}} - 2$$

Damit ist die Beschreibung des großen Komplexes PACT-Modul abgeschlossen. Es handelte sich hier aber nur um einen groben Überblick, der andeuten sollte, was so ein Modul zu leisten vermag. Für mehr Information muß auf die entsprechenden Informationen der Hersteller zurückgegriffen werden.

Interruptverhalten und Low-Power-Mode

Interruptverhalten

Die TMS37-Bauelemente besitzen eine leistungsfähige Interruptstruktur, die einen flexiblen Umgang mit internen und externen Quellen gestattet. Die Arbeitsweise ist aber nicht anders als bei anderen Bauelementen auch. Deshalb hier nur noch das Wesentlichste.

Alle Controller dieser Familie haben zwei verschiedenpriore Interrupts, den Interrupt 1 und 2. Jedes Modul und auch die externen Interrupteingänge können wahlweise auf einen dieser Interrupts geschaltet werden. Jedes Modul besitzt für sich intern wieder eine, allerdings hier fest vorgegebene Prioritätenfolge der verschiedenen Quellen. Mittels Freigabebits in den entsprechenden Peripherieregistern lassen sich die verschiedenen modulinternen Quellen auf die beiden Interrupts schalten. Bei den externen Interrupteingängen ist die Wahl der Priorität in gleicher Weise möglich wie bei den chipinternen Modulen. Eine Besonderheit bildet der INT1-Eingang. Er kann als nichtmaskierbarer Eingang parametriert werden. Diese wie auch eine Reihe anderer wichtiger Einstellungen müssen aber in der Initialisierungsphase unmittelbar nach einem Reset gemacht werden. Das ist bei Controllern nichts Neues. Durch diese Maßnahme können fehlerhaft arbeitende Programme später keinen Schaden mehr anrichten, indem sie sicherheitsrelevante Einstellungen verändern.

Der Prozessor bearbeitet eine Interruptanforderung auf dem Interrupt 1 mit einer höheren Priorität als auf dem Interrupt 2. Beide sind aber durch die Bits IE1 und IE2 im Prozessorstatusregister maskierbar. Die nachfolgende Grafik zeigt einen Ausschnitt aus der Interruptsteuerung:

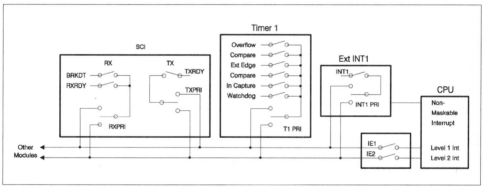

Abbildung 3.34: Interruptsteuerung der TMS379

Die Architektur der Controller erlaubt die Verwendung von 128 unabhängigen Interruptvektoren, da immer der Bereich von 7F00H bis zum Ende 7FFFH dafür reserviert ist. Einen Teil davon belegen Hardwarequellen, einen anderen Teil Softwareinterrupts (TRAPS)n und schließlich ist ein Teil für den Hersteller reserviert. Das bedeutet aber nicht, daß der Bereich tabu für Programme ist. Nicht benötigte Adressen können auch anderweitig genutzt werden.

Ein wichtiger Punkt bei der Interruptverarbeitung ist die Reaktionszeit auf ein Ereignis. Hier benötigt der Controller in Abhängigkeit vom gerade bearbeiteten Befehl mindestens 15 Zyklen. Ist er zufällig bei einer Division »gestört« worden, können es aber auch durchaus einmal 78 Zyklen sein.

Bei einem Interrupt werden, egal ob hoch- oder niederprior, jedesmal beide Interruptfreigabebits IE1 und IE2 gelöscht. Damit sind andere nachfolgende Interrupt nicht in der Lage, die CPU für sich zu gewinnen. Erst der RTI-Befehl stellt mit dem Rückschreiben des Statusregisters, und in dem befinden sich die beiden Bits, den alten Zustand wieder her. Damit sind weitere Interrupts wieder freigegeben. Sollen Interrupts verschachtelt werden, so muß das jeweilige Interruptprogramm die Freigabebits selber setzen.

Reset-Verhalten

Drei verschiedene Resetquellen kennzeichnen das Reset-Verhalten der TMS370-Controller. Jede der drei Quellen, das RESET-Pin, der Watchdog-Timer und die Oszillatorfehler-Logik, hat ihre eigene Startadresse. Dadurch kann die Software sehr effektiv auf die verschiedenen Ereignisse reagieren.

Das RESET-Pin ist zugleich Ein- und Ausgang. Eine externe Quelle muß einen Low-Impuls mit einer Mindestlänge von einem internen Zyklus anlegen, um von der Logik angenommen zu werden. Diese hält dann das Pin weiter auf Low-Pegel bis die interne Hardwareinitialisierung abgeschlossen ist (nicht die Softwareinitialisierung!). Die beiden anderen Quellen ziehen ebenfalls das RESET-Pin auf Low, um externen Bauteilen den Zustand des Controllers mitzuteilen. Diese Verfahrensweise ist bei Controllern sehr häufig anzutreffen.

Low-Power-Betriebsarten

Low-Power-Betriebsarten gehören zu jedem modernen Controller, die TMS370 haben zwei verschiedene Arten davon. Im *Standby-Mode* sind alle internen Takte der Module mit Ausnahme des Timer 1-Moduls abgeschaltet. Dieser Timer sorgt für das Wiedererwecken der CPU nach einer bestimmten Zeit oder bei einem externen Ereignis. Bei Controllern mit PACT-Modul übernimmt diese Aufgabe der 20-Bit-Zähler in Verbindung mit dem 1. Befehl im Command-/Definition-Bereich. Die Leistungsreduzierung beträgt ca. 40 – 50 %.

Mehr Leistung spart der *Halt-Mode* ein. Ganze 0,03 mA Stromaufnahme sind typisch bei diesem Sparbetrieb, bei dem nur noch die Speicherzellen zum Datenerhalt mit Spannung versorgt werden. Aus diesem Zustand kann die CPU nur noch durch einen Reset, einen externen Interrupt (wenn diese freigegeben sind) oder durch ein Low-Pegel am SCI-Empfängereingang gebracht werden. Letztere Variante simuliert das Startbit eines empfangenen Zeichens, und das SCI-Modul erzeugt daraufhin einen Empfängerinterrupt (dieser Interrupt muß zuvor freigegeben worden sein).

Um in die Low-Power-Modi zu gelangen, wird im Programm der IDLE-Befehl verwendet. Damit gelangt die CPU in eine von drei Betriebsarten, abhängig vom Stand zweier Bits im SCCR2-Register. Zwei davon sind die genannten Low-Power-Modi. Die dritte Betriebsart ist der normalen IDLE-Mode. Dieser ist kein Low-Power-Mode, in ihm hält die CPU nur in der Befehlsabarbeitung an und wartet auf einen Interrupt.

Bei beiden Low-Power-Betriebsarten sind die wichtigsten Register und Speicher vor Datenverlust geschützt :

◆ der Befehlszähler, der Stackpointer und das Statusregister

◆ der interne RAM

◆ die Steuer- und Statusregister im Peripheriefile

◆ die digitalen Ausgaberegisterinhalte

Programmiermodell und Befehlssatz

Das Programmiermodell der TMS370-Controller gleicht dem der TMS7000-Bauelemente. Geändert hat sich hier die Funktion des Statusregisters, doch das ist bei der Darstellung der Register schon zu sehen gewesen. Auch hier findet man wieder die Register-zu-Register-Architektur und das Memorymapping für alle Peripheriebereiche.

Dem Programmierer bieten sich 14 Adressierungsarten:

Adressierungsart	Beispiel	Ausführung
Implied	LDSP	(B) -> (SP)
Register	MOV R5,R4	(0005) -> (0004)
Peripheral	MOV P025,A	(1025) -> A
Immediate	ADD #123,R3	123 + (03) -> (03)
PC relativ	JMP OFFSET	(PC-Next) + OFFSET -> (PC)
SP relativ	MOV 2(SP), A	(2+ (SP)) -> (A)
Absolut direct	MOV A,1234H	(A) -> (1234)
Absolut indexed	MOV 2233 (B),A	(2233 + (B)) -> (A)
Absolut indirect	MOV @R4,A	((R3:R4)) -> (A)
Abs. Offset indirect	MOV 12(R4),A	(12+(R3:R4)) -> (A)
Relativ direct	JMPL 1234	(PC-Next)+1234 -> (PC)

Adressierungsart	Beispiel	Ausführung
Relativ indexed	JMPL 1234(B)	(PC-Next)+1234+(B) -> (PC)
Relativ indirect	JMPL @R4	(PC-Next)+(R3:R4) -> (PC)
Rel. Offset indirect	JMPL 12(R4)	(PC-Next)+12+(R3:R4) -> (PC)

Tabelle 3.22: Adressierungsarten der TMS370-Controller

Der Befehlssatz mit 73 Instruktionen ist im Anhang als Tabelle zu sehen.

3.2 Mikrocontroller der Firma SGS-THOMSON

In vielen Geräten der Audio- und Videotechnik, in Kommunikationsanlagen, Industriesteuerungen und Heimelektronik, in der Fahrzeugelektronik und der Computertechnik arbeiten Controller der Firma SGS-Thomson. Ihre Vielfalt an unterschiedlichen Versionen ist Grund für die weite Verbreitung. Auch SGS-Thomson setzt auf ein breites Spektrum unterschiedlicher Leistungsklassen. Hier in diesem Buch sollen zwei Familien vorgestellt werden, die den Bereich Minimalkonfiguration bis hin zu 8/16-Bit-Hochleistungscontrollern einschließen.

Die Gruppe der universellen, anwenderorientierten Controller wird durch die ST6-Familie gebildet, eine 8-Bit-HCMOS-Serie mit vielen Versionen, dank einer stark gegliederten Makrozellenstruktur.

Im Gegensatz zu dieser Universalfamilie ist die ST9-Familie mit mehr Leistung ausgestattet. Hier dominieren große Speicher, viele Portleitungen und Spezialmodule wie Memory Management Units, Multifunktions-Timer und verschiedene Schnittstellen.

3.2.1 Die ST6-Familie

Mit Bauelementen wie den ST6-Controllern zielt SGS-Thomson auf den großen Bereich der Anwender, die preiswerte Lösungen für kleine bis mittlere Aufgaben suchen. Aufgaben, bei denen meistens nur wenige Funktionen bei überschaubarem Programmumfang gefordert sind. Hier wären Controller mit Hochleistungsmodulen, wie sie in der ST9-Familie anzutreffen sind, völlig fehl am Platz. Das soll nun aber nicht heißen, daß die Module der ST6 mit geringer Funktionalität ausgestattet sind. Reduziert ist vielmehr die Anzahl der auf einem Chip integrierten Komponenten.

Den Anwendern steht eine große Anzahl verschiedenster Makros zur Verfügung, hier nur ein kurzer Auszug:

◆ CPU – ST6 CPU Core

◆ ROM – 2K, 4K, 8K, 16K, 20K

◆ RAM – 32, 64, 128, 192, 256 Byte

◆ EPROM – 2K, 4K, 8K, 16K, 20K

◆ EEPROM – 48, 64, 96, 128, 384 Byte

◆ I/O1 – Standard Ein-/Ausgabemodul

◆ I/O2 – frei programmierbares Ein-/Ausgabemodul (INT, Analog-Eing…)

◆ HCO – Leistungsausgänge (50 mA)

◆ TIMER1 – 8-Bit-Timer mit 7-Bit Vorteiler

◆ TIMER2 – 8-Bit-Timer mit Capture-/Compare-Registern

◆ ADC – 8-Bit-Analog-/Digital-Wandler

◆ PLL1 – 16MHz-PLL-Synthesizer

◆ PLL2 – 160MHz-PLL-Synthesizer

◆ SPI – Serielles Peripherie Interface (S-Bus, I^2C-Bus)

◆ LCD – LCD-Ansteuerungen

◆ RTC – 32kHz-Echtzeituhr

◆ OSD – On-Screen-Display-Treiber

◆ DSWG – softwareaktivierter Watchdog

◆ DHWG – hardwareaktivierter Watchdog

◆ PSS – Betriebsspannungsüberwachungen

◆ ICD – Komparatoren (10-Pegel)

◆ ST1 – Schmitt-Trigger-Analogeingänge

◆ AC1 – Wechselspannungsvorverstärker

◆ PCR – Impulszähler

◆ PDI – Impulserkennung

◆ IR – Pre-Prozessor für Infrarot-Fernsteuerungen

Nach diesem Einblick in die Makrobibliothek erübrigen sich beinahe alle weiteren Worte zu den Leistungsdaten. Es dürfte auch sofort deutlich werden, für welche Anwenderrichtung diese Bauelemente konzipiert sind. Module wie PLL-Synthesizer und LCD-Ansteuerungen, Infrarot-Empfänger-Pre-Prozessoren und I^2C-Bus sind typische Bestandteile der Audio- und Videoelektronik. Diese vielfältigen Komponenten machen es dem Anwender möglich, sich den für ihn optimalen Controllertyp herstellen zu lassen. Dennoch bietet SGS-Thomson eine ganze Reihe »fertiger« Bauelemente, wie die folgende Übersicht zeigt:

Typ	ROM	RAM	EEPROM	I/O	SPI	Timer	On-Chip-Peripherie	Gehäuse
ST601X	1,8K	32	–	6 / 7 / 8	–	1×8 (7VT)	3–9 Kanal 8-Bit ADU, WDT	20 / 28
ST604X	3,8K	64	–	15 / 16	–	2×8 (7VT)	3 Kanal 8-Bit ADU, 18/20x2 LCD-Treiber, WDT	44 / 48
ST605X	3,8K	64	–	27 / 30 / 33	–	2×8 (7VT)	3–4 Kanal 8-Bit ADU, AC-Verstärker, WDT	40 / 44 / 48
ST612X	2,5K	96	–	14,2x 50mA	1	1×8 (7VT)	12x3+12x4 LCD-Treiber, V_{SS}-Überwachung, Komparator, Nulldurchgangsdetektor, WDT	44
ST6154	3,6K	96	–	16	–	1×8 (7VT)	21x2 LCD-Treiber, 160MHz PLL	52
ST62X0	1,8K	64	–	8,4× 10mA	–	1×8 (7VT)	8 Kanal 8-Bit ADU, WDT	20
ST62X1	1,8 / 3,8K	64	–	8,4× 10mA	–	1×8 (7VT)	WDT	20
ST62X5	1,8K	64	–	16,4× 10mA	–	1×8 (7VT)	16 Kanal 8-Bit ADU, WDT	20
ST621X	1,8K	64	–	16,4× 10mA	–	1×8 (7VT)	16 Kanal 8-Bit ADU, LCD-Treiber, IR Pre-Prozessor, WDT	20 / 28
ST622X	3,8K	64	–	16	–	1×8 (7VT)	16 Kanal 8-Bit ADU, LCD-Treiber, WDT	20 / 28

Typ	ROM	RAM	EEPROM	I/O	SPI	Timer	On-Chip-Peripherie	Gehäuse
ST6231	3,7K	64	–	15	–	1×8 (7VT)	2 Imp.Zähler, 2 Schmitt-Trigger, 2 Analogverstärker, WDT	28
ST6240	7,7K	192	–	12,4× 10mA	1	2×8 (7VT)	12 Kanal 8-Bit ADU, 45x4 LCD-Treiber, V$_{SS}$-Überwachung, WDT	28

Tabelle 3.23: Auszug aus dem Typenprogramm der ST6-Controller

Typ	ROM	RAM	EEPROM	I/O	SPI	Timer	On-Chip-Peripherie	Gehäuse
ST630X	8K	256	128	28 / 30 / 36	1	2×8 (7VT)	4 Kanal DAU, 1x8-Bit ADU, LED/LCD-Treiber, IR Pre-Prozessor, ICD, WDT	40 / 42 / 48
ST631X	8K	256	128	26 / 28 / 32	1	2×8 (7VT)	4 Kanal DAU, 1x8-Bit ADU, 8x3 LED-/LCD-Treiber, PLL, IR Pre-Prozessor, ICD, WDT	40 / 42 / 48
ST632X	8K	256	128	18 / 20 / 26	1	2×8 (7VT)	4 Kanal DAU, 1x8-Bit ADU, LED/LCD-Treiber, 5x15 OSD, IR Pre-Prozessor, ICD, WDT	40 / 42 / 48
ST633X	8K	256	128	17 / 19 / 25	1	2×8 (7VT)	4 Kanal DAU, 1x8-Bit ADU, 5x15 OSD, LCD-/LED-Treiber, PLL, IR Pre-Prozessor, ICD, WDT	40 / 42 / 48
ST635X	8K	256	128	17 / 19 / 25	1	2×8 (7VT)	4 Kanal DAU, 1x8-Bit ADU, 5x15 OSD, LCD/LED-Treiber, 14-Bit Spannungs-Synt., IR Pre-Prozessor, ICD, WDT	40 / 42 / 48
ST631XX	16K	– alle anderen Daten wie ST630X/1X/2X/3X und 5X --						
ST632XX	20K	– alle anderen Daten wie ST630X/1X/2X/3X und 5X --						

Tabelle 3.24: Auszug aus der ST63-Unterfamilie, speziell für TV-Anwendungen

EPROM-, OTP- und Emulator(ROM-Lose)-Versionen:

ST6...	- Normaltyp interner ROM
ST6.E..	- EPROM-Version
ST6.T..	- OTP-Version
ST6.P..	- ROM-los Piggyback
ST6.R..	- ROM-los

Die Vorstellung der Makrokomponenten hat im wesentlichen schon alles über die Möglichkeiten und Ressourcen gesagt. Der grobe Überblick über verfügbare Versionen sollte diesen Eindruck der Vielgestaltigkeit nochmals verstärkt haben. Es bleiben daher nur noch wenige Bemerkungen, um das Bild dieser Controllerfamilie komplett zu machen.

◆ HCMOS-Technologie, voll-statisches Design, weiter Betriebsspannungsbereich 3–6V

◆ 8-Bit-CPU-Core mit 8- und 1-Bit-Manipulationen, einfacher Befehlssatz 1- und 2-Byte-Befehle

◆ RUN, WAIT und STOPP-Mode

◆ Taktfrequenz 4 MHz (ST60XX), 5,5 MHz (ST61XX) und 8 MHz (ST62/63XX) mit On-Chip-Oszillator, Zykluszeiten 1,625–3,25 µs

◆ Harvard-Architektur mit Register-Stack (4–6 Stackebenen)

◆ ST60/61XX:
feste I/O-Konfiguration
Programm- und Datenspeicher in einer Ebene
ein gemeinsamer Interrupteingang
interne Interruptquellen (Timer, A/D, PLL...)
keine Interruptvektoren
1 separates Flag-Register für Interruptroutinen
kein nichtmaskierbarer Interrupt
keine EEPROM-Zellen

◆ ST62/63XX:
programmierbare I/O-Konfiguration (Pins sowohl Analog- oder Digital-Funktionen, Stromtreiber, Open-Drain, Push-Pull, Tristate)
Programm- und Datenspeicher mit Page-Bereichen
bis zu 21 externe Interrupteingänge
4 Interruptvektoren (für 2 externe und 2 interne Quellen)
interne Interruptquellen (Timer, A/D, PLL...)

nichtmaskierbarer Interrupt
EEPROM-Zellen 48–384 Byte

◆ 20 48-polige Gehäuse in DIL-, QFP-, PFP-, PGA- und LLCC-Ausführung

◆ für Entwicklung oder Prototyping sind alle Type auch durch EPROM- oder OTP-Version ersetzbar, ROM-lose-Versionen in Piggyback-Gehäuse, Emulator-Chips (ST63RT1 mit externen Bussen im PGA120-Gehäuse oder ST63RS1 OSD-EMU im LLCC84-Gehäuse)

ST6210-ST6215-ST6220-ST6225

Bei dieser Vielzahl an Versionen fällt es schwer, ein Bauelement herauszugreifen, um an ihm die Familie etwas genauer vorzustellen. Die Wahl fiel schließlich auf die Typen ST6210/15/20/25. Sie sind in ihrem Aufbau und Leistungsvermögen im »Mittelfeld« angesiedelt. Die Bauelemente der kleineren ST60/61 sind sicher ebenfalls interessant, wie auch die ST63 mit ihren Spezialmodulen für die TV- und Audio-Technik, doch an Hand der ST62XX sind die wichtigsten Merkmale und Strukturen der Familie darstellbar.

Bei den Namen fällt auf, daß es sich hier um 4 unterschiedliche Typen der ST6-Familie handeln muß. Es sind auch 4 verschiedene Versionen eines Grundtyps, die aber trotzdem zusammen vorgestellt werden. Die Tabelle zeigt ihre Unterschiede:

Typ	ROM	RAM	I/O	ADU	Timer	ext. Int.	Gehäuse
ST6210	1,8K	64	8+4x10mA	0–8x8-Bit	1x8(7VT)	1–13	20 Pin
ST6215	1,8K	64	16+4x10mA	0–16x8-Bit	1x8(7VT)	1–21	28 Pin
ST6220	3,8K	64	8+4x10mA	0–8x8-Bit	1x8(7VT)	1–13	20 Pin
ST6225	3,8K	64	16+4x10mA	0–16x8-Bit	1x8(7VT)	1–21	28 Pin

Tabelle 3.25: Typen der ST6-Familie

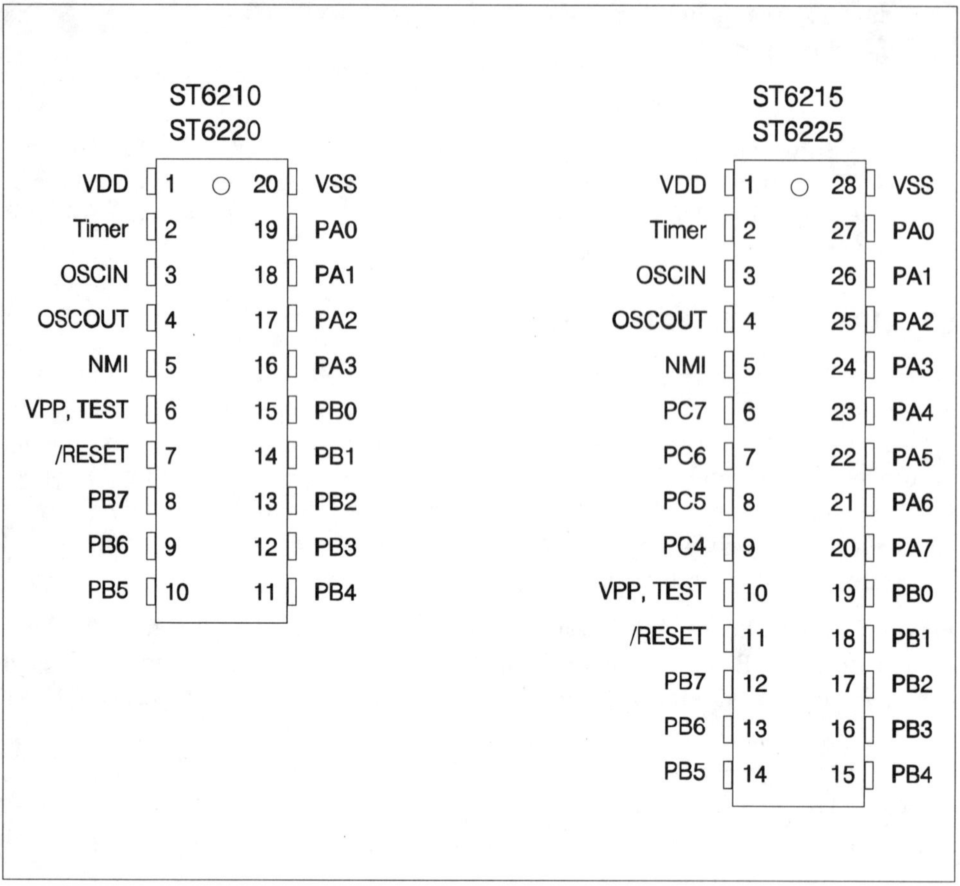

```
        ST6210                         ST6215
        ST6220                         ST6225

  VDD [ 1   ○   20 ] VSS        VDD [ 1   ○   28 ] VSS
 Timer [ 2        19 ] PA0     Timer [ 2        27 ] PA0
 OSCIN [ 3        18 ] PA1     OSCIN [ 3        26 ] PA1
OSCOUT [ 4        17 ] PA2    OSCOUT [ 4        25 ] PA2
   NMI [ 5        16 ] PA3       NMI [ 5        24 ] PA3
VPP, TEST [ 6     15 ] PB0       PC7 [ 6        23 ] PA4
 /RESET [ 7       14 ] PB1       PC6 [ 7        22 ] PA5
   PB7 [ 8        13 ] PB2       PC5 [ 8        21 ] PA6
   PB6 [ 9        12 ] PB3       PC4 [ 9        20 ] PA7
   PB5 [ 10       11 ] PB4    VPP, TEST [ 10    19 ] PB0
                              /RESET [ 11       18 ] PB1
                                 PB7 [ 12       17 ] PB2
                                 PB6 [ 13       16 ] PB3
                                 PB5 [ 14       15 ] PB4
```

Abbildung 3.35: Sockelbild ST6210/15/20/25

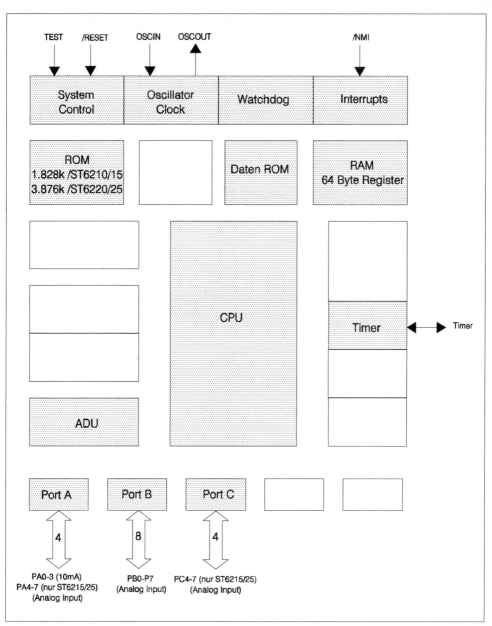

Abbildung 3.36: Blockbild ST6210/15/20/25

| Signal | Pin | | I/O | Pinbeschreibung |
	10/20	15/25		
PA0	19	27	I/O	pinweise programmierbare Ein-/Ausgänge,
PA1	18	26	I/O	Eingänge mit/ohne Pull-Up, Interrupteingang,
PA2	17	25	I/O	Ausgänge Open-Drain/Push-Pull,
PA3	16	24	I/O	PA0-PA3 auch als 10 mA-Stromsenke,
PA4	-	23	I/O	PA4-PA7 auch als Analog-Eingänge programmierbar
PA5	-	22	I/O	
PA6	-	21	I/O	
PA7	-	20	I/O	
PB0	15	19	I/O	pinweise programmierbare Ein-/Ausgänge,
PB1	14	18	I/O	Eingänge mit/ohne Pull-Up, Interrupteingang,
PB2	13	17	I/O	Ausgänge Open-Drain/Push-Pull,
PB3	12	16	I/O	auch als Analog-Eingänge programmierbar,
PB4	11	15	I/O	
PB5	10	14	I/O	
PB6	9	13	I/O	
PB7	8	12	I/O	
PC4	-	9	I/O	Pinweise programmierbare Ein-/Ausgänge,
PC5	-	8	I/O	Eingänge mit/ohne Pull-Up, Interrupteingang,
PC6	-	7	I/O	Ausgänge Open-Drain/Push-Pull,
PC7	-	6	I/O	auch als Analog-Eingänge programmierbar
TIMER	2	2	I/O	Ein-/Ausgang des Timermoduls
NMI	5	5	I	nicht maskierbarer Interrupteingang
TEST	6	10	I	CPU in TEST-Mode, wenn Eingang auf V_{DD}, in der EPROM/OTP-Version Programmierspannungseingang
RESET	7	11	I	Reset-Eingang, low-aktiv
OSCIN	3	3	I	Oszillatoranschluß für Quarz, RC-Netzwerk oder Keramik-
OSCOUT	4	4	O	resonator, OSCIN auch externer Takteingang
V_{DD}	1	1	-	Betriebsspannungsanschluß
V_{SS}	20	28	-	Masse

Tabelle 3.26: Pinbelegung ST6210/15/20/25

Speicher- und Registerstruktur

Die Bauelemente sind für gerätenahe bis mittelmäßig komplexe Applikationen vorgesehen. Zu diesem Zweck ist der Speicherausbau nicht unnötig groß angelegt worden. 1,8 Kbyte bzw. 3,8 Kbyte ROM, 64 Byte RAM und ein in der Größe programmierbarer Daten-ROM für Konstanten und Tabellen sind für die meisten Anwendungen dieser Bausteine ausreichend genug, eine Erweiterung durch externe Speicheradressen ist nicht vorgesehen. Der gesamte Adreßraum ist in einer Harvard-Architektur aufgebaut und unterscheidet einen Programm- und einen Datenspeicherraum. Der Befehlszähler ist 12 Bit breit und kann damit 4 Kbyte Speicher ansprechen. Schreib- und Lesebefehle gehen grundsätzlich zum Datenbereich, Befehls-holezyklen greifen auf den Programmspeicher zu. Um den knappen Speicherbereich etwas aufzubessern, sind bei ST62XX-Controllern mit mehr als 4 Kbyte ROM die unteren 2 Kbyte Programmspeicher mit sieben weiteren 2-Kbyte-Speicherseiten hinterlegt. Damit ergibt sich ein Gesamtprogrammspeicher von 16 Kbyte. Diese Speicherstruktur wird später noch genauer erklärt. Der Datenspeicher ist ebenso 4 Kbyte groß, aber nicht homogen. In ihm sind neben dem eigentlichen Anwender-RAM auch alle Spezialregister enthalten. Um auch hier mehr Platz zu schaffen, sind einige Controller mit 64 Byte RAM-Bänken ausgerüstet. Und eine weitere Besonderheit fällt bei den ST6-Controllern auf. Über ein Fenster können Teile des Programmspeichers in den Datenadreßraum eingeblendet werden. So lassen sich einfach Konstanten und Tabellen lesen und im Programm verwenden. Neben dem Programm- und dem Datenspeicher kennt die CPU aber noch einen weiteren Bereich. Dieses ist der Stack, der entsprechend den Leistungsanforderung an den Controller nicht so groß sein muß wie bei den meisten Controllern. Die Grafik zeigt den Speicheraufbau der ST6-Controller.

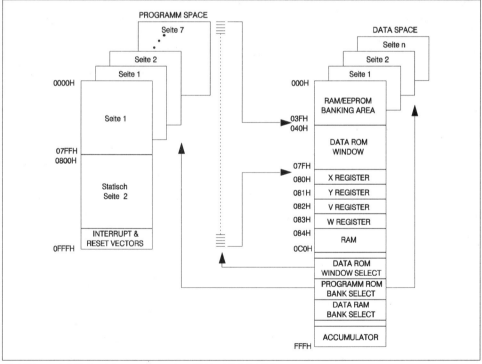

Abbildung 3.37: Speicherstruktur der ST6210/15/20/25

Register- und Peripheriefile, Daten-RAM

Der Datenadreßraum ist ein 4-Kbyte-großer Bereich, der an der Adresse 0 beginnt, aber nicht vollständig mit Funktionen belegt ist. In ihm sind der Anwender-RAM, die CPU-Register und alle Spezial- und Peripherieregister mit Ausnahme des PCs und des Stacks enthalten. Dieser für Controller häufig verwendete Aufbau bringt viele Vorteile bei der Arbeit mit den Peripheriemodulen. Je nach Ausrüstung mit weiteren Peripheriekomponenten werden einfach neue Speicherzellen in dem Adreßraum vergeben.

Neben diesen Schreib-/Lesespeicherzellen (bis auf wenige Ausnahmen) gibt es aber noch einen reinen Lesespeicher im Datenadreßraum. Durch diesen Bereich, er ist 64 Byte groß, kann die CPU auf den Programmspeicher sehen (Speicher-Window). Eine andere Möglichkeit, an Konstanten heranzukommen, gibt es bei diesen Controllern nicht. Durch die Harvard-Architektur und das Fehlen spezieller Programmspeicher-transportbefehle, wie sie zum Beispiel bei den Z8-Controllern von Zilog vorhanden sind, könnte das Programm nie mit Konstantenfeldern arbeiten. Daher ist diese etwas seltsame Form des Zugriffs gewählt worden. Für die CPU erscheint der Bereich wie ein Festwertspeicher, der mitten im Datenspeicher liegt, physikalisch gesehen steht der 64-Adressenblock aber im ROM. Die CPU sieht praktisch durch ein Fenster auf den Speicher. Dieses Fenster beginnt auf der Adresse 40H und endet bei der Adresse 7FH. Mit Hilfe eines Data-ROM-Window-Register (RDW-Register 0C9H) kann das Fenster in 64-Byte-Schritten über den ROM-Bereich geschoben werden.

Der Anwender-RAM ist nur 64 Byte groß und befindet sich zwischen den CPU- und den Peripherieregistern. Eine Erweiterung ist hier nicht so einfach möglich. Deshalb kommt ein anderes Verfahren zum Einsatz, ohne dabei Probleme mit den eingeschränkten Adreßbereich zu bekommen. Über einen Kommunikationsbereich, der von der Adresse 0 bis 3FH reicht, lassen sich 64-Byte große RAM-Bänke einblenden. Die Auswahl der aktiven Bank geschieht durch Schreiben einer Nummer in ein spezielles Data Bank Switch Register (DBS-Register 0CBH). Die Nummer entspricht genau der gewählten RAM-Bank. So können Daten abgelegt werden, ohne den arg bemessenen Arbeitsbereich zu belegen. Auch für Interrupt-Routinen ist eine RAM-Bank interessant, lassen sich doch damit leicht die Datenbereiche Hauptprogramm/Interruptprogramm trennen. Bei den Controllern mit einem RAM bis zu 64 Byte ist dieses Banking aber nicht vorgesehen, und so fehlt bei ihnen auch dieses Spezialregister.

Spezielle Register

Die ST6-Controller haben eine typische Arbeitsregisterstruktur mit einem echten Akkumulator, zwei Index-Registern und zwei weiteren Datenregistern.

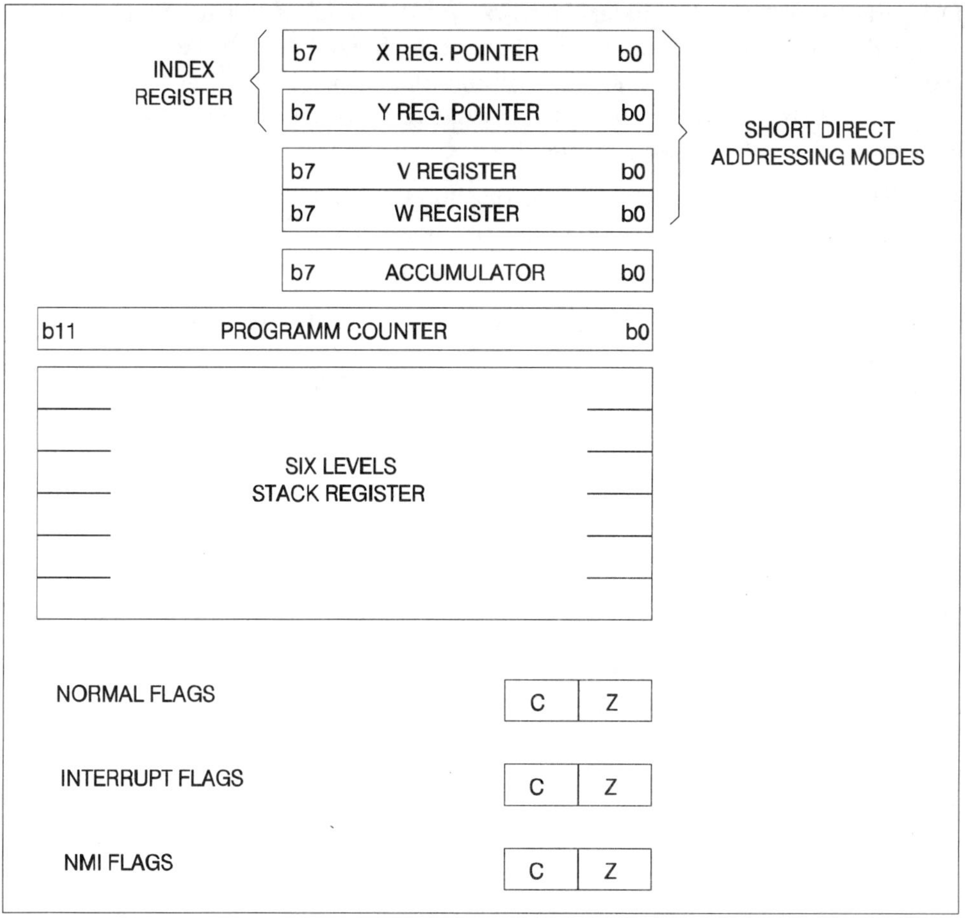

INDEX REGISTER {	b7	X REG. POINTER	b0	\
	b7	Y REG. POINTER	b0	
	b7	V REGISTER	b0	> SHORT DIRECT ADDRESSING MODES
	b7	W REGISTER	b0	/

b7　　ACCUMULATOR　　b0

b11　　PROGRAMM COUNTER　　b0

SIX LEVELS
STACK REGISTER

NORMAL FLAGS | C | Z

INTERRUPT FLAGS | C | Z

NMI FLAGS | C | Z

Abbildung 3.38: CPU-Registersatz der ST62XX-Controller

Der Akkumulator ist ein 8-Bit-Register, das alle arithmetischen und logischen Operationen und alle Datenmanipulationen ausführen kann, ansonsten aber eine ganz normale RAM-Zelle ist.

Zwei Indexregister X und Y dienen im Zusammenhang mit der indirekten Adressierung als Pointer auf jede beliebige Position im Daten-/Adreßraum. Angesprochen werden sie über die Adressen 80H und 81H mittels direkter, kurzer direkter oder Bit-direkter Adressierung. Neben ihrer Pointerfunktion sind sie aber auch als ganz normale RAM-Zellen für Daten nutzbar.

Die beiden **Short Direct Register V und W** sind als Zwischenspeicher für Datenbytes vorgesehen. Ihr Vorteil ist die Anwendbarkeit der kurzen direkten Adressierung auf die in ihnen gespeicherten Daten. Das bringt Platz- und Zeitgewinn gegenüber der Ablage von Zwischenergebnissen im normalen RAM. Ansonsten lassen sich aber auch die anderen Adressierungsarten hierfür anwenden.

Nicht als Datenregister verwendbar ist der **Befehlszähler PC**. Mit seiner Größe von 12 Bit kann er einen Programmspeicherbereich von 4 Kbyte direkt adressieren. Größere Adreßräume sind nur über Speicherbänke nutzbar.

Etwas Besonderes stellen **die Flags** der ST62XX-Controller dar. Bei diesen Controllern sind sie gleich 3 mal vorhanden. Dafür bestehen sie aber nur aus je 2 Bit, dem Carry (C)- und dem Zero (Z)-Bit. Jeder spezielle Mode des Controllers hat seine eigenen Flags. Zum normalen Mode gehören die Flags CN und ZN, zum Interruptmode CI und ZI und zum nichtmaskierten Interrupt-Mode CNMI und ZNMI. So treten keine Probleme bei Übergängen zwischen den Modi auf, denn die Umschaltung zwischen den Paaren erfolgt automatisch.

Als letztes bleibt noch **der Stack** übrig. Die ST62XX verwenden einen LIFO-Hardwarestack, der keinen speziellen Stackpointer braucht. Da in ihm nur der Befehlszähler abgespeichert werden kann, sind seine sechs Speicherzellen auch 12 Bit breit. Bei jedem Unterprogrammaufruf (CALL) und jedem Interrupt wird der PC in die oberste Stelle geschrieben, zuvor werden aber alle anderen Inhalte um eine Position tiefer verschoben. Jeder RET-Befehl nach einem Unterprogramm bzw. jeder RETI nach einem Interrupt transportiert den Inhalt der obersten Stelle in den PC, und alle anderen rücken nach.

Speicher- und Betriebsarten

Der Programmspeicher der einfachen Controller mit weniger als 4 Kbyte ROM besitz nur einen direkt adressierbaren Bereich, der von der Adresse 0 bis 0FFFH reicht. Versionen mit mehr Speicher haben auch nur einen 12-Bit-großen Befehlszähler, so daß auch sie nur auf diesen Adreßbereich direkt zugreifen können. Deshalb wird auf das Banking-Verfahren zurückgegriffen, bei dem sich in den Adreßbereich 0 bis 7FFH weitere 8 Seiten einblenden lassen. Der Bereich 800H bis 0FFFH bleibt immer bestehen und bildet den statischen Teil. In den einblendbaren 2K-Blöcken ist dieser obere Bereich auch noch einmal vorhanden, so daß es insgesamt nur 16 Kbyte werden und nicht 18. In der Abbildung ist der Speicher mit seinen 2K-Bänken zu sehen.

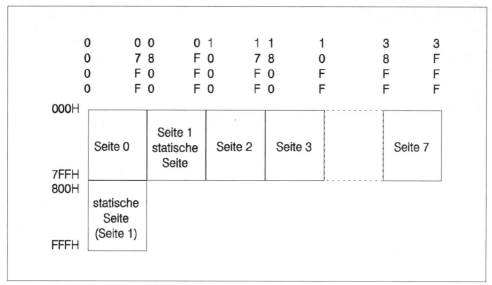

Abbildung 3.39: 16 Kbyte Programmspeicher der ST62XX-Controller

Die Abbildung zeigt nebenbei auch die wahren physikalischen Adressen der Bereiche, die von den einzelnen Bänken eingenommen werden, aber durch den Befehlszähler nicht direkt erreichbar sind. Ausgewählt wird die jeweils aktive Seite durch das Program-Bank-Switch-Register.

Besondere Betriebsarten gibt es bei den kleinen Controllern von SGS-Thomson nicht. Bleibt nur noch zu sagen, daß der eben vorgestellte Programmspeicher auch in einer EPROM-Version mit Fenster oder OTP-Version ohne Fenster oder auch ganz ohne ROM, dafür aber im Piggybackgehäuse zu haben ist.

Funktionsgruppen und Peripheriemodule

Von den vielen am Anfang namentlich erwähnten Modulen können hier nur die wichtigsten, controllertypischsten vorgestellt werden. Dabei hat gerade diese Familie durch ihren Einsatz in der Audio- und Videotechnik ganz besonders interessante Baugruppen. Doch aus Rücksicht auf den knappen Platz für die einzelnen Bauelemente sind Module wie die PLL-Synthesizer, LCD-/OSD-Ansteuerungen oder analoge Verstärkerstufen hier nicht im nötigen Umfang zu behandeln. Ihre Funktionen sind so komplex, daß bei genauerer Erklärung jedes ein eigenes Kapitel beanspruchen würde.

Ein-/Ausgabeports

Was die meisten Controller mit vielen verschiedenen Portleitungen machen, das können die Controller von SGS-Thomson mit jedem einzelnen Pin auch. Diese Bemerkung ist sicher übertrieben, doch was die Programmierbarkeit der Ein-/Ausgabepins dieser Controller angeht, so liegt hier sicher eine Funktionalität vor, die nicht von jedem anderen Controller geliefert wird. Auch Hochleistungs-MCU's sind diesbezüglich nicht immer so flexibel. In der ST6-Familie ist ab den ST62XX-Versionen jedes Bauelement mit einer Pin-Elektronik ausgerüstet, die das Pin völlig frei einsetzbar macht.

Als Beispiel wieder die ST6210/20- und ST6215/25-Controller. Ihre 12 bzw. 20 Ein-/Ausgabepins sind jedes einzeln in den folgenden Modi durch die Software programmierbar:

◆ Eingang ohne Pull-Up und ohne Interruptfunktion

◆ Eingang mit Pull-Up aber ohne Interruptfunktion

◆ Eingang mit Pull-Up und mit Interruptfunktion

◆ Analogeingang

◆ normaler Ausgang (Gegentakt-Stufe – Push-Pull)

◆ Open-Drain-Ausgang

Eingabemodus

Die Pins können individuell mit oder ohne internem Pull-Up-Widerstand programmiert werden. Ohne Pull-Up sind sie hochohmig, der Widerstand liegt ansonsten im Bereich von 50 bis 200 kOhm (exemplarabhängig!).

Interruptoption: Alle Eingangsleitungen lassen sich als Quellen für einen Interrupt verwenden. Dabei erfolgt für Port A eine AND-Verknüpfung zu dem Interrupt-Vektor 1. Port B und C sind zusammen ebenfalls wieder AND-verknüpft zum Interrupt-Vektor 2. Um flexibel reagieren zu können, kann für jedes Port noch die Bedingung zur Interruptauslösung gewählt werden, also Auslösung bei fallender Flanke, steigender Flanke oder Low-Pegel.

Analogeingänge: Als Analogeingänge sind *nicht alle Pins* programmierbar. Nur die Pins PA4-PA7, PB0-PB7 und PC4-PC7 sind dazu in der Lage. Aber auch hier muß aufgepaßt werden, daß immer nur ein Pin als Analogeingang gewählt wird, denn der 8-Bit-Analog-Digitalwandler hat nur einen Kanal. Mehrere Eingänge schließen sich gegenseitig kurz!

Ausgänge: Im Ausgabemode arbeitet die Pinelektronik mit einer Gegentaktstufe, bei der sich wahlweise der obere Transistor zur Betriebsspannung abschalten läßt. Damit entsteht die Open-Drain-Stufe. Der untere Transistor ist verschieden stark ausgeführt und bei den Pins PA0-PA3 mit 10 mA belastbar, bei den restlichen Pins nur mit 5 mA.

Für diese vielen Funktionen sind im Datenadreßraum 9 Register vorgesehen. Zwischen den Pins eines Ports und den Bit's in den Registern besteht die feste Zuordnung Pin-Nummer gleich Bit-Nummer. Jedes Port hat drei Register, ein Port-Data-Register, ein Port-Data-Direction-Register und ein Port-Data-Option-Register.

Die drei Register im einzelnen:

◆ Port-Data-Register DRA, DRB und DRC:
Über das Data-Register kann die CPU jederzeit den aktuellen Pegel an den Port-Pins lesen. Pins, die sich im Ausgabemode befinden, liefern den hier stehenden Pegel an die entsprechenden Ausgabestufen. Wird auf ein Bit geschrieben, dessen Pin auf Eingabe programmiert ist, erfolgt dadurch in Verbindung mit dem Option-Register die Wahl des entsprechenden Eingabemodes. Dieses Verfahren birgt eine Gefahr in sich. Die Datenregister sollten nicht mit Single-Bit-Befehlen bearbeitet werden, da diese Befehle kombinierte Lese-/Schreiboperationen ausführen, die ungewollt die Portkonfiguration verändern könnten. Ähnliche Beschränkungen sind ja schon von anderen Controllerfamilien bekannt.

◆ Port-Data-Direction-Register DDRA, DDRB und DDRC:
Die Aufgabe dieser Register ist die Definition der Datenrichtung. Ein auf 0 gesetztes Bit erzeugt einen Ausgang, ansonsten einen Eingang.

◆ Port-Data-Option-Register ORA, ORB und ORC:
Die Funktion der Optionregister ist am besten anhand folgender Tabelle zu verstehen.

Die Software kann zu jeder Zeit auf alle Portregister wie auf normale RAM-Zellen zugreifen. Nach einem Reset sind alle Register gelöscht, so daß dann der Port-Mode Eingang mit Pull-Up ohne Interruptfunktion eingestellt ist.

DDRX	ORX	DRX	Mode	Funktion
0	0	0	Eingang	mit Pull-Up, ohne Interrupt
0	0	1	Eingang	kein Pull-Up, ohne Interrupt
0	1	0	Eingang	mit Pull-Up, mit Interrupt

DDRX	ORX	DRX	Mode	Funktion
0	1	1	Eingang	PA0-PA3: kein Pull-Up, ohne Interrupt PA4-PA7, PB0-PB7, PC4-PC7: Analogeingang
1	0	X	Ausgang	PA0-PA3: 10 mA Open-Drain-Ausgang PA4-PA7, PB0-PB7, PC4-PC7: 5 mA Open-Drain-Ausgang
1	1	X	Ausgang	normaler Gegentaktausgang Push-Pull

Tabelle 3.27: Funktion der Option-Register

Timermodul

Zur Grundausstattung der ST6-Familie, wie sie am Beispiel der ST6210–25-MCUs zu sehen ist, gehört ein einfacher 8-Bit-Rückwärtszähler mit programmierbarem 7-Bit-Vorteiler. Ein diesem Modul fest zugeordnetes Pin wirkt als Eingang oder Ausgang für die Zählerlogik. In der Abbildung ist der prinzipielle Aufbau des Timers zu sehen.

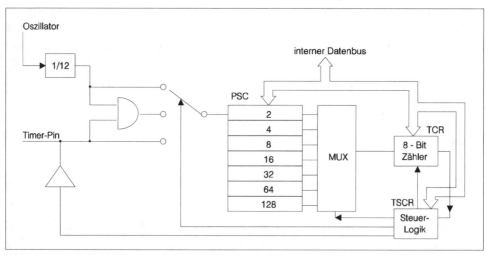

Abbildung 3.40: 8-Bit-Timermodul der ST62XX-Controller

Sowohl der Zähler als auch der Vorteiler sind durch je ein 8-Bit-Register im Datenspeicherbereich zu jeder Zeit les- und beschreibbar (Vorteiler – Prescaler-Register PSC und Zähler – Timer-Counter-Register TCR). Es fällt auf, daß beide Zähler keine Nachladeregister besitzen. Das wirkt sich entscheidend auf die Funktionsweise aus, wie gleich noch gezeigt wird. Der Vorteiler ist nur als reiner Teiler mit festen Teilerverhältnissen angelegt. Über einen Multiplexer kann einer der Teilerfaktoren 1, 2, 4, 8, 16, 32, 64 oder 128 gewählt und als Taktsignal dem Rückwärtszähler zugeführt werden. Für die Programmierung des Timermoduls gibt es noch ein spezielles Steuerregister im Datenbereich.

Timer-Status-Control-Register TSCR

7	6	5	4	3	2	1	0
TMZ	ETI	TOUT	DOUT	PSI	PS2	PS1	PS0

- TMZ   – Nulldurchgangsbit des Zählers

- ETI   – Interruptfreigabe (1) für Interrupt 3

- TOUT   – Steuerbit für Timerfunktion

- DOUT   – Ausgangsdaten-Bit

- PSI
  0 = Zählvorgang abgeschaltet, Vorteiler mit dem Wert 7FH geladen,
  1 = Zähler und Vorteiler frei

- PS0 – 2 = Vorteilerfaktorauswahl

Wie die Abbildung weiterhin zeigt, ist als Taktquelle für die Vorteiler-Zählerkombination wahlweise der externe Eingang oder der interne Systemtakt verwendbar. Damit ergeben sich die folgenden Betriebsarten:

Zeitgeber- oder Ausgabemode (TOUT = 1, DOUT = Ausgang)

Der Vorteiler bekommt als Takt den durch 12 geteilten Oszillatortakt eingespeist. Mit seinen 15 Bit Gesamtzählerlänge ergibt sich der maximale Zählerfaktor von 2^{15}. Erreicht der Zähler den Wert 0, so stoppt der Zählvorgang, und das TMZ-Bit wird gesetzt. Ist durch ein vorher gesetztes ETI-Bit der Interrupt für dieses Modul freigegeben, so löst die Logik zusätzlich noch einen Interrupt mit dem Vektor 3 aus. Und schließlich ist der Zustand des DOUT-Bits noch an dem als Ausgang betriebenen Timer-Pin ablesbar. Mit dem Erreichen der Null sind die Aktivitäten des Zählers beendet. Hier wird der einfache Aufbau dieses Moduls deutlich. Um einen neuen Timerdurchlauf zu starten, muß das Programm einen neuer Zählerwert in das Zählregister TCR laden und anschließend das TMZ-Bit auf 0 setzen. Diese Aufgabe erhöht den Softwareaufwand für diese einfache Timerfunktion beträchtlich.

Getorter Zählermode (TOUT = 0, DOUT = 1)

Bei diesem Mode wirkt der Eingang als Torsignal für den internen Takt. Ist der Timereingang auf 1, so können die durch 12 geteilten Oszillatortakte den Zähler über den Vorteiler dekrementieren. Die Funktionen beim Erreichen des Zählerstandes 0 sind die gleichen wie beim Ausgabemode. Auch hier wird dieser Zustand durch Setzen des TMZ-Bits der Software angezeigt und, wenn programmiert, auch ein Interrupt ausgelöst.

Zählermode (TOUT = 0, DOUT = 0)

Ist dieser Mode eingestellt, so wirkt jede positive Flanke am Timereingang als Zählimpuls. Die Maximalfrequenz dieses Signals kann ¼ der Oszillatorfrequenz betragen. Die Modullogik wirkt wie bei den beiden anderen Betriebsarten.

Watchdog/Zähler

Ein Teil der Bauelemente ist mit einem weiteren Zähler ausgerüstet. Dieser Zähler ist per Software oder durch eine Maske beim Herstellungsprozeß als Watchdog-Timer oder als frei verwendbarer 7-Bit-Rückwärtszähler einsetzbar. Das Zählerregister DWDR hat, wie alle anderen Register, auch seinen Platz im Datenspeicherbereich. Der durch 12 geteilte Oszillatortakt steuert den Zähler über einen 8-Bit-Teiler. Mit den verschiedenen Zählerladewerten ist ein Bereich von 3072 bis 196608 Takten, bzw. 0,384–24,576 ms einstellbar (8 MHz-Quarz). Ist der Watchdog eingeschaltet, entweder durch die ROM-Maske oder durch die Software, so muß der Zähler vor Erreichen des 0-Wertes mit einem neuen Wert beschrieben werden. Geschieht das nicht rechtzeitig, löst der Nulldurchgang einen Reset aus. In dem Watchdog-Register DWDR steuern 2 Bits die Funktion. Bit 0 wählt entweder den Watchdog- oder den Zähler-Mode. Bit 1 ist normalerweise das 7. Bit des Zählers, beim Watchdog ist es aber ein Steuerbit und löst einen Softwarereset aus, wenn es auf 0 gesetzt wird. Ein vom Watchdog erzeugter Reset steuert auch das Reset-Pin an, so daß eine extern angeschlossene Peripherie etwas von diesem Zustand erfährt. Die Verwendung des Zählers im normalen Betrieb ist etwas beschwerlich, da sein Zählregisterinhalt über die Bits 1 bis 7 des DWDR-Registers zu lesen und zu schreiben sind. Um die Sache noch komplizierter zu machen, sind die Bits in der Reihenfolge vertauscht. Außer der Zählfunktion des Oszillatortaktes sind keine weiteren Funktionen wählbar, so daß die Hauptfunktion dieses Moduls die Überwachung sein dürfte.

8-Bit-Analog-/Digitalwandler

Der in den Controllern enthaltene 8-Bit-A/D-Wandler arbeitet nach dem Verfahren der sukzessiven Approximation. Dadurch ist bei recht guten Umsetzzeiten (ca. 70 μs) eine hohe Qualität der Wandlung erreichbar. Die Auswahl des zu wandelnden Eingangs geschieht durch Programmierung der entsprechenden Bits im Daten-, Daten-Richtungs- und Optionsregister des jeweiligen Ports. Es darf immer nur ein Eingang als Analogsignalquelle ausgewählt sein. Der analoge Eingangswert wird zwischen den beiden Referenzspannungen V_DD und V_SS bewertet und in 256 Stufen klassifiziert. Für eine fehlerfreie Wandlung ist es wichtig, daß das Analogsignal mindestens 1 μs vor dem Wandlerstart anliegt und sich über die gesamte Umsetzdauer nicht ändert. Eine chipinterne Sample & Hold-Schaltung gibt es aus Kostengründen nicht. Der A/D-Wandler hat zwei eigene Register im Datenspeicherbereich, die sich ADC Data-Conversion-Register und ACD Control-Register nennen. Im Datenregister steht nach einer Wandlung das Ergebnis, das andere Register dient der Steuerung und Programmierung des Wandlers.

ADC Control-Register ADCR

7	6	5	4	3	2	1	0
EAI	EOC	STA	PDS	–	–	–	–

Der Funktionsablauf der Umsetzung und der Umgang mit dem Wandler ist ohne Besonderheiten. Die Wandlung startet mit dem Schreiben einer 1 in das Startbit STA. Im gleichen Moment geht das Endebit EOC auf 0. Ist die Wandlung beendet, so wird das EOC-Bit von der Wandlerlogik auf 1 gesetzt. Diesen Zustandswechsel kann die Software abfragen, oder sie bedient sich der Interruptfähigkeit des Controllers und läßt mit dem Ende der Wandlung einen Interrupt (Vektor 4) auslösen. Zu diesem Zweck braucht nur das EAI-Bit gesetzt zu werden. Im Steuerregister gibt es noch ein weiteres Bit, das seine Bedeutung im Zusammenhang mit den Low-Power-Modi hat. Das PDS-Bit muß für den Wandlerbetrieb immer auf 1 gesetzt sein. Rückgesetzt sorgt es für eine Abschaltung der internen Versorgungsspannungen des Wandlers und damit für einen minimaleren Leistungsbedarf.

Interruptverhalten und Low Power Mode

Die Controller ST62XX können 4 maskierbare und einen nichtmaskierbaren Interrupt verarbeiten. Jeder Interrupt hat seinen eigenen Vektor, der einen Sprungbefehl zur eigentlichen Interruptbehandlungsroutine enthält. Das Verfahren ist bei den meisten Vektorinterrupts gleich. Die Zuordnung der 6 verschiedenen Interruptquellen zu den Vektoren ist in der folgenden Tabelle zu sehen.

I-Quelle	Vektor	Vektor-Adresse
NMI-Pin	Vektor 0	(FFCH, FFDH)
Port A Pins	Vektor 1	(FF6H, FF7H)
Port B Pins	Vektor 2	(FF4H, FF5H)
Port C Pins	Vektor 3	(FF4H, FF5H)

| Timer | Vektor 4 | (FF3H, FF2H) |
| ADC | Vektor 5 | (FF0H, FF1H) |

Tabelle 3.28: Zuordnung von Interruptquellen zu Vektoren

Die Tabelle zeigt neben den Vektoren auch die Prioritätseinteilung bei der Abarbeitung. Danach hat der nichtmaskierte Interrupt die höchste Priorität. Er ist auch gleichzeitig der einzige, der alle anderen zu jeder Zeit unterbrechen kann. Alle anderen können das nicht einmal untereinander. Die Priorität bestimmt nur die Reihenfolge bei gleichzeitigem Auftreten.

Ausgelöst wird der NMI durch einen High-Low-Übergang am externen Eingang. Die Interruptquellen der Module Timer und ADC haben ihr spezielles Freigabebit im moduleigenen Steuerregister. Nur die Interrupts aus den I/O-Ports brauchen noch Steuerbits zur Bestimmung der auslösenden Flanken und des Pegels. Bei der Beschreibung der Portfunktionen ist schon auf die Interruptfunktionen hingewiesen worden. Dieses Spezialregister heißt Interrupt-Option-Register IOR und liegt wie alle anderen Register auch im Datenspeicherbereich. Neben den genannten Aufgaben dient es zusätzlich noch zur Freigabe bzw. Sperrung aller maskierbaren Interrupts. Bedeutung haben dabei aber nur die Bits 4 bis 6.

◆ Bit 4:
   0 = alle Interrupts des Controllers sind gesperrt (Reset-Zustand)
   1 = Interrupts global freigegeben

◆ Bit 5:
   0 = fallende Flanken an den Ports B und C erzeugen einen Interrupt
   1 = steigende Flanken an den Ports B und C

◆ Bit 6:
   0 = fallende Flanken am Port A erzeugen einen Interrupt
   1 = pegelsensitiver Mode für Port A

Wichtig bei diesen Portinterrupts ist, daß für sie kein Auffanglatch einen aufgetretenen Interrupt speichern kann. Wird mit einer flankenaktiven Auslösung gearbeitet, und ist die CPU schon mit der Bearbeitung eines Interrupts beschäftigt, so bleiben weitere Interruptflanken in diesem Zeitraum unbemerkt. Bei pegelsensitiven Interrupts muß daher die externe Logik dafür sorgen, daß der Interruptpegel so lange anliegt, bis der Controller zu seiner Bearbeitung bereit ist. Nach jedem Befehl testet die CPU die Interruptleitungen. Ein Signal muß also mindestens einen Befehlszyklus, d.h. 1,625 µs bei 8MHz Oszillatortakt anliegen, um erkannt zu werden.

Der Ablauf eines Interrupts bei diesen Controllern ist einfach und kurz erklärt:

◆ Interruptauslösung und Erkennung

◆ Austausch der Flags CN und ZN mit den Flags CI und ZI bzw. CNMI und ZNMI

◆ aktuellen PC in die oberste Stackposition speichern

◆ alle anderen Interrupts sperren (außer NMI)

◆ den entsprechenden Interruptvektor in den PC laden

◆ Werden CPU-Register verändert, so muß das Serviceprogramm für das Retten und Rückschreiben der entsprechenden Register auf einen Software-Stack selber sorgen.

◆ zum Abschluß der Interruptroutine Rücksprung in das unterbrochene Programm mit dem RETI-Befehl (automatische PC- und Flag-Verarbeitung)

WAIT- und STOP-Mode

In vielen typischen Applikationen der ST62XX-Controller ist besonders ein geringer Leistungsbedarf gefordert. Mit ihrem vorrangigen Einsatz in Mobilgeräten (Autoradios, TV-Geräte, Kassettenrekorder usw.) ist dieser Punkt ausschlaggebend für die Betriebsdauer. Deshalb ist trotz Konzentration auf die wesentlichen Funktionen gerade den beiden Betriebsarten, dem WAIT- und dem STOP-Mode, die nötige Bedeutung beigemessen worden.

WAIT-Mode

In den WAIT-Mode gelangt der Controller durch Abarbeitung des gleichnamigen Befehls. Alle internen Aktivitäten werden »eingefroren«, d.h., die Programmabarbeitung stoppt an der gerade gültigen Stelle. Der Oszillator läuft aber weiter, und auch der Timer sowie der A/D-Wandler sind vom Takt versorgt. Dadurch verringert sich die Stromaufnahme um die Hälfte. Aus diesem Mode läßt sich die CPU nun per Interrupt oder Reset holen. Der Timer-Interrupt ist dabei eine der gebräuchlichsten Methoden, wenn es um die Stromreduzierung durch einen zyklisch unterbrochenen Betrieb geht.

STOP-Mode

Noch mehr Strom läßt sich mit dem STOP-Mode sparen. Hierbei ist zusätzlich noch der Oszillator abgeschaltet, was eine Stromreduzierung auf ca. 0,3 % des normalen Strombedarfs zur Folge hat. Damit sind auch alle anderen Aktivitäten der CPU in Ruhe, und nur ein externer Interrupt oder ein Reset kann diesen Zustand beenden.

Nach der Rückkehr aus einem STOP-Mode sollt,e wie bei allen anderen MCUs auch, auf die stabile Arbeit des Oszillators gewartet werden. Im Fall der ST62XX sorgt dafür eine interne Schaltung.

Programmiermodell und Befehlssatz

Die CPU der ST62XX-Controller ist optimal auf das Leistungsvermögen der internen Komponenten und auf die Anforderungen von Seiten der Anwender abgestimmt. Ein begrenzter Programmspeicher und die nicht allzu kurzen Befehlszykluszeiten sind immer automatisch der Rahmen für die Adressierungsarten und die Befehle eines Controllers. Aus diesem Grunde haben diese Bauelemente neben 5 »normalen« 4 besonders kurze und schnelle Adressierungsarten. Dieses sind die direkte, die kurze direkte und die Bit-direkte Adressierung. Dazu zählen ebenfalls noch die Bit-Test- und Branche-Befehle. Die Direkte Adressierung greift mit einer 8-Bit-Adresse auf den 256-Byte-großen Datenspeicherraum zu. Bei der kurzen direkten Methode steht der Operand in einem der 4 Register X, Y, V oder W. Durch die Einschränkung auf nur 4 mögliche Orte kann die Adresse mit im Opcode untergebracht werden. Der gesamte Befehl ist daher nur ein Byte lang. Auch bei den Bit-direkten Befehlen steht die Position des zu verändernden Bits im Opcode, der Ort der zugehörigen Daten, im zweiten Byte (2-Byte-Befehl). Wird dieser Befehl noch mit einer 1-Byte-Sprungdistanz ergänzt, erhält man die Bit-Test- und Branche-Befehle. Testbedingung, Testbyte und Distanz bilden einen 3-Byte-Befehl. Alle Adressierungsarten hier im Überblick:

◆ Immediate Adressierung (Operand steht im Befehl)

◆ Direkte Adressierung (Operandenzugriff über 8-Bit-Adresse)

◆ Kurze direkte Adressierung (Operand steht in CPU-Register X, Y, V oder W)

◆ Erweiterte Adressierung (mit 2 Adreßbytes für die 12-Bit-Adresse)

◆ PC Relative Adressierung (Bedingte Sprünge)

◆ Bit-direkte Adressierung (Bit im Opcode gekennzeichnet, Operandenadresse folgt unmittelbar auf den Opcode)

◆ Bit-Test- & Branche-Adressierung (wie Bit-direkte Adressierung, aber Testbefehl, in dessen Ergebnis relativ gesprungen wird. Sprungdistanz folgt als 3. Byte)

◆ Indirekte Adressierung (1-Byte-Befehle, Operand wird durch Adresse im X- oder Y-Register gezeigt)

◆ Inhärente Adressierung (1-Byte-Befehle ohne Adreßzugriffe auf einen Operanden)

Zum Basisbefehlssatz der Controller gehören 40 Befehle. In Zusammenhang mit den 9 Adressierungsarten ergeben sich daraus 244 sinnvolle Befehle, die in 6 unterschiedliche Gruppen einzuordnen sind:

◆ Transport- und Speicherbefehle (eine Operandenadresse ist immer der Akkumulator)

◆ Arithmetik- und Logikbefehle (ein Operand steht immer im Akkumulator)

◆ Bedingte Sprünge

◆ Bit-Manipulationsbefehle

◆ Sprung- und Unterprogrammbefehle

◆ Steueranweisungen

Bei allen Datenmanipulationen steht ein Operand immer im Akkumulator. Die Architektur der CPU kennt keine anderen Register mit Verarbeitungsfunktion. Das ist der Nachteil von diesen einfachen CPU-registerorientierten Controllern. Alle Daten müssen zur Verarbeitung zuerst in den Akku und dann wieder von diesem wegtransportiert werden. Dafür sind aber die Befehle kurz, da eine Operandenadresse immer feststeht. Was im konkreten Fall als Vor- oder Nachteil angesehen wird, hängt zum Teil von der Programmaufgabe ab. Entscheidend ist jedoch nicht immer allein die Anzahl der Datenregister und deren Funktionen. Bei einem effektiven Befehlssatz und abgestimmten Adressierungsarten kann eine einfache Struktur auch durchaus Vorteile bringen.

Entwicklungswerkzeuge

Neben den üblichen Mitteln wie Hardwareemulatoren, Evaluation Boards und einer umfangreichen Entwicklungssoftware bringen die Bauelemente schon eine »eigene Unterstützung« mit. Zu allen Versionen gibt es passende EPROM- und OTP-Versionen. Wem das Ein- und Ausbauen der Bauelemente aus der Schaltung zu viel Mühe macht, kann auch auf ein Piggyback-Gehäuse zurückgreifen, bei dem nur noch der aufgesetzte EPROM gewechselt werden muß und für den ein ganz normaler EPROM-Programmierer ausreicht.

3.2.2   Die ST9-Familie

Mit wesentlich mehr Performance sind die großen Controller von SGS-Thomson ausgestattet. Hier ist eine Anwendergruppe angesprochen, die mehr Leistung benötigt und dafür auch einen höheren Preis akzeptiert. Die Einsatzgebiete der ST6- und ST9-Typen sind zum Teil gleich, nur die Aufgaben in diesen Bereichen unterscheiden sich. Hauptanwender sind die Autoelektronik, die Heimelektronik (Audio und TV) sowie die Computertechnik. Mit mehr Leistungsvermögen kommen jedoch verstärkt neue Gebiete hinzu. ST9-Controller findet man in industriellen Steuerungen, Elektronikmodulen von Robotern, High-End-Kommunikationsanlagen usw. Das »Mehr« an Leistung wird sofort deutlich beim Betrachten der typischen Familienmerkmale dieser MCUs. Auch hier handelt es sich um ein offenes modulares System aus verschiedenen Makros, die aber im Unterschied zu den ST6-Versionen deutlich mehr Leistung haben.

◆ CPU-Core (8/16 Bit)

◆ verschiedene Speichermodule (RAM, ROM, EPROM, EEPROM)

◆ Memory-Management-Modul

◆ verschiedene Timer (16-Bit, Multifunktionstimer)

◆ A/D-Wandler

◆ SCI- und SPI-Module

◆ verschiedene I/O-Ports

◆ anwenderspezifische Module

Die Komplexität der einzelnen Module ist derart groß, daß hier nur an einigen Beispielen ein Eindruck von den Möglichkeiten der Module vermittelt werden kann. Wie auch bei den anderen Bauelementen der verschiedenen Hersteller wäre für die ST9-Familie ein eigenes Buch notwendig. In der folgenden Zusammenstellung sind die wichtigsten Eigenschaften der Familie zusammengestellt:

◆ erweiterte 1,6 oder 1,2 -HCMOS Technologie, dadurch geringer Stromverbrauch und weiter Temperaturbereich

◆ Hochleistungs-CPU-Kern mit 8- und 16-Bit-Arithmetik-/Logik-Einheit

◆ 14 Adressierungsarten, Befehle für Bit-, BCD-, Byte- und Wortverarbeitung, 8x8-Bit MUL und 16/8-Bit, 32/16-Bit DIV, Blockbefehle

◆ 0 bis 32 Kbyte On-Chip-ROM oder EPROM

◆ 0 bis 2 Kbyte On-Chip-RAM

◆ 0 bis 2 Kbyte On-Chip-EEPROM

◆ 128 Kbyte Speicheradreßbereich (Harvard-Architektur)

◆ eine On-Chip-Memory-Management-Unit (MMU) ermöglicht den Zugriff auf 16 Mbyte Speicher

◆ eigener Registerblock mit 256 Registern und 0–24x16 Page-Registern

◆ 24 MHz externer Takt – 12 MHz interner Takt führen zu 500 ns (Byte) oder 800 ns (Wort) Befehlsausführungszeiten

◆ programmierbarer Interruptcontroller mit beliebig vielen internen und externen Interruptquellen, bis zu 128 Vektoren, bei externen Quellen Pegel und Flanken wählbar, Priorität ist per Programm frei einstellbar (8 Level + NMI), verschachtelter Betrieb durch Arbitrationslogik

◆ bis zu 9 parallele 8-Bit Ein-/Ausgabeports

◆ Multifunktionstimer 16 Bit mit eigener DMA

◆ 16-Bit-Slice-Timer als einfachere Alternative zum Multifunktionstimer

◆ SPI-Modul mit Bitraten bis zu 1,5 MHz, kompatibel zum IMBUS und I^2C-BUS

◆ Hochleistungs-SCI-Modul mit eigener DMA

◆ 8-Kanal-Analog-/Digital-Wandler

◆ kundenspezifische Peripherie durch Makrozellenstrukturen (Gates, Latches, Multiplexer...)

◆ 40/48-DIL-Gehäuse oder 44/68/84-Pin-PLCC-Gehäuse

◆ reiche Auswahl an Entwicklungswerkzeugen

Das Interessante an so kundenspezifischen Bauelementefamilien wie der ST9-Familie ist die Möglichkeit der Beeinflussung der internen Struktur durch den Anwender. Das sorgt für eine riesige Zahl an Versionen auf dem Markt. Das Unternehmen SGS-Thomson liefert seine ST9-Mikrocontroller aber auch in einer breiten Palette an verschieden ausgerüsteten Standard-Typen. Die folgende Tabelle bringt einen Ausschnitt aus dem Spektrum:

Typ	ROM	RAM	EEPROM	I/O	Timer	Seriell	ADU	WD
ST90X20	8K	256	–	5×8	16-Bit, MFT	SPI, SCI	–	1
ST90X26	16K	512	–	5×8	16-Bit, MFT	SPI, SCI	–	1
ST90X30	8K	256	–	7×8	16-Bit, 2xMFT	SPI, SCI	8×8 Bit	1
ST90X40	16K	512	512	7×8	16-Bit, 2xMFT	SPI, SCI	8×8 Bit	1
ST90X50	–	256	–	(7+2)×8	16-Bit, 3xMFT	SPI, 2xSCI	8×8 Bit	1
	24-Bit MMU, 2 Ports mit DMA							
ST90X54	32K	1,5K	–	(7+2)×8	16-Bit, 3xMFT	SPI, 2×SCI	8×8 Bit	1
	24-Bit Paged MMU, 2 Ports mit DMA							

Tabelle 3.29: Einige Standardversionen der ST9-MCU

Erklärungen:
MFT = Multifunktions-Timer

Bezeichnung der Speicherversionen:
z.B.   ST90X20 mit   X = E EPROM-Version
X = R ROM-lose Version
X = (fehlt) internes Masken-ROM

Am Beispiel eines Bauelements hier nun eine Kurzvorstellung der Familie. Mit nahezu allem ausgerüstet, was die Standardversionen zu bieten haben, ist der ST90X54 ein Hochleistungs-Mikrocontroller, der besonders häufig in Industriesteuerelektroniken, Kommunikationsanlagen, Terminals und Druckern zu finden ist. Seine Ausrüstung ist der letzten Tabelle zu entnehmen, die Struktur ist im Blockbild ersichtlich.

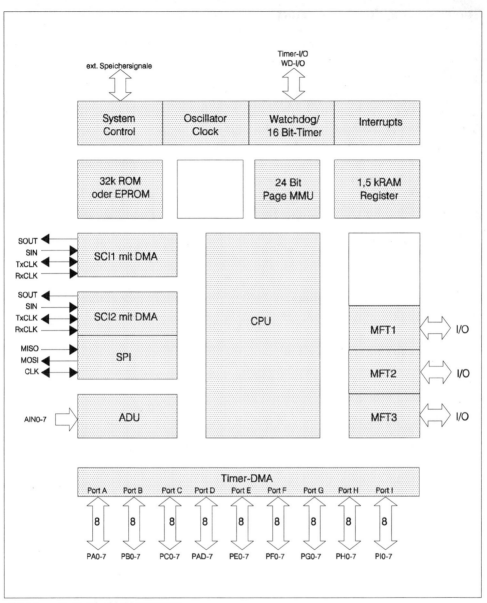

Abbildung 3.41: Blockbild ST90X54

Speicher- und Registerstruktur

Controller mit einer derart umfangreichen Ausrüstung an Speichern und leistungsstarker Peripherie verwenden gern die Harvard-Architektur für das Management des Adreßraums. Mit einem 16-Bit-Befehlszähler sind die ST9-MCUs in der Lage, 64 Kbyte Programmspeicher und gleichviel Datenspeicher anzusprechen. Dabei sind allerdings chipinterne Bereiche mit eingeschlossen. Zusätzlich zum Programm- und Datenspeicher kennt die CPU noch einen internen Registerbereich, der mit eigenen Befehlen angesprochen wird und sehr flexibel in der Größe ist. Um derart viel Speicher mit der Peripherie und den internen Modulen optimal zu verbinden, nutzen wichtige Funktionen wie die serielle Schnittstelle, die Timer und einige I/O-Ports den DMA-Verkehr zur Kommunikation und zum Datenaustausch. Ein besonderes Plus verdienen die Controller bei der Unterstützung von Echtzeitverarbeitung und Multitasking. Vorbildlich ist hier ihr Umgang mit dem Stack. Es sind zwei unabhängige Stack-Bereiche mit eigener Verwaltung vorhanden, die eine Trennung in User- und Systemstack gestatten. Bleibt nur noch die Memory Management Unit zu erwähnen. Mit ihrer Hilfe kann der Adreßbereich um weitere 24 Seiten à 64 Kbyte erweitert werden. Alles in allem ergibt sich hier das Bild eines Hochleistungscontrollers, der in der 8-Bit-Welt zu den High-End-Produkten zählt.

Register- und Peripheriefile

Zur Grundausstattung aller ST9-Controller gehört ein 265-Byte-großer Registerbereich. Dieser hat die folgende Unterteilung:

◆ 16 Register für systeminterne Aufgaben und Port-Datenregister

◆ 16 Plätze für einen Page-Bereich

◆ ein verbleibender Rest von 224 Registern als frei verfügbares Registerfeld.

Spezielle Rechen- und Indexregister gibt es nicht. Deshalb sind alle Zellen in diesem Registerfeld als Akkumulatoren, Register-Pointer, Speicher-Pointer, Index-Register und natürlich auch als normale RAM-Speicher nutzbar.

Mit der Vielzahl an Peripheriemodulen wäre auch ein 256-Byte-Registerblock überfordert, würde SGS-Thomson nicht die gesamten Peripherieregister in Page-Bereiche packen. Die folgende Abbildung zeigt den Aufbau des Registerfeldes.

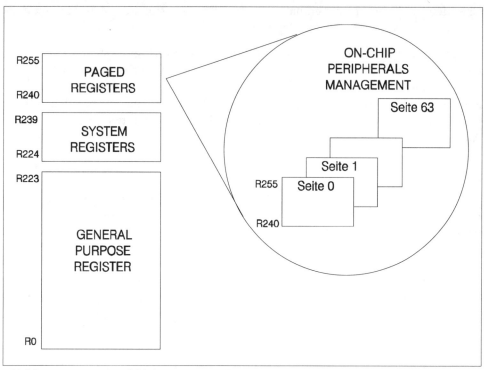

Abbildung 3.42: Registerfeld der ST9-Controller

Der 16-Byte-Page-Bereich am oberen Ende des Gesamtregisterraumes kann mit maximal 63 weiteren 16 Registern hinterlegt werden, jedoch nutzen nicht alle Controller diesen Bereich vollständig. Damit bleibt für künftige Erweiterungen genügend Platz. In der Seite 0 sind Steuerregister für grundsätzliche CPU-Funktionen wie Wait-State-Erzeugung, Watchdog und externe Interrupts untergebracht. In den dahinterliegenden Registerbänken haben die Peripheriefunktionen ihren Platz. In der Abbildung ist die Aufteilung zu sehen. Es gibt aber noch wichtigere Steuer- und Statuszellen, die immer ansprechbar sein müssen. Derartige Zellen haben ihren Platz im Systemregisterblock.

R224–229	Port 0 – 5 Datenregister (weitere Portregister sind im Page-Bereich)
R230	Zentrales Interruptsteuerregister
R231	Flags
R232,233	Pointer für Arbeitsregistergruppen
R234	Page-Pointer (Pointer auf aktuelle Register-Page)
R235	CPU-Mode
R236–239	System Stack Pointer und User Stack Pointer

Über den in dieser Gruppe enthaltenen Page-Pointer erfolgt die Auswahl der aktiven, im Page-Bereich liegenden Registergruppe.

Neben den 224 Registern, die dem Anwender frei zur Verfügung stehen, sind einige Bauelemente mit noch weiteren RAM-Speicherzellen ausgerüstet. Bis zu 1,2 Kbyte sind in Standardversionen integriert und bieten dem Programmierer ausreichend Platz für datenintensive Programme. Genügend RAM-Speicher ist aber nicht nur für große Datenmengen erforderlich, sondern auch dann, wenn der Stack auf interne Adressenbereiche gelegt ist. Doch dazu gleich mehr.

Spezielle Register

Mit seiner Universal-Registerstruktur kann SGS-Thomson auf spezielle »Rechen«-Register und Adressierungsregister verzichten. Alle Register (mit Ausnahme der Steuerregister) sind zur Datenmanipulation, Datenaufbewahrung und Adressierung verwendbar. Diese Form des Registereinsatzes ist bei vielen Controllern zu finden. Das Besondere bei dieser Bauelementefamilie ist ihre Stack-Struktur. Die ST9-Controller haben zwei getrennte Stackbereiche, einen für Systemaufgaben und einen zur freien Benutzung durch die Anwendersoftware. Jeder Stack hat seinen eigenen Stackpointer, so daß bei entsprechender Initialisierung beide Bereiche streng voneinander getrennt sein können und dieses auch sollten. Der Systemstack dient der Aufbewahrung von Befehlszählerständen und Flag-Registern und wird im Zusammenhang mit der Unterprogramm- und der Interruptverarbeitung verwendet. Diese Funktion macht ihn besonders empfindlich, da Manipulationen seines Inhalts durch Fehler in der Software meistens zu Totalabstürzen des Programms führen. Der Userstack ist für Datenübergaben von Prozeduren vorgesehen. Besonders Hochsprachen machen von diesem Übergabeprinzip regen Gebrauch. Wenn es wie bei diesem Controller gelingt, den Verwaltungsbereich sauber vom Datenbereich zu trennen, so bringt der dazu nötige Mehraufwand einen entscheidenden Gewinn an Sicherheit. Um die ganze Struktur noch zu vervollkommnen, kann für jeden Stack getrennt entschieden werden, ob er im internen oder im externen Datenbereich liegen soll. Eine bessere Trennung kann man sich kaum denken.

Speicher und Betriebsarten

Es gibt im Bereich der 8-Bit-Mikrocontroller nur wenige Bauelemente mit einer derartig umfangreichen und flexiblen Speicherstruktur, wie sie die ST9-Controller haben. Dank ihrer Harvard-Architektur können die ST9 trotz 16-Bit-Befehlszähler 2×64 Kbyte Speicher adressieren. Chipintern sind Programmspeicher bis zu 32 Kbyte und Datenspeicher bis zu 2 Kbyte ausgeführt. Für die internen Busse zwischen den Speichern und anderen Funktionseinheiten kommen 16-Bit-breite Pfade zum Einsatz. Adreßzugriffe außerhalb der internen Bereiche lenkt die Logik des Controllers auf einen externen Daten-/Adreßbus um. Dieser nutzt 2 8-Bit-I/O-Ports als Bus sowie die schon von anderen Controllern her bekannten Steuersignale Address Strobe /AS, Data Strobe /DS und Read/Write R/W. Hinzu kommt noch das bei Harvard-Architekturen notwendige Signal P/D zur Unterscheidung von Programm- und Datenspeicherzugriffen (die »17. Adresse«). Für den externen Bus kann auch eine nicht gemultiplexte Ausgabe gewählt werden, wenn für Ein-/Ausgabefunktionen nicht alle Ports gebraucht werden. Das spart externe Bauelemente. Im allgemeinen wird jedoch der Bedarf eher in Richtung I/O-Leitungen gehen, so daß in den meisten Anwendungen der gemultiplexte Bus zum Einsatz kommen wird.

Um sich an langsame Speicher oder Peripherie anzupassen, kann der Controller mehrere Waitzyklen in die normalen Zugriffe einfügen. Dabei gibt es zwei unterschiedliche Möglichkeiten. Die eine ist eine Softwarelösung und gestattet die Erweiterung der Schreib-/Lesezugriffe um bis zu 7 interne Takte. Sollte das nicht reichen, oder ist nicht generell für alle Module eine Wait-Verlängerung notwendig, kann auch mit einem Hardwareeingang gearbeitet werden. Ein langsames Bauelement am externen Bus ist dann in der Lage, ganz speziell nur für sich das Wait-Pin auf Low zu ziehen und den Zugriff zu verlängern.

Meistens geht es in der Praxis aber genau um das Gegenteil, nämlich um die Verringerung der Transportzeiten zwischen den Modulen und Komponenten. Ist wie bei den meisten Controllern allein die CPU mit ihren Transportbefehlen für den Datenaustausch verantwortlich, geht viel Zeit für das Lesen und Ausführen der MOV- oder LD-Befehle verloren. Besser geht das mit einer DMA-Logik, die, einmal initialisiert, für die Übertragung sorgt, ohne daß die CPU und die Software noch etwas damit zu tun haben.

Bei den ST9-Controllern gestattet die eingesetzte Multikanal-DMA den schnellen Datenverkehr zwischen

◆ Peripherie und Registerfile in 8 CPU-Cyklen (660 ns / 12 MHz intern)

◆ Peripherie und Speicher in 16 CPU-Cyklen (1330 ns / 12 MHz intern)

◆ oder den Blocktransfer (keine Software-Blocks!),
  bis zu 222 Byte mit Registerfiles,
  bis zu 64 Kbyte mit dem Speicher.

Von der Möglichkeit des Datenverkehrs ohne Zutun der CPU profitieren auch die internen Peripheriemodule. So können die Timer, die SCI-Schnittstelle, I/O-Ports oder kundenspezifische Schaltungen im DMA-Verkehr kommunizieren. Da auch für diese Art der Übertragung die chipinternen Daten- und Adreßpfade verwendet werden, ist eine Zeiteinteilung bei der Nutzung wichtig. Jeder DMA-Kanal hat eine eigene programmierbare Priorität, so daß der Programmierer über die Dringlichkeit variabel und in Echtzeit entscheiden kann. Um bei einer Blockübertragung richtig auf das Ende reagieren zu können, besteht die Möglichkeit, DMA-eigene Interrupts zu verwenden.

Memory Management Unit

Eine MMU versetzt den Controller in die Lage, trotz seines 16-Bit-Befehlszählers auf einen Adreßraum von 16 Mbyte zuzugreifen. Unter Nutzung der Ports 0, 1 und 2 wird ein 24-Bit-Adreßbus bereitgestellt. Dieser teilt sich in 2 8-Mbyte-Bereiche, einen Datenbereich und einen Programmbereich. Erreicht wird diese enorme Speichergröße durch Segmentierung in einzelne 32-Kbyte-Blöcke. Die MMU schaltet die jeweils gewünschten Blöcke in den normalen Adreßraum in die obere Hälfte. Die Grafik zeigt das Verfahren.

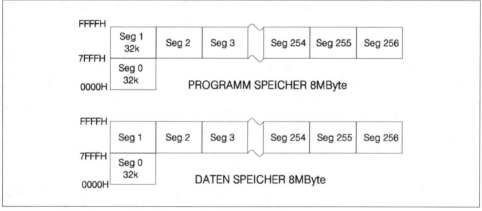

Abbildung 3.43: Memory Management der ST9-Controller

Funktionsgruppen und Peripheriemodule

Zur Grundausrüstung der ST9-MCUs gehören die üblichen Peripheriemodule wie I/O-Ports, Timer, serielle Schnittstellen und A/D-Wandler. Sieht man sich diese aber genauer an, wird sehr schnell die große Komplexität und Funktionsvielfalt sichtbar. DMA-Verkehr, Interruptcontroller und eigene, in Page-Bereichen gesicherte Registerstrukturen reihen sich in die auch sonst ausgezeichneten Merkmale dieser Controller ein und festigen seine Stellung im High-End-Segment.

Ein-/Ausgabeports

Bis zu 9 parallele 8-Bit-Ein-/Ausgabeports gehören zur Grundausrüstung der Standardbauelemente. Die Programmiermöglichkeiten sind sehr umfangreich und schließen neben den typischen Betriebsarten wie Ein- und Ausgabefunktion auch bidirektionale Modi ein. Für die Ports 0 bis 5 befinden sich die Datenregister im Systemregisterblock und sind hier immer erreichbar. Weitere Ports haben ihre Datenregister aber in Page-Bereichen. Dort sind dann auch die Steuer- und Statusregister aller Ports angeordnet. Jedes Port besitzt 3 Steuerregister zur Einstellung der Funktionen. Zugriffe hierauf geschehen zunächst immer über das Laden des Page-Pointers, um die gewünschte Registergruppe in den Registerbereich der CPU einzublenden. Generell stehen die Funktionen

◆ Parallel-Port

◆ Parallel-Port mit Handshake und

◆ alternative Funktion (Adreß-/Daten-/Steuerbus, I/O für Chip-Peripherie)

zur Verfügung. Die Eingänge haben TTL- oder CMOS-Schaltschwellen, die Ausgänge lassen sich als Open-Drain-, Tristate-, Push-Pull-Stufen parametrieren. Mit besonderen Funktionen sind die Ports 2 bis 6 bedacht. Für sie sind verschiedene Handshake-Protokolle und auch der DMA-Verkehr programmierbar. Beides zusammen sorgt für schnelle und vor allem sofortige Reaktionen auf Einflüsse von der Umwelt auf den Controller und umgekehrt. Jeder Adreßbereich kann in den DMA-Verkehr einbezogen werden, in den Datenaustausch zwischen Port und Datenspeicher, Port und Programmspeicher und Port und Registerfile. Um die Vorteile des DMAs voll zu nutzen, können verschiedene Handshake-Signale definiert werden:

◆ bei der Ein- oder Ausgabefunktion wahlweise 1-Draht-Handhake als Quittung oder 2-Draht-Handshake als Quittung und Aufforderung,

◆ im bidirektionalen Mode stehen 4 Signale zur Verfügung.

Zähler-/Zeitgebermodule

16-Bit-Timer mit 8-Bit-Vorteiler (Timer-Watchdog)

Der einfachste Timerkomplex der ST9-Controller kann als Watchdog oder auch als gewöhnlicher Zähler/Zeitgeber eingesetzt werden. Als Watchdog arbeitet er als Rückwärtszähler, den ein funktionierendes Programm zyklisch durch eine Schreibsequenz (AAH,55H) auf den Anfangswert lädt. Versäumt sie das, löst der Zähler bei seinem Nulldurchgang einen Watchdog-Reset aus. In seiner Funktion als Zähler kann er als Ereigniszähler, extern getorter Zähler oder als triggerbarer/nachtriggerbarer Zähler verwendet werden. Programmiert man seine Ausgangsfunktion, so läßt er sich zur Impulserzeugung und Pulsweitenmodulation einsetzen. Bei einem internen Takt von 12 MHz sind Zeitbereiche von 33 ns bis zu 5,59 μs programmierbar.

16-Bit-Multifunktionstimer

Kernstück des Multifunktionstimers ist ein 16-Bit-Vor-/Rückwärtszähler. Ein vorgeschalteter 8-Bit-Teiler arbeitet als Vorteiler und kann von internen oder externen Taktquellen angesteuert werden. An den Zähler sind zwei 16-Bit-Capture-Register angeschlossen, die auch als Reload-Register einsetzbar sind. Mit dieser Konfiguration und einer komplexen Steuerlogik lassen sich die nachfolgenden Betriebsarten ausführen:

◆ One-Shot-Zähler-Mode
  Einmaliger Durchlauf des Zählers vom Startwert zum Über-/Unterlauf.

◆ Continuous Mode
  Kontinuierlicher Zählvorgang mit automatischem Nachladen des Zählers aus einem oder wechselweise auch aus beiden Reload-Registern.

◆ External-Trigger-Mode
  Ein Triggersignal lädt und startet den Zähler oder führt zum Einladen des aktuellen Zählerstandes in eines der Capture-Register. Während eines Zähldurchlaufes ist ein Neustarten nicht möglich.

◆ External-Retrigger-Mode
  Die Funktionen sind die gleichen wie im Trigger-Mode, ein Triggerimpuls führt aber zu jeder Zeit zum Neuladen und Starten.

◆ External-Gate-Mode
  Ein Eingangssignal sperrt oder gibt den internen Takt für den Zähler frei.

◆ Capture-Mode
  Ein Triggersignal an einem der Timereingänge bewirkt die Übernahme des aktuellen Zählerstandes in eines der beiden Capture-Register. Die gleiche Wirkung kann aber auch durch einen Befehl ausgelöst werden (Software-Capture-Funktion).

◆ Up/Down-Mode
  Der Zähler kann aufwärts und abwärts zählen, abhängig vom Inhalt eines Steuerregisters oder dem Zustand eines externen Eingangs.

◆ Free Running Mode
In diesem Mode läuft der Zähler ohne Nachladen über den ganzen Zählbereich.

◆ Auto Discriminiator
Der Zähler inkrementiert oder dekrementiert automatisch, abhängig von der Synchronisation durch die beiden Zählereingänge.

Für alle Triggerfunktionen hat jeder Timer 2 Eingänge, die verschiedenste Aufgaben übernehmen können:

◆ Externer Takt für den Zähler

◆ Laden aus dem Reload-Register 0 oder 1 und Starten des Zählers

◆ Triggern des Capture-Registers 0 oder 1

◆ Zählrichtungsumschaltung

Dem Timer stehen 2 Eingänge zur Verfügung, die als Taktquelle, Gate- oder Trigger-eingang verwendbar sind. Selbstverständlich ist ihre Wirkung (aktive Flanken) pro-grammierbar.

Neben den Capture-Registern gehören noch zwei 16-Bit-Output-Compare-Register zum Schaltungskomplex des Multifunktionstimers. Aus ihren Ausgangssignalen las-sen sich sehr einfach mit Hilfe der Timerlogik die unterschiedlichsten Ausgangs-impulse, aber auch interne Triggersignale bilden. Zwei Ausgangspins stehen dem Timer zur Verfügung, um das Ergebnis der Compare-Funktion und die Über- und Unterlaufsignale auszugeben.

Um mit der Software zusammenzuarbeiten, hat das Modul 5 eigene maskierbare Interrupts, 1 Überlauf-/Unterlauf-, 2 Input-Capture- und 2 Output-Compare-Inter-rupts.

Im Zusammenhang mit den DMA-Fähigkeiten des Controllers bieten sich interes-sante Einsatzvarianten an. So sind sehr schnelle und einfache Datentransporte vom Speicher- oder Registerfeld in die Compare-Register oder aus den Capture-Registern in den Speicher oder die Register möglich. Mit dem automatischen Nachladen der Compare-Register können selbst komplizierte Ausgangssignale oder interne Zeitab-läufe erzeugt werden, und das ganz ohne Zutun der CPU!

Die Grafik zeigt den Grundaufbau dieses komplexen Timers.

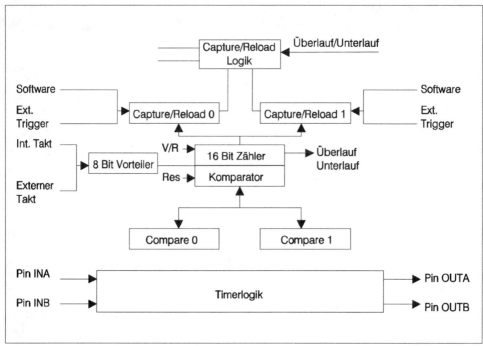

Abbildung 3.44: 16-Bit-Multifunktionstimer

Von den DMA-Fähigkeiten des Timers profitiert auch die Capture-Funktion. Durch einen schnellen Transport der vom Zähler übernommenen Werte in den Speicher oder in die Register ist bei schnell aufeinanderfolgenden Capture-Ereignissen eine ausreichende Gewähr für die Datenaufnahme garantiert. Das ist ein wichtiger Fakt in Echtzeitmeßanwendungen. Nicht immer ist nur die theoretische Auflösung eines Timers entscheidend, sondern eben auch die Geschwindigkeit des Abtransports der Werte für eine spätere Verarbeitung! Aus dem gleichen Grund setzen einige Controller auch Ringpuffer für die Capture-Funktion ein (Texas Instruments TMS370).

Alle Funktionen des Timers, einschließlich des DMA-Einsatzes, steuert die Software über die zugehörigen Status- und Steuerregister im gemappten Registerblock.

16-Bit-Slice-Timer

Wer den Umfang und die Fähigkeiten eines Multifunktionstimers nicht für seine Anwendung benötigt, kann auch auf ein kleineres Modul ausweichen. Es ist ein einfacherer 16-Bit-Zähler mit einer Zählrichtung und einem 8-Bit-Vorteiler. Spezielle Capture-/Compare-Register wurden weggelassen. Zur Steuerung durch externe

Quellen ist ein programmierbarer Eingang vorhanden, der die üblichen Betriebsarten

◆ Ereigniszähler

◆ extern getorter Zähler

◆ extern getriggerter Zähler und

◆ extern retriggerbarer Zähler

bietet. Die aktive Flanke ist mit der fallenden Richtung fest vorgegeben. Der Timer hat auch eine Ausgangsstufe, die in Verbindung mit der Timerlogik zur Erzeugung von pulsweitenmodulierten Signalen oder ganz einfach für Rechtecksignale verwendet werden kann. Hatte der Multifunktionstimer 5 verschiedene Interruptquellen, so erzeugt der kleinere Timer, wenn gewünscht, nur einen Interrupt beim Nulldurchgang des Zählers.

Dieser Zähler ist sicher eine Alternative zum sehr sparsam ausgerüsteten Timer/Watchdog (der möglicherweise auch zur Systemüberwachung eingesetzt ist) und zum High-End-Multifunktionstimer. Entsprechend dem Grundprinzip modularer Controller entscheidet der Umfang der Aufgaben über die Wahl des passenden Moduls.

Serielle Schnittstellen

Zur Grundausstattung eines Controllers dieser Leistungsklasse gehören natürlich auch serielle Schnittstellen zur Kommunikation mit anderen Baugruppen oder Geräten. Die ST9 sind generell mit einer SPI und einer SCI, einige auch mit zwei SCI-Kanälen bestückt.

SPI-Schnittstelle

Das SPI-Modul ist hier, anders als bei anderen Controllern, kein eigenständiges Modul schlechthin, sondern ist eingebettet in die CPU-Core und »hängt« direkt an den CPU-internen Bussen. So besitzt es auch keine eigenen Steuerregister in irgendwelchen Page-Registerblöcken, sondern ist in der Page 0 mit einem Daten- und einem Steuerregister angeordnet. Das sichert schnelle Zugriffe und ist eine Grundvoraussetzung für SPI-Module mit ihren relativ hohen Übertragungsraten. Die Funktionen sind vergleichbar mit denen anderer Hersteller.

Die Verbindung zur Umwelt geschieht über 3 Ein-/Ausgangs-Pins, den seriellen Dateneingang SDI, den seriellen Datenausgang SDO und den Taktein-/Ausgang. Das Modul kann als Master oder als Slave arbeiten. Im Masterbetrieb ist die Bitrate einstellbar, allerdings nicht völlig variabel, sondern in den festen Werten 1,5 MHz, 750 KHz, 93 KHz und 46 KHz (bei 12 MHz internem Takt/24 MHz Quarz). Um kompatibel zu anderen SPI-Teilnehmern zu sein, ist aber die Phase und die Polarität des Taktes einstellbar. Interessant für Anwender im Audio- und Videobereich dürfte die programmierbare I^2C-BUS-Betriebsart sein. 3 Interruptquellen hat SGS Thomson diesem Modul mitgegeben, eine Voraussetzung für den schnellen Verkehr über eine derartige »Hochgeschwindigkeitsschnittstelle«.

SCI-Schnittstelle

Voll-duplex asynchroner und synchroner Datenverkehr mit DMA, das sind die Hauptmerkmale des SCI-Moduls in den ST9-Controllern. Das Modul, dessen Aufbau die Abbildung zeigt, ist in der Lage, in beiden Betriebsarten zu arbeiten. Es hat einen eigenen Baudratengenerator, der Bit-Raten bis zu 1,5 MHz erzeugen kann. Die typischen Übertragungsparameter wie Zeichenlänge, Parität und Stopp-Bitanzahl sind programmierbar. Die Zeichenzahl kann im Bereich von 5 bis 8 Bit liegen, die Parität ist, wenn gewünscht, gerade oder ungerade, und bei den Stopp-Bits kann sich der Anwender zwischen 1, 1,5, 2 oder 2,5 Bit entscheiden. Diese Daten dürften für die Kompatibilität zu allen anderen Teilnehmern einer Datenübertragung ausreichend sein.

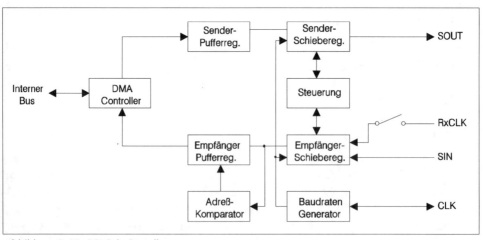

Abbildung 3.45: SCI-Schnittstelle

Um auch in Bussystemen arbeiten zu können und dabei trotzdem den Softwareaufwand für die Bus-Überwachung so gering wie möglich zu halten, sind die SCI-Module mit einer automatischen Adreßüberwachung ausgerüstet. Ein zusätzliches

Bit zwischen Daten-/Paritäts- und Stopp-Bits dient der Kennzeichnung, ob es sich bei dem Zeichen um eine Adresse oder ein normales Datenbyte handelt (0 = Daten, 1 = Adresse). Das Verfahren ist aus Kapitel 1 bekannt.

Dem Thema Selbstkontrolle und Überwachung sind zwei besondere Betriebsarten gewidmet, der Auto Echo Mode und der Loopback Mode. Beim Auto Echo Mode ist das Empfängerpin mit dem Senderpin verbunden. Ankommende Daten werden damit über die Senderleitung an den Absender zurückgesendet. Dieser kann dadurch seine eigene Hardware und die Leitungen prüfen. Beim Loopback Mode sind der Sender und der Empfänger miteinander verbunden. Der Controller empfängt seine eigene Sendung.

Um einen schnellen Datenverkehr über die seriellen Leitungen fahren zu können, muß der Datentransport intern von und zur Schnittstelle auch entsprechend schnell sein. Ein DMA-Controller sorgt für die entsprechende Performance.

Analog-/Digital-Wandler

Der A/D-Wandler, der in den ST9-Controllern zum Einsatz kommt, ist ein 8-Bit-Wandler, der nach dem Prinzip der sukzessiven Approximation arbeitet. Bis zu 8 Eingangskanäle können parametriert werden, für eine hohe Genauigkeit sorgen zwei eigene Referenzspannungseingänge. Die Umsetzdauer liegt bei ca 11 µs und ist ausreichend schnell. Neben der Wandlung von normalen Einzeleingängen lassen sich die Eingänge auch zur Differentialmessung nutzen. Jeder Eingang hat ein eigenes Ergebnisregister. Diese Register liegen zusammen mit den Steuerregistern im Page-Bereich des Registerfeldes. Je nach Programmierung kann der Wandler im Single Mode mit einer Wandlung aller programmierten Eingänge oder im kontinuierlichen Betrieb mit fortlaufender Wandlung arbeiten. Ausgelöst wird der Vorgang wahlweise durch ein externes Triggersignal, ein internes Signal von einem Timer oder durch die Software.

Als Besonderheit besitz das ADU-Modul noch einen »analogen Watchdog«, eine Schaltung zur Überwachung von Eingangsspannungen auf die Einhaltung von Spannungsgrenzen. In 4 Grenzwertregistern lassen sich Werte für Maximal- und Minimalwerte speichern. Auf diese Werte kann die Logik des Moduls nun ständig zwei Eingangskanäle überwachen. Jeder Kanal hat damit sein eigenes Toleranzband. Wird der Bereich verlassen, kann ein Interrupt der CPU diesen Zustand melden. Auch über das Ende einer Wandlung informiert neben den Statusbits in den Steuerregistern ein Interruptvektor die CPU sofort über gültige Werte in den Ergebnisregistern.

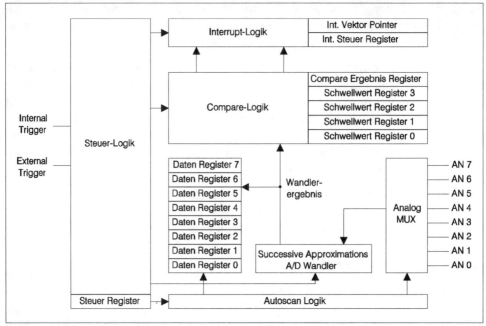

Abbildung 3.46: Analog-/Digital-Wandler der ST9-Controller

Semicustom Interface

Als Schnittstelle von chipinternen Anwenderschaltungen zu den CPU/Register-strukturen hat SGS-Thomson ein passendes Interface geschaffen, das alle Möglich-keiten des Controllers offenhält und dem Anwender alle Freiheiten bei der Gestaltung seiner Module schafft. Für die Integration in den Controller können die folgenden Elemente verwendet werden:

◆ 16 8-Bit-Eingaberegister

◆ 16 8-Bit-Ausgaberegister

◆ 4 vektorisierte Interruptkanäle

◆ 2 programmierbare DMA-Kanäle für den Transport zwischen der Anwender-schaltung zum Speicher-/Registerfile

Dem Entwickler, der seine Schaltung in den Controller einbringen möchte, steht eine umfangreiche Bibliothek an Standardzellen zur Verfügung (ca. 200 Elemente).

Interruptverhalten

Auch das Interruptverhalten muß sich an den Leistungen der anderen Module des ST9-Controllers orientieren. So ist die Struktur modular und offen für Erweiterungen. Die Zahl der möglichen Interruptquellen ist »unbegrenzt«, es sind bis zu 128 Interruptvektoren verfügbar. Als Quellen kommen interne und externe Ereignisse in Frage, zusätzlich gibt es noch einen echten nichtmaskierbaren Interrupteingang. Jedes Modul hat einen oder mehrere Vektoren. Die Priorität ist in 8 Leveln frei programmierbar und kann sogar im Interruptprogramm jederzeit dynamisch geändert werden. Bei externen Quellen ist die auslösende Flanke parametrierbar.

Als Arbitration Mode kann zwischen Concurrent und Nested Mode gewählt werden. Im Concurrent Mode schließen sich die einzelnen Interrupts gegenseitig aus (können sich gegenseitig nicht unterbrechen). Im Gegensatz dazu gestattet der Nested Mode eine Verschachtelung in die »Tiefe«. In Kapitel 1 sind beide Verfahren vorgestellt und erläutert worden.

Die typische Reaktionszeit auf einen Interrupt beträgt 2,16 µs bei 12 MHz internem Takt. In dieser Zeit wird über die Priorität entschieden, der aktuelle Programmzähler und die Flags in den Stack gerettet und die Adresse der Interruptserviceroutine geladen.

Programmiermodell und Befehlssatz

Die Controller der ST9-Familie haben ein Registerfile, dessen Register bis auf die Spezialregister der Peripheriemodule vollständig als Arbeits-, Rechen- und Adressierungsregister eingesetzt werden können. Für eine optimale Arbeit mit dieser Menge an Zellen besitzen die Controller die Möglichkeit, Arbeitsregisterblöcke zu bilden. Dementsprechend sind auch die Adressierungsarten ausgelegt. 14 verschiedene Arten sind für den Umgang mit Daten und Adressen zuständig. Neben den üblichen Arten wie

- unmittelbare Adressierung

- indirekte Adressierung

- indizierte Adressierung

- absolute Adressierung

- Registeradressierung und

- relative Adressierung

gibt es noch eine Reihe besonderer Formen, die sich aus der Arbeitsregisteraufteilung ergeben. Interessant sind auch Arten, bei denen vor oder nach dem Adreßzugriff die Adresse inkrementiert oder dekrementiert wird. Adressierbar sind alle Komponenten innerhalb und außerhalb des Controllers.

Passend zur Leistung der Hardware ist auch der Befehlssatz gestaltet. Es existieren Befehle für die Bit-, Byte- und Wortverarbeitung, und auch für BCD-Werte gibt es entsprechende Befehle:

◆ Lade- und Transportbefehle zwischen allen Komponenten (auch Blocktransfer- und Suchbefehle!)

◆ Arithmetische und logische Operationen mit Byte- und Wortbreite (Addition, Subtraktion, AND, OR, XOR, Vergleich und Test)

◆ Shift- und Rotate-Befehle für Bytes und Worte

◆ Multiplikation und Division

◆ Booleanverarbeitung für eine effektive Bitmanipulation

◆ bedingte und unbedingte Sprungbefehle

◆ Unterprogrammverarbeitung

◆ Low-Power-Mode-, WAIT- und HALT-Befehle

Auch die Ausführungszeiten der Befehle können sich sehen lassen, wie einige Beispiele zeigen (12 MHz interner Takt):

Befehl	Bytes	Zyklen	Zeit (in ns)
ADD r,r	2	6	500
ADDW rr,rr	2	10	830
ADD r,(rr)	2	12	1000
ADDW rr,(rr)	2	16	1330
ADD (rr),r	3	18	1500
ADDW (rr),rr	2	28	2330
ADD (rr),(rr)	3	20	1670
ADDW (rr),(rr)	2	32	2670
ADD r,rr(rr)	3	22	1830
ADDW rr.rr(rr)	3	24	2000
ADD r,(rr)+	3	16	1330

Befehl	Bytes	Zyklen	Zeit (in ns)
ADDW rr,(rr)+	3	22	1830
LD (rr)+,(rr)+	2	16	1300
DIV rr,r	2	28	2330
MUL rr,r	2	22	1830

Tabelle 3.30: Ausführungszeiten

In der Tabelle sind auch die verschiedenen Adressierungsarten und ihr typischer Zeitbedarf zu sehen.

Entwicklungswerkzeuge

Zur Entwicklung von Hard- und Software existieren mehrere Werkzeuge, die unterschiedlich in Leistung und Preis sind. Da wäre zunächst ein »Hardware Development System«, das, an einem PC angeschlossen, die Entwicklung, Testung und Inbetriebnahme von Hardware und Software gestattet. Es besteht aus einem PC-Motherboard-Controller, einer Emulation Unit »POD«, einem Personality Board und einem ICE-Probe-Adapter.

Preiswerter ist ein Evaluation-Modul, das ebenfalls einen Anschluß zu einem PC oder einem Terminal hat und die bei solchen Modulen üblichen Leistungsmerkmale bietet.

Bei Softwarewerkzeugen kann auf verschiedene Tools zurückgegriffen werden. High Level Macro Assembler, ANSI Standard C-Compiler, Linker/Loader, Software Simulator und Hardware Emulator Symbolic Debugger sind hier die Schlaglichter. Alle laufen auf MS/DOS-, SUN- und UNIX-Systemen.

3.3   Mikrocontroller der Firma NEC

Für einen Elektronikproduzenten wie NEC Electronics ist es ganz selbstverständlich, gerade auf dem Mikrocontrollermarkt mit einer breiten Palette von Bauelementen präsent zu sein. Auf den nächsten Seiten werden die wichtigsten und bekanntesten Typen aus der Angebotspalette kurz vorgestellt. Ein Blick auf die Familienübersicht zeigt aber sofort, daß es sich hier nur um eine Kurzvorstellung handeln kann.

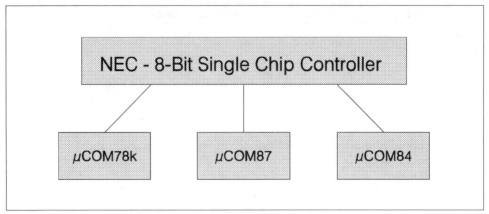

Abbildung 3.47: 8-Bit Single-Chip-Mikrocontroller von NEC

3.3.1   μCOM-78K-Familie

Die erste hier vorgestellte Controllerfamilie von NEC besitzt ein äußerst breites Spektrum an Versionen und Varianten. Das beginnt bei reinen 8-Bit-Controllern und endet bei 16-Bit-High-End-Bauelementen. Entsprechend groß ist auch das Einsatzgebiet, angefangen bei Servoelektroniken für Kleinmotoren bis hin zu kompletten Steuerungen von Industrieanlagen. Betrachtet man die Ausrüstung, so ist nahezu alles vorhanden, was in irgendeiner Anwendung gebraucht werden könnte:

◆ 8-Bit/16-Bit-CPU-Core

◆ Serielles Interface (SPI, SCI, I²C) mit internen Baudratengeneratoren

◆ FIP- und LCD-Treiber

◆ Dual-Clock-Systeme für High Performance/Low Power (1..5/10 MHz / 32 kHz)

◆ DMA-Module

◆ komplexe Timer, Real-Time-Output

◆ Registerbänke für Task-Umschaltung (Task-Switching)

◆ A/D-Wandler bis 16 Kanäle bei 10 Bit

Ganz grob läßt sich diese Familie noch einmal in 3 Untergruppen einteilen, die in der Leistungsfähigkeit differieren und von denen nun einige Beispiele vorgestellt werden sollen.

μCOM-78K1-Unterfamilie

Die μCOM-78K1-Familie soll hier am Beispiel des μPD78134 vorgestellt werden. Zuvor jedoch noch ein Blick auf die Bauelementeübersicht:

Typ	ROM	RAM	I/O	Timer	Seriell	Wandler	Besonderheiten
μPD78134	16K	384	66	Timer-Modul	SBI	8x8 Bit AD,	
μPD78136	24K	640	66	Timer-Modul	SBI	8x8 Bit AD,	
μPD78138	32K	640	66	Timer-Modul	SBI	8x8 Bit AD	auch OTP-Version

Tabelle 3.31: μCOM-78K1-Familienübersicht

Die Bauelemente dieser Familie sind 8-Bit-Single-Chip-Mikrocontroller mit einer 8-Bit-CPU-Core, internen Speichern und einer leistungsstarken On-Chip-Peripherie. Eines der komplexesten Peripheriemodule, ein Super-Timer (NEC-Bezeichnung) macht die Bauelemente besonders für den Einsatz in Servosteuerungen geeignet. So sind sie auch häufig in der Elektronik von Videorecordern, CD-Laufwerken, Kopierern, Hard-Disk- und Floppy-Disk-Laufwerken zu finden. Für alle 78K1-Controller gibt es eine OTP-Version, die für die Entwicklung und für die Vorserie bestimmt ist. Die nachfolgende Übersicht zeigt die wesentlichen Merkmale des μPD78134:

◆ CMOS-Technologie

◆ 8-Bit-CPU mit 66 Befehlen (16-Bit-ADD und SUB, MUL und DIV 16 Bit×8 Bit, 16 Bit / 8 Bit, Bit-Manipulationen, BCD-Verarbeitung)

◆ 16 Kbyte ROM

◆ 256 Byte + 128 Byte RAM

◆ 4 Bänke mit 8 Register für schnelle Task-Umschaltung

◆ externer Daten-/Adreßbus (gemultiplext) für 64 Kbyte externen Adreßraum (Portleitungen für A/D-Bus)

◆ 66 I/O-Pins (10 Eingänge, 12 Ausgänge, 36 bidirektional, 8 Analogeingänge)

◆ Super-Timer:
Timer (3×16 Bit, 1×7 Bit)
Zähler (1×18 Bit)
Capture-Register (1×18 Bit, 4×16 Bit, 1×7 Bit)

Compare-Register (6×16 Bit, 1 + 7 Bit)
2-Kanal-PWM-Ausgang (2×12 Bit)

◆ Real-Timer-Ausgänge (2×4 Bit oder 1×8 Bit)

◆ Serielles Peripherie-Interface (NEC-Format oder 3-Draht, ähnlich dem SPI anderer Hersteller)

◆ 8-Kanal-8-Bit-A/D-Wandler mit 30 µs Umsetzzeit (12 MHz)

◆ 17 Interruptquellen (5 extern, 12 intern), 2 Prioritäten

◆ STOP-Mode als Low-Power-Betrieb

◆ 80-Pin-Plastic-QFP-Gehäuse

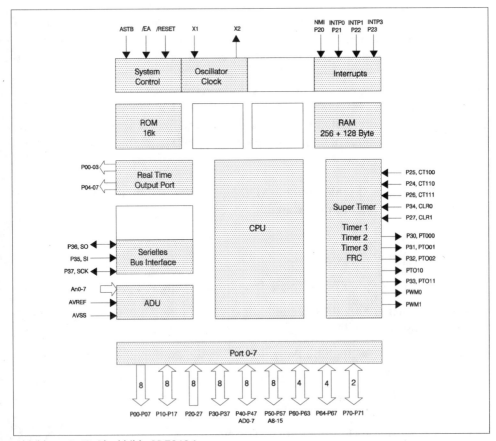

Abbildung 3.48: Blockbild µPD78134

µCOM-78K2-Unterfamilie

Mit mehr Peripheriefunktionen und mehr Speicherraum ausgerüstet, bilden die µCOM-78K2-Controller die nächsthöhere Stufe im Stammbaum von NEC. Auch was die Typenvielfalt betrifft, wird hier weitaus mehr geboten als bei den 78K1. Die Tabelle zeigt einen Einblick.

Typ	ROM	RAM	I/O	Timer	Seriell	Wandler	Besonderheiten
µPD78212	8K	384	54	1x16 Bit, 3x8 Bit	UART, SPI	8x8 Bit A/D,	
µPD78213	–	512	34	1x16 Bit, 3x8 Bit	UART, SPI	8x8 Bit A/D	ROM-los
µPD78214	16K	512	54	1x16 Bit, 3x8 Bit	UART, SPI	8x8 Bit A/D	auch EPROM und OTP
µPD78217	–	1024	34	1x16 Bit, 3x8 Bit	UART, SPI	8x8 Bit A/D	ROM-los
µPD78218	32K	1024	54	1x16 Bit, 3x8 Bit	UART, SPI	8x8 Bit A/D	auch EPROM und OTP
µPD78233	–	640	46	1x16 Bit, 3x8 Bit, PWM	UART, SPI	8x8 Bit A/D, 2x8 Bit D/A	ROM-los
µPD78234	16K	640	64	1x16 Bit, 3x8 Bit, PWM	UART, SPI	8x8 Bit A/D, 2x8 Bit D/A,	
µPD78237	–	1024	46	1x16 Bit, 3x8 Bit, PWM	UART, SPI	8x8 Bit A/D, 2x8 Bit D/A	ROM-los
µPD78238	32K	1024	64	1x16 Bit, 3x8 Bit, PWM	UART, SPI	8x8Bit A/D, 2x8 Bit D/A	auch EPROM und OTP
µPD78243	–	512	36	1x16 Bit, 3x8 Bit	UART, SPI	8x8 Bit A/D	ROM-los 512 Byte EEPROM
µPD78244	16K	512	54	1x16 Bit, 3x8 Bit	UART, SPI	8x8 Bit A/D	512 Byte EEPROM

Tabelle 3.32: µCOM-78K2-Familienübersicht

Mit ihrer leistungsstarken 8-Bit-CPU, 1 Mbyte Adreßraum, bis zu 32 Kbyte internem ROM und einer umfangreichen Peripherieausrüstung werden die 78K2-Bauelemente sehr gern für den Einsatz in Druckern, Kommunikationsgeräten, Kameras, elektronischen Musikinstrumenten usw. benutzt. Die wichtigsten Merkmale dieser Familie in einer Zusammenstellung:

◆ CMOS-Technologie

◆ 8-Bit-CPU-Core mit 65 Befehlen (8x8 Bit MUL, 16/8 Bit DIV, 16-Bit-Arithmetik, Bit-Verarbeitung, BCD)

◆ 0, 8, 16, 32 Kbyte ROM, EPROM oder OTP

◆ 384, 512, 640 und 1024 Byte RAM

◆ 4 Bänke mit 8 Registern für schnelle Task-Umschaltung

◆ externer Daten-/Adreßbus (gemultiplext) für 1 Mbyte externen Adreßraum

◆ Refresh-Steuerung für externe pseudostatische RAMs

◆ 34 bis 64 I/O-Pins (bis zu 16 Eingänge, 12 Ausgänge und 36 bidirektionale Pins, 8 Analogeingänge, 2 Analogausgänge)

◆ 1×16-Bit-Timer mit 1 Capture-Register und 2 Compare-Registern
  1×8-Bit-Timer mit 1 Capture-/Compare-Register und 1 Compare-Register
  1×8-Bit-Timer mit 1 Capture-Register und 1 oder 2 Compare-Registern
  1×8-Bit-Timer mit 1 oder 2 Compare-Registern

◆ 2-Kanal-PWM-Ausgang

◆ Real-Timer-Ausgänge (2×4 Bit oder 1×8 Bit)

◆ Serielles Peripherie-Interface (NEC-Format oder 3-Draht, ähnlich dem SPI anderer Hersteller)

◆ UART mit eigenem Baudratengenerator

◆ 8-Kanal-8-Bit-A/D-Wandler mit 30 µs Umsetzzeit (12 MHz)

◆ 2-Kanal-8-Bit-D/A-Wandler mit 10 µs Umsetzzeit

◆ bis zu 19 Interruptquellen (7 extern, 12 intern), 2 Prioritäten

◆ HALT- und STOP-Mode für Low-Power-Betrieb

◆ verschiedenste Gehäuse je nach Typ

Selbstverständlich besitzt nicht jedes Bauelement all diese genannten Funktionen. Ein konkretes Beispiel, den Controller µPD78238, zeigt das folgende Blockbild:

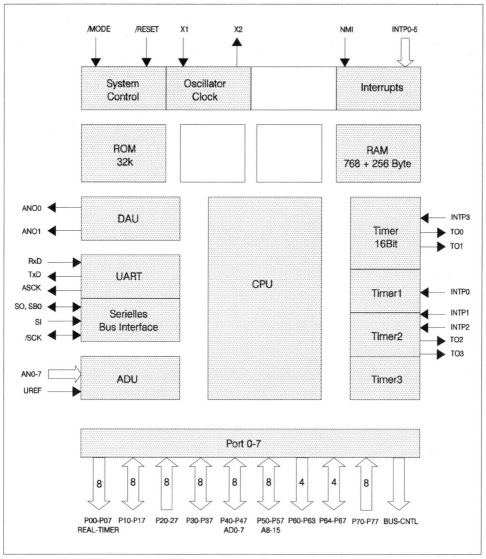

Abbildung 3.49: Blockbild µPD78238

µCOM-78K3-Unterfamilie

Waren alle bisher von NEC vorgestellten Controller 8-Bit-Bauelemente, so handelt es sich bei der 78K3-Familie intern um 16-Bit-Controller. Der Programmspeicher steht in den Größen von 8 bis 32 Kbyte zur Verfügung, der RAM reicht von 256 bis 1024 Byte. Auch bei den Peripheriefunktionen sind die wichtigsten Module vorhanden, wenngleich hier etwas gespart wurde. Dafür bietet aber die CPU-Core Leistungswerte, die diese Bauelemente besonders für Regelungsaufgaben interessant macht. In der Tabelle sind die wichtigsten Vertreter der Familie zusammengefaßt:

Typ	ROM	RAM	I/O	Timer	Seriell	Wandler	Besonderheiten
µPD78310	–	256	32	2x16 Bit U/D, 2x16 Bit CT, 2x16 Bit Capt, 2xPWM, 2x4 Bit RT	SCI (mit SPI-Funkt.)	4×8 Bit	ROM-los
µPD78312	8K	256	48	2x16 Bit U/D, 2x16 Bit CT, 2x16 Bit Capt, 2xPWM, 2x4 Bit RT	SCI (mit SPI-Funkt.)	4×8 Bit	auch EPROM und OTP
µPD78320	–	640	37	1x18/16 Bit CT, 1x16 Bit T/E, 6x16 Bit Comp, 4x18 Bit Capt, 2x18 Bit Capt/Comp, 8xRT	UART, SBI	8x10 Bit	ROM-los
µPD78322	16K	640	55	1x18/16 Bit CT, 1x16 Bit T/E, 6x16 Bit Comp, 4x18 Bit Capt, 2x18 Bit Capt/Comp, 18xRT	UART, SBI	8x10 Bit	auch EPROM und OTP
µPD78323	–	1024	37	1x18/16 Bit CT, 1x16 Bit T/E, 6x16 Bit Comp, 4x18 Bit Capt, 2x18 Bit Capt/Comp, 8xRT	UART, SBI	8x10 Bit	ROM-los

Typ	ROM	RAM	I/O	Timer	Seriell	Wandler	Besonderheiten
µPD78324	32K	1024	55	1x18/16 Bit CT, 1x16 Bit T/E, 6x16 Bit Comp, 4x18 Bit Capt, 2x18 Bit Capt/Comp, 8xRT	UART, SBI	8x10 Bit	auch als EPROM und OTP
µPD78327	–	512	34	2x16 Bit CT, 1x16 Bit T/E, 14x16 Bit Comp, 1x18 Bit Capt/Comp, RT	UART, SBI	8x10 Bit	ROM-los
µPD78328	16K	512	52	2x16 Bit CT, 1x16 Bit T/E, 14x16 Bit Comp, 1x18 Bit Capt/Comp, RT	UART, SBI	8x10 Bit	auch als EPROM und OTP
µPD78330	–	1024	46	1x18/16 Bit CT, 5x18/16 Bit Comp, 3x18/16 Bit Capt, 2x18/16 Bit Capt/Comp, 3x16 Bit CT, 5x16 Bit Comp, 1x16 Bit Capt	UART, SBI	16x10 Bit	ROM-los
µPD78334	32K	1024	62	1x18/16 Bit CT, 5x18/16 Bit Comp, 3x18/16 Bit Capt, 2x18/16 Bit Capt/Comp, 3x16 Bit CT, 5x16 Bit Comp, 1x16 Bit Capt	UART, SBI	16x10 Bit	auch EPROM und OTP

Tabelle 3.33: µCOM-78K3-Familienübersicht

Timer:	T/E	Timer/Event Counter
	U/D	Up/Down Counter
	Capt	Capture-Register
	Comp	Compare-Register
	RT	Real-Time-Output-Port
	CT	Counter/Timer
	SBI	Serial Bus Interface

Die Tabelle zeichnet zunächst das Bild einer ganz normalen Controllerfamilie. Was sie nicht zeigt, ist die leistungsfähige Architektur dieser Bauelemente. Hier handelt es sich um einen 16-Bit-CPU-Kern, der für den Anwender einen spürbaren Zeitgewinn bei der Programmabarbeitung bringt. Eine 16-Bit-ALU mit den zugehörigen 16-Bit breiten internen Datenpfaden sorgt mit einer durchschnittlichen Befehlsbearbeitungszeit von 500 ns bei 12 MHz für ausgezeichnete Werte. Auch bei dem Zugriffsverfahren auf den Befehlsspeicher ist einiges anders als bei herkömmlichen Bauelementen. Normalerweise greifen Controller erst nach der Beendigung eines Befehls auf den Programmspeicher zu, lesen den nächsten Befehl und beginnen dann mit seiner Abarbeitung. Anders bei NECs 78K3-Familie. Diese setzen die Methode der Befehlsschlange oder »Instruction-Prefetch-Queue« ein. Hat die CPU gerade mit Datenmanipulationen zu tun, die nicht den Pfad Programmspeicher, Befehlsdecoder/Systemsteuerung benutzen, werden schon weitere Befehle in einen FIFO-Speicher gelesen. Dieser hat eine wesentlich schnellere Zugriffszeit als der Programmspeicher. Somit kommen die nächsten Befehle nicht aus dem langsamen Speicher, sondern stehen bereits der CPU zur Verfügung. Im Kapitel 1 ist das Verfahren schon vorgestellt worden. Nun jedoch zu den wichtigsten Merkmalen der Familie:

◆ Ein-Chip-8/16-Bit Mikrocontroller in CMOS-Technik

◆ 16-Bit-CPU-Core mit 16-Bit-breiten internen Datenpfaden

◆ 98 Befehle (16-Bit-Arithmetik- und Transportbefehle, 16×16 Bit MUL, 32 / 16 Bit DIV), »Boolescher Prozessor« für effektive Bitverarbeitung, leistungsstarke Adressierungsarten

◆ 0, 8, 16, 32 Kbyte ROM, EPROM oder OTP

◆ 256, 512, 640 und 1024 Byte RAM

◆ 8 Bänke mit je 16 Registern für eine schnelle Task-Umschaltung

◆ externer Daten-/Adreßbus (gemultiplext) für 64 Kbyte externen Adreßraum, 8085-kompatibel

◆ Refresh-Steuerung für externe pseudostatische RAMs

◆ 32 bis 62 I/O-Pins (bis zu 16 Eingänge, 41 Ausgänge, 8 oder 16 Analogeingänge)

◆ verschiedenste Timermodule: bis zu 2 16-Bit-Vor-/Rückwärtszähler mit Richtungsdiskriminator für Inkrementalgeber, mehrere 16/18-Bit-Timer mit bis zu 14 Compare- und 7 Capture-Register (16- oder 18-Bit-breit), PWM-Logik bis zu 6 Kanäle, 2 High-Speed-PWM (31,4 kHz)

◆ bis zu 8 Real-Timer-Ausgänge

◆ Serielles Peripherie-Interface (NEC-Format oder 3-Draht, ähnlich dem SPI anderer Hersteller)

◆ UART mit eigenem Baudratengenerator

◆ 8-Kanal- oder 16-Kanal-10-Bit-A/D-Wandler mit Sample & Hold-Schaltung

◆ bis zu 15 Interruptquellen (4 extern, 11 intern), 8 Prioritäts-Level, 3 Interrupt-Modi (Vector Interrupt, Macro Service, Context Switching)

◆ Mikro-DMA-Einheit

◆ Watchdog-Timer

◆ HALT- und STOP-Mode für Low-Power-Betrieb

◆ verschiedenste Gehäuse je nach Typ

Um auch hier wieder ein Bauelement aus der großen Vielfalt im Blockbild darzustellen, wurde der Typ µPD78312 ausgesucht. Seine besonderen Merkmale im Überblick:

◆ 8 Kbyte ROM, 256 Byte RAM, 64 Kbyte Adreßraum

◆ 8085-Businterface

◆ 2 ladbare 16-Bit-Vor-/Rückwärtszähler, 2 16-Bit-Intervalltimer, 2 16-Bit-freilaufende Timer mit Capture-Funktion, 2 16-Bit-PWM-Einheiten

◆ 2 Real-Time-Output-Ports

◆ Watchdog

◆ Pseudo-RAM-Refreshsteuerung

◆ UART mit programmierbarer Baudrate (100 bis 19200 Baud) mit den Betriebsarten asynchron und I/O-Interface Mode

◆ 4 Analogeingänge 8-Bit Wandlerbreite

◆ 48 Ein-/Ausgänge

◆ 3 externe, 12 interne und 2 nichtmaskierbare Interruptquellen

◆ 64-Pin-Gehäuse DIP, Flat oder QUIL

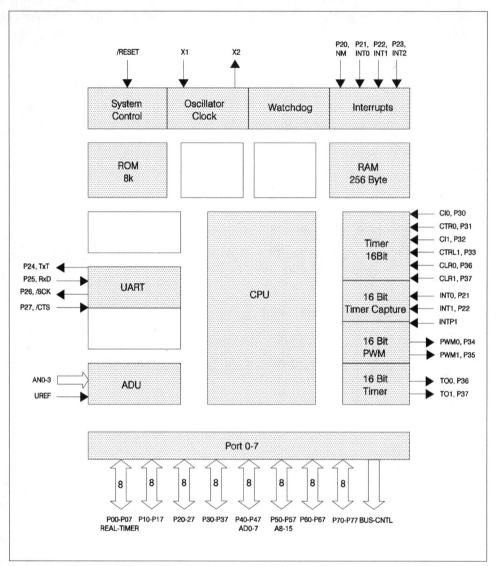

Abbildung 3.50: Blockbild µPD78312

3.3.2 μCOM-87-Familie

Bei der μCOM-87-Familie handelt es sich um Single-Chip-Mikrocontroller mit einer 16-Bit-CPU und 16-Bit-internen Datenpfaden. Äußerlich ist sie jedoch ein 8-Bit-Controller, ähnlich den 78K3-Typen. Die Registerstruktur besteht aus einem Haupt- und einem Schattenregistersatz, vergleichbar mit der guten alten Z80. Selbst die Registernamen sind identisch. Zusätzlich sind jedoch weitere Elemente enthalten (z.B. ein 16-Bit-Extended-Akkumulator (EA)).

7 6 5 4 3 2 1 0	7 6 5 4 3 2 1 0
LATCH	
INC/DEC	
Stackpointer	
Extended Akku	
V	A
B	C
D	E
H	L
Extended Akku'	
V'	A'
B'	C'
D'	E'
H'	L'
Puffer	

Tabelle 3.34: Registersatz μCOM-87

Entsprechend erweitert sind auch der Befehlssatz und die Adressierungsarten. 159 Befehle, einschließlich 16-Bit-Multiplikation und -Division schaffen ein sehr gutes Arbeitsfeld für Programmierer von Echtzeitanwendungen. Für eine besondere Adressierungsart steht ein 8-Bit-Vektor-Register zur Verfügung. Jedes andere 8- bzw. 16-Bit-Register (2 8-Bit-Register zusammen) kann auch als Pointer benutzt werden. Der Befehlssatz umfaßt die üblichen Gruppen:

◆ 8- und 16-Bit-arithmetische und logische Befehle einschließlich MUL und DIV

◆ 8- und 16-Bit-Compare-Befehle

◆ Rotate- und Shift-Befehle

◆ Bitmanipulationen im Speicher-, Port- und Spezialregisterbereich

◆ schnelle Blocktransferoperationen

◆ Table Look-Up

◆ Test- und Sprungbefehle, Unterprogrammverarbeitung

13 Adressierungsarten bilden den Rahmen für die Software auf diesen Controllern. Bei einer Taktfrequenz von 15 MHz ergeben sich 800 ns Befehlsausführungszeiten.

Nun wären die Bauelemente keine richtigen Controller, würden sie nicht noch mit den entsprechenden Speichern und Peripheriemodulen ausgerüstet sein. So gibt es Versionen mit 4 Kbyte, 8 Kbyte, 16 Kbyte oder 32 Kbyte ROM. Aber auch OTP- und sogar eine Piggyback-Variante wird angeboten. Damit sind die notwendigen Voraussetzungen für die Entwicklung von Hard- und Software geschaffen. Der extern adressierbare Bereich erstreckt sich bis zu 64 Kbyte und kann von allen Bauelementen genutzt werden, soweit die Adressen intern nicht vergeben sind. Auf einen bestimmten, den 8085-kompatiblen Adreß-/Datenbus, kann der Anwender bei der Erweiterung zurückgreifen. Der On-Chip-RAM ist bei den meisten Bauelementen auf 256 Byte beschränkt, es gibt aber auch 1 Kbyte und sogar 2 Kbyte Speichermodule. Bei den Peripheriemodulen ist auch alles vorhanden, was in den typischen Einsatzgebieten der Controller gebraucht wird. Nun der Reihe nach die wichtigsten Module:

I/O-Module

Die Ein-/Ausgabe-Module lassen sich optimal auf die Belange des Anwenders anpassen. Alle können individuell als Eingänge oder Ausgänge parametriert werden, einige sogar bitweise. Für die Bildung des externen Daten-/Adreßbus gehen allerdings einige wieder der Ein-/Ausgabe-Funktion verloren. Die Anzahl und Aufteilung ist in der Typenübersicht zu ersehen.

Timer-Modul

Bei den Timern findet man nicht die Leistungsbreite, die bei Controllern sonst üblich ist. Hier existieren ein 16-Bit-Timer/Ereigniszähler und zwei 8-Bit-Timer. Allerdings ist der 16-Bit-Timer mit vielen Funktionen ausgerüstet, so daß die wichtigsten Anwendungen wie Zeitgeberfunktion, Ereigniszählung, Frequenz- und Pulsweitenmessung, aber auch Impulsgenerierung möglich sind.

Serielles Interface

Die serielle Schnittstelle ist als USART, also für die asynchrone und synchrone Übertragung bis zu 500kHz intern und 2 MHz extern geeignet. Zusätzlich wird noch eine I/O-Übertragung, wie sie üblicherweise mit SPI-Modulen durchgeführt wird, unterstützt.

A/D-Wandler

Ein A/D-Wandler, der nach dem Prinzip der sukzessiven Approximation arbeitet, gehört auch zur 87er Familie. 8 analoge Eingangskanäle werden mit einer Breite von 8 Bit in 50 μs umgesetzt. Dabei kann immer ein Kanal zyklisch oder alle 8 Kanäle hintereinander abgetastet werden. Ähnliche Verfahren findet man auch bei anderen Fabrikaten. Ein Teil der Bauelemente verfügt über einen 8-kanaligen Komparator. Überschreitet die Spannung eines Eingangs einen eingestellten Schwellwert, wird der Wert gespeichert.

Nulldurchgangs-Detektor

Ein häufiges Problem in Anwendungen ist die Synchronisation von Soft- und Hardware mit Wechselsignalen aus einem Prozeß. Ein Nulldurchgangs-Detektor erzeugt in solchen Fällen immer dann ein Signal bzw. einen Interrupt, wenn die Wechselspannung über den Nullpunkt hinweg die Richtung wechselt. Bei den hier vorgestellten Bauelementen sind zwei derartige Schaltungen mitintegriert.

Interruptverhalten und Low-Power-Mode

Um den Forderungen bei Echtzeitanwendungen gerecht zu werden, enthalten die Bauelemente eine Interruptsteuerung, die 3 externe und 8 interne Quellen kennt. Bei den externen Quellen ist die Flanke und der Pegel wählbar, die internen Quellen sind den einzelnen Modulen zugeordnet. Alle Quellen haben einen eigenen Interruptvektor und werden nach einer bestimmten Priorität bearbeitet. Für den Einsatz in batteriebetriebenen Geräten sind zwei Low-Power-Betriebsarten nutzbar (HALT- und STOP-Mode).

Typ	ROM	RAM	I/O	Timer	Seriell	Wandler	Besonderheiten
µPD78x10x	–	256	28	1x16 Bit Multi, 2x8 Bit	USART	8x8 Bit	ROM-los, 64K extern
µPD78x11x	4K	256	44	1x16 Bit Multi, 2x8 Bit	USART	8x8 Bit,	
µPD78x12x	8K	256	44	1x16 Bit Multi, 2x8 Bit	USART	8x8 Bit,	
µPD78x14x	16K	256	44	1x16 Bit Multi, 2x8 Bit	USART	8x8 Bit	auch OTP und Piggyback
µPD78x17x	–	1K	28	1x16 Bit Multi, 2x8 Bit	USART	8x8 Bit	ROM-los, 64K extern
µPD78x18x	32K	1K	44	1x16 Bit Multi, 2x8 Bit	USART	8x8 Bit	auch OTP und EPROM
µPD78x20x	–	2K	32	1x16 Bit Multi, 2x8 Bit	USART	8x8 Bit	ROM-los, 64K extern
µPD78x24x	32	2K	48	1x16 Bit Multi, 2x8 Bit	USART	8x8 Bit,	

Tabelle 3.35: Typenübersicht COM-87-Familie (nur CMOS)

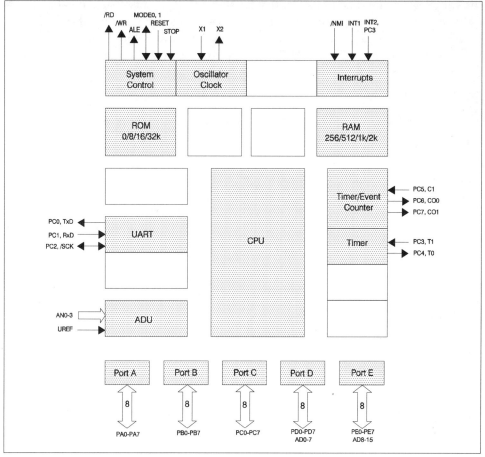

Abbildung 3.51: µCOM-87-Familie

3.3.3   µCOM-84-Familie

Die letzte hier vorgestellte Familie von NEC ist, verglichen mit den anderen Produkten dieses Produzenten, am unteren Ende der Leistungsfähigkeit angesiedelt. Mit maximal 2 Kbyte Programmspeicher und 256 Byte RAM ist dem Programmumfang eine deutliche Grenze gesetzt. Auch bei den Peripheriefunktionen ist die Beschränkung zu sehen. 27 I/O-Leitungen, 1 8-Bit-Timer, mehr nicht. Doch auch diese Bauelemente haben ihren Markt. Man findet sie in der Automobiltechnik, in Heimgeräten oder als Slave-CPU in komplexeren elektronischen Geräten, um nur einige Beispiele zu nennen.

Ihr Vorteil ist der geringe Preis, der den Einsatz auch für einfachste Aufgaben rechtfertigen kann. Bei dieser Familie findet man auch Bauelemente für extreme Temperaturbereiche (–40 bis +110 °C), wie sie z. B. in der Automobiltechnik vorkommen. Zwei Bauelemente sind speziell für eine Master-Slave-Funktion ausgelegt. Dazu besitzen die Typen µPD8041 und µPD8042 eine spezielle Bus-Schnittstelle. In der Tabelle sind die wichtigsten Bauelemente der Familie aufgeführt.

Typ	ROM	RAM	I/O	Timer	Seriell	Wandler	Besonderheiten
µPD8035	–	64	27	1x8 Bit	–	–	Intel 8048-kompat., extern. Speicher
µPD8039	–	128	27	1x8 Bit	–	–	Intel 8049-kompat., extern. Speicher
µPD8040	–	256	27	1x8 Bit	–	–	8050-kompatibel, externer Speicher
µPD8050	4K	256	27	1x8 Bit	–	–,	
µPD8041	1K	64	18	1x8 Bit	–	–	Bus-Interface für Slave
µPD8042	2K	128	18	1x8 Bit	–	–	Bus-Interface für Slave
µPD8048	1K	64	27	1x8 Bit	–	–	Intel 8048-kompat., Expansion-Bus
µPD8049	2K	128	27	1x8 Bit	–	–	Intel 8048-kompat., Expansion-Bus
µPD8748	1K	64	27	1x8 Bit	–	–	Intel 8048-kompat., OTP od. EPROM
µPD8749	2K	128	27	1x8 Bit	–	–	Intel 8048-kompat., OTP od. EPROM

Tabelle 3.36: µCOM-84-Familienübersicht

Nach der Übersicht nun wieder ein Blick auf zwei Bauelemente. Das erste Beispiel zeigt den Controller µPD80C50. Ein normaler 8-Bit Single-Chip-Controller, der kompatibel zu Intels 8048er Familie ist, hier seine Merkmale:

◆ 8-Bit-CPU mit 98 Befehlen, durchschnittlich 1,25 µs bei 12 MHz

◆ 4 Kbyte ROM, 256 Byte RAM

◆ externer Speicher oder Peripherieraum (2 Kbyte), zusätzlich erweiterbar durch µPD82C43-I/O-Expander

◆ 2 Arbeitsregistersätze, je 8 Register, 8 Stack-Ebenen

◆ 2×8-Bit-I/O-Ports (alternativ Daten-/Adreßbus)

◆ 1×8-Bit Timer/Ereigniszähler

◆ interner Taktgenerator

◆ Stand-by-Mode

◆ Spannungsversorgung 2,5 – 6,0 V!

◆ 40-Pin-DIP oder 44-Pin-FLAT-Pack

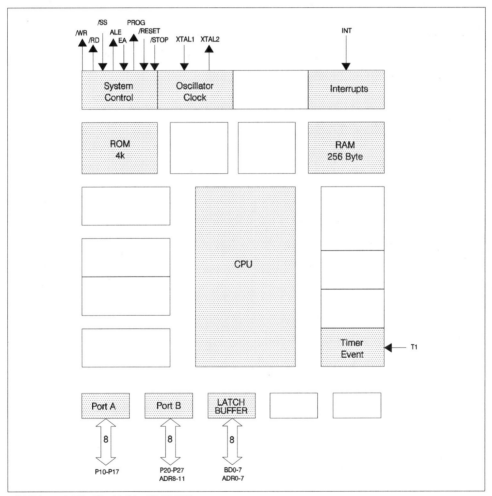

Abbildung 3.52: Blockbild μPD80C50

Ein weiteres Beispiel aus der Familie »84« von NEC ist ein Slave-Controller mit dem Namen µPD80C42. Er ist als Peripherie-Controller ausgelegt und besitzt deshalb auch nur wenig Programmspeicher. Nur 2 Kbyte groß ist der ROM und 128 Byte der RAM. Dafür hat er aber ein Bus-Interface, das es gestattet, den Controller wie ein Peripheriebauelement an einen bestehenden Systembus eines anderen Prozessors oder Controllers anzuschließen. Zu diesem Zweck ist er mit 3 Registern ausgerüstet, die auf 8 Pins geschaltet sind und die Signale Datenbus D0 bis D7 bilden. Ein Chip-Select-Eingang $\overline{CS}$, ein Adreßeingang A0 und zwei Datenrichtungseingänge $\overline{RD}$ und $\overline{WR}$ bilden den Busanschluß. Mit diesen Signalen verhält sich der Controller wie ein normaler Peripheriebaustein. Es sind dann folgende Operationen möglich:

$\overline{CS}$	A0	$\overline{RD}$	$\overline{WR}$	Datenbus D0 bis D7
0	0	0	1	Daten lesen aus Datenregister DBBOUT auf den Bus
0	1	0	1	Status des Controllers lesen
0	0	1	0	Daten schreiben in Datenregister DBBIN des Controllers
0	1	1	0	Kommando in den Controller schreiben

Tabelle 3.37: Operationen

Bei all diesen Zugriffen wird der Controller als Registergruppe eines Peripherie-schaltkreises betrachtet. Neben diesen Funktionen kann der Controller aber selber auch extern angeschlossene Speicher und Erweiterungsbausteine (µPD82C43) ansprechen. Seine typischen Merkmale in der Übersicht:

◆ Single-Chip-Mikrocontroller in CMOS-Technologie, kompatibel zu µCOM84/84C und µCOM85-Bauelementen

◆ Befehlszyklus 1,25 µs/12 MHz

◆ 2 Kbyte ROM, 128 Byte RAM

◆ externer Speicherraum (2 Kbyte) und Peripherieerweiterung

◆ 2×8-Bit-Ein-/Ausgabeports

◆ Asynchrones Slave-Master-Interface mit 2 Datenregistern (DBBIN, DBBOUT) und einem 8-Bit-Statusregister

◆ 2 Arbeitsregistersätze je 8 Register, 8 Stack-Ebenen

◆ interner Taktgenerator

◆ 1x8-Bit-Timer/Zähler

◆ DMA-Funktion

◆ Single-Step-Betrieb

◆ Stand-by-Mode

◆ 40-Pin-DIP oder 44-Pin-QFP

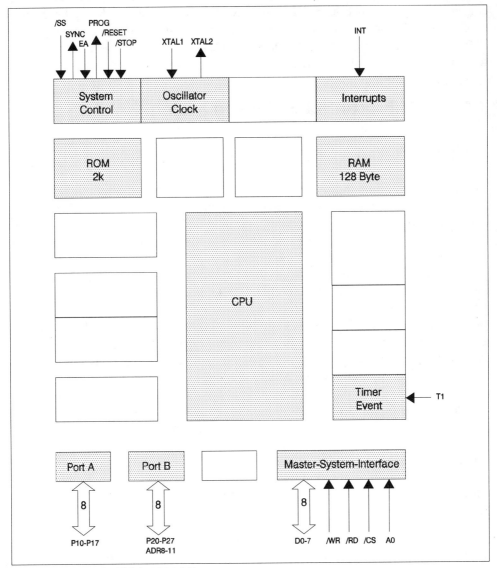

Abbildung 3.53: Blockbild µPD80C42

Für alle Controller von NEC gibt es selbstverständlich eine große Palette an Entwicklungswerkzeugen. Bei den Software-Tools finden sich Assembler, C-Compiler, Simulator, symbolische Debugger usw. Hardwareseitig haben sich die meisten größeren Hersteller von Werkzeugen auf diese Bauelemente eingestellt, so daß es für jeden Bedarf die passenden Mittel gibt. Vom einfachen Evaluation-Board bis zum In-Circuit-Emulator mit den üblichen Leistungswerten ist dem Entwickler alles Nötige bereitgestellt. Selbst für minimalste Anforderungen kann auf »bauelementeeigene Entwicklungswerkzeuge« wie EPROM- und OTP-Versionen sowie Single-Step-Betriebsarten zurückgegriffen werden.

3.4 Mikrocontroller der Firma Zilog

3.4.1 Die Z80-Familie

Die Firma Zilog, schon lange auf dem Markt mit Mikroprozessoren und Mikrocontrollern, hatte ihre Hauptschwerpunkte auf den Gebieten Datenkommunikation, intelligente Peripherie und Consumer Controller. Bei den Prozessoren und Controllern sind die drei Linien Z8, Z80 und Z8000 am bekanntesten. Die Z8000er bilden den 16-Bit-Mikroprozessorzweig und gehören daher nicht in dieses Buch. Das gleiche gilt streng genommen auch für die Z80-Familie. Bei ihr war es ursprünglich nur eine 8-Bit-CPU, die von einem Parallelport-Baustein Z80 PIO, einem Timer-Baustein Z80 CTC, zwei seriellen Schnittstellen-Bausteinen Z80 DART und Z80 SIO sowie einem DMA-Controller Z80 DMA umgeben war. Zilog erreichte mit dieser Familie eine Verbreitung, die auch heute noch ungebrochen ist. Mittlerweile sind neue Bausteine mit gesteigerter Leistung in puncto Geschwindigkeit entwickelt worden. Vom Prinzip her sind es aber »echte« Mikroprozessoren, die erst später mit weiteren On-Chip-Komponenten zu Embedded Controllern aufgerüstet wurden. Heute stehen dem Geräteentwickler komplexe Bauelemente zur Verfügung, die sich immer noch die beispielhafte Leistungsfähigkeit ihrer Einzelkomponenten CPU, PIO, SIO und CTC erhalten haben. Das ist auch der Grund, diese Bauelemente hier zu erwähnen. Die kurze Übersicht zeigt eine Auswahl:

Bauelement	Funktion
Z84C00	Z80 CPU, DC-20 MHz
Z84C01	Z80 CPU mit Clock-Generator/Controller, Low-Power-Mode
Z84C11	Z80 PIC/EPIC (Enhanced Parallel I/O-Controller): Z80 CPU, 4-Kanal-Timer-Controller (CTC), Clock-Generator, 5x8-Bit-Parallel-Ein-/Ausgabeports, Watchdog, 100-Pin

Bauelement	Funktion
Z84C13	Z80 IPC/EIPC (Enhanced Intelligent Peripheral Controller): Z80 CPU, Clock-Generator/Controller, 4-Kanal-Timer-Controller Z80 CTC), 2-Kanal-SIO (Z80 SIO), 2x-Bit-Parallel-Ein-/Ausgabe-Controller (Z80-PIO), Watchdog, 6–10 MHz, 84-Pin
Z84C20	Z80 PIO (Parallel Input/Output): Input-, Output-, Bit- und Bidirektional-Mode, Handshake-Verarbeitung
Z84C30	Z80 CTC (Counter/Timer Circuit): 4-Kanal-Zähler/Zeitgeber
Z84C4X	Z80 SIO (Serial Input/Output Controller): Asynchrone Protokolle, Synchrone Protokolle (IBM Bisync, SDLC, HDLC, CCITT-X-25 usw.), automat. CRC-Erzeugung und Testung, RX-Register 4-fach gepuffert
Z84C50	Z80 RAM (CPU + 2 K RAM): Z80 CPU, Clock-Generator/Controller, 2K statischer RAM
Z84C90	Z80 KIO (Serial/Parallel/Counter/Timer):Clock-Generator, Z80 PIO, 8-Bit-Parallel-Port, Z80 SIO, Z80 CTC
Z80180	Z180 MPU Z80-kompatible 8-Bit-CPU-Core (erweiterter Befehlssatz), Memory Management Unit (MMU) für einen Adreßbereich bis 1 Mbyte extended, 2 DMA-Kanäle, Clock/Wait-Generator, 2-UART-Kanäle, 2x16-Bit-Timer, 1xSPI(synchrones serielles Interface), 64-Pin DIP, 68-Pin PLCC, 80-Pin QFP
Z80181	SAC (Smart Access Controller): Z80180-kompatible CPU-Core, 1-Kanal SIO (Z80-SIO), 4-Kanal-Timer-Controller (Z80- CTC), 2x8-Bit-Parallel-Ports, Chip-Select-Logik für Erweiterungen, 100-Pin QFP
Z80280	Z280 MPU: 16-Bit-CPU, kompatibel zum Z80-Befehlssatz, Pipeline-Architektur, Co-Prozessor-/Multiprozessor-Interface, MMU bis 16 Mbyte Adreßraum, Taktgenerator, 256-Adressen-Cache für Daten und Befehle, 3x16-Bit-Zähler/Zeitgeber, 4 DMA-Kanäle, UART, Refreshcontroller, 68-Pin PLCC

Tabelle 3.38: Überblick Z80-Familie (nur CMOS-Typen)

Die Tabelle zeigt deutlich, daß sich hinter dem Begriff Z80 nicht mehr nur ein Mikroprozessor mit diversen Peripherie-Bauelementen verbirgt, sondern auch leistungsfähige Controller, die bis zur 16-Bit-internen Verarbeitungsbreite reichen.

Das Interessante an diesen Controllern ist ihr Aufbau. Bis auf die beiden Serien Z8018x und Z8028x sind alle aus mehreren Einzelbauelementen der ursprünglichen Prozessorfamilie zusammengesetzt. So enthält z. B. der Z84C15 eine vollständige Z80-CPU, eine CTC, eine SIO und eine PIO. Alle Komponenten haben den Aufbau und die Leistungsfähigkeit der Einzelbauelemente, also der Z84C30-CTC, der Z84C4x-SIO oder der Z84C20-PIO. Weiterhin sind noch ein Clock Generator Controller (CGC), ein Watchdog-Timer und ein Wait-State-Generator mit auf dem Chip integriert. Das ganze wird dann in einem 100-Pin-QFG-Gehäuse angeboten und benötigt für den Betrieb nur noch einen externen Programm- und Datenspeicher.

Die folgende Zusammenstellung zeigt die prinzipiellen Merkmale dieses Controllers:

◆ CPU = Z84C00-CPU:
Zweifacher Registersatz mit je 8 8-Bit-Registern, die sich auch als Doppelregister zusammenfassen lassen, sowie 2 16-Bit-Indexregister, 16-Bit-Befehlszähler und 16-Bit-Stackpointer,
158 Befehle (8080A-Befehlssatz abwärtskompatibel),
3 Interrupt-Modi, Vektorinterrupt mit Prioritätensteuerung,
64 Kbyte Adreßbereich (von Neumann)

◆ PIO = Z84C20:
2 8-Bit-Parallel-Ports mit je 4 programmierbaren Betriebsarten (Input-, Output-, Bidirektional- und Bit-Mode).
Handshake-Steuerung, Interruptsteuerung

◆ CTC = Z84C30:
4 Zähler/Zeitgeber-Kanäle 8-Bit mit Vorteiler (Faktor 16 oder 256), Nulldurchgang-Auswertung (3 Ausgangssignale)

◆ SIO = Z84C4x:
2 unabhängige serielle voll-duplexfähige Kanäle für einen weiten Bereich an Kommunikationsaufgaben,
Asynchron-Mode mit programmierbarer Zeichenlänge, Zeichenrahmen und Parität,
Synchron-Mode mit verschiedenen Protokollen (IBM Bisync, SDLC, HDLC, CCITT-X-25 usw.), automat. CRC-Erzeugung und Testung, RX-Register 4-fach gepuffert,
Fehlerüberwachung und Interruptsystem

◆ Watchdog-Timer

◆ Wait-State-Generator und Low-Power-Mode

◆ Clock Generator Controller (CGC)

◆ 6 oder 10 MHz Arbeitsfrequenz

◆ 100-Pin-QFP-Gehäuse

Der externe Speicherbedarf ist eine Gemeinsamkeit aller Z80-Familienmitglieder. Für eine richtige Single-Chip-Lösung sind diese Bauelemente damit zwar nicht geeignet, doch mit einem EPROM und einem RAM ausgerüstet, sind die verschiedensten Anwendungen realisierbar. Auch Controller anderer Hersteller müssen extern »nachrüsten«, sollen sie umfangreiche Software bearbeiten. Und das kostet in fast allen

Fällen auch I/O-Kapazität. Insofern ist der Anschluß externer Speicher nicht unbedingt als Nachteil anzusehen. Dafür stimmt die Funktionalität der Peripherie. Mittlerweile werden auch Speichermodule angeboten, die sowohl ROM als auch RAM und zum Teil noch weitere Funktionen auf einem Chip bieten. Solch ein Bauelement an einem Z80-»Controller« erhöht die Anzahl der notwendigen Bauelemente auf zwei Bausteine. Daß sich diese Bauelemente genauso einsetzen und programmieren lassen wie die allseits bekannten Lösungen mit Einzelbauelementen, dürfte der größte Vorteil sein. Entwicklung unter Laborbedingungen mit diskreten Chips und eine spätere Umsetzung auf die Ein-Chip-Lösung sind besonders leicht zu machen. Auch kann auf bestehende Z80-Programmbibliotheken und Softwarewerkzeuge zurückgegriffen werden.

Das Blockbild zeigt den Aufbau des Controllers unter der Vorgabe des Standardbildes, wie es für alle Controller in dieser Zusammenstellung verwendet wird:

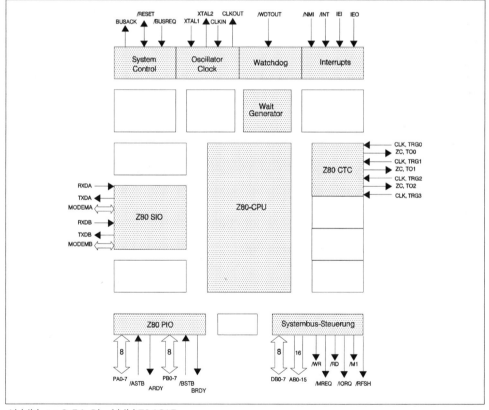

Abbildung 3.54: Blockbild Z84C15

3.4.2   Z8-Familie

Waren die zuvor genannten Z80-Prozessoren ursprünglich keine Mikrocontroller und wurden einige von ihnen erst durch die Integration mit familieneigenen Peripheriebauelementen auf einem Chip zu Controllern, so sind die Z8-Familienmitglieder »echte« Mikrocontroller im Sinn des Buches. Hier befinden sich alle Komponenten auf einem Chip, die CPU, der Programm- und Datenspeicher und verschiedenste Peripherie. Diese Bauelemente sind mit ihrem Aufbau und ihren verschiedenen Versionen sowohl für I/O- als auch für speicherintensive Anwendungen sehr gut geeignet. Sie stellen die gelungene Verbindung einer 8-Bit-CPU-Core mit flexiblen Speicher- und Peripheriekomponenten dar. Allerdings gehört der Großteil der Z8-Controller nicht zu den High-End-Produkten der Controllerwelt. Das wird schon beim Betrachten der im Vergleich zu anderen Familien recht spartanischen Peripherieausrüstung deutlich. Auch die Einzelkomponenten, wie z. B. die Timermodule, sind nicht so leistungsfähig und flexibel. Andererseits bietet Zilog aber auch Hochleistungsmaschinen, wie den Z86C94, einen Controller mit einem digitalen Signalprozessor als Slave, und Hardware-Multiplizierer- und Dividierereinheiten. Bei diesem Typ ist dann auch ein 8-Kanal-8-Bit-ADU, ein 8-Bit-DAU sowie ein PWM-Modul mitintegriert. Ein anderer Controller, der Z88C00 ist zusätzlich zu den normalen Modulen mit einem DMA-Controller, einem verbesserten Timer und softwareseitig mit speziellen MUL- und DIV-Befehlen ausgestattet. Auch spezielle Versionen für den Einsatz als Display-, FDC- oder SCSI-Controller werden von Zilog angeboten. Die folgende Zusammenstellung zeigt die wesentlichen Merkmale dieser Familie:

◆ 8-Bit-Single-Chip-Mikrocontroller in NMOS- oder CMOS-Technologie,
  Stromaufnahme in der CMOS-Version ca. 20–50 mA,
  maximale Taktfrequenz (typabhängig) von 4 bis 25 MHz, die Befehlsausführungszeiten liegen bei 12 MHz Takt bei 1 µs

◆ Spannungsversorgung mit standardmäßig 4,5 bis 5,5 V, bei weiterentwickelten Chips, wie dem Z86L06XX und dem L29XX beginnt der Arbeitsbereich schon bei 2–3,6 V. Der zulässige Temperaturbereich ist in Klassen geteilt und beträgt in der Standard-Version 0...70 °C, in der Extended-Version -40...+100 °C und in der Military Version -55...+125 °C.

◆ 8-Bit-CPU-Kern
  112 Basisbefehle ermöglichen die Behandlung von einzelnen Bits, Bytes, BCD-Werten und 16-Bit-Worten.

◆ Speicherstruktur
  64 Kbyte Programmspeicher und 64 Kbyte Datenspeicher (Harvard-Architektur).

Der Programmspeicher teilt sich in den On-Chip-Speicher und einen extern verfügbaren Adreßraum auf. Der interne ROM (oder auch OTP) erstreckt sich von 1Kbyte bis 16 Kbyte. Im Datenbereich liegt das chipinterne RAM- und das Registerfeld und ein externer Bereich. Externe Adreßräume werden über einen gemultiplexten Daten-/Adreßbus angesprochen (I/O-Funktionen gehen verloren!).

◆ Registersatz mit 128, 256 oder 326 Registern, einschließlich 4 I/O-Registern und 16 Steuer- und Statusregistern. Bei einigen Versionen existieren gemappte Expanded-Registerstrukturen mit 2 bis 3 Ebenen für weitere Peripheriefunktionen.

◆ Memory-mapped Ports
Standardmäßige Ausrüstung mit 2 bis 4 8-Bit-Ports, in einigen Fällen (z.B. Z86C62) auch 6×8-Bit- und 1×4-Bit-Ports. Die Datenrichtung ist byte-, nibble- oder bitweise programmierbar.

◆ Interruptstruktur
In der Regel 6 Interruptquellen mit Vektoren und freier Prioritätenwahl, beim Z88C00 Super8 27 Quellen mit 16 Vektoren

◆ Low-Power-Modi
Bei den meisten Controllern ist ein HALT- und ein STOP-Mode vorhanden (Reduzierung auf ca. 5mA bzw. 5 µA).

◆ Timer
2–3 8-Bit Zähler/Zeitgeber mit 6-Bit programmierbarem Vorteiler, aber auch 16-Bit-Module (Z86C93: 2×16-Bit mit 6-Bit-Vorteiler und 3×16-Bit mit 4-Bit-Vorteiler).

◆ serielle Schnittstellen
Asynchrones Interface UART mit 8 Datenbits oder 7 Datenbits und 1 Paritätsbit festgelegt, Baudrate programmierbar oder
Synchrones Peripherie-Interface SPI für Master-/Slave-Kopplungen mit seriellem und parallelem Betrieb, sehr leistungsfähige Wake-Up-Funktion

◆ Watchdog-Timer und Power-On-Reset-Schaltung

◆ Für Prototypenentwicklung OTP-Versionen und Entwicklungschips mit herausgeführtem internem Daten-, Adreß- und Controlbus bzw. Piggyback-Version

◆ Gehäuseformen, angefangen bei 18-poligen DIP-Gehäusen bis zu 64-poligen DIP-, PLCC- oder QFP-Gehäusen

Die Ausrüstung der Bauelemente ist sehr verschieden, die eingesetzten Module aber überschaubar. Bevor die Familie nun anhand eines konkreten Controllers näher vorgestellt wird, zunächst ein Blick auf das Bauelementespektrum, allerdings wieder ohne Anspruch auf Vollzähligkeit:

Typ	ROM	RAM	I/O	Timer	Seriell	ADU	WD	Besonderheiten
Z86C00	2K	124	22	2x8 Bit	–	–	–	MCU, 28-Pin DIP
Z86C10	4K	142	22	2x8 Bit	–	–	–	MCU, 28-Pin DIP
Z86C20	8K	256	22	2x8 Bit	–	–	–	MCU, 28-Pin DIP
Z86C06	1K	144	14	2x8 Bit	SPI	2xC	X	MCU, 3-fach Expanded Registerfile, 18-Pin DIP
Z86C08	2K	144	14	2x8 Bit	–	2xC	X	MCU, 18-Pin DIP, als E08 OTP
Z86C09	2K	144	14	2x8 Bit	–	2xC	X	MCU, 2-fach Expanded Registerfile, 18-Pin DIP
Z86C11	4K	256	32	2x8 Bit	UART	–	–	MCU, 40/44-Pin QFP, PLCC, DIP
Z86C19	4K	144	14	2x8 Bit	SPI	2xC	X	MCU OTP, 18-Pin DIP
Z86C21	8K	256	32	2x8Bit	UART	–	–	MCU, 40/44-Pin, E21 OTP
Z86C91	–	256	16	2x8Bit	UART	–	–	MCU ROM-los, 40/44-Pin
Z86C30	4K	256	24	2x8Bit	–	2xC	X	MCU, 2-fach Expanded Registerfile, E30 OTP, 28-Pin DIP
Z86C40	4K	256	32	2x8Bit	–	2xC	X	MCU, 2-fach Expanded Registerfile, E40 OTP, 40/44-Pin DIP, PLCC, QFP
Z86C61	16K	256	32	2x8Bit	UART	–	–	MCU, 40/44-Pin DIP, PLCC, QFP
Z86C62	16K	256	56	2x8Bit	UART	–	–	MCU, 64/68-Pin DIP, PLCC
Z86C89	–	256	32	2x8Bit	–	2xC	X	MCU, ROM-los, 40/44-Pin DIP, PLCC, QFP
Z86C96	–	256	44	2x8Bit	UART	–	–	MCU, ROM-los, 64/68-Pin DIP, PLCC
Z86C93	–	256	24	5x16Bit	UART	–	–	MCU, Expanded Registerfile, ROM-los, MUL/DIV-Modul, 44-Pin
Z86C94	–	256	24	3x8Bit	UART	8x8Bit		MCU, ROM-los, MUL/DIV-Modul, zus. Digitaler Signal-Prozessor, 8x8 Bit-ADU, 1x8 Bit-DAU, PWM-Ausg., 80-Pin
Z88C00	–	326	24	2x8Bit	UART	–	–	Super8, 8K ROM (8820), ROM-los (8800), Piggyback-Version (8822)

Tabelle 3.39: Z8-Familienübersicht (nur CMOS)

zu ADU: 2xC 2 Analog-Komparatoren

Z86C21-Controller

Ein typischer Vertreter der Z8-Familie von Zilog ist der Z86C21. Er hat im wesentlichen alle Komponenten, mit denen auch seine Familienmitglieder ausgerüstet sind. Bei dieser Controllerserie ist die Vielfalt der Module und Baugruppen nicht so groß wie bei anderen Familien, so daß man sich mit diesem Bauelement einen repräsentativen Überblick über den Aufbau und die Funktionen verschaffen kann. Vor den Details jedoch auch erst wieder ein Blick auf den Schaltkreis und seine Daten:

◆ 8-Bit-CMOS Mikrocontroller

◆ 4,5 bis 5,5 V Betriebsspannungsbereich, 220 mW maximal bei 16 MHz

◆ Befehlsverarbeitungsdauer 1,0 µs bei 12 MHz

◆ 8 Kbyte ROM oder 8 Kbyte OTP (Z86E21)

◆ 236 Byte RAM

◆ 32 Ein-/Ausgänge, TTL-kompatibel, Auto Latches

◆ 1 Kanal Voll-duplex-UART

◆ 2 programmierbare 8-Bit-Zähler/Zeitgeber mit 6-Bit-Vorteiler

◆ 8 Interruptquellen , 6 Vektoren, freie Wahl der Priorität

◆ On-Chip-Oszillator für Quarz, Keramik-Resonator, LC-Anschluß oder auch externe Einspeisung, Taktfrequenz 12 und 16 MHz

◆ 2 Low-Power-Modi, HALT- und STOP-Mode mit typisch 4 mA bzw. 5 µA Stromaufnahme

◆ 40-Pin-DIP- oder 44-Pin-PLCC- oder QFP-Gehäuse

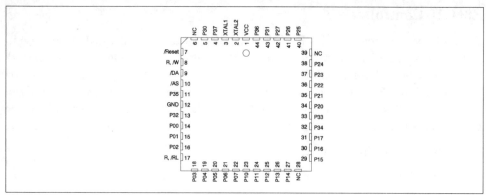

Abbildung 3.55: Sockelbild Z86C21

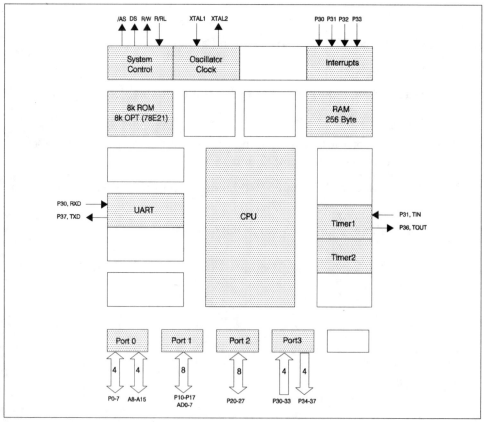

Abbildung 3.56: Blockbild Z86C21

Signal		Pin	I/O	Pinbeschreibung
Normal-Mode	EPROM-Mode			
P00	A0	14	I/O	Port 0, nibbelweise als Ein- oder Ausgang programmierbar, in
P01	A1	15	I/O	Verbindung mit P32 (DAV0) und P35 (RDY0) Handshake-
P02	A2	16	I/O	Port, bei externem Adreßraum höherwertiger Adreßbus (A8–
P03	A3	18	I/O	15), im EPROM-Mode Adressen A0–7
P04	A4	19	I/O	
P05	A5	20	I/O	
P06	A6	21	I/O	
P07	A7	22	I/O	
P10	D0	23	I/O	byteprogrammierbares Ein-/Ausgabeport, mit Hilfe der
P11	D1	24	I/O	Signale P33 (DAV1) und P34 (RDY1) Handshake-Betrieb, bei
P12	D2	25	I/O	externem Adreßraum gemultiplexter Daten-/Adreßbus (D0–7
P13	D3	26	I/O	und A0–7), im EPROM-Mode Datenein- und Ausgänge
P14	D4	27	I/O	
P15	D5	29	I/O	
P16	D6	30	I/O	
P17	D7	31	I/O	
P20	A8	34	I/O	bitweise programmierbares Ein-/Ausgabeport, mit den
P21	A9	35	I/O	Signalen P31 (DAV2) und P36 (RDY3) Handshakebetrieb,
P22	A10	36	I/O	
P23	A11	37	I/O	
P24	A12	38	I/O	
P25	A13	40	I/O	
P26	A14	41	I/O	
P27	A15	42	I/O	
P30	$\overline{CE}$	5	I	Eing., IRQ3, DAV2, RxD o. $\overline{CE}$ (EPROM)
P31	$\overline{OE}$	43	I	Eing., Timer In, IRQ2, DAV2 o.$\overline{OE}$ (EPROM)
P32	EPM	13	I	Eing., IRQ0, DAV0 oder EPM (EPROM)
P33	Vpp	33	I	Eing., IRQ1, DAV1 oder V$_{PP}$ (EPROM)
P34	N/C	32	O	Ausg., RDY1, DM
P35	NC	11	O	Ausg., RDY0
P36	N/C	44	O	Ausg., Timer Out RDY2
P37	N/C	4	O	Ausg., TxD
$\overline{RESET}$	$\overline{RESET}$	7	I	Reset-Eingang (T 4 Takte)
R/W	N/C	8	O	L bei Schreibzugriff auf ext. Speicher
$\overline{DS}$	N/C		O	Datenlesen/Schreiben ext. Speicher
$\overline{AS}$	N/C		O	Adreß-Strobe für Multiplex-Bus
R,/$\overline{RL}$	N/C	17	I	L = kein interner ROM
XTAL1	N/C	2	O	Oszillatoranschluß
XTAL2	XTAL2	3	O	Oszillatoranschluß
V$_{CC}$	VCC	1	-	Versorgungsspannung
V$_{SS}$	V$_{SS}$	12	-	Ground

Tabelle 3.40: Pinbelegung

Speicher- und Registerstruktur

Z8-Controller haben einen Speicheraufbau nach den Regeln der Harvard-Architektur. Es gibt somit einen Programmspeicherbereich, den die CPU über den Befehlszähler oder durch bestimmte Adressierungsarten ansprechen kann und einen Speicherbereich für Daten. Mit seinem 16-Bit Adreßbus können somit zwei mal 64 Kbyte Speicher erreicht werden. Ein spezielles Steuersignal unterscheidet die beiden Bereiche praktisch als 17. Adresse.

Die Controller besitzen interne Programm- und Datenbereiche, die von Typ zu Typ unterschiedlich in der Art (ROM, EPROM, OTP) und der Größe sind. Die Bauelementeübersicht hat einen Einblick gegeben. Einen weiteren Bereich bildet das Registerfile, das allgemeine und Steuerregister beinhaltet. In der nachfolgenden Grafik sind die Adreßräume der Z8-Controller zu sehen.

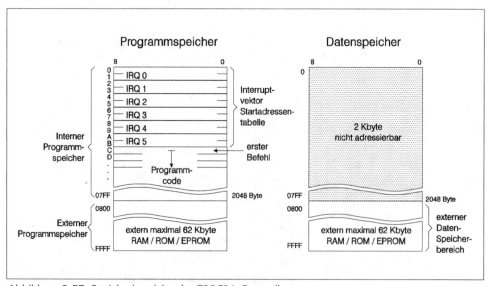

Abbildung 3.57: Speicherbereiche des Z86C21-Controllers

Register- und Peripheriefile

Liegen bei den meisten Controllern die Datenregister und die Special-Function- oder auch Peripherieregister im allgemeinen Adreßraum der CPU und werden memory-mapped adressiert, so ist das bei dieser Controllerfamilie ganz anders gelöst. Ähnlich wie bei Mikroprozessoren haben die Z8 ein Registerfile, daß in einem separaten Bereich liegt und eigene Befehle besitzt. Im Prinzip arbeiten nahezu alle Befehle mit

diesem Bereich, und nur die externen Daten- und Programmbereiche haben Sonder-
anweisungen.

Je nach Version besteht der Registerbereich aus 144, 256 oder 326 8-Bit-Registern.
Der Z86C21-Controller zum Beispiel hat 256 Register. Er beginnt mit R0 und endet
mit R255. Wie groß auch immer der Registerblock ist, die obersten 16 Plätze, also
Register R240 bis 255 stellen das Peripherieregisterfile. Hier liegen alle Steuer- und
Statusregister des Controllers einschließlich all seiner Peripheriemodule. Der untere
Teil ist bis auf die Register R0 bis R3 frei als Arbeitsregister, Daten-RAM oder Stack
nutzbar. Bei Versionen mit weniger Plätzen ist zwischen dem unteren Bereich und
den letzten 16 Peripherieregistern eine entsprechend große Lücke. R0 bis R3 stellen
die Datenregister der vier Ports dar. So wie sich alle Schreiboperationen sogleich auf
die Pins auswirken, liefern Lesebefehle den Pegel der Pins, vorausgesetzt, die Ein-
/Ausgabefunktionen dieser Ports sind entsprechend programmiert.

Location		Identifiers
255	Stack Pointer (Bits 7-0)	SPL
254	Stack Pointer (Bits 15-8)	SPH
253	Register Pointer	RP
252	Programm Control Flags	FLAGS
251	Interrupt Mask Register	IMR
250	Interrupt Request Register	IRQ
249	Interrupt Priority Register	IPR
248	Ports 0-1 Mode	P01M
247	Port 3 Mode	P3M
246	Port 2 Mode	P2M
245	T0 Prescaler	PRE0
244	Timer/Counter 0	T0
243	T1 Prescaler	PRE1
242	Timer/Counter 1	T1
241	Timer Mode	TMR
240	Serial I/O	SIO
239		bei 144 Byte Register-
		feldern unbenutzt
127		
	General-Purpose Register	
4		
3	Port 3	P3
2	Port 2	P2
1	Port 1	P1
0	Port 0	P0

Abbildung 3.58: Registerfile des Z86C21-Controllers

Die Adressierung der 256 Register geschieht durch eine 8-Bit-Adresse. Das ergibt kurze und schnelle Befehle. Wie bei Controllern üblich, teilt auch Zilog sein Registerfeld in Gruppen ein. Der gesamte Bereich ist in 16 Blöcke mit je 16 Registern gegliedert. Ein 4-Bit-Registerpointer definiert einen dieser Blöcke als Arbeitsregisterblock. Die Adressierung bewirkt, daß alle Befehle diese ausgewählten Register mit einer 4-Bit-Adresse ansprechen können. Kurze 1-Byte-Befehle sind die Folge, eine Voraussetzung für speicherplatzsparende Programme. Nebenbei ermöglicht dieses Verfahren eine komfortable Task-Umschaltung und eine schnelle Interruptverarbeitung. In der Grafik ist das Registerfile des Z86C21 dargestellt, der Anhang zeigt auch nochmals die Spezialregister, allerdings dort mit mehr Erläuterungen zu den einzelnen Funktionen.

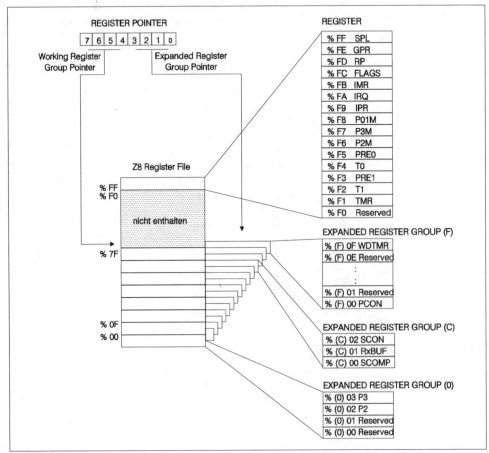

Abbildung 3.59: Expanded Register File Architektur

Bei einigen Controllern der Familie sind zusätzliche, den Standard erweiternde Module und Funktionen integriert. Solche Erweiterungen benötigen natürlich auch eigene Daten- und Steuerregister. Zilog hat hier nicht vorhandene Bereiche mit den neuen Aufgaben belegt, sondern weitere Ebenen in die »Tiefe« gebaut. Hinter dem Registerblock 0 liegen noch 16 weitere 16-Byte-große Blöcke, die über einen Gruppenpointer in den Bereich der Register R0 bis R15 eingeblendet werden können. Der 4-Bit-Pointer bildet gemeinsam mit dem Zeiger auf den momentanen Arbeitsregisterblock den Registerpointer. Die Grafik zeigt den Aufbau einer solchen Expanded-Register-File-Architektur.

Spezielle Register

Mit seinem universellen Registerfile kann der Z8-Controller auf besondere Rechen- und Indexregister verzichten. Jedes Register, mit Ausnahme der Peripherieregister, kann vom Programm als Akkumulator oder für spezielle Adressierungsarten verwendet werden. Die einzigen Spezialregister im Zusammenhang mit dem Programmiermodell sind der Befehlszähler, der Stackpointer und das Flag-Register. Mit dem Befehlszähler kann der Controller einen Bereich von 64 Kbyte adressieren, dank seiner Harvard-Architektur verdoppelt sich diese Größe zu 128 Kbyte Gesamtadreßraum.

Der Stackpointer, ebenfalls 16 Bit breit, adressiert nur den Datenspeicherbereich. Er ist aus zwei 8-Bit-Registern aufgebaut, die beide im Registerfile liegen. Interessant sind die beiden Möglichkeiten für den Umgang mit dem Stack; er kann im internen RAM, also dem Registerfeld, oder auch im externen Datenspeicher liegen. Abhängig von dieser Wahl, die mit einem Bit im Port 0/1-Steuerregister P01M getroffen wird, ist entweder nur der Low-Teil des Pointers wichtig, oder aber Low- und High-Teil werden für externe Adressen gebraucht. Bei internem Stack ist der höherwertige Teil SPH frei für andere Aufgaben. Für den 256-Byte-großen internen Teil genügt der 8-Bit-Pointer. Auch das Flag-Register ist Bestandteil des Peripherieregisterfiles. Seinen Aufbau zeigt die Grafik.

7	6	5	4	3	2	1	0
C	Z	S	O	D	H	U2	U1

C	Carry-Flag
Z	Zero-Flag
S	Sign-Flag
O	Overflow-Flag
D	Dezimal-Adjust-Flag

H   Half-Carry-Flag

U1, U2   Userflags 1 und 2 (frei verfügbar)

Eigentlich gehört auch der Registerpointer zu den Spezialregistern, doch sein Aufbau und seine Funktion sind in Zusammenhang mit dem Registerbereich schon erläutert worden.

Speicher und Betriebsarten

Besondere Betriebsarten wie bei anderen Controllern gibt es in der Z8-Familie nicht. Ihr Speicheraufbau ist durch die Harvard-Architektur bestimmt. Alle Bauelemente haben einen internen und einen externen Speicherbereich für Daten. Beim Programmspeicher gibt es Versionen ohne internen ROM oder EPROM. Für sie muß immer extern ein Speicher angeschlossen sein. Damit eignen sie sich besonders für die Entwicklung und die Kleinserie, bei der sich eine ROM-Maske noch nicht lohnt, eine relaiv teure EPROM-Version gegenüber gewöhnlichen Standard-EPROMs aber auch nicht in Frage kommt. Neben den ROM/EPROM- sowie den ROM-losen Versionen gibt es jedoch noch Bauelemente mit internem ROM, bei denen sich dieser interne Teil abschalten läßt. Zu diesem Zweck haben sie einen besonderen Eingang ($R/\overline{RL}$), der, auf Low gelegt, alle Adreßzugriffe auf den internen Bereich auf den externen Bus umleitet.

Wie schon bei der Übersicht zu sehen war, beginnt der Programmspeicher immer an der Adresse 0. Hier liegen zunächst die 6 Interruptvektoren. Auf der Adresse 000CH beginnt der eigentliche »Programmspeicher«, und dort startet auch der Controller seine Arbeit nach einem Reset, d. h., hier muß der erste Befehl stehen. Von da setzt sich der Speicher linear zu höheren Adressen fort. Erzeugt das Programm Zugriffe, die außerhalb der chipinternen Bereiche liegen, so bildet die Bussteuerung daraus externe Signale über die als Bus programmierten Ports. Die richtige Einstellung der Ports ist Voraussetzung für den externen Speicherbetrieb. Fehler führen zu Fehlverhalten und machen eine Funktion unmöglich. Arbeitet der Controller mit externen Adressen, werden diese Adressen auch bei Zugriffen auf interne Bereiche ausgegeben, die Daten des damit möglicherweise adressierten Speichers aber ignoriert.

Um auch im externen Bereich Daten- und Programmspeicherzugriffe zu unterscheiden, stellt der Controller bei Bedarf ein zusätzliches Signal am Port P34 zur Verfügung. Diese $\overline{DM}$-Signal ist Low bei Schreib- und Lesezugriffen auf den Datenspeicher. Die externe Adreßdekodierung kann damit leicht die entsprechenden Speicherchips richtig ansprechen. Selbstverständlich lassen sich an den externen Bus auch beliebige 8-Bit-Peripheriebauelemente anschließen, was häufig genutzt wird, da die etwas magere Ausrüstung der Controller nicht immer den Bedürfnissen entspricht.

Funktionsgruppen und Peripheriemodule

Ein-/Ausgabeports

Der größte Teil der Controller aus der Z8-Familie besitzt 4 digitale Ein-/Ausgabeports. Jedes dieser Ports ist zusätzlich zur normalen Portfunktion mit speziellen Funktionen belegt. Je nach Betriebsart stellen die Leitungen Ein-/Ausgabesignale oder Daten-/Adreßsignale dar. Auch interne Peripheriemodule wie der Timer und die serielle Schnittstelle nutzen diese Pins. Besonders viele Peripheriefunktionen übernimmt dabei das Port 3. Im EPROM-Mode des Z86E21 übernehmen die Portleitungen zusätzlich noch Sonderaufgaben bei der Programmierung. Alle Ports haben im untersten Registerblock, also in den Registern R0 bis R3, ihr Datenein- und Ausgaberegister. Über spezielle Steuerregister erfolgt die Programmierung der Betriebsarten.

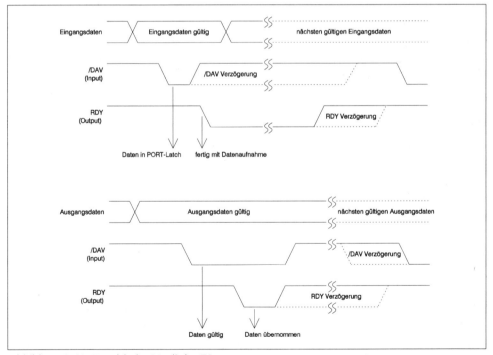

Abbildung 3.60: Handshake-Modi des Z8

Port 0

Port 0 ist ein 8-Bit-breites, halbbyteweise (nibbelweise) programmierbares Ein-/Ausgabeport. Halbbyteweise bedeutet, P00-P033 und P044-P077 können unabhängig voneinander als Ein- oder Ausgänge programmiert werden. Soll der Controller auf den externen Adreßraum zugreifen, übernehmen die Pins P00-P03 die Adressen A8-A11 bzw. die Pins P04-P07 die Adressen A12-A15. In Abhängigkeit vom benötigten externen Adreßbereich kann auch auf die oberen 4 Adreß-Bits verzichtet werden. Die dann freien Pins sind als normale Ein-/Ausgänge nutzbar, ein Vorteil, da häufig kein großer externer Speicher notwendig ist. Bei Bauelementen, die keinen internen ROM besitzen, oder bei denen er abgeschaltet ist (R/$\overline{\text{RL}}$-Eingang), ist nach einem Reset immer automatisch die Adreß-Betriebsart gewählt.

Im normalen Mode stehen dem Port noch zwei Handshake-Signale zur Verfügung. Die Portleitung P35 bildet das Signal RDY/$\overline{\text{DAV}}$, die Leitung P32 das $\overline{\text{DAV}}$/RDY-Signal. Möglich ist ein Eingabe- oder ein Ausgabe-Handshake. Wie dieser Handshakebetrieb funktioniert, ist in der Grafik – Handshake-Modi des Z8 – dargestellt.

Eingabefunktion:
Port 0 ist auf Eingabe programmiert. Ein Low-Impuls am P32-Pin ($\overline{\text{DAV}}$/RDY) führt zur Übernahme der an den Eingängen P00-P07 liegenden Pegel in das Port-Eingaberegister. Gleichzeitig geht der Ausgang P35 (RDY/$\overline{\text{DAV}}$) nach Low (Eingaberegister nicht bereit) und zeigt damit das besetzte Register an. Ob durch Polling (Port3-Datenregister) oder durch Interrupt, das Programm kann nun die Daten aus dem Datenregister P0 lesen. Infolge dieser Leseoperation wird das Besetztsignal P35 wieder auf High-Pegel gesetzt. So kann die Peripherie erkennen, daß sie weitere Daten an den Controller übergeben kann.

Ausgabefunktion:
Das Signalspiel beim Ausgabehandshake beginnt mit dem Einschreiben der Daten in das Datenregister P0. Daraufhin setzt die Portlogik den Ausgang P35 (RDY//DAV) auf Low (/DAV – Daten verfügbar) und signalisiert damit der Peripherie die bereitstehenden Daten. Diese quittiert sodann den Empfang mit einem Low-Impuls am Eingang P32 (/DAV/RDY RDY – fertig mit der Übernahme). Die Logik erkennt den Impuls und setzt den Ausgang P35 wieder auf High (keine neuen Daten).

Das Programm kann den Zustand der Handshakesignale durch Lesen des Datenregisters von Port 3 erkennen oder aber auch die Interruptmöglichkeit nutzen. Die Portlogik ist so ausgelegt, daß die Handshake-Eingänge für die Quittung der Peripherie zugleich auch externe Interrupteingänge sind. Damit kann die Software sehr einfach und schnell auf das Zeitverhalten der Umgebung reagieren. Alle anderen

4 Eingänge des Port 3 sind ebenfalls externe Interruptquellen, bzw. lassen sich als solche benutzen.

EPROM-Betrieb:
Eine weitere Betriebsart des Ports, die nichts mit den normalen Funktionen zu tun hat, ist der Programmiermode der OTP-Controller. Hier haben nahezu alle Pins eine veränderte Belegung. Port 0 übernimmt dabei die Funktion der Adreßeingänge A0 bis A7.

Port 1

Port 1 ist ein byteprogrammierbares, bidirektionales 8-Bit-Port. Es ist für den Zugriff auf den externen Speicherbereich auch als gemultiplextes Daten-/Adreßbus-Port programmierbar. Über seine Pins werden bei auf Low liegendem $\overline{\text{AS}}$-Signal die Adressen A0 bis A7 ausgegeben, ansonsten Daten gelesen oder geschrieben. Ein Verfahren, das fast jeder Controller verwendet, der nicht über spezielle Bus-Ausgänge verfügt. Auch hier gilt wie beim Port 0: Nach einem Reset und fehlendem internen ROM bzw. abgeschaltetem Speicher ist die Daten-/Adreßbus-Betriebsart eingestellt. Und wie schon beim Port 0 sind auch hier zwei Handshake-Signale vorhanden, die, wenn gewünscht, einen Handshake-Betrieb ermöglichen. Port 3 stellt dazu die Pins P33 als $\overline{\text{DAV}}$/RDY-Eingang und P34 als RDY/$\overline{\text{DAV}}$-Ausgang bereit. Für die Funktionen gilt das gleiche wie bei Port 0.

EPROM-Betrieb:
Port 1 ist im Programmiermode des Controllers Datenein- und Ausgang. Es stellt den Datenbus bereit, wobei die Richtung von dem Signal $\overline{\text{OE}}$ gesteuert wird.

Port 2

Im Gegensatz zu den anderen Ports ist Port 2 bitweise als Ein- oder Ausgang programmierbar und nicht mit Nebenfunktionen belegt. Doch auch ihm stehen 2 Handshakeleitungen zur Verfügung, die ebenfalls wieder das Port 3 liefert. P31 ist der Handshake-Ausgang, P36 arbeitet als Eingang für die Signale aus der Peripherie. Bestimmend für die Handshake-Funktion, d.h. für deren Richtung, ist die Programmierung des Pins P27. Ist dieses auf Ausgang programmiert, arbeitet auch der Handshake-Mode im Ausgabebetrieb, anderenfalls im Eingabebetrieb.

EPROM-Betrieb:
Im Programmierbetrieb des Controllers sind die Pins den höherwertigen Adreßleitungen A8 bis A15 zugeordnet.

Port 3

Port 3 ist ein ganz besonderes Port. Seine Pins sind ohne Ausnahme mit Sonderfunktionen belegt. Es hat feste Datenrichtungen, die Leitungen P30-P33 sind immer Eingänge und P34-P37 generell Ausgänge. Neben den Sonderfunktionen kann es auch für normale Ausgabefunktionen hergenommen werden, die Einstellung geschieht bitweise für jeden Eingang getrennt. Wird eines der Module eingeschaltet, das bestimmte Port3-Pins nutzt, geht die Funktion automatisch an das Modul über. Die Tabelle zeigt die Verwendung in den verschiedenen Funktionen.

Pin	I/O	Timer1	INT	P0HS	P1HS	P2HS	UART	Ext	EPROM
P30	I	-	IRQ3	-	-	-	RxD	-	$\overline{CE}$
P31	I	T_{IN}	IRQ2	-	-	DAV/$\overline{RDY}$-	-	-	$\overline{OE}$
P32	I	-	IRQ0	DAV/$\overline{RDY}$	-	-	-	-	EPM
P33	I	-	IRQ1	-	DAV/$\overline{RDY}$		-	-	V_{PP}
P34	O	-	-	-	$\overline{RDY}$/DAV	-	-	DM	-
P35	O	-	-	$\overline{RDY}$/DAV	-	-	-	-	-
P36	O	T_{OUT}	-	-	-	$\overline{RDY}$/DAV	-	-	-
P37	O	-	-	-	-	-	TxD	-	-

Tabelle 3.41: Pinfunktionen des Port 3

Für Multicontrollerschaltungen gibt es bekanntlich mehrere Möglichkeiten der Kopplung. Auch die Controller von Zilog unterstützen die Verwendung gemeinsamer Ressourcen wie Speicher und Registerstrukturen durch mehrere Busteilnehmer. Für diesen Fall müssen sie allerdings alle über Daten-, Adreß- und Steuersignalleitungen verfügen, die in den hochohmigen Zustand versetzt werden können. Dazu sind alle Pins, die mit dem externen Speicher zu tun haben, als Tristate-Stufen ausgebildet. Über den Eingang P33 (Bus Acknowledge Input) lassen sich die Ports 0 und 1 sowie die Signale $\overline{AS}$, $\overline{DS}$ und R/W hochohmig schalten. Diesen Zustand signalisiert das Pin P34 dem anfordernden Busteilnehmer als Bus Request Output.

Im Datenregisterfile ist jedem Port ein Speicherplatz zugeordnet. Eine Schreiboperation auf solch ein Register schreibt die Daten in ein Ausgabelatch. Auf Ausgabe programmierte Pins dieses Ports bringen die Pegel über die Ausgangsstufen nach außen. Umgekehrt spiegeln die Datenregister den Zustand der auf Eingang programmierten Pins wieder. Die Steuerung der Portfunktionen erfolgt wie üblich über spezielle Steuerregister im Peripherieregisterfile. Die Datenregister Port 0, Port 1, Port 2 und Port 3 bilden die untersten Adressen des Registerfiles. Konfiguriert werden die Ports über die Register P01M (Port 0 und 1), P2M (Port 2) und P3M (Port3).

Zähler-Zeitgebermodule

Der Controller verfügt über 2 Zähler-/Zeitgebermodule, die vom Aufbau im Prinzip gleich sind. Unterschiede gibt es nur bei den möglichen Taktquellen. Jeder besitzt einen 6-Bit-programmierbaren Vorteiler. Die Taktquelle von Timer 1 kann der externe Eingang T_{IN} (P31) oder der interne Systemtakt (fosz/8) sein, Timer 0 hat nur den 1/8-Systemtakt als Quelle. Dementsprechend ist er auch nur als Zeitgeber nutzbar, im Gegensatz zu Timer 1, der zusätzlich Zählfunktionen ausüben kann.

Der Vorteiler führt das Signal der Taktquelle in den Verhältnissen 1 zu 1 bis 1 zu 64 dem eigentlichen Zähler zu. Dieser 8-Bit-große Abwärtszähler hat einen Zählumfang von 265 Zuständen. Wenn Vorteiler und Zähler den Wert Null erreicht haben, werden von der Zählerlogik die Anfangswerte im Continuous-Mode aus entsprechenden Registern neu geladen. Gleichzeitig kann das Nulldurchgangssignal zur Umschaltung eines Ausgangs-Flip-Flops genutzt werden, das den Ausgang Tout (36) toggelt. Diese Funktion ist wichtig zur Impulserzeugung und für eine Pulsweitenmodulation. Beide Timer lassen sich zur Steuerung des Ausgangs programmieren, jedoch kann nur einer jeweils diese Funktion ausüben. Das schränkt die Möglichkeiten dieser Timer stark ein, überhaupt ist deren Leistungsfähigkeit im Vergleich zu den Modulen anderer Familien deutlich geringer.

Neben der Signalabgabe können die Timerausgänge aber auch zur Erzeugung eines Vektorinterrupts genutzt werden, so daß sich sehr einfach interne Zeitbasen für Echtzeitanwendungen realisieren lassen. Timer 0 generiert den Interrupt IRQ4, Timer 1 den Interrupt IRQ5. Mit den möglichen Teilerfaktoren und den typischen Quarzfrequenzen ergeben sich die folgenden Zeitintervalle:

Quarzfrequenz [MHz]	4,000	4,194	8,388	16,000
Zeit Min [ms]	0,002	0,002	0,0009	0,0005
Zeit Max [ms]	32,77	31,25	15,62	8,19

Die Zähler sind in ihrer Betriebsart programmierbar, ein Steuerregister im Peripherieregisterfile sorgt für die Einstellung der verschiedenen Funktionen. So kann der Zähler/Vorteiler im Single Pass Mode oder im Continuous Mode arbeiten, im ersteren stoppt der Zählvorgang bei Erreichen des Null-Wertes, ansonsten trägt die Logik die Vorladewerte aus den Registern PRE0 bzw. PRE1 und T0 bzw. T1 in den Vorteiler und den Zähler ein. Das Programm kann zu jeder Zeit ohne Unterbrechung der Zählfunktion die aktuellen Zählerstände (T0- und T1-Register) lesen, die Vorteilerwerte aber bleiben verborgen. Für Timer 0 sind die Betriebsarten durch die eine mögliche Taktquelle fest vorgegeben, Timer 1 hat mehrere Taktquellen zur Auswahl:

Zeitgebermode

Der Zähler zählt mit der durch 8 geteilten Quarzfrequenz. Im Single Pass Mode ist bei Erreichen des Nulldurchgangs Schluß, im Continuous Mode geht es mit den alten Startwerten weiter.

Ereigniszählermode

Jeder High-Low-Übergang am Eingang T_{IN} (P31) löst einen Zählschritt aus.

Gate Input Mode

Ein High-Pegel am T_{IN}-Pin schaltet den Osz/8-Takt an den Timer durch, bei Low-Pegel ist die Zählung unterbrochen. Diese Betriebsart ist typisch für Impulsmessungen.

Nicht retriggerbarer Zählermode

Mit einem High-Low-Übergang am T_{IN}-Pin werden die Startwerte in den Vorteiler und den Zähler geladen und mit der internen Taktfrequenz (Osz/8) abwärts gezählt. Im Nulldurchgang stoppt der Zähler (Single Pass Mode) oder beginnt wieder vom Startwert (Continuous Mode). Weitere Flanken am T_{IN}-Pin während des Zählens bleiben ohne Wirkung.

Retriggerbarer Zählermode

Diese Betriebsart ist nahezu identisch zum retriggerbaren Zählermode, nur löst jetzt jede High-Low-Flanke einen Zählerneustart mit den Startwerten aus.

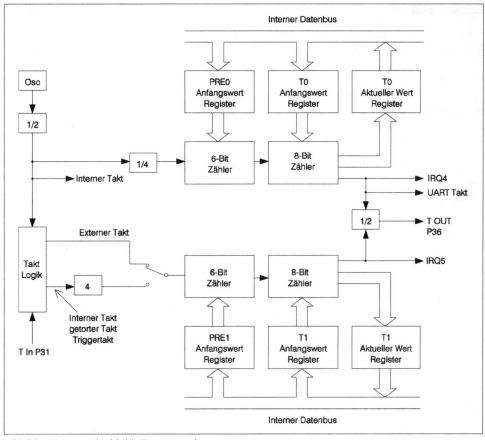

Abbildung 3.61: Blockbild Timer 0 und 1

Das Register zur Programmierung (TMR-Register) sowie die Zähl- und Vorteilerregister (T0, T1, PRE0 und PRE1) stehen im Peripherieregisterfile.

Serielle Schnittstellen

Die serielle Schnittstelle des Controllers, ein UART-Modul, ist sehr einfach aufgebaut. Der serielle Eingang ist das Pin P30, den seriellen Ausgang stellt Pin P37. Folgende Übertragungsarten sind wählbar:

Sendedaten

1 Startbit – 8 Datenbits – 2 Stoppbits
1 Startbit – 7 Datenbits – 1 Paritätsbit (odd) – 2 Stoppbits

Empfangsdaten

1 Startbit – 8 Datenbits – 1 Stoppbit
1 Startbit – 7 Datenbits – 1 Paritätsfehlerflag – 1 Stoppbit

Eine Anpassung an andere Verfahren ist nicht oder nur mit Softwareunterstützung möglich. Der Übertragungstakt ist aber frei wählbar und wird vom Timer 0 bereitgestellt (geht damit für andere Funktionen verloren!). Allerdings ist der eigentliche Baudtakt ein Sechzehntel des T0-Ausgangssignals und errechnet sich nach der Formel: Bitrate = $(2 \times 4 \times PRE0 \times T0 \times 16)$. Die Schnittstelle besitzt ein Datenregister (SIO) als Sende- und Empfangspuffer, je nach der Richtung der Datenoperation. Steuer- und Statusinformationen zum seriellen Kanal stehen im Steuerregister von Port 3 (P3M) und im Interrupt-Request-Register IRQ. Dem Sendekanal ist der Interrupt IRQ4 zugeordnet, der Empfänger nutzt IRQ3. Für den Betrieb sind einige Einstellungen in den Registern vorzunehmen:

◆ Wahl der Portpins P30 und P37 als serielle Ein- und Ausgänge

◆ Timer T0 auf die gewünschte Bitrate stellen (T0-, PRE0- und TMR-Register)

◆ Interrupt-Request-Register konfigurieren, d.h. IRQ3 und/oder IRQ4 freigeben für Interruptbetrieb oder sperren für Polling-Betrieb

◆ bei Interruptbetrieb Priorität festlegen (IPR-Register) und Interrupt freigeben (IMR-Register)

Das Aussenden eines Zeichens beginnt mit dem Einschreiben eines Bytes in das SIO-Register. Nach vollständiger Sendung ist das IRQ4-Bit im IRQ-Register gesetzt und ein erlaubter Vektorinterrupt ausgelöst. Komplett empfangene Zeichen sind aus dem SIO-Register lesbar, das IRQ3-Bit bzw. der zugehörige Interrupt kennzeichnen den Empfang.

Für die Paritätsbearbeitung ist einiges zu beachten. Die ungerade Parität wird von der Hardware unterstützt. Ein 7-Bit-Zeichen erweitert die Senderlogik automatisch um ein 8. Bit, das die ungerade Parität bildet. Bei einem 8-Bit-Zeichen geht Bit 7 verloren. Es wird auf 1 gesetzt, wenn Bit 0 bis Bit 6 eine gerade Anzahl Einsen hat und umgekehrt. Der Empfänger liefert für die Paritätsüberwachung im 7. Bit des SIO-Registers ein Paritätsfehlerflag. Ist es gesetzt, so wurde ein fehlerhaftes Zeichen empfangen, z. B.:

Sendezeichen	UART-Ausgang	UART-Eingang	SIO-Register	Ergebnis
x100 0011	01000011	010001011	0100 0011	kein Fehler
x100 0011	01000011	01001011	1100 1011	Fehler
x110 1010	11101010	11101010	0110 1010	kein Fehler
x110 1010	11101010	11101011	1110 1011	Fehler

Tabelle 3.42: Fehlerzeichen

Mit etwas Softwareaufwand läßt sich auch ein Protokoll mit gerader Parität fahren. Der UART arbeitet dann im 8-Bit-Mode, und das Programm trägt selber das 8. Bit als Paritätsbit ein bzw. testet dieses Bit auf der Empfängerseite. Etwas mehr Aufwand, aber es funktioniert! Die Daten- und Steuerregister des UARTS sind im Anhang zu sehen.

Neben der UART-Schnittstelle besitzen einige Z8-Controller auch einen synchronen Übertragungskanal gemäß den SPI-Verfahren anderer Mikrocontrollerfamilien. Ein typischer Vertreter dafür ist der Z86C06. Wie alle anderen SPI-Schnittstellen auch, kann sein Modul als Master oder als Slave betrieben werden. Für den Slave gibt es zusätzlich einen Compare-Mode, bei dem auf ein vorher festgelegtes Byte zum Beginn einer Übertragung vom Master an alle Slaves geachtet wird. Bei richtigem ersten Zeichen (Adresse) setzt eine normale Übertragung ein, anderenfalls verhält sich der nicht angesprochene Slave passiv. Er beginnt erst wieder auf einlaufende Daten zu achten, wenn eine neue Übertragung beginnt. Den Start dazu gibt jeweils der Slave-Selecteingang SS. Dieses Verfahren weicht etwas von den üblichen Idle-Line- oder Adreßbit-Verfahren ab. Eine direkte Kopplung mit Bauelementen aus diesem Kreis ist daher nur bedingt möglich. Untereinander sind alle Z86C06-Controller aber leicht zu verbinden, und auch die Kopplung mit passiven Teilnehmern läßt sich gut ausführen. Für eine SPI-Schnittstelle werden in der Regel 4 Signalleitungen benötigt, die wieder das Port 3, aber zum Teil auch das Port 2 bereitstellt:

Name	Funktion	Port
DI	Data Input	P20
DO	Data Output	P27
SK	SPI-Clock	P34
SS	Slave Select	P35

Tabelle 3.43: Signalleitungen

Die erweiterten Funktionen im Controller erfordern ein Mehr an Daten- und Steuerregistern. Im normalen Peripherieregisterfile ist dafür kein Platz mehr. Deshalb nutzen die Z8-Controller mit dieser Schnittstelle ein erweitertes Registerfile. Hinter dem Registerfeld R00-R0F liegen gemapped zwei zusätzliche 16-Byte-Ebenen. Hierin befinden sich vier zusätzliche Register der Schnittstelle, das SPI-Control-Register SCON, das SPI-Compare-Register SCOMP, das SPI-Receive-/Buffer-Register RxBUF und das SPI-Shift-Register. Im SCON-Register sind alle Bits vereinigt, die der Steuerung und Überwachung dienen. Hier wird die Betriebsart Master oder Slave festgelegt, die Übertragungsrate bei Masterbetrieb gewählt, die Taktquelle und Phase eingestellt. Aus diesem Register erfährt die Software bei Leseoperationen auch den Zustand der Übertragung.

Im Slave Mode beginnt die Übertragung bei aktivem SS-Eingang. Der externen SPI-Clock schiebt die Information über den DI-Eingang in das Schieberegister. Das RxBUF-Register übernimmt sodann das Byte und meldet mittels eines Receiver-Character-Available-Bit im SCON-Register den Zeichenempfang. Eine Interruptauslösung ist auch programmierbar. Während eines Zeichenempfangs wird wie üblich ein Zeichen über den DO-Ausgang zum Master gesendet.

Beim Master ist die Funktion ähnlich wie bei einem Slave. Im Gegensatz zu diesem ist er aber für die Takterzeugung und die Organisation des Datenaustausches verantwortlich. Aus dem Ausgangssignal von Timer 0 oder aus dem internen Systemtakt stellt er das Taktsignal für die angeschlossenen Slaves her.

Der Aufbau des Moduls ähnelt dem anderer Hersteller. Ein Schieberegister, das auf beiden Seiten über eine Steuerlogik mit den Pins DI und DO verbunden ist, ein Empfängerpuffer und eine Taktversorgung bilden die Hauptbestandteile. Ein 8-Bit-Register für den SPI Compare Mode und für die STOP-Funktion ist zusätzlich noch enthalten. Im Kapitel 1 und konkret am Beispiel des MC68HC11 von Motorola ist solch ein Modul in wesentlich mehr Einzelheiten dargestellt.

Interruptverhalten und Low-Power-Mode

Die Standard-Z8-Controller besitzen 6 verschiedene Interrupts von 4 internen und 4 externen Quellen, einschließlich der Timer, des UARTS und der 4 Ports.

- IRQ0 – P32 Port 0 Handshake /DAV0 RDY0
- IRQ1 – P33 Port 1 Handshake /DAV1 RDY1
- IRQ2 – P31 Port 2 Handshake /DAV2 RDY2 oder Timer1 Input
- IRQ3 – P30 UART Input
- IRQ4 – UART Output oder Timer 0
- IRQ5 – Timer 1

Die Interrupts IRQ0 bis 3 reagieren auf die fallende Flanke an den entsprechenden Eingängen von Port 3. Jede Interruptsituation setzt das entsprechende Bit im Interrupt-Request-Register IRQ. Das allein führt aber noch nicht zur Auslösung einer Unterbrechung. Ein Interrupt-Mask-Register IMR bestimmt (mit jeweils gesetztem Bit), ob der Interrupt auch tatsächlich ausgeführt werden soll. Und auch das reicht noch nicht aus. Alle Interrupts lassen sich einer von 3 Gruppen zuordnen. Das geschieht im Interrupt-Priority-Register IPR. Wie der Name schon sagt, lassen sich nun diese 3 Gruppen nochmals in ihrer Priorität staffeln. Und zu allerletzt bestimmt noch ein globales Freigabebit im IMR-Register über alle Interrupts. Die Interruptlogik des Controllers sorgt beim Einsprung in die Interruptroutine zuvor für das Abspeichern des aktuellen PCs und der Flags in den Stack. Die Adresse der Interruptroutine steht im Vektorfeld des Programmspeichers auf den Adressen 00H bis 0BH in der Reihenfolge IRQ0 bis IRQ5.

Soll ohne Interrupt gearbeitet werden, oder sind nicht alle Interrupts von Interesse, kann auch mit den Bits im IRQ-Register ganz normal gepolled werden.

Nicht alle Zilog-Controller sind mit einer Low-Power-Logik ausgerüstet. Einer, der aber eine solche Stromspar-Betriebsart besitzt, ist der Z86C06. Neben richtigen Low-Power-Zuständen gibt es bei dem Controller einen sogenannten Low EMI Emission Mode. Dieser stellt etwas Besonderes dar, da bei ihm im Gegensatz zu den üblichen Modi alle Funktionen des Controllers weiterlaufen, nur eben langsamer und stromärmer. Zu diesem Zweck kann der interne Takt über 2 Bit heruntergeschaltet werden. Diese beiden Bits stehen im STOP-Mode-Recovery-Register SMR und gestatten die Teilung des externen Taktes (auch Oszillatortaktes) durch 2 und zusätzlich noch einmal durch 16. Neben diesem verminderten Takt, der sich entscheidend auf die Stromaufnahme auswirkt, verändern bestimmte Bits im Port-Configuration-Register PCON (im Expanded Register File) die Arbeit einzelner Ports. So lassen sich die Ports 2 und 3 gezielt in den Low EMI Mode setzen.

Ansonsten stehen dem Anwender aber die bekannten Low-Power-Modi zur Verfügung. Über einen Programmbefehl wechselt der Controller in den HALT- oder den STOP-Mode. Im HALT-Mode ist der interne CPU-Takt abgeschaltet, die Timer und die Interrupts 0, 1 und 2 bleiben aber aktiv. Dadurch kann die CPU zeitgesteuert oder durch ein externes Signal in den aktiven Betrieb zurückgeholt werden. Die Stromaufnahme geht im HALT-Mode von typisch 6–9 mA auf ca. 3–4 mA zurück. Das ist nicht sehr viel, doch dafür ist die CPU auch recht einfach »aufzuwecken«.

Der STOP-Mode bringt da schon viel mehr an Stromeinsparung, 10 µA ist hier ein typischer Restwert. In diesem Fall stellt die CPU aber auch fast alle Aktivitäten ein.

Selbst der Oszillator ist abgeschaltet. Rückholen läßt sich die CPU nur durch folgende Funktionen:

◆ Reset-Signal am Eingang

◆ Watchdog-Timeout

◆ Power-On-Reset (internes Signal beim Zuschalten der Spannung)

◆ SPI-Compare (ein einlaufendes Byte in das SPI-Modul mit dem gleichen Wert wie im SCOMP-Register)

◆ SMR-Bedingung

Die SMR-Bedingung (Stop-Mode-Recovery) ist im SMR-Register einstellbar. Die Power-On-Reset-Logik, einige Eingänge von Port 3 und Port 2 sowie Verknüpfungen der beiden Ports können hiermit zur Rückführung in den aktiven Betrieb parametriert werden. Für all diese Fälle ist eine 5-ms-Reset-Verzögerung nach dem STOP-Mode-Ende möglich, bei den Eingangssignalen über die Ports ist der gültige Pegel wählbar.

Ein Modul, das auch in den aktiven Betrieb rückführen kann, ansonsten aber die ordnungsgemäße Arbeit des Programms überwacht, ist der Watchdog. Er gehört nicht zur Standardausrüstung der Z8-Controller, beim Z86C06 und bei vielen anderen Typen ist er aber enthalten. Der Watchdog ist als retriggerbarer Zähler ausgeführt, der zyklisch durch den WDT-Befehl rückgesetzt werden muß. Diese Methode ist nicht so sicher wie die von anderen Familien bekannte Schreibsequenz zweier fester Werte. Ein abgestürztes Programm kann auch rein zufällig auf einen WDT-Befehl kommen oder Daten mit dem Opcode des WDT-Befehls abarbeiten, zumal dieser Befehl auch unglücklicherweise noch ein 1-Byte-Befehl ist.

Alle Parametrierungen erfolgen über das Watchdog-Timer-Mode-Register WDTMR, ein Steuerregister, daß im Expanded Register File liegt und nur während der ersten 64 Prozessortakte nach einem Reset ansprechbar ist.

Die Taktquelle ist einstellbar und bestimmt mit ihrem Wert die Timeout-Zeit, nach welcher der Controller einen Reset ausführt. Als Quelle steht zum einen ein interner RC-Oszillator zur Verfügung, die andere Möglichkeit stellt der externe XTAL1-Eingang dar. Zwei weitere Bits im WDTMR-Register bestimmen die Timeout-Zeit in je 4 Stufen.

Bit D1	Bit D0	Interner RC-Osz.	externer XTAL-Eing.
0	0	min 5 ms	512×Txtal
0	1	min 15 ms	1024 Txtal
1	0	min 25 ms	2048 Txtal
1	0	min 100 ms	8192 Txtal

Tabelle 3.44: Einstellungen der Timeout-Zeiten

Neben diesen Einstellungen kann man sich entscheiden, ob der Watchdog während eines HALTs oder eines STOPs weiterlaufen soll. Letzteres bietet die Möglichkeit, den STOP-Mode zeitgesteuert über den Reset des Watchdogs zu verlassen.

Programmiermodell und Befehlssatz

Für den Programmierer stellt sich der Z8 als eine aus einer Vielzahl von Registern aufgebauten Maschine dar. Das gesamte Registerfile, mit Ausnahme einiger Steuerregister, bilden das Arbeitsfeld. Jedes Register ist zugleich Akkumulator, Index-Register oder auch nur Speicherstelle. Die verschiedenen Adressierungsmethoden benutzen alle Register gleichermaßen.

Der Befehlssatz und die Adressierungsarten unterstützen die Arbeit mit 8-Bit- und 16-Bit-Registern. Für letztere sind immer 2 Register zu einem Paar zusammengefaßt. Der Anfang eines solchen Paares beginnt stets an einer geraden Nummer, also bilden R6 und R7 ein 16-Bit-Register, wohingegen R9 und R10 kein Paar sind. Angesprochen werden diese Doppelregister mit der geraden Nummer, also am Beispiel des R6/R7-Paares mit RR6. Es gibt allerdings nur wenige Befehle, die mit 16-Bit-Wörtern arbeiten. Für die Adressierung des externen Daten- oder Programmspeichers sind sie aber optimal geeignet. Sie lassen sich mittels der Befehle INCW und DECW erhöhen bzw. erniedrigen und können als Pointer für die externen Speicherbereiche dienen. Sind bei den Befehlen anderer Mikrocontroller keine Unterschiede zwischen internen und externen Adreßzielen festzustellen, trennen die Z8-Controller die verschiedenen Bereiche schon mit den Befehlen. Das muß bei der Programmgestaltung unbedingt beachtet werden.

Fünf Adressierungsarten bilden die Basis des Programmiermodells. Die folgende Aufstellung stellt die Möglichkeiten vor:

Direkte Registeradressierung

mit langer 8-Bit-Registernummer
LD $25,#Wert   ;Register R25 wird mit Wert geladen

mit kurzer 4-Bit-Arbeitsregisternummer
AND R3,#$0FA   ;der Inhalt von Register R3 der aktuellen Arbeitsregistergruppe
                 wird mit dem Wert $0FA maskiert

Indirekte Registeradressierung

mit langer 8-Bit-Registernummer,
mit kurzer 4-Bit-Arbeitsregisternummer

Indizierte Adressierung

mit Arbeitsregister als Indexregister
LDC R3,ANF(R2)   ;Arbeitsregister R3 wird mit der Konstanten aus dem Programm-
                 speicher von der Adresse geladen, die sich aus dem Wert ANF
                 + dem Inhalt des Arbeitsregisters R2 ergibt

Unmittelbare Adressierung

Der Operand steht unmittelbar im Befehl.

Relative Adressierung

Alle Adressen gelten bezüglich des momentanen Befehlszählers und entstehen durch Adreßrechnung mit einem Offset. Der Befehlssatz des Controllers umfaßt die Befehlsgruppen:

◆ Ladebefehle

◆ Blocktransferbefehle

◆ Arithmetik- und Logikbefehle

◆ Rotations- und Schiebebefehle

◆ Bedingte und unbedingte Sprung- und Unterprogrammbefehle

◆ Controller-Steuerbefehle

Für die Transporte von und zu externen Speicher- oder Peripherieadressen gibt es besondere Befehle, die hier nur kurz vorgestellt werden, da sie eine Besonderheit bei Controllern darstellen. Die oben schon erwähnten Arbeitsregisterpaare dienen der Adressierung der externen Adressen, hier in den Beispielen mit Irr bezeichnet.

Die einfachen Ladebefehle

LDC r,Irr   Laden eines Arbeitsregisters r aus dem externen Programmspeicherbereich Arbeitsregister

LDE r,Irr   Laden eines Arbeitsregisters r aus dem externen Datenspeicherbereich
Arbeitsregister

oder die Blocktransferbefehle,

bei denen ein Arbeitsregister auf die Quelle oder das Ziel und ein Arbeitsregister-
paar auf das Ziel oder die Quelle zeigt. Die CPU erhöht bei jeder Abarbeitung die
Zeigerregister:

LDCI Ir,Irr   Ir := Irr, r := r + 1, rr := rr + 1

Transfer aus dem externen Programmspeicher in das indirekte Arbeitsregister Ir (optimal für die Übertragung kompletter Tabellen aus dem
ROM in das Registerfile)

LDEI Irr,Ir   Transfer in den externen Datenspeicher aus dem indirekten Arbeitsregister Ir

Im Anhang des Buches finden Sie noch eine kurze Befehlsübersicht der Z8-Familie.

Entwicklungswerkzeuge

Zunächst ist bei den meisten Controllern der interne Programmspeicher abschaltbar,
was den Anschluß eines externen EPROMs für Testzwecke ermöglicht. Wenn die
spätere Anwendung allerdings sämtliche Portleitungen selber benötigt, ist mit dieser
Methode nicht viel anzufangen. In solchen Fällen hilft die OTP-Version. Ihr Einsatz
ist praxisgerechter, kostet allerdings etwas mehr. Wie aber schon bei den anderen
Controllerfamilien immer wieder betont wurde, ist mit diesen Methoden keine ver-
nünftige Entwicklung zu machen. Sie sollten nur als Hilfslösung betrachtet werden.
Optimale Werkzeuge stellen auch hier In-Circuit-Emulatoren dar.

Zilog unterstützt den Aufbau von Emulatoren mit speziellen In-Circuit-Emulation-
Chips. Hinter dieser Bezeichnung verbergen sich Controller, bei denen der interne
Speicher- und Registerbus mit all seinen Steuersignalen über *zusätzliche* Pins herausgeführt ist. Eines dieser Bauelemente ist der Z86C50. Auch bei anderen Controllerfamilien gibt es Versionen mit nach außen gelegtem ROM-Bus. Zilog geht aber
noch einen Schritt weiter. Bei ihren ICE-Chips ist außer dem ROM auch der Regi-
sterfile-Bus extern zugänglich. Hier die wichtigsten Merkmale der Sonderfunktionen:

◆ Speicher-Daten-/Adreßbus-Interface

◆ Einstellbarkeit der »internen« ROM-Größe von außen

- Register-Lese-/Schreibbus-Interface

- Registerbankbus-Interface mit Expanded-Registerbus-Signalen

- interne Steuer- und Synchronsignale an Pins herausgeführt

- Sperrsignaleingänge für Timer (inkl. Watchdog)

- Eingang zur Beendigung des STOP-Mode

- Waitsteuerung von außen

- alle familientypischen Komponenten und Module

- 124-Pin-PGA-Gehäuse

Wie die kurze Zusammenstellung zeigt, bieten diese Chips optimale Möglichkeiten für den Aufbau von In-Circuit-Emulatoren. Alle wesentlichen Funktionsgruppen des Controllers bis hinein in die CPU sind von außen zugänglich. Das erleichtert den Herstellern von Entwicklungswerkzeugen die Fertigung leistungsfähiger Emulatoren.

Mit der Z8-Familie hat Zilog einen Controller auf dem Markt, der eine große Verbreitung in Bereichen der Datenkommunikation, der dezentralen Peripherie und der Konsumgüterfertigung hat. Entsprechend groß ist auch der Bedarf an Entwicklungswerkzeugen. Viele Firmen haben daher Soft- und Hardwaremittel für die Z8-Familie in ihrem Programm. Im Anhang sind einige davon aufgeführt.

3.5 Mikrocontroller der 8051-Familie

Bei der letzten, in diesem Buch vorzustellenden Controllerfamilie wurde bewußt auf die Untergliederung nach einem Hersteller verzichtet – das Unterkapitel trägt dafür den Familiennamen der betreffenden Bauelemente. Der Grund dafür ist die wohl einzigartige Second-Source-Verbreitung des ursprünglich von der Firma Intel 1980/81 entwickelten 8-Bit-Controllers 8051. Viele namhafte Halbleiterhersteller haben die Grundidee des Controllers aufgegriffen, diesen Typ zunächst nachgefertigt und später dann mit neuen Varianten erweitert. Mittlerweile gibt es einen nahezu unüberschaubaren Markt an Derivaten des 8051.

Entscheidend für den Erfolg des »Urtyps« waren seine für damalige Verhältnisse ausgezeichneten Eigenschaften, wie ausreichend große interne ROM- und RAM-Bereiche (4 Kbyte/128 Byte), eine leistungsstarke interne Peripherie (4 8-Bit-I/O, 2 16-Bit-Zähler/Zeitgeber, eine serielle Schnittstelle) und ein Befehlssatz, der auf die Belange der Steuer- und Regelungstechnik zugeschnitten war (Bitbefehle, kurze

Zykluszeiten). Auch seine Harvard-Architektur bot für viele Anwender einen optimaleren Umgang mit dem Programm- und Datenspeicher. Neben all diesen internen Stärken der Bauelemente kamen noch andere wesentliche Punkte dazu, wie die sofort verfügbare, ausgezeichnete Entwicklungsunterstützung und die Bereitstellung der Chips von mehreren Herstellern.

Aufbauend auf dem 8051 haben die meisten Hersteller zum Teil gleiche oder ähnliche, aber später auch völlig eigene Versionen entwickelt. Geblieben ist trotz aller Neuerungen die Kompatibilität zum Urtyp, und das ist auch heute noch eine sichere Garantie für den Anwender, der auf eine riesige Palette an Entwicklungswerkzeugen und fertigen Problemlösungen zurückgreifen kann. Bevor die eigentliche Familie vorgestellt werden soll, hier zunächst ein Blick auf einige der Hersteller, die den 8051 produzieren und weiterentwickelt haben.

Intel:	8051, 8344, 80C152, 80C452, 80C51FA, 83C152, 83C252, ...
AMD:	80C321, 80C325, 8053, ...
Siemens:	SAB8031A, SAB8051A, SAB8032A, SAB8052A, SAB80215, SAB80515, SAB80535, SAB80517, SAB80537 (alle auch in CMOS xxCxx), ...
Philips/Signetics:	8XC751, 8XC752, 8XC51, 8XC410, 8XC851, 8XC652, 8XC562, 8XC552, 8XC592, 8XC528 (X steht für ROM, ROM-los, EPROM/OTP), ...
Philips/Valvo:	83C552
OKI:	80C154
Dallas:	DS5000

Nach diesem kurzen Ausschnitt aus der Hersteller- und Produktpalette des 8051 wird sicher verständlich, warum für die Überschrift des Kapitels kein einzelner Herstellername verwandt wurde. Dennoch möchte ich anhand eines Bauelements, das von der Firma Siemens entwickelt und gefertigt wird, die Familie etwas genauer vorstellen. Zu Beginn aber erst einmal ein Überblick über Eigenschaften, die je nach Ausstattung von den Mitgliedern der 8051-Familie geboten werden. Daran schließt sich eine tabellarische Zusammenstellung von einigen ausgesuchten Bauelementen unabhängig von den Herstellern an:

◆ 8-Bit-CPU-Kern in nSGT- oder CMOS- bzw. SACMOS-Technologie, dadurch Versorgungsspannungen bis hinab zu 1,8 V (SACMOS-Prozeß)

◆ Taktfrequenzen von wenigen kHz bis zu ca. 30 MHz

◆ Standardbefehlssatz mit 8-Bit-MUL und DIV, leistungsstarke Bitverarbeitung durch Booleschen Prozessor

◆ Harvard-Architektur mit 64 Kbyte Programmspeicher- und 64 Kbyte Datenspeicheradreßraum

◆ interner Programmspeicher von ROM-los bis zu 32 Kbyte, auch EPROM- und OTP-Version

◆ interner Datenspeicher von 128, 256, 512 Byte, zusätzlich bis 2 Kbyte Sonderspeicher XRAM

◆ 256, 512 Byte EEPROM, auch 2 Kbyte EEPROM

◆ Register-Architektur mit Akkumulator

◆ Special-Function-Register für CPU und Peripherie

◆ leistungsfähige Interruptstruktur mit bis zu 4 Prioritätsebenen

◆ umfangreiche Timerstrukturen, 16-Bit-Timer mit Capture-/Comparefunktionen

◆ A/D-Wandler bis 10 Bit Wandlerbreite, programmierbare Referenzspannungen

◆ PWM-Module

◆ serielle Schnittstellen (USART (asynchron/synchron), I^2C-Bus, CAN-Bus), Baudratengenerator, Master-Slave-Mode und Multimaster-Unterstützung

◆ Arithmetikeinheit für 16-Bit-Arithmetik (SAB80C537/517)

◆ diverse Low-Power-Modi

◆ Systemüberwachung (Watchdog, Oszillatorüberwachung)

◆ Gehäuse: DIL, PLCC, PQFP, CDIP, CLCC, VSO für Smart Cards

Typ/Herst.	Prog.	Daten	I/O	ser.I/O	Timer	ADU/DAU	Besonderes
8051 diverse	4K	128	32	USART	2x16Bit	,	
8052 diverse	8K	256	32	USART	3x16Bit,1xCapt	,	
83C451 Philips	4K	128	56	USART	2x16Bit	,	
83C528 Philips	32K	512	32	USART	3x16Bit,1xCapt		I^2C, Watchdog
83552 Philips	8K	256	48	USART	3x16Bit,4xCapt, 3xComp	8×10 Bit ADU, 2×PWM	I^2C, Watchdog
83C592 Philips	16K	512	48	USART	3x16Bit,4xCapt, 3xComp	8×10 Bit ADU, 2×PWM	CAN-Bus, Watchdog

Typ/Herst.	Prog.	Daten	I/O	ser.I/O	Timer	ADU/DAU	Besonderes
SAB80515 Siemens	8K	256	56	USART	3x16Bit,4xCapt/ Comp	8×8 Bit ADU	Watchdog
SAB80517 Siemens	8K	256	68	1×USART, 1×UART	2x16Bit,1xCCU	12×8 Bit ADU	Watchdog,16-Bit-Arithmetik-Einheit
SAB80517A Siemens	8K	256	68	1×USART, 1×UART	2x16Bit,1xCCU	12×10 Bit ADU	Watchdog, 16-Bit-Arithmetik-Einheit, 2K Zusatz-RAM

Tabelle 3.45: Mitglieder der 8051-Familie

Erläuterungen:
Spalte Hersteller (diverse)	*– mehrere Hersteller*
Prog.	*– Programmspeicher (ROM,EPROM,OTP)*
Daten	*– Datenspeicher (RAM, EEPROM)*
ser.I/O	*– serielle Schnittstellen*
ADU/DAU	*– Analog-/Digital- / Digital-/Analog-Wandler*
Capt	*– Captureeinheit*
Comp	*– Compareeinheit*
CCU	*– Capture-/Compareeinheit (siehe nachfolgende SAB80C517A-Beschreibung)*
USART	*– universelle synchrone/asynchrone serielle Schnittstelle*

3.5.1 Der SAB80C517A der Firma Siemens

Wie bei allen bisher schon vorgestellten Controllerfamilien war es auch hier sehr schwer, einen Typ aus der Vielzahl der Varianten auszuwählen, um an ihm die charakteristischen Merkmale der Familie vorzustellen. Erschwerend kam noch hinzu, daß die Zahl der Hersteller und damit gleichbedeutend die Vielfalt der Versionen größer als bei anderen Controllern ist. Durch ihre große Verbreitung in allen Bereichen der Industrie- und Unterhaltungselektronik ist aber auch das Literaturangebot entsprechend groß. Es gibt wohl keinen anderen Controller, der im deutschsprachigen Raum so oft beschrieben und dokumentiert wurde, wie der 8051 mit seinen Derivaten.

Als typischer Vertreter am oberen Ende der Produktpalette soll der SAB80C517A von Siemens nun näher betrachtet werden. Direkt verwandt mit dem 517A sind die Versionen 80C517, 80C537 und 80C517A-5. Um in den weiteren Darstellungen nicht ständig alle 4 Bauelemente aufzählen zu müssen, steht dafür die allgemeine Kennzeichnung 80CXX7. Zu Anfang aber wieder ein Blick auf die Merkmale in einer Kurzübersicht. Im Anschluß daran die Darstellung im gewohnten Blockbild und im Sockel-Layout.

Merkmale des 80C517 und 517A

◆ 8-Bit-Mikrocontroller in ACMOS-Technologie, voll abwärtskompatibel zur 8051-Familie

◆ 8-Bit-CPU, 111 Befehle, davon 64 Befehle mit einer Ausführung in einem Zyklus (1 µs bei 12 MHz Oszillatortakt), Bitverarbeitung durch Booleschen Prozessor, 8-Bit-MUL/DIV-Befehle in der CPU

◆ Harvard-Architektur mit 64 Kbyte Programmspeicher und 64 Kbyte Datenspeicher

◆ zusätzlich 16-Bit-MUL/DIV/SHIFT/Normalize-Arithmetik-Einheit

◆ 8 Kbyte interner ROM (80C517), 32 Kbyte (83C517A-5) oder ROM-los (80C537 und 80C517A), bei ROM-Version interne Bereiche abschaltbar

◆ 256 Byte interner RAM-Registerbereich

◆ 2 Kbyte zusätzlicher interner RAM (80C517A)

◆ 7 Ein-/Ausgabeports, 2 Eingabeports, werden auch für alternative Funktionen (externer Bus, Timer, ADU, Interrupt, …) genutzt

◆ 2 16-Bit-Timer (Zähler-/Zeitgeber-Betrieb)

◆ Compare-/Capture-Einheit mit 2 16-Bit-Timern und Capture-/Compare-/Reload-Registern (15 Capture-/Compare-Register beim 80C517A), 1 16-Bit-Capture-/ Compare-Register mit Concurrent-Compare-Mode

◆ 2 serielle Schnittstellen mit jeweils eigenem Baudratengenerator, 1×USART (universelle synchrone/asynchrone Schnittstelle), 1×UART (universelle asynchrone Schnittstelle)

◆ 12 kanaliger Analog-/Digitalwandler (80C517: 8 Bit, 80C517A: 10 Bit), Multiplexer-Sample & Hold-Wandler-Anordnung, 13 Maschinenzyklen Umsetzzeit, Referenzspannung programmierbar

◆ interne Überwachungskomplexe, 16-Bit-Watchdog-Timer, Oszillator-Watchdog)

◆ leistungsstarke Interruptlogik, 80C517: 14 Vektoren, 80C517A: 17 Vektoren, 4 Prioritätsebenen

◆ Low-Power-Modi (Slow-Down-, Idle- und Power-Down-Modus)

◆ PLCC-84- und PQFP-84-Gehäuse

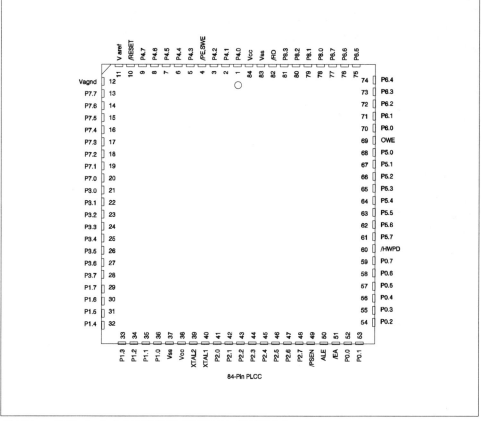

Abbildung 3.62: Sockelbild 80C517, 80C517A, 83517A-5

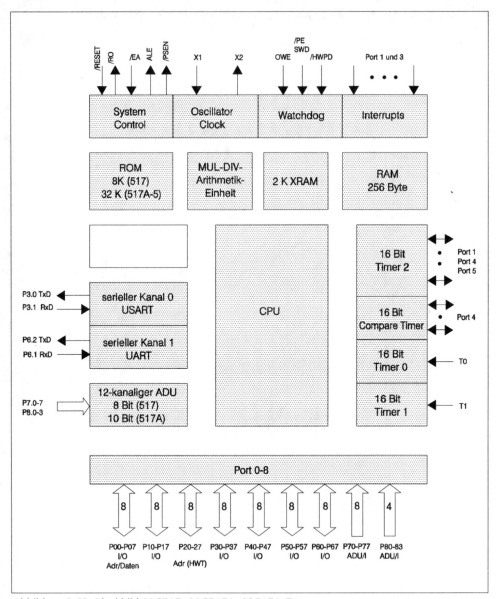

Abbildung 3.63: Blockbild 80C517, 80C517A, 83517A-5

Signal	Pin	I/O	Pinbeschreibung
P0.1	53	I/O	Port 0; 8-Bit-Port, bidirektional, Open-Drain-Stufen, alternative
P0.2	54	I/O	Funktion: gemultiplexter Daten-/Adreßbus (A0–7/D0–7) mit internen
P0.3	55	I/O	Pull-Up-»Widerständen«
P0.4	56	I/O	
P0.5	57	I/O	
P0.6	58	I/O	
P0.7	59	I/O	
			Port 1; 8-Bit-Port, bidirektional, interne Pull-Up-»Widerstände«, alternative Funktionen: Interrupt, Timer 2
P1.0	36	I/O	INT3-Comp0/Capt0
P1.1	35	I/O	INT4-Comp1/Capt1
P1.2	34	I/O	INT5-Comp2/Capt2
P1.3	33	I/O	INT6-Comp3/Capt3
P1.4	32	I/O	T2EX Timer2-Trigger-Inp
P1.5	31	I/O	CLKOUT
P1.6	30	I/O	
P1.7	29	I/O	T2 Timer 2 Inp
P2.0	41	I/O	Port 2; 8-Bit-Port, bidirektional, interne Pull-Up-»Widerstände«,
P2.1	42	I/O	alternative Funktion: Adreßbus (A8–15)
P2.2	43	I/O	
P2.3	44	I/O	
P2.4	45	I/O	
P2.5	46	I/O	
P2.6	47	I/O	
P2.7	48	I/O	
			Port 3; 8-Bit-Port, bidirektional, interne Pull-Up-»Widerstände«, alternative Funktion:
P3.0	21	I/O	RxD USART
P3.1	22	I/O	TxD USART
P3.2	23	I/O	INT0
P3.3	24	I/O	INT1
P3.4	25	I/O	T0 Timer-Inp
P3.5	26	I/O	T1 Timer-Inp
P3.6	27	I/O	/WR
P3.7	28	I/O	/RD
			Port 4; 8-Bit-Port, bidirektional, interne Pull-Up-»Widerstände«, alternative Funktionen:Compare Timer
P4.0	1	I/O	CM0
P4.1	2	I/O	CM1
P4.2	3	I/O	CM2
P4.3	5	I/O	CM3
P4.4	6	I/O	CM4
P4.5	7	I/O	CM5
P4.6	8	I/O	CM6
P4.7	9	I/O	CM7

Signal	Pin	I/O	Pinbeschreibung
P5.0	68	I/O	Port 5; 8-Bit-Port, bidirekt., interne Pull-Up-»Widerstände«, alternative Funktion: Concurrent Compare CCM0
P5.1	67	I/O	CCM1
P5.2	66	I/O	CCM2
P5.3	65	I/O	CCM3
P5.4	64	I/O	CCM4
P5.5	63	I/O	CCM5
P5.6	62	I/O	CCM6
P5.7	61	I/O	CCM7
P6.0	70	I/O	Port 6; 8-Bit-Port, bidirektional, interne Pull-Up-»Widerstände«, alternative Funktion: A/D-Wandler, UART ADST A/D-Start
P6.1	71	I/O	RxD 1
P6.2	72	I/O	TxD 1
P6.3	73	I/O	
P6.4	74	I/O	
P6.5	75	I/O	
P6.6	76	I/O	
P6.7	77	I/O	P7.0 P7.1 P7.2 P7.3 P7.4 P7.5 P7.6 P7.7
$\overline{PSEN}$	49	O	Programmspeicherzugriff
ALE	49	O	Adress Latch Enable
$\overline{EA}$	51		Speicher extern/intern
PE/SWE	4	I	Power Saving Mode Enable/Star Watchdog-Timer
OWE	69	I	Oszillator Watchdog Enable
$\overline{Reset}$	10	I	Reset Eingang
$\overline{RO}$	82	O	Reset Ausgang
XTAL1	40	O	Oszillatorausgang Quarz, Eingang für externen Takt
XTAL2	39	I	Oszillatoreingang Quarz
V_{AREF}	11		Referenzspannung
V_{AGND}	12		Referenzspannung Masse
V_{SS}	37, 60, 83		Masse
V_{CC}	38, 84		Betriebsspannung

Tabelle 3.46: Pinbelegung 80C517, 80C517A, 83517A-5 (PLCC-Gehäuse)

Speicher- und Registerstruktur

Alle Controller der 51er Familie besitzen eine Harvard-Architektur. Mit einem 16-Bit-Befehlszähler und 16-Bit-Datenpointern (1 Pointer bzw. 8 Pointer bei 517/517A) ergeben sich 2 getrennte 64-Kbyte-große Speicherräume für Befehle und Daten. Diese Bereiche sind je nach Typ mit internen Speichern belegt. Für die 80C517 ergibt sich folgende Aufteilung:

80C517	– 8 Kbyte On-Chip-ROM
80C537	– ROM-lose Version
80C517A-5	– 32 Kbyte On-Chip-ROM
80C517A	– ROM-lose Version der A-Variante

Im Gegensatz zum Programmspeicher ist die Ausrüstung mit internen Datenspeichern bei der 80CXX7-Serie nicht typabhängig unterteilt. In allen Bauelementen ist ein 256-Byte-RAM integriert. Dieser unterteilt sich in einen 128-Byte-»normalen« Speicher und in einen 128-Byte-großen Bereich, der doppelt vorhanden den Special-Function-Register-Block und einen zweiten RAM enthält. Unterschieden werden dieser SFR-Block und der RAM nur durch die Art der Adressierung. Eine zusätzliche Ausstattung weisen die Controller der A-Variante auf. Bei ihnen ist am obersten Ende des Daten-Adreßraumes noch ein interner Datenspeicher von 2 Kbyte Länge auf dem CHIP angeordnet (XRAM), der allerdings programmtechnisch als externer Speicher angesprochen werden muß. Die Grafik zeigt die Speicherausstattung der 80CXX7X-Controller.

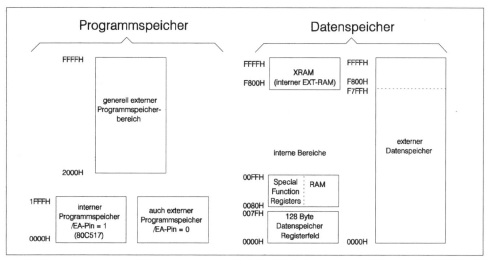

Abbildung 3.64: Speicherstruktur der 80C517/517A-Controller

Registerfile, Daten-RAM

Der Begriff Registerfile schließt bei dieser Schaltkreisfamilie wie auch bei vielen anderen Controllern einen vielfältig genutzten Bereich ein, der als internes Registerfeld und zugleich als Datenspeicher genutzt wird. Entsprechend diesen Aufgaben ist auch die Aufteilung gestaltet. In der letzten Grafik war diese Struktur zu sehen. Die untersten 128 Byte, von der Adresse 0 bis 7FH, bilden den eigentlichen internen Datenspeicher. Auf ihn kann mittels direkter und indirekter Adressierung zugegriffen werden. Der Bereich 0 bis 1FH wird von der internen Adreßlogik noch einmal in vier 8-Byte-große Arbeitsregisterbänke unterteilt. Über zwei Bit im Program-Status-Word-Register (PSW) erfolgt die Auswahl der gerade aktiven Registerbank. Innerhalb solch einer Bank gelten die bei derartigen Strukturen üblichen kurzen Befehle (Arbeitsregisteradressierung). Oberhalb dieses »Arbeitsbereiches« liegt ein Feld mit besonderen Eigenschaften: Auf 16 Adressen von 20H bis 2FH kann jedes einzelne Bit direkt angesprochen werden (Bitadressierbarer Bereich). Das ist eine Besonderheit, die nur selten zu finden ist. Aus 16 Adressen mit je 8 Bit ergeben sich 128 einzelne Positionen (Bit 00H bis 7FH), die sich ideal für die Speicherung und Bearbeitung von Status- und Steuerworten in der Automatisierungstechnik verwenden lassen. Durch den gezielten bitweisen Zugriff ist die Bit-Verarbeitung solcher Werte bedeutend einfacher als über den normalen Bytezugriff mit anschließender logischer Verknüpfung. Der verbleibende Platz von 30H bis 7FH bildet einen normalen Datenspeicher, den viele Applikationen als Stack nutzen.

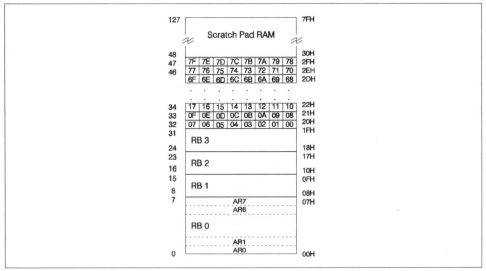

Abbildung 3.65: Datenspeicher unterer Teil

Neben den eben vorgestellten unteren Bereichen besitzen die 80CXX7-Controller ab der Adresse 80H bis FFH noch einen weiteren Datenspeicher für allgemeine Speicheraufgaben. Auf den gleichen Adressen liegt auch der bei allen 8051-Controllern übliche Special-Function-Register-Block. Um hier beide Bereiche unterscheiden zu können, nutzt die Registerlogik zwei verschiedene Adressierungsarten. Zugriffe mit direkter Adresse zielen immer auf den Registerblock, indirekte Adressen führen in den Datenspeicher.

Schreiben auf den Datenspeicher:

```
MOV R0, #Adresse      ;Adresse der Datenspeicher laden
MOV @R0,#Wert         ;Wert in den Datenspeicher schreiben
```

Schreiben in den Special-Function-Register-Block:

```
MOV TMOD, #Wert       ;Wert in das Timer-Mode-Register schreiben
```

Peripheriefile/Spezielle Register (Special-Function-Register)

Die Special-Function-Register bilden den entscheidenden Teil der Kopplung CPU/Software und Peripherie. Hier befinden sich alle wichtigen Register der internen Module und alle CPU-Register mit Ausnahme des Befehlszählers. Zugriffe auf diese Register können nur über direkte Adressen erfolgen. Im Anhang ist der gesamte Bereich mit den zugehörigen Bezeichnungen zu sehen. Wie bei solchen Blöcken üblich, sind nicht alle Adressen mit Registern belegt. Das schafft den Herstellern den nötigen Freiraum für spätere Erweiterungen. Ohne diese Lücken bleibt häufig meistens nichts anderes übrig, als durch Register-Banking zusätzlichen Platz zu schaffen (ST9-Controller). Wie schon im normalen Datenraum, gibt es auch im Registerfeld bei einigen speziellen Registern die Möglichkeit der Bitadressierung. 16 Register auf durch 8 teilbare Adressen besitzen dieses Privileg.

Trotz reichlicher Ausstattung mit Arbeitsregistern arbeitet die CPU mit einem richtigen **Akkumulator A** (0E0H). Über ihn laufen alle logischen und arithmetischen Operationen, soweit sie nicht in dem speziellen Arithmetikmodul bearbeitet werden. Ihm zur Seite steht ein weiteres Register mit Namen **B-Register** (0F0H), das als Zwischenspeicher für viele Operationen oder als Operanden- und Ergebnisregister bei 8-Bit-Multiplikationen und Divisionen dient.

Das **Programmstatusregister** (Program-Status-Word-Register PSW 0D0H) speichert den aktuellen Programmstatus, besitzt zwei benutzerdefinierbare Flags und trägt die zwei Bit zur Auswahl der aktiven Arbeitsregisterbank.

Program-Status-Word-Register PSW 0D0H

7	6	5	4	3	2	1	0
CY	AC	F0	RS1	RS0	OV	F1	P

CY   – Carry-Flag
AC   – Hilfs-Carry für BCD-Befehle
OV   – Overflow-Flag
P   – Paritybit
F0, F1   – benutzerdefinierbare Flags
RS1 RS1   – Auswahl der Arbeitsregisterbank

         0   0   Bank 0 (Adresse 00H – 07H)
         0   1   Bank 1 (Adresse 08H – 0FH)
         1   0   Bank 2 (Adresse 10H – 17H)
         1   1   Bank 3 (Adresse 18H – 1FH)

Der **Stackpointer SP** (81H) der 8051-Familie ist ein 8-Bit-Register, das auch vom Programm zu jeder Zeit gelesen und beschrieben werden kann. Entsprechend der Philosophie der Familie, den Stack nur auf die internen Datenbereiche zu beschränken, reicht eine Breite von 8 Bit aus. Unter diesen Umständen ist der Initialisierung und generell der Anordnung des Stacks bei dem recht geringen internen Speicherumfang die nötige Aufmerksamkeit zu widmen. Nach einem Reset steht der Anfangswert des Stackpointers auf 07H und damit in der Registerbank 0. Der von ihm verwaltete Stack läuft zu höheren Adressen (CALL- und PUSH-Befehle, Interrupt).

Ein wichtiges Register im Zusammenhang mit den indirekten und indirekt indizierten Adressierungsarten ist der **Datenpointer DPTR** (DPH 83H und DPL 82H), ein 16-Bit-Register mit zwei 8-Bit-Plätzen im SFR-Bereich. Mittels der speziellen Befehle MOVX für den Datenspeicher und MOVC für den Programmspeicher (Harvard-Architektur!) steuert die CPU alle Zugriffe auf externe Speicherbereiche. Da der Controller nur mit diesem Pointer auf derartige Bereiche zugreifen kann, kommt es bei den 8051-Controllern an dieser Stelle sehr schnell zu Problemen. Besonders Hochsprachenprogramme machen sehr viel Gebrauch von größeren Datenbereichen und nutzen dafür gern Pointer. Deshalb sind die 80CXX7-Versionen um weitere 7 16-Bit-Register erweitert worden (DPTR1 – DPTR7). Damit die Kompatibilität zu den anderen Familienmitgliedern und zu existierender Software aber bestehen bleibt, sind diese Register in eine Art »Bank« gelegt worden. Der CPU steht immer nur ein Pointer zur Verfügung. Die Auswahl, welches der 8 Register das ist, bestimmt der Wert im sogenannten **DPTR-Auswahlregister DPSEL** (92H). Durch diese Technik können gleichzeitig 8 verschiedene Adressen von Datenquellen oder Zielen abgelegt und dann bei der Abarbeitung über das DPSEL-Register aktiv gemacht werden. Diese Methode spart bei geschickter Anwendung viele Transport- und Zwischenspeicherbefehle.

Ein Beispiel demonstriert die Wirkung:

Verlagerung eines Datenblocks im externen Speicher:

2000H	;Anfang Quellenbereich
2400H	;Anfang Zielbereich
64H	;Blocklänge

Version mit einem Datenpointer:

Register R0 : Low-Teil der aktuellen Quelladresse
Register R1 : High-Teil der aktuellen Quelladresse
Register R2 : Low-Teil der aktuellen Zieladresse
Register R3 : High-Teil der aktuellen Zieladresse
Register R4 : Blocklänge

Programm		Zyklen
MOV R0, #00H	;Hilfsregister laden	1
MOV R1, #20H		1
MOV R2, #00H	;Hilfsregister laden	1
MOV R3, #24H		1
MOV R4, #64H	;Länge laden	1
LOOP: MOV DPL, R0	;Datenpointer mit Quelladr. laden	2
MOV DPH, R1		2
MOVX A, @DPTR	;Wert lesen	2
INC DPTR	;Quelladresse erhöhen	2
MOV R0, DPL	;aktuellen Wert merken	2
MOV R1, DPH		2
MOV DPL, R2	;Datenpointer mit Zieladr. laden	2
MOV DPH, R3		2
MOVX @DPTR, A	;Wert speichern	2
INC DPTR	;Zieladresse erhöhen	1
MOV R2, DPL	;aktuellen Wert merken	2
MOV R3, DPH		2
DJNZ R4, LOOP		2

Tabelle 3.47: Ein Datenpointer

Gesamtsumme 5 Zyklen Vorbereitung + Anzahl der Bytes * 24 Zyklen =
5 + (64H * 24) = 245 Zyklen

Version mit mehreren Pointern (80CXX7):

Programm		Zyklen
MOV DPSEL, #00H	;Datenpointer 0 wählen	2
MOV DPTR, #2000H	;Quellenpointer laden	2
MOV DPSEL, #01H	;Datenpointer 1 wählen	2
MOV DPTR, #2400H	;Zielpointer laden	2
MOV R4, #64H	;Länge laden	1
LOOP: MOV DPSEL, #00H	;Datenpointer 0 wählen	2
MOVX A, @DPTR	;Wert lesen	2
INC DPTR	;Quelladresse erhöhen	1
MOV DPSEL, #01H	;Datenpointer 1 wählen	2
MOVX @DPTR, A	;Wert schreiben	2
INC DPTR	;Zieladresse erhöhen	1
DJNZ R4, LOOP		2

Tabelle 3.48: Mehrere Pointer

Gesamtsumme

9 Zyklen Vorbereitung + Anzahl der Bytes×12 Zyklen =

9 + (64H×12) = 129 Zyklen

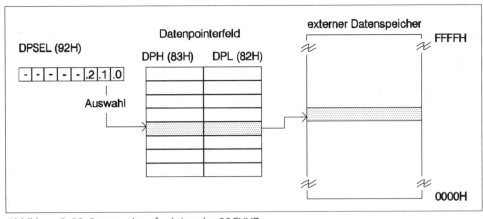

Abbildung 3.66: Datenpointerfunktion der 80CXX7

Speicher und Betriebsarten

Mit ihrer Harvard-Architektur kann die CPU auf 64 Kbyte Programmspeicher und 64 Kbyte Datenspeicher zugreifen. Dabei sind eine Reihe von Adressen schon von internen Bereichen belegt. Werden bei der Befehlsabarbeitung Adressen erzeugt, die nicht auf interne Bereiche zeigen, so versucht die CPU, diese Bereiche extern zu erreichen. Dazu kann sie einen aus zwei 8-Bit-Ports gebildeten gemultiplexten Daten-/Adreßbus benutzen. Allerdings müssen diese Ports zuvor über die Programmierung der entsprechenden Register freigegeben werden. Port 0 übernimmt die Funktion des gemultiplexten Busses (Adr. 0 – 7 und Dat. 0 – 7), über Port 2 gelangen die höherwertigen Adressen (Adr. 8 – 15) zu den externen Modulen. Weitere Steuersignale sind die Signale $\overline{\text{PSEN}}$, $\overline{\text{RD}}$ und $\overline{\text{WR}}$. Entsprechend der Harvard-Architektur wird natürlich zwischen Zugriffen auf den Programmspeicher und auf Datenbereiche strikt unterschieden. Die beiden Mechanismen im einzelnen:

Zugriff auf den Programmspeicher

Generell ist hier zu trennen, ob der Controller mit internem ROM ausgerüstet ist oder nicht. Bei internem Programmspeicher kann zwischen Einbeziehung oder Ausschluß dieses Speichers im Adreßbereich gewählt werden. Dazu besitzt der Controller einen Steuereingang /EA. Ist dieser mit der Betriebsspannung verbunden oder offen, so greift die CPU bei Adressen aus diesem Bereich auf den ROM zu, bei Adressen außerhalb des Bereiches werden externe Zugriffe gebildet. Im Fall des 80C517 ist der Bereich 0000H bis 1FFFH also intern und der Bereich 2000H bis FFFFH extern. Wird dieser Eingang hingegen auf Vss oder LOW gelegt, so erfolgen alle Programmspeicherzugriffe auf den externen Bereich. Bei Controllern ohne internen Speicher ist das die einzig mögliche Betriebsart. Zur Unterscheidung der externen Bereiche dient das Signal /PSEN. Es wird bei jedem Lesen des Programmspeichers auf Low gesetzt (17. Adresse einer Harvard-Maschine). Bei normalen Datenlese- und Schreibsequenzen ist es immer auf High, jedoch mit einer Ausnahme. Ein »Problem« bei allen Harvard-Architekturen sind Konstanten. Diese werden von jedem Locater im Code-Segment, also im Programmspeicher angelegt. Auf diesen Bereich kann aber mit normalen Befehlen nicht zugegriffen werden. Die 51er Familie löst das Problem über einen besonderen Befehl. MOVC A, @A + DPTR und MOVC A, @A + PC sind Transport- und Ladebefehle, die indirekt über einen Pointer (Datenpointer oder Befehlszähler) und einen Index A einen Bytewert aus dem Programmspeicher in den Akku laden.

Zugriff auf den Datenspeicher

Bei Datenlese- und Schreibzugriffen gibt es auch hier eine Unterscheidung in interne und externe Aktionen. Allerdings läßt sich dabei, mit einer Ausnahme nichts einstellen. Für die internen Bereiche stehen, unterschieden nach den Bereichen SFR-Feld, interner RAM und Bereich 0 – 7FH, alle Adressierungsarten und Befehle zur Verfügung. Die externen Bereiche erreicht man nur indirekt über Sonderbefehle.

        MOVX A, @DPTR   ;ein 16-Bit-Lesezugriff mittels Datenpointer
        MOVX @DPTR, a   ;der zugehörige Schreibbefehl.

Im Gegensatz zum Programmspeicher kann jedoch beim Datenspeicher auch mit einem kurzen 8-Bit-Pointer gearbeitet werden. Dazu liefert das Port 2 den höherwertigen Adreßteil, der bei den Zugriffen auf eine Seite von 256 Adressen immer konstant bleibt. Die niederwertige Adresse stammt aus dem Register R0 oder R1 und steht indirekt im Befehl.

        MOVX A, @Rn   ;der Akku wird mit dem Inhalt der Adresse
                              ;(PO, Rn) geladen
        MOVX @Rn, A   ;die Umkehrung dazu

Bei allen Zugriffen auf den externen Speicher erzeugt die CPU das passende Signalspiel der /WR- und /RD-Signale. Diese Bemerkungen gelten für alle 51er Controller. Eine Besonderheit haben die 80CXX7-Typen aufzuweisen. Auf ihrem Chip ist zusätzlich noch ein 2 Kbyte RAM (XRAM) untergebracht. Leider kann dieser jedoch nicht als interner Speicher angesprochen werden. Programmtechnisch liegt er im externen Datenspeicherraum, und zwar auf den Adressen F800H bis FFFFH. Folglich gibt es auch nur die Befehle MOVX ... zum Lesen und Schreiben. Der große Vorteil dieses internen Speichers ist jedoch seine Anordnung auf dem Chip. Für viele Anwendungen ist der Programmspeicher der Familienmitglieder ausreichend genug, zumal hier eine gewisse Auswahl besteht. Beim Datenspeicher sieht die Sache allerdings anders aus. Maximal 512 Byte RAM, der auch noch vom Stack genutzt werden muß, ist bei den gestiegenen Anforderungen nicht besonders viel. Deshalb hat sich Siemens dazu entschlossen, ohne Verlust der Kompatibilität für Applikationen, ohne externe Speicherbereiche und ohne den damit verbundenen Verlust an I/O-Funktionalität, einen genügend großen internen »externen« Speicher mit dem Namen XRAM auf dem Chip zu integrieren. Von dieser Entscheidung profitieren sicher viele Anwendungen. Und wer den externen Speicher dennoch auf diese Adressen legen möchte, der kann den XRAM über das Steuerregister SYSCON (B1H) auch abschalten. Ein weiteres Steuerregister XPAGE (91H) übernimmt bei den Zugriffen auf diesen Speicher die Funktion von Port 2. Normalerweise steht im Port-2-Register der höherwertige Adreßteil bei 8-Bit-Datenzugriffen. Um das Port aber nicht für I/O-Funktionen zu verlieren, gibt es das XPAGE-Register. Hier hinein schreibt das Programm für Page-Zugriffe den festen Adreßteil. Damit kann wieder, wie bei den normalen externen Datenlese- und Schreibbefehlen, indirekt mit einem Arbeitsregister adressiert werden.

Funktionsgruppen und Peripheriemodule

Ein-/Ausgabeports

Die wichtigsten Verbindungen des Controllers mit seiner Umwelt sind die parallelen Ein-/Ausgabeports. Der 80C517 besitzt sieben 8-Bit-breite Ports, die je nach Parametrierung für gewöhnliche digitale Ein-/Ausgabesignale genutzt werden können, bei Bedarf aber auch die internen Peripheriemodule und die CPU nach außen verbinden. In der Pinübersicht weiter vorn ist die feste Zuordnung dieser alternativen Funktionen zu den Portpins zu sehen. Jedes dieser Ports hat sein eigenes Datenregister im Special-Function-Register-Feld. Um den Einsatz in der Steuer- und Regeltechnik noch bevorzugt zu unterstützen, sind bis auf Port 6 alle Portregister bitadressierbar. Damit lassen sich sehr einfach und schnell einzelne Portleitungen, die von jeweils einem Bit in den Registern repräsentiert werden, abfragen und manipulieren. Neben diesen rein digitalen Kanälen besitzt der Controller noch 2 weitere Ports, die allerdings nur als Eingänge verwendbar sind und in der Regel vom A/D-Wandler genutzt werden. Eines davon, das Port 8, besitzt außerdem nur 4 Anschlüsse. Genaueres dazu später beim A/D-Wandler. Der Aufbau der digitalen Ports ist bis auf wenige Unterschiede identisch. Jedes Portpin besitzt ein Ausgabe-Latch und einen Leseverstärker. Der Latch-Ausgang steuert über eine AND-Verknüpfung den eigentlichen Pin-Treiber an. Das Lesen des Portpins geschieht auf zwei unterschiedliche Arten:

◆ direkt mittels eines Verstärkers am Pin über den internen Bus

◆ indirekt in Form des Ausgangswertes von dem Latch

Welche Variante verwendet wird, hängt vom gewählten Befehl ab. Der größte Teil der Befehle verwendet die erste Methode. Damit repräsentiert das Ergebnis immer die wahren Daten am jeweiligen Pin. Es gibt jedoch noch eine Reihe von Anweisungen, die das Latch lesen und damit nicht unbedingt den externen Wert liefern. Unterschiede treten immer dann auf, wenn das entsprechende Pin auf Eingabe parametriert ist (der untere Transistor ist gesperrt), von außen aber ein Low-Pegel anliegt. Da zum Abschalten des Transistors ein High-Pegel im Latch stehen muß, liefern Latch und Pin unterschiedliche Pegel. Befehle, die die Pins nicht direkt lesen, werden Read-Modify-Write-Befehle genannt.

Befehl	Funktion	Beispiel
ANL, ORL, XRL	Logisches UND, ODER, EXOR	ANL P6, A
CPL	Komplement des adressierten Bits	CPL P5.0
INC, DEC	Inkrementieren/Dekrementieren des Bytes	INC P4

Befehl	Funktion	Beispiel
JBC	Sprung, wenn adressiertes Bit gesetzt ist, Bit zusätzlich rücksetzen	JBC P3.7, MARKE
DJNZ	Schleife, bis Wert=0	DJNZ P2,MARKE
MOV Pn.m,C	Carry-Bit in Port n Bit m schreiben	MOV P1.0, C
CLR Pn.m, SETB Pn.m	Löschen und Setzen eines Bits m im Port n	CLR P0.1

Tabelle 3.49: Funktionsbefehle

Im Gegensatz zu den meisten Controllern am Markt verwenden die 51er Familien-mitglieder eine sehr einfache Portsteuerlogik. So gibt es z. B. keine Steuerregister zur Festlegung der Datenrichtung und für spezielle Portfunktionen (Open Drain, Pull Up, Interruptfunktion...). Alle Ports, mit Ausnahme von Port 7 und 8, haben eine funktionsbedingte Bidirektionalität. Um ein Port zu einem echten Eingang zu machen, wird einfach sein unterer Transistor gesperrt. Damit wirkt nur noch der obere Pull Up »Widerstand«, der dabei sehr hochohmig ist und den Eingang nur wenig belastet. Den typischen Aufbau einer Pin-Elektronik mit alternativen Funktionen zeigt die folgende Grafik.

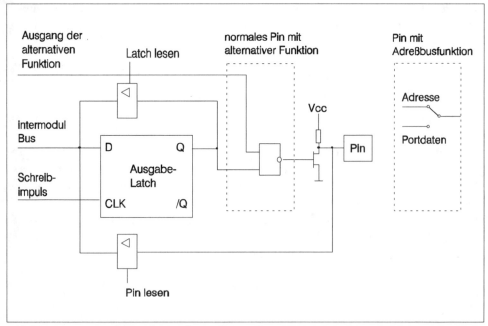

Abbildung 3.67: Pin-Elektronik mit alternativer Funktion

Zähler-/Zeitgebermodule

Timer 0 und Timer 1

Alle 8051-Familienmitglieder sind mit zwei einfachen 16-Bit-Timern ausgestattet. Diese sind sowohl als Zähler als auch als Zeitgeber verwendbar. Vor der Beschreibung der einzelnen Betriebsarten ein kurzer Blick auf die zugehörigen Steuer- und Datenregister.

Zur Einstellung der Betriebsarten dienen die beiden Register TMODE und TCON. TL0, TH0 bzw. TL1 und TH1 sind die Zählerregister mit Vorwärtszählrichtung. Alle befinden sich im Special-Function-Register-Block.

TMODE Timer/Counter-Mode-Control-Register (89H)

7	6	5	4	3	2	1	0
GATE	C/T	M1	M0	GATE	C/T	M1	M2
Timer 1				Timer 0			

TCON Timer/Counter-Control-Register (88H)

7	6	5	4	3	2	1	0
TF1	TR1	TF0	TR0	IE1	IT1	IE0	IT0

TL0 Timer/Counter-0-Register (Low-Teil) (8AH)

7	6	5	4	3	2	1	0
Bit7	Bit6	Bit5	Bit4	Bit3	Bit2	Bit1	Bit0

TH0 Timer/Counter-0-Register (High-Teil) (8CH)

7	6	5	4	3	2	1	0
Bit15	Bit14	Bit13	Bit12	Bit11	Bit10	Bit9	Bit8

TL1 Timer/Counter-1-Register (Low-Teil) (8BH)

7	6	5	4	3	2	1	0
Bit7	Bit6	Bit5	Bit4	Bit3	Bit2	Bit1	Bit0

TH1 Timer/Counter-1-Register (High-Teil) (8DH)

7	6	5	4	3	2	1	0
Bit15	Bit14	Bit13	Bit12	Bit11	Bit10	Bit9	Bit8

Das Setzen oder Löschen der M0- und M1-Bits im TMOD-Register führt zu 4 verschiedenen Betriebsarten der Timer.

Timer Mode 0

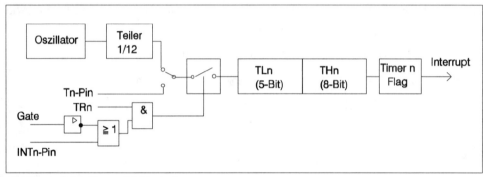

Abbildung 3.68: Timer 0/1 Mode 0

In dieser Betriebsart arbeitet das Modul (0 oder 1) als 8-Bit-Timer mit 5-Bit-Vorteiler. Im Register TLn bilden die niederwertigen 5 Bit den Vorteilerwert, THn steht mit allen 8 Bit der Funktion zur Verfügung. Die restlichen Bits im TLn-Register sind unbestimmt! Getaktet wird der Timer von einem externen Eingangssignal am Tn-Eingangs-Pin (C/T = 1 im TMOD-Register) oder von dem durch 12 geteilten Oszillatortakt (C/T = 0). In der ersten Variante arbeitet der Timer als Zähler, in der zweiten als Zeitgeber. Über ein Tor liegt der gewählte Takt am Zählereingang. Das GATE-Bit im TMOD-Register bestimmt die Art der Zählerfreigabe. Bei GATE = 0 erfolgt die Freigabe durch ein weiteres Steuerbit TRn im TCON-Register (Software-Steuerung). Liegt GATE jedoch auf 1, muß zusätzlich zu TRn noch ein High-Pegel am /INTn-Eingang anliegen (n=0 für Timer 0 und n=1 für Timer 1).

Timer Mode 1

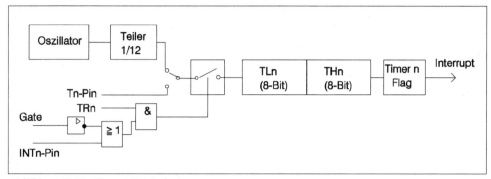

Abbildung 3.69: Timer 0/1 Mode 1

Die Funktion von Mode 1 ist nahezu identisch mit Mode 0. Hier ist nur die volle Breite des TLn-Registers verwendbar, so daß sich eine Gesamtzählerbreite von 16 Bit ergibt.

Timer Mode 2

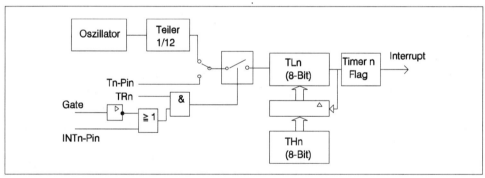

Abbildung 3.70: Timer 0/1 Mode 2

Neue Funktionen bringt der Mode 2. Hier ist der eigentliche Zähler auf 8 Bit geschrumpft und besteht nur noch aus dem TLn-Register. THn arbeitet jetzt als Reload-Register. Bei jedem Überlauf wird automatisch der Vorladewert in den Zähler geladen und von dort die Zählung fortgesetzt. Die restlichen Funktionen, Taktauswahl und Freigabe, sind mit Mode 0 identisch.

Timer Mode 3

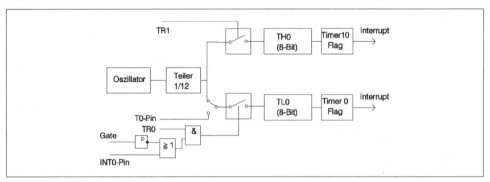

Abbildung 3.71: Timer 0/1 Mode 3

Mode 3 ist eine Sonderform, bei welcher der Timer 1 gestoppt ist und seine Logik dem Timer 0 zur Verfügung stellt. Dieser liefert dafür zwei unabhängige 8-Bit-Timer. Das Zählregister TL0 arbeitet wieder in den schon vertrauten Betriebsarten als 8-Bit-Zähler/Zeitgeber. Stark vereinfacht ist die Funktion des TH0-Zählregisters. Es hat als Taktquelle nur den durch 12 geteilten Oszillatortakt, der jedoch mit dem Freigabebit TR1 von Timer 1 getort wird.

Bei allen Modi bewirkt jeder Überlauf ein Setzen des jeweiligen TFn-Flags im TCON-Register. Gleichzeitig kann ein Timer-Interrupt ausgelöst werden.

Verglichen mit den bei anderen Bauelementen typischen Leistungsmerkmalen, besitzen die beiden Timer 0 und 1 eine recht bescheidene Funktionalität. Dabei darf man allerdings nicht vergessen, daß diese Module aus der Anfangszeit der Familie stammen. Bedingt durch ihre große Verbreitung, mußte aus Gründen der Kompatibilität die Funktion dieser Module bis heute beibehalten werden. Dafür sind aber die neuen 80CXX7-Controller mit einem modernen Timermodul mit weitaus mehr Leistung ausgestattet. Dieses nennt sich auch nicht mehr nur Timer, sondern trägt den Namen Compare-/Capture-Einheit CCU.

Compare-/Capture-Einheit

Das Hochleistungsmodul besteht aus zwei unabhängigen 16-Bit-Zählern mit Vorteilern und mehreren Zusatzregistern. Die Grafik zeigt den prinzipiellen Aufbau.

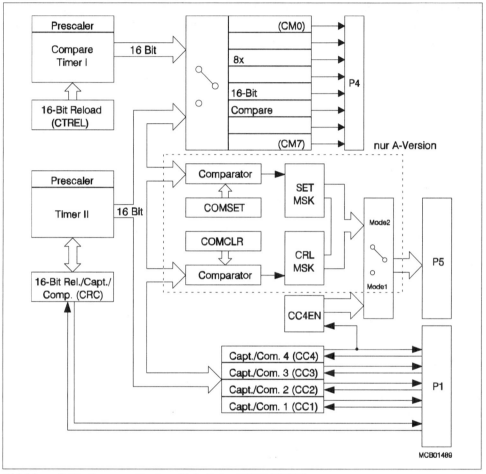

Abbildung 3.72: Compare/Capture-Einheit des 80C517/517A

Der erste Zähler, auch Compare Timer genannt, besitzt einen 7-Bit-Vorteiler mit festen Teilerverhältnissen ($\frac{1}{1}$, $\frac{1}{2}$, $\frac{1}{4}$, ... $\frac{1}{128}$) und ein Reload-Register mit Autoload-Funktion. Sein Ausgang arbeitet mit 8 16-Bit-Compare-Registern und Vergleichern zusammen. Jeder Vergleicherausgang ist auf ein Pin von Port 4 geführt. So lassen sich allein mit diesem einen Timer und den Registern 8 verschiedene Ausgangssignale erzeugen. Ein typisches Einsatzgebiet dieser Timerstruktur ist die Ansteuerung von Schrittmotoren oder über den Umweg von PWM-Signalen eine bis zu 8-kanalige Digital/Analog-Wandlung.

Timer 2 besitzt keine so große Auswahl bei der Einstellung seines Vorteilers, dafür kann als Taktquelle hier auch ein externer Eingang und der über eben diesen Eingang getorte interne Takt verwendet werden. In der Abbildung ist der Timer zu sehen.

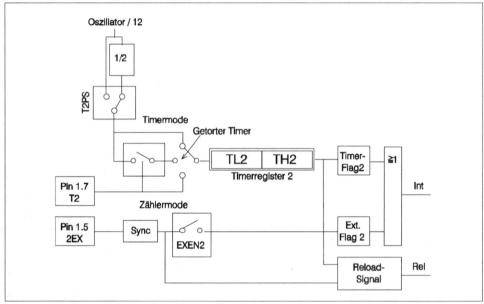

Abbildung 3.73: Timer 2-Logik

Der von diesem Timer ausgehende 16-Bit-Bus ist Ausgangspunkt für eine Vielzahl von Funktionen. An ihm sind 4 Capture/Compare-Register und ein Reload-/Capture-/Compare-Register angeschlossen. Zwei weitere Komparatoren sind nur Bestandteil der 517A und 517A-5. Beim 80C537 und 517 fehlen diese Funktionen.

Compare Mode 0 mit Timer 2

In dieser Betriebsart werden ständig die Inhalte der Register CRC und CC1 bis CC4 mit dem aktuellen Zählerstand verglichen. Bei Gleichheit wird das zugehörige Pin vom Port 1 gesetzt. Das Erreichen des Zählerendwertes bewirkt automatisch ein Rücksetzen aller Ausgangs-Flip-Flops. Das Ergebnis sind bis zu 5 unterschiedliche Impulssignale, die sich als PWM-Signale verwenden lassen. Daher trägt dieser Mode auch den Namen PWM-Mode.

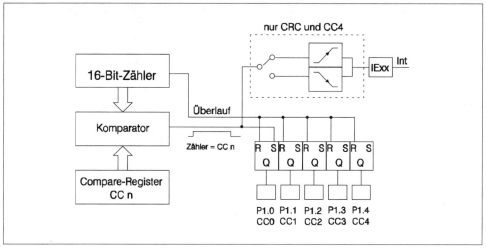

Abbildung 3.74: Compare Mode 0 mit Timer 2

Compare Mode 1 mit Timer 2

Im Gegensatz zum Mode 0 wird in diesem Mode nicht ein Flip-Flop als Ergebnis des Vergleichs gesetzt, sondern der Inhalt eines Schattenregisters auf die Ausgangspins durchgeschaltet. Solange der Zählerwert größer als der Komparatorwert ist, steht am jeweiligen Pin der Pegel des vorher im Schattenregister abgelegten Wertes. In dieser Zeit ist das Register transparent, d. h., jede Schreiboperation auf dieses Schattenregister wird am Ausgang wirksam. Der Vorteil dieser Betriebsart ist, daß die Software bei Gleichheit jederzeit auf den Ausgangspegel Einfluß hat, ansonsten der Zeitpunkt der Ausgabe aber streng zeitabhängig ist.

Concurrent Compare Mode

Der Concurrent-Compare-Mode ist eine Besonderheit von Mode 1. Während im »normalen« Mode 1 jeweils der Vergleich aus einem der Register CRC oder CC1 – CC4 nur das ihm zugeordnete Schattenregisterbit auf das jeweilige Pin ausgab, so wird beim Concurrent Compare Mode bei Gleichheit von Zähler und CC4-Register der Inhalt des gesamten Port-5-Registers gleichzeitig auf Port 5 ausgegeben. Der Unterschied liegt also in der Gleichzeitigkeit, ausgelöst durch ein Vergleichsregister. Zusätzlich folgt Pin1.4 auch dem Inhalt des Port1.4-Bits im Port-1-Register. Das Ergebnis ist die völlig zeitgleiche Ausgabe von 9 vorher per Software eingestellten Bitwerten an die Ports 5 und 1 (Bit 1.4). Auch hier zeigt eine Grafik wieder die Funktion.

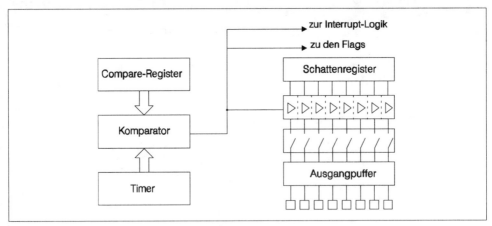

Abbildung 3.75: Concurrent Compare Mode

Set/Reset Mode

Dieser Mode ist nur beim 80C517A verfügbar und hat eine gewisse Ähnlichkeit zum Concurrent Compare Mode. Hauptbestandteile in diesem Mode sind die beiden 16-Bit-Register COMSET und COMCLR sowie die Maskenregister SETMSK und CLRMSK. Ist der Zählerstand von Timer 2 gleich dem Inhalt von COMSET, so werden alle die Pins von Port 5 gesetzt, die im Maskenregister SETMSK ausgewählt wurden. In gleicher Weise bewirkt die Übereinstimmung von COMCLR und Timer 2 ein Rücksetzen der mit CLRMSK bestimmten Port-5-Pins.

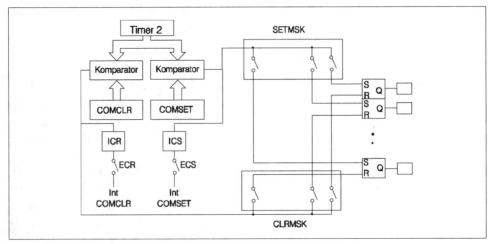

Abbildung 3.76: Set/Reset Mode

Capture-Funktion

Zur Messung von Impulsen und Zeiten besitzt der Timer 2 noch 5 Capture-Funktionen. Dazu sind die Eingänge von Port 1 mit der Timerlogik verbunden und bewirken die Übernahme des aktuellen Zählerstandes in die Register CRC und CC1 bis CC4. Dabei kann zwischen Software-Capture und Hardware-Capture gewählt werden. Software-Capture bedeutet, daß der Zählerstand übernommen wird, wenn auf das niederwertige Byte des jeweiligen Capture-/Compare-Registers geschrieben wird. Demgegenüber erfolgt die Abspeicherung beim Hardware-Capture-Betrieb durch ein Eingangssignal über Port 1. Dabei läßt sich für die Register CRC und CC4 die Flanke wählen, bei den Registern CC1 bis CC3 ist die Flanke fest vorbestimmt (positive Flanke).

Selbstverständlich benötigt eine derart umfangreiche Timerlogik auch eine entsprechend große Anzahl an Daten- und Steuerregistern. Im Spezial-Function-Register-Block sind allein 42 Register nur für dieses Modul zuständig. Auf die Funktion aller dieser Zellen einzugehen, ist an dieser Stelle nicht möglich. Im Anhang dieses Buches sind die einzelnen Register nur kurz tabellarisch aufgeführt.

Serielle Schnittstellen

Alle 8051-Familienmitglieder sind mit einer seriellen Schnittstelle ausgerüstet, die in der asynchronen und synchronen Betriebsart arbeiten kann. Zusätzlich dazu haben die 80CXX7-Typen eine zweite Schnittstelle mit jedoch nur zwei asynchronen Betriebsarten. Generell sind die Fähigkeiten dieser beiden Schnittstellen, verglichen mit denen anderer Bauelemente, nicht so umfangreich. Die große Verbreitung zeigt jedoch, daß die Anwender durchaus damit leben können.

Serielle Standard-Schnittstelle 0

Die Schnittstelle weist keine Besonderheiten auf. Aufgebaut aus einem Senderschieberegister, einem Empfängerschieberegister mit einer Pufferebene und der zugehörigen Sender-/Empfängersteuerlogik bietet sie das Bild eines durchschnittlichen seriellen Interfaces. Den Übertragungstakt erzeugt entweder Timer 1 oder ein einfacher interner Baudratengenerator, wobei in einigen Betriebsarten der Wert fest vorgegeben ist. Die größte Vielfalt bietet dabei natürlich die Verwendung von Timer 1. Dafür geht dieser dann aber anderen Zeitfunktionen verloren. Deshalb besitzen alle 80CXX7-Bauelemente pro Schnittstelle einen eigenen Baudratengenerator.

Baudratengenerator
Bei dem Baudratengenerator muß noch einmal zwischen der A-Version und der einfacheren 80C517-Version unterschieden werden. Letztere bietet nur einen sehr

eingeschränkten Einstellbereich, soweit man dabei überhaupt von Einstellbarkeit sprechen kann. Ein fester Teiler erzeugt aus dem Oszillatortakt den 250ten Teil. Durch das SMOD-Bit im Steuerregister PCON kann diese Frequenz noch einmal verdoppelt werden.

$$\text{Baudrate} \quad = \quad f_{Osz} : 2500 \times (1 \text{ oder } 2)$$

Mit diesen Einstellmöglichkeiten ist die Baudrate leider ganz fest an die Quarzfrequenz gebunden, was ein großer Nachteil sein kann, wenn der Quarz wegen anderen Funktionen speziell ausgesucht sein muß. Bei einem 12-MHz-Quarz ergeben sich aber die üblichen Raten von 4800 Baud (SMOD = 0) und 9600 Baud (SMOD = 1).

Wesentlich mehr Flexibilität bieten da die A-Versionen der 80CXX7. Sie besitzen einen 10-Bit-Timer, der von der halben Oszillatorfrequenz getaktet wird. Der Überlauf des Timers bildet den Baudratentakt. Ein zugehöriges 16-Bit-Reload-Register (SxRELH und SxRELL) mit Autoreload Mode gestattet praktisch eine völlig freie Wahl, auch bei exotischeren Quarzfrequenzen.

$$\text{Baudrate} \quad = \quad (1 \text{ oder } 2) \times f_{Osz} : [32 \times (1024 - SxREL)]$$

Für die eigentliche Übertragung stehen 4 verschiedene Betriebsarten bereit. Die Auswahl erfolgt mit dem Steuerregister SxCON (x steht für 0 oder 1 je nach Schnittstelle). Das Datenregister SxBUF hat eine Doppelfunktion. Im Fall des Schreibens gelangen die Daten sofort in das Senderegister, beim Lesen bekommt man den Wert aus einem Empfangsregister. In dieses trägt die Modullogik jedes komplett empfangene Zeichen ein, so daß schon das nächste Zeichen in den Empfänger einlaufen kann, ohne daß das vorherige verloren geht (eine Pufferebene). Auch in der Größe der Schieberegister gibt es Unterschiede. Da maximal 9-Bit-lange Zeichen verarbeitet werden, ist das Empfängerschieberegister auch 9 Bit lang. Das Empfängerregister SnBUF hingegen hat nur 8 Bit. Ein 9. Bit kommt in das SnCON-Register (RB8n-Bit). Das Senderschieberegister hingegen hat nur 8 Bit, hier wird ein 9. Bit zusätzlich an den Bitstrom angefügt. Auch dieses Bit stammt aus dem selben Steuerregister (TB8n-Bit).

Um den Abschluß einer Zeichenübertragung oder ein empfangenes Zeichen zu erkennen, existieren im SnCON-Register zwei Bit. Das T_{IN}-Bit wird gesetzt, wenn die Sendung des letzten Zeichens abgeschlossen ist, ein empfangenes Zeichen setzt das R_{IN}-Bit. Beide können bei Bedarf auch einen entsprechenden Sender- bzw. Empfängerinterrupt auslösen.

Bevor die einzelnen Betriebsarten kurz vorgestellt werden, ein Blick auf den prinzipiellen Aufbau des Moduls. Das dargestellte Zusammenspiel ist zwar von der gewählten Betriebsart abhängig, doch sind die Unterschiede nicht so groß, daß das Verständnis des Wesentlichen darunter leiden sollte.

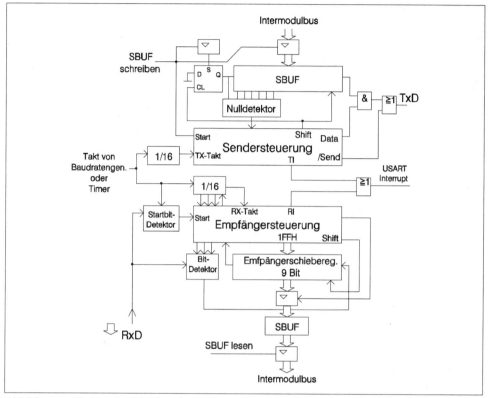

Abbildung 3.77: Serielles Interface im Mode 3

Schnittstellenmode 0 – Synchroner Mode

Diese Betriebsart ist der einzige synchrone Mode und zur Ansteuerung von externen Schieberegistern gedacht. Dazu überträgt der Controller zusätzlich zu den Daten den Schiebetakt. Als Datenein- und Ausgang wirkt das RxD0-Pin. Den Takt dazu sendet das Modul über das TxD0-Pin. Eine Fremdtaktung (Slave Mode) ist nicht möglich. Die Taktfrequenz ist auf $f_{Osz} / 12$ festgelegt. Übertragen werden immer 8 Datenbits. Durch die Einschränkung auf den reinen Masterbetrieb ist eine Kommunikation mit anderen Familienmitgliedern nicht möglich. So bleibt nur die Verbindung zu Bauelementen mit passiven Sendern und Empfängern.

Schnittstellenmode 1 – 8-Bit-UART mit variabler Baudrate

Im Mode 1 ist das Übertragungsformat mit einem Startbit, acht Datenbits und einem Stoppbit fest bestimmt. Der Baudratentakt ist variabel und wird entweder vom Timer 1 oder von dem zur Schnittstelle gehörenden Baudratengenerator geliefert.

Schnittstellenmode 2 – 9-Bit-UART mit fester Baudrate

Mode 2 hat ein erweitertes Übetragungsformat. Zu den normalen 8 Bit aus dem SnBUF-Register kommt noch ein 9. Bit aus dem SnCON-Register hinzu. Damit läßt sich eine in der seriellen Übertragungstechnik sehr häufig verwendete Übertragungsform mit Paritätsbit realisieren. Im Gegensatz zu den meisten Controllerfamilien muß allerdings bei der 51er Familie das Programm selber für die Bildung des Sender-Paritätsbits sorgen. Auch auf der Empfängerseite fehlt jegliche Unterstützung. Um einen Paritätsfehler festzustellen, bleibt der Software nichts anderes übrig, als die Parität des empfangenen Zeichens zu bilden und mit dem 9. Bit im SnCON-Register zu vergleichen. Im Zusammenhang mit dem nachher noch kurz vorgestellten Multiprozessor-Mode dient das 9. Bit aber auch noch zur Kennzeichnung bestimmter Zeichen.

Bei dieser Betriebsart gibt es für die Baudrate nur zwei durch das SMODE-Bit wählbare Alternativen, f_{Osz} / 32 oder f_{Osz} / 64.

Schnittstellenmode 3 – 9-Bit-UART mit variabler Baudrate

Dieser Mode dürfte der am häufigsten eingesetzte Betriebsfall des Moduls sein, bietet er doch die meisten Variationsmöglichkeiten. Neben dem erweiterten Datenformat kann nun auch die Baudrate im Rahmen der Struktur eingestellt werden. Dazu stehen wieder der Timer 1 und der Baudratengenerator zur Verfügung.

Bei der im Mode 2 und 3 möglichen Multiprozessorkopplung handelt es sich um die linien- oder sternförmige Verbindung von zwei oder mehreren Controllern zu einer Art Bussystem. Zur Vereinfachung der Verwaltung bietet die Modulhardware hier eine gewisse Unterstützung an. Grundgedanke der Methode ist das schon bei anderen Controllern bekannte Adreßbit-Verfahren. Jedem Teilnehmer im Netz ist eine Adresse zugeordnet. Eine Übertragung, die sinnvollerweise aus Datenpaketen bestehen sollte, beginnt immer mit der Adresse des Zielpartners. Zur Analyse der Adresse sind alle Teilnehmer verpflichtet, die Kommunikation findet allerdings dann nur mit dem adressierten Partner statt. Um die einzelnen Teilnehmer von der ständigen Überwachung des Datenstroms zu entlasten, ist die Adresse besonders gekennzeichnet. Soweit zum Grundgedanken des Adreßbit-Verfahrens. Genaueres dazu lesen Sie aber bitte in Kapitel 1 bzw. am konkreten Beispiel des MC68HC11 in Kapitel 2. Bei dieser Familie geschieht die Kennzeichnung durch ein gesetztes 9. Bit.

Um auf das Adreßbit aufmerksam zu werden, existiert im SnCON-Register das SM2n-Bit. Wird es vom Programm gesetzt, so führt jedes empfangene Zeichen mit gesetztem 9. Bit zum Setzen des RB8n-Bits im selben Register und bei Bedarf zur Auslösung eines Empfängerinterrupts. So lassen sich die Adreßzeichen sehr einfach aus einem Datenstrom ausfiltern und erkennen.

Serielle Schnittstelle 1

Die serielle Schnittstelle 1 stellt eine Besonderheit der 80CXX7-Controller dar, wenngleich sie nur wenige Unterschiede zur Standard-Schnittstelle 0 aufweist. So besitzt diese Schnittstelle keinen synchronen Mode, und durch einen eigenen Baudratengenerator mit veränderter Struktur entfällt der Mode mit fester Baudrate. Damit gibt es nur noch die beiden Betriebsarten 8-Bit-UART und 9-Bit-UART.

Der moduleigene Baudratengenerator, der in allen beiden Betriebsarten den Takt liefert, weist auch hier Unterschiede zwischen der einfachen Version und der A-Version auf. So besitzen die 517 einen 8-Bit-Timer mit 8-Bit-Reload-Register (S1REL), die A-Versionen haben hingegen einen 10-Bit-Timer mit 16-Bit-Relaod-Registern (S1RELL und S1RELH). Beide Timer nutzen den halben Oszillatortakt. Damit ergeben sich folgende Einstellvorschriften:

$$\text{Baudrate (517)} \quad = \quad f_{Osz} : [32 \times (256 - S1REL)]$$

und

$$\text{Baudrate (A-Typ)} \quad = \quad f_{Osz} : [32 \times (1024 - S1REL)]$$

Zur Programmierung der Schnittstelle und für den Datenverkehr hat das Modul 2 Register im SFR-Bereich. Das S1CON-Register besitzt bis auf ein Bit den gleichen Aufbau wie das Register der Schnittstelle 0. Der Unterschied besteht nur im Fehlen eines Modesteuerbits, da die Zahl der Betriebsarten von 4 auf 2 reduziert wurde. Das hätte sich für die Standard-Schnittstelle auch angeboten, nur wäre dann die Kompatibilität zu den anderen Familienmitgliedern verlorengegangen.

Schnittstellenmode 9-Bit-UART
Diese Betriebsart ist identisch mit dem Mode 3 der Schnittstelle 0. Allerdings ist hier der interne Baudratengenerator die einzige Taktquelle. Selbstverständlich unterstützt auch dieser Kanal die Multiprozessorkopplung.

Schnittstellenmode 8-Bit-UART
Der einzige Unterschied dieser Betriebsart zum Mode 1 der Schnittstelle 0 liegt in der Versorgung mit dem Übertragungstakt. Der moduleigene Baudratengenerator versorgt die Schnittstelle mit den Taktsignalen.

Arithmetik-Einheit, MUL-DIV-Einheit

Ein großes Problem bei 8-Bit-Controllern ist ihre prinzipbedingt eingeschränkte Leistungsfähigkeit bei den arithmetischen Operationen Multiplikation und Division. Zwar gehören 8-Bit-MUL- und DIV-Befehle schon zum Standard moderner Bauelemente, doch wenn die Datenbreite größer wird, endet meistens die Unterstützung durch die Hardware. Da jedoch mehr und mehr Peripheriefunktionen auf 16-Bit-Datenbreiten setzen, müssen oft speicher- und rechenzeitintensive Algorithmen eingesetzt werden, um alle gestellten Anforderungen zu erfüllen. Um diesen Nachteil zu beseitigen, sind die 80CXX7-Controller mit einer eigenen Hardware-MUL-DIV-Einheit ausgestattet. Auf eine Änderung des Rechenwerks wurde dabei bewußt verzichtet, um die Kompatibilität zu den anderen Familienmitgliedern zu bewahren. Auch hätte eine derartige Erweiterung Probleme beim Opcode geschaffen, der durch neue Befehle von 8 auf 16 Bit umzustellen wäre. Deshalb bildet die Einheit ein selbständiges Modul, das wie jedes andere Peripheriemodul eigene Register im SFR-Bereich besitzt.

Die MUL-DIV-Einheit bietet 5 verschiedene Operationen, die in der folgenden Tabelle aufgeführt sind.

Operation	Ergebnis	Rest	Ausführungszeit (12 MHz)
32 Bit / 16 Bit	32 Bit	16 Bit	6 M-Zyklen 6 µs
16 Bit / 16 Bit	16 Bit	16 Bit	4 M-Zyklen 4 µs
16 Bit×16 Bit	32 Bit	–	4 M-Zyklen 4 µs
32 Bit Normalisierung	32 Bit	–	max. 6 M-Zyklen 6 µs
32 Bit Schieben	32 Bit	–	max. 6 M-Zyklen 6 µs

Tabelle 3.50: Operationen der MUL-DIV-Einheit

Die CPU kommuniziert über sieben Register mit dem Arithmetik-Modul. Sechs Register (MD0 – MD5) dienen dabei der Datenübergabe, ein Steuerregister ARCON enthält Steuer- und Statusbits. Die Arbeit mit dem Modul geschieht, unabhängig von der Funktion, immer nach dem gleichen Schema. Dabei werden drei Abschnitte unterschieden:

◆ Abschnitt 1 – Laden der Operanden in die Datenregister MDn

◆ Abschnitt 2 – selbständige modulinterne Befehlsausführung

◆ Abschnitt 3 – Lesen der Ergebnisse aus dem Datenregister MDn

Während die Abschnitte 1 und 3 unter der Steuerung des Programms ablaufen, arbeitet das Modul im Abschnitt 2 völlig losgelöst von der CPU. Trotz dieser asynchronen Arbeitsweise hat die CPU eine ständige Kontrolle über den Ablauf, denn die Ausführungszeiten sind fest mit der Zykluszeit gekoppelt und bekannt (siehe Tabelle). So kann das Programm genau ermitteln, wann das Ergebnis in den Datenregistern bereitliegt, spezielle Handshake-Bits erübrigen sich daher.

Um einen Befehl an die MUL-DIV-Einheit zu übermitteln, wird ein ganz eigenes Verfahren verwendet. Da ein spezielles Steuerregister fehlt, ARCON dient nur zur Befehlsübermittlung bei der Normalisierung und beim Schieben, bestimmt allein die Reihenfolge des Beschreibens der Register die gewünschte Operation. Die folgende Tabelle zeigt das Verfahren:

Operation	Reihenfolge – Operanden laden	Reihenfolge – Ergebnisse lesen
32 Bit / 16 Bit	1. MD0: Dividend 0 2. MD1: Dividend 1 3. MD2: Dividend 2 4. MD3: Dividend 3 5. MD4: Divisor 0 6. MD5: Divisor 1	1. MD0: Quotient 0 2. MD1: Quotient 1 3. MD2: Quotient 2 4. MD3: Ouotient 3 5. MD4: Rest 0 6. MD5: Rest 1
16 Bit / 16 Bit	1. MD0: Dividend 0 2. MD1: Dividend 1 3. MD4: Divisor 0 4. MD5: Divisor 1	1. MD0: Quotient 0 2. MD1: Quotient 1 3. MD4: Rest 0 4. MD5: Rest 1
16 Bit×16 Bit	1. MD0: Multiplikand 0L 2. MD4: Multiplikand 1L 3. MD1: Multiplikand 0H 4. MD5: Multiplikand 1H	1. MD0: Produkt 0 2. MD1: Produkt 1 3. MD2: Produkt 2 4. MD3: Produkt 3

Tabelle 3.51: Befehlsübermittlung an die MUL-DIV-Einheit

Neben den Ergebnissen in den Datenregistern erhält die CPU auch noch Informationen über mögliche Fehler bei der Berechnung. So kennzeichnet das MDOV-Bit im ARCON-Register eine Division durch Null und einen Überlauf bei der Multiplikation. Ein anderes Bit mit dem Namen MDEF signalisiert einen Zugriff auf das Modul in der Zeit der Befehlsausführung (Abschnitt 2).

Im Gegensatz zum Multiplizieren und Dividieren arbeiten die beiden anderen Funktionen mit dem ARCON-Register als Befehlsregister. 5 Bit wirken als Schiebezähler, das SLR-Bit bestimmt die Richtung einer Schiebeoperation.

Operation	Reihenfolge – Operanden laden	Reihenfolge – Ergebnisse lesen
Normalisieren, Schieben	1. MD0: Wert 0 (L) 2. MD1: Wert 1 3. MD2: Wert 2 4. MD3: Wert 3 (H) 5. ARCON: Befehl	1. MD0: Ergebnis 0 (L) 2. MD1: Ergebnis 1 3. MD2: Ergebnis 2 4. MD3: Ergebnis 3 (H) –

Tabelle 3.52: Funktionen Normalisieren und Schieben

Analog-/Digital-Wandler

Ein Teil der 8051-Controller ist mit einem On-Chip-A/D-Wandler ausgerüstet. Besonders leistungsstarke Module sind das Kennzeichen der 80CXX7-Typen, wobei zwischen den Grundversionen 517/537 und den A-Versionen deutliche Unterschiede bestehen, die zu Kompatibilitätsproblemen führen. In der folgenden kurzen Betrachtung soll das Modul der A-Versionen vorgestellt werden.

Der Wandler besitzt 12 Eingangskanäle, die ein Multiplexer auf eine Sample & Hold-Schaltung leitet. Daran schließt sich der Wandler an, der nach dem Prinzip der sukzessiven Approximation arbeitet und das Ergebnis mit einer Breite von 10 Bit(!) bildet. Bei Nichtbenutzung des Wandlers stehen die Eingänge der Ports 7 und 8 als normale digitale Eingänge zur Verfügung. Der eingesetzte Wandler ist sehr schnell. Er setzt den Eingangswert in ca. 10 µs in das 10-Bit-Ergebnis um (12 MHz Oszillatortakt). Da der Controller auch mit höheren Oszillatorfrequenzen betrieben werden kann, der Wandler aber nur bis 12 MHz ordentlich arbeitet, kann dessen Taktsignal intern um den Faktor 2 geteilt werden.

Die Register ADCON0 (D8H) und ADCON1 (DCH) dienen der Steuerung des Moduls. In den Registern ADDATL und ADDATH werden die Ergebnisse der Umsetzung abgelegt. Das Ende signalisiert ein Busy-Flag, auch ein spezieller Interrupt ist nutzbar. Im Fall des Verzichts auf die A/D-Wandlung sind die Digitalpegel in den Registern P7 (DBH) und P8 (DDH) lesbar.

Interruptverhalten und Low-Power-Mode

Interruptverhalten

Die 80CXX7-Controller besitzen einen eigenen internen Interruptcontroller, der die vielen Interruptquellen der Peripheriemodule verwaltet. Obwohl in jedem Modul spezielle Freigabebits die Weiterleitung an die zentrale Verarbeitung steuern, existieren hier noch einmal 3 Steuerregister für eine zusammengefaßte Freigabe (IEN0, IEN1 und IEN2).

Einige Interruptquellen gestatten die Wahl der auslösenden Signalflanke bzw. des gültigen Pegels (Interrupt über externe Eingänge). Besonders die komplexen Module Compare-/Capture-Einheit und Timer 0 und 1 bieten hier flexible Einstellmöglichkeiten. Zuständig für die vielen Varianten sind die Register TCON, T2CON, CTCON, IRCON0 und IRCON1. Schließlich existiert im IEN0-Register noch ein besonderes Bit (EAL-Bit), das der globalen Interruptfreigabe dient.

Um mit der Vielzahl sinnvoll umgehen zu können, sorgt eine 4-stufige Prioritätssteuerung für eine 4-fache Kaskadierung. In 2 Steuerregistern, IP0 und IP1, werden mit insgesamt 12 Bit die Interrupts in die 4 Ebenen aufgeteilt. Dabei sind aber nicht alle denkbaren Varianten auch parametrierbar. Vielmehr sind jeweils 2 bis 3 Quellen zu einer von 6 Gruppen zusammengefaßt, die ihrerseits dann in der Priorität einstellbar sind. Innerhalb einer Gruppe gibt es jeweils eine feste Rangfolge. Die Tabelle zeigt die Aufteilung und gleichzeitig alle möglichen Quellen für die A-Version der 80CXX7-Familie.

Externer Int. 1	serielle Schnittst.1	AD-Wandler
Timer 0	–	Externer Int. 2
Externer Int. 1	CCU-Int in CM0–7	Externer Int. 3
Timer 1	CCU	Externer Int. 4
serielle Schnittst. 0	CCU-Int. in COMSET	Externer Int. 5
Timer 2	CCU-Int. in COMCLR	Externer Int. 6

Tabelle 3.53: A-Version der 80Cxx7-Familie

17 Interruptvektoren gestatten eine individuelle Bearbeitung von Unterbrechungsanforderungen.

Low-Power-Mode

Wie alle anderen Controller bietet auch die 80CXX7-Familie mehrere Betriebsarten, in denen die Stromaufnahme per Software oder über einen digitalen Eingang reduziert werden kann.

Slow-Down-Mode

In diesem Low-Power-Mode wird durch Setzen eines Bits (SD-Bit) in einem speziellen Register (PCON-Register) der Oszillatortakt um den Teiler 8 heruntergesetzt. Der große Vorteil dabei ist, daß der Controller nichts von seiner Funktionstüchtigkeit verliert, alle Vorgänge laufen nur um den Faktor 8 langsamer ab. In gleicher Weise verringert sich dabei aber auch wunschgemäß die Stromaufnahme. Der Mode wird durch Löschen des SD-Bits wieder verlassen.

Low-Power-Idle-Mode

Im Idle-Mode sind alle Peripheriemodule vom Takt versorgt, nur die CPU wird abgeschaltet. Der Eintritt in den Mode geschieht durch zwei unmittelbar aufeinander folgende Schreibbefehle auf das PCON-Register, wobei jedes mal ein anderes Bit gesetzt werden muß. Ein Austritt aus dem Mode kann nur durch einen Interrupt oder einen Reset geschehen.

Software-Power-Down-Mode (SWPD)

Im Gegensatz zum Idle-Mode ist nicht nur die CPU ohne Takt, hier ist der Oszillator ganz abgeschaltet. Damit wird die größte Stromeinsparung erreicht. Der Eintritt in diesen Mode geschieht wie beim Idle-Mode durch aufeinanderfolgendes Setzen zweier Bits im PCON-Register. Da jedoch in diesem Betrieb der gesamte Controller »still steht«, kann nur noch ein externer Reset den Zustand beenden. Leider werden dabei alle Special-Function-Register mit ihren Default-Werten geladen, nur die Datenspeicher bleiben unangetastet.

Hardware-Power-Down-Mode (HWPD)

Dieser Mode ist nur bei den A-Versionen verfügbar. Auch er führt zu einer Totalabschaltung des Oszillators, allerdings nun durch einen Low-Pegel am externen Eingang /HWPD. Dabei führt die CPU zuvor einen Reset aus und schaltet danach ab. Damit herrschen definierte Verhältnisse an allen Pins. Wird das HWPD-Pin wieder auf High-Pegel gesetzt, vollzieht die CPU abermals einen Reset. Der Oszillator-Watchdog beginnt seine Arbeit vor dem eigentlichen Oszillator, woraus ein Oszillator-Fehler-Reset resultiert. So nimmt die CPU ihre Arbeit mit einer Neuinitialisierung wieder auf.

Ein Problem aller Low-Power-Modi ist immer wieder die Gefahr, durch einen Fehler in der Hard- oder Software in eine der Betriebsarten zu gelangen. Die bloße Einhaltung einer bestimmten Schreibsequenz reicht da nicht aus. Deshalb muß ein spezieller Eingang, der PE/SWD-Eingang generell auf Low-Pegel gesetzt sein, um die Low-Power-Modi aktivieren zu können. Das erhöht die Sicherheit vor Fehlern zusätzlich.

Programmiermodell und Befehlssatz

111 Befehle, 49 davon mit 1-Byte, 45 mit 2-Byte und 17 mit 3-Byte Länge bilden den Befehlssatz der Controller. Für ihre Anwendung lassen sich 5 unterschiedliche Adressierungsarten nutzen.

Registeradressierung (Arbeitsregisteradressierung)

Zugriffe sind nur innerhalb einer ausgewählten Arbeitsregisterbank möglich. Die Befehle sind extrem kurz und schnell.

Direkte Adressierung

Die Register werden direkt mit ihrer Nummer angesprochen. Sie ist die einzig mögliche Adressierungsart für die Special-Function-Register. Mit dieser Adressierung wird auch auf die unteren 128 Byte des internen Datenspeichers zugegriffen.

Unmittelbare Adressierung

Der Wert steht unmittelbar im Befehl, so daß diese Adressierung nur auf Programmspeicher beschränkt bleibt.

Indirekte Adressierung

Der Wert steht im internen 265-Byte-großen RAM, im internen Datenspeicher XRAM oder außerhalb des Controllers im externen Datenspeicher. Der Zeiger auf den Wert wird aus dem Inhalt der Arbeitsregister R0 oder R1 (Page-Mode) oder durch den 16-Bit-Data-Pointer DPTR gebildet.

Indirekte indizierte Registeradressierung

Der Wert kann nur im Programmspeicher stehen. Die Adresse dazu wird aus einem 16-Bit-Basisregister (DPTR oder PC) und dem Inhalt des Akkumulators (Index) gebildet.

Wie bei anderen Controllern findet man auch bei der 51er Familie die üblichen Befehlsgruppen. Da nahezu alle Verarbeitungsoperationen mit dem 8-Bit-Akkumulator als Quelle oder Ziel arbeiten, fehlen 16-Bit-arithmetische Befehle.

- ❖ Arithmetische Befehle:
  Addition und Subtraktion mit und ohne Carry, 8-Bit-MUL und -DIV, Inkrement und Dekrement, BCD-Korrektur

◆ Logische Befehle:
   AND, OR, XOR (XRL), Rotation, Komplement, Nibble-Tausch

◆ Transport- und Lade-Befehle:
   Transporte innerhalb von Registern und Speicherbereichen, Zugriffe auf den externen Datenspeicher, Konstantenlesen aus dem Programmspeicher

◆ Boolesche Datenverarbeitung:
   Bitsetz-, Lösch- und Testbefehle, Logische Bitbefehle

◆ Programmsteuerbefehle:
   Bedingte und unbedingte Sprungbefehle, Schleifenbefehle, Unterprogrammaufrufe

Entwicklungswerkzeuge

Eine Controllerfamilie mit einer so langen Tradition kann selbstverständlich auch auf eine entsprechend umfangreiche Entwicklungsunterstützung zurückgreifen. Von Seiten der Softwarewerkzeuge gibt es das gewohnte Spektrum an Makroassemblern, Compilern, Simulatoren, jede Menge Tools. Anhand der Entwicklungswerkzeuge der Firma KEIL ELEKTRONIK GmbH möchte ich Ihnen kurz einen Einblick geben.

C51 Professional Developers Kit – Komplett-Paket zur 8051-Software-Entwicklung

Mit diesem Paket hat der Entwickler alle wichtigen Werkzeuge für eine effektive Software-Entwicklung in der Hand. Dazu zählen:

◆ EDIT Quellcode-Editor

◆ A51 Makro-Assembler

◆ C51 ANSI-C-Compiler

◆ C51 Special Library (für 80CXX7-Versionen)

◆ Utilities (L51 Linker/Locater, LIB51 Library Manager, OHS51 Objekt-Datei-Konverter, SHELL-Entwicklungsoberfläche)

◆ BL51 Linker für Code-Banking

◆ dScope-51+ Source-Level-Debugger

◆ MONITOR-51 Target-Monitor

◆ RTX-51 tiny Echtzeit-Betriebssystem

Die konsequente Verwendung des Intel Objekt-Modul-Formats OMF-51 sichert die Kompatibilität mit anderen Produkten, so z. B. mit Werkzeugen der Firma Intel oder mit Hardwarewerkzeugen verschiedenster Hersteller.

A51 Makro Assembler

Wenn es um die Generierung von zeit- und platzoptimalen Programmen geht, wird immer wieder auf die Assemblersprache zurückgegriffen. Der A51 ist ein Intel-kompatibler Makro Assembler, der für alle verfügbaren 8051-Derivate konfigurierbar ist (Anpassung von Register-Vereinbarungsdateien).

◆ Erzeugung eines relokatiblen Objekt-Moduls (kompatibel zu Intel ASM51)

◆ bei Bedarf werden DEBUG-Informationen für Emulatoren oder Simulatoren eingebunden

◆ Preprozessor für eine komfortable Arbeit

C51 ANSI-C-Compiler

Trotz Hochsprachen-Level eine Programmeffizienz wie ein gutes Assembler-Programm, das ist das Kennzeichen des C51 Compilers, eines erweiterten ANSI-'C'-Compilers. Dabei bleiben alle Ressourcen des Controllers erreichbar. Der Compiler arbeitet selbstverständlich auch mit dem Intel OMF-51-Format.

◆ 9 Basis-Datentypen von 1 Bit bis 32 Bit IEEE-Float-Format

◆ 6 Speichertypen entsprechend der Speicherstruktur der 8051-Controller (data – direkt adressierbarer interner Speicher, bdata – bitadressierbarer Speicher, idata – indirekt adressierbarer interner Speicher, pdata – »paged« externer Speicher, xdata – externer Speicher, code – Programmspeicher)

◆ 3 Speichermodelle für Parameterübergaben und Variablen-Deklarationen (SMALL – intern 120 Byte, COMPACT – Seiten von 256 Byte, LARGE – voller Datenspeicher 64 Kbyte)

◆ memory specific und generic Pointer

◆ wahlweise Registerbank-Umschaltung und Registerbank-unabhängige Code-Generierung

◆ automatische Erzeugung der notwendigen Codes für Interrupt-Prozeduren (Registerbank-Umschaltung, Bildung des Vektors)

◆ Unterstützung von Reentrant-Funktionen durch automatische Verwaltung eines Reentrant-Stacks

◆ Interface zu Assembler- und PL/M-51-Programmen mit Parameterübergaben in Registern und/oder festen Speicherbereichen

◆ sechs Optimierungsstufen

◆ umfangreiche Run-Time-Library

C51 Special Library

Diese Library erfaßt alle Erweiterungen der 80CXX7-Controller.

◆ MUL/DIV-Einheit der SAB 80CXX7

◆ 8-Datenpointer der Siemens-Controller

◆ mehrfache Pointer der AMD-Controller

◆ eingeschränkter ROM-Bereich der Signetics 8xC751-Controller

dScope-51+ Source-Level-Debugger

Leistungsfähiger Hardware-Simulator mit Schnittstelle zum MONITOR-51 und Emulatoren. Über ladbare I/O-Treiber kann der Simulator an die Peripherie der verschiedenen 8051-Derivate angepaßt werden.

◆ SAA-Bedienoberfläche mit Pull-down-Menüs, Funktions- und Cursor-Control-Tasten sowie Mausunterstützung

◆ Simulation und Anzeige von High-Level-Source (C und PL/M), High-Level-Source mit Assembler gemischt und reinem Assembler-Code

◆ Watch-Funktion zur Verfolgung von Variablen (auch komplexe Strukturen)

◆ Registeranzeige

◆ Breakpoints für »Echtzeitläufe«

◆ Trace-History-Speicher für maximal 256 Befehle

MONITOR-51

Das Monitorprogramm belegt einen 6-Kbyte-großen Speicher in der Zielhardware (Evaluation Board oder Finalprodukt) und benötigt eine serielle Schnittstelle zur Kommunikation mit dem PC-Bedienprogramm. Dieses kann entweder das MON51-

Programm oder der dScope-51+ sein. Es stehen 16 Kommandos zum Debuggen auf der Hardware zur Verfügung.

- Anzeigen, Modifizieren und Initialisieren von externen und internen Speicherbereichen sowie aller internen Register

- Down-Load und Up-Load von OMF-51- oder HEX-Dateien

- Single Step und Echtzeitausführung von Prozeduren

- Echtzeitlauf mit bis zu 10 festen und 1 temporären (!) Breakpoint

- integrierter In-Line-Assembler und Reassembler

Alle Werkzeuge können selbstverständlich auch einzeln erworben und eingesetzt werden. So kann zum Beispiel auf das Multitasking-Betriebssystem RTX-51 tiny verzichtet werden, wenn die Applikation mit einem eigenen Programmierkern ausgerüstet wird. Für Anwender, die einen In-Circuit-Emulator besitzen, ist ein MONITOR-51 und ein dScope-51+ Source-Level-Debugger möglicherweise uninteressant. Das gleiche gilt für Hochsprachen-Compiler, wenn prinzipiell in Assembler programmiert wird.

Hardwarewerkzeuge

Der Markt der Hardwareentwicklungswerkzeuge für die 8051-Familie wird von nahezu allen Anbietern aus der Branche reichlich versorgt. Das macht die Wahl für einen ambitionierten Interessenten nicht gerade leicht. Das Spektrum beginnt bei einfachen Evaluation Boards und endet bei In-Circuit-Emulatoren. Einer dieser Emulatoren ist der EMUL51-PC der Firma NOHAU.

Der EMUL51-PC ist ein auf zwei langen PC-Karten aufgebauter In-Circuit-Emulator. Über ein Flachbandkabel sind die beiden PC-Slot-Karten mit einem als POD bezeichneten Modul verbunden, das unmittelbar in dem Controllersockel des Zielsystems sitzt. Ein derartiger Aufbau ist schon in Kapitel 1 vorgestellt worden.

Merkmale des EMUL51-PC-Emulators:

- 2 lange PC-Slot-Karten

- PODs für alle Mitglieder der 8051-Familie verfügbar

- Emulation bis zu einer 33-MHz-Controllertaktfrequenz

- bis zu 256 Kbyte Programmspeicher

- bis zu 64 Kbyte Datenspeicher

◆ Bankswitching-Unterstützung

◆ integrierter Assembler und Reassembler

◆ High-Level-Debugging

◆ Makrokommandos

◆ On-Line-Hilfssystem

zusätzlich mit Traceboard

◆ 64 K Trace-Speicher mit 64 Bit Abtastbreite (16 Adressen, 8 Daten, 2 8-Bit-Ports oder beliebige externe Signale, 8 externe Signale, 16-Bit-Zeitmarken)

◆ Multi-Level-Trigger-Logik, komfortabler Filter

◆ 16-Bit-Schleifenzähler

◆ 16-Bit-Echtzeitzähler

◆ frei programmierbare Vor- und Nachtriggerung

Anhang

Legende für alle Befehlstabellen

Kennzeichnung der Flagbeeinflussung:

/	keine Beeinflussung
X	Flag wird vom Ergebnis der Operation beeinflußt
0	Flag wird rückgesetzt
1	Flag wird gesetzt
?	Flag ist nach der Operation unbestimmt

A.1   Befehlssatz der 68HC11-Familie

Source Forms (s)	Boolean Expr.	ADR.M	OPC	Bytes	Zyklen	X	H	I	N	Z	V	C
Register in Speicher laden													
LDAA	Lade A vom Speicher ACCA <- M	IMM	86	2	2	/	/	/	X	X	0	/
		EXT	B6	3	4							
		DIR	96	2	3							
		IND(X)	A6	2	4							
		IND(Y)	18 A6	3	5							
LDAB	Lade B vom Speicher ACCB <- M	IMM	C6	2	2	/	/	/	X	X	0	/
		EXT	F6	3	4							
		DIR	D6	2	3							
		IND(X)	E6	2	4							
		IND(Y)	18 E6	3	5							
LDD	Lade D (A,B) vom Speicher ACCD <- M,M+1	IMM	CC	3	3	/	/	/	X	X	0	/
		EXT	FC	3	5							
		DIR	DC	2	4							
		IND(X)	EC	2	5							
		IND(Y)	18 EC	3	6							
LDX	Lade Index-Reg. X vom Speicher XH <- M XL <- M+1	IMM	CE	3	3	/	/	/	X	X	0	/
		EXT	FE	3	5							
		DIR	DE	2	4							
		IND(X)	EE	2	5							
		IND(Y)	CD EE	3	6							

Source Forms (s)	Boolean Expr.	ADR.M	OPC	Bytes	Zyklen	Flags						
						X	H	I	N	Z	V	C
LDY	Lade Index-Reg. Y vom Speicher YH <- M YL <- M+1	IMM EXT DIR IND(X) IND(Y)	18 CE 18 FE 18 DE 1A EE 18 EE	4 4 4 3 3	4 6 5 6 6	/	/	/	X	X	0	/
LDS	Lade Stackpointer SPH <- M SPL <- M+1	IMM EXT DIR IND(X) IND(Y)	8E BE 9E AE 18 AE	3 3 2 2 3	3 5 4 5 6	/	/	/	X	X	0	/
PULA	Lade A vom Stack SP <- SP+1 ACCA <- Stack	INH	32	1	4	/	/	/	/	/	/	/
PULB	Lade B vom Stack SP <- SP+1 ACCB <- Stack	INH	33	1	4	/	/	/	/	/	/	/
PULX	Lade Index-Reg. X vom Stack SP<-SP+2 X<-Stack	INH	38	1	5	/	/	/	/	/	/	/
PULY	Lade Index-Register Y vom Stack SP <- SP+2 Y <- Stack	INH	18 38	1	6	/	/	/	/	/	/	/
Speicher in Register laden												
STAA	A in Speicher laden ACCA -> M	EXT DIR IND(X) IND(Y)	B7 97 A7 18 A7	3 2 2 3	4 3 4 5	/	/	/	X	X	0	/
STAB	B in Speicher laden ACCB -> M	EXT DIR IND(X) IND(Y)	F7 D7 E7 18 E7	3 2 2 3	4 3 4 5	/	/	/	X	X	0	/
STD	D(A,B) in Speicher laden D -> M,M+1	EXT DIR IND(X) IND(Y)	FD DD ED 18 ED	3 2 2 3	5 4 5 6	/	/	/	X	X	0	/
STX	Index-Reg. X speich. XH -> M XL -> M+1	EXT DIR IND(X) IND(Y)	FF DF EF CD EF	3 2 2 3	5 4 5 6	/	/	/	X	X	0	/

Source Forms (s)	Boolean Expr.	ADR.M	OPC	Bytes	Zyklen	Flags						
						X	H	I	N	Z	V	C
STY	Index-Reg. Y speich. YH -> M YL -> M+1	EXT DIR IND(X) IND(Y)	18 FF 18 DF 1A EF 18 EF	4 3 3 4	6 5 6 7	/	/	/	X	X	0	/
STS	Stackpointer speich. SPH -> M SPL -> M+1	EXT DIR IND(X) IND(Y)	BF 9F AF 18 AF	3 2 2 3	5 4 5 6	/	/	/	X	X	0	/
PSHA	A auf Stack speich. Stack -> A SP <- SP-1	INH	36	1	3	/	/	/	/	/	/	/
PSAB	B auf Stack speich. Stack -> B SP <- SP-1	INH	37	1	3	/	/	/	/	/	/	/
PSHX	Index-Reg.X auf Stack speich. X -> Stack SP <- SP-2	INH	3C	1	4	/	/	/	/	/	/	/
PSHY	Index-Reg. Y auf Stack speich. Y -> Stack SP <- SP-2	INH	18 3C	2	5	/	/	/	/	/	/	/
Register – Register-Transfer												
TBA	Übertrage B nach A ACCB -> ACCA	INH	17	1	2	/	/	/	X	X	0	/
TAB	Übertrage A nach B ACCA -> ACCB	INH	16	1	2	/	/	/	X	X	0	/
TXS	Lade Index-Reg. X in Stackpointer X-1 -> SP	INH	35	1	3	/	/	/	/	/	/	/
TYS	Lade Index-Reg. Y in Stackpointer Y-1 -> SP	INH	18 35	1	3	/	/	/	/	/	/	/
TSX	Lade Stackpointer in Index-Reg. X SP+1 -> X	INH	30	1	3	/	/	/	/	/	/	/
TSY	Lade Stackpointer in Index-Reg. Y SP+1 -> Y	INH	18 30	1	4	/	/	/	/		/	/
XGDX	Tausche Index-Reg. X mit D X <-> ACCD	INH	8F	1	3	/	/	/	/	/	/	/

Source Forms (s)	Boolean Expr.	ADR.M	OPC	Bytes	Zyklen	Flags						
						X	H	I	N	Z	V	C
XGDY	Tausche Index-Reg. Y mit D Y <-> ACCD	INH	18 8F	1	3	/	/	/	/	/	/	/
Daten-Handling												
DEC	Dekrementiere Speicherinhalt M <- M-1	EXT IND(X) IND(Y)	7A 6A 18 6A	3 2 3	6 6 7	/	/	/	X	X	X	/
DECA	Dekrement. Akku A A <- A-1	INH	4A	1	2	/	/	/	X	X	X	/
DECB	Dekrement. B B <- B-1	INH	5A	1	2	/	/	/	X	X	X	/
DEX	Dekr. Index-Reg. X X <- X-1	INH	09	1	3	/	/	/	/	X	/	/
DEY	Dekr. Index-Reg. Y Y <- Y-1	INH	18 09	2	4	/	/	/	/	X	/	/
DES	Dekr. Stackpointer SP <- SP-1	INH	34	1	3	/	/	/	/	/	/	/
INC	Inkrementiere Speicherinhalt M <- M+1	EXT IND(X) IND(Y)	7C 6C 18 6C	3 2 3	6 6 7	/	/	/	/	X	X	X
INCA	Inkrementiere A A <- A+1	INH	4C	1	2	/	/	/	/	X	X	X
INCB	Inkrementiere B B <- B+1	INH	5C	1	2	/	/	/	/	X	X	X
INX	Inkr. Index-Reg. X X <- X+1	INH	08	1	3	/	/	/	/	X	/	/
INY	Inkr. Index-Reg. Y Y <- Y+1	INH	18 08	2	4	/	/	/	/	X	/	/
INS	Inkr. Stackpointer SP <- SP+1	INH	31	1	3	/	/	/	/	/	/	/
NEG	Zweierkomplement im Speicher $00 – M -> M	EXT IND(X) IND(Y)	70 60 18 60	3 2 3	6 6 7	/	/	/	X	X	X	X
NEGA	Zweierkomplement von A $00 – A -> A	INH	40	2	2	/	/	/	X	X	X	X
NEGB	Zweierkomplement von B $00 – B -> B	INH	50	2	2	/	/	/	X	X	X	X

Source Forms (s)	Boolean Expr.	ADR.M	OPC	Bytes	Zyklen	Flags						
						X	H	I	N	Z	V	C
COM	Komplement im Speicher /M $FF – M -> M	EXT IND(X) IND(Y)	73 63 18 63	3 2 3	6 6 7	X	X	X	X	X	0	1
COMA	Komplementiere von A /A $FF – A -> A	INH	43	2	2	/	/	/	X	X	0	1
COMB	Komplement. B /B $FF – B -> B	INH	53	2	2	/	/	/	X	X	0	1
CLR	Lösche Speicher-stelle 0 -> M	EXT IND(X) IND(Y)	7F 6F 18 6F	3 2 3	6 6 5	/	/	/	0	1	0	0
CLRA	Akku A löschen 0 -> A	INH	4F	1	2	/	/	/	0	1	0	0
CLRB	Akku B löschen 0 -> B	INH	5F	1	2	/	/	/	0	1	0	0
BCLR	Einzelne Bits im Speicher löschen M <- M ^ Maske	DIR IND(X) IND(Y)	15 1D 18 1D	3 3 4	6 7 8	/	/	/	X	X	0	/
BSET	Einzelne Bits im Speicher setzen M <- M v Maske	DIR IND(X) IND(Y)	15 1C 18 1C	3 3 4	6 7 8	/	/	/	X	X	0	/
Daten-Handling (Schieben und Rotation)												
ROL	Links rotieren im Speicher C<-M7..M0<-C	EXT IND(X) IND(Y)	79 69 18 69	3 2 3	6 6 7	/	/	/	X	X	X	X
ROLA	Links rotieren in A C<-A7..A0<-C	INH	49	1	2	/	/	/	X	X	X	X
ROLB	Links rotieren in B C<-B7..B0<-C	INH	59	1	2	/	/	/	X	X	X	X
ROR	Rechts rotieren im Speicher C->M7..M0->C	EXT IND(X) IND(Y)	79 66 18 66	3 2 3	6 6 7	/	/	/	X	X	X	X
RORA	Rechts rotieren in A C->A7..A0->C	INH	46	1	2	/	/	/	X	X	X	X
RORB	Rechts rotieren in B C->B7..B0->C	INH	56	1	2	/	/	/	Flags	X	X	X
ASL (LSL)	Arith. u. log. links schieben im Speich. C<-M7..M0<-0	EXT IND(X) IND(Y)	78 68 18 68	3 2 3	6 6 7	/	/	/	X	X	X	X

| Source | Boolean | ADR.M | OPC | Bytes | Zyklen | Flags | | | | | | |
Forms (s)	Expr.					X	H	I	N	Z	V	C
ASLA **(LSLA)**	Arith. u. log. links schieben in A C<-A7..A0<-0	INH	48	1	2	/	/	/	X	X	X	X
ASLB **(LSLB)**	Arith. u. log. links schieben in B C<-B7..B0<-0	INH	58	1	2	/	/	/	X	X	X	X
ASLD **(LSLD)**	Arith. u. log. links schieben in D C<-A7..A0<- B7.B0<-0	INH	05	1	3	/	/	/	X	X	X	X
ASR	Arith. rechts schieben in M M7->M7..M0->C	EXT IND(X) IND(Y)	77 67 18 67	3 2 3	6 6 7	/	/	/	X	X	X	X
ASRA	Arith. rechts schieben in A A7->A7..A0->C	INH	47	1	2	/	/	/	X	X	X	X
ASRB	Arith. rechts schieben in B B7->B7..B0->C	INH	57	1	2	/	/	/	X	X	X	X
LSR	Log. rechts schieben in M 0->M7..M0->C	EXT IND(X) IND(Y)	74 64 18 64	3 2 3	6 6 7	/	/	/	0	/	X	X
LSRA	Log. rechts schieben in A 0->A7..A0->C	INH	44	1	2	/	/	/	0	X	X	X
LSRB	Log. rechts schieben in B 0->B7..B0->C	INH	54	1	2	/	/	/	0	X	X	X
LSRD	Log. rechts schieben in D 0->A7..A0-> ->B7..B0->C	INH	04	1	3	/	/	/	0	X	X	X
Arithmetische Operationen												
ADDA	Addieren ohne Übertrag in A A <- A + M	IMM EXT DIR IND(X) IND(Y)	8B BB 9B AB 10 AB	2 3 2 2 3	2 4 3 4 5	/	X	/	X	X	X	X

Source Forms (s)	Boolean Expr.	ADR.M	OPC	Bytes	Zyklen	Flags						
						X	H	I	N	Z	V	C
ADDB	Addieren ohne Übertrag in B B <- B + M	IMM EXT DIR IND(X) IND(Y)	CB FB DB EB 18 EB	2 3 2 2 3	2 4 3 4 5	/	X	/	X	X	X	X
ADDD	Addieren D ohne Übertrag D<-D+(M,M+1)	IMM EXT DIR IND(X) IND(Y)	C3 F3 D3 E3 18 E3	3 3 2 2 3	4 6 5 6 7	/	/	/	X	X	X	X
ABA	Addiere A zu B A <- A + B	INH	1B	1	23	/	X	/	X	X	X	X
ABX	Addiere B zum Index-Reg. X X <- X + B	INH	3A	1	3	/	/	/	/	/	/	/
ABY	Addiere B zum Index-Reg. Y Y <- Y + B	INH	18 3A	2	4	/	/	/	/	/	/	/
ADCA	Addiere A mit Speicher und Übertrag A <- A+M+C	IMM EXT DIR IND(X) IND(Y)	89 B9 99 A9 18 A9	2 3 2 2 3	2 4 3 4 5	/	X	/	X	X	X	X
ADCB	Addiere B zum Speicher mit Übertrag B <- B+M+C	IMM EXT DIR IND(X) IND(Y)	C9 F9 D9 E9 18 E9	2 3 2 2 3	2 4 3 4 5	/	X	/	X	X	X	X
DAA	Dezimale Korrektur von ACCA	INH	19	1	2	/	/	/	X	X	??	X
SUBA	Subtrahieren A mit M ohne Übertrag A <- A – M	IMM EXT DIR IND(X) IND(Y)	80 B0 90 A0 18 A0	2 3 2 2 3	2 4 3 4 5	/	/	/	X	X	X	X
SUBB	Subtrahieren B mit M ohne Übertrag B <- B – M	IMM EXT DIR IND(X) IND(Y)	C0 F0 D0 E0 18 E0	2 3 2 2 3	2 4 3 4 5	/	/	/	X	X	X	X

Source Forms (s)	Boolean Expr.	ADR.M	OPC	Bytes	Zyklen	Flags						
						X	H	I	N	Z	V	C
SUBD	Subtrahieren D mit M ohne Übertrag D <- D-(M,M+1)	IMM EXT DIR IND(X) IND(Y)	83 B3 93 A3 18 A3	3 3 2 2 3	4 6 5 6 7	/	/	/	X	X	X	X
SBA	Subtrahieren B von A A <- A – B	INH	10	1	2	/	/	/	X	X	X	X
SBCA	Subtrahieren A mit Speicher und Übertrag A <- A – M – C	IMM EXT DIR IND(X) IND(Y)	82 B2 92 A2 18 A2	2 3 2 2 3	2 4 3 4 5	/	/	/	X	X	X	X
SBCB	Subtrahieren B mit Speicher und Übertrag B <- B – M – C	IMM EXT DIR IND(X) IND(Y)	C2 F2 D2 E2 18 E2	2 3 2 2 3	2 4 3 4 5	/	/	/	X	X	X	X
MUL	Vorzeichenlose Multiplikation D <- A x B	INH	3D	1	10	/	/	/	/	/	/	X
FDIV	Division D/X -> X (Quot) D Rest	INH	03	1	41	/	/	/	/	X	X	X
IDIV	Integer-Division D/X -> X (Quot) D Rest	INH	02	1	41	/	/	/	/	X	0	X
Logische Operationen												
ANDA	Logisches UND A mit Speicher A <- A ∧ M	IMM EXT DIR IND(X) IND(Y)	84 B4 94 A4 18 A4	2 3 2 2 3	2 4 3 4 5	/	/	/	X	X	0	/
ANDB	Logisches UND B mit Speicher B <- B ∧ M	IMM EXT DIR IND(X) IND(Y)	C4 F4 D4 E4 18 E4	2 3 2 2 3	2 4 3 4 5	/	/	/	X	X	0	/
EORA	Logische EXOR A mit Speicher A <- A EOR M	IMM EXT DIR IND(X) IND(Y)	88 B8 98 A8 18 A8	2 3 2 2 3	2 4 3 4 5	/	/	X	X	0	/	/

Source Forms (s)	Boolean Expr.	ADR.M	OPC	Bytes	Zyklen	Flags						
						X	H	I	N	Z	V	C
EORB	Logisches EXOR B mit Speicher B <- B EOR M	IMM EXT DIR IND(X) IND(Y)	C8 F8 D8 E8 18 E8	2 3 2 2 3	2 4 3 4 5	/	/	X	X	0	/	/
ORAA	Logisches ODER A mit Speicher A <- A v M	IMM EXT DIR IND(X) IND(Y)	8A BA 9A AA 18 AA	2 3 2 2 3	2 4 3 4 5	/	/	/	X	X	0	/
ORAB	Logisches ODER B mit Speicher B <- B v M	IMM EXT DIR IND(X) IND(Y)	CA FA DA EA 18 EA	2 3 2 2 3	2 4 3 4 5	/	/	/	X	X	0	/
BIT-Test-Operationen												
BITA	Bitweise UND-Verknüpf. von A und M A und M ohne Veränderung A <- A ^ M	IMM EXT DIR IND(X) IND(Y)	85 B5 95 A5 18 A5	2 3 2 2 3	2 4 3 4 5	/	/	/	X	X	0	/
BITB	Bitweise UND-Verknüpf. von B mit M B und M ohne Veränderung B <- B ^ M	IMM EXT DIR IND(X) IND(Y)	C5 F5 D5 E5 18 E5	2 3 2 2 3	2 4 3 4 5	/	/	/	X	X	0	/
CBA	Vergleiche A mit B A – B	INH	11	1	2	/	/	/	X	X	X	X
CMPA	Vergleiche A mit Speicher A – M	IMM EXT DIR IND(X) IND(Y)	81 B1 91 A1 18 A1	2 3 2 2 3	2 4 3 4 5	/	/	/	X	X	X	X
CMPB	Vergleiche B mit Speicher B – M	IMM EXT DIR IND(X) IND(Y)	C1 F1 D1 E1 18 E1	2 3 2 2 3	2 4 3 4 5	/	/	/	X	X	X	X
CPD	Vergleichen D mit Speicher D – (M,M+1)	IMM EXT DIR IND(X) IND(Y)	1A 83 1A B3 1A 93 1A A3 CD A3	4 4 3 3 3	5 7 6 7 7	/	/	/	X	X	X	X

Source Forms (s)	Boolean Expr.	ADR.M	OPC	Bytes	Zyklen	Flags						
						X	H	I	N	Z	V	C
CPX	Vergleiche Index-Register X mit Speicher X – (M,M+1)	IMM EXT DIR IND(X) IND(Y)	8C BC 9C AC CD AC	3 3 2 2 3	4 6 5 6 7	/	/	/	X	X	X	X
CPY	Vergleiche Index-Register Y mit Speicher Y – (M,M+1)	IMM EXT DIR IND(X) IND(Y)	18 8C 18 BC 18 9C 1A AC 18 AC	4 4 3 3 3	5 7 6 7 7	/	/	/	X	X	X	X
TST	Test (0 von Speicherzelle subtrahieren ohne Veränderung des Inhalts) M – $00	EXT IND(X) IND(Y)	7D 6D 18 6D	3 2 3	6 6 7	/	/	/	X	X	0	0
TSTA	Testen A A – $00	INH	4D	1	2	/	/	/	X	X	0	0
TSTB	Testen B B – $00	INH	5D	1	2	/	/	/	X	X	0	0
Bedingte Verzweigungen												
BMI	Verzweigen, wenn Minus (N = 1) r = negativ PC<PC+2+rel	REL	2B	2	3	/	/	/	/	/	/	/
BPL	Verzweigen, wenn Plus (N = 0) r = positiv PC<-PC+2+rel	REL	2A	2	3	/	/	/	/	/	/	/
Vorzeichenbehaftete Daten												
BVS	Verzweig., wenn Vorzeichenüberlauf V = 1 r = sign error PC<-PC+2+rel	REL	29	2	3	/	/	/	/	/	/	/
BVC	Verzw., wenn kein Überlauf V=0 r = sign ok PC<-PC+2+rel	REL	28	2	3	/	/	/	/	/	/	/
BLT	Verzw., wenn kl. Null (N EOR V)=1 A < M PC<-Pc+2+rel	REL	2D	2	3	/	/	/	/	/	/	/

Source Forms (s)	Boolean Expr.	ADR.M	OPC	Bytes	Zyklen	Flags						
						X	H	I	N	Z	V	C
BGE	Verzweigen, wenn größer oder gleich 0 (N EOR V)=0 A >= M PC<-PC+2+rel	REL	2C	2	3	/	/	/	/	/	/	/
BLE	Verzweigen, wenn kleiner oder gleich 0 (Z+(N EOR V)=1 A <= M PC<-PC+2+rel	REL	2F	2	3	/	/	/	/	/	/	/
BGT	Verzweigen, wenn größer als 0 (Z+(N EOR V)=0 A > M PC<-PC+2+rel	REL	2E	2	3	/	/	/	/	/	/	/
Vorzeichenlose Daten												
BEQ	Verzweigen, wenn Z-Flag gesetzt Z=1 A = M PC<-PC+2+rel	REL	27	2	3	/	/	/	/	/	/	/
BNE	Verzweigen, wenn Z-Flag gelöscht Z=0 A <> M PC<-PC+2+rel	REL	26	2	3	/	/	/	/	/	/	/
BHI	Verzw., wenn größer (C+Z)=0 A > M PC<-PC+2+rel	REL	22	2	3	/	/	/	/	/	/	/
BLS	Verzweigen,wenn kleiner oder gleich (C+Z)=1 A >= M PC<-PC+2+rel	REL	23	2	3	/	/	/	/	/	/	/
BCS (BLO)	Verzweigen, wenn C-Flag gesetzt C=1 A < M PC<-PC+2+rel	REL	25	2	3	/	/	/	/	/	/	/
BCC (BHS)	Verzweigen, wenn C-Flag gelöscht C=0 A < M PC<-PC+2+rel	REL	24	2	3	/	/	/	/	/	/	/
Unbedingte Sprünge und Unterprogrammverarbeitung												
JMP	Unbeding. Sprung M -> PCH M+1 -> PCL	EXT IND(X) IND(Y)	7E 6E 18 6E	3 2 3	3 3 4	/	/	/	/	/	/	/

Source Forms (s)	Boolean Expr.	ADR.M	OPC	Bytes	Zyklen	Flags						
						X	H	I	N	Z	V	C
JSR	Unterprogrammaufruf Zieladr. = absol. Adr. PC+2->Stack SP-2->SP oder PC+3->Stack SP-3->SP PCH <- M PCL <- M+1	DIR EXT IND(X) IND(Y)	9D BD AD 18 AD	2 3 2 3	5 6 6 7	/	/	/	/	/	/	/
RTS	Rückk. v. Unterprogr. SP <- SP+1 PCH <- Stack SP <- SP+1 PCL <- Stack	INH	39	1	5	/	/	/	/	/	/	/
BSR	Sprung i. Unterprogr. Zieladr. = relat. Adr. Stack <- PC+2 SP <- SP-2 PC <- PC+rel	REL	8D	2	6	/	/	/	/	/	/	/
BRA	Relat. Sprung immer PC<-PC+2+rel	REL	20	2	3	/	/	/	/	/	/	/
BRN	Sprung niemals (= 2 Byte-NOP) PC<-PC+2	REL	21	2	3	/	/	/	/	/	/	/
NOP	Keine Operation PC<-PC+1	INH	01	1	2	/	/	/	/	/	/	/
BRSET	Verzw., wenn Bits gesetzt sind; wenn UND-Verkn. Speicherst. mit invert. Maske = 0, d.h. alle angegeb. Bits 1 sind PC<-PC+2+rel	DIR IND(X) IND(Y)	12 1E 18 1E	4 4 5	6 7 8	/	/	/	/	/	/	/
BRCLR	Verzweigen, wenn Bits gelöscht sind PC<-PC+2+rel	DIR IND(X) IND(Y)	13 1F 18 1F	4 4 5	6 7 8	/	/	/	/	/	/	/
Flag-Operationen												
CLC	Lösche C-Flag C <- 0	INH	0C	1	2	/	/	/	/	/	/	0
CLI	Lösche Interrupt-Flag I <- 0	INH	0E	1	2	/	/	0	/	/	/	/

Source Forms (s)	Boolean Expr.	ADR.M	OPC	Bytes	Zyklen	Flags						
						X	H	I	N	Z	V	C
CLV	Lösche Zweierkompl.- Übertragsflag V <- 0	INH	0A	1	2	/	/	/	/	/	0	/
SEC	Setze C-Flag C <- 1INH	INH	0D	1	2	/	/	/	/	/	/	1
SEI	Setze Interrupt-Flag I <- 1	INH	0F	1	2	/	/	1	/	/	/	/
SEV	Setze Zweierkompl.- Übertragsflag V <- 1	INH	0B	1	2	/	/	/	/	/	1	/
TAP	Übertr. Akku in Flagregister A -> C	INH	06	1	2	X	X	X	X	X	X	X
TPA	Übertr. Flag-Reg. in Akku C -> A	INH	07	1	2	/	/	/	/	/	/	/
Prozessorsteuerung												
WAI	Warten auf Interrupt PC<-PC+1 Stack<-PCL Stack<-PCH Stack<-YL Stack<-YH Stack<-XL Stack<-XH Stack<-A Stack<-B Stack<-C	INH	3E	1	14	/	/	/	/	/	/	/
STOP	Prozessor anhalten, wenn S-Bit =1 Stop	INH	CF	1	2	/	/	/	/	/	/	/
SWI	Software-Interr. PC<-PC+1 Stack<-PCL Stack<-PCH Stack<-YL Stack<-YH Stack<-XL STack<-XH Stack<-A Stack<-B Stack<-C Stack<-SWI-Vek.	INH	3F	1	14	/	/	1	/	/	/	/

Source Forms (s)	Boolean Expr.	ADR.M	OPC	Bytes	Zyklen	Flags						
						X	H	I	N	Z	V	C
RTI	Rückkehr aus Interr. SP<-Sp+1 CC<-Stack B<-Stack A<-Stack XH<-Stack XL<-Stack YH<-Stack YL<-Stack PCH<-Stack PCL<-Stack	INH	3B	1	12	X	X	X	X	X	X	X

Vereinbarungen zum Befehlssatz:

Symbol	Erklärung
A, B	Akku A und B
M	Speicher
IX, XH, XL	Index-Register IX, High-Teil, Low-Teil
IY, YH, YL	Index-Register IY, High-Teil, Low-Teil
PC, PCH, PCL	Befehlszähler, High-Teil, Low-Teil
CC	Condition-Code-Register, Flags
SP, SPH, SPL	Stackpointer, High-Teil, Low-Teil

A.2   Befehlssatz der TMS7000-Familie

Source		Operation	Opc	Bytes	Zyklen	C N Z I
ADC	B, A	Addition mit CY	69	1	5	X X X /
	Rs, A	dst<-dst + src + C	19	2	8	
	Rs, B		39	2	8	
	Rs, Rd		49	3	10	
	#iop, A		29	2	7	
	#iop, B		59	2	7	
	#iop, Rd		79	3	9	
ADD	B, A	Addition	68	1	5	X X X /
	Rs, A	dst<-dst + src	18	2	8	
	Rs,B		38	2	8	
	Rs, Rd		48	3	10	
	#iop, A,		28	2	7	
	#iop, B		58	2	7	
	#iop, Rd		78	3	9	

Source		Operation	Opc	Bytes	Zyklen	C N Z I
AND	B, A	Logisches AND	63	1	5	0 X X /
	Rs, A	dst<-dst AND src	13	2	8	
	Rs, B		33	2	8	
	Rs, Rd		43	3	10	
	#iop, A		23	2	7	
	#iop, B		53	2	7	
	#iop, Rd		73	3	9	
ANDP	A, Pd	Logisches AND mit	83	2	10	0 X X /
	B, Pd	Peripherieadressen	93	2	9	
	#iop, Pd		A3	3	11	
BTJO	B, A, Offs	wenn op1 AND op2 <> 0	66	2	7/9	0 X X /
	Rn, A, Offs	dann PC<-PC + Offs	16	3	10/12	
	Rn, B, Offs		36	3	10/12	
	Rn, Rd, Offs		46	4	12/14	
	#iop, A, Offs		26	3	9/11	
	#iop, B, Offs		56	3	9/11	
	#iop, Rn, Offs		76	4	11/13	
BTJOP	A, Pn, Offs	wenn op1 AND op2	86	3	11/13	0 X X /
	B, Pn, Offs	(Peripherieadresse) <> 0	96	3	10/12	
	#iop, Pn, Offs	daa PC<-PC + Offs	A6	4	12/14	
BTJZ	B, A, Offs	wenn op1 AND NOT op2 <>0	67	2	7/9	0 X X /
	Rn, A, Offs	dann PC<-PC + Offs	17	3	10/12	
	Rn, B, Offs		37	3	10/12	
	Rn, Rf, Offs		47	4	12/14	
	#iop, A, Offs		27	3	9/11	
	#iop, B, Offs		57	3	9/11	
	#iop, Rn, Offs		77	4	1113	
BTJZP	A, Pn, Offs	wenn op1 AND NOT op2	87	3	11/13	0 X X /
	B, Pn, Offs	(Peripherieadresse) <> 0	97	3	10/12	
	#iop, Pn, Offs	dann PC<-PC + Offs	A7	4	12/14	
BR	@Label	absoluter Sprung	8C	3	10	/ / / /
	@Label(B)		AC	3	12	
	*Rn		9C	2	9	
CALL	@Label	Absoluter Unterprogrammaufruf	8E	3	14	/ / / /
	@Label(B)		AE	3	16	
	*Rn		9E	2	13	
CLR	A	Löschen	B5	1	5	0 0 1 /
	B	dst<-0	C5	1	5	
	Rd		D5	2	7	
CLRC		C<-0	B0	1	6	0 X X /

Source		Operation	Opc	Bytes	Zyklen	C N Z I
CMP	B, A	Vergleich beeinflußt Flags	6D	1	5	X X X /
	Rn, A	FLAGS<-op1 – op2	1D	2	8	
	Rn, B		3D	2	8	
	Rn, Rn		4D	3	10	
	#iop, A		2D	2	7	
	#iop, B		5D	2	7	
	#iop, Rn		7D	3	9	
CMPA	@Label	Vergleich beeinflußt Flags	8D	3	12	X X X /
	@Label(B)	FLAGS<-Akku A – op2	AD	3	14	
	*Rn	(Peripherieadresse)	9D	2	11	
DAC	B, A	Addition mit Carry und	6E	1	7	X X X /
	Rs, A	anschließender Dezimalkorrektur	1E	2	10	
	Rs, B	DA(dst)<-dst + src + C	3E	2	10	
	Rs, Rd		4E	3	12	
	#iop, A		2E	2	9	
	#iop, B		5E	2	9	
	#iop,Rd		7E	3	11	
DEC	A	Dekrementieren	B2	1	5	X X X /
	B	dst<-dst – 1	C2	1	5	
	Rd		D2	2	7	
DECD	A	Registerpaar dekrementieren	BB	1	9	X X X /
	B		CB	1	9	
	Rp		DB	2	11	
DINT		Globalen Interrupt sperren I-Bit <-0	06	1	5	0 0 0 0
DJNZ	A, Offs	Schleifenbefehl	BA	2	7/9	/ / / /
	B, Offs	dst<-dst – 1 wenn dst<>0	CA	2	7/9	
	Rd, Offs	dann PC<-PC +Offs	DA	3	9/11	
DSB	B, A	Subtraktion mit anschließender	6F	1	7	X X X /
	Rs, A	Dezimalkorrektur	1F	2	10	
	Rs, B	DA(dst)<-dst – src – 1 + C	3F	2	10	
	Rs, Rd		4F	3	12	
	#iop, A		2F	2	9	
	#iop, B		5F	2	9	
	#iop, Rd		7F	3	11	
EINT		Globaler Interrupt ein I-Bit = 1	05	1	5	1 1 1 1
IDLE		Low-Power-Mode	01	1	6	/ / / /
INC	A	Inkrementieren	B3	1	5	X X X /
	B	dst<-dst + 1	C3	1	5	
	Rd		D3	2	7	
INV	A	Einerkomplement	B4	1	5	0 X X /
	B	dest<- NOT dst	C4	1	5	
	Rd		D4	2	7	
JMP	Offs	relativer Sprung	E0	2	7	/ / / /

Source		Operation	Opc	Bytes	Zyklen	C N Z I
JC/JHS	Offs	bedingter Sprung (relativ)	E3	2	5/7	/ / / /
JEQ/JZ	Offs	PC<-PC + Offs	E2	2	5/7	
JL/JNG	Offs		E7	2	5/7	
JN	Offs		E1	2	5/7	
JNE/NE	Offs		E6	2	5/7	
JP	Offs		E4	2	5/7	
JPZ	Offs		E5	2	5/7	
LDA	@Label	Speicherinhalt in A laden	8A	3	11	0 X X /
	@Label(B)	A<-(adr)	AA	3	13	
	*Rn		9A	2	10	
LDSP		Stackpointer mit (B) laden	0D	1	5	/ / / /
MOV	A, B	Laden innerhalb der Register	C0	1	6	0 X X /
	A, Rd	dst<-src	D0	2	8	
	B, A		62	1	5	
	B, Rd		D1	2	7	
	Rs, A		12	2	8	
	Rs, B		32	2	8	
	Rs, Rd		42	3	10	
	#>iop, A		22	2	7	
	#>iop, B		52	2	7	
	#>iop, Rd		72	3	9	
MOVD	#>iop, Rp	Transport Registerpaar rp1 in das	88	4	15	0 X X /
	#>iop((b), Rp	Registerpaar rp2	A8	4	17	
	Rp, Rp		98	3	14	
MOVP	A, Pd	Transporte zu oder von	82	2	10	0 X X /
	B, Pd	Peripherieadressen	92	2	9	
	#>iop, Pd		A2	3	11	
	Ps, A		80	2	9	
	Ps, B		91	2	8	
MPY	B, A	Multiplikation src und dst	6C	1	44	0 X X /
	Rs, A	Ergebnis in A (MSB)und B (LSB)	1C	2	47	
	Rs,B		3C	2	47	
	Rn, Rn		4C	3	49	
	#>iop, A		2C	2	46	
	#>iop, B		5C	2	46	
	#iop, Rn		7C	3	48	
NOP		No Operation (PC<-PC + 1)	00	1	4	/ / / /
OR	B, A	Logisches ODER	64	1	5	0 X X /
	Rs, A	dst<-dst OR src	14	2	8	
	Rs, B		34	2	8	
	Rs, Rd		44	3	10	
	#>iop, A		24	2	7	
	#>iop, B		54	2	7	
	#>iop, Rn		74	3	9	

	Source	Operation	Opc	Bytes	Zyklen	C N Z I
ORP	A, Pd B, Pd #>iop, Pd	Logisches ODER (Peripherieadresse) dst<-dst OR src	84 94 A4	2 2 3	10 9 11	0 X X /
POP	A B Rd	Stack in dst laden dst<-(@SP) SP<-SP – 1	B9 C9 D9	1 1 2	6 6 8	0 X X /
POP	ST	Status vom Stack laden SP<-SP – 1	08	1	6	(STACK)
PUSH	A B Rd	src in Stack laden SP<-SP + 1 (@SP)<-src	B8 C8 D8	1 1 2	6 6 8	/ / / /
PUSH	ST	SP<-SP + 1 Status in den Stack laden	0E	1	6	/ / / /
RETI		Rückkehr vom Interruptprogramm	0B	1	9	(STACK)
RETS		Rückkehr aus Unterprogramm	0A	1	7	/ / / /
RL	A B Rd	Rotation links C=B1<-B7...B1<-B7	BE CE DE	1 1 2	5 5 7	b7 X X /
RLC	A B Rd	Rotation links über CY B1<-C<-B7...B1<-C	BF CF DF	1 1 2	5 5 7	b7 X X /
RR	A B Rd	Rotation rechts C=B1->B7...B1->B7	BC CC DC	1 1 2	5 5 7	b0 X X /
RRC	A B Rd	Rotation rechts über CY B1->C->B7...B1->C	BD CD DD	1 1 2	5 5 7	b0 X X /
SBB	B, A Rs, A Rs, B Rs, Rd #>iop, A #>iop, B #>iop, Rd	Subtraktion dst<-dst – src – 1 + C	6B 1B 3B 4B 2B 5B 7B	1 2 2 3 2 2 3	5 8 8 10 7 7 9	X X X /
SETC		CY<-1	07	1	5	1 0 1 /
STA	@Label @Label(B) *Rd	Lade A in dst dst<-A	8B AB 9B	3 3 2	11 13 10	0 X X /
STSP		Lade Stackpointer in B	09	1	6	/ / / /

Source		Operation	Opc	Bytes	Zyklen	C N Z I
SUB	B, A	Subtraktion	6A	1	5	X X X /
	Rs, A	dst<-dst – src	1A	2	8	
	Rs, B		3A	2	8	
	Rs, Rd		4A	3	10	
	#>iop, A		2A	2	7	
	#>iop, B		5A	2	7	
	#>iop, Rd		7A	3	9	
SWAP	A	Nibbeltausch	B7	1	8	X X X /
	B	d(hi,lo)<-d(lo,hi)	C7	1	8	
	Rn		D7	2	10	
TRAP	0 – 23	Ein-Byte-Unterprogrammaufruf	E8 -	1	14	/ / / /
		SP<-SP+1 SP<-PC MSB	FF			
		SP<-SP+1 SP<-PC LSB				
		PC<-Entry Vector				
TSTA		Flags entsprechend A setzen	B0	1	6	0 X X /
		C<-0 S,N<-A				
TSTB		Flags entsprechend B setzen	C1	1	6	0 X X /
		C<-0 S,N<-B				
XCHB	A	Register B mit dst tauschen	B6	1	6	0 X X /
	Rn		D6	2	8	
XOR	B, A	Logisches EXOR	65	1	5	0 X X /
	Rs, A	dst<-dst EXOR src	15	2	8	
	Rs, B		35	2	8	
	Rs, Rd		45	3	10	
	#>iop, A		25	2	7	
	#>iop, B		55	2	7	
	#>iop, Rd		75	3	9	
XORP	A, Pd	Logisches EXOR	85	2	10	0 X X /
	B, Pd	(Peripherieadressen)	95	2	9	
	#>iop, Pd		A5	3	11	

A.3   TMS7000 Peripheriefile

TMS70Cx0 und TMS70CTx0 Peripheral Memory Map

Port	Address	Name	Single-Chip Mode	Peripheral Expans.Mode	Full Expansion Mode	Microprocessor Mode
P0	0100	IOCNT	I/O Control Register			
P1	0101	–	Reserved			
P2	0102	T1DATA	Timer 1 Data			
P3	0103	T1CNTL	Timer 1 Control			
P4	0104	APORT	Port A Data			
P5	0105	–	Reserved			
P6	0106	BPORT	Port B Data	B0-3 Output B4-7 Bus Control		
P7	0107	–	Reserved			
P8	0108	CPORT	Port C Data	Peripheral Expansion		
P9	0109	CDDR	Port C Data Direct. Reg.			
P10	010A	DPORT	Port D Data		Peripheral Expansion	
P11	010B	DDDR	Port D Data Direction Reg.			
P12-255	010C-01FF		Not available	Peripheral Expansion		

TMS70Cx2 und TMS 77C82 Peripheral Memory Map

Port	Address	Name	Single-Chip Mode	Peripheral Expans.Mode	Full Expansion Mode	Microprocessor Mode
P0	0100	IOCNT0	I/O Control Register 0			
P1	0101	IOCNT2	I/O Control Register 2			
P2	0102	IOCNTL1	I/O Control Register 1			
P3	0103	–	Reserved			
P4	0104	APORT	Port A Data			
P5	0105	ADDR	Port A Data Direction Register			
P6	0106	BPORT	Port B Data	B0-3 Output B4-7 Bus Control		
P7	0107	–	Reserved			

Port	Address	Name	Single-Chip Mode	Peripheral Expans.Mode	Full Expansion Mode	Microprocessor Mode
P8	0108	CPORT	Port C Data	Peripheral Expansion		
P9	0109	CDDR	Port C Data Direct. Reg.			
P10	010A	DPORT	Port D Data		Peripheral Expansion	
P11	010B	DDDR	Port D Data Direction Reg.			
P12	010C	T1MSDATA	Timer 1 MSB Decrement Reload Reg. / MSB Readout Latch			
P13	010D	T1LSDATA	Timer 1 LSB Reload Register / LSB Decrement Value			
P14	010E	T1CTL1	Timer 1 Control Register 1 / MSB Readout Latch			
P15	010F	T1CTL0	Timer 1 Control Register 0 / LSB Capture Latch Value			
P16	0110	T2MSDATA	Timer 2 MSB Decrement Reload Reg. / MSB Readout Latch			
P17	0111	T2LSDATA	Timer 2 LSB Reload Reg. / LSB Decrement Value			
P18	0112	T2CTL1	Timer 2 Control Register 1 / MSB Readout Latch			
P19	0113	T2CTL0	Timer 2 Control Register 0 / LSB Capture Latch Value			
P20	0114	SMODE	Serial Port Mode Control Register			
P21	0115	SCTL0	Serial Port Control Register 0			
P22	0116	SSTAT	Serial Port Status Register			
P23	0117	T3DATA	Timer 3 Reload Register / Decrement Value			
P24	0118	SCTL1	Serial Port Control Register 1			
P25	0119	RXBUF	Receiver Buffer			
P26	011A	TXBUF	Transmitter Buffer			
P27-35	011B-0123	–	Reserved			
P36-255	0124-01FF	–	Not available	Peripheral Expansion		

TMS70C48 Peripheral Memory Map

Port	Address	Name	Single-Chip Mode	Peripheral Expans. Mode	Full Expansion Mode	Microprocessor Mode
P0	0100	IOCNT0	Interrupt Control / Memory Mode Control			
P1	0101	IOCNT2	Sense & Edge/Level CTL for INT1/INT3			
P2	0102	IOCNT1	Interrupt Control (INT4/INT5)			

Port	Address	Name	Single-Chip Mode	Peripheral Expans. Mode	Full Expansion Mode	Microprocessor Mode
P3	0103	–	Reserved			
P4	0104	APORT	Port A Data			
P5	0105	ADDR	Port A Data Direction Register			
P6	0106	BPORT	Port B Data			
P7	0107	–	Reserved			
P8	0108	CPORT	Port C Data			
P9	0109	CDDR	Port C Data Direction Register			
P10	010A	DPORT	Port D Data			
P11	010B	DDDR	Port D Data Direction Reg.			
P12	010C	T1MSDATA	(R): T1Current Timer Value (W): T1 Latch (MSB)			
P13	010D	T1LSDATA	(R): T1Current Timer Value (W): T1 Latch (LSB)			
P14	010E	T1CTL1	(R): T1 Capture Latch (MSB) (W): Control Reg. 1			
P15	010F	T1CTL0	(R): T1 Capture Latch (LSB) (W): Control Reg. 0			
P16	0110	T2MSDATA	(R): T2 Current Timer Value (W): T2 Latch (MSB)			
P17	0111	T2SDATA	(R): T2 Current Timer Value (W): T2 Latch (LSB)			
P18	0112	T2CTL	(R): T2 Capture Latch (MSB) (W): Control Reg. 1			
P19	0113	T2CTL0	(R): T2 Capture Latch (LSB) (W): Control Reg. 0			
P20	0114	SMODE	Serial Port Mode Control Register			
P21	0115	SCTL0	Serial Port Control Register 0			
P22	0116	SSTAT	(R): Serial Port Status Register			
P23	0117	T3DATA	(R): T3 Current Timer Value (W): T3 Latch			
P24	0118	SCTL1	Serial Port Control Register			
P25	0119	RXBUF	(R): Serial Port Receiver Data Buffer			
P26	011A	TXBUF	(W): Serial Port Transmitter Data Buffer			
P27	011B	–	Reserved			
P28	011C	EPORT	Port E Data			
P29	011D	EDDR	Port E Data Direction Register			
P30	011E	FPORT	Port F Data			
P31	011F	FDDR	Port F Data Direction Register			
P32	0120	GPORT	Port G Data			

Port	Address	Name	Single-Chip Mode	Peripheral Expans. Mode	Full Expansion Mode	Microprocessor Mode
P33	0121	GDDR	Port G Data Direction Register			
P34-D255	0122-01FF	–	Not available	Peripheral Expansion		

A.4 Befehlssatz der TMS 370-Familie

Source		Operation	Opc	Bytes	Zyk.	C N Z I
ADC	B, A	Addition mit CY	69	1	8	X X X X
	Rs, A	dst<-dst + src + C	19	2	7	
	Rs, B		39	2	7	
	Rs, Rd		49	3	9	
	#iop, A		29	2	6	
	#iop, B		59	2	6	
	#iop, Rd		79	3	8	
ADD	B, A	Addition	68	1	8	X X X X
	Rs, A	dst<-dst + src	18	2	7	
	Rs,B		38	2	7	
	Rs, Rd		48	3	9	
	#iop, A,		28	2	6	
	#iop, B		58	2	6	
	#iop, Rd		78	3	8	
AND	A,Pd	Logisches AND	83	2	9	0 X X 0
	B, A	dst<-dst AND src	63	1	8	
	B, Pd		93	2	9	
	Rs, A		13	2	7	
	Rs, B		33	2	7	
	Rs, Rd		43	3	9	
	#iop, A		23	2	6	
	#iop, B		53	2	6	
	#iop, Rd		73	3	8	
	#iop, Pd		A3	3	10	
BTJO	A, Pd, Offs	wenn op1 AND op2 <> 0	86	3	10/12	0 X X 0
	B, A, Offs	dann PC<-PC + Offs	66	2	10/12	
	B, Pd, Offs		96	3	10/12	
	Rs, A, Offs		16	3	9/11	
	Rs, B, Offs		36	3	9/11	
	Rs, Rd, Offs		46	4	11/13	
	#iop, A, Offs		26	3	8/10	
	#iop, B, Offs		56	3	8/10	
	#iop, Rd, Offs		76	4	10/12	
	#iop, Pd, Offs		A6	4	11/13	

Source		Operation	Opc	Bytes	Zyk.	C N Z I
BTJZ	A, Pd, Offs	wenn op1 AND NOT op2 <>0	87	3	10/12	0 X X 0
	B, A, Offs	dann PC<-PC + Offs	67	2	10/12	
	B, Pd, Offs		97	3	10/12	
	Rs, A, Offs		17	3	9/11	
	Rs, B, Offs		37	3	9/11	
	Rs, Rd, Offs		47	4	11/13	
	#iop, A, Offs		27	3	8/10	
	#iop, B, Offs		57	3	8/10	
	#iop, Rd, Offs		77	4	10/12	
	#iop, Pd, Offs		A7	4	11/13	
CALL	@Label	Unterprogrammaufruf	8E	3	13	/ / / /
	@Rp		9E	2	12	
	@Label(B)		AE	3	15	
	Offs(Rp)		F4 9E	4	20	
CALLR	@Label	Relativer Unterprogrammaufruf	8F	3	15	/ / / /
	@Rp		9F	2	14	
	@Label(B)		AF	3	17	
	Offs(Rp)		F4 EF	4	22	
CLR	A	Löschen	B5	1	8	0 0 1 0
	B	dst<-0	C5	1	8	
	Rd		D5	2	6	
CLRC		C<-0	B0	1	9	0 X X 0
CMP	@Label,A	Vergleich beeinflußt Flags	8D	3	11	X X X X
	@Rp, A	FLAGS<-op1 – op2	9D	2	10	
	@Label(B),A		AD	3	13	
	Offs(Rp), A		F4 ED	4	18	
	Offs(SP), A		F3	2	8	
	B, A		6D	1	8	
	Rs, A		1D	2	7	
	Rs, B		3D	2	7	
	Rs, Rd		4D	3	9	
	#iop, A		2D	2	6	
	#iop, B		5D	2	6	
	#iop, Rd		7D	3	8	
CMPBIT	Rname	Bitweises Komplement	75	3	8	0 X X 0
	Pname		A5	3	10	
COMPL	A	Zweierkomplement	BB	1	8	X X X 0
	B	dst<-00 – dst	CB	1	8	
	Rd		DB	2	6	
DAC	B, A	Addition mit Carry und	6E	1	10	X X X X
	Rs, A	anschließender Dezimalkorrektur	1E	2	9	
	Rs, B	DA(dst)<-dst + src + C	3E	2	9	
	Rs, Rd		4E	3	11	
	#iop, A		2E	2	8	
	#iop, B		5E	2	8	
	#iop, Rd		7E	3	10	

Source		Operation	Opc	Bytes	Zyk.	C N Z I
DEC	A B Rd	Dekrementieren dst<-dst – 1	B2 C2 D2	1 1 2	8 8 6	X X X X
DINT		Globalen Interrupt sperren IE1<-0 IE2<-0	F0 00	2	6	0 0 0 0
DIV	Rs, A	Integer Division A:B / Rs->A(=Quo),B(=Rest)	F4 F8	3	55 - 63 14	0 0 0 0 Überl. 1 1 1 1
DJNZ	A, Offs B, Offs Rd, Offs	Schleifenbefehl dst<-dst – 1 wenn dst<>0 dann PC<-PC +Offs	BA CA DA	2 2 3	10/12 10/12 8/10	/ / / /
DSB	B, A Rs, A Rs, B Rs, Rd #iop, A #iop, B #iop, Rd	Subtraktion mit anschließender Dezimalkorrektur DA(dst)<-dst – src – 1 + C	6F 1F 3F 4F 2F 5F 7F	1 2 2 3 2 2 3	10 9 9 11 8 8 10	X X X X
EINT		Globaler Interrupt ein IE1<-1 IE2<-1	F0 0C	2	6	0 0 0 0
EINTH		Höherpriore Interrupts ein IE1<-1 IE2<-0	F0 0C	2	6	0 0 0 0
EINTL		Niederpriore Interrupts ein IE1<-0 IE2<-1	F0 08	2	6	0 0 0 0
IDLE		Low-Power-Mode	F6	1	6	/ / / /
INC	A B Rd	Inkrementieren dst<-dst + 1	B3 C3 D3	1 1 2	8 8 6	X X X /
INCW	#Offs, Rp	Add. 8-Bit-Offset zu Reg.-paar	70	3	11	X X X X
INV	A B Rd	Einerkomplement dest<- NOT dst	B4 C4 D4	1 1 2	8 8 6	0 X X 0
JBIT0	Rd, Offs Pd, Offs	Sprung, wenn Bit = 0	77 A7	4 4	10 11	0 X X 0
JBIT1	Rd, Offs Pd, Offs	Sprung, wenn Bit = 1	76 A6	4 4	10 11	0 X X 0
JMP	Offs	Unbed. Sprung mit 8-Bit-Offset	00	2	7	/ / / /
JMPL	@Label @Rp @Label(B) Offs(Rp)	Unbedingter Sprung mit 16-Bit- Offset	89 99 A9 F4 E9	3 2 3 4	9 8 11 16	/ / / /

Source		Operation	Opc	Bytes	Zyk.	C N Z I
		bedingter Sprung (relativ) PC<-PC + Offs				/ / / /
JC	Offs	Carry	03	2	5/7	
JEQ	Offs	Jump Equal	02	2	5/7	
JG	Offs	Greater Than, signed	0E	2	5/7	
JGE	Offs	Greater Than or Equal	0D	2	5/7	
JHS	Offs	Higher or Same, unsigned	0B	2	5/7	
JL	Offs	Less Than, signed	09	2	5/7	
JLE	Offs	Less Than or Equal, signed	0A	2	5/7	
JLO	Offs	Lower Value, unsigned	0F	2	5/7	
JN	Offs	Negative, signed	01	2	5/7	
JNC	Offs	No Carry	07	2	5/7	
JNE	Offs	Jump Not Equal	06	2	5/7	
JNV	Offs	No Overflow, signed	0C	2	5/7	
JNZ	Offs	Not Zero	06	2	5/7	
JP	Offs	Positive,signed	04	2	5/7	
JPZ	Offs	Positive or Zero, signed	05	2	5/7	
JV	Offs	Overflow, signed	08	2	5/7	
JZ	Offs	Zero	02	2	5/7	
LDSP		Stackpointer mit (B) laden	FD	1	7	/ / / /
LDST	#iop	Statusregister laden	F0	2	6	X X X X
MOV	A, B	Laden	C0	1	9	0 X X 0
	A, Rd	dst<-src	D0	2	7	
	A,Pd		21	2	8	
	A,@Label		8B	3	10	
	A, @Rp		9B	2	9	
	A,@Label(B)		AB	3	12	
	A,Offs(Rp)		F4 EB	4	17	
	A,Offs(SP)		F2	2	7	
	Rs, A		12	2	7	
	Rs, B		32	2	7	
	@Label, A		8A	3	10	
	@Rp, A		9A	2	9	
	@Label(B), A		AA	3	12	
	Offs(Rp),A		F4 EA	4	17	
	Offs(SP), A		F1	2	7	
MOV	B, A	Laden	62	1	8	0 X X 0
	B, Rd	dst<-src	D1	2	7	
	B, Pd		51	2	8	
	Rs, Rd		42	3	9	
	Rs, Pd		71	3	10	
	Ps, A		80	2	8	
	Ps, B		91	2	8	
	Ps, Rd		A2	3	10	
	#iop, A		22	2	6	
	#iop, B		52	2	6	
	#iop, Rd		72	3	8	
	#iop, Pd		F7	3	10	

Source		Operation	Opc	Bytes	Zyk.	C N Z I
MOVW	Rps, Rpd #iop16, Rpd #iop16(B),Rpd Offs(Rs),Rpd	Transport-Source-Registerpaar in das Destination-Registerpaar (Rd:Rd-1)<-src	98 88 A8 F4 E8	3 4 4 5	12 13 15 20	0 X X 0
MPY	B, A Rs, A Rs,B Rs, Rd #iop, A #iop, B #iop, Rn	Multiplikation src und dst Ergebnis in A (MSB)und B (LSB)	6C 1C 3C 4C 2C 5C 7C	1 2 2 3 2 2 3	47 46 46 48 45 45 47	0 X X 0
NOP		No Operation (PC<-PC + 1)	FF	1	7	/ / / /
OR	B, A Rs, A Rs, B Rs, Rd A, Pd B, Pd #iop, A #iop, B #iop, Rd #iop, Pd	Logisches ODER dst<-dst OR src	64 14 34 44 84 94 24 54 74 A4	1 2 2 3 2 2 2 2 3 3	8 7 7 9 9 9 6 6 8 10	0 X X 0
POP	A B Rn ST	Stack in dst laden dst<-(@SP) SP<-SP – 1	B9 C9 D9 FC	1 1 2 1	9 9 7 8	0 X X 0
PUSH	A B Rn ST	src in Stack laden SP<-SP + 1 (@SP)<-src	B8 C8 D8 FB	1 1 2 1	9 9 7 8	0 X X 0
RTI		Rückkehr von Interr.-progr.	FA	1	12	STACK
RTS		Rückkehr aus Unterprogramm	F9	1	9	/ / / /
RL	A B Rn	Rotation links C=B1<-B7...B1<-B7	BE CE DE	1 1 2	8 8 6	b7 X X /
RLC	A B Rn	Rotation links über CY B1<-C<-B7...B1<-C	BF CF DF	1 1 2	8 8 6	b7 X X /
RR	A B Rn	Rotation rechts C=B1->B7...B1->B7	BC CC DC	1 1 2	8 8 6	b0 X X /
RRC	A B Rn	Rotation rechts über CY B1->C->B7...B1->C	BD CD DD	1 1 2	8 8 6	b0 X X /

Source		Operation	Opc	Bytes	Zyk.	C N Z I
SBB	B, A	Subtraktion	6B	1	8	X X X
	Rs, A	dst<-dst – src – 1 + C	1B	2	7	
	Rs, B		3B	2	7	
	Rs, Rd		4B	3	9	
	#iop, A		2B	2	6	
	#iop, B		5B	2	6	
	#iop, Rd		7B	3	8	
SBIT0	Rd	Bit <-0	73	3	8	0 x x 0
	Pd		A3	3	10	
SBIT1	Rd	Bit<-1	74	3	8	0 X X 0
	Pd		A4	3	10	
SETC		CY<-1	F8	1	7	1 0 1 0
STSP		Lade Stackpointer in B	FE	1	8	/ / / /
SUB	B, A	Subtraktion	6A	1	8	X X X X
	Rs, A	dst<-dst – src	1A	2	7	
	Rs, B		3A	2	7	
	Rs, Rd		4A	3	9	
	#iop, A		2A	2	6	
	#iop, B		5A	2	6	
	#iop, Rd		7A	3	8	
SWAP	A	Nibbeltausch	B7	1	11	X X X 0
	B	d(hi,lo)<-d(lo,hi)	C7	1	11	
	Rd		D7	2	9	
TRAP	0 – 15	Ein-Byte-Unterprogrammaufruf SP<-SP+1 SP<-PC MSB SP<-SP+1 SP<-PC LSB PC<-Entry Vector	E0-EF	1	14	/ / / 0
TST	A	Flags entsprechend Reg. setzen	B0	1	9	0 X X 0
	B	C<-0 S,N<-A bzw. B	C6	1	10	
XCHB	A	Register B mit dst tauschen	B6	1	10	0 X X 0
	B		C6	1	10	
	Rd		D6	2	8	
XOR	A, Pd	Logisches EXOR	85	2	9	0 X X 0
	B, A	dst<-dst EXOR src	65	1	8	
	B, Pd		95	2	9	
	Rs, A		15	2	7	
	Rs, B		35	2	7	
	Rs, Rd		45	3	9	
	#>iop, A		25	2	6	
	#>iop, B		55	2	6	
	#>iop, Rd		75	3	8	
	#>iop, Pd		A5	3	10	

Vereinbarungen:

Symbol	Erklärung
Rn	Register n des Registerfiles
s, src	Source-Operand
Rs	Source-Register im Registerfile
Rd	Destination-Register im Registerfile
Rp	Registerpaar
@	Adresse oder Label
*	Indirekt Registerfile Adreßmode
>	Hexazahl
Pn	Port n des Peripheriefiles
d, dst	Destination-Operand
Ps	Source Register im Registerfile
Pd	Destination im Peripheriefile
iop	Immediate-Operand
#	Kennzeichen eines Immediate-Op.
<ADR>	Extended-Adreß-Mode

A.5   TMS370 Register File

System Configuration und Port Control Registers

Name Adr.	Bit 7	Bit 6	Bit 5	Bit 4	Bit 3	Bit 2	Bit 1	Bit 0
SCCR1 P010	COLD START	OSC POWER	PF AUTO WAIT	OSC FLT Flag	MODE PIN WPO	MC PIN DATA	–	UP / §C MODE
SCCR1 P011	–	–	–	AUTOWAIT DISABLE	–	MEMORY DISABLE	–	–
SCCR2 P012	HALT/ STANDBY	PWRDWN IDLE	OSC FLT RST ENA	BUS STEST	CPU STEST	OSC FLT DISABLE	INT1 NMI	PRIVILEGE DISABLE
INT1 P017	INT1 FLAG	INT1 PIN DATA	–	–	–	INT1 POLARITY	INT1 PRIORITY	INT1 ENABLE
INT2 P018	INT2 FLAG	INT2 PIN DATA	–	INT2 DATA DIR	INT2 DATA OUT	INT2 POLARITY	INT2 PRIORITY	INT2 ENABLE
INT3 P019	INT3 FLAG	INT3 PIN DATA	–	INT3 DATA DIR	INT3 DATA OUT	INT3 POLARITY	INT3 PRIORITY	INT3 ENABLE
DEECTL P01A	BUSY	–	–	–	–	AP	W1W0	EXE

Name Adr.	Bit 7	Bit 6	Bit 5	Bit 4	Bit 3	Bit 2	Bit 1	Bit 0
PEECTL P01C	BUSY	–	–	–	–	AP	W1W0	EXE
EPCTL P01C	BUSY	VPPS	–	–	–	–	W0	EXE
APORT 2 P021	PORT A CONTROL REGISTER 2							
ADATA P022	PORT A DATA							
ADIR P023	PORT A DATA DIRECTION							
BPORT2 P025	PORT B CONTROL REGISTER 2							
BDATA P026	PORT B DATA							
BDIR P027	PORT B DATA DIRECTION							
CPORT2 P029	PORT C CONTROL REGISTER 2							
CDATA P02A	PORT C DATA							
CDIR P02B	PORT C DATA DIRECTION							
DPORT1 P02C	PORT D CONTROL REGISTER 1							
DPORT2 P02D	PORT D CONTROL REGISTER 2							
DDATA P02E	PORT D DATA							
DDIR P02F	PORT D DATA DIRECTION							

SPI Control Registers

Name Adr.	Bit 7	Bit 6	Bit 5	Bit 4	Bit 3	Bit 2	Bit 1	Bit 0
SPICCR P030	SPI SW RESET	CLOCK POLARITY	SPI BIT RATE2	SPI BIT RATE1	SPI BIT RATE0	SPI CHAR2	SPI CHAR1	SPI CHAR0
SPICTL P031	RECEIVER OVERRUN	SPI INT FLAG	–	–	–	MASTER/ SLAVE	TALK	SPI INT ENABLE
SPIBUF P037	RCVD7	RCVD6	RCVD5	RCVD4	RCVD3	RCVD2	RCVD1	RCVD0
SPIDAT P039	SDAT7	SDAT6	SDAT5	SDAT4	SDAT3	SDAT2	SDAT1	SDAT0
SPIPC1 P03D	–	–	–	–	SPICLK DATA IN	SPICLK DATA OUT	SPICLK FUNCTION	SPICLK DATA DIR
SPIPC P03E	SPISIMO DATA IN	SPISIMO DATA OUT	SPISIMO FUNCTION	SPISIMO DATA DIR	SPISOMI DATA IN	SPISOMI DATA OUT	SPISOMI FUNCTION	SPISOMI DATADIR
SPIPRI P03F	SPI STEST	SPI PRIORITY	SPI ESPEN	–	–	–	–	–

Timer 1 Control Registers

Name Adr.	Bit 7	Bit 6	Bit 5	Bit 4	Bit 3	Bit 2	Bit 1	Bit 0
T1CNTR MSB P040	T1 COUNTER MSB							
T1CNTR LSB P041	T1 COUNTER LSB							
T1C MSB P042	COMPARE REGISTER MSB							
T1C LSB P043	COMPARE REGISTER LSB							
T1CC MSB P044	CAPTURE / COMPARE REGISTER MSB							
T1CC LSB P045	CAPTURE / COMPARE REGISTER LSB							
WDCNTR MSB P046	WATCHDOG COUNTER MSB							
WDCNTR LSB P047	WATCHDOG COUNTER LSB							
WDRST P048	WATCHDOG KEY RESET							

Name Adr.	Bit 7	Bit 6	Bit 5	Bit 4	Bit 3	Bit 2	Bit 1	Bit 0
T1CTL1 P049	WD OVRFL TAP SEL	WD INPUT SELECT 2	WD INPUT SELECT 1	WD INPUT SELECT 0	–	T1 INPUT SELRCT 2	T1 INPUT SELECT 1	T1 INPUT SELECT 0
T1CTL2 P04A	WD OVRFL RST ENA	WD OVRFL INT ENA	WD OVRFL INT FLAG	T1 OVRFL INT ENA	T1 OVRFL INT FLAG	–	–	T1 SW RESET
DUAL COMPARE MODE								
T1CTL3 P04B	T1EDGE INT FLAG	T1C2 INT FLAG	T1C1 INT FLAG	–	–	T1EDGE INT ENA	T1C2 INT ENA	T1C1 INT ENA
Capture / Compare Mode								
T1CTL3 P04B	T1EDGE INT FLAG	–	T1C1 INT FLAG	–	–	T1EDGE INT ENA	–	T1C1 INT ENA
Dual Compare Mode								
T1CTL4 P04C	T1 MODE=0	T1C1 OUT ENA	T1C2 OUT ENA	T1C1 RST ENA	T1CR OUT ENA	T1EDGE POLARITY	T1CR RST ENA	T1EDGE DET ENA
Capture /Compare Mode								
T1CTL4 P04C	T1 MODE=1	T1C1 OUT ENA	–	T1C1 RST ENA	–	T1EDGE POLARITY		T1EDGE DET ENA
T1PC1 P04D	–	–	–	–	T1EVT DATA IN	T1EVT DATA OUT	T1EVT FUNC-TION	T1EVT DATA DIR
T1PC2 P04E	T1PWM DATA IN	T1PWM DATA OUT	T1PWM FUNCTION	T1 DATA DIR	T1IC/CR DATA IN	T1IC/CR DATA OUT	T1IC/CR FUNC-TION	T1IC/CR DATA DIR
T1PRI P04F	T1 STEST	T1 PRIORITY	–	–	–	–	–	–

PACT Control Registers

Name Adr.	Bit 7	Bit 6	Bit 5	Bit 4	Bit 3	Bit 2	Bit 1	Bit 0
PACTSCR P040	DEFTIM OV INT ENA	DEFTIM OV INT FLG	CMD/ DEF AREA ENA	FAST MODE SEL	PRE-SCALE SELECT 3	PRE-SCALE SELECT 2	PRE-SCALE SELECT 1	PRE-SCALE SELECT 0
CDSTART P041	CMD/DEF AREA INT ENA	–	CMD/DEF AREA START BIT5	CMD/DEF AREA START BIT4	CMD/DEF AREA START BIT3	CMD/DEF AREA START BIT2	–	–
CDEND P042	–	CMD/DEF AREA END BIT6	CMD/DEF AREA END BIT5	CMD/DEF AREA END BIT4	CMD/DEF AREA END BIT3	CMD/DEF AREA END BIT2	–	–
BUFPTR P043	–	–	BUF PTR BIT5	BUF PTR BIT4	BUF PTR BIT3	BUF PTR BIT 2	BUF PTR BIT1	–
SCICTLP P045	PACT RXRDY	PACT TXRDY	PACT PARITY	PACT FE	SCI RX INT ENA	SCI TX INT ENA	–	SCI SW RESET
RXBUFP P046	RXDT7	RXDT6	RXDT5	RXDT4	RXDT3	RXDT2	RXDT1	RXDT0
TXBUFP P047	TXDT7	TXDT6	TXDT5	TXDT4	TXDT3	TXDT2	TXDT1	TXDT0
OPSTATE P048	OP8 STATE	OP7 STATE	OP6 STATE	OP5 STATE	OP4 STATE	OP3 STATE	OP2 STATE	OP1 STATE
CDFLAGS P049	CMD/DEF INT7 FLAG	CMD/DEF INT6 FLAG	CMD/DEF INT5 FLAG	CMD/DEF INT4 FLAG	CMD/DEF INT3 FLAG	CMD/DEF INT2 FLAG	CMD/DEF INT1 FLAG	CMD/DEF INT0 FLAG
CPCTL1 P04A	CP2 INT ENA	CP2 INT FLAG	CP2 CAPT RIS EDGE	CP2 CAPT FAL EDGE	CP1 INT ENA	CP1 INT FLAG	CP1 CAPT RIS EDGE	CP1 CAPT FAL EDGE
CPCTL2 P04B	CP4 INT ENA	CP4 INT FLAG	CP4 CAPT RIS EDGE	CP4 CAPT FAL EDGE	CP3 INT ENA	CP3 INT FLAG	CP3 CAPT RIS EDGE	CP3 CAPT FAL EDGE
CPCTL3 P04C	CP6 INT ENA	CP6 INT FLAG	CP6 CAPT RIS EDGE	CP6 CAPT FAL EDGE	CP5 INT ENA	CP5 INT FLAG	CP5 CAPT RIS EDGE	CP5 CAPT FAL EDGE
CPPRE P04D	BUFFER HALF/ FULL INT ENA	BUFFER HALF/ FULL INT FLAG	INP CAPT PRESCAl. SELECT 3	INP CAPT PRESCAL. SELECT 2	INP CAPT PRESCAL. SELECT 1	CP6 EVENT ONLY	EVENT COUNTER SW RESET	OP SET/CLR SELECT
WDRST P04E	WATCHDOG RESET KEY							
PACTPRI P04F	PACT STEST	–	GROUP 1 PRIORITY	GROUP 2 PRIORITY	GROUP 3 PRIORITY	MODE SELECT	WD PRESCAL SEL 1	WD PRESCAL SEL 0

SCI Control Registers

Name Adr.	Bit 7	Bit 6	Bit 5	Bit 4	Bit 3	Bit 2	Bit 1	Bit 0
SCICCR P050	STOP BITS	EVEN/ODD PARITY	PARITY ENABLE	ASYNC/ ISOSYNC	ADDRESS IDLE WUP	SCI CHAR2	SCI CHAR1	SCI CHAR0
SCICTL P051	–	–	SCI SW RESET	CLOCK	TXWAKE	SLEEP	TXENA	RXENA
BAUD MSB P052	BOUD F (MSB)	BAUD E	BAUD D	BAUD C	BAUD B	BAUD A	BAUD 9	BAUD 8
BAUD LSB P053	BAUD 7	BAUD 6	BAUD 5	BAUD 4	NAUD 3	BAUD 2	BAUD 1	BAUD 0 (LSB)
TXCTL P054	TXRDY	TX EMPTY	–	–	–	–	–	SCI TX INT ENA
RXCTL P055	RX ERROR	RXRDY	BRKDT	FE	OE	PE	RXWAKE	SCI RX INT ENA
RXBUF P057	RXDT7	RXDT6	RXDT5	RXDT4	RXDT3	RXDT2	RXDT1	RXDT0
TXBUF P058	TXDT7	TXDT6	TXDT5	TXDT4	TXDT3	TXDT2	TXDT1	TXDT0
SCIPC1 P05D	–	–	–	–	SCICLK DATA IN	SCICLK DATA OUT	SCICLK FUNCTION	SCICLK DATA DIR
SCIPC2 P05E	SCITXD DATA IN	SCITXD DATA OUT	SCITXD FUNCTION	SCITXD DATA DIR	SCIRXD DATA IN	SCIRXD DATA OUT	SCIRXD FUNCTION	SCIRXD DATA DIR
SCIPRI P05F	SCI STEST	SCITX PRIORITY	SCIRX PRIORITY	SCI ESPEN	–	–	–	–

Timer 2 Control Registers

Name Adr.	Bit 7	Bit 6	Bit 5	Bit 4	Bit 3	Bit 2	Bit 1	Bit 0
T2CNTR / P060	T2 COUNTER REGISTER MSB							
T2CNTR / P061	T2 COUNTER REGISTER LSB							
T2C MSB / P062	COMPARE REGISTER MSB							
T2C LSB / P063	COMPARE REGISTER LSB							
T2CC MSB / P064	CAPTURE / COMPARE REGISTER MSB							

Name Adr.	Bit 7	Bit 6	Bit 5	Bit 4	Bit 3	Bit 2	Bit 1	Bit 0
T2CC LSB / P065	CAPTURE / COMPARE REGISTER LSB							
T2IC MSB / P066	CAPTURE REGISTER 2 MSB							
T2IC LSB / P067	CAPTURE REGISTER 2 LSB							
T2CTL1 / P06A	–	–	–	T2OVRFL INT ENA	T2 OVRFL INT FLAG	T2 INPUT SELECT 1	T2 INPUT SELECT 0	T2 SW RESET
Dual Compare Mode								
T2CTL2 / P06B	T2EDGE1 INT FLAG	T2C2 INT FLAG	T2C1 INT FLAG	–	–	T2EDGE1 INT ENA	T2C2 INT ENA	T2C1 INT ENA
Dual Capture Mode								
T2CTL2 / P06B	T2EDGE1 INT FLAG	T2EDGE2 INT FLAG	T2C1 INT FLAG	–	–	T2EDGE1 INT ENA	T2EDGE2 INT ENA	T2C1 INT ENA
Dual Compare Mode								
T2CTL3 / P06C	T2 MODE=0	T2C1 OUT ENA	T2C2 OUT ENA	T2C1 RST ENA	T2EDGE1 OUT ENA	T2EDGE1 POLARITY	T2EDGE1 RST ENA	T2EDGE1 DET ENA
Dual Capture Mode								
T2CTL3 / P06C	T2 MODE=1	–	–	T2C1 RST ENA	T2EDGE2 POLARITY	T2EDGE1 POLARITY	T2EDGE2 DET ENA	T2EDGE1 DET ENA
T2PC1 / P06D	–	–	–	–	T2EVT DATA IN	T2EVT DATA OUT	T2EVT FUNCTION	T2EVT DATA DIR
T2PC2 / P06E	T2IC2/ PWM DATA IN	T2IC2/ PWM DATA OUT	T2IC2/ PWM FUNCTION	T2IC2/ PWM DATA DIR	T2IC1/CR DATA IN	T2IC1/CR DATA OUT	T2IC1/CR FUNCTION	T2IC1/CR DATA DIR
T2PRI / P06F	T2 STEST	T2 PRIORITY	–	–	–	–	–	–

A/D Control Registers

Name Adr.	Bit 7	Bit 6	Bit 5	Bit 4	Bit 3	Bit 2	Bit 1	Bit 0
ADCTL P070	CONVERT START	SAMPLE START	REF VOLT SELECT 2	REF VOLT SELECT 1	REF VOLT SELECT 0	AD INPUT SELECT 2	AD INPUT SELECT 1	AD INPUT SELECT 0
ADSTAT P071	–	–	–	–	–	AD READY	AD INT FLAG	AD INT ENA

Name Adr.	Bit 7	Bit 6	Bit 5	Bit 4	Bit 3	Bit 2	Bit 1	Bit 0
ADDATA P072	DATA 7	DATA 6	DATA 5	DATA 4	DADA 3	DATA 2	DATA 1	DATA 0
ADIN P07D	PORT E ADAT AN7	PORT E ADAT AN6	PORT E ADAT AN5	PORT E ADAT AN4	PORT E ADAT AN3	PORT E ADAT AN2	PORT E ADAT AN1	PORT E ADAT AN0
ADENA P07E	PORT E INP ENA7	PORT E INP ENA6	PORT E INP ENA5	PORT E INP ENA4	PORT E INP ENA3	PORT E INP ENA2	PORT E INP ENA1	PORT E INP ENA0
ADPRI P07F	AD STEST	AD PRIORITY	AD ESPEN	–	–	–	–	–

A.6 Befehlssatz der 8051-Familie

Source		Operation	Opc	Byte	Zyk.	COA
ACALL	adr11	Unterprogrammaufruf innerhalb einer Seite (2K-Page)	a a a 1 0001 a a a a a a a a	2	2	/ / /
ADD	A, Rn	Addiere Register zum Akku (A) <- (A) + (Rn)	0010 1 r r r	1	1	X X X
	A, Dadr	Addiere Datenspeicher (A) <- (A) + (Dadr)	0001 0101 direct address	2	1	X X X
	A, @Ri	Addiere Datenspeicher (A) <- (A) + ((Ri)	0010 011 i	1	1	X X X
	A, #data	Addiere Daten zum Akku (A) <- (A) + Daten	0010 0100 immediate data	2	1	X X X
ADDC	A, Rn	Addiere Register und CY (A) <- (A) + (Rn) + CY	0011 1 r r r	1	1	X X X
	A, Dadr	Addiere Datenspeicher und CY (A) <- (A) + (Dadr) + CY	0011 0101 direct address	2	1	X X X
	A, @Ri	Addiere Datenspeicher und CY (A) <- (A) + ((Ri)) + CY	0011 011 i	1	1	X X X
	A, #data	Addiere Daten und CY (A) <- (A) + Daten + CY	0011 0100 immediate data	2	1	X X X

Source		Operation	Opc	Byte	Zyk.	COA
AJMP	adr11	Absoluter Sprung in 2 K	a a a 0 0 0 0 1 a a a a a a a a	2	2	/ / /
ANL	A, Rn	Logisches UND (A) <- (A) AND (Rn)	0 1 0 1 1 r r r	1	1	/ / /
	A, Dadr	Logisches UND mit Datensp. (A) <- (A) AND (Dadr)	0 1 0 1 0 1 0 1 direct address	2	1	/ / /
	A, @Ri	(A) <- (A) AND ((Ri))	0 1 0 1 0 11 i	1	1	/ / /
	A, #data	(A) <- (A) AND Daten	0 1 0 1 0 1 0 0 immediate data	2	1	/ / /
	Dadr, A	(Dadr) <- (Dadr) AND (A)	0 1 0 1 0 0 1 0 direct address	2	1	/ / /
	Dadr,#data	(Dadr) <- (Dadr) AND Daten	0 1 0 1 0 0 1 1 direct address immediate data	3	2	/ / /
	C, Badr	Logisches UND von Bit und CY (CY) <- (CY) AND (Badr)	1 0 0 0 0 0 1 0 bit address	2	2	X / /
ANL	C, /Badr	UND von negiertem Bit und CY (CY) <- (CY) AND /(Badr)	1 0 1 1 0 0 0 0 bit address	2	2	/ /
CJNE	A,Dadr,rel	Vergl. Datensp. mit Akku, wenn ungleich, relat. Sprung wenn (A) < (Dadr) -> CY=1 oder (A) > (Dadr) -> CY=0 und PC <- PC + rel	1 0 1 1 0 1 0 1 direct address rel. address	3	2	X / /
	A,#data,rel	Vergl. Daten mit Akku (sonst wie oben)	1 0 1 1 0 1 0 0 immediate data rel. address	3	2	X / /
	Rn,#data, rel	Vergl. Daten mit Register (sonst wie oben)	1 0 1 1 1 r r r immediate data rel. address	3	2	X / /
	@Ri,#data, rel	Vergl. Daten mit Datenspeicher (sonst wie oben)	1 0 1 1 0 11 i immediate data rel. address	3	2	X / /

Source		Operation	Opc	Byte	Zyk.	COA
CLR	A	Akku löschen (A) <- 0	1 1 1 0 0 1 0 0	1	1	/ / /
	Badr	Bit löschen (Badr) <- 0	1 1 0 0 0 0 1 0 bit address	2	1	/ / /
	C	Carry löschen (CY) <- 0	1 1 0 0 0 0 1 1	1	1	0 / /
CPL	A	Komplement Akku	1 1 1 1 0 1 0 0	1	1	/ / /
	Badr	Bit komplementieren	1 0 1 1 0 0 1 0 bit address	2	1	/ / /
	C	Carry komplementieren	1 0 1 1 0 0 1 1	1	1	X / /
DA	A	Dezimalkorrektur	1 1 0 1 0 1 0 0	1	1	X / /
DEC	A	Dekrementiere Akku (A) <- (A) − 1	0 0 0 1 0 1 0 0	1	1	/ / /
	Rn	Dekrementiere Register (Rn) <- (Rn) − 1	0 0 0 1 1 r r r	1	1	/ / /
	Dadr	Dekrementiere Speicher (Dadr) <- (Dadr) − 1	0 0 0 1 0 1 0 1 direct address	2	1	/ / /
	@Ri	Dekrementiere Speicher (ind) ((Ri)) <- ((Ri)) − 1	0 0 0 1 0 1 1 i	1	1	/ / /
DIV	A B	Dividiere Akku durch Reg. B (AB) <- A / B	1 0 0 0 0 1 0 0	1	4	0 X /
DJNZ	Rn, rel	Schleifenbefehl (Rn) <- (Rn) − 1 wenn Rn<>0 PC<-PC+rel	1 1 0 1 1 r r r rel. address	2	2	/ / /
DJNZ	Dadr, rel	(Dadr)<-(Dadr) − 1 wenn (Dadr) <> 0 PC <- PC + rel	1 1 0 1 0 1 0 1 direct address rel. address	3	2	/ / /
INC	A	Inkrementiere Akku (A) <- (A) + 1	0 0 0 0 0 1 0 0	1	1	/ / /
	Rn	(Rn) <- (n) + 1	0 0 0 0 1 r r r	1	1	/ / /
	Dadr	(Dadr) <- (Dadr) + 1	0 0 0 0 0 1 0 1 direct address	2	1	/ / /
	@Ri	((Ri)) <- ((Ri)) + 1	0 0 0 0 0 1 1 i	1	1	/ / /
	DPTR	Inkrementiere Datenpointer	1 0 1 0 0 0 1 1	1	2	/ / /

Source		Operation	Opc	Byte	Zyk.	COA
JB	Badr, rel	Sprung, wenn Bit = 1	0 0 1 0 0 0 0 0 bit address rel. address	3	2	/ / /
JBC	Badr, rel	Sprung, wenn Bit = 1 und lösche Bit	0 0 0 1 0 0 0 0 bit address rel. address	3	2	/ / /
JC	rel	Sprung, wenn CY = 1	0 1 0 0 0 0 0 0 rel. address	2	2	/ / /
JMP	@A+DPTR	Abs. Sprung zur Adresse aus (A) + DPTR	0 1 1 1 0 0 1 1	1	2	/ / /
JNB	Badr, rel	Sprung, wenn Bit = 0	0 0 1 1 0 0 0 0 bit address rel. address	3	2	/ / /
JNC	rel	Sprung, wenn CY = 0	0 1 0 1 0 0 0 0 rel. address	2	2	/ / /
JNZ	rel	Sprung, wenn Akku <> 0	0 1 1 1 0 0 0 0 rel. address	2	2	/ / /
JZ	rel	Sprung, wenn Akku = 0	0 1 1 0 0 0 0 0 rel. address	2	2	/ / /
LCALL	adr16	Unterprogrammaufruf im gesamten 64K-Bereich	0 0 0 1 0 0 1 0 addr15..addr8 addr7 ..addr0	3	2	/ / /
LJMP	adr16	Absoluter Sprung im gesamten 64K-Bereich	0 0 0 0 0 0 1 0 addr15..addr8 addr7 ..addr0	3	2	/ / /
MOV	A, Rn	Register in Akku laden (A) <- (Rn)	1 1 1 0 1 r r r	1	1	/ / /
	A, Dadr	Datenspeicher in Akku laden (A) <- (Dadr)	1 1 1 0 0 1 0 1 direct address	2	1	/ / /
	A, @Ri	Datenspeicher (ind) in A laden (A) <- ((Ri))	1 1 1 0 0 1 1 i	1	1	///
	A, #data	Immed. Daten in A laden (A) <- #data	0 1 1 1 0 1 0 0 immediate data	2	1	///

Source		Operation	Opc	Byte	Zyk.	COA
MOV	Rn, A	A in Register laden (Rn) <- (A)	1 1 1 1 1 r r r	1	1	/ / /
	Rn, Dadr	Datensp. in Register laden (Rn) <- (Dadr)	1 0 1 0 1 r r r direct address	2	2	/ / /
	Rn, #data	Daten in Register laden (Rn) <- #data	0 1 1 1 1 r r r	2	1	/ / /
	Dadr, A	A in Datenspeicher laden (Dadr) <- (A)	1 1 1 1 0 1 0 1 direct address	2	1	/ / /
	Dadr, Rn	Register in Datenspeicher laden (Rn) <- (Dadr)	1 0 0 0 1 r r r direct address	2	2	/ / /
	Dadr, dadr	Datenspeicher in Datenspeicher laden (dadr) <- (Dadr)	1 0 0 0 0 1 0 1 dir.address (src) dir.address (dast)	3	3	/ / /
	Dadr, @Ri	Datenspeicher in Datenspeicher laden ((Ri)) <- (Dadr)	1 0 0 0 0 1 1 i direct address	2	2	/ / /
	Dadr,#data	Daten in Datenspeicher laden (Dadr) <- #data	0 1 1 1 0 1 0 1 direct address immediate data	3	2	/ / /
	@Ri, A	A in Datenspeicher laden ((Ri)) <- (A)	1 1 1 1 0 1 1 i	1	1	/ / /
	@Ri, Dadr	Datenspeicher in Datenspeicher laden ((Ri)) <- (Dadr)	0 1 1 1 0 1 1 i direct address	2	2	/ / /
	@Ri,#data	Daten in Datenspeicher laden ((Ri) <- #data	0 1 1 1 0 1 1 i immediate data	2	1	/ / /
	C, Badr	Bringe Bit ins CY CY <- (Badr)	1 0 1 0 0 0 1 0 bit address	2	1	X / /
	Badr, C	Bringe CY in Bit (Badr) <- CY	1 0 0 1 0 0 1 0 bit address	2	2	/ / /
	DPTR, #data16	Datenpointer mit 16-Bit-Daten laden (DPTR) <- #data16	1 0 0 1 0 0 0 0 imm. data 15..,8 imm. data 7...0	3	2	/ / /
MOVC	A,@A + DPTR	Programmspeicher in A laden (A) <- ((DPTR) + (A))	1 0 0 1 0 0 1 1	1	2	/ / /
	A, @A+PC	Programmspeicher in A laden (A) <- ((PC) + (A))	1 0 0 0 0 0 1 1	1	2	/ / /
MOVX	A, @Ri	Ext. Datensp. in A laden (ind) (A) <- ((Ri))	1 1 1 0 0 0 1 i	1	2	/ / /
	A,@DPTR	Ext. Datensp. in A laden (A) <- (DPTR)	1 1 1 0 0 0 0 0	1	2	/ / /

Source		Operation	Opc	Byte	Zyk.	COA
MOVX	@Ri, A	A in ext. Datensp. laden (ind) ((Ri)) <- (A)	1 1 1 1 0 0 1 i	1	2	/ / /
	@DPTR, A	A in ext. Datensp. laden (DPTR) <- (A)	1 1 1 1 0 0 0 0	1	2	/ / /
MUL	A B	8-Bit-Multiplikation ((AB) <- (A) x (B)	1 0 1 0 0 1 0 0	1	4	0 X /
NOP		No Operation	0 0 0 0 0 0 0 0	1	1	/ / /
ORL	A, Rn	Logisches ODER A und Register (A) <- (A) ODER (Rn)	0 1 0 0 1 r r r	1	1	/ / /
	A, Dadr	Log. ODER Datensp. und A (A) <- (A) ODER (Dadr)	0 1 0 0 0 1 0 1 direct address	2	1	/ / /
	A, @Ri	Log. ODER Datensp. (ind) und A (A) <- (A) ODER ((Ri))	0 1 0 0 0 1 1 i	1	11	/ / /
	A,#data	Log. ODER Daten und A (A) <- (A) ODER #data	0 1 0 0 0 1 0 0 immediate data	2	1	/ / /
	Dadr, A	Log. ODER A und Datensp. (Dadr) <- (Dadr) ODER (A)	0 1 0 0 0 0 1 0 direct address	2	1	/ / /
	Dadr,#data	Log. ODER Daten und Datensp. (Dadr) <- (Dadr) ODER data	0 1 0 0 0 0 1 1 direct address immediate data	3	2	/ / /
	C, Badr	Log. ODER Bit mit CY CY <- CY ODER (Badr)	0 1 1 1 0 0 1 0 bit address	2	2	X / /
	C, /Badr	Log. ODER neg. Bit mit CY CY <- CY ODER /(Badr)	1 0 1 0 0 0 0 0 bit address	2	2	X / /
POP	Dadr	Daten aus Stack laden (Dadr)<-((SP)) (SP)<-(SP)-1	1 1 0 1 0 0 0 0	2	2	/ / /
PUSH	Dadr	Daten in den Stack laden (SP)<-(SP)+1 ((SP))<-(Dadr)	1 1 0 0 0 0 0 0	2	2	/ / /
RET		Rückkehr aus Unterprogramm (PC18-8) <- ((SP)) (SP) <- (SP) – 1 (PC7-0) <- ((SP)) (SP) <- (SP) – 1	0 0 1 0 0 0 1 0	1	2	/ / /
RETI		Rückkehr aus Interrupt (wie RET)	0 0 1 1 0 0 1 0	1	2	/ / /
RL	A	A um 1 nach links rotieren A0<-A7..A0<-A7	0 0 1 0 0 0 1 1	1	1	/ / /
RLC	A	A über CY nach links rotieren CY<-A7...A0<-CY	0 0 1 1 0 0 1 1	1	1	X / /

Source		Operation	Opc	Byte	Zyk.	COA
RR	A	A um 1 nach rechts rotieren A0->A7..A0->A7	0 0 0 0 0 0 1 1	1	1	/ / /
RRC	A	A über CY nach rechts rotieren CY->A7...A0->CY	0 0 0 1 0 0 1 1	1	1	X / /
SETB	Badr	Datenbit setzen (Badr)<-1	1 1 0 1 0 0 1 0 bit address	2	1	/ / /
SETB	C	CY setzen CY <- 1	1 1 0 1 0 0 1 1	1	1	1 / /
SJMP	rel	relativer Sprung (PC) <- (PC) + rel	1 0 0 0 0 0 0 0 rel. address	2	2	/ / /
SUBB	A, Rn	Subtraktion Register von A (A) <- (A) – CY – (Rn)	1 0 0 1 1 r r r	1	1	X X X
	A, Dadr	Subtraktion Datensp. von A (A) <- (A) – CY – (Dadr)	1 0 0 1 0 1 0 1 direct address	2	1	X X X
	A, #data	Subtraktion Daten von A (A) <- (A) – CY – #data	1 0 0 1 0 1 0 0 immediate data	2	1	X X X
SWAP	A	Nibbeltausch in A	1 1 0 0 0 1 0 0	1	1	/ / /
XCH	A, Rn	Register mit Akku tauschen (A) <--> (Rn(	1 1 0 0 1 r r r	1	1	/ / /
	A, Dadr	Akku mit Datensp. tauschen (A) <--> (Dadr)	1 1 0 0 0 1 0 1 direct address	2	1	/ / /
	A, @Ri	Akku mit Datensp. (ind) tauschen (A) <--> ((Ri))	1 1 0 0 0 1 1 i	1	1	/ / /
XCHD	A, @Ri	untere 4 Bit von Akku und Datenspeicher tauschen	1 1 0 1 0 1 1 i	1	1	/ / /
XRL	A, Rn	Log. EXOR A mit Register (A) <- (A) EXOR (Rn)	0 1 1 0 1 r r r	1	1	/ / /
	A, Dadr	Log. EXOR A mit Datensp. (A) <- (A) EXOR (Dadr)	0 1 1 0 0 1 0 1 direct address	2	1	/ / /
	A, @Ri	Log. EXOR A mit Datensp.(ind) (A) <- (A) EXOR ((Ri))	0 1 1 0 0 1 1 i	1	1	/ / /
	A, #data	Log. EXOR A mit Daten (A) <- (A) EXOR #data	0 1 1 0 0 1 0 0 immediate data	2	1	/ / /
	Dadr, A	Log. EXOR Datensp mit A (Dadr) <- (Dadr) EXOR (A)	0 1 1 0 0 0 1 0 direct address	2	1	/ / /
	Dadr,#data	Log. EXOR Datensp. mit Daten (Dadr) <- (Dadr) EXOR #data	0 1 1 0 0 0 1 1 direct address immediate data	3	2	/ / /

Vereinbarungen:

Symbol	Erklärung
Dadr	Adresse interner Datenspeicher, 8-Bit-Direkt-Adresse (RAM, Register)
Badr	Bitadresse für bitadressierbaren Bereich
Rn	Arbeitsregister R0...R7
Ri	Register für Indexadressierung
adr11	Kurzadresse
adr16	16-Bit-Adresse für externen Speicherraum
#data	8-Bit-Datenbyte (Immediate)
rel	8-Bit relative Adreßdistanz
@Ri	Indexadressierung

A.7 Registerfile der 8051-Familie am Beispiel des SAB 80C517

A	Name	Bit 7	Bit 6	Bit 5	Bit 4	Bit 3	Bit 2	Bit 1	Bit 0
80	P0	PORT 0							
81	SP	STACKPOINTER							
82	DPL	DATAPOINTER LOW (0-7)							
83	DPH	DATAPOINTER HIGH (8-15)							
84	WDTL	WATCHDOG TIMER LOW (0-7)							
85	WDTH		WATCHDOG TIMER HIGH (8-14) (Reload- Bereich)						
86	WDTREL	WDT PRE 1/16	WATCHDOG TIMER RELOAD REGISTER						
POWER CONTROL REGISTER PCON									
87	PCON	SMOD	Power Down Start	IDLE Start	Slow Down EN	USER FLAG 1	USER FLAG 0	Power Down EN	IDLE Enable
TIMER CONTROL REGISTER TCON									
88	TCON	TF1 Overflow Flag	TR1 Run Control	TF0 Overflow Flag	TR9 Run Control	IE1 Int 1 Edge Flag	IT1 Int 1 Type	IE0 Int 0 Edge Flag	IT0 Int 0 Type
TIMER MODE REGISTER TMOD									
89	TMODE	GATE T1	C/T T1	M1 T1	M0 T1	GATE T0	C/T T0	M1 T0	M0 T0
8A	TL0	TIMER 0 COUNTER REGISTER LOW							
8B	TL1	TIMER 1 COUNTER REGISTER LOW							

A	Name	Bit 7	Bit 6	Bit 5	Bit 4	Bit 3	Bit 2	Bit 1	Bit 0
8C	TH0	TIMER 0 COUNTER REGISTER HIGH							
8D	TH1	TIMER 1 COUNTER REGISTER HIGH							
8E	reserved								
8F	reserved								
90	P1	PORT 1 REGISTER							
91	XPAGE	XPAGE REGISTER (Upper Addressbyte)							
92	DPSEL	–	–	–	–	–	DPSEL2	DPSEL1	DPSEL0
93 -97	reserved								
SERIAL CHANNEL 0 CONTROL REGISTER S0CON									
98	S0CON	SM0	SM1	SM20	REN0	TB80	RB80	TI0	RI0
99	S0BUF	SERIAL CHANNEL 0 BUFFER							
INTERRUPT ENABLE REGISTER 2 IEN2									
9A	IEN2	–	–	–	–	ECT EN CC-Timer	–	–	ES1 EN SERIAL 1
SERIAL CHANNEL 1 CONTROL REGISTER S1CON									
9B	S1CON	SM	–	SM21	REN1	TB81	RB81	TI1	RI1
9C	S1BUF	SERIAL CHANNEL 1 BUFFER							
9D	S1REL	SERIAL INTERFACE 1 RELOAD REGISTER (BAUDRATE)							
9E-9F	reserved								
A0	P2	PORT 2 REGISTER							
A1	COMSETL	SET COMPARE REGISTER LOW							
A2	COMSETH	SET COMPARE REGISTER HIGH							
A3	COMCLRL	CLEAR COMPARE REGISTER LOW							
A4	COMCLRH	CLEAR COMPARE REGISTER HIGH							
A5	SETMSK	SET MASK REGISTER							
A6	CLRMSK	CLEAR MASK REGISTER							
A7	reserved								
INTERRUPT ENABLE REGISTER 0 IEN0									
A8	IEN0	EAL All Interrupts	WDT Refresh	ET2 T2 OV Enable	ES0 Serial 0	ET1 T1 OV Enable	EX1 Ext. 1 Enable	ET0 T0 OV Enable	EX0 Ext.0 Enable

A	Name	Bit 7	Bit 6	Bit 5	Bit 4	Bit 3	Bit 2	Bit 1	Bit 0
INTERRUPT PRIORITY REGISTER 0 IP0									
A9	IP0	OWDS	WDTS	IP0.5	IP0.4	IP0.3	IP0.2	IP0.1	IP0.0
AA	S0RELL	SERIAL CHANNEL 0 RELOAD REGISTER LOW							
AB-AF	reserved								
B0	P3	PORT 3 REGISTER							
B1	SYSCON	–	–	–	–	–	–	XMAP1	XMAP0
B2-B7	reserved								
INTERRUPT ENABLE 1 REGISTER IEN1									
B8	IEN1	EXEN2 T2 Ext Rel	SWDT	EX6 Ext6 Enable	EX5 Ext5 Enable	EX4 Ext 4 Enable	EX3 Ext3 Enable	EX2 Ext 2 Enable	EADC AD INT EN
INTERRUPT PRIORITY REGISTER 1 IP1									
B9	IP1	–	–	IP1.5	IP1.4	IP1.3	IP1.2	IP1.1	IP1.0
BA	S0RELH	SERIAL CHANNEL 0 RELOAD REGISTER HIGH							
BB	S1RELH	SERIAL CHANNEL 1 RELOAD REGISTER HIGH							
BC-BF	reserved								
INTERRUPT REQUEST CONTROL REGISTER 0 IRCON0									
C0	IRCON0	EXF2	TF2	IEX6	IEX5	IEX4	IEX3	IEX2	IADC
COMPARE/CAPTURE ENABLE REGISTER									
C1	CCEN	COCAH3	COCAL3	COCAH2	COCAL2	COCAH1	COCAL1	COCAH0	COCAL0
C2	CCL1	COMPARE / CAPTURE REGISTER 1 LOW							
C3	CCH1	COMPARE / CAPTURE REGISTER 1 HIGH							
C4	CCL2	COMPARE / CAPTURE REGISTER 2 LOW							
C5	CCH2	COMPARE / CAPTURE REGISTER 2 HIGH							
C6	CCL3	COMPARE / CAPTURE REGISTER 3 LOW							
C7	CCH3	COMPARE / CAPTURE REGISTER 3 HIGH							
TIMER 2 CONTROL REGISTER T2CON									
C8	T2CON	T2PS T2 Prescaler	I3FR INT 3 EDGE Flag	I2FR INT2 EDGE Flag	T2R1 T2 Reload Mode	T2R0 T2 Reload Mode	T2CM Compare Mode	T2I1 T2 Input Select	T2I0 T2 Input Select
COMPARE/CAPTURE ENABLE REGISTER CC4EN									
C9	CC4EN	–	COCON2	COCON1	COCON0	COCOEN	COCAH4	COCAL4	COMO
CA	CRCL	COMPARE / RELOAD / CAPTURE REGISTER LOW							

A	Name	Bit 7	Bit 6	Bit 5	Bit 4	Bit 3	Bit 2	Bit 1	Bit 0
CB	CRCH	COMPARE / RELOAD / CAPTURE REGISTER HIGH							
CC	TL2	TIMER 2 COUNTER REGISTER LOW							
CD	TH2	TIMER 2 COUNTER REGISTER HIGH							
CE	CCL4	COMPARE / CAPTURE REGISTER 4 LOW							
CF	CCH4	COMPARE / CAPTURE REGISTER 4 HIGH							
D0	PSW	CY-Flag	AC-Flag	F0-Flag	RG-SEL1	RG-SEL0	OV-Flag	F1-Flag	P-Flag
D1	IRCON1	ICMP7 Int CM 7	ICMP6 Int CM6	ICMP5 Int CM5	ICMP4 Int CM4	ICMP3 Int CM3	ICMP2 Int CM2	ICMP1 Int CM1	ICMP0 Int CM0
D2	CML0	COMPARE REGISTER 0 LOW							
D3	CMH0	COMPARE REGISTER 0 HIGH							
D4	CML1	COMPARE REGISTER 1 LOW							
D5	CMH1	COMPARE REGISTER 1 HIGH							
D6	CML2	COMPARE REGISTER 2 LOW							
D7	CMH2	COMPARE REGISTER 2 HIGH							
A/D CONVERTER CONTROL REGISTER ADCON0									
D8	ADCON0	BD Baud0 Enable	CLK CLKOUT	ADEX Start SEl	BSY AD Busy	ADM Mode	MX2 Kanal Sel	MX1 Kanal Sel	MX0 Kanal Sel
D9	ADDATH	AD BIT9	AD BIT 8	AD BIT 7	AD BIT 6	AD BIT 5	AD BIT 4	AD BIT 3	AD BIT 2
DA	ADDATL	AD BIT 1	AD BIT 0	–	–	–	–	–	–
DB	P7	PORT 7 Data Register							
DC	ADCON1	ADCL AD Takt	–	–	–	MX3 Kanal Sel	MX2 Kanal Sel	MX1 Kanal Sel	MX0 Kanal Sel
DD	P8	PORT 8 DATA REGISTER							
DE	CTRELL	COMPARE TIMER RELOAD REGISTER LOW							
DF	CTRELH	COMPARE TIMER RELOAD REGISTER HIGH							
E0	ACC	ACCUMULATOR A							
COMPARE TIMER CONTROL REGISTER CTCON									
E1	CTCON	T2PS1 T2 Pre	–	ICR Clear Flag	ICS Set Flag	CTF Comp T OV Flag	CLK2 Takt CT	CLK1 Takt CT	CLK0 Takt CT
E2	CML3	COMPARE REGISTER 3 LOW							
E3	CMH3	COMPARE REGISTER 3 HIGH							
E4	CML4	COMPARE REGISTER 4 LOW							
E5	CMH4	COMPARE REGISTER 4 HIGH							
E6	CML5	COMPARE REGISTER 5 LOW							

A	Name	Bit 7	Bit 6	Bit 5	Bit 4	Bit 3	Bit 2	Bit 1	Bit 0
E7	CMH5	COMPARE REGISTER 5 HIGH							
E8	P4	PORT 4 DATA REGISTER							
E9	MD0	MULTIPLICATION / DIVISION REGISTER 0							
EA	MD1	MULTIPLICATION / DIVISION REGISTER 1							
EB	MD2	MULTIPLICATION / DIVISION REGISTER 2							
EC	MD3	MULTIPLICATION / DIVISION REGISTER 3							
ED	MD4	MULTIPLIKATION / DIVISION REGISTER 4							
EE	MD5	MULTIPLICATION / DIVISION REGISTER 5							
ARITHMETIC CONTROL REGISTER									
EF	ARCON	MDEF ERROR FL	MDOV OVERFL.	SLR SHIFT DIR	SC4 SHIFT CN	SC3 SHIFT CN	SC2 SHIFT CN	SC1 SHIFT CN	SC0 SHIFT CN
F0	B	DATENREGISTER B							
F1	reserved								
F2	CML6	COMPARE REGISTER 6 LOW							
F3	CNH6	COMPARE REGISTER 6 HIGH							
F4	CML7	COMPARE REGISTER 7 LOW							
F5	CMH7	COMPARE REGISTER 7 HIGH							
F6	CMEN	CMEN7	CMEN6	CMEN5	CMEN4	CMEN3	CMEN2	CMEN1	CMEN0
F7	CMSEL	CMSEL7	CMSEL6	CMSEL5	CMSEL4	CMSEL3	CMSEL2	CMSEL1	CMSEL0
F8	P5	PORT 5 DATA REGISTER							
F9	reserved								
FA	P6	PORT 6 DATA REGISTER							
FB	reserved								
FC	reserved								
FD	reserved								
FE	reserved								
FF	reserved								

A.8 Befehlssatz der Z8-Familie

Source	Operation	Adr.	Opc.	Byte	Zyk.	C-Z-S-V-D-H
ADC dst,src dst<-dst+src+C	Addition mit Carry	*1)	1[ ]	2/3	*1)	X X X X 0 X
ADD dst, src dst<-dst+src	Addition	*1)	0[ ]	2/3	*1)	X X X X 1 X
AND dst, src dst<-dst AND src	Logisches AND	*1)	5[ ]	2/3	*1)	/ X X 0 / /
CALL dst SP<-SP-2 @SP<-PC PC<-dst	Unterprogrammaufruf	DA IRR	D6 D4	3 2	20/0 20/0	/ / / / / /
CCF C<-NOT C	Komplement C-Flag	–	EF	1	6/5	X / / / / /
CLR dst dst<-0	Speicher o. Register löschen	R IR	B0 B1	2 2	6/5 6/5	/ / / / / /
COM dst dst<-NOT dst	Komplement	R IR	60 61	2 2	6/5 6/5	/ X X 0 / /
CP dst, scr Flags<-dst-scr	Vergleich -> Ergebnis setzt die Flags	*1)	A[ ]	2/3	*1)	X X X X / /
DA dst dst<-DA dst	Dezimalkorrektur	R IR	40 41	2 2	8/5 8/5	X X X ? / /
DEC dst dst<-dst – 1	Dekrementieren	R IR	00 01	2 2	6/5 6/5	/ X X X / /
DECW dst dst<-dst – 1	16-Bit-Word dekrementieren	RR IR	80 81	2 2	10/5 10/5	/ X X X / /
DI	IMR.7=0 Interrupt sperren	–	8F	1	6/1	/ / / / / /
DJNZ r, dst r<-r – 1 wenn r <> 0 PC<-PC + dst	Schleifenbefehl Bereich -128 bis +127	RA	rA *2)	2	12 o. 10/5	/ / / / / /
EI	IMR.7=1 Interrupt freigeben	–	9F	1	6/1	/ / / / / /
HALT	HALT-Mode CPU-Takt aus Timer u. ext. Interruptlogik bleiben versorgt	–	7F	2	7/0	/ / / / / /
INC dst dst<-dst + 1	Inkrementieren	r R IR	rE *2) 20 21	2 2 2	6/5 6/5 6/5	/ X X X / /
INCW dst dst<-dst +1	16-Bit-Word inkrementieren	RR IR	A0 A21	2 2	10/5 10/5	/ X X X / /

Source	Operation	Adr.	Opc.	Byte	Zyk.	C-Z-S-V-D-H
IRET FLAGS<-@SP SP<-SP + 1 PC<-@SP SP<-SP +2 IMR.7=1	Rückkehr aus einem Interrupt	–	BF	1	16/0	X X X X X X
JP dst	Unbedingter Sprung	IRR	30	2	8/0	/ / / / / /
JP cc, dst wenn cc True PC<-dst	Bedingter Sprung	DA IRR	cD *3) 30	3 2	12 o 10 8	/ / / / / /
JR cc, dst wenn ccTrue PC<-PC + dst	Bedingter Sprung (relativ)	RA	cB *3)	2	12 o 10/0	/ / / / / /
LD dst, src dst<-src	Laden	r Im r R R r r X X r r Ir Ir r R R R IR R IM IR IM IR R	rC r8 r9 C7 D7 E3 F3 E4 E5 E6 E7 F5	2 2 2 3 3 2 2 3 3 3 3 3	6/5 6/5 6/5 10/5 10/5 6/5 6/5 10/5 10/5 10/5 10/7 10/5	/ / / / / /
LDC dst, scr	Laden aus dem (in den)Programmspeicher	r Irr Irr r	C2 D2	2 2	12/0 12/0	/ / / / / /
LDCI dst, src dst<-src r<-r+1 rr<-rr + 1	Blocktransfer aus dem (in den)Programmspeicher	Ir Irr Irr Ir	C3 D3	2 2	18/0 18/0	/ / / / / /
LDE dst, src	Laden aus dem (in den) Datenspeicher	r Irr Irr r	82 92	2 2	12/0 12/0	/ / / / / /
LDEI dst, src dst<-src r<-r + 1 rr<-rr + 1	Blocktransfer aus dem (in den) Datenspeicher	Ir Irr Irr Ir	83 93	2 2	18/0 18/0	/ / / / / /
NOP	No Operation	–	FF	1	6/0	/ / / / / /
OR dst, src dst<-dst OR src	Logisches ODER	*1)	4[ ]	2/3	6/5 10/5	/ X X 0 / /
POP dst dst<-@SP SP<-SP + 1	Transport aus dem Stack	R IR	50 51	2 2	10/5 10/5	/ / / / / /

Source	Operation	Adr.	Opc.	Byte	Zyk.	C-Z-S-V-D-H
PUSH src SP<-SP – 1 @SP<-src	Transport in den Stack	R IR	70 71	2 2	*4)	/ / / / / /
RCF	CY = 0	–	CF	1	6/5	0 / / / / /
RET PC<-@SP SP<-SP + 2	Rückkehr aus Unterprogramm	–	AF	1	14/0	/ / / / / /
RL dst	Rotation rechts C=B1<-B7...B1<-B7	R IR	90 91	2 2	6/5 6/5	X X X X / /
RLC dst	Rotation über CY rechts C<-B7...B1<-C	R IR	10 11	2 2	6/5 6/5	X X X X / /
RR dst	Rotation links B1->B7...B1->B7->C	R IR	E0 E1	2 2	6/5 6/5	X X X X / /
RRC dst	Rotation über CY links C->B7...B1->C	R IR	C0 C1	2 2	6/5 6/5	X X X X / /
SBC dst, src dst<-dst – src – C	Subtraktion mit CY	*1)	3[ ]	2 o 3	6/5 10/5	X X X X 1 X
SCF	CY = 1	–	DF	1	6/5	1 / / / / /
SRA dst	Arithmetisches Rechtsschieben	R IR	D0 D1	2 2	6/5 6/5	X X X 0 / /
SRP src	Registerpointer laden	IM	31	2	6/1	/ / / / / /
STOP	STOP-Mode Oszillator aus	–	6F	1	6/0	/ / / / / /
SUB dst,src dst<-dst – src	Subtraktion	*1)	2[ ]	2 o 3	6/5 10/5	X X X X 1 X
SWAP dst	Nibbelweise tauschen	R IR	F0 F1	2 2	8/5 8/5	? X X ? / /
TCM dst, src (NOT dst) AND src	Test Bit auf 0	*1)	6[ ]	2 o 3	6/5 105	/ X X 0 / /
TM dst, src dst AND src	Test Bit auf 1	*1)	7[ ]	2 o 3	6/5 10/5	/ X X 0 / /
XOR dst, src dst<-dst XOR src	Logisches XOR	*1)	B[ ]	2 o 3	6/5 10/5	/ X X 0 / /

Vereinbarungen: alle Zykluszeiten ohne Pipelining / mit Pipelining
*1) das Lower Nibble des Opcodes ist abhängig von der Adressierung
*2) Arbeitsregister {0...F}
*3) Bedingungscode
*4) Zyklen des PUSH-Befehls ohne Pipelining (10 interner Stack, 12 externer Stack)
mit Pipelining 1

| Adressierungsart | | Lower Nibble Opcode |
Ziel dst	Quelle src	
r	r	[2]
r	Ir	[3]
R	R	[4]
R	IR	[5]
R	IM	[6]
IR	IM	[7]

Wert	Mnemo	Bedeutung	Flags
8	–	gilt immer	–
7	C / ULT	Carry, Unsigned Less Than	C = 1
F	NC / UGE	Not Carry, Unsigned Greater Than Or Equal	C = 0
6	Z / EQU	Zero / Equal	Z = 1
E	NZ / NE	Not Zero / Not Equal	Z = 0
D	PL	Plus	S = 0
5	MI	Minus	S = 1
4	OV	Overflow	V = 1
C	NOV	Not Overflow	V = 0
9	GE	Greater Than Or Equal	(S XOR V) = 0
1	LT	Less Than	(S XOR V) = 1
A	GT	Greater Than	[Z OR (S XOR V)] = 0
2	LE	Less Than Or Equal	[Z OR (S XOR V)] = 1
B	UGT	Unsigned Greater Than	(C = 0 AND Z = 0) = 1
3	ULE	Unsigned Less Than Or Equal	(C OR Z) = 1
0	–	gilt nie	

Bezeichnung der Adressierungsarten:

IRR	indirekte Registerpaar- oder indirekte Arbeitsregisterpaar-Adressierung
Irr	nur indirekte Arbeitsregisterpaar-Adressierung
X	Index-Adressierung
DA	direkte Adressierung
RA	relative Adressierung
IM	unmittelbare Adressierung
R	Register- oder Arbeitsregisteradressierung
r	nur Arbeitsregisteradressierung
IR	indirekte Register- oder indirekte Arbeitsregisteradressierung
Ir	nur indirekte Arbeitsregisteradressierung
RR	Registerpaar- oder Arbeitsregisterpaar-Adressierung

A.9 Z8-Steuerregistersatz

SIO Serial I/O Register, (F0H: Read/Write)

Bit 7	Bit 6	Bit 5	Bit 4	Bit 3	Bit 2	Bit 1	Bit 0

Sende- und Emfpangsregister des seriellen Kanals

TMR Timer Mode Register, (F1H: Read/Write)

TOM1	TOM0	TIM1	TIM0	T1EN	LT1	T0EN	LT0

Timer-Steuerregister

TOM1,TOM0 Tout Mode:	0 0	ohne Funktion
	0 1	T0 Ausgang
	1 0	T1 Ausgang
	1 1	Ausgang interner Takt
TIM1,TIM0 Tin Mode:	0 0	Eingang externer Takt
	0 1	Gate Eingang
	1 0	Trigger Eingang (No Retrigg.)
	1 1	Trigger Eingang (Retrigg.)
T1EN:	0	TimerT1 aus
	1	Timer1 ein

LT1:	0	ohne Funktion
	1	T1 laden
T0EN:	0	Timer 0 aus
	1	Timer 0 ein
LT0:	0	ohne Funktion
	1	T0 laden

T1 Counter/Timer 1 Register, (F2: Read/Write)

Bit 7	Bit 6	Bit 5	Bit 4	Bit 3	Bit 2	Bit 1	Bit 0

Schreiben: Zähler laden
Lesen: aktuellen Zählerstand lesen

PRE1 Prescaler 1 Register, (F3:Write Only)

PRE1_5	PRE1_4	PRE1_3	PRE1_2	PRE1_1	PRE1_0	C1S	C1M

PRE1_0 – 5:		Vorteiler Timer 1
C1S T1 Taktquellen:	0	intern
	1	extern
C1M Timer Mode:	0	T1 Single Mode
	1	T1 Modulo N

T0 Counter/Timer 0 Register, (F4H: Read/Write)

Bit 7	Bit 6	Bit 5	Bit 4	Bit 3	Bit 2	Bit 1	Bit 0

Schreiben: Zähler laden
Lesen: aktuellen Zählerstand lesen

PRE0 Prescaler 0 Register, (F5: Write Only)

PRE0_5	PRE0_4	PRE0_3	PRE0_2	PRE0_1	PRE0_0	–	C0M

PRE0_0 – 5:		Vorteiler Timer 0
C0M Timer Mode:	0	T0 Single Mode
	1	T0 Modulo N

P2M Port 2 Mode Register, (F6H: Write Only)

P2_7	P2_6	P2_5	P2_4	P2_3	P2_2	P2_1	P2_0

P2_0 – 7 I/O-Richtung: 0   Bit ist Ausgang
1   Bit ist Eingang

P3M Port 3 Mode Register, (F7: Write Only)

P	P30_37	P31_36	P33_34_1	P33_34_0	P32_35	–	P2MODE

P Parität:	0	ohne
	1	mit gerader Parität
P30_37:	0	P30 Eing. P37 Ausg.
	1	P30 SIO Eing. P37 SIO Ausg.
P31_36:	0	P31 Tin P36 Tout
	1	P31 /DAV2/RDY2 P36 RDY2//DAV2
P33_34_1/_0:	00	P33 Eing. P34 Ausg.
	01	P33 Eing. P34 /DM
	10	wie 01
	11	P33 /DAV1/RDY1 P34 RDY//DAV1
P32_35:	0	P32 Eing. P35 Ausg.
	1	P32 /DAV0/RDY0 P35 RDY//DAV0
P2MODE:	0	Port 2 Open Drain
	1	Port 2 Push Pull

P01M   Port 0 /1 Mode Register, (F8: Write Only)

P074_1	P074_0	EMT	P107_1	P107_0	STACK	P003_1	P003_0

P074_0/_1 P04-P07 Mode:	00	Ausg.
	01	Eing.
	1X	Adressen A12 – A15
EMT Timing externer Speicher:	0	normal
	1	erweitert
P107_1/_0 P10-P17 Mode:	00	Byte Ausg.
	01	Byte Eing.
	10	Adreß/Daten AD0 – AD7
	11	High Impedanz Port 0/1, /AS, /Ds, /R/W
STACK:	0	extern
	1	intern

P003_1/_0 P00-P03 Mode: 00   Ausg.
                             01   Eing.
                             1X   Adressen A8 – A11

IPR Interrupt Priority Register, (F9: Write Ohnly)

–	–	PRA	GR2	GR1	PRB	PRC	GR0

PRA Gruppe A: 0   IRQ5 > IRQ3
                    1   IRQ5 < IRQ3
PRB Gruppe B: 0   IRQ2 > IRQ0
                    1   IRQ2 < IRQ0
PRC Gruppe C: 0   IRQ1 > IRQ4
                    0   IRQ1 < IRQ4
GR2/1/0:   000   Reserve
                    001   C > A > B
                    010   A > B > C
                    011   A > C > B
                    100   B > C > A
                    101   C > B > A
                    110   B > A > C
                    111   Reserve

IRQ Interrupt Request Register, (FAH: Read/Write)

–	–	IRQ5	IRQ4	IRQ3	IRQ2	IRQ1	IRQ0

IMR Interrupt Mask Register (FBH: Read/Write)

IEN	EN_PROT	IRQ5EN	IRQ4EN	IRQ3EN	IRQ2EN	IRQ1EN	IRQ0EN

IEN: Globale Interruptfreigabe
EN_PROT: RAM-Protect-Freigabe
IRQxEN: Interruptfreigabe

FLAGS Flag Register, (FCH: Read/Write)

CY	Z	S	OV	DA	H	USER2	USER1

RP Register Pointer, (FDH: Read/Write)

RP3	RB2	RP1	RP0	–	–	–	–

SPH Stack Pointer HIGH, (FEH: Read/Write)

SP15	SP14	SP13	SP12	SP11	SP10	SP9	SP8

SPL Stack Pointer LOW, (FFH: Read/Write)

SP7	SP6	SP5	SP4	SP3	SP2	SP1	SP0

A.10 Anbieter von Soft- und Hardware-Entwicklungswerkzeugen für Mikrocontroller

iSystem GmbH
Einsteinstrae 5
85221 Dachau
Tel. 08131/25083 ... Fax. 08131/14024

Z80/Z180-Familie

Unterstützt werden die Prozessoren:
8080, 8085, Z80, Z180, HD64180, Z280, NSC800

Software:

SASM Makroassembler, SLINK Linker:

◆ Advanced Makro Assembler für Embedded Systeme

◆ MMU-Leistung des 64180 oder auch Hardware-Banking der anderen Bauelemente werden unterstützt

◆ bis zu 255 Segmente mit je 64 Kbyte

PRODIZ80:

◆ Profi-Disassembler, mit automatischer Labelgenerierung, Crossreferenztabelle, BDOS-Aufruferkennung

◆ Hex- und ASCII-Darstellung

◆ Erkennung beliebig vieler Datenbereiche

◆ sofort assemblierfähig

Control C Compiler, SLIB Librarian:

◆ MAKE Facility

◆ SASM Assembler

◆ C Preprozessor, ANSI C Crosscompiler, Linker, Library

◆ 100% ANSI-kompatibel, EMS-Unterstützung

◆ ROM-fähiger Code kann entwickelt werden, automatisches MMU-Handling, Segmentierbarkeit

◆ Source-Level-Debug-Informationen für verschiedene Emulatoren und Debugger

◆ Code-Optimierung

◆ Interruptroutine generierbar

◆ C- und Assembler-Code mischbar.

Quick-Task:

◆ Real-Time-Executive-Programm für Multitasking-Applikationen

◆ durch Quellcode und C-Schnittstelle in eigene Programme einbindbar

Hardware:

iC180 Emulator:

Entwicklungssystem für die Typen Z80, HD64180, Z180, HD647180, TMPZ84C015, Z84015 und Z84C15

◆ 128 Kbyte Emulatorspeicher, in 8 Kbyte-Bereichen mapbar, alle Betriebsarten des HD647180 werden unterstützt, 1 Mbyte adressierbar

◆ NMI, INTn und Reset der Target-CPU voll nutzbar

◆ einstellbarer I/O-Bereich (64 Kbyte)

◆ 8 digitale Ausgänge für Performanceanalyse und Logikanalysatoren

◆ serielle Schnittstelle zum PC

◆ fensterorientierte Software

◆ Sourceleveldebugging für Assembler und C

UEM 64180:

Entwicklungssystem für Z180, HD64180 und HD64180D

◆ echtzeitfähig bis 15 MHz, 0 Waitstates, Refreshautomatik

◆ 256 Kbyte bis 1 Mbyte Emulationsspeicher, universelle Speicherverwaltung

◆ komfortable Haltepunkt-/Triggersteuerung bis 5 Ebenen, 4 Hardwarebreakspeicher mit je 32 Kbyte

◆ Real Time Tracer 4 KBit x 48 Bit

◆ Performanceanalyse, Background Mode

◆ Sourceleveldebugging für Assembler und C

Z8-Familie

Software:

Crossassembler:

◆ macrofähiger Assembler mit Linker, Crossreferenzliste

C-Compiler:

◆ schließt Assembler, Linker und Library ein

◆ unterstützt die Speichermodelle Intern, Extern/Code/Daten, Mixed, Stack intern und extern

◆ Interruptroutinen

◆ In-Line-Assembler

◆ komplette Arithmetik für char, int, long, short, float und double

Hardware:

iCZ8-Emulator:

◆ Echtzeitemulation mit Hilfe des Boundout-Chip Z86C12

◆ Takt bis 16 MHz

◆ 32 Kbyte statischer Emulationsspeicher

◆ 32 Kbyte Hardware-Breakpoints mit Loopcounter, 3 Break-Modi

◆ Triggerausgang für Oszilloskop und Logikanalysatoren

◆ serielle Schnittstelle zum PC, Bediensoftware mit SAA-Oberfläche und Mausunterstützung (Multi-Window-Technik)

◆ Register-Tracking

◆ On-Screen-Editing

◆ symbolisches Debuggen möglich, interaktives Setzen der Breakpoints im Symbol-Window

◆ komfortabler Dateimanager enthalten

8051-Familie

Software:

A51 Makroassembler:

◆ für alle 8051-Derivate verwendbar (Registerkonfigurationen über INCLUDE-Dateien)

◆ Makro-Prozessor

◆ Source- und Objekt-kompatibel zu INTEL ASM51 (außer Macros)

◆ Object-Code mit Debug-Informationen für Emulatoren

L51 Linker/Locater, LIB51, OH51:

◆ Verbindung von C51, A51, ASM51, PL/M51 Objektmodulen und Intel- Libraries

◆ automatisches DATA-Overlaying von Daten- und Bit-Segmenten

◆ OH51 zur Erzeugung von Intel-Hex-Dateien aus absoluten Objekt-Modulen

C51 Compiler:

◆ erweiterter ANSI-C-Compiler für alle 8051-Derivate

◆ alle Hardware-Ressourcen nutzbar

◆ Speichermodelle SMALL, COMPACT und LARGE

◆ Interrupt-Routinen in C programmierbar

◆ 9 Basis-Datentypen bis 4 Byte Floating-Point-Werte

◆ Variablen im DATA-, XDATA-, IDATA-, CODE-, PDATA- und BIT-Speicher

◆ Registerbank-Verwaltung

◆ erzeugt Programme mit der Geschwindigkeit von Assembler-Programmen

◆ 6 Optimierungsstufen

◆ 6 Run-Time-Libraries mit über 100 Funktionen

◆ Object-Dateien mit Debug-Informationen für Debugger

SIMUL51 Simulator:

◆ 8051-Derivate Softwaresimulator

◆ ermöglicht den Test von Software (auch Hochsprache) ohne Emulator-Hardware

◆ enthält Peripherie-Simulator (auch serielle On-Chip-Schnittstelle komfortabel simulierbar)

◆ Benutzerschnittstelle wie beim Emulator (problemloser Umstieg)

Professional Developers Kit:

Enthält C51 C-Crosscompiler, A51 Makroassembler, RTX-51 Tiny-Echtzeit-Betriebssystem, C51-LIB517-Special-Library, L51B Linker für Codebanking und RTX-51-Anwendungen, dScope 51-Simulator und HLL-Debugger mit EMUL51-Interface, MONITOR-51 Target-Monitor, L51, LIB51, OHS51, SHELL, EDIT Editor

Hardware:

EMUL51-PC Emulator:

unterstützt folgende Bauelemente:
8x(C)31/32/52/FA/FB/FC − 8344 − 80C51SL − 80C152 − 80C154 − 80C321 − 83/80C451/52 − 80512/532 − 80(C)515/(C)535(A) − 80C517/C537(A) − 80C550 − 80C552 − 80C562 − 80C652 − 80C654 − 80C751 − 80C752 − 80C410 - 83C592 − 83C752 − 85C582 − 87C451 − 87C752 − 87C592 − SDA20832

◆ PC-Karten-System, bestehend aus Emulatorkarte und Trace-Karte (kann auch entfallen)

◆ unterstützt alle gängigen 8051-Derivate

◆ flexibel durch verschiedene PODs für Emulator-CPU, PODs über Kabel mit Karten im PC verbunden

- bis 256 Kbyte Codespeicher, 64 Kbyte Datenspeicher, Bankswitching-Unterstützung

- bis 33 MHz Echtzeit-Emulation

- Assembler und Disassembler integriert

- Makrokommandos für Bedienung

- Hochsprachen-Debugging

- Traceboard mit 64 Kbyte tiefem Framespeicher (optional 256 Kbyte), 64 Bit Aufzeichnungsbreite (16 Adressen, 8 Daten, 2 x 8-Bit-Port oder andere externe Signale, 8 diverse Signale und 16-Bit-Zeitmarken)

- Filterlogik programmierbar, Multi-Level-Trigger-Logik

- 32-Bit-Zähler/Timer, 32-Bit-Schleifenzähler

- Vor- und Nachtriggerung innerhalb von 64 Kbyte (256 Kbyte) wählbar

68HC11-Familie

Software:

IAR6811 Assembler, XLINK Linker, XLIB Bibliotheksverwalter:

- Makroassembler, kompatibel zum ICC6811 C-Compiler

- absoluter und relokatibler Code

- 32-Bit-Arithmetik

- unbegrenzte Anzahl relokatibler Segmente

- bedingte Assemblierung

- verknüpfte Include-Dateien

- XLINK-Linker mit 31 verschiedenen Ausgabeformate

- Typüberprüfung für EXTRN- und PUBLIC-Variable

- volle Banking-Unterstützung

- speicher- oder dateibezogene Bearbeitung

- Befehlsdatei-Option, für relokative Objekte Bereichsüberprüfung XLIB, zur Unterstützung der Erstellung und Verwaltung von Object-Code-Bibliotheken

ICC6811 ANSI-C-Compiler:

◆ äußerst leistungsfähiger Compiler für 68HC11

◆ sehr kurzer und schneller Code durch viel In-Line-Code und wenig Bibliotheks-routinen

◆ Datentypen bis 8 Byte

◆ auf die verschiedenen Betriebsmodi des Controllers angepaßte Speichermodelle (SMALL; LARGE, BANKED)

◆ Interruptverarbeitung in C

◆ Typprüfung zwischen Modulen

◆ In-Line-Assembler als Hilfsmittel

◆ Assembler A6801

◆ Linker XLINK, Bibliotheksverwaltung XLIB (für eigene Bibliotheken) und Biblio-theken mit »intrinsic«-Funktionen, »double float«-Arithmetik und Standard-C-Funktionen

C-SPY CS6811 High-Level-Simulator:

◆ Analysieren und Debuggen von C- und Assembler-Programmen

◆ Assembler und Disassembler enthalten

◆ Analysator für C-Ausdrücke

◆ C-Trace

◆ volle Variablenerkennung, volle Unterstützung von »auto«- und Register-Varia-blen, getchar-/putchar-Emulation

◆ leistungsfähige »Breakpoint«-Logik

◆ fensterorientierter Bildschirmaufbau

MODULA 68HC11:

◆ Modula 2 Compiler

◆ Multi-Tasking-Unterstützung

◆ Floating-Point-Arithmetik, Time-Share- und Prioritätverwaltung, bis 8 Byte Va-riablen

Hardware:

EMUL68-PC Emulator:

Unterstützt folgende Controller:
68HC11A0 – HC11A1 – HC11A7 – HC11A8 – HC11E0 – HC11E1 – HC11E8 – HC11E9
– HC811E20 – HC711E9 – HC711D3 – HC11D3 – HC11F1 – HC11K0 – HC11K1 –
HC11K2 – HC11K3 – HC11K4 – HC711K4 – HC11G5 – HC11G7 – HC711G7 –
HC11D0 – HC11D3 – HC11J6 – HC711J6 – HC11L0 – HC11L1 – HC11L5 – HC11L6
– HC711L62

◆ PC-Karten-Aufbau mit über Kabel verbundenem POD für Emulator-CPU

◆ 64 Kbyte Emulationsspeicher

◆ 4 MHz echtzeitfähig

◆ 64 Kbyte Programm- und 64 Kbyte Daten-Breakpoints (auch auf externe Signale)

◆ Trace-Funktion mit 16 Kbyte x 48 Bit Trace-Speicher

◆ Assembler und Disassembler integriert

◆ symbolischer Source-Code-Debugger

◆ C und Modula 2 HLL-Unterstützung

◆ Performanceanalyse

◆ Bedien-Makro-Funktionen und Makro-Editor

◆ Fenstertechnik

Weitere Werkzeuge

68HC16-Familie

Emulator EMUL16TM/300-PC (PC-Baugruppe mit POD)
68HC16 C Compiler/Assembler/Linker

6809/02-Familie

iC680-Emulator (selbständiger Emulator mit PC-Schnittstelle)
Crossassembler/Linker/C Compiler

6805/68HC05-Familie

Simulator auf PC-Basis

80x86/Vxx-Familie

Emulator und Entwicklungssoftware für 16-Bit-Prozessoren und Embedded Prozessoren 8086/88-80186/188xx-80C186/C188xx-V25/V356800-Familie:

Emulator und Entwicklungssoftware für 68000-68008-68010-68302

Programmiergeräte

Logikanalysator PCLA32

ROM/RAM-Simulatoren

Adapter und Konverter

SIEMENS
Abt. Automatisierungstechnik
Richard-Strauss-Straße 76
Postfach 20 21 09
81677 München

SME-ETA-SC517-AT

Emulator für 80C517/C537/(C)515/(C)535/512/532

◆ bis 16 MHz Takt

◆ Kopplung über seriellen Anschluß an PC-AT (max. 57 KBaud) unter DOS

◆ Echtzeitemulation bis 20 MHz

◆ 64 Kbyte Programmspeicher, 64 Kbyte externer Datenspeicher in 16 Byte-Blöcke mapbar

◆ Source Level Debugging und Symbolic Debugging

◆ 9 zusätzliche Probe-Clips

◆ Line Assembler und Reassembler

- 16 Break- und Trace-Trigger-Bedingungen

- Tracespeicher mit 4096 Einträgen

- Real Time Performance Analyzer

Ashling Microsystems
Vertriebsbüro Deutschland
Riemer Straße 358
81929 München

CT-Serie

Universelles Mikroprozessor-Entwicklungssystem für Prozessoren und Controller der Familien 8051, 68HC11, Z80, 64180, 8085, NSC800 und 6301

- In-Circuit-Emulator mit RS232-Schnittstelle zu einem PC

- 64 Kbyte Programmspeicher, 64 Kbyte externer Datenspeicher, intern und extern mapbar, je nach Target-CPU auch 128 Kbyte, 512 Kbyte und 1 Mbyte mapbar

- I/O-Emulation bis 64 Kbyte I/O-Bereiche

- Hardware-Breakpoints

- In-Line-Assembler und Reassembler

- verschiedenste Datei-Schnittstellen (Intel-OMF, Symbolic und 8085 OMF, Motorola S-Record ...)

- Source Level Debugging und Symbolic Debugging (PL/M, Keil/Franklin C, Archimedes C ...)

- 2 Kbyte Trace-Speicher

Jermyn GmbH
Im Dachsstück 9
65649 Limburg a.d. Lahn

Assembler, PLM- und C-Compiler sowie In-Circuit-Emulatoren für die Mikroprozessor-/Mikrocontrollerfamilien 8051, MCS96, 8086/88/186/188 (auch CMOS), 80286, 80386, 80489 und i960

Hitex-Systementwicklung
Gesellschaft für Angewandte Informatik mbH
Greschbachstraße 3 b
76229 Karlsruhe

Entwicklungssoftware Assembler, Hochsprachen PL/M, Pascal, C und FORTRAN; In-Circuit-Emulatoren für die Intel- und Siemens-Familien 8086/88/186/188/286..., 8051-Derivate, 8085 und Z80

teletest 16

In-Circuit-Emulator für 16-Bit-Prozessoren 8086/88/186/188/286 und V20/V30/V40/V50

◆ 256 Kbyte statischer Emulationsspeicher, bis 1 Mbyte erweiterbar

◆ Echtzeit-Emulation bis 16 MHz

◆ leistungsstarke Break-/Triggerlogik (24 Bit Adressen, 16 Bit Daten, 8 Bit Statussignale und 8 Bit externe Signale)

◆ zwei 2 Kbyte Trace-Speicher

◆ 32-Bit-Echtzeitzähler für Zeitmessungen

◆ symbolisches High-Level-Debugging

◆ Numerikprozessor-Emulation

◆ Real und Protected Mode für 80286

teletest 51

In-Circuit-Emulator für die 8051-Familie

◆ 128 Kbyte statischer Emulationsspeicher (in 1-Kbyte-Schritten mapbar)

◆ Echtzeit-Emulation bis 16 MHz

◆ 4 Break-/Trigger-Register mit jeweils eigenem 8-Bit-Ereignis-/Verzögerungszähler, Triggersignale für angeschlossene Oszilloskope, Logikanalysatoren o.ä.

◆ symbolisches High-Level-Debugging, Mixed Mode für C51 und ASM51

◆ universelle Trace-Funktion mit 2 Kbyte Speicher

◆ Performance-Analyse auch auf Hochsprachenebene

ALLMOS Electronic GmbH
Frauenhoferstraße 11a
80469 Martinsried/München

Crossassembler, Crosscompiler und Hochsprachendebugger der Firmen MICROTEC RE-SEARCH, INTERMETRICS, IAR SYSTEMS und 2500AD für alle gängigen Prozessoren und Controller

In-Circuit-Emulator-Familie MICE-II

für Prozessoren und Controller 8048/49/50, 8051-Familie, 8085, Z8, ZS8, Z80, NSC800, 8086/87/88/186/188/286, 6809,68HC11, 68000/10, 68008 und die 6502-Familie

◆ wechselbare Prozessorboards (CEP) zur Anpassung an die verschiedensten Bauelemente

◆ Echtzeit-Emulation bis zur maximalen Taktfrequenz des jeweiligen Prozessorbzw. Controllertyps

◆ 256 Kbyte statischer Emulationsspeicher in 128 Byte-, 1Kbyte- und 8Kbyte-Schritten mapbar

◆ 6 Hardware-Breakpoints

◆ Real-Time-Trace-Speicher 2 Kbyte

◆ 8 Hardware-Trace-Anschlüsse

◆ Assembler und Zwei-Pass-Disassembler (bis 900 automatische Label)!

◆ RS232-Schnittstelle zu Host-Computer

◆ symbolisches High-Level-Debugging

KEIL ELEKTRONIK GmbH
Bretonischer Ring 15
85630 Grasbrunn b. München

*Entwicklungssoftware und Hardware für die Controllerfamilien 8051 und 80166
(näheres dazu in Kapitel 3, »8051-Familie«)*

Brendes Datentechnik GmbH
Stedinger Straße 7
26419 Schortens 1
Tel.: 04423/6631 Fax.: 04423/6685

BICEPS 51-II Echtzeit-In-Circuit-Emulatoren für Prozessoren der 8051-Familien

◆ durch Adapter (PODs) für unterschiedliche CPUs geeignet (80(C)31/32, 80(C)51, 87(C)51/53, 80(C)535, 80C537, 80C552, 80C652...)

◆ CPU-Takt intern (12 MHz) oder extern über POD

◆ Emulation aller Ports in allen Funktionen in Echtzeit

◆ 64 Kbyte Emulationsspeicher für Programm und 64 Kbyte externer RAM

◆ byteweise mapbarer Programm- und externer Datenspeicher als interner (im Emulator gelegen) oder externer Speicher (in der Anwenderschaltung)

◆ Register und CPU-interne Bereiche frei zugängig

◆ umfangreiche Break-Logik (Hardware-Break und Software-Break) mit Break auf Adressen, Programmlese-, Datenlese- und Schreibbefehle, CPU-Registerinhalte

◆ Trace-Speicher 8 Kbyte x 40 Bit (Adreßbus, Datenbus und 12 externe Signale), dabei Auswahl bestimmter Adreßbereiche und Trace-Bedingungen (Trace-Takt), verschiedene Trace-Modi (Pre-Triggerung, Mitten-Triggerung...), Darstellung in Buszyklen, disassembliert oder in Hochsprache

◆ Line Assembler und Disassembler

◆ Hochsprachenunterstützung, Trace und Break in Hochsprache, symbolisches Debuggen

◆ Anschluß über serielle Schnittstelle an einen PC/XT/AT (9600 oder 38400 Baud)

◆ Standard-Dateiformat (Intel Hex, Intel-OMF51-Format, BICEPS51-Symboltabellenformat, Binärformat (COM-Dateien))

Literaturverzeichnis

Ashling Microsystems
The Ashling Microsystems CT-Series of Universal Microprocessor Development Systems, Manual

Brendes Datentechnik
BICEPS 51-II, Bedienungshandbuch

Cypress Semiconductor
BiCMOS/CMOS Data Book,1992

DATA MODUL

Hilf, W
Mikroprozessoren für 32-Bit-Systeme, Band 1, Verlag Markt & Technik, 1991

Hitex-Systementwicklung
Mikroprozessor-Entwicklungssysteme auf PC-Basis

iSystem GmbH
Entwicklungswerkzeuge für Hard- und Software-Katalog 92

Keil Elektronik GmbH
C51 Professional Developers Kit, Handbuch

Linear Applications Handbook, 1990

Linear Technology

MAXIM
Integrated Circuits Data Book 1990;
New Releases Data Book 1990

Microtek International Inc.
In-Circuit-Emulator-Familie MICE-II, Handbuch;
In-Circuit-Emulator-Familie MICE-II H/S, Handbuch

MOSEL Corporation
Memory Products 1991/92 Data Book

MOTOROLA INC.
HCMOS Single-Chip Microcontroller MC68HC11A8, Advance Information, 1988;
Microprocessor, Microcontroller and Peripheral Data, Volume I und II, 1988;
The MC68HC11 Microcontroller Family, Informationsmaterial

MOTOROLA Schulungszentrum München
Kursunterlagen MC68HC11 und MC68HC11-Praxis

NEC Character and Graphic Type Fluorescent Indicator Module Selection Guide, 7th
Edition

SGS THOMSON
ST6210/E10-ST6215/E15-ST6220/E20-ST6225/E25 Manuel;
ST6-Family Manual;
ST9 Family Manual

SIEMENS
Microcomputer Components, SAB 80C517/80C537 8-Bit CMOS Single-Chip Microcontroller, User's Manual,1991

Texas Instruments
TMS7000-Family Data Manual, 1991;
TMS370-Family Data Manual, 1990

Toshiba Corporation
Microcomputer Peripheral Controller LSI, 1990

WaferScale Integration, Inc.
Programmable Peripherals Design and Applications Handbook, 1992

Zilog Inc.
Microcontrollers, 1991

Stichwortverzeichnis

Die Waite Group -
kompetente Partner

Bestell-Nr. 62700

Bestell-Nr. 62707

Bestell-Nr. 62705

Bestell-Nr. 62701

Bestell-Nr. 62703

Bestell-Nr. 62706

tewi zum Thema
Microsoft

Bestell-Nr. 62802

Bestell-Nr. 62299

Bestell-Nr. 62254

Bestell-Nr. 62294

Bestell-Nr. 62284